Grundzüge des Personalmanagements

Grundzüge des Personalmanagements

von

Univ.-Prof. Dr. Christian Scholz
Universität des Saarlandes

Verlag Franz Vahlen München

ISBN 978 3 8006 3597 9

© 2011 Verlag Franz Vahlen GmbH
Wilhelmstr. 9, 80801 München
Satz: Fotosatz H. Buck
Zweikirchener Str. 7, 84036 Kumhausen
Druck und Bindung: Offizin Andersen Nexö Leipzig GmbH
Spenglerallee 26–30, 04442 Zwenkau
Umschlaggestaltung: Ralph Zimmermann – Bureau Parapluie
Bildnachweis: © auremar – Fotolia.com

Gedruckt auf säurefreiem, alterungsbeständigem Papier
(hergestellt aus chlorfrei gebleichtem Zellstoff)

Vorwort

Über die Relevanz guter Personalarbeit für den Unternehmenserfolg ist schon so viel geschrieben worden, dass darauf im Vorwort dieses Buches sicherlich nicht noch einmal eingegangen werden muss. Vielmehr konzentriert sich dieses Vorwort auf die zentralen Hinweise zu Zielgruppe, Fokus, Besonderheiten, Aufbau und Anwendungsform des Buches.

Dieses Buch richtet sich zum einen an Bachelor-Studenten aller Ausbildungsformen und Fachrichtungen beziehungsweise an Studierende im Diplom-Grundstudium. An dieser Stelle gleich der Hinweis: In diesem Buch wird aus stilistischen Gründen und zur Verbesserung der Leserlichkeit nur die männliche Form verwendet.

Die *Grundzüge des Personalmanagements* sind dabei als eine Einführung zu verstehen, die keine Vorkenntnisse voraussetzen, und daher auch bereits im ersten Semester eingesetzt werden können. Dementsprechend wurde Theorielastigkeit vermieden – trotz wissenschaftlicher Rigidität beim Schreiben. Gleichzeitig konzentrieren sich die *Grundzüge des Personalmanagements* auf die operative Ebene, da sie für die angesprochenen Zielgruppen einen idealen Einstieg in die praktische Personalarbeit darstellen.

Dieses Buch richtet sich aber zum anderen ganz bewusst auch an Praktiker in der Personalabteilung und in der Linie. Für diese dienen die *Grundzüge des Personalmanagements* zum Auffrischen ihres Wissens – denn auch personalwirtschaftliches Wissen erodiert und braucht neue Impulse. Dabei geht es vorrangig um die vielbeschworene Professionalität der Personalarbeit, wobei auch die Praxisbeispiele im Sinne von Benchmarks Interesse finden sollten. Denn eines darf bei aller pragmatischen Euphorie nicht vergessen werden: Personalarbeit ist nichts, was man „nebenbei" und „on the job" irgendwie lernen kann. Personalarbeit setzt ein Mindest-Handwerkszeug voraus. Auch dazu will das vorliegende Buch beitragen.

Zielgruppe: Bachelor und Praktiker

Strategische Überlegungen finden (abgesehen von Kapitel 2 und Kapitel 20) in den *Grundzügen des Personalmanagements* nur am Rande statt – nicht weil sie nicht wichtig sind, sondern weil sie erst eine entsprechende Basis voraussetzen. Zudem sind sie umfassend im *Lehrbuch Personalmanagement* (6. Auflage 2011) behandelt.

Die *Grundzüge des Personalmanagements* sind in 20 Kapitel gegliedert, die für 20 x 4 Vorlesungsstunden konzipiert sind. Sie umfassen die reale Wertschöpfungskette der Personalarbeit, die als primäre Aktivitäten von der Bedarfskalkulation bis zur Personalfreisetzung („Reduktion") reichen. Darüber liegen sekundäre Aktivitäten (wie „Organisation"), die hier auch grundsätzliche Überlegungen (wie „Konzeption" und „Perfektion") umfassen. Das Ergebnis ist dann die in Abbildung 0.1 dargestellte Personalwertschöpfungskette.

20 Kapitel als 20 Lektionen

Am Anfang jedes Kapitels steht ein Praxisbeispiel aus einem mittelständischen Unternehmen, was auch unterstreichen soll, dass es mit den *Grundzügen des Personalmanagements* nicht nur um die Personalarbeit in Großunternehmen geht. Diese Beispiele kommen fast ausschließlich aus dem Arbeitgeberwettbewerb BestPersAward, der an der Universität des Saarlandes organisiert wird und der auf diese Weise ausgezeichnete Personalarbeit in den Mittelpunkt rückt.

Abbildung 0.1:
Personalwertschöpfungs-
kette und Gliederung des
Buches

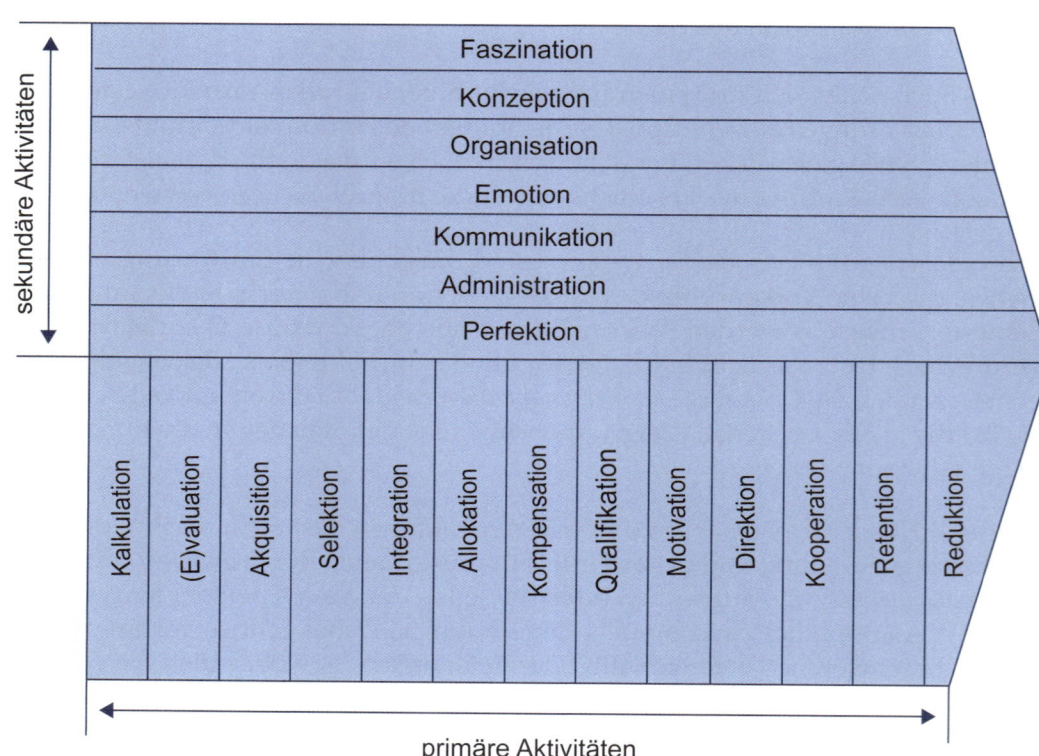

Ein Personalbuch (auch) zum Mittelstand!

Diese besondere Berücksichtigung der Mittelstandsthematik findet aber nicht nur im Eröffnungsbeispiel ihren Niederschlag. Sie zieht sich vielmehr wie ein roter Faden durch das gesamte Buch und ist auch mit einem entsprechenden Symbol gekennzeichnet. Dahinter steht eine Logik, wonach kleinere Unternehmen in der Akzentuierung durchaus eine etwas andere Personalarbeit brauchen als große Unternehmen, auf keinen Fall aber eine weniger professionelle.

HR als Internationales Management

Dass sich Personalarbeit auch im internationalen Kontext abspielt, berücksichtigen die *Grundzüge des Personalmanagements* insofern, als im Regelfall pro Kapitel zumindest ein Punkt herausgegriffen wird, der die Bandbreite des internationalen Personalmanagements illustriert. Auch auf diese Textstellen wird mit einem entsprechenden Symbol hingewiesen.

Stefan Lauer
Deutsche Lufthansa
AG

Ulrich Schumacher
Allianz Deutschland
AG

Jörg Schwitalla
MAN SE

Harald Krüger
BMW AG

Alwin Fitting
RWE AG

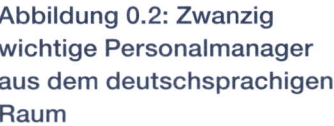

Abbildung 0.2: Zwanzig
wichtige Personalmanager
aus dem deutschsprachigen
Raum

Dr. Eric Strutz
Commerzbank AG

Harald Schwager
BASF SE

Dr. Georg Horacek
OMV AG

Zygmunt Mierdorf
Metro AG

Michael Schmidt
Deutsche BP AG

Walter Scheurle
Deutsche Post AG

Karl-Heinz Stroh
Praktiker Bau- und
Heimwerkermärkte
AG

Wolfgang Goebel
McDonald's
Deutschland Inc.

Werner Widuckel
Audi AG

Immanuel Hermreck
Bertelsmann AG

Ulrich Köster
GALERIA Kaufhof
GmbH

Thomas Sattelberger
Deutsche Telekom
AG

Michael Adolf Picard
Otto GmbH & Co KG

Reinhold Werthmann
s.Oliver Bernd Freier
GmbH & Co.KG

Dr. Rudolf Thurner
European Association
for People
Management

HR als Medien-management

Ferner ist noch auf eine Entwicklung hinzuweisen, die immer mehr die Personal-arbeit betrifft, nämlich die Informations- und Kommunikationstechnik in allen ihren Facetten, beginnend vom einfachen Personalinformationssystem bis hin zum Web 2.0 und Social Communities. Hier bahnen sich weitreichende Veränderungen auch auf der operativen Ebene an, wenn beispielsweise die Leiterin eines Assessment Centers wissen muss, dass ihre Person und ihre Vorgehensweise in diversen Foren im Internet besprochen werden. Dabei geht es insgesamt nicht nur um „einfache" IT, sondern vor allem um komplexes Medienmanagement. Immer wenn dieses Thema angesprochen wird, ist dies in der Marginalspalte gekennzeichnet.

HR-Protagonisten

Am Ende jedes Kapitels findet man einen Beitrag eines wichtigen Vertreters aus der Zunft der Personalmanager: Diese Textabschnitte sollen nicht nur Einblicke in die aktuelle Personalarbeit geben, sie sollen auch Personen in den Vordergrund stellen. Ohne den Anspruch zu erheben, hier ein „Who is Who" der deutschsprachigen Personalarbeit erstellt zu haben, kann doch festgehalten werden, dass sicherlich diese Personen in diese Kategorie fallen würden.

An alle Vertreterinnen und Vertreter der strikten Gleichberechtigung an dieser Stelle der Hinweis, dass die Liste insofern keine Diskriminierung von Frauen durch den Autor des Buches darstellt, als auf der hier angesprochenen Ebene generell Frauen extrem stark unterrepräsentiert sind. In allen Fällen, in denen der Autor entsprechenden Frauen ein Angebot zur Mitwirkung in diesem Buch machen konnte, ließ sich diese letztlich nicht realisieren.

Die 20 Lektionen in den *Grundzügen des Personalmanagements* bauen – von kleineren Einzelfällen abgesehen – nicht aufeinander auf. Dies hat sicherlich Nachteile, bringt aber auch den Vorteil der beliebigen Kombinierbarkeit mit sich. So lassen sich beispielsweise

Kombinations-möglichkeiten

– aus den Lektionen 1, 4, 9, 12, 13, 14, 15, 16, 18 und 20 ein verhaltensorientierter Kurs (zum Beispiel „Personalmanagement: Mitarbeiter und Führungskräfte als handelnde Subjekte"),
– aus den Lektionen 1, 2, 5, 6, 7, 8, 10, 12, 17 und 20 ein planungsbezogener Kurs (zum Beispiel „Personalveränderungsmanagement"),
– aus den Lektionen 1, 2, 3, 5, 6, 9, 10, 11, 19 und 20 ein administrationsorientierter Kurs (zum Beispiel „Personalverwaltung und -administration") und
– aus den Lektionen 1, 2, 3, 9, 11, 12, 14, 17, 18 und 20 ein konzeptioneller Kurs (zum Beispiel „Unternehmenspolitische Aspekte des Personalmanagements")

entwickeln. Für alle Kurse eignen sich dabei die in jede Lektion eingebauten Übungsbeispiele der „Strawberry Cake & Bakeries AG": Hier geht es darum, einzelne Lerninhalte auf eine Bäckerei anzuwenden, die sich auf Erdbeerkuchen spezialisiert hat. Ein Foto mit Konditor und Erdbeere kennzeichnen die Übungen in der Marginalspalte.

Schließlich ist allen Dank zu sagen, die bei diesem Buch mitgewirkt haben: Thomas Arbogast (Volksbank Wilferdingen-Keltern), Arne Bär (G. Fleischhauer

Ingenieur-Büro Bremen GmbH), Franz-Albert Bell (Henkel AG & Co. KGaA), Kathrin Bernhardt (Kassenärztliche Vereinigung Bayerns KdÖR), Karl-Heinz Brand (tegut…), Stefan Caro (Cognos GmbH), Alwin Fitting (RWE AG), Dr. Harald Föst (SHS Viveon AG), Wolfgang Goebel (McDonalds Deutschland Inc.), Arite Grau (T-Systems Multimedia Solutions GmbH), Immanuel Hermreck (Bertelsmann AG), Thomas Höll (DORMA Holding GmbH + Co. KGaA), Dr. Georg Horacek (OMV AG), Kirsten Huber (Lufthansa AirPlus International), Roland Jeckle (Vereinigte Sparkassen im Landkreis Weilheim in Oberbayern), Ulf Kaiser (Union Investment), Ansgar Kinkel (Cirquent GmbH), Prof. Dr. Jörg Knoblauch (Drilbox GmbH), Ulrich Köster (GALERIA Kaufhof GmbH), Berthold Krausert (DATEV eG), Isabell Krone (Tele Atlas Deutschland GmbH), Harald Krüger (BMW AG), Sabine Krummel-Mihajlovic (Stryker Trauma GmbH), Stefan Lauer (Deutsche Lufthansa AG), Anke Meier (Henkel AG & Co. KGaA), Peter Meussen (DDS Dresdner Direktservice GmbH), Zygmunt Mierdorf (Metro AG), Jens Neubert (AWS:pwu GmbH), Hans Jürgen Peters (AWS:pwu GmbH), Michael Adolf Picard (Otto GmbH & Co KG), Thomas Sattelberger (Deutsche Telekom AG), Walter Scheurle (Deutsche Post AG), Wolfgang Schlue (Henkel AG & Co. KGaA), Michael Schmidt (Deutsche BP AG), Ulrich Schumacher (Allianz Deutschland AG), Erwin Schwab (Dr. Pfleger Chemische Fabrik GmbH), Harald Schwager (BASF SE), Jörg Schwitalla (MAN SE), Jürgen Seifert (TNT Express GmbH), Marc Siemssen (Hanjin Shipping Co. Ltd.), Karl-Heinz Stroh (Praktiker Bau- und Heimwerkermärkte Holding AG), Dr. Eric Strutz (Commerzbank AG), Dr. Rudolf Thurner (European Association for People Management), Axel Tripkewitz (Fujitsu Semiconductor Europe GmbH), Reinhold Werthmann (s.Oliver Bernd Freier GmbH & Co. KG), Werner Widuckel (Audi AG).

Vor allem aber danke ich meinem Team, bestehend aus: Matthias Bächle, Lisa Böhmer, Stephan Buchheit, Silke Diener, Felix Eichhorn, Benjamin El Khatib, Karoline Jorzyk, Anke Kewerkopf, Lisa Mayer, Sandra Nitschke, Henriette Rudolph, Nadine Schaaf, Iris Schröder, Jutta Astrid Stelletta, Viktoria Treib und Christian Weber. Ganz besonderen Dank verdienen Christine Lechner für die Koordination der ersten Stufe des Gesamtprojektes, Dr. Stefanie Müller und Dr. Uwe Eisenbeis für die Betreuung des „finalen" Manuskriptes, Dennis Brunotte für die Idee zu diesem Buch und die gute Zusammenarbeit, Barbara Schlösser für die Umsetzung beim Verlag, Sebastian Scholz für die Unterstützung bei den Bildern und bei Layoutfragen, Univ.-Prof. Dr. Volker Stein für wichtige Hinweise und schließlich die Bachelor-Studierenden aus meiner Vorlesung „HR-Basics" für ihre (indirekte) Mitarbeit an diesen *Grundzügen des Personalmanagements*.

… and now it's all up to you.

Christian Scholz
Saarbrücken, Februar 2011

Inhaltsverzeichnis

Kapitel 1

Faszination: Warum muss sich jeder mit Personalmanagement beschäftigen?

Kapitel 1 Faszination: Warum muss sich jeder mit Personalmanagement beschäftigen?

Inhalt

Fakten

17 % der Absolventen der Betriebswirtschaftslehre wollen nach ihrem Abschluss im Personalwesen arbeiten.[1]

60 % der DAX30-Unternehmen haben im Zeitraum 2005 bis 2006 Humanvermögen aufgebaut und zwar insgesamt 8,4 Milliarden Euro.[2]

50 % der Personalmanager haben sich bereits in deutschen, österreichischen und schweizerischen Unternehmen ein Gehör bei strategischen Entscheidungen erkämpft und reden somit im Hinblick auf die Gesamtstrategie der Unternehmen mit.[3]

Lernziele

- Sie erfahren, warum jeder sein eigener Personalmanager sein muss.

- Sie erleben die Faszination des Personalmanagements.

- Sie wissen, warum der Mensch (tatsächlich und angeblich) im Mittelpunkt der Personalarbeit steht.

- Sie verstehen die historische Entwicklung der Personalforschung und des Personalmanagements.

- Sie lernen die grundlegenden Begriffe und Schlüsselfragen der Personalarbeit kennen.

1.1 Überblick

Würde ein Besucher vom Mars auf der Erde landen und auf seiner Erkundungsreise betriebswirtschaftliche Vorlesungen besuchen, so wäre sein Bericht eindeutig: Hier stehen Zahlen im Mittelpunkt! Egal ob Mathematik, Statistik, Buchführung, Controlling oder Volkswirtschaftslehre: In den Veranstaltungen dieser Fächer entsteht eine Welt aus Ziffern, Formeln und Kurven. Mit ihr versucht man, die Realität der Wirtschaft und der Unternehmen abzubilden, solange bis man glaubt, die Zahlen seien Realität.

Deshalb wird der Besucher vom Mars – sofern er zur Spezies der wirklich aufmerksamen Besucher gehört – mit besonderem Interesse zumindest eine exotische Veranstaltung lokalisieren, bei der es um Menschen geht: nämlich eine Vorlesung zum Thema Personalmanagement.

Dass der Besucher vom Mars in Hochschulen und Unternehmen immer wieder auf Zahlen stößt, liegt daran, dass offenbar alle glauben, damit den Erfolg von Unternehmen erklären und – noch wichtiger – herbeiführen zu können: Denn Unternehmen sind nach dieser Logik erfolgreich, wenn sie Eigenkapitalwerte im Griff haben, Synergien suchen, Durchlaufzeiten minimieren, Marktanteile erobern, imposante Ergebnisse erwirtschaften und dabei jede einzelne Schlüsselzahl („Key Performance Indicator") optimieren.

Doch wenn der Besucher vom Mars bei einem Glas Bier oder einer Tasse grünem Tee den Chef eines Unternehmens nach dem wirklichen Schlüssel für den Erfolg des betreffenden Unternehmens befragt, wird er mit steter Regelmäßigkeit die gleiche Antwort erhalten: Der Erfolg des Unternehmens basiert auf den Mitarbeitern – ein nicht nur locker dahin gesagter Satz, sondern eine tiefsitzende Überzeugung und durch Erfahrung abgesicherte Erkenntnis.

Auch wenn es manche zahlengläubige Controller oder technokratische Betriebswirte nicht wahrhaben wollen: Menschen sind der eigentliche Schlüssel zum Erfolg – ob als Führungskräfte oder „normale" Mitarbeiter. Denn letztlich verbessern nur Menschen Wettbewerbspositionen, erobern nur Menschen (internationale) Märkte, entwickeln nur Menschen Produkte sowie Innovationen und gewinnen schließlich nur Menschen Kunden.

Genau hier beginnt die Faszination Personalmanagement: Zum einen wird mit Menschen gearbeitet, was an sich schon für viele bereichernd ist, weil es Potenziale freisetzt, Emotionen weckt, Überraschungen produziert und – im Regelfall – Spaß macht. Zum anderen gibt es mit der Personalarbeit ein Gestaltungsfeld, das wie kein anderes zum Erfolg des Unternehmens und zu seiner differenzierenden Individualität beiträgt. Das gilt für große wie für kleine Unternehmen.

Letztlich machen Menschen den Unterschied!

BestPersCase: DDS Dresdner Direktservice GmbH

DDS Dresdner Direktservice

Gegründet 1998 als Inhouse Call Center der ehemaligen Dresdner Bank AG, heute Commerzbank AG, beschäftigt die DDS GmbH als eine selbstständige Tochtergesellschaft mit Hauptsitz in Duisburg mittlerweile rund 500 Mitarbeiter.

Die Personalaktivitäten eines Call Centers als Positivbeispiel für faszinierendes Personalmanagement? Das verwundert auf den ersten Blick. Denn in der Regel assoziiert man die Arbeit in einem Call Center mit einer Tätigkeit, die von „jederzeit austauschbaren" und mehr oder weniger qualifizierten Zeitarbeitskräften ausgeführt wird.

Die DDS GmbH gilt in der Branche der Call Center als Vorzeigeunternehmen, was sich letztlich auch im Sieg des BestPersAward zeigte. Bei der DDS GmbH wird Personalarbeit als Dreiklang verstanden:

- Den *Grundton* bildet die Administration und damit das Arbeits- sowie Sozialversicherungsrecht. Hier rümpfen die Personalmanager gerne schon mal die Nase – zu alt, zu verstaubt, zu langweilig. Nur: Was hilft dem Mitarbeiter das schönste Assessment Center, wenn seine Gehaltsabrechnung nicht stimmt? Wie soll ein Mitarbeiter zum Unternehmen Vertrauen fassen, wenn schon der Arbeitsvertrag von Fehlern nur so wimmelt? So wird schnell klar, warum es sich hierbei um ein Basic handelt, das es zu beherrschen gilt.
- Der *mittlere Ton* besteht aus den betriebswirtschaftlichen Managementinstrumenten. Wer hier patzt, braucht sich nicht zu wundern, wenn er anschließend nur als „Kostenstelle Personal" wahrgenommen wird. Auch hier sind die Personalmanager wichtige Impulsgeber und Partner am Tisch der Unternehmensleitung. Dass die Implementierung eines aufwändigen Vergütungssystems einen positiven Einfluss besitzt, hat sich herumgesprochen. Aber erst professionelle Personalmanager machen den Einfluss erkenn- und messbar.
- Der *höchste Ton* zum harmonischen Dreiklang auf dem „Personalmanager-Klavier" ist die Personalqualifikation. Sie ist wahrscheinlich der schillerndste Teil, da sie psychologische Kenntnisse in breitem Umfang benötigt. Weil diese Wissenschaft jedoch einen vielfältigen Instrumentenkoffer zur Verfügung stellt, gilt es, hieraus individuell passende Maßnahmen zusammenzustellen.

„Personalmanager ist für mich tatsächlich ein faszinierender Traumberuf", sagt *Peter Meussen*, Personalleiter der DDS. Denn: Umfangreiche Gestaltungsmöglichkeiten wie diese bietet kaum ein anderer Beruf. Selten gibt es eine Gelegenheit, bei so vielen und tiefen Prozessen des Unternehmens Einblick und Einfluss zu nehmen sowie Menschen und ihre Entwicklung mit aufrichtigem Interesse zu begleiten.

BestPers Award

Vor diesem Hintergrund geht es in diesem ersten Kapitel darum, die Akteure im Personalmanagement kennen zu lernen und die faszinierende Erfolgswirksamkeit der Personalarbeit herauszuarbeiten. Den Einstieg in diese Thematik macht die Frage, ob der Mensch im Mittelpunkt steht oder lediglich „Mittel zum Zweck" darstellt (Abschnitt 1.2). Daraus leiten sich Überlegungen zur Personalarbeit als Erfolgsfaktor (Abschnitt 1.3) und zur Personalforschung (Abschnitt 1.4) ab. Im Ergebnis zeigt sich die Faszination von Personalmanagement, nicht zuletzt, weil es jeden von uns betrifft (Abschnitt 1.5) und nicht nur die Personalabteilung (Abschnitt 1.6).

1.2 Menschen als Mittel(punkt)

Da Personalarbeit etwas mit Menschen zu tun hat, bietet es sich an, mit der Rolle des Mitarbeiters im Unternehmen und seiner Berücksichtigung im Personalmanagement zu beginnen.

Leitbild: Menschen im Mittelpunkt

Unternehmensbroschüren und Webseiten im Internet stellen immer wieder auf den „Menschen im Mittelpunkt" ab. Dies gilt vor allem für die eleganten und verheißungsvollen Unternehmensleitbilder: Sie richten sich an Mitarbeiter, potenzielle Bewerber, Kreditgeber, Geschäftspartner und viele andere Personengruppen, die ein Interesse am Unternehmen haben. Diese Dokumente machen in schriftlich fixierter Form Aussagen über Ziele und Potenziale des Unternehmens sowie über die zur Erreichung der Ziele erforderlichen Verhaltensweisen. Besonders auffällig: Unternehmensleitbilder betonen immer wieder, warum der Mensch wichtig ist, und zeigen auf, welche Konsequenzen sich aus der Rolle des Menschen im Unternehmen ableiten.

Leitbilder

„Unsere Mitarbeiterinnen und Mitarbeiter setzen ihre individuellen Stärken und Kompetenzen gemeinsam für den Erfolg des Unternehmens ein. […] Wir fördern die Entwicklung unserer Mitarbeiterinnen und Mitarbeiter und beteiligen sie am Unternehmenserfolg. Unsere Führungskultur baut auf offenem Dialog, Motivation und vertrauensvoller Zusammenarbeit auf."[4]

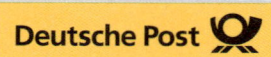

„Mit den richtigen Menschen am richtigen Platz wird es uns gelingen, die Wettbewerbsfähigkeit der Deutschen Telekom nachhaltig zu stärken. […] Damit werden wir sowohl unserer Verantwortung gegenüber unseren Mitarbeitern und unserem Unternehmen als auch gegenüber unseren Kunden und Aktionären gerecht."[5]

„Wir sind ein Unternehmen für und mit Menschen. Und es sind unsere Mitarbeiter, die unseren Konzern prägen. Effiziente und motivierte Mitarbeiter an unser Unternehmen zu binden und ihre Fähigkeiten und Talente weiterzuentwickeln sind zentrale Voraussetzungen für den nachhaltigen Erfolg unseres Unternehmens."[6]

METRO Group

„Von Menschen für Menschen – die Handelsbranche wird in besonderem Maße von den Mitarbeiterinnen und Mitarbeitern und ihrem Engagement für die Kunden geprägt. So stehen hinter dem Erfolg der METRO Group hoch motivierte Mitarbeiter in vielen Ländern der Welt."[7]

„Leistungsbereite und kompetente Mitarbeiter sind entscheidend für den unternehmerischen Erfolg. […] Das Ziel: Freiräume so gestalten, dass jeder Mitarbeiter unternehmerisch handeln kann und befähigt wird, sein Bestes für das Unternehmen zu geben."[8]

„Kreative, kompetente und engagierte Mitarbeiterinnen und Mitarbeiter sind eine der wesentlichen Grundlagen des unternehmerischen Erfolges. Aus diesem Grund spielen Aus- und Weiterbildung bei Axel Springer von jeher eine wichtige Rolle – als Investition in eine erfolgreiche Zukunft des Unternehmens."[9]

„Der Erfolg unseres mittelständischen Unternehmens wird in erster Linie von den Menschen bestimmt, die in ihm arbeiten. Ihre schöpferische Kraft, ihre Leistungsbereitschaft und ihre Motivation bilden die kompetente Basis für eine herausragende Marktpositionierung und den starken Motor für innovative Ergebnisse."[10]

Mitarbeiterorientierung als Idee mit langer Tradition

Den Mitarbeiter in den Mittelpunkt zu stellen, hat im Kontext der Sozialen Marktwirtschaft eine lange Tradition. Dieser wurde und wird gerade in der Sozialen Marktwirtschaft nicht rein funktionell als Produzent und Konsument gesehen, sondern als Individuum, das mit seinen persönlichen Bedürfnissen in die wirtschaftliche und gesellschaftliche Umwelt integriert ist.[11] „Der Mensch als Person ist mit unantastbarer Würde und entsprechenden Rechten ausgestattet und gilt als Träger, Mittelpunkt und Ziel der Wirtschaftsordnung, die der freien und verantwortlichen Selbstentfaltung aller dienen muss."[12] Für eine entsprechende Gestaltung der Wirtschaftsordnung machte sich insbesondere *Alfred Müller-Armack*, Leiter der Grundsatzabteilung des Wirtschaftsministeriums ab 1952 unter *Ludwig Erhard*, stark, weshalb er auch als Mitbegründer der Sozialen Marktwirtschaft gilt: „Es ist immer wieder gesagt worden, der Mensch habe im Mittelpunkt der Wirtschaft zu stehen."[13]

Erstellen eines personalwirtschaftlichen Unternehmensleitbildes

Übung 1.1

Sie sind Besitzer einer kleinen Bäckerei mit 14 Mitarbeitern und in der ganzen Region für Ihren Erdbeerkuchen bekannt. Aufgrund des Erfolges ist Ihre Mitarbeiterzahl beeindruckend gewachsen, weshalb Sie sich Gedanken um das Thema Personalmanagement machen. Als Einstieg haben Sie sich dieses Buch gekauft: Sie fragen sich, ob „richtige" Unternehmen wirklich ein lesenswertes Unternehmensleitbild besitzen. Daher begeben Sie sich ins Internet, suchen sich drei Leitbilder aus, die Sie besonders ansprechen, und analysieren, warum gerade diese Sie so faszinieren.

Wirklichkeit: Mensch doch „nur" Mittel?

Aus der Formulierung „der Mensch als Mittelpunkt" hat sich ein Wortspiel entwickelt, das viel über die gegenwärtige Personalarbeit in Unternehmen aussagt. Denn: Durch eine einfache Umstellung ergibt sich nämlich aus der positiv klingenden Aussage „der Mensch als Mittelpunkt" die jetzt in negativer Hinsicht aussagekräftige Formulierung „der Mensch als Mittel – Punkt!"

Es steht der Mensch im Mittelpunkt, der sein Geld wert ist.

„Die Rede von Menschen im Mittelpunkt hat ideologische Funktion, weil sie zwar gut gemeint, aber falsch ist. Der Arbeiter oder die Sekretärin erfahren tagtäglich, wenn es um Personalabbau, Entlohnung, Arbeitsbedingungen geht, dass sie nicht der Mittelpunkt sind. Wenn überhaupt, so steht allenfalls jener Mensch im Mittelpunkt unternehmerischen Interesses, der nützlich, knapp, wichtig, verwertbar ist, der sein Geld wert ist, weil er geldwerte Leistungen erbringt."[14]

Univ.-Prof. Dr. Oswald Neuberger (geb. 1941; Professor für Personalwesen)

Betrachtet man die reflexartige Fantasielosigkeit, mit der manche Unternehmen auf wirtschaftliche Schwierigkeiten sofort mit Entlassungen reagieren, so sind Mitarbeiter sicherlich für einige Unternehmensleitungen allenfalls ein probates Mittel zur eigenen Einkommensmaximierung. Für sie ist der Mitarbeiter tatsächlich nur ein Mittel, das dem Unternehmen Gewinne erwirtschaftet. Hinter einer solchen Aussage steht allerdings – auch wenn dies extrem klingt – die Grundfunktion jeglichen unternehmerischen Handelns, nämlich der sinnvolle Einsatz von Produktionsfaktoren. Gerade für einen Wirtschaftsstandort wie Deutschland, der wenig auf Bodenschätze abstellen kann, ist dabei allerdings das Humankapital, verstanden als Potenzial, das in den Mitarbeitern steckt, zentral für die gegenwärtige Leistung und zukünftige Entwicklung. Gleichzeitig stellt für die meisten Unternehmen die Frage der Personalkosten und des wirtschaftlichen Einsatzes der Mitarbeiter eine überlebenskritische Thematik dar. Aus dieser Logik heraus sind Mitarbeiter zwangsläufig auch (!) Mittel.

Die Idee, den Menschen in den Mittelpunkt zu stellen, dies allerdings nur in einer ganz speziellen Form, zeigt sich auch im bekannten Plakat von *Klaus Staeck* (Abbildung 1.1). Hier sieht man unter der Überschrift „Im Mittelpunkt steht immer der Mensch" ein entpersonifiziertes Gesicht, über dem ein Barcode gezeichnet ist. Dieses Bild drückt die systemimmantente Widersprüchlichkeit dieser Aussage aus.

Abbildung 1.1: Der Mensch im Mittelpunkt[15]

Schachspiel: Aber wer steuert die Figuren?

In dieser Dualität „Mensch im Mittelpunkt" versus „Mensch als Mittel" ergeben sich zwei Feststellungen: Zum einen sind Menschen der entscheidende Erfolgsfaktor, zum anderen ein bedeutender Kostenfaktor. Genau in dieser doppelten Herausforderung liegen die zwei Hauptaufgaben für das Personalmanagement: Es muss auf der einen Seite darauf achten, dass der Kostenblock nicht explodiert, und auf der anderen Seite sicherstellen, dass die Innovationskraft der Mitarbeiter erhalten bleibt, damit sie weiterhin zum Erfolg des Unternehmens beitragen.

Menschen als Kostenfaktor oder als Erfolgsfaktor?

Hinter den Aussagen „Der Mensch als Mittel" und „Der Mensch im Mittelpunkt" stecken zwei gegensätzliche Sichtweisen:
- Als *Objekt* werden die Mitarbeiter durch die Personalarbeit gesteuert. Die Mitarbeiter sind also Schachfiguren, die von der Unternehmensleitung beziehungsweise der Personalleitung „eingesetzt" werden.
- Als *Subjekt* sind die Mitarbeiter selbstständige Akteure. Damit werden sie zu eigenverantwortlichen Schachfiguren mit eigenen Zielen und eigenen Strategien – ein Bild, das zuvor im normalen Schachspiel nicht existiert, in der betrieblichen Personalarbeit aber durchaus denkbar ist.

Personalarbeit ist daher wie Schach spielen. Die Frage ist nur, ob die Mitarbeiter Schachfiguren oder Schachspieler sind.

Im neuen Denken eines zukunftsorientierten Personalmanagements gilt es, beide Argumentationslinien zu akzeptieren und auszubauen: Mitarbeiter sind dann zwar weiterhin Schachfiguren, sie steuern sich aber zusätzlich – idealerweise – selbst in Richtung eines übergeordneten Ziels. Dies bedeutet auf der einen Seite für einen zahlenorientierten Controller, die spezifische Rolle von Menschen als konstitutive Elemente im Unternehmen zu erkennen. Auf der anderen Seite muss ein sozialromantischer Personalentwickler, der bereits den Begriff „Humankapital" als ethisch nicht vertretbar einstuft, in einer Vorstandssitzung „Mitarbeiter" als „wichtiges Vermögenspotenzial" in die Diskussion einbringen (Abbildung 1.2).

Schachfiguren, die sich selbst steuern

Mit „Menschen versus Zahlen", „Mittel versus Mittelpunkt", „Kosten versus Vermögen" und „Subjekte versus Objekte" gibt es unterschiedliche Sichtweisen, die ein zukunftsorientiertes Personalmanagement miteinander verbindet.

Im Ergebnis impliziert dieses Verständnis einen neuen Denkansatz. Genau dieser macht das zukunftsorientierte Personalmanagement so faszinierend!

Abbildung 1.2: Menschen im Personalmanagement

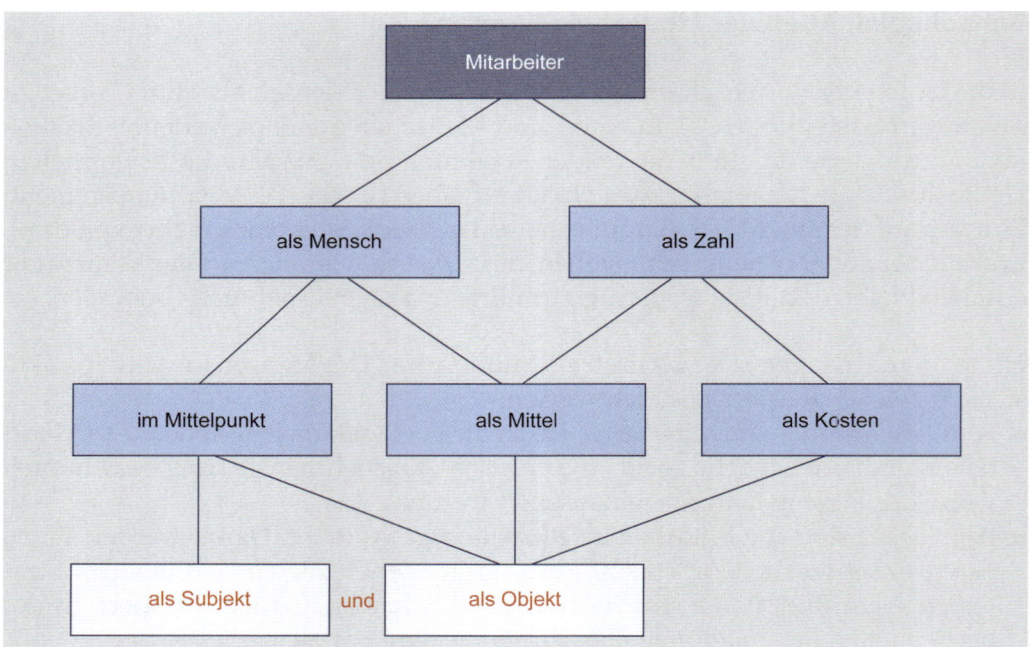

1.3 Personalarbeit als Erfolgsfaktor

Personalarbeit erhält ihre Bedeutung durch ihren Einfluss auf den Erfolg des Unternehmens. Denn nur mit den richtigen, gut aus- und weitergebildeten sowie motivierten und bindungsbereiten Mitarbeitern können Unternehmen erfolgreich agieren. Personalarbeit ist demnach ein zentraler Erfolgsfaktor, da sie Effekte freisetzt, die für den Erfolg des Unternehmens wichtig sind.

Effekte, die man kennen muss!

Um die Wichtigkeit der Personalarbeit innerhalb von Unternehmen zu untermauern, haben sich Forscher seit langem mit der Frage beschäftigt, welchen konkreten Erfolgsbeitrag die Personalarbeit für den Gesamterfolg des Unternehmens leisten kann. Eine Metastudie zu diesem Thema resümiert zentrale Erkenntnisse des Beitrags der Personalarbeit zum Unternehmenserfolg (Tabelle 1.1).

Wie hängen Personalarbeit und Unternehmenserfolg zusammen?

Diese aufgeführten Studien belegen alle einen Zusammenhang zwischen professionellem[22] Personalmanagement und Unternehmenserfolg. Allerdings konstatieren viele empirische Arbeiten lediglich ein gemeinsames Auftreten dieser Werte. Ob damit also beispielsweise
– der Unternehmenserfolg die Mitarbeiterzufriedenheit oder
– die Mitarbeiterzufriedenheit den Unternehmenserfolg
beeinflusst, bleibt oft offen.

Verfasser der Studie	Inhalt
Mark Huselid	Eine Studie in 968 Unternehmen aus den USA zeigte einen signifikanten Einfluss von Mitarbeiterqualifikation und Arbeitsmotivation auf den Unternehmenserfolg.
Christian Scholz/Volker Stein	In 242 Unternehmen aus 11 Ländern wurden interne Kommunikation, diverse Belohnungssysteme, Früherkennung von High Potentials und Fähigkeitsentwicklung als erfolgskritische Aktivitäten eingestuft.
Mark Huselid/Susan Jackson/Randall Schuler	In 293 Unternehmen in den USA konnte ein positiver Zusammenhang von Personalmanagementeffektivität auf den Unternehmenserfolg nachgewiesen werden.
Casey Ichniowski/Kathryn Shaw/Giovanna Prennushi	In 36 US-amerikanischen Stahlunternehmen konnten Unterschiede in der Produktivität je nach Ausgestaltung des Personalmanagementsystems gezeigt werden, wobei die Produktivität mit zunehmendem kooperativen und innovativen Personalmanagement stieg.
Gedaliahu Harel/Shay Tzafrir	Eine Studie in 76 israelischen Unternehmen ergab, dass vor allem die Personalselektion einen signifikanten Einfluss auf den Markterfolg hat. Auch Training von Mitarbeitern weist einen signifikanten Einfluss auf organisatorischen und marktbezogenen Erfolg auf.
PriceWaterhouseCoopers	In 1.056 Unternehmen diverser Branchen und Größen aus 47 Ländern konnte nachgewiesen werden, dass eine dokumentierte Personalstrategie einen deutlich höheren Umsatz pro Mitarbeiter sowie deutlich geringere Fehlzeiten mit sich bringt.

Fragen, die man beantworten muss!

Personalmanagement, in der wissenschaftlichen Literatur[24] sowie in der unternehmerischen Praxis[25], bezieht sich auf eine Vielzahl von Fragestellungen: Sie betreffen Routineaufgaben, wie die richtige Berechnung des monatlichen Gehalts ebenso wie ganz spezielle Aufgaben, beispielsweise die Suche nach IT-Fachkräften oder die Einführung eines neuen Berechnungssystems für Leistungszulagen.

Heruntergebrochen auf konkrete Tätigkeiten verdichten sie sich jedoch schnell zu elementaren Fragen, die den Kernbereich der Personalarbeit ausmachen. Dies sind im Wesentlichen folgende fünf Schlüsselfragen (Abbildung 1.3):
(1) Wie gewinne ich die richtigen Leute für mein Unternehmen (*Akquisition*)?
(2) Wie bezahle ich Mitarbeiter leistungsadäquat (*Kompensation*)?
(3) Wie entwickle ich Mitarbeiter weiter (*Qualifikation*)?

(4) Wie halte ich die guten Leute in meinem Unternehmen (*Retention*)?
(5) Wie begeistere ich die guten Leute für mein Unternehmen (*Motivation*)?
Diese fünf Schlüsselfragen beziehen sich auf die Kernfelder der Personalarbeit, die auch unter dem Begriff „Talentmanagement" in der aktuellen Literatur[26] genannt werden.

Abbildung 1.3:
Schlüsselfragen des
Personalmanagements

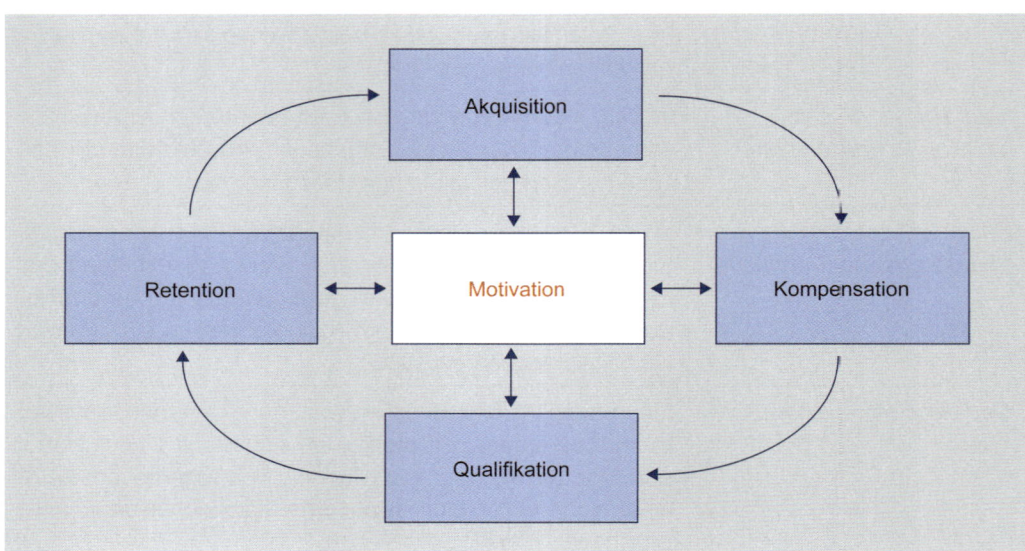

An diese fünf Fragen schließen sich weitere Aufgaben an, die ein professionelles Personalmanagement bearbeiten muss. Dazu zählen
– die Organisation der Personalarbeit,
– die Berechnung der benötigten Mitarbeiter,
– die Zuordnung von Mitarbeitern zu Aufgaben und Stellen,
– die betriebs- oder verhaltensbedingte Freisetzung von Mitarbeitern und
– die Führung von Mitarbeitern und Teams.
Sowohl die Schlüsselfragen als auch die weitergehenden Aufgaben verdeutlichen die gegenwärtig an das Personalmanagement gestellten Herausforderungen ebenso wie die mit ihrer Bewältigung verbundene Faszination.

Bei der Diskussion um Personalarbeit in kleinen und mittleren Unternehmen (KMU) kommt im Regelfall der Hinweis auf die Unternehmensgröße, wonach in einem KMU die Personalarbeit nach anderen und vor allem einfacheren Gesetzmäßigkeiten abläuft. Dies liegt insofern nahe, als kleinere Unternehmen im Regelfall über weniger beziehungsweise andere Ressourcen zur Personalarbeit verfügen und auch nicht die Prozesskomplexität von Großunternehmen beherrschen müssen. Trotzdem muss die Personalarbeit im Ergebnis funktional gleichwertig sein, weil weder Kunden noch Mitarbeiter bei einem KMU einen

„KMU-Mitleidsbonus" verteilen und auf Professionalität in der Personalarbeit nicht verzichten wollen.

„Anders" bedeutet nicht „schlechter"!

Begriffe, die man kennen sollte!

Personalarbeit, Personalmanagement, Personalpolitik – und vieles andere mehr – sind Worte, die sehr ähnlich klingen. Auch wenn sich diese Begriffe inhaltlich auf die weitgehend gleiche Sache beziehen, haben sie dennoch unterschiedliche Bedeutungen:

- *Personalarbeit* (englisch Personnel Management) ist jede Aktivität, die den Mitarbeiter betrifft. Hierzu zählen Führungsaktivitäten, genauso aber auch ungesteuerte und zufällige Verhaltensweisen.
- *Personalabteilung* (englisch HR-Department) ist die organisatorische Einheit, die zentrale Teile der Personalarbeit realisiert.
- *Personalmanagement* (englisch Human Resource Management) ist der konzeptionelle Ansatz, mit dem Personalarbeit realisiert werden kann.
- *Personalwirtschaft* (englisch Personnel Management) ist ebenso wie das *Personalmanagement* der konzeptionelle Ansatz der Realisierung der Personalarbeit mit dem Ziel, den Gewinn zu maximieren.
- *Personalverwaltung* (englisch Personnel Administration) umschreibt, wie auch *Personalwesen*, administrative Tätigkeiten, beispielsweise die formelle Einstellung des Mitarbeiters oder die Berechnung des Gehalts.
- *Humankapitalmanagement* (englisch Human Capital Management) bedeutet eine gezielte Analyse und Optimierung von Humanvermögen.
- *Personalpolitik* (englisch Personnel Policy) ist die übergeordnete Leitidee, die das Unternehmen im Umgang mit dem Mitarbeiter verfolgt.

Darüber hinaus gibt es mit „HR" im angloamerikanischen Sprachraum noch eine Bezeichnung, die manchmal für Verwirrung sorgt: Denn Human Resources (HR) bezeichnet sowohl die Mitarbeiter als auch die Personalabteilung.

Kenntnis wichtiger Begriffe

Übung 1.2

Während Sie gemütlich in diesem Buch schmökern, schaut Ihnen Ihr Auszubildender zum Konditor über die Schulter. Verschämt versuchen Sie schnell das Personalbuch zu verstecken, aber zu spät. Die erste Frage lässt nicht lange auf sich warten: „So viele Wörter mit Personal … Was ist jetzt genau der Unterschied zwischen Personalarbeit, Personalwirtschaft und Personalverwaltung?" Kurz kommen Sie ins Schwitzen, können dann aber kompetent Auskunft geben und zusätzlich noch erklären, welche Begriffe für Ihre Bäckerei relevant sind – oder?

1.4 Personalforschung als wissenschaftliche Hochleistung

Ohne Wissenschaft wird es beliebig

Auch wenn sich Personalmanagement beziehungsweise Personalwirtschaftslehre im Regelfall eher als anwendungsorientierte Arbeit[27] darstellt, so ist doch die Grundlagenforschung zentral auch für diese Disziplin: Nur streng an wissenschaftlichen Kriterien ausgerichtet, ist Hochleistung möglich. Wie aber kann man wissenschaftlich untermauert personalwirtschaftliches Wissen erlangen, beurteilen und letztlich anwenden?

Induktion und Deduktion

In der betriebswirtschaftlichen Forschung unterscheidet man zwei vollkommen unterschiedliche Vorgehensweisen, wie man zu wegweisenden Erkenntnissen kommt und lernt, Phänomene zu verstehen. Gerade weil diese beiden Wege teilweise vermischt und – noch schlimmer – unreflektiert in ihren Konsequenzen umgesetzt werden, tut man doch gut daran, sie klar auseinanderzuhalten.

Die historisch gesehen erste Vorgehensweise ist die *Induktion*. Sie ist zu verstehen als ein Weg, bei dem aus Einzelbeobachtungen auf allgemeine Aussagen geschlossen wird. Durch dieses Schließen werden Gesetzmäßigkeiten postuliert. Ein Beispiel für eine Induktion ist folgende Schlussfolgerung: (1) Kurt kommt aus Köln. (2) Kurt trinkt Weißbier. Daraus folgt (3): Alle Kölner trinken Weißbier. In diesem Fall wird also aus einer einzelnen Beobachtung auf eine als generell eingestufte Gesetzmäßigkeit geschlossen.

> **Es sind nicht alle Schwäne weiß.**
>
> „Nun ist es aber nichts weniger als selbstverständlich, dass wir logisch berechtigt sein sollen, von besonderen Sätzen, und seien es noch so viele, auf allgemeine Sätze zu schließen. Ein solcher Schluss kann sich ja immer als falsch erweisen: Bekanntlich berechtigen uns noch so viele Beobachtungen von weißen Schwänen nicht zu dem Satz, dass alle Schwäne weiß sind.“[28]
>
> *Sir Karl Popper* (1902–1994; österreichisch-britischer Philosoph)

Dass Induktion gefährlich ist, hat *Karl Popper* bereits aus der Frühzeit der Wissenschaftstheorie erkannt, indem er auf die Gefahren unzulässiger Verallgemeinerungen hinwies.[29] Derartige induktive Beobachtungen finden sich vor allem im Umfeld von unseriösen Unternehmensberatungen: Sie beobachten Verhalten und generalisieren. Diese Logik kann zu grotesken Ergebnissen führen: So könnte man beispielsweise aus den Erfolgen von Apple, Ebay und Google schließen, dass ein „e" im Firmennamen Erfolg induziert – was natürlich völliger (unbewiesener) Unsinn ist.

Trotzdem sind gerade viele der Aussagen, die Praktiker faszinieren, Induktionen, die zwar nichts beweisen, aber plausibel klingen. Eine extreme Form der Induktion ist die singuläre Induktion „Best Practice", bei der man aus einer einzigen Beobachtung auf Generalisierbarkeit schließt.

Anders als die Induktion ist die *Deduktion* ein Weg, bei dem man aus allgemeinen Aussagen auf spezielle Aussagen schließt. Ein Beispiel für eine Deduktion ist die Zusammenführung zweier Beobachtungen aus dem Saarland: (1) Die Saarländer essen gerne Lyoner. (2) Isolde kommt aus dem Saarland. Daraus folgt (3): Isolde isst gerne Lyoner.

Was isst Isolde?

Diese Form der Deduktion bezeichnet man auch als *logisch-analytische* Deduktion[30]. In der Personalwirtschaftslehre gibt es derartige Deduktionen unter anderem im Bereich der Personalführung und im interkulturellen Management. So weiß man, dass Griechen ein extremes Streben nach Unsicherheitsvermeidung haben.[31] Aus dieser allgemeinen Aussage kann man schließen, dass in Griechenland Mitarbeiterhandbücher, mit „allem, was man als Mitarbeiter wissen muss", umfangreich ausfallen müssen.

Neben der logisch-analytischen Deduktion gibt es eine zweite Form der Deduktion, die auf *William Whewel*[32] und *Karl Popper*[33] zurückgeführt wird. Diese *theoretisch-empirische* Deduktion ist zu verstehen als großzahlige Forschung, die mit dem Ziel der Falsifikation durchgeführt wird. In diesem Fall leitet man aus (vorläufig als) theoretisch gesicherten Basistheorien spezifische Arbeitshypothesen ab, die man einer empirischen Überprüfung unterzieht. Der Forscher versucht also, seine Hypothesen zu widerlegen und dadurch einen Erkenntnisgewinn zu erlangen. Gelingt dies nicht, muss die Hypothese als vorläufig wahr angenommen werden. Gerade bei Personaldirektion und Personalakquisition lassen sich durch theoriegestützte und empiriebasierte Deduktion sinnvoll-handlungsleitende Aussagen gewinnen.

Generell lässt sich festhalten: Ergebnisse der Induktion müssen nicht falsch sein. Sie müssen aber auch nicht richtig sein. Deduktionen führen dagegen zumindest zu Aussagen, die bis zu ihrer Falsifikation als temporär gesichert anzusehen sind.

Falsifikation: Nachweis der Ungültigkeit einer Aussage oder Theorie

Tradition und Innovation

Personalarbeit hat auch immer etwas mit Tradition zu tun. So ist das zukunftsorientierte Personalmanagement, wie wir es heute kennen, das Ergebnis einer Entwicklung.

Betrachtet man vor diesem Hintergrund die Historie der Personalprozessintegration in der Praxis, so führt dies zu sieben Phasen mit spezifischen Schwerpunkten (Abbildung 1.4):

(1) In den 1950er Jahren stand die reine *Personalverwaltung* im Vordergrund. Diese betraf die Lohn- und Gehaltsabrechnung sowie eine rudimentäre Basis für eine Personaleinsatzplanung. Hinzu kamen Impulse der Gewerkschaften zur Ausgestaltung betrieblicher Personalarbeit, die später in die betriebliche Mitbestimmung eingingen.

(2) In den 1960er Jahren suchte man formale Hilfsmittel für die *Personalstrukturierung*, die aber mit dem heutigen Verständnis von Personalmanagement noch wenig gemeinsam hatten. So wurden formularmäßig festgelegte Schaubilder und stark strukturierte Kontrollberichte als Voraussetzung für eine Personalplanung angesehen.

(3) In den 1970er Jahren erlebten Führungsmittel, wie Stellenbeschreibung und formalisierte Zielvereinbarung ihren Höhepunkt. Hinzu kamen die Personalqualifikation und speziell die *Personalbetreuung*, wodurch die Personalabteilung an Bedeutung gewann. Auch der Auftrag zur Umsetzung des Betriebsverfassungsgesetzes rückte die Personalabteilung in eine Schlüsselrolle.

(4) In den 1980er Jahren begann ein gradueller Wandel, denn – teilweise inspiriert durch amerikanische und japanische Vorbilder – entstanden erste Versuche einer *Personalstrategie*. Die betriebliche Personalarbeit stieg zum strategischen Wettbewerbsfaktor auf. Diese Bewegung war geprägt durch das hohe Lohnniveau in Deutschland und durch strukturelle Probleme der Beschäftigungslandschaft.

(5) In den 1990er Jahren liefen, geprägt durch Rezession, Lean Management und Business Reengineering, teilweise drastische Umstrukturierungen ab. Diese Phase war verbunden mit der Bewegung zur interfunktionalen Personalarbeit: *Personalinterfunktionalität* bedeutet, Personalaufgaben über das gesamte Spektrum der betrieblichen Funktionsbereiche zu verteilen.

(6) Anfang 2000 begann ein konjunkturelles Auf-und-Ab, das sich auch in der Organisation der Personalarbeit niederschlug. Die damit verbundenen Veränderungen der personalwirtschaftlichen Wertschöpfungskette führten zu einer *Personalprozessintegration* mit Personalfunktionsausdünnung und Einsparungen bis hin zur Schlagzeile „Media Saturn spart den Personalchef ein"[34]. Gleichzeitig nahm in dieser Phase die Anzahl externer Berater und Dienstleister überproportional zu.

(7) Ab 2010 muss es zu einer *Personalabteilungsstärkung* kommen, bei der die Wertschöpfung durch die HR-Abteilung in den Vordergrund rückt. Diese Innovation wird durch offensive Personalabteilungen eingeleitet, die über ihre eigene Professionalisierung nachweisbar zum Unternehmenserfolg beitragen.

Die Existenz dieser Entwicklungsschritte (die additiv aufeinander aufbauen) bedeutet jedoch nicht, dass sich alle Unternehmen konsequent in dieser Form weiterentwickelt haben. Die Phasendarstellung sagt vielmehr aus, dass fortschrittliche Unternehmen sukzessive neue Funktionen in ihren personalwirtschaftlichen Tätigkeitsbereich aufgenommen und diesen somit erweitert haben. Innovation verbindet sich also mit Tradition.

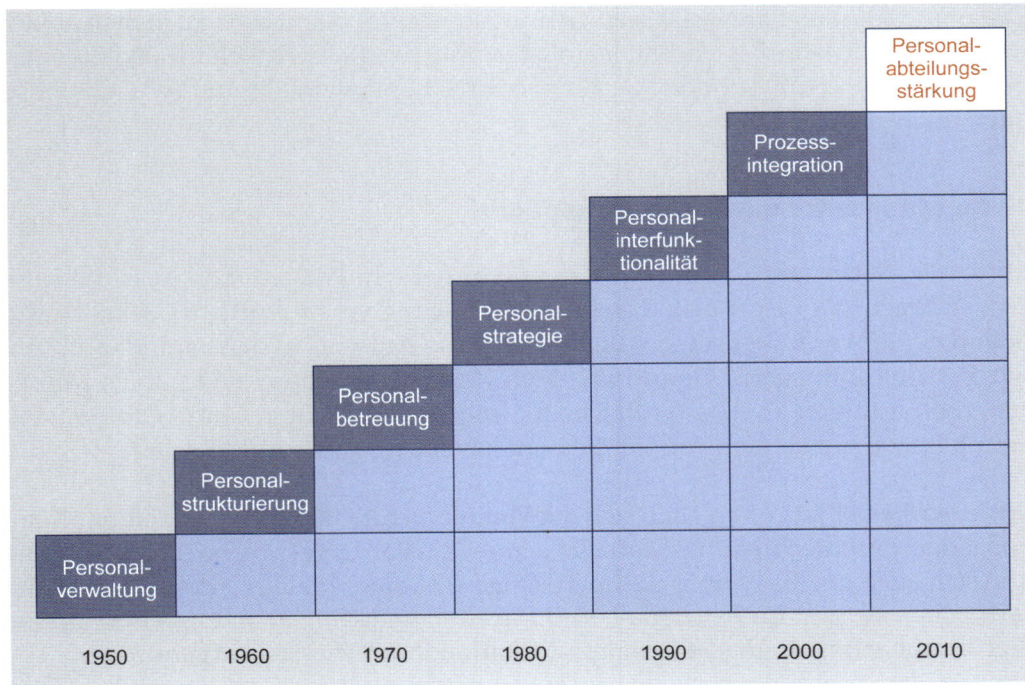

Abbildung 1.4:
Entwicklungsschritte der
Personalarbeit

1.5 Personalmanagement als Überlebenstraining

Sicherlich gibt es in der Betriebswirtschaftslehre manche Bereiche, die einem mehr   Personalmanagement
Spaß machen als andere. Ganz wenige Fälle haben aber unmittelbare Relevanz   geht jeden an
für alle (!) Studierenden und ihre gesamte (!) Zeit nach ihrem Studium – und zwar
unabhängig von der Berufsrichtung. Eines dieser Fächer ist das Personalmanagement, das bereits während des Studiums, aber auch danach, alle Studierenden
betrifft. Professionelle Kenntnisse des modernen Personalmanagements sind
somit zwingender Teil eines individuellen „Überlebenstrainings".

Jeder Student ein Personalmanager!

Wie bewerbe ich mich für mein Traumpraktikum und wie bekomme ich auch noch
Geld dafür? Durch welche Fächerkombination werde ich attraktiver für Arbeitgeber? Worauf muss ich bei Bewerbungsschreiben beziehungsweise Lebenslauf
achten und wie verlaufen Einstellungstests? Wo liegen die Tücken einer elektronischen Bewerbung? Was sind effektive Karrieresprungbretter, was (versteckte)
Ausbeutungsstellen?

Vor allem aber: Wie kann ich beginnend mit dem heutigen Tag meine eigene persönliche Erfolgsstrategie formulieren und implementieren, die nicht nur auf harter
Arbeit aufbaut, sondern das Prinzip „Erfolg und Spaß" konsequent umsetzt?

Diese und ähnliche Fragen lassen sich umso leichter beantworten, je mehr man personaladministrative Verhaltensmuster und personalwirtschaftliche Spielregeln nicht nur kennt, sondern sie auch in ihrer Logik versteht und für sich selbst nutzen kann.

Jeder Mitarbeiter ein Personalmanager!

Mitte der 1980er Jahre stellte ein Referent auf einem Personalkongress die suggestive Frage „Wer ist für die Personalentwicklung verantwortlich?". Unter dem Beifall der anwesenden Personalleiter rief er die Antwort in den Saal: „Natürlich wir Personalmanager!". Dem damaligen Zeitgeist entsprechend gab es Mitarbeiterbefragungen, in denen Mitarbeiter im gesamten Unternehmen ankreuzen konnten, wie gut sie sich von der Personalabteilung „umsorgt" fühlen.

Mitte der 1990er Jahre verschob sich die Verantwortung für die Personalqualifikation jedoch auf die Führungskraft. Sie war es, die Fördergespräche führen musste und sich auch den Kopf über die langfristige Weiterentwicklung des Mitarbeiters zerbrechen musste. Im Extremfall wird die Führungskraft auch durch ihre eigene Zielvereinbarung an die Personalqualifikation ihrer Mitarbeiter gebunden.

Lernen aus der New Economy

Spätestens seit dem Platzen der New-Economy-Blase 2001 und der Wirtschaftskrise 2008/2010 steht allerdings fest, dass letztlich jeder für sich selbst verantwortlich ist. Unabhängig davon, ob einem das gefällt: Wir leben in einer „Arbeitswelt ohne Stammplatzgarantie"[35], in der es zwischen Unternehmen und Mitarbeitern kaum noch dauerhafte und tragfähige Loyalitätsbeziehungen gibt. Der Mitarbeiter ist selbst für seine Qualifikationen verantwortlich. Deshalb muss jeder Mitarbeiter als Personalentwickler dafür sorgen, dass er
– für seinen aktuellen Job fit bleibt (Anpassungsqualifizierung) und
– sich für zukünftige Jobs vorbereitet (Aufstiegsqualifizierung).
Die Personalabteilung übernimmt also die Rolle des kompetenten Ansprechpartners, dessen Unterstützung der Mitarbeiter aber selbstständig einfordern muss. Damit ist jeder sein eigener Personalmanager.

Jede Führungskraft ein Personalmanager!

Unabhängig davon, dass jeder Mitarbeiter als Personalentwickler in eigener Sache auftritt, ergeben sich für die Führungskraft drei personalwirtschaftliche Tätigkeitsfelder:
(1) Die *Personalplanung* verlangt Personalbedarfskalkulation und die Budgetierung, wobei Führungskräfte immer häufiger in Diskussionen über die Größe ihres Bereichs beziehungsweise ihrer Gruppe eintreten müssen.
(2) Die *Personalverwaltung* bedeutet Mitwirken bei der Entgeltfestlegung, Vorbereitung von Arbeitszeugnissen und diverse Aktivitäten im Zusammenhang mit der Personalakte.

(3) Die *Personalführung* umfasst als Aufgabenfeld nicht nur unmittelbare Lenkungstätigkeiten, sondern alles, vom Mitarbeitergespräch bis zu Förderungsmaßnahmen, was zur Erhöhung der Motivation des Mitarbeiters beiträgt.

Ein großer Teil des gesamten Aktivitätsspektrums einer Führungskraft beinhaltet daher personalwirtschaftliche Aufgaben. Deshalb gilt zweifelsohne: Jede Führungskraft ist – ob sie es will oder nicht – zu mindestens 50 Prozent auch Personalmanager.

Damit gibt es vier Gruppen von Personalmanagern, nämlich Führungskräfte, Mitarbeiter, Studenten und natürlich Mitarbeiter der Personalabteilung (Abbildung 1.5). Bereits jeder Student sollte sich demnach schon früh über seinen möglichen Weg Gedanken machen sowie seine Fähigkeiten und Neigungen verstärken, um letztlich im Bewerbungsverfahren als passender Kandidat wahrgenommen zu werden. Auch jeder Mitarbeiter ist selbst für seine Personalentwicklung zuständig, unterstützt von der jeweiligen Führungskraft sowie der Personalabteilung. Dabei ist seitens des Mitarbeiters Eigeninitiative gefragt, wenn es um seine Weiterqualifizierung geht.

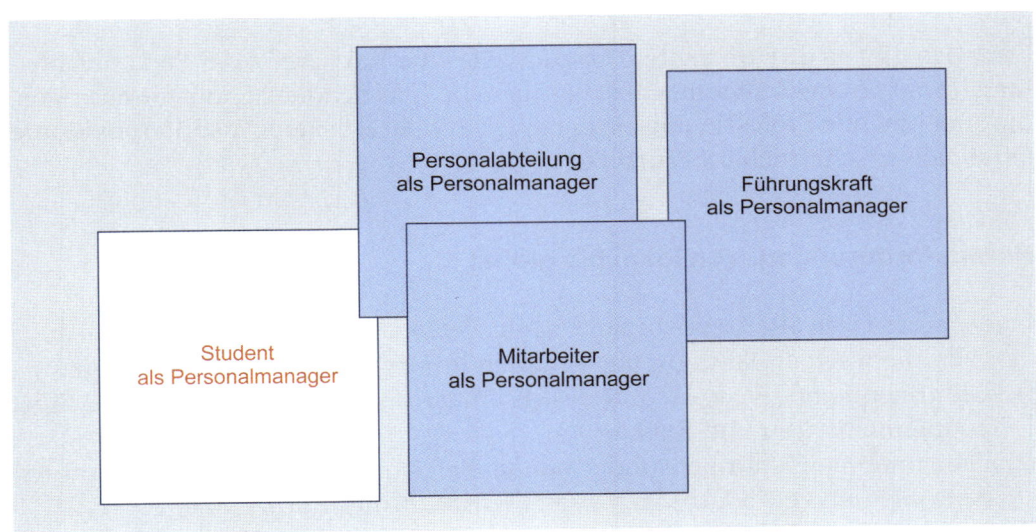

Abbildung 1.5: Vier Personalmanager

Erkennen der zentralen Aufgaben der Personalarbeit

Übung 1.3

Sie wollen herausfinden, was Personalarbeit nun eigentlich für ein Unternehmen bedeutet. Daher nehmen Sie noch einmal die selbst ausgewählten Unternehmen aus Übung 1.1 zur Hand und suchen nach Aussagen, wo diese Unternehmen die zentralen Aufgaben beziehungsweise Herausforderungen sehen, die auf die Personalarbeit zukommen.

1.6 Personalabteilung als Karriere-Chance

Eine Karriere in der Personalabteilung steht nicht bei allen Studierenden oben auf der Wunschliste für den beruflichen Aufstieg. Hierfür gibt es eine ganze Reihe von durchaus legitim erscheinenden Gründen. Manche Personalabteilungen wirken wie Relikte aus einer sozialromantischen Vergangenheit, in der die Aufgaben zwischen den Berufsfeldern Theologe, Sozialarbeiter und Personalmanager schwanken. Gleichzeitig reduzieren Unternehmen drastisch die Zuständigkeiten der Personalabteilung auf ein relativ langweiliges Minimum. In Extremfällen verlagern sie sogar Aktivitäten, wie die Betreuung der oberen Führungskräfte, von der Personalabteilung auf Stabsabteilungen unterhalb des Vorstandsvorsitzenden, um – so ein Manager eines DAX 30-Unternehmens – diese „wichtige Funktion vor gewerkschaftlicher Mitbestimmung zu schützen". Personalabteilungen sind zudem nicht selten „Elefantenfriedhöfe", auf denen „als fachfremde Quereinsteiger" diejenigen landen, die keine „richtige" Karriere machen konnten. Im Ergebnis werden manche Personalabteilungen lediglich auf operative Hilfsdienste beschränkt, weil „die Personalstrategie zu wichtig ist, als dass man sie dem Personalressort überlassen kann" (Originalzitat des Managers).

Warum Personalabteilung als Karriereziel? Dennoch gibt es drei unstrittige Gründe, die eine Karriere in der Personalabteilung immer interessanter machen: nämlich die spannenden Herausforderungen, die zunehmende Professionalisierung und die weitreichende Ausdifferenzierung personalwirtschaftlicher Berufsbilder.

Herausforderungen: Von lokal bis global

In einem sind sich alle Trendstudien[36] einig: Personalarbeit ist spannend wie noch nie! Vor allem sieben Bewegungen schaffen immer neue Herausforderungen:
(1) Die zunehmende *Deregulierung* des gesamteuropäischen Arbeitsmarktes führt zu mehr Chancen und Risiken.
(2) Die zunehmenden inner- und zwischenbetrieblichen *Verflechtungen* von Arbeitsabläufen verändern die personalwirtschaftliche Prozesskette.
(3) Die zunehmende *Internationalisierung* der Unternehmenstätigkeit schafft einen neuen Raum für ein europäisches plus globalisiertes Personalmanagement.
(4) Der zunehmende *Kostendruck* aufgrund des hohen Personalkostenanteils deutscher Unternehmen erzwingt personalwirtschaftliche Kosteneffizienz.
(5) Die zunehmende *Transparenz* der Unternehmensaktivitäten erlaubt ein genaues Beobachten der jeweils besten Konkurrenten und schafft Veränderungsdruck.
(6) Die zunehmende *Informationstechnologisierung* führt zu immer neuen Veränderungen der Arbeitswelt vor allem in Führungs- und Teamstrukturen.
(7) Der zunehmende *Leistungsdruck* in Unternehmen belastet das Betriebsklima. Zudem erwächst aus dem viel diskutierten Wertewandel das Bedürfnis der Mitarbeiter nach Individualisierung, also der Berücksichtigung ihrer persönlichen Wünsche.

Auf viele dieser Herausforderungen kennen weder akademische Forschung noch unternehmerische Praxis die zwingend richtigen Antworten. Gerade aber das erklärt die mit Personalmanagement verbundene Faszination, weil es hier noch große weiße Flecken gibt, die unbedingt rasch und sinnvoll gestaltet werden müssen.

Unabhängig von den generellen Herausforderungen, die sich aus den Verschiebungen der globalen Weltwirtschaft ergeben[37], steht angesichts des beträchtlichen innereuropäischen Handelsvolumens auch die Frage nach den Spezifika des Personalmanagements in Europa zur Diskussion. Hierfür haben sich zwei Denkschulen herausgebildet:

(1) Auf der einen Seite steht die überwiegend aus Großbritannien stammende *Konvergenzthese*[38]. Sie sieht seit Beginn der 1990er Jahre eine immer stärkere Annäherung der Personalarbeit in Europa. Grund dafür sind die normative Kraft von IT-Systemen und die Vereinheitlichung von gesetzlichen Normen in Europa. Beides zusammen führt zwangsläufig zu einem einheitlichen „European HRM".

(2) Auf der anderen Seite steht die aus Kontinentaleuropa stammende *Divergenzthese*, die keine derartig starke Angleichung sieht. Zwar gibt es gewisse Ähnlichkeiten in bestimmten Clustern (wie den nordischen Ländern), ansonsten aber arbeitet Europa wesentlich stärker polyzentrisch und mit weniger Universalismus und Standardisierung, als beispielsweise die USA. Aus diesem Grund ist eher von einem „HRM in Europe" auszugehen.

Inzwischen sehen aber bereits auch Vertreter der Konvergenzthese Anzeichen von beginnender Divergenz[39], weshalb man gegenwärtig eher von einem vielfältigen Personalmanagement in Europa sprechen kann.[40]

HRM in Europa statt europäisches HRM

Aktuell vorgelegte Beispiele von Mitgliedern der European Association for People Management (EAPM) lassen sich zu folgenden Beobachtungen verdichten[41]:

- Die Unterschiedlichkeit der Personalarbeit quer durch Europa spricht eindeutig für das Leitbild der *„unterschiedlichen Personalarbeit in Europa"*.
- Die verschiedenen Länder sind *stolz auf ihre Eigenheiten* und auf ihre Unterschiedlichkeiten, in denen sie klare Wettbewerbsvorteile sehen.
- Für identische Fragen (wie Gestaltung der Arbeitsbeziehungen) gibt es teilweise deutlich *unterschiedliche Antworten*.
- Bei anderen Fragen gibt es *einheitliche Antworten* bezüglich Herausforderungen (wie Arbeitskräftemangel) und Hoffnungen (wie Personalabteilungen als Business Partners).
- Diese Unterschiedlichkeit verlangt nach vergleichenden Analysen in Richtung auf HR-bezogene *competitive advantages* der einzelnen Länder, die über Arbeiten wie die von *Michael Porter*[42] hinausgehen.
- Nötig ist aber auch eine *Kontingenzanalyse*, bei der es um die Begründung der Unterschiede in der Personalarbeit und in den Personalsystemen mit Unterschieden in der Ausgangssituation geht (wie geografische Gegebenheiten und gewerkschaftlicher Organisationsgrad).

Faszination durch Vielfalt

Insgesamt belegt dies alles eindrucksvoll die Faszination dieser in Europa realisierten Vielfalt.

Dass die Faszination Personalmanagement besonders auch im Mittelstand spürbar ist, zeigte das „Expertenforum Mittelstand" der Süddeutschen Zeitung[43]: Unter Überschriften wie „Ich zahle 25.000 Euro weniger – kleinere Firmen bieten andere Qualitäten", „Erfolgsfaktor Mensch" und generell „Mitarbeiter finden, fördern, fordern" präsentierten Praxisbeispiele klare Belege dafür, dass eine Personalarbeit im Mittelstand nicht nur eine verkleinerte Fassung der Personalarbeit von Großunternehmen ist. Vielmehr lässt sich zunehmend eine eigene, mittelstandsspezifische Form der Personalarbeit erkennen.

Personalmanagement muss mit langfristiger Orientierung arbeiten.

„Das Personalmanagement muss deutlich machen, was Kompetenz, Synergie und Added Value konkret bedeuten und in welchem Maße die Personalarbeit zur Optimierung des wichtigsten Assets beitragen kann. Zugleich geht es darum, die Bedeutung von Identität und Gemeinschaft deutlich zu machen und allen kurzfristigen und nur an modischen Trends orientierten Handlungen mit gewisser Skepsis zu begegnen."[44]

Dr. Roland Schulz (geb. 1941; 1991 bis 2001 Personalchef der Henkel-Gruppe, seit 2004 Vorsitzender des Aufsichtsrats der Gothaer Versicherung)

Differenzierung: Professionalisierung statt Zertifizierung

Sicherlich gibt es auch bei der Personalwirtschaft Tendenzen zur Trivialisierung. Dies gilt für Lehrveranstaltungen an Hochschulen und diverse Angebote von Seminarveranstaltern ebenso wie für die praktische Personalarbeit. Trotzdem beginnt eine gegensätzliche Entwicklung. Dieser Trend zur Professionalisierung im Personalbereich resultiert aus der zunehmenden Umweltkomplexität und führt zu zwei Entwicklungen:

(1) Die Verbindung des Personalmanagements zum strategischen Management bewirkt, dass die Personalarbeit frühzeitig ihre Unterstützungsfunktion bei der Umsetzung der strategischen Ziele wahrnehmen und an der Zielbildung des Unternehmens mit Blick auf die verfügbaren Humanressourcen mitwirken kann.

(2) Gleichzeitig steigt die Notwendigkeit einer Professionalisierung bei nicht-strategischen Aufgaben, um eine Produktivitätssteigerung im Sinne einer möglichst effizienten Erfüllung anfallender Routinetätigkeiten zu erreichen.

Bedingung für eine Professionalisierung ist eine klare Entwicklungsstrategie für die Personalabteilung, die von den spezifischen Anforderungen an die Personalabteilung ausgeht und in eine solide Qualitätskontrolle mündet.

In anderen Ländern hat sich zur Sicherstellung dieser professionellen Standards eine institutionelle Lösung durchgesetzt: So organisieren in den USA die Society for Human Resource Management (SHRM) und in Großbritannien das Chartered Institute of Personnel and Development (CIPD) entsprechende Qualifizierungs- und Akkreditierungsprogramme für Personalmanager, wobei die gesamte Bandbreite vom Praktiker bis zu den Hochschulen eingebunden ist. In Deutschland ist eine solche Lösung aufgrund der Unterschiedlichkeit der beteiligten Akteure nicht zu erwarten.

Zertifizierter Personalmanager?

Professionelle Personalakquisition

Die O2 World in Berlin ist eine der modernsten Multifunktionsarenen Europas. Hier können bis zu 17.000 Besucher Konzerte, Sport und Entertainment auf höchstem Niveau erleben. Das alles hat aber nicht nur etwas mit Technik zu tun, sondern vor allem mit Personalmanagement. So braucht man neben 70 bis 80 fest angestellten Personen pro Veranstaltung bis zu 1.000 Leute in diversen Schichtmodellen. Das verlangt professionelle Personalakquisition, Allokation sowie Integration und Qualifikation. Und schließlich müssen Frauen und Männer aus verschiedenen Altersklassen mit unterschiedlichem kulturellen Hintergrund integriert werden.[45]

Die Personalarbeit erstreckt sich beispielsweise von der Planung, Entwicklung und Implementierung verschiedener Entlohnungssysteme oder Qualifikationsmaßnahmen über Personalmarketing bis hin zur Rekrutierung oder zum Personalcontrolling. Hinzu kommen die Tätigkeiten rund um die Betreuung von Bewerbern, deren Auswahl und Einstellung im Unternehmen, wobei diese klassische Tätigkeit längst nicht mehr alleine in das Aufgabengebiet jedes Personalmanagers fällt. Aufgrund der vielen und komplexen Aufgaben, die im Personalmanagement anfallen, ist eine Spezialisierung eingetreten.

Anforderungen an Personalmanager hoch und vielfältig

Diese Entwicklung zeichnete sich bereits Mitte der 1990er Jahre ab, wie eine Analyse auf der Basis von Experteninterviews mit Topmanagern aus dem HR-Bereich namhafter amerikanischer Unternehmen zeigt: Demnach sind für leitende Personalmanager insbesondere Kompetenzen im Bereich der Führung, für HR-Spezialisten im Shared Service Center spezielle Kenntnisse für spezielle Sachfragen und für Mitarbeiter der Personalabteilung mit speziellem Aufgabenfeld beziehungsweise in Projektfunktion die Fähigkeit, Informations- und Beratungsfunktionen zu übernehmen, relevant.[46]

Neuere Studien zeigen ebenfalls diese Ausdifferenzierung und Spezialisierung hinsichtlich der angestrebten Kompetenzen für die unterschiedlichen Aufgabenträger der Personalfunktion und bestätigen diesen Trend.[47] Die in den letzten 15 Jahren viermal durchgeführte Human Resource Competency Study (HRCS)[48], die mehr als 27.000 HR-Professionals und Linienführungskräfte befragt, identifiziert für HR-Manager unter anderem die Kompetenz, an strategischen Entscheidungsprozessen bezüglich der Gesamtausrichtung der Unternehmen mitwirken zu können und zu dürfen, was weit über die reine Personalfunktion hinausgeht.

Ebenso werden – insbesondere getrieben durch das Internet – zunehmend Kenntnisse im Technologiebereich für den Personalmanager unerlässlich. Dabei geht es nicht mehr nur darum, administrative Aufgaben wie Zeiterfassung oder Lohnabrechnen zu erleichtern. Vielmehr gilt es zu hinterfragen, ob und wie neue technologische Entwicklungen gezielt für die Personalarbeit eingesetzt werden können. So könnten die neuen Web 2.0-Technologien und hier vor allem die sozialen Netzwerke zu einer Revolution in der Personalakquisition und im Personalmarketing führen. Ähnliches gilt für das Personalcontrolling, das durch Business-Intelligence-Lösungen und moderne Ansätze zum Data-Mining völlig neue Formen annehmen könnte. Dies setzt aber fundierte Kenntnisse der sich im ständigen Wandel befindenden Informationstechnologie auch und gerade bei den Personalmanagern voraus.

1.7 Ausblick

Sechsfache Faszination

Hinsichtlich der Faszination von Personalmanagement bedeutet dies:

Faszination als überraschendes Thema! Ein betriebswirtschaftliches Buch zum Personalmanagement mit einem Kapitel unter der Überschrift „Faszination" zu beginnen, scheint vielleicht etwas ungewöhnlich: Zu häufig sind die Fälle, bei denen gerade „Personalarbeit" in reiner Administration stecken bleibt und sich „Personalstrategie" nur auf Personalkostenreduktion bezieht.

Faszination durch Erfolg! Das wirtschaftliche Ergebnis eines Unternehmens hängt von den Mitarbeitern und damit vom Personalmanagement ab. Dass dies nicht trivial ist, versteht sich von selbst und erklärt auch, warum es letztlich doch wenige Unternehmen schaffen, gerade durch die Personalarbeit einen Wettbewerbsvorteil aufzubauen. Allerdings haben diejenigen, die dies schaffen, tatsächlich einen Vorsprung, der nicht leicht aufzuholen ist: Denn gerade diese Mitarbeiter (und damit die Personalarbeit) stellen einen nur schwer imitierbaren Erfolgsfaktor dar.

Faszination als Kopierschutz! Google und Apple sind nicht nur wegen ihrer Produkte erfolgreich. Diese Firmen schaffen es, gute Mitarbeiter anzuziehen, sie noch besser zu machen, sie sinnvoll einzusetzen und sie vor allem auch im Unternehmen zu halten. Aber obwohl man das teilweise schon sehr lange weiß (bei Apple sind dies schon mehr als 20 Jahre), schaffen es die wenigsten Konkurrenten, dieses Erfolgsrezept „einfach" zu kopieren.

Faszination Personalarbeit! Sicherlich ist Personalmanagement bei Apple und Google so beeindruckend, dass man den Mitarbeitern eigene T-Shirts mit den Logos verkaufen kann. Aber die Faszination ist auch in kleineren Unternehmen und in anderen Branchen machbar. Dies setzt aber eine solide Personalarbeit und eine entsprechende Professionalisierung voraus. Die dazu notwendigen Techniken werden in den nachfolgenden Abschnitten erläutert.

Faszination durch Verstehen! Das Besondere am Personalmanagement entsteht aber nicht nur durch ein simples Anwenden von Methoden. Warum schaffen es manche Unternehmen besser als andere, ihre Mitarbeiter zu motivieren? Warum vernichtet ein Automobilunternehmen 5 Milliarden Euro Humankapital pro Jahr, während andere erfolgreiche „Humankapitalisten" werden, wodurch Mitarbeiter wie Anteilseigner profitieren?

Faszination durch Menschen! Wenn man erfolgreiche Manager über ihre Rolle im Unternehmen sprechen hört – und einige Beiträge in diesem Buch spiegeln dies eindrucksvoll wider – merkt man, dass es hier nicht um ein Abarbeiten von arbeitsrechtlichen Vorgängen und reflexartiges Auswerten von Ertragssicherungsprogrammen geht. Vielmehr stehen wirklich Menschen im Mittelpunkt und es wird permanent Faszination durch Personalarbeit kommuniziert.

Stefan Lauer, **Mitglied des Vorstands, Aviation Services und Human Resources, Deutsche Lufthansa AG**

Faszination HR bei der Lufthansa: HR nur für Personalmanager?

In den DAX30-Unternehmen bilden die Personalkosten einen Anteil je nach Industrie von sieben bis über 60 Prozent der Gesamtkosten. Wir bei der Lufthansa geben als Dienstleistungsunternehmen rund 24 Prozent unseres Umsatzes für die Löhne unserer Mitarbeiter aus. Eine solche Größenordnung verlangt bereits von jedem guten Betriebswirt eine entsprechende Aufmerksamkeit. Es wäre jedoch deutlich zu kurz gesprungen, wenn man das Thema „Personal" nur auf die direkten Kosten reduziert.

Die Mitarbeiter eines Unternehmens haben durch ihre Tätigkeiten einen signifikanten Einfluss auf die gesamten Erlöse und Kosten eines Unternehmens. Aufgrund der hohen Bedeutung, die das Personal branchenübergreifend für den jeweiligen Unternehmenserfolg hat, darf die Personalarbeit nicht alleine auf den Human Resources Bereich delegiert werden.

Ein gutes Verständnis von HR muss für jeden Manager genauso zur Basisausstattung gehören wie eine Grundausbildung in Sachen Finanzen. Deshalb ist es wichtig, das Thema „Personal" nicht zu einem Wahlfach der Betriebswirtschaftslehre für angehende „Personalmanager" zu degradieren. Denn, wo Mitarbeiter und Teams gesteuert und geführt werden, müssen Führungskräfte oder Projektleiter Lösungen finden können, wie das Potenzial jedes einzelnen Mitarbeiters zur Optimierung des unternehmerischen Erfolgs entfaltet werden kann.

Und genau hier beginnt das spannende Doppelpass-Spiel zwischen Geschäftsbereichen im In- und Ausland einerseits und zentralen HR-Abteilungen andererseits. HR ist hier ein Gestalter und Dienstleister mit ständig neuen Herausforderungen sowie Veränderungs- und Verbesserungsbedarf. Anhand zweier Beispiele kann dieses exemplarisch verdeutlicht werden:

- Die mit unserer Marke verbundenen Werte und Qualitätserwartungen beeinflussen maßgeblich die Kaufentscheidung unserer Kunden. In einem Dienstleistungsunternehmen wie Lufthansa prägen die Mitarbeiter das Markenbild signifikant. Wenn der Kunde unser Markenversprechen an Bord nicht wieder findet, dann leidet das Markenbild. Die Auswahl des richtigen Personals, die optimale Gestaltung und Durchführung der Trainings, ein gutes Arbeitsumfeld sowie eine entsprechende Atmosphäre sind daher kritische Erfolgsfaktoren. Dies zu verstehen und gleichzeitig ein Grundverständnis für die entsprechenden Stellhebel und Maßnahmen zu entwickeln, ist nicht nur die Aufgabe der HR-Manager, sondern die Aufgabe aller Führungskräfte im Lufthansa Konzern. Nur so kann ein konstruktiver Dialog mit den HR-Experten geführt werden; nur so werden Handlungsfelder zur Optimierung sichtbar.
- Ebenfalls ein erfolgskritisches und gleichzeitig bereichsübergreifendes Thema ist das Talentmanagement. Es zielt auf die Gewinnung, Entwicklung und Bindung von Mitarbeitern für Schlüsselpositionen im Unternehmen. Diese sollen durch Kreativität, analytische Exzellenz, besondere Expertise und/oder operatives Geschick das Unternehmen nachhaltig auf Erfolgskurs halten. Die Bedeutung des Themas Talentmanagement zu kennen und Grundzüge von Lösungsansätzen zu verstehen, darf nicht das Geheimnis von HR bleiben. Es gilt also, dieses in alle Unternehmensteile zu kommunizieren und hineinzutragen.

Im Wettbewerb um die besten Talente stellt HR made by LH unseren Führungskräften professionelle Plattformen und Prozesse zur Verfügung: Über „be-Lufthansa.com" gehen jedes Jahr über 100.000 Bewerbungen bei uns ein. Die Führungskräfte können in diesem Interessentenpool schnell und gezielt nach geeigneten Profilen suchen. Gleichzeitig können sie ihre freien Positionen über webbasierte Tools auf dem internen Arbeitsmarkt platzieren und so die „Richtigen" für ihre Bereiche gewinnen. Die Lufthansa School of Business – 1998 als „Corporate University" Deutschlands gestartet – ist die Weiterbildungs- und Dialogplattform für Lufthanseaten in aller Welt. Auch ihr Programmportfolio steht den Führungskräften zur Entwicklung der Mitarbeiterpotenziale zur Verfügung.

Professionelle HR-Plattformen und -Prozesse sind das Eine. Die gelebte und professionell umgesetzte Führung das Andere. Wenn man sich in Studien die ausschlaggebenden Kriterien für die Wahl des Arbeitgebers oder für Loyalität, Bindung und Motivation von Mitarbeitern genauer ansieht, dann werden dort immer wieder Punkte wie anspruchsvolle, sinnstiftende Tätigkeit, Gestaltungsfreiräume, Entwicklungsperspektiven, Work-Life-Balance und vor allem der respektvolle Umgang hervorgehoben. Interessanterweise sind die meisten dieser Aspekte unmittelbar von der Führungsleistung abhängig oder zumindest stark von ihr beeinflussbar. Die unmittelbare Führungsleistung hat hier im Vergleich zur HR-Abteilung den größeren Wirkungsgrad. In einem solchen Kontext steuert HR lediglich die vorbereitenden Spielzüge bei und gibt den entscheidenden Pass in den „freien Raum" – der gewinnbringende Torschuss ist und bleibt letztendlich aber eine Führungsaufgabe.

Hier ist unmittelbare Führung gefragt: das heißt, kluge Führungskräfte, die ein gutes Verständnis von HR-Aspekten haben und authentisch, fair und mit gegenseitiger Wertschätzung ihre Mitarbeiter zu den vereinbarten Zielen navigieren.

Bei Lufthansa beschreibt der LH Leadership Kompass die Kompetenzen, die wir von unseren Führungskräften erwarten. Dieses weltweit eingesetzte Kompetenzmodell wird als „Messlatte" bei Auswahl und Bewertung unserer Führungskräfte angelegt. Es stellt sicher, dass die verlangten Eigenschaften bei unseren (angehenden) Führungskräften auch vorhanden sind beziehungsweise entwickelt werden.

Aufgaben und Fragen zur Selbstüberprüfung

1. Erklären Sie den in diesem Kapitel angesprochenen Vergleich von Arbeitnehmern mit Schachfiguren!

2. Welche Sichtweisen auf den Mitarbeiter müssen in einem erfolgreichen Personalmanagement verbunden werden?

3. Nennen Sie die fünf Hauptaktivitätsfelder der Personalarbeit!

4. Worin besteht der Unterschied zwischen Personalwirtschaft und Personalmanagement?

5. Erklären Sie den Unterschied zwischen Induktion und Deduktion in der Personalforschung!

6. Nennen Sie die sieben Phasen der historischen Entwicklung der Personalarbeit!

7. Warum sind Mitarbeiter und Führungskräfte ebenfalls Personalmanager?

8. Nennen Sie die sieben Trends, die zukünftig die Personalarbeit beeinflussen!

9. „Personalmanagement als mein persönliches Überlebenstraining?" Entwickeln Sie Ihr persönliches Trainingsprogramm basierend auf dieser Aussage!

Kapitel 2

Konzeption: Welche implizite Logik steht hinter dem Personal-management?

Kapitel 2 Konzeption: Welche implizite Logik steht hinter dem Personalmanagement?

Inhalt

Fakten

Der Einfluss von HR bei Umsetzungsentscheidungen wächst: Mittlerweile ist in 54 % der Unternehmen die Personalabteilung an der Entscheidung über strategische Aktivitäten beteiligt.[49]

36 % der Unternehmen sehen die Positionierung von HR als Business Partner als eines der wichtigen Themen für die kommenden Jahre.[50]

68 % der Unternehmen messen dem Human Resource Management eine steigende Bedeutung bei.[51]

Lernziele

- Sie erfahren, welche generellen Ausrichtungen es im Personalmanagement gibt.

- Sie erleben, auf welchen Planungsebenen Personalmanagement stattfindet.

- Sie wissen, welche Aufgaben und Fragestellungen sich hinter den einzelnen Aktivitätsfeldern verbergen.

- Sie verstehen die Aktivitätsfelder im Personalmanagement.

- Sie lernen, Felder, Ebenen und Ausrichtungen im Personalmanagement zu verbinden.

2.1 Überblick

Im Prinzip ist Personalarbeit ein einfacher Vorgang: Man muss lediglich dafür sorgen, dass Mitarbeiter in ausreichender Zahl und ausreichender Qualität zum erforderlichen Zeitpunkt an der erforderlichen Stelle sind. Hinter diesem simpel klingenden Postulat steckt eine umfangreiche Prozesskette aus unterschiedlichen Aktivitäten. Deshalb ist es notwendig, zunächst Klarheit über die Funktion der einzelnen Aktivitäten herzustellen, um sie nachher in eine vernünftige Ordnung zu bringen.

Dabei bietet es sich an, alle Aktivitäten entlang der acht Managementfelder des Personalmanagements zu systematisieren (Abschnitt 2.2) und die verschiedenen Ebenen des Personalmanagements zu erklären (Abschnitt 2.3). Schließlich kann Personalmanagement grundsätzlich eher informationsorientiert oder eher verhaltensorientiert ausgestaltet werden, wobei eine Kombination beider Sichtweisen sinnvoll für ein professionelles Personalmanagement ist (Abschnitt 2.4).

BestPersCase: Vereinigte Sparkassen im Landkreis Weilheim in Oberbayern

Die Vereinigten Sparkassen im Landkreis Weilheim sind mit 23 Geschäftsstellen in ihrem Geschäftsbereich vertreten. Über 400 Mitarbeiter betreuten 2008 eine Bilanzsumme von rund 1,5 Milliarden Euro.

Auch wenn *Roland Jeckle,* Personalleiter der Vereinigten Sparkassen im Landkreis Weilheim in Oberbayern, noch nicht alle Bereiche zu 100 Prozent in den Strategieprozess integriert sieht, verdeutlicht dieses Beispiel, dass auch in mittelständischen Unternehmen eine durchgängige und handlungsbezogene Personalstrategie existieren kann.

Die Vereinigten Sparkassen haben den Ablauf zur Strategieformulierung als periodisch ablaufenden und systematischen Prozess konzeptioniert und implementiert:
(1) Der Austausch mit den Mitarbeitern sichert, dass die Strategie stimmig zum Unternehmen ist.
(2) Im Dialog des Personalleiters mit der gesamten Personalabteilung werden die Ideen der Mitarbeiter aufgegriffen und fachspezifische Impulse gegeben.
(3) In Strategiepapieren werden die Anregungen an den Vorstand weitergegeben, der im Rahmen einer Klausurtagung die Strategie der Abteilungen abstimmt und darauf aufbauend eine gemeinsame Unternehmensstrategie formuliert.
Ebenso wichtig wie die Erstellung der Personalstrategie ist deren Überprüfbarkeit. Dazu müssen konkrete Zahlen herangezogen werden können, die schwarz auf weiß Informationen über das (Nicht-) Erreichen von Strategiezielen geben. Als kritischer Erfolgsfaktor gilt deshalb bei den Weilheimern unter anderem der ermittelte Zufriedenheitsindex in den Mitarbeiterbefragungen.

Auch wenn der Personalverantwortliche nicht auf Vorstandsebene mitentscheidet, werden die Konzepte der Personalabteilung aufgenommen. Der systematische und abteilungsübergreifende Prozess stellt zudem sicher, dass neben den Mitarbeitern auch Kunden, Eigentümer, Partner, Aufsichtsbehörden und die Gesellschaft insgesamt Berücksichtigung finden. *Roland Jeckle* stellt hierzu fest: „Unsere Mitarbeiter sind motiviert, und wir sorgen dafür, dass das so bleibt!"

2.2 Aktivitätsfelder im Personalmanagement

Ein Ansatz für die Personalarbeit besteht darin, nur gerade drängende Personalaufgaben zu lösen und alles andere in den Hintergrund zu schieben. Dieses Verfahren findet man in Unternehmen, die stolz auf ihre „pragmatische" Personalarbeit sind, dann aber doch in Schwierigkeiten geraten. Der Grund für diese Problematik liegt in dem zeitlichen Vorlauf, den Personalaktivitäten mit sich bringen: So dauert beispielsweise bereits die Einführung eines Personalbeurteilungssystems mindestens ein Jahr, für das Schaffen einer offenen Kommunikationskultur sind gleich mehrere Jahre anzusetzen. Gesucht ist also eine umfassende Systematik mit einer angemessenen Vollständigkeit.

Regelkreisprinzip als systematisierender Rahmen

Universelle Prozesslogik im Regelkreis

Die Basis für eine solche Systematik liefert das Regelkreisprinzip und seine Prozesslogik. Danach besteht die Aufgabe eines Reglers darin, den laufenden Vergleich zwischen einer Führungsgröße (Sollwert) und der an der Regelstrecke gemessenen Zustandsgröße (Istwert) herzustellen. In Abhängigkeit von der Differenz wird dann über die Stellgröße eine Aktion eingeleitet.

kybernetes (griechisch): Steuermann

Die Idee, das Regelkreisprinzip und seine Prozesslogik auch im Bereich der Sozial- und Wirtschaftswissenschaften anzuwenden, gibt es schon lange.[52] Folgt man seiner Logik, wird auch ein Unternehmen als ein kybernetisches System definiert, das aus einer Menge von Komponenten besteht, die durch Interaktionsbeziehungen und Kombinationsbeziehungen untereinander verbunden sind.

Übertragen auf die Personalarbeit bedeutet Sollwert die Vorgabe der Mitarbeiter, die zur Leistungserstellung erforderlich sind, und Istwert die Charakterisierung derjenigen Mitarbeiter, die vorhanden sind. Werden Soll- und Istwert miteinander verglichen, so ergibt sich eine Unter- oder Überdeckung. Aus dieser Unter- und Überdeckung werden Maßnahmen abgeleitet, die auf Beschaffung, Entwicklung und Freisetzung von Mitarbeitern hinauslaufen (Abbildung 2.1).

Der Nutzen des Regelkreismodells besteht dabei nicht nur in seiner unbestreitbaren und selbst bei komplexer Verschachtelung beibehaltbaren formalen Ele-

Regelung als universelles Prinzip.

„Regelung ist ein universelles Prinzip der Natur, welches bei vielen Vorgängen der Systembildung und -erhaltung eine entscheidende Rolle spielt. Es beruht darauf, dass ein Teil des Energieabflusses in das betreffende System zurückgeführt wird, um damit den Energiezufluss und/oder -abfluss zu variieren. Auf diese Weise können störungsbedingte Abweichungen von einem naturgesetzlich vorgezeichneten oder einem durch Menschen geplanten Systemzustand ausgeglichen werden."[53]

Univ.-Prof. Dr. Gerhard Niemeyer (1935–2000; Professor für Wirtschaftsinformatik)

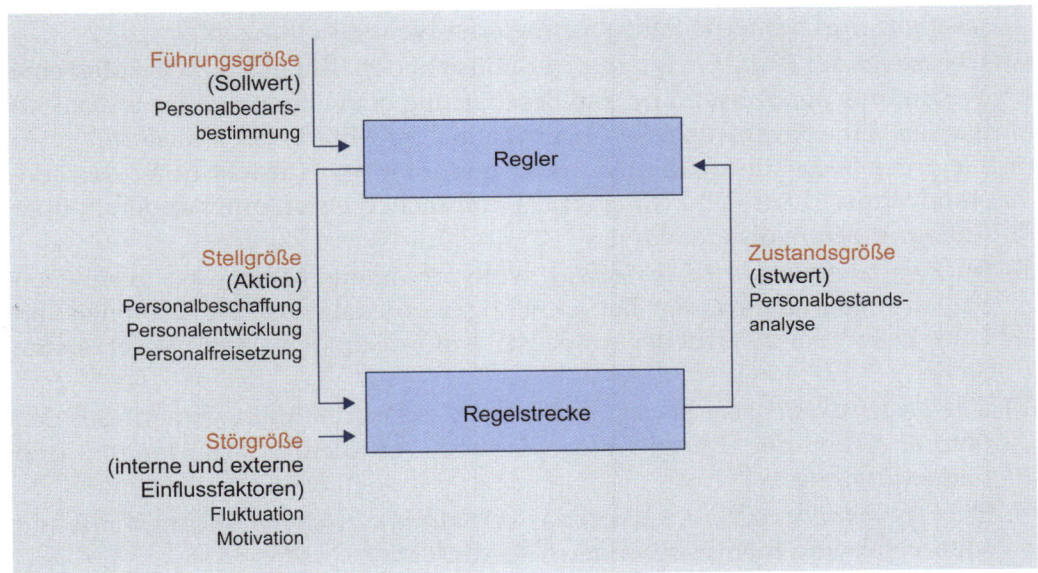

Abbildung 2.1: Personalplanung als Regelkreis

ganz. Es geht vielmehr gerade auch darum, die Spiegelbildlichkeit zwischen Führungsgröße und Zustandsgröße sicherzustellen, also für Sollwerte einen auch nachprüfbaren Istwert zu bekommen. Zudem verlangt das Regelkreismodell klare und entscheidungsmodellgestützte Aussagen dazu, wie aus der Abweichung zwischen Soll- und Istwert Aktionen abzuleiten sind.

Die kybernetische Systemtheorie beschäftigt sich mit den Prinzipien der Steuerung und Regelung

Erstellen eines Regelkreises

Übung 2.1

Premiere in Ihrer Erdbeerkuchen-Backstube: Die vollautomatische Rührmaschine „Multimix 1200 Power" wird in Betrieb genommen. Diese regelt die Zugabe von Eiern, Zucker und Mehl je nach Beschaffenheit der Biskuitmasse (zu flüssig, genau richtig, zu fest) automatisch. Das erinnert Sie sofort an die Logik eines Regelkreises. Sie schnappen sich ein Stück Papier und zeichnen den Regelkreis für den „Multimix 1200 Power".

Managementfelder als konzeptionelle Grundlage

Nimmt man eine Prozesslogik, so ergeben sich daraus acht originäre Personalmanagementfelder:

(1) Die *Personalbedarfsbestimmung* beschäftigt sich mit der Ermittlung des jeweils erforderlichen Soll-Personalbestands. Es wird dabei differenziert nach Perioden des Planungszeitraums, nach Qualifikationsgruppen beziehungsweise nach Arbeitsplätzen.

(2) Hierarchisch gleichrangig zur Bedarfsanalyse operiert die *Personalbestandsanalyse*. Ihr Ziel ist die Erfassung des bestehenden Mitarbeiterpotenzials sowie der bereits absehbaren Veränderungen.

(3) Übersteigt der Bedarf in einem Teilbereich den Bestand und soll die Differenz über eine Bestandsänderung ausgeglichen werden, kommt es zur *Personalbeschaffung* durch interne Rekrutierung oder Neueinstellungen.

(4) Übersteigt der Bedarf in qualitativer Hinsicht den Bestand, so wird über eine Verbindung aus Freisetzung und Beschaffung oder aber über die *Personalentwicklung* eine Anpassung der Qualifikation der Mitarbeiter realisiert.

(5) Liegt der Bedarf in qualitativer oder quantitativer Hinsicht unter dem Bestand, kann es zur *Personalfreisetzung* kommen, die sich unter anderem über Entlassungen realisieren lässt.

(6) Im *Personaleinsatz* wird festgelegt, wie vorhandene Mitarbeiter gegebenen Stellen zugeordnet werden. Berücksichtigt werden dabei Qualifikationen und Fähigkeiten der Mitarbeiter sowie die Anforderungen der zu besetzenden Stelle.

(7) Das *Personalkostenmanagement* verbindet das Personalmanagement mit den übrigen Teilen der Unternehmensplanung, vor allem mit der Finanz- und Budgetplanung.

(8) Die *Personalführung* konkretisiert das Verhältnis zwischen Führungskraft und Mitarbeiter und hier insbesondere die Motivation.

Personalmanagementfeld: inhaltliche Aussage über Aufgaben, die ein Personalmanagement erfüllen muss

Die Personalmanagementfelder treffen inhaltliche Aussagen über Aufgaben, die ein Personalmanagement erfüllen muss. Sie führen ferner zu konkreten Fragen, auf die ein systematisches und zukunftsorientiertes Personalmanagement Antworten bereitstellen sollte.

Jede dieser Fragen beinhaltet eine
– quantitative (wie viele Mitarbeiter?),
– qualitative (mit welchen Qualifikationen?),
– zeitliche (zu welchem Zeitpunkt?),
– räumliche (an welchem Ort?) und
– wertmäßige (mit welchem Wert?)
Komponente. So wird sichergestellt, dass nicht nur alle Fragen angesprochen, sondern auch alle Teilaspekte berücksichtigt werden. Die präzise Kenntnis der Inhalte der Managementfelder ist somit zentrale Voraussetzung für ein erfolgreiches Personalmanagement.

Managementaktivitäten als begriffliche und konzeptionelle Weiterentwicklung

Die zentralen Standardwerke zum Personalmanagement[54] verwenden zur Beschreibung der Personalmanagementaufgaben weitgehend die im vorangegangenen Abschnitt beschriebenen Personalmanagementfelder, wie sie auch auf die Systematik aus der ersten Auflage des diesem Buch zugrunde liegenden Buchs „Personalmanagement" zurückgehen.[55]

Es zeigt sich aber, dass gegenwärtig verstärkt auch Begriffe aus dem Talentmanagement[56] (wie Akquisition und Qualifikation) Verwendung finden. Diese Begriffe sind
- teilweise synonym zu den „traditionellen" Termini (wie Qualifikation und Personalentwicklung),
- teilweise handelt es sich jedoch um Differenzierungen (wie Akquisition und Selektion statt Personalbeschaffung) oder
- Erweiterungen (wie Integration).

Das vorliegende Buch thematisiert die 13 wichtigsten dieser Managementaktivitäten, umrahmt von Faszination, Konzeption, Organisation, Emotion, Kommunikation, Administration sowie Perfektion. Jede dieser Aktivitäten lässt sich dabei durch eine zentrale Fragestellung illustrieren (Tabelle 2.1).

Aktivität	Schlüsselfragen
Faszination	Warum muss sich jeder mit Personalmanagement beschäftigen?
Konzeption	Welche implizite Logik steht hinter dem Personalmanagement?
Organisation	Wie ist die Personalarbeit auf personalwirtschaftliche Akteure zu verteilen?
Emotion	Wieso ist Personalmanagement mehr als sachrationale Mechanik?
Kalkulation	Wie bestimmt man den wirklichen Personalbedarf?
(E)valuation	Wie analysiert man den tatsächlichen Personalbestand?
Akquisition	Wie beschafft man Mitarbeiter?
Selektion	Welche Kandidaten soll man einstellen?
Integration	Wie realisiert sich eine erfolgreiche Gesamtbelegschaft?
Allokation	Wie werden Mitarbeiter und Stellen zusammengebracht?
Kompensation	Wie entlohnt man Mitarbeiter richtig?
Qualifikation	Wie entwickelt man Mitarbeiter?
Motivation	Was bringt Mitarbeiter zu Höchstleistungen?
Direktion	Wie führt man Mitarbeiter?

Tabelle 2.1: Generelle Fragestellungen der Personalmanagementaktivitäten

Fortsetzung Tabelle 2.1:

Aktivität	Schlüsselfragen
Kooperation	Wie führt man Teams?
Retention	Wie hält man gute Mitarbeiter im Unternehmen?
Reduktion	Wie gestaltet man betriebswirtschaftlich richtigen Personalabbau sozial verträglich?
Kommunikation	Wie transportiert man Informationen?
Administration	Wie verwaltet man die Belegschaft?
Perfektion	Wie gestaltet man ein professionelles Personalmanagement?

Primäre und sekundäre Aktivitäten

Aufbauend auf diese Logik ergibt sich für die Personalarbeit eine eigene Wertschöpfungskette (Abbildung 2.2): Sie hat als primäre Aktivitäten die reale Wertschöpfungskette des HR-Gesamtprozesses und reicht von der Bedarfskalkulation bis zur Personalfreisetzung (Reduktion). Darüber liegen die sekundären Aktivitäten (wie Organisation und Perfektion): Sie tragen zwar ebenfalls zur Wertschöpfungskette bei, lassen sich aber nicht exakt auf einzelne Prozessphasen zuordnen.

Abbildung 2.2: Personalwertschöpfungskette

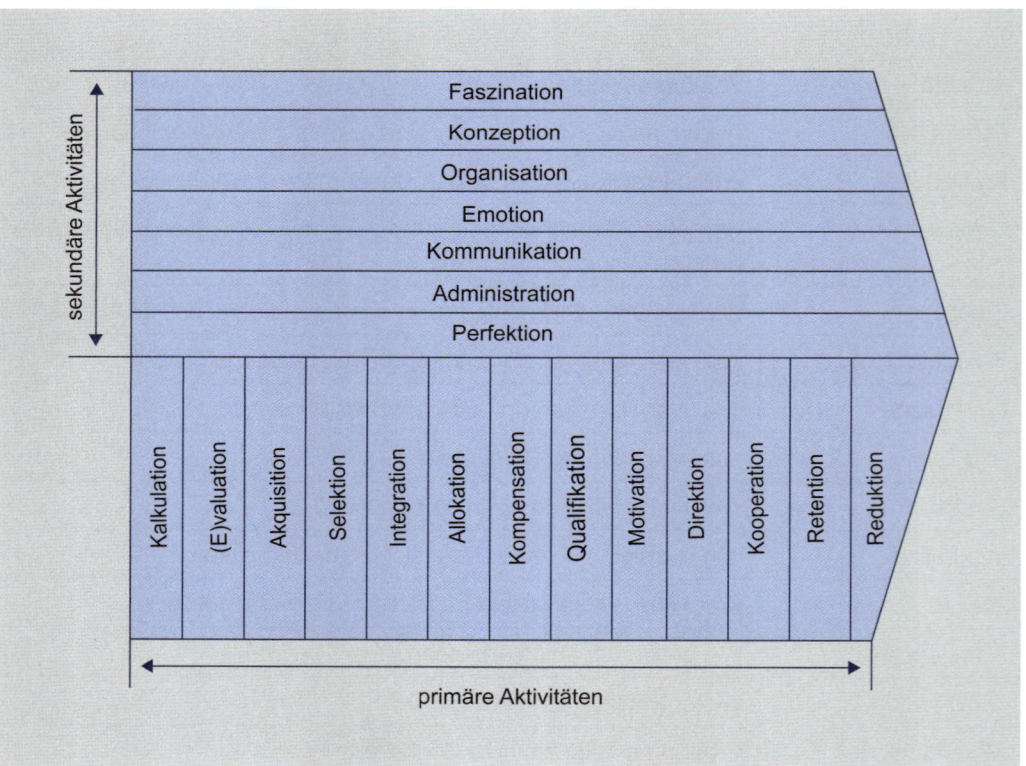

Formulieren der zentralen Fragen

Übung 2.2

Neben Bäckereien wie Ihrer gibt es auf dem Markt für Erdbeerkuchen neuerdings auch Produzenten, die abgepackte Erdbeerkuchen für Supermärkte produzieren und keine eigene Verkaufsstelle haben. Für Ihre Konkurrenten geht es somit weitgehend um die Produktion von Erdbeerkuchen und deren Vertrieb an Supermärkte. Sie machen sich die Vorgehensweise Ihrer Konkurrenz klar, indem Sie die generellen Fragestellungen der Personalmanagementaktivitäten in Bezug auf deren Personalarbeit konkretisieren.

2.3 Ebenen im Personalmanagement

Managementbücher und Unternehmensplanungen basieren spätestens seit dem Ende der 1980er Jahre[57] im Regelfall auf einer Dreiteilung in eine strategische, taktische und operative Ebene[58]: Diese Einteilung hat sich bewährt und bringt in ihrer Umsetzung deutlichen Mehrwert. Trotzdem bietet sich für dieses Buch eine vereinfachte Fokussierung auf zwei Ebenen an: Zum einen verwendet die Praxis nahezu ausschließlich die Differenzierung zwischen operativ und strategisch. Gleiches gilt für die amerikanische HR-Literatur, die im Wesentlichen nur den Unterschied zwischen „strategic" und „operational" kennt.[59] Zum anderen hat die unternehmerische Praxis häufig die Inhalte aus der taktischen Ebene auf die beiden anderen Ebenen verteilt. Deshalb wird nachfolgend ausschließlich zwischen operativer und strategischer Ebene differenziert.

Diese Ebenen verbindet eine wechselseitige Informationsbeziehung:
- Zum einen werden die Daten der operativen Ebene zur weiteren Verwendung auf der strategischen Ebene aggregiert und stellen somit die Grundlage für deren Entscheidungen dar. So ergeben beispielsweise Mitarbeiterdaten, wie Alter und Geschlecht in ihrer Zusammenführung als Personalkonfiguration die Alterspyramide, welche dann in die strategische Planung des Personalbestands einfließt.
- Zum anderen werden strategische Vorgaben in die operative Ebene disaggregiert. So mündet die Formulierung einer neuen Produkt-/Marktstrategie letztlich in konkrete Anforderungsprofile im Bezug auf die Mitarbeiter.

Die differenzierte Ausgestaltung und die effiziente Verbindung zwischen strategischer und operativer Ebene entscheiden über den personalwirtschaftlichen Erfolg.

Strategisches Personalmanagement

Erfolgreiches Personalmanagement setzt konsequentes Ausrichten an den Zielen der Unternehmen voraus. Demnach ist strategisches Personalmanagement mehr als nur eine operative Umsetzung der Produkt- und Programmplanung: Es liefert deshalb bei entsprechender Ausgestaltung eigenständige Impulse in die strategische Unternehmensplanung und -führung. Eine solche Personalstrategie

Strategische Ebene: komplexitätsreduzierende Ausrichtung auf Ziele und Erfolgspotenziale des Gesamtunternehmens

macht grundsätzliche Aussagen dazu, wo sich das Unternehmen gegenwärtig im Hinblick auf seine Personalaktivitäten befindet und in welche Richtung es sich bewegen möchte.

Erfolgreiches Personalmanagement setzt konsequentes Ausrichten an den Zielen des Unternehmens voraus

Eine Personalstrategie umfasst also eine Spezifizierung von Ziel- und Aktionsräumen. Darüber hinaus weist eine „richtige" Unternehmensstrategie und damit auch eine „richtige" Personalstrategie folgende drei Merkmale[60] auf:

(1) *Potenzialorientierung*, wonach Unternehmen in ihren Strategien auf bestimmte Erfolgspotenziale fokussieren, um diese in der Zukunft in das Wertschöpfungssystem zu integrieren und dort auszubauen,

(2) *Komplexitätsreduktion* zur Betonung einer gezielten methodischen Beschränkung auf die relevanten Faktoren, was eine Bewältigung der aktuellen Informations- und Handlungsvielfalt erst möglich macht,

(3) *Aktionsorientierung* im Sinne einer frühzeitigen Vorbereitung auf die Zukunft, wobei sich zwei Handlungsorientierungen unterscheiden lassen. Das geplant reaktive Verhalten bedeutet ein bewusstes Abwarten und Beobachten der Situation, um später angemessen reagieren zu können. Mit proaktivem Handeln ist ein frühzeitiges und differenziertes Vorbereiten auf mindestens zwei unterschiedliche Umweltkonstellationen gemeint.

Strategisches Management ist durch hohe Ausprägungen dieser drei Merkmale, operatives Management durch tendenziell niedrige Ausprägungen gekennzeichnet.

Strategisches Personalmanagement bezieht sich auf das gesamte Unternehmen, hat unmittelbaren Bezug zu den Erfolgspotenzialen des Unternehmens und abstrahiert von einzelnen Mitarbeitern beziehungsweise Stellen:

- Bei der strategischen *Personalbedarfskalkulation* geht es um die Antizipation von langfristigen Bedarfsverschiebungen. Hier besteht ein enger Bezug zur strategischen Absatz- und Produktionsplanung.
- Die strategische *Personalbestandsevaluation* liefert die langfristig projektive Entwicklung der Mitarbeiterstruktur und zeigt potenzielle Stärken beziehungsweise Schwächen auf.
- Im strategischen *Personalentwicklungsmanagement* wird auf hoch aggregiertem Niveau die Deckungslücke zwischen aktuellen Fähigkeiten und zukünftigen Anforderungen geschlossen.
- Zur strategischen *Personalreduktion* gehört die interne und externe Auseinandersetzung mit dem Arbeitsmarkt. Durch entsprechendes Personalmarketing können akquisitorische Potenziale ausgeschöpft und strategische Fluktuationsbarrieren aufgebaut werden.
- Ebenfalls auf hoch aggregierter Ebene arbeitet das strategische *Personalkostenmanagement*. Hier geht es um Maßnahmen zur langfristigen Veränderung der Personalkostenstruktur.
- Strategische *Personalführung* umfasst schließlich die langfristige Konzeption des Führungsinstrumentariums im Unternehmen. Zentrale Elemente sind hierbei Aufbau und Pflege der Unternehmenskultur als entscheidender Ansatzpunkt für eine zeitgemäße Unternehmensführung.

Aufgabe eines strategischen Personalmanagements ist es daher, die verschiedenen Managementaktivitäten zu konkretisieren, wobei die allgemeine Beschreibung der Aktivitäten Aussagen über die Inhalte macht (was?), während die Attribute Potenzialorientierung, Komplexitätsreduktion und Aktionsorientierung zur Form der Umsetzung beitragen (wie?).

Wie aber hängt die Personalstrategie mit der Unternehmensstrategie zusammen? Rein formal bieten sich hierfür vier Möglichkeiten an (Abbildung 2.3):

(1) Selten ist der Fall, wonach die *Unternehmensstrategie der Personalstrategie folgt*. Dies passiert allenfalls dann, wenn eine starke, aber unbewusste Strategie zum Umgang mit den Mitarbeitern existiert, die so ausgeprägt ist, dass sie die Unternehmensstrategie beeinflusst.

(2) Fatal – aber nicht ganz unrealistisch – ist es, wenn *Personalstrategie und Unternehmensstrategie voneinander unabhängig auftreten*. Dann ist zwar eine Personalstrategie vorhanden, aber nicht mit der Unternehmensstrategie verbunden.

(3) Die *Personalstrategie folgt der Unternehmensstrategie*. Dies ist der Normalfall der betrieblichen Praxis. Die Personalstrategie ist hier ausschließlich eine ableitende Strategie und hat allenfalls einen rückkoppelnden Einfluss auf die Unternehmensstrategie.

(4) Im seltenen, aber idealen Fall ist die *Personalstrategie ein integrativer Teil der Unternehmensstrategie*. Hier besteht die Unternehmensstrategie aus mehreren funktionalen Teilstrategien, also einer Produkt-/Marktstrategie, aber auch einer Personalstrategie.

Letztlich erscheint die vierte Alternative zielführend, da nur sie die notwendige Stimmigkeit innerhalb der funktionalen Teilstrategien garantiert und eine Gesamtstrategie für das Unternehmen zulässt.

Funktionale Teilstrategien müssen stimmig sein

Wie in der Unternehmensstrategie, müssen auch im Rahmen der Personalstrategie die Interessen unterschiedlicher Stakeholder sowie interne und externe Situationsfaktoren berücksichtigt werden. Dabei gilt es sowohl für die Stakeholderinteressen als auch für die Situationsfaktoren die potenziellen Auswirkungen auf die Personalstrategie im Zusammenspiel mit den personalpolitischen Grundsätzen zu identifizieren. Gerade, wenn die Personalstrategie als integrativer Teil der Unternehmensstrategie angesehen wird, müssen diese Einflüsse angemessen berücksichtigt werden.

Stakeholder müssen berücksichtigt werden

Ist strategisches Personalmanagement bei KMU möglich? Sicherlich ist es für ein KMU vielleicht nicht so üblich, offensiv und explizit mit Personalstrategien zu arbeiten. Es gibt aber durchaus gute Argumente dafür, warum und wie gerade auch diese Unternehmen professionelle und auch strategische Personalarbeit einsetzen können[61]:

■ Zunächst einmal wird die generelle Notwendigkeit zur strategischen Ausrichtung durchaus erkannt, wenngleich aus diesem „Erkennen" nicht unbedingt ein „Handeln" wird.

- Die Wahrscheinlichkeit für strategische Aktivitäten steigt allerdings, wenn das Konzept der emergenten Strategie[62] zugrunde gelegt wird, also als Strategie auch das akzeptiert wird, was sich „in den Köpfen" der Manager entwickelt hat.
- Erfolg versprechend ist vor allem der Bezug zum Ziel, die Produktivität zu verbessern unabhängig von einem formalen Planungsprozess.
- Essenziell in der ganzen Argumentation ist, auf ein „Runterskalieren von Lösungen" zu verzichten, die bei Großunternehmen zum Einsatz kommen.

Wertschöpfung durch Fokussierung

Auf diese Weise kann es auch und sogar in einem kleineren KMU zu einem hochprofessionellen Personalmanagement kommen, das sich auf wenige Punkte konzentriert, die dann aber unmittelbar zur Wertschöpfung beitragen.

Abbildung 2.3: Alternative Einbindungsformen der Personalstrategie

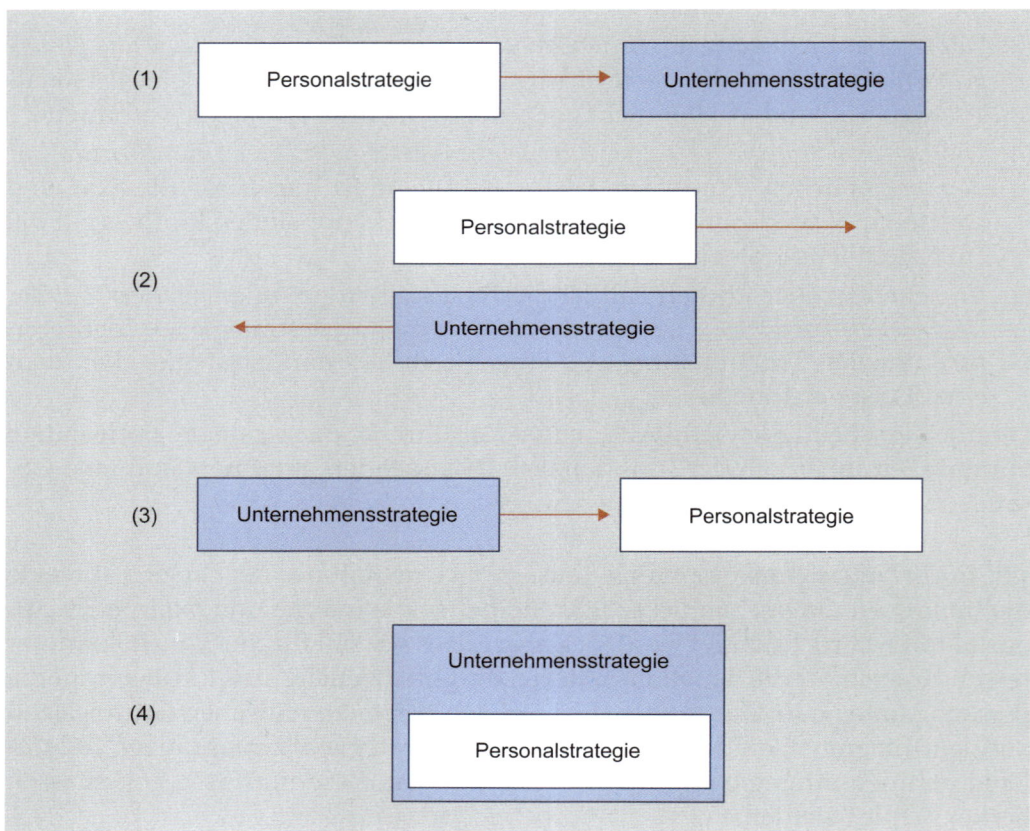

Zur Entwicklung einer Personalstrategie lässt sich in Anlehnung an die übliche Strategieplanung[63] ein Ablaufschema aufstellen, das auf neun Schritten basiert (Abbildung 2.4):

- In Schritt 1 wird die Formulierung von *personalpolitischen Grundsätzen* vorgenommen, die Aussagen darüber machen, in welcher Form Personalarbeit im Unternehmen grundsätzlich durchzuführen ist. Im Sinne einer personalpolitischen Vision des Unternehmens werden zwar abstrakte, aber zentrale Wertvorstellungen festgelegt.

- In Schritt 2 findet die *Markt- und Umweltanalyse* statt. Hier wird das entscheidungsrelevante Umfeld der Personalarbeit analysiert. Hierzu gehören der Arbeitsmarkt ebenso wie die Konsequenzen aus der Unternehmensstrategie sowie die Chancen und Risiken, die sich aus veränderten soziopolitischen Rahmendaten ergeben. Aus dieser marktorientierten Sichtweise (von außen nach innen) werden im Idealfall Szenarien entwickelt, die zum einen Auskunft darüber geben, welche Anforderungen an die Personalarbeit gestellt werden, zum anderen aber auch Hinweise liefern, in welche Richtung sich die Belegschaft gegenwärtig entwickelt.

- In Schritt 3 wird eine *Ressourcenanalyse* vorgenommen. Dabei werden als weiterer Ausgangspunkt für die Personalstrategie die eigenen Kernkompetenzen bestimmt sowie eine Stärken-Schwächenanalyse durchgeführt. Anders als in Schritt 2 wird in Schritt 3 die umgekehrte Richtung (von innen nach außen) durchlaufen. Diese Inside-Outside-Bewegung, die auch dem ressourcenbasierten Management entspricht, orientiert sich somit an den Fähigkeiten des Unternehmens.

- Schritt 4 liefert dann aus dem Wünschenswerten (aus Schritt 1 und 2) und dem Machbaren (nach Schritt 3) *konkret formulierte Ziele*. Dieser Abgleich kann allerdings auch insofern andersherum verlaufen, als die internen Ressourcen zur dominanten Grundlage gemacht werden.

- In Schritt 5 werden aus den formulierten Zielen entsprechende *Strategien formuliert*, wie die jeweiligen Ziele erreicht werden sollen. Die Personalstrategie als Weg der Zielerreichung wird hier formuliert und festgelegt.

- In Schritt 6, der *Maßnahmenfestlegung*, werden nach der Festlegung der Personalstrategie die zentralen Mechanismen für die Personalarbeit festgelegt, also konkretisiert, in welche Richtung der Personalumbau durch Personalakquisition, -qualifikation oder -reduktion vorgenommen wird.

- Schritt 7 ist die *Implementierung* der Personalstrategie, zu verstehen als Aussagen darüber, wie Aktivitäten auf der operativen Ebene angestoßen werden. Die Implementierung berührt auch Fragen der Organisationsentwicklung und der „Change-Prozesse".

- Schritt 8 legt die *Organisation der Personalarbeit* fest. Dabei ist speziell auf die Aufgabenverteilung zwischen Unternehmensleitung, Personalabteilung und Bereichsleitung zu achten. Teilweise wird auf diesen Schritt jedoch verzichtet.

- Schritt 9 beinhaltet schließlich die *Kontrolle* der Personalstrategie. Dieser Teilaspekt ist insofern wichtig, als es relativ wenig Sinn macht, Ziele zu formulieren, die nachher überhaupt nicht kontrolliert werden (können). Konkret bedeutet dies, Zielvereinbarungen zu treffen, an denen die Personalarbeit später gemessen wird.

Das Ende eines solchen Prozesses ist ein formelles Strategiepapier, das – will es aussagekräftig und handlungsleitend sein – zwischen zehn und dreißig Seiten umfasst. Dieses Strategiepapier ist schriftlich zu formulieren, da ansonsten die Gefahr besteht, dass die zentralen Strategieinhalte von Betroffenen unterschiedlich interpretiert werden.

Strategiepapier als unausweichliche Basis

Abbildung 2.4: Entwicklung
der Personalstrategie

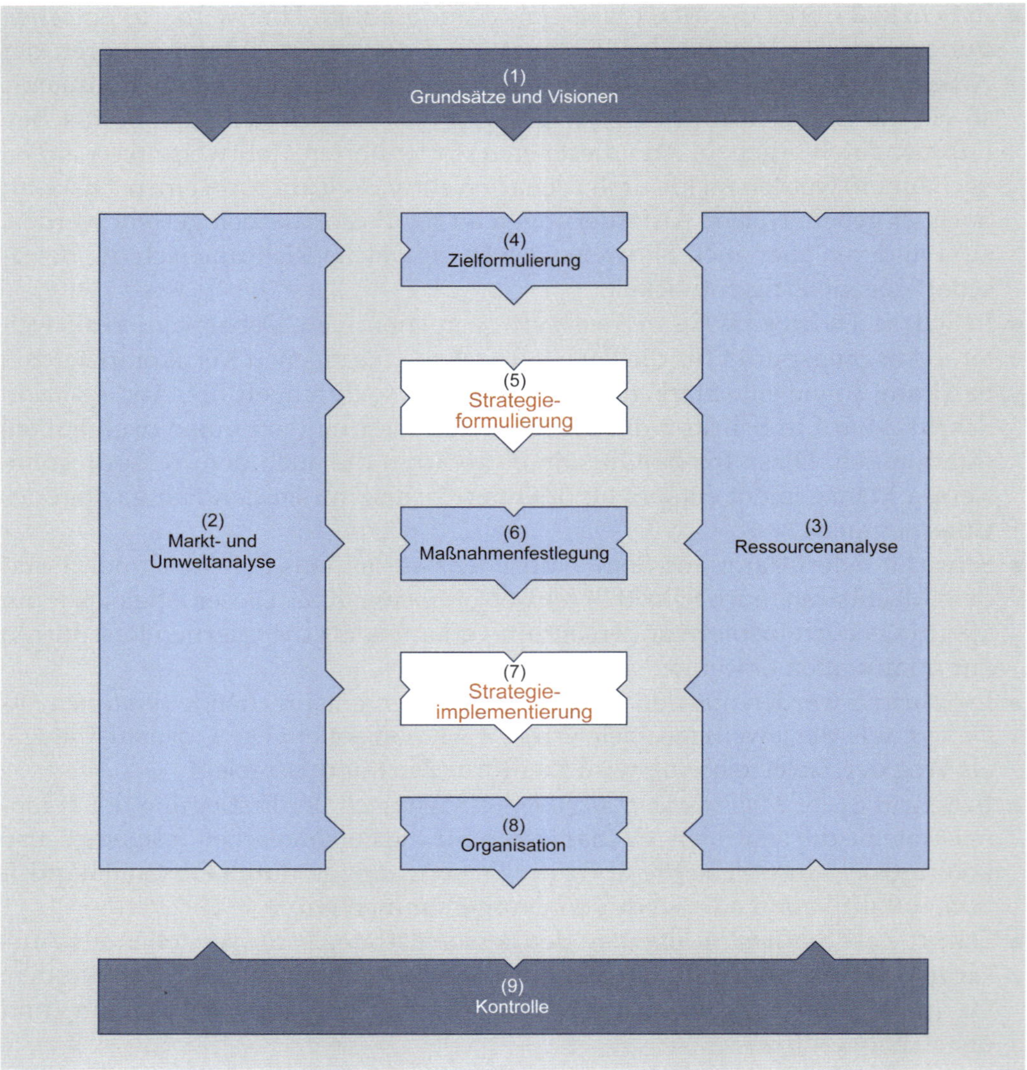

```
                    (1)
             Grundsätze und Visionen

                    (4)
               Zielformulierung

    (2)             (5)              (3)
 Markt- und     Strategie-       Ressourcenanalyse
 Umweltanalyse  formulierung

                    (6)
             Maßnahmenfestlegung

                    (7)
               Strategie-
             implementierung

                    (8)
                Organisation

                    (9)
                 Kontrolle
```

Die Formulierung eines Strategiepapiers ist aufwändig. Fatalerweise wird es deswegen von vielen Unternehmen ausgelassen und gilt als zentrale Schwachstelle im strategischen Personalmanagement.

Insbesondere kleinere Unternehmen mit nur wenigen Mitarbeitern werden das Argument des zu hohen Aufwands einbringen. Doch auch kleinere Unternehmen müssen sich durch ein professionelles Personalmanagement von ihren Wettbewerbern abheben. Hierzu ist nicht nur die Definition von zentralen Wertvorstellungen bezüglich der Personalarbeit nötig, sondern auch die Definition der Kompetenzen beziehungsweise eine Analyse der Stärken und Schwächen. So antizipieren und schätzen Mitarbeiter in kleineren Unternehmen (im Vergleich zu großen Unternehmen)

– die stärkeren Einflussmöglichkeiten auf ihre Arbeit,
– die flexibleren Strukturen und
– den engeren Kontakt zwischen Mitarbeitern und Führungskräften

als Plus-Punkte, die beim Aufbau ihres Arbeitgeberimages genutzt werden können.[64] Aus diesen Gründen lohnt sich auch für kleine Unternehmen die Formulierung eines Strategiepapiers, da dieses die Standort- und Zielbestimmung sowie eine professionelle Implementierung der Personalaktivitäten unterstützt.

Strategien für den langfristigen Erfolg

Vor allem in Praktikerquellen finden sich Hinweise darauf, wie man langfristig den Erfolg sichern kann. Dazu drei Beispiele:

Sich nicht auf dem Erreichten ausruhen! Dauerhaft erfolgreiche Firmen wissen vor allem eines: Erfolg kann gefährlich sein. Er kann zum Ausruhen, zur Nachlässigkeit, zum Übermut verführen. Doch alte Erfolgsmuster tragen in Zukunft möglicherweise nicht mehr. Sie müssen hinterfragt, neue Muster generiert werden. Langfristig erfolgreiche Unternehmen versuchen weniger, das zu optimieren, was sie ohnehin schon gut können. Sie schlagen vielmehr neue Richtungen ein.

Gegen den Strom schwimmen! Langfristig erfolgreiche Firmen richten sich nicht wie ein Fähnchen im Wind nach aktuellen Trends und Managementmoden. Statt vermeintliche Erfolgsmodelle einfach zu kopieren, entwickeln sie Strategien, die zum eigenen Unternehmen passen.

Innovationen vorantreiben! Dauerhaft erfolgreiche Marktführer gehen in die Offensive. Sie investieren in Forschung und Entwicklung selbst unter schwierigen Marktbedingungen. Sie gehen nicht ins Ausland, um Geld zu sparen, sondern um neue Märkte zu erobern. Sie stutzen mutige, unangepasste, kreative Mitarbeiter nicht zurecht, sondern fördern sie.[65]

Henkel AG & Co. KGaA

Das Beispiel der Henkel AG & Co. KGaA zeigt, wie die globale Unternehmensstrategie mit der Personalstrategie verschränkt sein kann. Das 1876 von Fritz Henkel gegründete Unternehmen ist heute ein global agierender DAX-Konzern. Er besteht aus den drei Unternehmensbereichen Wasch- und Reinigungsmittel, Kosmetik- und Körperpflege und Klebstoff-Technologien, die 2008 über 13 Milliarden Euro Umsatz erwirtschafteten. 80 Prozent des Geschäfts generiert Henkel im Ausland; hier sind auch mehr als 80 Prozent der weltweit 55.000 Mitarbeiter an 125 Standorten beschäftigt.

Die „Stärkung dieses globalen Teams" ist eine von drei strategischen Prioritäten des Unternehmens, was den Stellenwert von Human Resources im Hause

Henkel unterstreicht. Die Unternehmensstruktur, -größe sowie Internationalität machen dabei eine global aufgestellte HR Organisation unabdinglich. Die HR Organisation ist in die drei folgenden Bereiche untergliedert:

(1) HR Business Partner beraten und betreuen die drei Unternehmensbereiche und die Funktionen nach ihren Bedürfnissen.

(2) Corporate Policies entwickeln und implementieren die globalen HR Prozesse und Richtlinien.

(3) Regionen (West- und Osteuropa, Asien/Pazifik, Mittlerer Osten/Afrika, Nord- und Südamerika) erbringen die HR Services nach globalen Standards.

Das Führungsteam aus diesen drei Bereichen hat sich mit dem „House of HR" im Herbst 2008 eine neue Strategie gegeben, um in Anlehnung an die Gesamtstrategie noch stärker zum Unternehmenserfolg beizutragen. Dies ist durch die Schaffung einer Organisation, in der durch die Qualität und das Engagement der Mitarbeiter beste Leistungen erbracht werden, die Unterstützung der Linie bei herausfordernder Personalarbeit sowie professionelle Personaldienstleistungen möglich. Die Wertbeiträge von HR, das heißt Themen eines modernen Personalmanagements, lassen sich aus der gesetzten Vision und Mission ableiten und mithilfe konsistenter Prozesse und Systeme umsetzen.

Dem „House of HR" ist eine Strategiekarte mit entsprechenden Leistungskennzahlen hinterlegt, um die Umsetzung und Entwicklung der gesetzten Ziele zu beobachten und zu gewährleisten. Heute ist das „House of HR" die Plattform der internationalen Zusammenarbeit innerhalb von HR.

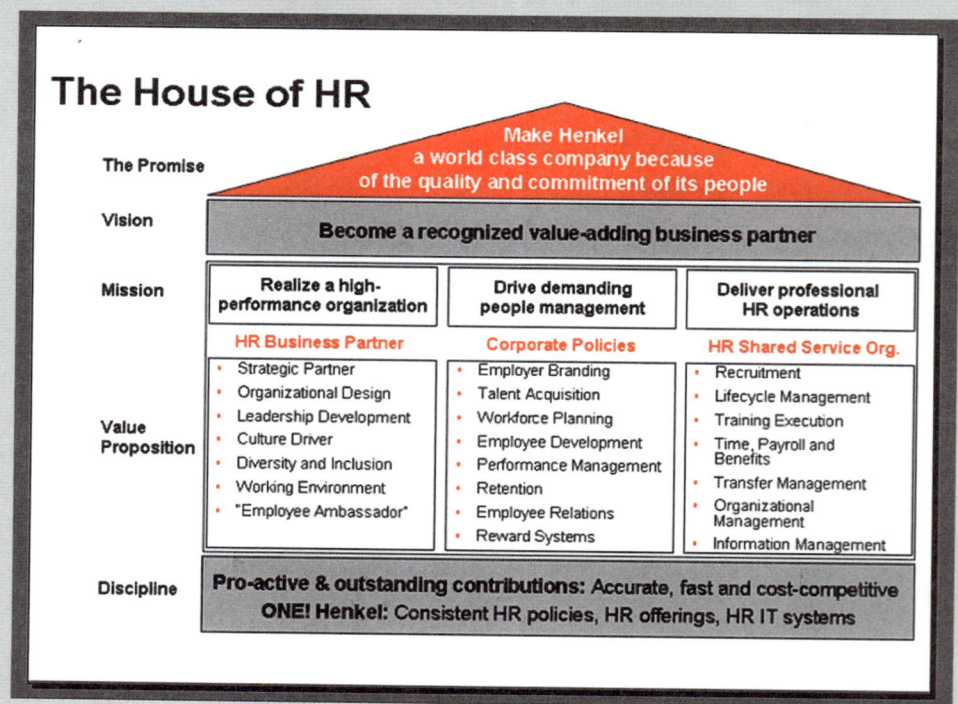

Im internationalen Personalmanagement kommt noch eine weitere grundsätzliche Entscheidung dazu, nämlich die Frage, wie weit Personalarbeit vor allem unternehmenskulturell auf die Personalarbeit der Muttergesellschaft ausgerichtet werden soll. Hierfür existieren seit langem drei Optionen[66], die sich vor allem in ihrer Beeinflussungsrichtung (Abbildung 2.5) unterscheiden:

- Bei der *Monokulturstrategie* bleibt der Schwerpunkt für alle Aktivitäten die Heimatbasis. An ihr richten sich auch die Personalfunktionen im Ausland vollkommen aus. Deshalb werden beispielsweise weltweite Schlüsselpositionen überwiegend ausgehend vom Mutterunternehmen besetzt, um auf diese Weise auch einen Kultur- und Systemtransfer von der Zentrale in die Niederlassungen zu realisieren.

- Bei der *Multikulturstrategie* haben ausländische Tochtergesellschaften erhebliche Autonomie und entwickeln landesspezifische Systeme, wodurch sie sich optimal auf ihre jeweiligen Märkte ausrichten können. Deshalb wird auch die Personalbeschaffung nicht mehr zentral durchgeführt.

- Bei der *Mischkulturstrategie* wird die weltweite Integration aller Unternehmensaktivitäten angestrebt, um Größenvorteile und weltweite Synergien zu nutzen. Deshalb suchen Unternehmen weltweit nach Führungskräften, die in die globale Gesamtstrategie und zu den einheitlichen Systemen passen.

Fokussiert man auf Entscheidungszentren, so kommt analog die Differenzierung nach *ethnozentrisch, polyzentrisch und geozentrisch* zum Einsatz.

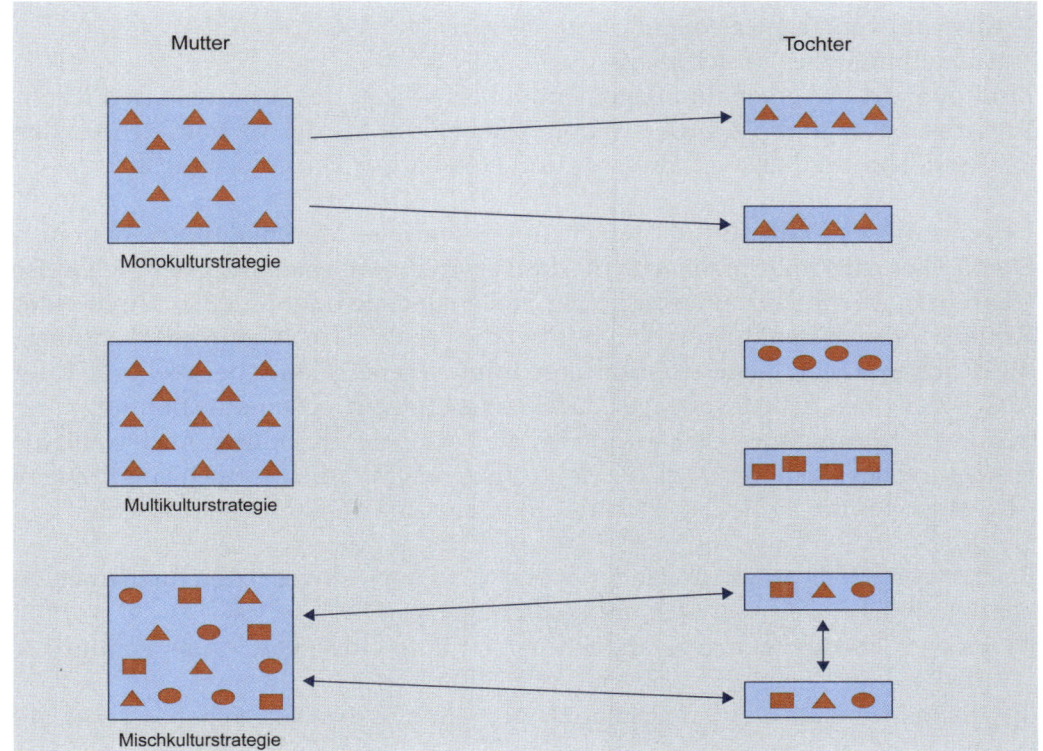

Abbildung 2.5: Internationale Personalarbeit[67]

Operatives Personalmanagement

Die operative Ebene befasst sich ausschließlich mit personellen Einzelmaßnahmen und ihren Implikationen: beginnend bei dem Anforderungsprofil eines einzelnen Arbeitsplatzes über das Fähigkeitsprofil eines einzelnen Mitarbeiters bis hin zu einzelfallbezogenen Personalentwicklungs- und Förderungsmaßnahmen.

Operative Ebene: bezieht sich immer auf einzelne Stellen oder Mitarbeiter

Die operative Ebene betrifft Aktivitäten, wie sie auch im Betriebsverfassungsgesetz definiert sind. Ein wichtiges Merkmal ist damit die hohe Regelungsdichte, die sich unter anderem aus den an personellen Einzelmaßnahmen ansetzenden Beteiligungsmöglichkeiten des Betriebsrates ergibt. Exemplarisch zu nennen sind hier Verfahrensvorschriften, wie beispielsweise die Zeitspanne für den Kündigungsschutz, die primär „befolgt" werden müssen. Die betriebliche Mitbestimmung läuft auf Rechte hinaus, die der Betriebsrat gegenüber dem Arbeitgeber ausüben kann.

Alle Personalmanagementaktivitäten finden ihren Niederschlag auf der operativen Ebene immer mit ganz spezifischen Aufgabenstellungen, beispielsweise
– Festlegung des Anforderungsprofils für eine konkrete Stelle,
– Bestimmung des Fähigkeitsprofils von Mitarbeitern,
– Optimierung eines Mitarbeitergesprächs,
– Berechnung einer Leistungsprämie,
– Analyse der Daten einer Aufwärtsbeurteilung,
– Auswahl von Trainees oder
– Aufstellung eines Schichtplans.

Operative Ebene: mehr als „nur" Administration

Zum operativen Personalmanagement gehört wegen des unmittelbaren Mitarbeiterbezugs auch die Administration. Die beginnt bei der vertragstechnischen Realisation des Arbeitsverhältnisses und geht bis zur Pensionierungsfeier.

Operative Ebene: mehr als „nur" kurzfristig

Üblicherweise gilt die Kurzfristigkeit als ein zentrales Merkmal für die operative Ebene. Dies trifft im Prinzip auch für das Personalmanagement zu, beispielsweise wenn man an die Formulierung einer Stellenanzeige oder an das Führen eines Kritikgespräches denkt. Trotzdem initiiert die Personalarbeit häufig Maßnahmen, die durchaus einen langen Zeithorizont implizieren. So kann beispielsweise der Abschluss eines Arbeitsvertrages durchaus mehr sein, als eine Aktion mit kurzfristiger Bindungsdauer. Gleiches gilt für die Personalentwicklung: Auch wenn die Festlegung des Karrierepfades für einen einzelnen Mitarbeiter einen langfristigen Charakter besitzt, ist sie dennoch als eine operative Maßnahme anzusehen.

Bei den von KMU vor allem auf der operativen Ebene eingesetzten Instrumenten werden üblicherweise acht Charakteristika genannt[68]:
(1) Es werden nur wenige Standardinstrumente eingesetzt („Das genügt für uns!").
(2) Die Instrumente werden nicht auf Unternehmensspezifika angepasst („Lieber unverändert übernehmen!").

(3) Es werden keine Personal-Spezialisten beschäftigt („Die brauchen wir nicht!").

(4) Einzelne Teilfunktionen des Personalwesens werden ausgelagert („Gehaltsabrechnung sollte sein!").

(5) Relativ selten werden Personalberatungen hinzugezogen („Das können wir selber!").

(6) Es liegt keine Innovationsbereitschaft zum Etablieren neuartiger Instrumente vor („Was machen die Großen?").

(7) Die Instrumente werden oft nur reaktiv gebraucht („Erst wenn es brennt …").

(8) Methoden der Konflikthandhabung werden nicht professionell angewandt („Das brauchen wir hier nicht!").

Die Sätze in der Klammer sind dabei allerdings eher als illustrierende Überzeichnungen zu sehen, die – wie auch die anderen Aussagen – erst auf allgemeine Gültigkeit hin zu untersuchen sind.

Erstellen einer Personalplanung

Übung 2.3

Sie lesen dieses Buch nicht nur zum Spaß, sondern wollen als ersten Schritt in Richtung professionelles Personalmanagement das Personalplanungssystem Ihrer Bäckerei verbessern. Nun überlegen Sie, was die konkreten Schritte zur Entwicklung einer Personalstrategie wären und wie konkrete Personalmanagementaktivitäten auf operativer Ebene aussehen könnten.

2.4 Ausrichtungen im Personalmanagement

Vergleicht man die unterschiedlichen Bücher, die sich mit der Personalarbeit in ihren diversen Facetten beschäftigen, so lassen sich diese zwischen zwei Extremen einordnen:

(1) Auf der *informationsorientierten Seite* findet man Autoren, die Personalmanagement als einen reinen sachlogischen Prozess interpretieren, bei dem der Mensch nur einer von vielen Produktionsfaktoren ist. Hier geht es darum, die Informationsströme zwischen den Akteuren zu optimieren.

(2) Auf der *verhaltensorientierten Seite* findet man dagegen Autoren[69], die sich mit dem Menschen als Individuum beschäftigen und diesen über seine Verhaltensmerkmale zu erfassen beziehungsweise zu steuern versuchen.

Autoren, die eher technisch-formal geprägt sind oder aus der Informatik stammen, zählen primär zur erstgenannten Gruppe, Psychologen und Soziologen eher zur zweiten Gruppe.

Professionelles Personalmanagement zeichnet sich dadurch aus, dass es beide Sichtweisen miteinander kombiniert, also gleichermaßen informationsorientiert wie verhaltensorientiert vorgeht.

Professionelles Personalmanagement geht gleichermaßen informations- wie verhaltensorientiert vor

Informationsorientierung

Informationsorientierung bedeutet Erstellung und Anwendung der datenmäßigen Grundlage personalwirtschaftlicher Entscheidungen. Dies bedeutet eine systematische Auseinandersetzung mit Informationssystemen, die auch – aber nicht ausschließlich – computerbasierte Komponenten enthalten.

Informationsorientierung ist eine Denkhaltung, bei der die zielorientierte Sammlung von Daten im Mittelpunkt steht.[70] Diese der üblichen Betriebswirtschaftslehre nahe stehende Vorgehensweise bedeutet, dass man versucht, mit Hilfe von Zahlen die realen personalwirtschaftlichen Prozesse abzubilden, um
– die wichtigsten Komponenten und
– die wichtigsten Beziehungen zwischen ihnen
zu erfassen und zeitnah darzustellen.

Alle Personalmanagementaktivitäten verlangen nach solider informationsorientierter Fundierung

Auch wenn die Informationsorientierung den verschiedenen Personalmanagementaktivitäten unterschiedlich nahe steht, verlangen doch alle Personalmanagementaktivitäten nach einer soliden informationsorientierten Fundierung.

Diese Informationsorientierung fällt naturgemäß bei planerischen Aktivitäten, wie der Bedarfskalkulation leichter als bei einer eher individuell-emotional zu gestaltenden Personalführung. Trotzdem ist Informationsorientierung nicht nur überall möglich, sondern auch nötig, wie folgende Beispiele belegen:

- Bei der *(E)valuation* wird der Personalbestand in seiner zahlenmäßigen (quantitativen) Ausprägung erfasst.
- Bei der *Kalkulation* des Personalbedarfs wird die Summe der Arbeitsstunden errechnet, die zur Produktion der geplanten Stückzahl notwendig ist.
- Bei der *Qualifikation* werden die Entwicklungskosten pro Mitarbeiter erfasst.
- Bei der *Motivation* werden Fluktuationszahlen sowie krankheitsbedingte Fehlzeiten extrahiert und als Indikator für die Motivierungsleistung der jeweiligen Führungskraft verwendet.

Vor allem bei gut strukturierten beziehungsweise häufig wiederholten Aufgabenstellungen bietet sich eine breite Palette personalwirtschaftlicher Software an. Besonders interessant bei dieser Computerunterstützung im Personalmanagement sind zunehmend die Möglichkeiten, die sich aus der Multimedialisierung sowie der zunehmenden Umstellung auf webbasierte Anwendungen entlang der personalwirtschaftlichen Wertschöpfungskette[71] ergeben.[72] So gibt es beispielsweise bei der Personalentwicklung, angefangen von einfachen Systemen zum computerbasierten Training bis zu interaktiven virtuellen Welten, eine faszinierende Fülle von Varianten zur individuellen und gruppenbezogenen Qualifizierung. Noch größer werden die Möglichkeiten, wenn man das Internet mit seiner „Web 2.0-Welt" ins Spiel bringt.

Verhaltensorientierung

Verhaltensorientiert richtet sich Personalmanagement primär an den Bedürfnissen, Motiven und Werten der Mitarbeiter aus. Dies bedeutet nicht, Mitarbeiterinteressen über Unternehmensinteressen zu stellen, wohl aber die Abkehr von technokratischen Ablaufmechanismen.

Auch die Verhaltensorientierung bezieht sich auf alle Managementaktivitäten:
- Bei der (*E*)*valuation* des Personalbestands beinhaltet dies neben physischen, psychischen und ausbildungsbezogenen Fähigkeitsmerkmalen auch die Beurteilung von Verhalten.
- Bei der *Kalkulation* des Personalbedarfs sind trotz evidenter Messprobleme zentrale Merkmale wie „Kreativität" sowie „Motivierbarkeit" einzubeziehen.
- Bei der *Qualifikation* sind nicht nur mechanische Laufbahnsystematiken zu entwickeln, sondern auch Aspekte der individuellen Entwicklungspsychologie zu berücksichtigen.
- Bei der *Motivation* geht es sowohl um individuelle Anreizsysteme als auch um die Unternehmenskultur als implizites Bewusstsein der Organisation.

Besondere Beachtung findet die Verhaltensorientierung vor allem bei Emotion, Akquisition und Motivation: Gerade hier kommt es darauf an, gegenwärtige beziehungsweise zukünftige Mitarbeiter entsprechend ihrer Persönlichkeits- und Bedürfnisstruktur emotional anzusprechen.

2.5 Ausblick

Das vorliegende Buch basiert auf einem dreidimensionalen Personalmanagement, das nach Aktivitäten, Ebenen und Ausrichtungen differenziert (Abbildung 2.6).

Die Darstellung der verschiedenartigen Aktivitäten im Personalmanagement belegt eindrucksvoll, wie stark der unternehmerische Alltag zwangsläufig mit Personalarbeit gefüllt ist. Viele dieser Aktivitäten fallen „quasi automatisch" an:

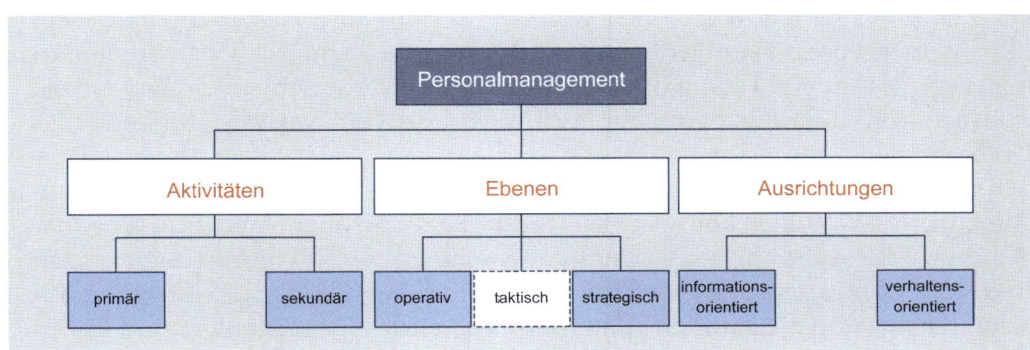

Abbildung 2.6:
Dreidimensionales
Personalmanagement

Pro Aktivität genau ein Kapitel

So hat jedes Unternehmen – ob groß oder klein – zwangsläufig irgendeine Form von Personalakquisition. Dies bedeutet aber nicht, dass diese Aktivitäten auch professionell, im Sinne von maximaler Effizienz und Effektivität, realisiert werden. Um hier die zentralen Punkte anzusprechen, widmet dieses Buch nachfolgend jeder Aktivität ein eigenes Kapitel.

Interessant am Personalmanagement ist, dass es mit der strategischen und operativen Ebene zwei konzeptionell und inhaltlich unterschiedliche Gestaltungsbereiche gibt, denen sich Unternehmen annehmen können und müssen. Beide Ebenen haben eigenständige Inhalte und einen eigenen Professionalisierungsanspruch.

Fokus des Buches: operative Ebene

Das vorliegende Buch stellt überwiegend auf die operative Ebene ab: Dies ist insofern nahe liegend, als die meisten Studierenden und Absolventen zumindest am Anfang ihrer Karriere eher mit diesem Bereich in Berührung kommen. Diese hier vorgenommene Fokussierung auf die operative Ebene ändert aber nichts an der grundsätzlichen Relevanz der strategischen Ebene, wie sie an anderer Stelle[73] behandelt wird.

Die Ausrichtung des Personalmanagements als informationsorientiert und verhaltensorientiert macht deutlich, dass Personalmanagement sowohl eine sachlogische Aktivität ist, in der die Kenntnis über relevante Informationen und Kennzahlen eine wichtige Rolle spielt, aber auch die Tatsache berücksichtigt, dass Personalmanagement viel mit Menschen zu tun hat, also mit Bedürfnissen, Motiven und Werten der Mitarbeiter.

Die in diesem Kapitel diskutierte Differenzierung nach Aktivitäten und Ebenen ändert nichts daran, dass alle Aktivitäten im Sinne einer Prozesskette aufzubauen und miteinander zu verzahnen sind. Eng damit verbunden ist die Frage, wie die Personalarbeit organisiert wird und wo die Verantwortung für die jeweiligen Aufgaben liegt. Auf diese Frage geht das nächste Kapitel ein.

Ulrich Schumacher, **Mitglied des Vorstands, Personal und Interne Dienste, Allianz Deutschland AG**

Professionelles HR-Management: Ein Privileg

Personalmanagement war immer wichtig – die Herausforderungen in diesem Managementbereich sind jedoch heute größer und vermutlich schwieriger zu meistern als je zuvor. Personalmanagement gewinnt zunehmend an Bedeutung und beeinflusst bereits heute die Leistungs- und Wettbewerbsfähigkeit eines Unternehmens entscheidend. Das gilt für die Allianz wie für viele andere Unternehmen. Nur ein professionelles HR-Management wird diese Herausforderungen künftig bewältigen können. Strukturelle Veränderungen und zunehmender Wettbewerb fordern vom Personalmanagement, die Serviceleistungen rasch und stetig weiter zu professionalisieren. Die besten HR-Systeme sind nur dann erfolgreich, wenn die Kunden (Unternehmensleitung, Management und Mitarbeiter) zugleich auf effektive Beratungsleistung und fundierte HR-Kompetenz zurückgreifen können.

Dazu ein Rückblick aus der Geschichte der Allianz: Bevor es innerhalb der Allianz in Deutschland zu einer Neuordnung der Geschäftsprozesse kam, wurden die personalwirtschaftlichen Aufgaben hauptsächlich von Personalreferenten erfüllt. Die Zuständigkeit der örtlichen Personalabteilungen war auf lokale Einheiten beschränkt. Ihr Aufgabenspektrum reichte von administrativen Tätigkeiten über Verhandlungen mit den örtlichen Gremien bis hin zu grundsätzlichen Fragestellungen oder der lokalen Personalstrategie.

Nachteil dieses Systems war vor allem, dass es eine zentrale Steuerung kaum zuließ. Eine einheitliche, an den Erfordernissen des Business orientierte HR-Strategie war nur schwer umzusetzen und überregionale Synergien blieben vollkommen ungenutzt. Die Wertschöpfung unserer Personalfunktion war in diesem System nur schwer messbar. Dies führte dazu, dass regional große qualitative Unterschiede, zum Beispiel in den Rekrutierungspraktiken sowie der Personalentwicklung, feststellbar waren.

Im Zuge der Neuordnung des deutschen Versicherungsgeschäfts und der damit verbundenen Gründung der Allianz Deutschland AG wurde auch die Personalfunktion der Allianz neu aufgestellt. Damit wurde nicht nur auf die veränderten Bedürfnisse einer funktional ausgerichteten Organisation reagiert; die Personalfunktion übernahm insbesondere auch eine aktive Rolle im Veränderungsprozess und wurde vom Verwalter zum Mitgestalter der Organisation. Grundüberlegung war die Bündelung der Personalfunktionen mit dem Ziel, einen einheitlichen personalpolitischen Rahmen für die Allianz Deutschland AG sicherzustellen. Gleichzeitig wurden die Voraussetzungen geschaffen, die Servicequalität für die Mitarbeiter hinsichtlich der vielen administrativen Vorgänge durch diese Bündelung nachhaltig zu erhöhen, die operativen Personalfunktionen von administrativen Tätigkeiten zu entlasten und somit ihnen eine stärker gestalterische Rolle zu ermöglichen. Dies erfolgte, indem ein Shared-Services-Konzept mit weitestgehender Harmonisierung und Standardisierung der Programme und Prozesse umgesetzt wurde. Ziel dieses Konzepts war größtmögliche Kosteneffizienz bei hoher Qualität. Hierzu wurde die gesamte Personalfunktion im Zentralbereich Personal sowie in den Fachbereichen Personalentwicklung und Personal Services zusammengefasst. Die Stabsfunktionen (Personal- und Tarifpolitik; Personalentwicklung) wurden auf Zentralebene der Allianz Deutschland AG angesiedelt und haben entsprechende Gestaltungshoheit und Steuerungsprimat. Auch die Aufbau- und Ablauforganisation der Personalfunktion wurden weitgehend vereinheitlicht. Operative Funktionen (örtliche Personalabteilungen) haben gleiche Strukturen und einheitliche Schnittstellen zu den Stabsfunktionen sowie zu den Personal Services.

Der Zentralbereich Personal ist als Business Partner Ansprechpartner für die Geschäftsleitung des Teilkonzerns Allianz Deutschland AG mit seinen circa

30.000 Mitarbeitern. Er steuert die regionalen Personalfunktionen, entwickelt die personalpolitischen Grundsätze und Instrumente und ist federführend für alle Mitbestimmungsbelange. Dem Fachbereich Personalentwicklung obliegt die Verantwortung für das Talentmanagement einschließlich Succession Planning, Personalmarketing und Führungskräfteentwicklung sowie für das Allianz Management Institut – eine Einrichtung zur Qualifizierung von Führungskräften und Experten der Allianz. Darüber hinaus ist der Fachbereich verantwortlich für die Berufsausbildung. Der Fachbereich Personal Services ist als Serviceeinheit ausgestaltet und stellt sicher, dass die Mitarbeiter alle Fragen zu administrativen Vorgängen einschließlich der Gehaltsabrechnung entweder über Self-Service-Anwendungen im Intranet (mit einem umfangreichen Personallexikon), per Telefon oder eMail durch die Personal Direktberatung, oder, bei etwas schwierigeren Vorgängen, über die Fachberatung beantwortet bekommen. Unerlässlich sind hierfür eine professionelle IT-Unterstützung sowie eine an den Prinzipien des 6-Sigma Qualitätsmanagementansatzes orientierte Arbeitsorganisation.

Diese strikte Aufgabenteilung, verbunden mit einer prozessorientierten Arbeitsorganisation, die sich an Kennzahlen orientiert und damit auch transparent ist, schafft die Voraussetzung für eine stetig wachsende Professionalisierung der HR-Organisation. Anders als vielleicht in der Vergangenheit gilt für HR das Gleiche wie für jede andere Funktion im Unternehmen: Sie muss permanent nachweisen, dass sie für das Unternehmen einen Mehrwert erbringt und zur Wertschöpfung beiträgt. Es ist aber nicht nur eine Herausforderung für die Mitarbeiter im Bereich HR, diesem Anspruch gerecht zu werden, sondern bedeutet auch ein besonderes Privileg, diese Professionalität dem Unternehmen und seinen Mitarbeitern gegenüber unter Beweis zu stellen: Die HR-Mitarbeiter haben mit dem wichtigsten Gut eines Unternehmens zu tun, nämlich seinen Mitarbeitern.

1. Zeichnen Sie das Regelkreisprinzip und erklären Sie es mit einem personalwirtschaftlichen Beispiel!

2. „Qualifikation zählt zu den primären Aktivitäten in der personalwirtschaftlichen Wertschöpfungskette." Erklären Sie diese Aussage!

3. Wie wird eine Personalstrategie formuliert?

4. Womit befasst sich die strategische Ebene und worauf liegt der Blick in der operativen Ebene?

5. Welche Ausrichtungen gibt es im Personalmanagement und wo liegen ihre Unterschiede?

Aufgaben und Fragen zur Selbstüberprüfung

Kapitel 3

Organisation: Wie ist die Personal- arbeit auf personal- wirtschaftliche Akteure zu verteilen?

Kapitel 3 Organisation: Wie ist die Personalarbeit auf personalwirtschaftliche Akteure zu verteilen?

Fakten

In 54 % der Unternehmen ist ein Vertreter des HR-Managements im obersten Führungsgremium, der sich ausschließlich mit HR-Fragen beschäftigt.[74]

In 60 % der Unternehmen beträgt die Betreuungsquote pro HR-Mitarbeiter zwischen 20 und 99 Mitarbeiter.[75]

Mit 46 % ist die am häufigsten gewählte Organisationsform für Personalabteilungen die Matrixorganisation.[76]

Lernziele

- Sie erfahren, welche Formen der Personalarbeit kombinierbar sind.

- Sie erleben die Organisationsformen der Personalarbeit.

- Sie wissen, welches die grundlegenden gesetzlichen Rahmenbedingungen für die Personalarbeit sind.

- Sie verstehen den strukturellen Rahmen einer Personalabteilung.

- Sie lernen die verschiedenen Center-Modelle kennen.

3.1 Überblick

Personalmanagement findet – unabhängig von der Unternehmensgröße – nicht irgendwie und/oder zufällig statt, sondern muss in einen strukturellen Rahmen gebracht (Abschnitt 3.2) und mit einer Regelung für die Zuständigkeiten verbunden werden (Abschnitt 3.3). Zudem müssen die Struktur der Personalabteilung als Organisationseinheit festgelegt werden (Abschnitt 3.4) beziehungsweise der Aufgabenbereich der für die Personalarbeit verantwortlichen Mitarbeiter definiert werden. Neben diesen zentralen, konstituierenden Fragen der Organisation des

BestPersCase: DATEV eG

DATEV steht für „Datenverarbeitung" und ist eine aus circa 39.000 Mitgliedern bestehende Genossenschaft, bei der rund 5.500 Mitarbeiter beschäftigt sind. Das Unternehmen besteht seit 1966 und umfasst die Zentrale in Nürnberg und 24 Niederlassungen bundesweit.

Das Human Resource Management der DATEV ist als Service-Center organisiert und unterstützt mit seinen Dienstleistungen den gesamten Wertschöpfungsprozess des Unternehmens. Hierbei wird entsprechend den Zielgruppen ein unterschiedlicher Service angeboten:

- In Zusammenarbeit mit der *Geschäftsleitung und dem oberen Management* erstellt die Personalabteilung die Personalstrategie, übernimmt das Personalcontrolling sowie die Aufstellung der Personalkosten und klärt Grundsatzfragen.
- Für die *Führungskräfte und die Mitarbeiter* bietet die Personalabteilung zum einen die Kernprozesse Planung, Beschaffung, Entwicklung, Entlohnung und Trennung an und zum anderen unterstützende Dienstleistungen wie Abrechnung, Mitarbeiterkommunikation und Gesundheitswesen.
- Die *HR-Mitarbeiter* beraten die Mitarbeiter nicht nur zur beruflichen Laufbahnentwicklung, wählen Kandidaten für die Fach- und Führungslaufbahn aus, sondern stehen auch für persönliche Fragen, wie zum Beispiel zur Work Life Balance, zur Verfügung.

Hinzu kommt, dass IT-Dienstleister wie DATEV Unternehmen mit einer hohen Personal- und Wissensintensität sind. Daher ist kontinuierliche Weiterbildung unverzichtbar. Eine eigene Weiterbildungsabteilung im Service-Center HR analysiert daher gemeinsam mit den Fachabteilungen den Bildungsbedarf und unterstützt systematisch den Kompetenzaufbau und -ausbau bei Mitarbeitern und Führungskräften.

Nach *Berthold Krausert*, Leiter Personal, gilt unabhängig von Ebene oder Zielgruppe für sämtliche Dienstleistungen der Personalabteilung der Leitsatz „Wertorientierte Personalarbeit ist vertrauensbasierte Personalarbeit: Vertrauen vereinfacht die Zusammenarbeit".

Personalmanagements und der Personalarbeit gibt es einen weiteren wichtigen Faktor, der berücksichtigt werden muss: Personalmanagement hat immer auch etwas mit rechtlichen Fragestellungen zu tun. Diese spannen sowohl Möglichkeiten, aber auch Grenzen des Handelns von Unternehmen in ihrem Umgang mit den Mitarbeitern insgesamt auf. Zumindest einige Grundlagen zu diesen rechtlichen Fragen sollte ein Personalmanager kennen (Abschnitt 3.5).

3.2 Äußerer Rahmen: Einordnung der Personalabteilung

Befasst man sich mit der Organisation des Personalmanagements und dabei vor allem mit der Organisation der Personalabteilung[77], so läuft dies zum einen immer auf allgemein verwendete Parameter wie den Zentralisierungsgrad hinaus. Zum anderen gibt es aber auch ein spezielles Modell, das den Kooperationsgrad beschreibt.

Zentralisierungsgrad

Zentral versus dezentral

Der klassische Strukturierungsparameter von Organisationen ist ihr Zentralisierungsgrad. Dies führt als strukturelle Dimension zu der Frage, ob die Personalabteilung zentral oder dezentral organisiert wird:

- Bei einer *zentralen* Lösung gibt es ein einziges Personalressort als Ansprechpartner für alle Mitarbeiter, Führungskräfte und Unternehmensleitung.
- Bei einer *dezentralen* Lösung gibt es mehrere, hierarchisch gestaffelte Personalabteilungen beziehungsweise Personalreferenten als personalwirtschaftliche Kontaktstellen.

Zentrale oder dezentrale Personalarbeit sagt aber noch nichts über den Umfang der Tätigkeiten aus, die in der Personalabteilung beziehungsweise ihren Untereinheiten stattfinden: Vielmehr geht es lediglich um die organisatorische Gliederung (Abbildung 3.1).

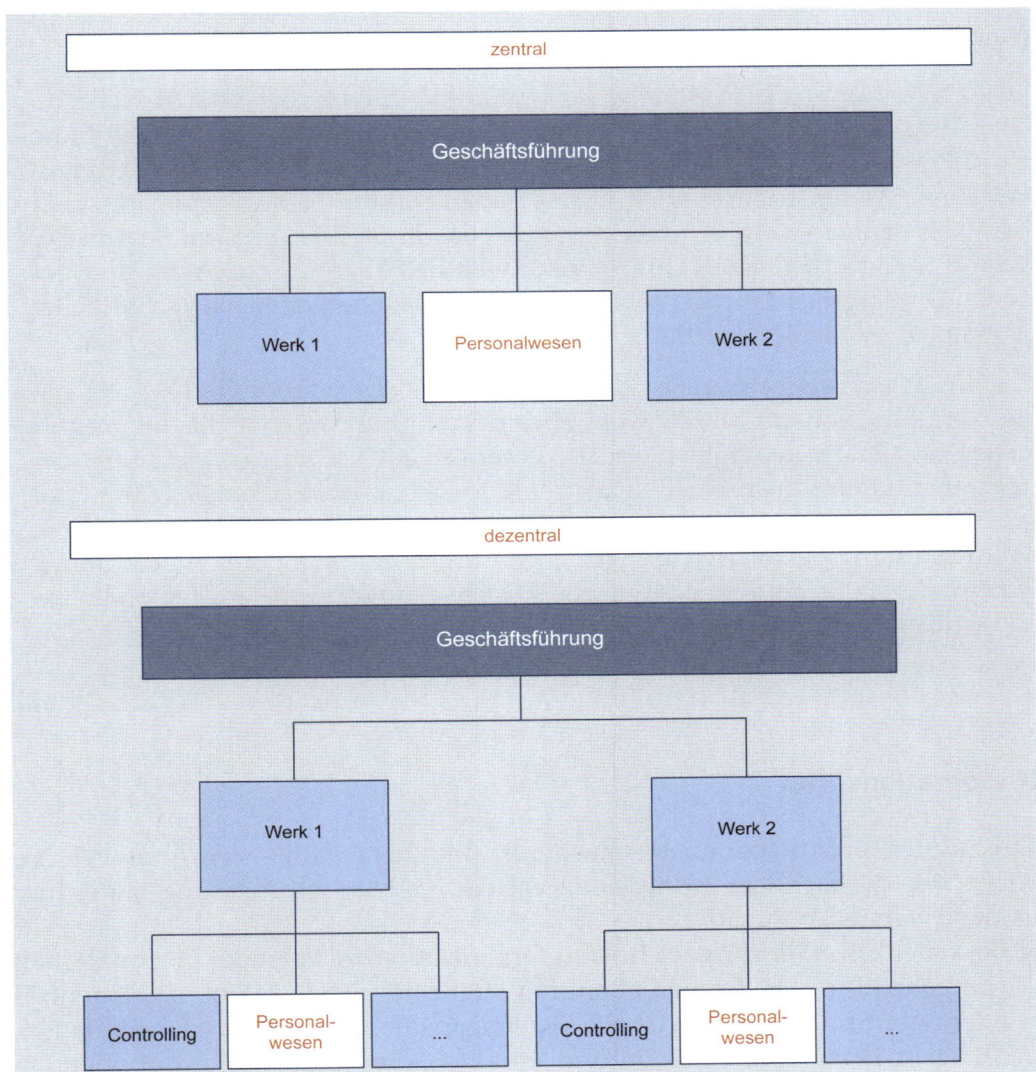

Abbildung 3.1: Zentrale
versus dezentrale
Organisation

Der Fokus auf die Organisation der Personalarbeit ist noch jung.

„Die Organisation der Personalwirtschaft mit Verteilung personalwirtschaftlicher Aufgaben auf verschiedene Stellen und Abteilungen in der Unternehmung ist für mindestens drei Jahrzehnte ein „Unproblem" der Personalwirtschaft gewesen. Weder Theorie noch Praxis haben diesem Feld organisatorischer Tätigkeit nennenswerte Aufmerksamkeit gewidmet. Erst seit dem Beginn der 90er Jahre ist unter dem Einfluss von Ideen des Lean Management und der neuen Dezentralisation das Problem der Organisation personalwirtschaftlicher Aufgaben revitalisiert worden.

Die Revitalisierungsdebatte ist zwar nicht gerade durch theoretische Analysen des Organisationsproblems, wohl aber durch pragmatische Lösungen und neue Kunstlehren geprägt worden. In dieser Debatte konkurrieren miteinander zentrale und variantenreiche dezentrale Modelle, Dienstleistungszentren einschließlich Marktmodelle, virtuelle Lösungen sowie der partielle Verzicht auf die Wahrnehmung personalwirtschaftlicher Aufgaben durch deren Outsourcing. Vereinzelt ist aus der Praxis sogar die Absicht geäußert worden, Personalwirtschaft als Funktion völlig abzuschaffen – eine wahrlich törichte Idee [...]".[78]

Univ.-Prof. Dr. Hans J. Drumm (geb. 1937; Professor für Personalwirtschaft)

Kooperationsgrad

Ein zweiter Strukturparameter macht als inhaltliche Dimension Aussagen darüber, wie die fachliche Kompetenz verteilt ist. Die Entscheidung lautet hier exklusiv versus kooperativ:

Exklusiv versus kooperativ

- Bei einer als *exklusiv* bezeichneten Organisationsform findet Personalarbeit weitgehend in der Personalabteilung statt und zwar egal, ob diese zentral oder dezentral organisiert ist. Sie löst Fragen der Personalbedarfskalkulation, realisiert Personalakquisition und -qualifikation und übernimmt wichtige Funktionen der Personaldirektion und Personalreduktion.
- Im Gegensatz dazu findet bei der als *kooperativ* bezeichneten Variante eine bewusste und sehr weitgehende Verteilung von Aufgaben auf alle Akteure der Personalarbeit statt, also auch die Führungskräfte. Somit wirken in einem arbeitsteiligen Prozess verschiedene Stellen bei der Personalarbeit mit.

Diese inhaltliche Spezifizierung der Personalorganisation bezieht sich somit auf das exklusiv vorhandene oder nicht vorhandene (Wissens-)Monopol der Personalabteilung (Abbildung 3.2).

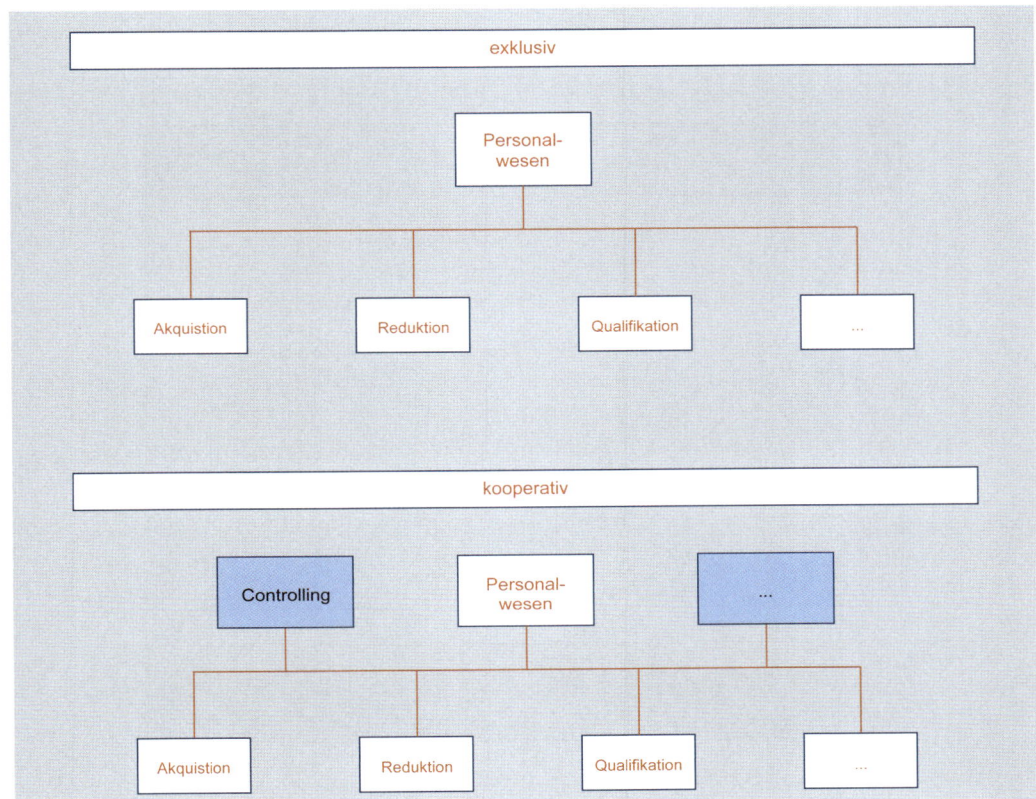

Abbildung 3.2: Exklusive versus kooperative Organisation

Kombinationsformen

Führt man die strukturelle Dimension mit der inhaltlichen Dimension zusammen, so ergeben sich daraus vier Varianten für die Organisation der Personalarbeit (Abbildung 3.3):

(1) Diese Form der Personalorganisation verbindet *Zentralismus* mit *Exklusivität*. Hier dominiert eine umfassend ausgestaltete Personalabteilung. Sie hat Anweisungsrechte und ist Anlaufstelle für personalwirtschaftliche Fragen jeglicher Art (Universalkompetenz).

(2) Dieses Wissensmonopol bleibt auch bei der *Dezentralisierung* erhalten, allerdings verbunden mit „Satelliten" der Personalzentrale, die als lokale Personalreferenten auf die anderen Bereiche verteilt sind.

(3) Die *Dezentralisierung* kann auch mit einer *kooperativen Lösung* verbunden werden, bei der die personalwirtschaftlichen Aufgaben zwischen verschiedenen Akteuren (zum Beispiel zwischen Personaleinheiten und Führungskräften) aufgeteilt werden.

(4) Auch die *Zentralisierung* kann mit der *kooperativen Lösung* einhergehen. Die Personalabteilung wird zur steuernden Einheit und die Führungskräfte vor Ort übernehmen jeweils für ihre Mitarbeiter die operative Personalarbeit.

Abbildung 3.3: Einordnung der Personalabteilung[79]

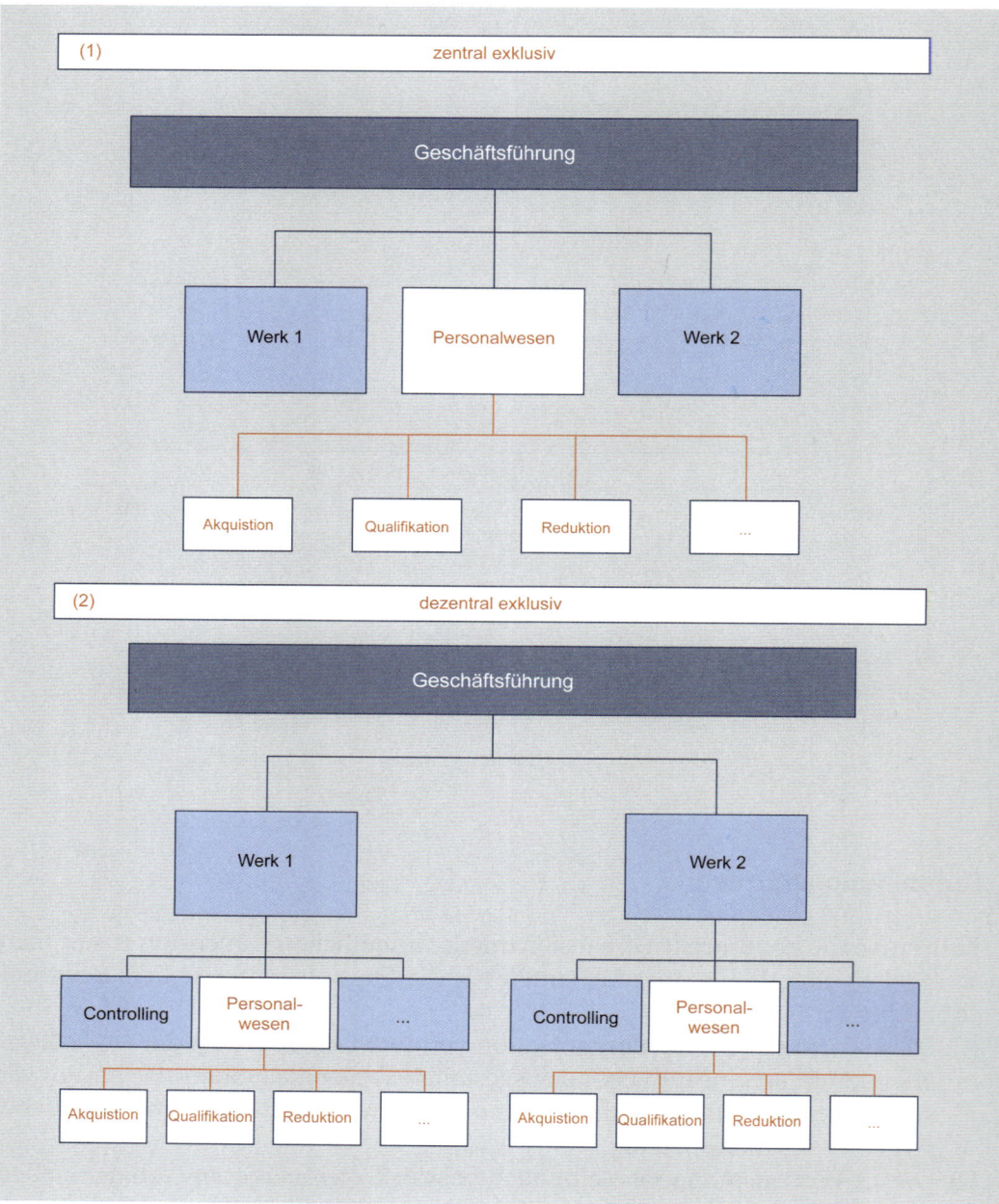

Eine tendenziell starke Rolle spielt die Personalabteilung, wenn man kooperative Lösungen mit einer zentralen Organisationsform kombiniert, was die Chance zu einer offensiven Personalstrategie im Organisationsmodell der Zukunft eröffnet.

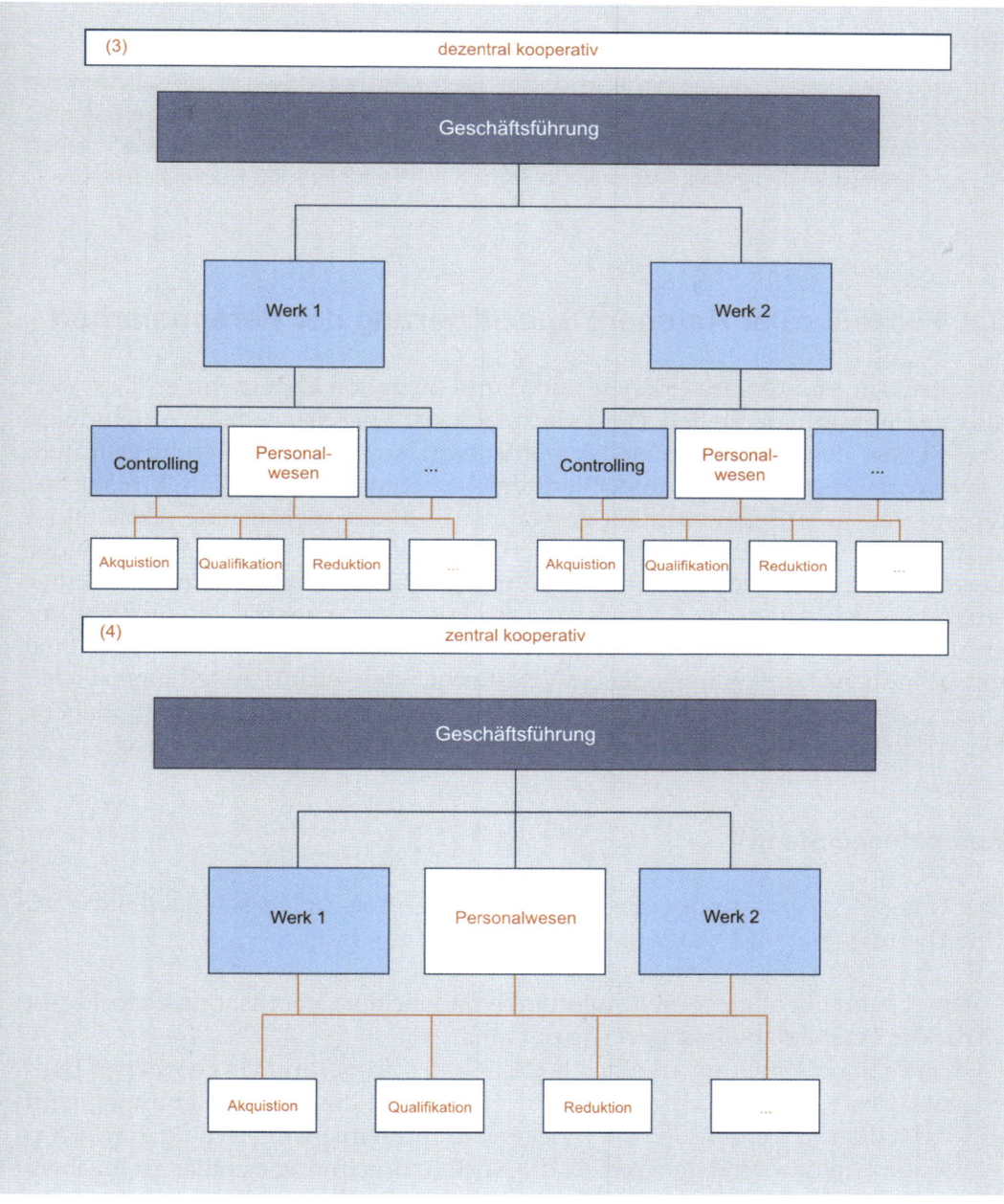

Zwischen diesen vier Varianten liegt zumindest tendenziell ein historischer Entwicklungspfad: Danach befinden wir uns heute im Stadium (3), allerdings mit der Tendenz zum Übergang in Zelle (4).

Personalabteilung der Zukunft ist zentral und kooperativ

Anwendung der Organisationsformen der Personalarbeit

Erdbeerkuchen boomt, und mit ihm Ihre Bäckerei! Deswegen haben Sie sich als Kapitalanlage inzwischen 172 weitere Bäckereien dazugekauft und planen, vielleicht sogar an die Börse zu gehen. Zuvor wollen Sie aber die Personalarbeit neu organisieren. Sie überlegen sich: Wie sehen die vier allgemeinen Organisationsformen der Personalarbeit für Ihre 173 Bäckereien aus?

3.3 Prozeduraler Rahmen: Spezifizierung der Personalarbeit

Organigramm: grafische Darstellung der Struktur von Unternehmen

Die Struktur von Organisationen und damit auch von Unternehmen lässt sich als Organigramm darstellen. Dieses besteht meist aus Kästchen, die Abteilungen und Stellen des Unternehmens symbolisieren, sowie aus Verbindungslinien, die Kommunikationswege und Hierarchiebeziehungen darstellen. Ein solches Organigramm ist relativ schnell gezeichnet und eine vielsagende Aktivität ist auch schnell in ein Kästchen eingetragen. Doch was bedeutet eine Stelle mit der Bezeichnung „Personalentwicklung Führungskräfte" wirklich? Steckt dahinter eine reine buchhalterische Archivierungsfunktion oder eine strategische Richtlinienfunktion? Falls es sich um eine Richtlinienfunktion handelt, ist es lediglich eine unverbindliche Empfehlung oder ein Veto-Recht, wie es sich IT-Abteilungen vieler Unternehmen bei der Beschaffung von Hard- und Software „erkämpft" haben? Derartige Fragen lassen sich durch explizite Center-Modelle beantworten.

Center-Modell: logische Beschreibung der Kompetenzträger

Kompetenzumfang

Der Kompetenzumfang legt fest, welche Befugnisse die Personalabteilung im Unternehmen hat und wofür sie die Verantwortung trägt.

Kompetenz im Sinne von Befugnis

Entsprechend der allgemeinen Autonomiemodelle der Organisationstheorie gibt es für die Personalabteilung drei Varianten:

(1) Die Personalabteilung arbeitet als *Cost-Center* primär mit vorgegebenen Budgets. Cost-Center unterhalten im Regelfall keine direkten Beziehungen zum Absatzmarkt, werden also überwiegend unternehmensintern tätig. Ein „Cost-Center Personal" hat den Vorteil, die Kostenzurechnung sichtbar zu machen, also beispielsweise den Anteil der Personalkosten pro interne Kundengruppe auszuweisen. Problematisch ist dabei allerdings das Lokalisieren sinnvoller Verteilschlüssel. Zudem besteht die Gefahr, die Personalfunktion in ihrem Gesamtzusammenhang zu stark auf Kostengesichtspunkte zu reduzieren.

(2) Bei einer Personalabteilung als *Profit-Center* ergibt sich ihr Budget aus den erbrachten und bewerteten Leistungen. Dies setzt allerdings voraus, dass Leistungsanbieter und Leistungsnachfrager zum einen Zugang zu einem externen Markt haben und zum anderen ohne Liefer- beziehungsweise Bezugszwang operieren dürfen.

Das Ergebnis sind klare und aus Marktpreisen abgeleitete Verrechnungspreise. Sie erlauben es der Personalabteilung, einen Leistungskatalog zu erstellen, bei dem jede Leistung mit einem konkreten Preis bewertet wird. Das Führen eines Kritikgespräches hat dann ebenso seinen Preis wie das Schalten einer Stellenanzeige oder die Entgeltabrechnung pro Mitarbeiter und Monat.

(3) Ein *Wertschöpfungs-Center* verbindet die Gewinnerzielung der Personalabteilung mit der nachweisbaren Nutzenschaffung bei den Einheiten, welche die Leistungen abnehmen. Das Wertschöpfungs-Center ist allerdings mehr paradigmatische Vision als konkret realisierbare Organisationsform: Es vereint zwar die Stärken von Profit- und Cost-Center, bietet aber keine Antworten bezüglich der Schwierigkeiten dieser Modelle an. So bleibt insbesondere offen, wie man den Wertschöpfungsbeitrag bestimmen kann.

Der Vergleich von Cost-Center, Profit-Center und Wertschöpfungs-Center (Tabelle 3.1) zeigt, dass es hinsichtlich des Kompetenzumfangs keine grundsätzlich „überlegene" Organisationsform gibt.

	Hauptziel	Voraus- setzung	Effekte	Bewertung
Cost-Center	Kostentrans- parenz und Kostenminimie- rung	transparente Vergleichsmaß- stäbe	Kostenkalku- lierbarkeit (+) Übersichtlich- keit (+) Reduktion auf Kostenge- sichtspunkte (–)	Eignung für kleinere und mittlere Unter- nehmen
Profit-Center	monetäre Steu- erung nach den Gesetzen des Marktes	Ermittelbarkeit der Kosten und Erlöse, Ver- meidung einer kurzfristigen Gewinnmaxi- mierungsmen- talität	äußerst effizien- te Lösung (+) ist an das konsequente Einhalten der Grundprinzipien von Profit-Cen- tern gebunden (–)	Eignung für eher größere Unternehmen
Wertschöp- fungs-Center	Konzentration auf die wert- schöpfenden Aktivitäten	Ermittelbarkeit der Kosten und Erlöse, Bestimmung der gesamten Wertschöp- fungskette	umfassende Lösung (+) gerät leicht in die Nähe einer vagen Absichtserklä- rung (–)	Eignung für marktnahe Unternehmen mit unmittelba- rer Wertschöp- fungsdefinition durch Kunden

Tabelle 3.1: Center-Modelle für Personalbefugnisse

Übung 3.2

Vergleichen der Center-Modelle

Der Börsengang ist geglückt und Sie sind nun Chef der Strawberry Cake & Bakeries AG. Noch vor dem Börsengang haben Sie sich für eine zentrale, exklusive Personalabteilung entschieden. Nun rätseln Sie: Was ist in diesem Fall der zentrale Unterschied zwischen der Realisation als Profit- beziehungsweise als Cost-Center und was wäre in diesem Fall die optimale Lösung?

Kompetenzinhalt

Kompetenz im Sinne von Befähigung

Im Hinblick auf den Leistungsaspekt kann für jede Personalabteilung eine zentrale inhaltliche Idee in den Vordergrund gestellt werden, die das Selbstverständnis der Abteilung prägt. So kann die Personalabteilung

- die Personalstrategie bestimmen und dabei Themen wie die generelle Stärkung der Beschäftigungsfähigkeit der Mitarbeiter oder die langfristige Entwicklungsstrategie für Kernkompetenzträger in den Mittelpunkt des Interesses rücken (*Strategie-Center*),
- für den Aufbau und Erhalt des unternehmerischen Wissens verantwortlich sein (*Intelligenz-Center*),
- sich mit dem Stabilisieren des bestehenden Unternehmenskerns, dem Initiieren von Kulturimpulsen und letztlich dem bewussten Gestalten einer spezifischen Erfolgskultur befassen (*Kultur-Center*),
- Dienste für das Unternehmen in den Vordergrund stellen, also beispielsweise als Dienstleistungscenter Aufgaben wie Entgeltabwicklung erfüllen oder als Koordinationscenter Teilpläne aus verschiedenen Bereichen zusammenführen (*Service-Center*),
- prozessgerichtet nach ständiger und systemischer Verbesserung der Personalarbeit streben (*Qualitäts-Center*) oder
- Linienführungskräfte beispielsweise als Personalreferent in der Personalarbeit unterstützen (*Beratungs-Center*).

Diese Optionen (Tabelle 3.2) schließen sich nicht aus, weil einer Personalabteilung gleichzeitig mehrere Aufgaben zugeordnet werden können.

Tabelle 3.2: Center-Modelle für Arbeitsinhalte

	Hauptziel	Voraussetzung	Effekte	Bewertung
Strategie-Center	strategische Richtung von oben, ansonsten Arbeit immer vor Ort	motivierte Mitarbeiter, Realitätsnähe der Vorgaben	lokale Autonomie plus globale Perspektive (+) bei stark unterschiedlichen Einheiten wird eine einheitliche Strategie schwierig (–)	Eignung für die dynamische Umwelt sowie für größere Unternehmen

Fortsetzung Tabelle 3.2

	Hauptziel	Voraussetzung	Effekte	Bewertung
Intelligenz-Center	Koordination, Information, Innovation und Wissensgenerierung	Transparenz der Informationskanäle	Aufbau der Strukturierung einer erfolgssichernden Wissensbasis (+) hohe Komplexität (–) hohe Anforderung an die Qualifikation der Mitarbeiter im Personalbereich (–)	Eignung für alle Unternehmen, auch Unternehmen in Veränderungsprozessen
Kultur-Center	Kulturmanagement, Sinnvermittlung	hohe Kultursensibilität der Mitarbeiter in der Personalabteilung	weiches Personalmanagement (+) zu geringe Hardfact-Orientierung (–)	Eignung für Unternehmen in Veränderungsprozessen
Service-Center	Erbringen einer klar definierten Dienstleistung	klare Leistungsdefinition und Rollenzuweisung	hohe Kundenorientierung (+) zu geringe Hardfact-Orientierung (–)	Eignung für Unternehmen in Veränderungsprozessen
Qualitäts-Center	ständige Verbesserung der Personalmanagementaktivitäten	Rollenverständnis: Personalmanagement als Coach für den einzelnen Mitarbeiter	direkter Kontakt zu Kunden (+) schwierige Messung von Qualität (–)	Eignung für alle Unternehmen
Beratungs-Center	(spezialisierte) Personalexperten als Kompetenzverstärker	fachliche Unterstützung in der Linie, ausreichend große Einheiten, vernetzte EDV-Technologie	engmaschiges Aktivitätsnetz (+) hoher Aufwand (–) Kompetenzüberschneidung (–)	Eignung eher für große Unternehmen

Die entsprechenden Leistungen der Center-Modelle für Arbeitsinhalte werden bei Anwendung des zentralen Modells über das zentrale Budget, im dezentralen Modell über die Kostenstelle der abnehmenden Einheit abgerechnet.

Kombinationsformen

Organisatorische Vielfalt durch kombinierbare Center-Modelle

Einige Zuordnungen sind mehr und andere weniger plausibel: So kann man ein Strategie-Center sicherlich nicht als reines Profit-Center organisieren, weil die Aufgabe dieses Centers nicht darin liegen kann, möglichst viel Gewinn für diese Organisationseinrichtung anzustreben. Auf der anderen Seite kann das Service-Center „Lohnabrechnung" bei einem gegebenen Service-Level durchaus als Profit-Center versuchen, auch über externe Kunden Gewinne durch niedrige Kosten und entsprechende Erträge zu machen.

3.4 Innerer Rahmen: Gliederung der Personalabteilung

Nachdem über Fragen nach Kompetenzverteilung, Kompetenzumfang und Kompetenzinhalt die Zuständigkeiten der personalwirtschaftlichen Aufgaben sowie die Verortung der Organisationseinheit Personalabteilung festgelegt beziehungsweise identifiziert werden können, stellt sich die Frage nach der inneren Organisation und Strukturierung der Personalabteilung.

Funktionalorganisation

Funktionalorganisation: Gliederung der Personalabteilung entlang der Personalmanagement-felder

Wird die Personalabteilung über eine Funktionalstruktur organisiert, entsprechen die einzelnen Funktionen, die unter der Personalleitung angesiedelt werden, in der Regel weitestgehend den Feldern des Personalmanagements (Abbildung 3.4), also letztlich explizit oder implizit den personalwirtschaftlichen Aktivitätsfeldern.

Abbildung 3.4: Funktional organisierte Personalabteilung

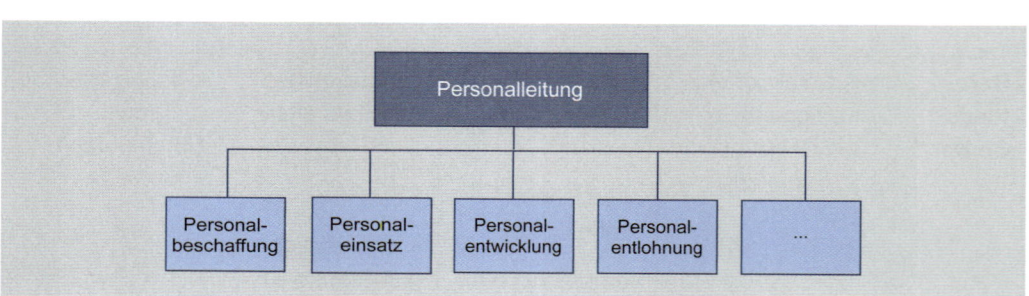

Hinter dieser Variante der Organisation steht das Ziel der Spezialisierung: Wird eine Funktionalorganisation der Personalabteilung vorgenommen, geht man

demnach davon aus, dass zur optimalen Ausfüllung der jeweiligen Aufgaben innerhalb der unterschiedlichen Felder spezifische (Fach)Kenntnisse und Fähigkeiten notwendig sind. Die einzelnen Funktionsbereiche sind dann jeweils für das gesamte Unternehmen zuständig.

Vorteile dieser Variante sind die daraus entstehenden Effizienz- und Größenvorteile. Nachteile sind zum einen die möglicherweise schwierigere Koordination zwischen den Funktionen und ein komplexerer Prozess bei der Implementierung einer gemeinsamen Personalstrategie. Zum anderen ist die Betreuungssituation für die einzelnen Mitarbeiter des Unternehmens unübersichtlicher und gegebenenfalls weniger individuell, da für jede Funktion eine andere Person zuständig ist.

Objektorganisation

Die Objektorganisation der Personalabteilung gliedert nach Belegschaftsgruppen, Tätigkeitsbereichen oder Abteilungen. Im Ergebnis entstehen dann innerhalb des Personalwesens jeweils kleinere Personalabteilungen beispielsweise für
– Arbeiter, Angestellte, Führungskräfte und Auszubildende oder
– technisches Personal, kaufmännisches Personal und wissenschaftliches Personal.
Ersteres entspricht einer Objektgliederung nach Belegschaftsgruppen, letzteres nach Tätigkeitsgruppen. Ebenso gibt es räumliche Einteilungen nach Abteilungen oder Werken. Zudem sind auch Mischformen dieser Differenzierungen möglich (Abbildung 3.5).

Objektorganisation: Gliederung der Personalabteilung entlang der Zielgruppen der Personalarbeit

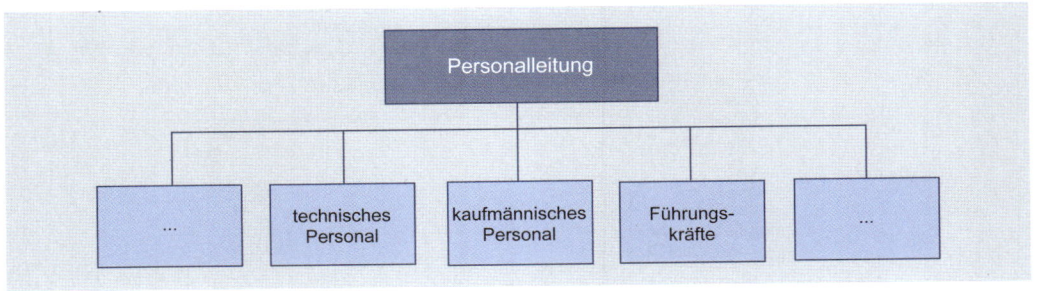

Abbildung 3.5: Objektorganisation der Personalabteilung

Auch diese Variante liefert Spezialisierungsvorteile, allerdings hier in der Fokussierung auf die Bedürfnisse bestimmter Mitarbeitergruppen. Dies führt auch dazu, dass sich die Mitarbeiter des Unternehmens in allen Personalangelegenheiten an die gleiche Stelle wenden können.

Als Nachteile der Objektorientierung ist insbesondere die möglicherweise mangelnde Detailkenntnis in Sachfragen zu nennen, da hier eher funktionale Generalisten zum Einsatz kommen. Ebenfalls muss darauf geachtet werden, dass zumindest bei der Differenzierung nach Tätigkeitsbereichen und Abteilungen keine zu großen Unterschiede zwischen den Mitarbeitergruppen hinsichtlich der Leistungen der Personalabteilungen entstehen, da sonst Unzufriedenheit und Neid infolge von Ungleichbehandlung entstehen könnten.

Die Objektgliederung erhält gegenwärtig Auftrieb durch Überlegungen in Richtung auf ein verstärkt integratives Talentmanagement. Danach sollen Mitarbeiter generell – vor allem aber die vielzitierten und heiß umworbenen „High Potentials" – im Zuge ihres innerbetrieblichen Werdeganges durch eine einzige Abteilung und möglichst sogar durch die gleiche Person betreut werden. Egal ob Akquisition und Selektion, Motivation und Kompensation: Es ist quasi als Accounter immer der gleiche Personalbetreuer zuständig.

Kombinationsformen

Matrixorganisation: Kombination zweier beliebiger Organisationsdimensionen

Eine in der Unternehmenspraxis sehr häufig anzutreffende Variante der Organisation der Personalabteilung ist die Kombination der Funktional- und Objektorganisation. Oftmals werden zudem an die Personalleitung Stabsstellen für Querschnitts- und Spezialaufgaben angegliedert, beispielsweise für Grundsatzthemen wie Nachhaltigkeit oder Diversity (Abbildung 3.6).

Abbildung 3.6: Funktionale Objektorganisation der Personalabteilung (Matrix)

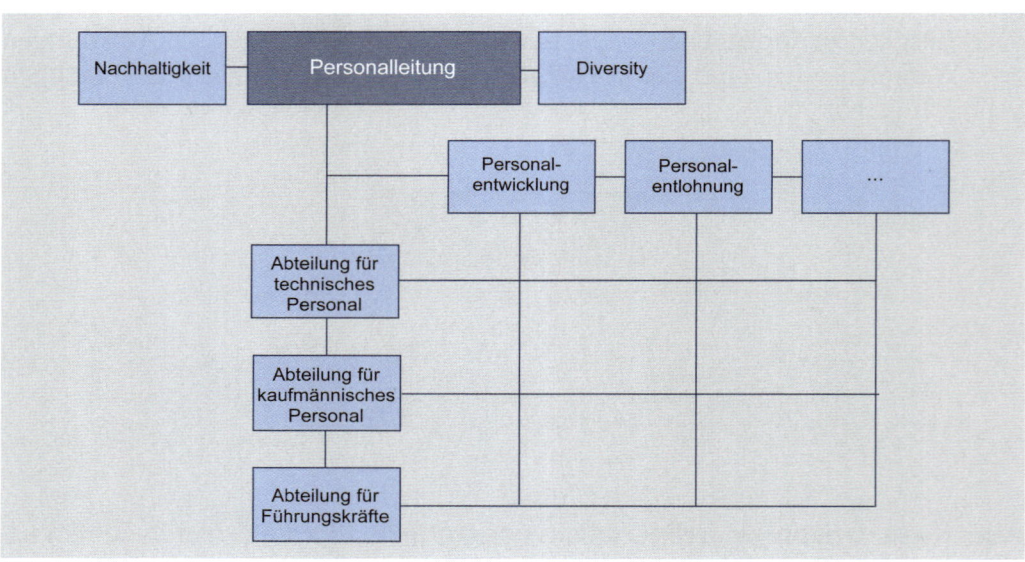

Diese bei großen Konzernen vorfindbare Matrixstruktur produziert unterschiedliche Konstellationen aus Weisungs- und Machtbeziehungen. Gerade aus diesem Grund führen derartig komplexe Strukturen zu erhöhtem Koordinationsaufwand. Zudem kann es aufgrund auseinander gehender Interessen zu Machtkämpfen, Kompetenzstreitigkeiten und letztendlich Beschlussunfähigkeit kommen.

Strukturierung der Personalabteilung

Als Chef eines Bäckerei-Imperiums müssen Sie viele Entscheidungen treffen. Daher wägen Sie die Vor- und Nachteile der verschiedenen Varianten der inneren Organisation und Strukturierung Ihrer Personalabteilung ab und entscheiden sich bewusst für eine Variante. Für Ihre Mitarbeiter zeichnen Sie das spezifische Organigramm der inneren Organisationsstruktur der Personalabteilung der Strawberry Cake & Bakeries AG.

Für kleinere Unternehmen ist die Frage der Personalorganisation auf den ersten Blick scheinbar einfacher zu beantworten[80]. Bei kleinen Unternehmen mit unter 100 Personen verzichtet man teilweise überhaupt auf einen hauptamtlichen Personalleiter. Auch sonst gibt es selten spezialisierte Personal-„Profis". Deshalb wird im Regelfall die Unternehmensleitung die Personalfunktion mit übernehmen und allenfalls Routinearbeiten, wie die Gehaltsabrechnung, an externe Dienstleister übertragen. Die wirkliche Fremdvergabe von Aufgaben wie Personalentwicklung findet allerdings selten statt, da sich gerade ein (im Regelfall technisch orientierter) Mittelständler oft professioneller Personalarbeit verschließt und allenfalls auf „Bekannte aus dem Umfeld" vertraut.

Diesem deprimierend deskriptiven Befund steht die gegenteilige Gestaltungsempfehlung entgegen, die sich aus dem Zwang zur professionellen Personalarbeit auch in einem KMU ergibt: Hier wird die Personalarbeit zu professionalisieren, aber auch auf interne und externe Akteure zu verteilen sein. Dies erfordert einen höheren Organisationsaufwand und müsste letztlich bis hin zu einer virtuellen Personalabteilung führen[81]. Hier verlagert sich die Personalarbeit auf einen Verbund aus Kernkompetenzträgern.

Personalorganisation für KMU als schwierige Schlüsselaufgabe!

Für die Organisation der Personalarbeit in international tätigen Unternehmen gibt es drei Varianten:

- Die Personalabteilung der Auslandsgesellschaft ist unmittelbar dem Personalbereich der *Zentrale unterstellt*. Der Vorteil dieses Modells liegt im direkten transnationalen Informationsfluss eines nach einheitlichen Grundsätzen operierenden Personalmanagement. Allerdings können Abstimmungsprobleme und interkulturelle Ignoranz zu Spannungen führen.
- Die Personalabteilung der Auslandsgesellschaft wird dem *Leiter der Auslandsgesellschaft* zugeordnet. Der Vorteil dieser Lösung liegt in der lokalen Marktnähe, der Nachteil im möglicherweise zu geringen Informationsfluss zwischen Zentrale und Auslandsgesellschaft.
- Schließlich kann der Personalleiter der Auslandsgesellschaft disziplinarisch dem Leiter der Auslandsgesellschaft und fachlich dem Personalbereich der Zentrale zugeordnet sein. Der Vorteil dieser *Matrixorganisation* besteht in einem effizienten Informationsmanagement, da der Personalleiter mit zweiseitigen Informationen versorgt wird, was allerdings auch zu Abstimmungsproblemen führt.

In der Praxis scheint gegenwärtig die zweite Variante zu überwiegen, wenngleich zunehmend Integrationsbemühungen der Zentrale zum Beispiel durch Systemvorgaben zu beobachten sind.

3.5 Rechtlicher Rahmen

Eine Vielzahl an Gesetzen und Verordnungen steckt den rechtlichen Rahmen der Personalarbeit ab. Diese prägen insbesondere die tägliche (operative) Personalarbeit. Wird hier etwas übersehen, kann dies zu massiven (und damit meist teuren) Problemen für das Unternehmen führen.

Zentral ist dabei das weite Feld des Arbeitsrechts, das die Beziehungen zwischen den Beteiligten eines abhängigen Arbeitsverhältnisses regelt. Innerhalb des Arbeitsrechts wird zwischen den Bereichen des individuellen Arbeitsrechts und des kollektiven Arbeitsrechts differenziert. Dabei regelt das individuelle Arbeitsrecht die Einzelbeziehungen zwischen Arbeitnehmern und Arbeitgebern. Das kollektive Arbeitsrecht bezieht sich auf Rechtsfragen zwischen den Sozialpartnern (Abbildung 3.7):

Abbildung 3.7: Der rechtliche Rahmen für das Personalmanagement

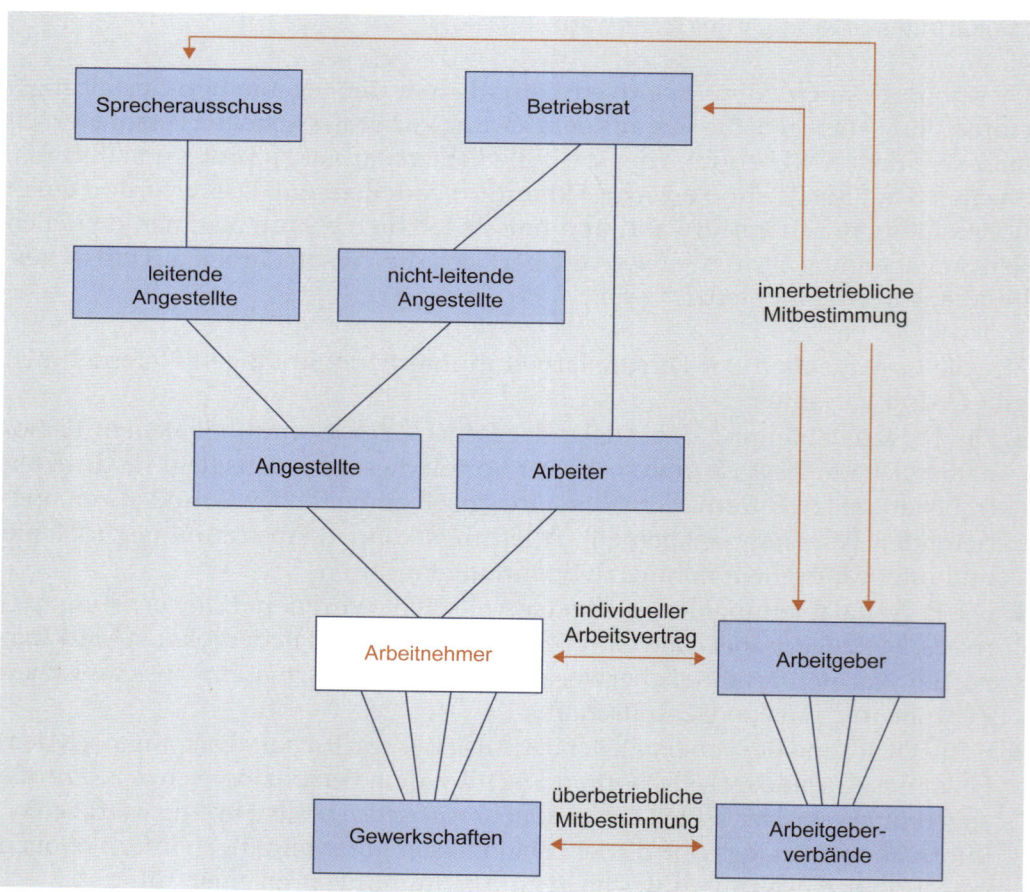

- Gewerkschaften vertreten die Interessen der Arbeitnehmer als ihre Mitglieder und treten als Verhandlungspartner bei den Arbeitgeberverbänden auf. Die Interessen beziehen sich vor allem auf die kollektive Gestaltung der Arbeitsbedingungen.
- Arbeitgeberverbände vertreten die Interessen der Arbeitgeber als ihre Mitglieder und treten analog als Verhandlungspartner gegenüber den Gewerkschaften auf.
- Arbeitgeber und Arbeitnehmer stehen durch einen privatrechtlichen Vertrag (Arbeitsvertrag) in einem Rechtsverhältnis, zu dem die Erfüllung von beiderseitigen Rechten und Pflichten zählt.
- Arbeitnehmer lassen sich weiterhin aufteilen in Angestellte und Arbeiter. Angestellte leisten überwiegend geistige Tätigkeiten (Büroarbeiten); Arbeiter eher körperliche Arbeiten (Produktionsarbeit).
- Bei den Angestellten unterscheidet man zwischen leitenden und nicht-leitenden Angestellten. Leitende Angestellte sind in der Regel mit Arbeitgeberfunktionen betraute Personen. Ihre Interessen werden im Sprechausschuss vertreten.
- Die Interessenvertretung der Arbeiter sowie der nicht-leitenden Angestellten gegenüber dem Arbeitgeber werden vom Betriebsrat wahrgenommen.

In den nachfolgenden Abschnitten werden diese Rechtsbereiche kurz skizziert, wobei allerdings darauf hinzuweisen ist, dass diese Ausführungen lediglich den ersten Einstieg in eine überaus komplexe Materie darstellen.

Individuelles Arbeitsrecht

Für den Arbeitnehmer gilt, dass er – über einen privatrechtlichen Vertrag geregelt – Dienste erbringt, und zwar in einer persönlichen Abhängigkeit. Für diese wird er entsprechend entlohnt. Der Arbeitgeber auf der anderen Seite ist eine juristische oder natürliche Person, die mindestens einen Arbeitnehmer beschäftigt. In diesem Arbeitnehmer-Arbeitgeber-Verhältnis werden das Arbeitsvertragsrecht sowie das Arbeitsschutzrecht relevant.

Arbeitnehmer haben Rechte (beispielsweise Lohnzahlung, Gleichbehandlung, Urlaubsgewährung) und Pflichten (beispielsweise Arbeitspflicht, Treuepflicht, Haftungspflicht). Sie alle werden in diversen Gesetzestexten geregelt. Am wichtigsten sind das BGB (Bürgerliches Gesetzbuch), das HGB (Handelsgesetzbuch), die GeWO (Gewerbeordnung) und das BetrVG (Betriebsverfassungsgesetz).

Die Arbeitnehmer werden dabei nach §5 Absatz 5 BetrVG in
- Arbeiter, die überwiegend körperlich-mechanisch oder
- Angestellte, die überwiegend geistig-gedanklich tätig sind sowie
- Auszubildende, die im Rahmen einer Berufsausbildung beschäftigt werden und
- Heimarbeiter, die in der Hauptsache für den Betrieb arbeiten

Individuelles Arbeitsrecht: Regelung der Beziehungen zwischen Arbeitnehmer und Arbeitgeber

differenziert. Somit gelten als Arbeitnehmer alle Arbeiter oder Angestellten und alle Beschäftigten, auch wenn sie sich in der Berufsausbildung befinden und auch unabhängig davon, ob sie im Betrieb, im Außendienst oder in der Telearbeit beschäftigt werden. Allerdings gibt es eine wichtige Einschränkung: Mitarbeiter, die mit der Wahrnehmung von Arbeitgeberfunktionen betraut sind, gelten als „Leitende Angestellte" und werden nicht vom Betriebsrat vertreten (§ 5 Absatz 3 BetrVG). Arbeitnehmer haben aber selbstverständlich ebenso einen individuellen Arbeitsvertrag wie leitende Angestellte.

Beeindruckend hohe Regelungsdichte

Entsprechend sind entlang der personalwirtschaftlichen Funktionskette juristische Regelungen mit Aussagen über die jeweiligen Rechte und Pflichten relevant:

- Beim Akquisitionsprozess und bei der Selektion gelten selbstverständlich das Grundgesetz (GG), die Gleichbehandlung mit Diskriminierungsverbot, geregelt über das Gleichbehandlungsgesetz (§§ 1–12 AGG), und ebenso das Bürgerliche Gesetzbuch mit Aussagen zur Stellenausschreibung (§ 611b BGB).
- Der Arbeitsvertrag als Begründung des Arbeitsverhältnisses folgt ebenfalls dem BGB: Dieses regelt die aus dem Vertrag entstehenden gegenseitigen Pflichten und Ansprüche, insbesondere die zu erbringende Arbeitsleistung sowie die Vergütung und die Treuepflichten des Arbeitnehmers. Hier finden sich auch Aussagen zur Befristung und zu Probezeiten. Das Arbeitsverhältnis kommt mit dem Abschluss eines Arbeitsvertrages zustande. Die Pflicht zur Leistung der geschuldeten Arbeitsleistung und der Vergütung regelt sich nach § 612 BGB.
- Die Beziehung zur Führungskraft wird teilweise geregelt durch das Betriebsverfassungsgesetz (§ 82 BetrVG). Danach hat der Arbeitnehmer Anhörungs- und Erörterungsrecht in Fragen, die seine Person oder seinen Arbeitsplatz betreffen. Ferner kann er verlangen, dass ihm die Berechnung des Arbeitsentgeltes und die Beurteilung seiner Leistung erläutert werden. Zudem darf er Vorschläge für die Gestaltung des Arbeitsplatzes machen.
- Wichtig ist auch die Personalakte, zu der unter anderem die Bewerbungsunterlagen, der Arbeitsvertrag, Eignungstests und Beurteilungen sowie der Schriftwechsel gehören. Hier hat der Mitarbeiter das Recht, seine Personalakten einzusehen und ihnen schriftliche Erklärungen beizufügen (§ 83 BetrVG).
- Die Kündigung des Arbeitsvertrages erfolgt durch ordentliche oder außerordentliche Kündigung, wobei für erstere dezidierte Kündigungsschutzrechte nach dem Kündigungsschutzgesetz (KSchG) vorgegeben sind. Ansonsten existieren für alle Varianten der Kündigung entsprechende Verfahrensvorschriften.

Zusätzlich gibt es noch eine Reihe weiterer gesetzlicher Regelungen im Hinblick auf die Arbeitszeit (ArbZG), den Arbeitsschutz (ArbSchG) und den Schutz von besonderen Personengruppen wie (werdende) Mütter (MuSchG) und Jugendliche (JArbSchG). Insbesondere wenn es der Wirtschaft und/oder Unternehmen schlecht geht, werden gesetzliche Regelungen relevant. So wird bei kurzfristigem Personalüberhang § 19 KSchG wirksam, wonach Unternehmen bis zu sechs Monate Kurzarbeit anmelden können. In diesem Fall zahlt das Arbeitsamt bis zu 67 Prozent des regulären Arbeitsentgelts.

Auf die Mischung kommt es an

Auch die Belegschaft der Strawberry Cake & Bakeries AG ist inzwischen auf eine beträchtliche Größe gewachsen. Sie überlegen sich daher, wie bei Ihnen das Verhältnis der Anzahl an Arbeitgebern, Angestellten, Auszubildenden und Heimarbeitern realistischerweise aussehen könnte.

Übung 3.4

Kollektives Arbeitsrecht

In Betrieben, die bestimmte Merkmale (zum Beispiel mindestens fünf ständige wahlberechtigte Arbeitnehmer) aufweisen (§1 BetrVG), kann ein Betriebsrat gegründet werden: Er hat ebenfalls spezielle Rechte und Pflichten, die darauf ausgerichtet sind, die Arbeitnehmer gegenüber dem Arbeitgeber zu unterstützen und als Vertretungsorgan entsprechend die Interessen des Arbeitnehmers zu kommunizieren und einzufordern. So gibt es in der betrieblichen Mitbestimmung Rechte, die der Betriebsrat gegenüber dem Arbeitgeber ausüben kann:

Kollektives Arbeitsrecht: Regelung der Rechtsfragen zwischen den Sozialpartnern

- Der Arbeitgeber muss die Arbeitnehmerseite rechtzeitig und umfassend unterrichten (Informationsrecht).
- Der Betriebsrat darf bestimmte Verfahren anzeigen (Vorschlagsrecht).
- Der Betriebsrat muss vor bestimmten Maßnahmen nach seiner Meinung gefragt werden (Anhörungsrecht).
- Der Betriebsrat hat das Recht, bei bestimmten Maßnahmen an Beratungen teilzunehmen (Beratungsrecht).

Neben diesen Mitwirkungsrechten hat der Betriebsrat auch ein konkretes Mitbestimmungsrecht, kann also über eine Zustimmungsverweigerung oder durch Widerspruch Maßnahmen blockieren.

Weitreichende Mitwirkungs- und Mitbestimmungsrechte des Betriebsrates

30 Jahre Mitbestimmungsgesetz.

„Aber bei aller Kritik – und das möchte ich hier auch ausdrücklich festhalten – können wir sagen, dass es in Deutschland kaum jemanden gibt, der betriebliche und unternehmerische Mitbestimmung grundsätzlich in Frage stellt. Ich halte das für richtig. Ich sage: Ich gehöre zu denen, die dies nicht in Frage stellen, sondern für eine große Errungenschaft halten."[82]

Dr. Angela Merkel (geb. 1954; Bundeskanzlerin der Bundesrepublik Deutschland)

Wer ist hier der Boss?

Die Mitarbeiter bei BMW AG werden von einem starken und mächtigen Betriebsrat vertreten. Der aktuelle Betriebsratsvorsitzende *Manfred Schoch* gilt als Königsmacher. Nicht zuletzt ihm hat es der aktuelle Vorstand *Norbert Reithofer* zu verdanken, dass er an der Konzernspitze ist. Bei einigen Unstimmigkeiten wurde jedoch deutlich, wie stark der Einfluss des Betriebsrats werden kann. Als der Vorstandsvorsitzende überlegte, einen Teil des Dienstleistungspersonals bei BMW auszugliedern, ließ es der Betriebsratsvorsitzende wegen eines Verstoßes gegen das Betriebsverfassungsgesetz auf eine Gerichtsverhandlung ankommen. Er argumentierte, nicht in diese Entscheidung einbezogen worden zu sein. 30 Minuten vor Beginn der Verhandlung sagte der Vorstand zu, die betroffenen Mitglieder nicht auszulagern. Im Zuge der Einweihung des neuen BMW Museums wurde bekannt, dass auch die Mitarbeiter zukünftig Eintritt zahlen sollten. Der Betriebsrat intervenierte wiederum und gewann auch in diesem Punkt. Die Mitarbeiter haben nun freien Eintritt in das Museum. Auch bei der geplanten Reduzierung der Anzahl an Auszubildenden stieß der Vorstand auf Protest seitens des Betriebsrats. Letztlich erreichte man einen Kompromiss: Statt der geplanten Reduzierung um 300 Stellen für Auszubildende wurden letztlich nur 80 Stellen gestrichen.[83]

Wichtig ist gerade bei der operativen Personalarbeit die Zuordnung, welches Recht des Betriebsrats bei welcher Aktivität gilt (§§ 87, 92–105 BetrVG):

- Bei der Personalplanung hat der Arbeitgeber den Betriebsrat über den gegenwärtigen und zukünftigen Personalbedarf und die sich daraus ergebenden personellen Maßnahmen zu unterrichten. Der Betriebsrat kann aber auch seinerseits Vorschläge für die Einführung und Durchführung einer Personalplanung machen.
- Das Aufstellen von Beurteilungsgrundsätzen bei der Personalbeurteilung unterliegt der Zustimmung des Betriebsrats. Hierzu gehören Aufstellung und Gewichtung materieller Merkmale ebenso wie die Festlegung der Verfahren. Bei technischen Einrichtungen, die dazu dienen, das Verhalten oder die Leistung der Arbeitnehmer zu überwachen, hat der Betriebsrat ein erzwingbares Mitbestimmungsrecht.
- Bei der Personalakquisition kann der Betriebsrat verlangen, dass die zu besetzende Stelle intern ausgeschrieben wird. Ebenfalls zustimmungspflichtig sind Personalfragebögen, wozu auch Checklisten gehören. In Betrieben bis zu 1.000 Arbeitnehmern kann der Betriebsrat Richtlinien zur Personalselektion verlangen, auch gegen den Willen des Arbeitgebers.
- Vor jeder personellen Einzelmaßnahme, also Einstellung, Eingruppierung, Umgruppierung und Versetzung, ist der Betriebsrat zu unterrichten, da er unter besonderen Umständen seine Zustimmung zu geplanten Maßnahmen verweigern kann. Ein Beispiel dafür ist der Verstoß gegen eine Auswahlrichtlinie.

- Bei der Personalreduktion hat der Arbeitgeber den Betriebsrat vor jeder Kündigung zu hören und ihm die Kündigungsgründe mitzuteilen. Auch hier hat der Betriebsrat in besonderen Fällen ein Widerspruchsrecht.
- Bei der Personalqualifikation hat der Betriebsrat teilweise ein Beratungsrecht, bei der betrieblichen Berufsbildung ein erzwingbares Mitbestimmungsrecht.
- Bei der Gestaltung von Arbeitsbedingungen hat der Betriebsrat erzwingbare Mitbestimmungsrechte, unter anderem bei Arbeitszeiten und Pausen, bei der Arbeitszeitverteilung auf die einzelnen Wochentage, bei der vorübergehenden Verkürzung oder Verlängerung der betrieblichen Arbeitszeit und bei Urlaubsregelungen.
- Bei der Vergütung hat der Betriebsrat erzwingbare Mitbestimmungsrechte bei der Systematik, also beispielsweise bei der Aufstellung von Entlohnungsgrundsätzen und -methoden. Die individuelle Lohnfestlegung ist dagegen nicht mitbestimmungsfähig.

Für Meinungsverschiedenheiten zwischen Arbeitgeber und Betriebsrat sieht das Gesetz (§76 BetrVG) die fallweise Bildung beziehungsweise die permanente Installation einer Einigungsstelle vor. Ihre Mitglieder werden je zur Hälfte vom Arbeitgeber und vom Betriebsrat bestellt. Dazu kommt ein unparteiischer Vorsitzender. Die Einigungsstelle fällt ihre Beschlüsse unter Berücksichtigung der Belange des Betriebs und der betroffenen Arbeitnehmer.

Nimmt man die üblichen Beschreibungen der Arbeitsbeziehungen in einem KMU, so wird im Regelfall[84] die höhere Gewerkschaftsfeindlichkeit, das Nicht-Agieren des Betriebsrates als Gegenmacht und der Verzicht auf arbeitspolitische Innovationen genannt – aus Sicht einer nur schwer realisierbaren Segmentierung der Belegschaft in Kern- und Randbelegschaft.

Mitbestimmung hat Vorteile.

„Mitbestimmung in Form von Aufsichtsratssitzen kann Vorteile haben, weil die Interessengegensätze mit den Arbeitnehmern nicht auf der Straße ausgetragen werden müssen."[85]

Univ.-Prof. Dr. Hans-Werner Sinn (geb. 1948; Präsident des Münchner Ifo-Instituts)

Unabhängig davon, dass Mitbestimmung in der gegenwärtigen Form als gesetzliche und faktische Norm existiert, stellt sich die Frage nach ihrem betriebswirtschaftlichen Nutzen. Hier zeigen empirische Studien[86], dass Betriebsräte auf der einen Seite stabilisierend auf die Beschäftigungszahl wirken, auf der anderen Seite aber auch die Erträge reduzieren – was aber im Detail von einer Vielzahl von Bestimmungsfaktoren abhängt, bis hin zur Einbindung des Betriebsrates in unternehmerische Entscheidungen.

Damit stellt sich die zentrale Frage nach der Wirkung von Mitbestimmung auf die Wettbewerbsfähigkeit von Unternehmen und damit auch auf den Erhalt von Arbeitsplätzen. Die Lösung dazu liegt allerdings nicht im Betriebsverfassungsgesetz. Denn: „Eine generelle Antwort ist nicht möglich, denn sie hängt davon ab, wie Mitbestimmung ausgeübt, wie Erfolgs-, Vermögensbeteiligungsansprüche und Lohnforderungen durchgesetzt werden: Erfolgreiche Durchsetzung partikulärer Interessen gefährdet in der Regel das Erreichen ökonomischer Unternehmensziele und damit Ertrag und Fortbestand der Unternehmung sowie Sicherheit von Arbeitsplätzen und Vergütungen."[87]

Gut funktionierende Mitbestimmung erleichtert die Umsetzung von Strategien

Diese Feststellung gilt auch für die Gegenläufigkeit von Flexibilität vs. Implementation: Falsch verstandene Mitbestimmung von Betriebsräten und Personalräten, die aus ideologischen Gründen dringende und für die Belegschaft sinnvolle Entwicklungen ausbremsen, ist sicherlich negativ zu bewerten. Umgekehrt kann aber gerade eine gut funktionierende Mitbestimmung durch Verringerung der Transaktionskosten die Umsetzung von Strategien erleichtern.

Mitbestimmung reformieren!

„Der Grundgedanke einer Mitbestimmung der Arbeitnehmer ist keineswegs überholt, aber das deutsche Modell bedarf einer Generalüberholung. […] Mit an Sicherheit grenzender Wahrscheinlichkeit wird jedoch der Vorwurf folgen, Rechte der Arbeitnehmer würden preisgegeben, sie bezahlten die Zeche. Dem ist nicht so. Schon jetzt fällt die Traglast der Mitbestimmung zumindest teilweise auf die Arbeitnehmer, nämlich in Form von verminderten Realeinkommen und Arbeitsplatzchancen."[88]

Univ.-Prof. Dr. Wolfgang Franz (geb. 1944; Vorsitzender des Sachverständigenrates zur Begutachtung der gesamtwirtschaftlichen Entwicklung)

Auch im internationalen Vergleich interessiert die Wirkung der Mitbestimmung: Hier lässt sich nachweisen, dass lediglich die deutschen Betriebsräte, nicht aber ihre britischen und australischen Kollegen, wirksam in der Lage sind, Entlas-

---

Übung 3.5 | ### Mitbestimmung durch Betriebsrat

Natürlich wird aufgrund der großen Belegschaft inzwischen von den Mitarbeitern der Strawberry Cake & Bakeries AG auch ein Betriebsrat gewählt. Für Sie ist das zunächst eine ziemlich große Umstellung, da die Mitarbeiter nun auf einmal Mitspracherechte haben. Damit Sie auf die neue Situation vorbereitet sind, überlegen Sie sich konkrete Fälle, in denen Sie operative personalwirtschaftliche Entscheidungen treffen oder Maßnahmen vornehmen wollen, die mitbestimmungspflichtig sein könnten. Außerdem überlegen Sie sich, welche Rechte der Betriebsrat konkret geltend machen könnte.

sungen und Kündigungen zu reduzieren.[89] Dies entspricht auch der üblichen Annahme ausländischer Unternehmen, die in der deutschen Mitbestimmung einen Hemmschuh für betriebswirtschaftliche Entscheidungen sehen. Es gibt aber auch Argumentationslinien[90], die gerade in der Mitbestimmung und der damit verbundenen integrierenden Mitwirkung der Mitbestimmungsgremien einen deutlichen Vorteil für das Personalmanagement deutscher Unternehmen sehen.

3.6 Ausblick

Das Personalmanagement hat sich hinsichtlich seines strukturellen Rahmens im Hinblick auf Kompetenzverteilung, -umfang und -inhalt sukzessive verändert und den aktuellen Entwicklungen angepasst.

Veränderungen des strukturellen Rahmens und des Marktes werden auch in Zukunft Veränderungen, gerade der inneren Strukturierung der Personalabteilung mit sich bringen. Hier gibt es für die Zukunft durchaus unterschiedliche Szenarien, die aber immer eng gekoppelt sind an das Selbstverständnis der Personalabteilung und an ihre Rolle im Unternehmen.

- Im *reaktiv-marginalisierten* Szenario fokussiert die Personalabteilung primär auf Kostensenkungsziele und Beschaffungsaktivitäten bei Engpassbereichen. Das übrige Personalmanagement wird ausgelagert auf Führungskräfte und externe Berater.
- Im *proaktiv-wettbewerbsorientierten* Szenario sieht sich die Personalabteilung umfassend verantwortlich für „den Mitarbeiter als wichtigstes Kapital". Dies verlangt nicht nach dem einzelfallspezifischen „Kümmerer". Vielmehr müssen Themen wie Talentmanagement, Human Capital Management, Employer Branding und vor allem Unternehmenskultur behandelt werden.

Das zweite Szenario setzt eine hohe Professionalisierung in der Personalabteilung ebenso voraus wie ein klares Bekenntnis zu einer zukunftsorientierten und nachhaltigen Personalarbeit. Ob es sich durchsetzen wird, bleibt abzuwarten.

Offen ist ebenfalls die Weiterentwicklung des rechtlichen Rahmens im Spannungsfeld zwischen Flexibilisierungswunsch von Unternehmen und individuellen Interessen der Mitarbeiter. Gerade der teilweise Zusammenbruch des Bankensystems 2008 hat Dynamik ins Spiel gebracht und auch die Rolle von Betriebsräten sowie Aufsichtsräten in die öffentliche Diskussion gerückt.

Jörg Schwitalla, **Senior Vice President Human Resources, MAN Gruppe**

Wie das Personalmanagement in der MAN Gruppe organisiert ist

Vor dem Hintergrund der Globalisierung und der damit verbundenen Internationalisierungsstrategie der MAN Gruppe steht das Personalmanagement vor der Herausforderung, sich dem strukturellen Wandel zu stellen und sich sowohl strategisch als auch operativ entsprechend auszurichten.

Die MAN SE mit ihren Teilbereichen Nutzfahrzeuge, Dieselmotoren, Turbomaschinen und Getrieben ist bereits heute weltweit tätig und wird die internationalen Aktivitäten künftig noch weiter ausbauen. In jedem der vier Teilbereiche existieren eigenverantwortliche Personalbereiche, die fachlich dem Senior Vice President Human Resources der MAN Gruppe zugeordnet sind. Sie werden durch Expertenfunktionen im Corporate Center (Management Development, Compensation & Benefits, Labour Relations) unterstützt. Im Corporate Center werden zusammen mit den Teilbereichen die Personalstrategie sowie die Rahmenbedingungen im Personalmanagement für die gesamte MAN Gruppe entwickelt und einheitlich in den Teilbereichen umgesetzt.

Aktuell sehen wir, abgeleitet aus der Unternehmensstrategie, neben der Weiterentwicklung unseres Führungssystems Leaderchip Supply verbunden mit einem einheitlichen IT-System, das Thema Employer Branding und den Ausbau konzerneinheitlicher Prozesse und Vorgehensweisen als Schwerpunktthemen in der Personalarbeit der MAN Gruppe.

Wesentlicher Erfolgsfaktor bei der Entwicklung und Umsetzung dieser Rahmenbedingungen sind funktionierende Netzwerke der Kolleginnen und Kollegen in den Personalbereichen. Hierdurch lassen sich erhebliche Synergieeffekte nutzen und vor allem wird auch der Austausch von Ideen und Vorgehensweisen gefördert.

Derzeit nutzen wir im Personalbereich nachstehende Netzwerkinstrumente:
- *HR Circle*: Zur Abstimmung der Personalstrategie und zur Definition von Rahmenbedingungen treffen sich die Experten im Corporate Center regelmäßig (mindestens viermal pro Jahr) im Rahmen der HR Circle mit den Personalleitern der Teilbereiche.
- *HR-Summits*: Bei den HR-Summits treffen sich die HR-Management-Verantwortlichen aus knapp 30 Ländern, in denen die MAN Gruppe tätig ist, um sich abzustimmen. Es gibt sowohl einen HR-Summit der MAN SE als auch einen für die einzelnen Teilbereiche der MAN Gruppe.
- *HR Country Coordinators*: Zur Kommunikation der HR-Strategie und zur Koordination von Personalthemen haben wir in mehr als 15 Ländern so genannte MAN-HR-Country-Coordinators ernannt. Diese zusätzliche Aufgabe nimmt in der Regel der Personalleiter eines Teilbereichs im jeweiligen Land wahr und ist in dieser Funktion für die einheitliche Vorgehensweise und

Umsetzung von HR-Prozessen im jeweiligen Land verantwortlich. Gleichzeitig ist es seine Aufgabe, das HR-Netzwerk im jeweiligen Land zu fördern und zu koordinieren. Der MAN-HR-Country-Coordinator ist somit auch der Ansprechpartner im Land für das Corporate Center.

■ *HR-Development-Circle*: Für das Spezialthema Personalentwicklung haben wir ein eigenes Netzwerk eingerichtet. Hier treffen sich die Kolleginnen und Kollegen, die sich mit der Personalentwicklung beschäftigen, regelmäßig, um sich abzustimmen. Auch zu anderen Spezialthemen (zum Beispiel Expatriate-Management, HR IT-Systeme) sind entsprechende HR-Circle eingesetzt.

■ *Teamroom HR*: Unterstützt werden die MAN-HR-Country-Coordinators sowie alle Kolleginnen und Kollegen im Personalbereich durch eine abgeschlossene IT-Plattform, das so genannte Teamroom HR. Hier haben alle Mitarbeiterinnen und Mitarbeiter der Personalbereiche die Möglichkeit, sich Informationen zu besorgen sowie sich über aktuelle Projekte und Erfahrungen auszutauschen. Somit vermeiden wir es, dass das Rad bei verschiedensten Themen neu erfunden werden muss, sondern dass man Wissen und Erfahrungen austauscht und so einen Mehrwert für das Unternehmen schafft.

■ *HR Networkbook*: Im HR-Networkbook sind die Kontaktdaten der HR-Management-Verantwortlichen hinterlegt. Dadurch wird eine kurzfristige und unkomplizierte Kontaktaufnahme unterstützt.

Durch die stetige und konsequente Kommunikation innerhalb der verschiedenen fachlichen Netzwerke sowie zwischen den Teilkonzernen und dem Corporate Center schaffen wir es immer besser, als eine Einheit, ja als eine Stimme, wahrgenommen zu werden.

Getrieben von unseren Markenwerten „zuverlässig", „innovativ", „dynamisch", „offen" treiben wir die genannten Instrumente weiter voran und bauen diese aus. Nur so können wir bei einem dynamischen, internationalen Umfeld als Dialog-Partner und „Ambassador for Leadership" bestehen und erfahren die notwendige Akzeptanz im Unternehmen.

1. Wo finden Personalaktivitäten statt, bei einer zentralen, dezentralen, exklusiven oder kooperativen Lösung?

2. Suchen Sie nach jeweils einem markanten Merkmal pro „Center-Modell".

3. Woran erkennen Sie, welches Center-Modell in einer Personalabteilung realisiert ist?

4. Erklären Sie den Unterschied zwischen dem individuellen Arbeitsrecht und dem kollektiven Arbeitsrecht!

5. Wer sind die Akteure bei der betrieblichen Mitbestimmung?

6. Zeigen Sie, welche Rechte der Betriebsrat in der operativen Personalarbeit hat!

7. Wie hoch ist die Wahlbeteiligung in Ihrem Unternehmen (beziehungsweise in Ihrer Hochschule) bei Wahlen zum Betriebsrat (Personalrat)? Worauf führen Sie diese (hohe/niedrige) Wahlbeteiligung zurück?

Kapitel 4

Emotion: Wieso ist Personalmanagement mehr als „nur" sach-rationale Mechanik?

Kapitel 4 Emotion: Wieso ist Personalmanagement mehr als „nur" sachrationale Mechanik?

Inhalt

Fakten

Trotz einer insgesamt sinkenden Zahl an Krankentagen in Deutschland sind die Krankentage aufgrund von psychischen Erkrankungen in Deutschland seit 1997 um 30 % gestiegen.[91]

60 % der deutschen Arbeitnehmer gehen gerne zur Arbeit und freuen sich jeden Tag neu darauf.[92]

24 % der Arbeitnehmer haben 2008 innerlich bereits gekündigt. Damit stieg die Anzahl der Betroffenen um 2 % im Vergleich zu 2007.[93]

Lernziele

- Sie erfahren, welche Theorieansätze zum Thema „Emotion" existieren.

- Sie erleben die zehn Grundemotionen.

- Sie wissen, wie sich Emotionen im Alltag auswirken können.

- Sie verstehen, wie man mit Emotionen umgehen kann.

- Sie lernen, was Emotionen bewirken.

4.1 Überblick

Ärger, Freude, Liebe, Angst und Begeisterung sind permanent auftretende Emotionen im täglichen Leben – und zwar beruflich wie privat. Trotzdem findet man das Wort Emotion nur selten in der Betriebswirtschaftslehre. Auch im Personalmanagement taucht es kaum auf, denn wie der überwiegende Anteil der gesamten Betriebswirtschaftslehre, so versucht sich auch die traditionelle Personalwirtschaftslehre als eine sachlich-rationale Disziplin zu positionieren: Anforderungs- sowie Fähigkeitsprofile werden miteinander verglichen und entstehende Differenzen ausgeglichen. Für die Führungskraft gilt ebenfalls der sachlich-rationale Anspruch: In vielen, durchaus teuren Seminaren lernt sie sich zu beherrschen, sich zurückzuhalten und die Emotionen im Griff zu behalten. In diesem Zusammenhang gelten Emotionen als störend, als unprofessionell und als Zeichen für Schwäche.

Nur in einer Disziplin geht es seit langem intensiv um Emotion. Das Marketing hat über die Konsumentenforschung die Emotionen schon längst für sich entdeckt, denn Produktbindung entsteht durch Emotion: Der iPod von Apple ist letztlich nur ein weiterer MP3-Abspieler – aber was für einer! Dahinter stecken Kult, Begeisterung und das unvergessliche Gefühl, wenn man staunend im Apple-Store diese Geräte berühren darf und dann zu Hause den ersten iPod auspackt. Ähnliches gilt für andere Elektronikmarken, für Konsumgüter, für Arten von Bekleidung bis hin zu Automarken wie Porsche.

Genauso wie sich ein Konsumerlebnis durch ein emotionales Erlebnis auszeichnet – vor allem, wenn es sich um ein positives handelt – kann und muss auch das Arbeitserlebnis ein positives emotionales Erlebnis darstellen. Hier können Attribute wie Leistung, Erfolg, Geborgenheit, Freude, Abenteuer und Berechenbarkeit zum Zuge kommen.

Mut zur Emotionalität

Emotionen verschwinden aus dem wissenschaftlichen Fokus.

„I predict: The ‚will‘ has virtually passed out of our scientific psychology today; the ‚emotion‘ is bound to do the same.“[94]

Dr. Max Meyer (1873–1967; deutscher Psychologe)

Emotionen basieren wie Gefühle auf biologischen, genetischen und neurologischen Prozessen. Bei Emotionen wirken aber zusätzlich noch soziale und kulturelle Beziehungen, vor allem aber die größere Komplexität.[95]

Das Kapitel „Emotion“ ist insofern ein Vorschaukapitel, als es auf Notwendigkeit und Möglichkeit einer zielorientierten verstärkten Emotionalisierung hinweist.

Danach gilt es, die Emotionalisierung in alle Personalmanagementaktivitäten – im jeweils gebotenen Umfang – einzubauen. Einige erste Akzente lassen sich aber bereits in diesem Kapitel setzen. So wird zunächst (Abschnitt 4.2) auf vier Entstehungsformen von Emotionen eingegangen, danach auf vier Konzepte (Abschnitt 4.3), mit deren Hilfe sich Emotionen besser in den Griff bekommen lassen. Es folgen vier Varianten betrieblicher Umsetzungen (Abschnitt 4.4).

gute Lebensmittel

BestPersCase: tegut…

Hinter dem Namen tegut… verbirgt sich die Gutberlet Stiftung & Co., ein Handelsunternehmen mit dem Ziel, überwiegend biologische Lebensmittel anzubieten. Von der Gründung 1947 bis heute entstanden 300 Märkte in Hessen, Thüringen und in Teilen Bayerns und Niedersachsens. Derzeit erwirtschaften 6.200 Mitarbeiter, darunter circa 900 Auszubildende, einen Umsatz von rund 1,1 Milliarden Euro mit steigender Tendenz.

Den ganzheitlichen Ansatz, der hinter dem Verkauf biologisch hergestellter Lebensmittel steht, findet man auch in der Firmenphilosophie und damit im Umgang mit den Mitarbeitern. Oberstes Ziel ist es, dass die Motivation durch die Identifikation der Mitarbeiter mit ihrer Arbeit entsteht und nicht durch Anreize von außen. Die Mitarbeiter fühlen sich vom Unternehmen beziehungsweise ihren Führungskräften ernst genommen und respektiert. Dadurch werden positive Emotionen geweckt und verstärkt. Die Basis für die Stärkung dieses freiwilligen Engagements bilden drei Leitsätze:
(1) Die persönlichen Bedürfnisse des Menschen nach sinnvoller Arbeit und Weiterentwicklung ernst nehmen und fördern.
(2) Die Unternehmenskultur und die Philosophie als „Nährboden" für Motivation im Unternehmen bewusst wahrnehmen und sinnvoll entwickeln.
(3) Den Mitarbeiter nicht nur in seiner Funktion, sondern als denkenden, fühlenden und handelnden Menschen in den Mittelpunkt stellen.
tegut… führt nach einem entwicklungsorientierten Führungsansatz, der an den Mitarbeiterpotenzialen ansetzt und zu deren Weiterentwicklung einlädt, um diese als Beitrag für das Unternehmen wirksam zu machen. Hierbei geht es vor allem um eine Motivation von innen heraus, denn nichts motiviert mehr, als den Sinn der Arbeit zu kennen und zu verstehen, welchen wichtigen Beitrag jeder Einzelne für das ganze Unternehmen leistet. Positive Emotionen in der Belegschaft entstehen durch diesen Ansatz von ganz allein und müssen weiterhin durch das bewusste Umsetzen dieses Verständnisses verstärkt werden.

Karl-Heinz Brand, Geschäftsleitung Mensch und Arbeit, erklärt den Erfolg dieser Philosophie: „tegut… setzt an den Bedürfnissen des Menschen an, fragt nach den Bedingungen für positive Emotionen in und durch die Arbeit und bezieht sich weniger auf instrumentelle Motivationsmethoden."

4.2 Systematisieren: Welche Emotionen gibt es und wie entstehen sie?

1908 publizierte *Heinrich Maier*, Professor der Philosophie an der Universität Tübingen, das Buch „Psychologie des emotionalen Denkens"[96]. Für ihn war emotionales Denken die Verbindung zwischen erkennendem und urteilendem Denken. Ausgehend von dieser Logik entwickelten sich diverse Systematisierungen von Emotionen.

Carroll Izard: Die Zehn Grundemotionen

Carroll Izard[97] propagiert in Nachfolge der Evolutionsbiologie von *Charles Darwin*[98] einen biologischen Ansatz. Er geht davon aus, dass Emotionen weitgehend angeboren sind, was man unter anderem daran erkennt, dass bereits kleine Kinder Emotionen unterscheiden können. Für *Carroll Izard* gibt es zehn Grundemotionen, nämlich

– Interesse,
– Vergnügen,
– Überraschung,
– Kummer,
– Wut,
– Ekel,
– Verachtung,
– Furcht,
– Scham und
– Reue.

Bei diesen Grundemotionen handelt es sich um klar abgrenzbare (diskrete und singuläre) Emotionen, die alle einzeln beobachtbar und ohne zwingende Interaktivität untereinander sind.

Emotionen sind nicht willkürlich durch das die Emotion erlebende Individuum steuerbar. Sie verlaufen vielmehr automatisch-reflexhaft, ausgehend von Schlüsselreizen, die mit konkretem Erleben und daher mit differenzierten Gefühlszuständen in Verbindung stehen. Dementsprechend sieht *Carroll Izard* drei Verhaltensbereiche:

Emotionen sind nicht steuerbar

(1) Das *subjektive Erleben* beinhaltet die Aufnahme von Reizen. Beispielsweise erlebt ein Student in der Klausurvorbereitung das vorliegende Buch als angenehm, auch deshalb, weil er mit derartigen Büchern schon gute Erfahrung gemacht hat und es ihm zusätzlich von einem befreundeten Kommilitonen empfohlen wurde.

(2) Die *neurophysiologische Umsetzung* im autonomen Nervensystem impliziert weitgehende Verarbeitung. Beispielsweise könnte dieses Buch das Interesse des Studenten an den Themen des Personalmanagements wecken.

(3) Das *beobachtbare Mitteilen* als Output stellt schließlich die Rückkopplung zur Umwelt her. So könnte der Student auf dem Weg zur Klausur einen entspannten Gesichtsausdruck haben, weil er sich durch die Lektüre dieses Buches gut vorbereitet fühlt.

Carroll Izard geht daher von einem dreistufigen Emotionskonzept aus (Abbildung 4.1), bei dem in der Vergangenheit gemachte Erfahrungen das Erleben und das Mitteilen beeinflussen.

Abbildung 4.1:
Das Emotionskonzept von
Carroll Izard

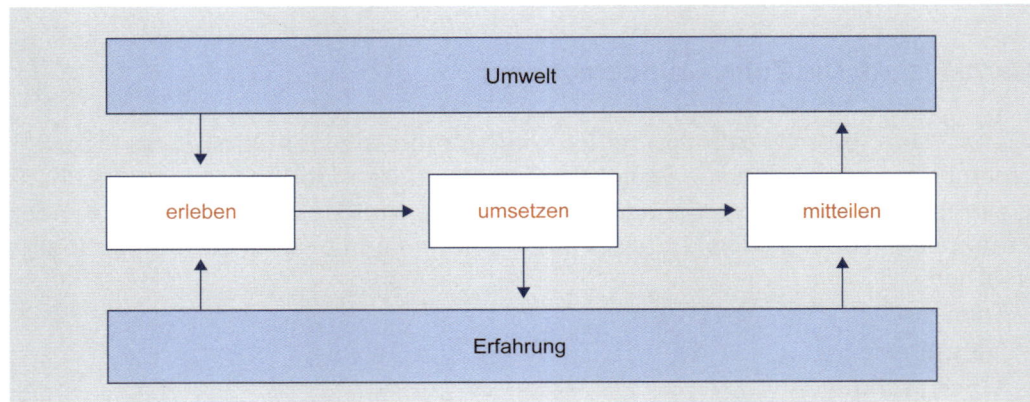

Mimik als partielle
Automatik

Carroll Izard betont, dass das Gesicht unmittelbare und spezifische Informationen über die Emotionen des Gegenübers liefert. Das Gesicht spielt eine entscheidende Rolle im sozialen Kommunikationssystem. Mimische Äußerungen treten reflexartig als Teil des Emotionsprozesses auf und sind instinktiv. Sie helfen, zwischenmenschliche Beziehung herzustellen und aufrecht zu erhalten. Weitere Untersuchungen ergaben, dass unterdrückte Emotionsäußerungen in Gesicht und Körper zu Veränderungen in Persönlichkeitscharakteristika führen können, die wiederum Auswirkungen auf das physische Wohlbefinden haben.

Die Kritik an diesem Konzept der Grundemotionen bezieht sich vor allem auf zwei Punkte[99]:

(1) Bisher konnten sich deren Vertreter weder auf gleiche Basisemotionen noch auf eine einheitliche Anzahl verständigen. Die Breite der empirischen Ergebnisse lässt vermuten, dass sie nicht auf einen grundlegenden Ansatz zurückgeführt werden können.

(2) Auch an der Benennung der verschiedenen Emotionen wird Kritik geäußert, da die Benennung unterschiedlich sein kann, obwohl die verschiedenen Forscher dieselbe Emotion meinen.

Trotz des Fehlens von stichhaltigen Beweisen wurde das Konzept der Basisemotionen noch nicht verworfen, da ebenso noch nicht bewiesen werden konnte, dass sie nicht bestehen.

Robert Plutchik: Die Emotionskomplexität

Ebenfalls evolutionsbiologisch argumentiert *Robert Plutchik*[100], der aber eine Reaktionskette mit wesentlich mehr Komponenten unterstellt. Sie beginnt mit einem externen Reiz, der dann bewertet wird und letztlich entsprechend dieser Bewertung zu einem Handlungsimpuls führt (Abbildung 4.2).

Komplexe Prozesskette!

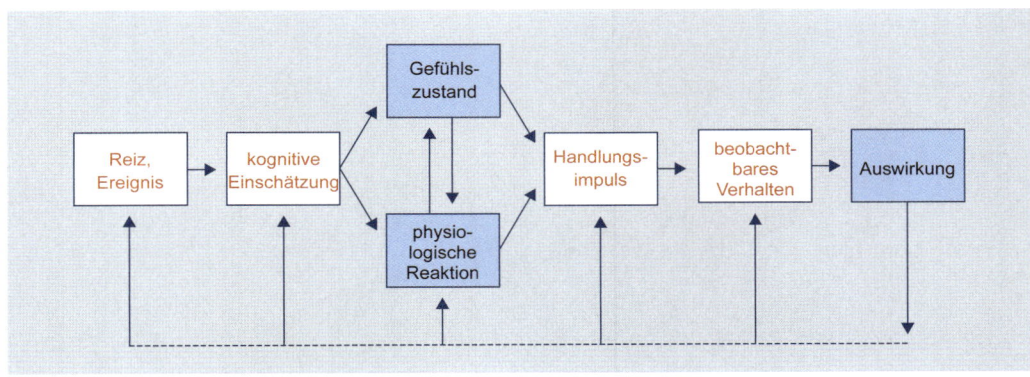

Abbildung 4.2: Entstehung von Emotionen nach *Robert Plutchik*[101]

Mit der Konkretisierung der Komponente „Gefühlszustand" aus Abbildung 4.2 beschäftigt sich *Robert Plutchik* in einem weiteren Modell[102]. Danach gibt es acht primäre Emotionen, die wieder – wie von *Charles Darwin* vorgeschlagen – evolutorisch entstanden sind. Diese Emotionen sind
– Freude,
– Vertrauen,
– Furcht,
– Überraschung,
– Traurigkeit,
– Abscheu,
– Ärger und
– Erwartung.
Ordnet man diese Emotionen in einem Kreis an (Abbildung 4.3), ergeben sich gegenteilige Paare. So ist Freude das Gegenteil von Traurigkeit. Interessanterweise hat *Robert Plutchik* aber fünf negative und nur drei positive Emotionen. Für jede primäre Emotion gibt es drei Intensitäten, also steigert sich beispielsweise
– Gelassenheit über
– Freude bis zur
– Extase.
Schließlich ergeben sich aus jeweils nebeneinander liegenden Emotionen weitere Emotionen (primäre Dyaden). Aus Freude und Erwartung wird also Optimismus.

Kombinatorische Meisterleistung!

Auch ohne dass man die weiteren Vertiefungsmöglichkeiten dieses Modells ausschöpft – also beispielsweise (als sekundäre Dyaden) Ärger mit Traurigkeit,

Freude mit Ärger oder mit Abscheu kombiniert – wird die beeindruckende Vielfalt dieser Kategorisierung von Emotionen deutlich.

Abbildung 4.3:
Das Rad der Emotionen
von *Robert Plutchik*[103]

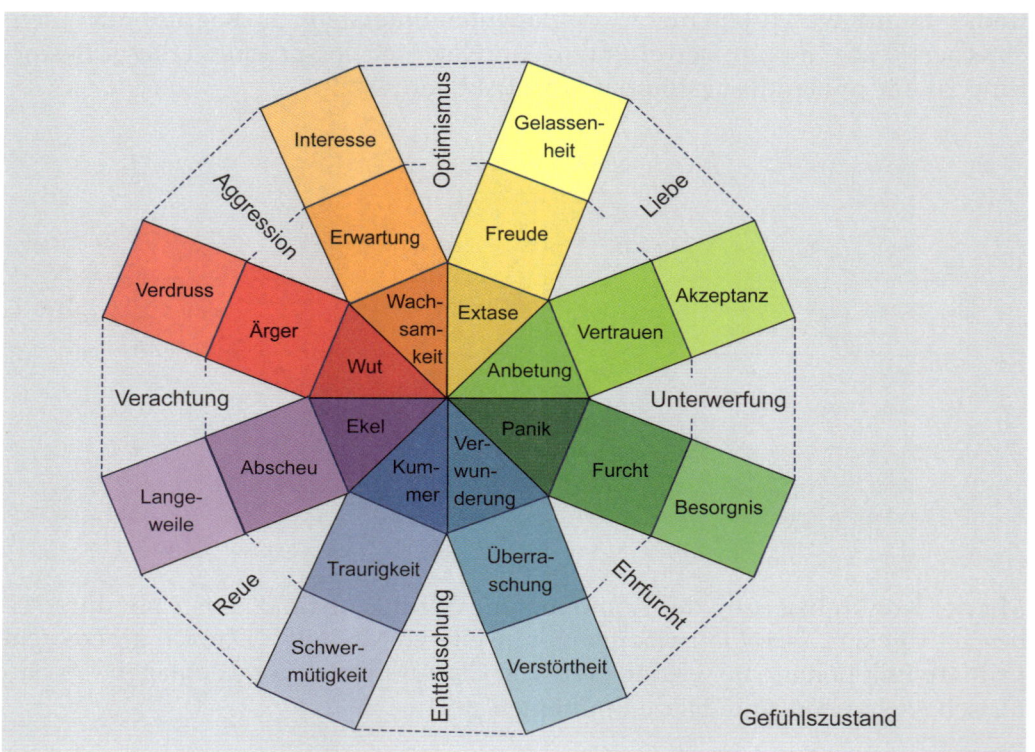

Robert Plutchik treffen die gleichen Kritikpunkte wie *Carroll Izard*, da auch er ein Konzept der Basisemotionen verfolgt. Durch sein wesentlich differenziertes Modell mit Emotionsabstufungen und Emotionskombinationen zeigt *Robert Plutchik* eine neue Denkrichtung auf: Er liefert die Basis für das Konzept der „Mixed Emotions" als gleichzeitiges Erleben gleichgerichteter, aber auch entgegengesetzter Emotionen. In der Werbung[104] wird dieses Erleben häufig mit Tabubrüchen ausgelöst.

Pierce Howard: Die Gehirnforschung

Nicht nur die Systematisierung von Emotionen liegt im Interesse der Forscher, sondern auch ihre Entstehung. So hat die Gehirnforschung herausgefunden, dass emotionale Vorgänge in der rechten Gehirnhälfte angesiedelt sind, während unser Bewusstsein überwiegend von der linken Gehirnhälfte mit den analytischen Vorgängen beherrscht wird. Eine interessante These dazu liefert *Pierce Howard*[105]: Emotionale Reaktionen werden vom Gehirn ohne eine weitere subjektive Bewertung ausgelöst. Dies bedeutet, dass Emotionen weder durch den Willen in ihrer Entstehung beeinflusst noch in ihrer Wirkung gesteuert werden können (Abbildung 4.4).

Emotionen entstehen
durch unbeeinflussbare
Prozesse im Gehirn

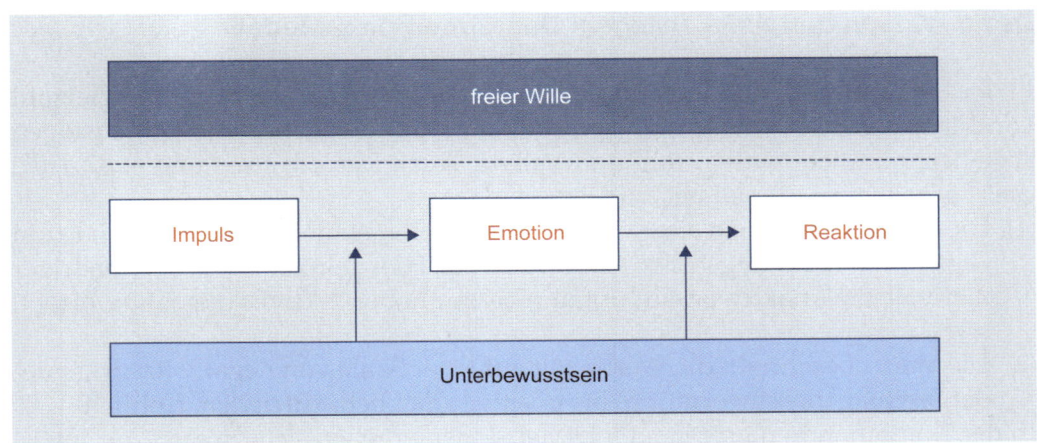

Als immer wieder zitiertes Beispiel gilt der Selbstversuch[106] von *Charles Darwin*: In diesem Experiment presste er das Gesicht an den Glaskäfig einer Puffotter, deren Biss tödlich wirkt. Während er auf den Angriff der Schlange wartete, redete er sich immer wieder ein, dass ihm nichts passieren könne und war fest entschlossen, den Angriff regungslos hinzunehmen. Als die Schlange ihn angriff, sprang er in einem plötzlichen Affekt vom Käfig zurück. Als Ergebnis stellte er fest, dass sein Wille und seine Vernunft keine Wirkung gegenüber einer eingebildeten Gefahr hatten.

Darwins Schlange

Verhalten der Verkäufer

Übung 4.1

Sie lesen das Beispiel des Selbstversuchs von *Charles Darwin* und überlegen nun, was das für die Angestellten in Ihren Strawberry & Cake Bakeries AG Filialen bedeutet. Sie wissen, dass einige von ihnen im Verkaufsraum mit Nervosität kämpfen. Da kommt Ihnen ein furchtbarer Gedanke: Was wäre, wenn *Charles Darwin* Recht hat?

Biologisch betrachtet handelt es sich bei den Emotionen um chemische Prozesse, die im Körper ablaufen. Das Gehirn besteht aus ungefähr 100 Milliarden Nervenzellen (Neuronen). An deren gegenseitigen Kontaktstellen (Synapsen) werden die Informationen sowohl elektronisch wie auch über biochemische Transmittersubstanzen weitergegeben.[107] Diese Mechanismen hängen ab von vorangegangenen und von ablaufenden Prozessen. Dabei fungieren die Mechanismen als eine Art Katalysator, der die Stärke, aber wahrscheinlich nicht die Art der Emotion beeinflusst.

David Watson und *Auke Tellegen*: Das Circumplex-Modell

In der Literatur zu Emotionen und zu ihrer Kategorisierung gibt es eine Vielzahl von Modellen[108], die mehr oder weniger stark auf zwei spezielle Dimensionen abstellen, nämlich Aktivierung und Valenz. Auch *David Watson* und *Auke Tellegen*[109] arbeiten mit diesen beiden Dimensionen:

(1) Die *Aktivierung* drückt aus, wie stark die jeweilige Emotion das Potenzial zum Generieren handlungsleitender Impulse hat. Hier geht die Skala von niedriger Aktivierung (inaktiv, passiv, untätig) bis zur hohen Aktivierung (aktiv, erregt, stark).

(2) Die *Valenz* beschreibt die Wertigkeit auf einer Skala von negativ (traurig, niedergeschlagen, schwermütig) bis positiv (glücklich, zufrieden, fröhlich).

In der Kombination dieser beiden Dimensionen ergeben sich diverse Varianten.

Das Circumplex-Modell zeigt insbesondere Dimensionen gewohnheitsmäßiger Emotionen. Dabei werden Emotionen als Persönlichkeitsmerkmale aufgefasst und nicht auf besondere Situationen beschränkt. Beispielsweise neigen einige Menschen generell zu erhöhter Ängstlichkeit und haben für dieses Gefühl somit ein niedriges Aktivierungsniveau, das bedeutet, sie reagieren schneller ängstlich, während andere Personen ein höheres Aktivierungsniveau für dieses Gefühl zeigen.

Darstellung als Kreis ...

Eine Systematisierungsmöglichkeit für Emotionen ist die Bestimmung ihrer grundlegenden Dimensionen im Kreismodell (Abbildung 4.5).

Abbildung 4.5:
Das Circumplex-Modell der
Emotionen[110]

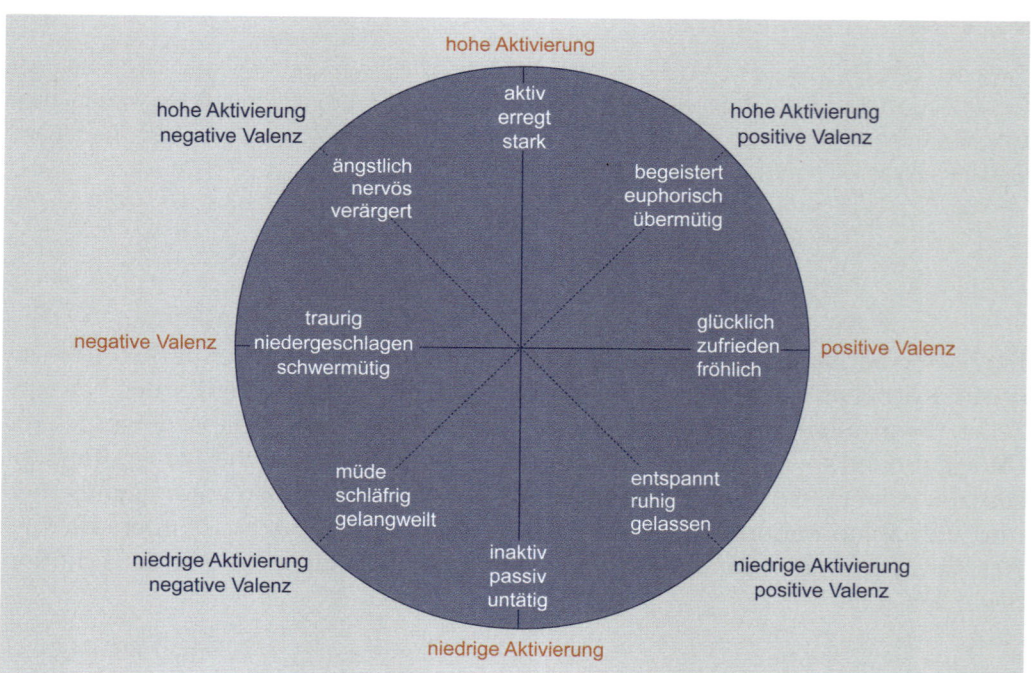

Auch wenn dieses Modell in dieser Form eine breite Akzeptanz findet, hat es allerdings ein didaktisch-konzeptionelles Problem: Es suggeriert acht verschiedene Ergebnisse, wenngleich es in Wirklichkeit nur zwei Dimensionen und vier Zellen impliziert. Aus diesem Grund soll hier eine modifizierte Form verwendet werden, die explizit auf einer Matrixlogik basiert (Abbildung 4.6).

... und als Matrix

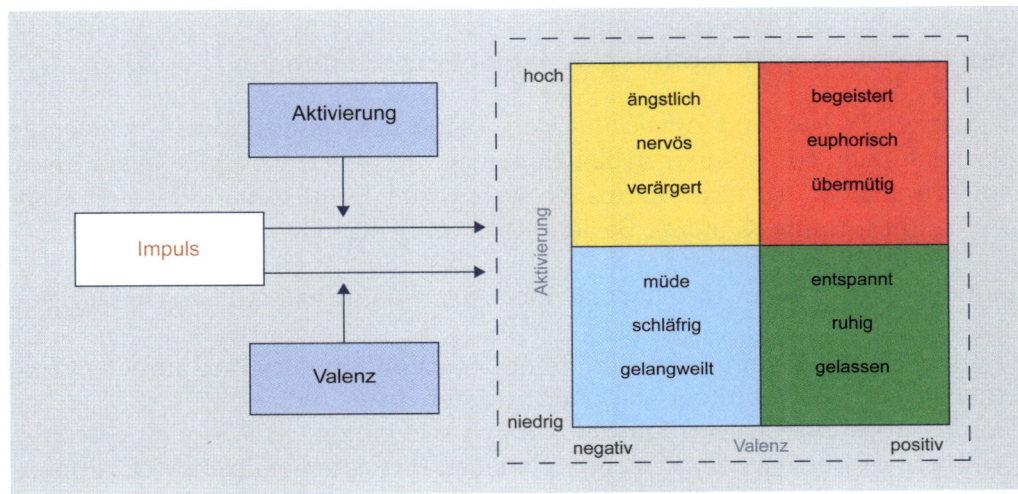

Abbildung 4.6: Ein modifiziertes Aktivierungs-Valenz-Modell

Das modifizierte Modell zeigt, dass der Impuls von Außen zunächst durch die Aktivierung und Valenz des Betroffenen bewertet wird. Anhand dieser Bewertung ergibt sich die endgültige Emotion als Gefühlszustand, der von der jeweiligen Ausprägung von Aktivierung und Valenz abhängig ist. So führt etwa eine niedrige Aktivierung gepaart mit einer positiven Valenz (zum Beispiel bei der Lektüre eines schönen Buches) zu einem Gefühl der Entspanntheit.

Auslösung von Emotionen

Übung 4.2

Als Sie hören, welch weitreichende Mitbestimmungsrechte der Betriebsrat hat, empfinden Sie Überraschung und auch Wut. *Schließlich haben Sie die Strawberry Cake & Bakeries AG ganz alleine aufgebaut und jetzt sollen andere einfach mitbestimmen dürfen!?* Eine Kollegin, die bemerkt, dass Sie gerade „rot sehen", erklärt Ihnen, wie Emotionen ausgelöst werden und welche Grundemotionen es gibt. Nach dem Gespräch fühlen Sie sich schon etwas besser, da Sie nun die Mechanismen, die hinter Ihren Emotionen stecken, verstehen. Sie erstellen für sich noch einmal eine Übersicht zur Erinnerung.

4.3 Konzeptionalisieren: Wozu kann man Emotionen nutzen?

Wie die bisherigen Modelle gezeigt haben, bildet die Emotionsforschung ein breites und komplexes Feld. Wichtig für den Arbeitsalltag und die tägliche Praxis ist es jetzt allerdings zu wissen, wie man mit Emotionen umgehen soll und sie sinnvoll einsetzen kann.

Emotionalisierung akzeptieren: Beispiel Entscheidungen

Nach *Jürgen Weibler* und *Wendelin Küpers*[111] sind in Organisationen nur wenige Entscheidungen rein rational zu bewältigen, weil es selten ein widerspruchfreies, stabiles und eindeutig formuliertes Zielsystem gibt. Es müssen immer auch emotional mitbestimmte Kontexte, Beziehungen und Folgen beachtet werden.

Emotionen haben nach Ansicht der beiden Autoren Einfluss auf Entscheidungen, da
- Entscheidungsträger nie frei von Emotionen sind, sondern ihre aktuelle Emotionslage durchaus mitberücksichtigt werden muss und
- in Organisationen selten Entscheidungen von einzelnen Personen getroffen werden, sondern in emotional aufgeladenen Prozessen meistens in Gruppen.

Emotionen helfen dabei allerdings Situationen einzuschätzen, da aufgrund bereits gemachter Erfahrungen manche Ereignisse schneller und genauer bewertet werden können und dadurch eine Entscheidung herbeigeführt werden kann. Dies kann bewusst, aber auch unbewusst ablaufen.

Rationalität impliziert immer auch Emotionalität

Emotionen erfüllen dennoch zwei Funktionen:
(1) Sie füllen durch eine *interpretative Neuausrichtung* von Wahrnehmungen und Aufmerksamkeiten Lücken, die die reine Rationalität in der Bestimmung von Handlungen und Glaubensvorstellungen offen lässt.
(2) Emotionen *bewahren uns so vor einer Lähmung*, die durch eine ständige rationale Kontrolle der Wahrnehmung und Aufmerksamkeit erfolgen würde.

Auf diese Weise wird klar, dass auch vermeintlich rein rationale Entscheidungen immer mit Emotionen verbunden sind.

Entscheidend ist damit, die Existenz von Emotionen zu akzeptieren – und zwar nicht nur als ein notwendiges Übel, sondern als einen zentralen Erfolgsfaktor im Unternehmen.

Emotionalisierung verstehen: Beispiel Angst

Nach Ansicht von *Winfried Panse* und *Wolfgang Stegmann*[112] ist Angst als negativ belegtes und kontraproduktives Element in Betrieben allgegenwärtig und deshalb Auslöser sowie Ergebnis von Emotionen. Sichtbar wird diese Angst häufig in Signalen wie:

- beschleunigte Atmung,
- feuchte Hände,
- leicht zitternde Hände,
- veränderte, höhere, eventuell heisere Stimme,
- Schweißperlen auf der Stirn, die nicht durch die Umgebungstemperatur erklärbar sind,
- verkrampfte Haltung und
- reduzierte Aufmerksamkeit auf die Umgebung, da weniger Blickbewegungen.

Diese Signale sind natürlich nur in Verbindung mit der Situation zu bewerten, da feuchte Hände auch bedeuten können, dass sich jemand gerade die Hände gewaschen hat.

In unserer schein-rationalen und emotionen-verdrängenden Arbeitswelt werden Bedeutung und Unterschiedlichkeit von Angst leicht unterschätzt. Dabei gibt es gerade im betrieblichen Kontext drei wichtige und klar differenzierbare Arten von Angst[113]:

(1) *Existenzangst* ist jede Form von Angst, die sich bei Bedrohung der körperlichen und beruflichen Existenz ergibt. Dazu gehört die Angst vor Arbeitsplatzverlust und Verarmung sowie Alters- und Krankheitsangst.

(2) *Soziale Angst* ist jede Form von Angst, die sich auf den Umgang mit anderen Menschen und die Furcht vor Verhaltensweisen bezieht, mit denen man bei anderen auf Ablehnung stoßen könnte. Dazu gehört die Angst vor Führungskräften, vor Mitarbeitern, vor Kollegen, vor offener Meinungsäußerung und vor Publikum.

(3) *Versagensangst* ist jede Form von Angst, die sich auf die Arbeit und die Erwartungen der Kollegen in der Zusammenarbeit bezieht. Dazu gehört die Angst vor Beurteilung und Prüfung, vor Neuerungen, vor Beförderung, vor Versetzung und vor internationaler Zusammenarbeit.

Emotionsmanagement bedeutet nun, sich die Beweggründe der auftretenden Ängste bewusst zu machen und Gegenmaßnahmen einzuleiten. So kann beispielsweise gegen die Angst vor Krankheit in den Unternehmensleitlinien festgehalten werden, dass „normale" Krankheiten keine beruflichen Nachteile für die Mitarbeiter bedeuten und die Mitarbeiter nicht krank zur Arbeit erscheinen sollen. Gegen die Angst, die Anerkennung zu verlieren, hilft es, den Mitarbeiter häufiger zu loben und ihm damit Anerkennung und Wertschätzung seiner Arbeit zu zeigen.

Emotionsmanagement als bewusster Umgang mit Ängsten

> **Zu Tode gearbeitet**
>
> *Raluca Stroescu* gilt als Rumäniens erste Kamikaze-Managerin. Ihr Chef hat die 32 Jahre alte Unternehmensberaterin im Sommer 2007 tot in ihrer Wohnung gefunden, nachdem sie nicht zur Arbeit erschienen war. Ihren Kollegen zufolge sah sie in den Wochen vor ihrem Tod aus wie ein Gespenst, abgemagert, mit großen Augenringen. Sie war ständig unterwegs, arbeitete auch am Wochenende. Pausen machte sie nicht, zum Plausch blieb sie nie stehen. Sie hat sich zu Tode gearbeitet, berichteten ihre Kollegen. Der mit dem Fall beauftragte Untersuchungsrichter schloss sich dieser Meinung an. Sein Urteil lautete, der Tod sei durch Stress in Kombination mit Schlafmangel und Erschöpfung eingetreten.[114]

Emotionalisierung messen: Beispiel Konsumentenforschung

Emotionen lassen sich
präzise messen

Genauso wie das vorliegende Buch ein verhaltensorientiertes Personalmanagement propagiert, gibt es im Konsumgütermarketing eine stark verhaltensorientierte Denkrichtung. In dieser auf *Werner Kroeber-Riel* zurückgehenden Denkschule der Konsumentenforschung[115] spielt Emotion eine wichtige Rolle. Emotionen sind demnach innere Erregungen, die als angenehm oder unangenehm empfunden und mehr oder weniger bewusst erlebt werden.

Anders als die oft publizierte trivial-naive Intuition im Umgang mit Emotionen (nach dem Motto „ich habe ein gutes Gefühl für Gefühle") steht bei diesem Ansatz[116] die exakte Messung im Mittelpunkt, die auf den drei Messebenen
(1) *psychobiologisch* (zum Beispiel die Messung der Herzrate oder des Blutdrucks, um die Intensität der emotionalen Erregung feststellen zu können),
(2) *subjektiv* (verbale Messungen durch Auswertung von sprachlichen Äußerungen oder nonverbal mittels Fragebogen) und
(3) *ausdrucksbezogen* (über die Beobachtung der Mimik oder der Körpersprache) stattfindet. Letztlich kann man dabei über entsprechende Bilddatenbanken vorhersagen, welche Emotionen produziert werden (Input), über Fragebögen (und direkte Testverfahren) messen, welche Emotionen produziert wurden (Zustand) und durch Mimikanalysen erkennen, welche Emotionen nach Außen kommuniziert werden (Output). Das Ergebnis ist umfangreiches Wissen dazu, wie Emotionen entstehen und wirken.

Basierend auf diesen emotionspsychologischen Erkenntnissen lassen sich dann emotionale Konsumerlebnisse schaffen. Sie umfassen die Erlebnisvermittlung[117] durch
– Töne,
– Farben,
– Bilder,

– Worte,

– Düfte,

– Geschmacksvarianten und

– Haptik,

was vor allem beim erlebnisbetonten Konsumenten in gesättigten Märkten eine wichtige Rolle spielt. Zudem kann eine emotionale Produktdifferenzierung auch ohne Information – also nur durch Emotion – die Positionierung eines Produktes schärfen.

Hier spielt die Kraft einer Marke (wie Coca-Cola, Sony, Apple oder Porsche) eine interessante Rolle. Aus dem Neuromarketing weiß man aufgrund von Hirnscans, dass starke Marken unabhängig von der Produktgruppe immer die gleichen Regionen im Gehirn ansprechen und diese dort aktivieren. Vergleicht man starke und schwache Marken einer Produktkategorie, werden deutliche Unterschiede klar. Es scheint so, als ob die Marke einen bestimmten Wert im Gehirn erreichen muss, um in der Gunst des Kunden ganz oben zu stehen. Einmal in der Präferenzenliste oben angekommen, verlangen diese starken Marken weniger Aktivität vom Gehirn als schwache Marken. Starke Marken zeichnen sich durch ihre intuitive Erfassung aus, sie vermitteln Sicherheit und Vertrauen, lösen bildliche und begriffliche Assoziationen aus und werden emotional positiv bewertet.[118]

Diese Überlegungen lassen sich zwangsläufig auch im Personalmanagement nutzen. Übertragen auf die Arbeitgebermarke bedeutet dies, dass ein Arbeitgeber mit starker Markenwirkung bei den Bewerbern anerkannter und beliebter ist als ein scheinbar schwächerer Arbeitgeber. Dies erreicht man durch emotionalisierende Slogans und Bilder in Stellenanzeigen, auf Plakaten oder sonstigen Werbematerialien oder bei Auftritten auf Jobmessen. Statt mühsamer verbaler Verkrampfung reichen Bilder von zwei erfolgreichen und glücklichen (Nachwuchs-)Managern in Shanghai oder Barcelona. Beide strahlen im flotten 2.000-Euro-Anzug, politisch passend ein junger Mann und eine junge Frau, im Hintergrund das Firmengebäude, der Firmenwagen, die goldene Uhr gut sichtbar. Auch wenn man über diese Botschaft streiten kann: High Potentials fühlen sich davon angezogen. Zumindest in der externen Kommunikation sind derartige Bilder aber ein gutes und zielorientiertes Instrument.[119]

Arbeitgeberimage als Anwendung von Emotionsarbeit

Messung von Emotionen

Übung 4.3

Jetzt, da Sie sich gerade mit Emotionen beschäftigen, fällt Ihnen ein, dass Ihnen vor zwei Wochen ein Bekannter, der im Marketing arbeitet, von den Möglichkeiten der Emotionsmessung erzählt hat. Sie versuchen sich zu erinnern: Wie war das noch mal mit der Emotionsmessung und wie kann diese im Personalmarketing genutzt werden?

Emotionalisierung positionieren: Beispiel Personalarbeit

Wo aber ist im Unternehmen das Thema Emotion angesiedelt und wer beschäftigt sich damit? Eine sich unmittelbar aufdrängende Antwort deutet natürlich auf die Personalabteilung als Institution, die – will sie ihren Auftrag ernst nehmen – sich zwangsläufig auch dieses Themas annehmen muss.

Doch wie wirkt die Personalabteilung und was bewirkt sie? Um hier etwas Klarheit zu schaffen, wurde im Frühjahr 2009 in Österreich eine Befragung[120] bei 60 Managern durchgeführt, die zum Teil aus der Personalabteilung, aber auch aus anderen Abteilungen kamen. Die Ergebnisse zeigen, dass die Personalarbeit klare Einflüsse auf Emotionen hat: Personalentwicklung wirkt auf die Motivation als positive Emotion. Gleiches gilt für die Mitarbeiterinformation und Feedbackgespräche. Personalfreisetzung dagegen produziert Angst.

Personalmanager mit rosaroter Brille?

Interessant ist aber auch der Vergleich der Aussagen von Personalmanagern mit denen von Nicht-Personalmanagern. So glauben Personalmanager viel eher als Nicht-Personalmanager, dass Personalbeschaffung „Zufriedenheit" produziert: Für Nicht-Personalmanager kommt wie beim Personaleinsatz die Emotion „Stress" dazu. Insgesamt sehen die Personalmanager die Arbeitswelt emotional wesentlich positiver als ihre Kollegen. So liegt der Verdacht nahe, dass Personalmanager die Arbeitswelt häufig durch eine rosarote Brille betrachten (Abbildung 4.7).

Abbildung 4.7: Einfluss von Personalaktivitäten auf Emotionen[121]

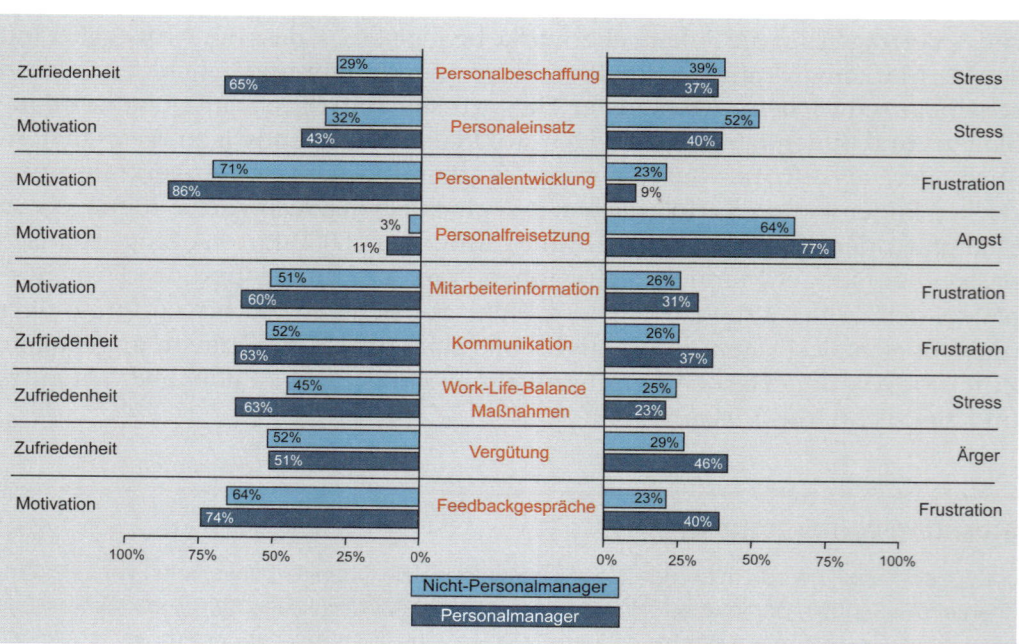

Eine hohe Prozentzahl der befragten Personalmanager glaubt, dass sie negative Emotionen wie Angst, Ärger und Frustration verringern können (Abbildung 4.8).

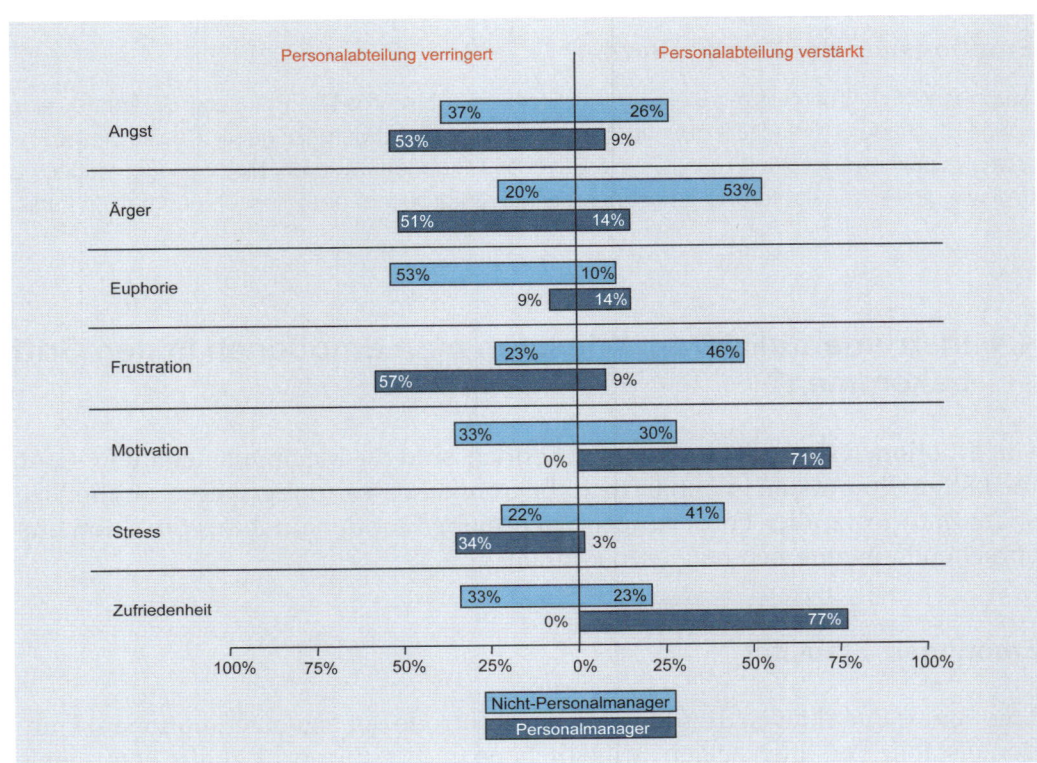

Abbildung 4.8: Einfluss der Personalabteilung auf Emotionen[122]

Die Nicht-Personalmanager nehmen das Gegenteil wahr: Sie sind der Meinung, dass negative Emotionen durch die Personalabteilung verstärkt werden.

Akzeptiert man diese Befunde, so bedeutet dies die verstärkte Notwendigkeit für Personalmanager zu lernen, wie man positive Emotionen weckt, mit ihnen umgeht und sie sorgsam pflegt, um eine motivierte Belegschaft im Unternehmen zu erhalten. Personalarbeit ist damit nicht nur einmalige Emotionsarbeit, sondern fällt jeden Tag aufs Neue an.

Personalarbeit ist tägliche Emotionsarbeit

Für KMU ist Emotionalisierung ein wichtiger Aspekt. Sie sind fast immer auch ein Familienunternehmen: 95 Prozent aller deutschen Unternehmen sind in Familienbesitz.[123] Diese scheinbar lediglich statistisch interessante Information hat aber weitreichende Konsequenzen für den emotionalen Aspekt der (Personal-) arbeit: Zum einen hängen die Eigentümer zwangsweise an ihrem Besitz, aber auch an Traditionen und eingespielten Routinen; daher wird nicht immer die rational-beste Entscheidung getroffen, sondern vor allem eine emotional-akzeptable. Zum anderen ist die Personalführung bei eigentümergeführten Firmen zwangsläufig personenzentriert, was tendenziell immer eine höhere Emotionalisierung – im positiven wie im negativen Sinne – mit sich bringt.

Übung 4.4

Emotionen in der Personalarbeit

Aus eigener Erfahrung wissen Sie, wie stark Emotionen Ihre Arbeit beeinflussen: Sie können eine völlige Blockade verursachen, aber auch zu Hochleistung motivieren. Eigentlich sollte dieses Potenzial ja auch bei der Strawberry Cake & Bakeries AG genutzt werden. Sie überlegen daher, ob und wie die Personalabteilung Emotionen bei den Mitarbeitern beeinflussen und nutzen kann.

4.4 Instrumentalisieren: Wie kann man Emotionen in den Griff bekommen?

Um Emotionen sinnvoll einsetzen zu können, sind die Mechanismen interessant, die helfen, Emotionen in den Griff zu bekommen, also zu regulieren. Schließlich sollte man trotz aller Forderungen nach mehr Emotionalität der Situation entsprechend angemessen reagieren können.

Emotionale Stabilität

Emotionale Stabilität: Fähigkeit zur Kontrolle der eigenen Emotionen

Emotionale Stabilität ist die Fähigkeit zur Kontrolle der eigenen Emotionen. Emotional stabile Personen zeigen ausgeglichene und wenig sprunghafte emotionale Reaktionen sowie die Fähigkeit zur raschen Überwindung von Misserfolgen und Rückschlägen.

Die emotionale Stabilität wird in verschiedenen Persönlichkeitstests zur Feststellung der Persönlichkeitsmerkmale untersucht und ist das Gegenteil von emotionaler Labilität. Sie wird zu den fünf Grunddimensionen der individuellen Persönlichkeit gerechnet, die über alle Kultur- und Landesgrenzen hinweg vorhanden sind.[124]

Emotionale Intelligenz

Die wahrscheinlich gegenwärtig bekannteste Instrumentalisierung von Emotionen ist das Konzept der emotionalen Intelligenz. Ursprünglich auf *Peter Salovey* und *John Mayer*[125] zurückgehend, wurde es – in starker Anlehnung an seine Vorgänger – von *Daniel Goleman*[126] bekannt gemacht.

Daniel Goleman ist der Auffassung, dass der Intelligenz-Quotient als Messinstrument in der Personaldiagnostik nicht ausreicht, da dieser nichts über die sozialen Fähigkeiten der Menschen aussagt. Er stellt fest, dass es ebenso wichtig ist, dass die sozialen Kompetenzen gut ausgeprägt sind. In seiner ursprünglichen Arbeit verwendet *Daniel Goleman* fünf Hauptgebiete der emotionalen Intelligenz[127], nämlich

(1) *Selbstwahrnehmung* als Fähigkeit, die aktuellen Gefühle zu bestimmen und mit einem gesunden Selbstvertrauen zu verbinden,

(2) *Selbstregulierung* als Fähigkeit, mit den eigenen Emotionen so umzugehen, dass sie die Aufgabenerfüllung erleichtern,

(3) *Motivation* als Fähigkeit, sich selbst in Richtung auf eigene Ziele zu bewegen,

(4) *Empathie* als Fähigkeit, sich in die Gefühle anderer hineinzuversetzen,

(5) *Beziehungsmanagement* als Fähigkeit, in Beziehungen mit Emotionen umzugehen und soziale Situation zu erfassen.

Da sich Motivation aber nur auf die Person selbst bezieht und nicht auf die Interaktion mit anderen, hat sie *Daniel Goleman* in seiner neuen Arbeit[128] gestrichen.

> **Emotionale Intelligenz:** alle Eigenschaften und Fähigkeiten einer Person im Umgang mit eigenen oder fremden Gefühlen

---

Gute Führung ist emotional.

„Gute Führungskräfte sprechen unsere Gefühle an. Sie wecken unsere Leidenschaft und bringen uns dazu, unser Bestes zu geben. Wenn wir zu erklären versuchen, warum sie so effektiv sind, sprechen wir von Strategie, Vision oder überzeugenden Ideen. Doch in Wirklichkeit geht es um etwas viel Grundlegenderes: um emotional intelligente Führung."[129]

Daniel Goleman (geb. 1946; amerikanischer Psychologe und Wissenschaftsjournalist)

Unabhängig vom Erfolg seiner These, wonach gerade diese emotionale Intelligenz letztlich für den Erfolg von Führung im Speziellen und von Unternehmen im Allgemeinen verantwortlich ist, zeigen empirische Befunde[130], dass der einfache Intelligenz-Quotient tendenziell der bessere Indikator für Erfolg ist. Darüber hinaus gibt es lange Listen von Kritikpunkten am Konzept von *Daniel Goleman.* Exemplarisch zu nennen ist die Kritik von *Rolf Degen.*[131] Danach

– geht durch das Zusammenfassen der unabhängigen Dimensionen Fertigkeiten und Persönlichkeitsmerkmale die Einheitlichkeit der emotionalen Intelligenz verloren,

– liegt der Messung der emotionalen Intelligenz keine methodische Untersuchung zugrunde, wodurch die Wissenschaftlichkeit nur vorgetäuscht wird und

– ist der Glaube daran, dass die emotionale Intelligenz beim beruflichen Erfolg helfe, unbegründet.

Die Frage bleibt weiterhin, ob emotionale Intelligenz gelernt werden kann, denn spätestens im Erwachsenenalter haben sich die Wesenszüge eines Menschen zementiert. Zudem kann man Gefühlsintelligenz nicht von heute auf morgen lernen.

Synonym für emotionale Intelligenz steht der Ausdruck emotionale Kompetenz, der gerade im Zusammenhang mit der interkulturellen Kompetenz unbestreitbare Bedeutung erlangt hat.

> **Emotionale Intelligenz:** zentraler Bestandteil interkultureller Kompetenz

Emotionale Dissonanz

Auch wenn im Regelfall die äußere Denkhaltung einer Emotion mit dem inneren, gefühlten Zustand übereinstimmt, so gibt es doch Fälle, in denen ein Unterschied zwischen
– dem öffentlichen Zeigen und
– dem subjektiven Erleben
auftritt.

Emotionale Dissonanz: Unterschied zwischen dem Fühlen einer Emotion und ihrem Vortäuschen

Diese Konstellation bezeichnet *Arlie Hochschild*[132] als emotionale Dissonanz, zu verstehen als Unterschied zwischen dem Fühlen einer Emotion und ihrem simplen Vortäuschen.

Dieses Konzept der emotionalen Dissonanz spielt als emotionale Arbeit vor allem bei Mitarbeitern mit direktem Kundenkontakt eine Rolle. Egal, was sie fühlen und denken: Dem Kunden gegenüber müssen sie Freundlichkeit, Anteilnahme und viele andere als positiv eingestufte Emotionen vortäuschen. Das zwangsläufige Ergebnis: Die Mitarbeiter sind unzufrieden, ihre Arbeitsleistung sinkt und das Selbstwertgefühl der Mitarbeiter wird beschädigt. Als Konsequenz daraus vergrößert sich die emotionale Dissonanz noch mehr (Abbildung 4.9).

Auch wenn dieses Phänomen empirisch schwer greifbar ist und zu widersprüchlichen Befunden führt[133], zeigt es doch deutlich auf Problemzonen eines mitarbeiter- und kundenorientierten Personalmanagements.

Abbildung 4.9: Emotionale Dissonanz als Schlüsselfaktor

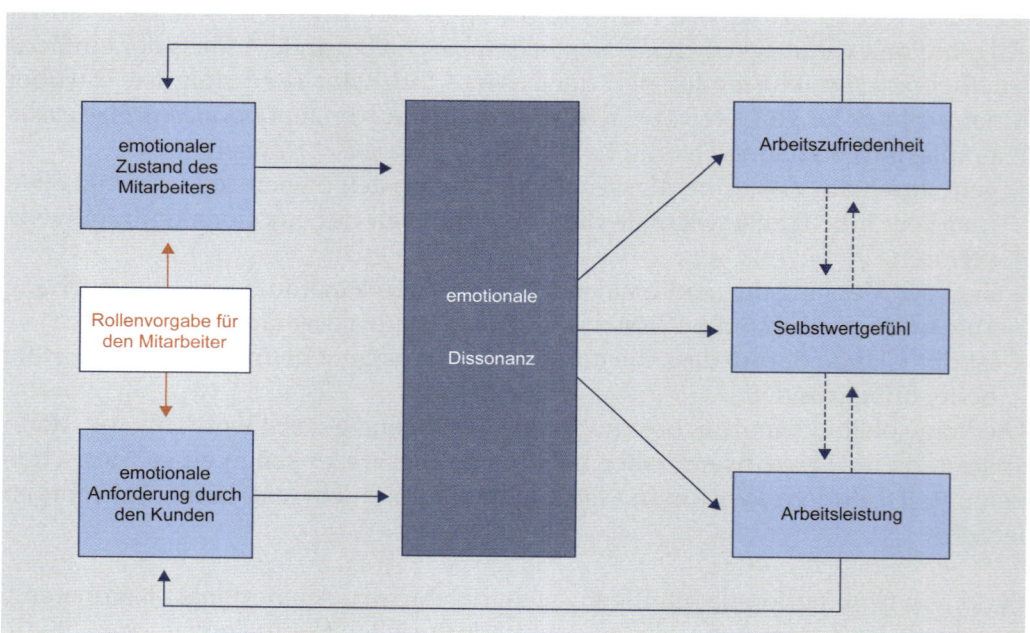

Als praktisches Ergebnis dieses Modells gibt es eine ganze Reihe von Ansatzpunkten[134], wovon das Abstellen auf die Idee der emotionalen Arbeit als interessantester Punkt erscheint. Danach gilt es, Mitarbeiter über Trainings- und Erklärungssysteme auf das Auftreten von emotionalen Dissonanzen vorzubereiten. Dazu zählt auch der Wunsch, gezielt die Beziehungsarbeit mit dem Kunden zu einem zentralen Teil der Arbeit des Mitarbeiters mit Kundenkontakt zu machen – auch wenn er nicht immer mit positiven Emotionen verknüpft ist.

Produzieren positiver Gefühle

„Wissen Sie, wo ich bin, wo ich Ihnen diesen Brief schreibe? Ich habe mir ein kleines Tischchen herausgestellt und sitze nun versteckt zwischen grünen Sträuchern. Rechts neben mir die gelbe Zierjohannisbeere, die nach Gewürznelken duftet, links ein Ligusterstrauch …, und vor mir rauscht langsam mit ihren weißen Blättern die große, ernste und müde Silberpappel … Wie ist es schön, wie bin ich glücklich, man spürt schon beinahe die Johannisstimmung – die volle üppige Reife des Sommers und den Lebensrausch."

Diese Zeilen schrieb *Rosa Luxemburg* 1917 an ihre Schwester – aber aus dem Gefängnis, in dem sie zu diesem Zeitpunkt bereits seit zwei Jahren inhaftiert war. Die Belastungen des Gefangenenalltags, die Enge, das schlechte Essen, die fehlende Nähe zu Familie und Freunden haben ihr die gute Stimmung nicht nehmen können. *Rosa Luxemburg* bewies damit: Positive Gefühle können produziert werden! Eine Fähigkeit, die viele Führungskräfte durch den Stress und die Hektik des Alltags verloren haben und erst wieder neu erlernen müssen.[135]

Emotionale Regulation

Wenn Mitarbeiter eine hohe emotionale Stabilität aufweisen, dann ist das gleichermaßen ein Glücksfall wie die Existenz einer hohen emotionalen Intelligenz. Was aber sollte man tun, wenn dies nicht der Fall ist, also ausgeprägte emotionale Dissonanzen vorliegen? An dieser Stelle steht die emotionale Regulation, zu verstehen als die Gesamtheit der Prozesse zur Verarbeitung emotionaler Zustände.

Generell gibt es hierfür zwei Variablen:
(1) Zum einen kann der Veränderungsprozess im Sinne *mentaler Verarbeitung* in und durch die jeweils betreffende Person stattfinden. Eine Möglichkeit dazu ist die Verdrängung.
(2) Zum anderen wird die emotionale Regulation *durch andere Personen* ausgelöst, beispielsweise Partner oder Therapeuten.
Nachfolgend interessiert vor allem der letztgenannte Fall.

Emotionale Regulation: Gesamtheit der Prozesse zur Verarbeitung emotionaler Zustände

Emotionale Instabilität: durch emotionale Dissonanz hervorgerufene Persönlichkeitsstörung

Menschen mit extrem ausgeprägten emotionalen Dissonanzen leiden häufig an einer Borderline-Persönlichkeitsstörung, auch „emotional instabile Persönlichkeitsstörung" genannt. Die Betroffenen leben in einer extremen und labilen Stimmungswelt. Ihre Stimmungslage kann in einem Moment von einem Extrem ins andere wechseln, zum Beispiel von aufgedreht fröhlich in tieftraurig. Dies kann zu längeren Stimmungskrisen führen oder nur kurzfristig sein.[136] Bei einer solchen Störung sind bestimmte Bereiche von Gefühlen, des Denkens und des Handelns beeinträchtigt, was sich durch negatives und teilweise paradox wirkendes Verhalten in zwischenmenschlichen Beziehungen sowie im gestörten Verhältnis zu sich selbst äußert. Die Fähigkeit, Gefühlsschwankungen auszugleichen, fehlt. Die Betroffenen haben ein Schwarz-Weiß-Denken entwickelt. Sie wechseln zwischen der Idealisierung ihrer Mitmenschen und deren Entwertung. Sie können jedoch keine konstante Vorstellung von ihnen über längere Zeit behalten. Ihr eigenes Selbstbild wechselt dabei ebenfalls von Minderwertigkeitsvorstellung bis zu Größenwahn.

Bei der Therapie von emotionalen Dissonanzen kommt vor allem die Dialectical Behavioral Therapy zum Einsatz. Hier geht es um das Erlernen von neuen Verhaltensmustern, um bisher stressauslösende Situationen besser bewältigen zu können. Im Einzelnen kommt es auf das Erlernen von vier Fertigkeiten[137] an:

(1) Die *innere Achtsamkeit* soll dem Betroffenen helfen, sich selbst wieder mehr zu vertrauen mit dem Ziel, im Alltag Gefühle und Verstand besser vereinen zu können.

(2) Die *zwischenmenschlichen Fertigkeiten* helfen, Beziehungen zu knüpfen und auch zu pflegen. Das Ziel ist es, die eigenen Bedürfnisse wahrzunehmen und sich dennoch auch von anderen abgrenzen zu können, um ein eigenes Gefühl für Nähe und Distanz entwickeln zu können.

(3) Im *Umgang mit Gefühlen* lernen die Betroffenen ihre Gefühle als Signale für eine Orientierung zu erkennen und zu benennen. So soll die Verwundbarkeit verringert werden und das Vertrauen in die eigenen Gefühle gestärkt werden.

(4) Mit der *Erhöhung der Stresstoleranz* soll der Betroffene lernen, den Stress zu akzeptieren, auszuhalten und so leichter ertragen zu können.

Mit Langzeitstudien konnte der Erfolg dieser Form emotionaler Regulation nachgewiesen werden. Dies zeigt, dass es auch für das Personalmanagement möglich sein muss, emotionale Dissonanzen in der aktuellen Arbeitswelt zumindest ansatzweise zu bewältigen und Emotionen als positive Kraft wirken zu lassen.

Emotionen wirken im ganzen Unternehmen.

„Emotionen spielen für die Organisations- und Führungspraxis in Unternehmen eine grundlegende Rolle.
Maßgeblich beeinflussen und bestimmen sie die Ge-
fühlslage des Einzelnen sowie die Qualität des Mit- und
manchmal auch Gegeneinanders in Organisationen.
So sind Emotionen sowohl für die Entwicklung und
Gestaltung von Organisationsprozessen, wie zur Durchführung und Interpretation von Führungspraktiken oft
entscheidend. Als einflussreicher, aber oft unterschätzter
‚energetischer' Zusammenhang ist die Wirkungsbreite
von Emotionen immens."[138]

Univ.-Prof. Dr. Jürgen Weibler (geb. 1959; Professor für Personalführung und
Organisation) und *Dr. Wendelin Küpers* (geb. 1965; Managementforscher)

4.5 Ausblick

Bereits *Alice Isen* und *Johnmarshall Reeve* haben nachgewiesen, dass Arbeitnehmer
mit positiven Gefühlen in der Arbeit produktiver, leistungsfähiger, belastbarer
sowie zufriedener sind und ein größeres Durchhaltevermögen haben.[139] Die positiven Gefühle wirken sich auch positiv auf die eigene Karriere aus: Mit positiven
Gefühlen werden die Beurteilungen der Führungskräfte besser und Einkommen
höher.

Wie jedoch positive Emotionen bewusst geweckt werden können, dazu gibt es wenig empirische Studien oder theoretische Ansätze. Diese Emotionsarbeit kommt
nicht nur auf die Personalabteilung zu, sondern auch auf jede Führungskraft. Sie
ist der tägliche und unmittelbare Ansprechpartner für die Arbeitnehmer und
sollte sich in dieser Rolle ihr Verhalten gegenüber dem Mitarbeiter bewusst machen. Wenn sie es nicht schafft, positive Emotionen zu wecken beziehungsweise
negative Emotionen wieder in positive zu verwandeln, wird die Motivation der
Mitarbeiter sinken, was sich zum Beispiel durch geringere Leistungen oder in
einer hohen Fluktuationsrate bemerkbar machen kann.

Positive Emotionen sind
wichtig, aber schwer
realisierbar

Harald Krüger, **Mitglied des Vorstands Personal- und Sozialwesen, BMW AG**

Im Wettbewerb um die besten Mitarbeiter: Personalpolitische Antworten der BMW Group

Angesichts des demografischen Wandels und des wachsenden Mangels an Fachkräften nimmt der Wettbewerb um die besten Fachkräfte zu. Eine vorausschauende Personalpolitik darf das auch in wirtschaftlich schwierigen Zeiten nicht aus den Augen verlieren. Um hochqualifizierte Mitarbeiter gewinnen und binden zu können, ist eine hohe Attraktivität als Arbeitgeber die entscheidende Stellgröße. Ich möchte mit einigen Beispielen zeigen, wie wir bei der BMW Group damit umgehen.

Die BMW Group ist ein attraktiver Arbeitgeber. Neben unseren Marken und Produkten sind es vor allem personalpolitische Faktoren, die uns als Unternehmen und Arbeitgeber interessant machen:

Unternehmen werden von Menschen gemacht. Unsere Mitarbeiter sind unser stärkster Erfolgsfaktor. Deshalb rücken wir die individuellen Fähigkeiten und Potenziale in den Mittelpunkt. Unsere Unternehmenskultur ist von der Wertschätzung gegenüber unseren Mitarbeitern geprägt. Wertschätzung ist für die Wertschöpfung unseres Unternehmens unabdingbar. Wir brauchen die Kreativität und den Erfindergeist unserer Mitarbeiter, um innovativ zu sein.

Eines unserer Top-Personalmanagement-Themen in diesem Zusammenhang heißt systematische Personalentwicklung. Hier geht es um die Auswahl geeigneter weiterführender Funktionen für den einzelnen Mitarbeiter, um das Thema Qualifizierung und Weiterbildung, aber auch – im Sinne des Prinzips von Leistung und Gegenleistung – um den jeweiligen Beitrag des einzelnen Mitarbeiters zu seiner Personalentwicklung. Wir erwarten die Bereitschaft, sich regelmäßig neuen Aufgaben zu stellen, in Deutschland wie auf internationaler Ebene. Daher sind Lebensläufe, die einen Wechsel der Aufgabe in einem drei- bis fünfjährigen Turnus verbunden mit Auslandseinsätzen aufweisen, bei uns keine Seltenheit. Ich kann dies aus eigener Erfahrung sagen.

Ein weiteres zentrales Thema im Hinblick auf die Attraktivität als Arbeitgeber heißt Führung. Exzellente Führung ist das Instrument, um Mitarbeiter zu nachhaltigen Höchstleistungen zu motivieren. Aufgabe unserer Führungskräfte ist es zu begeistern, Leidenschaft zu erzeugen und den Erfolgswillen zu wecken. Führung muss erlebbar sein, einen Dialog mit den Mitarbeitern ermöglichen und klare Orientierung geben. Führung muss auch Freiraum zulassen und Vertrauen geben. Dabei darf der kleine Fokus auf Ergebnisse nicht verloren gehen. Gerade in Zeiten schnellen Wandels muss Führung vor allem auch die Menschen auf die Reise der Veränderung mitnehmen.

Insgesamt ist uns das Thema Führung so wichtig, dass wir diese Vorbildrolle auch in den Grundüberzeugungen der BMW Group verankert haben.

Eine andere Grundüberzeugung heißt „Respekt und Fairness" – im Umgang zwischen Mitarbeitern und Führungskräften wie auch bei unseren Personalmanagementinstrumenten und -prozessen. Entsprechend basieren unsere Vergütungsprinzipien auf Respekt und Fairness: Wir beteiligen unsere Mitarbeiter am Erfolg. Das gilt in guten wie in weniger guten Zeiten. Konkret heißt das, dass erfolgsabhängige Gehaltsbestandteile auch schrumpfen beziehungsweise entfallen können, wenn wir weniger erfolgreich sind. Unsere Vergütungsprinzipien gelten vom Vorstand bis zum Tarifmitarbeiter, wobei der Anteil der variablen Gehaltsbestandteile mit der Hierarchie steigt. Natürlich gelten diese Prinzipien auch in Zeiten möglicher Gehaltskürzungen, die entlang der Hierarchie dann entsprechend höher ausfallen. Das ist ein faires Prinzip, mit dem wir uns von den Wettbewerbern unterscheiden.

Durch alle Facetten der Arbeitgeberattraktivität der BMW Group zieht sich ein roter Faden: Es geht um die Identifikation der Mitarbeiter mit dem Unternehmen und seinen Produkten, es geht um Motivation, Begeisterung und Leistungsbereitschaft. Nur dann sind wir nicht nur ein attraktiver, sondern auch ein langfristig erfolgreicher Arbeitgeber.

Aufgaben und Fragen zur Selbstüberprüfung

1. Wie heißen die zehn Grundemotionen?

2. Vergleichen Sie die Emotionskonzepte von *Caroll Izard* und *Robert Plutchik* und diskutieren Sie die Unterschiede!

3. Erklären Sie, wie das Marketing gezielt Emotionen bei einem Käufer wecken kann!

4. Welche Arten von betrieblicher Angst gibt es und wie definieren sie sich?

5. Welche Kritik wird im Zusammenhang mit dem Konzept der emotionalen Intelligenz von *Daniel Goleman* geäußert?

6. Zeichnen Sie das Konzept der Emotionalen Dissonanz und erklären Sie es!

7. „Verkäufer müssen besonders gut mit emotionaler Dissonanz umgehen können." Erklären Sie diese Aussage!

Kapitel 5

Kalkulation: Wie bestimmt man den wirklichen Personalbedarf?

Kapitel 5 Kalkulation: Wie bestimmt man den wirklichen Personalbedarf?

Fakten

Eine kurzfristige Kalkulation des Personalbedarfs wird bereits in 91 % der Unternehmen durchgeführt.[140]

46 % der Unternehmen sehen in den kommenden Jahren als größte Herausforderungen den demografischen Wandel und die strategische Personalplanung.[141]

Nur 31 % der Unternehmen gleichen die zukünftige interne Nachfrage von Fähigkeiten und die Beschaffung von Personal mindestens zwei Jahre im Voraus ab.[142]

Lernziele

- Sie erfahren die Grundlogik einer zeitgemäßen Personalbedarfskalkulation.

- Sie erleben den Umgang mit Kennzahlen.

- Sie wissen den Unterschied zwischen der qualitativen und quantitativen Grundlage.

- Sie verstehen den Unterschied zwischen Bruttopersonalbedarf und Nettopersonalbedarf.

- Sie lernen die Methoden zur Personalbedarfskalkulation.

5.1 Überblick

Betrachtet man das Personalmanagement als Planungsprozess, steht die Bestimmung des Personalbedarfs am Anfang der Prozesskette.

Diese Kalkulation des Personalbedarfs bildet auch insofern einen wichtigen Bestandteil der Unternehmenspolitik, als qualifizierte Arbeitskräfte zwangsläufig in einer globalisierten, wettbewerbsorientierten Arbeitswelt überlebenskritisch sind. Zudem hilft die richtige und zeitnahe Bestimmung des Personalbedarfs, Störungen im Betriebsablauf zu vermeiden, die durch fehlende oder falsch qualifizierte Mitarbeiter hervorgerufen werden können.
Die Kalkulation des Personalbedarfs legt dabei fest
– wie viele Mitarbeiter (quantitativ),
– welcher Qualifikation (qualitativ),
– zu welchen Zeitpunkten (zeitlich),
– an welchen Orten (räumlich) und
– mit welchem Wert (wertmäßig)
zur Realisation des geplanten Produktions- und Leistungsprogramms erforderlich sind.

Nach dem Aufzeigen der Grundlogik, die hinter der Personalbedarfskalkulation steckt (Abschnitt 5.2), werden genau diese fünf Aspekte abgearbeitet: Zunächst geht es mit diversen Kennziffern um das reine mengenmäßige Gerüst (Abschnitt 5.3), das dann durch Anforderungsmerkmale als qualitative Manifestation erweitert wird (Abschnitt 5.4). Neben Kennziffern sind Studien zum Zeitbedarf eine wichtige Basis für die Bedarfskalkulation (Abschnitt 5.5). Stellvertretend für verschiedene Fragen der räumlichen Konkretisierung stehen Modelle zur internationalen Ausrichtung (Abschnitt 5.6). Danach folgt eine kurze Überlegung zum erforderlichen Budget, das für die durch die Mitarbeiter verursachten Kosten benötigt wird, als wertmäßiger Aspekt (Abschnitt 5.7).

Kalkulation: Festlegung des zur Realisation des Produktions- und Leistungsprogramms erforderlichen Personalbedarfs

BestPersCase: Volksbank Wilferdingen-Keltern

Die Volksbank Wilferdingen-Keltern ist mit 14 Geschäftsstellen die größte Genossenschaftsbank zwischen Karlsruhe und Pforzheim. Sie betreut mit rund 185 Mitarbeitern über 39.000 Kunden mit einer Bilanzsumme von aktuell mehr als 650 Millionen Euro.

Um eine detaillierte Personalbedarfskalkulation zu erhalten, werden bei der badischen Volksbank getrennt für jedes einzelne Geschäftsfeld genaue Prognosen erstellt. Eine gemeinsame Betrachtung der Geschäftsfelder würde zu falschen Ergebnissen führen, da die Entwicklungen in den diversen Bereichen verschieden sind. Die Instrumente sind jedoch bewusst ähnlich aufgebaut, um Synergieeffekte nutzen zu können:

- Für das *Kundengeschäft* müssen beispielsweise folgende Fragen beantwortet werden: Wie entwickelt sich das aktuelle Kundengeschäft weiter? Welche Trends lassen sich für das Neukundengeschäft prognostizieren? Mit welchen Sondereinflüssen, wie beispielsweise rechtliche Änderungen, ist in den nächsten Perioden zu rechnen?

- Gleiches gilt für den *Kreditbereich* in der Marktfolge: Die Kapazitätsplanung richtet sich hier ebenfalls nach dem erwarteten Marktvolumen. Für jeden Geschäftsvorfall hat die Bank durchschnittliche Arbeitszeiten festgelegt, deren Addition das zu bearbeitende Volumen angibt. Durch einen Abgleich mit den aus der Personalbestandsevaluation bekannten Veränderungen in der Belegschaft können dann Neueinstellungen oder Freisetzungen entschieden werden.

- Schwieriger gestaltet sich die Personalbedarfskalkulation in den *übrigen Bereichen*, da hier nur schwer genaue Kennzahlen zu erheben sind. Um dennoch eine genaue Planung zu realisieren, werden offene und neue Projekte und Themenstellungen regelmäßig analysiert und die sich daraus ergebenden Veränderungen unmittelbar für den Stellenplan übernommen.

Je nach Antwort auf diese Fragen muss das Personalmanagement entsprechend reagieren. *Thomas Arbogast*, Bereichsdirektor der badischen Volksbank, stellt klar: „Um nicht in die Gefahr zu geraten, Personal einzustellen und dieses dann wieder entlassen zu müssen, beantworten wir diese Fragen sorgsam und beziehen die Führungskräfte aktiv in die Planung mit ein."

Aufgrund dieser bedarfsorientierten Grundlage kann eine bewusste Entscheidung für den zukünftigen Personalbestand getroffen werden und für eine optimale Stellenbesetzung gesorgt werden.

5.2 Grundlogik

Die Personalbedarfskalkulation führt als Inputfaktoren Informationen aus dem Leistungsprogramm zusammen, die dann vor dem Hintergrund eines spezifischen Umfeldes (Kontext) den Personalbedarf ergeben (Abbildung 5.1).

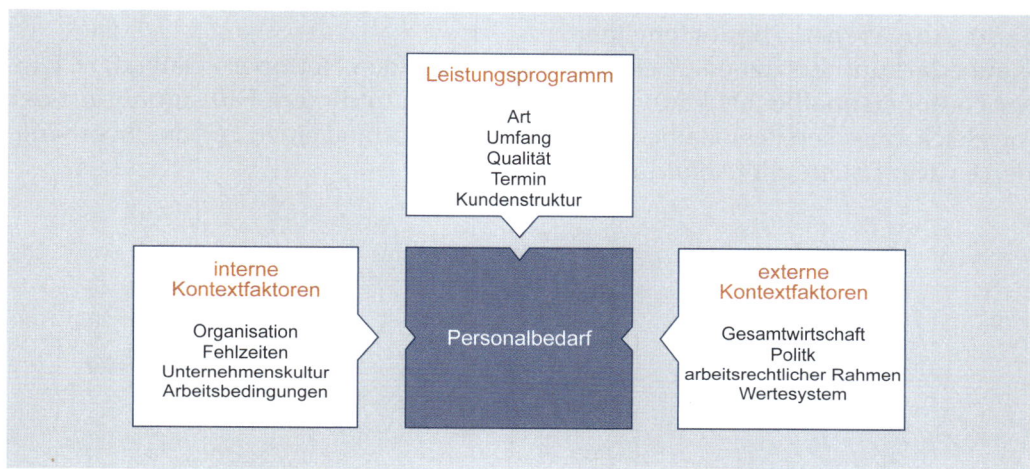

Abbildung 5.1: Kontextfaktoren der Personalbedarfsbestimmung

Bruttopersonalbedarf versus Nettopersonalbedarf

Theoretische wie praxisorientierte Veröffentlichungen belegen gleichermaßen den Ausdruck „Personalbedarf" mit zwei unterschiedlichen Inhalten. Dabei geht es auf der einen Seite darum, festzustellen, wie viele Personen überhaupt erforderlich sind („Bruttopersonalbedarf"), auf der anderen Seite darum, wie viele Personen aufgrund von bereits feststehenden Veränderungen zusätzlich einzustellen sind („Nettopersonalbedarf").[143]

Während ältere Arbeiten überwiegend Personalbedarf mit dem Nettopersonalbedarf gleichsetzen, setzt sich immer mehr die konzeptionell saubere (exaktere) Variante durch, bei der man unter Personalbedarf ausschließlich den Bruttopersonalbedarf versteht. Dieser ist der gesamte Arbeitskräftebedarf, der nötig ist, um die im Produktions- und Absatzplan bestimmten Vorgaben zu realisieren. Dieser Bruttopersonalbedarf besteht aus

Personalbestand
+ Nettopersonalbedarf
= Bruttopersonalbedarf

– dem Einsatzbedarf, der sich im Wesentlichen aus der Arbeitsmenge ergibt, und
– dem Reservebedarf, der eine Konsequenz aus Fehlzeiten, Urlaub und Abwesenheit aufgrund der Teilnahme an Weiterbildungsmaßnahmen ist.

In diesem Kapitel dreht es sich ausschließlich um diesen Bruttopersonalbedarf.

Später wird dann der (Brutto-)Personalbedarf mit dem Personalbestand verglichen, wobei es auch hier zwei Unterformen gibt, nämlich

– die Differenz aus bereits feststehenden Abgängen und bereits feststehenden Zugängen, die als „Ersatzbedarf" angibt, wie viele Mitarbeiter nötig sind, um die ausgeschiedenen Mitarbeiter im Unternehmen auszugleichen sowie

– als Vergleich zwischen Personalbestand und Personalbedarf den „Neubedarf", der durch die Veränderung der Aufgabenstruktur beziehungsweise der Form der Aufgabenerledigung entsteht.

Neubedarf und Ersatzbedarf ergeben zusammen den Nettopersonalbedarf. Dieser Nettopersonalbedarf kann auch negativ sein: In diesem Fall signalisiert der Vergleich zwischen Personalbedarf und Personalbestand einen Personalüberhang, den es abzubauen gilt (Abbildung 5.2).

Abbildung 5.2: Brutto-personalbedarf und Nettopersonalbedarf im Zusammenhang

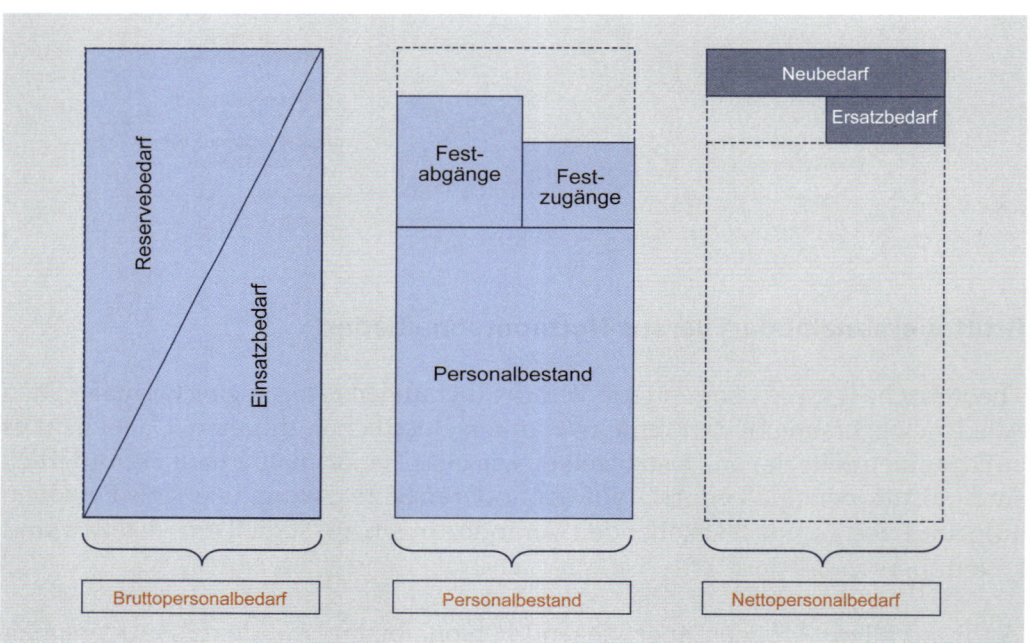

Fortführungsbasis versus Nullbasisplanung

Um den Personalbedarf zu bestimmen, gibt es eine ganze Reihe von Verfahren, die sich mit einer Grundlogik aus zwei Differenzierungen hinterlegen lassen.

Bezugsbasis!   Die erste Differenzierung betrifft die Bezugsbasis, die für die Kalkulation zugrunde gelegt wird:

■ Bei der Planung auf *Fortführungsbasis* geht man davon aus, dass der bisherige Personalbestand genau dem entspricht, was das Unternehmen heute und in Zukunft braucht. Würde sich also im Leistungsprogramm nichts ändern, wäre auch kein zusätzlicher Personalbedarf erforderlich.

■ Im Gegensatz dazu geht die *Nullbasisplanung* davon aus, dass das gesamte aufkommende Arbeitsvolumen in eine entsprechende Personalbedarfsstruktur umzurechnen ist. Es wird also quasi „am grünen Tisch" alles neu durchgerechnet, ohne dass Vergangenheitsdaten automatisch als „richtig" in die Planung eingehen.

Die Planung auf Nullbasisplanung ist richtiger, allerdings aufwändiger.

Die zweite Differenzierung betrifft die zur Planung verwendeten Daten: Datenart!

■ Bei der Planung *mit Vergangenheitsdaten* (Typ I) geht das Unternehmen von bestehenden Zusammenhängen aus vorangegangenen Produktionsschritten aus. Es wird also beispielsweise zugrunde gelegt, wie viele Mitarbeiter in der Vergangenheit für die Erledigung einer bestimmten Aufgabe erforderlich waren.

■ Bei der Planung *ohne Vergangenheitsdaten* (Typ III) führt man für die zu realisierende Aufgabe eine vollständig neue Analyse durch, die sich unmittelbar an der Aufgabe orientiert. Hierzu verwendet man unter anderem diverse Formen der Expertenbefragung.

■ Dazwischen steht eine *Mischform* (Typ II), bei der nur einige Zusammenhänge mit Vergangenheitsdaten bestimmt werden.

Bei der Personalbedarfsplanung vom Typ I wird auf Fortführungsbasis mit Vergangenheitsdaten gearbeitet. Beim Typ II wird zumindest der zusätzliche Aufgabenanfall neu bewertet. Ideal – aber nur in Ausnahmefällen realisierbar – ist die Personalbedarfsplanung vom Typ III, bei dem für den gesamten Arbeitsanfall eine vollkommene Neubewertung ohne Zugrundelegung von vergangenen Relationen durchgeführt wird (Abbildung 5.3).

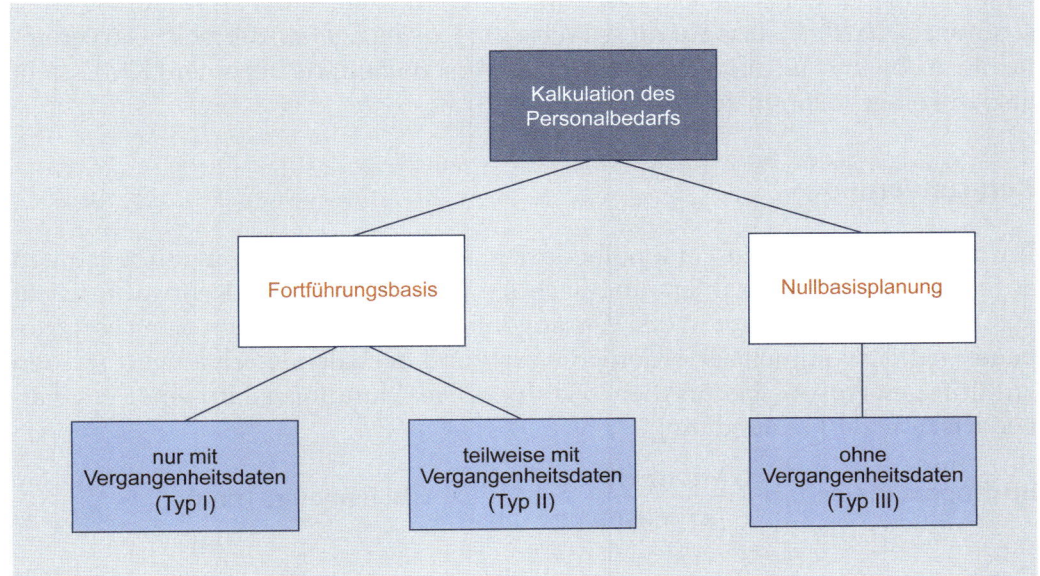

Abbildung 5.3: Typen der Personalbedarfsplanung

Grundsätzlich gibt es also drei Typen der Personalbedarfsplanung, wobei die Fortführungsbasis mit Vergangenheitsdaten das übliche Verfahren, die Nullbasisplanung das sinnvollste Verfahren ist. Egal in welcher Form man den Personalbedarf plant: Zumindest die Einschränkung, die sich durch das jeweils gewählte Verfahren ergibt, sollte man kennen.

Übung 5.1   **Erstellen einer Nullbasisplanung**

Sie haben einen lukrativen Vertrag mit der BigMall GmbH, dem Betreiber eines großen Einkaufszentrums, geschlossen. Nun steht die Planung der neuen Filiale zum Verkauf von Erdbeerkuchen in diesem Einkaufszentrum an. Sie führen dazu zunächst einmal eine reine Nullbasisplanung ohne Vergangenheitsdaten durch. Dazu gehen Sie wie folgt vor: Als erstes zeichnen Sie einen Plan für die Filiale. Dann tragen Sie die Funktionen ein – beginnend beim „Füllen der Ladentheke" bis hin zu „Kassieren des Verkaufspreises" und überlegen sich, welche Arten von Mitarbeitern (qualitativer Aspekt) und wie viele Mitarbeiter (quantitativer Aspekt) Sie für die Filiale benötigen.

5.3 Quantitativer Aspekt: Wie viele Mitarbeiter braucht man?

Um die erforderliche Zahl von Mitarbeitern zu bestimmen, bieten sich vor allem Kennzahlen und Trendextrapolationen an. Zudem lassen sich aus dem weiter unten behandelten zeitlichen Aspekt quantitative Bedarfswerte ableiten.

Personalbedarfs-bestimmung: Kritischer Engpass im KMU!

Die Personalbedarfskalkulation gerade für ein KMU ist überlebenskritisch: Denn entweder können bei Unterdeckung wichtige Aufträge nicht angenommen beziehungsweise nicht in der geforderten Qualität durchgeführt werden, oder aber das Unternehmen arbeitet bei Überdeckung durch die viel zu hohen Personalkosten so unwirtschaftlich, dass auf diese Weise die Existenz gefährdet ist.[144] Die vereinfachte grobe und intuitive Schätzung des Personalbedarfs bei einem KMU steht also in keiner Relation zu ihrer Relevanz.

Kennzahlen

Immer wenn man eine Personalbedarfskalkulation auf Vergangenheitsdaten aufbaut, spielen Kennzahlen eine wichtige Rolle. Eine solche Kennzahl drückt aus, wie viele Mitarbeiter in der Vergangenheit für das Erbringen eines vorgegebenen Arbeitsvolumens erforderlich waren und deshalb als Schätzwert für den zukünftigen Personalbedarf dienen können. Die Grundformel für eine Personalbedarfskennzahl lautet dann:

$$\text{Bruttopersonalbedarf} = \frac{\text{Mitarbeiterzahl (alt)}}{\text{Arbeitsmenge (alt)}} \times \text{Arbeitsmenge (neu)}.$$

Der Bruch in dieser Gleichung ist dabei die historische Kennziffer, die in die Berechnung des neuen Personalbedarfs eingeht.

Beispiel Personalbedarf (1)

Die Logik von Personalbedarfskennziffern lässt sich an einem einfachen Beispiel erläutern. Ein Lebensmittelgeschäft hat eine vier Meter lange Theke. Da sich immer mehr Kunden um diese Theke drängen, teilweise ohne Kaufaktion abwandern und platzmäßig nicht mehr als die zwei bisherigen Verkäufer tätig werden konnten, soll diese Theke um zwei Meter erweitert werden. Eine einfache Möglichkeit zur Beantwortung der Frage nach dem sich ergebenden Personalbedarf besteht darin, die alte Kennziffer (also alte Mitarbeiterzahl dividiert durch Länge der alten Theke) mit der neuen Thekenlänge zu multiplizieren.

$$\text{Bruttopersonalbedarf Theke} = \frac{\text{Mitarbeiter (alt)}}{\text{Thekenlänge (alt)}} \times \text{Thekenlänge (neu)}$$

$$= \frac{2}{4} \times 6 = 3$$

In diesem Beispiel ergibt eine Verlängerung der Theke um zwei Meter einen Zusatzbedarf von einer Person.

Derartige Personalkennzahlen sind in der Praxis beliebt und beziehen sich beispielsweise auf die Relation zwischen einerseits
– Umsatz,
– Kilometer und
– Produktionsvolumen sowie
– andererseits Anzahl der Mitarbeiter.
Vor allem im Handel und der Dienstleistungsbranche sind Bedarfskennziffern üblich. Wurde beispielsweise in der Vergangenheit ein bestimmter Umsatz mit einer bestimmten Anzahl von Vertriebsmitarbeitern erwirtschaftet, so lässt sich daraus der zukünftige Personalbedarf bestimmen:

Kennzahlen als zentrales Element der Personalbedarfskalkulation

$$\text{Personalbedarf} = \frac{\text{Zahl Vertriebsmitarbeiter}}{\text{Umsatz (alt)}} \times \text{Umsatz (neu)}.$$

Beispiel Personalbedarf (2)

In der Vergangenheit haben 30 Mitarbeiter 1,5 Millionen Euro Umsatz erwirtschaftet. Jetzt erwartet man 2 Millionen Euro.

$$\frac{30 \text{ Mitarbeiter}}{1,5 \text{ Mio } €} \times 2 \text{ Mio } € = 40 \text{ Mitarbeiter}$$

Man würde hier also zusätzlich zehn Mitarbeiter benötigen, um den Umsatz von 1,5 Millionen auf zwei Millionen Euro zu erhöhen.

Vier Annahmen
müssen zutreffen

Diese scheinbare Einfachheit der Anwendung darf allerdings nicht darüber hinwegtäuschen, dass derartige Kennziffern auf vier Annahmen basieren:

(1) Das *Leistungsprogramm* muss konstant bleiben. Dies bedeutet beispielsweise, dass nicht plötzlich beratungsintensivere oder arbeitsintensivere Produkte verkauft werden.

(2) Die *Produktivität* muss konstant bleiben. Werden die Mitarbeiter beispielsweise geschult oder neue Maschinen eingesetzt, so macht die alte Kennziffer wenig Sinn.

(3) Die übrigen *Bedarfsdeterminanten* müssen konstant bleiben. Wenn durch eine Vergrößerung einer Theke nicht mehr Kunden kommen, braucht keine Erweiterung des Personalbestands zu erfolgen.

(4) Die Kennzahlen müssen auf *soliden Basisdaten* basieren. Die Kennziffer wäre aussagelos, wenn sich die Zahlen nur aus einem Mittelwert einer stark schwankenden Belegschaft ergeben.

Wenn diese Bedingungen nicht erfüllt sind, müssen entweder andere Kennzahlen verwendet oder die bestehenden Kennzahlen entsprechend modifiziert werden.

Der Zukunft ein Gesicht geben

Für ein optimiertes Demografie- und Nachfolgemanagement entwickelte die R+V Versicherung ein vierphasiges Vorgehensmodell, um die Personalstruktur zukünftig besser analysieren und steuern zu können. In der ersten Phase wurden die Personal-Rohdaten auf ihre Vollständigkeit, Stimmigkeit, Vergleichbarkeit und auf Zuordnungskriterien hin untersucht und zu Jobfamilien zusammengefasst. Sie bilden die Grundlage für die anschließende Simulation des Personalbedarfs und der Identifikation von Risiken. In der zweiten Phase wurden die zukünftigen Jahre realitätsnah simuliert. Das Ergebnis war eine jahresgenaue Abbildung des Personalbedarfs mit sämtlichen Zu- und Abgängen. Darauf aufbauend wurde ein Risiko-Cockpit entwickelt, das für bestimmte Indikatoren mittels Farbcode die Handlungsnotwendigkeit aufzeigt. Ein roter Punkt besagt dringenden Handlungsbedarf, orange einen mittelfristigen und grün keinen aktuellen Handlungsbedarf. So wurde festgestellt, dass für die Karrieremöglichkeiten dringender und bei der Fluktuation ein mittelfristiger Handlungsbedarf besteht. In der letzten Phase wurde ein Maßnahmenplan entwickelt, der als Basis für die HR-Strategie gilt. So hat die R+V Versicherung ein Paket an HR-Instrumenten, mit deren Hilfe sich frühzeitig Entwicklungen erkennen und entgegen steuern lassen.[145]

Trendextrapolation

Der vorangegangene Abschnitt unterstellte konstante Input-Output-Relation. Diese Annahme gilt allerdings nicht bei Lerneffekten und technischem Fortschritt.

Die Trendextrapolation prognostiziert, mit in der Vergangenheit festgestellten Strukturen, die zukünftige Entwicklung des Personalbedarfs. Man berechnet also die historische Veränderung der Produktivitätskennziffern und schließt daraus auf den zu einem zukünftigen Zeitpunkt gültigen Wert.

Trendextrapolation: Hilfsmittel zur Prognose zukünftiger Entwicklungen

Der Wert des Personalbedarfs, der sich aus dieser Trendextrapolation ergibt, beinhaltet das Ergebnis des Zusammenwirkens mehrerer Einflussfaktoren über einen längeren Zeitraum hinweg (Abbildung 5.4). Hier können – ohne dass man sich der einzelnen Bestimmungsfaktoren bewusst ist – beispielsweise Umsatzsteigerungen, Lerneffekte und Organisationsanpassungen zusammenspielen.

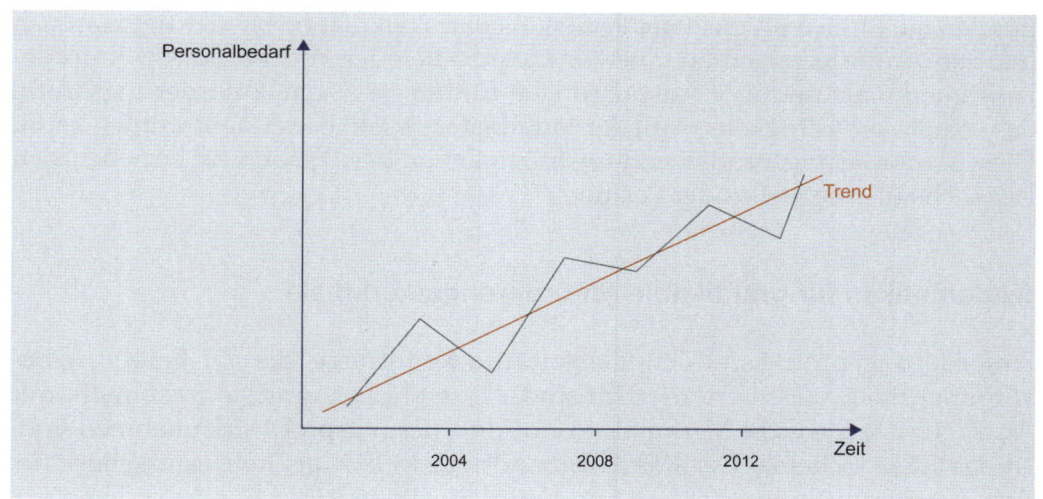

Abbildung 5.4: Darstellung Trendextrapolation

Während die Trendextrapolation primär nur für größere Unternehmen geeignet ist, kann die Kennzahlenmethode unabhängig von der Betriebsgröße verwendet werden. Problematisch sind allerdings Vorschläge, den Personalbedarf in kleinen und mittleren Unternehmen mittels einfacher Schätzung durch einzelne Führungskräfte des Unternehmens für die nächsten Jahre ermitteln zu lassen.[146] Auch wenn dieses Vorgehen auf den ersten Blick pragmatisch und sinnvoll erscheint, führt es zu einer systematischen Fortschreibung von Einschätzungsfehlern.

Übung 5.2

Berechnen einer Kennzahl der Personalplanung

In Ihren regionalen Backzentren produzieren Sie Erdbeerkuchen. Trotz teilweiser Automatisierung wird der perfekte Erdbeerkuchen jedoch nach wie vor mit der Hand belegt. Hierfür arbeiten Sie mit Teilzeitkräften. Die Produktionsergebnisse der letzten Woche waren:

Montag:	43 Kuchen	1 Person mit 2 Stunden
Dienstag:	60 Kuchen	2 Personen mit jeweils 1,5 Stunden
Mittwoch:	50 Kuchen	1 Person mit 2,5 Stunden
Donnerstag:	55 Kuchen	1 Person mit 3 Stunden
Freitag:	70 Kuchen	2 Personen mit jeweils 2 Stunden

Am nächsten Montag sollen 2 Personen 66 Kuchen produzieren. Nun müssen Sie für die Personalplanung berechnen, wie viele Minuten sie brauchen werden.

5.4 Qualitativer Aspekt: Welche Mitarbeiter braucht man?

Für den qualitativen Aspekt der Personalbedarfskalkulation beschäftigt man sich mit den Anforderungen an eine konkrete Stelle oder Position. Diese Anforderungsmerkmale und ihre Ausprägungen führen zu einem Anforderungsprofil, das später dem Fähigkeitsprofil der Mitarbeiter gegenüber gestellt werden kann. Diese Anforderungsprofile sind unabhängig von der Person und beziehen sich lediglich auf eine Stelle oder Position.

Systematiken für praktikable Anforderungsmerkmale

Anforderungsprofile sind Fähigkeiten und Kenntnisse, die zur Erfüllung bestimmter Stellenarten erforderlich sind. Die wohl bekannteste Systematik mit Aussagen dazu, welche Merkmale in ein Anforderungsprofil aufzunehmen sind, ist das REFA-Schema. Der REFA-Verband wurde 1924 als Reichsausschuss für Arbeitszeitermittlung gegründet und mittlerweile in REFA Bundesverband e.V. umbenannt. Er gilt als der älteste und bedeutendste deutsche Verband für Arbeitsgestaltung, Betriebsorganisation und Unternehmensentwicklung. Danach lassen sich vier Arten von Merkmalen unterscheiden[147]:

(1) *Können*,
(2) *Verantwortung*,
(3) *Belastung* und
(4) *Umgebungseinflüsse*.

Diese Merkmalsgruppen werden durch zusätzliche Untermerkmale konkretisiert, durch entsprechende Skalen operationalisiert und anschließend im unternehmerischen Alltag eingesetzt.

Die Kategorie „Können" lässt sich beispielsweise auf die Unterkategorien
– *fachliche Kompetenzen* (zum Beispiel Ausbildung, Zusatzqualifikation),

– *methodische Kompetenzen* (zum Beispiel Präsentationstechniken, Organisations-
  kompetenz),
– *Berufserfahrung* (internationale Erfahrung, Projekterfahrung),
– *Unternehmens-* beziehungsweise *Branchenkenntnisse,*
– *soziale Kompetenzen* (Teamfähigkeit, Einfühlungsvermögen),
– *Führungserfahrung* und
– *kognitive Fähigkeiten* (zum Beispiel Lernfähigkeit, Kreativität)
aufteilen (Abbildung 5.5).

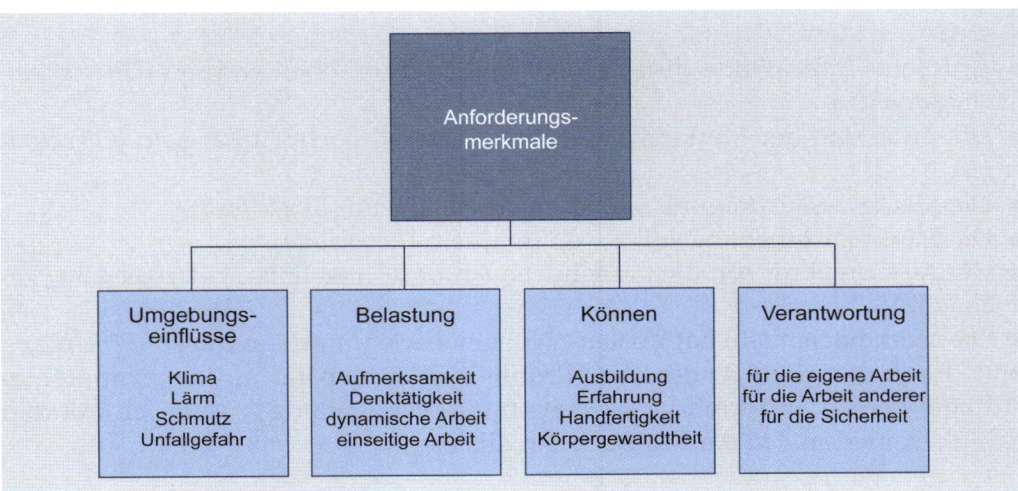

**Abbildung 5.5:
Anforderungsmerkmale**

Um ein Anforderungsprofil zu erstellen, benötigt man also genaue Informationen
darüber, welche spezielle Tätigkeit mit der entsprechenden Position verbunden
ist. Diese Informationen kann man anhand unterschiedlicher Methoden beschaffen:
– *Beobachtung* der Tätigkeit von Personen, die eine ähnliche Position besetzen,
– *Interviews* zu den Anforderungen bei Personen, die eine ähnliche Position
  besetzen,
– *Einsatz* von strukturierten Fragebögen bei Personen, die eine ähnliche Position
  besetzen,
– *Sichtung* von Arbeitsprotokollen und Tagebüchern von Personen, die eine ähnliche Position besetzen.
Hinzu kommt als universell einsetzbares Verfahren die Befragung von Experten
wie Abteilungsleiter oder Sachverständige für Arbeitsplatzbewertungen.

Anforderungsprofil: auf
eine konkrete Stelle/
Position bezogene
Zusammenstellung von
Anforderungsmerkmalen

Kriterien für sinnvolle Anforderungsmerkmale

Auch wenn es verlockend erscheint, für jede Stelle alle Anforderungsmerkmale im Detail zu erheben, so spricht einiges für eine Konzentration auf einige wenige aussagefähige und gut erhebbare Merkmale.

Diese Reduktion auf einige wenige Merkmale ist eine Konsequenz daraus, dass man sich explizit oder implizit von folgenden Entwurfsprinzipien leiten lässt:

- Nur die wesentlichen Merkmale der Stelle sind zu berücksichtigen (*Relevanz*).
- Die charakteristischen Merkmale der Stelle müssen erfasst sein (*Vollständigkeit*).
- Ähnliche Tatbestände dürfen nicht mehrfach erhoben werden (*Überschneidungsfreiheit*).
- Die Erhebung der Merkmale soll interpersonell nachprüfbar sein (*Objektivität*).
- Die Merkmalsausprägung soll leicht erhebbar sein (*Einfachheit*).
- Die Merkmalserhebung soll zuverlässig sein (*Reliabilität*).
- Das Messergebnis soll die tatsächliche Anforderungshöhe widerspiegeln (*Validität*).

- Die Merkmalsanzahl hat Kosten-/Nutzenüberlegungen zu folgen (*Effizienz*).

Nur durch derartige abgesicherte Profile lässt sich später in den computergestützten Personalinformationssystemen ein aussagefähiger Abgleich mit den Fähigkeitsmerkmalen der Mitarbeiter realisieren.

5.5 Zeitlicher Aspekt: Wann braucht man die Mitarbeiter?

Zeitstudien eruieren den Zeitbedarf für eine gegebene Tätigkeit, sind also wie Kennzahlen eine quantitative Berechnungsmethode. Sie dienen dazu, den Zeitbedarf zu ermitteln, den die Durchführung einer vorgegebenen Tätigkeit mit sich bringt. Aus diesem Zeitbedarf der Tätigkeit lässt sich dann die Anzahl der erforderlichen Stunden beziehungsweise Mitarbeiter bestimmen. Zur Durchführung der Zeitstudien gibt es drei Verfahren, nämlich die direkte Zeitmessung, das Multimomentverfahren und das Elementarzeitverfahren.

„Modern Times", USA 1936 (von und mit *Charlie Chaplin*)

Die negative Variante der Zeitstudien demonstriert *Charlie Chaplin* im Film „Modern Times". Hier gibt es „prozessoptimierte Abläufe" und den tragikomischen Kampf des menschlichen Individuums gegen Fließband und Technik. Bekannt ist die zentrale Szene: Der Tramp, der für kurze Zeit Fließbandarbeiter geworden ist, wird von der Maschine tatsächlich verschlungen, arbeitet aber dennoch verbissen weiter. *Charlie Chaplin* ging es bei diesem Film nicht so sehr darum, kapitalistische Produktionsverhältnisse zu geißeln, sondern um die durch die Automatisierung vorangetriebene „Entindividualisierung". Das Zeitdiktat der Prozesssteuerung dominiert, der Mitarbeiter hat sich zu fügen.

Direkte Zeitmessung

Dieses Verfahren basiert auf dem Konzept der Normalleistung. Die Normalleistung ist diejenige Leistung, die von einem geeigneten, geübten und voll eingearbeiteten Mitarbeiter über einen längeren Zeitraum erbracht werden kann. Bei diesem Verfahren geht es nicht nur darum, die benötigte Zeit zu messen, sondern auch das Ausmaß, in dem sich ein Mitarbeiter bei der Leistungserbringung anstrengt. Deshalb werden die *Zeiten* für das Ausüben einer Tätigkeit bei verschiedenen Mitarbeitern *erhoben* und die dazugehörigen *Leistungsgrade geschätzt*. Aus diesen Istzeiten und der verbundenen Leistungsanstrengung (Leistungsgrad) lässt sich dann für jeden Mitarbeiter eine individuelle Normalzeit bestimmen. Daneben müssen noch Erholungszeiten berücksichtigt werden (Erholungsfaktor).

Normalleistung: von einem geeigneten, geübten und voll eingearbeiteten Mitarbeiter über einen längeren Zeitraum erbringbare Leistung

Eine Erweiterung dieses (einfachen) Zeitmesssystems um Einflussgrößen und Bezugsmengen ist das REFA-Zeitschema (Abbildung 5.6), das seit langem und immer noch in Industriebetrieben Verwendung findet.[148]

Abbildung 5.6: Das REFA-Schema[149]

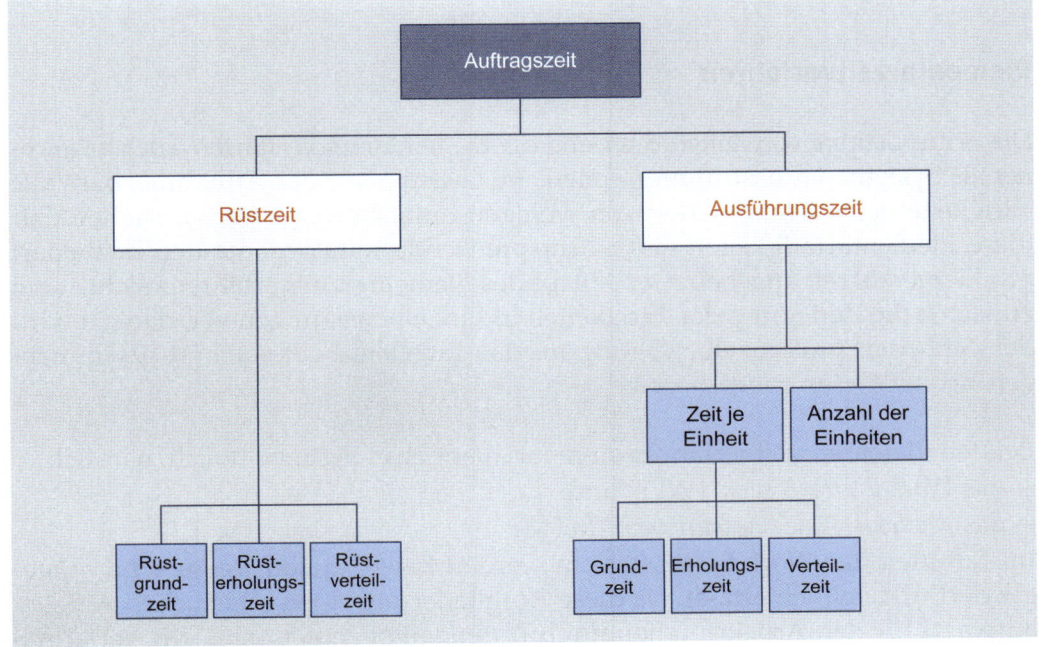

Will man als Auftragszeit die Vorgabezeit für einen Auftrag bestimmen, so wird unterschieden zwischen

- der *Rüstzeit*, die erforderlich ist, um den eigentlichen Produktionsvorgang einzuleiten und
- der *Ausführungszeit*, die proportional zu der Anzahl produzierter Einheiten ist.

Die Ausführungszeit für diesen Auftrag ergibt sich aus der Vorgabezeit (Zeit je Einheit) multipliziert mit der Auftragsmenge. Die Zeit je Einheit setzt sich zusammen aus Grundzeit, Erholungszeit und Verteilzeit (Zeit für „Sonstiges").

Multimomentverfahren

Die zweite Methode zur Zeitbestimmung und damit zur Kalkulation des quantitativen Personalbedarfs sind die Multimomentverfahren. Hier wird in unregelmäßigen Zeitabständen beobachtet und protokolliert, welche Tätigkeit der Mitarbeiter gerade durchführt. Das Ergebnis ist dann eine Stichprobenerhebung, bei der man aus einzelnen Beobachtungen auf die Grundgesamtheit schließt. Vor allem im Angestelltenbereich hat sich dieses System bewährt.

Stellt man bei einer Sekretärin mit einem 8 Stunden Arbeitstag bei 16 Überprüfungen einmal Kaffee kochen, zweimal telefonieren, dreimal Unterlagen sortieren und zehnmal am Computer arbeiten fest, so würde (etwas vereinfacht) daraus geschlossen, dass die Sekretärin 30 Minuten am Tag Kaffee kocht, eine Stunde am Tag telefoniert, 90 Minuten Unterlagen sortiert und fünf Stunden am Computer arbeitet.

Elementarzeitverfahren

Die dritte Gruppe von Zeitstudien sind die Elementarzeitverfahren, auch bezeichnet als Systeme vorbestimmter Zeiten. Sie basieren auf der Annahme, dass alle Tätigkeiten eine Kombination von wenigen Einzelbewegungen darstellen. Für diese Elementartätigkeiten gibt es entsprechende Kataloge, die den Zeitbedarf pro Elementarzeit angeben. Der Ablauf des Elementarzeitverfahrens sieht somit zunächst die Zerlegung der Tätigkeiten in Einzelbewegungen vor, danach wird der Zeitbedarf pro Einzelbewegung aus den Tabellen abgelesen und zusammengeführt zur Gesamtvorgabezeit.

Elementarzeitverfahren: Zerlegung von Tätigkeiten in zeitlich bewertbare Einzelbewegungen

Bei den Elementarzeitverfahren sind vor allem zwei Systeme üblich, nämlich
- das *Work-Factor-System* (WFS) und
- das *Methods-Time-Measurement* (MTM).

Im Rahmen des Work-Factor-System werden Bewegungen weitgehend aufgegliedert und zeitlich erfasst. Da diese Aufgliederung einen erheblichen Arbeitsaufwand für den Arbeitsstudiendurchführenden bedeutet, wird das Verfahren verstärkt in der Großserien- und Massenfertigung bei kurzen Arbeitszyklen angewandt.[150] Das Methods-Time-Measurement differenziert nach neun Grundbewegungen, für die eine Durchführungsdauer ermittelt wurde. Zu den Grundbewegungen gehören zum Beispiel Hinlangen, Drehen, Kurbelbewegung oder Greifen. Dazu kommen noch zwei Blickfunktionen (Augen richten und bewegen) sowie diverse Körper-, Bein- und Fußbewegungen.

Mit einer zunehmenden Verzahnung von Betrieben und mit einer zunehmenden Prozesskettenoptimierung nimmt auch der Bedarf an Zeitstudien zu. Auf der anderen Seite werden aber durch Automatisierung die monotonen Tätigkeiten in der Produktion weniger, bei welchen sich der Einsatz dieser Systeme anbietet.

Aufstellen einer zeitlichen Personalbedarfskalkulation

Übung 5.3

Die fortschreitende Automatisierung der Produktion wurde bereits angesprochen. Brötchenanlagen haben hierbei höchste Rationalisierungspotenziale für die regionalen Produktionszentren. Gerade Mengenprodukte wie Kaisersemmeln lassen sich maschinell schneller, kostengünstiger und mit vergleichsweise geringem Personalaufwand in konstanter Qualität herstellen. Deshalb haben Sie sich schon vor einiger Zeit entschlossen, neben Erdbeerkuchen auch Brötchen anzubieten. Im Produktionszentrum Südwest Ihrer Strawberry Cake & Bakeries AG backen Sie derzeit 3.000 Brötchen pro Tag und brauchen (bei einer Person) mit der alten Maschine zwei Stunden dafür. Eine neue Maschine schafft 6.000 Brötchen pro Stunde. Um zu entscheiden, ob Sie die neue Maschine anschaffen, stellen Sie folgende Überlegung an: Welche Konsequenzen hat eine neue Brötchenanlage für den Personalbedarf (bei Fortführungsbasis), wenn man von einer sechstägigen Arbeitswoche ausgeht?

5.6 Räumlicher Aspekt: Wo braucht man die Mitarbeiter?

Zu Beginn des Kapitels Kalkulation wurde definitorisch festgehalten, dass auch der räumliche Aspekt (regional) eine Rolle bei der Bedarfskalkulation spielt. Dies gilt vor allem dann, wenn Unternehmen international tätig sind, also auch Standorte im Ausland besitzen. Im Rahmen dieser Auslandsaktivitäten müssen Führungskräfte in den ausländischen Niederlassungen dafür Sorge tragen, dass die Geschäfte im Sinne des Mutterunternehmens geführt werden.

Ein wichtiger Teilbereich der Personalbedarfsbestimmung befasst sich daher mit der Entscheidung, wer die geeigneten Führungskräfte für eine gegebene internationale Aufgabe sind. Dieser Typ von Frage soll im Rahmen dieses Buches anhand folgender Frage behandelt werden: Welche Führungskräfte braucht man, um im Ausland erfolgreich zu agieren?

Die hierfür vorliegenden Vorschläge lassen sich zu drei Leitbildern zusammenfassen: Sie reichen von einer weitgehend standardisierten und damit unternehmensübergreifenden sowie globalen Einsetzbarkeit (Global-Manager) über eine landes-bezogene Ausrichtung ohne regionale Transfermöglichkeit (Country-Manager) bis zu einer unternehmensspezifischen Realisierung, bei der die Führungskraft nur im jeweiligen Unternehmen einsetzbar ist (Company-Manager).

Der Global-Manager

Global-Manager: *landeskultureller* *Universalist*

Nahezu alle Arbeiten im Bereich des internationalen (Personal-)Managements, die sich mit den Anforderungen an international tätige Mitarbeiter befassen, fokussieren auf Anforderungen, die losgelöst von spezifischen Ländern oder Unternehmen für alle internationalen Führungskräfte als allgemeingültig angesehen werden.[151] Diese Anforderungen an den Global-Manager betreffen drei Merkmalsgruppen:

Die erste Gruppe sind generelle *Persönlichkeitsmerkmale*. Hierzu gehören unter anderem:
- Autonomie im Sinne von Selbstständigkeit und Selbstdisziplin, wegen der geografischen Entfernung zur Muttergesellschaft,
- Unsicherheitstoleranz um trotz Näherungsprozesse, bei unvollkommener Information, Unklarheit und Unsicherheit sinnvolle Entscheidungen treffen zu können,
- Flexibilität als Verbindung von Kreativität mit ausreichendem Improvisationstalent, da beim Auslandsengagement vieles noch nicht im Detail vorstrukturiert ist,
- Teamfähigkeit, was vor allem die Bereitschaft und Fähigkeit zur Kommunikation und Kooperation voraussetzt,
- Motivationsfähigkeit, wozu auch bei oberen Führungskräften eine visionäre Kraft und Begeisterungsfähigkeit gehört,
- Eigenmotivation, da die institutionalen Rahmen fehlen, die in der Muttergesellschaft für Motivation sorgen (sollen) und
- die Fähigkeit zur Stressbewältigung und eine hohe Frustrationstoleranz, letztlich also ein stabil ausbalanciertes emotionales Gleichgewicht, da auch bei bester Planung sich (temporäre) Rückschläge nicht ausschließen lassen.

Streng genommen sind dies Anforderungen, die immer an alle Führungskräfte zu stellen sind. Sie sind aber besonders stark im internationalen Kontext gefragt und dort überlebenskritisch.

Die zweite Gruppe von Merkmalen betrifft die konkrete *Qualifikation*, wie beispielsweise in
- Projektmanagement,
- Personalmanagement oder
- IT und Medien.

Diese Anforderungen sind nicht zwangsläufig nur für den internationalen Kontext relevant.

Die dritte Gruppe von Merkmalen bezieht sich auf die *interkulturelle Kompetenz* und umfasst

- interkulturelle Sensibilität als intuitiv-emotionale Aufnahme von Informationen und Fähigkeit, sich in andere Denkmuster hineinzufühlen,
- interkulturelles Wissen über andere länderspezifische Bedeutungen von Pünktlichkeit, Exaktheit und Direktheit sowie unterschiedlich strukturierte Rituale von Begrüßung, Gesprächseröffnung und Kritik,
- interkulturelle Kommunikationsfähigkeit, die über die kindlich-naive Kommunikation hinausgehend die konkrete Fähigkeit umschreibt, sich mit völlig anderen Kulturen zieladäquat auszutauschen und
- interkulturelles Perzeptionsvermögen als die Fertigkeit, Ausdrucksmerkmale zu erfassen und zu deuten, beispielsweise zum Erkennen von Missbilligung aus dem Mienenspiel oder von Differenzierungen des individuellen Verhaltens in Raum und Zeit.

Von den Facetten der interkulturellen Kompetenz sind Perzeption und Wissen durchaus erlernbar, Kommunikationsfähigkeit und vor allem Sensibilität dagegen nur teilweise. Interkulturelle Kompetenz muss aber nicht nur im Ausland gegeben sein, sondern ist auch für solche Mitarbeiter erforderlich, die im nationalen Kontext mit ausländischen Geschäftspartnern zusammenarbeiten sollen.

Die Anforderungen an den Global-Manager gelten unabhängig vom konkreten Einsatzort und beziehen sich generell auf alle ins Ausland zu entsendenden Führungskräfte. Das Leitbild für den Global-Manager ist damit das eines landeskulturellen Universalisten, der unabhängig vom konkreten Einsatzort handelt und sich auf alle zu entsendenden Führungskräfte bezieht.

Der Country-Manager

Die Anforderungen an den Country-Manager fokussieren auf ein konkretes Einsatzland. Das Leitbild für den Country-Manager ist also der landeskulturelle Spezialist, der sich genau auf ein spezifisches Land einstellt und entsprechend agiert. Hier sind vor allem zwei Gruppen von Anforderungsmerkmalen wichtig:

Country-Manager: landeskultureller Spezialist

Die erste Gruppe aus Anforderungen an den Country-Manager ergibt sich als *intellektuelle Anforderung* unmittelbar aus dem jeweiligen Land. Beispiele hierfür sind

- Sprache,
- Landeskunde sowie
- Kenntnis der jeweiligen Rechts-, Wirtschafts- und Sozialsysteme.

Diese Anforderungen lassen sich relativ leicht konkretisieren.

Die zweite Gruppe der Anforderungen an den Country-Manager sind *Verhaltens- und Persönlichkeitsmerkmale*. Sie bereiten erhebliche Schwierigkeiten, beispielsweise im Hinblick auf Merkmale wie Unsicherheitstoleranz, Improvisationstalent,

Kommunikationsfähigkeit und psychische Belastbarkeit. Zum Teil lässt sich dazu auf Studien wie die von *Geert Hofstede*[152] zurückgreifen. Er unterscheidet danach Landeskulturen entlang folgender Dimensionen:

- Die *Machtabstandstoleranz* gibt an, in welchem Ausmaß eine Gesellschaft ungleiche Machtverteilungen akzeptiert. In südlichen beziehungsweise tropischen Ländern ist sie höher als in gemäßigten oder kalten Klimazonen, außerdem in Ländern mit hoher Bevölkerungsdichte. Individualistisch orientierte Länder erwarten eine emotionale Unabhängigkeit des Individuums von einer Organisation. Eine kollektive Orientierung drückt sich dagegen in einer hohen Bedeutung inner- und außerorganisatorischer Beziehungen aus. Vom Organisationsmitglied wird moralisches Engagement in der Organisation sowie Wertschätzung von Gruppenentscheidungen erwartet.

- Die *Maskulinität* drückt aus, wie stark in einer Gesellschaft die als „maskulin" bezeichneten Werte wie Selbstbehauptung, Leistung, Ehrgeiz, Wettbewerb und materieller Erfolg im Vordergrund stehen. Bei einem niedrigen Maskulinitätsindex richtet man sich dagegen mehr an Werten wie zum Beispiel die Präferenz für berufliche Sicherheit, Aufrechterhaltung von sozialen Kontakten und Lebensqualität aus. Typisch für maskuline Kulturkreise sind eine starke Karriereorientierung sowie der berufsbedingte Einfluss auf die Privatsphäre.

- Kulturen mit hoher *Individualität* haben meist eine hohe Arbeitsmobilität, ein hohes Ich-Bewusstsein und eine Präferenz für Individualentscheidungen. Genau das Gegenstück ist bei kollektivistischen Ländern der Fall, die durch eher geringe Arbeitsmobilität, ausgeprägtes Wir-Bewusstsein und Präferenz für Gruppenentscheidungen charakterisiert sind. In individualistisch orientierten Ländern entscheidet man sich für ein Unternehmen, weil der „Job" dort gerade interessant erscheint, sieht aber auch gar kein Problem darin, den Arbeitsplatz bei erstbester Gelegenheit wieder zu wechseln.

- In Ländern mit einer hohen *Langfristorientierung* dominieren Ausdauer, Beharrlichkeit, Sparsamkeit und Tugend, um auch in der Zukunft einen konstanten Nutzen zu erhalten. Traditionen spielen in diesen Ländern eine große Rolle.

- *Unsicherheitsvermeidung* beschreibt das Ausmaß, mit dem eine Gesellschaft versucht, die Unsicherheit aus dem täglichen Leben zu nehmen. Die Zukunftssicherung ist ein Grundbedürfnis menschlichen Lebens. Unsicherheit erzeugt Angst. Beispielsweise dienen gesellschaftliche Regelungen, Verordnungen und Verhaltensregeln dazu, diese Unsicherheit zu reduzieren.

Entsprechend der jeweiligen Einordnung der Landeskultur anhand dieser Dimensionen kann der zu entsendende Mitarbeiter anhand ähnlicher Persönlichkeitsmerkmale ausgewählt oder auf die spezifischen Kulturmerkmale im Vorfeld vorbereitet werden.

Jede Kultur muss entschlüsselt werden.

„Jede Kultur ist für einen Außenstehenden wie durch einen Geheimcode verschlüsselt. Wenn man nicht den passenden Schlüssel hat, um den Code der fremden Kultur zu ‚brechen‘, kann man sie niemals richtig verstehen."[153]

Edward T. Hall (1914–2009; Begründer der Interkulturellen Kommunikation)

Der Company-Manager

Beim Company-Manager wird eine vollkommen andere Idee verfolgt: Hier ist die zu entsendende Führungskraft weder generell auf Internationalisierung noch auf ein spezifisches Zielland ausgerichtet, sondern bleibt ausschließlich auf das eigene Unternehmen und speziell die Zentrale fokussiert. Dies hat den Vorteil, dass ein Manager, der sich seiner eigenen kulturellen Prägung und Identität voll bewusst ist, auch im Umgang mit anderen Kulturen einen sicheren Stand hat und weniger unter Orientierungslosigkeit leidet. Zudem kann gerade die explizite Vermittlung von unternehmens- und landeskulturellen Werten ein wichtiger Impuls in Richtung auf Akquisition und Motivation von Mitarbeitern sein.

Company-Manager: unternehmenskultureller Spezialist

Die Anforderungen an den Company-Manager entstehen vollkommen losgelöst von irgendeinem internationalen Kontext ausschließlich aus den Spezifika des Mutterunternehmens. Das Leitbild vom Company-Manager geht also davon aus, dass eine ins Ausland entsandte Führungskraft kein Kulturneutrum darstellt, sondern vielmehr ganz bewusst ihre Wurzeln in der eigenen Unternehmenskultur hat und ausschließlich den Spezifika des Mutterunternehmens entsprechend handelt. Personalbedarfskalkulation im internationalen Kontext bedeutet die Definition von Anforderungsprofilen für Führungskräfte.

Erstellen einer räumlichen Personalbedarfsplanung

Übung 5.4

Sie wollen mit der Strawberry Cake & Bakeries AG expandieren. Die Marktforschung hat England als attraktiven Markt identifiziert und daher planen Sie, in England zwei Backzentren und einige Verkaufsstellen einzurichten. Jetzt steht die Frage an, mit wem Sie die Spitze der englischen Niederlassung besetzen wollen. Sie haben die Wahl zwischen dem Typ Global-Manager, Country-Manager und Company-Manager. Die Frage ist nun, welcher dieser drei generellen Typen von Managern für diese Aufgabe in Frage kommt und wofür Sie sich entscheiden. Außerdem ruft Sie Ihr Schwager an und erzählt Ihnen, dass er plant, sich für den Job zu bewerben. Erzählen Sie ihm, welchen Managertyp Sie sich für den Job vorstellen.

5.7 Wertmäßiger Aspekt: Welches Budget braucht man für die Mitarbeiter?

Die Kalkulation des Personalbedarfs erfordert auch eine Aussage dazu, welches Budget für die von Mitarbeitern verursachten Kosten eingeplant werden muss. Ein Personalbudget ist ein auf konkrete Leistungsziele abstellender Plan, der die Obergrenze des Personalaufwandes (Kosten) eines Bereichs oder einer Abteilung in der Regel für den Zeitraum eines Jahres festlegt.

Analog zum quantitativen Aspekt der Personalbedarfskalkulation lassen sich zwei Methoden unterscheiden, nämlich die Budgetierung auf Fortführungsbasis und auf Nullbasis.

(1) Die Budgetierung auf *Fortführungsbasis* geht vom Budget der Vorperiode aus und ermittelt als Mengenkomponente die erwartete Veränderung des Personalbedarfs (quantitativer Aspekt). Als Preiskomponente wird die Veränderung der erwarteten Lohnkosten berücksichtigt (wertmäßiger Aspekt). Hinzu kommen noch die Finanzrestriktionen als Beziehung zu anderen Budgets des Unternehmens. Aus diesem Personalbudget leitet sich dann der Planpersonalbestand ab, der nach Gegenüberstellung mit dem Ist-Personalbestand in entsprechende Personalveränderungsmaßnahmen mündet. Dies ist beispielsweise dann der Fall, wenn das eingeplante Budget nicht ausreicht, den bestehenden Mitarbeiterbestand zu finanzieren und aus diesem Grund Personalreduktionsmaßnahmen zum Einsatz kommen müssen. Zu beachten ist in solchen Fällen aber, dass auch diese Veränderungsmaßnahmen Kosten verursachen. Bestandsreduktionen verursachen beispielsweise Kosten in Form von Abfindungen.

(2) Die Budgetierung über *Nullbasisplanung* baut nicht auf Vergangenheitsdaten auf, sondern verwendet den quantitativen und qualitativen Personalbedarf der Zukunft und multipliziert dann die Zahl der Beschäftigten je Gruppe mit den entsprechenden (zu erwartenden) Lohnkosten.

Da eine Nullbasisplanung einen großen Aufwand erfordert, wird sie vor diesem Hintergrund in der Praxis eher selten angewandt.

Neben der Festlegung des Budgets gehört auch eine Überprüfung beziehungsweise Kontrolle mit zum Prozess. Die einfachste Kontrollmöglichkeit ist die ex post-Kontrolle vorgegebener Budgets und der tatsächlich realisierten Ausgaben. Diese Form der Budgetüberwachung lässt aber außer Acht, dass bereits während der laufenden Budgetperiode Abweichungen erkannt und durch Gegensteuerung korrigiert werden müssen.

5.8 Ausblick

Die Kalkulation des Personalbedarfs stellt unabhängig von der Verfügbarkeit leistungsfähiger Methoden in der betrieblichen Praxis insofern eine substanzielle Schwachstelle dar, als der Personalbedarf weitgehend als Versuchs-und-Irrtums-Methode über eine spezifische Planung auf Fortführungsbasis bestimmt wird: Danach gilt solange eine Gleichheit von Personalbedarf und Personalbestand, bis neue Aufträge oder aber über zu viel Belastung stöhnende Mitarbeiter einen Zuatzbedarf signalisieren. Auf der anderen Seite wird der Personalbedarf immer dann als deutlich „niedriger eingestuft", wenn sich der wirtschaftliche Erfolg beziehungsweise die Konjunktur verschlechtern.

Die geringe Professionalität, mit der die Praxis Personalbedarfsplanung betreibt, hängt eng zusammen mit der mangelhaften Unterstützung durch die gegenwärtig angebotenen Informationssysteme. Hier findet man im Regelfall allenfalls einfache, kurzfristige und wenig flexible Planungsmethoden. Dagegen herrscht ein großer Mangel bei komplexen und nicht auf Fortführungsbasis basierenden Methoden, die eine weitreichende Planung erlauben. So stützen einer entsprechenden Studie[154] zufolge 45 % der Unternehmen ihre Planung ausschließlich auf Tabellenkalkulationsprogramme und bezeichnen diese Lösung allenfalls als „befriedigend". Auch die Verwendung von SAP ändert nichts an dieser Einstufung. Dies macht deutlich, dass komplexere Systeme fehlen und erklärt, warum allenfalls der komplementäre Einsatz mehrerer Instrumente mit „gut" bewertet wird.

Bedarfsbestimmung: absolute Schwachstelle der aktuellen Personalarbeit.

Die Aufgabe der Personalbedarfskalkulation darf nicht im Sinne eines Feuerwehreinsatzes betrachtet werden, nämlich erst dann auszurücken und zu löschen, wenn es bereits brennt. Dies ist in der Regel mit Mehrkosten verbunden und kann auch die Unternehmensentwicklung bremsen.

Hier ist eine präzise und vorausschauende Planung gefragt, die sich mit externen und internen bedarfsbeeinflussenden Faktoren beschäftigt, unterschiedliche Szenarien und alle Eventualitäten berücksichtigt, um daraus einen exakten Personalbedarf abzuleiten, der allen fünf genannten Aspekten gerecht wird. Hilfestellungen sind hier vor allem von intelligenter Informationstechnologie zu erwarten, die dazu beiträgt, einen konsistenten, automatisierten Prozess für die Bedarfsprognose zu implementieren, um schnellere Entscheidungen und den Entwurf von Szenarien zu unterstützen.

Gerade aber weil Personalanpassungen teuer sind, wird es im Zuge der Professionalisierung des Personalmanagements auch zu einem Forcieren der Bedarfskalkulation kommen.

Alwin Fitting, **Mitglied des Vorstands, RWE AG**

Personalbedarfsplanung vor dem Hintergrund einer alternden und schrumpfenden Bevölkerung

Die deutsche Bevölkerung altert und schrumpft. Wie in den meisten anderen Ländern Europas nimmt der Anteil junger Menschen an der Bevölkerung seit einem guten Vierteljahrhundert kontinuierlich ab. Die Auswirkungen dieses demografischen Trends sind vielschichtig und werden uns alle betreffen. Insbesondere im Hinblick auf die Personalbedarfskalkulation hat dies entscheidende Auswirkungen.

Demografische Herausforderungen

Der demografische Wandel ist seit geraumer Zeit eines der zentralen Themen in der Fachpresse und in der Managementliteratur. Für den RWE-Konzern, als ein Unternehmen mit über 65.000 Mitarbeitern, stellt sich insbesondere die Frage, was am Arbeitsmarkt geschehen wird. RWE hat daher eine Studie in Auftrag gegeben, die sich gezielt mit der Entwicklung des deutschen Arbeitsmarkts auseinandergesetzt hat („Den demografischen Wandel in Deutschland bewältigen – Herausforderungen für Unternehmen und Personalwirtschaft"). Ohne im Detail auf die Ergebnisse der Studie und die analysierten Szenarien einzugehen, lässt sich festhalten, dass die wesentlichen Engpässe im Bereich der gut ausgebildeten Fachkräfte eintreten werden. Auch bei Hochschulabsolventen bestimmter Fachrichtungen wird sich das Angebot erheblich verringern, doch ein massiver Fachkräftemangel scheint die signifikante Entwicklung am Arbeitsmarkt der Zukunft zu sein. Die scheinbar simple Frage, „Wie können wir unsere Stellen mit den richtigen Mitarbeitern besetzen?", wird somit weiter an Bedeutung gewinnen.

Risiken erkennen – Instrumente gestalten

Aussagen zur Entwicklung des Arbeitsmarkts der Zukunft sind wichtige Eckdaten, doch sagen sie allein wenig für unser Unternehmen aus. Es ist für uns daher sehr wichtig, die externen Erkenntnisse mit dem Wissen über die eigene Mitarbeiterstruktur, den Personalbedarf oder wichtige Qualifikationen der Zukunft zu spiegeln. Nur dann kann man notwendige Handlungsbedarfe ermitteln und entsprechende Maßnahmen ableiten. Bei RWE laufen schon seit einigen Jahren Projekte, die sich gezielt mit der Entwicklung der Mitarbeiterstruktur im Konzern befassen. Unsere Altersstruktur ist auf Grund von Vorruhestandsmodellen der Vergangenheit nicht so idealtypisch verteilt, wie es sein sollte. Auf Grund einer Klumpung im Bereich eines Lebensalters von 40 bis 54 Jahren besteht durchaus eine besondere Anfälligkeit für demografische Effekte. Um das sich abzeichnende Kapazitätsrisiko genauer eingrenzen zu können, wurden gezielte Analysen bis auf der Ebene so genannter Jobfamilien durchgeführt. Dabei wurden – unter Annahme verschiedener Szenarien – der zukünftig erwartete Bedarf an Mitarbeitern der voraussichtlichen Entwicklung der Belegschaft spezifisch gegenübergestellt. Auf Basis der Ergebnisse dieses Abgleichs konnten bereits zahlreiche Maßnahmen angestoßen werden. Die gezielte Übernahme von Ausgebildeten, die Implementierung eines Age-Managements oder Maßnahmen zu einer optimalen Gestaltung von Wechselschichtsystemen sind hier nur einige Beispiele.

Qualifikationen entscheiden

Eine wichtige Erkenntnis aus dem Gesamtprozess war es, uns nochmals vor Augen zu führen, dass wir bereits heute beginnen müssen, gezielt auf die benötigten Qualifikationen der Zukunft zu schauen. Da nicht nur Fachkräfte knapp werden, sondern auch vorhandene Qualifikationen und erworbenes Wissen immer schneller veraltet, müssen wir uns permanent fragen: Welche Qualifikationen haben unsere Mitarbeiter, welche Anforderungen haben unsere Stellen und wie kommen diese zusammen? In 2007 haben wir daher unser Qualifikationsmanagementsystem eingeführt. Wir können hiermit die Qualifikationen unserer Mitarbeiter gezielt steuern und bereits früh Engpässe antizipieren. Im Rahmen dieses Systems stellen wir vorhandene und geforderte Qualifikationen gegenüber. Die vorhandenen Qualifikationen wurden durch die Mitarbeiter selbst, in der Regel über Employee Self Service, entlang eines Qualifikationskatalogs in ein EDV-System eingepflegt. Demgegenüber stehen die Qualifikationen, die für eine Planstelle vorgesehen sind. Um einen pragmatischen Weg zu gehen, hat sich RWE des Konstrukts der Jobfunktion bedient. Eine Jobfunktion bündelt Planstellen mit ähnlichen Anforderungen; sie liegen auch den beschriebenen Analysen der Altersstruktur zu Grunde. Durch den Abgleich von vorhandenen und unternehmensseitig erforderlichen Qualifikationen lässt sich der Entwicklungsbedarf systematisch ermitteln und abdecken. Gleichzeitig wird erkannt, wo sich Lücken nicht intern schließen lassen und externe Rekrutierung notwendig ist. Simulationen von Zukunftsszenarien helfen uns, hier frühzeitig geeignete Personalmarketing-Aktivitäten anzustoßen.

Der demografische Wandel wird den Menschen noch weiter in den Mittelpunkt unternehmerischer Entscheidungen stellen. Neben modernen Technologien werden vor allem qualifizierte Mitarbeiter zu einem der Erfolgsfaktoren. Nur wenn die erfolgskritischen Stellen im Unternehmen langfristig mit den richtigen Mitarbeitern besetzt sind, können die Unternehmen optimistisch in die Zukunft blicken. Wie schon der ehemalige US-Präsident *John F. Kennedy* sagte: „Der Mensch ist immer noch der außergewöhnlichste Computer von allen."

1. Erläutern Sie den Unterschied zwischen Brutto- und Nettopersonalbedarf!

2. Nennen Sie Beispiele für Bezugsbasen, die bei Personalbeschaffungskennzahlen verwendet werden können!

3. Welche Kriterien sind bei der Erstellung von Anforderungsmerkmalen zu beachten? Erläutern Sie diese Kriterien und ihre Anwendung anhand jeweils eines Beispiels!

4. Zeichnen und erläutern Sie das REFA-Zeitschema!

5. Erläutern Sie Möglichkeiten und Grenzen der qualitativen und räumlichen Kalkulation!

6. Diskutieren Sie die drei unterschiedlichen Managertypen, die Unternehmen im Rahmen einer Entsendung internationaler Führungskräfte einsetzen können!

Kapitel 6

(E)valuation: Wie analysiert man den tatsächlichen Personalbestand?

Kapitel 6 (E)valuation: Wie analysiert man den tatsächlichen Personalbestand?

Fakten

International variieren die Arbeitszeiten stark: In Berlin werden durchschnittlich 1.611 Stunden, in New York 1.870 Stunden oder in Bangkok 2.023 Stunden im Jahr gearbeitet.[155]

Die Bundesanstalt für Arbeitsschutz und Arbeitsmedizin beziffert für 2007 die ausgefallene Bruttowertschöpfung aufgrund von Krankheitstagen auf 73 Milliarden Euro.[156]

Für 20 % der Personalmanager wird das Human Capital Management in den nächsten Jahren an Bedeutung gewinnen.[157]

Lernziele

- Sie erfahren die wichtigsten Grund-überlegungen für die Personalbestands-evaluation.

- Sie erleben, welchen Wert die Belegschaft besitzt.

- Sie wissen den Unterschied zwischen der qualitativen und quantitativen Grundlage.

- Sie verstehen die zentralen Begriffe der Personalbestandsevaluation.

- Sie lernen die Methoden für die Personalbedarfsevaluation.

6.1 Überblick

Eigentlich klingt die Aufgabe ziemlich trivial: Bestimmen Sie den aktuellen Personalbestand! Noch relativ einfach lässt sich die aktuelle Zahl der Mitarbeiter erheben („Headcount"). Wenngleich es bereits dabei Abweichungen gibt, wenn Arbeitsverträge vor- oder zurückdatiert werden, früher oder später in die IT-Systeme eingegeben beziehungsweise in ihrer terminlichen Ausgestaltung erst arbeitsgerichtlich geklärt werden. Auch wenn man es sich schwer vorstellen kann: In der Praxis gibt es regelmäßig bereits dann Probleme, wenn es um die zahlenmäßige Verteilung der Personen auf Bereiche beziehungsweise Abteilungen geht: Hier weichen „offizielle" Stellenpläne regelmäßig von „wirklichen" ab, viele Zuordnungen werden in der Unternehmensrealität nicht systematisch erfasst.

Trotzdem ist auch das alles nur der Anfang: Denn schließlich wollen Sie nicht nur wissen, wie viele Mitarbeiter (quantitativer Aspekt) Sie haben (Abschnitt 6.2). Sie interessieren sich aus gutem Grund auch für die Qualifikationen, Fähigkeiten und Leistungsdaten (qualitativer Aspekt) Ihrer Mitarbeiter (Abschnitt 6.3).

Noch komplexer stellt sich das Thema dar, wenn nicht nur „Köpfe" gezählt und zugeordnet, sondern zusätzlich auch noch die geleistete oder die zu leistende Arbeitszeit berücksichtigt werden soll. Das Ergebnis sind dann die Vollzeitäquivalente („Full Time Equivalents", FTE). Kommt neben die zeitliche (Abschnitt 6.4) noch die regionale Verteilung (Abschnitt 6.5) auf Bereiche oder Länder dazu oder gar eine Projektion in die Zukunft, offenbart sich die zunächst triviale Aufgabe der Bestandsanalyse als zentrale, aber massiv unterschätzte Aufgabe.

Diese vier Aspekte der Personalbestandsanalyse sind als Evaluationsaufgaben spiegelbildlich zu den vier Teilaufgaben der Kalkulation des Personalbedarfs zu sehen. Hinzu kommt auch im Rahmen der (E)valuation die wertmäßige Fixierung: Bei dieser Bewertung („Valuation") ist in Analogie zum materiellen Anlagevermögen die Frage zu beantworten: Wie hoch ist der Wert der „Belegschaft"? (Abschnitt 6.6). Diese Überlegungen stellen dann den Anschluss zur generellen Unternehmensbewertung her.

Personalbestandsevaluation: quantitative und qualitative sowie zeit- und raumbezogene Analyse der Mitarbeiterstruktur, ergänzt um eine wertmäßige Beschreibung

BestPersCase: TNT Express GmbH

TNT Express ist einer der weltweit führenden Anbieter von Business-to-Business-Expressdienstleistungen. Das Unternehmen liefert wöchentlich 4,4 Millionen Pakete, Dokumente und Frachtstücke in über 200 Länder aus. In Deutschland sind rund 4.400 Mitarbeiter in 31 Niederlassungen beschäftigt und täglich rund 1.800 Fahrzeuge im Einsatz.

2006 evaluierte TNT erstmals den Humankapitalwert seiner Mitarbeiter anhand der Saarbrücker Formel und kam dabei zu einem guten Resultat:

Der feststellbare Wissensverlust ist aufgrund der spezifischen Funktions- und Joblandschaft gering. Im Gegenzug dazu investiert TNT viel in das Training und die Weiterbildung seiner Mitarbeiter, so dass der Wertverlust in der Wissensveralterung ausgeglichen wird. Die intensive Personalentwicklung stellt im Endergebnis eine positive Wertveränderung und einen Wertaufbau dar.

Das Ergebnis der Motivationsfaktoren war ebenfalls positiv und ließ sich unter anderem auf eine hohe Mitarbeiterzufriedenheit und einen hohen Engagement-Index zurückführen. Der Index der Mitarbeiterzufriedenheit steigerte sich von 2004 bis 2006 von 88 Prozent auf 91 Prozent. Die Mitarbeiterbefragung 2006 beschäftigte sich hauptsächlich mit Fragen zur Identifikation der Mitarbeiter mit dem Unternehmen und seinen Werten. Auch der Engagement-Index, der 2006 erstmals in Deutschland erhoben wurde, ergab mit 82 Prozent einen hohen Wert und übertraf den weltweiten Index-Wert um sieben Prozentpunkte. Auch diese guten Ergebnisse tragen zu einem Wertaufbau beim Humankapital bei.

Die Ergebnisse weisen TNT als Unternehmen aus, das sein Humankapital in den letzten Jahren ständig erhöht hat. Die Wertverluste in der Wissensveralterung werden damit durch die Personalentwicklung und Motivation eindeutig kompensiert. Der beeindruckende Humankapitalwert von TNT basiert zu mehr als 50 Prozent auf den Personalentwicklungsinvestitionen und der Mitarbeitermotivation.

Jürgen Seifert, Geschäftsführer Human Resources & General Services, zur verwendeten Methode: „Die Saarbrücker Formel betrachtet die Mitarbeiter als bedeutendes Gut und dieser Ansatz deckt sich mit unseren Vorstellungen für eine verantwortungsvolle und nachhaltige Unternehmensführung. Die Formel degradiert die Mitarbeiterinnen und Mitarbeiter nicht zu Zahlen, sondern unterstreicht ihre große Bedeutung für das Unternehmen."

6.2 Quantitativer Aspekt: Wie viele Mitarbeiter hat man?

Diese Frage bezieht sich zum einen auf den aktuellen Zeitpunkt und führt zu den Full-Time-Equivalents. Zum anderen geht es um die zu erwartende Entwicklung im Zeitablauf, wozu sich die Skontrationsrechnung eingebürgert hat.

Full-Time-Equivalents als numerische Basis

Um den tatsächlich zur Verfügung stehenden Personalbestand zu ermitteln, ist die Arbeitszeit in die Berechnung einzubeziehen. Die hierfür übliche Kennzahl ist die so genannte effektive Arbeitszeit: Diese ergibt sich aus der Differenz der vertraglich festgelegten Arbeitszeit (Soll-Arbeitszeit) und der tatsächlichen Arbeitszeit (Ist-Arbeitszeit). Die Ist-Arbeitszeit wird dabei beeinflusst durch unterschiedliche Ausfallzeiten, wie Krankheit oder Abwesenheit von Mitarbeitern, die an Weiterbildungsveranstaltungen teilnehmen.

Üblich und wichtig ist auch der Ausweis von Vollzeitäquivalenten, also das Full-Time-Equivalent (FTE). Die vertraglichen Arbeitszeiten aller Mitarbeiter werden hierbei auf eine Vollzeitbeschäftigung umgerechnet.

Full-Time-Equivalent: Umrechnung aller Mitarbeiter auf Vollzeitstellen

Mit Hilfe dieser Vergleichsgröße kann man die Mitarbeiterzahlen verschiedener Unternehmen besser vergleichen, da die verschiedenen Beschäftigungsverhältnisse wie Teil-, Voll- oder Leiharbeitszeit außer Acht gelassen werden.[158]

Berechnungsbeispiel

Arbeiten in einem Unternehmensbereich 15 Mitarbeiter Vollzeit (100 %) und 10 Mitarbeiter halbtags (50 %), erhält man 20 FTE, obwohl 25 Mitarbeiter in dem Unternehmen arbeiten.

Skontrationsrechnung als zeitbezogene Ergänzung

Führt die Analyse des Personalbestands über den aktuellen Zeitpunkt hinaus in eine zukunftsbezogene (E)valuation, so führt dies zur Skontrationsrechnung. Sie schreibt den Personalbestand unter Berücksichtigung von Zugängen und Abgängen in die Zukunft fort. Bezugsbasis hierfür ist die Gesamtbelegschaft des Unternehmens oder die Belegschaft eines Bereichs beziehungsweise einer Abteilung.

Die Skontrationsrechnung beginnt mit dem Personalbestand und schreibt diesen in die Zukunft fort

Die Skontrationsrechnung besteht immer aus vier Schritten, denen vier Funktionen zugeordnet sind (Tabelle 6.1).
(1) Als *Diagnosefunktion* wird zunächst festgestellt, welcher Personalbestand zum gegenwärtigen Zeitpunkt im Unternehmen vorhanden ist. Im einfachsten

Fall wird dieser Wert aus der Gehaltsliste entnommen, also geprüft, welche Mitarbeiter gegenwärtig im Unternehmen beschäftigt sind.

(2) Als Bestandteile der *Projektionsfunktion* werden alle diejenigen Veränderungen berücksichtigt, die bereits feststehen beziehungsweise von deren Eintreffen man grundsätzlich ausgeht. Feststehende Veränderungen sind beispielsweise Entlassungen und Kündigungen, Zugänge stellen bereits feststehende Neueintritte dar. Hinzu kommen geschätzte Werte, wie beispielsweise Sterberaten oder Fluktuationsraten. Das Ergebnis aus Schritt 2 ist ein projektierter Bestand für den Zeitpunkt t.

(3) Die *Handlungsfunktion* resultiert aus der Differenz zwischen dem ermittelten Personalbestand und dem benötigten Personalbedarf und führt zu Personalfreisetzungsentscheidungen oder Beschaffungsmaßnahmen. Diese Personalveränderung ist nicht Teil der Personalbestandsanalyse, wird aber dort berücksichtigt. Das Ergebnis von Schritt 3 ist ein Planbestand für den Zeitpunkt t.

(4) Die *Prognosefunktion* schließlich trägt der Tatsache Rechnung, dass es selten möglich ist, alle geplanten Maßnahmen durchzuführen. Gründe hierfür sind entweder Verzögerungen im administrativen Ablauf oder aber die schlichte Schwierigkeit, Stellen adäquat zu besetzen. Das Ergebnis aus Schritt 4 ist der prognostizierte Bestand für den Zeitpunkt t.

Eine professionelle Bestandsanalyse muss alle vier Werte liefern.

Tabelle 6.1: Skontrationsrechnung

Gegenwärtiger Bestand		Diagnosefunktion
–	feststehende Abgänge (Pensionierung, Kündigung)	Projektionsfunktion
–	statistisch zu erwartende Abgänge (unerwartete Fluktuation)	
+	Zugänge durch bereits feststehende Neueintritte	
=	**projektierter Bestand für den Zeitpunkt t**	
+/–	erforderliche Veränderungen	Handlungsfunktion
=	**Planbestand für den Zeitpunkt t**	
+/–	vermutlich nicht realisierbare Veränderungen	Prognosefunktion
=	**prognostizierter Bestand für den Zeitpunkt t**	

Die Skontrationsrechnung soll dem Unternehmen (teuere!) Situationen ersparen, in denen zu viel oder aber zu wenige Mitarbeiter vorhanden sind. Hierfür gibt es bereits IT-Lösungen in denen die Bestandsanalyse übersichtlich dargestellt wird (Abbildung 6.1).

Abbildung 6.1: Prognose des Personalbestands

Personalbestand prognostizieren

Neben Ihren Expansionsplänen müssen Sie sich auch noch um Ihre bestehenden Filialen kümmern. In dieser Woche interessieren Sie sich insbesondere für den Personalbestand Ihres Stammhauses „Alte Backstube". Daher berechnen Sie den prognostizierten Personalbestand der Bäckerei-Fachverkäuferinnen in einem Jahr unter Berücksichtigung der folgenden Informationen:

- Personalbestand laut Gehaltsliste: aktuell 10 Fachverkäuferinnen.
- Verkäuferin Meyer ist 64 Jahre alt und wird in den Ruhestand gehen.
- Verkäuferin Bauer kommt trotz mehrfacher Verwarnung immer zu spät und soll aufgrund dessen gekündigt werden.
- Die Fluktuationsrate beträgt für Bäckereifachverkäuferinnen 10 %.
- Außerdem würden Sie gerne ein Zweischichtsystem einführen, in dem jeweils 6 Verkäuferinnen arbeiten.

Übung 6.1

6.3 Qualitativer Aspekt: Welche Qualifikation haben die Mitarbeiter?

Neben einer Bestimmung der Anzahl der vorhandenen Mitarbeiter muss man ebenso wissen, mit welchen Kompetenzen/Fähigkeiten die Mitarbeiter ausgestattet sind und zu welcher Arbeitsleistung sie in der Lage sind. Grundlage der quantitativen Planung bilden vor diesem Hintergrund das Leistungspotenzial sowie die Fähigkeitsmerkmale der Mitarbeiter.

Leistungspotenzial und Leistungsbeurteilung

Die Basis der qualitativen Personalbestandsevaluation ist das individuelle Leistungspotenzial, also die körperlichen und geistigen Anlagen sowie die erworbenen Kenntnisse und Erfahrungen des Mitarbeiters. Dieses individuelle Leistungspotenzial hat zwei Segmente:

(1) Das *eingesetzte* Leistungspotenzial ist der Teil der Fähigkeiten, die der Mitarbeiter auf der gegenwärtigen Position zum gegenwärtigen Zeitpunkt verwendet.

(2) Das *sofort einsetzbare* Leistungspotenzial ist der Teil der Fähigkeiten, über die der Mitarbeiter zwar verfügt, die vom Unternehmen aber gegenwärtig nicht abgerufen werden.

Nimmt man lediglich das eingesetzte Potenzial als Indikator für die Leistung, so fällt dieses zwangsläufig niedriger aus, als wenn man das sofort einsetzbare Potenzial berücksichtigt. Deshalb ist die Schlussfolgerung „einsetzbares Potenzial" = „eingesetztes Potenzial" zwar ein in der Praxis verbreiteter Fehler, der allerdings zu Lasten des Mitarbeiters geht.

Individuelle Leistungserbringung als ultimatives Ziel

Ziel der Personalarbeit ist die Optimierung der individuellen Leistungserbringung. Diese individuelle Leistung hängt dann nicht nur davon ab, welches Leistungspotenzial der Mitarbeiter konkret einsetzt, sondern auch von den Leistungsanforderungen (Nachfrage des Unternehmens), von den Leistungsbedingungen (Umfeld) und von der Leistungsbereitschaft. Die beiden letztgenannten Aspekte werden unter anderem näher in den Abschnitten Allokation sowie Qualifikation und Direktion diskutiert. Das individuelle Leistungspotenzial ist das Objekt der Bestandsanalyse, aus dem heraus sich die individuelle Leistung ergibt (Abbildung 6.2).

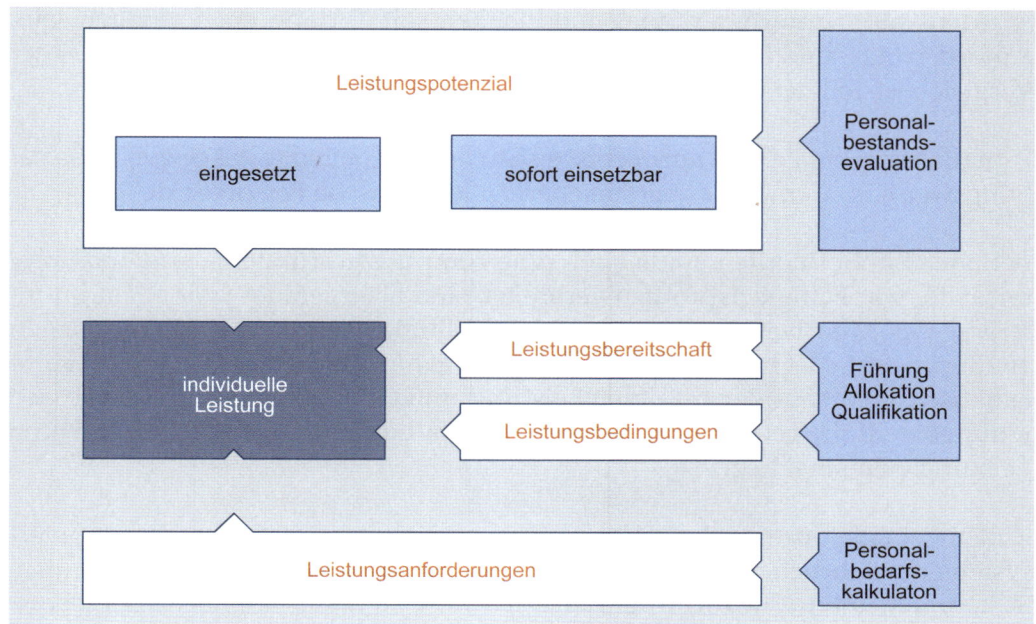

Abbildung 6.2: Individuelle Leistung und ihre Abhängigkeiten

Fähigkeitsmerkmale problematisch als Analysegrundlage

In der Literatur gibt es inzwischen einen breiten Konsens darüber, welche Merkmale von Mitarbeitern erhoben werden können beziehungsweise erhoben werden sollen. Im Wesentlichen sind dies vier Kategorien:

(1) *Identifizierende* Merkmale sind im Regelfall Name und Personalnummer.

(2) *Kenntnisbezogene* Merkmale beziehen sich auf die Ausbildung des Mitarbeiters, also auf diejenigen akademischen Grade, Kurse und Lehrgänge, die der Mitarbeiter erworben oder durchlaufen hat. Ferner gehört hierzu auch der berufliche Werdegang, da auch daraus auf konkrete Fähigkeiten und Fertigkeiten geschlossen werden kann.

(3) *Physische* Merkmale betreffen den Zustand des Mitarbeiters, seine körperlichen Fähigkeiten und vor allen Dingen seine körperliche Beanspruchbarkeit. Physische Merkmale sind primär bei mechanischen Tätigkeiten wichtig.

(4) *Psychische* Merkmale messen die geistige Leistungsfähigkeit, das aufgaben- und personenbezogene Arbeitsverhalten sowie die psychische Beanspruchbarkeit. Die psychischen Merkmale sind gerade auch für Führungsfunktionen wichtig. Die Speicherung dieser Daten ist aufgrund der deutschen Bestimmungen zum Datenschutz jedoch nur zulässig, wenn der Betroffene schriftlich zugestimmt hat.

Je differenzierter die individuellen Fähigkeiten erfasst sind, desto besser ist die informatorische Grundlage für das Personalmanagement.

Im Wesentlichen sind diese Merkmale spiegelbildlich zu den Anforderungsmerkmalen, die im Zusammenhang mit der Bedarfskalkulation beschrieben wurden. Aufgrund dieser Spiegelbildlichkeit soll es dann auch möglich sein, Anforderungs- und Fähigkeitsprofil konkret miteinander zu vergleichen. Dieser Vergleich ist Teil der Personalallokation.

Fähigkeitsmerkmale sind normalerweise in der Personalakte ausgewiesen beziehungsweise im Computer abgespeichert („elektronische Personalakte").

Bei aller Euphorie, die gerade auch eine computergestützte Personalplanung mit Hilfe von Fähigkeitsprofilen verbreitet, sind aber gerade – vor allem im Interesse des Mitarbeiters! – bei derartigen Fähigkeitsmerkmalen Fragezeichen anzubringen: So ist bereits die Erhebung von Fähigkeitsmerkmalen relativ problematisch, da oft aus der gezeigten Leistung auf Leistungspotenzial geschlossen wird, obwohl die gezeigte Leistung im Regelfall unter dem sofort einsetzbaren Leistungspotenzial liegt.

Unterschätztes Gefahrenpotenzial computergestützter Personalplanung

Zudem ist eine unreflektierte Verwendung von derartigen Daten in Computersystemen gefährlich, da wichtige Zusatzinformationen verloren gehen können. So kommen unterschiedliche Beurteiler teilweise zu unterschiedlichen Ergebnissen. Deshalb wäre es eigentlich immer nötig zu wissen, von wem eine Beurteilung stammt. Zudem geht in vielen Fällen der Kontext der Beurteilung verloren: So hängt die Bedeutung einer entsprechenden Beurteilung in der Personalakte von der konkreten Situation und bei internationalen Unternehmen vom Land ab, in der und in dem sie erhoben wurde. Die Tatsache, dass in der Praxis im Regelfall relativ unkritisch mit derartigen Bewertungen umgegangen wird, ändert allerdings nichts an ihrer Problematik.

6.4 Zeitlicher Aspekt: Wann sind die Mitarbeiter da?

Im Rahmen der zeitlichen Bestandsevaluation wird überprüft, ob die Mitarbeiter zu den vertraglich festgelegten Arbeitszeiten tatsächlich an ihrem Arbeitsplatz sind.

Hier sind vor allem Fehlzeiten der Mitarbeiter, die aufgrund von krankheitsbedingten Ausfällen zustande kommen können, ein wichtiger Indikator. Beim Management genießt das Fehlzeitengeschehen deshalb besondere Aufmerksamkeit, weil erhöhte Fehlzeiten mit unerwünschten, möglichst zu vermeidenden Personalkosten einhergehen (zum Beispiel wenn durch das Fehlen eines Mitarbeiters ein Auftrag nicht fristgerecht abgewickelt werden kann).[159]

Die zeitliche Bestandsevaluation konzentriert sich also auf die Menge und die Verteilung von Fehlzeiten sowie die Entwicklung von Vermeidungsstrategien, um Fehlzeiten zu reduzieren beziehungsweise gar nicht erst entstehen zu lassen.

Die Ursachen für Fehlzeiten können durch vielfältige Faktoren beeinflusst werden:
- konjunkturelle Lage am Arbeitsmarkt,
- regionale Einflüsse,
- Wirtschaftsbranche und Betriebsgröße,
- periodische Einflüsse (zum Beispiel Jahreszeit, Wochentag) sowie
- persönliche Faktoren wie Alter, Geschlecht, Qualifikationsgrad.

Für die Bestandsevaluation ist also wichtig zu wissen, wann mit Fehlzeiten der Mitarbeiter tendenziell zu rechnen ist, um frühzeitig planen zu können. Die Fehlzeitenstatistik zeigt Unternehmen dabei auf, wie sich die Ausfalltage in der Vergangenheit entwickelt haben, wodurch Prognosen für die Zukunft abgegeben werden können. Generell ist beispielsweise zu beobachten, dass die meisten Krankschreibungen am Wochenanfang zu verzeichnen sind.[160] Das Wissen über Fehlzeitenentwicklungen stellt ein wichtiges Instrument im Rahmen der Personalbestandsevaluation dar.

Warum fehlen Mitarbeiter?

6.5 Räumlicher Aspekt: Wo sind die Mitarbeiter?

Gerade in Zeiten der zunehmenden Globalisierung spielt der geografische Aspekt im Rahmen der Bestandsevaluation eine wesentliche Rolle. Ein international agierendes Unternehmen hat seine Mitarbeiter über die ganze Welt verteilt – je nach Standortwahl.

International tätige Unternehmen müssen länderspezifische Gegebenheiten berücksichtigen, die Auswirkungen auf den quantitativen, den qualitativen, den zeitlichen sowie den wertmäßigen Aspekt der Personalbestandsevaluation nach sich ziehen können:

- *Quantitativ*: Andere Länder haben beispielsweise im Vergleich zu Deutschland eine andere FTE-Bezugsbasis. Dort liegt aufgrund von tariflichen und/oder gesetzlichen Regelungen eine andere Wochenarbeitszeit zu Grunde.
- *Qualitativ*: In anderen Ländern liegen im Vergleich zu Deutschland andere kulturelle Systeme vor, die ebenso Auswirkungen auf das lokale Bildungssystem haben. Die kulturellen Unterschiede spiegeln sich in der individuellen Leistung wider, die im Vergleich zu der deutschen Leistungsmentalität variieren kann. Aufgrund der unterschiedlichen Bildungssysteme kann man in den diversen Ländern keinen einheitlichen Standard an Fähigkeiten voraussetzen. Diese Abweichungen gilt es, im Rahmen der Bestandsevaluation zu berücksichtigen.
- *Zeitlich*: Auch im Hinblick auf Fehlzeitenstatistik sind räumliche Unterschiede auszumachen: Der Krankenstand in Deutschland beträgt 2009 drei Prozent der Soll-Arbeitszeit[161], in Norwegen waren es im gleichen Zeitraum acht Prozent.[162]

■ *Wertmäßig*: Bewertet man das vorhandene Humankapital zu Marktpreisen, ergeben sich beispielsweise Unterschiede für die Marktentlohnung. Im Durchschnitt verdienen Angestellte in Bangkok weniger als Arbeitskräfte in New York.

Insgesamt wird die geografische Verteilung der Mitarbeiter gerade für sehr große Unternehmen immer komplexer und undurchsichtiger – vor allem dann, wenn die länderspezifischen Gegebenheiten in der Personalarbeit berücksichtigt werden sollen.

Übung 6.2   **Länderspezifische Besonderheiten**

Im Hinblick auf Ihre englischen Filialen wollen Sie Besonderheiten des englischen Arbeitsmarktes recherchieren. Sie begeben sich daher auf die Internetseite des Statistischen Amtes der Europäischen Gemeinschaften (EUROSTAT): http://ec.europa.eu/eurostat und recherchieren, welche Unterschiede zwischen dem englischen und dem deutschen Arbeitsmarkt bestehen. Nun müssen Sie nur noch überlegen, welche Unterschiede Sie in Ihren Bäckereien für besonders relevant halten.

6.6 Wertmäßiger Aspekt: Wie viel sind die Mitarbeiter wert?

Nachdem man nun weiß, wie der Personalbestand
- quantitativ,
- qualitativ,
- zeitlich und
- räumlich

Mitarbeiter als Teil des Unternehmenswertes

verteilt ist, stellt sich die Frage, wie viel sind diese Mitarbeiter eigentlich wert? Obwohl man Menschen nicht mit Anlagevermögen gleichsetzen kann und darf, bleibt die Frage wichtig. Denn der Wert eines Unternehmens ergibt sich nicht nur aus dem Wert der Maschinen und aus dem Guthaben bei der Bank. Er ergibt sich letztlich aus seinen Mitarbeitern.

Sicherlich gilt diese Analogie nur begrenzt, weil das Unternehmen – anders als bei Maschinen und bei Geld – keine unmittelbaren Besitz- beziehungsweise Verfügungsrechte über „seine" Mitarbeiter hat. Trotzdem ist eine wertmäßige Berichterstattung einschließlich der daran ansetzenden Maßnahmen wichtig für
- Anteilseigner und Investoren,
- Mitarbeiter und Bewerber,
- Vorstand und Aufsichtsrat sowie
- Öffentlichkeit und Medien.

Letztlich kann es nicht gleichgültig sein, ob Unternehmen in großem Stil Humankapital vernichten oder ob sie in betriebswirtschaftlich vertretbarer Form sinnvoll mit ihrem Humankapital umgehen. Vor diesem Hintergrund soll nachfolgend aus der Fülle – gerade auch in Deutschland – inzwischen vorliegender Methoden[163] auf die drei grundsätzlichen Varianten näher eingegangen werden.

Die Wissensbilanz bei SØR

Da im Einzelhandel oft Wissenspotenziale brachliegen, interessierte sich die SØR, ein führender Herrenausstatter im oberen Marktsegment, auch für die immateriellen Werte des Unternehmens. Die fünfstufige Erstellung der Wissensbilanz begann mit dem Festlegen der Ziele. Als nächstes wurden 14 Faktoren als erfolgskritisch definiert und darauf aufbauend deren gegenseitige Beeinflussung ermittelt. Bei den Faktoren, die als Werthebel anzusehen sind, stellte man fest, dass der Wissensaustausch einen starken Einfluss auf die Kollektion hat, denn je mehr Ideen und Trendbeobachtungen der Mitarbeiter in die Gestaltung einfließen, umso höher sind die Erfolgschancen dieser Kollektion. Da auch die Führungskultur als Werthebel identifiziert wurde, beschloss man im fünften Schritt als konkrete Maßnahme die Führungskultur dahingehend zu verändern, dass sie mehr Wissensaustausch, eine höhere Kommunikationsdichte und die Stärkung der Durchsetzungsfähigkeit ermöglicht.[164]

Kostenverrechnung: Human Resource Accounting (HRA)

Die Kostenverrechnungslogik bewertet Humankapital nach getätigten Ausgaben, will also anfallende Personalkosten auf Kostenträger verteilen. Im Human Resource Accounting (HRA) beziehungsweise Human Asset Accounting[165] wird mit dem Personalinvestitionskonto gearbeitet. Bei der Bewertung mit historischen Kosten (Kostenwertmethode) entspricht der Wert des Humankapitals den in der Vergangenheit für dessen Beschaffung und Entwicklung angefallenen (Anschaffungs-)Kosten.[166]

Kostenverrechnungslogik: Bewertung des Humankapitals nach getätigten Ausgaben

Humankapital ist mehr als Personalkosten.

„[…] dass in Rechnungswesen der Produktionsfaktor ‚Humankapital' nur als Personalaufwand p.a. erfasst wird. Diese Behandlung kann leicht zu einer systematischen Vernachlässigung der Entwicklungspotenziale von Humankapital […] führen und somit zu einer systematischen Überbetonung des reinen Kostenaspekts."[167]

Dr. Theo Siegert (geb. 1947; Geschäftsführer der de Haen-Carstanjen & Söhne KG)

Humankapital: mehr als Personalkosten

Das Personalinvestitionskonto[168] gestaltet sich folgendermaßen: Auf der linken Seite stehen die Investitionen. Diese ergeben sich aus Beschaffungs-, Einarbeitungs- sowie Fortbildungskosten. Auf der rechten Seite werden die Abschreibungen (sie mindern die Investitionen) vermerkt. Der Abschreibungsbetrag der Akquisition (Erwerb) ergibt sich aus der Summe der Beschaffungs- und Einarbeitungskosten dividiert durch die Jahre der voraussichtlichen Betriebszugehörigkeit. Der Humankapitalwert ergibt sich bei diesem Ansatz aus dem Schlussbestand.

Grundsätzlich stellt dieser Ansatz ein durchaus interessantes Verfahren dar, wenngleich es sich – soweit erkennbar – zumindest in der deutschsprachigen Praxis nicht etabliert hat.

Übung 6.3   **Personalinvestitionskonto**

Sie wollen das Personalinvestitionskonto für Ihren Abteilungsleiter Siegfried Schnelldenker erstellen. Sie kennen Beschaffungs-, Einarbeitungs- und Fortbildungskosten, wobei diese auf drei Jahre zu verteilen sind. Das entsprechende Personalinvestitionskonto ist schnell erstellt.

Personalinvestitionskonto eines Abteilungsleiters (in €)

Beschaffung	22.000,–	Abschreibung der Beschaffung und Einarbeitung (entsprechend der Betriebszugehörigkeit, 1/10, da 10 Jahre Betriebszugehörigkeit prognostiziert)	3.600,–
Einarbeitung	14.000,–		
Fortbildung	6.000,–		
		Abschreibung der Fortbildung (entsprechend der Nutzung, 1/3, da 3 Jahre Nutzung)	2.000,–
		Humansammelkonto Ergebnis (Verbuchung auf Vermögen)	**36.400,–**
	42.000,–		42.000,–

Doch jetzt überlegen Sie, was Ihnen dieses Konto sagt.

Gewinnverteilung: Human Capital Return on Investment (HCRoI)

Die zweite Bewertungsvariante folgt der Gewinnverteilungslogik. Sie bewertet Humankapital danach, wie viel die Mitarbeiter erwirtschaftet haben. Der Humankapitalwert ergibt sich aus denjenigen Restgrößen des Cashflows (Zahlungsüberschuss), die noch nicht auf andere Gewinnverursachungsfaktoren wie das Finanzkapital verteilt wurden.

Vertreter der Gewinnorientierung wollen den Wert des Humankapitals am fallspezifischen Unternehmenswert festmachen[169]:

Gewinnverteilungslogik: Bewertung des Humankapitals vor Erträgen auf Mitarbeitergruppen

- Gesucht wird ein irgendwie gearteter „Return" – sei es ein discounted Cashflow, ein „Übergewinn", ein Aktienkurs oder selbst nur ein Umsatzwert. So könnte sich dieser „Return" bei der Deutschen Lufthansa beispielsweise aus dem Aktienkurs ableiten oder aber aus einem Abschätzen und Abdiskontieren von Jahresüberschüssen aus den Geschäftsfeldern Passage oder Logistik.
- Dieser „Return" wird dann aufgeteilt, und zwar auf die Kategorien „Ertragswert, verursacht durch das Humankapital" und „Ertragswert, verursacht durch das Nicht-Humankapital". Im Fall der Deutschen Lufthansa würde man hier einen Teil des „Returns" dem Marktwert zuschreiben, einen anderen Teil der Flugzeugflotte und einen Teil dem Humankapital.
- Innerhalb des Humankapitals wird der „Return" einzelnen Teams, Projekte und einzelne Mitarbeiter zugeordnet – sofern sich der Betriebsrat hier nicht wehrt. Wieder bezogen auf die Deutsche Lufthansa wären dies Beschäftigtengruppen wie Piloten, Flugbegleiter und Bodenpersonal.

Diese Methodik ist zumindest vom Grundansatz sinnvoll, solange man auf der aggregierten Ebene des Gesamtunternehmens bleibt und auf weitergehende Aufschlüsselung und Schlussfolgerung verzichtet.

Dieser von *Jac Fitzenz*[170] vorgestellte Ansatz des Human Capital Return on Investment (HCRoI) basiert auf Ideen zur wertschöpfungsorientierten Ausgestaltung des Personalmanagements. In Anlehnung an die betriebswirtschaftliche Kennzahl Return on Investment (RoI), die die Rendite des eingesetzten Kapitals misst, ermittelt der HCRoI die Rendite des Faktors Personal. Der HCRoI-Ansatz wird auf der Ebene des Gesamtunternehmens angewendet und greift dazu auf vorhandene finanzwirtschaftliche Kennzahlen des Unternehmens zurück.

Der HCRoI berechnet sich dann über folgende Formel:

$$\text{HCRoI} = \frac{\text{Ertrag} - \left(\text{Aufwand} - \text{Löhne und Gehälter}\right)}{\text{Löhne und Gehälter}}.$$

Dieser HCRoI nimmt Werte „größer als 0" („kleiner als 0") an, wenn der Ertrag den um die Personalkosten reduzierten Aufwand übersteigt (der um die Personalkosten reduzierte Aufwand den Ertrag übersteigt). Wichtig ist, dass der HCRoI keinen monetären Humankapitalwert liefert, weil er lediglich eine Relativzahl ist.

Sie sagt aus, dass man für jeden investierten Euro in die Mitarbeiter einen Wert in Höhe des HCRoI erhält. Bei einem negativen HCRoI ist auch der Humankapitalwert negativ.

Ein weiterer Ansatz der Gewinnverteilungslogik ist der von der Unternehmensberatung Boston Consulting Group entwickelte Workonomics-Ansatz. Der Cash Value Added (CVA) bildet den Wertbeitrag einer Investition ab, der über die dafür notwendigen Kapitalkosten hinausgeht.

$$HCVA = \frac{Ertrag - \left(Aufwand - L\ddot{o}hne\ und\ Geh\ddot{a}lter\right)}{FTE}$$

Diese HC-Kennzahl liefert auf Bereiche beziehungsweise Abteilungen heruntergebrochene Ergebnisgrößen („Übergewinn pro Mitarbeiter"). Ähnlich wie Workonomics gehen auch zwischenzeitlich angebotene Derivate wie die „Mehrgewinnmethode" von PriceWaterhouseCoopers vor.

Ertragspotenzialanalyse: Saarbrücker Formel (SFo)

Ertragspotenziallogik: Bewerten des Humankapitals als prinzipiell nutzbares Humanvermögen

Die Ertragspotenziallogik ist eine aktuelle Variante der Humankapitalbewertung. Als Humankapital wird hier ausschließlich das bewertet, was die Belegschaft im Sinne einer Ertragsuntergrenze zu erwirtschaften in der Lage wäre – unabhängig vom gegenwärtigen Unternehmenserfolg auf dem Absatzmarkt.

Humankapital als Eurozahl.

„Als Personalmanager müssen wir in den Unternehmen in die Lage kommen, monetäre Aussagen über das Humankapital zu treffen."[171]

Prof. Dr. Heinz Fischer (geb. 1948; ehemaliger Personalvorstand von Hewlett Packard GmbH sowie ehemaliger Bereichsvorstand der Deutschen Bank AG)

Gesucht ist – folgt man zunächst einem sich intuitiv erschließenden mentalen Modell – das Wirkpotenzial aus den Mitarbeitern, das selbst dann einen Wert darstellt, wenn das Unternehmen diesen Wert nicht nutzt. Eingang in eine entsprechende Grundüberlegung finden die zentralen Wert- und Steuerungshebel der Personalarbeit. So ergibt sich über das beschaffte Personal und seine Marktvergütung die Wertbasis. Hat die Belegschaft veraltetes Wissen, so muss ein entsprechender Abschlag vorgenommen, die Wertbasis also reduziert werden. Als Ausgleich kann

Personalentwicklung das Ertragspotenzial wieder erhöhen. Schließlich verändert sich das Humankapital in Abhängigkeit von der motivationalen Bereitschaft der Mitarbeiter zur Leistungserbringung, von ihrem Arbeitsumfeld sowie – als Risikoindikator – von ihrer Neigung, im Unternehmen zu bleiben.

Während für rein konzeptionelle Überlegungen dieses mentale Modell ausreicht, erfordert die tatsächliche wertmäßige Bestimmung als Euro-Zahl eine exakte mathematische Verknüpfung. Sie ergibt sich unmittelbar aus dem mentalen Modell, wobei eine Aggregation über unterschiedliche Beschäftigtengruppen vorgesehen ist. Wie aus der unten dargestellten Formel ersichtlich, setzt sich das Humankapital aus den folgenden Gruppen von Komponenten zusammen:

- Die *Wertbasis* ergibt sich aus der Mitarbeiterzahl (*Menschen*) umgerechnet in Vollzeitarbeitskräfte (Full-Time-Equivalents, FTE_i) und dem *Marktgehalt* (l_i), das ausdrückt (*Geld*), welchen Wiederbeschaffungswert die Mitarbeiter am Arbeitsmarkt hätten. Dadurch lässt sich eine einheitliche Bewertungsbasis zwischen den Unternehmen schaffen.
- Der *Wertverlust* bezieht sich auf die Erosion an Wissenssubstanz im Unternehmen. Rein rechnerisch werden dazu die Wissensrelevanzzeit w_i (Zeit, in der der Mitarbeiter von seinem erlernten Ausbildungswissen voll profitieren kann) und die Betriebszughörigkeitsdauer b_i in Relation gesetzt. Je länger also ein Mitarbeiter in einem Unternehmen tätig ist, desto höher ist seine Wissenserosion beim Fachwissen. Das Erfahrungswissen steigt dagegen mit der Betriebszugehörigkeit.
- Unter anderem um einer Wissenserosion zu begegnen, tätigen die Unternehmen Investitionen in die *Personalentwicklung* (Personalentwicklungskosten, PE_i) und bilden ihre Mitarbeiter entsprechend weiter. Dadurch können sie den Wertverlust ausgleichen.
- Mit steigender *Mitarbeitermotivation* (M_i) ist das Humankapital höher, bei sinkender Motivation niedriger zu bewerten. Die Mitarbeitermotivation wird im Rahmen der Saarbrücker Formel über einen Motivationsindex berechnet, der Werte zwischen 0 und 2 einnehmen kann. Danach steigern Werte über 1 das Humankapital, der Wert 1 wirkt humankapitalneutral und Werte unter 1 vermindern das Humankapital. Die Motivation setzt sich zusammen aus Leistungsbereitschaft (*Commitment*), Arbeitsumfeld (*Context*) und Verbleibetendenz (*Retention*).

Der Index (i) steht für die einzelnen Beschäftigtengruppen (1 bis g), die im günstigsten Fall gemeinsam mit der Unternehmensstrategie festgelegt werden und sich an strategischen Kriterien orientieren. Ein Beispiel wäre die Einteilung der Mitarbeiter nach Hierarchieebenen oder nach Unternehmensbereichen beziehungsweise Segmenten.

Die Ergebnisse der einzelnen Gruppen werden später aufsummiert und ergeben einen HC-Gesamtwert. Dies führt zu folgender formelmäßigen Darstellung:

$$HC := \sum_{i=1}^{g} \left\{ \left[FTE_i \cdot l_i \cdot f(w_i, b_i) + PE_i \right] \cdot M_i \right\}$$

Die Grundlogik der Saarbrücker Formel besagt, dass eine fähige, hoch motivierte Belegschaft, die über möglichst aktuelles wertschöpfungsrelevantes Wissen verfügt und durch Personalentwicklung weitgehend auf diesem Wissensstand gehalten wird, zu hohen HC-Werten führt. Dementsprechend wird der Humankapitalwert unabhängig vom Personalaufwand und unabhängig von zeitpunktbezogenen Umsatzentwicklungen bestimmt.

Zur Vereinfachung lässt sich der Funktionsverlauf in oben genannter Bestimmungsgleichung durch eine Division von Wissensrelevanzzeit durch Betriebszugehörigkeit (und eine Normierung im Intervall zwischen 0 und 1) ausdrücken, was dann zu folgender Grundform der Saarbrücker Formel führt:

$$HC := \sum_{i=1}^{g} \left\{ \left[FTE_i \cdot l_i \cdot \frac{w_i}{b_i} + PE_i \right] \cdot M_i \right\}$$

Auf dieser Variante der Formel basiert auch die Schulungssoftware, die Hochschulen und Studierenden kostenlos zur Verfügung gestellt wird.[172]

Übung 6.4 | **Anwendung der Saarbrücker Formel**

Neuigkeiten von der Konkurrenz: Bei der „Großmutters Zwetschgenkuchen KG" – Ihrem härtesten Konkurrenten – kam es in letzter Zeit vermehrt zu Schwierigkeiten. Die Spezialisierung auf Zwetschgenkuchen erwies sich als Fehler. Die Qualität und der Geschmack dieses Kuchens haben jedoch einen überdurchschnittlichen Ruf, so dass der Insolvenzverwalter nun versuchen wird, einen Käufer für die Fabrik zu finden. Sie überlegen, den Konkurrenten zu übernehmen und recherchieren daher nach Feierabend Informationen anhand der Tagespresse und Geschäftsberichten und erfahren unter anderem: Die Mitarbeiter haben zur Rettung des Unternehmens schon vor Längerem beschlossen, auf 30 % ihres Gehaltes zu verzichten. Weiterhin schätzen Sie einige Werte: Die hohen Verluste ergeben sich aus der Differenz von Aufwendungen und Erträgen. Die Schwierigkeiten in der Vergangenheit und die Unsicherheit für die Zukunft ließen jedoch bei der Belegschaft der Fabrik die Motivation stark sinken. Hier kann man davon ausgehen, dass die Motivation auf 50 % gesunken ist. Der Motivationsindex kann daher mit 0,5 angenommen werden.

Gleichzeitig ist bekannt, dass die 100 Mitarbeiter Vollzeit arbeiten und sich auf die Bereiche Produktion (70 %), Verpackung (11 %) und Verwaltung (19 %) verteilen. Somit findet man Berufe

**Forsetzung
Übung 6.4**

im Bereich Bürokommunikation ebenso wie technische Berufe. Daraus ermitteln Sie mittels einer Gehaltsstudie eine marktübliche durchschnittliche Entlohnung pro Vollzeitarbeitskraft in Höhe von 32.000 Euro für alle Mitarbeiter – unabhängig von der derzeitigen tatsächlichen Entlohnung im Unternehmen. Die Wissensrelevanzzeit beträgt für die Mitarbeiter in der Produktion und in der Verpackung 7 Jahre. Mitarbeiter in der Verwaltung können länger von ihrem erworbenen Wissen zehren: Daher gehen Sie hier von 13 Jahren aus. Die Mitarbeiter der Großmutters Zwetschgenkuchen KG weisen im Durchschnitt eine zehnjährige Betriebszugehörigkeit auf. Sie gehen nicht davon aus, dass die Mitarbeiter in letzter Zeit weitergebildet wurden.
Nun berechnen Sie mit der Saarbrücker Formel, welchen Wert die verbleibenden 100 Mitarbeiter zum Zeitpunkt der Insolvenz haben.

6.7 Ausblick

Die Personalbestandsevaluation erfolgt spiegelbildlich zur Personalbedarfskalkulation. Wie aber vor allem in Zusammenhang mit den Fähigkeitsmerkmalen illustriert, ist gerade die qualitative Bestandsanalyse ein hochproblematischer, aber trotzdem wichtiger Vorgang.

Auch wenn die vorgestellten Ansätze den Eindruck erwecken, dass sie lediglich für die Anwendung in größeren Unternehmen gedacht sind, bietet Human Capital Management auch für kleine und mittelständische Unternehmen sinnvolle Handlungs- und Steuerungsimpulse.[173] Geht man von der These aus, dass in kleinen und mittelständischen Unternehmen Mitarbeiter und deren Kreativität, Wissen und Können eine noch größere Rolle spielen als in großen Unternehmen, wird deutlich, dass ein systematischer Umgang mit der Ressource Mensch zwingend notwendig ist. Nur wenn diese Ressource bewertet wird, können für kleine und mittelständische Unternehmen wichtige Steuerungsimpulse in den Bereichen Qualifikation, Motivation und Retention gezielt im Sinne einer anzustrebenden Wertsteigerung gesetzt werden.

Humankapital-
bestimmung auch und
gerade in KMU!

Seit jeher besteht bei der Personalbestandsanalyse ein enger Zusammenhang zu den Möglichkeiten, die eine moderne Informations- und Kommunikationstechnologie bietet. Auch wenn sie vordergründig-pragmatisch meist auf eine simple Abfrage von Bestandsdaten im Sinne von Mitarbeiterdatensätzen beziehungsweise auf „Headcounts" hinausläuft, steckt hier ein großes Potenzial.

Vor allem die neuen Mobilfunkgeräte eröffnen eine Fülle neuer Perspektiven. Für das iPhone gibt es mittlerweile eine Applikation, bei der für ein Unternehmen (bei entsprechender Messung) Veränderungen im Humankapital angezeigt werden. Erkennbar ist auf diese Weise,

– in welcher Relation das Humankapital zu EBIT (Gewinngröße) und Personalkosten steht,

– wie sich die diversen Bestimmungsfaktoren (beispielsweise Commitment und Personalentwicklung) entsprechend der Saarbrücker Formel verhalten und
– ob im Sinne eines innerbetrieblichen Benchmarks relevante Unterschiede zwischen einzelnen Bereichen existieren.[174]

Diese Informationen werden in Echtzeit weitergeleitet und bieten zentrale Aktionspunkte innerhalb kurzer Zeit (Abbildung 6.3).

Abbildung 6.3: iPhone-Applikation zur Saarbrücker Formel

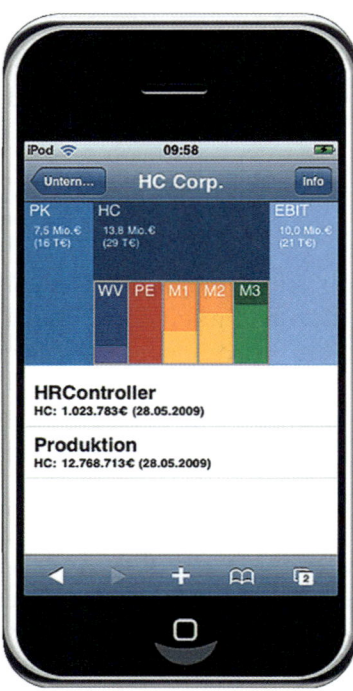

Derartige Systeme erlauben letztlich eine Bestandsevaluation, bei der Veränderungen im Realsystem automatisch ein Signal via Vibrationsalarm auf dem Handy des Personalmanagers auslösen.

Dr. Eric Strutz, **Chief Financial Officer, Mitglied des Vorstands, Commerzbank AG**

Analyse des Personalbestandes mit dem HR-Cockpit der Commerzbank AG

Die Ressource Personal ist die zentrale Einflussgröße für den Geschäftserfolg unseres Finanzdienstleistungsunternehmens. Der Bewertung und Analyse dieser Ressource – als Voraussetzung für deren erfolgreiche Steuerung – ist somit entsprechende Bedeutung beizumessen. Die althergebrachte Form des Personalcontrolling, das sich darauf beschränkt, mit der klassischen Personalbestandsanalyse eine reine Mengen- und Kostenbetrachtung anzustellen, wird den Erfordernissen an ein Managementsystem, das die komplexen Zusammenhänge und Wechselwirkungen zwischen dem Einsatz der Ressource Personal und dem Geschäftserfolg aufzeigen sollte, bei weitem nicht mehr gerecht.

Das Ziel, diese Zusammenhänge transparent zu machen und so die Steuerung der Ressource Personal zu verbessern, um damit den Beitrag ihrer rund 41.500 Mitarbeiter zum Geschäftserfolg zu erhöhen, verfolgt die Commerzbank mit Hilfe des HR-Cockpits. Das HR-Cockpit erfasst die für eine effektive Steuerung wesentlichen Personalkennzahlen und setzt diese mit quantitativen Größen der Geschäftsbereiche in Beziehung. Das HR-Cockpit unterstützt sowohl das Top-Management als auch die HR-Spezialisten in ihrer Personalarbeit mit der Darstellung entscheidungsrelevanter Personalkennzahlen sowie mit verschiedenen Risiko-Indikatoren.

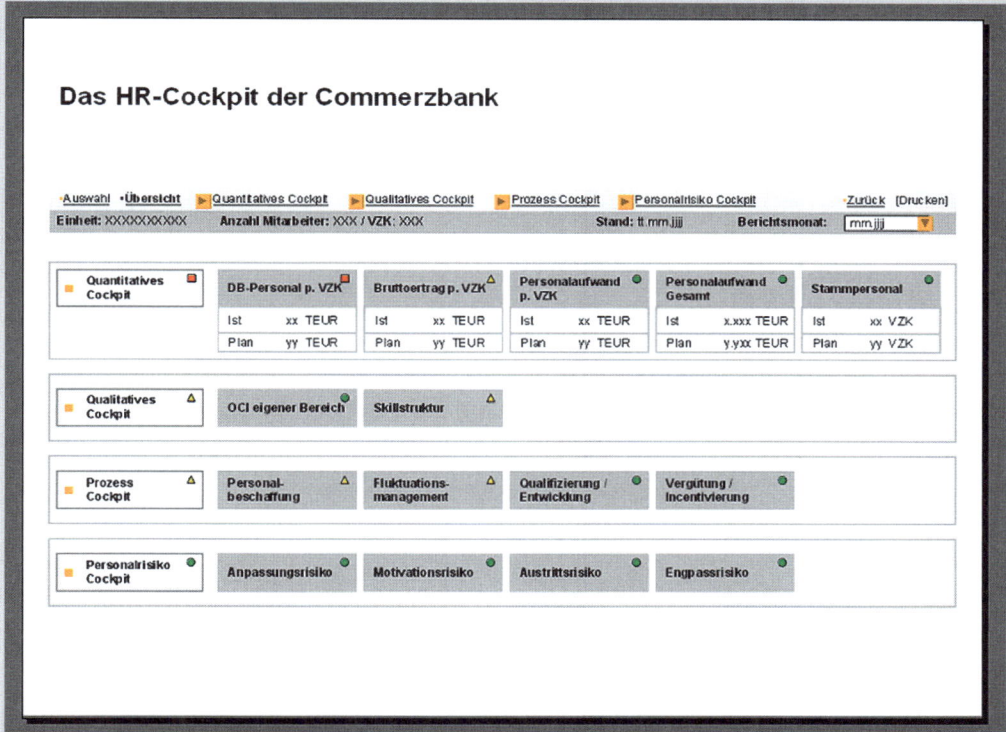

Das HR-Cockpit ist in vier Teilbereiche aufgegliedert:
(1) Das *Quantitative Cockpit* setzt Erfolgsgrößen der Geschäftseinheiten mit quantitativen Personalkennzahlen in Beziehung. Ein Werttreiberbaum stellt die Zusammenhänge zwischen Personalaufwand sowie den Kapazitäten und Erträgen der Einheiten dar. Darüber hinaus werden auch die klassischen Kennzahlen Personalbestand und Personalaufwand dargestellt.

(2) Zur weiteren Analyse im Kontext der quantitativen Ergebnisse zeigt das *Qualitative Cockpit* dem Anwender weitere personalwirtschaftliche Aspekte wie Mitarbeiterzufriedenheit (Commitment) oder Qualifikation der Mitarbeiter auf. Nach Identifikation auffälliger Einheiten können Führungskraft und Personalberater über den Commitment-Index die Zufriedenheit und anhand von Kompetenzstruktur beziehungsweise Funktionsprofilen den Qualifikationsgrad der Mitarbeiter als mögliche Ursachen analysieren. Das zusätzliche Themenfeld Nachwuchs beinhaltet die Anzahl der Mitarbeiter je nach Entwicklungsprogramm (Auszubildende, Trainees etc.).

(3) Das *Prozess-Cockpit* gibt Aufschluss über die Effizienz der personalwirtschaftlichen Prozesse. Für die Ermittlung der Kennzahlen zu den Kernprozessen der Personalarbeit – Personalbeschaffung, Fluktuationsmanagement, Qualifizierung/Entwicklung und Vergütung/Incentivierung – wurden Standards festgelegt. Zugleich werden zur Bewertung interne Benchmarks herangezogen.

(4) Das *Personalrisiko-Cockpit* zeigt die Personalrisiken der Commerzbank auf und erfüllt somit auch die gesetzlichen Vorgaben von Basel II und MaRisk (Mindestanforderungen an das Risikomanagement). Für Führungskraft und Personalberater lohnt sich auch bei erfolgreichen Einheiten ein Blick in das Personalrisiko-Cockpit, um zukünftige Veränderungen und daraus potenziell resultierende Risiken, so zum Beispiel Leistungsträger, die bald in Pension gehen, rechtzeitig zu erkennen. Die Commerzbank orientierte sich bei der Festlegung der Personalrisikokategorien an MaRisk und stellt die Personalrisiken in den vier Kategorien Anpassungs-, Motivations-, Austritts- und Engpassrisiko dar.

Durch die intelligente Vernetzung personalwirtschaftlicher Kennzahlen mit den wichtigsten Geschäftskennzahlen liefert das HR-Cockpit für die Commerzbank ein modernes, strategisches Management-Informationssystem und ermöglicht eine proaktive, ganzheitliche Steuerung der Ressource Personal.

Aufgaben und Fragen zur Selbstüberprüfung

1. Welche Aspekte in der Bestandsanalyse finden ihre formale Entsprechung in der Bedarfsbestimmung?

2. Erläutern Sie grafisch den Zusammenhang zwischen Leistungspotenzial, Leistung und Leistungsanforderung!

3. Welche Teile der Personalbestandsanalyse finden Sie in Ihrer Personalakte?

4. „Auch das Humankapital muss in einer Bilanz ausgewiesen werden." Nehmen Sie Stellung zu dieser Aussage!

Kapitel 7

Akquisition: Wie beschafft man Mitarbeiter?

Kapitel 7 Akquisition: Wie beschafft man Mitarbeiter?

Fakten

42 % der Unternehmen finden, dass ihr Employer Brand sie eindeutig von ihren Wettbewerbern am Markt unterscheidet.[175]

79 % der Unternehmen bevorzugen Stellenanzeigen, um sich als Wunsch-Arbeitgeber zu positionieren. An zweiter Stelle folgt das Hochschulmarketing mit 72 %.[176]

50 % der Unternehmen sehen in einer positiven Unternehmensreputation die besten Chancen, Talente für sich zu gewinnen.[177]

Lernziele

- Sie erfahren die wichtigen Kernaspekte im Personalbeschaffungsprozess.

- Sie erleben, welche Rolle die Medien spielen.

- Sie wissen, welche Methoden zur Mitarbeiteransprache genutzt werden können.

- Sie verstehen das LAMBDA-Modell, die AIDA- sowie CUBE-Formel und deren Implikationen.

- Sie lernen den strategischen Gesamtpersonalbeschaffungsprozess.

7.1 Überblick

Personalbeschaffung ist eine Funktion des Personalmanagements und trägt entscheidend dazu bei, dass ein Unternehmen überhaupt als lebensfähiger Organismus funktioniert und erfolgreich seine Leistungen erbringt. Ohne die notwendige Zahl an Mitarbeitern mit der notwendigen Qualifikation lassen sich auch die beste Vision und die tragfähigste Strategie nicht realisieren.

Die Personalakquisition (Personalbeschaffung) beginnt mit dem Abgleich von Personalbedarf (Soll) und Personalbestand (Ist). Sie legt fest,
- wie viele Mitarbeiter
- welcher Qualifikation
- über welchen Zeitraum und/oder zu welchem Zeitpunkt
- über welche Wege beziehungsweise an welchen Orten und
- mit welchem Wertbeitrag
zu beschaffen sind.

Akquisition: Aktivitätsbündel zur Beschaffung von geeigneten Mitarbeitern

Bei der Personalakquisition geht es zum einen darum, eine mehr oder weniger akute Lücke in der Belegschaft des Unternehmens zu schließen und dadurch die Leistungsfähigkeit des Unternehmens sicher zu stellen. Zum anderen werden in der konkreten Beschaffung Aspekte des Marketings und des Medieneinsatzes relevant.

Hinzu kommt, dass der Ende der 1990er Jahre proklamierte „War for Talents" als Krieg um Talente bis heute anhält.[178] Zusätzlich wird der demografische Wandel (die Belegschaften werden immer älter und junge Nachwuchskräfte werden weniger) in den nächsten Jahren dazu beitragen, dass der Kampf um qualifiziertes Personal immer härter wird. Aus diesen Gründen wird die Personalakquisition jetzt und in Zukunft eine immense Bedeutung für die Wettbewerbs- und Überlebensfähigkeit von Unternehmen haben.

Vor diesem Hintergrund befasst sich das vorliegende Buch mit den Kernaspekten als Grundlogik der Akquisition (Abschnitt 7.2), mit den zentralen Methoden und Konzepten (Abschnitt 7.3), die es im Hinblick auf den Aufbau einer Arbeitgebermarke zu verstehen gilt, sowie den zentralen Kommunikationswegen und Möglichkeiten der Mediennutzung im Rahmen der Akquisition (Abschnitt 7.4).

BestPersCase: G. Fleischhauer Ingenieur-Büro Bremen GmbH

Gegründet 1888, ist Fleischhauer heute ein herstellerunabhängiger Dienstleister für Gebäudetechnik. An 13 Standorten und dem Hauptsitz in Hannover arbeiten derzeit rund 330 Mitarbeiter.

Bei Fleischhauer folgt man bei der Akquisition neuer Mitarbeiter einem sechsstufigen Plan:

- *Erstellung eines detaillierten Stellenprofils*: Das Profil wird schon vor dem eigentlichen Bewerbungsprozess erstellt. Dabei geht es nicht nur um die fachliche Kompetenz, sondern auch um erwünschte soziale Fähigkeiten und persönliche Stärken.
- *Stellenanzeigen*: Um passende Bewerber auf das Unternehmen aufmerksam zu machen, greift Fleischhauer verstärkt auf das Internet zurück. Neben dem Karriereportal auf der eigenen Webseite, nutzt das Unternehmen auch Jobbörsen, um Bewerber anzusprechen.
- *Fragebögen*: Anhand eines im Vorfeld definierten Schemas werden die Bewerbungen auf bestimmte Kriterien hin bewertet. Soziale Fähigkeiten werden mittels eines Fragebogens erhoben, in dem der Bewerber über persönliche Stärken oder Schwächen, über Arbeitsweisen und Teamfähigkeit Auskunft gibt. Verhaltenstendenzen versucht man durch den Einsatz eines Persönlichkeits-Modells aufzudecken. Auf Basis dieser Ergebnisse werden mögliche folgende Weiterbildungsmaßnahmen ausgewählt.
- *Bewerbungsgespräch*: Für die einzelnen Berufsgruppen sind Fragenkataloge definiert, mittels derer die Angaben über fachliche Kompetenzen im Lebenslauf und die sozialen Fähigkeiten überprüft werden.
- *Probearbeit und Probezeit*: Hier stellt sich das Unternehmen vier zentrale Kontrollfragen: Passt der Bewerber vom Verhaltensprofil? Passt er von seiner Begabung? Passt er fachlich? Wollen ihn die Mitarbeiter?
- *Festanstellung*: Wenn die Kontrollfragen mit „Ja" beantwortet werden, erfolgt anschließend die Festanstellung des neuen Mitarbeiters.

Arne Bär, Geschäftsführer bei Fleischhauer, stellt klar: „Wir suchen nicht die besten, sondern die richtigen Mitarbeiter." Die Zahlen geben dem Plan recht: 2006 verließen nur 0,91 Prozent der Mitarbeiter das Unternehmen – ein Indiz für eine hohe Trefferwahrscheinlichkeit.

7.2 Kernaspekte

Die Personalakquisition muss zunächst ihre zentralen Kernaspekte abdecken, wie sie bereits oben definiert wurden.

Quantitativ: Beschaffungsumfang

Der erste Schritt der Personalakquisition liegt im Abgleich von Personalbedarf und Personalbestand. Die Personalakquisition kommt also dann zum Tragen, wenn zwischen den ermittelten Soll- und Istwerten eine Lücke besteht, die es auszugleichen gilt. Stehen nicht genügend Mitarbeiter mit den „richtigen" Kompetenzen zum „richtigen" Zeitpunkt am „richtigen" Ort zur Verfügung, muss (neues) Personal beschafft beziehungsweise akquiriert werden.

Die Gründe für einen quantitativen Personalbedarf können
- in der Planung *neuer Stellen* (beispielsweise Schaffung einer neuen Abteilung oder Einrichtung einer neuen Produktlinie) oder
- in der Wiederbesetzung bereits *vorhandener Stellen* (beispielsweise aufgrund von Kündigung, Elternzeit, Zivil- beziehungsweise Wehrdienst oder Ruhestand des bisherigen Stelleninhabers)

liegen. Ziel der Personalbeschaffung ist somit die Anpassung des Personalbestands (Bestandsänderung) an den aktuellen Personalbedarf durch Neueinstellung oder interne Rekrutierung.

Qualitativ: „War for Talents"

Der Mangel an hoch qualifizierten Arbeitskräften spitzt sich zu, eine Tendenz, die durch den Finanzcrash 2008 sogar noch verstärkt wurde. Die Gründe hierfür liegen im verstärkten globalen Wettbewerb, in der verunglückten Bildungspolitik, in der Abwanderung von Spitzenkräften sowie darin, dass die Gesellschaft und damit die Wissensträger älter werden, aus dem Berufsleben ausscheiden und nicht mehr genügend „Ersatz" zur Verfügung steht. Deshalb werden zunehmend hoch qualifizierte Wissensarbeiter gesucht, da primär diese zum alles entscheidenden Wettbewerbsfaktor für die Unternehmen werden.

Diese für Unternehmen schwierige Herausforderung wird als „War for Talents" oder „Talente-Krieg"[179] bezeichnet: Vor allem diejenigen Unternehmen rufen den „War for Talents" aus, die in den letzten Jahren den Aufbau einer starken Arbeitgebermarke verschlafen haben und die jetzt schlagartig reagieren müssen. Diese Unternehmen haben diesen Krieg allerdings bereits mit der Kriegserklärung verloren, denn die Fehler aus der Vergangenheit lassen sich nicht innerhalb kürzester Zeit bereinigen.

Wer ihn führt, ihn stets verliert

Für Unternehmen geht es also im Rahmen der Akquisition darum, wie man die besten Mitarbeiter beziehungsweise Absolventen für sich gewinnen kann. Da Unternehmen aber als Arbeitgeber zunehmend austauschbar erscheinen, ist es gerade im Kampf um die hoch qualifizierten Arbeitskräfte wichtig, eine unverwechselbare Identität des Unternehmens am Arbeitsmarkt zu kommunizieren und zu realisieren.

Räumlich: Externe versus interne Beschaffung

Sind in einem Unternehmen Stellen zu besetzen, stehen die Personalverantwortlichen vor der Wahl, von welchen Märkten sie die Mitarbeiter für die zu besetzenden Positionen rekrutieren wollen. Es ist also zu entscheiden, ob der Bedarf intern oder extern gedeckt werden soll. Soll die Lücke intern geschlossen werden, kommen gegebenenfalls zusätzliche Maßnahmen zur Personalentwicklung in Frage. Soll der Bedarf durch externe Beschaffung gedeckt werden, stehen mit dem Internet, Stellenanzeigen, Kontakten von Betriebsangehörigen, Bildungsinstitutionen, der Bundesagentur für Arbeit sowie Personalberatern diverse Optionen zur Verfügung.

Interne Beschaffung

Wenn ein Arbeitsplatz frei oder neu geschaffen wird, so liegt zunächst die interne Besetzung nahe. Die freie Stelle kann über interne Stellenausschreibungen an „Schwarzen Brettern", in E-Mails, in Firmenzeitungen oder im Intranet des Unternehmens ausgeschrieben werden.

Durch Betriebsrat erzwingbar

Der Betriebsrat kann nach §93 BetrVG im Rahmen der Personalbeschaffung die interne Ausschreibung frei werdender oder neu geschaffener Arbeitsplätze im Unternehmen verlangen. Der Arbeitgeber darf darüber hinaus diese Stellen zusätzlich auf anderen Wegen wie etwa in Zeitungsinseraten oder durch Meldung beim Arbeitsamt ausschreiben. Dabei besteht kein Zwang, die internen Bewerber bevorzugt zu berücksichtigen – außer eine entsprechende innerbetriebliche Auswahlrichtlinie schreibt dies vor.

Vorteile der internen Beschaffung für den Arbeitgeber sind unter anderem (Tabelle 7.1):

- Der „neue" *Mitarbeiter kennt das Unternehmen* bereits, wodurch sich die Einarbeitungszeit tendenziell verkürzt.
- Die *Kosten der Personalbeschaffung fallen geringer aus* als bei einer externen Beschaffung, da beispielsweise die Kosten für Stellenanzeigen entfallen.
- Das *Risiko einer Fehlentscheidung ist geringer,* da die Stärken und Schwächen des Mitarbeiters bereits bekannt sind, also seine Eignung für die zu besetzende Position besser eingeschätzt werden kann.

Allerdings hat die interne Beschaffung möglicherweise Nachteile aufgrund von Qualifizierungskosten und von Demotivationsaspekten durch eine unterstellte Beförderungsautomatik. Zudem kann sie nachteilig sein, wenn das Unternehmen nach Innovationen und neuen Impulsen sucht: Hier bringen extern rekrutierte Mitarbeiter tendenziell eher neue Handlungsroutinen und neues Handlungswissen in das Unternehmen ein.

Vorteile	Nachteile
Es besteht ein geringeres Auswahlrisiko.	Die Auswahlmöglichkeiten sind geringer.
In der Regel kann der Beschaffungsprozess vergleichsweise schnell ablaufen.	Eventuell entstehen zusätzliche Personalentwicklungskosten.
Die Beschaffungskosten sind vergleichsweise gering.	Es kann zu Spannungen und Rivalität innerhalb der Belegschaft kommen.
Der Mitarbeiter kennt das Unternehmen und hat bereits Betriebskenntnisse.	Es kann zu nachlassender Mitarbeiterinitiative wegen einer Beförderungsautomatik kommen.
Es entsteht eine positive Signalwirkung für die Mitarbeiter.	

Tabelle 7.1: Vor- und Nachteile der internen Personalbeschaffung für das Unternehmen

Für den Arbeitnehmer können bei einem internen Wechsel umgekehrt
- der Erhalt des Kündigungsschutzes,
- eine finanzielle, hierarchische oder inhaltliche Verbesserung seiner Position sowie
- die geringere Umgewöhnung als bei einem Wechsel zu einem fremden Unternehmen

von Vorteil sein.

Mitarbeiter empfehlen neue Kollegen

Bei Cisco Deutschland werden nach eigenen Angaben mehr als die Hälfte der Bewerbungen von Kollegen vermittelt. Den Mitarbeitern wird ein Bonus gezahlt, wenn sie potenzielle Mitarbeiter werben und die Empfehlung erfolgreich war. Damit das Programm erfolgreich läuft, müssen die Empfehlungen schnell bearbeitet werden und potenzielle Mitarbeiter innerhalb kurzer Zeit von der Personalabteilung angesprochen werden.[180]

Externe Beschaffung

Externe Beschaffungsaktivitäten zielen auf interessierte potenzielle Mitarbeiter außerhalb des Unternehmens. Die Maßnahmen der externen Personalbeschaffung können durch das Unternehmen selbst oder durch Dritte durchgeführt werden. Daher sind folgende Orte und Wege der Beschaffung zentral:
- Die Personalsuche im *Internet* nimmt immer mehr zu. Unternehmen veröffentlichen Anzeigen in Jobbörsen oder haben eine eigene Seite für Stellenangebote auf ihrer Homepage. Bei Jobbörsen (wie monster, stepstone oder vielen Tageszeitungen) können Stellensuchende interaktiv nach bestimmten Kriterien wie Tätigkeitsbereichen, Branchen, Berufen, Regionen und Unternehmen suchen und somit einen schnellen Zugriff auf die für sie in Frage kommenden Stellenangebote erhalten. Auf der anderen Seite kann das Unternehmen auf diese

Weise den Kontakt zu neuen Mitarbeitern kostengünstig, gezielt und flexibel herstellen. Nach und nach bauen die Unternehmen allerdings ihre eigenen Kommunikationsplattformen im Internet auf und platzieren dort auf ihrer Homepage Personalanzeigen, die dann preiswerter, aktueller und authentischer sind.

■ Stellenanzeigen werden in vielen *Werbemedien* geschaltet. Das Zeitungsinserat ist hier das klassische Instrument. Es sollte informative Aussagen sowie konkrete Anforderungen über die zu besetzende Stelle sowie den Bewerbungsvorgang enthalten, gleichzeitig inhaltlich und visuell die Aufmerksamkeit der Zielgruppe wecken.

■ Unternehmen nutzen auch *Kontakte von Betriebsangehörigen*, ermutigen also ihre Mitarbeiter, geeignete Kandidaten aus ihrem persönlichen Umfeld vorzuschlagen.

■ Eine spezielle Form der Personalbeschaffung ist das *Hochschul-Recruiting* oder allgemein die Personalbeschaffung an Bildungsinstitutionen. Ein gezieltes frühzeitiges Ansprechen potenzieller Mitarbeiter über so genannte Recruiting-Events ergibt sich durch (in-)direkte Anwerbung in Universitäten und Fachhochschulen. Auch im Rahmen von Firmenkontaktmessen und Absolventenkongressen präsentieren sich Unternehmen potenziellen Bewerbern.

■ Die *Bundesagentur für Arbeit* in Nürnberg und die ihr untergeordneten Arbeitsagenturen unterstützen die Personalbeschaffung durch Auswahl und Vermittlung der geeigneten Bewerber, Beratung des Arbeitnehmers und des Arbeitgebers. Für besonders qualifizierte Fach- und Führungskräfte stehen überregionale Fachvermittlungsstellen zur Verfügung, ebenso für besondere Berufsgruppen, Aufgaben oder für eine europäische Stellensuche.

■ Unternehmen lassen Stellen auch durch *Personalberater und -vermittler* besetzen. Diese führen Gespräche mit Auftraggebern und Stellenbewerbern, bauen einen Bewerberpool auf, erstellen Anforderungsprofile, haben einen Überblick über Löhne und Gehälter, treffen eine Bewerbervorauswahl, begleiten das Bewerbergespräch und betreuen Arbeitgeber sowie Bewerber. Für High Potentials werden oft auch Headhunter aktiviert, die geeignete Kandidaten gegebenenfalls auch von anderen Unternehmen abwerben.

Situativ passenden Beschaffungsweg wählen

Die Orte und Wege zur Personalbeschaffung sollten zielgruppengenau ausgewählt werden, um die möglichen neuen Mitarbeiter mit dem richtigen Medium auch zu erreichen. Der externe Beschaffungsweg muss ebenso wie eine interne Beschaffung situationsgerecht ausgewählt werden, um die jeweiligen Vorteile des Beschaffungswegs auszunutzen (Tabelle 7.2).

Vorteile	Nachteile
Durch einen größeren Bewerberpool entsteht eine breite Auswahlmöglichkeit.	Die Beschaffungskosten sind vergleichsweise hoch.
Mögliche Betriebsblindheit kann verringert werden.	Es kann zu erhöhter Fluktuation kommen.
Es kommen neue Ideen in das Unternehmen.	Das Risiko einer Fehlentscheidung ist vergleichsweise hoch.
Die Personalenwicklungskosten können eventuell ger nger ausfallen.	Der neue Mitarbeiter kennt das Unternehmen noch nicht und hat keine Betriebskenntnisse.
	Es kann zu Demotivation bei den internen Bewerbern kommen.

Tabelle 7.2: Vor- und Nachteile der externen Personalbeschaffung

Ein zusätzliches Entscheidungsfeld ergibt sich, wenn Unternehmen international ausgerichtet sind und daher auch ein internationales Personalmanagement betreiben (müssen). In diesem Fall stellt sich sehr rasch die Frage vor allem danach, wo und wie speziell die (oberen) Führungskräfte beschafft werden. Hierzu folgt aus der gewählten Grundstrategie jeweils ein Ansatz für die Personalbeschaffung:

- Bei einem *Monokulturansatz* werden die Schlüsselpositionen mit Mitarbeitern aus dem Land der Muttergesellschaft besetzt und auch von dort beschafft.
- Bei einem *Multikulturansatz* werden auch die Führungspositionen in ausländischen Tochtergesellschaften nahezu ausschließlich durch einheimische Mitarbeiter besetzt.
- Bei einem *Mischkulturansatz* gibt es für Führungskräfte eine globale Personalbeschaffung, wo nach weltweit gültigen Richtlinien und Systemen gearbeitet wird.

Sofern Unternehmen international tätig sind, haben sie durch die heutigen Informationstechnologien die Möglichkeit, das Unternehmen auch über die Landesgrenzen hinaus bekannt zu machen und auf dem internationalen Arbeitsmarkt nach adäquaten Mitarbeitern zu suchen.

Interne und externe Beschaffung

Übung 7.1

Bei den Verkäuferinnen in Ihren Bäckereien haben Sie eine relativ hohe Fluktuation. Aus diesem Grund entschließen Sie sich – neben anderen Maßnahmen, die die Fluktuation reduzieren sollen – dazu, ein standardisiertes Ablaufschema zu entwickeln, mit dem Sie die Personalbeschaffung optimieren. Ein wichtiger Teil davon ist die Festlegung des Beschaffungsmarktes, die jedoch gar nicht so einfach ist, wie es auf den ersten Blick scheint. Daher erstellen Sie eine Übersicht, die Ihnen die unterschiedlichen Beschaffungsmärkte und deren Vor- und Nachteile in einen sinnvollen Zusammenhang bringt.

Zeitlich: Time to hire

In zeitlicher Hinsicht sind im Rahmen der Akquisition vier Aspekte zu berücksichtigen:

- *Zeitpunkt des zusätzlichen/neuen Bedarfs an Personalressourcen*, als Ergebnis des Abgleichs zwischen Personalbedarfskalkulation und -bestandsevaluation,
- *Dauer des Beschaffungsvorgangs*, der mit der Feststellung der Bedarfslücke beginnt und so lange dauert, bis die neue Arbeitskraft zur Verfügung steht,
- *Zeitpunkt des Beginns des aktiven Beschaffungsvorgangs*, der sich rückwärts aus dem Zeitpunkt der Bedarfsfeststellung und der Dauer des Beschaffungsvorgangs errechnet,
- *Zeitverständnis zur Erledigung des Vorgangs*, wobei zwischen einem sukzessiven Abarbeiten der Akquisitionsschritte (monochron) und einer gleichzeitigen beziehungsweise parallelen Verfolgung mehrerer Schritte (polychron) unterschieden wird.

Die zeitlichen Aspekte sind insofern relevant, als die angestrebte Leistungserbringung des Unternehmens ohne die akquirierten Ressourcen nicht (mehr) erbracht werden kann.

Wertmäßig: Wertschöpfung durch Alleinstellung

Die Akquisition gestaltet sich umso leichter, je mehr sich ein Unternehmen als attraktiver Arbeitgeber auf dem Markt positioniert. Diese Positionierung ist zentrale Aufgabe für ein Personalmarketing, das sich aber nicht nur an potenzielle, sondern auch an die aktuellen Mitarbeiter richten sollte. Das ultimative Ziel: Bildung einer Arbeitgebermarke (Employer Brand).

Personalmarketing als Aufgabe

Marketing bedeutet, die unternehmenspolitischen Maßnahmen an den Bedürfnissen der aktuellen und potenziellen Nachfrager zu orientieren und diesen Bedürfnissen aktiv anzupassen. Unternehmen, die Marketing bewusst einsetzen, wollen nicht nur objektive Produktvorteile möglichst attraktiv herausstellen, sondern vor allem die Produktwahrnehmung positiv beeinflussen. Personalmarketing ist demnach die bewusste und vor allem zielgerichtete Anwendung personalwirtschaftlicher Instrumente zur Akquisition von zukünftigen und zur Motivation von gegenwärtigen Mitarbeitern.

Personalmarketing: drei Funktionen

Das Personalmarketing hat drei zentrale Funktionen zu erfüllen:
(1) Im Rahmen der *Akquisitionsfunktion*[181] soll bei externen Bewerbern Interesse für das Unternehmen und die von ihm angebotenen Arbeitsplätze geweckt werden. Hier kommt das Unternehmensimage mit seiner emotionalisierenden Wirkung ins Spiel. Besonders auf dem Facharbeitermarkt und beim Führungskräftenachwuchs befinden sich die Unternehmen als Arbeitsplatzanbieter auf einem hart umkämpften Markt.

(2) Als *Motivationsfunktion*[182] soll das Personalmarketing dazu dienen, derzeitige Mitarbeiter für ihr Unternehmen zu begeistern. Sie sollen rational verstehen und emotional spüren, was das Besondere an ihrem Unternehmen und an ihrem Arbeitsplatz ist. Dieses positive Gefühl soll sich dann in eine entsprechende Leistungsbereitschaft übertragen.

(3) Die *Profilierungsfunktion*[183] soll das Unternehmen dabei unterstützen, Merkmale zu entwickeln, durch die sich das Unternehmen in seinen Charakteristiken deutlich von der Konkurrenz unterscheidet. Dahinter steckt die Suche nach einer „zentralen Botschaft".

Um diese drei Funktionen zu erfüllen, greift das Personalmarketing auf Instrumente zurück, die auch in der klassischen Personalarbeit bekannt sind: Diese reichen von der Stellenanzeige bis zum Einstellungsinterview. Wichtiger als diese Techniken ist aber die zugrunde liegende Philosophie: Denn auch wenn diese Instrumente nicht unbedingt neu sind, werden sie durch die Grundphilosophie modernen Personalmarketings mit neuer Qualität belegt.

So dienten Einstellungsinterviews bisher häufig lediglich dazu, aus einer Gruppe von Bewerbern den Geeignetsten herauszufinden. Übersehen wurde dabei, dass Unternehmen sich damit unbewusst selbst präsentieren: Bewerber sollen das Unternehmen in positiver Erinnerung behalten, entweder als zukünftiger Mitarbeiter oder als potenzieller Kunde, der das erlebte Image weitergibt.

Werbung ist kein Bauchgefühl, sondern gezielter Einsatz von Emotion.

„Nicht der dargebotene emotionale Reiz bestimmt die Wirkung der Werbung, sondern was die Empfänger innerlich aus diesem Reiz machen: Ihre subjektiven Gefühle sind ausschlaggebend! Die Vermittlung von emotionalen Ergebnissen setzt also stets zielgruppenspezifische Einsichten in das emotionale Verhalten der Empfänger voraus."[184]

Univ.-Prof. Dr. Werner Kroeber-Riel (1934–1995; Professor für Konsum- und Verhaltensforschung)

Kennzeichen des Produktmarketings ist es, sich an den Bedürfnissen der aktuellen und potenziellen Nachfrager zu orientieren. Setzt man dies in Analogie zum Personalmarketing, so ist die grundsätzliche Denkhaltung des Personalmarketings die Orientierung an den Bedürfnissen der aktuellen und potenziellen Mitarbeiter (Kunden).

Deshalb agiert das Personalmarketing in zwei Phasen:
(1) In der *Informationsphase* werden die Bedürfnisse und Interessen von aktuellen und potenziellen Mitarbeitern erfasst.

Personalmarketing: zwei Phasen

(2) In der *Aktionsphase* wird die Erfüllbarkeit dieser Bedürfnisse seitens des Unternehmens signalisiert.

Einige Instrumente decken bei richtiger Umsetzung beide Seiten ab: Gut geführte Mitarbeitergespräche zum Beispiel dienen zur Information, haben aber auch eine gestaltende und motivierende Wirkung.

Vom Personalmarketing wird verlangt, den Blick auf die relevanten Zielgruppen unter Berücksichtigung ihrer Bedürfnisse und Interessen zu richten. Dies bedeutet, das Unternehmen und den speziellen Arbeitsplatz an gegenwärtige und künftige Mitarbeiter zu „verkaufen". Personalmarketing zielt jedoch nicht primär auf eine simple „Vermarktung" von Arbeitsplätzen ab, sondern hat stets auch die Grundbedürfnisse der Kunden vor Augen (Abbildung 7.1).

Abbildung 7.1: Personalmarketing als Personalmanagementaufgabe

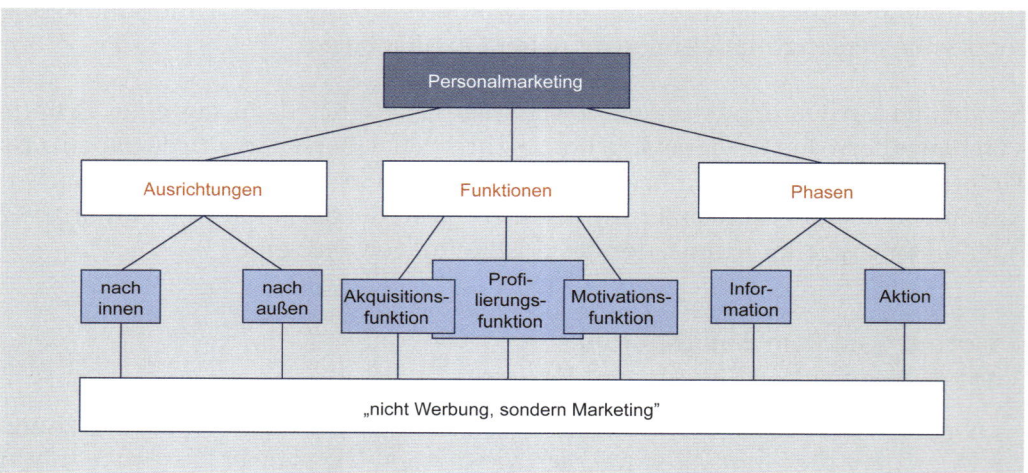

Personalmarketing darf auch nicht unternehmensbezogene Schönfärberei betreiben oder eine heile Unternehmenswelt vorgaukeln, denn gegenwärtige und zukünftige Mitarbeiter erkennen sehr schnell, wenn Unternehmensanspruch, Werbung und Unternehmensrealität auseinanderklaffen.

Talents@Otto

Jährlich werden 10 bis 15 von gut 250 Praktikanten in das Talente-Förderprogramm „Talents@Otto" aufgenommen. Diese Initiative des Otto-Personalmarketings läuft bereits seit dem Jahr 2000. Aufgenommen werden Studenten, die während ihres Praktikums bei dem Handelsunternehmen ihren Betreuern aus den Fachbereichen als besonders engagiert und leistungsstark aufgefallen sind. Im Programm genießen sie einige Vorzüge, wie einen regelmäßigen E-Mail-Newsletter über Neuigkeiten aus dem Unternehmen, persönlichen Kontakt zu den Personalreferenten oder die gemeinsame Suche nach Möglichkeiten zum Einstieg in das Unternehmen am Ende des Studiums. Das Kalkül des Programms ist, durch die Angebote ein positives Bild des Unternehmens bei den Absolventen zu verfestigen und sie nach Abschluss des Studiums zu einer Bewerbung bei der Otto Group zu motivieren. Zum Höhepunkt des Programms gehört der Kreativworkshop, in dem die Teilnehmer an verschiedenen Themen, wie „Vorhang auf für Ottos Talents", „Talents@Otto auf der Suche nach den richtigen Tönen" oder „Otto Talents setzen Zeichen" ihre Kreativität beweisen können. Die Präsentation der Ergebnisse aus diesem Workshop findet in einer gesonderten Abendveranstaltung statt. Dort können Rekrutierungsverantwortliche und Talente in angenehmer Atmosphäre ins Gespräch kommen. Der Plan: Gibt es in den folgenden Jahren eine Stelle zu besetzen, können sich die Führungskräfte bei der Kandidatensuche als Erstes auf die Talents konzentrieren. Sie haben schließlich ihre Leistungsfähigkeit bereits unter Beweis gestellt.[185]

Employee Value Proposition als Merkmal

Unter Unique Selling Proposition versteht man das Alleinstellungsmerkmal eines Produkts, durch das man sich von allen anderen Wettbewerbern abhebt und dadurch einen Wettbewerbsvorteil erlangt.

Unique Selling Proposition: Alleinstellung zum Erzielen von Wettbewerbsvorteilen

Unique Selling Proposition ist bisher vor allem aus dem Produktmarketing bekannt: Hier kann ein Alleinstellungsmerkmal nicht nur im Preis liegen, sondern auch in guten Serviceangeboten oder besonderen Produkteigenschaften. Wichtig ist dabei vor allem, dass dieses Alleinstellungsmerkmal klar, deutlich und nachprüfbar kommuniziert wird.

Die Employee Value Proposition drückt in spezialisierender Weiterführung zur Unique Selling Proposition aus dem Produktmarketing die ganzheitliche Ansprache des (potenziellen beziehungsweise aktuellen) Mitarbeiters durch eine zentrale Botschaft aus.

Die Akquisition von neuen Mitarbeitern (aber auch das Halten gegenwärtiger Mitarbeiter) hängt danach vom wahrgenommenen Austauschverhältnis zwischen den Leistungen des Unternehmens und des Mitarbeiters ab. Dieses Austauschverhältnis wird mit dem Terminus „Employee Value Proposition" beschrieben.

Ein Unternehmen kann seine Employee Value Proposition durch drei Aktivitäten stärken[186]:

Employee Value Proposition: ganzheitliche Ansprache des (potenziellen beziehungsweise aktuellen) Mitarbeiters durch eine zentrale Botschaft

(1) Die erste Aktivität ist das personalwirtschaftliche *Branding*. Gerade weil Unternehmen in der Wahrnehmung zunehmend ähnlich wirken, müssen sie dringend eine Markenidentität entwickeln. Der formale Aspekt bezieht sich dabei auf die Darstellung im Sinne von Einheitlichkeit und Unverwechsel-

barkeit. Hier geht es um konsistente Farben, Schrifttypen, Symbole, Bilder. Gleichzeitig aber auch darum, alles wiedererkennbar und deutlich anders zu machen als die Konkurrenz. Der inhaltliche Aspekt bezieht sich auf die Schaffung einer klaren, unverwechselbaren Botschaft.

(2) Zur Employee Value Proposition gehört zweitens das *Tätigkeitsfeld*, ausgestattet mit Autonomie, Selbstständigkeit und herausfordernden Tätigkeiten. Gegenwärtig nimmt zwar oft der Verantwortungsbereich zu, gleichzeitig jedoch der Gestaltungsspielraum ab. Immer häufiger wird von den Mitarbeitern auch Personalentwicklung gewünscht, wobei aber die Verantwortung für Karriere, Laufbahnplanung und persönliches Fortkommen in den Verantwortungsbereich des Einzelnen rückt. Dies bedeutet für die Unternehmen das Schaffen von adäquaten Lernwelten für die Mitarbeiter. Damit eng verknüpft ist die Arbeitszeitgestaltung, denn sie spiegelt den Trend zur Verzahnung unternehmerischer Interessen mit individueller „Lifestyle-Gestaltung" wider.

(3) Drittens bedeutet Employee Value Proposition auch eine angemessene und zunehmend leistungsorientierte *Entlohnung*. Dazu gehört das offensive Verwenden des „Hot Skill Bonus" (variabler Zuschlag für besonders gesuchte Qualifikationen) ebenso wie das Verschieben von fixen zu variablen Bezügen. Sicherlich geht es bei der Employee Value Proposition immer auch um die absolute Entgelthöhe – zunehmend werden aber auch Zusammensetzung und Beeinflussungsmöglichkeit wichtig.

Egal, ob sich die Mitarbeiter durch aufopfernde Loyalität auszeichnen oder pure Egoisten sind: Sie brauchen eine klare Aussage, warum es für sie Sinn macht, im betreffenden Unternehmen zu arbeiten. Also: Ohne eine Employee Value Proposition wird jedes Unternehmen Probleme bekommen (oder bereits haben).

Employer Brand als Ergebnis

Unternehmen müssen eine klare Identität aufbauen und ihre eigene Arbeitgebermarke kreieren. Dieses Branding ist erfolgreich, wenn man das Unternehmen bereits auf den ersten Blick erkennt, es mit einem bestimmten, unverwechselbaren Vorstellungsbild verknüpft wird und im Idealfall beim Einzelnen mit positiven Emotionen besetzt ist. Diese Emotionen werden durch den „Spirit" des Unternehmens vermittelt. Dieser „Spirit" drückt aus, wofür das Unternehmen steht, was es bereits bewegt hat und was es bewegen will.

Employer Branding ist die Aktivität, Employer Brand das Ergebnis

Employer Branding beziehungsweise die Entwicklung einer Arbeitgebermarke ist ein Prozess, der systematisch und zielgerichtet verfolgt werden sollte. Wichtig ist dabei eine konsistente und authentische Kommunikation[187] der Arbeitgebermarke, sowohl außerhalb als auch innerhalb des Unternehmens, um Unglaubwürdigkeit und eine Verwässerung des Images zu vermeiden. Denn die Mitarbeiter des Unternehmens fungieren letztendlich auch als Markenbotschafter, die die Arbeitgebermarke außerhalb des Unternehmens repräsentieren. Aus diesem Grund befinden sich Unternehmen, denen das Employer Branding gelungen ist, auch meist auf den oberen Plätzen eines Arbeitgeber-Rankings. Das Branding wirkt sich nicht nur auf Bewerber und zukünftige Mitarbeiter aus. Auch die langjährigen Mitarbeiter müssen die Marke und den „Spirit" verstehen, leben und natürlich weitertragen. Nur durch ein solches Employee Branding lässt sich eine erfolgreiche Positionierung der Arbeitgebermarke erreichen.

7.3 Methoden

Im Rahmen der Akquisition und hier insbesondere dem Personalmarketing zugeordnet gibt es drei zentrale Konzepte: Die AIDA-Formel als grundlegendes Konzept des Marketings zur Optimierung der Kommunikationswirkung, die CUBE-Formel als normatives Analyse- und Gestaltungskonzept für Internetseiten sowie das LAMBDA-Modell zur Systematisierung des Personalmarketings.

Die AIDA-Formel

Grundsätzlich gilt für die Personalakquisition die gleiche Logik, wie sie auch im Marketing Anwendung findet. Dort stellt die Optimierung der Kommunikationswirkung auf die AIDA-Formel[188] ab. Danach durchläuft man im Kontakt einer Werbebotschaft die Stadien

AIDA-Formel: Anleitung aus dem Marketing

Umgestaltung einer Personalanzeige

Die Zielsetzung von Hanjin Shipping war ein verbesserter Auftritt am Personalmarkt. Bisher hatte man als Personalanzeige eine schwarz-weiße Textversion im Einsatz. Man wollte frecher, jünger und auffälliger werden. Die Aufmerksamkeit (Attention) des potenziellen Bewerbers wird über zwei Kanäle erzielt:

(1) Farbigkeit (großflächiger Einsatz eines aufmerksamkeitsstarken Cyan-Tons mit weißer Schrift) und
(2) Key Visual (Papierboot, bekannt aus Kindertagen mit einem Scherenmotiv als Aufforderung zum „Basteln").

Interesse bei der Zielgruppe (Berufseinsteiger) erweckt Hanjin mit dem frechen Slogan „Basteln Sie lieber an Ihrer Karriere."[189] In Verbindung mit dem Key Visual (Papierboot) wird ein Aha-Effekt erzielt und bei den meisten Betrachtern zumindest ein Schmunzeln – dies weckt Sympathien und positive Emotionen, die auf Hanjin als Arbeitgeber abstrahlen.

Mit einem solch sympathischen Arbeitgeber kann man sich identifizieren. Es ist daher zu erwarten (die Bewerbungszahlen bestätigen dies), dass beim Bewerber durch die Anzeige der Wunsch (Desire) geweckt wird, bei Hanjin zu arbeiten und diesem Wunsch in Form einer Bewerbung (Action) Nachdruck verliehen wird.

- Aufmerksamkeit (Attention),
- Interesse (Interest),
- Wunsch (Desire) und
- Handlung (Action).

Diese Wirkungsstadien gilt es auch im Personalmarketing zu berücksichtigen.

Ein Ansatzpunkt für die AIDA-Formel ist die Formulierung von Stellenanzeigen. Diese soll auffallen, was durch bestimmte Reiz- und Schlüsselworte sowie den gezielten Einsatz von Farben, Logos und Bildern erreicht werden kann. Sie soll Interesse schaffen und neugierig machen, Wünsche wecken und letztlich den potenziellen Bewerber dazu bewegen, sich zu bewerben.

Die CUBE-Formel

CUBE-Formel: Hilfsmittel zur Beurteilung von Internet-Auftritten

Im zunehmenden Kampf um qualifizierte Bewerber spielt die Präsentation des Unternehmens als attraktiver Arbeitgeber auf den eigenen Unternehmensseiten im Internet eine immer wichtigere Rolle. Nur: Wie hat eine funktionierende HR-Website auszusehen? Worauf ist zu achten? Was kann man lernen, was sollte man vermeiden? Wie lockt man High Potentials an? Antworten auf diese Fragen liefert die speziell für die Beurteilung von Personal-Websites entwickelte CUBE-Formel[190], die jedoch auch grundsätzlich zur Beurteilung von Internet-Auftritten jeglicher Art dienen kann. Ihre Analyse im Hinblick auf

- Content,
- Usability,
- Branding und
- Emotion

dient dazu, den Erfolg der Website beim Zielpublikum zu maximieren.

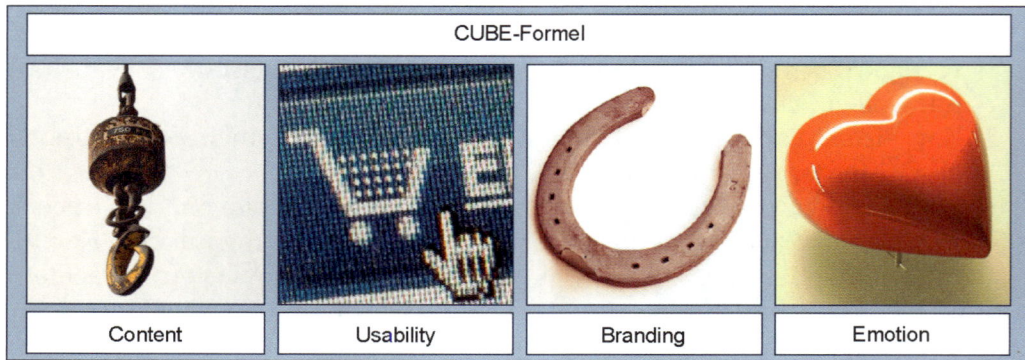

CUBE-Formel			
Content	Usability	Branding	Emotion

„C" wie Content

Nutzbar!

Oberste Priorität für eine Stellenangebots-Website ist die informatorische Unterstützung des Such- und Bewerbungsprozesses für den Bewerber. Dies bedeutet zunächst, dass Bewerber alle Informationen, die sie brauchen, auch tatsächlich auf der Firmenhomepage finden: Sie reichen von genauen Anforderungen der jeweiligen Stelle über die verschiedenen Arbeitsmodelle bis hin zu umfangreichen Informationen zu den unterschiedlichen Einsatzorten.

Diese Fülle an Informationen ist jedoch wertlos, solange sie nicht ständig aktualisiert wird. Nichts vermittelt einen schlechteren Eindruck und dämpft die Motivation der Bewerber mehr als veraltete Informationen oder auf Nachfrage bereits besetzte Stellen.

„U" wie Usability

Die „Handhabbarkeit" ist erfolgsentscheidend für die Personalhomepage, da ein Bewerber, der sich nicht sofort auf der Website zurechtfindet, sich meist auch sofort wieder verabschiedet. Das Interface, die Schnittstelle zwischen Information (Stellenangeboten) und User (Bewerber), muss möglichst intuitiv erschließbar sein:

Anwendbar!

- Eine *durchgehende Anordnung von Stellenangeboten*, wie man sie meist samstags in den Printmedien findet, ist für den Bewerber im Internet – besonders im Hinblick auf Ladezeiten – ungeeignet.
- Zudem sind diese zu unübersichtlich auf dem *verhältnismäßig kleinen Bildschirm*. Die Stellenangebote sollten in viele Bestandteile fragmentiert werden, die sich der Bewerber mit Hilfe eines Oberverzeichnisses oder einer Suchmaschine selbst anordnen kann. So hat er direkt Zugriff auf die für ihn relevanten Stellen.
- Auch die *Barrierefreiheit* der Internetseite für beispielsweise Sehgeschädigte spielt eine ebenso wichtige Rolle. Diese erleichtert die Anpassung an die individuellen Bedürfnisse. Das Allgemeine Gleichbehandlungsgesetz schreibt die Barrierefreiheit zudem vor. Hierzu zählen beispielsweise per Ton abspielbare Beschreibungen von Bildern, die Veränderung der Schriftgröße, der Einsatz von Screenreadern (Bildschirmleseprogramme) oder die Möglichkeit, die Texte mittels Audiodatei vorgelesen zu bekommen.
- Zudem müssen auch *Design und Technik* stimmen. Hier begeben sich viele Firmen auf dünnes Eis, indem sie versuchen, ihren vermeintlich innovativen Charakter dem Bewerber durch eine besonders innovative Anwendung von Design und Technik zu vermitteln. Deshalb sollte der Nutzer (also hier der Bewerber) die Wahl haben, ob er die Stellenanzeigen in gewohnter Interaktivität sehen möchte, oder ob er sich in ein Abenteuer mit sich wild öffnenden Fenstern stürzen möchte.

Gerade beim Stichwort Usability kann sich das Personalmanagement offensiv einbringen und nicht nur auf IT-Beratungen verlassen.

„B" wie Branding

Branding ist das eigentliche Ziel eines Internet-Auftritts, wenngleich oft sträflich vernachlässigt. In Zeiten des absoluten Mangels an Fachkräften und des „War for Talents" gibt es immer ein Unternehmen, welches mehr zahlt und/oder die besse-

Unterscheidbar!

ren Zusatzleistungen anbietet. Unternehmen stehen also vor der Frage, wie man diese Fachkräfte erst zur Bewerbung und dann zum Bleiben motivieren kann.

Gerade diese „Employee Value Proposition" lässt sich über den Internetauftritt realisieren. Hier müssen Unternehmen eine klare Identität aufbauen, eine Marke kreieren, also ein „Branding" schaffen. Dies beginnt mit der richtigen Corporate Identity, also dem medienübergreifenden Einsatz von gleichen Schrifttypen, Farben und Logos und geht bis zur Herausstellung sichtbarer und kommunizierbarer Alleinstellungsmerkmale. Branding betrifft somit das gesamte Erscheinungsbild nach innen und nach außen.

„E" wie Emotion

Fühlbar!   Eine Personalhomepage ist ein Medium, das sich leicht zum reinen Datenlieferanten degenerieren lässt. Das Ergebnis: Man hat viele offene Stellen, inhaltlich breit präsentiert, unterstützt durch eine durchdachte Navigation und abgerundet durch eine klare Employee Value Proposition. Aber: Wenn die Emotion fehlt, werden sich die Bewerber zurückhalten.

Wie kann man einem Unternehmen abkaufen, es würde eine freundschaftliche, familiäre, „superproduktive" Atmosphäre haben, wenn die Website eine kühle, distanzierte Stimmung verbreitet? Der Besuch einer Website muss Spaß machen. Spaß muss nicht unbedingt „alberne" Spielerei voraussetzen, Spaß ist durchaus auch in einem ernsten Kontext möglich. Denkbar sind auch verspielte Interfaces, die starre Hierarchien auflockern oder witzige Anspielungen auf die Produkte des Unternehmens; der Kreativität sind hier keine Grenzen gesetzt. Vorteil der eigenen Personal-Website ist gerade die Gestaltungs- und Formulierungsfreiheit, die über die Restriktionen der Printmedien hinausgehen. Dieser „emotionalen" Gestaltungsfreiheit im Internet sollte man sich also nicht selbst verweigern.

Bewertungen nach der CUBE-Formel

Gegenwärtig schneiden Websites bei der CUBE-Formel höchst unterschiedlich ab: Hier stehen teilweise katastrophale Fehler bei allen vier Kriterien neben nahezu perfekten Seiten. Generell lässt sich sagen, dass Unternehmen beziehungsweise ihre Agenturen mehr Wert auf das „schöne Äußere" legen, aber oft die CUBE-Funktionalität vernachlässigen. Die Karriereseiten der BMW Group und von Lufthansa landeten dagegen als positive Beispiele bei einer von Studenten der Universität des Saarlandes durchgeführten Bewertung durch die CUBE-Formel[191] auf den vordersten Plätzen. Die Website von BWM zeichnet sich unter anderem in der Bewertung des Inhalts durch ausführliche Beschreibungen des Unternehmens, den verschiedenen Einstiegsmöglichkeiten sowie dem gut strukturierten Stellenmarkt aus, während Lufthansa insbesondere im Bereich des Brandings durch die Darstellung unternehmensbezogener Bilder und einer guten Vermittlung der Unternehmensphilosophie punktet.

Analyse mit der CUBE-Formel

Ihr 14jähriger Neffe, Computergenie und „Systemadministrator" der gesamten Familie, lässt bei einer Familienfeier ganz beiläufig die Bemerkung fallen, dass die Internetseite Ihrer Strawberry Cake & Bakeries AG total veraltet sei. Am Abend schauen Sie sich die Seite noch einmal an. Erst denken Sie: *So schlecht sieht die doch gar nicht aus!* Schließlich haben Sie die Seite vor acht Jahren mühsam selbst mit HTML programmiert. Aber ein Vergleich kann ja nichts schaden. Daher gehen Sie ins Internet und untersuchen die Internetauftritte einiger Konkurrenten mittels der CUBE-Formel.

Das LAMBDA-Modell

Will sich ein Unternehmen mit seinem Personalmarketing an zukünftige und gegenwärtige Kunden wenden, so braucht es eine zu vermittelnde Botschaft. Diese lässt sich im LAMBDA-Modell[192] positionieren. Das LAMBDA-Modell betrachtet grundsätzlich kommunizierbare Inhalte, die Rückschlüsse auf die Unternehmenskultur zulassen. Hierzu gehören Elemente, die als „besonders" für ein Unternehmen gelten, wie beispielsweise die systematische Weiterbildung der Mitarbeiter, die Erlaubnis der privaten Nutzung von Firmenwagen beziehungsweise Firmenhandys oder die Unterstützung von Mitarbeitern mit Kindern durch Betriebskindergärten, und sich in eine überzeugende Arbeitgebermarke transformieren lassen.

LAMBDA-Modell: nach einem griechischen Buchstaben benannte Analysetechnik

Das LAMBDA-Modell (Abbildung 7.2) basiert auf einer konzeptionellen Trennung zwischen der intern ausgerichteten Unternehmenskultur und dem extern ausgerichteten Unternehmensimage sowie zwischen sichtbarer und unsichtbarer Ebene. Dementsprechend besteht das LAMBDA-Modell aus drei Hauptbereichen:
(1) *LAMBDA 1* ist der unsichtbare unternehmensinterne Bereich der Unternehmenskultur. In ihrem unsichtbaren Kulturkern entwickeln Unternehmen im Laufe der Zeit ihre eigene Persönlichkeit. Hier unterscheiden sie sich oft deutlich von Konkurrenten, beispielsweise hinsichtlich ihrer Innovationsbereitschaft oder ihrer Kundenorientierung.
(2) *LAMBDA 2* umfasst die Unternehmenserscheinung aller markanten Objekte und Verhaltensweisen, mit denen sich das Unternehmen nach innen und/ oder nach außen sichtbar präsentiert. LAMBDA 2 setzt sich dabei zusammen aus dem Unternehmensverhalten und der Unternehmensarchitektur.
(3) *LAMBDA 3* ist der unsichtbare externe Bereich und damit als Unternehmensimage das Bild, das sich Externe von der Unternehmenskultur machen. Diese Kulturwahrnehmung muss jedoch nicht der tatsächlichen Unternehmenskultur entsprechen.
Das LAMBDA-Modell dient als konzeptioneller Rahmen zur Integration der verschiedenen Teilaspekte eines Personalmarketings in ein operables und den jeweiligen Anforderungen gerecht werdendes Konzept.

Abbildung 7.2:
Das LAMBDA-Modell

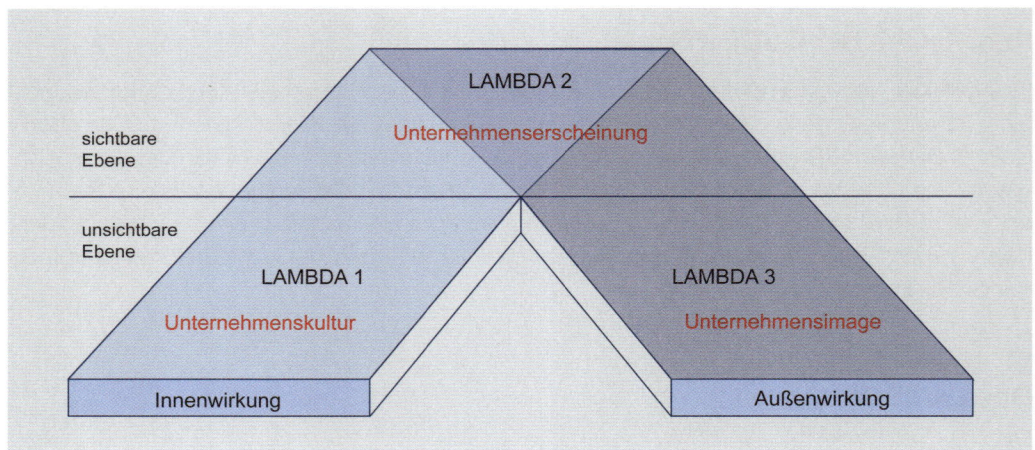

Stimmigkeit von Unternehmenskultur und Unternehmensimage wirken auf Unternehmenserfolg

Werden (interne) Unternehmenskultur und (externes) Unternehmensimage aufeinander abgestimmt, so hat dies positive Effekte hinsichtlich Akquisition, Motivation und Retention, also auch für das gesamte Personalmarketing und damit letztlich auch für den Unternehmenserfolg.

Erfolgreiches Personalmarketing bedarf fundierter informatorischer Basisdaten, um die geplanten Maßnahmen erfolgreich durchführen zu können und dabei die jeweiligen Unternehmensspezifika zu berücksichtigen. Zu diesem Zweck sind in den drei LAMBDA-Bereichen jeweils spezifische Analyse- und Gestaltungstechniken erforderlich, die derartige Informationen liefern. So ist die Aufwärtsbeurteilung von Führungskräften expliziter Bestandteil von LAMBDA 1, die Imagestudie des Unternehmens Teil von LAMBDA 3. In LAMBDA 2 findet zum Beispiel das Mitarbeitergespräch statt.

Übung 7.3 | **Analyse mit dem LAMBDA-Modell**

Starbucks ist ein harter Konkurrent Ihrer Bäckereifilialen mit dazugehörigem Café, in denen die Kunden von Kellnerinnen bedient werden. Aus diesem Grund interessiert es Sie natürlich, wie andere Unternehmen mit ihren Mitarbeitern umgehen. Deshalb besuchen Sie Starbucks und führen dort aus Sicht des Kunden eine LAMBDA-Analyse durch. Sie versuchen also herauszufinden, worin die spezifische Unternehmenskultur von Starbucks besteht, beobachten die äußeren Artefakte und beschäftigen sich mit dem Image von Starbucks – letztlich auch als Arbeitgeber.

7.4 Kommunikation und Medien

Der Erfolg der Personalakquisition und insbesondere des Personalmarketings hängt von den gewählten Kommunikationswegen ab. Dabei sind der gezielte Einsatz und die Nutzung unterschiedlicher Medien ebenso zu berücksichtigen, wie auch die Gestaltung der Kommunikationsinhalte. Es geht also um die zielgruppenspezifische Medienwahl sowie um eine spezifische Aufbereitung der Inhalte.

Um Personal zu beschaffen, stehen den Unternehmen verschiedene Möglichkeiten beziehungsweise Kanäle zur Verfügung. Hierzu gehören unter anderem die Printmedien wie Zeitungen oder Zeitschriften, in denen nicht nur die Unternehmen Stellenanzeigen, sondern umgekehrt auch Bewerber Stellengesuche veröffentlichen können. Die Auswertung solcher Stellengesuche, in denen sich Kandidaten als potenzielle Mitarbeiter auf dem Arbeitsmarkt präsentieren, ist eine Möglichkeit der Personalbeschaffung. In der Regel veröffentlichen Unternehmen jedoch zusätzlich selbst Stellenanzeigen, um aus einer größeren Anzahl an Kandidaten auswählen zu können. Die modernen elektronischen Medien bieten darüber hinausgehend eine Vielzahl von neuen und innovativen Möglichkeiten, den Personalbeschaffungsprozess zu unterstützen und zu gestalten. Auch hier ergibt sich sowohl für Unternehmen als auch für Bewerber die Möglichkeit, sich als attraktiver Arbeitgeber beziehungsweise geeigneter Bewerber zu präsentieren (Abbildung 7.3).

Medienmix als ultimatives Ziel

Abbildung 7.3: Medien im Akquisitionsprozess

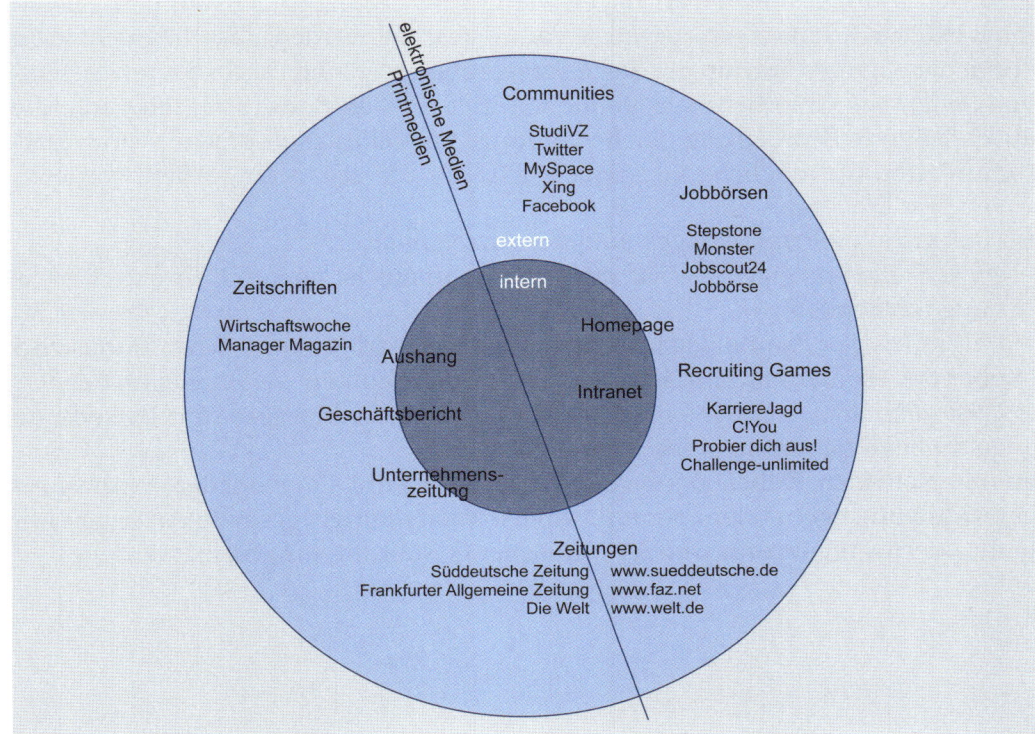

Printmedien

Stellenanzeigen können über Printmedien entweder intern durch Aushänge an „Schwarzen Brettern" und durch Stellenanzeigen in Mitarbeiterzeitungen oder extern durch Anzeigen in Zeitungen und Zeitschriften erfolgen. Bevor auf Fragen des Anzeigeninhalts und der Anzeigengestaltung eingegangen werden muss, sind in einem ersten Schritt Entscheidungen hinsichtlich der Kriterien Anzeigenträger, Anzeigentermin und Anzeigenart zu treffen.

Differenzierte Auswahl der Printmedien

Je nach geforderter Qualifikation und damit Zielgruppe der Anzeige muss eine Entscheidung über den Anzeigenträger getroffen werden:

- *Mitarbeiterzeitungen* kommen bei Stellen in Frage, die – zunächst unabhängig von der Qualifikation – intern ausgeschrieben werden müssen.
- *Regionale Tageszeitungen* eignen sich in der Regel für die Suche nach Arbeitskräften der unteren und mittleren Hierarchieebene.
- *Überregionale Tages- und Wochenzeitungen* werden bei der Suche nach Arbeitskräften höherer Hierarchieebenen genutzt.
- *Fachzeitschriften* werden als Medium eingesetzt, wenn es um Arbeitskräfte mit (technischen) Spezialkenntnissen geht.

Hinsichtlich des *Anzeigentermins*[193] sind insbesondere Kündigungsfristen der potenziellen neuen Mitarbeiter bei ihren aktuellen Arbeitgebern zu beachten. Gerade im Falle höherer Hierarchieebenen sind längere Kündigungsfristen und damit ein gewisser Vorlauf einzuplanen. Auch Urlaubszeiten sind zu beachten, da in den Sommermonaten Anzeigen weniger Beachtung finden könnten. Zudem muss bei dem Schalten einer Anzeige darauf geachtet werden, dass dies rechtzeitig vor dem geplanten Termin der Stellenbesetzung geschieht. Das bedeutet, es muss von Seiten des Unternehmens genügend Zeit für den Bewerbungseingang, die anschließende Bearbeitung der Bewerbung, Vorstellungsgespräche, Vertragserstellung und die mögliche Kündigungsfrist des Bewerbers eingeplant werden.

Im Rahmen von Printanzeigen sind die Anzeigenarten[194]

- *offene* Stellenanzeigen (Name des Unternehmens ist genannt, direkte Bewerbung ist möglich),
- *Chiffreanzeigen* (Name des Unternehmens bleibt ungenannt, Bewerbung wird über das Medienhaus an das schaltende Unternehmen weitergeleitet) oder
- *Personalberateranzeigen* (Name des Unternehmens bleibt ungenannt, Bewerbung geht über einen professionellen Vermittler),

zu unterscheiden. Dabei können die Anzeigen sowohl als einspaltige Wortanzeigen (Kleinanzeigen) oder aber als zumeist mehrspaltige, gesetzte Anzeigen mit mehr oder weniger umfassender grafischer Gestaltung umgesetzt werden.

IKEA inseriert

„IKEA sucht 200 neue BOSSE mit KARISMA und FORMAT für die Bereiche Kommunikation & Gestaltung, Verkauf und Logistik. OPTIMAL wäre eine MIXTUR aus IDEALISK und FANTAST." So lauten die ersten Sätze in einem Stelleninserat, das der Möbelkonzern IKEA geschaltet hat, um Mitarbeiter für seine Einrichtungshäuser zu finden. Die eigenwillige Orthografie war jedoch nicht darauf zurückzuführen, dass die Schweden die deutsche Rechtschreibung nicht beherrschen würden. Die scheinbar falsch geschriebenen Wörter sind nämlich Produktnamen aus dem IKEA-Sortiment – was beim Betrachten der Anzeige auch deutlich wird, weil Abbildungen der entsprechenden Produkte in den Text eingeflochten sind. Wer sich die Mühe machte, die Anzeige bis zum Schluss zu entschlüsseln, hatte immerhin schon mal Geduld bewiesen![195]

Bei der Formulierung einer Stellenanzeige sollte auf folgende Punkte geachtet werden:

- Um bereits im Vorfeld Bewerbungen ungeeigneter Kandidaten auszuschließen, muss das Sollprofil, also die gewünschten Qualifikationen und Fähigkeiten (hinsichtlich Ausbildung, Berufserfahrung, fachliche und soziale Kompetenzen), *präzise formuliert* sein. Dies gilt ebenso für die Informationen über die zu besetzende Stelle (Aufgabenbeschreibung, Verantwortungsbereich oder hierarchische Einstufung) wie auch für die Informationen über das Unternehmen (zum Beispiel Name, Branche oder Größe).
- Unternehmen steigern ihre Attraktivität als Arbeitgeber, wenn sie die *Vorzüge* einer Anstellung in ihrem Unternehmen nennen: Bieten sich dem Bewerber langfristige Karriere- und Entwicklungsmöglichkeiten, bestehen Möglichkeiten der Kinderbetreuung oder werden den Mitarbeitern zusätzliche Sozialleistungen gewährt?
- Des Weiteren muss bei der Formulierung einer Anzeige auf die rechtlichen Aspekte geachtet werden. Das *Allgemeine Gleichbehandlungsgesetz* (AGG) verbietet die Diskriminierung von Menschen aufgrund ihrer Rasse beziehungsweise ethnischen Herkunft, ihres Geschlechts, ihrer Religion oder Weltanschauung, ihres Alters, ihrer sexuellen Identität oder einer Behinderung (§1 AGG). Hierauf muss bei der Formulierung von Anzeigen geachtet werden (außer die Position verlangt ein bestimmtes Geschlecht oder Alter, was im Zweifelsfall jedoch vor Gericht bewiesen werden muss), beispielsweise durch geschlechtsneutrale Formulierungen oder die Verwendung ausschließlich tätigkeitsbezogener statt personenbezogener Anforderungskriterien.
- Nicht vergessen werden darf, dass die Stellenanzeige gleichzeitig auch eine Visitenkarte des Unternehmens ist. Deshalb muss darauf geachtet werden, dass sie sich in die *Corporate Identity* (Unternehmensidentität) des Unternehmens einfügt und mit ihr auch die entsprechende Unternehmensphilosophie vermittelt wird.

Stellenanzeigen: weniger ist mehr, vieles ist falsch

Weiterführende Anforderungen an Stellenanzeigen ergeben sich – wie oben geschrieben – aus AIDA-Formel, CUBE-Formel sowie dem LAMBDA-Modell.

Übers Ziel hinausgeschossen

Der britische Flughafen St. Mary's bietet auf der Suche nach einem Fluglotsen die Bewerbungsunterlagen auch in Blinden- und Großschrift sowie als Audiodatei an und nimmt die Gleichbehandlung bei Stellenausschreibungen ein bisschen zu genau. Gleichzeitig wird auf der Website des Flughafens nämlich darauf hingewiesen, dass ein Fluglotse sehr gute Augen brauche, da er Wetterwechsel mit bloßem Auge und ohne technische Geräte erkennen müsse.

Ein Verwaltungssprecher des Airports sagte, der Hinweis auf die Bewerbungsunterlagen für Blinde werde standardmäßig bei sämtlichen Stellenausschreibungen egal für welchen Posten angeführt, um Diskriminierungsvorwürfen vorzubeugen.[196]

Übung 7.4   **Gestaltung einer Stellenanzeige**

Es ist Monatsende und schon wieder haben mehrere Mitarbeiter der Strawberry Cake & Bakeries AG gekündigt. In den kommenden Monaten haben Sie daher unter anderem folgende Positionen zu besetzen: ein Fließbandmitarbeiter, der zuständig ist für die Belegung der Erdbeerkuchen mit Erdbeeren und ein leitender Mitarbeiter der Marketingabteilung, der verantwortlich ist für die Marketingstrategie des neu erschlossenen Absatzmarktes in England. Sie wissen, dass es bestimmte Gestaltungsempfehlungen für die Erstellung einer Stellenanzeige gibt, daher rufen Sie sich noch einmal die AIDA-Formel ins Gedächtnis und gestalten entsprechend Ihre Anzeige.

Elektronische Medien

Elektronische Medien auf unreflektiertem Vormarsch

Die Bedeutung der elektronischen Medien für die Rekrutierung neuer Mitarbeiter hat in den letzten Jahren mit der zunehmenden Verbreitung und Nutzung des Internets rapide zugenommen. So nutzen mittlerweile nach einer aktuellen Studie[197] 94 Prozent aller Unternehmen in Deutschland das Internet zur Rekrutierung neuer Mitarbeiter. Hierzu gehören Online-Jobbörsen, Job-Newsgroups, Job-Suchmaschinen, soziale Netzwerke und die Ausschreibung von Stellen auf der eigenen Firmenhomepage.

Die Vorteile[198] der Online-Rekrutierung liegen unter anderem in
- der breiten Ansprachemöglichkeit der relevanten Zielgruppen,
- der hohen Zeit- und Kostenersparnis,
- der längeren Nutzungsmöglichkeit und Unabhängigkeit von einem bestimmten Anzeigentermin,

– der schnelleren Abwicklungsmöglichkeit der Bewerbungen,
– der Möglichkeit der Bewerbervorauswahl durch Tests oder virtuelle Assessment Center,
– der Möglichkeit der multimedialen Darstellung von Informationen (Imagevideos oder virtueller Rundgang durch das Unternehmen) und
– der nahezu unbeschränkten Menge an vermittelbaren Informationen.

Diesen Vorteilen stehen aber auch Nachteile gegenüber. So erhalten wegen der geringen Transaktionskosten Unternehmen oft viel zu viele Bewerbungen ohne entsprechende Qualifikationen.

Der Einsatz moderner Medien darf nicht nach dem Motto „je mehr, umso besser" erfolgen. Vielmehr gilt es, die zentralen Komponenten des internetgestützten Personalmarketings – Unternehmenshomepage, Jobbörsen und Social Communities – sinnvoll zu verknüpfen und aufeinander abzustimmen.

Unternehmenshomepage als Basis-Instrument

In der Regel haben Unternehmen eine eigene Homepage und dort einen eigenen Bereich, um sich als Arbeitgeber vorzustellen. In diesen – oft unter „Karriere", „Jobs" oder „Jobs und Karriere" aufgeführten – Bereichen werden neben allgemeinen Informationen zum Unternehmen oftmals auch mittelbare Angaben zu möglichen Aufgabenbereichen und Karriereschritten vorgehalten. Auch aktuell vakante Positionen sind auf der Homepage ausgeschrieben.

Sowohl die Seite insgesamt als auch die dort eingestellten Stellenanzeigen sollten den Kriterien der bereits vorgestellten Methoden der AIDA- und der CUBE-Formel entsprechen. Es gelten also letztlich die gleichen Kriterien, die auch an Printanzeigen gestellt werden.

Insbesondere um Alleinstellungsmerkmale im Hinblick auf ein Employer Branding zu realisieren, sind die Aspekte der CUBE-Formel Branding und Emotion von besonderer Relevanz. Hier bieten sich neben dem generellen Einsatz von Farben und Bildern auch Imagevideos an. Nur über eine entsprechende Medienvielfalt können Unternehmen die Informationen authentisch gestalten.

CUBE-Formel nutzen!

Über den Einsatz von Technologien und Anwendungen, die dem „neuen Netzverständnis Web 2.0" entsprechen, kann die Unternehmenskommunikation zudem interaktiv und partizipativ gestaltet werden. Der Begriff Web 2.0 steht für die Wandlung des Internetnutzers von einem passiven Konsumenten, der lediglich Informationen aufnimmt, zu einem aktiven Teilnehmer, der selbst aktiv Inhalte für das Internet produziert, pflegt und verbreitet. Potenzielle Bewerber sollen demnach unkompliziert mit dem Unternehmen in Kontakt treten können und umgehend Rückmeldung erhalten sowie bestimmte Inhalte der Homepage mitgestalten können.

Web 2.0 als neues Netzverständnis

Mögliche Anwendungen sind dabei

- *Weblogs*, als regelmäßig aktualisierte Webseite in Form eines Online-Tagebuchs oder -Journals, dessen Inhalte zeitlich datiert in umgekehrt chronologischer Reihenfolge erscheinen und von Lesern kommentiert werden können,
- *Wikis*, als offene webbasierte Wissensdatenbanken, die dem Anwender sowohl das Lesen als auch das Editieren der Informationen erlauben, wobei Änderungen dokumentiert werden sowie
- *Podcasts*, die als Audio- oder Videodateien (Vodcast) von den Webseiten heruntergeladen werden können.

Auf Usability und Branding achten!

Gemeinsam ist diesen Technologien und Anwendungen, Inhalte durch Tags (Schlüsselbegriffe) zu strukturieren und per RSS-Feeds standardisiert wie plattformunabhängig automatisch (als Abonnement) zur Verfügung zu stellen. Dies erleichtert das Auffinden von Informationen und informiert den Nutzer beziehungsweise den Abonnenten des RSS-Feeds über Änderungen auf der Homepage.

Auch wenn in kleinen und mittelständischen Unternehmen – unter anderem aus Budgetgründen – die Unternehmenshomepage als Akquisitionsinstrument vernachlässigt wurde, bietet das Internet gerade für diese Unternehmen eine gute Möglichkeit, sich potenziellen Bewerbern als Arbeitgeber vorzustellen. Neben allgemeinen Informationen über das Unternehmen können auf der unternehmenseigenen Homepage Angaben zu möglichen Aufgabenbereichen und Karriereschritten gemacht sowie aktuelle Stellenangebote ausgeschrieben werden. Kleine und mittelständische Unternehmen können hier besonders gut Alleinstellungsmerkmale herausarbeiten: Sofern sie es überhaupt versuchen, gelingt es einem KMU in der Regel recht überzeugend, authentische Informationen und die gegebenenfalls familiärere Atmosphäre über die Webseite zu transportieren, weil der oft kontraproduktive Effekt „glatter Kommunikations- oder PR-Strategien" wegfällt. Auch weniger bekannte Unternehmen können durch die neuen Internettechnologien und -anwendungen (Social Network- und Community-Tools) deutlich einfacher auf sich aufmerksam machen. Allerdings setzt dies alles ein Mindestmaß an Professionalisierung im HR-Bereich voraus.

Online-Jobbörsen als Standardinstrument

Das besondere Merkmal der Online-Jobbörsen ist, dass sowohl die Unternehmen als auch die (potenziellen) Bewerber jeweils entweder als Anbieter oder als Nachfrager aktiv werden können: Unternehmen treten als Anbieter von Stellen auf, indem sie Stellenanzeigen in den Jobbörsen veröffentlichen. Die Bewerber als Nachfrager von Arbeitsplätzen können die Datenbanken durchsuchen und sich gegebenenfalls bewerben. Umgekehrt besteht jedoch auch für die Bewerber als Anbieter von Arbeitskraft die Möglichkeit, Profile zu hinterlegen. Die Unternehmen haben als Nachfrager nach Arbeitskräften dann die Möglichkeit, den Pool an Profilen nach passenden Bewerbern zu durchsuchen und diese aktiv anzusprechen.

Neben generalistisch ausgelegten Online-Jobbörsen für alle Branchen und Berufsgruppen bilden sich auch zunehmend spezialisierte Angebote heraus, die entweder auf Branchenspezifik setzen oder sich auf bestimmte Berufsgruppen (zum Beispiel Top-Führungskräfte) spezialisieren.

Das Abrufen von Stellenanzeigen sowie das Einstellen eines Profils ist für Bewerber in der Regel kostenlos. Die Unternehmen hingegen zahlen für das Schalten beziehungsweise Einstellen von Anzeigen und für die Option, die Profile von Bewerbern einzusehen. Für die in Jobbörsen geschalteten Anzeigen gelten die auch für Printanzeigen bekannten inhaltlichen wie gestalterischen Anforderungen, wie sie sich aus AIDA-Formel und CUBE-Formel ergeben. Das (kostenpflichtige) Dienstleistungs- und Serviceangebot der Online-Jobbörsen wird derzeit immer stärker erweitert. Einige Anbieter übernehmen für Unternehmen den Abgleich von Bewerber- und Jobprofilen, machen eine Bewerbervorauswahl oder bieten Online Assessment Center an. Somit entwickeln sich Jobbörsen zunehmend zu umfassenden Dienstleistern für den gesamten Beschaffungsprozess als Akquisition plus Selektion.

Jobbörsen als standardisierte Massenware mit überschätzter Wirkung

Social Communities als bewerbergetriebene Innovation

Neben Weblogs, Wikis und Podcasts gehören die so genannten Social Networks oder Online Communities zu den Erscheinungsformen des Web 2.0. Diese stellen Kommunikationsplattformen dar, die der Pflege und dem Aufbau persönlicher Kontakte dienen (beispielsweise Facebook oder StudiVZ). Für das Personalmarketing, insbesondere die Personalakquisition, sind Business Communities wie Xing oder LinkedIn von Interesse. Hier können Mitglieder Informationen über ihren beruflichen Werdegang, Positionen, Unternehmen, Qualifikationen, Kompetenzen, Fähigkeiten und sonstige Interessen zur Verfügung stellen und in Kontakt mit anderen Mitgliedern treten. Darüber hinaus haben sie meist Zugriff auf aktuelle Stellenangebote und die Möglichkeit zum Austausch in themenspezifischen Gruppen.

Der Personalakquisition bietet sich in solchen Communities, neben der Veröffentlichung von Stellenanzeigen, die Möglichkeit, über Positionen und Qualifikationen aktiv und gezielt nach potenziellen Kandidaten für eine vakante Position zu suchen und diese zu kontaktieren. Insbesondere von Headhuntern werden diese Netzwerke zur Akquisition interessanter Kandidaten genutzt.

Social Communities als individualisiertes Massenphänomen mit unausgeschöpftem Potenzial

Da man bei Bedarf die Kontakte der eigenen Kontakte nach bestimmten Qualifikationen durchsuchen kann, besteht die Chance, sich im Vorfeld bereits über einen potenziell geeigneten Kandidaten zu informieren und Referenzen einzuholen – so entsteht eine Vertrauenskette. Frei nach dem Motto „Ich kenne jemanden, der jemanden kennt …". Nach dem Psychologen *Stanley Milgram*[199] kennt jeder jeden Menschen über sechs bis sieben Ecken. Das „kleine Welt Phänomen" machen sich auch die Social Networks zunutze.

Das Bacon-Orakel

Die Homepage http://www.oracleofbacon.org basiert auf dem „kleine Welt Phänomen". Hier werden alle bekannten Schauspieler mit dem Schauspieler *Kevin Bacon* verknüpft. So lässt sich nachvollziehen, über wie viele Ecken *Kevin Bacon* beispielsweise einen deutschen Schauspieler „kennt". Die Anzahl der Verknüpfungspunkte wird Bacon-Zahl genannt.

Arbeitnehmer als Unternehmer in eigener Sache

Besonderes Merkmal der Communities ist es, dass die Bewerber ganz im Sinne des Web 2.0-Gedankens user-generiert den Informationsaustausch aktiv betreiben. Damit werden im Web 2.0-Zeitalter Arbeitnehmer zu Unternehmern in eigener Sache, die ihren eigenen „Brand" aufbauen und pflegen müssen.

Recruiting Games als Infotainment

Recruiting Games sind Online-Spiele zur Unterstützung des Akquisitionsprozesses und des Personalmarketings. Diese Spiele – bei denen es sich meistens um so genannte Browser Games handelt – werden von den Unternehmen entweder auf der eigenen Homepage oder auf Jobportalen angeboten. Teilweise richten die Unternehmen auch eine eigene Domain für diese Spiele ein.

Mit Recruiting Games verfolgen Unternehmen insbesondere zwei Zielsetzungen[200]: Zum einen dienen sie im Rahmen des Personalmarketings als Image fördernde Maßnahme. Unter Berücksichtigung der jeweiligen zielgruppenspezifischen Merkmale können Bewerber angesprochen werden, die über „normale" Kanäle nicht hätten erreicht werden können. Über das Spiel ist das Unternehmen dann in der Lage, sowohl Information über das Unternehmen als auch Emotion unterhaltend zu transportieren. Zum anderen dienen Onlinespiele den Unternehmen als Informationsbeschaffungsinstrument. Da die Spiele in der Regel als Wettbewerbe im Lösen von Aufgaben gestaltet sind (in Form einer Schnitzeljagd mit Gewinnchancen), können Wissen und Kompetenzen der Bewerber beispielsweise in den Bereichen Kreativität, Teamfähigkeit, Lernfähigkeit, Kundenorientierung oder Leistungsorientierung erfasst werden.

Übung 7.5   **Nutzung der (modernen) elektronischen Medien**

Sie staunen nicht schlecht, als Ihr 14jähriger Neffe davon berichtet, in welchem Umfang Social Communities inzwischen genutzt werden. Möglicherweise könnten Sie ja hier auch Bewerber für freie Stellen in Ihrem Bäckereikonzern ansprechen. Sie überlegen sich daher, wie Sie die Nutzer der Social Communities am besten erreichen und für Ihr Unternehmen begeistern. Außerdem überlegen Sie, ob sich die Nutzung bestimmter Social Communities für bestimmte Berufsgruppen anbietet.

Karrierejagd durchs Netz

Die „Karrierejagd durchs Netz" ist ein Online Assessment Center. Den Mitspielern winken Geld- und Sachpreise – sowie vielleicht ein Jobangebot. Denn die beteiligten Unternehmen wie Tchibo, Gruner + Jahr, Bertelsmann und Unilever haben Zugriff auf die anonymisierten Lebenslaufdaten und Spiel-Auswertungen. Während der Spieler die fünf Onleins auf ihren Abenteuern durchs Netz begleitet, muss er verschiedene Fragen beantworten und seinen Lebenslauf eingeben. So lernt er die beteiligten Unternehmen kennen und hinterlässt am Ende ein anonymisiertes Profil. Haben die Unternehmen Interesse an einem Kandidaten, vermittelt der Spielbetreiber den Kontakt zum Spieler. Die Karrierejagd findet seit 2001 semesterbegleitend statt.[201]

7.5 Ausblick

Wie kann die Versorgung des Unternehmens mit qualifizierten Mitarbeitern sichergestellt werden? Die Antwort auf diese Frage liegt insbesondere im Bereich der Akquisition. Hier die richtigen Entscheidungen hinsichtlich des Ortes und der Wege zu treffen sowie den Aufbau eines Employer Brands zu realisieren, sind die zentralen Herausforderungen, die es für einen Personalmanager zu meistern gilt.

Dabei gilt es, unter Berücksichtigung zentraler Methoden, die geeigneten Medien zur Kommunikation nicht nur auszuwählen, sondern gezielt zu gestalten. Insbesondere die zunehmende Relevanz des Internets und dort gerade der Social Communities erfordern eine zunehmende Beschäftigung mit diesem Medium.

Schließlich haben bereits über diesen Weg viele Unternehmen neue Mitarbeiter gefunden. In Zukunft wird sich das noch verstärken. Die zukünftigen Mitarbeiter, die so genannte Net Generation[202], verbringen von klein auf einen Großteil ihrer Freizeit im Internet und sind in zahlreichen Social Communities vernetzt. Um sie für das Unternehmen zu gewinnen, muss man dort auf sie zugehen und sie ansprechen.

Die Internet-Generation („Digital Natives") und Computerspieler („Gamer") als neues Zielpublikum für Unternehmen

Auch die ständig wachsende Spielergemeinschaft des Computerspiels „World of Warcraft" kristallisiert sich als interessante Zielgruppe heraus. Dabei liegt ein besonderes Augenmerk auf den Spielern, die zunehmend Verantwortung übertragen bekommen und in der Hierarchie aufsteigen. Durch die klare Ergebnisorientierung, die permanente Leistungssteigerung, die intrinsische Motivation, den Teamwork-Gedanken, die Verantwortungsteilung, das deutliche Feedback und die wechselseitige Belohnung trainieren sie wichtige Aspekte der Arbeitswelt. Ihnen wird dadurch auch eine hohe Kompetenz zur Übernahme von Führungsaufgaben zugeschrieben.[203]

Erfolgreiches Personalmarketing hängt vor allem aber auch davon ab, dass es von allen Managementebenen getragen und mit der allgemeinen Unternehmensstrategie abgestimmt wird. Personalmarketing muss sich im Spannungsfeld zwischen Vermittlung der globalen Unternehmenskultur und Fokussierung auf Zielgruppen bewähren. Gerade deshalb kann aber Personalmarketing als treibende Kraft im Personalmanagement zu einem echten Wettbewerbsvorteil werden.

Harald Schwager, **Mitglied des Vorstands und Arbeitsdirektor, BASF SE**

Employer Branding – Alter Wein in neuen Schläuchen?

Employer Branding – vor wenigen Jahren fast noch ein Fremdwort – ist heute in aller Munde. Ein neuer Trend oder alter Wein in neuen Schläuchen? Gute Mitarbeiter gewinnen, begeistern und langfristig an das Unternehmen binden – das ist kein neuer strategischer Ansatz. Bei BASF kümmern wir uns darum bereits seit über 140 Jahren, denn unsere Mitarbeiter sind seit Bestehen des Unternehmens die treibende Kraft unseres Erfolgs. Was hat sich jedoch geändert und warum erhält das Thema Arbeitgeberattraktivität eine neue Aktualität und Qualität?

Die Herausforderungen des Arbeitsmarktes

Was in Zeiten nach wie vor hoher Arbeitslosigkeit paradox klingen mag: Wir stehen vor einer neuen Dimension der Arbeitskräfteknappheit. Im Kern sind dafür zwei Ursachen maßgeblich: die demografische Entwicklung und die wirtschaftliche Wachstumsdynamik. Beide Entwicklungen führen zu demselben Phänomen: Qualifizierte Bewerber auf dem Arbeitsmarkt werden begehrter, die Nachfrage nach Arbeitskräften übersteigt das Angebot und ein ehemaliger Verkäufermarkt entwickelt sich zu einem Käufermarkt.

In vielen Ländern Europas, aber auch in anderen Regionen der Welt, wirkt sich die veränderte demografische Struktur besonders stark aus. Die geburtenstarke Baby-Boomer-Generation geht bald in Rente, dadurch entsteht „schlagartig" Ersatzbedarf in großer Zahl. Erschwert wird die Situation dadurch, dass durch den Geburtenrückgang der letzten Jahrzehnte auch ein Rückgang an verfügbaren Arbeitskräften allgemein abzusehen ist, von denen sich laut Prognosen zusätzlich weniger für die für BASF essentiellen Fachrichtungen wie Natur- und Ingenieurwissenschaften entscheiden.

Für unsere Wachstumsregion Asien-Pazifik und besonders China gilt, dass der Arbeitsmarkt nicht genügend qualifizierte Arbeitskräfte zur Verfügung stellen kann, um mit der wirtschaftlichen Entwicklung Schritt zu halten. Nur etwa 15 Prozent der Absolventen bringen die Qualifikationen mit, die für eine anspruchsvolle Beschäftigung in einem globalen Unternehmen notwendig sind. Dazu gehören neben fachlichen Qualifikationen zum Beispiel auch spezifische Kommunikationsfähigkeiten oder Sprachkenntnisse.

Um in diesem immer schärfer werdenden Wettbewerb um Talente auch weiterhin führend zu bleiben, bereitet sich BASF vor und hat sich klare Ziele gesetzt. Zunächst wollen wir unsere Bekanntheit weltweit verbessern und unser Profil als Arbeitgeber weiter schärfen. Maßgeblich dafür ist es, die veränderten Erfordernisse des Marktes zu kennen und danach zu handeln.

Unsere Studien zeigen, dass in entwickelten Gesellschaften das Thema Work-Life-Balance zunehmend an Bedeutung gewinnt. Ein Aspekt dabei ist die Vereinbarkeit von Beruf und Familie. Daher ist es für uns als Unternehmen zum Beispiel an unserem Stammsitz in Ludwigshafen ein wichtiges Marketinginstrument, qualifizierten Bewerbern und Mitarbeitern attraktive Angebote zur besseren Vereinbarkeit von Beruf und Familie anzubieten. Ein Beispiel sind unsere Kindertagesstätten „LuKids", die wir in den letzten Jahren eröffnet haben. Für viele junge Eltern und solche, die es werden möchten, ist ein derartiges Zusatzangebot ein entscheidender Faktor, wenn es um die Wahl des Arbeitgebers geht. Aber es gilt auch, Zeit für ältere, pflegebedürftige Menschen in den beruflichen Alltag einzubauen, und dabei kann der Arbeitgeber Unterstützung leisten. Ein Pflegefall in der Familie stellt unsere Mitarbeiter oft vor große Herausforderungen. BASF bietet deshalb Hilfestellung durch professionelle Pflegeberatung, Kurse zum Thema Krankenpflege oder auch die Möglichkeit zur Reduktion der Arbeitszeit.

Weltweite BASF-Initiative zu Employer Branding

Die BASF hat sich der Arbeitgeberattraktivität aber nicht nur lokal, sondern in einem weltweiten Prozess angenommen. Ein internationales Team stellt sicher, dass sowohl die Sichtweisen unserer Regionen berücksichtigt werden, als auch die Wiedererkennbarkeit und Konsistenz der Arbeitgebermarke BASF weltweit gewährleistet wird. So „customized" wie möglich und so „corporate" wie nötig ist dabei unser Leitsatz. Dabei betrachten wir auf der einen Seite natürlich die Kommunikation der BASF als Arbeitgeber, aber vor allem auch unsere HR-Management-Prozesse und Produkte.

Der Kern der Arbeitgebermarke: Die Employee Value Proposition

Die strategische Grundlage für die Entwicklung der Arbeitgebermarke und dem damit verbundenen Auftreten als Arbeitgeber ist die Employee Value Proposition. Sie ist das Versprechen des Arbeitgebers an aktuelle und zukünftige Mitarbeiter und muss für BASF global einheitlich sein – analog zu unserer weltweiten Unternehmensmarke „BASF – The Chemical Company".

Die konzeptionelle Direktive: Die Employer-Branding-Leitlinien

Um eine Positionierung der BASF als Top-Arbeitgeber zu erreichen und dauerhaft halten zu können, orientieren wir uns an vier Grundprinzipien zum Employer Branding:

Leitlinie 1 – Der Employer Brand muss Teil der Unternehmensmarke sein und im Einklang mit ihr stehen. Auf diese Weise verstärken sich beide Markenaspekte gegenseitig, es entstehen Synergieeffekte beim Markenaufbau.

Leitlinie 2 – Der Employer Brand nach außen (zukünftige Mitarbeiter) muss stets derselbe sein wie nach innen (Mitarbeiter). Die Form der Kommunikation kann sich dabei aber durchaus unterscheiden: Mitarbeiter haben bereits ein sehr spezielles und oft persönliches Bild des Unternehmens und brauchen dazu ergänzende Informationen. Bewerber kennen ihren potenziellen Arbeitgeber dagegen noch gar nicht. Inhaltlich darf aber keine Lücke klaffen, denn dies führt zum Verlust von Glaubwürdigkeit und Authentizität.

Leitlinie 3 – Was der Employer Brand verspricht, muss das Unternehmen auch halten können. Dieser Grundsatz guter Unternehmensführung gilt natürlich auch für die Arbeitgebermarke. Andernfalls werden die Erwartungen der Zielgruppen enttäuscht, was dem Ruf des Unternehmens schadet.

Leitlinie 4 – Zur systematischen Markenführung ist ein systematisches Employer Brand Management nötig. Aufbau und Pflege einer Marke ist ein aufwändiger Vorgang, der im Übrigen niemals abgeschlossen ist. Systematische Marktbeobachtung und wiederholte Überprüfung des Markenauftritts sind dabei wichtige Bausteine bei der strategischen Markenentwicklung.

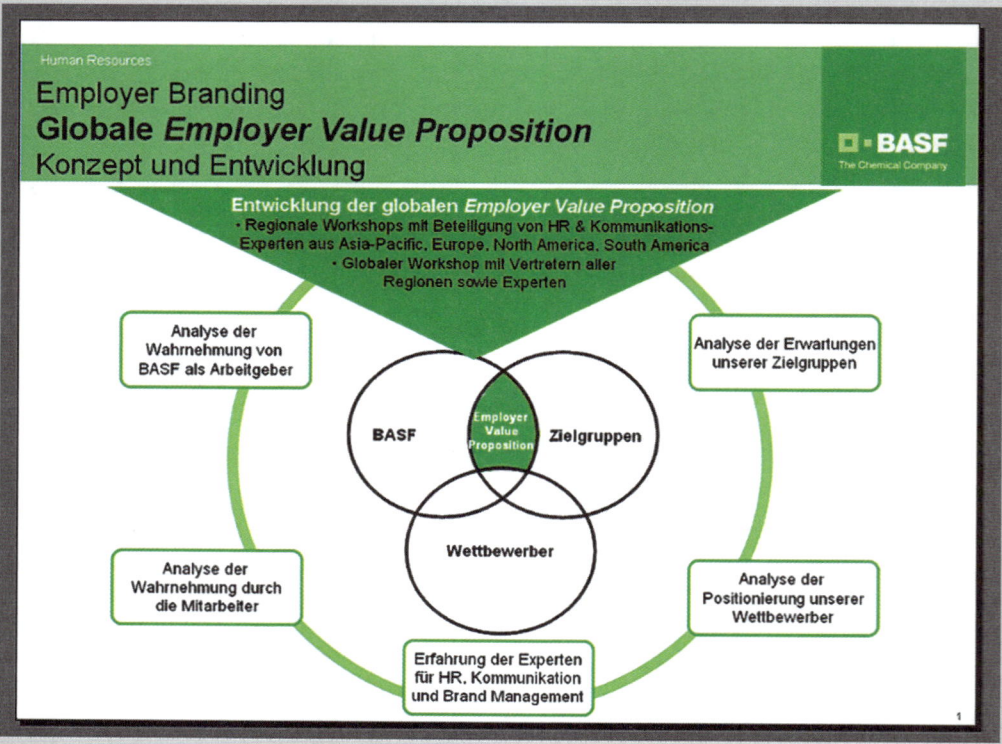

Wie lässt sich nun das aktuelle Interesse an Employer Branding bewerten? Wir sind der Ansicht, dass Employer Branding beschreibt, was erfolgreiche Unternehmen schon immer implizit und teilweise unbewusst gemacht haben: attraktive Angebote für ihre Mitarbeiter und die, die es werden wollen, anzubieten. Neu ist, dass sich Unternehmen intensiv mit ihrer Arbeitgeberattraktivität beschäftigen – zunehmend systematisch, strategischen Marketingkonzepten folgend und empirisch untermauert.

Wie bei einem Traditionswinzer geht es heute also nicht um ein gänzlich neues Produkt, sondern darum, „den Wein" noch besser zu machen, von Jahrgang zu Jahrgang und von Generation zu Generation.

1. Was versteht man unter dem „War for Talents"?

2. Welche Vor- und Nachteile bietet die interne Personalbeschaffung?

3. Welche Wege kann man in der externen Personalbeschaffung wählen?

4. Welche Funktionen soll das Personalmarketing erfüllen?

5. „Werbung ist einfach, weil man von seinem Bauchgefühl und dem eigenen Geschmack leicht auf die Zielgruppe schließen kann." Nehmen Sie bitte Stellung zu dieser Aussage!

6. Gestalten Sie eine Stellenanzeige, bei der der Adressat beim ersten Lesen die Wirkungsstadien der AIDA-Formel durchläuft!

7. Erklären Sie die CUBE-Formel und ihre Bestandteile!

8. „Unternehmen mit einem guten Personalmarketing meiden Auftritte auf externen Jobbörsen". Diskutieren Sie diese Aussage!

9. Wie sollte Ihrer Meinung nach der optimale Medienmix bei der Rekrutierung eines Programmierers aussehen?

Aufgaben und Fragen zur Selbstüberprüfung

Kapitel 8

Selektion:
Für wen soll man sich entscheiden?

Kapitel 8 Selektion: Für wen soll man sich entscheiden?

Fakten

Informationen aus dem Internet nutzen 50 % der Unternehmen für die Vorauswahl der Bewerber, die eine Einladung zum Vorstellungsgespräch erhalten werden.[204]

28 % der Unternehmen nutzen diese Informationen sowohl für die Vorauswahl wie auch für die Endauswahl einzustellender Personen.[205]

71 der DAX 100-Unternehmen setzen Assessment Center sowohl für den externen wie auch den internen Auswahlprozess ein.[206]

Lernziele

- Sie erfahren, was ein Assessment Center ist und wie es abläuft.

- Sie erleben, welche Tests zur Bewerberauswahl zur Verfügung stehen.

- Sie wissen, welche Kriterien bei der Prüfung von Bewerbungsunterlagen berücksichtigt werden.

- Sie verstehen, welche Gespräche sich zur Auswahl von Mitarbeitern führen lassen und was dabei beachtet werden muss.

- Sie lernen die rechtlichen Rahmenbedingungen kennen, die es bei der Selektion zu beachten gilt.

8.1 Überblick

Durch eine gute Akquisitionsleistung haben sich beeindruckend viele Kandidaten beworben. Jetzt gilt es, die für die zu besetzenden Stellen „optimalen" Mitarbeiter auszuwählen. Hier setzt die Bewerberselektion an: Ihre Aufgabe ist es, die Anforderungen der zu besetzenden Stelle mit den Fähigkeiten der Bewerber abzugleichen und den am besten geeigneten Mitarbeiter zu identifizieren. Die dazu erforderlichen Informationen erhält man neben den Bewerbungsunterlagen durch unterschiedliche Auswahlverfahren wie Bewerbergespräche, Testverfahren oder Assessment Center.

Gute Mitarbeiter sind zwangsläufig ein Wettbewerbsvorteil für Unternehmen. Die Beiläufigkeit, mit der interne und externe Stellenbesetzungen in vielen Unternehmen vorgenommen werden, steht somit im Missverhältnis zu deren Bedeutung. Zudem können Unternehmen nur sehr begrenzt Persönlichkeitsstrukturen und Grundeinstellungen von Menschen ändern – eine Feststellung, die ebenfalls die Bedeutung der Auswahl richtiger Mitarbeiter hervorhebt.

In diesem Kapitel erfolgt zunächst ein Überblick über den Selektionsprozess (Abschnitt 8.2). Darauf aufbauend werden in den nachfolgenden Abschnitten unterschiedliche Auswahlverfahren vorgestellt: Als erstes kommt die Auswertung der schriftlichen Unterlagen (Abschnitt 8.3), danach das Führen von Auswahlgesprächen (Abschnitt 8.4). Ein umfangreicher Teil des Kapitels behandelt Testverfahren (Abschnitt 8.5). Am Ende kommt als kleines – aber wichtiges Detail – die formale Beendigung des Auswahlprozesses (Abschnitt 8.6).

> Berücksichtigt man die hohen Kosten sowie die fehlende Qualität der Mitarbeiter, die eine falsche Entscheidung mit sich bringt, ergibt sich die große Bedeutung der Bewerberauswahl von selbst

BestPersCase: Union Investment

Bereits seit 1956 im Fondsgeschäft aktiv, ist Union Investment heute mit mehr als 174,5 Milliarden Euro Assets unter Management und über 2.250 Mitarbeitern einer der größten deutschen Asset Manager für private und institutionelle Anleger, der gleichzeitig auch auf den internationalen Finanzmärkten aktiv ist.

Einhergehend mit einer Verdreifachung der Mitarbeiteranzahl innerhalb der letzten zehn Jahre erhielt insbesondere die Rekrutierung von Mitarbeitern bei Union Investment höchste Bedeutung. Hierbei hat sich die Philosophie etabliert, nicht die vermeintlich besten Mitarbeiter einzustellen, sondern vielmehr die am besten passenden Mitarbeiter. Denn sehr gute Fachkenntnisse alleine machen einen Bewerber noch lange nicht zu einem erfolgreichen Mitarbeiter. Neben der fachlichen Qualifikation sind in gleicher Weise persönliche Anforderungen entscheidend, die ein Bewerber zum Beispiel hinsichtlich Teamfähigkeit oder Kommunikationsstärke erfüllen sollte.

Am Beispiel für das zwölfmonatige Traineeprogramm bedeutet das folgenden Selektionsprozess:

- Den Anfang bildet die *Analyse der Bewerbungsunterlagen*, die in enger Abstimmung zwischen den Fachabteilungen und dem Bereich Konzern Personal erfolgt.
- Im nächsten Schritt werden die vorselektierten Bewerber zu einem 1,5tägigen *Assessment Center* mit maximal 12 Teilnehmern eingeladen. Die Bewerber durchlaufen dabei fünf Übungen: Gruppendiskussion, Fallstudie mit Präsentation, Gesprächssimulation, Selbstpräsentation und Analyseübung.
- Anhand der Ergebnisse dieser Übungen wird die *Entscheidung* für oder gegen einen Bewerber getroffen.

Das Unternehmen stellt sich dabei ebenfalls dem Selektionsprozess der Bewerber. Nicht nur die Fachabteilungen sowie die Personalabteilung stellen sich ausführlich vor, auch für fachliche Fragen oder sonstige relevante Themen sind in großer Runde oder auch im Einzelgespräch Platz. Aktuell im Programm befindliche Trainees beantworten alle Fragen, um unmittelbare Eindrücke und Erfahrungen weiterzugeben. Am Ende erhalten die Bewerber des Assessment Center in individuellen Abschlussgesprächen Rückmeldungen zu persönlichen Stärken und Verbesserungsmöglichkeiten und erleben so die Feedbackkultur des Unternehmens gleich hautnah.

Dieser beidseitige Selektionsprozess führt oft zu einer Entscheidung für eine dauerhafte Zusammenarbeit. „Dies lässt sich durch die Kontinuität der Trainees und durch viele Beispiele ehemaliger Trainees, die heute in verantwortlichen Positionen bei Union Investment arbeiten, belegen", freut sich *Ulf Kaiser*, Bereichsleiter Konzern Personal.

BestPers
Award

8.2 Konzipieren des Gesamtprozesses

Nicht alles, was machbar ist, ist sinnvoll!
Nicht alles, was sinnvoll ist, ist zulässig!

Gerade weil die Bewerberselektion ein in der Konsequenz finanziell äußerst riskantes Unterfangen ist, gibt es eine Vielzahl von Möglichkeiten, die richtigen Bewerber zu identifizieren. Sie reichen vom Einstellungsinterview bis hin zur Recherche im Internet und graphologischen Gutachten. Doch auch hier sind Rahmenbedingungen zu beachten, die einen großen Einfluss auf die Personalauswahl haben und symbolisieren, dass nicht alle zur Personalauswahl herangezogenen Verfahren auch immer machbar oder sinnvoll sind.

Ablauf des Selektionsprozesses

Die Bewerberselektion beginnt mit der Erhebung des Anforderungsprofils der Stelle. Hier wird der Grundstein für den restlichen Verlauf des Personalauswahlprozesses gelegt: Denn ohne genau zu wissen, welcher Mitarbeiter (mit welchen Qualifikationen) gesucht wird, ist dieser auch nicht zu finden. Zudem müssen Vorauswahlkriterien festgelegt sowie die internen und externen Ausschreibungen geplant und durchgeführt werden. Alles dies basiert auf den vorher fixierten Anforderungskriterien. Nur so können die einzelnen Bewerbungen direkt miteinander verglichen und vor demselben Anforderungshintergrund beurteilt werden. Exakt ausformulierte Anforderungsprofile haben noch einen weiteren Vorteil: Sie verhindern bei trennscharfer Formulierung von vornherein Bewerbungen mit nicht passender Qualifikation.

Nach dem Eingang der Bewerbungen erfolgt die Eingangsbestätigung. Diese sollte ein Datum enthalten, wann mit einer Antwort zu rechnen ist. Danach werden anhand der vorformulierten Kriterien die interessanten Bewerber aus der Gesamtanzahl der eingesandten Bewerbungen herausgefiltert. An dieser Stelle können zudem Telefoninterviews dazu dienen, Unstimmigkeiten in den Bewerbungsunterlagen zu klären und erste Fragen zu beantworten.

Bei der Vorauswahl hilft die ABC-Analyse: Mit Hilfe dieses Analyseverfahren lässt sich die Bewerbermenge in die Klassen A, B und C einteilen, die nach absteigender Eignung geordnet sind. B und C Bewerber erfüllen nicht alle geforderten Kriterien und werden aussortiert. Dies bedeutet für das Unternehmen, an die C-Kandidaten Absagen zu verschicken. B-Kandidaten sind nicht für die ausgeschriebene Stelle geeignet, aber durchaus für das Unternehmen interessante Bewerber. Sie können in den Bewerberpool aufgenommen werden.

Die A-Kandidaten werden zu einem Auswahlverfahren eingeladen. Zur Auswahl können Interviews, Assessment Center oder psychologische Testverfahren herangezogen werden. Ist ein Bewerber für die zu besetzende Stelle geeignet, so erfolgt die Einstellungs- beziehungsweise Besetzungsentscheidung. Ist er nicht geeignet, erfolgt die Absage und eine eventuelle Aufnahme in den Bewerberpool (Abbildung 8.1).

Grundsätzlich gelten Überlegungen zur Selektion gleichermaßen für externe als auch für interne Bewerber, abgesehen von der bei einer internen Besetzung wegfallenden Probezeit.

Sind im Rahmen einer Bewerberselektion Kandidaten aus unterschiedlichen Ländern oder Kulturkreisen involviert – handelt es sich also um eine internationale Bewerberauswahl – müssen die einzusetzenden Selektionsverfahren dahingehend überprüft werden, ob diese nicht per se ungleiche Ausgangsbedingungen und

Erstes klärendes Telefoninterview sollte keine Selektion darstellen

Abbildung 8.1: Überblick
Selektionsprozess[207]

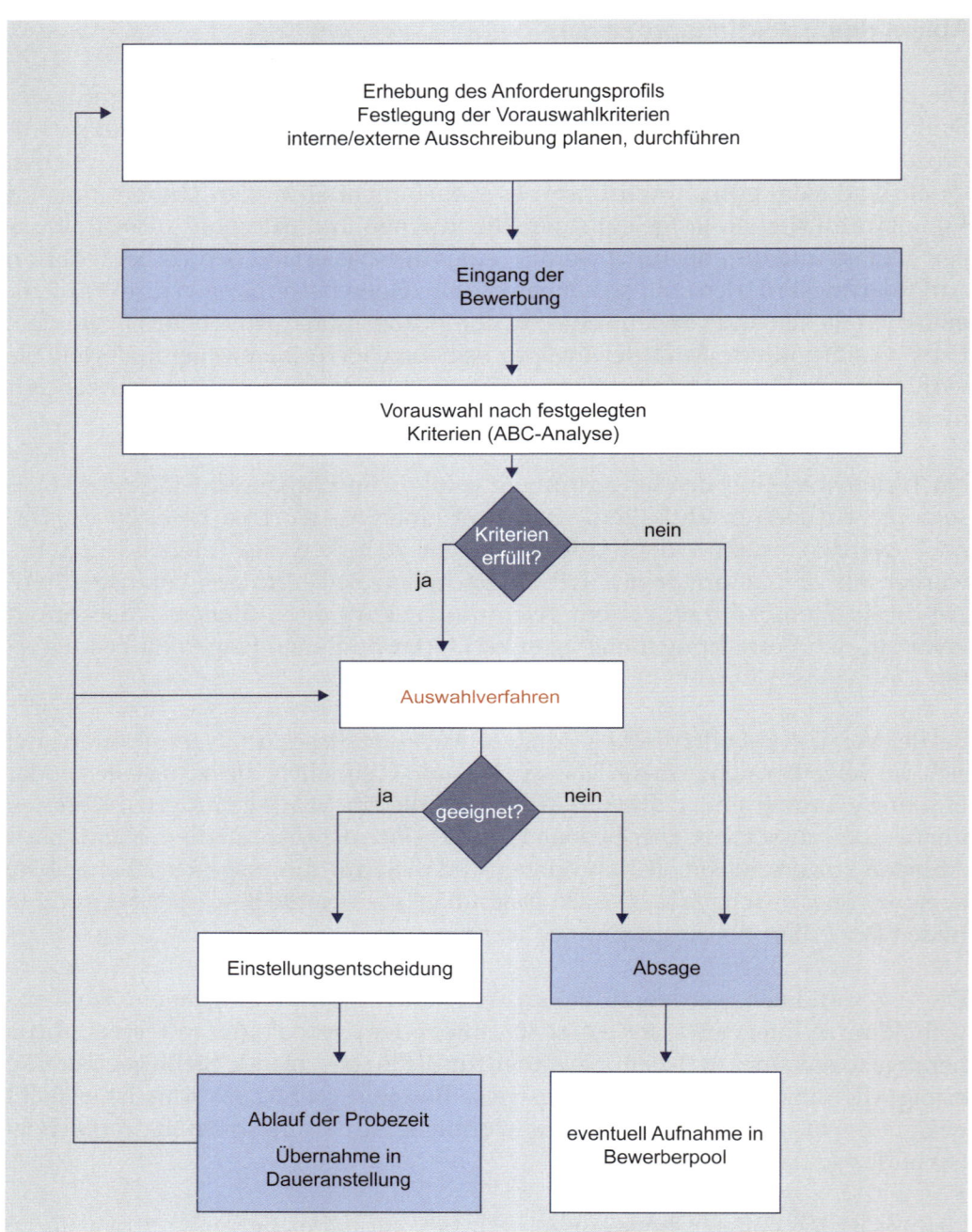

damit Chancen für Bewerber bestimmter Herkunft provozieren. Hierzu gibt es jedoch zwei konträre Sichtweisen:

- Die eine Position geht *optimistisch-generalisierend* davon aus, dass es keine Unterschiede macht, aus welchem Land ein Bewerber kommt. Die Annahme ist, dass die Selektionsverfahren kulturinvariant sind, also beispielsweise eine Kandidatin aus Japan genauso auf eine Frage reagiert wie ein Amerikaner.

- Die andere Position argumentiert *kritisch-relativierend* und sieht Gefahren darin, dass bestimmte Testverfahren eher zu bestimmten Testpersonen passen als zu anderen. Danach ist ein Bewerber bei einer Gruppenübung, die auf „als Teamarbeit getarntes Durchsetzen" setzt, dann im Vorteil, wenn er dies bereits in seiner Landeskultur „gelernt" hat. Zudem sind grundsätzlich muttersprachliche Bewerber im Vorteil: Findet also die gesamte Auswahlprozedur in Englisch statt, so ist dies immer ein Vorteil für Bewerber aus England.

Auch wenn zu diesem Themenbereich umfangreiche empirische Studien offenbar fehlen, scheint die eher optimistisch-generalisierende (und möglicherweise unangebrachte) Denkhaltung in multinationalen Unternehmen zu dominieren: Man geht also davon aus, dass die Testverfahren zur Personalselektion kulturinvariant sind.

Rechtlicher Rahmen

Auf Bewerberselektion und Einstellungsinterviews treffen eine Reihe von gesetzlichen Vorschriften zu. Sie reichen von Vorschriften zum Erstellen von Auswahlrichtlinien bis hin zur Unzulässigkeit von „persönlichen" Fragen. Zentral für die Selektionsphase ist das Mitbestimmungsrecht des Betriebsrats (nach §95 I BetrVG), sofern der Bewerber (nach §5 BetrVG) unter dieses Gesetz fällt.

Der Betriebsrat muss den *Richtlinien* über die personelle Auswahl bei Einstellungen, Versetzungen, Umgruppierungen und Kündigungen zustimmen. Sollten sich der Betriebsrat und der Arbeitgeber nicht einigen, entscheidet eine Einigungsstelle. In Betrieben mit mehr als 500 Mitarbeitern kann der Betriebsrat die Aufstellung von Auswahlrichtlinien im Hinblick auf fachliche, persönliche und soziale Gesichtspunkte verlangen (§95 III BetrVG). Zudem hat der Betriebsrat hinsichtlich der Auswahlrichtlinien und deren Anwendung ein durchsetzbares Initiativrecht zur Aufrechterhaltung von Auswahlrichtlinien (§95 II BetrVG).

Neben der Mitbestimmung hinsichtlich der Auswahlkriterien unterliegen auch *personelle Einzelmaßnahmen* der Mitbestimmung des Betriebsrates. Nach §99 BetrVG gilt, dass der Arbeitgeber in Unternehmen mit in der Regel mehr als 20 wahlberechtigten Arbeitnehmern den Betriebsrat vor jeder Einstellung, Eingruppierung, Umgruppierung und Versetzung zu unterrichten, ihm die erforderlichen Bewerbungsunterlagen vorzulegen und Auskunft über die Person der Beteiligten zu geben hat. Zudem muss der Betriebsrat über die Auswirkungen der geplanten Maßnahme informiert werden und seine Zustimmung dazu geben. Bei Einstellung muss der in Frage kommende Arbeitsplatz und die vorgesehene Eingruppierung mitgeteilt werden. Verweigert der Betriebsrat die Zustimmung, so muss er dies dem Arbeitgeber unter Angabe von Gründen innerhalb einer Woche nach Unterrichtung durch den Arbeitgeber schriftlich mitteilen. Erfolgt die Einhaltung dieser Frist nicht, so gilt die Zustimmung als erteilt.

Mitbestimmung des Betriebsrats als Einflussmaßnahme

Methodische Korrektheit

Die erste Möglichkeit, methodische Korrektheit zu gefährden, besteht im Verwechseln von Beobachten und Bewerten:

- *Beobachten* (beziehungsweise „Messen") bedeutet, möglichst exakt und korrekt einen Wert zu erheben, also beispielsweise die Intelligenz eines Bewerbers zu bestimmen.
- *Bewerten* (beziehungsweise „Beurteilen") bedeutet dagegen die Beantwortung der Frage, mit welchen Werten beim Bewerber man zufrieden ist. So könnte man sich überlegen, welchen Intelligenzwert man bei einem Bewerber akzeptieren möchte.

Auseinanderhalten von Beobachtung und Bewertung

Deutlich wird der Unterschied zwischen Beobachten und Bewerten bei einem Bewerber, der zum Bewerbungsgespräch zu spät kommt. Die Minuten des Zuspätkommens können exakt beobachtet werden („20 Minuten"). Wie man diesen Umstand bewertet und ob man den Bewerber weiter im Verfahren hält, ist dann eine andere Frage.

Alle Auswahlverfahren bergen zudem die Gefahr von Beobachtungs- und Beurteilungsfehlern[208]:

- So besteht bei Beobachtern die Tendenz, Bewerber besser zu bewerten, die einem in Verhalten und/oder Herkunft ähneln (*Ähnlichkeitsphänomen*).
- Beobachter laufen Gefahr, sich bei der Beurteilung von Persönlichkeitseigenschaften von einer anderen hervorstechenden Eigenschaft leiten zu lassen (*Halo-Effekt*).
- Es besteht die Neigung wie beim Einstellungsinterview, die Bewerber nach dem ersten Eindruck zu bewerten und Folgewertungen selektiv als Bestätigung der bereits getroffenen Bewertung zu treffen (*Primacy-Effekt*).
- Viele Beobachter bevorzugen bei der Verhaltenseinschätzung mittlere Skalenbereiche zum Teil aufgrund einer zu ungenauen Operationalisierung der relevanten Verhaltensweisen, zum Teil aber auch wegen einer mangelnden und unzureichenden Schulung der Beobachter (*Regression zur Mitte*).
- Bei der Verwendung von Schätzskalen erfolgt die Messung zumeist realnormorientiert, das heißt die einzelne Leistung bestimmt sich über den Gruppendurchschnitt, so kann dieselbe Leistung in einer „schwachen" Gruppe als stark und in einer „stärkeren" Gruppe als durchschnittlich eingestuft werden (*Realnormierte Messung*).
- Die Beobachter registrieren auch auf umfassenden Einschätzungsskalen meist lediglich das isolierte Auftreten singulärer Verhaltensweisen (*Fokussierung auf isolierte Verhaltensweisen*).

Hinzu kommt die Gefahr der Selbstüberschätzung der Beurteiler. Um diesem Fehler möglichst nicht zu erliegen, sollten die Beobachter und Beurteiler von Auswahlverfahren im Vorfeld trainiert werden, um in der Lage zu sein, Beobachtung und Bewertung zu trennen. Zudem können als Grundlage standardisierte Beurteilungsbögen dienen, die die Vergleichbarkeit unter den Bewerbern sicherstellen.

Messverfahren müssen objektiv, reliabel und valide sein. Objektiv ist ein Messverfahren dann, wenn die Ergebnisse unabhängig von dem Messenden sind. Bei diesem Kriterium handelt es sich also um den Grad der intersubjektiven Unabhängigkeit der Messergebnisse vom jeweiligen Untersuchenden. Schätzen also beispielsweise zwei Personen die Temperatur, so ist dies nicht objektiv. Bei der Objektivität geht es somit nicht darum, (subjektive) Erfahrungen in die Beobachtung einzubeziehen.

Objektivität: Messergebnisse sind unabhängig von den Messenden

Die Reliabilität eines Messverfahrens stellt die Messgenauigkeit dar. Man geht in der Testtheorie davon aus, dass jeder beobachtete Messwert sich aus einem wahren und einem Fehlerwert zusammensetzt. Das bedeutet, je besser die Reliabilität eines Tests ist, umso geringer ist der Fehler in der mit diesem Test vorgenommenen Erhebung.

Reliabilität: Messgenauigkeit des Messverfahrens

Die Reliabilität bezeichnet somit den formalen Aspekt der Messung und bezieht sich auf die Frage, ob das, was gemessen wird, auch richtig erfasst wird. Nicht reliabel wäre beispielsweise die Reaktion einer Katze auf die Temperatur der Terrassensteine, da nicht sichergestellt ist, dass bei der Wiederholung dieser Messung unter gleichen Rahmenbedingungen auch das gleiche Messergebnis erzielt werden würde.

Validität bedeutet, dass ein Verfahren genau misst, was es zu messen vorgibt. Hierbei stellt sich die Frage, ob das, was erhoben wird, auch intendiertes Ziel des Untersuchungsprozesses ist. Nicht valide wäre beispielsweise die Messung des Wohlbefindens durch ein Thermometer.

Validität: Messverfahren misst exakt, was es zu messen vorgibt

Seit Juni 2002 besteht in Deutschland die DIN-Norm 33430 „Anforderungen an Verfahren und deren Einsatz bei berufsbezogenen Eignungsbeurteilungen", die eine Qualitätssicherung der Personalauswahl anstrebt. Betrachtet man die Validität verschiedener Auswahlverfahren als Fähigkeit zur Vorhersage eines Berufserfolgs, so zeigen sich die unterschiedlichen Validitätswerte (Tabelle 8.1). Diese liegen zwischen 0 und 1, wobei die Validität steigt, je näher der Wert gegen 1 geht. Vor allem Arbeitsproben als Auswahlproben haben eine hohe Validität. Danach folgen allgemeine kognitive Fähigkeitstests, das Einstellungsgespräch sowie der Fachkenntnistest und schließlich Integrity-Tests (Integritätstests), die vor allem in den USA angewandt werden und dazu dienen, ein mögliches „unehrenhaftes" Verhalten von potenziellen Mitarbeitern vorherzusagen.

Auswahlverfahren sollen eine Vorhersage der zukünftigen Arbeitsleistung eines neu einzustellenden Mitarbeiters ermöglichen. Ihre Validierung erfordert die Messung des Ziel-(Außen)Kriteriums, nämlich der realisierten Arbeitsleistung zu einem späteren Zeitpunkt. Deshalb ist die Validierung auf die Prognosevalidität, die vorliegt, wenn eine signifikante Korrelation zwischen einem Testergebnis und einem zeitlich später auftretenden Kriterium besteht, auszurichten.[210] Ein Beispiel für die Prognosevalidität ist die Übereinstimmung einer Leistungsein-

Korrelation: linearer Zusammenhang zwischen zwei Variablen

schätzung im Auswahlverfahren und der späteren Leistungsbeurteilung des Mitarbeiters.

Tabelle 8.1: Validität von Auswahlmethoden[209]

Auswahlmethoden	Validität
Arbeitsproben	.54
allgemeine kognitive Fähigkeitstests	.51
strukturiertes Einstellungsgespräch	.51
Fachkenntnistest	.48
Probezeit	.44
Integrity-Test	.41
unstrukturiertes Einstellungsgespräch	.38
Assessment Center	.37
biografische Daten	.35
Gewissenhaftigkeitstest	.31
Graphologie	.02

Als Validitätskriterium ist somit der tatsächlich realisierte Arbeitserfolg des eingestellten Mitarbeiters entscheidend. Die Bestimmung der „realisierten Arbeitsleistung" erfolgt mit Hilfe eindimensionaler Globalkriterien („Composite Criteria"[211]) wie beispielsweise die erreichte Gehaltsstufe oder Hierarchieebene. Allerdings wirken zahlreiche Beeinflussungsvariablen auf die Entgelt- und Beförderungspolitik eines Unternehmens, weshalb die eindimensionale Messung des Arbeitserfolgs allenfalls begrenzt sinnvoll ist.

8.3 Auswerten schriftlicher Unterlagen

Das Auswerten von schriftlichen Unterlagen kann sehr zeitintensiv und mühevoll sein. Trotzdem legen Unternehmen mit einem professionellen Personalmanagement Wert darauf, schon in diesem Schritt sorgfältig vorzugehen, um den richtigen Mitarbeiter zu finden.

Bewerbungsunterlagen

Die eigentliche Personalauswahl beginnt unmittelbar nach dem Zusenden der Bewerbungsunterlagen durch den Bewerber. Diese Zusendung kann aufgefordert oder unaufgefordert erfolgen. Eine Aufforderung zur Zusendung der Bewerbung ist beispielsweise in der Stellenanzeige enthalten. Unaufgeforderte Bewerbungen werden als Initiativbewerbung bezeichnet und sind nicht nur bei schlechter Konjunktur üblich.

Wenn aus einer großen Menge an Bewerbern lediglich eine kleine Anzahl eingestellt werden soll, kommen als erstes formale Kriterien zum Zuge. So weisen die aus Anschreiben und Lebenslauf zu entnehmenden Informationen wie
– Schul- und Berufsbildung,
– Berufserfahrung,
– besondere Qualitäten und Leistungen,
– Auslandserfahrung,
– Sprachkenntnisse oder
– Zeugnisnoten
bereits auf Bewerber hin, die (nicht) den (formalen) Wünschen des Unternehmens entsprechen. Diese Auswertung der Bewerbungsunterlagen als systematischer und objektiver Vorgang erfolgt in der Personalabteilung oder aber – sofern gewünscht – durch die Führungskraft. Als Basis dafür kann ein Auswertungsbogen dienen (Tabelle 8.2).

Tabelle 8.2: Bewertung Bewerbungsunterlagen[212]

Analyseobjekt	Kriterium	Bewertungshinweise
Bewerbung allgemein	Ist im Aufbau eine Systematik erkennbar (Bewerbungsgrund, Selbstdarstellung)?	Sind Anhaltspunkte zu Eigenschaften wie Sorgfalt, schriftliches Darstellungsvermögen zu erkennen?
	Wie ist der Schreibstil (flüssig, unbeholfen)?	Gibt es Anhaltspunkte für das schriftliche Ausdrucksvermögen?
	Welche Motivation hat der Bewerber für einen Stellenwechsel (sachliche Gründe, private Gründe)?	Wie wird der Bewerbungsgrund bewertet?
Anschreiben ausgeschriebene Stelle	Gibt es einen konkreten Bezug zur Anzeige und den Anforderungen?	Inwieweit hat sich der Bewerber mit der Stelle auseinandergesetzt?
	Ist die Motivation für die Stelle erkennbar?	
Anschreiben freie Bewerbung	Warum richtet sich die Bewerbung an diese Firma?	Zeigt der Bewerber ein konkretes Interesse an dieser Firma?
	Grenzt der Bewerber seine Interessenbereiche ab?	Ist die Begründung schlüssig?
	Begründet er dies?	Welche Haltung steht dahinter (zum Beispiel Sicherheitsdenken)?

Fortsetzung Tabelle 8.2

Analyseobjekt	Kriterium	Bewertungshinweise
Schulzeugnisse	Sind aus den Noten besondere Begabungen erkennbar? (Beschränkung der Analyse auf Abschlusszeugnisse)	Lassen die Zeugnisnoten gewisse Rückschlüsse auf das Leistungsverhalten zu? (Aussagen sollten überprüft werden)
Hochschulzeugnisse	Ist aus der Wahl der Studienschwerpunkte eine Zielsetzung erkennbar? Sind die Noten der Schwerpunkte relativ gut?	Stimmt die Zielsetzung mit den Anforderungen überein? Steht die Abschlussarbeit in Bezug zum Arbeitsgebiet?
Arbeitszeugnisse	Gibt es auffällige Formulierungen? Wie erscheinen die Arbeitszeugnisse im Vergleich?	Ist die individuelle Form der Arbeitszeugnisse aussagekräftig?
Bisheriger Ausbildungs- und Berufsweg	Welche Hinweise gibt die Zeitfolgenanalyse? (Häufigkeit des Stellenwechsels, Zeitdauer der einzelnen Beschäftigungsverhältnisse, Positionsanalyse, beruflicher Auf- beziehungsweise Abstieg, Besonderheiten im Lebenslauf)	Welche Gründe gibt es für einen Stellenwechsel (Über- beziehungsweise Unterforderung, Unstetigkeit)? Gibt es Anhaltspunkte für die Leistung? Ist eine Steigerung oder Kontinuität der beruflichen Entwicklung erkennbar? (Eindeutige Aussagen können hier meist nicht getroffen werden. Sind Trends erkennbar?)
Bewerbungsfoto	Wie wird die äußere Erscheinung eingeschätzt?	Ist die Einschätzung aussagekräftig (zum Beispiel bei bestimmten Positionen, Repräsentationsaufgaben eher wichtig)?

Zeugnisnoten sagen wenig, werden aber oft zur Selektion genutzt

Umstritten ist, ob Zeugnisnoten den späteren Berufserfolg vorhersagen. Trotzdem gelten sie als pragmatischer Indikator für die Anpassungsfähigkeit des Bewerbers. Neben der Examensnote, die in einer Befragung von 71 deutschen Unternehmen mit 49 Prozent als häufigstes Mindestkriterium zur Sichtung von Bewerbungsunterlagen genannt wird, wird als weiteres wichtiges Kriterium mit 41 Prozent die äußere Form der Bewerbungsunterlagen genannt[213]. Hinsichtlich der Bewerbungsunterlagen gilt beispielsweise eine Bewerbung auf Umweltpapier als positiv und wichtig (Tabelle 8.3).

Sachverhalt	positiv/wichtig
Bewerbung auf Umweltpapier	77 %
schöne Bewerbungsmappe (Hülle)	62 %
jedes Blatt in separater Hülle	61 %
Briefpapier mit vorgedrucktem Briefkopf	57 %
Qualität des Schriftbildes (Laserdrucker)	56 %

Tabelle 8.3: Bewertung der äußeren Form der Bewerbungsunterlagen[214]

Es ist allerdings nicht auszuschließen, dass diese Werte im wirklichen Verhalten noch drastischer ausfallen, da Befragte tendenziell in Interviewsituationen eher sozial erwünscht in Richtung auf „äußere Form ist nicht wichtig" antworten.

Bewertung von Bewerbungsunterlagen

Übung 8.1

Die Anzeige für die Stelle des Junior Managers mit Liebe zu Erdbeerkuchen, die Sie in dem Karrieremagazin „Der junge Aufsteiger" geschaltet haben, ist ein voller Erfolg! Sie haben eine große Anzahl von Bewerbungen erhalten. Wie jetzt aber die Spreu vom Weizen trennen? Zwar wissen Sie, dass es verschiedene Kriterien gibt, aber wie lauten die noch mal? Zur Übung holen Sie eine alte Bewerbung, die Sie selbst schon einmal verschickt haben, und überprüfen diese anhand der Kriterien.

Online-Profilabgleich

Eine andere zunehmend interessante Möglichkeit ist das Vor-Screening im Internet: Hier bestehen vielfältige Möglichkeiten, die Personalauswahl mit Hilfe neuer Informations- und Kommunikationsinstrumente durchzuführen. Die Bewerber füllen Fragen in Online-Formularen direkt am Bildschirm aus und senden sie dem Unternehmen elektronisch zu. Online-Formulare bestehen sowohl aus fixen Eingabemasken als auch aus Freitextfeldern. Meist wird die Möglichkeit geboten, Dateien anzufügen und somit beispielsweise den Lebenslauf hochzuladen. Das EDV-System des Unternehmens überprüft die Eingaben und lokalisiert Bewerber, die bereits bei den KO-Kriterien durchfallen: Es wird also überprüft, ob die Bewerber den Basisanforderungen gerecht werden. Abgefragt werden neben den persönlichen Daten beispielsweise die Abschlüsse, die Berufserfahrungen, Gehaltsvorstellungen sowie Sprach- oder Computerkenntnisse. Eine Datenbank übernimmt die Überprüfung und das Abgleichen der eingetragenen Informationen mit denen des Anforderungsprofils. Zudem erfolgt ein automatischer Einladungs- oder Absageversand per E-Mail. Im Extremfall erhält der Bewerber also „postwendend" eine Absage oder aber Einladung, am weiteren Verfahren teilzunehmen.

Abbildung 8.2: Screenshot
SAP-System

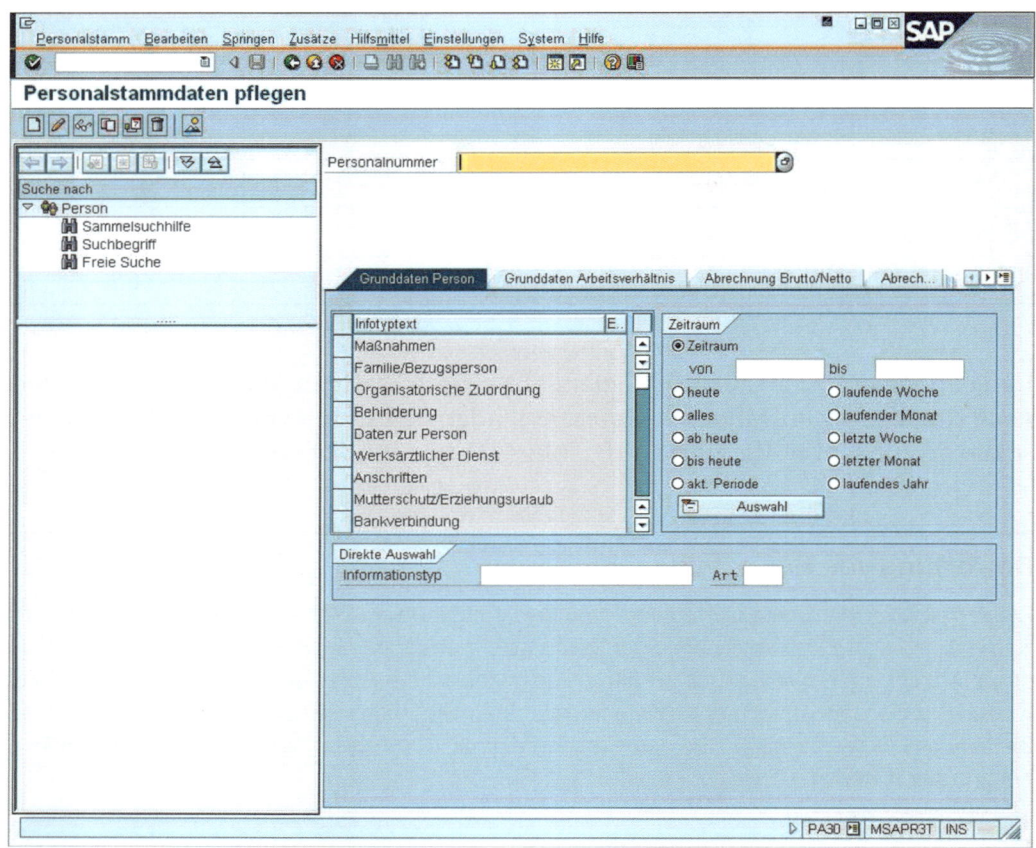

Ein Online-Bewerbungsverwaltungssystem kann die Personalauswahl beschleunigen und vereinfachen. Komplexe Systeme wie SAP-HR (Abbildung 8.2) sind aber aufgrund hoher Kosten nur für größere Unternehmen geeignet, die häufig eine große Anzahl von Stellen zu besetzen haben. Ansonsten sind aber auch einfache Systeme für kleine und mittlere Unternehmen auf dem Markt.

Das Ergebnis ist dann ein standardisierter Ablauf des Bewerbungsprozesses, der bereits mit dem Erstellen des Anforderungsprofils beginnt, anschließend vorselektiert, den Kontakt zum Bewerber steuert und mit der Nachbearbeitung des Bewerbungsgesprächs endet (Abbildung 8.3).

Eine weitere Variante der Online-Bewerbung ist die Bewerbung per E-Mail. Hierbei wird in einer E-Mail das Anschreiben formuliert und der Lebenslauf sowie Zeugnisse angehängt. Diese Variante ist zwar kostengünstig, problematisch ist allerdings, dass keine elektronische Weiterverarbeitung möglich ist. Zudem muss vorher klar sein, in welchem Format die Attachments geschickt werden sollen, damit ein Öffnen ohne weiteren Aufwand möglich ist.

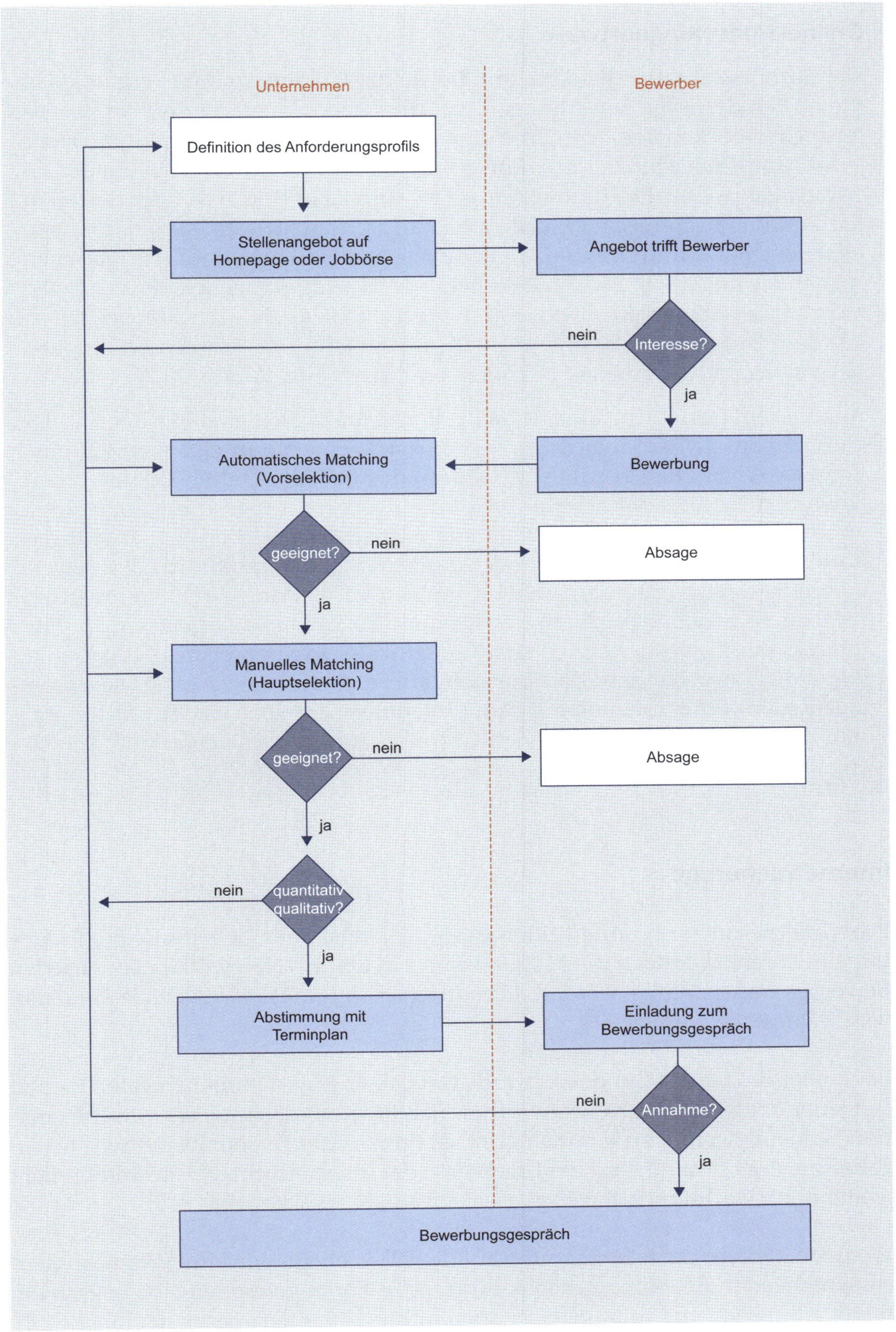

Abbildung 8.3: Ablauf
Online-Bewerbung

Abbildung 8.3: Ablauf Online-Bewerbung

Online-Recruitingsoftware

Der europaweit tätige Baukonzern Bielefelder Goldbeck GmbH erhält jeden Monat Hunderte von Bewerbungen, was die Personalmanager dort vor Begeisterung frohlocken ließ. Aber, und das verursachte bei den Personalmanagern jedes Mal Entgeisterung, die Bewerbungen prasselten von allen Seiten in bunten Papp- oder Plastikmappen auf sie herab: per Brief, Fax oder E-Mail in die Zentrale nach Bielefeld, über die Hauspost aus den 24 Niederlassungen in Deutschland und hin und wieder auch aus den Filialen im europäischen Ausland. Unmöglich, so den Überblick über die eingegangenen Bewerbungen zu behalten, viel versprechende Kandidaten auf Halde zu legen oder bei Bedarf aus dem hauseigenen Talentpool schöpfen zu können. Aufgrund des hohen Verwaltungsaufwands war es zudem ein finanzieller Albtraum.

Aus diesem Grund installierte das Unternehmen 2008 eine HR-Recruitingsoftware auf seiner Homepage. Das System geniert nun eigenständig eine Eingangsbestätigung, sobald sich der Bewerber über das Online-Karriereportal beworben hat. Die Mitarbeiter bekommen jeden Morgen die Neuzugänge angezeigt und haben so einen ständig aktualisierten Überblick über ihren Kandidatenpool. Daher wünscht sich das Unternehmen, zukünftig alle Bewerbungen nur noch online zu erhalten, um den Verwaltungsaufwand drastisch reduzieren zu können. Auch der weitere Prozess läuft IT-gestützt ab. Für interessante Bewerber lassen sich Einladungsschreiben ebenso generieren wie die Absageschreiben, für die es mehrere Textvarianten gibt. Die eingeladenen Bewerber erhalten mit dem Einladungsschreiben die Aufforderung, sich selbstständig im Portal einen Gesprächstermin zu buchen und sich so eine für sie passende Zeit zu reservieren.[215]

Internetrecherche

Dass Internetnutzer Spuren hinterlassen, ist längst kein Geheimnis mehr. Einträge in Foren, aber auch die Mitgliedschaft in Online-Netzwerken lassen jeden Bewerber transparenter werden. Dies machen sich mittlerweile viele Personalverantwortliche zunutze.

Laut einer Studie des Bundesverbands Deutscher Unternehmensberater[216] nutzt fast jeder dritte Personalverantwortliche (28 Prozent) das Internet, um Informationen über Bewerber zu sammeln. Und 26 Prozent der Personalverantwortlichen gaben an, dass sie aufgrund der Ergebnisse der Internetrecherche Bewerber nicht weiter berücksichtigt hätten.

Weitreichender als man denkt: das World Wide Web als unerschöpflicher Informant

Wenn eine interessante Bewerbung auf dem Tisch liegt, wird im Netz nach dem entsprechenden Bewerber gesucht, Einträge in Foren gelesen, ins Netz gestellte Bilder angesehen und eventuell Gruppenmitgliedschaften überprüft (Tabelle 8.4).

	Analyse-objekt	Kriterium	Bewertungshinweise
Beurteilung	Social Networks allgemein	In welchen Netzwerken hat der Bewerber Profile?	Passt der Adressatenkreis des Netzwerks in das Bild über den Bewerber? Sind die Profile gepflegt und aktuell?
	Profilseite	Welche Informationen gibt der Bewerber über sich preis? Sind Inhalte der Profilseite für Nicht-Kontakte gesperrt? Was kann aus den Hobbies/Interessen abgelesen werden?	Stimmen die angegebenen Informationen mit denen in der Bewerbung überein (beispielsweise Lebenslauf bei XING)? Zeigen die Informationen, dass sich der Bewerber Gedanken darüber macht, was er angibt und was nicht? Lassen sich Interessen erkennen, die deutlich von denen in der Bewerbung abweichen?
	Bilder und Video	Was für ein Profil hat der Bewerber eingestellt? Auf welchen Bildern ist er verlinkt? Welche Fotos/Videos stellt er ins Netz?	Ist das Profilbild vorteilhaft? Zeigen eigene Bilder und Videos nur Partybilder?
	Nachrichten, Gästebuch-einträge und Kommentare	Welche Botschaften hinterlässt der Bewerber im Netz?	Gibt es Anhaltspunkte für das schriftliche Ausdrucksvermögen? Sind keine Inhalte vorhanden, in denen sich der Bewerber abwertend über das Unternehmen, die Branche oder alte Arbeitgeber austauscht?
	Gruppen	In welchen Gruppen ist der Bewerber? Welche Gruppen hat er selbst gegründet?	Können aus den Gruppen Rückschlüsse auf Eigenschaften des Bewerbers gezogen werden? Welche Interessen des Bewerbers lassen sich aus den (selbsterstellten) Gruppen ablesen?
	Kontakte	Welche Kontakte hat der Bewerber?	Sind Kontakte zu Konkurrenzunternehmen oder befreundeten Unternehmen vorhanden? Kann aus der Anzahl und Art der Kontakte auf Kommunikativität und soziale Kompetenz geschlossen werden?
	Weblog	Um welche Inhalte dreht sich das Weblog des Bewerbers? Unter welchem Namen bloggt er?	Kann aus den Inhalten auf besondere Eignungen oder Interessen geschlossen werden?

Tabelle 8.4: Bewertung Internetrecherche

Egal ob zulässig oder nicht: das Internet wird (verdeckt) immer mehr und immer cleverer genutzt

So kann es in einem Vorstellungsgespräch durchaus passieren, dass das Gespräch gezielt auf Informationen gelenkt wird, die der Personalmanager bei seiner Internetrecherche gefunden hat.

Die zunehmende Berücksichtigung von Informationen aus dem Internet und hier speziell aus Social Networks wirft Fragen nach der Zulässigkeit auf:

- Unbestreitbar zulässig dürfte das reine *Lesen* sein. Wenn jemand persönliche Hinweise auf Aktivitäten und Einstellungen ins Internet stellt, so darf sich sicherlich das rekrutierende Unternehmen diese Informationen anschauen.
- Wesentlich schwieriger ist die Beantwortung der Frage, ob man die Informationen *nutzen* darf. Wenn also eine Bewerberin einen Hinweis auf ihre Schwangerschaft gibt („Wir freuen uns auf …") oder wenn man bei einem Bewerber auf der last.fm-Seite Belege für ein „exzessives Freizeitverhalten" findet, wird es rechtlich kompliziert. Unabhängig von den rechtlichen Vorgaben werden Unternehmen aber diese Daten „im Hintergrund" nutzen – im Regelfall, ohne Mitarbeiter darüber zu informieren.

Damit ist das Social Web aus Unternehmenssicht eine zumindest verdeckte Grundlage für die Personalselektion unabhängig von der zu besetzenden Stelle (Tabelle 8.5).

Tabelle 8.5: Nutzung des Internets zur Entscheidungsfindung nach Beschäftigtengruppen[217]

Beschäftigtengruppe	Unternehmen
freie Mitarbeiter, Honorarkräfte	30 %
gewerbliche Mitarbeiter	41 %
Auszubildende	43 %
höheres Management	56 %
mittleres Management	61 %
einfache und mittlere Angestellte	62 %

Andererseits gibt es Personen, die gerade über ihre Mitgliedschaft in großen Online-Netzwerken oder mit einem besonders aktiven „Networking" eine entsprechende Stelle gefunden, vielleicht sogar angeboten bekommen haben. Denn Personalmanager suchen im Internet nicht nur nach aktuellen Bewerbern, sondern sichten auch potenzielle neue Mitarbeiter. Sollte ein passendes Profil für eine gerade vakante Stelle dabei sein, so kann man denjenigen zu einer unverbindlichen Bewerbung ermutigen.

Karriere-Tipp: sich selbst im Internet suchen

Für Studenten, Bewerber und Mitarbeiter bedeutet dies, sich genau darüber klar zu werden, wie und womit man sich im Internet positioniert.

Soziales Petzwerk

Eine Angestellte der Schweizer Versicherung Nationale Suisse verlor ihren Job, weil sie bei Facebook Kontakte gepflegt hatte, während sie krankgeschrieben war. Passiert ist das Ganze im November 2008. Damals hatte die Angestellte sich wegen Migräne für einen Tag krankgemeldet und mitgeteilt, sie könne heute keinesfalls am Computer arbeiten. Wie die Schweizer Zeitung „20 Minuten" berichtet, sei sie eine Woche später zu ihrem Chef zitiert worden, der ihr fünf Minuten Zeit gegeben habe, um ihre Sachen zu packen und das Unternehmen zu verlassen. Seine Begründung: Eine Kollegin habe die Mitarbeiterin an ihrem Fehltag online bei Facebook gesichtet und beim Chef verpetzt. Und wer im Internet surfe, könne ja auch arbeiten.[218]

8.4 Führen von Auswahlgesprächen

Wurde die Hürde der Evaluierung der schriftlichen Unterlagen erfolgreich genommen, kommt es zu einem ersten Gespräch. Dabei kann bereits der erste (lockere) Kontakt am Telefon als ein erstes Auswahlgespräch dienen.

Telefoninterview

Nicht zuletzt aus Kostengründen bietet es sich an, vor einem umfassenden Bewerbungsgespräch ein Telefoninterview[219] zu führen. Hierfür gilt: Das Gespräch muss dem Bewerber vorher durch einen Brief oder eine telefonische Terminvereinbarung angekündigt werden. Ebenso sollte die ungefähre Länge des Telefonats mitgeteilt werden (zum Beispiel circa 30 Minuten), damit sich der Bewerber darauf einstellen und Störungen während dieser Zeit vermeiden kann.

Telefonat folgt den Regeln des Bewerbungsgesprächs

In diesem Telefongespräch können Kernkompetenzen geprüft und eventuelle Brüche oder Lücken im Lebenslauf geklärt werden. Zudem lassen sich am Telefon Fremdsprachenkenntnisse prüfen, indem die Sprache während des Gesprächs gewechselt wird. Das Telefongespräch zielt aber im Regelfall nicht darauf ab zu klären, ob der Bewerber ins Unternehmen passt.

Bewerbungsgespräch

Eine zentrale Informationsquelle für die Personalauswahl ist das Bewerbungsgespräch. Es liefert einen persönlichen Eindruck vom Bewerber und bietet die Möglichkeit, die vom Bewerber schriftlich gemachten Aussagen zu überprüfen und Differenzen zu klären.

Wie bei allen Interviews gibt es auch für ein Bewerbungsgespräch diverse Varianten:

- Beim *strukturierten Interview* sind die Fragen vor dem Interview festgelegt und werden allen Bewerbern mit gleichem Wortlaut sowie in gleicher Reihenfolge gestellt.
- Beim *halbstrukturierten Interview* kann der Interviewer anhand eines Leitfadens auf die besondere Situation des Bewerbers eingehen und den Bewerber individuell unterstützen.
- Beim *freien Interview* kann der Interviewer Fragen frei formulieren, auf beliebige Themen und die Antworten des Bewerbers spontan eingehen.
- Beim *Einzelinterview* (Einzelgespräch) sind nur Interviewer und Bewerber beteiligt; im Gegensatz dazu stehen *serielle Interviews* (mehrere Interviews in Folge), *Juryinterviews* (mehrere Interviewer) und *Gruppeninterview* (mehrere Bewerber).
- Beim *Stressinterview* versucht der Interviewer, den Bewerber unter Druck zu setzen, um dabei die psychische Beanspruchungsfähigkeit des Bewerbers zu testen und Widersprüche aufzudecken.
- Das *Tiefeninterview* dient dazu, ähnlich wie in der Psychoanalyse, die Persönlichkeitsstruktur des Bewerbers offen zu legen. Dabei sollen unbewusste Einstellungen, Werte oder Motive ans Tageslicht gebracht werden.

Strukturierte Interviews[220] haben eine deutlich höhere prognostische Validität als unstrukturierte Gespräche. Sie werden aber als Mittel der Personalauswahl kaum eingesetzt, weil sie vermeintlich zu wenig die Bedürfnisse des Interviewers berücksichtigen und ihre Autonomie einschränken. Zudem lässt sich relativ schlecht prüfen, ob der Bewerber zum Kollegenkreis und zum Unternehmen passt.

Stressinterview: definitiv nein!

Einen gesonderten Hinweis verdienen Stressinterviews, die manche Unternehmen für clever und chic halten. Hierzu gibt es eine klare Aussage: Stressinterviews sind höchst bedenklich. Zum einen kann ein provokantes Verhalten der Interviewer Bewerber zur Rücknahme ihrer Bewerbung veranlassen, zum anderen verschlechtert es das Arbeitgeberimage und die Unternehmenskultur. So zeigte eine Studie von *Michael Harris* und *Lawrence Fink*, dass Aggressivität bei studentischen Bewerbern zu einer Verringerung der empfundenen Attraktivität der Stelle führte.[221] Weiterhin sollte jedem Unternehmen bewusst sein, dass im Bewerbungsgespräch sich nicht nur der Bewerber präsentiert, sondern umgekehrt auch das Unternehmen. Nimmt man also die Idee des Personalmarketings ernst, so ist das Bewerbungsgespräch ein wichtiger Bestandteil der Unternehmenskommunikation und dementsprechend „positiv" zu gestalten.

Im Bewerbungsgespräch bewirbt sich auch das Unternehmen

Die gesamte Bewerberselektion, vor allem aber das Bewerbungsgespräch ist also zentraler Teil der Personalmarketingstrategie. Das Verhalten einem Bewerber gegenüber während des gesamten Bewerbungsprozesses gehört zum Personalmarketing. So kann es sich positiv auf das Unternehmensimage auswirken, wenn ohne große zeitliche Verzögerungen eine Eingangsbestätigung der Bewerbung, Rückmeldungen zur Bewerbung und eventuell sogar eine Terminvereinbarung zu einem Gespräch oder eine zeitnahe, aber freundliche Absage erfolgen.

Im Bewerbungsgespräch gibt es eine Vielzahl von Möglichkeiten, Gespräche zu steuern: Informationsfragen, Alternativfragen, Suggestivfragen, Erwartungsfragen, rhetorische Fragen, Gegenfragen, motivierende Fragen, Angriffsfragen, Provokationsfragen, Kontrollfragen sowie projektive Fragen. Damit stellt sich das Problem der Zulässigkeit von bestimmten Fragen. Grundsätzlich gilt:

- Es muss die *„Persönlichkeitssphäre des Bewerbers"* geschützt bleiben (Artikel 1 Absatz 1 GG, Artikel 2 Absatz 1 GG). Der Bewerber darf nicht zur Beantwortung von Fragen nach der seelischen Verfassung oder aus dem religiösen und familiären Bereich gezwungen werden; er dürfte in diesen Fällen sogar lügen.

Verbotene Fragen

- *Diskriminierende* Fragen nach verbüßten Haftstrafen, die in keinem Zusammenhang mit der betreffenden Stelle stehen, sind unzulässig.

- Weiterhin sind Fragen nach der *Schwangerschaft* einer Bewerberin unzulässig. Früher stand die Rechtsprechung auf dem Standpunkt, dass die Frage nach der Schwangerschaft dann zulässig sei, wenn mutterschutzrechtliche Beschäftigungsverbote bestehen (zum Beispiel Anstellung in Nachtarbeit oder gesundheitsgefährdende Labortätigkeiten). Das Bundesarbeitsgericht hat aber entschieden[222], dass die Frage nach einer Schwangerschaft selbst dann unzulässig ist, wenn einer Beschäftigung der Frau von vornherein ein mutterschutzrechtliches Beschäftigungsverbot entgegensteht.

Um sich ein Bild von der Eignung eines Bewerbers zu schaffen, können in einem Interview unterschiedliche Ansatzpunkte[223] für Fragen herangezogen werden (Tabelle 8.6). Da vergangenes Verhalten als guter Prädikator für das zukünftige Verhalten gilt, können Fragen zu den beruflichen Wechseln gestellt werden. Dem gegenüber stehen zukunftsbezogene Fragen, die abfragen, wie sich ein Bewerber in einer gewissen Situation verhalten würde. Gleiches gilt für die Fragen nach tatsächlichem und hypothetischem Verhalten. Weiterhin können Fragen zu – durch Zeugnisse oder Dokumentationen – nachprüfbaren Aspekten genutzt werden. So können beispielsweise Schulnoten eine gute Prognose für zukünftige Leistungen (oder Anpassungsfähigkeit) sein. Im Gegensatz dazu stehen Aussagen des Bewerbers, die nicht verifizierbar sind und somit die Aussage des Befragten die einzige Quelle ist. In ähnlicher Form sollten zentrale Ereignisse angesprochen werden: Der Bewerber kann beispielsweise Stellung nehmen zu seinen vergangenen Kündigungen. Die damit verbundenen inneren Vorgänge, wie Gedanken oder Gefühle, sind allerdings nicht beobachtbar. Aktivitätsbezogene Fragen, wie die Frage nach dem Amt des Klassensprechers, geben Auskunft über die Leistungsorientierung des Bewerbers.

Ein gutes Bewerbungsgespräch liefert dem Interviewer für seine Entscheidung nützliche Informationen, sofern Fragefehler wie
- Negativfragen zu Beginn des Gesprächs,
- Mehrfachfragen und
- Fragen zum Selbstwertgefühl
vermieden werden.

Unproduktive Fragen

Tabelle 8.6: Ansatzpunkte
im Interview[224]

Prinzip	Themenbeispiel
vergangenheitsbezogen (versus zukunftsbezogen)	Anzahl beruflicher Wechsel
tatsächliches Verhalten (versus hypothetisches Verhalten)	Vorgehen in erlebten Konfliktsituationen
nachprüfbar	Schulnoten
faktisch (versus interpretativ)	Anzahl der angestrebten Arbeitsstunden
äußere Ereignisse (versus innere Vorgänge)	Kündigung
aktivitätsbezogen	Klassensprecher
leistungsbezogen	erstes eigenes Einkommen
anforderungsbezogen	Führungserfahrung

Aus Bewerbersicht ist es ratsam, von sich aus auf Fakten wie etwa eine Schwerbehinderung hinzuweisen, wenn diese die vorgesehene Arbeitsleistung beeinträchtigen könnte. Natürlich muss auch der Interviewer auf Fragen des Bewerbers wie etwa zur Stelle, zum Unternehmen, zu persönlichen Entwicklungsmöglichkeiten oder zur Unternehmenskultur gefasst sein und sie beantworten können.

Als potenzieller Arbeitgeber sollte das Unternehmen dem eingeladenen Bewerber in vertretbarem Umfang die Kosten für Anfahrt, Verpflegung und eventuelle Übernachtung erstatten. Häufig schließen Unternehmen diese Verpflichtung jedoch bereits im Vorfeld im Einladungsschreiben aus. Der Bewerber muss die Kosten in diesem Fall selbst tragen.

Einstellungsgespräch als Ritual, das alle kennen sollten

Grundsätzlich hat sich ein „typischer" Verlauf von Einstellungsgesprächen herausgebildet (Tabelle 8.7). Danach steht am Anfang immer eine Kontaktphase („Haben Sie gut hergefunden?") und das Anbieten von Getränken (immer annehmen, müssen aber später nicht getrunken werden). Danach steht die Person des Bewerbers im Vordergrund, wenn nicht das Unternehmen den unmittelbaren Einstieg „Was wissen Sie schon von der ausgeschriebenen Position?" wählt.

Phase	Inhalt
Eröffnung/Kontakt	Smalltalk (Wetter, Anreise) zur Entspannung des Bewerbers
	kurze Vorstellung von Unternehmen und Interviewer
	Übermittlung wertschätzender Grundhaltung
	Nennung von Ziel und Ablauf des Gesprächs
Vorstellung des Bewerbers	persönlicher Hintergrund (Ausbildung, Beruf, Werdegang, Erfahrung, Interessen)
Diagnosephase	offene Fragen aus Unterlagen und zur Selbstdarstellung (biografiebezogene Fragen, situative Fragen, offene Fragen)
	Fachfragen zu Verhaltensweisen, Einstellungen, Motiven (standardisierte und teilstandardisierte Fragen), W-Fragen (Wer? Wo? Was?) zu Situation-Aktion-Ergebnis
Vorstellung der Position	Aufgaben
	Verantwortungsrahmen
	hierarchische Einbindung
	Schnittstellen und Umfeld (Führungskräfte, Kollegen, Mitarbeiter)
Beantwortung der Fragen des Bewerbers	Fragen des Bewerbers
	Beantwortung der Fragen
Schlussphase	Zusammenfassung der Gesprächsergebnisse
	Details zu Kündigungsfrist
	Gehaltsvorstellung
	Fragen zum weiteren Vorgehen
	Kostenerstattung und Dankeschön für Vertrauen und Interesse

Tabelle 8.7: Gesprächsphasen im Bewerbungsgespräch[225]

Erstellen eines Gesprächsleitfadens

Übung 8.2

Heute Nachmittag haben Sie Gespräche mit mehreren Bewerbern, die sich für die Stelle des Junior Managers bei der Strawberry Cake & Bakeries AG interessieren. Erstellen Sie eine Liste der Merkmale, die aus Ihrer Sicht besonders relevant sind, und überlegen Sie, durch welche Fragen Sie diese Merkmale im Gespräch abprüfen können.

8.5 Durchführen von Testverfahren

Führt das Unternehmen zur Bewerberselektion zusätzlich Auswahltests durch, finden diese in der Regel zeitnah zum eröffnenden Interview statt. Testverfahren dienen dazu, die Eigenschaften der Bewerber im Vorfeld einer Einstellungsentscheidung abzuschätzen und eine verfügbare Stelle „optimal" mit dem geeignetsten Bewerber zu besetzen.

Psychologische Testverfahren

Psychologische Testverfahren basieren auf psychologischen Kriterien als Instrument der Personalauswahl. Sie beziehen sich auf Persönlichkeitsmerkmale sowie auf Fähigkeiten und erfassen individuelle Verhaltensmerkmale, um daraus auf Eigenschaften oder Leistungen der betreffenden Personen zu schließen. In diesen Tests wird das Verhalten der Bewerber möglichst standardisiert erfasst und die Reaktionen bewertet. Im deutschsprachigen Raum existiert eine Vielzahl von psychologischen Tests, zu denen beispielsweise der Rorschach-Test zählt.

Rorschach–Test

Der Schweizer Psychiater *Hermann Rorschach*[226] (1884-1922) entwickelte einen Persönlichkeitstest, der Intelligenz, Einstellung gegenüber den Mitmenschen und Reaktionsverhalten erfassen soll. Der Test besteht aus mehreren Tafeln mit sinnfreien Tintenklecksen, die von der Versuchsperson frei gedeutet werden müssen.

Ein Psychologe wertet diese Deutungen nach vorgegebenen Richtlinien aus, wobei vor allem auf folgende Aspekte zu achten ist:
- Werden Ganz-, Halb- oder Detailfiguren erfasst? (*Erfassungsart*)
- Werden Schattierungen, Kontraste, Farben wahrgenommen? (*Erlebnisqualität*)
- Werden Tiere, Menschen, Pflanzen gesehen? (*Inhalt*)
- Sind die Antworten vulgär, angepasst, originell? (*Originalität*)

Bei Persönlichkeitstests wie dem Rorschach-Test gibt es keine „richtigen" oder „falschen" Antworten, sondern lediglich mehr oder weniger konsistent deutbare Aussagen.

Auf Einwilligungspflicht und Aufklärungspflicht achten!

Obwohl psychologische Testverfahren wie Persönlichkeitstests, Intelligenztests, Motivations- und Neigungstests und graphologische Gutachten rechtlich zulässig sind, bedarf es der Einwilligung des Bewerbers und der diesbezüglichen Aufklärung. Die Einwilligung darf nicht durch Täuschung oder rechtswidrige Drohung erzwungen werden. Wenn psychologische Tests im Verbund mit anderen Auswahlinstrumenten wie Assessment Centern eingesetzt werden, besteht ebenso Aufklärungspflicht über die benötigte Einwilligung des Bewerbers. Sensible personenbezogene Daten müssen in der Regel nach Abschluss des Auswahlverfahrens vernichtet werden.

Persönlichkeitstests erheben persönliche Merkmale des Bewerbers, die weitgehend zeitlich konstant sind. Der Bewerber versucht, während der Tests auf Reize zu reagieren; diese Reaktionen werden analysiert und daraus Rückschlüsse auf die Persönlichkeitsstruktur sowie auf die zugrunde liegenden Motive gezogen.

Fähigkeitstests

Fähigkeitstests verlangen eine klar vorgegebene Leistung, die dann entsprechend gemessen wird:
- Beim *Geschwindigkeitstest* sind in der vorgegebenen Zeit so viele Aufgaben wie möglich zu lösen, beim Niveautest möglichst viele Aufgaben mit zunehmender Schwierigkeit.
- *Allgemeine Fähigkeitstests* zielen auf Fähigkeiten wie Konzentration, Aufmerksamkeit, Willenskraft und Willenseinsatz.
- *Intelligenztests* ermitteln die intellektuelle Leistungsfähigkeit (Intelligenzquotient und Intelligenzstruktur), erlauben aber nur begrenzt Rückschlüsse auf die berufliche Eignung.
- *Spezielle Fähigkeitstests* zielen auf sensorische Fähigkeiten wie Sehschärfe, Farbwahrnehmung, Gehörsinn oder motorische Fähigkeiten wie Muskelkraft, Handgeschicklichkeit, Reaktionszeit.

Viele Tests sind zeit- und kostenintensiv, da sie nur individuell unter psychologisch geschulter Leitung durchgeführt werden können.

Situative Tests

Situative Tests, wie Plan- und Rollenspiele, konfrontieren die Bewerber mit realistischen Situationen aus dem Arbeitsleben und beobachten ihre Verhaltensweisen im künftigen Tätigkeitsfeld. Bei Gruppendiskussionen sollen mehrere Bewerber eine Aufgabe lösen, dadurch können sie direkt miteinander verglichen und ihre sozialen Verhaltensweisen beobachtet werden. Eine entscheidende Voraussetzung für den sinnvollen Einsatz von Testverfahren ist – wie bei der gesamten Personalselektion – die genaue Kenntnis der gewünschten Anforderungen.

Assessment Center

Eine besondere Form vom kombinierten Auswahlgespräch und Auswahltest ist das Assessment Center[227] als komplexes, standardisiertes Verfahren zur Ermittlung und Feststellung von Verhaltensleistungen. Dazu werden
- mehrere Kandidaten (meist acht bis zwölf),
- von mehreren geschulten Beobachtern (meist vier bis sechs Linienführungskräfte höherer Hierarchiestufen aber auch Psychologen oder externe Berater),
- in einer Vielzahl von Beurteilungssituationen,
- über einen längeren Zeitraum (meist zwei bis drei Tage),
- im Hinblick auf wichtige Zielkriterien des Managements,
- nach festgelegten Regeln

beurteilt. Der letztgenannte Punkt ist insofern wichtig, als gerade die Standardisierung von Inhalten, Ablauf und Bewertung helfen soll, spontane und subjektive Beurteilungsfehler auszuschließen.

Inzwischen gibt es für das Assessment Center eine (allerdings auch weitgehend) standardisierte Vielzahl von Methoden. Die wichtigsten davon sind:
- *In-Basket-Methode* („Postkorb"), bei der ein „zufällig" zusammengestellter Inhalt eines Posteingangskorbs sortiert und die daraus resultierenden Aktionen in eine Prioritätenfolge gebracht werden,
- führerlose *Gruppendiskussionen* mit oder ohne Rollenvorgabe,
- *Simulation von Interviews* als dialogorientierte Aufgabe, bei dem die Kandidaten wechselseitig unterschiedliche Gesprächsrollen einnehmen,
- Analysen von *Fallstudien*,
- *Präsentation* von Einzel- sowie Gruppenarbeit und
- *schriftliche Übungen* unterschiedlicher Art.

Besonders beliebt: Postkorb plus Gruppendiskussion

Jede dieser Aufgaben zielt auf spezifische Fähigkeitsmerkmale des Kandidaten und eignet sich so zur Überprüfung von bestimmten Anforderungsmerkmalen im Assessment Center (Tabelle 8.8). So lässt sich mit Hilfe eines Postkorbes die Planungs- und Organisationsfähigkeit eines Bewerbers testen. Für die Kommunikationsfähigkeit bieten sich dagegen Gruppendiskussionen an.

Sollen Beurteilungsfehler ausgeglichen werden, müssen die Fähigkeitsmerkmale des Bewerbers jeweils durch mehrere Verfahren erfasst werden. Auch der Einsatz mehrerer Beobachter dient der Fehlerkompensation, zudem erlaubt das Beobachten der Teilnehmer Rückschlüsse auf Motivation, Leistungsbereitschaft oder soziale Kompetenzen des Bewerbers.

Als *Vorteile* von Assessment Centern[228] gelten
- ihr systematischer Ablauf,
- ihre Fokussierung auf direkt beobachtbare Verhaltensmerkmale aus dem zukünftigen Tätigkeitsfeld,
- die mehrfache Erfassung desselben Fähigkeitsmerkmals im Methodenverbund,

Untersuchungsziel	Untersuchungsverfahren								
	Interview	Management-Spiel	Postkorb und Interview	Führerlose Gruppendiskussion (ohne Rollenvorgabe)	Führerlose Gruppendiskussion (mit Rollenvorgabe)	Daten sammeln und entscheiden	Analyse/Präsentation (falls Gruppendiskussion)	Interview-Simulation	schriftliche Übung
Energie/Tatkraft	(x)	x	(x)	x	x	x	x	x	
mündlicher Ausdruck	x	x	x	x	x	x	x	x	(x)
mündliche Präsentation				(x)		x	(x)		
schriftlicher Ausdruck	x		(x)				(x)		(x)
Kreativität	x		x	x					x
Interessenbereich	(x)								x
Stresstoleranz		x		x	x	(x)	x		
Motivation	(x)								
Arbeitsnormen	(x)								x
Karriereorientierung	(x)								
Führungsfähigkeit	x	(x)		(x)	(x)				
Sensibilität	x	x	(x)	x	x	x	x	(x)	
zuhören können		x	x	x	(x)		x		
Flexibilität		x		(x)	x	(x)	x	(x)	
Beharrlichkeit	x	x		x	x	(x)	x	x	
Risikobereitschaft	x	(x)	x		x				
Initiative	x	x	x	x	x				
Unabhängigkeit	x	x		x	x	x			
planen/organisieren	x	x	(x)				x	x	x
steuern/kontrollieren	x	(x)							
delegieren	x		(x)						
Problemanalyse	x	x	x	x	(x)	(x)	x	x	x
Urteilsfähigkeit	x	x	(x)	x	(x)	(x)	x		x
Entschlossenheit		x	(x)		(x)	(x)			
x starke diagnostische Qualität									
(x) schwache diagnostische Qualität									

Tabelle 8.8: Assessment-Übungen und beobachtbare Merkmale[229]

– die Einsatzmöglichkeit mehrerer Beobachter und
– die direkte Vergleichsmöglichkeit zwischen den Bewerbern.

Aus diesem Grund ist es verständlich, dass Assessment Center vor allem in der Genauigkeit bei der Auswahl potenzieller Mitarbeiter anderen Verfahren überlegen sind. Durch die Kombination der unterschiedlichen Verfahren wird eine hohe Beurteilungstiefe erreicht.

Nachteile sind vor allem der große Aufwand sowie die hohen Kosten. Daher wird ein Assessment Center in der Regel nur für Bewerber eingesetzt, die im Unternehmen eine zentrale Funktion übernehmen, wie beispielsweise Führungspositionen. Auch werden die im Assessment Center interessierenden interaktiven Prozesse in der Regel über einfache Einstufungsmethoden erhoben.

Feedback geben und Feedback nehmen!

Die in Assessment Centern erstellten Feedbacks sind für den Bewerber hinsichtlich zukünftiger Bewerbungen nützlich. Sie sind aber auch kritisch zu hinterfragen: Das Feedback hängt immer stark von den Beobachtern ab, zudem kann das, was für das eine Unternehmen positiv ist, im anderen Unternehmen nicht erwünscht sein.

Assessment Center sind nicht nur Bewährungsproben für den Bewerber, sondern auch für das Unternehmen: Denn der Bewerber kann sich überlegen, ob er in dieses Unternehmen passt und dort arbeiten möchte. Nicht zuletzt tragen deshalb Assessment Center in positiver wie negativer Hinsicht zur Imagebildung bei.

Während große Unternehmen grundsätzlich Assessment Center und zusätzliche Einstellungstests einsetzen, können sich mittelständische und erst recht kleine Unternehmen dies aufgrund zeitlicher und finanzieller Ressourcen in der Regel nicht leisten. Deshalb dominiert im Auswahlprozess die Durchsicht der Bewerbungsunterlagen sowie das Einstellungsinterview. Darüber hinaus dienen oftmals zusätzlich eingeholte Referenzen bei früheren Arbeitgebern des Bewerbers als Auswahlinstrument.[230]

Eine derartige Beschreibung der Personalselektion beim Mittelstand – die noch um die gerade bei kleineren Unternehmen stark praktizierte Komponente der „persönlichen Passung" zu ergänzen ist – wirft zwangsläufig das Postulat nach Einsatz externer Unterstützung zur Durchführung von komplexeren Auswahlverfahren auf den Plan. Dagegen ist allerdings einzuwenden, dass gerade Großunternehmen – die durchaus auf derartige Hilfe bei umfassenden Kompetenzbestimmungen zurückgreifen – durch fatale und teuere Fehlentscheidungen von sich reden gemacht haben.

Personalselektion in KMU: Weniger ist vielleicht sogar mehr!

Als „vielfach geäußerte Behauptungen" zu Charakteristika von KMU lassen sich bezüglich der Anreizpolitik festhalten[231]:
– oft geringeres Lohnniveau als Großunternehmen,
– Profilierung durch Sozialleistungen,

– im Prinzip die besten Voraussetzungen für wirksame Mitarbeiter-Beteiligungs-
systeme,
– wenig Investition in Personalentwicklung,
– keine formalen Leistungskriterien,
– begrenzte Karrieremöglichkeiten und
– Karriere oft nach Verwandtschaft statt nach Fähigkeit.
Allerdings darf eine derartige Aufzählung nicht generalisiert werden, weil sie
sicherlich nicht für alle KMU gilt.

Wahl des Auswahlverfahrens

Übung 8.3

Auch nach den Bewerbungsgesprächen haben Sie noch mehrere Favoriten. Sie überlegen sich,
dass es gut wäre, diese auf ihre Fähigkeiten hin zu testen. So einfach ist die Sache allerdings
nicht: Bestimmte Eigenschaften kann man nur mit bestimmten Verfahren prüfen. Eine Mitarbeiterin aus der Personalabteilung schlägt Ihnen vor, mit den Bewerbern zunächst eine Post-
korbübung, dann eine Fallstudie und schließlich noch eine Kooperationsübung durchzuführen,
um die Anforderungsmerkmale Überzeugungskraft, Kommunikationsfähigkeit und Intelligenz
zu testen. Sie sind sich nicht ganz sicher, ob dies die richtigen Methoden sind, und überlegen,
ob Ihnen eine bessere Kombination einfällt.

Basisrate und Selektionsrate

Bei der Bewerberselektion gibt es im Ergebnis zwei Varianten: Man kann den
Bewerber
– ablehnen (weil man ihn für ungeeignet hält) oder
– akzeptieren (weil man ihn für geeignet hält).
Dies bedeutet aber nicht, dass die zugrunde liegenden Beurteilungen zutreffend
sind.

Dazu müsste man die wahre Eignung kennen, wonach der Bewerber in Wirklichkeit
– objektiv geeignet oder
– objektiv ungeeignet
ist.

Fügt man diese 2x2-Kombinationen zusammen, so führt dies zu vier Varianten
(Tabelle 8.9):
(A) Der *Bewerber ist geeignet*, das Unternehmen erkennt dies aber nicht und lehnt
den *Bewerber als ungeeignet ab*. Dieses Fehlurteil ist unsichtbar, weil das Unter-
nehmen nie erfahren wird, dass es einen Fehler („Fehler erster Art") gemacht
hat.
(B) Ein *geeigneter Bewerber wird richtigerweise akzeptiert*.
(C) Ein *ungeeigneter Bewerber wird richtigerweise abgelehnt*.

(D) Das *Unternehmen akzeptiert einen ungeeigneten Bewerber*, der sich aber bald als solcher herausstellt, wodurch das Unternehmen diesen Fehler („Fehler zweiter Art") erkennt.

Professionelles Personalmanagement bedeutet daher, die beiden gegenläufigen Fehler erster und zweiter Art in der Summe zu minimieren.

Tabelle 8.9: Entscheidungs-logik der Personalauswahl[232]

		Entscheidung	
		Bewerber als ungeeignet abgelehnt	Bewerber als geeignet akzeptiert
Eignung	Bewerber objektiv geeignet	fälschlich abgelehnter Bewerber "unsichtbares" Fehlurteil Fehler erster Art (A)	richtige Entscheidung, weil Bewerber zu recht akzeptiert (B)
	Bewerber objektiv ungeeignet	richtige Entscheidung, weil Bewerber zu recht abgelehnt (C)	fälschlich akzeptierter Bewerber Fehlurteil/Fehlbesetzung Fehler zweiter Art (D)

Basisrate als Qualität des Bewerberpools

Die Wahrscheinlichkeit, mit der man eine richtige oder eine falsche Bewerber-selektions-Entscheidung trifft, hängt neben der bereits besprochenen Validität der Auswahlmethode auch von der Basisrate und Selektionsrate ab. Die *Basisrate* ist definiert als der Anteil einer nicht vorsortierten Bewerberpopulation, der a priori bei gegebenen Auswahlverfahren (und Anforderungen) als erfolgreich gilt. Die Basisrate spiegelt somit die Qualität des Bewerberpools[233] wider.

$$\text{Basisrate} = \frac{\text{objektiv geeignete Bewerber}}{\text{Gesamtzahl der Bewerber}}$$

Die Eignung eines Bewerbers wird durch die vorher festgelegten Anforderungen bestimmt. Hohe Anforderungen führen generell zu niedrigeren Basisraten, da weniger Bewerber existieren, die die Anforderungen erfüllen, niedrige Anforderungen hingegen zu hohen Basisraten. Bei einer Basisrate von 1 erfüllen alle Bewerber die gestellten Anforderungen. Bei einer extrem niedrigen Basisrate (die gegen 0 geht), hat das Unternehmen insofern ein Problem, als zur Personalselektion eine unrealistisch hohe Anzahl von (zusätzlichen) Bewerbern notwendig wäre, um den „Richtigen" zu finden.

Die *Selektionsrate* ist das Verhältnis der Anzahl einzustellender neuer Mitarbeiter zur Gesamtzahl der Bewerber.[234] Die Selektionsrate spiegelt somit den Grad der Akzeptanz von Bewerbern wider.

Selektionsrate als Grad der Akzeptanz

$$\text{Selektionsrate} = \frac{\text{akzeptierte Bewerber}}{\text{Gesamtzahl der Bewerber}}$$

Durch die Gegenüberstellung von Basisrate (Eignung oder Nichteignung) und Selektionsrate (Akzeptanz oder Ablehnung) kann der zu erwartende Erfolg der anstehenden Personalauswahl eingeschätzt werden.

Am einfachsten lässt sich der Zusammenhang zwischen Basisrate und Selektionsrate an einem Schaubild erklären (Abbildung 8.4). Dazu werden Basisrate und Selektionsrate als Linien über die übliche Verteilung von Bewerbern (blaue Fläche) gelegt. Welcher konkrete Bewerber sich wo innerhalb dieser Fläche befindet, weiß das Unternehmen nicht. Klar ist nur: Weiter oben innerhalb der Fläche werden die beruflichen Anforderungen eher erfüllt. Liegen hohe Anforderungen an die Bewerber vor (beispielsweise nur 300 der 1.000 Bewerber erfüllen die Anforderungen) ergibt sich eine niedrige Basisrate (hier b=0,3), da nur wenige Bewerber diese Anforderungen erfüllen. In unserem Beispiel befinden sich jetzt 30 % der Fläche über und 70 % unterhalb der Linie, es werden also 70 % der Fläche „abgeschnitten". Die 30 % über der Linie ist der Anteil der Bewerber, der grundsätzlich für die Position geeignet wäre.

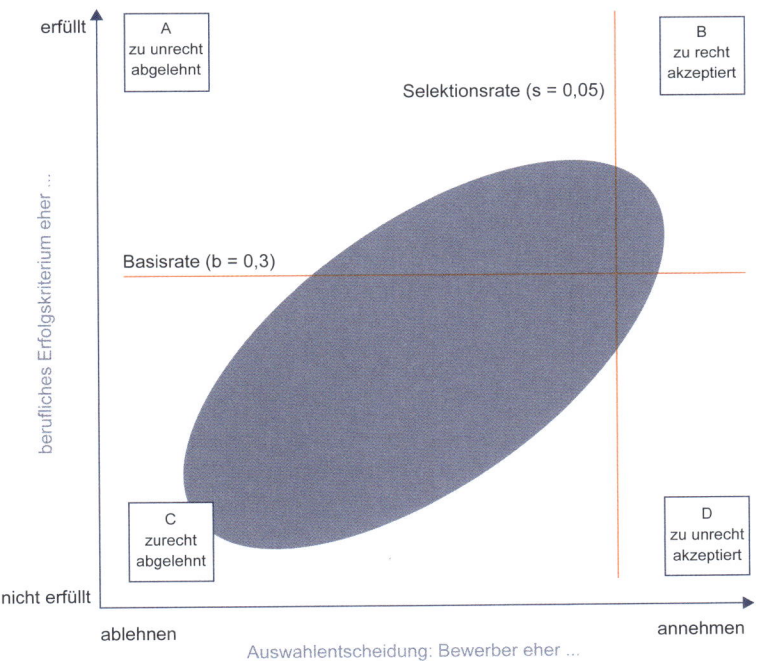

Abbildung 8.4:
Zusammenwirken von Basisrate und Selektionsrate im Hinblick auf die Auswahlentscheidung[235]

Jetzt kann das Unternehmen über seine Auswahlentscheidung steuern, wie viele Bewerber es annehmen möchte. Bei niedrigen Selektionsraten befindet sich nur ein kleiner Teil der Fläche rechts von der vertikalen Linie. Stellt das Unternehmen beispielsweise 50 neue Mitarbeiter ein (Selektionsrate s=0,05) liegen 5 % der Fläche rechts und 95 % links von der vertikalen Linie.

Durch dieses Vorgehen teilt man die Fläche in die in Tabelle 8.9 beschriebenen vier Varianten auf. Im oben beschriebenen Fall werden sehr viele Bewerber zu recht abgelehnt (C) und einige zu unrecht abgelehnt (A). Unter den 50 akzeptierten Bewerbern befinden sich sowohl zu recht akzeptierte (B) als auch zu unrecht akzeptierte Bewerber (D).

Das unternehmerische Entscheidungskalkül erfordert eine Minimierung der Zahl der akzeptierten, jedoch ungeeigneten Bewerber. Hinsichtlich gesellschaftlicher Nutzenüberlegungen ist aber auch eine Minimierung der abgelehnten, gleichwohl geeigneten Bewerber zu fordern.

Ist man mit den (vermeintlich) entstehenden Fehlern der Auswahl unzufrieden – sind also die Fehler erster und/oder zweiter Art subjektiv zu hoch –, können aus der resultierenden Einteilung des Bewerberpools in die vier Felder konkrete Handlungsempfehlungen abgeleitet werden. Stellhebel sind die Basisrate und die Selektionsrate:

- Die Basisrate kann durch ein Überdenken und gegebenenfalls Variieren der Anforderungen verändert werden, wodurch sich die Einstufung in geeignete oder ungeeignete Bewerber verändert. Kommt man zu dem Ergebnis, dass man zu hohe, zu niedrige oder falsche Anforderungen für die Stelle zugrunde gelegt hat, und passt diese entsprechend an, ändert sich die Basisrate, was zu einer neuen Aufteilung der Punktwolke führt.
- Auf die Selektionsrate kann durch eine Veränderung der Anzahl der Bewerber (beispielsweise durch zeitliche Verlängerung der Ausschreibung der Stelle oder durch breitere Streuung der Stellenausschreibung) Einfluss genommen werden. Zudem kann die Entscheidung über die angestrebte Zahl der Einstellungen überdacht werden. So können bewusst mehr Bewerber akzeptiert werden. Dies ist sinnvoll, wenn sonst zu viele gute Bewerber abgelehnt würden. Umgekehrt

Übung 8.4   **Erfolg der Personalauswahl**

Sie haben sich für eine Bewerberin auf die Stelle der Junior Managerin in Ihrem Erdbeerkuchen-konzern entschieden. Im Vorfeld haben Sie fünf der 25 Bewerber/innen als eventuell erfolgreich eingestuft. Nun fragen Sie sich, ob die Art der Personalauswahl erfolgreich war, und berechnen Basisrate und Selektionsrate. Sie merken, dass Sie aus diesen beiden Zahlen alleine noch nicht schlauer werden. Daher nehmen Sie das Buch „Grundzüge des Personalmanagements" aus dem Regal und zeichnen Basis- und Selektionsrate in das Schaubild ein. Nun lichtet sich der Nebel und Sie merken, ob das Auswahlverfahren so gut ist wie Ihr Erdbeerkuchen und Sie überlegen, ob Sie etwas hätten anders machen können.

kann man sich bewusst dazu entscheiden, weniger Bewerber als geplant zu akzeptieren, wenn also die Gefahr zu vieler zu unrecht eingestellter Bewerber besteht.

Alle Veränderungen können dazu genutzt werden, die Qualität der Auswahlentscheidung zu verbessern, indem sich Fehler erster und zweiter Art verringern lassen und sich die Zahl der zu recht akzeptierten Bewerber erhöht.

8.6 Beendigung des Auswahlprozesses

Eine Rückmeldung aus dem Selektionsprozess an den Bewerber, vor allem im Falle einer Absage, ist heute eine diffizile Angelegenheit. Da das Allgemeine Gleichbehandlungsgesetz jegliche Diskriminierung verbietet, muss bei den Gründen für die Ablehnung einer Bewerbung sehr genau und korrekt argumentiert werden. Häufig geben die Unternehmen deshalb externen Bewerbern weder schriftlich noch telefonisch Auskunft, warum eine Bewerbung nicht erfolgreich war, um einer späteren Klage wegen Diskriminierung zu entgehen.

Achtung: Einspruchsmöglichkeit wegen Diskriminierung

Keine Gründe gibt es dagegen für das Unternehmen, auf eine Controllingphase zu verzichten. Hierfür gibt es drei Ansatzpunkte:

(1) Das *prozedurale* Controlling prüft, ob die vorgesehenen Maßnahmen im geplanten Umfang und zum festgelegten Zeitpunkt stattfanden.

(2) Das *quantitative* Controlling prüft, ob die gewünschte Anzahl von Bewerbern eingestellt wurde. Es kann bei negativen Ergebnissen zu einer anderen Abgrenzung des Arbeitsmarktes, anderen Beschaffungsstrategien und/oder früheren oder späteren Startpunkten für die Personalbeschaffung führen.

(3) Das *qualitative* Personalcontrolling analysiert die Treffsicherheit des Auswahlprozesses und reicht bis hin zur Evaluation der Sinnhaftigkeit von verwendeten Anforderungsprofilen.

Zumindest das quantitative und in Grenzen auch das prozedurale Personalcontrolling lassen sich für die Personalselektion automatisieren und deshalb routinemäßig in die HR-Prozesse einbauen.

8.7 Ausblick

Der Nutzungsgrad des Internets zur Rekrutierung und (Vor-)Selektion von zukünftigen Mitarbeitern ist in der jüngeren Vergangenheit überproportional gestiegen. Gut sieben Millionen Deutsche haben sich bereits per Internet beworben und 94 Prozent der Unternehmen schreiben offene Stellen im Internet aus.[237]

Angesichts des Vordringens automatischer Internetbewerbungen, bei denen Kandidaten sich über adaptive Standardlebensläufe auf Knopfdruck bei hunderten Unternehmen bewerben können, sind für die Zukunft hinsichtlich der Personalselektion zwei Entwicklungen zu erwarten:

(1) Zum einen wird die Personalselektion *erfolgskritischer*, weil früher zumindest durch den Aufwand der Bewerbung auf Seiten des Bewerbers eine Selbstselektion stattfand. Jetzt bewirbt sich bald – als Extremszenario – Jeder auf jede Stelle, erst Recht bei ungünstiger Konjunktur und hoher Arbeitslosigkeit. Die Gefahr von Selektionsfehlern dürfte dabei steigen.

(2) Zum anderen wird die Personalselektion zunehmend *automatisiert* und auf *webbasierten* Systemen ablaufen.

Gleichzeitig entstehen Möglichkeiten zum „Screening" der Bewerber, aber auch des Unternehmens im Internet.

Dr. Georg Horacek, **Senior Vice President Human Resources, OMV AG**

Wie man am besten Bewerber selektiert und Mitarbeiter gewinnt

Je mehr Wert man auf die Qualität der Personalaufnahme legt, desto mehr erspart man sich in Folge an so genannten „Reparaturmaßnahmen", Schulungen, Coachings und anderen HR-Maßnahmen, die letztlich manchmal nur dazu dienen, Fehler und Auslassungen im Zuge der Personalselektion im Nachhinein wieder gut zu machen.

Die beste Personalmarketing-Strategie ist simpel: „Erfolg macht sexy." Unternehmen, deren Erfolg in den Medien widergespiegelt wird, haben es leichter, interessante Kandidatinnen und Kandidaten vom Arbeitsmarkt anzuziehen. Natürlich sind begleitende Maßnahmen, wie beispielsweise Präsenz an den Hochschulen, Teilnahme an Job-Messen, Inserate, in einer systematischen und strukturierten Form als ergänzende Maßnahmen empfehlenswert.

Ganz wesentlich für die Qualitätssicherung der Personalaufnahme ist ein gut ausdefinierter Prozess. Am Beginn der Suche steht die sorgfältige Erarbeitung eines Anforderungsprofils, welches die hoffentlich existierende Stellenbeschreibung spiegelt. Hier liegt vielfach die Wurzel allen Übels. Die schlampige Erarbeitung des Profils kann einen Suchprozess verzögern, führt zu Änderungen und endet nicht selten mit Enttäuschung der Neuaufgenommenen, weil die Tätigkeit nicht dem ursprünglich Versprochenen entspricht.

Der zweite Schritt ist die Definition des Suchwegs. Hier bieten sich die klassischen Instrumente vom Inserat zu Internet-Direktsuche bis zum Headhunting an. Kostengünstig ist natürlich die Suche über interne Datenbanken.

Die eigentliche Selektion beginnt mit der Analyse der eingegangenen Bewerbungen und Lebensläufe. Obwohl vielfach vorgegebene Formblätter existieren, bevorzuge ich den individuell gestalteten Lebenslauf, weil die Bewerberin beziehungsweise der Bewerber die Möglichkeit hat, die Dinge über sich auszusagen und entsprechend zu gestalten, wie sie oder er gerne möchte.

Die sorgfältige Analyse der Lebensläufe und infolge die Einladung für Bewerbungsinterviews oder andere Maßnahmen kann viel Zeit bei der Suche ersparen. Schlampige Analyse führt zu vielen nutzlosen Gesprächen.

Die vielen Maßnahmen zur Rekrutierung von Mitarbeiterinnen und Mitarbeitern sind hinlänglich bekannt: Tests, Assessment Center oder Interviews.

Den Kern aller Maßnahmen stellt unverändert das Interview dar. Dieses sollte in strukturierter Form erfolgen. Grundsätzlich werden allen Bewerberinnen und Bewerbern identische (und vorher gezielt überlegte) Fragen gestellt, damit man deren Antworten vergleichen kann. Meine Faustregel dabei lautet: Ein Interview sollte zumindest 60 Minuten dauern. Dies erscheint manchmal relativ lange, zu kurze Interviews führen jedoch dazu, dass man eigentlich nichts über die Bewerber erfährt. Eine weitere Faustregel lautet, dass von diesen 60 Minuten mindestens die Hälfte, wenn nicht zwei Drittel die Bewerberin beziehungsweise der Bewerber spricht. Viele Führungskräfte, leider manchmal auch die aus dem HR-Ressort, tendieren dazu, selbst zuviel zu sprechen (und sich damit auch viel zu wichtig zu nehmen) und den Bewerber oder die Bewerberin kaum zu Wort kommen zu lassen. Ich persönlich pflege bei Interviews mitzuschreiben. Dies kann allerdings zu leichten Irritationen beim Gegenüber führen.

Grundsätzlich sollten Bewerbungsgespräche sowohl von der Personalabteilung und der Fachabteilung geführt werden. Die typische Rollenaufteilung: die Personalabteilung checkt eher allgemein das Anforderungsprofil und die Persönlichkeit, während die Fachabteilung insbesondere die Fachkenntnisse überprüft. Am Ende steht eine gemeinsame Meinungsbildung. Die absolute Letztentscheidung liegt dann bei der Fachabteilung.

Viel diskutiert wird, ob es sinnvoll ist, in die Gespräche zukünftige Kollegen eines Bewerbers einzubinden. Das ist in der Tat eine schwierige Frage, denn es kann nicht sein, dass Kollegen in einer Art basisdemokratischer Abstimmung darüber entscheiden, wer ihr zukünftiger Kollege wird. Diese Entscheidung ist natürlich Chefsache. Ich stelle gerne potenzielle neue Mitarbeiter den Kollegen vor, und gebe ihnen die Chance, ohne mein Beisein etwas über die Abteilung zu erfahren. Dies gibt Gelegenheit, sich zu „beschnuppern". Sie können sicher sein, dass Sie als Führungskraft entsprechende Botschaften erhalten, auch wenn es keine formelle Mitentscheidung gibt.

Generell gilt, dass Absagen durch die Kandidatinnen beziehungsweise die Kandidaten während des Bewerbungsverfahrens eine gefährliche Indikation sind, für die es mehrere Gründe geben kann:

■ *Möglicherweise brauchen Sie einfach zu lange.* Es gilt der Grundsatz: Die Schnellen „fressen" die Langsamen – Unternehmen, die einen Rekrutierungsprozess schnell und professionell durchziehen, werden bessere Kandidatinnen beziehungsweise Kandidaten bekommen. Die Ursachen für die lange Dauer können vielfältiger Natur sein, häufig liegt es an der mangelnden terminlichen Verfügbarkeit von Führungskräften. Hier gilt es, möglichst frühzeitig entsprechende Terminvereinbarungen zu treffen.

■ Eine andere Ursache kann sein, dass Bewerber von den potenziellen Führungskräften *nicht gut behandelt werden*. Manche glauben ja trotz des viel beschriebenen „War for Talents", dass Bewerber eine Art Bittsteller sind. Wer allerdings Bewerber wie Bittsteller behandelt, wird auch nur Bittsteller bekommen. Ob diese die optimalen Mitarbeiter sind, sei dahingestellt.

Ich hoffe, in den vorangegangenen Zeilen einiges über meine persönlichen Zugänge zur Aufnahme von Mitarbeitern vermittelt zu haben. Es gibt für Personalmanager wenig spannendere Aufgaben, als an einem Rekrutierungsprozess mitzuwirken.

Aufgaben und Fragen zur Selbstüberprüfung

1. Nennen und erklären Sie die drei Testgütekriterien!

2. Durch welche Fragen lässt sich die Leistungsorientierung des Bewerbers im Bewerbungsgespräch bestimmen?

3. Welche Formen von Tests gibt es, die bei der Personalselektion zum Einsatz kommen könnten beziehungsweise kommen sollten?

4. Was ist die zentrale Voraussetzung für den sinnvollen Einsatz von Testverfahren?

5. Erklären Sie, ob ein Unternehmen die Basisrate beeinflussen kann! Gehen Sie dabei auf mögliche Wirkungsrichtungen ein!

6. Diskutieren Sie folgenden Satz: „Das Unternehmen hat mir (damals) die Chance gegeben, nicht auf der Grundlage meiner Kompetenz, sondern meiner Fähigkeiten zu wachsen."

Kapitel 9

Integration:
Wie realisiert sich
eine erfolgreiche
Gesamtbelegschaft?

Kapitel 9 Integration: Wie realisiert sich eine erfolgreiche Gesamtbelegschaft?

Inhalt

Fakten

Der Anteil der ausländischen Bevölkerung in Deutschland beträgt 9 %.[238]

Im Jahr 2005 hatte bereits die Hälfte der 50 größten deutschen Unternehmen ein Diversity Management; Tendenz steigend.[239]

Das Geschlecht ist in Deutschland (und auch in allen übrigen Ländern) die wichtigste Unterschiedlichkeitsdimension bei Diversity-Konzepten, gefolgt von Alter und Behinderung.[240]

Lernziele

- Sie erfahren, was sich hinter Diversity verbirgt.

- Sie erleben, wie vielfältig die Arbeitswelt schon heute ist.

- Sie wissen, wie Integration umgesetzt werden kann.

- Sie verstehen, wie Mehrwert durch Diversity entsteht.

- Sie lernen, wie sich Diversity im Unternehmensalltag einsetzen lässt.

9.1 Überblick

Im Unternehmen gibt es immer ein Nebeneinander von „Wir" und „Ich". Die Mitarbeiter sollen sich als eine Einheit verstehen, die dabei alle Mitarbeiter einschließt („Wir"). Es soll aber jeder Mitarbeiter auch den Freiraum haben, er selbst zu sein. Er soll also von allen als Individuum wahrgenommen und akzeptiert werden („Ich").

- „Wir" bezieht sich im Zusammenhang mit Integration auf das Bestreben, ein gewisses Maß an *Gleichheit* zu schaffen. Um einem neuen Mitarbeiter diese Anpassung zu erleichtern, organisieren deshalb manche Unternehmen systematische Integrationsprozesse: Diese sollen eine möglichst harmonische Eingliederung erleichtern.
- „Ich" bezieht sich auf das Zulassen von *Vielfalt*. Hier geht es um das Nebeneinander von Unterschiedlichkeit. Gemeint sind Ausländer, Frauen, Ältere und diverse andere Gruppen, deren Zugehörigkeit nicht so offensichtlich ist – oder auch sein soll – wie zum Beispiel die Religion.

Wichtig ist schließlich auch die Mischung aus beiden Aspekten, um die Chancen zu nutzen, die sich aus einer abgestimmten Vielfalt ergeben.

> Integration: Überbrückung des Spannungsverhältnisses zwischen Gleichheit und Vielfalt

Ein Teilaspekt der Integration ist daher das Schaffen von Gleichheit und die dazu benötigten Instrumente (Abschnitt 9.2), ein anderer die Auseinandersetzung mit den Chancen, die sich durch Vielfalt ergeben (Abschnitt 9.3). Schließlich gibt es als Diversity Management noch die gleichzeitige Gestaltung von Einheitlichkeit und Vielfalt (Abschnitt 9.4).

BestPersCase: Fujitsu Semiconductor Europe GmbH

Fujitsu Semiconductor ist, als Tochtergesellschaft von Fujitsu, der Hauptanbieter von Halbleitern, die zur Herstellung von digitalen Fernsehern, Mobiltelefonen, Autos und in der Industrie benötigt werden. In Europa sind an den fünf Standorten und der Zentrale in Langen bei Frankfurt insgesamt 350 Mitarbeiter beschäftigt.

Diversity ist bei Fujitsu Semiconductor Alltag, da das Unternehmen international agiert und sein Mutterhaus in Japan ist. Sobald die Mitarbeiter mit Kollegen aus dem Mutterhaus zusammenarbeiten, wird klar, dass jede Kultur andere Denkweisen hat. Projekte sind bei Fujitsu Semiconductor immer international ausgerichtet – sei es durch die Arbeit für einen internationalen Kunden oder aber auch durch die Zusammensetzung eines internationalen Projektteams. Häufig kann es sein, dass ein internationaler Kunde in China von einem ebenso international besetzten Entwicklungsteam, bestehend aus Mitarbeitern aus verschiedenen Standorten in Europa, betreut wird.

Die Konzernsprache Englisch kann man als verbindendes Element sehen, doch oft genug stellt sich auch hierbei heraus, dass obwohl das Gleiche gesagt (oder

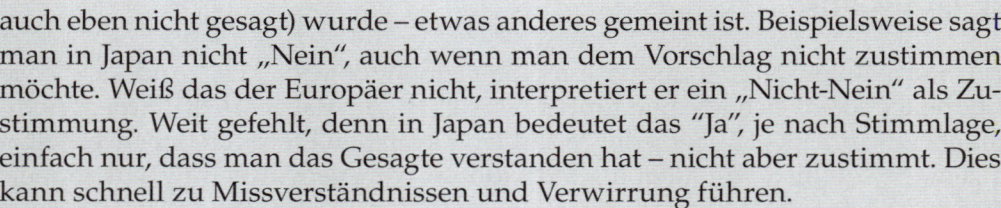

auch eben nicht gesagt) wurde – etwas anderes gemeint ist. Beispielsweise sagt man in Japan nicht „Nein", auch wenn man dem Vorschlag nicht zustimmen möchte. Weiß das der Europäer nicht, interpretiert er ein „Nicht-Nein" als Zustimmung. Weit gefehlt, denn in Japan bedeutet das "Ja", je nach Stimmlage, einfach nur, dass man das Gesagte verstanden hat – nicht aber zustimmt. Dies kann schnell zu Missverständnissen und Verwirrung führen.

Entgegen der in anderen japanischen Unternehmen üblichen Vorgehensweise, wurde bereits bei der Gründung auf eine offene und diverse Kultur gesetzt und daher nicht nur japanische Mitarbeiter eingestellt. Von Anfang an war das Team international und bestand aus Amerikanern, Deutschen, Engländern und Japanern. Die Zusammenarbeit verschiedener Kulturen ist bis heute ein fester Bestandteil der täglichen Arbeit und funktioniert bestens.

„Mit momentan 33 verschiedenen Nationalitäten in der Europa-Organisation ist es tägliche Praxis, sich mit kulturellen Unterschieden auseinanderzusetzen," fasst *Axel Tripkewitz*, Senior Director Human Resources Europe, zusammen und stellt am Ende klar: „Dies wird jedoch von allen Beteiligten als ‚belebendes Element' im täglichen Berufsalltag wahrgenommen und gilt als ein wesentlicher Garant für kontinuierliche Innovation und Kreativität, nach unserer Überzeugung für ein international agierendes Unternehmen unverzichtbar – und eines unserer Erfolgsrezepte."

9.2 Gleichheit schaffen: Prozedurale Einheit als Notwendigkeit

Akkulturation (Zustand): Grad der Anpassung von Mitarbeitern an Kulturen

Akkulturation (Prozess): Vorgang der Anpassung

Das Unternehmen entscheidet sich dann für einen Bewerber, wenn dessen Fähigkeiten für die Stelle ausreichend sind. Eine erfolgreiche Personalarbeit will den Bewerber für das Unternehmen begeistern und in das „Wir" des Unternehmens einbinden. Diese *Mitarbeiterakkulturation* beinhaltet eine doppelte Bedeutung:

(1) Als Grad der Anpassung gibt Akkulturation an, wie stark sich der Mitarbeiter an das Unternehmen anpasst und anpassen soll.
(2) Als Prozess der Anpassung ist Akkulturation der Vorgang, der dem Mitarbeiter die Anpassung erleichtern soll.

Beide Aspekte sind wichtig, damit alle Mitarbeiter auf einer gleichen Basis agieren können.

Gehaltsfindung

Vor der Einstellung müssen sich das Unternehmen und der Bewerber zunächst über das Gehalt einigen. Den Gehaltsverhandlungen liegen die Lohnpolitik des Unternehmens und branchenübliche Werte zugrunde. Festzulegen sind das genaue Gehalt sowie Zusatzleistungen und Sozialleistungen. Die Gehaltsfindung wird davon beeinflusst, wie dringend das Unternehmen die Stelle besetzen muss, wie viele andere Bewerber es gibt, wie die allgemeine Arbeitsmarktsituation ist, welchen akademischen Abschluss der Bewerber hat und schließlich wie der Bewerber auftritt.

Diese Gehaltsfestlegung ist ein erster Schritt zur mehr oder weniger klaren Anpassung des neuen Mitarbeiters in das Unternehmen: Er lernt Spielregeln kennen und muss sich darüber klar werden, ob er sie – bei überzeugender Argumentation des Unternehmens – akzeptieren will.

Arbeitsvertrag

Der Arbeitsvertrag als weitere Manifestation der Integration kann schriftlich oder mündlich geschlossen werden. Bei mündlicher Vertragsschließung verlangt das Nachweisgesetz binnen eines Monats das schriftliche Festlegen zentraler Vertragsbestandteile. Um Streitigkeiten aus dem Weg zu gehen, ist der schriftliche Vertrag der Regelfall.

Kritisch: formale Richtigkeit

Folgende zentrale Punkte sollten im Arbeitsvertrag (nach § 611 BGB) geregelt sein:
- Arbeitszeit, Stellenbeschreibung (Art der Tätigkeit und Stellung des Arbeitnehmers im Unternehmen), Urlaubsanspruch (§§ 1,3 BUrlG) und Kündigungsmodalitäten (Kündigungsfristen § 622 BGB),
- Eintrittstermin, Dauer und Befristung der Anstellung oder Anstellung auf Probe (befristete Arbeitsverhältnisse nach TzBfG; Probezeit bis maximal sechs Monate § 622 III BGB) sowie
- Gehaltsvereinbarungen.
Es können auch weitere Vereinbarungen wie Nebentätigkeiten, Vertraulichkeitsbestimmungen oder Wettbewerbsvereinbarungen für die Zeit nach Beendigung des Arbeitsverhältnisses in den Arbeitsvertrag aufgenommen werden.

Selten fallen Vertragsabschluss und Einstellungstermin unmittelbar zusammen, wodurch im Regelfall dazwischen eine gefährliche zeitliche Lücke entsteht: Wie beim Kauf eines Autos können beim Fast-schon-Mitarbeiter Zweifel aufkommen, ob dieser Vertragsabschluss wirklich die richtige Entscheidung war. Hinzu kommt die nicht unbeträchtliche Gefahr, dass während dieser Zeit der Fast-schon-Mitarbeiter ein lukratives Gegenangebot bekommt, das – selbst wenn er es nicht annimmt – bei ihm eine innerliche Spannung („kognitive Dissonanz") aufbaut.

Kritisch: Zeitspanne zwischen Vertragsunterzeichnung und Arbeitsbeginn

Aus diesem Grund tut das Unternehmen gut daran, sich bereits in dieser Phase umfassend um den Noch-nicht-Mitarbeiter zu kümmern, damit sich der Noch-nicht-Mitarbeiter bereits in das Unternehmen eingebunden fühlt und ein „Wir"-

Gefühl entwickelt. Die Mitarbeiterbindung vor Aufnahme der Tätigkeit kann realisiert werden durch

- Zuschicken von Firmenbroschüren oder Firmenflyern,
- Aufnahme in den Verteiler für die Werkszeitung,
- Ankündigen des Mitarbeiters im Intranet,
- Gast-Zugang in „harmlosen" Teilen im Intranet,
- Einladen zu Betriebsfeiern und -ausflügen,
- persönliches Treffen mit Führungskraft und Kollegen,
- gelegentliche Telefonate,
- informelles „Vorbeischauen" des neuen Mitarbeiters in der neuen Abteilung oder
- die Einladung zu Sprachkursen oder Fachschulungen.

Bei allen diesen Aktivitäten kommt es auf die richtige Mischung an: Der Fast-schon-Mitarbeiter muss das Gefühl bekommen, dass das Unternehmen wirklich Interesse an ihm hat. Er darf sich aber nicht überrollt fühlen.

Arbeitseinführung

Kritisch: umfassende
Einführung nicht
der „operativen Hektik"
opfern

Neue Mitarbeiter erhalten am ersten Arbeitstag üblicherweise Informationsmaterial und bekommen in einem Rundgang durch das Unternehmen erste Eindrücke vermittelt. Bei größeren Unternehmen sind Einführungsseminare oder Workshops üblich. In den Einstellungsprozess neuer Mitarbeiter ist die Personalverwaltung eingebunden: Sie legt eine Personalakte an, bereitet die Entgeltabrechnungsmodalitäten vor, meldet den Mitarbeiter bei den Sozialversicherungsträgern an und sorgt für die Umsetzung eventuell getroffener Vereinbarungen mit dem Mitarbeiter sowie für die vermögenswirksamen Leistungen oder die betriebliche Altersvorsorge.

Am ersten Arbeitstag wird der neue Mitarbeiter vor allem auch über informelle Regelungen informiert, wie im Unternehmen übliche Arbeitszeiten, Kleiderordnung, Umgang im Arbeitsteam, bestehende Gruppenstrukturen/Netzwerke sowie Art und Ausmaß des im Unternehmen üblichen Selbstmanagements.

Ein wichtiger Punkt ist auch, dass der neue Mitarbeiter am ersten Tag seine Zugangsdaten zum Arbeitsplatzrechner bekommt oder dass gegebenenfalls sein Firmennotebook bereitsteht. So kann sich „der Neue" mit den Inhalten des Firmenintranets und somit auch mit dem Unternehmen vertraut machen. Erfordert seine Arbeit den Zugriff auf verschiedene Informationssysteme, so sollen ihm auch gleich die dafür notwendigen Rechte und Zugangsdaten gegeben werden.

Mentoring

Dem neuen Mitarbeiter kann auch ein Mentor zur Seite gestellt werden. Dieser Mentor kann sowohl kurzfristig im Zusammenhang mit der Arbeitseinführung zum Einsatz kommen als auch unbegrenzt als Karrierehilfe.

Ein Mentor ist im Regelfall eine erfahrene Führungskraft, die bei organisatorischer Unabhängigkeit durch individuelle Beratung Hilfestellung bei der längerfristigen Karriereentwicklung leistet, sein „Schützling" wird als Mentee bezeichnet.

Der Mentor[241]
– hält eine anhaltende Beziehung über einen längeren Zeitraum aufrecht,
– organisiert informelle Treffen, die entsprechend dem persönlichen Bedarf des Mentees stattfinden,
– ermöglicht, längerfristig ein vielschichtiges Bild des Mentees darzustellen,
– ist gewöhnlich erfahrener und kompetenter als der Mentee und oft ein älterer Mitarbeiter, der Wissen und Erfahrung weitergibt und Türen zu sonst verschlossenen Möglichkeiten öffnen kann,
– hilft, den Fokus auf die berufliche Laufbahn und die persönliche Entwicklung des Mentees zu legen,
– steht dem Mentee bei der Planung unterstützend und beratend zur Seite und bereitet ihn auf spätere Aufgaben vor,
– hat die Aufgabe, den Mentee vorrangig beruflich weiterzuqualifizieren.
Der Mentor hat damit eine Vorbildfunktion für den Mitarbeiter und berät ihn in beruflichen Fragen, aber auch bei der Abstimmung zwischen Berufs- und Privatleben.

Mentoring lässt sich mit vergleichsweise geringem Aufwand realisieren, aber nur dann, wenn die involvierten Akteure ihre Rollen verstehen und sich entsprechend verhalten:

■ Der Mentor darf *keinerlei berufliches Interesse* an seinem Mentee haben und darf in keiner akuten Stressphase stecken. Mentorentum als persönliche Therapie ist also abzulehnen. Ferner muss er die Fähigkeit zum Zuhören mit sich bringen: Ein Mentor, der nur selber spricht, bringt nichts.

■ Der Mentee muss bereit sein, *sich gegenüber dem Mentor zu öffnen.* Zudem ist es erforderlich, die zeitliche Beanspruchung des Mentors in Grenzen zu halten, schließlich soll aus der freiwilligen Aufgabe keine unfreiwillige Belastung werden.

■ Ansonsten kommt Mentoring nicht in Frage, wenn es zur *Kreuzung der beruflichen Wege von Mentor und Mentee* kommt oder kommen dürfte, um eine Bevorzugung oder Absprachen zwischen Mentor und Mentee zu vermeiden. Mentoring scheidet immer aus, wenn es sich um eine extreme Krisenphase auf Seiten des Mentees handelt: Hier sind Psychologen oder andere Professionelle gefragt.

Obwohl das Mentoring im Rahmen dieses Buches das erste Mal bei der Personalintegration genannt wird, ist Mentoring ein generelles Konzept der Personalarbeit und kommt unter anderem auch bei der Karriereplanung vor.

Mentor: erfahrene Führungskraft, die individuelle Hilfestellung zur Karriereentwicklung leistet

Hohe Anforderung an Mentoren

Übung 9.1   **Vorgehen bei der Integration neuer Mitarbeiter**

Zum Ersten des kommenden Monats tritt die neue Junior Managerin als Ihre Assistentin ihre Stelle an. Sie stellen einen Plan zusammen, der beinhaltet, durch welche Maßnahmen die neue Mitarbeiterin nun mit ihren neuen Aufgaben in der Strawberry Cake & Bakeries AG vertraut gemacht und in das Team integriert wird. Außerdem haben Sie gehört, dass Mentoring sehr Erfolg versprechend sein soll. Sie überlegen daher, welche Vorteile ein Mentor bringt. Außerdem überlegen Sie, wer als Mentor in Frage kommen würde. Eigentlich wären Sie selbst ja am besten geeignet, oder?

Probezeit

Probezeit aktiv zur Personalselektion nutzen!

Jedes Arbeitsverhältnis beginnt mit der Probezeit. Während dieser überprüfen sowohl Arbeitgeber als auch Arbeitnehmer, ob sie zueinander passen. Die Probezeit ist gleichzeitig die Einarbeitungszeit für den Arbeitnehmer und dauert höchstens sechs Monate. Zunächst einmal ist die Probezeit jedoch ein juristischer Aspekt: Denn die Probezeit gilt als ein befristetes Arbeitsverhältnis und während dieses Zeitraumes können Arbeitnehmer sowie Arbeitgeber den Vertrag mit verkürzter Kündigungsfrist kündigen – diese beträgt jedoch mindestens zwei Wochen (§ 622 III BGB). Gleichzeitig entfällt während dieser Zeit die Mitsprache des Betriebsrates: er hat lediglich ein Informationsrecht.

9.3 Vielfalt zulassen: Gruppenspezifische Unterschiedlichkeit als Faszination

Die Vielfalt im Hinblick auf die Unterschiedlichkeit der Mitarbeiter geht diversen Fragestellungen nach: Welchen Mehrwert liefert die Vielfalt der Belegschaft? Welche gesetzlichen Grundlagen gilt es zu beachten? Welche Arten der Vielfalt lassen sich generell unterscheiden?

Die Ambivalenz des Fremden.

„Das Fremde macht neugierige Menschen neugierig, weil es sich sehr unterscheidet von ihren persönlichen Interessen und Empfindungen. Das ist das Stimulierende am Fremden. Wenn der Ausgangspunkt allerdings etwas anderes ist als Neugier, beinhaltet das Fremde oft auch etwas Beunruhigendes. Die Ambivalenz des Fremden besteht darin, dass man sich nicht ganz auf sicherem Boden fühlt. In manchen Fällen führt das zu der Neigung, sich soweit abzusichern, dass das Fremde gar nicht mehr auftritt – was eine Verarmung des Lebens mit sich bringt."[242]

Univ.-Prof. Dr. Bernhard Waldenfels (geb. 1934; Professor für Philosophie)

Mehrwert durch Vielfalt: Inclusion macht den Unterschied

Man kann kaum berechnen, welchen Mehrwert das Zusammenführen von Vielfalt nun hat. Man kann also nicht sagen, dass eine bestimmte Unterschiedlichkeit den Erlös des Unternehmens um eine bestimmte Euro-Summe erhöht. *Robin Ely* und *David Thomas* führen jedoch drei Verhaltensweisen im Umgang mit Vielfalt an und nennen den daraus resultierenden Mehrwert für das Unternehmen[243]:

(1) Ziel ist das Erfüllen von Normen, also Gleichstellung und Gleichbehandlung der Mitarbeiter (*Diskriminierung-und-Fairness*). Vorteile des Unternehmens liegen hier in der Erfüllung gesetzlicher Normen und in positiven Imageeffekten.

(2) Ziel ist die Erschließung eines Marktsegments, indem die Mitarbeiterstruktur an die Kundenstruktur angepasst wird (*Marktzutritt-und-Legitimität*). Dies führt zu besserer Akzeptanz durch die Kunden und zu einem besseren Verständnis der Kundenwünsche.

(3) Ziel ist die Förderung von Innovation. Es gilt also aus der Unterschiedlichkeit der Mitarbeiter zu lernen, zum Beispiel aus unterschiedlichen Verhaltensweisen in Bezug auf Arbeitsgestaltung, Aufgabenplanung und Problemlösung (*Lernen-und-Effektivität*). Der Vorteil des Unternehmens besteht hier in der Schaffung einer innovationsfreundlichen und -fördernden Arbeitsumgebung.

Hinzu kommt der verknappte Arbeitsmarkt, also der Mangel an qualifizierten Arbeitskräften. Indem sich Unternehmen besonders interessant für eine Gruppe von potenziellen Mitarbeitern machen – zum Beispiel für Frauen durch die Umsetzung eines umfangreichen Kinderbetreuungsangebotes – können sie aus einem Arbeitskräftepool schöpfen, zu welchem sie bisher im Rahmen der Akquisition keinen Zugang hatten.

Will man den Mehrwert durch Diversity bewerten, so muss man auch die Fristigkeit des Mehrwerts betrachten. So kann Diversity im Rahmen der Akquisition zwar Mehrwert generieren, dieser ist aber nur von kurzer Dauer. Die Förderung von Innovationen bedeutet auch einen hohen Mehrwert für das Unternehmen, der jedoch zudem auch lange Bestand hat (Abbildung 9.1).

Diese Schaffung von Mehrwert durch Vielfalt wird als Inclusion bezeichnet. Sie gibt an, inwieweit Vielfalt nicht nur akzeptiert, sondern auch genutzt wird. Während also Diversity zunächst nur eine quantitative Aussage möglich macht, zum Beispiel darüber, wie viele verschiedene Nationalitäten im Unternehmen beschäftigt sind, bietet Inclusion eine qualitative Aussage darüber, ob diese Vielfalt auch wirklich zur Generierung eines Mehrwerts durch das Unternehmen genutzt wird.[244]

Inclusion als Nutzen von Mehrwert durch Vielfalt

Abbildung 9.1: Mehrwert durch Vielfalt

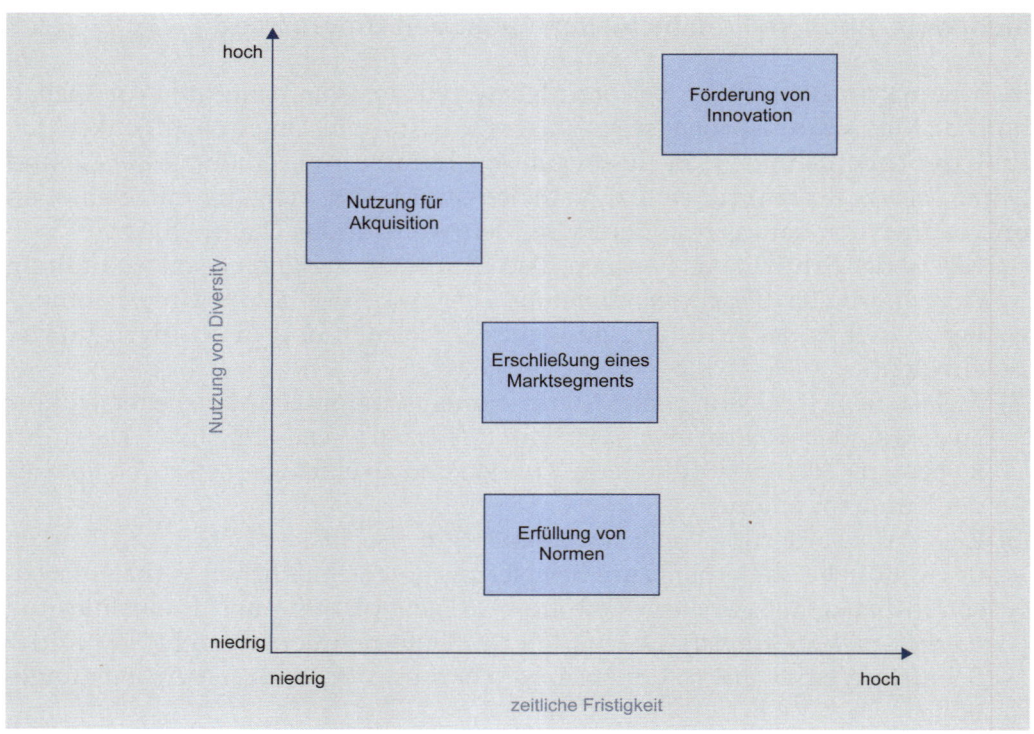

Übung 9.2

Vorteile einer vielfältigen Belegschaft

Bei einem monatlichen Abteilungsleitertreffen berichtet der Kollege aus der Entwicklungsabteilung von einer Personalmarketingmaßnahme, genauer gesagt von einer umfangreichen Stellenanzeigenkampagne, auf die sich bis jetzt viele Bewerber im Alter von 50 Jahren und aufwärts gemeldet haben. Bis jetzt sind in der Entwicklung ausschließlich Mitarbeiter im Alter zwischen 24 und 35 beschäftigt. Sie überlegen nun, ob ältere Mitarbeiter in das Entwicklungsteam passen würden. Könnten sich durch das gemischte Team nicht sogar Vorteile ergeben? Außerdem steht auf Ihrem Schreibtisch eine Gesetzessammlung, die auch das AGG enthält. Sie fragen sich: Darf man einen Bewerber überhaupt aufgrund seines Alters ablehnen? Sie recherchieren zudem im Internet, welche Konsequenzen es für die Unternehmen hatte, die von Bewerbern aufgrund von Diskriminierung bei der Auswahl verklagt wurden.

Diversity Management als Beitrag zum Unternehmenserfolg

Nach einer Studie der Bertelsmann Stiftung gehören Geschlecht, Alter und kultureller Hintergrund in Deutschland zu den wichtigsten Dimensionen in Bezug auf Vielfalt.[245] Im internationalen Vergleich sind diese Dimensionen in der Wahrnehmung unterschiedlich hoch gewichtet (Tabelle 9.1).

Während Alter, Behinderung und Geschlecht in allen Ländern nahezu gleich hoch gewichtet werden, gibt es bezüglich Religion und sexueller Orientierung unterschiedliche Einstufungen der Wichtigkeit.

	Deutschland	Europa	England und USA	andere Länder
Alter	5,1	4,5	5,4	5,6
Behinderung	4,4	3,7	4,8	4,5
Geschlecht	5,1	5,3	5,8	6,1
kultureller Hintergrund	4,3	4,9	4,8	5,2
Religion	2,5	1,9	3,9	3,1
sexuelle Orientierung	2,2	2,0	3,2	3,0

Tabelle 9.1: Stellenwert der Diversity-Dimension in verschiedenen Ländern, auf einer Skala von eins (niedrigste Relevanz) bis sieben (höchste Relevanz)[246]

Diversity bei SAP

Bei SAP setzt man auf die hauseigene „Hochleistungskultur" gepaart mit Turbo-Internationalisierung. Schon heute sitzen bei SAP ein US-Amerikaner, ein Kanadier, ein Däne und ein Belgier im Vorstand. Im Hauptsitz in Walldorf arbeiten Mitarbeiter aus 88 Ländern, doch dem SAP-Vorstand reicht das noch nicht. In Zukunft sollen die verschiedenen Kulturen stärker miteinander verzahnt werden: „deutsches Ingenieurtum", „amerikanisches Marketing Know-how", „chinesische kaufmännische Talente" und „französische Originalität" sollen die „neue weltweite SAP-Kultur formen", so der SAP-Vorstand *Léo Apotheker*. Er hat auch schon eine Vorstellung, wie das aussehen könnte. Danach sitzt der Einkaufschef in seinem Büro in Mumbai, der Personalchef in Tokio, der Finanzchef in Walldorf.[247]

Gesetzliche Grundlagen: Gleichheit trotz Vielfalt

Das Grundgesetz legt fest, dass jeder Mensch vor dem Gesetz gleich ist (Artikel 3 GG). Außerdem schreibt es vor, dass Menschen nicht aufgrund von Abstammung, Geschlecht, Rasse, Sprache, Heimat und Herkunft, Glauben oder religiösen und politischen Anschauungen ungleich behandelt werden dürfen (Artikel 3 Absatz 3 GG). Aus juristischer Sicht gilt also der Grundsatz „Gleichheit trotz Vielfalt".

Diversity ist mehr als Frauenquote!

In Deutschland ist das Allgemeine Gleichbehandlungsgesetz die rechtliche Grundlage für die Akzeptanz der Individualität der Mitarbeiter. „Ziel des Gesetzes ist, Benachteiligungen aus Gründen der Rasse oder wegen der ethnischen Herkunft, des Geschlechts, der Religion oder Weltanschauung, einer Behinderung, des Alters oder sexuellen Identität zu verhindern oder zu beseitigen." (§1 AGG). Das Allgemeine Gleichbehandlungsgesetz verbietet unter anderem Benachteiligungen bei

    – Auswahlkriterien und Einstellungsbedingungen,
    – Arbeitsbedingungen,
    – Entlohnung,
    – Entlassungen,
    – Aus- und Weiterbildung und
    – der Mitwirkung in einer Beschäftigten- oder Arbeitgebervereinigung.

Die Kenntnis dieser Punkte ist insbesondere für Personalmanager von großer Wichtigkeit, denn für eine Klage aufgrund des Allgemeinen Gleichstellungsgesetzes reicht für den Arbeitnehmer bereits das Vorweisen von Indizien aus, während der Arbeitgeber dann beweisen muss, dass er nicht schuldhaft gehandelt hat (§ 22 AGG).

Gleichstellung ist mehr als Nicht-Diskriminierung

Über das Vermeiden von Diskriminierung hinaus geht das Prinzip der *Gleichstellung*. Dieses beinhaltet nicht nur die Verhinderung von Diskriminierung, vielmehr sollen benachteiligte Gruppen, wie zum Beispiel Behinderte, gleiche Chancen und Möglichkeiten erhalten, sich entsprechend ihrer Fähigkeiten zu entfalten.

Vielfalt: persönlich, demografisch, organisational

Um die Vielfalt konzeptionell zu erfassen, kann auf das Modell der vier Schichten von Diversity zurückgegriffen werden, das *Lee Gardenswartz* und *Anita Rowe*[248] entwickelt haben. Danach manifestiert sich Diversity in vier Bereichen:

(1) Die *Persönlichkeit* ist der innere Kern der Unverwechselbarkeit. Hier prägen individuelle und unveränderbare Persönlichkeitsmerkmale den Menschen.
(2) Die *interne Dimension* umfasst Alter, Geschlecht, sexuelle Orientierung ebenso wie physische Fähigkeit und die Hautfarbe. Sie gilt als unveränderbar.
(3) Die *externe Dimension* sind Merkmale wie Erziehung, Familienstand, Behinderung, Einkommensschicht und Religion.
(4) Die *organisatorische Dimension* wird unter anderem geprägt durch die Position im Unternehmen, durch die Arbeitsart und die Betriebszugehörigkeit.

Die interne und externe Dimension lassen sich auch unter den Oberbegriff „Demografie" zusammenfassen.

Das Modell lässt sich erweitern um die *kulturelle Dimension*, beispielsweise mit Merkmalen[249] wie Unsicherheitsvermeidung, Machtabstandstoleranz, Maskulinität, Langfristigkeit und Individualismus (Abbildung 9.2).

Es existieren verschiedene Ansichten darüber, welche dieser Dimensionen für die Erfassung der Vielfalt verwendet werden soll: Während Psychologen dazu tendieren, Menschen anhand ihrer Persönlichkeit zu differenzieren, nehmen Betriebswirte – oftmals aus Gründen der Komplexitätsreduktion – eine Unterscheidung anhand demografischer oder organisationaler Merkmale vor.

Im Normalfall vermischen sich also demografische und organisatorische Merkmale mit Persönlichkeitsmerkmalen. Die Ausprägung der Merkmale einer Kategorie

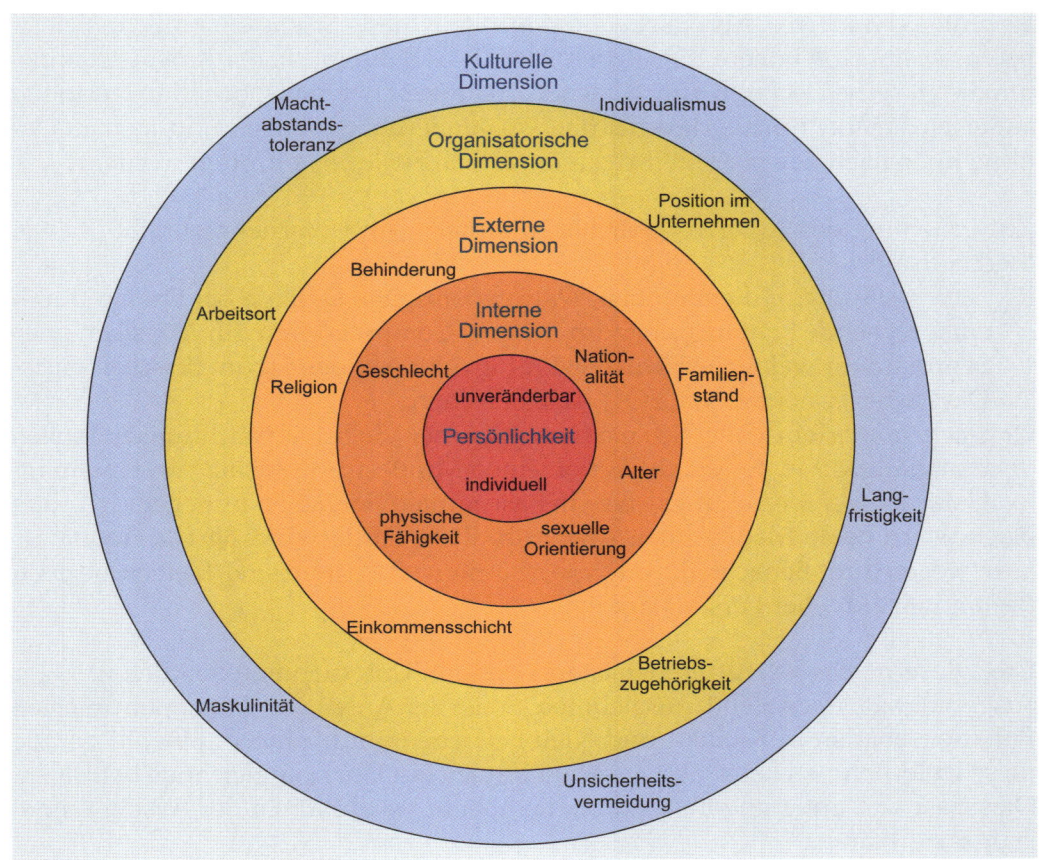

Abbildung 9.2: Die 4+1 Schichten von Diversity[250]

alleine lässt also keine Rückschlüsse auf die Ausprägung der anderen Kategorie zu. Es muss ein Ansatz verwendet werden, der sowohl die Persönlichkeit, als auch die demografische und organisationale Dimension berücksichtigt.

Weibliche Mitarbeiter: Die Frage der gläsernen Decke

Vor allem die US-amerikanische Literatur kennt das heiß diskutierte Thema der „glass ceiling": Diese gläserne Decke ist angeblich in fast alle Organisationen eingezogen und hindert als unsichtbare Schranke Frauen unabhängig von ihrer Qualifikation am Aufstieg. Hinter der gläsernen Decke steht das Phänomen, dass Frauen in Führungspositionen gegenüber Männern weit unterrepräsentiert sind und die Verweildauer von Frauen in Wartepositionen länger ist.[251]

Gläserne Decke als Grund für den mangelnden Aufstieg von Frauen?

Eine Studie aus dem Jahr 2006[252] kommt zu dem Schluss, dass es für Frauen tatsächlich eine gläserne Decke gibt. Dies bestätigen in dieser Untersuchung zwei Drittel der befragten Chefs. Nur 30 Prozent der Managerinnen und 43 Prozent der Manager glauben, dass Frauen die gleichen Chancen am Arbeitsplatz haben wie Männer. Die meisten der befragten Frauen sehen die gesellschaftliche Akzeptanz als größtes Hindernis. Als Frau benötigt man laut dieser Studie ein größeres Selbstbewusstsein, eine höhere Einsatzbereitschaft und ein rascheres Aufstiegstempo, um die gläserne Decke zu durchbrechen. 70 Prozent der deutschen Managerinnen äußerten darüber hinaus, dass der überwiegende Teil der Entscheidungen im Unternehmen nach wie vor von ihren männlichen Kollegen getroffen werde.

Zur Erhöhung des Anteils weiblicher Mitarbeiter im Unternehmen gibt es zwei Mechanismen:

(1) *Fördermaßnahmen* dienen dazu, wahrgenommene Defizite bei Frauen durch entsprechende Schulungen (zum Beispiel Computerkurse für Mädchen oder Seminare für weibliche Führungskräfte) oder Aktionen (zum Beispiel „Girls-Day" oder „Generation CEO") auszugleichen.

(2) *Quotierungen* (einschließlich medienwirksamer „Selbstverpflichtungen") sollen unabhängig von der Qualifikation einen Mindestprozentsatz von Frauen im Unternehmen beziehungsweise in bestimmten Bereichen festlegen.

Auch wenn beide Maßnahmen sowohl in ihrer Förderwirkung für Frauen als auch wegen ihrer Benachteiligung von Männern umstritten sind, bleiben sie doch Bestandteil aktueller Personalarbeit.

Die „gläserne Decke" für Frauen ist in kleineren Unternehmen deutlich weniger ausgeprägt als in großen Unternehmen. So ist der Anteil von frauendominierten Führungsebenen in Kleinst- und Kleinbetrieben am höchsten, obwohl gerade diese Unternehmen keine aktiven Maßnahmen zur Chancengleichheit betreiben. Dies lässt sich unter anderem durch die höhere Flexibilität in der Arbeitszeitgestaltung erklären.[253]

Unabhängig davon, dass Frauen in Führungspositionen unterrepräsentiert sind, lässt sich – so zumindest eine große Studie des Instituts für Mittelstandsforschung – eine Benachteiligung von Frauen im Stellenbesetzungsprozess nicht erkennen, weshalb auch keine Hinweise generiert werden konnten, auf welche Weise man zu einer Förderung von Frauen in Führungspositionen beitragen kann.[254]

Generation CEO

Auf der ersten Etage sind weibliche Vorstände und Geschäftsführerinnen noch sehr selten. Das soll sich jetzt ändern: Die von dem Wirtschaftsmagazin Capital und anderen renommierten Partnern getragene Initiative „Generation CEO" soll Abteilungs- und Bereichsleiterinnen auf den entscheidenden Schritt in die Top-Etage vorbereiten. Ziel ist es, pro Jahr 20 Managerinnen mithilfe spezieller Coaching- und Networking-Angebote den Weg in die Top-Etage zu ebnen. Finanziert wird „Generation CEO" insbesondere von den Konzernen Bertelsmann, Haniel, Henkel, Mercedes Car Group, Otto Group, Siemens und Trumpf, die insgesamt eine Million Euro zur Verfügung stellen.[255]

Ältere Mitarbeiter: Fiktion und Funktion

Unbestreitbar ist Deutschland eine „Aging Society". Das Bundesministerium des Inneren gibt auf seiner Homepage folgende Hochrechnung[256] an: Der Anteil der 65jährigen und Älteren wird sich von heute 20 Prozent (Stand: 2008) auf 33 Prozent im Jahr 2050 erhöhen. Gleichzeitig wird sich die Anzahl der Hochbetagten (80 Jahre und älter) auf 15 Prozent erhöhen und sich damit verdreifachen.

Empirisch nachweisen lässt sich das Phänomen der „Aging Workforce" allenfalls begrenzt. Als Begründung für die vielleicht auf den ersten Blick entstandene These gibt es durchaus plausible Überlegungen, wonach
– Produktivitätssteigerung und
– Verlagerung ins Ausland
dazu führen, dass die Nachfrage nach (älteren) Mitarbeitern weniger stark steigt als das Angebot an (älteren) Mitarbeitern. Auch wenn man den Anteil der Vollzeit-Arbeitskräfte unter den 60jährigen vergleicht, hat Deutschland noch Aufholbedarf. Während in Schweden beispielsweise über 70 Prozent der 55-64jährigen noch berufstätig sind, sind es in Deutschland nur 55 Prozent.[257]

Unabhängig davon, ob sich die „Aging Workforce" mittelfristig als Fiktion herausstellt, ist sie aktuell teilweise Realität und führt nicht selten zu erheblichen Spannungen.

Aging Society ohne Aging Workforce?

Damit die Integration älterer Mitarbeiter gelingt, gibt es unter anderem folgende personalpolitische Maßnahmen[258]:
– intergenerative Zusammenarbeit,
– altersgemischte Tandems (Zusammenarbeit eines älteren und jüngeren Mitarbeiters),
– flexible Arbeitszeitgestaltung und
– Verankerung von Age-Diversity in Führungsgrundsätzen.
Auf diese Weise lässt sich dann das Unternehmen als Generationenverbund realisieren.

Ausländische Mitarbeiter: Kultur statt Reisepass

Die Überschrift „Ausländische Mitarbeiter" ist an dieser Stelle irreführend. Denn es geht weniger um die Staatsangehörigkeit eines Mitarbeiters, als vielmehr um dessen kulturelle Herkunft. So kann die viel zitierte muslimische Kopftuchträgerin durchaus einen deutschen Pass besitzen, trotzdem aber an der Ausübung von Berufen wie Kindergärtnerin oder Richterin gehindert werden.

Wie auch bei der politischen Debatte prallen im Personalmanagement zwei Denkrichtungen[259] aufeinander:

(1) Die eine geht von der *Monokultur* aus, sieht in der kulturellen Einheit die betriebswirtschaftliche Chance und verlangt deshalb eine Integration durch Anpassung.

(2) Die andere sieht Vorteile der *Multikultur* und strebt deshalb nach Integration durch abgestimmtes Miteinander kultureller Vielfalt.

Mit zunehmender Europäisierung und Globalisierung dürfte die zweite Denkrichtung immer mehr an Boden gewinnen.

Auch und gerade in kleinen und mittleren Unternehmen können durch ausländische Mitarbeiter ausländische Kunden gewonnen und neue Märkte erschlossen werden. Ausländische Mitarbeiter lösen Sprachbarrieren auf, kennen die Kultur und die Gepflogenheiten des jeweiligen Landes, was unnötige Missverständnisse vermeidet und den Marktzugang erleichtert.[260]

Interkulturelle Anpassung

Wie schwierig sich selbst scheinbar harmlose Themen der interkulturellen Integration auch für kleinere Unternehmen darstellen, zeigt das Beispiel eines türkischen Ehepaares, dem für ihren Sohn die Vorzüge des dualen Ausbildungssystems in Deutschland beschrieben werden[261]: Das Wort „Berufsschule" kam gut an, weil es als „meslek okulu" dem angesehenen türkischen Ausbildungssystem entspricht. Die Verbindung mit der Ausbildung im Betrieb kam als „el sanatlari" schon nicht mehr so gut an, weil dies in der Türkei weniger gut angesehen ist. Ganz verspielt hatte der Ausbildungsberater, als er darauf hinwies, dass ihr Sohn nach der Ausbildung den Status eines Facharbeiters hätte – was die Eltern als entsprechend zum türkischen Arbeiter („isci") einstuften und deshalb auf Grund des schlechten Ansehens überhaupt nicht in Frage kam.

Interkulturelle Kompetenz: Ein Muss auch bei KMU!

Dieses Beispiel zeigt deutlich, dass interkulturelle Kompetenz bezüglich der Berufsbilder vor allem für KMU erforderlich ist, weil hier der Statusfaktor wegfällt, den große deutsche Unternehmen wie Siemens und BMW quasi automatisch mitbringen.

9.4 Diversity nutzen: Abgestimmte Vielfalt als Chance

Integration nach Abschnitt 9.2 zielt auf Schaffen von Gleichheit, Integration nach Abschnitt 9.3 auf Erhalten von Vielfalt. Fügt man beides zusammen, so ergibt dies die komplexe Struktur eines Diversity Managements, bei dem eine abgestimmte Vielfalt angestrebt und als Chance für Unternehmen sowie Mitarbeiter gesehen wird.

Diversity als geplante Vielfalt

Im Umgang mit dem Thema Vielfalt gibt es unterschiedliche Positionen:

- Auf der einen Seite steht die *Einheitlichkeitsthese (Homogenitätsthese)*. Nach ihr hat die Personalarbeit dafür zu sorgen, dass neue Mitarbeiter möglichst rasch und möglichst umfassend an die bestehende Unternehmenskultur angepasst werden. Dazu gehört im Vorfeld bereits eine entsprechende Personalselektion, die auf „Kulturmärkte" achtet, also die Auswahl eines Bewerbers, der möglichst gut in das Unternehmen passt und daher kaum weitere Anpassung notwendig ist. In diesem Fall steht also das „Wir" im Vordergrund.
- Auf der anderen Seite steht die *Unterschiedlichkeitsthese (Heterogenitätsthese)*. Nach ihr ist gerade Vielfalt ein entscheidendes Ziel der Personalarbeit, weshalb bei der Personalselektion bereits darauf zu achten ist. Im Anschluss daran müssen Unternehmen dafür sorgen, dass die Vielfalt möglichst erhalten bleibt. Hier steht also das „Ich" im Vordergrund.

Diese beiden Thesen gelten prinzipiell für alle Beschäftigtengruppen, Kulturen, Geschlechter sowie Altersgruppen.

Interessant ist jetzt aber, aus welchen Gründen sich ein Unternehmen explizit oder implizit für eine der beiden Sichten entscheidet:

- Nach der *fundamentalistisch-normativen Position* ist es Aufgabe der Unternehmen, für ein bestimmtes Mischungsverhältnis der Mitarbeiter zu sorgen – und zwar unabhängig davon, ob sie betriebswirtschaftlich sinnvoll ist.
- Nach der *streng betriebswirtschaftlichen Position* existiert kein optimales Mischungsverhältnis der Mitarbeiter, sondern das Unternehmen entscheidet sich in Abhängigkeit von der anstehenden Aufgabe und danach, welche Mitarbeiter auf dem Arbeitsmarkt verfügbar sind, für ein Mischungsverhältnis.

Führt man diese beiden Dimensionen zusammen, so erhält man vier Fälle: Danach ist man grundsätzlich (1) gegen Vielfalt oder (2) für Vielfalt, weil das persönliche politisch-normative Weltbild dies vorgibt. Man kann sich jedoch auch aus betriebswirtschaftlichen Gründen (3) gegen Vielfalt oder (4) für Vielfalt entscheiden (Tabelle 9.2).

Die Zellen (3) und (4) bedeuten, dass ein Unternehmen Diversity Management aus betriebswirtschaftlichen Gründen betreibt. Diversity Management bedeutet deshalb die Bestimmung und Herstellung des optimalen Mischverhältnisses von „Wir" und „Ich", also von Gleichheit und Vielfalt, mit dem Ziel, einen Mehrwert für das Unternehmen zu erzeugen.

Diversity Management als Zusammenführung von Akkulturation und Integration

Tabelle 9.2: Umgang mit Unterschiedlichkeit

	Einheitlichkeitsthese (Homogenitätsthese)	Unterschiedlichkeitsthese (Heterogenitätsthese)
fundamentalistisch-normativ	(1)	(2)
betriebswirtschaftlich	(3)	(4)

Diversity ist eine Chance.

„Unsere Lebensumwelt ist am stabilsten, am robustesten, wenn sie möglichst viele Pflanzen und Tiere umfasst, weil aus der Summe der verschiedenen Eigenschaften immer ein sehr stabiles Gebilde erwächst. Genauso ist das mit uns Menschen. Jeder hat seine Stärken, jeder hat seine Schwächen. Wenn wir Alter, Geschlecht und Herkunft zusammenbringen und die Kraft aufbringen, eine gemeinsame Sprache zu finden, dann ergibt sich daraus ein sehr, sehr leistungsfähiges Gebilde, das hierarchisch vielleicht nicht immer besonders gut zu organisieren ist, das aber krisenfest und auch fähig ist, auf neue Situationen gut zu reagieren."[262]

Dr. Angela Merkel (geb. 1954; Bundeskanzlerin der Bundesrepublik Deutschland)

Diversity Management als Prozess

Möchte man also Mehrwert durch Diversity erzeugen, so ist es unabdingbar, dass ein Diversity Management im Unternehmen eingeführt wird. Dieses hat nicht nur die Aufgabe, für Chancengleichheit zu sorgen, sondern sollte vielmehr als interner und externer (Voran-)Treiber der Thematik „Diversity" auftreten und Chancen, die durch Diversity entstehen, aufzeigen. Das Aufgabenfeld reicht also von der Sensibilisierung der Belegschaft bis hin zur Mitwirkung bei der strategischen Planung.

Die Einführung von Diversity ist in sechs Phasen zu unterteilen[263]:
(1) *Beseitigung von Diskriminierung und Schaffung von Chancengleichheit.* Hier muss sich der Personalmanager der Tatsache bewusst sein, dass die Diskriminierung oft nur durch den direkt betroffenen Personenkreis erkannt wird, für Außenstehende jedoch oft nicht wahrnehmbar ist.
(2) *Einbindung und Engagement von Führungskräften und Bewusstmachung der bestehenden Kultur.* Die Einbeziehung des Managements ist essenziell, da ein Changeprozess nur mit dem Commitment des Managements Erfolg versprechend ist. Grundlegend für die Einleitung eines Veränderungsprozesses ist zunächst das Verständnis der eigenen Ausgangslage.
(3) *Vorteile von Veränderungen erkennbar und erlebbar machen.* Wird Diversity nur als theoretisches Konstrukt vermittelt, so besteht die Gefahr, dass die Bemühungen ins Leere laufen, da oftmals nicht klar wird, was Diversity eigentlich genau bedeutet beziehungsweise wie in einem konkreten Fall mit diesem Konstrukt gearbeitet werden kann. Hier bietet es sich daher an, Diversity in Workshops, durch Fallstudien oder Rollenspiele erlebbar zu machen und somit gleichzeitig Anwendungsszenarien zu vermitteln.
(4) *Förderung von Vielfalt in der Belegschaft und in bestimmten Gruppen sowie Förderung von partnerschaftlichem Umgang und Einbeziehung.* Hierbei wird auf konkrete

Maßnahmen abgestellt, die sich aus der Strategie des Unternehmens ableiten. So bedeutet die Schaffung von Chancengleichheit auf operativer Ebene beispielsweise Schaffung von gemischten Teams (zum Beispiel Alter, Geschlecht, Nationalität).

(5) *Anpassung der Systeme eines Unternehmens.* Im Rahmen des Changeprozesses müssen im Unternehmen alle (Standard-)Prozesse (beispielsweise Akquisition) auf eventuelle Diversity-Inhalte überprüft und gegebenenfalls angepasst werden. Ansonsten bleibt Diversity stets eine kurzlebige Modeerscheinung, die dann schnell wieder in der Versenkung verschwindet.

(6) *Nutzung messbarer Vorteile* und *Verbesserungen durch die Integration von Diversity in vielfältige Bereiche des Geschäftsbetriebs.* Wird Diversity Mehrwert generierend genutzt, so weitet sich mit dem Verständnis des Konzepts Diversity und dem Verstehen von dessen Vorteilen auch seine Nutzung aus. Das gesamte Unternehmen versteht das Konzept Diversity, hat dessen Vorteile erlebt und setzt es daher wie selbstverständlich ein.

Mehrwert durch Diversity ist also nur durch professionelles Diversity Management zu erreichen. Das Diversity Management ist somit entscheidend dafür, wie und ob die Vielfalt der Mitarbeiter des Unternehmens positiv eingesetzt werden kann.

Der Begriff „Diversity Management" ist in kleineren Unternehmen weniger geläufig und bekannt als in größeren Unternehmen mit einem expliziten Personalmanagement. Trotzdem müssen auch diese sich im ureigensten Interesse mit dem Thema Vielfalt befassen: Auch die KMU beschäftigen Menschen mit unterschiedlichen Charakteren, unterschiedlicher Herkunft und unterschiedlichen Alters. Zudem ist der Anteil ausländischer Arbeitnehmer in kleinen und mittleren Unternehmen höher als in größeren Unternehmen.[264]

Diversity Management als Change Agent

Möchte das Diversity Management die Einführung von Diversity vorantreiben, so muss es als Change Agent fungieren. Dabei muss man sich immer der Tatsache bewusst sein, dass es sich bei der Einführung von Diversity um tief greifende Veränderungen im Unternehmen handelt und daher mit Abwehrreaktionen zu rechnen ist. Elementar ist daher eine gut geplante Kommunikationspolitik.[265]

Die Planung des Veränderungsprozesses sollte sich an der Situation im Unternehmen und seinen Mitarbeitern orientieren. Unterstützend kann dabei der Head, Heart oder Hand Ansatz wirken[266]:

■ *Head* steht für eine rationale, faktenbasierte und sachliche Information, die den Kosten- und Nutzenaspekt von Diversity und seine langfristige Implementierung kommuniziert.

■ *Heart* steht für das persönliche Erleben mit dem Ziel, gefühlsbedingte Verhaltensänderungen herbeizuführen.

Change Agent: Person mit der Aufgabe, Widerstände gegen Veränderungen zu überwinden beziehungsweise nicht entstehen zu lassen

■ *Hand* steht für die aktive Umsetzung von Verhaltensänderungen, für die durch eine direkte Belohnung zusätzliche Anreize geschaffen werden.

So können Vorgehensweisen formuliert werden, die je nach Situation Erfolg versprechen (Tabelle 9.3).

Tabelle 9.3: Head, Heart und Hand[267]

Situation						Ansatz
Unternehmens- und Organisationskultur	Arbeitsweise	Umgang mit Konflikten	Erlangung von Ansehen durch	Aufgaben	Bedeutung von Vielfalt	
technisch-analytisch, rational	effizient	rational, aber ablehnend	Leistung	anspruchsvoll, definiert	gering	**Head** ("verstehen")
Diskussionskultur, lösungsorientiert	effektiv	konsensorientiert	Charisma	wenig strukturiert	mäßig	**Heart** ("fühlen")
aufgabenorientiert	normativ	lösungsorientiert, Schnelligkeit vor Qualität	Position	klar definiert, einfach	gering	**Hand** ("tun")

Nur selten wird es nicht möglich sein, sich nur auf eine der drei Methoden zu stützen. Vielmehr muss je nach Situation und Zielgruppe entschieden werden, welche Methode oder welche Mischung von Methoden gewählt wird.[268]

Personalarbeit als Diversity Management

Diversity Management ist eine Aufgabe, die nicht „nebenbei" bewältigt werden kann. Dabei ist im Unternehmen eine zentrale und koordinierende Stabstelle zu schaffen, die sich ausschließlich mit der Thematik Diversity befasst. Diese Stelle sollte hierarchisch möglichst hoch angesiedelt sein[269], also idealerweise über einen Zugang zur Geschäftsführung verfügen. Nur so kann gewährleistet werden, dass Lösungen auch wirklich implementiert werden und das Diversity Management nicht zum Moralapostel in der dritten Reihe wird.

Auch wenn teilweise empfohlen wird, eine eigene Stabstelle für Diversity direkt unter der Geschäftsführung einzurichten[270], erscheint eine direkte Anbindung an die Personalabteilung mindestens genauso plausibel, wenn man sich die durch das Diversity Management angesprochenen Anspruchsgruppen ansieht:

- Das Diversity Management muss die *Mitarbeiter* – und hierbei insbesondere die Minderheiten – so vertreten, dass diese produktiv im Unternehmen arbeiten können, ohne sich jedoch zu stark anpassen zu müssen.
- Das Diversity Management muss seine Maßnahmen stets gegenüber den *Shareholdern* rechtfertigen können und sicherstellen, dass nicht „Vielfalt um der Vielfalt Willen" hergestellt wird.
- Der Umgang mit den Mitarbeitern ist zentrales Aushängeschild eines Unternehmens gegenüber der *Öffentlichkeit*, was dazu führt, dass der Umgang mit Mitarbeitern einen wichtigen Einfluss auf das Unternehmensimage hat – in positiver wie in negativer Hinsicht.

Da das Diversity Management gleichzeitig in alle drei Richtungen wirkt, muss es sich stets aller drei Anspruchsgruppen bewusst sein.

Anspruchsgruppen des Diversity Management: Mitarbeiter, Shareholder und Öffentlichkeit

Diversity Management

Bei der Internetrecherche zum Thema AGG sind Sie auf einen Artikel über Diversity Management gestoßen. Vielfaltsmanagement – hört sich ja interessant an. Vielleicht sollte es so etwas bei der Strawberry Cake & Bakeries AG auch geben? Sie wollen dieses Thema mit einigen Kollegen diskutieren und bereiten daher eine Übersicht vor, aus der hervorgeht, welche Denkhaltungen es zum Thema Diversity gibt, was Diversity Management eigentlich bedeutet und welche Anspruchsgruppen im Hinblick auf das Thema es im Unternehmen gibt.

Übung 9.3

Henkel AG & Co. KGaA

Henkel ist ein international ausgerichteter Konzern mit Sitz in Düsseldorf. Die 55.000 Mitarbeiter arbeiten in den drei Geschäftsfeldern Wasch- und Reinigungsmittel, Kosmetik und Körperpflege sowie Klebstoffe und liefern ihre Produkte in 125 Länder.

Die starke internationale Ausrichtung des Konzerns macht Diversity zu einem wichtigen Thema. Die Strategie ruht auf zwei untrennbar verbundenen Säulen und wird konzernweit umgesetzt:

(1) *Diversity (= Vielfalt)*: Vielfalt der Talente, Einstellungen, Perspektiven, Fähigkeiten und Eigenschaften der Mitarbeiter und Geschäftspartner, die Henkel einzigartig machen und einen wichtigen Beitrag zu Kreativität, Innovationen und dem Geschäftserfolg leisten.

(2) *Inclusion (= Einbeziehung)*: Respektierung aller sichtbaren und unsichtbaren Unterschiede mit dem Ziel, Wettbewerbsvorteile zu gewinnen und eine ausgewogene, gesunde und leistungsstarke Organisation zu errichten, in der alle Individuen wertgeschätzt und ihre jeweiligen Beiträge honoriert werden.

Die praktische Umsetzung erfolgt beispielsweise bei der Bildung von Netzwerken für unterschiedliche Zielgruppen. So gibt es ein Netzwerk für junge Mitarbeiter, die neu bei Henkel sind, ein Netzwerk für Impatriates, also Mitarbeiterinnen und Mitarbeiter aus anderen Ländern, die sich für einige Jahre in der Konzernzentrale aufhalten sowie ein Frauennetzwerk. Das internationale Frauennetzwerk soll den 200 weiblichen Führungskräften die Möglichkeit geben, Themen rund um Frauen und Führung zu diskutieren. Verschiedene Arbeitsgruppen erarbeiten Vorschläge und Veränderungsideen, die anschließend umgesetzt und die Fortschritte regelmäßig im Intranet veröffentlicht werden. Positiv verstärkt wird der Stellenwert dieses Netzwerkes durch die Schirmherrschaft des Vorstandsvorsitzenden.

Anke Meier, Head of Global Diversity Management, erklärt die Aufgabe eines Diversity & Inclusion Managements: „Alte Strukturen müssen in Frage gestellt und Prozesse transparent gemacht werden, da diese das Ergebnis vorangegangener Generationen sind. Falls erforderlich, müssen die nötigen Änderungen angestoßen werden und so an die neue Generation und Personalstruktur angepasst werden."

9.5 Ausblick

Integration beginnt mit dem ersten Arbeitstag und soll dafür sorgen, dass die neuen Mitarbeiter sich in ihrem neuen Unternehmen zurechtfinden. Bereits hier beginnt aber auch die Schwierigkeit der konkreten Zielsetzung:

- Auf der einen Seite haben sich Mitarbeiter „einzuordnen", durchlaufen also die Akkulturation. Sie lernen die Prozesse, die Systeme und die Kultur kennen. Hier geht es zwangsläufig um *Vereinheitlichung und Anpassung*.
- Auf der anderen Seite liegen aber gerade in *Unterschiedlichkeit und Vielfalt* interessante Wettbewerbsvorteile – unabhängig davon, dass prinzipiell Andersartigkeit keinen Diskriminierungsgrund darstellen darf.

Die Zusammenführung dieser Widersprüchlichkeit verlangt nach einem integrierenden Diversity Management. Sicherlich ist Diversity ein personalwirtschaftliches Thema, dem man sich – ähnlich wie Umweltschutz – teilweise nur dann annimmt, wenn man Zeit und Geld hat oder dazu gezwungen wird. Trotzdem wird Diversity sukzessive zu einer zentralen Aufgabe im Personalmanagement. Gleichzeitig ist es vor allem dann vielversprechend, wenn es aus streng betriebswirtschaftlichen Gründen institutionalisiert wird. Gerade dann wird Diversity Management nicht nur als Modewort verstanden, sondern vielmehr aus Überzeugung und daher auch nachhaltig betrieben.

Als neues Konzept wird in der Zukunft der Begriff der Total Workforce[271] an Bedeutung gewinnen. Hier geht es darum, alle Personen, die am Leistungserstellungsprozess des Unternehmens mitwirken, im Rahmen des Personalmanagements zu berücksichtigen. Dies betrifft dann sowohl Leihmitarbeiter als auch temporäre Projektmitarbeiter wie beispielsweise externe Consultants. Das Total Workface Management ist somit auch in die Personalmanagementaktivität Integration einzubinden.

Zygmunt Mierdorf, **Mitglied des Vorstands und Arbeitsdirektor, Metro AG**

Integration und Diversity Management in der METRO Group

Die METRO Group ist in 31 Ländern an über 2.200 Standorten tätig und beschäftigt unter den Vertriebsmarken Metro/Makro, Cash&Carry, Real SB-Warenhäuser, Mediamarkt und Saturn sowie Galeria Kaufhof insgesamt rund 280.000 Mitarbeiter aus rund 150 Nationen. Die vielfältigen und internationalen Geschäftsfelder spiegeln sich somit zwangsläufig in einer vielfältigen Kunden- und Belegschaftsstruktur wider. Mit der Förderung dieser Vielfalt sichert die METRO Group ihren zukünftigen Geschäftserfolg und ihre führende Position als attraktiver Arbeitgeber im internationalen Handel. Vielfalt wird dabei als Chance begriffen, einen Mehrgewinn für Kunden, Belegschaft und Unternehmen zu realisieren.

Die unterschiedlichen kulturellen Ausprägungen werden im Geschäft berücksichtigt und als positive Energie genutzt. Spezielle Maßnahmen hierfür sind unter anderem mehrsprachige Kundendurchsagen oder Hinweistafeln in den Geschäften. Darüber hinaus zeigen Länderflaggen auf den Namensschildern der Mitarbeiter an, welche Sprachen sie sprechen, so dass ausländische Kunden leicht einen Ansprechpartner bei Fragen finden. In den Cash&Carry Märkten werden darüber hinaus so genannte ethnische Kundenberater eingesetzt, die in ihrer Muttersprache bei besonderen Bedarfen beraten und entsprechende Waren oder Alternativen vorschlagen können.

Auch durch spezielle Kampagnen wie „Vorsprung durch Vielfalt" werden Diversity Themen intern und extern gezielt kommuniziert und weiterentwickelt. Die vier Themenfelder der Kampagne „Work-Life-Balance", „Alter", „Migration" und „Behinderung" werden konzernweit angesprochen und den Bedürfnissen der (zukünftigen) Kundschaft und Belegschaft angepasst. So fallen unter den Bereich Work-Life-Balance beispielsweise Unternehmenspraktiken wie die Vertrauensarbeitszeit oder die bilingualen Betriebskindergärten, in denen den Mitarbeitern arbeitsplatznahe Kinderbetreuungsplätze zur Verfügung gestellt werden. Die Mitarbeiter können so ihr Arbeitsleben flexibler mit ihrem Privatleben abstimmen und sich letztlich besser in das Unternehmen integrieren. Die METRO Group durchläuft im Work-Life-Balance-Bereich darüber hinaus derzeit einen Auditierungsprozess und hat im Zuge dessen bereits das Zertifikat „Beruf und Familie" der Hertie-Stiftung erwerben können.

Für die Integration von neuen Mitarbeitern aus anderen Kulturen steht das Partnerschaftsprogramm „NewIn" zur Verfügung, das neue Mitarbeiter (NewComer) mit erfahrenen Mitarbeitern (InSidern) zusammenbringt, um einen regen interkulturellen Austausch sowie eine angenehmere und schnellere Integration in das neue Arbeitsumfeld für den NewComer zu ermöglichen.

Um sich noch besser auf die sich ändernden Bedürfnisse von Kunden einzustellen, veranstaltet die METRO Group Wettbewerbe wie „Together". Hier werden die Mitarbeiter aktiv in Entscheidungen eingebunden, indem sie selbst Ideen und Konzepte für bestimmte Kundengruppen (zum Beispiel Kunden mit Migrationshintergrund oder Kunden, die älter als 50 Jahre sind) vorschlagen können, die von einer Jury prämiert und anschließend umgesetzt werden.

Ein besonderer Fokus im Bereich Vielfalt wird auf die Integration von schwer behinderten Menschen gelegt. Die METRO Group verfügt in ihren Gesellschaften über ein wirksames betriebliches Eingliederungsmanagement und unsere Quote schwer behinderter Beschäftigter in Deutschland liegt bei fünf Prozent. Dabei verfolgt die METRO Group neben einer nachhaltigen Präventionsstrategie, die sich in der Gesundheitsinitiative widerspiegelt, das Ziel, gerade jungen Menschen mit Behinderung den Einstieg in das Berufsleben zu erleichtern. Hierzu wurde in Zusammenarbeit mit den Berufsbildungswerken bereits 2004 das Projekt „Verzahnte Ausbildung mit Berufsbildungswerken" (V.A.m.B.) ins Leben gerufen. Junge, zumeist lernbehinderte Menschen aus den Berufsbildungswerken erhalten dabei den praktischen Teil ihrer Ausbildung in den Betrieben der METRO Group. Durch diese praktischen Erfahrungen in der realen Berufswelt erhöhen sich ihre Chancen auf eine spätere Beschäftigung spürbar. Das Projekt V.A.m.B hat in der Öffentlichkeit vielfach Anerkennung gefunden und wurde im Jahr 2007 mit dem „Initiativpreis Aus- und Weiterbildung" der Otto Wolff-Stiftung und des Deutschen Industrie- und Handelskammertags (DIHK) ausgezeichnet.

Obwohl die METRO Group das Thema Vielfalt in alle Richtungen – Alter, Geschlecht, Behinderung, ethnische Zugehörigkeit – kontinuierlich ausbaut, sind im Unternehmen keine Quotenregelungen zu erfüllen. Als Unternehmen möchten wir dem Thema stets offen und positiv gegenüber treten, jedoch nicht den unternehmerischen Freiraum unserer Führungskräfte unnötig einengen. Vielfalt und Integration werden in der Unternehmenskultur gelebt, nicht jedoch durch Quoten erzwungen.

Aufgaben und Fragen zur Selbstüberprüfung

1. Beschreiben Sie, was man unter Akkulturation und Integration versteht. Worin liegen die Unterschiede?

2. Welchen Mehrwert kann Diversity für ein Unternehmen haben?

3. Nennen Sie die sechs Phasen der Einführung von Diversity!

4. Diskutieren Sie folgende Aussage: „Das Konzept 'Diversity' beinhaltet bei konsequenter Umsetzung die Ungleichbehandlung der Mitarbeiter, indem auf die individuellen Eigenschaften und Bedürfnisse der Mitarbeiter eingegangen wird."

5. Beschreiben Sie die drei Ansätze Head, Heart und Hand und gehen Sie auf deren Anwendungsmöglichkeiten ein!

Kapitel 10

Allokation: Wie werden Mitarbeiter und Stellen zusammengebracht?

Kapitel 10 Allokation: Wie werden Mitarbeiter und Stellen zusammengebracht?

Inhalt

Fakten

2007 waren über 17 % der sozialversicherungspflichtig Beschäftigten in Deutschland teilzeit-beschäftigt.[272]

2006 gab es in Deutschland 6 Millionen Telearbeitnehmer.[273]

2007 lagen die Aufwendungen der Unfallversicherungen für Arbeits- und Wegeunfälle sowie Berufskrankheiten bei über 12 Milliarden Euro.[274]

Lernziele

- Sie erfahren, welche Überlegungen im Vorfeld einer Stellenzuordnung gemacht werden müssen.

- Sie erleben, welche Gestaltungsmöglichkeiten der Arbeit in der Praxis häufig angewendet werden.

- Sie wissen, was bei der Einrichtung des Arbeitsplatzes beachtet werden muss.

- Sie verstehen, welche Ansätze es für die Zuordnung von Mitarbeitern zu Arbeits-plätzen gibt.

- Sie lernen, was Individualisierung und Flexibilität bedeuten.

10.1 Überblick

Die Aufgabe einer sinnvoll strukturierten Personaleinsatzplanung ergibt sich als Allokation aus der wechselseitigen Zuordnung von Mitarbeitern und Arbeitsaufgaben. In der Regel wird diese Fragestellung allerdings noch etwas umfassender aufgefasst, wodurch es dann um die Optimierung des „Systems Arbeit" geht. Dieses besteht aus folgenden Elementen[275]:

– Mitarbeiter, der die Arbeitsaufgabe bewältigen muss,
– Inputfaktoren, das sind Arbeitsgegenstände, Energie, Information, Material, die von den Mitarbeitern in einen Output transformiert werden,
– Arbeitsplatz, der Ort, an dem die Aufgabe durchgeführt wird,
– Arbeitsablauf, die Beschreibung der Tätigkeit am Arbeitsplatz als Teil des Transformationsprozesses,
– Betriebs- und Arbeitsmittel zur Ausgestaltung des Arbeitsplatzes und Durchführung der Arbeitsaufgabe sowie
– Arbeitssituation, das sind direkte Einflüsse aus der Arbeitsumgebung sowie der Umwelt,

wobei alle diese Elemente miteinander in Beziehung stehen und sich beeinflussen.

Die Managementaktivität „Allokation" führt Mitarbeiter und Stellen unter Berücksichtigung von Arbeitssituation und Arbeitsablauf zusammen: In der *konzeptionellen* Dimension stehen Entscheidungen, nach welchen Regeln gearbeitet werden soll und wie die Zuordnung zu einem konkreten Arbeitsplatz erfolgen soll, im Blickpunkt (Abschnitt 10.2). In der *zeitlichen* Dimension werden die Fragen nach dem wann und wie viel gearbeitet werden soll beantwortet (Abschnitt 10.3). In der *strukturellen* Dimension gibt es die diversen Fragen nach der Gestaltung des Arbeitsplatzes zu beantworten (Abschnitt 10.4). In der *optimierenden* Dimension werden Mitarbeiterfähigkeiten sowie Aufgabenanforderungen planerisch in Verbindung gebracht (Abschnitt 10.5). Quer über diesen Dimensionen liegt die *soziale* Dimension. Hier werden Mitarbeitererfordernisse und -interessen in die Überlegungen zur Ausgestaltung des Systems Arbeit einbezogen.

Allokation als wechselseitige Zusammenführung von Arbeitsplatz und Mitarbeiter

---

BestPersCase: Kassenärztliche Vereinigung Bayerns KdÖR (KVB)

Die Kassenärztliche Vereinigung Bayerns zählt rund 23.000 bayerische Vertragsärzte und Vertragspsychotherapeuten zu ihren Mitgliedern. Sie vertritt unter anderem die Rechte und Interessen der zugelassenen Ärzte und Psychotherapeuten gegenüber den Krankenkassen und der Politik. Außerdem stellt sie die ambulante medizinische Versorgung der rund zwölf Millionen Einwohner in Bayern mit einem jährlichen Honorarumsatz von rund 4,6 Milliarden Euro sicher.

Die Wiedereingliederung von Mitarbeitern, die aus der Elternzeit zurückkehren, ist für Unternehmen eine schwierige Angelegenheit. Gilt es doch, individuelle Mitarbeiterfähigkeiten, -wünsche und -ziele mit einer Aufgabe beziehungsweise Stelle und ihren entsprechenden Anforderungen zusammenzubringen. Deshalb soll eine gelungene Allokation am Praxisbeispiel der Familie *Glanz* erläutert werden.

Frau *Glanz*, Teamleiterin in der Personalabteilung, wollte nach der Elternzeit zu ihrer alten Aufgabe zurückkehren, jedoch in Teilzeit. Auch Herr *Glanz* wollte wieder als Sachbearbeiter im Bereich IT arbeiten. Um sich die Kinderbetreuung mit seiner Frau teilen zu können, äußerte er ebenfalls den Wunsch nach Teilzeit.

Beiden Führungskräften war es wichtig, jederzeit auf ihre Mitarbeiter zählen zu können, und so gelangte man zu einem Abkommen, das gleichzeitig der notwendigen Flexibilität einer Familie gerecht wurde. Beide Ehepartner reduzierten ihre Arbeitszeit. Frau *Glanz* war zunächst Montag bis Mittwoch im Unternehmen, stockte nach knapp zwei Jahren auf vier Tage pro Woche auf, wobei sie an einem Tag zu Hause von ihrem Telearbeitsplatz aus arbeitete. Herr *Glanz* leistete in der Anfangszeit Mittwoch bis Freitag seinen Dienst. Die Tage, an denen er nicht arbeitete, konnten durch Umverteilung seiner Aufgaben ausgeglichen werden. Nach circa zweieinhalb Jahren kehrte Herr *Glanz* wieder zu seinem alten Vollzeitmodell zurück.

Die Ehepartner konnten zum Beispiel für dringliche Arbeitstreffen die Arbeitstage tauschen oder bei Krankheit der Tochter längere Zeit von zu Hause aus arbeiten. Im Gegenzug waren sie bereit, sich nach der Elternzeit wieder voll auf ihre Aufgaben einzulassen, sich neues Fachwissen anzueignen sowie sich in veränderte Strukturen einzuarbeiten. Mit entsprechenden Personalentwicklungsmaßnahmen seitens der KVB wurde gewährleistet, dass es an den nötigen Kompetenzen nicht mangelte.

Kathrin Bernhardt, Leiterin Personal, fasst das Ergebnis zusammen: „Im Ergebnis haben alle Beteiligten durch ihre Bemühungen, ihre Kompromissbereitschaft und Flexibilität gewonnen. Das Ehepaar *Glanz* kann beides haben: ein glückliches Familienleben und gute Karrieremöglichkeiten. Und die KVB hält motivierte Mitarbeiter im Unternehmen, die ihre Stellen kompetent und umfassend ausfüllen."

BestPers Award

10.2 Wie arbeiten? Arbeitsphilosophie

Da sich die Allokationsaufgabe mit der Zuordnung von
- Aufgaben (aus Sicht des Unternehmens) und von
- Interessen (aus Sicht des Mitarbeiters)

befasst, gehören zur Personalarbeit Aussagen über die Regeln, nach denen diese Zuordnungen erfolgen.

Personalallokation folgt zwei zentralen betriebswirtschaftlichen Prinzipien[276]:

(1) *Effektivität* bedeutet Zielerreichung („Die richtigen Dinge tun."). Will man also beispielsweise in einer Stunde zehn Erdbeerkuchen produzieren, so braucht man zunächst einmal Mitarbeiter in bestimmter Anzahl und Qualität. Auch wenn die Kuchenproduktion nicht nur von der Personalallokation abhängt, so hängt der Zielerreichungsgrad als Prozentsatz der tatsächlich gebackenen Kuchen davon ab.

(2) *Effizienz* bedeutet Wirtschaftlichkeit („Die Dinge richtig tun."). Dazu wird versucht, den vorgegebenen Output mit möglichst geringem Input zu produzieren.

Effektivität und Effizienz zusammen sind weitestgehend auf ökonomische Aspekte ausgerichtet und wollen den Ressourceneinsatz, hier den Einsatz der Mitarbeiter, optimieren, maximieren oder minimieren.

> *Effektivität ist nicht identisch mit Effizienz!*

Im Kontext der Personalallokation müssen neben den unternehmerischen Anforderungen aber auch soziale Aspekte berücksichtigt werden, da hier die Ressource Mensch mit seinen Bedürfnissen betrachtet wird. Dabei rücken zwei Ziele in den Vordergrund:

(1) Aus Unternehmenssicht ist gegenwärtig das vorrangige Ziel die Sicherstellung beziehungsweise die Erhöhung der *Flexibilität* des Unternehmens. Flexibilität bedeutet Bereitstellen von Potenzialen, um sich kurzfristig auf veränderte Umweltbedingungen einzustellen, und bezieht sich auf Art, Ort und Zeitpunkt der Leistungserstellung.

(2) Aus Sicht des Mitarbeiters rückt immer mehr das Ziel der *Individualisierung* in den Vordergrund. Individualisierung bedeutet, den Mitarbeitern Freiräume zur Erfüllung ihrer persönlichen Ziele zu lassen oder gar zu schaffen, und impliziert das Abrücken von kollektiven Regelungen. Danach sollen (im Idealfall) Entscheidungen darüber, was, wann und wo der Mitarbeiter arbeitet, primär von der Interessenlage des Mitarbeiters geleitet werden.

Individualisierung und Flexibilisierung beziehen sich zwar auf die gleichen Planungsobjekte (beispielsweise auf „Arbeitszeit"), können aber trotzdem in unterschiedliche und teilweise entgegengesetzte Richtungen laufen.

Sicherlich kann und wird man versuchen, Flexibilisierung und Individualisierung aufeinander abzustimmen, damit sowohl Unternehmen als auch Mitarbeiter ihren Nutzen daraus ziehen. Trotzdem ist das im Regelfall schwierig: So bedeutet Flexibilisierung der Arbeitszeit in einem Strandcafé (aus Unternehmenssicht),

> *Flexibilität ist nicht identisch mit Individualisierung!*

dass Mitarbeiter bei schönem Wetter zur Arbeit kommen müssen. Individualisierung (aus Sicht der Mitarbeiter) würde hingegen heißen, dass Mitarbeiter mit kleinen Kindern das schöne Wetter nutzen und zum Strand gehen können.

Übung 10.1   **Spannungsverhältnis von Flexibilisierung und Individualisierung**

Die Auftragslage der Strawberry Cake & Bakeries AG schwankt recht stark. So muss zwar jeden Tag eine Grundproduktion für die Ausstattung der Filialen abgearbeitet werden, durch Partyservice und große Bestellungen von Kunden – etwa zu Geburtstagen oder Firmenfeiern – kommt es aber auch zu kurzfristigen Auftragsspitzen, die Sie natürlich durch eine entsprechend erhöhte Mitarbeiterzahl abdecken müssen. Sie sind also daran interessiert, dass Ihre Mitarbeiter in Bezug auf ihre Arbeitszeiten, und – wenn man an den Partyservice denkt – Arbeitsorte sehr flexibel sind. Gleichzeitig können Sie als Elternteil natürlich verstehen, dass Ihre Mitarbeiter gerne individuelle Arbeitsbedingungen wollen, ihre Mitarbeiter also mitentscheiden möchten, wann und wo sie arbeiten. Wenn Sie jetzt versuchen, beiden Ansprüchen gerecht zu werden, stecken Sie schnell in einem Dilemma. Daher überlegen Sie fieberhaft, ob es ein innovatives Konzept gibt, das beiden Parteien gerecht wird.

> **Kind im Büro**
>
> Wenn der Kindergarten geschlossen bleibt oder schlicht die Kinderbetreuung ausfällt, bleibt vielen Eltern nichts anderes übrig, als dem Arbeitsplatz fern zu bleiben. Besser dran sind die Angestellten der Techniker Krankenkasse am Standort Stuttgart. Müssen sie die Kinderbetreuung selbst übernehmen, können sie sich in Zukunft in ein Eltern-Kind-Büro im Untenehmen einquartieren. Damit Mama und Papa in Ruhe arbeiten können und die Kleinen sich beschäftigen können, ist das Zimmer unter anderem mit einer Kinderspiel- und einer Schlafecke ausgestattet.[277]

10.3 Wann arbeiten? Arbeitszeit

Ein zentrales Instrument zur Individualisierung und Flexibilisierung ist die Gestaltung der Arbeitszeit. War sie früher eher als Rahmenbedingung eine Konstante, so ist sie jetzt ein substanziell gestaltbarer Faktor. Wichtige Planungsfelder bei der Arbeitszeitgestaltung sind zum einen die Aufteilung zwischen Arbeitszeit und Freizeit sowie zum anderen die sinnvolle Strukturierung der Arbeitszeit.

Die Festlegung der Arbeitszeit erfolgt durch zwei Planungsbereiche:
(1) Der eine Aspekt ist die *Festlegung des Volumens* (wie viel Zeit soll abgearbeitet beziehungsweise gearbeitet werden). Diesen Tatbestand bezeichnet man auch als das chronometrische Problem.

(2) Der zweite Aspekt ist der *verteilungsbezogene Gesichtspunkt*, bei dem es darum geht festzulegen, wie eine vorgegebene Arbeitszeit auf verschiedene mögliche Arbeitsintervalle verteilt wird. Diese Fragestellung bezeichnet man auch als die chronologische Fragestellung.

Beide Bereiche gemeinsam führen zur Festlegung der individuellen Arbeitszeit.

Volumenbezogene Arbeitszeitgestaltung („chronometrische Modelle")

Das Volumen der Arbeitszeit wird im Arbeitsvertrag unter der Berücksichtigung gesetzlicher und tarifrechtlicher Regelungen vereinbart. Abgesehen von der normalen Regelarbeitszeit gibt es vier Modelle, die Aussagen über die flexible oder individuelle Gestaltung des Arbeitszeitvolumens machen (Abbildung 10.1):

Chronometrie: Erfassung der Zeit

(1) Bei *Teilzeit* fällt die vereinbarte Arbeitszeit geringer aus als die Regelarbeitszeit. Entscheidend bei der Teilzeitarbeit ist, dass von vorneherein ein verkürztes Arbeitszeitvolumen pro Bezugszeitraum (Tag, Woche, Monat) vereinbart wird, beispielsweise Halbtagsarbeit oder nur zwei Tage pro Woche.

(2) Im Gegensatz dazu liegt der *Kurzarbeit* ein festgelegtes umfassendes Arbeitsvolumen zu Grunde, welches dann aber aus betrieblichen und wirtschaftlichen Gründen reduziert wurde. Im Ergebnis ist auch hier, über einen längeren begrenzten Zeitraum gesehen, ein kürzeres Arbeitszeitvolumen die Folge.

(3) *Sabbatical* ist ebenfalls eine Verkürzung des Arbeitszeitvolumens. Hier ist eine mehrmonatige oder im Extremfall sogar über ein Jahr hinausgehende Unterbrechung der Berufstätigkeit vorgesehen. Für diesen Zeitraum wird somit die Arbeitszeit auf Null gesetzt.

(4) *Altersteilzeit* ist eine Regelung, bei der über einen längeren Zeitraum vor dem eigentlichen Ruhestand weniger gearbeitet wird. Bei der Variante des gleitenden Vorruhestands wird eine 50prozentige Beschäftigung vereinbart, während beim Blockmodell eine Freistellungsphase auf eine Phase der nicht reduzierten Arbeitszeit folgt. Individuelle Vereinbarungen sind auch möglich.

Chronometrische Modelle können sowohl ausgehend von der Interessenlage der Mitarbeiter gewählt werden – beispielsweise als Wunsch nach Teilzeit oder Sabbatical – als auch eine Konsequenz aus Unternehmensstrategie oder Konjunktur sein, wobei aber tendenziell eher das Interesse des Unternehmers im Vordergrund steht. Chronometrische Regelungen zur Arbeitszeit beziehen sich immer auf das Arbeitsvolumen.

Es gibt seit langem Hinweise[278] darauf, dass in einem KMU die Mitarbeiter im Regelfall die Bereitschaft zu einer größeren Flexibilität hinsichtlich Arbeitszeit und Arbeitsaufgaben mitbringen, weil sie dies dort als zwangsläufige Notwendigkeit ansehen und zudem Gewerkschaften weniger restriktiv aktiv sind. Gerade dies sind Wettbewerbsvorteile von KMU, die diese Unternehmen tendenziell nur durch eine nicht zu formalisierte Personalplanung beibehalten können: Die Logik einer flächendeckend-formalisierten Personalplanung, die auch für größere Unternehmen diskutierbar ist – gilt daher auf keinen Fall für ein KMU.

Formalisierung reduziert Flexibilität! Arbeitszeit und Arbeitsbedingung als Wettbewerbsvorteil in KMU!

Verteilungsbezogene Modelle („chronologische Modelle")

Chronologie: Erfassung
des Ablaufs

Sobald die Arbeitszeit in ihrem Volumen festgelegt ist, gilt es dieses Arbeitszeitvolumen auf der Zeitachse zu positionieren. Hierfür gibt es die folgenden sechs Grundmodelle (Abbildung 10.1):

(1) *Feste Arbeitszeit* beschreibt das klassische Modell mit gleichmäßig verteilten Anfangs- und Endzeiten.

(2) *Gleitzeit* ist ein weit verbreitetes Modell, das im Regelfall von einer vorgegebenen Kernarbeitszeit ausgeht und um diese herum, Zeit zur Arbeit individuell eingeteilt werden kann.

(3) *Schichtarbeit* liegt dann vor, wenn produktions- oder markttechnisch bedingt eine höhere Auslastung von Produktionskapazitäten oder eine höhere Bereitstellung von Dienstleistungen dadurch realisiert wird, dass der „betriebliche" Arbeitstag länger ist als der tarifliche Arbeitstag. Gerade in industriellen Fertigungsbetrieben mit teuren Produktionsanlagen beziehungsweise bei Verfahren, die kontinuierlich laufen müssen, sind zwei beziehungsweise drei Schichtbetriebe mögliche Modelle.

(4) *Variable Arbeitszeit* ist ein Modell, das gerade in virtuellen, das heißt in zeitlich und/oder räumlich entkoppelten Strukturen sinnvoll ist. Hier liegt es im Ermessen des Mitarbeiters, zu entscheiden, wann er arbeitet. Dies gilt vor allem für Telearbeitsplätze mit hohem Autonomiespielraum.

(5) Eine andere extreme Form der variablen Arbeitszeit ist die *Arbeit auf Abruf*, bei der mit dem Mitarbeiter ein Arbeitszeitkontingent vereinbart wurde, auf das das Unternehmen beliebig zurückgreifen kann.

(6) Bei einer *Jahresarbeitszeitvereinbarung* wird festgelegt, wie viele Stunden im Jahr gearbeitet werden soll, gleichzeitig aber auch, wie die Arbeit tendenziell zu verteilen ist. Ein Beispiel hierfür ist die kapazitätsorientierte variable Arbeitszeit („KAPOVAZ"), bei der die Arbeitszeiten in Tagesperioden mit starkem Arbeitsanfall gelegt werden.

In allen diesen Modellen geht es somit um die konkrete Festlegung, wann gearbeitet werden soll.

Abbildung 10.1: Systematik
flexibler Arbeitszeitmodelle

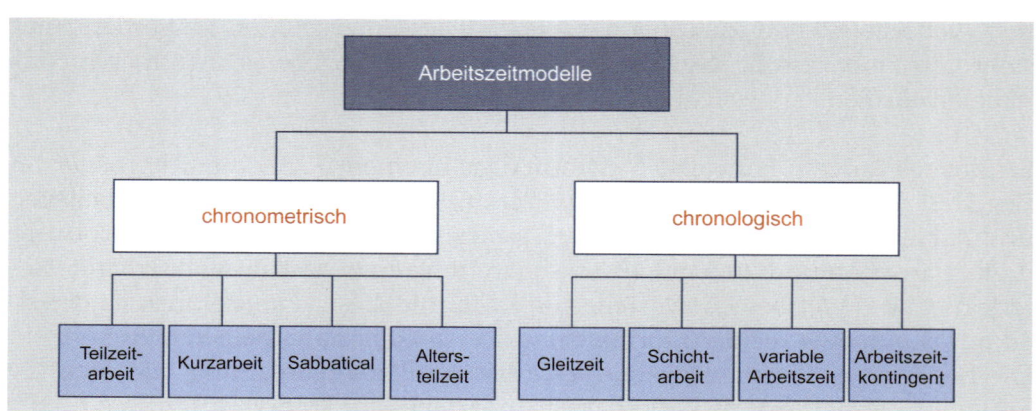

Chronometrische Regelungen zur Arbeitszeit beziehen sich immer auf das Arbeitsvolumen, chronologische Regelungen auf die zeitliche Verteilung des (gegebenen) Arbeitsvolumens.

Ausgestaltungsformen und -vorschriften

Aus den Grundmodellen, insbesondere der variablen Arbeitszeit, haben sich einige spezielle Formen entwickelt:

Vielfältige Flexibilisierungsmodelle

- Eine Variante ist die *Vertrauensarbeitszeit*[279], bei der neben der Arbeitszeit auch das Arbeitszeitvolumen zur Disposition steht. In der extremen Form kann beides vom Mitarbeiter bestimmt werden. Einzige Bedingung des Arbeitgebers ist die (rechtzeitige) Erfüllung von gestellten Aufgaben und Zielen.
- *Job-Sharing*[280] ist ein Arbeitszeitmodell, bei dem sich zwei oder mehrere Mitarbeiter die Verantwortung für eine Vollzeitstelle, deren Besetzung und gegenseitige Vertretung und auch weitestgehend die Arbeitsinhalte teilen. Nach der gesetzlichen Regelung handelt es sich hierbei um eine Teilzeitbeschäftigung, bei der im Gegensatz zu traditionellen Teilzeitarbeitnehmern die Job-Sharer die Aufteilung der Arbeitszeit unter sich selbst bestimmen. Durch die Selbstorganisation erhoffen sich Unternehmen Einsparungen beim Koordinationsaufwand und die Sicherung ständig besetzter Stellen. Job-Sharing ist in Deutschland nicht weit verbreitet, was an den gesetzlichen Regelungen liegen könnte. So ist in Deutschland nur eine eingeschränkte und keine automatische Vertretungsverpflichtung[281] vorhanden. Jede Vertretung bedarf einer gesonderten Vereinbarung.
- Eine weitere spezielle Form verteilungsbezogener Arbeitszeitmodelle ist der *Werkvertrag*: Hier wird lediglich eine vertragliche Regelung über ein Arbeitsvolumen hergestellt (nicht Zeitvolumen, sondern Arbeitsvolumen!). Ferner wird geregelt, bis zu welchem Zeitpunkt dieses Arbeitsvolumen abgearbeitet sein muss.
- Interessant bei *Gleitzeitmodellen*[282] ist vor allen Dingen das Verhältnis zwischen Kernzeit und Gleitkorridor sowie die Frage, wer darüber entscheidet, wann die Arbeitszeit zu leisten ist. Gerade wegen des letztgenannten Aspekts bedeutet Gleitzeit nicht unbedingt eine höhere Individualisierung für den Mitarbeiter, sondern kann genauso gut ausschließlich aus Flexibilisierungsgründen gewählt werden. Aber auch bei variablen Arbeitszeiten ist aus diesen Gründen zu prüfen, wer die Dispositionshoheit hat, wer also entscheidet, wann gearbeitet wird.
- Zur Flexibilisierung der Arbeitszeit wird auch das Instrument der *Arbeitszeitkonten* genutzt. Auf ihnen werden Abweichungen der tatsächlichen von der vereinbarten Arbeitszeit festgehalten, so dass sich ein Zeitguthaben oder ein Zeitdefizit aufbauen kann, das innerhalb einer bestimmten Frist ausgeglichen werden muss. Bei Sabbatical und Vorruhestand kann es darüber hinaus möglich sein, durch ein vorher angespartes Arbeitszeitkonto die Reduktion des Volumens ohne Reduktion der Bezüge zu realisieren.

Alle diese Modelle versuchen, Interessen von Arbeitnehmern und Arbeitgebern zu vereinbaren.

Die Arbeitszeit ist in kleineren Unternehmen meist weniger formell geregelt als in größeren Unternehmen. Statt komplex-formaler Arbeitszeitmodelle gibt es individuelle Vereinbarungen mit den Mitarbeitern, die beispielsweise auf die familiären Anforderungen der Mitarbeiter besser eingehen. Dieser nicht ganz überraschende Befund wird durch eine Studie des Instituts für Mittelstandsforschung[283] eindeutig belegt, die auch auf die zunehmende Mode an Zertifizierungen, Prämierungen sowie Auditierungen gerade für Familienfreundlichkeit eingeht und sie in der Tendenz für kleinere Unternehmen negativ beurteilt: Abgesehen vom allgemeinen Aufwand und den teilweise beträchtlichen Kosten (zum Beispiel 10.000 Euro für eine Zertifizierung) wird vor allem der geringe Nutzen für die externe und interne Kommunikation kritisiert; hinzukommen überraschende Negativdetails, wie die „Positionsmacht" der mit diesem Thema betrauten „Experten", die diese weitgehend zur Optimierung der eigenen Arbeitsbedingungen nutzen.

Arbeitszeitmodelle unterliegen einer Vielzahl von Regelungen und Vorschriften:

- Das *Arbeitszeitgesetz* (ArbZG) hat als Ziel, die Rahmenbedingungen für flexible Arbeitszeiten zu verbessern und die Sicherheit und den Gesundheitsschutz der Arbeitnehmer bei der Arbeitszeitgestaltung zu gewährleisten. Darüber hinaus legt es – von Ausnahmen abgesehen – die werktägliche Arbeitszeit auf acht Stunden fest und beinhaltet zudem, unter welchen Bedingungen diese auf maximal zehn Stunden verlängert werden kann. Ebenso macht es Vorgaben zu Anzahl und Dauer von Ruhepausen und -zeiten, Bedingungen für Nacht- und Schichtarbeit sowie Sonn- und Feiertagsregelungen.
- Das *Gesetz über Teilzeitarbeit und befristete Arbeitsverträge* (TzBfG) hat als Zielsetzung die Förderung der Teilzeitarbeit, die Festsetzung der Zulässigkeit befristeter Arbeitsverträge und die Verhinderung der Diskriminierung von teilzeitbeschäftigten und befristet beschäftigten Arbeitnehmern im Vergleich zu Vollbeschäftigten.
- Das *Betriebsverfassungsgesetz* (BetrVG) räumt dem Betriebsrat in Bezug auf die Arbeitszeitmodelle verschiedene Mitbestimmungsrechte ein, so beispielsweise bei
  - der Festlegung von Beginn und Ende der täglichen Arbeitszeit (einschließlich Pausen),
  - der Verteilung der Arbeitszeit auf die einzelnen Wochentage sowie bei
  - vorübergehender Verkürzung oder Verlängerung der betriebsüblichen Arbeitszeit.

Wenig ist in Deutschland so umfassend geregelt wie die Arbeitszeit

- *Tarifverträge* können detaillierte Arbeitszeitregelungen enthalten, die jedoch den rechtlichen Vorschriften genügen müssen und nur für entsprechende Gewerkschaftsmitglieder gelten. Öffnungsklauseln in Tarifverträgen ermöglichen die Schaffung betriebsindividueller Lösungen im Rahmen von Betriebsvereinbarungen.

All diese Regelungen sowie mit Mitarbeitern individuell getroffene vertragliche Vereinbarungen müssen bei der Personalallokation berücksichtigt werden.

Arbeitszeitmodelle

Bei der Abteilungsbesprechung der Buchhaltung in der Strawberry Cake & Bakeries AG kommt zur Sprache, dass die Mitarbeiter mit den starren Arbeitszeiten unzufrieden sind: Während die einen kleine Kinder versorgen müssen, möchten andere an bestimmten Sport- oder Freizeitaktivitäten teilnehmen. Ohne lange zu zögern, schnappen Sie sich einen Stift und geben Ihren Mitarbeitern auf dem Flipchart einen Überblick über die verschiedenen Arbeitszeitmodelle, die Sie einführen könnten.

Zur Arbeitszeiterfassung hat sich die elektronische Erfassung mit Chipkarten durchgesetzt, die neuerdings auch durch Fingerprint-Scanner oder Zeiterfassung per Handy ersetzt wird. Eine Kopplung der Zeiterfassungsterminals mit der EDV erlaubt die einfache Verwaltung von Arbeitszeitkonten und deren erleichterte Auswertung, beispielsweise zur Aufdeckung von Fehlzeiten. Bei der mobilen Zeiterfassung ist jedoch Vorsicht geboten, da hier schnell rechtliche Grenzen erreicht werden. Es ist nur ein kleiner Schritt, um bei der mobilen Eingabe die Zeiten mit GPS-Daten zu koppeln und somit zusätzlich eine räumliche Überwachung der Mitarbeiter zu ermöglichen. Wie wichtig die Zeiterfassung für viele Unternehmen ist, zeigt sich daran, dass Unternehmen eher die elektronische Personalakte oder Reportingfunktionen outsourcen als die Zeiterfassungssysteme.[284]

10.4 Wo arbeiten? Arbeitsplatz

Die Frage nach der (optimalen) Gestaltung des Arbeitsplatzes umfasst eine Fülle von Teilaspekten, wobei im Rahmen dieses Buches lediglich zwei besonders wichtige Punkte hervorgehoben werden sollen: Dies sind zum einen Aspekte der unmittelbaren Gestaltung des Arbeitsplatzes und zum anderen die Entscheidung darüber, wo die Arbeit stattfinden soll.

Arbeitsplatzgestaltung: Ergonomie

Unternehmen wollen das Arbeitssystem in der Regel so gestalten, dass möglichst wenige Störfaktoren die Transformationsprozesse nachteilig in ihrer Effektivität und Effizienz beeinflussen. Hierbei steht der Arbeitsplatz als Gestaltungsobjekt im Mittelpunkt. Zentrales Konzept der Arbeitsplatzgestaltung ist die Ergonomie[285]: Sie schafft die Voraussetzungen für eine Anpassung der Arbeit an den Menschen sowie (begrenzt) des Menschen an die Arbeit.

Ergonomie: Wissenschaft zur Optimierung der Arbeitsbedingungen

Zur Berücksichtigung von Wechselwirkungen zwischen Mensch und Arbeit braucht es eine Erfassung zentraler Belastungsgrößen wie
- Art der Arbeitsinhalte (von reiner Informationsverarbeitung bis körperlich schwerer Arbeit),
- Umgebungseinflüsse (Schall, Staub, Klima, Licht, chemische und biologische Stoffe) sowie
- objektiv quantifizierbare Belastungsfaktoren (beziehungsweise Umgebungseinflüsse) und
- subjektiv quantifizierbare Belastungsfaktoren (beziehungsweise Stress, Zeit- und Gruppendruck, Monotonie),

um dann den Einfluss auf den Mitarbeiter zu bestimmen.

Diese Überlegung führt zum Belastungs-Beanspruchungskonzept[286] mit seiner Differenzierung nach
- Belastung als nicht-personenspezifisches Konstrukt und
- Beanspruchung als individuelles Konstrukt.

Beide Werte gehen in die Einsatzentscheidung ein.

Belastung ist für alle gleich

Die Gesamtbelastung ergibt sich dabei aus der Intensität und der Dauer der Belastungsfaktoren und -größen:

$$\text{Belastung} = f(\text{Dauer und Intensität der Belastungsgrößen und Belastungsfaktoren})$$

Beanspruchung fällt individuell unterschiedlich aus

Die Beanspruchung des einzelnen Mitarbeiters resultiert in Abhängigkeit individueller Faktoren (Eigenschaften, Fähigkeiten, Fertigkeiten und Bedürfnisse des Mitarbeiters) aus der individuellen Wirkung der Belastung auf den Menschen:

$$\text{Beanspruchung} = f(\text{Belastung, Leistungsvoraussetzung, Bewältigung})$$

Folglich kann die gleiche Belastung bei verschiedenen Mitarbeitern zu unterschiedlichen Beanspruchungen führen. Die ergonomische Arbeitsplatzgestaltung setzt an der Beeinflussung der Belastungsgrößen und -faktoren an, um somit die Beanspruchung der Mitarbeiter zu verringern und ihre Einsetzbarkeit zu sichern.

Zur Erhebung der relevanten Belastungsgrößen und -faktoren werden Anforderungsanalysen der Arbeitsplätze durchgeführt, die auch eine teilweise Quantifizierung der Intensität und Dauer der Belastungen umfassen. Durchgeführt werden können diese Analysen beispielsweise mithilfe des REFA-Schemas[287]. Die Ergebnisse der Analysen sind Informationsgrundlage und können für die Gestaltung des Arbeitssystems und insbesondere des Arbeitsplatzes genutzt werden.

Als Ansatzpunkte für Gestaltungsmaßnahmen lassen sich fünf Disziplinen identifizieren[288]:

(1) Die *Anthropometrie* ist die Lehre von den Maßen, den Messverhältnissen und der Messung des menschlichen Körpers. Sie bildet die Grundlage für alle weiteren Disziplinen und insbesondere auch für eine den individuellen Körperverhältnissen der Mitarbeiter angepasste Arbeitsplatzgestaltung.

(2) Die *Physiologie* beschäftigt sich mit der Beanspruchung des menschlichen Körpers durch körperliche und geistige Belastung. Hier werden insbesondere Dauer und Intensität der Arbeit und der Umgebungseinflüsse betrachtet.

(3) Die *Psychologie* untersucht die Auswirkungen von Umgebungseinflüssen und der Aufgabengestaltung auf die Leistungsbereitschaft und Motivation der Mitarbeiter.

(4) Die *(Informations-)Technologie* verfolgt das Ziel einer effizienten Gestaltung der Arbeitsinhalte und Abläufe, beispielsweise durch eine Erleichterung der Informationsaufnahme mithilfe akustischer sowie visueller Signale.

(5) Die *Arbeitssicherheit* hat die Erhöhung des Arbeitsschutzes und die Verringerung beziehungsweise Vermeidung von Arbeitsunfällen zur Aufgabe. Vorgaben hierzu kommen aus Rechtsverordnungen (beispielsweise Arbeitsschutzgesetz „ArbSchG", EU-Rahmenrichtlinie 89/392/EWG „Arbeitsschutz") und aus autonomen Rechtsnormen (zum Beispiel von Berufsgenossenschaften).

Eine trennscharfe Betrachtung der einzelnen Disziplinen ist nicht immer möglich, da beispielsweise Änderungen an den Umgebungseinflüssen sowohl Auswirkungen auf die Physiologie als auch auf die Psychologie haben können.

Am Beispiel des besonders im Dienstleistungssektor verbreiteten Bildschirmarbeitsplatzes lässt sich aufzeigen, welche Faktoren zu berücksichtigen sind. Ziel ist es, einen auf den Mitarbeiter abgestimmten, möglichst ermüdungs- und belastungsarmen Arbeitsplatz zu schaffen.[289] Hierzu gibt es eindeutige Gestaltungsvorschläge und Checklisten zur Ergonomie-Prüfung (Tabelle 10.1). Die beispielhaft aufgeführten Bereiche ergeben sich aus der Bildschirmarbeitsverordnung (BildscharbV), insbesondere aus den §§4–6 und des Anhangs. Zusammen mit der EU-Richtlinie 90/270/EWG („Bildschirmrichtlinie") bildet sie einen gesetzlichen Rahmen und beschreibt Rechte und Pflichten der Arbeitgeber und Arbeitnehmer. Die Komplexität der Gestaltungsmaßnahmen zeigt sich unter anderem in der Fülle konkreter Ausgestaltungsvorgaben, die durch Berufsgenossenschaftliche Informationen (BGI) sowie diverse andere Normen und Verordnungen verbreitet werden.

Doch noch mehr geregelt: der Bildschirmarbeitsplatz

Tabelle 10.1 Anforderungen an einen Bildschirmarbeitsplatz nach BildscharbV[291]

Bereich	Schutzziele	Konkrete Ausgestaltungen
Arbeitsablauf und Pausen	Mischarbeit oder Kurzpausen	§§ 4, 5 ArbschG; BGI 650 Bildschirmarbeitsplätze und Büroarbeitsplätze (kurz BGI 650); DIN EN ISO 10075; DIN EN ISO 9241 Teil 2; DIN EN ISO 6385
Bildschirm	scharfe, ausreichend große, stabile, flimmerfreie, verzerrungsfreie Anzeige, Kontrast und Helligkeit regelbar, keine störenden Reflexionen und Blendungen, frei dreh- und neigbar	BGI 650; BGV A3; DIN EN ISO 9241 Teile 3, 7, 8
Tastatur	vom PC getrennte Tastatur, neigbar, variabel anordbar, Handballenauflagefläche, reflexionsfrei, ergonomische Tasten und Anschlag	BGI 650; DIN EN ISO 9241 Teil 4, 9; DIN 2137
Arbeitstisch	ausreichend groß, reflexionsarm, ausreichend Raum für ergonomische Haltung	BGI 650; DIN 4543 Teil 1; DIN EN 527 Teil 1; DIN 16510
Arbeitsstuhl	ergonomisch und standsicher	BGI 650; DIN 4550; DIN EN 1335 Teil 1, 2, 3; DIN EN 12529
Vorlagenhalter, Fußstütze	stabil, verstellbar, Fußstütze auf Wunsch	BGI 650; DIN 4556
Raum	ausreichend Raum für wechselnde Haltungen	ArbStättV Anhang 1.2, 1.7, 1.8, 3.1; ArbStättR 17/1.2; BGI 650; DIN 4543 Teil 1-2
Beleuchtung	anpassbar, angenehmer Kontrast im Blickfeld, keine störenden Blendungen und Reflexionen	ArbStättV Anhang 1.6, 3.4; ArbstättR 7/1, 7/3; BGI 650; BGI 856; DIN 5034; DIN 5035; DIN 5032 Teil 4; DIN 5040; DIN EN ISO 9241 Teil 6; BGR 131
Lärm	keine Beeinträchtigung der Konzentration und Sprachverständlichkeit	ArbStättV Anhang 3.7; BGI 650 DIN 4109; DIN EN ISO 3741; DIN EN ISO 7779; VDI 2569
Klima	keine erhöhte Wärmebelastung, ausreichend Luftfeuchtigkeit	ArbStättV Anhang 1.2, 1.6, 1.7, 3.5; ArbStättR 5, 6/1,3; BGI 650; BGI 827; BGI 5012; SP 2.9/1; DIN 33403; DIN EN ISO 15265

Fortsetzung Tabelle 10.1

Bereich	Schutzziele	Konkrete Ausgestaltungen
Strahlung	niedrige Strahlung, für Gesundheit unerheblich	Röntgenverordnung; Strahlenschutzverordnung; Gesetz über die elektromagnetische Verträglichkeit von Geräten (EMVG); BGI 650; DIN VDE 0848 (Sicherheit in elektromagnetischen Feldern), DIN VDE 0870; DIN 50360; Standard MPR II und Prüfsiegel TCO 03
Software	ergonomische Informationsverarbeitung, Benutzerfreundlichkeit, angepasst an Aufgaben und Benutzer, beeinflussbare Dialoge, Angaben über Abläufe, keine Kontrolle ohne Wissen der Benutzer	BGI 650; DIN EN ISO 9241 Teil 110
Augenvorsorgeuntersuchung, Sehhilfe	regelmäßige Untersuchung der Augen, zur Verfügung stellen spezieller Sehhilfen	§ 11 ArbschG; BGV A 4; BGI 650; BGI 785 (Berufsgenossenschaftlicher Grundsatz G 37); BGI 786

Gerade die Berufsgenossenschaften befassen sich umfassend mit Ergonomie. Exemplarische Empfehlungen sind[290]

– für den *Bürostuhl* die Einstellung der Sitzhöhe zwischen 400 und 530 Millimetern und Sitztiefe zwischen 37 und 47 Millimetern sowie eine in Höhe und Neigung verstellbare Rückenlehne,

– für die *Arbeitsfläche* eine Breite von 1.600 Millimetern und eine Tiefe von 800 bis 1.000 Millimetern sowie bei sitzender Tätigkeit eine Höhenverstellung zwischen 620 und 820 Millimetern,

– für den *Bildschirm* eine reflexionsarme Oberfläche, die so zum Betrachter geneigt ist, dass er senkrecht auf sie blickt, und eine in Abhängigkeit von der Auflösung zu wählende Bildwiederholfrequenz, um Flimmerfreiheit zu erreichen,

– für die *Software* die Verwendung von Symbolen, Berücksichtigung einer gewissen Fehlertoleranz bei der Bedienung, erwartungskonforme Dialoge sowie an die Erfordernisse und Vorlieben der Nutzer individuell anpassbare Einstellungen.

Normen wie beispielsweise DIN 4549, DIN 4551 oder DIN 4556 geben zusätzlich noch Maßzahlen zur optimalen Einstellung in Abhängigkeit von der Körpergröße vor (Abbildung 10.2).

Zur optimalen Einrichtung des Arbeitsplatzes gehört auch die Organisation des Greifraums. Hierbei soll sichergestellt werden, dass häufig benötigte Arbeitsmittel im kleinen optimalen Griffraum stehen (beispielsweise Tastatur oder Maus

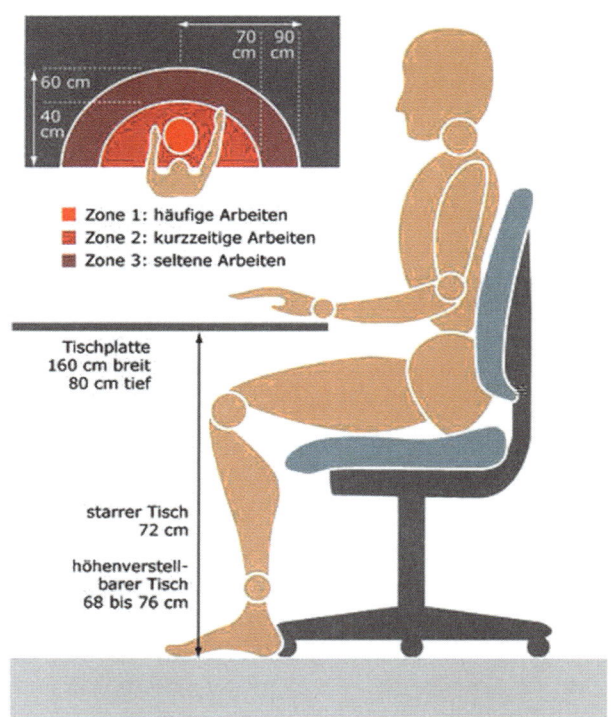

eines Bildschirmarbeitsplatzes), während weniger oft benötigte Arbeitsmittel im großen Greifraum oder auch außerhalb zu platzieren sind. Ziel ist es dabei, eine Übermüdung der Augen oder der Muskulatur zu vermeiden.[293]

Arbeitsplatzwahl: Telearbeit

Unter der Bezeichnung Telearbeit lassen sich alle Formen verteilter Aufgabenbewältigung unter Nutzung raum- und zeitüberbrückender Telemedien zwischen dezentral verteilten Aufgabenträgern, Organisationseinheiten und/oder Organisationen zusammenfassen.[294] Dabei gibt es vier Grundformen der Telearbeit[295]:

(1) *Homebased Telework* schließt alle Formen der Telearbeit am häuslichen Arbeitsplatz ein.

(2) *Centerbased Telework* beschreibt die Varianten der Telearbeit, die an dafür eingerichteten Telezentren (Teleservicezentralen oder Online-Labors) verrichtet werden.

(3) *On-site Telework* bezeichnet Telearbeit am Standort von Kunden oder Lieferanten, wobei die Telearbeiter via Telemedien mit dem eigenen Unternehmen verbunden sind.

(4) *Mobile Telework* umfasst alle ortsunabhängigen Arbeiten ebenso wie Außendiensttätigkeiten, die durch den Einsatz mobiler Informations- und Kommunikationstechnologien unterstützt werden.

In der Praxis ist häufig auch noch der Begriff der „alternierenden Telearbeit" zu finden, mit dem meist der Wechsel zwischen Heimarbeitsplatz und betrieblichem Arbeitsplatz verbunden wird.

Aufbauend auf den Grundformen der Telearbeit, die sich aus einer Klassifikation nach dem Arbeitsort ergeben, lassen sich weitere Formen mit entsprechender Differenzierung nach Arbeitszeit, Art der vertraglichen Regelung oder technischer Infrastruktur charakterisieren (Tabelle 10.2).[296] Unter dem Gesichtspunkt der Arbeitszeit ist unter anderem festzulegen, ob die Arbeit vollständig oder nur teilweise vom Telearbeitsplatz zu erbringen ist. Synchrone und asynchrone Arbeitszeit beschreiben die zeitliche (Ent-)Kopplung zu anderen Organisationseinheiten. Die Einteilung der vertraglichen Gestaltung der Telearbeit zwischen Telearbeitnehmer und Teleunternehmer (beispielsweise freie Mitarbeiter) hat vor allem rechtliche Auswirkungen durch die Festlegung auf den Status eines Arbeitnehmers, eines selbstständigen Unternehmers oder einer arbeitnehmerähnlichen Person. Online Telearbeit liegt vor, wenn die Mitarbeiter ständig über Telemedien (beispielsweise eine Internetverbindung) mit den restlichen Organisationseinheiten verbunden sind. Offline Telearbeit erfordert dagegen nur eine temporäre Verbindung, beispielsweise, um die lokalen mit den unternehmensseitigen Datenbeständen abzugleichen.

Arbeitsort	Arbeitszeit	vertragliche Regelung	technische Infrastruktur
homebased	Vollzeit/Teilzeit	Telearbeitnehmer	Offline Telearbeit
centerbased	festgelegt/variabel	Teleunternehmer	Online Telearbeit
on-site	synchron/asynchron		
mobile			

Tabelle 10.2: Formen der Telearbeit[297]

Wie die Telearbeit der Zukunft aussieht, beschreibt *Thomas Friedman* in seinem Buch „The World is Flat"[298]: Er erläutert dort das Prinzip „Homesourcing" am Beispiel der amerikanischen Airline JetBlue. Wer die Reservierungshotline dieser Firma anruft, landet nicht etwa in einem Call Center, sondern wird mit einer Mitarbeiterin verbunden, die von zu Hause aus Anrufe annimmt, über den Computer direkt mit der Reservierungsdatenbank verbunden ist – und dabei etwa den Blick in den Garten genießt.[299]

Telearbeitsplätze implizieren eine Flut spezifischer Anforderungen. Das Bundesamt für Sicherheit in der Informationstechnik (BSI) verlangt beispielsweise für eine durch die Personalabteilung und die Führungskraft zu kontrollierende Regelung folgender Untersuchungsbereiche für Telearbeit[300]:

Bei Telearbeit ist auf den Schutz von Kunden, Mitarbeitern und Daten zu achten

- Verteilung der Arbeitszeiten auf Tätigkeiten in der Institution und am häuslichen Arbeitsplatz sowie Festlegung fester Zeiten der Erreichbarkeit am häuslichen Arbeitsplatz (*Arbeitszeitregelung*).
- Abstände, in denen die Telearbeiter aktuelle Informationen wie beispielsweise ihre E-Mails lesen und beantworten (*Reaktionszeiten*).
- Schutz von analogen (Papierform) und digitalen Informationen vor unbefugtem Zugriff und anderen Sicherheitsrisiken sowie eine angemessene Absicherung des kompletten Lebenswegs geschäftskritischer Informationen (*Umgang mit vertraulichen Informationen*).
- Regelung, welche Arbeitsmittel Telearbeiter einsetzen und welche sie nicht nutzen dürfen (zum Beispiel nicht freigegebene Software). Beispielsweise kann ein E-Mail-Anschluss zur Verfügung gestellt werden, aber die Nutzung von anderen Internet-Diensten wird untersagt. Weiterhin könnte die Nutzung von Datenträgern, wie beispielsweise CDs, DVDs oder USB-Sticks untersagt werden, wenn der Telearbeitsplatz dies nicht erfordert (*Arbeitsmittel*).
- Verpflichtung der Telearbeitnehmer, regelmäßig Datensicherungen der lokal gespeicherten Daten durchzuführen sowie die Vereinbarungen, dass jeweils eine Generation der Datensicherungen in der Institution zur Unterstützung der Verfügbarkeit hinterlegt wird (*Datensicherung*).
- Datenbestände, die sowohl in der Institution als auch an Telearbeitsplätzen bearbeitet werden sollen, müssen geeignet synchronisiert werden und erfordern eine genaue Planung, damit es nicht zu Konflikten und damit zu einem Datenverlust kommt (*Synchronisation von Datenbeständen*).
- Verpflichtung zur Einhaltung einschlägiger Datenschutzvorschriften sowie Hinweis auf die notwendigen Maßnahmen bei der Bearbeitung von personenbezogenen Daten am häuslichen Arbeitsplatz (*Datenschutz*).
- Festlegung, welche Daten auf welchem Weg übertragen beziehungsweise welche Daten nicht oder nur verschlüsselt elektronisch übermittelt werden dürfen sowie welche Dokumente zwischen Institution und häuslichem Arbeitsplatz transportiert werden dürfen und wie diese dabei geschützt werden (*Datenkommunikation*).
- Regelung von Art und Absicherung des Transports von Dokumenten und Datenträgern zwischen häuslichem Arbeitsplatz und Institution und Vereinbarung vertrauliche Daten auf digitalen Datenträgern nur verschlüsselt zu transportieren (*Transport von Dokumenten und Datenträgern*).
- Verpflichtung zur unverzüglichen Meldung sicherheitsrelevanter Vorkommnisse an eine im Vorfeld zu bestimmende Stelle in der Institution (*Meldeweg*).
- Vereinbarung eines Zutrittsrechts zum häuslichen Arbeitsplatz (gegebenenfalls mit vorheriger Anmeldung) zur Durchführung von Kontrollen und für die Verfügbarkeit von Akten und Daten im Vertretungsfall (*Zutrittsrecht zum häuslichen Arbeitsplatz*).
- Bestimmung von Vertretern, die über laufende Aktivitäten informiert sein müssen, zur kurzfristigen Übernahme der Vertretung. Diese erfordert eine sorgfältige Dokumentation und gegebenenfalls sporadische oder regelmäßige Treffen. Wichtig ist auch, wie im unerwarteten Vertretungsfall Zugriff auf die

Daten auf den Telearbeitsrechnern gewährleistet oder wie auf am Telearbeitsplatz vorhandene Unterlagen zugegriffen werden kann (*Vertretungsregelung*). Besonderes Augenmerk bei Telearbeitsplätzen ist auf die technische Ausstattung sowie die (sichere) Vernetzung mit dem Unternehmen zu legen, wobei verschlüsselte Verbindungen, virtuelle private Netzwerke sowie Authentifizierungsmechanismen zum Einsatz kommen können.

Zur Förderung der Telearbeit im Mittelstand hat die Deutsche Bundesregierung bereits 1997 in Zusammenarbeit mit der Deutschen Telekom die Initiative „Telearbeit im Mittelstand" ins Leben gerufen. Mit dieser Initiative wurden rund 1.700 Telearbeitsplätze in 400 mittelständischen Unternehmen geschaffen. Die Initiative wurde als Erfolg gewertet, da über 90 Prozent der Unternehmen aufgrund der erhöhten Produktivität und Flexibilität die Telearbeit weiterführen und darüber hinaus zusätzliche Telearbeitsplätze schaffen wollten. Von den Mitarbeitern wurden die wegfallenden Fahrtzeiten und -kosten sowie die höhere Flexibilität als Vorteil empfunden.[301] Aus dieser Initiative ist auch ein Leitfaden zur Telearbeit für kleine und mittlere Unternehmen[302] entstanden.

10.5 Was arbeiten? Arbeitszuordnung

Wie kann man aber jetzt die Mitarbeiter am besten auf die Stellen (Aufgaben) zuordnen? Für diese zentrale Aufgabe der Personalallokation gibt es zwei wichtige Basisinformationen:

(1) Aus der *Bedarfskalkulation* stammen die Anforderungsprofile als Aussagen dazu, welche Anforderungen an eine konkrete Stelle geknüpft sind.

(2) Aus der *Bestandsevaluation* kommen die Fähigkeitsprofile als Aussage dazu, durch welche Merkmale sich der jeweilige Mitarbeiter auszeichnet.

Diese beiden Informationen sind so miteinander in Verbindung zu bringen, dass eine möglichst optimale Zuordnung zwischen Mitarbeiter und zu besetzender Stelle erfolgt. Der Abgleich zwischen den Profilen soll Profilkombinationen mit geringer Diskrepanz zwischen Anforderung und Fähigkeit herausfiltern.

Schaut man sich bei den KMU die Arbeitsgestaltung an, so ist diese – zumindest nach den in der Literatur üblichen Beschreibungen[303] – durch

– arbeitsintensive Produktion,
– großen Aufgabenumfang,
– unklare Aufgabenabgrenzung,
– prinzipielle Anwendbarkeit von „unkonventionellen" Lösungen,
– engen Kontakt mit Kunden bei vielen Mitarbeitern,
– relativ große Selbstständigkeit in der operativen Tätigkeit und
– Funktionsüberlastung

gekennzeichnet, wobei aber die Gültigkeit dieser Beschreibung noch weiter zu erforschen wäre.

Der intuitiv-heuristische Ansatz

Heuristik: Methode zur Suche neuer Erkenntnisse

In vielen Unternehmen erfolgt Personalallokation über ein Verfahren, das man im weitesten Sinne als „intuitiv-heuristisch" bezeichnen kann. Danach haben die Führungskräfte ein Gefühl dafür entwickelt, welche Mitarbeiter am besten welche Aufgaben übernehmen können. Sie greifen dazu auf die Informationen der Bedarfskalkulation und der Bestandsevaluation zurück und führen diese Ausgangsinformationen ohne eine systematische Hilfe zusammen.

Dieser intuitiv-heuristische Ansatz kann prinzipiell weder als besonders gut noch als besonders schlecht bezeichnet werden. Vielmehr hängt es von der Kompetenz der Führungskraft ab, ob dieses Vorgehen zu sinnvollen Lösungen führt. Auch können Sympathien für bestimmte Mitarbeiter oder böser Wille der Führungskraft das Ergebnis nachteilig beeinflussen.

Der mathematisch-formale Ansatz

In der Literatur zur Personalallokation[304] spielen die Verfahren zur Personalzuordnung eine historisch bedeutsame Rolle. Angelehnt an das Zuordnungsproblem der linearen Optimierung wird beim so genannten „Personnel-Assignment-Problem" versucht, über ein mathematisches Zuordnungsmuster Anforderungen und Fähigkeiten aufeinander abzustimmen. Diese Zuordnung erfolgt in zwei Schritten:

e_{ij} als Eignung

Schritt 1 besteht aus der Bestimmung der Eignung eines Mitarbeiters i für eine Stelle j. Diesen Eignungswert e_{ij} erhält man durch Abgleich des Anforderungsprofils der Stelle mit dem Fähigkeitsprofil des Mitarbeiters. Hohe Werte drücken dabei eine hohe Eignung für die jeweilige Stelle aus, niedrige Werte eine niedrige Eignung. Führt man die Berechnung für alle Mitarbeiter und alle Stellen durch, so erhält man eine Matrix, die angibt, wie geeignet die Mitarbeiter für die einzelnen Stellen sind.

Genutzte Eignungsmaximierung als Ziel

Schritt 2 berechnet die optimale Zuordnung der Mitarbeiter auf die Stellen. Formal lässt sich diese Zielfunktion wie folgt darstellen:

$$(1) \quad \sum_{i=1}^{m} \sum_{j=1}^{n} \left(e_{ij} \cdot x_{ij} \right) \rightarrow \max!$$

x_{ij} als Zuordnung

Die Variable x_{ij} gibt dabei an, ob ein Mitarbeiter i der Stelle j zugeordnet wird und führt zu folgender Nebenbedingung:

$$(2) \quad x_{ij} = \begin{cases} 0 & \text{wenn Person i nicht auf Stelle j} \\ 1 & \text{wenn Person i auf Stelle j} \end{cases}$$

Jeder Mitarbeiter kann nur auf einer Stelle eingesetzt werden:

$$(3) \quad \sum_{j=1}^{n} x_{ij} = 1 \quad \forall i = 1,...,m$$

Anderseits kann jede Stelle auch nur von einer Person belegt werden:

$$(4) \quad \sum_{i=1}^{m} x_{ij} = 1 \quad \forall j = 1,...,n$$

Die beiden letzten Nebenbedingungen stellen sicher, dass jeder Mitarbeiter genau einer Stelle und jede Stelle genau einem Mitarbeiter zugeordnet wird. Mitarbeiter und Stellen müssen folglich (in diesem vereinfachten Modell) in gleicher Anzahl in die Optimierung einbezogen werden:

n = m als Nebenbedingung

$$(5) \quad n = m$$

Die Zielfunktion (1) und die Nebenbedingungen (2) bis (5) ergeben das so genannte *Zuordnungsproblem*.

Dieses Problem lässt sich mit Hilfe der Methoden der linearen Optimierung lösen. Bei einfachen Beispielen kann die Lösung auch häufig durch Ausprobieren erreicht werden.

Das Modell lässt sich um weitere Gesichtspunkte erweitern, beispielsweise durch
– Terminrestriktionen,
– Reihenfolgebeziehungen,
– Wegzeiten sowie
– Verfügbarkeit von Arbeitskräften im Planungszeitraum,
die auch durch Individualisierungs- und Flexibilisierungsbestrebungen beeinflusst werden.

Dienstplanung als Spezialaufgabe

Es lassen sich prinzipiell die folgenden drei Teilgebiete der Dienstplanung mit allgemeinem Anwendungsbereich unterscheiden[305]:
(1) *Shift Scheduling* verfolgt die Zuordnung von Schichten mit diversen Mustern, das heißt, es wird über Dauer und Lage von Arbeitszeit und Pausen entschieden.
(2) *Days off Scheduling* betrachtet die Zuordnung von freien Tagen und Arbeitstagen im Planungszeitraum.
(3) *Tour Scheduling* kombiniert die Entscheidungsprobleme von Shift und Days off Scheduling und beschäftigt sich mit der Zuordnung von Diensten mit differenzierten Beginn- und Endzeitpunkten.

Neben den allgemeinen Teilgebieten gibt es noch spezifische, meist auf kurzfristige Planung ausgelegte Modelle, die beispielsweise die Zuordnung von Arbeitskräften zu Maschinen oder Aufgaben (*Job Matching*), die spezifischen Anforderungen an die Besetzung in einer klinischen Abteilung (*Nurse Scheduling*), die Reihenfolge des Besuchs bei verschiedenen Kunden (*Traveling Salesman Problem*) oder auch die Zuweisung von Buslinien zu Busfahrern (*Bus Driver Scheduling*) betrachten. Alle diese Probleme erfordern zusätzliche Variablen und Nebenbedingungen in den mathematischen Modellen.

> **Die Arbeit eines Tages zu ordnen ist schwer.**
>
> „Gegenüber der Fähigkeit, die Arbeit eines einzigen Tages sinnvoll zu ordnen, ist alles andere im Leben ein Kinderspiel."[306]
>
> *Johann Wolfgang von Goethe* (1749–1832; deutscher Dichter)

In der betrieblichen Praxis wird das Erstellen von Schicht-, Dienst- und Routenplänen durch vielfältige Softwareangebote unterstützt, die sowohl automatische als auch manuelle Planungen zulassen.[307] Einer gehen diese Softwareprodukte häufig mit der Arbeitszeitplanung und auch Zeiterfassung, da von dieser Seite Rahmenbedingungen (beispielsweise die Arbeitszeit und gesetzliche Regelungen zu Pausen etc.) kommen. Um schlussendlich den Mitarbeitern die geplanten Arbeitszeiten mitzuteilen, kommen immer öfter Mitarbeiterportale als Teil des Employee Self Service zum Einsatz. Darüber können die Mitarbeiter auch wieder Parameter zur Berücksichtigung bei der Planung an die Planungssoftware übergeben, wie beispielsweise Urlaub oder Abwesenheit.[308]

Employee Self Service: Mitarbeiter pflegen ihre personenbezogenen Daten in IT-Lösungen selbst

Die Numerati von IBM

In seinem Buch „The Numerati – How they'll get my number and yours" beschreibt *Stephen Baker*, wie bei dem Unternehmen IBM die Fähigkeiten von 300.000 Mitarbeitern in komplexe Algorithmen eingehen, die letztlich das Thema Personalallokation unter Berücksichtigung unterschiedlichster Zielsetzungen optimieren.[309]

Mit derartigen Modellen beantwortet *Stephen Baker* folgende (komplexe) Allokationsfrage: Eine IBM-Managerin soll ein Team aus fünf Experten zusammensetzen, das nach Manila fliegen soll, um dort ein Call Center aufzubauen. Sie klickt sich durch ein Onlineformular, ähnlich einer Urlaubsplanung. Der Computer liefert ihr postwendend ein Team. Alles schaut gut aus, drei haben auch sehr harmonisch zusammengearbeitet, einer spricht Tagalo, alle haben gültige Pässe und wohnen in der Nähe von Flughäfen, mit Direktflug nach Manila. Doch der Computer signalisiert auch, dass diese Kombination zu teuer ist: Der Systemarchitekt passt zu 98,7 Prozent auf den Job, kostet aber 150 Dollar pro Stunde. Die Lösung? Er wird durch einen indischen Berater ersetzt, der nur 85 Dollar pro Stunde kostet, dafür nur zu 69 Prozent passt. Deshalb bekommt er noch rasch eine zweiwöchige Qualifikationsmaßnahme.

Zuordnung von Mitarbeitern auf Arbeitsplätze

Übung 10.3

Ein immer interessanter werdender Bereich bei der Strawberry Cake & Bakeries AG ist der Partyservice. Besonders Berlin hat sich aufgrund der hohen Politikerdichte inzwischen als absatzstärkste Stadt herauskristallisiert. Dort arbeiten die fünf Mitarbeiterinnen Frau Meier, Frau Müller, Frau Schmitt, Frau Schulze und Frau Weber Vollzeit für Ihren Partyservice. In Zusammenarbeit mit der Personalberatung „Wichtig & Partner" haben Sie ermittelt, dass Ihre fünf Mitarbeiterinnen in unterschiedlicher Form für die anfallenden Aufgaben Planung, Einkauf, Aufbau, Buffet und Service geeignet sind. Die nachfolgende Eignungsmatrix zeigt diese e_{ij}-Werte.

	Planung	Einkauf	Aufbau	Buffet	Service
Meier	87	6	5	54	74
Müller	95	79	41	22	2
Schmitt	25	33	53	91	99
Schulze	26	51	0	74	23
Weber	56	76	64	5	73

Sie rätseln: Wer soll nun intuitiv-heuristisch welche Aufgabe wahrnehmen und welcher Gesamtwert ergibt sich daraus?

Nun sind Sie zu einer Lösung gekommen, sind sich jedoch nicht sicher, ob diese optimal ist. Daher bitten Sie Ihren Kumpel Klaus, der Mathematiklehrer ist, sich Ihre Lösung noch mal anzuschauen. Klaus grinst Sie jedoch nur überlegen an und sagt: „Ich verrate nur so viel: Der optimale Wert ist größer als 400."

10.6 Ausblick

Die Allokationsaufgabe ist mehr als eine rein mathematische Zuordnung von Mitarbeitern auf Stellen und mehr als die Gestaltung von Arbeitsplätzen. Ihr größtes Potenzial liegt in der Berücksichtigung von unternehmensseitigen Flexibilisierungsbestrebungen und mitarbeiterseitigen Individualisierungswünschen. Durch den abgestimmten Einsatz dieser beiden Mittel ist es sowohl möglich, betriebliche Ziele zu erreichen als auch den Mitarbeitern eine bessere Vereinbarkeit von Beruf und Privatleben zu ermöglichen, was sich in einer Steigerung der Motivation der Mitarbeiter ausdrückt.[310] Können nicht alle Individualisierungswünsche berücksichtigt werden oder verlangt das Unternehmen immer mehr Flexibilität bei seinen Mitarbeitern, dann muss das Unternehmen den Mitarbeitern entsprechende Kompensationen zahlen, um ein unerwünschtes Verlassen des Unternehmens zu verhindern.

Michael Schmidt, **Mitglied des Vorstands und Arbeitsdirektor, Deutsche BP AG**

Continuous Improvement als Weg zum „Perfect Fit"

Die Deutsche BP AG ist eine Tochtergesellschaft der BP plc, der drittgrößten Ölgesellschaft und des elftgrößten Unternehmens der Welt. Bei BP arbeiten weltweit rund 96.000 Mitarbeiter auf sechs Kontinenten und in über 100 Ländern in den Bereichen Erdöl, Erdgas, Petrochemie und erneuerbare Energien.

Für das Personalmanagement der Deutschen BP AG heißt damit der Auftrag, sowohl aus Großbritannien kommende Vorgaben an die deutschen Rahmenbedingungen wie Mitbestimmungsregelungen und Datenschutz anzupassen, als auch eigenständige Lösungen zu entwickeln.

Die BP verfolgte um den Jahrtausendwechsel eine expansive Unternehmensstrategie. Bis 2002 wurden nicht weniger als acht Unternehmen gekauft. Im Zuge dieser Aktivitäten wurden auch die deutschen Unternehmen wie die Aral, die Burmah Oil und die Veba Oel unter dem Dach der Deutschen BP AG zusammengeschlossen. Dies brachte höchst unterschiedliche Mitarbeiter aus verschiedenen Unternehmenskulturen und -strategien zusammen. Zur Sicherung des internationalen Geschäftserfolges mit dieser multikomplexen Vielfalt war es wichtig, schnell die richtigen Mitarbeiter auf die richtigen Positionen zu setzen, sowohl national als auch international, und dabei eine größtmögliche Transparenz gegenüber allen Beteiligten zu gewährleisten.

Aus diesen Überlegungen heraus entstand das internationale BP Kompetenzmodell, das weltweit alle Positionen anhand der erforderlichen Kompetenzen betrachtet. Hierbei sind nicht nur Formalqualifikationen wichtig, sondern auch die BP Kernkompetenzen wie innovatives Denken, effektive Entscheidungen und Teamwork. Auf der Grundlage dieses Modells werden die Stellenprofile erarbeitet und die Stellenbesetzungsprozesse zur Erreichung des *„Perfect Fit"* vorgenommen. Dabei wird auch auf Themenfelder wie Diversität, Anerkennung von Fachexpertise und die Wertschätzung von Berufserfahrung und Leistung eingegangen.

Für die deutschen Mitarbeiter der BP bedeutet dies, dass sie sich immer wieder an den Kompetenzanforderungen messen lassen müssen, beginnend bei Besetzungsprozessen über Potentialanalyseverfahren bis hin zu den jährlichen Mitarbeitergesprächen. Den Mitarbeitern sollen Orientierung für die eigene berufliche Entwicklung gegeben und neue Herausforderungen in einem erweiterten Wirkungsbereich angeboten werden. Möglich sein muss aber auch eine

Trennung von den Mitarbeiten, die nachhaltig nicht die Anforderungen des BP Kompetenzmodells erfüllen.

Die Weiterentwicklung des Kompetenzmodells und dessen Implementierung in die Welt der Deutschen BP AG erfolgte kontinuierlich mit weiteren Herausforderungen. Einschneidende Ereignisse erfordern immer eine Anpassung der Unternehmensstrategie und damit auch des Personalmanagements. Für die BP waren dies besonders zwei Vorfälle mit weit reichenden Folgen:

- Der Unfall in Texas City mit 17 Toten und über 140 Verletzten.
- Die Beinahe-Katastrophe der Ölplattform Thunderhorse im Golf von Mexiko in den Jahren 2005 und 2006.

Um solchen Fällen in Zukunft vorzubeugen, wurde die Unternehmensstrategie für die BP global hinterfragt. Es ergab sich ein neuer Fokus auf *Safety, People & Performance*. Continuous Improvement bedeutet zum Beispiel ganz konkret im Bereich *Safety* ein konsequentes Verfolgen auch von kleinsten Vorkommnissen und Beinahe-Ereignissen mittels standardisierter Ursachenanalyse (RCA). Im Bereich *Performance* heißt das, Wertschätzung und Leistungserwartungen im Rahmen von situationsbezogenen regelmäßigen Mitarbeitergesprächen zu vermitteln. Unter dem Stichwort *People* wurde ein neues Führungsmodell implementiert und bei internen und externen Stellenbesetzungsprozessen regelmäßig objektive Verfahren wie Assessment Center eingesetzt.

Was wir daraus lernen: Es gibt keine statische Personalpolitik. Interne und externe Veränderungen in den Einflussfaktoren (neue Märkte, einschneidende Ereignisse, Mergers & Aquisitions, Downsizing sowie demografischer Wandel, Fachkräftemangel und „War for Talents") erfordern immer mehr ein kontinuierliches Hinterfragen und Modifizieren der Personalinstrumente im Einklang mit der Unternehmensstrategie.

Continuous Improvement unserer Besetzungsprozesse mit der Verknüpfung zu unseren Personalentwicklungstools hilft uns dabei, den *„Perfect Fit"* zu erreichen, das heißt, unsere Mitarbeiter gezielt zu fördern und zu entwickeln, um die BP auch in Zukunft erfolgreich und wettbewerbsfähig zu halten.

---

1. Diskutieren Sie den Zusammenhang zwischen den zwei Zielen Individualisierung und Flexibilisierung im Rahmen der Personalallokation. Erläutern Sie Ihre Aussage an dem konkreten Beispiel eines Beraters für Finanzdienstleistungen!

2. Welche Vorschläge gibt es für die chronometrische beziehungsweise für die chronologische Arbeitszeitgestaltung?

3. Was spricht für beziehungsweise gegen den „intuitiv-heuristischen Ansatz" zur Arbeitszuordnung? Welche Argumente gibt es im Hinblick auf den mathematisch-formalen Ansatz?

4. Nehmen Sie Stellung zu folgender Aussage: „Ein hoher Individualisierungsgrad von Arbeitszeiten hat für die Arbeitnehmer ausschließlich positive Konsequenzen und ist daher stets zu begrüßen."

Aufgaben und Fragen zur Selbstüberprüfung

Kapitel 11

Kompensation: Wie entlohnt man Mitarbeiter richtig?

Kapitel 11 Kompensation: Wie entlohnt man Mitarbeiter richtig?

Inhalt

Für 22 % der Unternehmen gehört das Thema Vergütung in die Top10 der aktuellen Fokusthemen für die Personalarbeit.[311]

In 20 der 27 Mitgliedsstaaten der EU gibt es einen Mindestlohn.[312]

47 % der Unternehmen geben an, dass sie Leistungsträger unter anderem mit attraktiven Vergütungssystemen an das Unternehmen binden.[313]

Lernziele

■ Sie erfahren, welche Möglichkeiten der Entlohnung existieren.

■ Sie erleben, welche Rolle die Bewertung des Mitarbeiters in der Entlohnung spielt.

■ Sie wissen, was sich hinter dem Cafeteria-System verbirgt.

■ Sie verstehen, worauf man bei der Entwicklung der Lohnpolitik achten muss.

■ Sie lernen, die Formen der Entlohnung zu unterscheiden.

11.1 Überblick

Kompensation entspricht dem in der US-amerikanischen Literatur üblichen Ausdruck von „Compensation", der teilweise noch eine Erweiterung in „Compensation and Benefits" findet. Ebenfalls aus dem US-amerikanischen Bereich stammt – inzwischen auch bei uns üblich – der Begriff „Total Compensation" als Überbegriff für alle finanziellen beziehungsweise geldwerten Leistungen des Unternehmens an seine Mitarbeiter. Hierzu zählen

- fixe Grundvergütung,
- variable Vergütungsbestandteile,
- erfolgsabhängige Vergütung (zum Beispiel Leistungs- und Ertragsbeteiligungen) und
- Mitarbeiterbeteiligungen (Fremd- oder Eigenkapitalbeteiligungen).

Gerade bei Führungskräften der oberen Hierarchieebenen macht das Grundgehalt im Vergleich zu den variablen Vergütungsbestandteilen nur einen kleinen Teil des Einkommens aus.

Wie viel Sprengkraft gerade in der öffentlichen Meinung in der Entlohnung von Führungskräften liegt, sieht man am Vorstandsvorsitzenden der Deutschen Bank *Josef Ackermann*: Dessen Gehalt schrumpfte im Jahr 2008 nach massivem öffentlichen Druck im Vergleich zum Vorjahr um 90 Prozent auf 1,39 Millionen Euro, nachdem er aufgrund der Finanzkrise auf seine Bonuszahlungen verzichtete.[314] Im Jahr 2009 waren es dann aber zumindest wieder 9,55 Millionen Euro.[315]

In diesem Zusammenhang stellt sich zwangsläufig die Frage nach der Entgeltgerechtigkeit (Abschnitt 11.2). Zur Festlegung der Entgelthöhe kommen Verfahren der Arbeitsbewertung sowie der Leistungsbeurteilung zum Einsatz (Abschnitt 11.3): Denn umso mehr die Entlohnung von der gezeigten Leistung abhängt, umso schwerer fallen die Leistungs- und zum Teil die Verhaltensbeurteilungen ins Gewicht, die schließlich maßgeblich als Berechnungsgrundlage für die „Compensation and Benefits" dienen. Unterschiede in der Höhe der Entlohnung lassen sich für den Bereich der Arbeiter und Angestellten (Abschnitt 11.4) sowie für die Führungskräfte (Abschnitt 11.5) lokalisieren. Die dort präsentierten Ansätze zur Entgeltfindung sind nicht nur für Entlohnungsspezialisten relevant, sondern für alle, die ihre eigene Gehaltsabrechnung verstehen beziehungsweise vielleicht so ihre Gehaltsstruktur optimieren können. Neben den grundlegenden Lohnformen spielen also auch im Hinblick auf die Total Compensation die einzelnen Komponenten eine Rolle, aus denen sich das Entgelt zusammensetzen kann (Abschnitt 11.6).

Total Compensation: Überbegriff für alle finanziellen beziehungsweise geldwerten Leistungen des Unternehmens an seine Mitarbeiter

BestPersCase: Drilbox GmbH

Das 1952 gegründete Familienunternehmen ist Weltmarktführer für die Herstellung von Werkzeugkassetten. Am Standort in Giengen an der Brenz sind etwa 100 Mitarbeiter beschäftigt.

Die Drilbox GmbH bezahlt 90 Prozent ihrer Mitarbeiter leistungsabhängig, sogar die Auszubildenden. Oberstes Ziel bei der Einführung des Entlohnungssystems war es für Drilbox, Anreize für ein Plus an Selbstständigkeit zu schaffen. „Die Mitarbeiter sollen Mitunternehmer werden.", erklärt *Prof. Dr. Jörg Knoblauch*, geschäftsführender Gesellschafter der Drilbox GmbH, den Grundgedanken dieses Vergütungssystems: Sie sollen merken, dass sich gute Leistung finanziell auszahlt und die Vergütung auch vom Unternehmenserfolg abhängt. Insgesamt werden die Beschäftigten für ihre Weiterbildungsbereitschaft und Flexibilität honoriert, haben die Möglichkeit, ihren Verdienst durch Eigenleistung zu steigern, entwickeln mehr Leistungsdenken und verbleiben so länger im Unternehmen.

Das Entlohnungsmodell setzt sich wie folgt zusammen:

- Die Basis des Entlohnungsmodells stellt die *Grundvergütung* dar, die sich aus der Einstufung des Arbeitnehmers in die verschiedenen Lohn- beziehungsweise Gehaltsgruppen ergibt und die 85 Prozent der Gesamtvergütung ausmacht.
- Wird der Mitarbeiter im Rahmen der *jährlichen Beurteilung* durch die Führungskraft mit „gut" benotet, erhöht sich die Bezahlung um bis zu 20 Prozent.
- Durch die *Zielerreichungsprämie*, die durchschnittlich bei 5 Prozent liegt, kann das Gehalt nochmals um bis zu 10 Prozent gesteigert werden. Aber: Teamdenken und Kooperationsbereitschaft sollen dem Entlohnungssystem nicht geopfert werden. Deshalb wirkt sich die Zielerreichungsprämie insgesamt geringer auf die Gesamtvergütung aus als die Mitarbeiternote im Rahmen der Leistungsbeurteilung. Denn: Egoismus soll bei der Erreichung individueller Ziele nicht dazu führen, dass die Kollegialität leidet.
- Diese Vergütung wird – bei entsprechendem Ergebnis – um die *Gewinnbeteiligung* aufgestockt.

Alle Mitarbeiter, für die sich Jahresziele sinnvoll definieren lassen und deren Tätigkeitsfeld eigene Gestaltungsspielräume aufweist, nehmen am leistungsbezogenen Vergütungsmodell teil. Wichtig für ein gerechtes Entlohnungssystem sind Transparenz und Fairness – diese Anforderungen sind vor allem für die Leistungsbeurteilungen wichtig, um sie für jeden Mitarbeiter nachvollziehbar und vergleichbar zu machen.

11.2 Entgeltgerechtigkeit als Basis

Entgeltgerechtigkeit ist ein zentrales Thema – nicht nur innerhalb von Unternehmen sondern auch auf einer gesellschaftspolitischen Ebene. Jeder kennt das Phänomen aus seinem eigenen Umfeld – sei es aus der Schule, dem Studium oder aus dem Job: Sobald man einen Lohn für etwas erhält – eine Note oder die monatlichen Gehaltszahlungen – vergleicht man sich mit Anderen. Entgeltgerechtigkeit hat neben einer unternehmenspolitischen auch eine ethische oder moralische, eine psychologische sowie eine rechtliche Dimension (Abbildung 11.1).

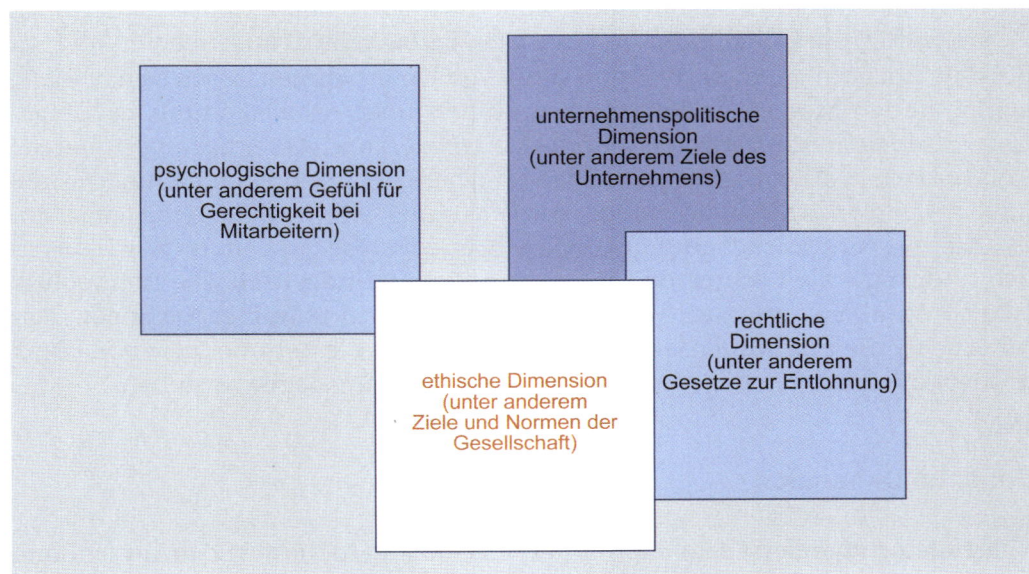

Abbildung 11.1: Dimensionen der Entgeltgerechtigkeit

Unternehmenspolitische Dimension

Professionelle Personalarbeit verlangt klare Aussagen zum vorgesehenen und praktizierten Entlohnungssystem. Dazu zählt unter anderem die Beantwortung folgender Fragen:

Unternehmenspolitik als Rahmen

- Wie stark soll *Leistung zählen*?
- Orientiert man sich an *globalen Marktentwicklungen*?
- Welche *Relevanz* haben unternehmensinterne beziehungsweise lokale Gegebenheiten?
- Wie groß dürfen die *Unterschiede* zwischen Topmanagern und „normalen" Mitarbeitern im Gehalt sein?

Bezüglich dieser Fragen artikuliert eine Entgeltpolitik (als Teil einer Personalstrategie) in Regeln oder Gesetze gefasste Richtungsentscheidungen, um Willkür, Intransparenz und Instabilität zu vermeiden. Gleichzeitig ergibt sich hier der Zielbezug der Entgeltfestsetzung als Möglichkeit, Unternehmensziele in die Gestaltung der Entlohnungssysteme einzubringen.

Dabei fällt der gestalterische Spielraum für eine explizite Lohnpolitik relativ gering aus, da zwei Steuerungssysteme die Gehaltsstruktur weitreichend beeinflussen:

(1) Für einen großen Teil der Mitarbeiter regelt der *Tarifvertrag* sowohl das Lohngefüge als auch die Verfahren, nach denen der Mitarbeiter zur Lohnfestlegung bewertet wird. Die restlichen Freiräume werden weitgehend von Mitbestimmungsmöglichkeiten des Betriebsrats und der Betriebsvereinbarung geregelt.

(2) Für Führungskräfte, im Sinne von leitenden Angestellten, spielt dagegen der *Markt* eine wichtige Rolle – oft allerdings nur in eine Richtung: Werden Mitarbeiter einer bestimmten Kategorie knapp, so können sie höhere Gehälter durchsetzen. Gerade in dieser außertariflichen Situation ist es allerdings schwierig, die Gehälter im umgekehrten Fall wieder abzusenken.

Berichte über die praktizierte Lohnpolitik von Unternehmen lassen sich beinahe täglich in den Medien finden. Meist wird hier über Arbeitskämpfe, bei denen Gewerkschaften (stellvertretend für die Mitarbeiter) und Arbeitgebervertreter die Konditionen des Tarifvertrages aushandeln, berichtet. Den Arbeitnehmern steht hier vorrangig das Mittel des Streiks zur Verfügung, während die Arbeitgeber auf die Aussperrung zurückgreifen können (was jedoch selten genutzt wird). Letztlich findet sich die Lösung jedoch stets am Verhandlungstisch. Die Lohnpolitik ist also vor allem Ausdruck von Macht. Deshalb wird es immer wichtiger, dass Mitarbeiter die Zusammensetzung der Entlohnung, die dahinter liegende Logik und vor allen Dingen die damit angestrebte Steuerungslogik verstehen.

Ethische Dimension

Entgeltgerechtigkeit ist sehr schwer herzustellen, da in diesem Zusammenhang vor allem subjektiv-empfundene Kriterien bei den Mitarbeitern das Gerechtigkeitsempfinden steuern. Aus ethischen Gesichtspunkten sollen Anreiz- und Entlohnungssysteme vor allem eine Anforderungs-, Leistungs- und Sozialgerechtigkeit gewährleisten[316]:

- Die Entlohnung ist dann *anforderungsgerecht*, wenn der Lohn der Arbeitsschwierigkeit entspricht.
- Die Entlohnung ist dann *leistungsgerecht*, wenn der Lohn der Leistung des einzelnen Mitarbeiters entspricht.
- Die Entlohnung ist dann *sozialgerecht*, wenn sozial- beziehungsweise gesellschaftspolitische Maßnahmen, wie der Anspruch auf Krankengeld, berücksichtigt werden.

Spielt Ethik (noch) eine Rolle? Durch die Entwicklung und tarifvertragliche Absicherung diverser Verfahren zur Arbeitsbewertung, unterschiedlicher Lohnformen sowie Kriterien zur Berücksichtigung sozialer Gesichtspunkte sind einige Lohnkonflikte inzwischen gelöst worden. Allerdings geht die Schere zwischen dem Lohnniveau der Arbeiter und der Angestellten im Vergleich zu dem Lohnniveau der oberen Führungsetagen immer weiter auseinander, was zu heftigen Diskussionen in der Öffentlichkeit führt.

Psychologische Dimension

Das Gerechtigkeitsempfinden einer Person spiegelt sich in der psychologischen Dimension wider und wurde in den 1960er Jahren von *Stacy Adams*[317] untersucht. Zentral für sie ist das Gerechtigkeitsempfinden, das mit dem empfundenen Input und Output einer (Arbeits-)Beziehung einhergeht:

Gerechtigkeit ist subjektiv

- *Input* sind die von einer Person eingebrachten Faktoren wie Erfahrung, Ausbildung, Intelligenz, Erziehung, Alter, Geschlecht, sozialer Status und Arbeitsanstrengung.
- *Output* sind die Konsequenzen für die betrachtete Person wie Entlohnung, Prestige, Sozialleistung und Status.

Aus diesen beiden Gruppen an Faktoren leitet sich ein subjektives Gefühl für Gerechtigkeit ab.

Nötig für eine Beurteilung ist allerdings der Bezug zum Input und Output einer Vergleichsperson. Die Austauschrelationen für beide Personen, also für die beurteilende Person P und die Vergleichsperson V werden dann miteinander verglichen. Entspricht der Wert des eigenen Austauschverhältnisses dem des Austauschverhältnisses der Vergleichsperson, so entsteht ein Gefühl der Gerechtigkeit. Umgekehrt fühlt sich die vergleichende Person ungerecht behandelt, wenn sich die Relationen nicht entsprechen.

$$\frac{O_P}{I_P} \langle \frac{O_v}{I_v} = \text{„ungerecht" für } P$$

$$\frac{O_P}{I_P} \rangle \frac{O_v}{I_v} = \text{„ungerecht" für } V$$

$$\frac{O_P}{I_P} = \frac{O_v}{I_v} = \text{„gerecht" für } P \text{ und } V$$

Empfindet P das Austauschverhältnis als ungerecht, so versucht sie einen als gerecht empfundenen Zustand herbeizuführen. Hierzu stehen folgende acht Anpassungsformen zur Verfügung[318]:

(1) Die Person kann ihren *Input erhöhen*. In diesem Fall steigt die Produktivität der Person, was vorteilhaft für das Unternehmen ist.

(2) Die Person kann ihren *Input verringern*, da sie das Gefühl hat, dass sich ein hoher Input nicht lohnt. Natürlich ist das aus Unternehmenssicht negativ zu bewerten.

(3) Die Person kann ihren *Output erhöhen*, was gleichbedeutend mit einer Lohn- oder Gehaltserhöhung ist.

(4) Die Person kann ihren *Output verringern*, was in der Realität eher selten vorkommen dürfte, da dies faktisch eine freiwillige Lohn- beziehungsweise Gehaltskürzung ist.

(5) Die Person kann „*das Feld verlassen*", was gleichbedeutend mit einer inneren oder tatsächlichen Kündigung ist.

(6) Die Person kann ihren Input oder Output *psychologisch verzerren*. Es kommt also zu einer neuen Interpretation nach dem Motto „So schlecht ist mein Output gar nicht".

(7) Die Person kann den Input oder Output der Vergleichsperson *beeinflussen* beziehungsweise diese dazu bewegen, „das Feld zu verlassen". Hier droht akute Intrigen- und Mobbinggefahr.

(8) Die Person *wählt eine neue Bezugsperson*, mit der sie sich vergleicht und bei der die wahrgenommene Ungerechtigkeit geringer ausfällt.

Alle acht Handlungsmöglichkeiten haben nur ein Ziel: die wahrgenommene Ungerechtigkeit zu verringern.

Rechtliche Dimension

Auch der Gesetzgeber hat sich direkt und indirekt mit dem Thema Entgeltgerechtigkeit beschäftigt. Viele Gesetze enthalten Regelungen zur Entlohnung, wie zum Beispiel das Betriebsverfassungsgesetz, das Bundesurlaubsgesetz, das Bürgerliche Gesetzbuch, das Tarifvertragsgesetz oder das Sozialgesetzbuch.

Der Aspekt der Gerechtigkeit im Rahmen der Entgeltfindung bezieht sich beispielsweise auf Mindestnormen für soziale Sicherheit, Diskriminierungsverbot, bezahlbarer Jahres- oder Bildungsurlaub. So darf nach einer Richtlinie der EU keine Diskriminierung aufgrund des Geschlechts bei gleicher oder gleichwertiger Arbeit im Hinblick auf die Entlohnungsbestandteile und Bedingungen erfolgen.

Ebenso haben in Deutschland nach § 1 EntgFG alle Arbeitnehmer einen Anspruch auf Fortzahlung des Arbeitsentgelts im Krankheitsfall oder an gesetzlichen Feiertagen (§ 2 EntgFG). Krankheitsfall bedeutet nach § 2 I EntgFG, dass der Arbeitnehmer aufgrund einer Krankheit, ohne dass ihn ein Verschulden trifft, arbeitsunfähig ist. Was unter „verschuldet" zu verstehen ist, hängt oftmals von der Auslegung des Gesetzestexts im individuellen Fall ab: So gilt Krankheit infolge der Ausübung einer Risikosportart im Allgemeinen etwa nicht als selbstverschuldet, während Krankheit, die auf Trunkenheit zurückzuführen ist, oftmals als selbstverschuldet betrachtet wird. Sofern ein Anspruch auf Fortzahlung besteht, wird diese für eine Dauer von sechs Wochen gewährleistet und umfasst nach § 4 I EntgFG die volle Höhe des Arbeitslohns.

11.3 Arbeitsbewertung und Leistungsbeurteilung als Methoden

Um zu einem anforderungsgerechten beziehungsweise leistungsgerechten Entgelt zu kommen, benötigt man Verfahren, mit deren Hilfe sich Leistungen beziehungsweise Anforderungen an eine Tätigkeit beurteilen lassen. Diese Beurteilungsverfahren folgen einem klar definierten Ablauf und münden somit in einer weitgehend akzeptierten Grundsystematik. Berücksichtigt werden muss zudem, dass Beurteilungen auch fehlerhaft sein können und aus diesem Grund die grundlegende Beurteilungsproblematik beachtet werden muss.

Systematik

Für die finale Einstufung der Leistung gibt es in der Personalwirtschaftslehre seit langem eine ganze Reihe von Methoden, die im Wesentlichen aus der Arbeitsbewertung kommen:

- Bei der reinen *Arbeitsbeurteilung* wird der Lohn in Abhängigkeit von den Charakteristika des Arbeitsplatzes festgesetzt.
- Bei der *Leistungsbeurteilung* im engeren Sinne wird die Entgeltfestlegung in Abhängigkeit von der erbrachten Leistung durchgeführt.

Arbeitsbeurteilung und Leistungsbeurteilung unterscheiden sich somit im Betrachtungsobjekt: In einem Fall beurteilt man eine anonyme Stelle, im anderen Fall einen konkreten Mitarbeiter. Trotzdem sind die Verfahren in beiden Fällen die gleichen, nur die zugrunde gelegten Inhalte sind unterschiedlich.[319] Die eigentliche Beurteilung besteht aus zwei Teilen, nämlich aus der „Was-Komponente" (qualitativer Aspekt) und aus der „Wie viel-Komponente" (quantitativer Aspekt).

Arbeitsbeurteilung versus Leistungsbeurteilung

Bei der qualitativen Analyse gibt es folgende Möglichkeiten:

- Bei der *analytischen* Vorgehensweise wird das zu analysierende Objekt in einzelne Teilaspekte untergliedert, die dann für sich genommen bewertet werden. Um diese Einzelwerte zusammenzuführen, kann auf zwei Formen der Gewichtung zurückgegriffen werden:
  - Bei der *gebundenen* Gewichtung wird die Gewichtung durch die Anzahl der Punkte berücksichtigt, die pro Stufe vergeben werden. Höhere Punkte für ein Merkmal bedeuten auch stärkere Gewichtung.
  - Bei der *offenen* Gewichtung werden dagegen zunächst die tatsächlichen Merkmalsausprägungen erhoben und anschließend mit den entsprechenden Gewichten multipliziert.
- Bei der *summarischen* Vorgehensweise wird das Untersuchungsobjekt dagegen als Ganzes bewertet, alle Anforderungsarten gleichzeitig mit einbezogen.

Der Unterschied zwischen analytisch und summarisch bezieht sich also darauf, was in welcher Aufspaltung in die Beurteilung eingeht.

Analytisch versus summarisch

Für die quantitative Analyse bieten sich zwei Verfahren an:

- Bei der *Reihung* wird, unabhängig von einer Skala, eine Reihenfolge zwischen den verschiedenen Untersuchungsobjekten (also Arbeitsplätze oder Mitarbeiter) hergestellt. Beispielsweise lassen sich Arbeitsplätze entsprechend ihrer Schwierigkeiten in eine mit dem höchsten Schwierigkeitsgrad beginnende und mit dem niedrigsten Schwierigkeitsgrad endende Rangordnung einsortieren.
- Bei der *Stufung* dagegen werden Arbeitsplätze beziehungsweise Mitarbeiter auf einer vorgegebenen Skala positioniert. Für das obige Beispiel würde das

Reihung versus Stufung

bedeuten, dass Anforderungsklassen gebildet werden, die unterschiedliche Schwierigkeitsbereiche darstellen. Die einzelnen Arbeitsplätze werden entsprechend ihres Schwierigkeitsgrads diesen Klassen zugeordnet.

Der Unterschied zwischen Reihung und Stufung bezieht sich damit auf das Verfahren, wie die zu beurteilenden Objekte verglichen beziehungsweise beurteilt werden.

Im Ergebnis lässt sich aus beiden Dimensionen eine Matrix erstellen, die zu vier Grundformen führt (Tabelle 11.1).

Tabelle 11.1:
Beurteilungsformen[320]

		Methode der qualitativen Analyse	
		Analytisch	**Summarisch**
		Zerlegung der Aufgabe in einzelne Anforderungen	Erfassung der an den Arbeitnehmer gestellten Anforderungen als Ganzes
		gebundene Gewichtung	offene Gewichtung	
Methode der Quantifizierung	**Reihung** Quantifizierung durch skalenunabhängige Reihenfolge	Rangreihenverfahren		Rangfolgeverfahren
	Stufung Quantifizierung durch Zuordnung auf eine Skala	Stufenwertzahlverfahren		Lohngruppen-verfahren

Die Ausdrücke Rangreihenverfahren und Rangfolgeverfahren werden in identischer Form bei der Arbeitsbewertung wie bei der Leistungsbewertung verwendet, die Ausdrücke Stufenwertzahlverfahren und Lohngruppenverfahren sind dagegen nur im Hinblick auf die Arbeitsbewertung üblich. Dies ändert nichts daran, dass alle vier Zellen mögliche Grundformen der Beurteilungssystematik im Hinblick auf die Leistungsbeurteilung verkörpern.

Übung 11.1   **Führungskräftebeurteilung**

Da Sie den Gedanken einer Leistungsbeurteilung spannend finden, möchten Sie nun auch Ihre Führungskräfte in der Strawberry Cake & Bakeries AG beurteilen. Da Sie sich noch nicht sicher sind, welches Vorgehen Sie einsetzen möchten, überlegen Sie nun, welche Möglichkeiten der qualitativen und quantitativen Analyse es gibt und welche Verfahren aus der Verknüpfung der beiden Aspekte resultieren.

Ablauf

Die Leistungsbeurteilung folgt einem festen Schema und umfasst die gesamte Prozesskette von der Auswahl der Objekte bis hin zur Messung und Bewertung. Sie besteht aus sieben Schritten[321]:

(1) Für die *Auswahl der Objekte* bedarf es einer Entscheidung darüber, was letztlich bei der Leistungsbeurteilung überhaupt beurteilt werden soll. Dabei kann sich eine Beurteilung zum einen auf die Potenziale des Mitarbeiters beziehen, zum anderen auf Leistungen.

(2) Im Anschluss daran wird ein *Verfahren* ausgewählt, das zur Leistungsbeurteilung herangezogen wird. Hier gibt es objektive Verfahren (wie Umsatz- oder Ressourcenverbrauch), aber auch subjektive Verfahren (wie Beurteilung durch Führungskräfte, Kollegen oder Kunden).

(3) Es folgt die *Spezifikation der Bezugsgrößen* für die Beurteilung, wie sie sich aus der zuvor realisierten Wahl der Beurteilungsobjekte ableitet. Würde beispielsweise in Schritt 2 der Gewinn als Kriterium für die Leistungsbeurteilung definiert werden, so kann in Schritt 3 der Jahresüberschuss als Bezugsgröße eingesetzt werden.

(4) Bei der *Objektrepräsentation* gilt es, konkret zu erfassende Einzeltatbestände zu lokalisieren. Nimmt man beispielsweise als Kriterium die Frage, wie stark eine Führungskraft ihre Mitarbeiter motiviert, so ist diese Motivation durch diverse Indikatoren zu erheben. Sie reichen von einer Befragung in Fragebögen bis hin zu subjektiven Schätzungen durch die Führungskraft.

(5) Anschließend wird die *Beurteilungsmethode* ausgewählt. Zur Methodenauswahl gehört auch die Festlegung des Messverfahrens und der entsprechenden Skalierung.

(6) Danach wird die *Beurteilungsmethode* angewandt, also eine Erhebung, eine Beobachtung, eine Dokumentation oder eine schlichte Ergebnisfeststellung durchgeführt. Dazu werden die jeweiligen Messgrößen numerisch beziehungsweise verbal erfasst.

(7) Am Ende werden die *Beurteilungsergebnisse* analysiert und einer Bewertung unterzogen. Eine in diesem Zusammenhang auch sinnvolle Ergänzung bietet das Beurteilungsgespräch, in dem die betroffenen Personen eine Rückkopplung erhalten und gleichzeitig der Beurteilungsvorgang evaluiert und gegebenenfalls verbessert werden kann.

Auch wenn es im Prinzip immer eine klare Struktur entlang dieser sieben Schritte geben sollte, so existieren in der Praxis immer noch Fälle, in denen mit Schritt sieben begonnen wird, also in einem lockeren Gespräch die Leistung festgestellt wird. Im Zweifel entbehrt diese Leistungsbeurteilung einer gesicherten Grundlage – es wird nur die Qualität des Gesprächs beurteilt.

Trotz aller methodischer Möglichkeiten gibt es in der Praxis immer noch die „Leistungsbeurteilung über den Daumen"

Übung 11.2   **Leistungsbeurteilung**

Auch die Mitarbeiter des Bereichs Partyservice in der Strawberry Cake & Bakeries AG fordern aufgrund der großen Arbeitsbelastung und der ungewöhnlichen Arbeitszeiten mehr Lohn. Als routinierter Personalexperte wissen Sie natürlich, dass zur Festlegung des Lohns zunächst eine Leistungsbeurteilung erfolgen muss. Ihre Mitarbeiter sind diesbezüglich allerdings weniger versiert. Daher erstellen Sie für Ihre Mitarbeiter eine Übersicht, die einen Überblick über den Ablauf der Beurteilung und die zur Verfügung stehenden Beurteilungssystematiken gibt.

Problematik

Bei der Leistungsbeurteilung kommen umfangreiche und detaillierte Verfahren zum Einsatz. Trotzdem bleibt die Gefahr der fehlerhaften Beurteilung. Diese Fehler[322] können auftreten, weil
– die Anzahl der verwendeten Beurteilungskriterien nicht zwingend mit der Beurteilungsqualität zusammenhängt (eine höhere Zahl falscher Kriterien kann danach zu schlechteren Ergebnissen führen als die geringere Zahl richtiger Kriterien) und
– auch nicht grundsätzlich einer der beiden qualitativen Ansätze (also summarisch oder analytisch) überlegen ist.
Vorteile der analytischen Arbeitsbewertung liegen beispielsweise in einem genaueren Maßstab für die Einstufung; dagegen sind die summarischen Verfahren mit geringerem Aufwand einsetzbar.

Insgesamt bestehen jedoch drei Gefahrenzonen im Rahmen der Beurteilung:
(1) Der gravierendste Fehler, der bereits bei der *Konzepterstellung* gemacht werden kann, besteht in der nicht klaren Festlegung des Untersuchungsziels. Soll zum Beispiel die Leistung eines Mitarbeiters im Vertrieb bestimmt werden, so macht es wenig Sinn, Merkmale aufzunehmen, die vom Mitarbeiter überhaupt nicht beeinflusst werden können. Ebenso wenig ist es sinnvoll, Beurteilungsziele zu bestimmen, für die es keine Beurteilungsverfahren gibt. Verwendet man also das Kriterium der „Begeisterungsfähigkeit", so gehört dieses sicherlich in die Rubrik der schwer erhebbaren Merkmale. Ebenfalls konzeptionelle Probleme liegen dann vor, wenn die Erhebung des Merkmals von der Fristigkeit her schwer zugeordnet werden kann. So ist das Kriterium „Kundenbindung" nur über einen längeren Zeitraum erhebbar. Ähnlich gelagert ist der Fall bei der Zuordnungsproblematik: Danach müssen die erhobenen Tatbestände zeitlich und sachlich tatsächlich auf die Person zuordbar sein, die einer Leistungsbeurteilung unterzogen wird.[323]
(2) Besonders umfangreich ist die Literatur zu den reinen *Beurteilungsfehlern*. Die Schwierigkeiten, die hier auftauchen, reichen von Problemen im „Können" (fachliche Qualifikation) bis hin zu Problemen im „Wollen" (zum Beispiel Bereitschaft des Mitarbeiters zur Leistungserbringung). Dabei sind die Wol-

len-Probleme insofern noch relativ leicht in den Griff zu kriegen, da hier nur Überzeugungsarbeit geleistet werden muss. Wesentlich schwieriger sind die Können-Probleme, da Mitarbeiter im Regelfall schwer davon zu überzeugen sind, dass Probleme existieren.

(3) Langfristig gefährlich ist es bei der Leistungsbeurteilung, sich nicht von vornherein klar darüber zu werden, was mit den *Ergebnissen* eigentlich gemacht werden soll. Das klingt trivial, ist es allerdings nicht: So kann beispielsweise eine Leistungsbeurteilung zum einen dazu dienen, Entgelt zu definieren. Zum anderen kann die Leistungsbeurteilung Bestandteil des Fördergesprächs sein, um Leistungsdefizite festzustellen und auszugleichen. Hier sieht man deutlich, dass das gleiche Instrument sich durchaus für unterschiedliche Ziele eignet, dann aber anders angewandt und vor allem anders umgesetzt werden muss. So hat eine Leistungsbeurteilung mit Zielsetzung der Entgeltfestlegung eine ganz andere Gesprächsbasis: Hier wird der Mitarbeiter zweifelsohne versuchen, falls es darüber zu einem Gespräch kommt, die eigene Leistung möglichst hoch zu bewerten. Umgekehrt sollte es bei einer Leistungsbeurteilung, die als Teil eines Karrieregespräches stattfindet, durchaus auch im Interesse des Mitarbeiters sein, sich sehr rasch auf ein gemeinsames realistisches Gesprächsniveau zu verständigen. In ähnlicher Form wird ein Mitarbeiter bei einer Leistungsbeurteilung zur Entgeltfestsetzung kaum selber auf Leistungsdefizite hinweisen, was er allerdings im eigensten Interesse bei einer Leistungsbeurteilung zur Bestimmung von Personalentwicklungsmaßnahmen machen wird.

Entwicklungsgespräch vom Gehaltsgespräch entkoppeln!

Diese Gefahrenzonen gilt es einzudämmen, damit die Beurteilungsergebnisse nicht verfälscht werden. Wichtig ist, dass Beurteilungsverfahren nicht nur im Rahmen der Entgeltfindung zum Einsatz kommen, sondern ein zentrales Instrument von Führungskräften und Personalmanagern darstellen und auch bei anderen Aktivitätsfeldern wie Akquisition, Selektion oder Qualifikation eine Rolle spielen.

11.4 Entgeltbestimmung bei Arbeitern und Angestellten

Gerade in Deutschland bestimmen Tarifverträge die Entlohnungspolitik vieler Unternehmen. Für die Entgeltbestimmung sind vor allem drei Arten von Tarifverträgen relevant:

(1) *Lohn- und Gehaltstarifverträge* regeln die Höhe der tariflichen Grundvergütung (Grundlohn). Die Laufzeit beträgt in der Regel ein bis zwei Jahre.

(2) *Rahmentarifverträge* legen die Lohn- beziehungsweise Gehaltsgruppen fest, definieren Gruppenmerkmale und treffen Regelungen zur Leistungsentlohnung.

(3) Daneben lassen sich noch *Manteltarifverträge* unterscheiden, die Aussagen zu sonstigen Arbeitsbedingungen wie Einstellungs- und Kündigungsbestimmungen oder Arbeitszeit beinhalten.

Für diesen Tarifbereich ergibt sich daraus eine klar strukturierte Systematik (Abbildung 11.2): Danach gibt es als Basis den Grundlohn, der im Wesentlichen von den Qualifikationen abhängt. Hinzu kommen Lohnbestandteile, zum Beispiel das Alter oder die Betriebszugehörigkeit, die sich aus dem Sozialstatus ableiten. Die nächste Komponente besteht aus subventionierten Lohnbestandteilen, die politischen Vorgaben folgen.

Abbildung 11.2: Entlohnungsformen bei Arbeitern und Angestellten

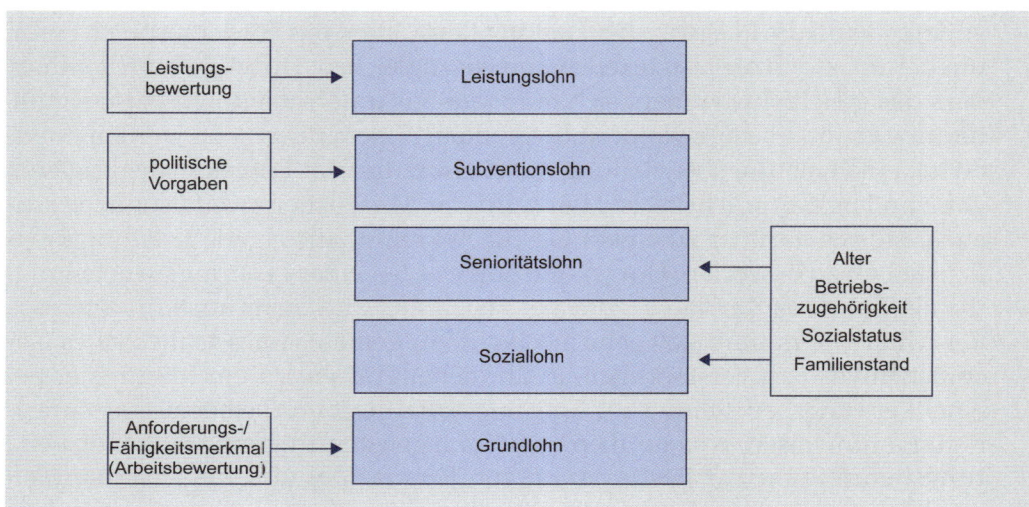

In Deutschland wurden im Jahr 2006 rund die Hälfte der vollzeitbeschäftigten Arbeitnehmer nach Tarifvertrag bezahlt.[324] Der Einfluss von Tarifverträgen ist relativ groß, da auch viele nichttarifgebundene Arbeitgeber sich aufgrund der zuvor diskutierten Gerechtigkeitsaspekte an den jeweiligen Tarifverträgen orientieren.

Keine alleinige Motivation durch Entlohnung.

„Although economic rewards play an important part in securing adherence to organizational goals and management authority, they are limited in their effectiveness. Organizations would be far less effective systems than they actually are if such rewards were the only means, or even the principal means, of motivation available."[325]

Univ.-Prof. Dr. Herbert A. Simon (1916–2001; amerikanischer Sozial- und Wirtschaftswissenschaftler, Nobelpreisträger für Wirtschaftswissenschaften)

Grundlohn

Die erste Komponente einer jeglichen Entlohnung ist der Grundlohn als fixe Basis, der aus zwei Bestimmungsfaktoren besteht:

(1) Zum einen ergibt sich der Grundlohn aus der jeweils ausgeübten *Tätigkeit*. Hier ist der Grundlohn eine Konsequenz aus der Bedarfskalkulation und folgt aus den Stellen- beziehungsweise Anforderungsmerkmalen.

(2) Auf der anderen Seite ergibt sich der Grundlohn aus den *Fähigkeitsmerkmalen* von Mitarbeitern, wie sie in der Bestandsevaluation ermittelt wurden. So gibt es in manchen Unternehmen beispielsweise Zuschläge, die unabhängig von der konkreten Aufgabe dafür gezahlt werden, dass der betreffende Mitarbeiter über bestimmte Bildungsabschlüsse verfügt.

Für Mitarbeiter, die nach Tarif entlohnt werden, ergibt sich der Grundlohn aus der Arbeits- beziehungsweise Leistungsbewertung und der entsprechenden Zuordnung in eine Lohn- beziehungsweise Gehaltsgruppe. Dieser Grundlohn stellt traditionsgemäß den zentralen Bestandteil der Entlohnung dar.

Der Grundlohn ergibt sich als „Tarifgruppe" aus Tätigkeit und/oder Qualifikation

Leistungslohn

Während der Grundlohn im Prinzip unabhängig von einer konkret realisierten Leistung gezahlt wird, hängt der Leistungslohn von der individuellen oder kollektiven Aufgabenerfüllung ab. Leistungslohn wird als variabler Lohnanteil bezeichnet, da er – wie der Name schon sagt – aufgrund der erbrachten Leistung variieren kann. Hier gibt es vier Formen[326]:

(1) Der *Mehrarbeitslohn* bezieht sich auf den Input im Sinne von geleisteten Stunden. Beträgt die wöchentliche Arbeitszeit beispielsweise 38,5 Stunden, werden aber 40,5 Stunden gearbeitet, so sind – falls vertraglich so festgelegt – zwei Überstunden zusätzlich zu vergüten.

(2) Der *Akkordlohn* ist eine Vergütung, die für eine bestimmte quantitative Leistung bezahlt wird. Beim Akkordlohn wird von einer klar festgelegten Arbeitszeit ausgegangen, aber der Lohn hängt letztlich davon ab, wie viel der Mitarbeiter in dieser Zeit tatsächlich produziert. Voraussetzung für Akkordlohn ist eine Zeitstudie, die Aussagen über eine Soll-Arbeitszeit macht.

(3) Beim *Prämienlohn* wird für das Erreichen bestimmter Ziele (beispielsweise Qualität oder Ausschuss) eine zusätzliche Vergütung bezahlt. Er kann sowohl individuum- wie auch gruppenbezogen sein.

(4) Eine weitere Gruppe, die sich mindestens vom Prinzip her zum Leistungslohn zählen lässt, ist die *Gewinnbeteiligung*. In diesem Fall wird der Mitarbeiter an dem Gewinn der Abteilung, des Bereichs oder des Unternehmens beteiligt.

Der Leistungslohn hängt unmittelbar mit der erbrachten Leistung zusammen, wobei diese Leistung sowohl vom Einzelnen als auch von der Gruppe erbracht werden kann.

Auf die Berechnung des Akkordlohns soll an dieser Stelle genauer eingegangen werden. Allgemein besteht der Akkordlohn aus einem garantierten Mindestlohn pro Stunde und dem Akkordzuschlag, der etwa 15 Prozent bis 25 Prozent des Mindestlohns beträgt. Der Akkordrichtsatz ergibt sich, wenn man diese beiden Lohnbestandteile addiert. Er ist der Stundenlohn eines im Akkord arbeitenden Mitarbeiters bei Normalleistung.

Der Akkordrichtsatz wird durch 60 dividiert, um den Minutenfaktor, also den Verdienst pro Minute, zu erhalten:

$$\text{Minutenfaktor} = \frac{\text{Akkordrichtsatz}}{60 \text{ Minuten / Stunde}}$$

Der Stundenverdienst lässt sich dann berechnen als:

Stundenverdienst =
    Stück pro Stunde x Minutenfaktor x Vorgabezeit in Minuten je Stückzahl

Dieser Stundenverdienst wird auch als Zeitakkord bezeichnet. Das folgende Beispiel zeigt die Berechnung des Akkordlohns.

Berechnungsbeispiel Akkordlohn

In der Verpackungsabteilung bezahlen Sie Ihre Mitarbeiter nach Akkord, das heißt, je mehr pro Zeiteinheit verpackt wird, desto mehr verdienen Ihre Angestellten. Tariflich müssen Sie einen Mindestlohn von 12 Euro pro Stunde zahlen. Als Akkordzuschlag zahlen Sie Ihren Mitarbeitern 25 %. Im Rahmen der Normalleistung erwarten Sie von Ihren Verpackungsmitarbeitern, eine Stückzahl von 60 in der Stunde. In einer Minute müssen die Mitarbeiter demnach 1 Stück Erdbeerkuchen ordnungsgemäß verpacken.

Tariflicher Mindestlohn	12 Euro/Stunde
+ 25 % Akkordzuschlag	3 Euro/Stunde
= Akkordrichtsatz	15 Euro/Stunde

Somit verdient ein Mitarbeiter 15 Euro pro Stunde bei Normalleistung.

Es interessiert Sie aber auch, wie hoch der Minutenfaktor ausfällt und Sie rechnen weiter …

$$\text{Minutenfaktor} = \frac{15 \text{ Euro / Stunde}}{60 \text{ Minuten / Stunde}} = 0,25 \text{ Euro / Minute}$$

Nun haben Sie alle Daten zusammen, um den Stundenverdienst bei Normalleistung zu berechnen:

Stundenverdienst = Stückzahl pro Stunde × Minutenfaktor × Vorgabezeit in Minuten pro Stück

= 60 Stück/Stunde × 0,25 Euro/Minute × 1 Minute/Stück

= 15 Euro/Stunde

Wenn Ihr Mitarbeiter nun anstatt der 60 Verpackungsstücke 80 Stück pro Stunde schafft, beträgt der Stundenverdienst:

= 80 Stück/Stunde × 0,25 Euro/Minute × 1 Minute/Stück

= 20 Euro/Stunde

Auch der Geldakkord ist ein Akkordlohn. Hierbei wird für eine Arbeitsleistung ein bestimmter Geldsatz festgelegt. Beide Verfahren kommen zum gleichen Entlohnungsergebnis. Der Vorteil des Zeitakkords liegt jedoch darin, dass bei Änderungen des Tariflohns lediglich mit dem veränderten Geldfaktor gerechnet wird und die Vorgabezeiten unverändert bleiben. Beim Geldakkord ändern sich in diesem Fall alle Stücklohnsätze.

Geldakkord als alternative Berechnungsform

Generell eignet sich der Akkordlohn für stark standardisierte Arbeitsabläufe, bei denen Erfolg und Geschwindigkeit vom Mitarbeiter selbst und nicht von externen Faktoren beeinflusst werden.

Vergütung mit einem Prämienlohn

Übung 11.3

Sie möchten in Ihrem Unternehmen Strawberry Cake & Bakeries AG vermehrt auf Prämienlöhne setzen. Insbesondere im Verkaufsraum sei der Einsatz dieser Lohnform vielversprechend, bestätigt Ihnen auch die Personalberatung „Wichtig & Partner". Nun grübeln Sie: Wo und wie würde das sinnvoll sein?

Soziallohn

Soziallöhne werden unabhängig von Arbeitsleistungen gezahlt und sind nicht mit ökonomischen Zielen verbunden. Sie sind zum Teil gesetzlich vorgeschrieben, entstehen aus tariflichen Vereinbarungen oder werden seitens der Arbeitgeber freiwillig gezahlt:

- *Tarifliche soziale Leistungen* sind beispielsweise Vereinbarungen zur Entgeltfortzahlung im Krankheitsfall oder bei Urlaub.
- *Freiwillige soziale Leistungen* werden den Mitarbeitern zusätzlich gewährt, beispielsweise in Form betrieblicher Altersversorgung oder Gratifikationen, zum Firmenjubiläum oder zur Hochzeit.

Darüber hinaus wird mit Soziallöhnen die familiäre Situation des Mitarbeiters berücksichtigt und beispielsweise Zuschüsse zu familiären Unterhaltspflichten gezahlt. Vor diesem Hintergrund ist es verständlich, dass der Soziallohn im Vergleich zwischen Unternehmen keine großen Schwankungen aufweist.

Senioritätslohn

Ähnlich wie der Soziallohn hängt auch der Senioritätslohn nicht von der Leistung ab. Er ergibt sich vielmehr aus dem Lebensalter oder der Betriebszugehörigkeit. Typisch hierfür sind die Dienstaltersstufen im öffentlichen Dienst. Der Senioritätslohn stellt für den Mitarbeiter einen Anreiz dar, sich an das Unternehmen zu binden. Er erschwert jedoch den Wechsel zu einem anderen Unternehmen, da die Lohnforderungen des Mitarbeiters unter Umständen zu hoch sein könnten. Oftmals wird der Senioritätslohn als Begründung für die „Nichtvermittelbarkeit" älterer Mitarbeiter genannt.

Subventionslohn

Den bisherigen Lohnformen gemeinsam ist die simple Tatsache, dass die entsprechenden Lohnbestandteile ausschließlich vom Unternehmen gezahlt werden. Anders dagegen beim Subventionslohn: Hier zahlt der Staat einen Teil des Lohns, da dieser ansonsten so gering ausfällt, dass daraus kein Arbeitsanreiz entsteht.

Eine Form des Subventionslohns ist beispielsweise das Kurzarbeitergeld. Dieses durch die Konjunktur bedingte Kurzarbeitergeld wird gewährt, wenn in Betrieben oder Betriebsabteilungen die regelmäßige betriebsübliche wöchentliche Arbeitszeit infolge wirtschaftlicher Ursachen oder eines unabwendbaren Ereignisses vorübergehend verkürzt wird. Durch die Reduktion der Arbeitszeit können den Mitarbeitern Einkommensverluste entstehen. Die betroffenen Mitarbeiter erhalten in diesem Fall von der Bundesagentur für Arbeit das Kurzarbeitergeld als Entgeltersatzleistung. In der Regel sind dies 60 bis 69 Prozent der Nettoentgeltdifferenz.[327] Daneben gibt es noch das Saison-Kurzarbeitergeld, das zum Ziel hat,

Arbeitnehmer bei saisonalen Arbeitsausfällen in der Schlechtwetterzeit nicht in die Arbeitslosigkeit entlassen zu müssen.

Eine weitere Form des Subventionslohns sind Unterstützungen seitens der Bundesagentur für Arbeit für die Schaffung von Beschäftigungsverhältnissen. Sie beziehen sich auf die Einstellung von förderungsbedürftigen Arbeitnehmern wie Ältere oder Schwerbehinderte. Wenn beispielsweise ältere Arbeitnehmer ihre Arbeitslosigkeit durch Aufnahme einer geringer entlohnten versicherungspflichtigen Beschäftigung vermeiden oder beenden, erhalten sie einen Zuschuss zum Arbeitsentgelt. Dieser Zuschuss ergibt sich aus der Differenz zum ehemaligen Verdienst und beträgt bis zu 50 Prozent der monatlichen Bruttoentgeltdifferenz.

Subventionslohn: politisch diskutierbar?

Mitarbeiter entwickeln Vergütungsstruktur

Ausgehend vom Scheitern der Verhandlungen der Betriebsparteien zur Einführung der ERA-Tarifverträge Bayern wollte die Geschäftsführung der Spinner GmbH, einem Hersteller hochfrequenztechnischer Produkte, einen anderen Weg einschlagen. Alle Interessengruppen des Unternehmens wurden in die Entscheidung über das zukünftige Vergütungssystem eingebunden. Man veranstaltete eine zweitägige Konferenz, in der eine Gestaltungsempfehlung erarbeitet werden sollte. In vier verschiedenen Workshops konnten sowohl Aufgabenschreibungen für Job-Profile gefunden werden, wie auch die Anzahl und Formulierung der Beurteilungsstufen, die der Vergütung zugrunde liegen sollen. Durch die Diskussion verschiedener Vergütungsstrukturen konnten die Teilnehmer am Ende mit Feedbackbögen ihren Favoriten auswählen.[328]

11.5 Entgeltbestimmung bei Führungskräften

Leitende Angestellte beziehungsweise Führungskräfte gehören in der Regel zu denjenigen Mitarbeitern, die nicht nach Tarif bezahlt werden. Aus diesem Grund kann es nicht nur deutliche Abweichungen in der Entlohnungshöhe geben, sondern vor allem auch Unterschiede in den Bestimmungsgrundlagen für die Entgeltfestlegung (Abbildung 11.3). Hier gibt es als Basis eine Vergütung, die sich vor allem aus der Funktion ableitet. Danach ergibt sich die Vergütung aus dem Wettbewerbsumfeld (Markt- und Machtlohn) sowie aus Beteiligungskomponenten (Unternehmerlohn). Hinzu kommt der Leistungslohn.

Abbildung 11.3:
Entlohnungsformen bei
Führungskräften

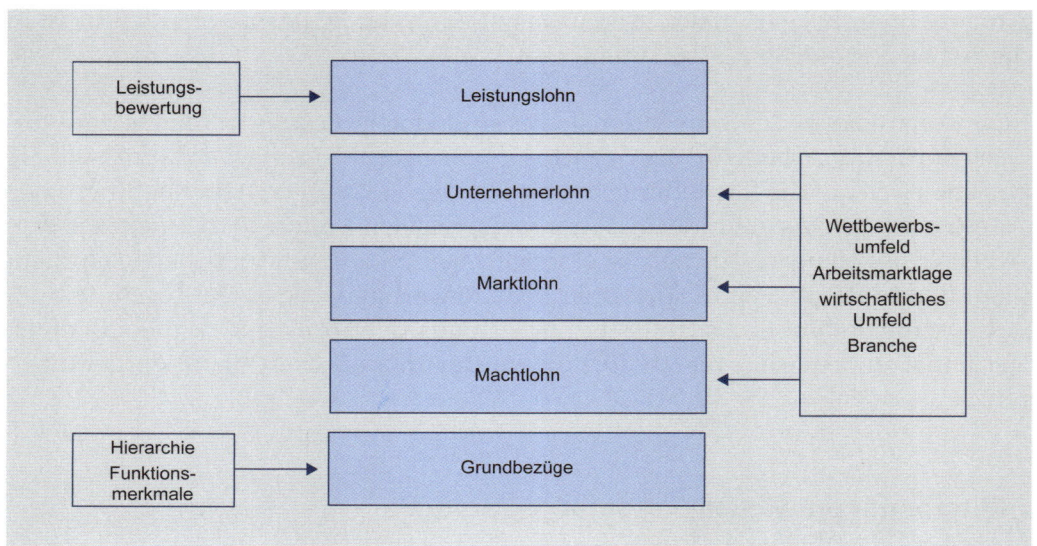

Grundbezüge

Die Grundbezüge werden nach den Anforderungen an die Stelle beziehungsweise auch nach den vorhandenen Fähigkeiten der Führungskraft bestimmt. Grundlage bilden auch hier Verfahren der Arbeitsbewertung. Hinzu kommt bei dieser Gruppe die Methode des Marktvergleichs beziehungsweise des Benchmarking. Danach werden die Positionen mit Äquivalenten bei anderen Unternehmen verglichen und das Gehalt in Abhängigkeit hiervon festgelegt.

Leistungsbezüge

Im Rahmen der Leistungsentlohnung von außertariflichen Mitarbeitern werden sehr oft Bonuszahlungen eingesetzt. Die Höhe des Bonus variiert mit der erbrachten Leistung. In der Regel werden derartige Bonuszahlungen mit Zielvereinbarungen verknüpft; sofern das Ziel erreicht wird, erhalten sie den eingeplanten Bonus. Wird das Ziel unter- beziehungsweise übertroffen, so müssen auch die Bonuszahlungen entsprechend herabgesetzt beziehungsweise erhöht werden. Eine Bonusobergrenze sorgt dafür, dass eine zu hohe Leistung zu keiner weiteren Verbesserung des Bonus mehr führt. Als Beurteilungskriterium dient also der Zielerreichungsgrad individueller, operativer oder strategischer Teilziele, die zwischen Unternehmen und Führungskraft vereinbart werden.

Unternehmerlohn

Eine weitere Komponente der Entlohnung kann man als „Unternehmerlohn" bezeichnen – ein noch nicht allgemein eingeführter Ausdruck. Der Unternehmerlohn beschreibt Lohnbestandteile, die aus unternehmerischen Tätigkeiten des Mitarbeiters resultieren. Hierfür gibt es zwei Varianten[329]:

(1) Eine Variante besteht aus *Kapitalbeteiligungen* am Unternehmen. Dies können unmittelbare Finanzeinlagen sein, aber auch Belegschaftsaktien.

(2) Eine zweite Variante sind diverse Formen der *Erfolgsbeteiligungen*, die – und das ist zentral für einen Unternehmerlohn – auch „negativ" und damit einkommensreduzierend sein können. Erfolgsbeteiligungen hängen dabei stark von den Einflüssen des Absatzmarkts ab.

Bei Führungskräften sind insbesondere Aktienoptionen beliebt. Diese erlauben den Erwerb von Aktien des eigenen oder eines verbundenen Unternehmens innerhalb eines zuvor festgelegten Zeitraums und Preises. Ziel ist es dabei – neben Mitarbeiterbindung und -motivation – einen Anreiz für Führungskräfte zur Steigerung des Aktienkurses zu schaffen. Kritik an den Stock Options-Programmen besteht vor allem darin, dass dadurch ein Anreiz gesetzt werden kann, kurzfristig den Aktienkurs zu manipulieren, um auf hohe Optionsgewinne zu spekulieren.

Die Idee des Unternehmerlohns ist also, dass der Mitarbeiter weniger eine produktive Tätigkeit „abliefert" und dafür entlohnt wird, sondern vielmehr als Unternehmer eine unternehmerische Investition tätigt. Beim Unternehmerlohn bringt der Mitarbeiter nicht „Arbeit", sondern „Kapital" ein.

Marktpreise als Lohn

Bereits bei der Bestimmung der Grundbezüge wurde auf Marktvergleiche hingewiesen. Marktpreise entstehen für bestimmte Dinge auf dem Arbeitsmarkt. Gibt es einen Engpass beispielsweise an bestimmten IT-Fachkräften oder Investment-Bankern, so können diese Experten ein höheres Gehalt aushandeln, da sie ein Knappheitsgut auf dem Arbeitsmarkt darstellen.

Marktpreise ergeben sich aus Angebot und Nachfrage

Ebenfalls überwiegend über Marktmechanismen lassen sich die Gehälter von Musikern wie *Madonna* oder *Bono* von *U2* erklären, aber auch die von Spitzendirigenten wie *Daniel Harding* und *Riccardo Muti*. Gleiches gilt für Sportler. Auch hier muss es Leute geben (zu denen wir alle zählen), die letztlich das Luxusleben von Fußballern wie *Bastian Schweinsteiger* oder *Cristiano Ronaldo* über Fernsehgebühren, Fußballtickets oder Trikotkäufe finanzieren. Deren Gehalt ergibt sich demnach nicht nur aus ihrer Leistung, die sicherlich nicht signifikant höher ist als die von vergleichbaren Fußballern vor 30 Jahren, sondern durch ihren Marktwert.

An dieser von Leistung losgelösten Marktlogik ändert auch die übliche Argumentation wenig, wonach ein *Michael Ballack* nur durch sein Tor im Schicksalsspiel gegen Österreich die Chance auf den EM-Titel 2008 bewahrte, gleichzeitig aber das Ausscheiden bei der WM 2006 mitverschuldete. Denn die guten und somit von allen Seiten umworbenen Spieler können sich den Verein mit der besten Bezahlung aussuchen. Der Marktpreis entsteht hier durch sportliche Leistung plus Vermarktungswert für den Verein.

Machtpreise als Lohn

Die Machtpreise ergeben sich als erfolgreiche Durchsetzungsstrategie bestimmter Mitarbeitergruppen innerhalb des Unternehmens.

Marktpreise entstehen aus der Durchsetzung individueller Interessen

Wenn die Gehälter von Fußballern Marktpreise sind, was sind dann die Gehälter von Top-Managern wie Vorständen? Zunächst einmal könnte man denken, dass auch ihre Gehälter durch ihre Leistungen bedingt sind. Betrachtet man jedoch entsprechende Berechnungen des Manager Magazins[330], wonach die variablen Vergütungsbestandteile – die angeblich leistungsorientiert sind – keinen deutlichen Bezug zur Vorstands- beziehungsweise Unternehmensleistung haben, wird schnell klar, dass dies nicht der Fall ist.

Top-Manager: weniger Marktpreise, mehr Machtpreise

Vorstandsgehälter sind reine Machtpreise, die sich beispielsweise gegenüber einem schwachen Aufsichtsrat durchsetzen lassen. Beim Machtpreis geht es ausschließlich um ein erfolgreiches Durchsetzen eigener Verdienstinteressen gegenüber den sonstigen Mitarbeitern. Dabei darf jedoch nicht die Rolle der Arbeitnehmervertretung und Gewerkschaften übersehen werden.

Interessant ist die Gehaltsfestsetzung bei Bundestagsabgeordneten. Hier entscheiden fast ausschließlich Machtpreise. Denn Bundestagsabgeordnete – ein interessantes Politikum – sind gleichzeitig Zustimmende und Begünstigte, wenn sie über eine erneute Diätenerhöhung abstimmen (Tabelle 11.2).

Entlohnung bestimmt den Marktwert.

„Ich bin ein überzeugter Anhänger der Marktwirtschaft und deshalb dagegen, Preise festzusetzen. Das gilt auch für Bezüge. Preise haben in einer Marktwirtschaft eine Lenkungsfunktion. Sie signalisieren Knappheiten und sorgen so für einen effizienten Einsatz der Ressourcen."[331]

Dr. Josef Ackermann (geb. 1948; Vorstandsvorsitzender der Deutschen Bank)

Begünstigte	Zustimmender	Zahlender	Modell
Sportler	Konsument	Konsument	Markt
Top-Manager	Aufsichtsrat	Mitarbeiter	Macht
Politiker	Politiker	„Bürger"	Macht

Tabelle 11.2: Alternative Modelle zwischen Lohnfindung bei Spitzengehältern

---

Managergehälter

Übung 11.4

Wenn Sie sich so die Gehälter von anderen Top-Managern anschauen, fühlen Sie sich auf einmal unterbezahlt. Es ist eindeutig an der Zeit für eine nicht zu gering ausfallende Lohnerhöhung! Nun überlegen Sie: Wessen Zustimmung benötige ich hierfür als Vorstand einer Aktiengesellschaft, wie es die Strawberry Cake & Bakeries AG ist? Und wo kommt eigentlich das Geld her, das für meine Gehaltserhöhung benötigt wird? Gibt es hierbei einen Unterschied zur Bundesliga, in der ja auch Spitzengehälter gezahlt werden?

11.6 Entgeltzusammensetzung („Total Compensation")

Die Total Compensation stellt die Gesamtvergütung der Mitarbeiter dar, die sich aus den zuvor genannten einzelnen Lohnformen ergibt (Abbildung 11.4). Dazu gehören
– die fixen Bestandteile,
– die variablen Bestandteile sowie
– die Zusatzleistungen.
Darüber hinaus kann man noch danach unterscheiden, ob die Komponenten monetär oder nicht-monetär vergütet werden. Entscheidend bei der Total Compensation ist, dass sich die jeweilige Gesamtvergütung unterschiedlich auf die drei Entgeltbestandteile aufteilt und sowohl monetäre als auch nicht-monetäre Komponenten beinhalten kann. Total Compensation im engeren Sinne ist ausschließlich die Summe, die sich aus der Addition aller direkt monetären und aller in Geld umwechselbaren Entgeltformen ergibt.

Das Entgelt beziehungsweise dessen Zusammensetzung kann dabei unterschiedliche Funktionen übernehmen[332]:

■ Die *Motivationsfunktion* wird vor allem den variablen Entlohnungsbestandteilen zugesprochen. Da die Entlohnung in diesem Fall von der Leistung der Mitarbeiter abhängt, ist sie relativ gut zu beeinflussen.

■ Die *Bindungsfunktion* tritt dann ein, wenn das Entlohnungssystem für den einzelnen Mitarbeiter interessant und transparent ist und dadurch Mitarbeiter animiert, im Unternehmen zu verbleiben.

■ Die *Selektionsfunktion* kann als Signalwirkung im Rahmen der Personalakquisition eingesetzt werden. Gerade hohe variable Vergütungsbestandteile sprechen eher leistungsorientierte Kandidaten an.

Grundsätzlich dient die Entlohnung der finanziellen Grundversorgung der Beschäftigten.

Abbildung 11.4: Zusammensetzung Vergütung

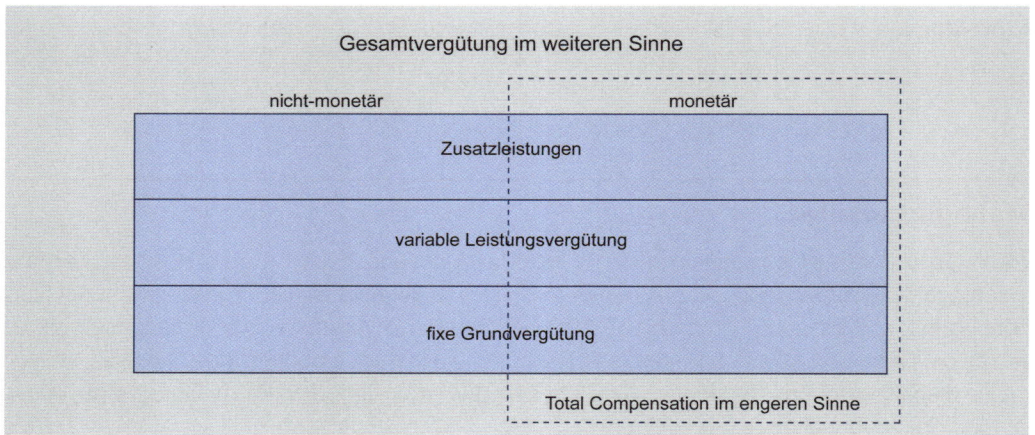

In modernen Softwarelösungen (Abbildung 11.5) lässt sich die Gesamtvergütung aufgeschlüsselt in ihre Einzelbestandteile darstellen und dabei auch Vergleiche mit Beschäftigungsgruppen oder Mitarbeitern anstellen. Auf diese Weise hat die Personalabteilung immer einen aktuellen Blick auf die derzeitigen Personalkosten.

Abbildung 11.5: Personalkostenübersicht

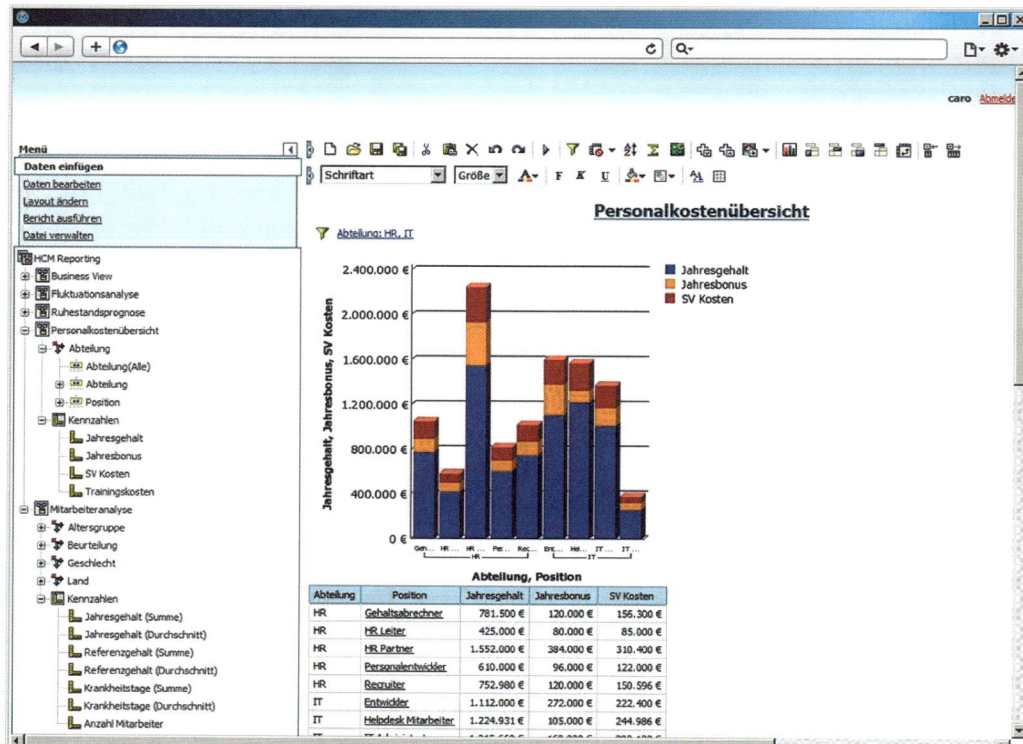

Wählbare Komponenten

Wie bereits aufgeführt, lassen sich die Entlohnungskomponenten in monetäre und nicht-monetäre einteilen:

- *Monetäre* Vergütungsbestandteile umfassen alle „in Euro" auszuzahlenden Komponenten. Dazu gehören beispielsweise das fixe Grundgehalt oder die variablen Bestandteile in Form von Leistungslohn oder Unternehmerlohn.
- *Nicht-monetäre* Vergütungsbestandteile verursachen für Unternehmen nicht zwangsläufig Ausgaben. Ihr Geldwert muss jedoch quantifizierbar sein. Zu den nicht-monetären Vergütungsbestandteilen gehören:
  - Sachleistungen (zum Beispiel kostenloses Kantinenessen, vergünstigter Bezug von Produkten),
  - Nutzungsgewährung (zum Beispiel betriebliche Sport-, Freizeit-, Sozialeinrichtungen, Betriebswohnungen, private Nutzung der Firmenwagen, Handy),
  - Beratungs-, Bank- und Versicherungsleistungen (zum Beispiel Steuer-, Rechts-, Anlageberatung) und
  - Zusatzleistungen (zum Beispiel Spesenkonten).

Gerade bei der Führungskräfteentlohnung kommt auch den nicht-monetären Vergütungsbestandteilen und hier insbesondere den Zusatzleistungen eine wichtige Rolle zu. Sie sollen die Bindung der Führungskräfte an das Unternehmen stärken.

Cafeteria-System als Sonderform

Eine Antwort auf den Wunsch von Mitarbeitern, ihre Entlohnung in Abhängigkeit von individuellen Wünschen oder von Besonderheiten der Lebensphase zu gestalten, ist das Cafeteria-System. Dies bietet auch die Möglichkeit, nicht-monetäre Bestandteile in die Entlohnung aufzunehmen.

Dieses Cafeteria-System erlaubt jedem Mitarbeiter, innerhalb eines vorgegebenen Budgets zwischen verschiedenen Entgeltbestandteilen, wie bei der Menüwahl in einer Cafeteria, auszuwählen. Ziel des Cafeteria-Ansatzes ist es zum einen, ein auf die individuellen Bedürfnisse des Mitarbeiters zugeschnittenes Entgeltsystem bereitzustellen. Zum anderen soll es angesichts abnehmender Spielräume bei Entgelterhöhungen zu einer optimalen Aufteilung kommen. Ein Cafeteria-Plan ist allerdings für den einzelnen Mitarbeiter nur dann attraktiv, wenn entweder sein bisheriges Nettoeinkommen steigt oder sich der bisher wahrgenommene Nutzen erhöht.

Ein Cafeteria-System wird üblicherweise entlang von drei Parametern definiert[333]:

(1) Durch das *Wahlbudget* werden die Gestaltungsmöglichkeiten bei der Auswahl durch einen (finanziellen) Rahmen begrenzt. Das Wahlrecht erlaubt den Mit-

arbeitern in diesem Rahmen, die für sie mit dem größten Nutzen versehenen Komponenten oder Leistungen zu wählen.

(2) Das *Wahlangebot* beschreibt die angebotenen Komponenten und Leistungen, aus denen die Mitarbeiter wählen können. Neben der Barentlohnung können dies materielle Leistungen (beispielsweise Versicherungen, Dienstfahrzeug) oder Zeitleistungen (beispielsweise Urlaubstage) sein. Gleichzeitig müssen die Verrechnungs- und Austauschrelationen zwischen Alternative und Lohn geregelt werden.

(3) Über wiederkehrende *Wahlperioden* wird die Revidierbarkeit getroffener Entscheidungen geregelt. So können die Mitarbeiter nach einer gewissen Zeit ihre getroffenen Entscheidungen an geänderte Lebensbedingungen anpassen. Bei den Unternehmen hat eine gewisse Planungssicherheit bezüglich der Budgets zu herrschen. Zu beachten ist, dass aus sachlichen Gründen Entscheidungen für Versicherungen nicht in kurzen Fristen revidiert werden können.

Cafeteria-System als Chance zur Individualisierung

Durch das Cafeteria-System werden den Mitarbeitern Individualisierungspotenziale verschafft, durch die sie ihre Kompensation an ihre aktuelle finanzielle Situation anpassen können, indem sie gegebenenfalls nicht mehr benötige Leistungen gegen andere austauschen. Für Unternehmen bleiben die Personalkosten trotz individueller Leistungen über einen gewissen Zeitraum konstant.

Bei den Wahlmöglichkeiten von Cafeteria-Systemen gibt es drei Ausgestaltungsformen[334]:

(1) Beim *flexible-benefits-system* werden den Mitarbeitern Wahloptionen über bestimmte freiwillige Sozialleistungen (beispielsweise Versicherungen) eingeräumt.

(2) Beim *flexible-compensation-system* werden die Wahloptionen über die Sozialleistungen um Optionen über Entgeltkomponenten erweitert. In der Regel stehen hier die Verrechnung von Urlaubstagen, zeitliche Verlagerung von Entgeltzahlungen oder die Umwandlung variabler Gehaltsbestandteile in adäquate Alternativen (beispielsweise Dienstwagen, Aktien) zur Wahl.

(3) Beim *flexible-human-resources-system* werden den Mitarbeitern zusätzlich noch Optionen hinsichtlich der Lebensarbeitszeit sowie Aus- und Weiterbildungsalternativen angeboten.

Die Übergänge zwischen diesen drei Formen sind fließend.

Die einzelnen Komponenten des Systems sind in einer so genannten „Menükarte" zusammengefasst, aus der die Mitarbeiter ihre Wahl treffen können.

In Deutschland scheitert das Cafeteria-System bisweilen an der strengen Lohnpolitik, die durch gesetzliche Regelungen, Tarifverträge oder Betriebsvereinbarungen zementiert ist und an der mangelnden Bereitschaft der Arbeitgeber ein Cafeteria-System einzuführen.[335]

11.7 Ausblick

Ist Gerechtigkeit
herstellbar?

Über Fragen der Kompensation sind philosophische ebenso wie betriebswirtschaftliche Arbeiten aus nahezu jeder Argumentationsrichtung verfasst worden. Ihre zentrale Botschaft: Eine absolute Lohngerechtigkeit ist überhaupt nicht möglich! Vielmehr hängt es vom konkreten Standpunkt des Betrachters ab, was man deutlich an der aktuellen Debatte um die Höhe der Vorstandsbezüge sieht: Aus der Sicht eines deutschen Vorstands sind 50 Millionen Euro pro Jahr legitim, aus Sicht der von diesem Vorstand entlassenen Mitarbeiter eher ungerecht.

Gerade an Spitzengehältern lässt sich die Logik der Lohnfindung und die Problematik der Lohngerechtigkeit festmachen:
- Bei *Marktgehältern* entscheiden Angebot und Nachfrage.
- Bei *Machtgehältern* ist das Gehalt eine Konsequenz aus dem Druck, den die „Begünstigten" ausüben können.

In beiden Fällen spielt die Leistung nur eine untergeordnete Rolle.

Inzwischen hat das Entgelt nicht nur etwas mit Gehaltszahlung zu tun, sondern umfasst auch „weiche" Faktoren, die die Bindungsbereitschaft und Motivation steigern sollen. Zudem werden derartige Total Compensation Konzepte zur Akquisition neuer Mitarbeiter eingesetzt, um sich als attraktiver Arbeitgeber zu präsentieren.

Walter Scheurle, **Mitglied des Vorstands, Deutsche Post AG**

Zielorientierte Mitarbeiterbezahlung bei der Deutschen Post AG

Unternehmerisches Handeln bestimmt die Unternehmenskultur der Deutschen Post AG. Der Konzern fördert motivierte und loyale Mitarbeiter, die nach Spitzenleistungen streben. Sie zu gewinnen, weiterzuentwickeln und langfristig zu binden, versteht das Unternehmen als eine der wichtigsten Zukunftsaufgaben.

Die Deutsche Post AG vergütet Mitarbeiter nach individueller Leistung und geschäftlichem Erfolg. Im Rahmen des bestehenden tarifvertraglichen Bezahlungsmodells unterscheidet sie nicht zwischen Arbeitern und Angestellten, sondern spricht einheitlich von Arbeitnehmern. Hierbei differenziert sie zwischen tariflichen Arbeitnehmern, außertariflichen nicht leitenden Arbeitnehmern und leitenden Arbeitnehmern. Die Bezahlungssysteme sind auf die jeweiligen Beschäftigtengruppen ausgerichtet. Zudem beschäftigt die Deutsche Post AG noch eine große Anzahl Beamte – im Jahr 2008 rund 51.000. Ihre Bezahlung ist weitgehend durch Gesetze geregelt.

Außer der monatlich ausgezahlten Grundvergütung können alle Beschäftigten – Arbeitnehmer wie Beamte – ein leistungsbezogenes variables Entgelt erhalten.

Die Grundvergütung als fixer Bestandteil der Bezahlung richtet sich ausschließlich nach den Anforderungen der auszuübenden Tätigkeit. Der Tarifvertrag der Deutschen Post AG umfasst neun Entgeltgruppen (Entgeltbänder).

Das leistungsorientierte variable Entgelt unterstreicht, dass jeder Beschäftigte zum Unternehmenserfolg beiträgt – und der Arbeitgeber diese Leistung entsprechend honoriert. Das variable Entgelt ist wesentlicher Bestandteil der Bezahlungsregelungen des Konzerns. Je höher die Anforderungen an die Tätigkeit der Beschäftigten sind, desto höher ist auch der Anteil des variablen Entgelts am Gesamtentgelt.

Die Leistung der Beschäftigten wird mithilfe eines Benotungssystems ermittelt, das bei Arbeitnehmern der höheren Entgeltgruppen um eine Zielvereinbarung erweitert ist. Die Verknüpfung des Zielvereinbarungsprozesses mit der Bezahlung unterstützt nachhaltig das System „Führen mit Zielen" und macht es unmittelbar entgeltrelevant. Alle Beschäftigten werden nach den einheitlichen Kriterien Arbeitsquantität, Arbeitsgüte und Arbeitsweise beurteilt. In den höheren Entgeltgruppen kommen Kriterien wie Leistungsbereitschaft und Fachkompetenz, aber auch kundenorientiertes und unternehmerisches Denken und Handeln hinzu.

Die Höhe des variablen Entgelts basiert auf dem Ergebnis einer Leistungsbeurteilung durch den jeweiligen Vorgesetzten. Mit Beschäftigten der höheren Entgeltgruppen schließen Führungskräfte in der ersten Jahreshälfte zusätzlich eine Zielvereinbarung für das gesamte Jahr ab. Als Ziele können quantitative oder qualitative, individuelle oder Teamziele vereinbart werden. Die Ziele müssen nachvollziehbar, klar zuzuordnen, unmittelbar auf die Tätigkeit bezogen und direkt beeinflussbar sein. Bei dieser Beschäftigtengruppe fließen dann Leistungsbeurteilung und Zielerreichung jeweils zur Hälfte in eine Gesamtbeurteilung ein. Für außertarifliche nicht leitende und leitende Beschäftigte kommt eine unternehmenserfolgsabhängige Komponente hinzu.

Jedem Beschäftigten wird das Ergebnis der Leistungs- beziehungsweise Gesamtbeurteilung mitgeteilt. Dadurch erhalten die Beschäftigten ein konkretes Feedback zu ihrer Arbeitsleistung. Für die Vorgesetzten bedeutet dies aber auch, dass sie sich mit der individuellen Arbeitsleistung der Beschäftigten befassen müssen. Diese jährlichen Beurteilungen dienen gleichzeitig als Basis für die individuelle Personalentwicklungsplanung.

Die Regelungen haben sich als anwenderfreundlich erwiesen und in den beteiligten Bereichen zu Arbeitserleichterungen geführt. Einheitliche Formblätter und ein einfaches Punktesystem unterstützen den Prozess.

1. Welche Lohnbestandteile gibt es?

2. Erklären Sie die ersten fünf Schritte einer Leistungsbeurteilung am Beispiel der Leistung von Vertriebsmitarbeitern!

3. Was ist der Unterschied zwischen Leistungsbewertung und Arbeitsbewertung?

4. Wie muss eine Arbeitssituation beschaffen sein, um einen Akkordlohn sinnvoll einsetzen zu können?

5. Diskutieren Sie die Aussage „Lohnpolitik ist weniger das Ergebnis einer Suche nach Lohngerechtigkeit, sie ist vielmehr Ausdruck von Macht" im Hinblick auf Tarifverhandlungen!

Kapitel 12

Qualifikation: Wie entwickelt man Mitarbeiter?

Kapitel 12 Qualifikation: Wie entwickelt man Mitarbeiter?

Fakten   Zwei Drittel aller Unternehmen leiten die Ziele und Inhalte der Personalentwicklung aus der Unternehmensstrategie ab.[336]

Der Bundesrepublik Deutschland gehen jährlich 4,5 Milliarden Euro an zusätzlicher Wertschöpfung durch fehlende Weiterbildung verloren.[337]

Bei 47 % der Unternehmen liegt der Schwerpunkt der Personalentwicklung im Bereich Fach- und Führungskräfteentwicklung.[338]

Lernziele
- Sie erfahren, welche Rollen es in der Personalentwicklung gibt.

- Sie erleben, welche Entwicklungsarten es gibt.

- Sie wissen, wie die sechs Entwicklungsmethoden heißen und wodurch sich jede Methode auszeichnet.

- Sie verstehen die Prinzipien der Methodenauswahl.

- Sie lernen die Schritte, die bei der Erstellung einer Personalentwicklungsmaßnahme vollzogen werden müssen.

12.1 Überblick

Weichen Personalbestand und Personalbedarf in qualitativer Hinsicht voneinander ab, so kommt es entweder zum Austausch von Mitarbeitern oder aber zur Personalentwicklung: Bei dieser Qualifizierung wird das Fähigkeitsprofil der Mitarbeiter an das Anforderungsprofil des Unternehmens angepasst. Es gibt aber auch noch einen anderen Auslöser, nämlich durch Personalentwicklung den Mitarbeiter zu höherer Leistung oder zum Verbleiben im Unternehmen zu motivieren. Dementsprechend werben Unternehmen gerne auch extrem mit ihren Angeboten zur Personalentwicklung.

Auslöser für Personalentwicklung.

„Personalentwicklung wird erforderlich aufgrund veränderter Technologien und Wettbewerbssituationen, personeller Veränderungen, Arbeitsmarktsituationen, Höherqualifizierungstendenzen, neuer Organisationskonzepte und Internationalisierungstendenzen. […] Ausgangspunkt der Personalentwicklung ist die Zielbestimmung, da nur auf Basis eines festgelegten Ziels die Einleitung und Durchführung einer Personalentwicklung sinnvoll ist."[339]

Univ.-Prof. Dr. Walter Oechsler (geb. 1947; Professor für Personalwesen und Arbeitswissenschaft)

Sieht man Mitarbeiter primär als Kostenverursachungsfaktor, so reduziert sich allerdings bei rückläufiger Auftragslage die Bereitschaft, in Personalentwicklung zu investieren. Dies führt spätestens beim nächsten Aufschwung zu Problemen, weil nicht ausreichend qualifiziertes Personal zur Verfügung steht und möglicherweise auch das Image als attraktiver Arbeitgeber beschädigt wurde.

Qualifikation auch in der Rezession!

In diesem Kapitel geht es zunächst einmal um die verschiedenen Arten der Qualifikation (Abschnitt 12.2) und die zentralen Entwicklungsinhalte (Abschnitt 12.3). Interessant ist dabei auch die Beantwortung der Frage, wer denn für die Qualifikation zuständig ist (Abschnitt 12.4). Damit die Personalentwicklung nicht in Zufälligkeit abdriftet, braucht es klare Gestaltungsprinzipien, und zwar zielgruppenspezifische ebenso wie methodenspezifische (Abschnitt 12.5). Darauf aufbauend werden die unterschiedlichen Entwicklungsmethoden konkretisiert (Abschnitt 12.6). Am Ende des Kapitels wird die mit der Personalentwicklung verbundene Kostenfrage angesprochen (Abschnitt 12.7).

stryker®

BestPersCase: Stryker Trauma GmbH

Die Stryker Corp. ist weltweit einer der führenden Anbieter auf dem orthopädischen und medizintechnischen Markt und kann dabei auf eine hundertjährige Firmengeschichte zurückgreifen. Die Stryker Trauma GmbH hat als heutiges Tochterunternehmen der Stryker Corp. ihren Sitz in Schönkirchen/Kiel und beschäftigt rund 500 Mitarbeiter. Weltweit arbeiten in 40 Ländern rund 18.000 Mitarbeiter für Stryker Corp.

Die gezielte Qualifikation der Mitarbeiter ist bei Stryker Trauma GmbH ein fest verankerter Teil in der Unternehmensphilosophie. Die Personalentwicklung ist dabei ein gut implementierter und strukturierter Prozess, der klare Perspektiven wie die Experten- oder Führungslaufbahn bietet. Besonders zu betonen sind auch die schriftlich fixierten Grundsätze für die Personalentwicklung. Darin ist beispielsweise festgehalten, dass Personalentwicklung eine Führungsaufgabe von hoher Bedeutung ist und dass persönliche Entwicklung die Eigeninitiative der Mitarbeiter voraussetzt.

Auf der Unternehmensebene treffen sich die Führungskräfte und Mitglieder der Personalabteilung in vierteljährlichem Rhythmus, um über die grundsätzlichen Weiterbildungsbedarfe des Unternehmens zu sprechen und im Rahmen des Nachfolgesystems die Nachfolgekandidaten zu ermitteln. So wird sichergestellt, dass die Maßnahmen der Personalentwicklung mit der Unternehmensstrategie abgestimmt werden.

Einmal im Jahr finden Gespräche zwischen Mitarbeitern und Führungskräften statt, in deren Rahmen die Angestellten ihre Weiterbildungswünsche äußern können. Welche Maßnahmen durchgeführt werden, wird in einer Vereinbarung festgehalten. So gelingt es dem Unternehmen, die Richtung und die Geschwindigkeit der Weiterbildung im Interesse beider Parteien, des Unternehmens und der Mitarbeiter zu realisieren.

Die Grundidee der Personalentwicklung bei Stryker Trauma ist das lebenslange Lernen, das durch verschiedene Aktivitäten gefördert wird. Im Rahmen des „Stryker Career-Campus" wird eine zweijährige Ausbildung für die Nachwuchskräfte, Experten und erfahrene Führungskräfte aller Bereiche angeboten, die neben einer zielgruppenorientierten Förderung in Anlehnung an die Unternehmensstrategie auch individuelle Entwicklungsmaßnahmen vorsieht. Weitere Maßnahmen sind Inhouse-Trainings zur Produktschulung oder zum Erlernen von Fremdsprachen ebenso wie ein Training On the Job oder eine Schulungsdatenbank, um das Gelernte bei Bedarf später wiederholen zu können.

Sabine Krummel-Mihajlovic, Personalleiterin bei Stryker Trauma, fasst die Philosophie hinter dem Konzept zusammen: „Bestandteil jeder Stryker-Karriere ist die stetige und gezielte Fortbildung. Wir lassen uns viel einfallen, um die Wertschätzung gegenüber unseren Mitarbeitern zum Ausdruck zu bringen."

BestPers Award

12.2 Entwicklungsarten

Personalqualifikation (synonym dazu Personalentwicklung) umfasst laut §1 Berufsbildungsgesetz (BBiG)
– die *berufsvorbereitende* Bildung („Ausbildung"),
– die *berufserweiternde* und *-aktualisierende* Bildung („Fortbildung") sowie
– die *berufsverändernde* Bildung („Umschulung").
Unter beruflicher Weiterbildung werden Maßnahmen verstanden, die bereits absolvierte Ausbildungsstufen oder Qualifizierungsmaßnahmen erweitern oder vertiefen. Dies trifft besonders zu auf die Fortbildung, in Ausnahmefällen auch auf die Ausbildung (Abbildung 12.1).

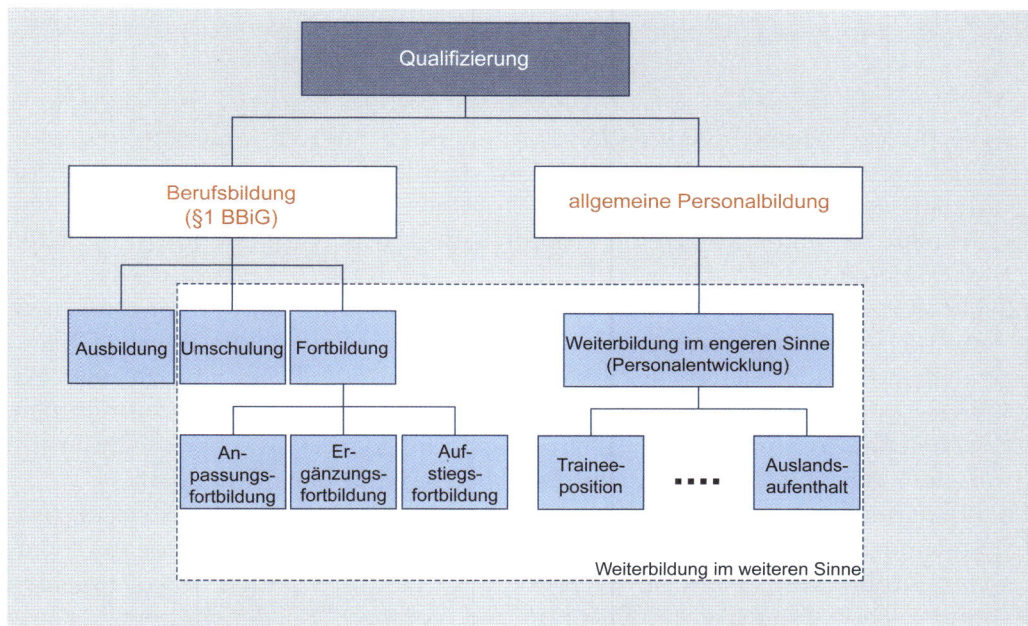

**Abbildung 12.1:
Entwicklungsarten**

Zur Weiterbildung im weiteren Sinne zählt man auch alle Maßnahmen, die in der Personalentwicklung in einem Unternehmen stattfinden, wie beispielsweise Traineeprogramme, Sprachkurse oder Auslandsaufenthalte.

Berufsvorbereitende Bildung („Ausbildung")

Unter der berufsvorbereitenden Bildung versteht man eine Erstausbildung, deren Qualifizierungsmaßnahmen unmittelbar auf konkrete Tätigkeiten hinzielen. Die berufsvorbereitende Bildung besteht im Regelfall aus einer beruflichen Grundausbildung, welche Fertigkeiten vermittelt, die für einen relativ großen Bereich von Tätigkeiten geeignet sind, sowie der beruflichen Fachausbildung, die das Ausüben eines qualifizierten Berufes ermöglicht.

Notwendigkeit von Personalentwicklung.

„Es ist unbestritten, dass erfolgreiche Unternehmen einen hohen Bedarf an qualifizierten und motivierten Fach- und Führungskräften haben. Eine systematische Personalplanung und -entwicklung ist daher für die kurz-, mittel- und langfristige Sicherung und den Ausbau des Unternehmenserfolgs unabdingbar. [...] Dies gilt sowohl für Führungskräfte mit umfangreicher Personalverantwortung beziehungsweise Führungskräftenachwuchs, besonders aber für Fachkräfte, bei denen eine hohe Sach- und Fachverantwortung überwiegt."[340]

Univ.-Prof. Dr. Michel E. Domsch (geb. 1947; Professor für Personalwesen und Internationales Management)

Innerhalb der berufsvorbereitenden Bildung gibt es vier Varianten[341]:

(1) Die *Anlernausbildung* führt zu keinem staatlich anerkannten Abschluss. Sie dauert zwischen einigen Tagen und einigen Monaten. Ziel ist es, den Mitarbeiter auf einen konkreten Arbeitsplatz und dort anfallende Tätigkeiten vorzubereiten.

(2) Die *Berufsausbildung* umfasst im Regelfall drei Jahre und endet mit einem staatlich anerkannten Abschluss. Diese Berufsausbildung wird in Deutschland weitgehend durch ein duales System geregelt, bei dem Unternehmen beispielsweise mit Berufsschulen gemeinschaftlich die Qualifizierung übernehmen. Neben der Kombination zwischen Ausbildungsbetrieb und Berufsschule gibt es auch die Kombination Ausbildungsbetrieb und Berufsakademie.

Praktikum als kurzfristiger Einsatz

(3) Ebenfalls zur berufsvorbereitenden Bildung zählen *Praktika und Volontariate*, zu verstehen als befristete Arbeitseinsätze in Unternehmen. Im Idealfall werden Studierende, wenn sie solche Programme durchlaufen, mit Tätigkeiten und speziell strukturierten Programmen „versorgt", bei denen ihnen konkrete Kenntnisse und Fähigkeiten vermittelt werden.

Traineeposition als langfristige Qualifikation

(4) Gerade bei Hochschulabsolventen wird manchmal die Praxisferne der Ausbildung kritisiert. Aus diesem Grunde finden ebenfalls als berufsvorbereitende Qualifizierung *Traineeprogramme* statt. Ihre Dauer reicht von mehreren Monaten bis hin zu zwei Jahren, wobei die Qualität dieser Programme hochgradig unterschiedlich ist. Der entscheidende Punkt bei Traineeprogrammen ist, dass die Mitarbeiter nicht primär „Wertschöpfung" realisieren müssen, sondern dass ihre Tätigkeit überwiegend der Qualifizierung dient. Gute Traineeprogramme zeichnen sich dadurch aus, dass die Trainees mehrere Stationen und begleitende Kurse im Unternehmen durchlaufen sowie durch einen konstanten Ansprechpartner betreut werden. Der wesentliche Vorteil bei solchen Traineeprogrammen liegt darin, dass die Trainees einen größeren Überblick über das gesamte Unternehmen bekommen und gerade durch diese Vernetzung die betrieblichen Zusammenhänge besser verstehen lernen.

Unabhängig von den formalen und den inhaltlichen Zielen der Ausbildung kommt auch hier wieder der Personalmarketing-Gedanke zum Zuge: Danach ist es gerade bei derartigen Ausbildungsaktivitäten wichtig, die Employee Value Proposition in den Vordergrund zu rücken. Auf diese Weise geht es nicht mehr nur um Qualifikation, sondern langfristig auch um Motivation und Retention.

Berufserweiternde und -aktualisierende Bildung („Fortbildung")

Unter Fortbildung versteht man die Qualifizierungsmaßnahmen, die auf berufs-feldspezifischen Kenntnissen und Fähigkeiten aufsetzen. Hierfür gibt es drei Varianten[342]:

(1) Die *Anpassungsfortbildung* hat die Aufgabe, erworbenes Wissen und bestehen-des Können zu aktualisieren, weil sich die Aufgabenstellung im Unternehmen geändert hat. In diesem Fall entsteht der Fortbildungsbedarf also dadurch, dass das Anforderungsprofil des Unternehmens sich im Laufe der Zeit verändert hat.

(2) Bei der *Aufstiegsfortbildung* dagegen haben sich die Anforderungsprofile nicht verändert, wohl aber zielt der Mitarbeiter darauf ab, einen neuen Tätigkeits-bereich einzunehmen.

(3) Als dritte Gruppe ist eine *Ergänzungsfortbildung* zu nennen, bei der kein un-mittelbarer Bezug zu konkreten Anforderungsprofilen vorliegt.

Die grundsätzlichen Unterschiede zwischen diesen drei Formen der Fortbildung schlagen sich auch nieder in der Finanzierung entsprechender Maßnahmen: Die Anpassungsfortbildung ist primär im Interesse des Unternehmens und wird deshalb im Regelfall auch von diesem finanziert. Bei der Aufstiegsfortbildung dagegen – und erst recht bei der Ergänzungsfortbildung – wird immer mehr der Mitarbeiter selber in die Pflicht genommen.

Alle Starbucks-Läden geschlossen

An zwei Tagen im Februar 2008 ruhten in sämtlichen US-amerikanischen Starbucks-Filialen die Kaffeemaschinen und Milchaufschäumer dreieinhalb Stunden lang. Die Läden wurden zwischen 17:30 Uhr und 21:00 Uhr geschlos-sen. Der Grund für die Arbeitspause war nicht etwa ein Streik, sondern eine landesweite Weiterbildungsmaßnahme für die 135.000 Shopmitarbeiter aus gut 7.100 Starbucks-Filialen unter dem Slogan „to Perfect the Art of Espresso", wie der Kaffee-Konzern werbewirksam verkündete.[343]

Lehrlings- und Facharbeiterausbildung sind weitgehend standardisiert, weshalb wenige Unterschiede zwischen kleineren und größeren Unternehmen zu erwarten sind. Anders aber sieht es bei den Qualifizierungsprogrammen für die mittlere und obere Führungsebene, also für das „Management Development" aus. Un-

terstellt man, dass gerade ein KMU nur über weniger spezialisierte Ressourcen für Personalentwicklung verfügt, so ist es nicht verwunderlich, wenn im Bereich der Qualifikation klare Unterschiede zwischen KMU und Großunternehmen auftreten[344]. Danach gibt es – anders als bei Großunternehmen – bei KMU

- im oberen Management praktisch überhaupt kein Management Development,
- generell kleinere Leitungsspannen und daher eine intensivere Kommunikation, die teilweise als Ersatz für Management Development gesehen wird,
- falls vorhanden, ein deutlich geringer formalisiertes Management Development,
- weniger strategische Überlegungen für ein Management Development und
- eher eine persönliche Verantwortung für Management Development.

Sicherlich kann man über Bürokratie sowie Formalisierung mancher Management Development Programme diskutieren und daraus Vorteile für das KMU ableiten. Dies ändert aber nichts daran, dass zumindest nach diesen Befunden bei KMU deutlich Nachholbedarf in Sachen Management Development besteht. Er ist allerdings nicht durch Kopieren der Großunternehmen zu schließen: Vielmehr bieten sich eigenverantwortlich gestaltete, aber dennoch in einer Personalstrategie verbindlich verankerte Programme an.

Berufsverändernde Bildung („Umschulung")

Die Umschulung dient dazu, Mitarbeiter, die ihren ursprünglichen Beruf nicht mehr ausüben können, für neue Tätigkeitsfelder zu qualifizieren. Derartige Umqualifizierungen sind vor allem eine Folge des technischen Wandels und treten immer dann ein, wenn das Tätigkeitsfeld generell nicht mehr am Arbeitsmarkt vermittelbar ist.

Umschulungen bieten die Möglichkeiten[345],
- frühere Berufswahlentscheidungen zu korrigieren und damit eine Neuorientierung zu unterstützen beziehungsweise durchzuführen,
- Arbeitslose wieder in die Arbeitswelt zu integrieren und
- Menschen mit körperlichen, geistigen oder seelischen Behinderungen zu rehabilitieren,
und können daher auch als Zweitausbildung verstanden werden.

12.3 Entwicklungsinhalte

Ziel der Personalentwicklung ist der Ausgleich eines Qualifikationsdefizits. Es geht also darum, gegenwärtige und zukünftige Arbeitsplatzanforderungen durch Qualifizierungsmaßnahmen zu erfüllen. Je nach Anforderungen können dabei ganz unterschiedliche Inhalte über Entwicklungsmaßnahmen vermittelt werden.

Kompetenzfelder als qualitativer Aspekt

Personalentwicklungsmaßnahmen dienen der Vermittlung oder Aktualisierung von Kompetenzen. Im Hinblick auf einzelne Mitarbeiter ist die Erhöhung der Handlungskompetenz anzustreben. Handlungskompetenz ergibt sich dabei aus drei Bereichen:[346]

Handlungskompetenz ist fachliche Kompetenz plus soziale Kompetenz plus methodische Kompetenz

(1) *Fachliche* Kompetenz, verstanden als Fähigkeiten und Fertigkeiten, die sich auf ein bestimmtes Aufgabengebiet beziehen (beispielsweise Waren- und Produktkenntnisse, Branchenkenntnisse, handwerkliche Geschicklichkeit).

(2) *Soziale* Kompetenz, als Voraussetzung des erfolgreichen Umgangs mit Führungskräften, Kollegen oder Kunden (beispielsweise Teamfähigkeit, Kommunikationsfähigkeit, Kooperationsfähigkeit) sowie generelle Verhaltensregeln und Verhaltensweisen.

(3) *Methodische* Kompetenz, im Sinne von Verfahren und systematischen Vorgehensweisen und somit Arbeits- und Managementmethoden (beispielsweise Planungsmethoden, Entscheidungsmethoden, Komplexitätsreduktion).

Nur wenn alle drei Bereiche berücksichtigt werden, spricht man von einer ganzheitlichen Qualifikation beziehungsweise Entwicklungsmaßnahme.

Eine weitere Konkretisierung von Kompetenzen ergibt sich aus der Prozesskette ihrer Anwendung:[347]

- Damit ein Mitarbeiter eine Tätigkeit im Unternehmen ausüben kann, muss er bestimmte Dinge wissen. Dieses *Wissen* hängt eng zusammen mit den Anforderungen, die vom Unternehmen an die entsprechende Stelle geknüpft sind. Es wird unterschieden zwischen tätigkeitsspezifischem Wissen, das nur bei ganz spezifischen Aufgaben und Tätigkeiten benötigt wird, und nicht tätigkeitsspezifischem Wissen, also Grundkenntnisse und Anforderungen, die vom Unternehmen an seine Mitarbeiter gestellt werden. Im Beispiel eines Mitarbeiters der Personalabteilung, der für die Karrierehomepage des Unternehmens zuständig ist, wäre tätigkeitsspezifisches Wissen beispielsweise das Kennen der CUBE-Formel und deren Implikationen für die Gestaltung der Karrierewebseiten des Unternehmens. Nicht tätigkeitsspezifisches Wissen könnte im Bereich der Entwicklungen am Arbeits- und Bewerbermarkt liegen.

- Nur wenn man bestimmte Dinge (auch) anwenden kann, hat das erworbene Wissen einen Nutzwert für das Unternehmen. *Können* bedeutet demnach sowohl manuelles Können, also bestimmte „handwerkliche" Fähigkeiten und Fertigkeiten, als auch geistiges Können. Der für die Karriereseiten verantwortliche Mitarbeiter müsste beispielsweise bestimmte Programmiersprachen beherrschen und mit Bildbearbeitungsprogrammen und Web-Autorensystemen arbeiten können (manuelles Können) sowie Wissen über Usability Anforderungen oder die emotionale Wirkung von Bildern in sein Konzept einfließen lassen (geistiges Können).

- Um in einem Unternehmen seinen Platz zu finden, muss man sich stimmig zum Unternehmen und dessen unmittelbaren Umfeld verhalten. Dies heißt nicht, dass das *Verhalten* und die Einstellungen identisch sein müssen. Allerdings gibt es zumindest grundlegende Verhaltensweisen, die von der Unternehmenskultur geprägt und bei Nicht-Beachtung als Fehlverhalten zu interpretieren sind. Im Fall des für die Karrierehomepage verantwortlichen Mitarbeiters bedeutet dies, dass er sich permanent aus Eigeninitiative heraus über aktuelle Entwicklungen im Bereich der Online-Technologien informiert (Arbeitsverhalten) und mit seinem Kollegen zusammenarbeitet und Informationen austauscht (Sozialverhalten).

Mehrung des Wissens, Erweiterung des Könnens und Änderung der Einstellung und damit des Verhaltens kennzeichnen somit einen umfassenden Qualifkationsbegriff.

Ordnet man Wissen, Können und Verhalten den drei Kompetenzen (fachlich, sozial, methodisch) zu (Abbildung 12.2), ist beispielsweise die fachliche Kompetenz insbesondere in den Bereichen Wissen und Können verankert.

Abbildung 12.2:
Entwicklungsinhalte

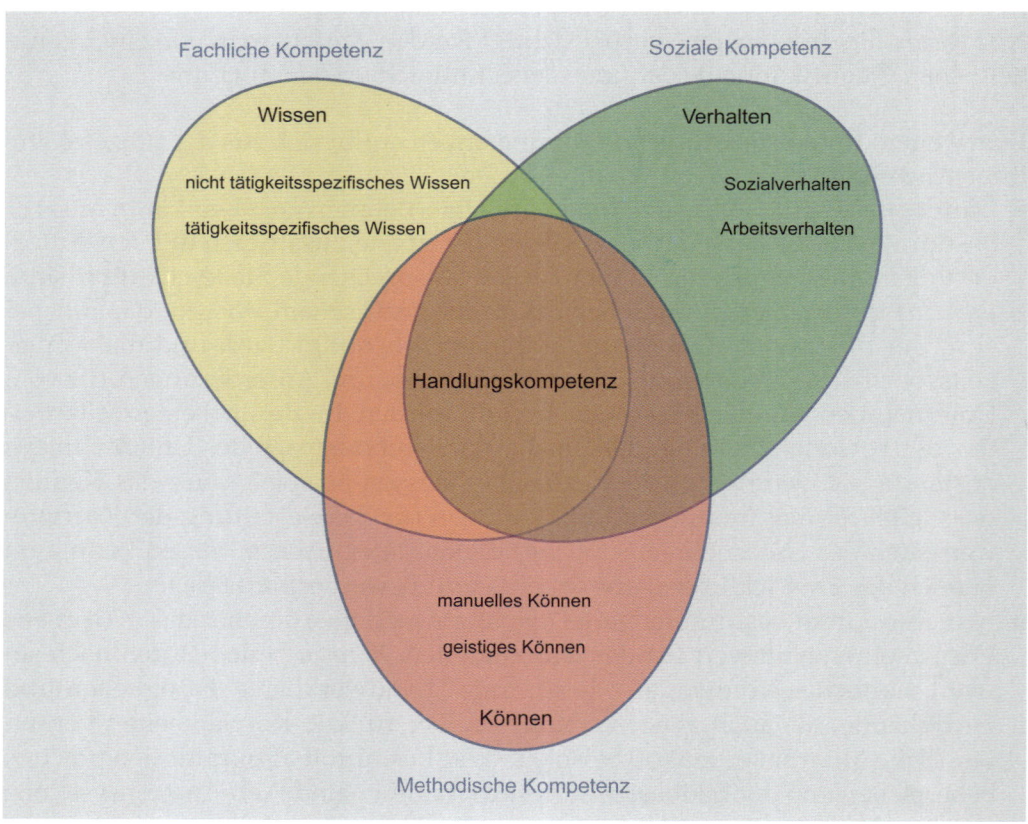

Die Inhalte von Weiterbildungsmaßnahmen dürfen sich demnach nicht immer nur auf einen Bereich konzentrieren, sondern auch immer im Blick haben, dass sich Kompetenz aus vielen Teilbereichen und Fähigkeiten ergibt. Ein kompetenter Mitarbeiter verfügt über Kenntnisse und Fähigkeiten in allen Kompetenzfeldern.

Kompetenzförderung durch Personalentwicklung

Sie planen Entwicklungsmaßnahmen für die Mitarbeiter der Abteilungen Produktentwicklung, Produktion und Verkauf Ihrer Strawberry Cake & Bakeries AG. Ihnen ist klar, dass hier unterschiedliche Kompetenzen gefördert werden müssen. Welche waren das und wie lassen sich die Kompetenzen den drei Bereichen am besten zuordnen? Außerdem überlegen Sie, wie Wissen, Können und Verhalten mit diesen Feldern verknüpft werden und was darunter in den konkreten Abteilungen zu verstehen ist.

Übung 12.1

Halbwertzeit des Wissens und Wissensrelevanzzeit als zeitbezogener Aspekt

Insbesondere im Fall der berufserweiternden und -aktualisierenden Bildung („Fortbildung") ist im Hinblick auf die Forderung nach lebenslangem Lernen bei der Notwendigkeit entsprechender Maßnahmen von einem gewissen Automatismus auszugehen. Dieser begründet sich aus den allgemeinen Erkenntnissen zur Halbwertzeit des Wissens[348] (Abbildung 12.3).

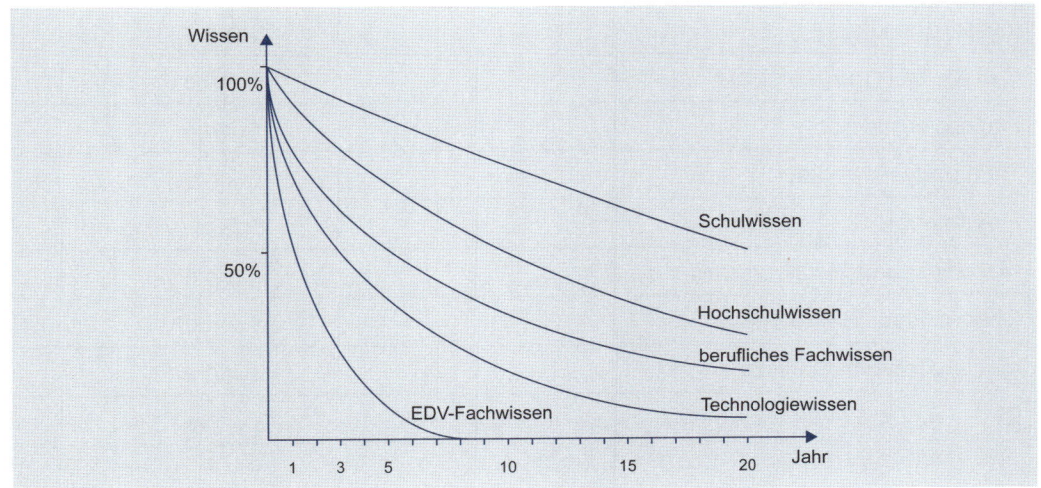

Abbildung 12.3: Halbwertzeit des Wissens[349]

Demnach veraltet
– Schulwissen (Halbwertzeit 20 Jahre),
– Hochschulwissen (Halbwertzeit zehn Jahre)
vergleichsweise langsam, während
– berufliches Wissen (Halbwertzeit fünf Jahre),
– Technologiewissen (Halbwertzeit drei Jahre) und beispielsweise
– EDV-Fachwissen (Halbwertzeit ein Jahr)
sehr schnell obsolet wird. Berufliches Wissen muss also in viel kürzeren Abständen durch Entwicklungsmaßnahmen aktualisiert werden und muss daher Inhalt von Personalentwicklungsmaßnahmen sein.

Halbwertzeit des Wissens: Zeitraum, in dem die Hälfte der Wissensinhalte veraltet

Wissensrelevanzzeit:
Zeitdauer in Jahren, in
der aktuelles Fachwissen
ohne weitere Auffrischung
nicht mehr für die Wert-
schöpfung relevant ist

Ein weiterer zu berücksichtigender Aspekt ist die branchenspezifische Wissens-relevanzzeit (Tabelle 12.1): Sie beträgt beispielsweise in der IT-Branche nur zwei Jahre, während beim Öffentlichen Dienst von zehn Jahren ausgegangen werden kann. Dies bedeutet, dass in einigen Branchen Wissen viel stärker im Rahmen von Entwicklungsmaßnahmen aktualisiert werden muss, um weitschöpfungsre-levant zu bleiben.

Dieser Wissensrelevanzverlust hat unmittelbare Konsequenzen für die Arbeits- und Berufswelt: Während sich früher bestimmtes Fachwissen kaum veränderte, sieht sich der Arbeitnehmer heute mit einer Situation konfrontiert, die ihn zwingt, sich ständig weiterzubilden, um den neuesten Entwicklungen standhalten zu können.

**Tabelle 12.1: Branchen-
spezifische Wissens-
relevanzzeiten[350]**

Branche	Wissensrelevanzzeit
Öffentlicher Dienst	10 Jahre
Handel (allgemein)	9 Jahre
Konsumgüter	8 Jahre
Energie	8 Jahre
Investitionsgüter	8 Jahre
Dienstleistung (allgemein)	7 Jahre
Finanzdienstleistung	7 Jahre
Transport und Verkehr	7 Jahre
Elektrotechnik	6 Jahre
Maschinenbau/Metallverarbeitung	6 Jahre
Chemie/Pharma	5 Jahre
Medien/Telekommunikation	3 Jahre
IT	2 Jahre

12.4 Entwicklungsrollen

Wer macht was?

Für die Beantwortung der Frage, wer die Personalentwicklung im Einzelfall durchführt und wer für diese Personalentwicklung verantwortlich ist, hat sich im Laufe der Zeit ein deutlicher Wandel vollzogen.

Personalabteilung als Personalentwickler

In der ursprünglichen Form der Personalentwicklung gab es eine Arbeitsteilung, bei der im Wesentlichen die Personalabteilung für die Personalentwicklung verantwortlich war. Sie entschied, welche Mitarbeiter für welche Personalentwicklungsmaßnahmen geeignet sind und welche Personalentwicklungsmaßnahmen durchgeführt werden. Gleichzeitig verfügte die Personalabteilung über die entsprechenden Mittel und die entsprechende Kompetenz (im Sinne von Befugnis und Befähigung). Dieses System hatte allerdings den Nachteil, dass die Personalabteilung in vielen Fällen zu weit weg von der konkreten Tätigkeit war und auf diese Art und Weise den betrieblichen Notwendigkeiten nicht immer voll gerecht wurde.

Führungskraft als Personalentwickler

Um näher am Tagesgeschäft zu sein, wurde die Verantwortung für die Personalentwicklung von der Personalabteilung auf die Führungskraft übertragen. Gemäß dem Slogan „Jede Führungskraft ein Personalentwickler" wurde es zur Aufgabe der Führungskraft, sich darüber klar zu werden, welche Stärken und Schwächen ihre Mitarbeiter haben, welche langfristigen Karriereperspektiven möglich sind und wie diese durch eine umfassende Personalentwicklung ausgeglichen beziehungsweise realisiert werden können. Der Vorteil dieser Vorgehensweise bestand darin, dass das unmittelbare Tätigkeitsfeld des Mitarbeiters in den Prozess der Personalentwicklung integriert werden konnte.

Können Führungskräfte Personalentwickler sein?

Dies führte zu einem doppelten Zielkonflikt, nämlich
- beim Mitarbeiter zwischen Qualifizierungszeit und produktiver Arbeitszeit sowie
- bei der Führungskraft zwischen Qualifizieren (und Verlieren) des Mitarbeiters und Nichtqualifizieren.

Das Ergebnis war, dass Mitarbeiter und/oder Führungskraft die Personalentwicklung teilweise boykottierten. Zudem erfüllten sich nicht immer die Vorstellungen, dass die Führungskraft in der Eignungsdiagnostik der Durchführung der Personalentwicklungsmaßnahmen entsprechend kompetent war.

Mitarbeiter als Personalentwickler

Eine weitere Variante bestand darin, die Verantwortung für die Personalentwicklung unmittelbar auf den betroffenen Mitarbeiter zu verlagern. In diesem Fall wurde der Mitarbeiter zum „Unternehmer in eigener Sache", der sich selbst darüber klar war, welche Entwicklungsmaßnahmen für ihn gegebenenfalls sinnvoll sind. In diesem Fall kann die Personalabteilung eine Beratungsfunktion wahrnehmen. Diese unmittelbare Verlagerung der Verantwortung auf den Mitarbeiter war gerade in der New Economy durchaus üblich, weil die Mitarbeiter sowieso relativ rasch und häufig den Arbeitsplatz wechselten. Dadurch wurde der Anreiz für Unternehmen, sich umfassend mit Personalentwicklung zu beschäftigen, zwangsläufig geringer.

Unternehmer in eigener Sache

Kombination der Rollen

Letztlich ist aber keines dieser drei Modelle ein durchgängiges Erfolgsrezept für die Organisation der Personalentwicklung, was in der Konsequenz auf eine Kombination der drei Betroffenen als Akteure hinausläuft.

Danach bietet sich eine weitreichende Arbeitsteilung an, bei der die Rollen aber dennoch klar definiert sind:

- Die *Personalabteilung* ist zum einen für die strategischen Leitplanken verantwortlich, legt also fest, welche Qualifikationsmaßnahmen als Mindestvoraussetzungen für bestimmte Tätigkeiten erforderlich sind. Zum anderen liefert sie Systemunterstützung für die Personalarbeit.
- Die Aufgabe der *Führungskraft* besteht darin, die unmittelbar für die Tätigkeit erforderlichen Fähigkeitslücken aufzuzeigen und entsprechende Maßnahmen zu initiieren. Hier liegt die Personalentwicklung ausschließlich im Interesse des Unternehmens und ist deshalb auch von diesem zu initiieren sowie durchzuführen.
- Der *Mitarbeiter* schließlich muss sich selbst überlegen, wie er langfristig seine Karriere strukturieren möchte, und Eigeninitiative bei der Personalentwicklung übernehmen.

In einer derartigen Aufgabenteilung ist es damit nicht mehr die Aufgabe der Personalabteilung, konkret zu entscheiden, welche Mitarbeiter welche Personalentwicklungsmaßnahmen zu durchlaufen haben.

Übung 12.2   **Erstellen eines Personalentwicklungskonzepts**

Die Strawberry Cake & Bakeries AG will mehr Kunden in die Bäckereien mit angeschlossenem Café locken. Daher entschließen Sie sich, eine Linie mit hochwertigen Backwaren, wie etwa den „Double Chocolate Cake with Caramel Icing", zu produzieren. Diese soll dann ausschließlich in den Cafés angeboten werden. Natürlich müssen Ihre Bäcker für die Herstellung dieser neuartigen Backwaren fortgebildet werden. Sie kennen verschiedene Personalentwicklungskonzepte. Um sich für eine Variante entscheiden zu können, fertigen Sie eine Übersicht an, aus der die Vor- und Nachteile der Methoden hervorgehen.

12.5 Entwicklungsprinzipien

Vor allem wenn man die Personalentwicklung in einem strategischen Rahmen positioniert, bietet es sich an, klare Prinzipien für die Gestaltung der Personalentwicklung zu formulieren. Diese Prinzipien können beziehungsweise sollen sich auf drei Bereiche konzentrieren, nämlich Aussagen machen zur Zielgruppe, zum Verteilungsprinzip und zur grundsätzlichen Methode.

Prinzipien für die Zielgruppe

Im Hinblick auf die Zielgruppe, also die Entwicklungsadressaten, gibt es vier Prinzipien[351], die in der Praxis zum Einsatz kommen:

Wer wird entwickelt?

- *Chancengleichheit*: Bei diesem Prinzip, das im negativen Sinne auch „Prinzip Gießkanne" genannt wird, richtet sich die Personalentwicklung an alle Mitarbeiter, und zwar unabhängig davon, welches Fähigkeitsprofil vorliegt und welche Aussagen über das Entwicklungspotenzial gemacht wurden. Bei diesem Prinzip werden alle Mitarbeiter gleich behandelt, was auf der einen Seite relativ demokratisch, auf der anderen Seite kostenintensiv und wenig gezielt ist.
- *Privilegierung*: Sie richtet sich lediglich an bestimmte Beschäftigtengruppen, beispielsweise an Führungskräfte oder an Führungskräftenachwuchs. Um hier in den Genuss der Förderung zu kommen, reicht es aus, zu einer bestimmten Gruppe zu gehören. Ab dem Zeitpunkt der Zugehörigkeit ist es egal, wie hoch das Fähigkeitsprofil ausgeprägt ist und wie günstig die Entwicklungsprognose ausfällt.
- *Begabtenförderung*: Sie ist ebenfalls nur auf bestimmte Beschäftigtengruppen ausgerichtet. Allerdings fällt die Entscheidung für oder gegen eine Personalentwicklung nicht in Abhängigkeit von der Zugehörigkeit zu einer biografisch definierbaren Gruppe, sondern leitet sich aus dem Entwicklungspotenzial des Mitarbeiters ab. Egal also, zu welcher generellen Gruppe der Mitarbeiter gehört, die Einstufung in die Gruppe der „Begabten" führt zur Entscheidung für die Personalentwicklung.
- *Engpassbeseitigung*: In diesem Fall werden die Mitarbeiter danach sortiert, wie groß der zu erwartende Schaden von einer nicht geschlossenen Deckungslücke ist. Dieses Prinzip gilt besonders dann, wenn das Unternehmen nicht über entsprechend ausgeprägte Ressourcen verfügt.

Auch Kombinationen dieser Prinzipien sind denkbar. So könnte man mit „Engpassbeseitigung" beginnen und dann auf „Begabtenförderung" oder „Privilegierung" umsteigen.

Prinzipien für die Methodenauswahl

Die Festlegung eines Adressatenkreises sagt noch nichts darüber aus, wie aus einer vorgegebenen Menge an Entwicklungsmethoden ausgewählt wird. Auch hierzu gibt es inzwischen vier Prinzipien, die sich in der Praxis durchgesetzt haben:

Wie wird entwickelt?

- *Prinzip Wunderdroge*: Bei diesem Prinzip gibt es eine oder mehrere standardisierte Methoden, die praktisch unabhängig von der konkreten Notwendigkeit zum Einsatz kommen. Typisch hierfür sind spezifische Formen von Verhaltens- und Kommunikationstrainings. So könnte man alle Formen der zwischenmenschlichen Zusammenarbeit auf Kurse wie Zeitmanagement, Stressmanagement oder Konfliktmanagement reduzieren. Egal was das Problem ist, die jeweilige Wunderdroge ist die Antwort. Hier werden im Sinne einer Methodendominanz also Verfahren eingesetzt, die grundsätzlich sinnvoll sein können, aber vielleicht nicht auf das spezifische Problem passen.

Mitarbeiterwunsch: Chancengleichheit plus Weihnachtsmann

- *Prinzip Weihnachtsmann*: Bei dieser Nachfragedominanz ist der Mitarbeiter als Kunde der König. Was immer er haben möchte, er bekommt es. Unter der Überschrift „Kundenorientierung" darf hier der Mitarbeiter über die für ihn geeigneten Verfahren entscheiden. Das Prinzip unterstellt, dass die Mitarbeiter tatsächlich in der Lage sind, die geeigneten Entwicklungsmaßnahmen zu erkennen.

- *Prinzip Versandhandel*: Bei dieser Angebotsdominanz liefert das Unternehmen dem Mitarbeiter einen umfassenden Katalog an Maßnahmen, aus dem er auswählen kann. Das Entscheidende an diesem System ist die Breite des Angebots, wobei die Mitarbeiter je nach Unternehmenspolitik mehr oder weniger die Möglichkeit haben, sich frei zu entscheiden. Bei der Angebotsdominanz kann es sein, dass das Unternehmen mit seinen Personalentwicklungsmaßnahmen am Markt „vorbei" operiert.

Unternehmensrealität: Engpassbeseitigung plus Planwirtschaft

- *Prinzip Planwirtschaft*: Bei dieser Kontingentierungsdominanz steuert eine zentrale Planungsstelle die Verteilung der vorgegebenen Personalentwicklungsmaßnahmen auf die Mitarbeiter. Das Ergebnis sind dann teilweise ausgefeilte Pläne dazu, wie vorgegebene Kurse in entsprechender Reihenfolge auf die Mitarbeiter verteilt werden. Typisch hierfür sind Verhaltenstrainingsformen, die aus verschiedenen Modulen bestehen und die von allen Mitarbeitern – unabhängig von Befähigung und Deckungslücke – zu durchlaufen sind. Dieses Prinzip weist eine gewisse Bürokratie auf.

Inzwischen geht die Tendenz zunehmend in Richtung des Prinzips der Kontingentierungsdominanz.

Kombiniert man diese methodenspezifischen Prinzipien mit den auf die Zielgruppen fokussierten Prinzipien, führt dies zu 16 denkbaren Gestaltungsprinzipien (Tabelle 12.2): Sie reichen von der Idee, eine dominante Methode in den Vordergrund zu rücken und dabei alle gleich zu behandeln (links oben), bis hin zur Idee, nur dort anzusetzen, wo es gerade wirklich „brennt" (rechs unten) und dies auch nur, bis das exakt vorgegebene Kontingent ausgeschöpft ist.

In Abhängigkeit von der Trennschärfe der Personalstrategie können diese Gestaltungsprinzipien entweder explizit und bewusst zum Einsatz kommen oder aber unbewusst-intuitiv gewählt werden. Letzteres ist häufig in kleinen und mittleren Unternehmen der Fall. Gerade sie können deshalb davon profitieren, Entwicklungsprinzipien eindeutig und strategiebezogen festzulegen: Dies erleichtert die Kommunikation und spart Kosten.

	Chancen-gleichheit	Privilegierung	Begabten-förderung	Engpass-beseitigung
Prinzip Wunderdroge	1	2	3	4
Prinzip Weihnachtsmann	5	6	7	8
Prinzip Versandhandel	9	10	11	12
Prinzip Planwirtschaft	13	14	15	16

Tabelle 12.2: 16 Kombinationen der Gestaltungsprinzipien

Festlegen der Personalentwicklungsprinzipien

Übung 12.3

In den Fertigungseinheiten „Konditoreiprodukte" der Strawberry Cake & Bakeries AG werden (natürlich) Erdbeerkuchen, die neue Produktlinie für Ihre Cafés und zudem Vorprodukte für lokale Konditoreien hergestellt. Ein zentraler Bereich ist die „Produktionshalle", wo die Mitarbeiter mit der eigentlichen Herstellung der Kuchen betraut sind. Hier finden einfache Routineaktivitäten statt (wie automatisches Verpacken), aber auch Spezialaufgaben (wie die Anfertigung von speziellen Kuchen für Großveranstaltungen). Sie überlegen, wie sich die Personalentwicklungsprinzipien auf Ihre Anforderungen übertragen lassen.

12.6 Entwicklungsmethoden

Ist die Entscheidung für eine Kombination von Gestaltungsprinzipien gefallen, kann über die Entwicklungsmethoden nachgedacht werden.

Techniken, Konzepte und Vorgehensweisen

Unter der Rubrik Personalentwicklungsmethoden gibt es inzwischen eine Vielzahl von Vorschlägen. Einige beziehen sich mehr auf Vermittlungsformen (zum Beispiel Vortrag und Rollenspiel), andere eher auf Entwicklungsziele (zum Beispiel Teamentwicklung).

Arbeitsgruppen

Im Unterschied zu eher einzelarbeitsplatzbezogenen Aktivitäten zielt die Schaffung von Arbeitsgruppen auf die Schaffung eines Lernumfelds, bei dem die Mitarbeiter voneinander und untereinander lernen. Eine spezielle Form dieser Arbeitsgruppen sind die teilautonomen Arbeitsgruppen, die sich selbst über

Arbeitsabläufe und Arbeitsinhalte abstimmen müssen. Eine solche Arbeitsgruppe kann im Hinblick auf die qualitativen und quantitativen Ziele, aber auch im Hinblick auf die Arbeitsverteilung, die Arbeitsorganisation und letztlich auch die Führung innerhalb des Teams Autonomie besitzen. Die Verwendung von Arbeitsgruppen zur Personalentwicklung dient dabei nicht nur der individuellen Qualifizierung, sondern ist gleichzeitig ein Schritt in Richtung auf eine systematische Organisationsentwicklung. Ferner dient die Arbeitsgruppe häufig auch der Teamentwicklung.

Einarbeitung

Unter Einarbeitung versteht man die systematisch durchgeführte Instruktion von Mitarbeitern hinsichtlich ihrer Arbeitsaufgabe. Sie besteht unter anderem aus der Vorbereitung auf den Arbeitsplatz, dem Vorführen der entsprechenden Tätigkeiten, dem Nachmachen der Tätigkeiten durch den Mitarbeiter und im Idealfall auch aus einer Abschlusskontrolle. Auch wenn eine derartige geplante Einarbeitung häufig aus Zeitgründen (fatalerweise) unterlassen wird, stellt sie doch eine der wichtigsten Qualifizierungsmaßnahmen dar.

Erfahrungsgruppen

Bei einer solchen Erfahrungsgruppe treffen Teilnehmer aus unterschiedlichen Abteilungen oder unterschiedlichen Firmen zusammen und diskutieren gemeinsame Probleme. Dieser wechselseitige Austausch von Lösungswegen ist eine wichtige Methode, um die organisatorische Intelligenz, gleichzeitig aber auch die individuelle Problemlösungskapazität und -fähigkeit zu steigern.

Fachtraining

Fachtrainings dienen dazu, spezifische Qualifikationen zu erwerben, zu erhalten oder zu ergänzen, die sich auf einen konkreten Arbeitsplatz beziehen. Im Regelfall sind solche Fachtrainings, Fachlehrgänge beziehungsweise Fachseminare hoch standardisierte Teile der langfristigen Entwicklung eines Mitarbeiters.

Fallstudie

Unter einer Fallstudie versteht man ein didaktisches Hilfsmittel, das einen realen oder fiktiven Zusammenhang aus dem betrieblichen Alltag präsentiert, ein konkretes Problem aufwirft und den zu Qualifizierenden in eine Situation versetzt, in der es um eine konkrete Problemlösung geht.

Gruppendynamik

Gruppendynamik dient dem Einzelnen und/oder der Gruppe

Gruppendynamische Trainings haben die Aufgabe, Spannungen und Kommunikation innerhalb einer Gruppe zu thematisieren, wobei es primär um den Zusammenhang zwischen einer einzelnen Person und der übrigen Gruppe geht.

Es gibt aber auch weitere Formen der Gruppendynamik beziehungsweise des gruppendynamischen Trainings, die bis hin zu einer systematischen Beratung einer gesamten Gruppe führen.

Job Enlargement

Unter Job Enlargement versteht man eine Erweiterung des Aufgabenfelds eines Mitarbeiters durch Hinzufügung von weiteren, allerdings qualitativ relativ gleichartigen Aufgaben. Auf diese Weise bleibt zwar das (qualitative) Anforderungsniveau erhalten, der Mitarbeiter bekommt aber ein höheres Arbeitspensum und damit auch eine etwas andere Arbeitsstrukturierung.

Job Enrichment

In diesem Fall bekommt der Mitarbeiter weitere, allerdings neuartige Aufgaben gestellt. Diese „Aufgabenerweiterung" bedeutet dann auch ein höheres Anforderungsniveau. Durch Job Enrichment sollen Mitarbeiter in ihren Tätigkeiten wachsen, was allerdings voraussetzt, dass eine entsprechende Entwicklungsbereitschaft beim Mitarbeiter vorhanden ist.

Job Rotation

Unter Job Rotation versteht man die Rotation des Mitarbeiters durch verschiedene Aufgabenfelder. Dies kann sowohl funktionsgebunden (innerhalb eines Funktionsbereichs, also einer Abteilung) erfolgen, aber auch funktionsübergreifend: Letzteres findet vor allem bei Führungskräften beziehungsweise beim Führungskräftenachwuchs statt, da diese über diesen Weg sehr rasch einen größeren Überblick über das Unternehmen bekommen. Die Grundidee der Job Rotation steht allerdings im Widerspruch zu der Spezialisierung und Herausbildung von Kernkompetenzen.

Karriereplanung

Eine spezielle Form der Personalentwicklung ist die Karriereplanung. Anders als bei den übrigen Maßnahmen, in denen im Regelfall allenfalls ein oder zwei Schritte der beruflichen Vorwärtsentwicklung Berücksichtigung finden, zielt Karriereplanung auf eine längerfristige Perspektive. Es wird also eine Folge von Stellen anvisiert und frühzeitig mit dem Mitarbeiter Klarheit darüber herbeigeführt, in welcher Reihenfolge diese Stellen durchlaufen werden, wie lange der Mitarbeiter auf diesen Stellen bleibt und insbesondere welche zusätzlichen Qualifikationen beziehungsweise welche Leistungen der Mitarbeiter erbringen muss, um auf die nächste „Stufe der Karriereleiter" zu kommen. Entscheidend bei der Karriereplanung ist der unmittelbare Mitarbeiterbezug: Karriereplanungen sind in den seltensten Fällen abstrakte Folgen von Stellen, sondern im Regelfall konkret auf Mitarbeiter zugeschnittene Planungen.

Die Karriereleiter im Visier

Laufbahnplanung

Ebenso wie die Karriereplanung ist auch die Laufbahnplanung auf einen längeren Zeitraum abgestellt. Sie impliziert eine Aneinanderreihung von einzelnen Stellen beziehungsweise Stellentypen. Anders aber als die Karriereplanung ist die Laufbahnplanung eine generelle und damit arbeitsplatzbezogene Planung. Eine Laufbahnplanung beinhaltet deshalb grundsätzliche Abfolgemuster von Stellen unabhängig von konkreten Stelleninhabern.

Mitarbeiterberatung

Unter Mitarbeiterberatung versteht man den gezielten Einsatz einer Person, die nicht identisch mit der unmittelbaren Führungskraft ist. Diese Person fungiert als Berater und hilft dem Mitarbeiter. Für Führungskräfte wird hierfür häufig eine externe Person eingesetzt. Im Regelfall spricht man dabei von Coaching. Geht es dagegen um eine eher persönliche und langfristige Betreuung eines Mitarbeiters – vor allem im Bereich des Führungskräftenachwuchses – und wird diese durch einen betriebsinternen, älteren und ranghöheren Mitarbeiter durchgeführt, so spricht man meist von einem Mentoring.

Planspiel

Planspiele sind komplexe Simulationen realer Unternehmensprozesse. Sie laufen mit Hilfe von vernetzten Computern oder aber (seltener) mit Papier und Bleistift ab. Je nach Ausrichtung können solche Planspiele funktional fokussiert sein (zum Beispiel Marketing- oder Personalplanspiel) oder als General Management Spiel die gesamte Breite der Entscheidungsfelder abdecken. Planspiele können ferner branchenspezifisch (Bankenplanspiel) oder branchenübergreifend sein.

Programmierte Unterweisung

Unter programmierter Unterweisung versteht man ein auf Selbststudium ausgerichtetes Lernsystem. Der zu Qualifizierende bestimmt den Rhythmus selbst und durchläuft in Abhängigkeit von seinem Wissensstand beziehungsweise von Zwischenfragen unterschiedliche Segmente des programmierten Kurses. Die programmierte Unterweisung kann zum einen computergestützt realisiert werden, ist aber auch durch sinnvoll gestaltetes Printmaterial realisierbar.

Projektarbeit

Betriebliche Projektarbeit kann im günstigsten Fall einer doppelten Zielsetzung dienen: Zum einen geht es darum, ein konkretes Sach- beziehungsweise Formalziel zu erfüllen, also eine betriebliche Aufgabe zu lösen. Auf der anderen Seite dient sie aber auch der Personalentwicklung, und zwar sowohl für die Mitarbeiter als auch für die Führungskräfte. Mitarbeiter lernen, bereichsübergreifende und teilweise unstrukturierte Aufgaben zu realisieren. Aus diesem Grund ist Projektarbeit auch ein wichtiger Bestandteil der Vorbereitung von Führungskräften. Entscheidend bei Projektarbeit ist unter anderem der temporäre Charakter. Projekte sind im Regelfall zeitlich begrenzt, haben eine klare Zielsetzung und sollen einen gemeinschaftlichen Lerneffekt realisieren.

Ruhestandsvorbereitung

Die Ruhestandsvorbereitung dient der systematischen Auseinandersetzung und Vorbereitung auf das Ausscheiden aus dem Berufsleben. Sie kann allerdings auch als Integrationsmaßnahme in einem Seniorberater-Pool ausgestaltet sein.

Stellvertretung

Eine Möglichkeit, Mitarbeiter weiter zu entwickeln, besteht darin, ihnen für einen begrenzten Zeitraum die Aufgaben einer anderen Stelle zu übertragen. Auf diese Weise bekommen sie Einblick in die Aufgaben anderer Bereiche beziehungsweise höherer Ebenen und werden insbesondere frühzeitig für die entsprechenden Tätigkeiten vorbereitet. Bei einer solchen Stellvertretung ist allerdings auseinanderzuhalten, ob sie der Personalentwicklung, der vorausschauenden Nachfolgeregelung oder tatsächlich (nur) zur Realisierung der anstehenden Aufgabe dienen soll.

Teamentwicklung

Personalentwicklung dient nicht nur der individuellen Weiterentwicklung einzelner Personen, sondern soll auch die Zusammenarbeit von Mitarbeitern fördern. Eine solche Teamentwicklung ist seit langem ein wichtiger Bestandteil aller Qualifizierungsmaßnahmen. Man geht davon aus, dass es gerade in der heutigen Arbeitswelt immer mehr darauf ankommt, dass Mitarbeiter gemeinschaftlich Aufgaben lösen. Bei einer Teamentwicklung geht es weniger um die Lösung eines akuten Problems als vielmehr um die Verbesserung der grundsätzlichen Zusammenarbeit innerhalb des Teams.

Verhaltenstraining

Im Gegensatz zur Teamentwicklung, die auf die Gruppe abzielt, stellt Verhaltenstraining im Regelfall auf den individuellen Mitarbeiter ab. Hier sollen Mitarbeiter sich ihres speziellen Verhaltens bewusst werden, durch Abgleich von Eigenbild und Fremdbild eine Selbsterfahrung entwickeln und vor allem sensibel für Kommunikation und Emotion bei anderen werden. Ein Beispiel für Verhaltenstraining sind Mitarbeiter in unmittelbarem Kundenkontakt, genauso aber auch Führungskräfte.

Die Auswahl der jeweiligen Personalentwicklungsmethoden hängt von der jeweiligen Situation und den sonstigen Gegebenheiten ab.

Sicherlich schwierig ist die Frage danach, wie eigentümerorientierte Kleinstbetriebe (mit weniger als 20 Mitarbeitern) ihre Personalentwicklung erfolgreich strukturieren könnten. Aber auch hierfür liefert die empirische Forschung erste Ansatzpunkte und fordert vor allem[352]

– einen Fokus auf „Besetzungsthemen" (also Akquisitions- und Retentionsfragen),

– eine Beschränkung auf operative Aspekte und konsequenter Verzicht auf jegliche strategische Überlegung sowie

– ein außerhalb der Arbeitszeiten liegendes Modell, bei dem in ganz kleinen Schritten Lernen, Transfer und Transferkontrolle stattfindet.

Dass diese Aktivitäten letztlich auch mit erträglichem Reiseaufwand realisierbar sein müssen, versteht sich von selbst.

Ort, Zeit und Zweck

Die Methoden der Personalentwicklung unterscheiden sich unter anderem dadurch, an welchem Ort, zu welcher Zeit und zu welchem Zweck sie durchgeführt werden. Orientiert man sich deshalb an der Grundfrage, ob die Personalentwicklungsmaßnahme zum Job hinführt oder aus dem Job herausführt, und berücksichtigt zusätzlich den Ort der Personalentwicklungsmaßnahme, so ergeben sich folgende Grundmöglichkeiten (Tabelle 12.3):

■ Personalentwicklung *Into the Job* ist die Hinführung zu neuen Tätigkeiten und Aufgaben.

■ Personalentwicklung *Along the Job* beinhaltet Karriereplanung und Laufbahnplanung.

Beschäftigungsfähigkeit = Employability

■ Personalentwicklung *Out of the Job* dient der Sicherstellung der Beschäftigungsfähigkeit oder der Vorbereitung auf ein Verlassen des Unternehmens.

■ Personalentwicklung *On the Job* sind direkte Maßnahmen am Arbeitsplatz, die durch die Personalentwicklung realisiert werden.

■ Personalentwicklung *Near the Job* ist ein arbeitsplatznahes Training.

■ Personalentwicklung *Off the Job* sind Aktivitäten, die außerhalb der Arbeitszeit stattfinden.

Welche dieser Varianten alleine oder in Kombination gewählt wird, hängt von der zuvor definierten Deckungslücke ab, aber auch von den zur Verfügung stehenden Methoden.

Grundsätzlich stehen KMU bei der Personentwicklung zwangsläufig vor dem strukturellen Problem der geringeren Markttransparenz, da nur seltener Qualifizierungsmaßnahmen stattfinden und auch keine ausreichenden HR-Experten für dieses Thema vorhanden sind. Dies führt dann dazu, dass bei einem KMU relativ häufig[353]

– die Qualität der gewählten Trainingsanbieter stark zu wünschen übrig lässt,

– Ort und Zeit der Trainings unpassend ausfallen,

– das Training inhaltlich überhaupt nicht dem Trainingsbedarf entspricht,

– nicht die richtigen Methoden gewählt werden,

im Ergebnis also die Personalentwicklung als unbefriedigend eingestuft wird, was dann natürlich die Abneigung im Sinne einer „mentalen Barriere" vergrößert.

Wo?		Warum?		
		Into the Job	Along the Job	Out of the Job
	Near the Job	Einarbeitung Fallstudie Mitarbeiterberatung Planspiel programmierte Unterweisung Stellvertretung Teamentwicklung	Erfahrungsgruppe Fallstudie Mitarbeiterberatung Planspiel programmierte Unterweisung Projektarbeit Stellvertretung Teamentwicklung Karriereplanung Laufbahnplanung	Mitarbeiterberatung Ruhestandsvorbereitung
	On the Job	Einarbeitung Job Rotation Mitarbeiterberatung programmierte Unterweisung	Arbeitsgruppen Gruppendynamik Job Enlargement Job Enrichment Job Rotation Mitarbeiterberatung programmierte Unterweisung Projektarbeit	Mitarbeiterberatung
	Off the Job	Planspiel programmierte Unterweisung Teamentwicklung Verhaltenstraining	Erfahrungsgruppe Fachtraining Planspiel programmierte Unterweisung Teamentwicklung	Ruhestandsvorbereitung

Tabelle 12.3: Ort und Zweck der einzelnen Entwicklungsmaßnahmen

Tabelle 12.3 geht über die ursprünglich übliche Prozessbetrachtung[354] hinaus, da sie eine explizite und für den Planungsfall wichtige Trennung zwischen „Grund" der Entwicklung (Warum?) und „Ort" der Maßnahme (Wo?) vornimmt.

Übung 12.4   **Auswahl von Personalentwicklungsmethoden**

Nachdem sich Ihre Personalabteilung intensiv mit dem Thema Personalentwicklung auseinandergesetzt hat, überlegen Sie in einem Meeting, welche der Personalentwicklungsmethoden nun eingesetzt werden sollen und müssen. Auf dem Flipchart stellen Sie eine Aufstellung der möglichen Methoden zusammen. Nun gilt es zu entscheiden, welche Methode gewählt wird und wie diese bei der Strawberry Cake & Bakeries AG konkret ausgestaltet sein sollte.

12.7 Entwicklungskosten

Personalentwicklung ist häufig mit hohen Kosten verbunden. Daher müssen sich vor allem die Unternehmen im Vorfeld Gedanken machen, wer die Kosten trägt. Dabei wird auch der Mitarbeiter an den Kosten beteiligt, abhängig davon, welchen Nutzen sich das Unternehmen durch die Weiterbildung erhofft.

Kostenträger: Eine Frage des Nutzens

Um den jeweiligen Träger der Personalentwicklungskosten zu bestimmen, ist eine vorgelagerte Differenzierung nach zwei Varianten betrieblicher Entwicklungsmaßnahmen erforderlich:

(1) *Bildungsmaßnahmen für allgemeine Qualifikationen* vermitteln dem Mitarbeiter Kenntnisse, die dieser unabhängig von dem Betrieb, in welchem er beschäftigt ist, einsetzen kann. Der Marktwert des Mitarbeiters erhöht sich also.

(2) *Bildungsmaßnahmen für betriebsspezifische Qualifikationen* vermitteln dem Mitarbeiter Kenntnisse, die von dem Mitarbeiter nur in diesem spezifischen Betrieb eingesetzt werden können.

Beide Maßnahmearten erhöhen den Humankapitalwert des Mitarbeiters.

Die grundsätzlichen Unterschiede zwischen diesen beiden Formen der Fortbildung schlagen sich in der Finanzierung nieder[355]:

■ Die Bildungsmaßnahme für allgemeine Qualifikationen ist primär im Interesse des *Arbeitnehmers* und wird deshalb auch von diesem finanziert – als Ausgleich kann der Mitarbeiter jedoch ein höheres Gehalt fordern.

■ Die Bildungsmaßnahme für betriebsspezifische Qualifikationen hingegen nutzt zunächst eher dem *Unternehmen*, versetzt den Mitarbeiter jedoch sukzessive in die Lage, mehr Geld zu verlangen. Hier werden Unternehmen und Mitarbeiter die Kosten untereinander aufteilen.

Gerade bei abnehmender Bindungsbereitschaft von Unternehmen und Mitarbeitern werden verstärkt Regelungen nötig, die Antworten auf die Frage „Wem nutzt die Personalentwicklung?" geben.

Entwicklungskosten sind Investitionen, die sich im Humankapitalwert des Unternehmens niederschlagen

Kostenweitergabe: Eine Frage der Möglichkeiten

Sobald der Mitarbeiter die Entwicklungskosten ganz oder zum Teil trägt, gibt es die folgenden Möglichkeiten zur Weitergabe der Entwicklungskosten[356]:

- Der *Mitarbeiter trägt die Entwicklungskosten* selbst, was den Vorteil erhöhter Flexibilität mit sich bringt.
- Das *Unternehmen trägt zunächst die Entwicklungskosten*, der Mitarbeiter verpflichtet sich jedoch vertraglich zu einer bestimmten Verweildauer im Unternehmen. Somit stellt die Unfreiheit die Kosten des Mitarbeiters dar.
- Das *Unternehmen trägt zunächst die Entwicklungskosten*. Das Gehalt des Mitarbeiters fällt jedoch geringer aus. Dies ähnelt einem Darlehen, welches der Mitarbeiter Zug um Zug abbezahlt. Die Kosten des Mitarbeiters sind in diesem Fall die Opportunitätskosten, welche durch das niedrigere Gehalt verursacht werden.

Allerdings ist die erste Möglichkeit aufgrund verhältnismäßig hoher Kosten von Weiterbildungsmaßnahmen nur für wenige Arbeitnehmer überhaupt wählbar. Die zweite Variante wird von kleineren Unternehmen in fluktuationsträchtigen Branchen (zum Beispiel Therapiepraxen) angewendet, da so sichergestellt ist, dass die Investition in den Mitarbeiter nicht verloren geht. Die dritte Variante ist die am weitesten verbreitete, da sie jeden Arbeitnehmer betrifft. Zusätzlich kann ein Arbeitnehmer die Kosten für berufliche Ausbildung, Fortbildung oder Umschulung, welche er selbst getragen hat, als Werbungskosten in der Steuererklärung absetzen.

Kostenbestandteile: Eine Frage der Zusammensetzung

Wenn Kosten für Personalentwicklung entstehen, setzen sich diese oftmals aus verschiedenen Bestandteilen zusammen. So ist nicht nur der „Katalogpreis" der Entwicklungsmaßnahme zu berücksichtigen, es entstehen ferner Kosten durch An- und Abfahrt, Verpflegung, Übernachtungen und – wenn die Fortbildung während der Arbeitszeit stattfindet – Kosten durch die entgangene Arbeitsleistung des Mitarbeiters.

Berechnungsbeispiel Weiterbildungsveranstaltung

Der Weiterbildungsmarkt in Deutschland ist äußerst umfangreich. Im Folgenden wird beispielhaft erläutert, welche Kosten bei einem Seminarbesuch entstehen. Geplant ist die Teilnahme an einer zweitägigen Veranstaltung mit dem Titel „Kommunikation in der Führungspraxis", welche in München stattfindet. Das Seminar kostet 1.416 Euro. Geht man von einer An- und Abfahrt mit der Bahn ab Saarbrücken aus, dann entstehen hierdurch Kosten in Höhe von 184 Euro. Weiterhin muss die Übernachtung in einem Hotel (119 Euro) bezahlt werden. Für die Verpflegung während der zwei Tage kann von mindestens

> 50 Euro ausgegangen werden. Ferner muss die Fehlzeit des Mitarbeiters in die Berechnung miteinbezogen werden: Der Einfachheit halber geht man davon aus, dass der Beitrag eines Mitarbeiters der Höhe seines Gehalts entspricht, so muss bei einer Führungskraft mit einem Jahresgehalt von 100.000 Euro, von Kosten in Höhe von etwa 700 Euro für zwei Tage ausgegangen werden. Insgesamt fallen für die zweitägige Fortbildung also Kosten in Höhe von 2.469 Euro an.

Da Personalentwicklungsmaßnahmen also stets mit nicht unerheblichen Kosten verbunden sind, ist es unabdingbar, den Prozess der Personalentwicklung professionell zu planen und zu gestalten.

Bilanzierung des intellektuellen Kapitals

Wenn es um das Thema Wissensmanagement geht, stehen vor allem die großen Unternehmen in der ersten Reihe. Der schwäbische Energieversorger EnBW verfolgt das Ziel, zur „Nummer eins beim Wissensmanagement" zu werden, und hat als eines der ersten deutschen Unternehmen Informationen über sein intellektuelles Kapital in seinem Geschäftsbericht veröffentlicht. In seiner Wissensbilanzierung gibt EnBW Auskunft über sein Human-, Struktur- und Beziehungskapital. In der Humankapitalbilanz werden als Einflussfaktoren Fachkompetenz, Management- und Sozialkompetenz sowie Motivation bewertet, die alle mit Bewertungen über 60 Prozent über einen hohen Einfluss verfügen.[357]

12.8 Ausblick

Sicherlich ist es eine unternehmensstrategische Entscheidung, wie viel ein Unternehmen in die Personalentwicklung investieren will. Gerade aber bei rückläufigen Entwicklungsbudgets können Personalverantwortliche nicht umhin, die Personalentwicklung nicht nur durchzuführen, sondern sie auch sinnvoll zu planen.

Entwicklungskontrolle als vernachlässigte Aktivität in der Praxis

Am Ende steht – in der Theorie oft, in der Praxis selten – die Kontrollphase: Sie erstreckt sich zum einen auf die Durchführungskontrolle („wurde alles so gemacht, wie es geplant war?"), zum anderen auf die Ergebniskontrolle („stellten sich die geplanten Ergebnisse tatsächlich ein?"). Dieser Schritt kann zusätzlich oder alternativ auch Teil eines übergeordneten Personalcontrollings sein.

Sicherlich gibt es wenige Diskussionen darüber, dass die Qualifikation der Mitarbeiter einen zentralen Wettbewerbsvorteil darstellt. Diese Feststellung gilt aber nicht in gleichem Ausmaß für die Frage, inwieweit Qualifizierung zur Wettbewerbsfähigkeit eines Unternehmens beiträgt. Denn angesichts der abnehmenden

Bindungsbereitschaft von Mitarbeitern prüfen Unternehmen zwangsläufig immer häufiger, ob es betriebswirtschaftlich sinnvoll ist, auf eigene Personalentwicklung zu setzen oder ob man nicht lieber „fertige Qualifikationen" einkauft. Diese „Make-or-Buy" Entscheidung ist Teil der Personalentwicklungsplanung.

Die gesamte Personalentwicklung – einschließlich der vorgelagerten strategischen Grundsatzentscheidungen – ist eingebettet in ein klar definiertes Rollenmodell des Personalentwicklers. Hier muss die Personalabteilung gemeinsam mit den Fachabteilungen festlegen, wer für welche Maßnahme zuständig und verantwortlich ist. Dabei ist insbesondere sicherzustellen, welche Kompetenzen im Sinne von Befugnissen bei Verantwortlichen und Durchführenden vorhanden sein müssen.

Karl-Heinz Stroh, **Mitglied des Vorstands Personal & Services, Praktiker Bau- und Heimwerkermärkte Holding AG**

Wertorientierte Personalentwicklung im Einzelhandel: Strategische Personalarbeit bei der Praktiker AG

Unternehmen im Einzelhandel sehen sich zumindest mittel- und langfristig mit zwei Faktoren konfrontiert, die auf Category Management, Einkauf, Distributionslogistik sowie Marketing und Vertrieb massive Auswirkungen haben: einerseits die demografische Entwicklung und zum anderen die rasante Ausweitung der Internetanwendungen – insbesondere deren mobile Einsetzbarkeit. Diese Aussage gilt ganz besonders für den deutschen Markt, hat in mehreren Aspekten aber vergleichbare Relevanz in weiteren Ländern.

Für das von mir vertretene Unternehmen der DIY-Branche (Do-it-yourself-Branche) sind unter anderem folgende strategische Handlungsfelder zunehmend im Fokus:

- Spezifischere Kundengruppenansprache (zum Beispiel jüngere DIY-Interessenten mit überwiegend wenig Erfahrung als Hobby-Handwerker und begrenztem Budget, Frauen verschiedenster Altersgruppen, deutlich älter werdende „erfahrene" Heimwerker) sind sowohl hinsichtlich Sortiment als auch Kaufverhalten erforderlich.
- Mitarbeiter unseres Unternehmens erkennen zunehmend stärker den „Wert von Arbeit" und wünschen sich daher längeren Verbleib im Erwerbsprozess bei möglichst individuellen Beschäftigungsmodellen.
- Relevante Internetlösungen (zum Beispiel Einkaufsportale, Preisvergleiche, Produktbewertungen, Weblogs) durchdringen weitestgehend alle Bevölkerungsgruppen bei gleichzeitig rasant steigender Medienkompetenz auch der „Älteren".

Unser HR-Team hat seit Beginn dieses Jahres gemeinsam mit Linienmanagern und Spezialisten aus verschiedenen Ländern das spezifische Praktiker-Kompetenzmodell erarbeitet. Acht Kernkompetenzen bilden nun verbindlich in allen

Prozessen und Instrumenten die Grundlage für Rekrutierung, Potenzialbewertung, Entwicklung und Qualifizierung.

Auf dieser Basis beginnt nun ein Transformationsprozess, der sukzessive alle Unternehmensfunktionen einbeziehen wird. Dabei sind Fragen zu beantworten, welche Konsequenzen beispielsweise die oben genannten Entwicklungen für die Art und Weise der Leistungserbringung von den verschiedenen Kundenbedürfnissen her kommend bis zum Einkauf haben und was dies für die Weiterentwicklung der jeweiligen Kernaufgaben bedeutet.

Im nächsten Schritt ist zu klären, welcher Handlungsbedarf sich daraus für die qualitative und quantitative Personalentwicklung ergibt. Hier geht es beispielsweise um folgende Fragestellungen:

- Wie gut sind unsere Mitarbeiter in der Lage, auf die zunehmend spezifischen Bedürfnisse der unterschiedlichen Kundengruppen adäquat einzugehen?
- Welche Konsequenzen für unsere Mitarbeiterstruktur in den Märkten haben mögliche regionale Unterschiede bei der Zusammensetzung der Kundenstruktur?
- Wie optimieren wir kontinuierlich die Qualifikation, Kommunikation und Zusammenarbeit aller Beteiligten im Unternehmen, um für die regional und strukturell unterschiedlichen Kundengruppen „das richtige Sortiment" mit wettbewerbsfähiger Preissetzung rechtzeitig verfügbar zu haben?
- Wie erhöhen wir kontinuierlich die Beratungs- und Servicekompetenz am Point of Sale (POS) bei erklärungsbedürftigen Produkten und/oder für bestimmte Kundengruppen?

Die daraus resultierenden Qualifizierungs- und Entwicklungsmaßnahmen werden dann zum Bestandteil der operativen und der Mittelfristplanung; sie unterliegen damit auch einem definierten Umsetzungscontrolling.

Damit erreicht HR bei Praktiker AG zwei bedeutsame Ziele: Sie schafft erstens Wert für unsere Kunden und leistet so zweitens einen wichtigen strategischen Beitrag für eine positive Unternehmensentwicklung.

Aufgaben und Fragen zur Selbstüberprüfung

1. Was ist der Unterschied zwischen Ausbildung, Fortbildung und Umqualifizierung?

2. Wie hat sich das Rollenverständnis des Personalentwicklers verändert?

3. Was sind die zielgruppenspezifischen Kriterien für die Auswahl von Personalentwicklungsmaßnahmen?

4. Welche Prinzipien zur Auswahl von Personalentwicklungsmaßnahmen gibt es im Hinblick auf die Methodenauswahl?

5. Welche Grundprinzipien zur Methodenverwendung bei der Personalentwicklung gibt es und wie ist hier zu priorisieren?

6. Suchen Sie sich drei Personalentwicklungsmethoden Ihrer Wahl und erläutern Sie ihren Ablauf und ihre Positionierung auf dem persönlichen Karriereweg!

Kapitel 13

Motivation: Was bringt Mitarbeiter zu Höchstleistungen?

Kapitel 13 Motivation: Was bringt Mitarbeiter zu Höchstleistungen?

Inhalt

Fakten

In Deutschland fühlen sich nur noch 12 % der Beschäftigten ihrem Arbeitgeber gegenüber verpflichtet und sind mit Motivation und Engagement bei der Arbeit.[358]

Nur 42 % der Mitarbeiter sind mit der Anerkennung ihrer Leistungen durch den Arbeitgeber zufrieden, so dass sich mangelndes Lob als Motivationsbremse Nummer Eins entpuppt.[359]

86 % der Unternehmen setzen gezielte Entwicklungs- und Förderungsangebote zur aktiven Bindung von Potenzial- und Leistungsträgern ein.[360]

Lernziele

- Sie erfahren, welche Menschenbilder unterschieden werden.

- Sie erleben, welche Bedürfnisse bei der Theorie von *Abraham Maslow* zugrunde gelegt werden.

- Sie wissen, welche Faktoren in der Theorie von *Frederick Herzberg* zentral sind.

- Sie verstehen, welche Modelle sich hinter den Motivationstheorien verbergen.

- Sie lernen die jeweiligen zentralen Merkmale der Prozesstheorien kennen.

13.1 Überblick

Es gibt nur wenige Studien zur Personalarbeit und wenige Vertreter aus der Personalpraxis, die nicht regelmäßig und vehement die Bedeutung der Motivation für den Erfolg von Unternehmen betonen. Zu wichtig ist danach die Logik des inneren Antriebs, die Mitarbeiter dazu bringt, sich für ihre Aufgabe und für das Unternehmen einzusetzen. Gleichzeitig hat sich aber auch die Erkenntnis durchgesetzt, dass es sich dabei nicht um eine naturgemäße Gesetzmäßigkeit handelt, die – wie der immer wieder auftretende Sonnenaufgang – quasi automatisch entsteht.

Gerade aber wegen der Offenkundigkeit des Themas bedarf es definitorischer Klarheit über die Inhalte der in diesem Zusammenhang regelmäßig verwendeten Konzepte und Begriffe:

- *Motivation als Zustand* ist die innere Erregung, um ein bestimmtes Ziel zu erreichen[361]. Hierbei kann die intrinsische und extrinsische Motivation unterschieden werden. Intrinsische Motivation beschreibt dabei den Zustand, wenn die Motivation einer Person durch das Interesse an einer Tätigkeit oder an ihrer Arbeit entstanden ist. Extrinsische Motivation entsteht durch Anreize aus der Umwelt, zum Beispiel in Form einer Belohnung.[362]
- *Motivation als Prozess* umschreibt den Vorgang, bei dem sukzessive Motive als Auslöser und entsprechende Aktionen zur Beeinflussung der Motivation entwickelt werden. Dieser Prozess kann durch die jeweiligen Personen selber ausgelöst werden (Eigenmotivation). Es kann aber auch eine andere Person oder eine Situation Motivation entstehen lassen (Fremdmotivation).
- *Motiv* (synonym Motivationsinhalt und Motivationsfaktor) ist ein Handlungsziel, das von der entsprechenden Person als so wichtig angesehen wird, dass sie deswegen Aktivitäten entfaltet. Dementsprechend sind Motive überdauernde und relativ konstante Wertungen und somit Ursache des Verhaltens.[363]
- *Motivator* ist entweder eine motivierende Situation oder aber eine Person, die andere motivieren kann.

Gerade dieses Interaktionsfeld macht das Thema „Motivation" derartig spannend und liefert im Ergebnis den Motivationsprozess, der bei inneren und äußeren Reizen beginnt und im günstigen Fall zu Zufriedenheit und Leistung führt (Abbildung 13.1).

Motivation ist nicht nur im Sinne von Fremdmotivation die Aufgabe von anderen, sondern gehört als Selbstmotivation zum originären Aufgabenbereich jedes Einzelnen. Vor diesem Hintergrund geht es in diesem Kapitel auch nicht nur um die Motivationsfunktion von Führungskräften. Vielmehr steht Motivation als komplexes Phänomen im Vordergrund, das es zu erklären gilt.

Hilfreich für die Erklärung von Motivation sind zunächst Menschenbilder (Abschnitt 13.2): Sie machen Aussagen dazu, was unterschiedliche Menschentypen antreibt, was sie also bewegt, ihre Aufgaben zu erledigen, und sie damit motiviert. Danach kommen Motivationstheorien zum Zuge, und zwar Inhalts-theorien (Abschnitt 13.3) und Prozesstheorien (Abschnitt 13.4).

Abbildung 13.1: Prozess der Motivation

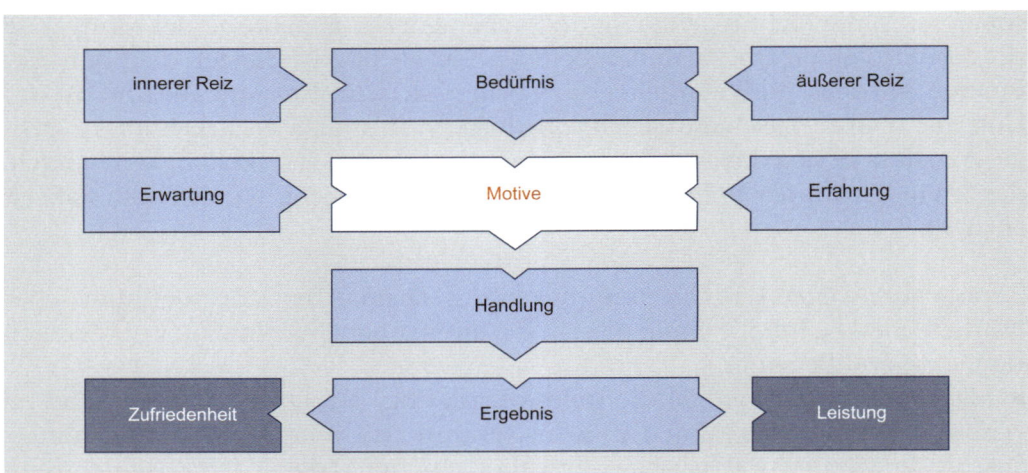

BestPersCase: Dr. R. Pfleger Chemische Fabrik GmbH

Die Dr. R. Pfleger Chemische Fabrik GmbH wurde 1945 gegründet und ist heute ein konzernunabhängiges, mittelständisches Pharmaunternehmen, das sich auf die Entwicklung, Herstellung und den Vertrieb von chemischen, pharmazeutischen und kosmetischen Produkten spezialisiert hat. Mit circa 300 Mitarbeitern wurden im Geschäftsjahr 2008 etwas mehr als 55 Millionen Euro umgesetzt.

Erwin Schwab, Leiter Personal- und Sozialwesen, erklärt den Ansatz bei Dr. Pfleger: „Motivation entsteht aus einem selbst heraus. Da unsere Führungskräfte dieses Prinzip verstanden haben, leben und denken wir Motivation ganzheitlich. Mitarbeiter bei Dr. Pfleger haben drei wesentliche Attribute: Sie sind zufrieden, produktiv und treu."

Nach diesem Verständnis ist auch die Unternehmenskultur so aufgebaut, dass nicht die Führungskräfte die Mitarbeiter motivieren, sondern das Unternehmen motivierende Rahmenbedingungen schafft. Die Mitarbeiter sollen sich im Unternehmen wohlfühlen und eine emotionale Bindung aufbauen. Dies beginnt bei einer angemessenen Bezahlung und guten Sozialleistungen. Die Mitarbeiter haben beispielsweise die Möglichkeit, im so genannten Motivationsleasing einen Firmenwagen über eine Gehaltsumwandlung zu erhalten. Hinzu kommen eine Beteiligung am Firmenerfolg, der zusätzlich motiviert, erfolgreich zu arbeiten, vielfältige Sportprogramme und ein umfassendes Gesundheitsmanagement.

Aber auch in der Führungskultur wird der ganzheitliche Ansatz der Motivation gelebt und gedacht. Im Unternehmen herrscht das Prinzip der offenen

Tür. Mitarbeiter können ihre Führungskräfte jederzeit sprechen, die sich dann auch Zeit nehmen für ein gemeinsames Gespräch. Lob und Anerkennung für geleistete Arbeit sind keine Seltenheit. Die Beziehungen basieren auf einem gegenseitigen Verständnis und Vertrauen und ermöglichen so eine konstruktive Feedbackkultur. Zudem wird auf die persönlichen und familiären Belange Rücksicht genommen und stark auf die Work Life Balance geachtet. Der hohe Arbeitszufriedenheitsindex von 92 Prozent und eine geringe Fluktuationsrate bestätigten ebenfalls die Zufriedenheit der Mitarbeiter.

13.2 Menschenbilder

Für die Personalarbeit spielen Menschenbilder eine fundamental wichtige Rolle. Sie sind vereinfachende Abbildungen der Realität und insofern handlungsleitend, als sich aus der Zuordnung von Person zu einer Kategorie unmittelbare Empfehlungen für das Verstehen der Person beziehungsweise für den Umgang mit ihr ergeben.

Menschenbilder entstehen teilweise unbewusst: Aus der Menge der Personen, mit denen jemand konfrontiert ist, bildet man automatisch bestimmte Gruppen, deren Mitglieder sich durch gemeinsame Merkmale auszeichnen. Diese Gruppen werden dann als „Menschenbilder" bezeichnet. Menschenbilder sind komplexitätsreduzierend, weil sie die Vielfalt der in der Realität auftauchenden Formen auf einige wenige reduzieren. Somit erfüllen Menschenbilder drei Aufgaben:

Menschenbild: Komplexitätsreduzierte Abbildung der Realität mit Handlungsimplikation

- Sie reduzieren die Vielfalt der vorkommenden Menschentypen auf wenige Grundformen (*Klassifikationsfunktion*).
- Sie erlauben eine schnelle Feststellung, auf welche Grundform die jeweilige Person zuordbar ist (*Lokalisationsfunktion*).
- Sie ermöglichen es, aus dieser Zuordnung standardisierte Handlungsmuster im Umgang mit den Personen abzuleiten (*Handlungsfunktion*).

Es lassen sich
- *pessimistische* Menschenbilder (der Mensch ist prestige- und machtsüchtig), aber auch
- *optimistische* Menschenbilder (der Mensch ist ein soziales Wesen, vernünftig und durch hochwertige Motive geprägt)

unterscheiden (Tabelle 13.1).[364]

Menschenbilder sind handlungsleitend, weil aus der Zugehörigkeit einer Person zu einem „Menschenbild" automatisch auch auf bestimmte Aktionen geschlossen wird, die im Umgang mit dieser Person sinnvoll sind. Stuft man eine Person also in die Rubrik „undankbar und heuchlerisch" ein, so wird man mit dieser Person nur „sehr vorsichtig" umgehen.

Tabelle 13.1: Pessimistische
und optimistische
Menschenbilder

pessimistisch	Der Mensch ist undankbar und heuchlerisch. (*Nicolò Machiavelli*)
	Der Mensch ist prestige- und machtsüchtig. (*Thomas Hobbes*)
	Der Mensch ist selbstsüchtig. (*Adam Smith*)
	Der Mensch überlebt nur, wenn er tüchtig ist. (*Charles Darwin*, *Herbert Spencer*)
	Der Mensch ist primitiv und triebgesteuert. (*Sigmund Freud*)
	Der Mensch ist wie ein Teil einer Maschine. (*Frederick Taylor*)
optimistisch	Der Mensch ist vernünftig. (*John Locke*)
	Der Mensch wird von der Gesellschaft geprägt. (*Erich Fromm*)
	Der Mensch ist ein soziales Wesen und Gruppenmitglied. (*Ernst Mayr*)
	Der Mensch hat auch „hochwertige" Motive. (*Abraham Maslow*, *Douglas McGregor*)
	Der Mensch ist als physisch sowie psychisch verletzbares Wesen zu verstehen und zu behandeln. (*Thomas Maak*, *Peter Ulrich*)

Die Extremtypen nach *Douglas McGregor*

In seinem 1960 erschienenen Buch „The Human Side of Enterprise" differenziert *Douglas McGregor*[365] zwischen zwei polaren Menschenbildern (Tabelle 13.2):

- In *Theorie X* hat der normale Mensch eine angeborene Abneigung gegen Arbeit und wird diese deshalb – so weit wie möglich – vermeiden. Aufgrund der Abneigung gegen Arbeit müssen Mitarbeiter gezwungen, kontrolliert, geführt und mit Sanktionen bedroht werden. Erst dann leisten sie positive Beiträge zur Erfüllung der Unternehmensziele.
- In *Theorie Y* lehnt der „normale" Mensch Arbeit nicht prinzipiell ab. Er wird vielmehr Eigeninitiative und Selbstkontrolle entwickeln.

Mit dieser Systematik legte *Douglas McGregor* nicht nur den Grundstein für eine umfassende Forschungstradition, er schuf vielmehr auch einen Führungsansatz, der in vielen Managementseminaren eine tragende und dominante Rolle spielt.

Douglas McGregor fordert normativ das Menschenbild „Theorie Y"

Douglas McGregor beschränkt sich aber nicht darauf, die Existenz dieser beiden Grundtypen zu postulieren. Er plädiert dafür, ausschließlich vom Menschenbild Y auszugehen und entsprechende Rahmenbedingungen zu dessen Realisation zu schaffen: Die Anwendung von Theorie Y habe zur Konsequenz, dass Unternehmensziele besser erreicht und Mitarbeiter zufriedener werden.

Theorie X	Theorie Y
Der „normale" Mensch hat eine angeborene Abneigung gegen Arbeit und wird sie deshalb – soweit wie möglich – vermeiden.	Physische und geistige Anstrengungen bei der Arbeit sind natürlich wie Spielen oder Schlafen. Daher lehnt der „normale" Mensch Arbeit nicht prinzipiell ab.
Aufgrund der Abneigung gegen Arbeit müssen Mitarbeiter gezwungen, kontrolliert, geführt und mit Strafandrohung bedroht werden. Erst dann leisten sie positive Beiträge zur Erfüllung der Unternehmensziele.	Der „normale" Mensch wird Eigeninitiative und Selbstkontrolle zu Gunsten von Zielen praktizieren, denen er sich verpflichtet fühlt.
Der „normale" Mensch zieht es vor, geführt zu werden und Verantwortung zu vermeiden. Er verzichtet auf ehrgeizige Ambitionen und strebt nach Sicherheit.	Die wichtigste Belohnung ist die Befriedigung der Ich-Bedürfnisse und des Bedürfnisses nach Selbstverwirklichung.
	Der „normale" Mensch sucht – unter speziellen Bedingungen und nach entsprechender Unterrichtung – Verantwortung.

Tabelle 13.2: Extremtypen nach *Douglas McGregor*

Nach *Douglas McGregor* führt die Anwendung des („falschen") Menschenbildes X durch die Führungskraft dazu, dass sich die Mitarbeiter tatsächlich entsprechend verhalten und somit das Menschenbild X zu einer selbsterfüllenden Vorhersage wird. Geht also die Führungskraft davon aus, dass ein Mitarbeiter grundsätzlich keine Eigenverantwortung tragen will, so gewährt er ihm keine Autonomie und beraubt ihn der Möglichkeit zur eigenverantwortlichen Handlung. Dies bestärkt die Führungskraft in der Annahme, dass Mitarbeiter Eigenverantwortung ablehnen. Eine Selbsterfüllung von Theorie X ist also plausibel.

Dagegen erscheint es zweifelhaft, ob auch die Theorie Y tatsächlich als selbsterfüllende Vorhersage einsetzbar ist: Wenn der Mitarbeiter keinerlei Verantwortung übernehmen möchte (Theorie X), so wird er durch das Einräumen von Autonomiespielräumen (Theorie Y) nicht zwingend Gefallen an eigenverantwortlichem Handeln finden.

Zuordnung zu *Douglas McGregor's* Menschenbild

Übung 13.1

Menschenbilder, X, Y – hört sich ja wirklich interessant an! Spontan fallen Ihnen so einige Mitarbeiter Ihrer Strawberry Cake & Bakeries AG ein, die in die jeweiligen Kategorien passen würden. Bevor Sie jedoch Ihre Mitarbeiter einteilen, nehmen Sie zu Übungszwecken nach einem Zufallsprinzip zehn Personen aus Ihrem Umfeld und schreiben die Namen auf. Sie ordnen dann diesen Namen bestimmte Merkmale zu, die sich aus der Gegenüberstellung von *Douglas McGregor* ergeben und die es Ihnen nachher ermöglichen, jede der zehn Personen überwiegend zu einem der beiden Menschenbilder (X oder Y) zuzuordnen.

Die Menschentypen nach *Edgar Schein*

Auch *Edgar Schein*[366] geht davon aus, dass Führungskräfte explizit oder zumindest implizit Annahmen über ihre Mitarbeiter treffen. Diese Menschenbilder beeinflussen dann ihr Führungsverhalten. Seine Klassifikation spiegelt gleichzeitig eine historische Entwicklung des Menschenbildes wider, das bei einer einfach-mechanistischen Sichtweise beginnt und sukzessive komplexer wird.

Edgar Schein differenziert zwischen vier Grundtypen von Menschen:
(1) Der *rational-ökonomische Mensch* ist primär durch monetäre Anreize motivierbar. Aus diesem Grunde ist er manipulierbar und passiv. Der Mensch hat irrationale Gefühle, strebt aber trotzdem nach rationaler Bewältigung seiner Probleme.
(2) Der *soziale Mensch* wird in erster Linie durch soziale Bedürfnisse motiviert und benötigt Interaktionen mit anderen Personen. Da aber die organisatorische Arbeitsgestaltung aufgrund ihrer Rationalisierungswirkung häufig zu Isolation und Sinnentleerung führt, sind derartige soziale Beziehungen verstärkt erforderlich.
(3) Der *sich-selbst-verwirklichende Mensch* ist selbstmotiviert und bevorzugt die Selbstkontrolle. Die Bedürfnisse des Menschen lassen sich hierarchisch anordnen, wobei das Bedürfnis nach Selbstverwirklichung die zentrale Rolle spielt. Der Mensch will und kann seine Aufgabe erfüllen. Er strebt deshalb nach Autonomie.
(4) Der *komplexe Mensch* ist vielschichtig, wandlungsfähig, lernfähig und kann neue Motive integrieren. Der Mensch verhält sich situativ differenzierend, strebt also in unterschiedlichen Situationen nach unterschiedlichen Zielen.
Edgar Schein macht keine konkreten Aussagen über die Verbreitung dieser Menschenbilder bei Führungskräften. Auch geht er kaum darauf ein, inwieweit diese Menschenbilder der Realität entsprechen: Lediglich der komplexe Mensch als sich permanent verändernde Mischung der drei anderen Grundtypen genießt bei *Edgar Schein* eine deutliche Präferenz.

Edgar Schein fasst Menschenbilder aus diversen Forschungsansätzen zusammen

Der Vorteil der Klassifikation von *Edgar Schein* liegt darin, dass sie eine relativ große Bandbreite von unterschiedlichen Menschenbildern zulässt. Auf diese Weise wird verhindert, dass Mitarbeiter auf wenige Extrempunkte reduziert werden. Ein weiterer Vorteil besteht in der wertneutralen Präsentation: Anders als bei *Douglas McGregor* gibt es keine Aussagen darüber, welches von den vier Menschenbildern grundsätzlich positiver zu bewerten ist.

Nach *Edgar Schein* ergibt sich Motivation damit aus rational-ökonomischen Motiven (rational-ökonomischer Mensch), den Bedürfnissen nach Anerkennung und Zugehörigkeit (sozialer Mensch), dem originären Streben nach individueller Entwicklung (sich-selbst-verwirklichender Mensch) und aus der im Einzelfall vorhandenen Situation (komplexer Mensch).

Die Managertypen nach *Michael Maccoby*

Michael Maccoby[367] untersuchte 250 Manager vor allem in innovativ-technischen Unternehmen in den USA. Er verwendete einen umfangreichen Fragebogen, bei dem die spezifische Tätigkeit des Managers sowie seine Einstellungen und Verhaltensweisen erfasst wurden. Das Ergebnis dieses Materials ist eine Differenzierung nach vier Managertypen:

(1) *Fachleute* (Craftsmen) begründen ihr Selbstwertgefühl auf ihrem Fachwissen und ihrer Disziplin, sie erlangen Befriedigung durch das Lösen von Problemen in ihrem Arbeitsbereich. Ihnen liegt die strukturierte Projektarbeit. Sie sind Perfektionisten, die vor allem in der Forschung operieren und (fast kindliche) Freude an der Entwicklung eines technisch überlegenen Produkts haben.

(2) *Dschungelkämpfer* (Jungle Fighters) streben nach Dominanz in allen Bereichen, bauen persönliche Machtbasen auf und erkämpfen davon ausgehend für sich selber sowie für ihren Unternehmensbereich Vorrangstellungen. Dabei brechen sie oft mit Traditionen und missachten die Spielregeln. Charakteristisch für sie ist ein sehr stark ausgeprägtes Selbstbewusstsein.

(3) *Firmenmenschen* (Company Men) fühlen sich als integrierter Teil des Unternehmens und halten Regeln strikt ein. Die zukünftige Entwicklung des Unternehmens ist ihnen genauso wichtig wie die eigene Karriere, somit werden sie zu wichtigen Stützen des Unternehmens. Aufgrund der fehlenden Energie und Risikobereitschaft für eine Führungsposition an der Spitze, sind sie besonders für bürokratische Funktionen im mittleren Management geeignet.

(4) *Spielmacher* (Games Men) sehen ihre persönliche Situation, aber auch ihre Position im Geschäftsleben als Wettbewerb an, in dem sie aus Prinzip immer gewinnen wollen und müssen. Dabei kämpfen sie fair und mit kalkuliertem Risiko. Sie sind trotzdem kooperativ und zur Teamarbeit bereit, stets flexibel und durchaus innovativ.

Auch der beste Spielmacher braucht Mitspieler!

Grundsätzlich sind alle vier Menschenbilder nach *Michael Maccoby* zulässig, sinnvoll und vor allem in der Kombination wirksam.

Michael Maccoby empfiehlt letztlich, je nach Anforderung der Situation, Manager unterschiedlichen Typs einzusetzen. Dies betrifft sowohl Abteilungen, die in unterschiedlicher Weise geführt und zusammengesetzt werden können, als auch die dominierende Grundtendenz von Unternehmensbereichen.

Von *Michael Maccoby* wurden allerdings ausschließlich Führungskräfte aus dem High-Tech-Bereich stark wachsender amerikanischer Unternehmen untersucht. Deswegen sind seine empirischen Ergebnisse nicht unbedingt verallgemeinerungsfähig, aber wegen ihrer hohen Plausibilität durchaus übertragbar.

13.3 Inhaltstheorien

Inhaltstheorien befassen
sich mit der Existenz von
Motiven, Prozesstheorien
mit ihrem dynamischen
Zusammenspiel

Motivationstheorien lassen sich in Inhaltstheorien und Prozesstheorien unterteilen. Die Inhaltstheorien befassen sich dabei mit der Existenz von Motiven.

Die Basis von Motivationstheorien sind Stimulus-Response Modelle. Laut diesen Modellen wird ein Stimulus generiert, der dann zu einer entsprechenden Reaktion führt. Das bedeutet, auf einen gewissen Anreiz erfolgt eine Leistungserbringung:

- Im einfachen Fall, dem S-R-Modell, führt jeder *Stimulus (S) zu einem eindeutigen Response (R)*.
- Es kann aber auch von *intervenierenden Variablen (I)* abhängen, wie die Reaktion ausfällt (S-I-R-Modell).
- Alternativ zur „intervenierenden Variable" argumentieren die S-O-R-Modelle mit dem *„Organismus" als Bindeglied* zwischen Stimulus und Response und fügen erweiternd noch die informatorischen Variablen hinzu.

Im Regelfall wird bei Motivation und Führung mit den S-O-R-Modellen gearbeitet (Abbildung 13.2).

Abbildung 13.2:
Das S-O-R-Modell

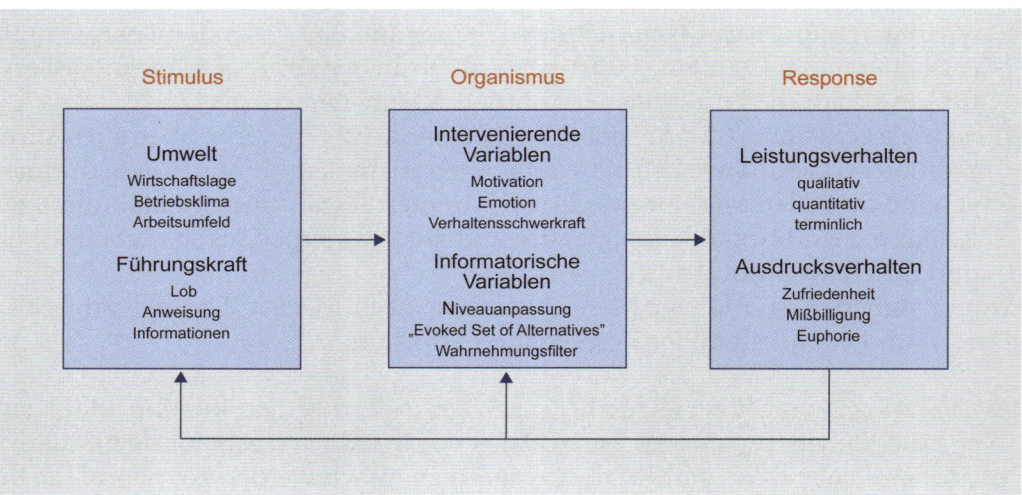

Üblicherweise geht man bei S-O-R-Modellen von zwei verschiedenen Variablentypen aus[368]:

(1) Die *intervenierenden Variablen* beziehen sich auf Prozesse, die nicht beobachtbar sind und im inneren einer Person stattfinden, bestehend aus

   – Motivation, zu verstehen als Bereitschaft auf den empfangenen Reiz zu reagieren oder nicht,

   – Emotion, die der Reiz bei einem Mitarbeiter auslöst. Hierbei geht es um bereits erlebte Erfahrungen oder Wissen des Individuums aus der Vergangenheit, und

– Verhaltensschwerkraft[369], als die Geschwindigkeit, mit der ein Individuum auf einen Reiz reagiert. Diese Verhaltensschwerkraft hängt von diversen persönlichen Merkmalen ab und führt dazu, dass nicht jeder Reiz zu einer identischen Reaktion führt.

(2) Die *informatorischen Variablen* stehen für einen Prozess, der in einer Aktivität sichtbar wird, basierend auf

– Niveauanpassung des Mitarbeiters[370], abhängig von der Intensität und Häufigkeit der Reize, die in der Vergangenheit empfangen wurden. Der dabei entstehende spezifische Bezugsrahmen vergleicht die eingehenden Reize mit den bisher empfangenen Reizen. Sukzessive führt dies zu einer Anpassung des Reaktionsniveaus,

– Antriebsstruktur des Individuums[371] als die Ziele, die sich im Laufe der Zeit herausgebildet haben beziehungsweise die Ziele, die der Mitarbeiter als erreichbar ansieht. Dieses „Evoked Set of Alternatives", also die Menge aller Ziele, die einer Person bekannt sind, führt ebenfalls zu einer situationsspezifischen Umsetzung des Reizes sowie dem

– Wahrnehmungsfilter[372], mit dem der Mitarbeiter die Reize sortiert und so seine selektive Wahrnehmung selbst steuert.

Durch diese Variablen entstehen Rückkopplungsschleifen, die sowohl die Verhaltensmuster des Mitarbeiters im Laufe der Zeit verändern als auch dabei die Motivationsstruktur modifizieren.

Grundlegend für Motivationstheorien sind letztlich immer Stimulus-Response-Modelle, die dann in zwei spezifische Themengruppen überleiten: Inhaltstheorien und Prozesstheorien.

Anwendung der Inhaltstheorien

Übung 13.2

Auch Manager brauchen mal Urlaub! CO_2-neutral und sicher vor Tsunamis liegen Sie weit weg von Ihrer Strawberry Cake & Bakeries AG an einem Schweizer Bergsee und haben endlich einmal Zeit, Tagebuch zu führen. Beginnen möchten Sie mit dem schönsten und dem schlimmsten Ereignis in Ihrer Vergangenheit. Daher begeben Sie sich auf eine mentale Zeitreise, in der Sie die verschiedenen Stadien Ihrer beruflichen und davor schulischen Entwicklung Revue passieren lassen, und suchen einen Zeitpunkt beziehungsweise ein Ereignis, bei dem Sie extrem zufrieden, vielleicht sogar glücklich waren. In Ihrem Tagebuch beschreiben Sie diese Situation, insbesondere was an dieser Situation so speziell war und warum Sie so glücklich waren.

In ähnlicher Form begeben Sie sich dann auch auf eine Zeitreise und suchen das Ereignis beziehungsweise die Periode, in der Sie sich am unglücklichsten gefühlt haben. Auch dieses Ereignis kommt natürlich in Ihr Tagebuch und Sie beschreiben die Gründe, die für Ihre Wahl gesprochen haben.

Die Bedürfnishierarchie nach *Abraham Maslow*

Abraham Maslow:
Klassifikation

Das klassische Modell für die inhaltstheoretische Begründung der Motivation ist der Ansatz von *Abraham Maslow*[373], der fünf hierarchisch geschichtete Motive unterscheidet (Abbildung 13.3):

(1) *Physiologische Bedürfnisse* sind Bedürfnisse hinsichtlich der unmittelbaren Selbst- und Arterhaltung, wie Hunger, Durst, Sexualität, Ruhe, Bewegung (*Physiological Needs*).

(2) *Sicherheitsbedürfnisse* sind Bedürfnisse nach einer Absicherung gegen den Verlust des Arbeitsplatzes, Schutz vor Krankheit sowie generell Sicherung des Erreichten (*Safety Needs*).

(3) *Zugehörigkeitsbedürfnisse* sind Bedürfnisse nach gefühlsbetonten Kontakten mit anderen Personen (*Love Needs*) sowie nach einem akzeptierten Platz innerhalb einer Gruppe (*Social Needs*).

(4) *Wertschätzungsbedürfnisse* sind auf der einen Seite Bedürfnisse nach Anerkennung durch andere Personen im Sinne von einem Bedürfnis nach Status, Aufmerksamkeit, Anerkennung (*Ego Needs*); auf der anderen Seite sind es Bedürfnisse nach Wertschätzung im Sinne von Selbsteinschätzung, also das Bedürfnis nach Selbstvertrauen, Selbstständigkeit, Können und Wissen (*Self-esteem Needs*).

(5) *Selbstverwirklichungsbedürfnisse* sind Bedürfnisse nach Entfaltung der eigenen Persönlichkeit, wie Individualität oder Selbstverwirklichung (*Self-actualization Needs*).

Der Mensch wird somit nach *Abraham Maslow* zu jedem Zeitpunkt primär von dem gerade aktuellen Grundmotiv geleitet.

Abbildung 13.3: Pyramide nach *Abraham Maslow*

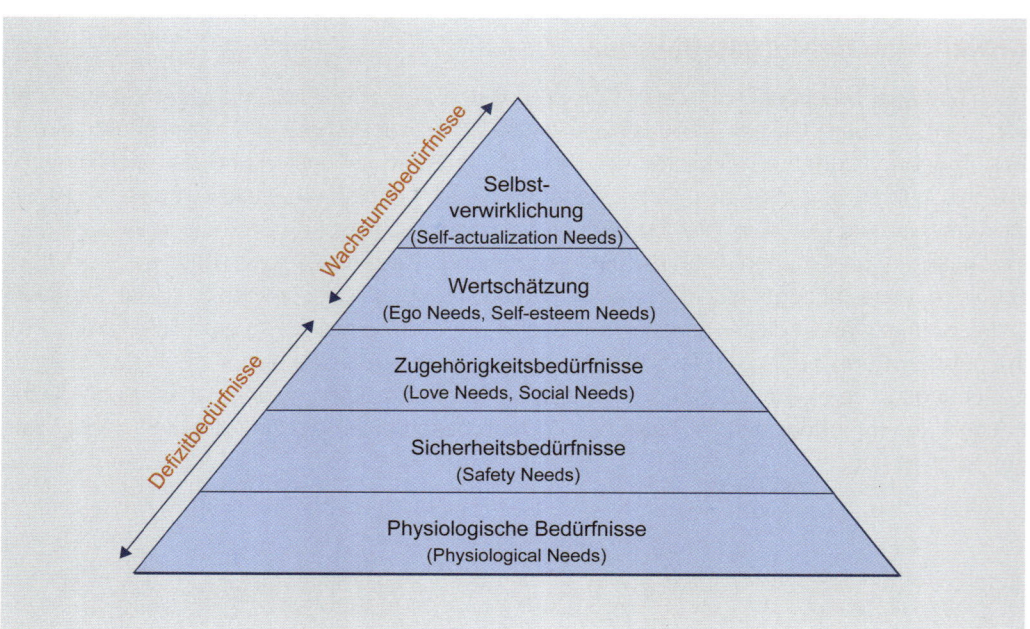

Abraham Maslow postuliert eine sich im Zeitverlauf ändernde Bedeutung dieser Bedürfnisse: Zunächst dominiert die Befriedigung der physiologischen Bedürfnisse. Erst wenn das Individuum hinsichtlich dieser Bedürfnisklasse keine Defizite mehr verspürt, will es Zugehörigkeitsbedürfnisse, Wertschätzungsbedürfnisse und zuletzt Selbstverwirklichungsbedürfnisse befriedigen.

Folgende Punkte am Modell von *Abraham Maslow* sind kritisch zu bewerten:
- In empirischen Untersuchungen konnten *weder die Bedürfnisschichtung noch die Reihenfolge der Bedürfnisbefriedigung* gestützt werden.
- Viele Aussagen von *Abraham Maslow sind nicht zwingend*, da einfache Gegenbeispiele konstruierbar sind.
- Der Einfluss von schichtspezifischen Sozialisationsprozessen wird nicht berücksichtigt.

Die Leistung von *Abraham Maslow* besteht somit im Aufzeigen einer sich zeitlich verschiebenden Motivstruktur, die es bei der Führung zu berücksichtigen gilt. Positiv zu bewerten am Konzept von *Abraham Maslow* ist seine unmittelbare Plausibilität und vor allem die auch mit dem S-I-R-Modell übereinstimmende Idee, dass primär nur das gerade nicht befriedigte Bedürfnis handlungsleitend wirkt.

Die Zwei-Faktoren-Theorie nach *Frederick Herzberg*

Ende der 1950er Jahre ließen sich *Frederick Herzberg*[374] und sein Team Arbeitserlebnisse von 203 Pittsburgher Ingenieuren und Buchhaltern schildern, die von ihnen als möglichst angenehm oder als möglichst unangenehm empfunden wurden. Die resultierenden Arbeitsepisoden wurden dann analysiert:
- Faktoren wie *Leistung oder Anerkennung* tauchten überwiegend im Zusammenhang mit positiven Erlebnissen auf.
- Faktoren wie *Unternehmenspolitik oder Überwachung* waren mehr mit negativen Erlebnissen verknüpft.

Das Ergebnis dieser Analyse war dann eine klare Trennung in zwei Gruppen von Faktoren.

Entscheidend ist nun, dass von beiden Faktorengruppen völlig andere Motivationseffekte ausgehen:
- *Hygienefaktoren* (wie Arbeitsbedingungen und Status) eignen sich ausschließlich zur Schaffung von notwendigen Rahmenbedingungen für die Leistungserbringung. So sind gute Beziehungen zwischen Führungskraft und Mitarbeiter zwar eine Grundbedingung für die Leistungserbringung, ab einer gewissen Grenze lässt sich aber auch durch eine Verbesserung dieser Beziehungen kein weiterer Leistungsanreiz schaffen.
- *Motivatoren* (wie Anerkennung und Aufstieg) sind im Sinne von Leistungsanreizen als dauerhafte Motivationsgrundlagen anzusehen. So wirkt die Möglichkeit zur Selbstverwirklichung dauerhaft als Motivation, ohne sich im Zeitablauf abzunutzen.

Befriedigten Motiven kommt keine Motivationswirkung mehr zu

Frederick Herzberg: Reflexion

Satisfaktoren erhöhen Zufriedenheit, Dissatisfaktoren bauen Zufriedenheit ab

In der Folgezeit fand eine Vielzahl von unterschiedlichsten Versuchen statt, um die Aussage von *Frederick Herzberg* empirisch zu überprüfen.[375] Die meisten Arbeiten belegten die Idee von *Frederick Herzberg*. In der Aggregation der Ergebnisse dieser Studien, die insgesamt Daten von 1.685 Mitarbeitern umfasst, wurden letztlich 1.844 frustrierende und 1.753 motivierende Episoden berücksichtigt (Abbildung 13.4).

Abbildung 13.4: Hygienefaktoren und Motivatoren im Ansatz von *Frederick Herzberg*[376]

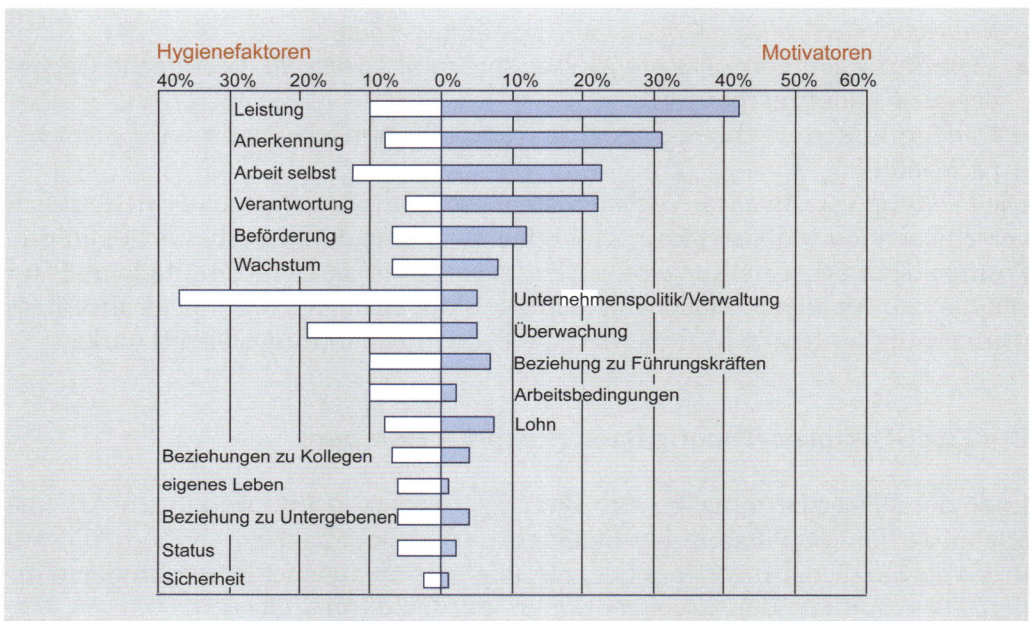

Man erkennt, dass Leistung in mehr als 40 Prozent der Episoden positiv verknüpft (also als Motivator) auftaucht, dagegen in nur 10 Prozent negativ (also als Hygienefaktor). Bei Unternehmenspolitik ist es umgekehrt.

Übung 13.3

Anwendung der Faktoren von *Frederick Herzberg*

Als Sie nach Ihrem Urlaub wieder an den Schreibtisch in der Strawberry Cake & Bakeries AG zurückkehren, liegt zufällig dieses Buch aufgeblättert vor Ihnen. Ihr Blick fällt auf die Faktoren von *Frederick Herzberg*. Irgendwie kommt Ihnen das bekannt vor: Im Urlaub haben Sie beim Tagebuchschreiben ja ein sehr positives und ein sehr negatives Ereignis beschrieben (Übung 13.2). Sie suchen Ihr Tagebuch heraus und prüfen jetzt, welche Faktoren nach *Frederick Herzberg* Ihren beiden Geschichten zugrunde liegen.

Unabhängig von der wissenschaftstheoretischen Untermauerung der Ideen von *Frederick Herzberg* gibt es vor allen Dingen für die Führungspraxis zwei Punkte von besonderer Bedeutung:

(1) Zum einen zeigen die Befunde, dass *Geld* als Anreizfaktor überwiegend als *Hygienefaktor* einzustufen ist. Dies bedeutet, dass Defizite in der Entlohnung zwar zu einer radikalen Demotivation führen, in positiver Hinsicht aber Geld nicht dauerhaft als Motivator wirken kann.

(2) Zum anderen zeigen die Ergebnisse, dass gerade *Belohnung und Anerkennung* sowie *anspruchsvolle Arbeitsaufgaben* an sich dauerhaft als *Motivator* wirken können. Dies widerspricht der gängigen Praxis, wonach „zu viel Lob schadet", was aber nichts daran ändert, dass es durchaus Befunde gibt, die eine dauerhafte Wirkung von Anerkennung als Motivator implizieren.

In ähnlicher Form wie das Entgelt sind auch Faktoren wie Betriebsklima und Beziehung zu Mitarbeitern zu relativieren. Hier ist es für viele überraschend, dass das Betriebsklima allenfalls als Hygienefaktor wirkt, kaum aber als dauerhafter Motivator. Das Gleiche gilt für den Umgang mit Kollegen: Dies stellt man selber sehr schnell daran fest, dass sich zwar häufig über schlechte Kollegen und ein schlechtes Betriebsklima beschwert wird, selten aber die positive Situation hervorgehoben wird.

Falsches Lob ist kontraproduktiv.

„Wer mit falschem Lob motiviert, wird die falschen Motive wecken."[377]

Prof. Dr. Hans-Jürgen Quadbeck-Seeger (geb. 1939; Chemiker)

Die Bedürfnisarten nach *David McClelland*

Einen völlig anderen Zugang zum Verstehen handlungsleitender Motive wählt *David McClelland*[378], bei dem sich menschliches Verhalten aus dem Zusammenspiel von vier Bedürfnissen ergibt:

(1) Das *Leistungsstreben* zeigt sich im Setzen von Zielen, in Befriedigung durch die Zielerreichung, in Begeisterung an der Arbeit selbst sowie an der Bedeutung von Effizienz- und Effektivitätskriterien. Typisch ist ein Streben nach innovativen Aufgaben, die ein kalkuliertes Risiko von Eigenverantwortung und schnellem Feedback mit sich bringen.

(2) Das *Machtstreben* äußert sich im Versuch, eine Position der Überlegenheit gegenüber anderen Personen zu realisieren. Analog zur psychosexuellen Entwicklung wird zwischen vier Reifestadien des Menschen unterschieden, die beim unreifen Urzustand beginnen (orale Phase) und eine Fortentwicklung bis hin zum Reifestadium erfahren (genitale Phase). Diese Phasen gelten nicht nur für die menschliche Entwicklung, sondern werden nach *David McClelland* mehrfach, auf verschiedenen Positionen in einem Unternehmen, immer wieder neu durchlaufen.

(3) Das *Zugehörigkeitsgefühl* äußert sich nach *David McClelland* im Wunsch, Bestandteil einer Gruppe zu sein und dort Sicherheit zu finden. Personen mit hohem Zugehörigkeitsstreben präferieren konfliktfreie Situationen und Interaktionen mit geringem Wettbewerb.

(4) Das *Vermeidungsstreben* ist bis jetzt noch am wenigsten erforscht und wird auch (noch) nicht zu den Grundmotiven gezählt. Das Vermeidungsmotiv ist gerichtet auf die Reduktion der Eintrittswahrscheinlichkeiten für
   – Versagen,
   – Ablehnung,
   – Misserfolg und
   – Machtverlust.

Vermeidungsstreben folgt aus der Erfüllung eines Grundmotivs (so ergibt sich die Furcht vor Zurückweisung aus dem Zugehörigkeitsmotiv) oder aus einer gegengerichteten Größe zu einem Grundmotiv (zum Beispiel Furcht vor Macht).

David McClelland: Assoziation

Interessant ist bei *David McClelland* seine Forschungsmethodik, denn er verwendet den Thematischen Apperzeptionstest (TAT): Hierbei werden den Versuchspersonen Bilder präsentiert, die sie in Form einer kurzen Geschichte (spekulativ) kommentieren müssen. Schlüsselwörter aus diesen Geschichten werden interpretiert und in Codierungsschemata eingetragen. Mit Hilfe dieser Kriterien lassen sich die schriftlich festgehaltenen Geschichten auswerten und so die Intensitäten von Vermeidungs- und Leistungsstreben festhalten.

Ein typisches – und häufig reproduziertes – Bild zeigt einen sitzenden Studenten (offenbar in einer Bibliothek), den Kopf aufgestützt, vor einigen aufgeschlagenen Büchern (Abbildung 13.5). Mit diesem Bild werden unterschiedlichste Geschichten assoziiert und dann in diesem Thematischen Apperzeptionstest (TAT) analysiert. Folgende Fragen werden üblicherweise zur Analyse herangezogen:

- Steht ein *Ziel im Vordergrund*?
- Wird erwartet, dass das *Ziel erreicht* wird?
- Gibt es *externe Hindernisse*?
- Wie stark werden *Instrumente* angewandt?
- Betont man (positiv) die *Anstrengung*?

Durch diese und weitere Fragen, die sich in entsprechenden Anwendungsschemata zusammenfassen lassen, kann man dann analytisch, und im Idealfall losgelöst von irgendeiner abweichenden Interpretation der Kodierer, eine Geschichte eindeutig auf zugrunde liegende Motive untersuchen.

Abbildung 13.5: Sitzender
Student

Die Leistung von *David McClelland* besteht darin, eine interessante Zusammenstellung von realitätsnahen Bedürfnissen aufzuzeigen und gleichzeitig auf eine
interessante Erhebungsmethodik hinzuweisen. Die Führungskraft muss sich
sowohl ihrer eigenen Motivstruktur klar werden als auch die ihrer Mitarbeiter
erfassen. Während Ersteres durchaus noch als möglich erscheint, ist Letzteres aber
problematisch, da man kaum permanent seine Mitarbeiter dem Thematischen
Apperzeptionstest unterziehen kann.

13.4 Prozesstheorien

Prozesstheorien bilden die zweite Gruppe der Motivationstheorien und betrachten
das dynamische Zusammenspiel existierender Motive.

Volition nach *Narziß Ach* und *Heinz Heckhausen*

Unter Volition versteht man die tatsächliche reale Handlung, die entsprechend
der Motivation das intendierte Ziel erreichen soll. Es handelt sich um den Prozess
der Willensbildung und Fragestellungen zur Bildung, Aufrechterhaltung und

Realisierung von Absichten. Die Volition wird vor allem im Bereich der Pädagogik diskutiert.

Narziß Ach[379] beschäftigt sich in seinem Konzept der Willenspsychologie mit dem energischen Wollen (Vorsatz) als stärkste Ausprägung eines Willensaktes: Dieser Willensakt ist der Selbstbeobachtung zugänglich und gilt als Mittel der Überwindung von bewusst gewordenen Schwierigkeiten innerer oder äußerer Art, die das Handeln behindern. Energetisches Wollen beinhaltet damit sowohl ein Mittel zur Zielerreichung als auch ein Wissen über bestehende Barrieren. Es wird durch vier phänomenologische Momente charakterisiert[380]:

(1) Das *gegenständliche Moment* verbindet sachlich die Zielvorstellung mit den inhaltlichen Schritten, die zur Zielerreichung notwendig sind.

(2) Das *aktuelle Moment* umfasst die bewusste Übernahme der Aufgabe, nämlich, selber die Handlung ausführen zu wollen, sie mit dem konkreten Ziel zu verbinden und Handlung plus Objekt als Gesamtszenario zu begreifen.

(3) Das *anschauliche Moment* beinhaltet die auftretenden Spannungsempfindungen.

(4) Das *zusätzliche Moment* verweist auf die Bewusstseinslage der Anstrengung.

Insgesamt ergibt sich ein seelisches Gebilde, bei dem der Willensakt nach dem Leitsatz „ich will wirklich" zu einer Konzentration der vorhandenen Energie auf die Erreichung des Zieles führt.

Heinz Heckhausen[381] führt diesen Gedanken weiter. Sein Rubikon-Modell hat vier Phasen und beschreibt das Handeln von Individuen in einer Sequenz von Motivations- sowie Volitionsphasen (Abbildung 13.6):

(1) In der *prädezisionalen Phase* der Motivation erfolgt die Intentionsbildung. Sie dient der Bestimmung eines Ziels, indem das Individuum aus der Zahl der Alternativen auswählt. Die handelnde Person schließt den Prozess des reinen Abwägens mit einer klaren Entscheidung für eine bestimmte Aktion ab. Kommt somit eine Entscheidung zustande, wird dies als Schritt über den Rubikon bezeichnet. Die Fazit-Tendenz verhindert ein Verharren im Unentschlossensein: Je vollständiger das Abwägen der Vor- und Nachteile der Handlungsalternativen ist, desto eher wird der Schwellenwert der Fazit-Tendenz erreicht, ab dem das Abwägen abgebrochen wird.

(2) Die Denkprozesse, die zur Auswahl der handlungsbestimmenden Zielintention führen, finden in der *präaktionalen Phase* der Volition statt. Es geht nun also darum, wie das Individuum das Ziel erreichen möchte. Der Fokus wird somit von der Motivation zur Volition verschoben. Die Phase schließt ab mit dem konkreten Einleiten der Handlung.

(3) In der *aktionalen Volitionsphase* findet die konkrete Aktion statt. Der Entscheidungsträger hat aber nicht nur den Willen zur Handlung, sondern auch die Kraft dazu, und setzt beides tatsächlich ein.

(4) In der *postaktionalen Motivationsphase* schließlich erfolgt eine Bewertung des Prozesses und des Ergebnisses.

Den Rubikon gilt es zu überschreiten

Somit beschreibt das Modell von *Heinz Heckhausen* einen vollständigen Handlungsprozess. Übertragen auf das Beispiel der Berufswahl wird somit in der prädezisionalen Phase überlegt, welche Wünsche man hinsichtlich der Berufswahl hat, welche Konsequenzen diese Berufswahl mit sich bringt und ob dieser Wunsch generell realisierbar ist. Nach mehr oder weniger gründlichen Erwägungen wird eine Entscheidung getroffen und die Planungsphase beginnt. Hier geht es um die Frage, was getan werden muss, um das Ziel zu erreichen. So muss man sich beispielsweise über Unternehmen informieren, die Ausbildungsstellen anbieten, und sich über den ausgewählten Beruf näher informieren sowie einzuhaltende Termine berücksichtigen. Bei der aktionalen Volitionsphase erfolgt das eigentliche Handeln, bei dem nun Bewerbungen geschrieben und versendet werden. Erst in der postaktionalen Motivationsphase wird deutlich, ob die richtige Berufswahl getroffen wurde, da hier die Entscheidung bewertet wird.

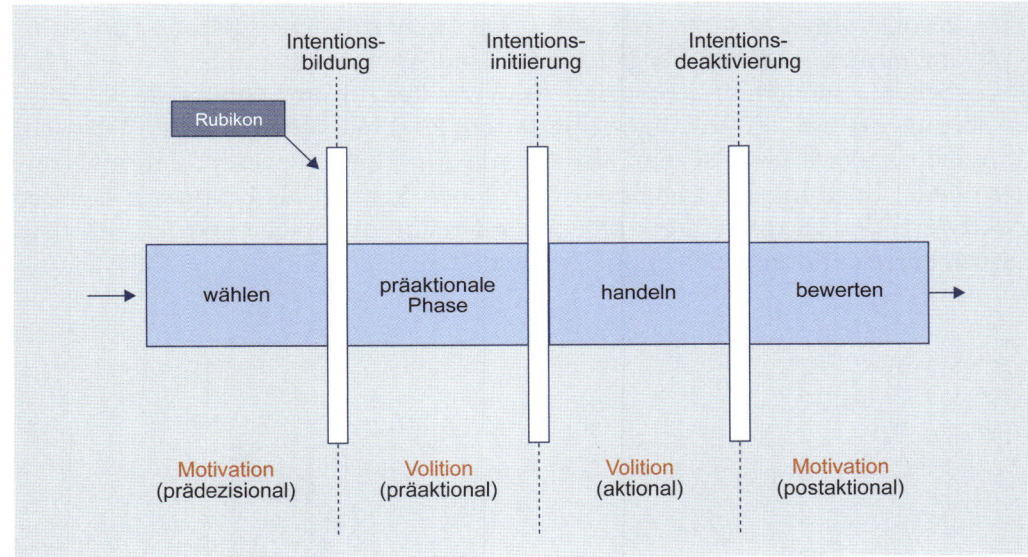

Abbildung 13.6: Das Rubikon-Modell von *Heinz Heckhausen*[382]

Vor allem in der wissenschaftlichen Forschung hat das Konzept des Rubikons starkes Interesse hervorgerufen, aber wie üblich auch entsprechende Kritik[383]: Bezweifelt wird dabei neben den definitorischen Unschärfen speziell die Sequenzialität des Modells im Sinne einer Einbahnstraße ohne Umkehrmöglichkeit. Ferner wird die Unterscheidung von motivationaler und volitionaler Phase als willkürlich kritisiert.

Das Flow-Erlebnis nach *Mihaly Csikszentmihalyi*

Beim Flow-Erlebnis steht das Gefühl „Ich fühle mich gut und könnte Berge versetzen!" im Mittelpunkt. Somit wird als Antriebsstruktur ein hohes und vor allem

In den „Flow" kommen und dann „fließen"

längerfristiges Motivationsniveau produziert. Zentral bei den Flow-Konzepten ist der Flow-Zustand, der genau die Mitte zwischen deaktivierender Langeweile und blockierender Furcht darstellt. Denn nur dann kann höchste Zufriedenheit und somit auch die maximale Leistung erreicht werden. Der Ansatz von *Mihaly Csikszentmihalyi* und *Kevin Rathunde*[384] macht sich das Flow-Erlebnis zu Nutze und definiert folgende Logik, die zum Entstehen dieses Erlebnisses führt (Abbildung 13.7):

- Beim ersten Ausführen einer Aktivität ist sie aufgrund ihrer *Neuheit spannend und regt dazu an, sich in sie zu vertiefen (A1)*.
- Ausgehend von diesem instabilen Zufriedenheitszustand nimmt man mit der Zeit entweder eine ähnliche, aber spannendere Aktivität *als größere Herausforderung wahr (C1)*, oder man übt die ursprüngliche Aktivität so lange aus, *bis sie langweilig ist (B1)*.
- Um wieder in den Bereich einer befriedigenden Aktivität zu gelangen, ist es notwendig, entweder *größere Fertigkeiten zu erlangen (C1 zu A2)* oder sich n*eue Herausforderungen zu suchen (B1 zu A2)*. Dies geht mit der Erhöhung von Komplexität einher. A1 ist im Vergleich zu A2 ein Apathie-Zustand.

Dieses Schema wiederholt sich, so dass das Verhalten um eine Bandbreite des Flusses herum oszilliert. Erfahrungen mit diesem Zustand verstärken den Wunsch, ihn wieder zu erfahren: Ist man also einmal „im Flow" gewesen, will man immer wieder dorthin. Das Ergebnis ist ein Flow-Zustand als Übergang von der deaktivierenden Langeweile zur blockierenden Furcht. Im Flow wird die höchste Leistung erreicht und gleichzeitig „genossen".

Abbildung 13.7: Dynamik des Fluss-Zustands[385]

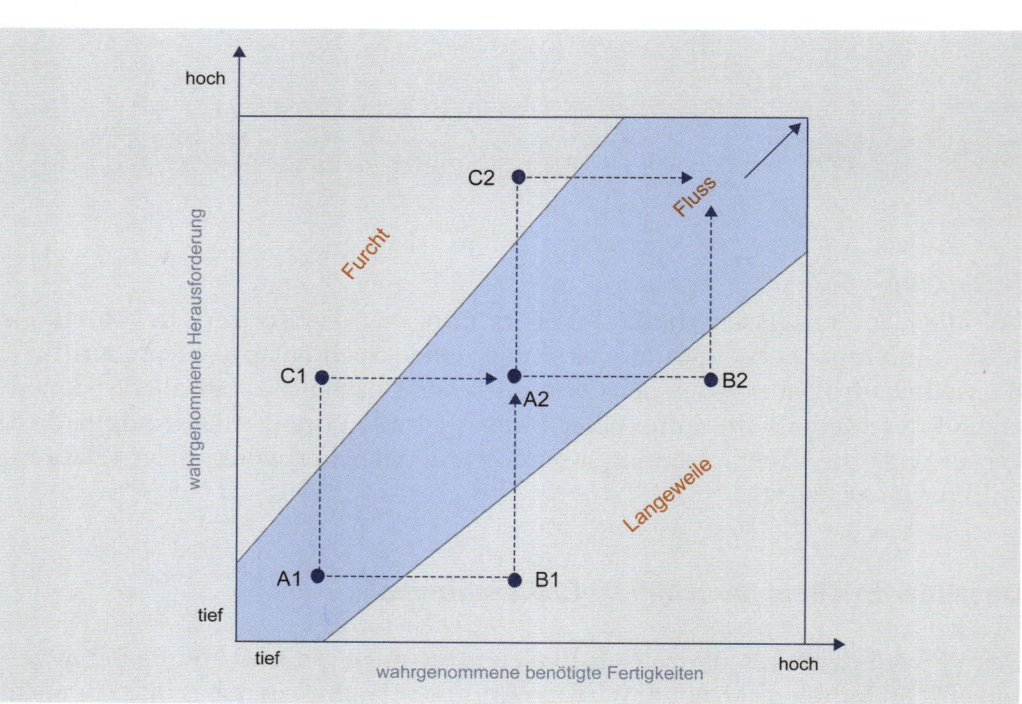

Die Herausforderung für die Personalführung besteht jetzt darin, zum einen den Reiz des „Fluss-Erlebnisses" zu kommunizieren, zum anderen den Mitarbeitern zu helfen, sich in diesen Zustand zu bewegen. Relativierend ist allerdings darauf hinzuweisen, dass diese Motivation durch „Flow" sicherlich nicht bei allen Tätigkeiten in gleicher Form realisierbar ist.

Übersicht Motivationstheorien

Übung 13.4

Motivationstheorien scheinen wirklich interessant zu sein und könnten auch bei der Strawberry Cake & Bakeries AG gezielt eingesetzt werden, um die Mitarbeiter zu motivieren. Sie entwerfen daher ein grobes Konzept für eine Präsentation, in der Sie Ihren Führungskräften die einzelnen Theorien und deren wesentliche Inhalte vorstellen.

13.5 Ausblick

Die entscheidende Bedeutung dieser Motivationstheorien besteht darin, die Antriebsstruktur der Mitarbeiter begreifbar zu machen und gegebenenfalls entsprechende Aktionen einzuleiten.

- Die *Inhaltstheorien* stellen dabei primär auf die Existenz von spezifischen Motiven ab, die handlungsleitend wirken.
- Die *Prozesstheorien* betonen den Veränderungs- beziehungsweise den Bewegungsaspekt.

Sie alle basieren aber letztlich auf dem S-I-R-Modell, wonach ein Stimulus in Abhängigkeit von Intervenierenden Variablen (die durch die Inhalts- und Prozesstheorien spezifiziert werden) zu Reaktionen führen.

Es wird davon ausgegangen, dass die Frage der (Mitarbeiter-)Motivation kultur- und länderspezifisch beantwortet werden muss. Demnach müssen international aufgestellte Unternehmen entsprechende Unterschiede berücksichtigen, wollen sie Mitarbeiter unterschiedlicher Herkunft motivieren. Ganz besonders wichtig wird dies für eine ins Ausland entsandte Führungskraft: Diese muss gerade im Hinblick auf ihre Motivationsarbeit gegebenenfalls umdenken und sich der veränderten Gewichtung der Motivationsfaktoren bewusst werden und entsprechend führen. So sind in Deutschland beispielsweise Leistungswettbewerb und Sicherheit wichtige Motivatoren, während in skandinavischen Ländern eher Sozialbeziehungen als Motivator wirken.[386]

Generell gibt es für die verschiedenen Motivationstheorien eine Fülle empirischer Befunde, die im Wesentlichen alle auf zwei Aspekte hinweisen: Zum einen gibt es durchaus einen gemeinsamen Nenner von Motiven beziehungsweise Bedürfnissen, zum anderen aber ist es gerade eine Herausforderung für die Individualisierung im Bereich der Personalführung, dass die Motivstrukturen bei den einzelnen Mitarbeitern doch deutliche Unterschiede aufweisen. Dies ändert aber nichts daran, dass die Logik der Motivationstheorien darin besteht, bestimmte Bedürfnisse bei Mitarbeitern zu lokalisieren und dem Mitarbeiter die Chance auf Befriedigung zu signalisieren.

Wolfgang Goebel, **Personalvorstand, McDonald's Deutschland Inc.**

Mitarbeitermotivation und -bindung durch eine ganzheitliche und kompetenzorientierte Personalentwicklung bei McDonald's Deutschland

Als global operierendes Unternehmen lebt McDonald's von der Vielfalt, der Leidenschaft und den Ideen der Mitarbeiter, die allein in Deutschland aus über 120 Ländern kommen. Nicht umsonst heißt es bei McDonald's: Unsere Mitarbeiter haben „Ketchup im Blut". Die Herausforderung liegt hierbei für die Personalentwicklung insbesondere in der Bereitstellung vielseitiger, individuell zugeschnittener Programme für unterschiedlichste Mitarbeitergruppen, um bestehenden und potenziellen Mitarbeitern eine Entwicklungsperspektive zu bieten, die langfristig motiviert und Talente nachhaltig an das Unternehmen bindet. McDonald's hat dafür einen Talent Management Prozess entwickelt, der ein strategisches Ganzes darstellt, in dem die einzelnen Bestandteile aufeinander aufbauen und sich gegenseitig ergänzen. Verantwortlich dafür ist das Talent Management Department, dessen Aufgabenbereiche im Folgenden erläutert werden.

McDonald's bietet *Aus- und Weiterbildungsprogramme*, die sich an sämtliche Mitarbeitergruppen richten, um so eine ausreichende Basis an qualifizierten Mitarbeitern zu sichern.

Das so genannte *„Crew College"* in Kooperation mit den Volkshochschulen bietet insbesondere den knapp 60.000 gewerblichen Mitarbeitern auf Restaurantebene Qualifizierungsmöglichkeiten zur individuellen, persönlichen und beruflichen Weiterentwicklung.

Darüber hinaus bietet McDonald's motivierten bestehenden und potenziellen Mitarbeitern die Möglichkeit zu einem *qualifizierten Berufsabschluss*, der in der Regel mit einer anschließenden Übernahme verbunden ist.

Die erste Möglichkeit für junge Menschen mit Hauptschulabschluss zu einem *IHK-geprüften Berufsabschluss* bei McDonald's ist die Fachkraft im Gastgewerbe. Eine weitere Ausbildung zur/zum Fachfrau/Fachmann für Systemgastronomie, ein kaufmännisch geprägtes Berufsbild, das das Rüstzeug zur Erfüllung aller Aufgabenbereiche im Restaurantmanagement von McDonald's liefert, wurde 1998 durch McDonald's initiiert.

Die *IHK-geprüfte Fortbildung zum Fachwirt im Gastgewerbe* in Zusammenarbeit mit einem externen Bildungsträger qualifiziert die Teilnehmer berufsbegleitend als kaufmännische Führungskräfte beziehungsweise für leitende Aufgaben und richtet sich hauptsächlich an Vertreter des Restaurant- und Mittelmanagements.

Für Schulabgänger mit Abitur oder Fachhochschulreife besteht die Möglichkeit eines BA-Studiums der Betriebswirtschaftslehre in Kooperation mit einer Berufsakademie, welches mit dem Bachelor of Arts endet. Das *duale Studium* bietet eine enge Verzahnung zwischen Theorie und Praxis, die durch den regelmäßigen Wechsel zwischen Vorlesungen an der Berufsakademie und der Tätigkeit im Restaurant ermöglicht wird. Nach Abschluss des Studiums sind die Absolventen in der Lage, Positionen im Restaurant-Management zu übernehmen, und sichern so zusätzlich langfristig den Nachwuchs an motivierten Führungskräften.

Förder- und High Potential-Programme von McDonald's dienen der Ausbildung interner Führungskräfte und Potentiale. Die Nominierung für ein Förderprogramm ist innerhalb des Unternehmens mit hohem Ansehen verbunden und wirkt sich positiv auf die Motivation der Teilnehmer und die Bindung an McDonald's aus. Loyale Mitarbeiter mit einer langen Betriebszugehörigkeit leben die Unternehmenskultur und fungieren als Botschafter für diese. Deswegen wird mit der Förderung bestimmter Mitarbeitergruppen bereits auf Restaurantebene begonnen.

Im *Restaurant Manager-Development Center* bearbeiten alle Restaurant Manager ein standardisiertes Diagnoseverfahren, das Verhaltensweisen, Berufsinteressen und Denkmuster misst. In Zusammenarbeit mit einem Arbeitspsychologen und dem direkten Vorgesetzen wird für jeden Teilnehmer ein persönlicher Entwicklungsplan, der einen Zeithorizont von ca. zwei Jahren umfasst, erarbeitet.

Mit dem *Young Leaders Development Program* wird eine Auswahl von firmeneigenen talentierten Fachkräften mit Führungsperspektive über einen Zeitraum von 18 Monaten intensiv gefördert. In dem Programm werden Führungs-, unternehmerische und interkulturelle Kompetenzen vermittelt. Darüber hinaus unterstützt die intensive Betreuung durch einen Mentor aus dem McDonald's Top-Management die Entwicklung der Teilnehmer.

Im *Operations Development Program* werden schon erfahrene Führungskräfte für Aufgaben im nationalen und internationalen Topmanagement vorbereitet. Im Zentrum steht die Vermittlung von Inhalten zur globalen Unternehmensführung. Um dies möglichst realitätsnah zu gestalten, bedient sich das englischsprachige Programm insbesondere „case studies" und Projektarbeiten. Die darüber hinaus führende strategische Weiterentwicklung des Senior Managements wird durch das unternehmenseigene „Leadership Institute" mit Sitz im US-amerikanischen Headquarter in Oak Brook/Chicago übernommen.

Für *kompetenzorientierte Seminare* wurde in Zusammenarbeit mit den einzelnen Fachbereichen ein umfassendes Angebot an Seminaren konzipiert. Die Seminare werden gegliedert in Kern-, Führungs-, Fach-, Sprach- sowie interkulturelle Kompetenz und unterstützen die stete Weiterentwicklung der Mitarbeiter und Führungskräfte.

Durch eine *strukturierte Nachfolgeplanung* entwickelt McDonald's interne potenzielle Kandidaten für Führungspositionen und wichtige Schlüsselpositionen im Unternehmen. Aufgrund regelmäßig stattfindender Gespräche mit den jeweiligen Fachbereichen werden für solche Kandidaten individuelle Entwicklungspläne erstellt, die Weiterbildungsangebote wie zum Beispiel Seminare, fachbezogene Weiterbildungsmaßnahmen, Coachingsequenzen sowie Mentoring enthalten, um den Kandidaten in Richtung des definierten Sollprofils zu entwickeln.

All diese Initiativen bilden für uns eine Einheit zur Motivation und Bindung unserer Mitarbeiter. Denn durch die Mitarbeiter lebt und wächst jedes Unternehmen! Nur so können wir erfolgreich sein – heute und in Zukunft!

Aufgaben und Fragen zur Selbstüberprüfung

1. Welches Menschenbild legt *Douglas McGregor* zugrunde?

2. Welche Grundtypen eines Menschen unterscheidet *Edgar Schein*?

3. Welche Bedürfnisse sieht *Abraham Maslow* in welcher Rangfolge?

4. Was versteht *Frederick Herzberg* unter Hygienefaktoren und Motivatoren?

5. Zu welchen Berufen passt das Konzept des Flow-Erlebnisses zur Motivation gut? Zu welchen Berufen weniger?

6. „Unsere Mitarbeiter sollen sich nicht wohlfühlen, sondern arbeiten!" Diskutieren Sie diese Aussage vor dem Hintergrund des Ansatzes von *Frederick Herzberg* sowie *Abraham Maslow*!

Kapitel 14

Direktion: Wie führt man Mitarbeiter?

Kapitel 14 Direktion: Wie führt man Mitarbeiter?

Inhalt

Fakten

98 % der Führungskräfte sehen das Mitarbeitergespräch als wichtigstes Instrument für eine vertrauensvolle Zusammenarbeit.[387]

69 % der Manager sind der Meinung, dass Führungskräfte heute weniger Zeit haben, sich auf ihre eigentlichen Aufgaben zu konzentrieren.[388]

61 % der Manager sind der Meinung, dass sich Führungskräfte selbst zu wichtig nehmen.[389]

Lernziele

- Sie erfahren die grundlegenden Führungsmodelle.

- Sie erleben die Führungsansätze bekannter Sporttrainer.

- Sie wissen, wie die Führung auf die Konzepte der neuen Arbeitswelt reagieren muss.

- Sie verstehen den Unterschied zwischen transaktionaler und transformationaler Führung.

- Sie lernen, welche Führungsinstrumente eingesetzt werden können.

14.1 Überblick

Zu kaum einem Thema ist inzwischen so viel publiziert worden wie zum Bereich der Personalführung (Direktion). Entsprechend vielfältig präsentiert sich auch die Führungsliteratur: Sie reicht von missionarischen Visionen bis hin zu technokratischen Illusionen. Dementsprechend unterscheiden sich auch die verschiedenen Definitionen von Führung, vor allem im Hinblick auf die Selbstbestimmung des „Geführten" sowie im Hinblick auf das Umfeld, aus der die entsprechende Führungsempfehlung stammt. So ist es ein deutlicher Unterschied, ob Führungsempfehlungen aus einem militärischen Kontext stammen oder aus einer Welt, die den Idealen der 68er Generation folgt:

- *Führungsinstrumente* beziehen sich auf technische Hilfsmittel oder einfache Prozeduren.
- *Führungsstile* machen eine Aussage darüber, wie sich eine Führungskraft verhalten sollte.
- *Führungstechniken* beinhalten nicht nur einen Führungsstil, sondern auch Aussagen, wie dieser Führungsstil in der Praxis umgesetzt beziehungsweise verstärkt werden sollte.
- *Führungsmodelle* beinhalten weitreichende Aussagen dazu, welche Komponenten bei der Führung eine Rolle spielen, wie die Komponenten interagieren und welche Dynamik sich bei dieser Personalführung abzeichnet.
- *Führungstheorien* sind die weitest reichenden Überlegungen im Bereich der Personalführung. Sie machen nicht nur Aussagen zu Führungsstil und Führungstechniken, sondern beinhalten auch eine aus der Verhaltenstheorie abgeleitete Basisaussage dazu, warum sich bestimmte Personen in einer bestimmten Form verhalten, wie sie es tun.

Diese Aussagen sind unterschiedlich komplex und unterschiedlich weitreichend.

Als Basis für den Umgang mit Mitarbeitern in Führungssituationen können Führungsstilmodelle herangezogen werden. Hierbei handelt es sich um Modelle, die die Realität beschreibbar und konkretes Verhalten gestaltbar machen. Unterschieden wird zwischen der transaktionalen (Abschnitt 14.2) und der transformationalen Führung (Abschnitt 14.3). Abschließend werden neuere Führungsmodelle betrachtet, die vor allem in der neuen Arbeitswelt Beachtung finden (Abschnitt 14.4).

BestPersCase: T-Systems Multimedia Solutions GmbH

Die T-Systems Multimedia Solutions GmbH wurde 1995 gegründet und ist heute mit einem jährlichen Umsatz von 75,6 Millionen Euro das erfolgreichste Internet- und Multimedia-Unternehmen in Deutschland. Die über 700 Mitarbeiter konzipieren und entwickeln Software für interaktive Multimedia-Dienste und internetbasierte IT-Lösungen, unter anderem mit modernen Web 2.0-Technologien.

Bei T-Systems MMS orientiert sich das Führungskonzept an verschiedenen Teilkriterien, die der jeweiligen Führungskraft als Leitlinien vorgegeben werden. Konkret gelten vier Führungsdimensionen, denen jede Führungskraft gerecht werden muss:

- *Strategic Leader*: beinhaltet die Ausrichtung des Unternehmens an Langzeitzielen sowie deren konsequente Umsetzung und Überprüfung. Sie sorgen durch persönliche Mitwirkung für die Entwicklung, Überwachung und kontinuierliche Verbesserung des Managementsystems und fördern eine Kultur des Lernens.

- *Operational Leader*: bedeutet die tägliche Zusammenarbeit mit allen Stakeholdern (Kunden, Mitarbeiter, Partner und Gesellschaft) und das tägliche Bemühen um alle Interessengruppen.

- *Process Leader*: repräsentiert die Verantwortung für kontinuierliche Verbesserung, Lernen und Innovation speziell für die geltende Kultur der Excellence.

- *Leader of Change*: realisiert entscheidende Veränderungen, welche die Organisation neu gestalten, und meistert den Wandel.

Sie bilden gleichzeitig auch das Grundkonzept für die Auswahl (Assessments), Weiterentwicklung (Entwicklungsprogramme) und Bewertung (jährliche Gehaltsanpassung) aller Führungskräfte. Die Effektivität wird jährlich durch die Erreichung der Ziele in der jeweiligen Balanced Scorecard der Führungskraft überprüft.

Mittels dieser Leitlinien werden die Führungskräfte dazu angehalten, ihren Mitarbeitern immer mit gutem Beispiel voran zu gehen und diese zur Nachahmung anzuregen. Diese Leitlinien wurden von T-Systems MMS noch weiter untergliedert und mit weiteren Verhaltensleitlinien versehen, so dass die Führungskräfte stets genauen Verhaltensvorschriften folgen können.

Arite Grau, Leiterin Human Resources, stellt die Wichtigkeit dieses Führungskonzeptes heraus: „Wir werden unsere zukünftigen ehrgeizigen Ziele nur erreichen, wenn es unseren Führungskräften gemeinsam mit allen Mitarbeitern gelingt, trotz schnellen Wachstums und zunehmender Virtualisierung unserer Organisation die Balance zwischen Gründergeist und Beständigkeit zu halten."

14.2 Transaktionale Führungsmodelle

Wirksame Führung basiert auf dem gekonnten Einsatz von Führungsinstrumenten. Die Möglichkeiten in diesem Bereich sind vielfältig. Exemplarisch werden drei Instrumente kurz präsentiert:

- Das *Mitarbeitergespräch* ist ein beliebtes und in fast jedem Unternehmen implementiertes Führungsinstrument. Es dient zur Beurteilung, Förderung und Entwicklung der Leistung und des Verhaltens des Mitarbeiters. Der Mitarbeiter erhält in diesem Gespräch ein ausführliches Feedback und darf aber auch seinerseits sein Feedback an die Führungskraft geben. Wichtig ist die konsequente und regelmäßige Durchführung dieses Gesprächs, um im Zeitverlauf Veränderungen feststellen und darauf reagieren zu können. Ebenso wird eine gute Gesprächsvorbereitung sowohl seitens der Führungskraft wie auch des Mitarbeiters verlangt. Beide müssen sich über mögliche, zu erreichende Ziele im Klaren sein, um so im Gespräch einen Kompromiss für beide Seiten finden zu können. Am Ende sollte ein Ergebnis gefunden werden, das die Arbeits- und Führungssituation für beide Seiten verbessert. Weitere Ergebnisse aus dem Mitarbeitergespräch können Zielvereinbarungen, Entwicklungsmöglichkeiten oder Gehaltsveränderungen für den Mitarbeiter sein. Für die Durchführung des Gesprächs kann die Personalabteilung einen standardisierten Fragebogen zur Verfügung stellen, an dem sich die Führungskraft orientieren kann, damit das Gespräch strukturiert ablaufen kann und kein Thema vergessen wird.
- Die *Zielvereinbarung* kann Teil des Mitarbeitergesprächs sein. Durch sie kann der Mitarbeiter effektiver arbeiten und das Ziel unter Umständen schneller erreichen als bei einer Arbeit ohne Zielvereinbarung. Außerdem motiviert eine zusätzliche Belohnung den Mitarbeiter möglicherweise stärker, das Ziel zu erreichen. Quantitative Ziele drücken sich in Zahlen aus, zum Beispiel durch Erreichen eines bestimmten Umsatzes. Qualitative Ziele sind schlechter zu kontrollieren, da sie sich nicht in Zahlen ausdrücken lassen. Hierfür müssen Ersatzmaßstäbe gefunden werden und die Kriterien zur Messung des Erfolgs in beiderseitigem Einvernehmen festgelegt und festgehalten werden.[390]
- *360°-Feedback* bedeutet die anonyme Beurteilung des Mitarbeiters von allen Seiten; nicht nur die Führungskraft, sondern auch Kollegen und Mitarbeiter nehmen eine Beurteilung vor. In diesem Fall spricht man vom klassischen 360°-Feedback. Kommen noch Kunden und Dienstleister in den Beurteilungsprozess dazu, spricht man von einem umfassenden 360°-Feedback. Das Feedback kann mithilfe standardisierter Fragebögen eingeholt werden, die für alle Beteiligten gut verständlich formuliert sein müssen. Offene Fragen würden in dieser Art des Feedbacks zu viele Daten produzieren, die am Ende nicht mehr bearbeitet werden können.

Diese Führungskonzepte der transaktionalen Führung basieren auf einer einfachen Austauschidee: Der Mitarbeiter hat ein spezifisches Zielbündel und wird von der Führungskraft – die ebenfalls ein ausgeprägtes Bündel an Zielen für sich

Transaktionale Führung ist die wechselseitige Aktion zwischen einer Führungskraft (die etwas „gibt") und einem Mitarbeiter (der dafür etwas „tut")

und für das Unternehmen verfolgt – dahingehend motiviert, die Mitarbeiterziele durch Befolgen der Führungskraftwünsche zu erfüllen. Es entsteht also ein Austausch beziehungsweise eine Transaktion.

Führung ist legitimes Konditionieren bestimmten Handelns.

„Führung in Organisationen ist ein von Beobachtenden thematisierter Interaktionsprozess, bei dem eine Person in einem bestimmten Kontext das Handeln individueller oder kollektiver Akteure legitimerweise konditioniert; als kommunikative Einflussbeziehung nutzt sie ein unspezifisches Verhaltensrepertoire, um – auch mit Hilfe von und in Konkurrenz zu dringlichen und institutionellen Artefakten – die Lösung von Problemen zu steuern, die im Regelfall schlecht strukturiert und zeitkritisch sind. Kürzer: Personelle Führung ist legitimes Konditionieren bestimmten Handelns von Geführten in schlecht strukturierten Situationen mit Hilfe von und in Differenz zu anderen Einflüssen."[391]

Univ.-Prof. Dr. Oswald Neuberger (geb. 1941; Professor für Personalwesen)

Das Kontinuum von *Robert Tannenbaum* und *Warren Schmidt*

Befasst man sich zunächst generell mit dem Bereich der Personalführung und hier mit den Führungsstilen, so ist es inzwischen hinlänglich bekannt, dass es zwei grundsätzlich verschiedene Führungsstile gibt:
(1) Auf der einen Seite gibt es den *autoritären Führungsstil*, bei dem die Führungskraft alleine entscheidet und die Mitarbeiter im Wesentlichen diesen Entscheidungen folgen.
(2) Auf der anderen Seite gibt es den eher *partizipativen Führungsstil*, bei dem die Führungskraft sich (mehr oder weniger) zurücknimmt und die Gruppe der Mitarbeiter an der Entscheidung mitwirkt.
Diese beiden Grundstile der Personalführung prägen seit jeher die Führungsdiskussion.

Besonders deutlich wurde diese Diskussion um die alternativen Führungsstile bereits vor 50 Jahren an den Vorschlägen von *Robert Tannenbaum* und *Warren Schmidt*[392], die zwischen diesen beiden extremen Führungsstilen ein ganzes Kontinuum an Führungsmöglichkeiten aufgespannt haben (Tabelle 14.1). Dieser Klassiker ist auch noch heute wichtig, weil gerade die beiden Extrempunkte immer noch existieren, gleichzeitig aber auch Abstufungen zwischen diesen Führungsstilen gefunden werden.

Was am Modell von *Robert Tannenbaum* und *Warren Schmidt* fehlt, sind Aussagen zur präskriptiven Komponente: Die Autoren verweisen lediglich darauf, dass es diese unterschiedlichen Führungsstile gibt, sagen aber nicht, wo die Führungskraft sich auf diesem Kontinuum positionieren sollte. Eine weitere Besonderheit des Modells von *Robert Tannenbaum* und *Warren Schmidt* ist der eindimensionale Charakter. Dies bedeutet, dass man sich zwischen autoritär und partizipativ entscheiden muss, beide Varianten aber nicht gleichzeitig realisieren kann. Die Leistung von *Robert Tannenbaum* und *Warren Schmidt* liegt damit im klassifikatorischen Bereich: Alternative Führungsstile werden aufgezeigt und in eine Ordnung gebracht.

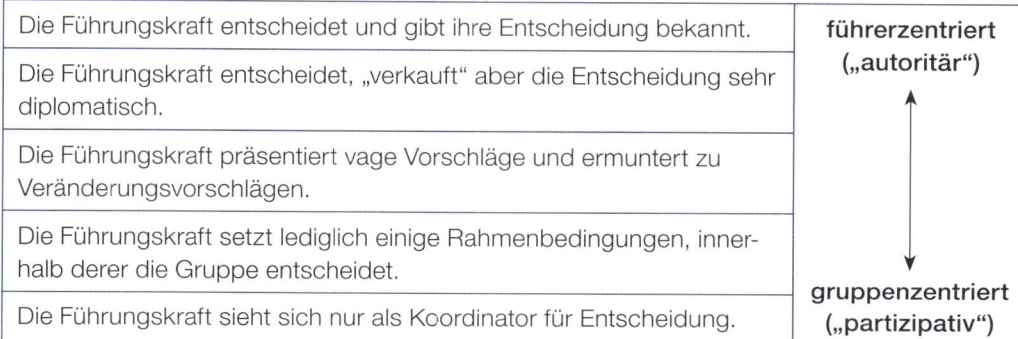

Tabelle 14.1: Führungsstil-Grundformen

Die Führungskraft entscheidet und gibt ihre Entscheidung bekannt.	führerzentriert („autoritär")
Die Führungskraft entscheidet, „verkauft" aber die Entscheidung sehr diplomatisch.	
Die Führungskraft präsentiert vage Vorschläge und ermuntert zu Veränderungsvorschlägen.	
Die Führungskraft setzt lediglich einige Rahmenbedingungen, innerhalb derer die Gruppe entscheidet.	gruppenzentriert („partizipativ")
Die Führungskraft sieht sich nur als Koordinator für Entscheidung.	

Das Kontingenzmodell von *Fred Fiedler*

Die zwei zentralen Schwachstellen in der Logik „autoritär vs. partizipativ" bestehen im Fehlen von empirisch belegbaren Aussagen zur fallweisen Überlegenheit eines bestimmten Führungsstils und in der Idee, wonach es so etwas wie einen „grundsätzlich richtigen" Führungsstil gibt. Beide Fehler wollte *Fred Fiedler*[393] abstellen – was ihm bei aller Kritik an seinem Modell auch gelungen ist. *Fred Fiedler* zielte damit auch als einer der ersten Forscher auf eine situationsabhängige Führung.

Situative Führung ist die Wahl eines Führungsstils in Abhängigkeit von einer Situation

Auch wenn es manche Praktiker gerne anders sehen: Situative Führung bedeutet nicht „je nach Situation irgendwie anders" zu agieren. Wichtig ist vielmehr die vorstrukturierte Wahl als klare Beziehung „wenn Situation A, dann Führungsstil B".

Das Modell von *Fred Fiedler* besteht aus drei Bausteinen. Der erste Baustein bezieht sich auf die Beschreibung des *Führungsstils*. Hierzu verwendet *Fred Fiedler* den LPC-Score, der sich auf den so genannten „Least Preferred Co-Worker" bezieht: Der LPC-Score entspricht der Wertschätzung, die eine Führungskraft demjenigen Mitarbeiter entgegenbringt, mit dem sie am wenigsten gern zusammenarbeitet. Zur Bewertung des Least Prefered Co-Worker wird die LPC-Skala genutzt, die die Führungskraft auffordert, anhand von 18 bipolaren Adjektiven den Mitarbeiter zu bewerten. Jedes Adjektiv wird anhand einer 8er-Skala bewertet, wobei 8 für die positive Ausprägung wie angenehm oder unterstützend und 1 für die negative Ausprägung wie unangenehm oder feindselig steht. Der als Summe daraus resultierende LPC-Score variiert von 18 bis 144:

- Der Wert 18 (ergibt sich aus 18 mal der Ausprägung 1) repräsentiert einen ausschließlich aufgabenorientierten Führungsstil.
- Der Wert 144 (ergibt sich aus 18 mal der Ausprägung 8) steht für einen ausschließlich beziehungsorientierten Führungsstil (Tabelle 14.2)

Auch wenn diese Skala durchaus diskutierbar ist, ist sie doch der historische Einstieg in die situative Führung.

Tabelle 14.2: LPC-Skala[394]

LPC-SKALA		
angenehm	- 8 -- 7 -- 6 -- 5 -- 4 -- 3 -- 2 -- 1 -	unangenehm
freundlich	- 8 -- 7 -- 6 -- 5 -- 4 -- 3 -- 2 -- 1 -	unfreundlich
zurückweisend	- 1 -- 2 -- 3 -- 4 -- 5 -- 6 -- 7 -- 8 -	entgegenkommend
gespannt	- 1 -- 2 -- 3 -- 4 -- 5 -- 6 -- 7 -- 8 -	entspannt
distanziert	- 1 -- 2 -- 3 -- 4 -- 5 -- 6 -- 7 -- 8 -	persönlich
kalt	- 1 -- 2 -- 3 -- 4 -- 5 -- 6 -- 7 -- 8 -	warm
unterstützend	- 8 -- 7 -- 6 -- 5 -- 4 -- 3 -- 2 -- 1 -	feindselig
langweilig	- 1 -- 2 -- 3 -- 4 -- 5 -- 6 -- 7 -- 8 -	interessant
streitsüchtig	- 1 -- 2 -- 3 -- 4 -- 5 -- 6 -- 7 -- 8 -	ausgleichend
verdrießlich	- 1 -- 2 -- 3 -- 4 -- 5 -- 6 -- 7 -- 8 -	heiter
offen	- 8 -- 7 -- 6 -- 5 -- 4 -- 3 -- 2 -- 1 -	verschlossen
verleumderisch	- 1 -- 2 -- 3 -- 4 -- 5 -- 6 -- 7 -- 8 -	loyal
unzuverlässig	- 1 -- 2 -- 3 -- 4 -- 5 -- 6 -- 7 -- 8 -	zuverlässig
rücksichtsvoll	- 8 -- 7 -- 6 -- 5 -- 4 -- 3 -- 2 -- 1 -	rücksichtslos
widerlich	- 1 -- 2 -- 3 -- 4 -- 5 -- 6 -- 7 -- 8 -	nett
akzeptabel	- 8 -- 7 -- 6 -- 5 -- 4 -- 3 -- 2 -- 1 -	nicht akzeptabel
unaufrichtig	- 1 -- 2 -- 3 -- 4 -- 5 -- 6 -- 7 -- 8 -	aufrichtig
gefällig	- 8 -- 7 -- 6 -- 5 -- 4 -- 3 -- 2 -- 1 -	nicht gefällig

Die zweite Komponente im Modell von *Fred Fiedler* ist die *Führungssituation*. Sie ergibt sich aus der Günstigkeit der Beziehung zwischen Führungskraft und Mitarbeiter. Als günstig gilt eine Beziehung,
– die in ihrer qualitativen Ausprägung als „gut" zu bezeichnen ist,
– in der die Aufgabenstruktur primär klar strukturiert ist und
– die Positionsmacht der Führungskraft eher stark ist.

Umgekehrt ist dagegen die Situation für die Führungskraft eher ungünstig, bei
– schlechter Führungskraft-Mitarbeiter-Beziehung,
– unstrukturierten Aufgaben und
– schwacher Positionsmacht.
Nimmt man für jede dieser drei Variablen zwei Ausprägungen, so ergeben sich $2^3 = 8$ Möglichkeiten zur Konkretisierung der Führungssituation.

Der dritte Baustein im Modell von *Fred Fiedler* ist die *Führungseffektivität*. Hierfür schlägt er kein explizites und einheitliches Prüfkriterium vor, sondern greift auf unterschiedlichste Untersuchungen zurück, die sich alle (mehr oder weniger) mit Führungseffektivität beschäftigen. Es wird dabei im Regelfall immer danach gesucht, wie stark die Beziehung zwischen LPC-Wert und Führungseffektivität in einer spezifischen Situation ist. Zu diesem Zweck werden diverse empirische Studien herangezogen, bei denen geprüft wird, ob ein Ansteigen des LPC-Scores auch gleichzeitig mit einem Ansteigen der Effektivität verbunden ist. Sieht man eine solche positive Korrelation, so lässt sich daraus schließen, dass ein möglichst hoher LPC-Score sinnvoll erscheint. Ist diese Beziehung im Extremfall sogar negativ, so lässt sich daraus schließen, dass eine möglichst aufgabenorientierte Führung in der Vergangenheit zu höheren Effektivitätswerten geführt hat. *Fred Fiedlers* Modell ist inzwischen in fast allen Führungslehrbüchern vorhanden (Abbildung 14.1).

Dieses grafische Modell ist nicht trivial – erschließt aber die Logik dieses wichtigen Ansatzes ebenso wie sein Kritikpotenzial

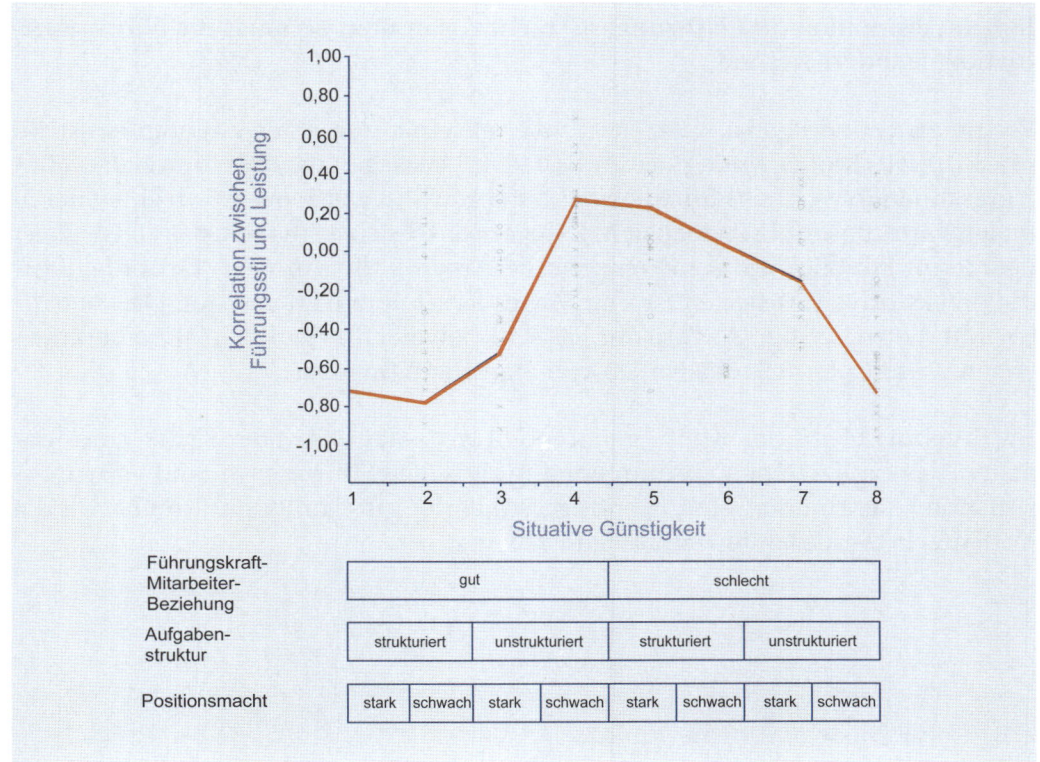

Abbildung 14.1: Das Modell von *Fred Fiedler* [396]

Auf der waagerechten Achse sind die acht Führungssituationen eingezeichnet. Sie reichen von der insgesamt günstigen Führungssituation (1) bis zur extrem ungünstigen Führungssituation (8). Die senkrechte Achse gibt den Korrelationswert zwischen LPC-Wert und Effektivität an. Die „x" und „O" Symbole sind Vergleichswerte aus anderen Studien. So bedeutet beispielsweise der kleine Kreis links oben in der Abbildung, dass eine Korrelation von +0,50 zwischen dem LPC-Score und dem Effektivitäts-Score festgestellt wurde, und zwar in einer Führungssituation vom Typ 1. Positive Korrelationen sagen aus, dass ein möglichst beziehungsorientierter Führungsstil Erfolg versprechend war. Umgekehrt sagen Markierungen in der unteren Zone, dass grundsätzlich eher eine aufgabenorientierte Führung sinnvoll ist. *Fred Fiedler* selbst hat eine Vielzahl an Studien in seine Betrachtung miteinbezogen, die mit „+"-Zeichen versehen sind. Verbindet man die Mittelwerte dieser Korrelation mit einer Linie, so erhält man den typischen Verlauf des LPC-Modells von *Fred Fiedler*. Dieser Verlauf wurde in diversen Arbeiten von *Fred Fiedler* selbst bestätigt, in anderen Studien[395] aber falsifiziert.

Erste Pointe: Aufgabenorientierung „an den Rändern"!

Dem Modell von *Fred Fiedler* folgend ist ein aufgabenorientierter Führungsstil immer dann sinnvoll, wenn die Führungssituation für die Führungskraft entweder extrem günstig oder extrem ungünstig ist. In der Zone dazwischen macht ein beziehungsorientierter Führungsstil Sinn.

Zweite Pointe: Der Führungsstil kann (und braucht) nicht geändert zu werden – eine Überlegung, die alle nachfolgend beschriebenen Autoren anders sehen!

Interessant bei *Fred Fiedler* ist auch, dass bei ihm nicht der Führungsstil, sondern die Führungssituation als zu verändernde Größe betrachtet wird. Passen also Führungssituation und Führungsstil nicht zusammen, so muss die Führungssituation geändert werden.

Positiv zu vermerken ist, dass *Fred Fiedler* als einer der ersten Autoren ein strikt präskriptives Modell vorlegt: Es enthält klare Aussagen darüber, in welcher Führungssituation welches Führungsverhalten gewählt werden soll, um einen maximalen Führungserfolg zu realisieren. Negativ lässt sich festhalten, dass *Fred Fiedler* gerade im Hinblick auf seine empirische Arbeit – die ihrerseits Grundlage für die präskriptiven Aussagen ist – ein hohes Kritikpotenzial aufbaut. Dies betrifft sowohl die zu geringe Anzahl der Fälle, die jeweils für die Korrelation herangezogen wurde, als auch das Fehlen von Signifikanzniveaus.

Im Ergebnis bleibt das Kontingenzmodell trotz der gesamten Kritik eines der ersten, das explizit einen Zusammenhang zwischen Führungsstil und Führungssituation konstruierte. Seine „Kontingenztheorie" gilt damit unbestreitbar als die Vorläuferin der gesamten situativen Führung.

Führungsstil nach *Fred Fiedler*

Die Creativity-Task-Force der Marketing-Abteilung Ihrer Strawberry Cake & Bakeries AG macht Ihnen Sorgen. In diesem Team werden Lösungen für kurzfristig auftretende und dringende Aufgaben erarbeitet. Das Aufgabenfeld ist also sehr unstrukturiert. Zwar leistet das Team gute Arbeit, aber irgendwie haben Sie das Gefühl, Sie werden von den Mitarbeitern nicht ernst genommen. Oft werden Ihre Anweisungen sogar völlig ignoriert. Wenn Sie die Mitarbeiter darauf ansprechen, kommt meist nur eine patzige Antwort zurück. Sie überlegen daher, wie diese Situation nach dem Modell *Fred Fiedler* zu bewerten ist und wie Sie etwas ändern können.

Verhaltensgitter von *Robert Blake* und *Jane Mouton*

Neben den eindimensionalen Modellen, die Führungsstil als ein Kontinuum betrachten, das in einem Fall zwischen partizipativ und autoritär, im anderen Fall zwischen mitarbeiterorientiert und aufgabenorientiert aufgespannt ist, existieren noch die Führungsstilmodelle, die aus der Ohio-State-Forschung abgeleitet[397] sind und dieses Kontinuum durch zweidimensionale Modelle ersetzen (Abbildung 14.2).

Abbildung 14.2: Von der Eindimensionalität zur Zweidimensionalität

Robert Blake und *Jane Mouton*[398] greifen die beiden zentralen Dimensionen der Ohio-State-Forschung unter der Bezeichnung „Sachorientierung" und „Menschenorientierung" auf:

- Bei der *Sachorientierung* erfolgt eine Ausrichtung auf Produktion, Ergebnisse, Endresultate oder Gewinne.
- Bei der *Menschenorientierung* erfolgt die Ausrichtung auf Verständnis und Unterstützung sowie das Bemühen von Führungskräften um die Zuneigung ihrer Mitarbeiter.

Durch die Zusammenführung dieser Achsen entsteht das bekannte „Managerial Grid" (Abbildung 14.3). Die beiden Achsen weisen dabei jeweils neun Ausprägungsstufen auf.

Aus Gründen der Vereinfachung konzentrieren sich *Robert Blake* und *Jane Mouton* auf fünf verschiedene Führungsstile. Für diese fünf Führungsstile liefern die Autoren nicht nur Mechanismen zur Bestimmung des praktizierten Führungsstils, sondern auch zum Teil äußerst umfangreiche Charakterisierungen des Führungsstils und seiner Konsequenzen:

(1) Die 1,1-Führung als *Überlebens-Management* impliziert minimale Anstrengungen zur Erledigung der geforderten Aufgaben. Mehr als „schlichtes Überleben" ist nicht angestrebt.

(2) Die 1,9-Führung als *Glacéhandschuh-Management* bedeutet Rücksichtnahme auf die Bedürfnisse der Mitarbeiter und bewirkt ein gemächliches und freundliches Betriebsklima.

(3) Die 9,1-Führung als *Befehl-Gehorsam-Management* beruht darauf, die Arbeitsbedingungen so einzurichten, dass der Einfluss persönlicher Faktoren auf ein Minimum beschränkt wird.

(4) Die 9,9-Führung als *Team-Management* sieht hohe Arbeitsleistung vom engagierten Mitarbeiter und gemeinschaftlichen Einsatz für das Unternehmensziel vor, verbunden mit Vertrauen und gegenseitiger Achtung.

(5) Die 5,5-Führung als *Organisations-Management* führt zu einem Gleichgewicht zwischen Notwendigkeit, die Arbeit zu tun, und der Aufrechterhaltung einer zufrieden stellenden Betriebsmoral.

Optimal: rechts oben! In dieser Logik ergibt sich deutlich der Lösungsvorschlag der Autoren für den optimalen Führungsstil: Sie empfehlen eine Entwicklung hin zur „9,9". Gerade damit wird dieses Modell aber angreifbar. Denn im Modell von *Robert Blake* und *Jane Mouton* hängt der optimale Führungsstil nicht mehr von situativen Variablen ab, sondern lässt sich allgemeingültig auf „9,9" festlegen. Dies enthebt *Robert Blake* und *Jane Mouton* der Aufgabe, sich mit situativen Variablen auseinandersetzen zu müssen.

Abbildung 14.3: Das Verhaltensgitter von *Robert Blake* und *Jane Mouton*[399]

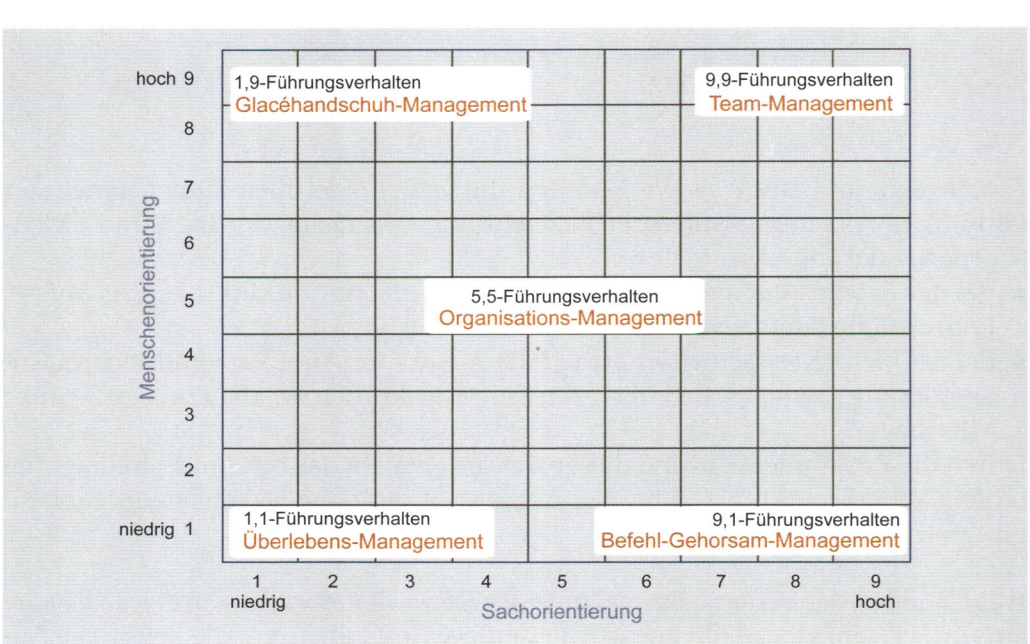

Bei der Bewertung des Modells von *Robert Blake* und *Jane Mouton* fällt auf der positiven Seite sofort die leichte Handhabung und der unmittelbare Transfer in die Praxis auf: Gerade dadurch, dass lediglich ein einziger Führungsstil (der allerdings aus zwei Dimensionen besteht) propagiert wird, wird die Führungskraft von dem Problem enthoben, sich mit der Führungssituation auseinander zu setzen. Egal welche Situation dominiert, es passt immer der Führungsstil „9,9". Ebenso spricht es Praktiker unmittelbar an, sich nicht auf einen der beiden Führungsstile festlegen zu müssen, sondern vielmehr immer eine „gesunde" Mischung aus beiden Führungsstilen praktizieren zu können. Genau hier liegt der zentrale Kritikpunkt am Modell von *Robert Blake* und *Jane Mouton*: Gerade weil die Führungssituation keine Rolle spielt, ist es zwar zweidimensional, aber nicht situativ.

Reifegradmodell von *Paul Hersey* und *Kenneth Blanchard*

Paul Hersey und *Kenneth Blanchard*[400] operieren ebenfalls mit den beiden Grunddimensionen aus der Ohio-State-Studie. Sie verwenden allerdings als situatives Kriterium dafür, welcher Führungsstil am geeignetsten ist, den aufgabenrelevanten Reifegrad. Er ergibt sich aus der stellenbezogenen psychologischen Reife des Mitarbeiters. Ein höherer aufgabenrelevanter Reifegrad äußert sich in (mentaler) Unabhängigkeit, in ganzheitlicher Betrachtungsweise und in einem hohen Streben nach Leistung. Bei einem Mitarbeiter mit einem niedrigen aufgabenrelevanten Reifegrad dagegen ist das Streben nach Leistung nur sehr gering ausgeprägt.

Reifegrad des Mitarbeiters als Entscheidungskriterium für den Führungsstil

Die zentrale Überlegung von *Paul Hersey* und *Kenneth Blanchard* liegen im unteren Bereich der Skala für den aufgabenbezogenen Reifegrad des Mitarbeiters (Abbildung 14.4) Darüber befinden sich die vier Zellen aus der Ohio-State-Forschung, hier charakterisiert durch aufgabenorientiertes und beziehungsorientiertes Verhalten. Für jede der vier Zellen definieren die beiden Autoren einen spezifischen Grundstil:

- Ausgangspunkt ist der *autoritäre Führungsstil*, bei dem die Führungskraft eindeutig die Tätigkeiten der Mitarbeiter fixiert und die Zeitpunkte für ihre Erfüllung vorgibt. Dieser Führungsstil entspricht dem militärischen Kommandoton in Krisenzeiten.

- Einem reiferen Mitarbeiter ist mit einem *integrierenden Führungsstil* entgegenzukommen. Hier versucht die Führungskraft auch die Meinungen der Mitarbeiter zu berücksichtigen, behält sich aber die Entscheidungsbefugnisse vor. Darüber hinaus bemüht sie sich, ihre Mitarbeiter von der Richtigkeit ihrer Vorschläge zu überzeugen, also ihre Konzepte zu „verkaufen".

- Mit zunehmender Reife kann der Mitarbeiter bei der Entscheidungsfindung und bei der Durchführung eine wichtigere und aktivere Rolle spielen. Bei diesem *partizipativen Stil* gehen die Ansichten von Führungskraft und Mitarbeiter in die Entscheidungsfindung ein.

■ Mitarbeitern mit extrem hohem aufgabenrelevantem Reifegrad ist nach *Paul Hersey* und *Kenneth Blanchard* mit einem *delegierenden Stil* zu begegnen. Im Extremfall bedeutet dieser Führungsstil den Verzicht auf Führung, da nach einer orientierenden Startinformation der Mitarbeiter allein über Mittel und Wege entscheidet.

Über ihre vier Führungsstile legen *Paul Hersey* und *Kenneth Blanchard* also eine Entwicklungskurve, die mit zunehmendem Reifegrad des Mitarbeiters einen entsprechenden Wechsel im Führungsstil propagiert. Danach steht der „autoritäre Führungsstil" am Anfang und wird sukzessive in den „Delegationsstil" transformiert.

Abbildung 14.4: Das Führungsmodell von *Paul Hersey* und *Kenneth Blanchard*[401]

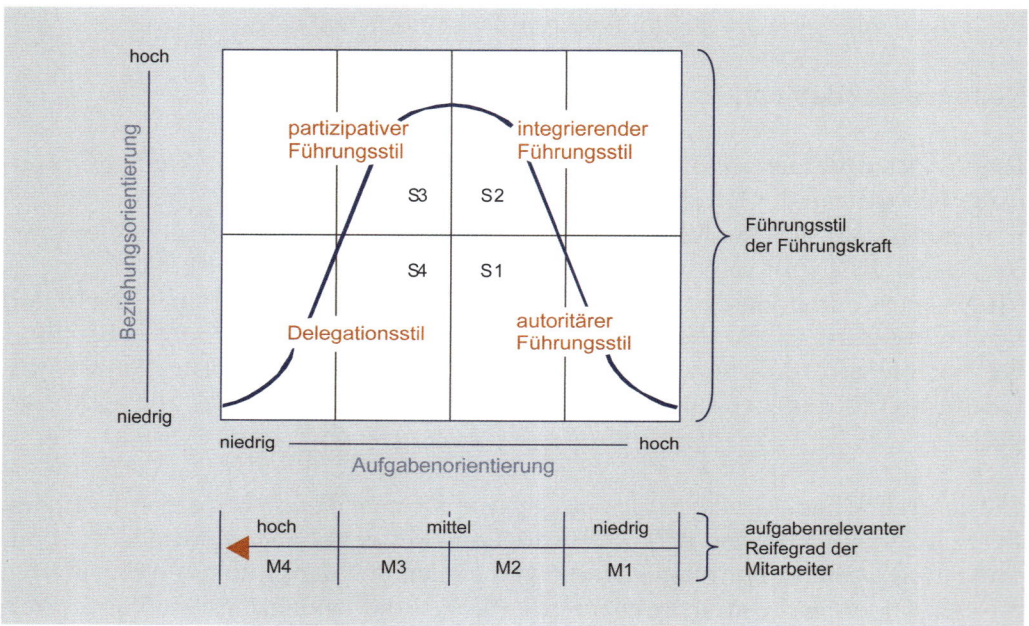

Zur Anwendung dieses Modells wird zunächst der aufgabenrelevante Reifegrad des jeweiligen Mitarbeiters bestimmt, wobei das von den Autoren angebotene Instrumentarium eher „rudimentär" wirkt. Der Mitarbeiter wird in der Folgezeit sukzessive in Richtung des Delegationsstils weiterentwickelt. Der Idealfall der Personalführung ist nach Ansicht der Autoren dann erreicht, wenn die Führungskraft nahezu nicht mehr in Interaktionen mit dem Mitarbeiter tritt und diesen in völliger Autonomie seinen Aufgaben nachgehen lässt.

Optimal: links unten!

Positiv am Modell von *Paul Hersey* und *Kenneth Blanchard* ist zum einen die Vielfalt der zulässigen Führungsstile, zum anderen die Existenz einer klaren Entscheidungsregel für die Wahl des Führungsstils. Damit verbunden ist als weiteres positives Merkmal, auf die Idee des aufgabenrelevanten Reifegrades hinzuweisen, aus der sich die Personalentwicklungsaufgabe der Führungskraft ableitet. Genau hier stecken aber auch die Schwachstellen des Modells: So dürfte es im Einzelfall schwierig für eine Führungskraft sein, im laufenden Betrieb permanent die aufgabenrelevanten Reifegrade aller ihrer Mitarbeiter zu ermitteln und dann aus diesen Reifegraden entsprechende Führungsstile abzuleiten.

Dies ändert aber nichts an der positiven Grundidee des Modells, die auf eine anspruchsvolle Rollendefinition der Führungskraft hinausläuft.

Effektivitätsmodell von *William Reddin*

Der völligen Gleichwertigkeit aller vier möglichen Führungsstile, die sich aus der Ohio-State-Studie ableitet, folgt *William Reddin*[402]. Bei ihm sind alle vier Führungsstile vom Prinzip her sinnvoll, wobei es aber von der konkreten Situation abhängt, ob der Führungsstil tatsächlich effektiv – im Sinne von wirksam – ist. Verlangt also die Situation einen Führungsstil, der durch hohe Aufgabenorientierung und niedrige Beziehungsorientierung charakterisiert ist, so ist nur dieser eine Führungsstil erfolgreich und die anderen Führungsstile eben nicht. Das bedeutet, Führungssituation und Führungsstil müssen jeweils den gleichen Grundstil haben. Das Grundprinzip des Modells von *William Reddin* basiert darauf, dass Führungserfolg nur zu erwarten ist, wenn Führungssituation und Führungsverhalten übereinstimmen.

Führungserfolg = Übereinstimmung von Führungssituation und Führungsverhalten

Die vier Grundstile von *William Reddin* manifestieren sich demnach mit ihren zwei Ausprägungen wie folgt (Abbildung 14.5):

Optimal: Kann überall sein!

(1) Der *Verfahrensstil* ist durch Regeln und Vorschriften geprägt. Dieser Stil ist in einer durch hohe Dynamik gekennzeichneten Situation nicht anwendbar. *William Reddin* bezeichnet daher eine Führungskraft, die in einer solchen Situation den Verfahrensstil anwendet, als Kneifer. Dieser beharrt auf Regeln und Vorschriften, obwohl die Situation eine flexible Anpassung erfordern würde. Da er Angst vor der Verantwortung hat, flüchtet er sich in Paragraphen und Dienstvorschriften, womit er andere behindert. Im Gegensatz dazu praktiziert der ebenfalls nach dem Verfahrensstil vorgehende Verwalter einen sinnvollen Führungsstil, weil er für ein reibungsloses Funktionieren des Unternehmens entlang der fixierten Spielregeln sorgt.

(2) Ein Manager, der den *Beziehungsstil* praktiziert, bemüht sich um ein gutes Verhältnis zu seinen Mitarbeitern. Dies artet allerdings beim Gefälligkeitsapostel dahingehend aus, dass er selbst kleineren Unstimmigkeiten und Problemen grundsätzlich aus dem Weg geht, jeglichen Konflikt vermeidet und auf diese Weise seine Führungsposition aufgibt. Im Gegensatz dazu ist der Förderer eine Führungskraft, die diesen Beziehungsstil effektiv einsetzt: Er widmet sich seinen Mitarbeitern, motiviert sie und sorgt – trotz einer existenten Führung – für eine vertrauensvolle Atmosphäre, in der sich seine Mitarbeiter selbst verwirklichen können.

(3) Beim *Aufgabenstil* stehen Leistung und Arbeitsergebnis im Vordergrund. Der ineffektive Autokrat denkt dabei nur an die Aufgabe, hat keinerlei Vertrau-

en zu seinen Mitarbeitern und übt unnötig Druck auf sie aus. Dies führt zwangsläufig zu Reibungsverlusten. Im Gegensatz dazu führt der Macher seine Mannschaft durch Erfahrung, Fleiß und Initiative zum Erfolg: Er diskutiert zwar einzelne Probleme mit seinen Mitarbeitern, behält sich aber dennoch das Entscheidungsrecht vor. Aufgrund seines Fachwissens wird er von seinen Mitarbeitern akzeptiert.

(4) *Integrationsstil* bedeutet Berücksichtigung sowohl der Aufgaben- als auch der Beziehungskomponente. Der Kompromissler erlaubt extensive Mitsprache seiner Mitarbeiter und sieht in jeder Entscheidung den Zwang zu Kompromissen. Hierdurch steigt die Bearbeitungszeit, während die Mitarbeitermotivation sinkt. Der Integrierer dagegen akzeptiert zwar die Persönlichkeit seiner Mitarbeiter, koordiniert dann aber die Aktivitäten seines Teams. Darüber hinaus setzt er hohe Maßstäbe, denen er auch selber gerecht wird.

Die Unterschiede zwischen den ineffektiven und effektiven Dimensionen liegen nach *William Reddin* weniger im spezifischen Verhalten der Führungskraft begründet als vielmehr in der sinnvollen Kombination aus Führungssituation und Führungsverhalten.

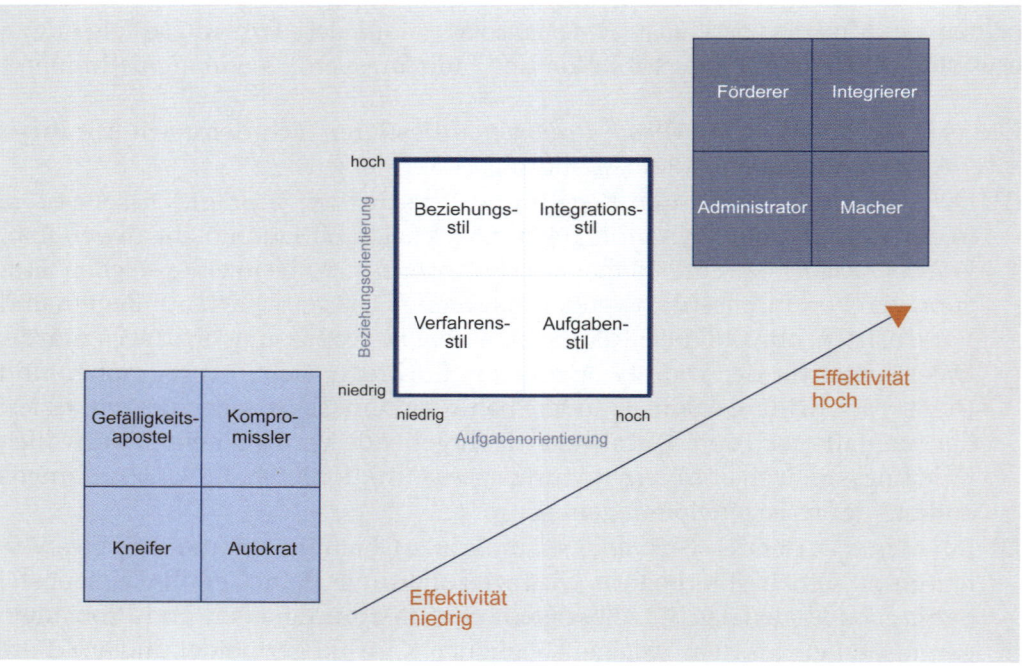

Abbildung 14.5: Die drei Dimensionen des Führungsmodells nach *William Reddin* [403]

Dieses Modell hat den höchsten Anspruch: Es verlangt von Führungskräften nicht nur laufend eine Analyse der Situation, sondern auch die Fähigkeit, alle vier Führungsstile je nach gegebener Situation anzuwenden. Gerade diese hohe Führungsstilflexibilität ist ein besonderes Merkmal des Modells von *William Reddin*, das aber seine Akzeptanz in der Praxis erschwert: Es verlangt viel von den Führungskräften und setzt somit eine substanzielle Führungskräfteschulung voraus. Die Hauptstärke des Ansatzes liegt in dem situativen Charakter: So sind grundsätzlich alle Führungsstile sinnvoll – aber nur in der entsprechenden Situation.

14.3 Transformationale Führung

In den 1980er Jahren wurde die Idee der transaktionalen Führung sukzessive ergänzt durch diverse Arbeiten, die eine neue Form des „Leadership" postulierten – und zwar basierend auf einer transformationalen Basis. Hier sind vor allem die Basisforschung von *James Burns*, *Warren Bennis* und *Bernard Bass* sowie die charismatische Führung durch *Robert House* tonangebend. In der heutigen Welt lässt sich aber auch an ganz aktuellen Beispielen, wie dem Handballtrainer *Heiner Brand* oder dem Fußballtrainer *Jürgen Klinsmann,* die transformationale Führung erkennen.

> Transformationale Führung ist die Veränderung von Einstellungen bei Mitarbeitern

Die Basisforschung nach *James Burns*, *Warren Bennis* und *Bernard Bass*

Soweit erkennbar, stammt die erste explizite Differenzierung in Richtung auf eine transformationale Führung von *James Burns*[404]:

- Danach basiert *transaktionale* Führung auf klaren Austauschprozessen. Der Mitarbeiter verfolgt Ziele, wenn ihm diese wichtig und angemessen erscheinen. Transaktionale Führung folgt danach dem Prinzip *„Geben und Nehmen".*
- Im Gegensatz dazu wird bei der *transformationalen* Führung der Mitarbeiter durch die Persönlichkeit der Führungskraft dazu gebracht, seine Anspruchsniveaus radikal zu verändern und sich gegebenenfalls für höhere (also auch andere) Ziele einzusetzen. Die transformationale Führung operiert daher nach dem Prinzip *„Nicht nur pures Eigeninteresse".*

Weniger Manager als vielmehr Führer!

„Managen bedeutet bewirken, herbeiführen, die Leistung oder Verantwortung übernehmen. Führen heißt beeinflussen, die Richtung und den Kurs bestimmen, Handlungen und Meinungen steuern. Die Unterscheidung ist wesentlich. Manager machen die Dinge richtig, Führende tun die richtigen Dinge."[405]

Univ.-Prof. Dr. Warren G. Bennis (geb. 1925; Professor für Business Administration)

Bereits aus dieser Basisdefinition wird klar, dass sich die Führungsformen gravierend unterscheiden: Bei der transaktionalen Führung dominieren klare Informationsbeziehungen plus Instrumentalisieren der Motive des Mitarbeiters. Bei der transformationalen Führung steht dagegen die Beziehungsstruktur (einschließlich emotionaler und intellektueller Abhängigkeit) in Verbindung mit einer Veränderung der kognitiven Struktur des Mitarbeiters im Vordergrund.

Charismatische Führung nach *Robert House*

Charisma ist die spezifische Ausstrahlungskraft einer Führungskraft, die unabhängig von fachlichen Fähigkeiten eine Akzeptanz und letztlich Werteänderung bei der geführten Person bewirkt

Als einer der ersten Autoren beschäftigte sich *Max Weber*[406] mit dem Phänomen des Charismas. Für ihn ist Charisma, neben rationaler und historisch gewachsener Herrschaftsbegründung, einer der Auslöser für Autorität. Neben dieser soziologischen Fundierung befassen sich in jüngster Zeit mehr populärwissenschaftliche Arbeiten mit diesem Phänomen.

Auch wenn sich die charismatische Führung bereits weitgehend umgangssprachlich erschließt, wirft sie doch eine Reihe von interessanten Fragen auf:

- Was genau sind die ausschlaggebenden *Persönlichkeitsmerkmale* von charismatischen Führungskräften?
- Welche *situativen Variablen* fördern beziehungsweise behindern charismatische Führung?
- In welchem Zusammenhang stehen Charisma und *Individualität*?
- Welche *Konsequenzen* ergeben sich aus der (mentalen) Transformation beim charismatisch Geführten?

Vor allem stellt sich die Schlüsselfrage, ob die Fähigkeit, charismatisch zu führen, eine angeborene Gabe oder ein erlernbares Handwerk ist.

Das Erkenntnisinteresse der „Charismatic Leadership Theory" von *Robert House*[407] fokussiert auf Verhaltensweisen charismatischer Führungskräfte und ihr Umfeld:

- *Indikatoren* charismatischer Führung umfassen das Vertrauen des Mitarbeiters in die Führungskraft, eine nicht hinterfragte Akzeptanz der Führungskraft und eine bewusste Zuneigung sowie Loyalität.
- Die *Führungskraft* selbst ist charakterisiert durch einen ungewöhnlich starken Machtwillen, ein ungewöhnlich hohes Selbstbewusstsein und eine hohe Glaubwürdigkeit.
- Charismatisches *Führungsverhalten* beinhaltet „Management durch Beeindruckung", Artikulieren einer handlungsleitenden Vision und das Geben von Beispielen durch eigenes Handeln.

Führungskräfte versuchen so, Vertrauen in ihre Visionen und ihre Fähigkeiten bei den Mitarbeitern aufzubauen. Kritisch ist zu bemerken, dass der Ansatz noch erweitert werden kann, insbesondere durch weitere Eigenschaften der Führungskraft sowie situative Faktoren. Problematisch an diesem Ansatz ist allerdings, dass er die situativen Faktoren des Arbeitsumfeldes allenfalls implizit berücksichtigt.

Manche Manager suchen das Desaster.

„Manche Manager sind nach einer gewissen Zeit an der Unternehmensspitze derart verunsichert und desillusioniert, dass sie unbewusst das Desaster suchen. Sie haben eine Affäre im Unternehmen und riskieren so einen Skandal, sie kaufen Firmen ohne vernünftige Prüfung der Bilanz, sie fordern das Schicksal heraus."[408]

Univ.-Prof. Dr. Manfred Kets de Vries (geb. 1942; Direktor INSEAD Global Leadership Centre)

Führung nach *Heiner Brand* und *Jürgen Klinsmann*

Im Märchen und in typischen Führungsseminaren gibt es den großen Motivator, der durch sein Charisma und seine Vision (kurzzeitig) Kräfte weckt, die sonst nicht abrufbar sind. Bei dem Trainer einer Weltmeistermannschaft liegt der Schluss nahe, dass die Mannschaftsleistung nur durch seine Motivationsleistung überhaupt erst möglich wird. Was also unternahm der Handballtrainer *Heiner Brand* im Hinblick auf eine Vision? Die Antwort: erstaunlich wenig! Von ihm kamen – anders als beispielsweise von dem in seinem Kontext ebenfalls vorbildlichen Fußballtrainer *Jürgen Klinsmann* – keine markigen Sprüche im Vorfeld und keine Pressekonferenzen mit Offenbarungscharakter.

Sicherlich betonte *Heiner Brand* immer, dass man nie in ein Turnier gehe, um lediglich im Mittelfeld zu landen. Wesentlich weiter gingen da seine Spieler, die im Januar 2007 die Initiative „Projekt: GOLD 2007" starteten. Trotzdem: Was *Heiner Brand* geschaffen hat – und das wiegt viel schwerer –, ist der positiv verstärkende Rahmen, in dem dies alles wachsen konnte. Also: Es gab weder nicht-so-ganz-motivierte Mitarbeiter, die erst durch eine Brand-Rede aktiviert werden mussten, noch galt die übliche (unlogische) Basishypothese, wonach es zwar eine intrinsische Motivation gibt, die aber erst durch die Führungskräfte und damit extern zu wecken ist.

Auch wenn *Heiner Brand* manchmal autoritär auftritt, zieht er dennoch selten die Rolle des klaren Leaders konsequent durch. Dies sieht man besonders gut bei der 50-Sekunden-Besprechung, die eine Handballmannschaft als Auszeit während des Spiels nehmen kann und die man im Fernsehen weitgehend ungekürzt verfolgen konnte. Dabei ließ sich Erstaunliches feststellen: Natürlich kamen Ansagen von *Heiner Brand*, aber auch Spieler wie *Christian Schwarzer* oder *Markus Baur* setzten sich mit ihren Ideen durch. Besonders treffend fasste dies ein Fernsehkommentator mit dem Satz: „Das alles ist gelebte Demokratie" zusammen. Im

Jürgen Klinsmann: Trainer der deutschen Fußball-Nationalmannschaft von 2004 bis 2006

Heiner Brand: Trainer der deutschen Handball-Nationalmannschaft von 1997 bis 2009

Ergebnis verdichtet sich somit der Eindruck eines zumindest nicht extrem stark ausgeprägten transformationalen Führungsstils bei *Heiner Brand*.

Gerade im Fußballteamsport auf Hochleistungsniveau zählt trotz romantischer Verklärung immer weniger die Logik der elf Freunde. Vielmehr kommt es zu einem Zusammentreffen von
- systeminduzierten Tendenzen in Richtung auf Wettbewerb und Leistungsdruck bis hin zum Darwinismus und
- individuumsinduzierten Tendenzen in Richtung auf Individualisierung und Egozentrik bis hin zum Opportunismus.

Diese Kombination impliziert für alle Beteiligten – im Sport also für Trainer wie Spieler – ein weitreichendes „Spielen ohne Stammplatzgarantie", bei dem es trotz extremer Ausprägung zwischen beiden Dimensionen durchaus zu einem Gleichgewicht kommen kann. Dieses „Spielen ohne Stammplatzgarantie" ist emotional schwierig: So wurde Anfang 2006 in Fußball-Deutschland hitzig darüber diskutiert, dass ein etablierter Torwart-Titan das Opfer von *Jürgen Klinsmanns* „Spielen ohne Stammplatzgarantie" wurde.

Interessant ist die Frage nach Leadership im Zusammentreffen von Darwinismus und Opportunismus. Hier scheinen sowohl transaktionales als auch transformationales Führen zum Ziel zu führen, sofern es richtig gespielt und der Führungssituation entsprechend ausgestaltet wird:

■ Die *transaktionale Führung* fokussiert hier auf eine durch Verhandlung und sukzessive Annäherung erreichte Gleichgewichtssituation, in der es systeminduzierte Belohnungen ebenso gibt wie klare Aussagen zu Konsequenzen bei Abweichungen. Es gibt also ein „Spielen ohne Stammplatzgarantie", das allen bewusst ist, bei dem aber die Spielregeln bekannt sind, nach denen man ins Team kommt und dort bleibt.

■ Die *transformationale Führung* führt dagegen hier zu einer Integration des Einzelnen in das Kollektiv durch die Kraft der Vision des „Leaders". Er gibt eine Richtung vor, in die sich alle bewegen, da sie darin auch die Erfüllung ihrer individuellen Ziele sehen. Typisch für diese Form der Führung sind fast schon sektenhaft starke Unternehmenskulturen, die beim Einzelnen zunächst tiefste Verbundenheit, nach dem überraschenden Ausschluss aus dem Kreis der Ausgewählten aber unkontrollierbare Wut hervorrufen.

Beide Varianten sind also realisierbar und potenziell auch sinnvoll – hängen aber auch von der Situation (Sportart) und Disposition (Trainertypus) ab. *Heiner Brand* schafft vor Turnieren einen Wettbewerb zwischen den Spielern, aber nach klaren Spielregeln. Im Turnier gibt es dagegen Zonen der Sicherheit: So muss ein Spieler auf dem Feld nicht dauernd darüber nachdenken, ob ihn der nächste Fehlwurf aus dem Team katapultiert. Im Ergebnis praktiziert *Heiner Brand* in diesem Fall eine Kombination aus einem (etwas stärkeren) transaktionalen und einem (etwas schwächeren) transformationalen Führungsstil. Auf diese Weise schafft er etwas, das schwerer wiegt als eine prinzipielle Stammplatzgarantie: Er vermittelt Sicherheit und Vertrauen. Nur so konnte *Henning Fritz*, in seinem

Verein nur die Nummer drei, zur absoluten Nummer eins im WM-Turnier 2007 in Deutschland werden.

Betrachtet man nun *Jürgen Klinsmann*, so ist er charismatischer Chef mit natürlicher Autorität. *Jürgen Klinsmann* lebte Emotionen für alle sichtbar vor, ohne viel über Emotionen zu sprechen. Er entschied sich öfters gegen Empfehlungen von Chefscout *Urs Siegenthaler*, weil er – wie früher *Franz Beckenbauer* – erwartete, dass sich der Gegner an ihm auszurichten hat. Er ging (zumindest nach außen) relativ locker mit Kritik um und suchte den Spaß in der Leistung: Das Spiel war wichtig. *Jürgen Klinsmann* betonte regelmäßig die Eigenverantwortung von Spielern als „erwachsene Menschen". Er arbeitete ausschließlich mit positiven Bildern („Wie wird sich der Sieg anfühlen"). Setzt man diese Faktoren zusammen, so erhält man das *Prinzip Klinsmann*, das den modernen Führungsstil verkörpert und sich dadurch auszeichnet, dass die Führungskraft den distanzierten Visionär spielt (transformational) und die tägliche Arbeit (transaktional) einem Co-Trainer überlässt. Das *Prinzip Klinsmann* basiert auf fünf Logiken:

Das „Prinzip Klinsmann" als richtungsweisendes Führungsmodell

(1) *Positive Vision* vom anzustrebenden Ziel ohne Wenn und Aber: Beeinflusst wurde *Jürgen Klinsmann* durch das amerikanische Prinzip, mit gesundem Selbstvertrauen an Dinge heranzugehen. Hinzu kommen aber noch das klare Ziel und die Form seiner Vermittlung.

(2) *Spielen ohne Stammplatzgarantie* meint, dass der Beste sich durchsetzen und im darwinistischen Spiel opportunistisch seine Chance suchen soll, um sich selber und letztlich das Team vorwärts zu bringen. Bei der Torwartfrage vor der Weltmeisterschaft in Deutschland entschied *Jürgen Klinsmann* sich gegen die etablierte Eins und benannte *Jens Lehmann*.

(3) Mögliche *Irritationen* aus dem Umfeld eliminieren, damit die Spieler den Kopf frei haben für den Fußball: Das ist es, wofür sie bezahlt werden. Unproduktivität am Arbeitsplatz wird durch Optimierung des Umfelds auf ein Minimum reduziert. Zur akribischen Vorbereitung bis ins letzte Detail installierte *Jürgen Klinsmann* einen hochkarätigen Beraterstab. Beim Führungsstil ließ er sich von internationalen Topmanagern beraten. Aus den USA kamen Fitnesstrainer und Zeitmanagement.

(4) *Motivation und Eigenverantwortung* ist die Devise: Die Spieler haben ihre Zukunft selber in der Hand, sie sind erwachsene Menschen und sollen auch als solche behandelt werden. Als einer der Ersten ließ der ehemalige Bundestrainer die Familien der Spieler während des Trainingslagers mit ins Mannschaftshotel. Vor allem durfte selbst entschieden werden, wie die Freizeit verbracht wird.

(5) *Klare Kommunikation der Spielregeln* und die Konsequenz, mit der man Entscheidungen durchsetzt und verfolgt: Weder die Kritik an seinem Wohnsitz in den USA noch die an seinen Personalentscheidungen haben *Jürgen Klinsmann* nervös gemacht. *Jürgen Klinsmann* sagt, was er erwartet, und man nimmt ihm ab, dass er es ernst meint.

Im Kern geht es bei diesen Prinzipien um die gleichzeitige Betonung von Wettbewerb (Darwinismus) und individuellem Eigeninteresse (Opportunismus): Hier spielen zu können, ist hohe Kunst der Führung und greift wesentlich weiter als die bekannten Konzepte von partizipativer, kooperativer und situativer Führung.

14.4 Führung in der neuen Arbeitswelt

Die besondere Herausforderung an der Darstellung der Führungskonzepte der neuen Arbeitswelt liegt darin, dass diese Überlegungen durchaus in unterschiedliche Richtungen deuten: So gibt es die eher idealisierte Sichtweise des Mitunternehmertums, die eher skeptische Sichtweise der Motivationsmythen und die aus der aktuellen Diskussion abgeleitete Sichtweise des Darwiportunismus.

Übung 14.2   **Führung in der neuen Arbeitswelt**

Im Backzentrum Süd-Ost Ihrer Strawberry Cake & Bakeries AG sind sieben Mitarbeiter in der Produktion von Kaisersemmeln beschäftigt. Die Produktion ist vollautomatisch, hat also nicht mehr viel mit dem ursprünglichen Bäckerhandwerk zu tun. Von den Mitarbeitern in der Semmelproduktion sind sechs bewährte Mitarbeiter deutlich über 45 Jahre alt und haben eine eher skeptische Haltung zur Technik. Gerade eine Technikaffinität ist aber nötig, um aus den Kaisersemmel-Maschinen das Optimum herauszuholen. Durch einen günstigen Zufall im Zusammenhang mit einer Betriebsänderung haben Sie die Möglichkeit, sich ohne weitere Probleme von fünf Ihrer Mitarbeiter zu trennen. Sie könnten mit einer neuen Mannschaft Ihre Umsatzziele wesentlich besser erreichen. Allerdings würden diese fünf Mitarbeiter am Arbeitsmarkt als unvermittelbar gelten und ihre Lebensperspektive wäre stark getrübt. Wie entscheiden Sie?

Mitunternehmertum nach *Rolf Wunderer*

Je mehr Unternehmen unter wirtschaftlichen Druck geraten und umso mehr die Wertschöpfung als zentrales Ziel in den Mittelpunkt rückt, umso stärker werden Überlegungen, den Mitarbeiter in diesen gesamten Prozess einzubinden. Dahinter steht die Überlegung, den Mitarbeiter sukzessive aus seiner Rolle als mechanistischer Umsetzer von Aufträgen zu einem selbst agierenden und unternehmerisch denkenden Akteur zu machen. Die klare Logik: Wenn es gelingt, den Mitarbeiter so zu motivieren, dass er alle seine Ziele an den Unternehmenszielen ausrichtet, so werden weitere Führungsaktivitäten reduzierbar sein und der Zielerreichungsgrad wird durch eine bessere Abstimmung steigen.

In besonders pointierter Form hat sich *Rolf Wunderer*[409] mit dieser Überlegung auseinandergesetzt und sein Konzept des „Mitunternehmertums" postuliert. Hierunter versteht er die aktive und effiziente Unterstützung der Unternehmensstrategie durch problemlösendes, sozialkompetentes und umsetzendes Denken und Handeln einer möglichst großen Zahl von Mitarbeitern aller Hierarchie- und Funktionsbereiche mit hoher Eigeninitiative und -verantwortung in/mit dafür fördernden Strukturen. Analog dazu werden unternehmerische Mitarbeiterführung und -entwicklung definiert als innovations-, integrations- und umsetzungsgerichtete soziale Beeinflussung sowie als Koordination und Förderung von Organisationsmitgliedern zur Erfüllung gemeinsamer Aufgaben.

Zentral für diese Überlegung sind die Schlüsselkompetenzen, die bei den unternehmerisch denkenden Mitarbeitern ausgeprägt sein sollen und sich wie folgt manifestieren:

- Die *Gestaltungskompetenz* wird definiert als die Begabung und Motivation, innovativ gestalterische Aktivitäten im Interesse der Unternehmensziele durchzuführen. Eine solche Innovationsfähigkeit und -bereitschaft bei der Gestaltung artikuliert sich allerdings nicht nur in spezifischen Sonderleistungen, sondern vor allen Dingen auch in den routinemäßigen kontinuierlichen Verbesserungen im eigenen Arbeitsbereich.

- Die aktionale *Umsetzungskompetenz* bezieht sich auf die Fähigkeit und die Bereitschaft, innovative Lösungen nicht nur zu entwickeln, sondern sie auch zu verwirklichen beziehungsweise zu implementieren. Eine solche Umsetzungskompetenz kommt durch das Zusammenwirken von unterschiedlichsten Persönlichkeitsmerkmalen wie Beharrlichkeit und Hartnäckigkeit zustande.

- Die *Sozialkompetenz* als dritte Schlüsselqualifikation für den Mitunternehmer beschreibt die Fähigkeit und die Motivation zur Kooperation und zur Integration in einer Teamstruktur.

Entscheidend bei dieser Überlegung der Mitunternehmer ist, dass auf diese Weise die Akteure zu mitwissenden, mitdenkenden, mitentscheidenden und mitverantwortenden Personen werden. Diese Selbststeuerung und die Selbstorganisation in Richtung auf Unternehmensziele erleichtern dann den gesamten Prozess der Unternehmensführung. Vor allen Dingen würden sich solche Mitarbeiter in hohem Maße mit den Unternehmenszielen identifizieren und ein freiwilliges Engagement beziehungsweise eine über den Normalfall hinausgehende Bereitschaft zeigen, sich für unternehmerische Ziele einzusetzen.

Auch Mitunternehmer müssen geführt werden

Ein solches Mitunternehmertum setzt zwei Führungsformen[410] voraus:

(1) Die *strukturelle Führung* sorgt dafür, dass die Kultur, die Strategie und Organisation des Unternehmens bis hin zur Personalstruktur in adäquater Form ausgeprägt sind.

(2) Die *interaktive Form* bezieht sich auf die Möglichkeiten, durch Information, Motivation und diverse andere Kommunikationsformen auf die entsprechenden Personen einzuwirken.

Als Ergebnis ergibt sich dann die zentrale Aufgabe der Führungskräfte, möglichst viele Personen zu Mitunternehmern zu machen, die die gesamte Palette von Mitwissen über Mitentwickeln bis hin zu Mitverantworten teilen.

Das Konzept von *Rolf Wunderer* stellt ein idealisiertes Bild der Führung dar, das sicherlich als wünschenswert einzustufen ist. Hinterfragbar bleibt allerdings, ob und inwieweit es in der Realität vorhanden beziehungsweise umsetzbar ist.

Motivationsmythen nach *Reinhard Sprenger*

Reinhard Sprenger: angenehme Botschaft mit Applausgarantie

Eines der erfolgreichsten Führungsbücher ist „Mythos Motivation" von *Reinhard Sprenger*[411]. Dieses Buch (wie die diversen Nachfolgepublikationen von *Reinhard Sprenger*) bezieht sich primär auf die Individualführung und macht Aussagen dazu, was Führungskräfte im Hinblick auf die angestrebte Verhaltensbeeinflussung bei ihren Mitarbeitern beachten sollten. Die eigentliche Pointe seines Buches besagt, dass sich Führungskräfte überhaupt nicht mit dem Thema „Motivation" beschäftigen sollten, weil dies nur zu noch größerer Demotivation führt.

Reinhard Sprenger lehnt im Wesentlichen alles ab, was in Richtung „Leistungssteigerung durch Motivation" geht. Ob Prämie, Belobigung, leistungsabhängige Vergütung oder auch nur Leistungsbeurteilung: Alles sorge nur dafür, dass letztlich Motivation zerstört wird. Selbst Anerkennung lehnt *Reinhard Sprenger* ab. Für ihn ist sie nicht mehr als der „Einstieg in die innerbetriebliche Drogenszene", da Anerkennung – einmal ausgesprochen – sofort in ihrer Wirksamkeit verblasst. *Reinhard Sprenger* geht aber noch weiter und argumentiert, dass Motivierung sogar kontraproduktive Nebenwirkungen hat und im Ergebnis zu völliger Passivität führt.

Gerhard Fatzer[412] argumentiert, dass *Reinhard Sprenger* in seiner Psychologie- und Wissenschaftsfeindlichkeit als unternehmensberaterischer Wanderprediger zwar unterhaltsame Banalitäten liefere, aber dieser Psychoklamauk nicht weiterführe.

Unabhängig von der heftigen Kritik vieler Wissenschaftler an *Reinhard Sprenger* hat er mit seinen Aussagen bei vielen Praktikern durchschlagenden Erfolg: Denn Führungskräfte, die sowieso Schwierigkeiten damit haben, Mitarbeiter zu loben, zu kritisieren oder sich mit ihnen auseinanderzusetzen, bekommen jetzt Argumente an die Hand, auf all dies zu verzichten. Oder um es anders auszudrücken: Man muss nur optimistisch an das „Gute im Menschen glauben", dann stellt es sich von selbst ein.

Darwiportunismus nach *Christian Scholz*

Unternehmen basieren auf dem sozialen Kontrakt als einer mehr oder weniger kodifizierten Übereinkunft zwischen dem Unternehmen und den Mitarbeitern im Hinblick auf Rechte und Pflichten. Über einen solchen sozialen Kontrakt sollen die wechselseitigen Erwartungen abgeklärt und in diesem Zusammenhang entstehende Enttäuschungen vermieden werden. Früher war der soziale Kontrakt relativ klar definiert: Das Unternehmen bietet dem Mitarbeiter lebenslange Beschäftigungssicherheit, ein solides Einkommen und ein angemessenes Weiterkommen im Beruf. Umgekehrt steht der Mitarbeiter seinem Unternehmen loyal gegenüber und engagiert sich weitgehend für seine Arbeitgeber.

Inzwischen hat sich vieles geändert, auch wenn man immer noch die alte sozialromantische Idealisierung findet: Gegenwärtig verschiebt sich das Gewicht vom Workholder Value zum Shareholder Value. Es zählen weniger Loyalität und frühere Leistung, sondern vielmehr aktuelle Motivation und Leistungsfähigkeit. Umgekehrt sehen die Mitarbeiter im Unternehmen teilweise nur einen temporären Zwischenschritt in der Karriere und bringen eher ein begrenztes Engagement für das Unternehmen. Es kommt zu einer Situation, in der Unternehmen bereits dadurch erpressbar sind, dass sie keine qualifizierten Mitarbeiter finden können und häufig sogar auf Maximalforderungen eingehen müssen.

Das Ergebnis sind zwei Trends[413], die das Verhältnis zwischen Unternehmen und Mitarbeiter konkretisieren und in der aktuellen Arbeitswelt zu finden sind:

- Der eine Trend ist der zunehmende *Darwinismus* der Unternehmen, die in Zeiten des technologiegestützten, globalen Wettbewerbs das „Survival of the Fittest" erreichen müssen. Nur wer besser als der Mitbewerber ist, überlebt, und dies gilt sowohl auf dem Markt als auch innerhalb des Unternehmens. Wer nicht eindeutige und nachgefragte Kernkompetenzen aufweisen kann, wird im Wettbewerb nicht bestehen können. Radikale Kostenminimierung und extreme Flexibilisierung bringen es mit sich, dass auch vom Unternehmen garantierte Sicherheit ein Wert von gestern zu sein scheint.
- Der andere Trend ist der klare *Opportunismus* der Mitarbeiter. Die junge Berufsgeneration, die seit kurzem in die Hightech Arbeitswelt eingestiegen ist, handelt so, dass nach Möglichkeit ihr eigener Vorteil im Mittelpunkt steht, im Extremfall selbst dann, wenn es dem Unternehmen schadet. Loyale Bindung an das Unternehmen erscheint für sie zunächst unattraktiv, viel wichtiger dagegen sind Beschäftigungsfähigkeit und Marktwert. Dabei ist sie selbst motiviert und ehrgeizig, aber ihre Ziele sind nicht unbedingt die ihres Unternehmens.

Die Kombination aus beiden Verhaltensweisen wird mit dem Begriff „Darwiportunismus"[414] bezeichnet.

Auch wenn Darwiportunismus ein breit angelegtes Phänomen ist, interessieren hier ausschließlich die Implikationen für die Führung. Denn hinter den vier Kategorien der Darwiportunismus-Matrix (Abbildung 14.6) stecken vier vollkommen unterschiedliche psychologische Kontrakte mit vier vollkommen unterschiedlichen Führungsnotwendigkeiten:

(1) In der *guten alten Zeit* wird vom umfassend motivierten Mitarbeiter ausgegangen. Hier sind gerade Sicherheits- und Zugehörigkeitsbedürfnisse weitgehend befriedigt. Es ist die Aufgabe der Individualführung, dem Mitarbeiter weiterhin das Gefühl für die „Heimat" im Unternehmen zu geben und gerade

Darwiportunismus ist das Zusammentreffen von kollektivem Darwinismus und individuellem Opportunismus

Gefühle der Unsicherheit abzubauen. Führungskräfte tun in einer solchen Situation gut daran, den innerbetrieblichen Wettbewerb nicht zu forcieren, sondern allenfalls das Motto der „gemeinsamen großen Familie" in den Mittelpunkt der Diskussion zu stellen.

(2) Ein völlig anderes Feld ist der *Kindergarten*. Hier verstehen sich die Mitarbeiter als hochgradige „Professionals", die überall arbeiten könnten und wollten. Unabhängig davon, ob diese Einstellung der Realität entspricht, prägt sie doch das Verhalten. Die Mitarbeiter sind extrem anspruchsvoll und erwarten eine Fülle von Leistungen, um wirklich die entsprechende Motivation zu entwickeln.

(3) Im *Feudalismus* fällt zunächst die Personalführung relativ leicht. Hier haben die Mitarbeiter ein hohes Gefühl der Loyalität dem Unternehmen gegenüber, während das Unternehmen durchaus ein gewisses Ausmaß an Darwinismus entwickeln kann und den Mitarbeitern klar vorgibt, was zu tun ist. Allerdings ist eine solche Ergebenheit der Mitarbeiter, die bis zur Selbstaufopferung geht und auch ohne eine spiegelbildliche Loyalität des Unternehmens stattfindet, eher ein seltener Fall. Er kommt im Regelfall nur in extrem strukturschwachen Regionen zum Tragen, wo einige wenige Arbeitgeber Monopolstatus erlangt haben. Aus diesem Grund ist auch diese Zelle zumindest unter den Gesichtspunkten der Marktwirtschaft eher eine Zwischenstufe.

(4) Am Schwierigsten ist die Individualführung in der Zelle „*Darwiportunismus pur*". Hier treffen direkte wettbewerbsorientierte Führungsleistungen des Unternehmens – umgesetzt durch die individuelle Führungskraft – auf Mitarbeiter, die durchaus ihren Marktwert kennen und auch bereit sind, diesen einzusetzen. Auch wenn es auf den ersten Blick so wirkt, ist diese Zelle nicht identisch mit Überlegungen zum Mitunternehmertum. Im Darwiportunismus ist das anders: Hier werden die Mitarbeiter zu Unternehmern in eigener Sache und das Unternehmen ist allenfalls eines von vielen möglichen Mitteln zum Zweck. Individualführung in einem solchen Kontext bedeutet für die Führungskraft ein bewusstes Einstellen auf diese Situation. Konkret hat die Führungskraft hier die Aufgabe, in ihren Führungsaktivitäten klar und offen diese Situation zu thematisieren, einen neuen sozialen Kontrakt aufzubauen, der zumindest auf einem gewissen Maß an Offenheit fundiert ist und zudem eine Situation schafft, in der durch den Darwiportunismus sowohl der Mitarbeiter als auch das Unternehmen profitiert.

Ergebnis: vier Konstellationen mit unterschiedlichen Implikationen

Aus den beschriebenen Kombinationen resultieren zwei Konstellationen, in denen eine Machtbalance herrscht: Zum einen loyal/Sicherheit bietend (gute alte Zeit), zum anderen illoyal/keine Sicherheit bietend (Darwiportunismus pur). Die beiden anderen Situationen sind nicht ausbalanciert, weil die Akteure jeweils unterschiedliche Machtpotenziale einsetzen. Ausgehend von den Erwartungshaltungen der Akteure ergeben sich damit auch vier verschiedene soziale Kontrakte, die mehr oder weniger bewusst von Arbeitnehmern und Arbeitgebern eingegangen werden. Generell gilt für Führung im Hinblick auf den Darwinismus somit: Bei niedrigem Darwinismus bedarf es einer Führung, die mit wenig Grenzen, wenig Kontrolle und hoher Toleranz operiert. Bei hohem Darwinismus benötigt man eine Führung, die präzise Ziele, straffe Kontrolle und auch eine „Low-Performer-Lokalisation" kennt.

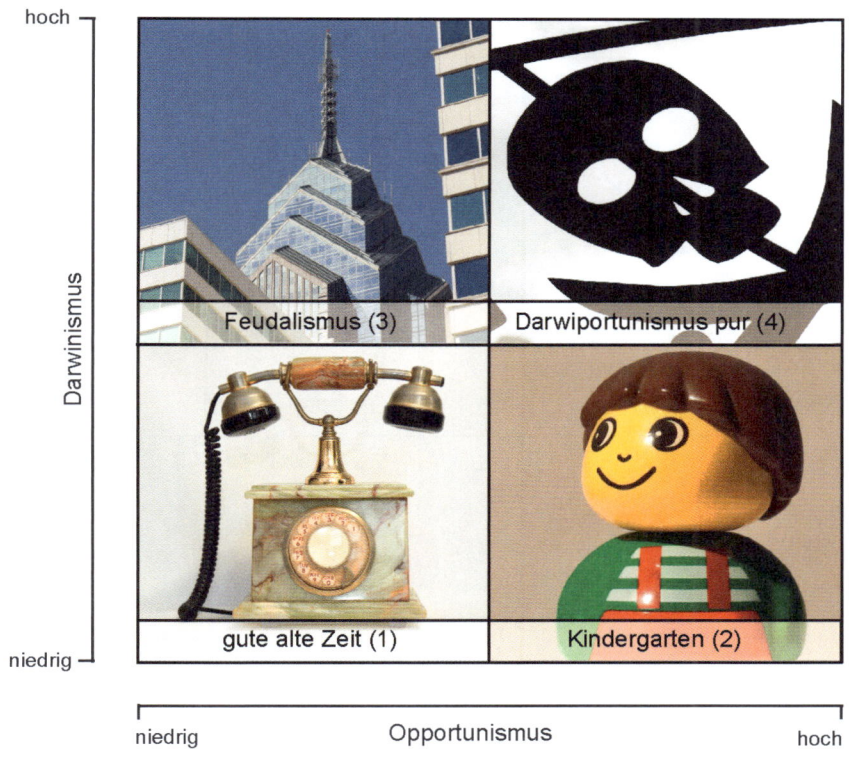

Abbildung 14.6: Die Darwiportunismus-Matrix[415]

Auch beim Opportunismus gibt es eine entsprechende Differenzierung. So gilt für die Führung: Bei niedrigem Opportunismus vor allem die Forderung nach Schaffen von Ordnung einhalten. Bei hohem Opportunismus das Postulat, den Opportunismus bei Mitarbeitern zu akzeptieren (was nicht so einfach ist), gleichzeitig aber die Notwendigkeit für eine integrationsfähige Vision sicher zustellen. Vor allem hier gilt es daher, den „Fliehkräften" der Mitarbeiter entgegenzuwirken.

Im Ergebnis führt dies zu vier unterschiedlichen Führungsinhalten (Tabelle 14.3):
(1) In der *guten alten Zeit* steht Stabilität im Mittelpunkt.
(2) Im *Kindergarten* muss die Führungskraft dafür sorgen, dass sich die (kindliche) Kreativität entfalten kann.
(3) Im *Feudalismus* zielt alles auf Effizienz im Sinne von Wirtschaftlichkeit.
(4) Im *Darwiportunismus pur* gilt es vor allem, auf Augenhöhe zwischen Führungskraft und Mitarbeiter in gemeinsamer Verantwortung den Erfolg herzustellen.

Darwiportunistisches Führen ist Führen in Abhängigkeit von der Darwiportunimus-Konstellation

Damit zeigt sich, dass unabhängig von der individuellen Führungssituation bereits aus der aktuellen Arbeitswelt umfangreiche situative Impulse kommen, auf die sich die Führung einzustellen hat.

Tabelle 14.3: Führung in der Darwiportunismus-Matrix

		niedriger Opportunismus	hoher Opportunismus
		Schaffen von Ordnung: Wunsch nach Sicherheit akzeptieren	„Create a Vision": Individuellen Opportunismus akzeptieren
hoher Darwinismus	präzise Ziele straffe Kontrolle	(3) Effizienz	(4) Effektivität
niedriger Darwinismus	nur einige Grenzen wenig Kontrolle hohe Toleranz	(1) Stabilität	(2) Kreativität

Führungskraft als Coach

Im Zuge einer Vertriebsmaßnahme startete die Hypo Vereinsbank 2008 eine Coaching-Initiative. Die bislang bekannten Führungsinstrumente in der Bank wurden dahingehend ausgerichtet, den Druck auf die Mitarbeiter zu verstärken und sie so zu höheren Leistungen anzuspornen. Beispielhafte Instrumente waren eine erfolgsabhängige Entlohnung oder ein tagesgenaues Controlling der Berater. Angesichts der Bankenkrise Ende 2008 jedoch zeigt sich, dass diese Instrumente schnell zu Burnout, Eskalationen und offener oder innerer Kündigung führen können. Dennoch ist auch der komplette Verzicht auf diese Instrumente keine Lösung.

Das entwickelte Coachingkonzept „Sales College" basierte auf der Grundannahme, dass die Führungskraft nicht dafür sorgen muss, ob und wie gearbeitet wird, dies wird durch die organisatorischen Bedingungen und die Arbeitsgestaltung in der Bank bewerkstelligt. Auch die Ziele werden vom Unternehmen vorgegeben und müssen nicht mehr ausgehandelt werden.

Die Aufgabe der Führungskraft ist daher, die Kommunikation der Ziele zu unterstützen: Sie soll dem Mitarbeiter helfen, gedanklich den Arbeitsprozess zu führen, Schwachpunkte zu finden und mit ihm Lösungen erarbeiten. Sie kritisiert und belehrt nicht, sondern will verstehen, warum der Mitarbeiter so handelt. Gleichzeitig bleibt sie neugierig auf die Lösungen anderer. In einer ersten Evaluation in den teilnehmenden Banken stellte sich heraus, dass das Konzept eine große Umgewöhnung bedeutete und das Coaching regelmäßig stattfinden muss, um erfolgreich zu sein. Andererseits konnten diese Niederlassungen ihren Zielerreichungsgrad auch enorm steigern, und das trotz der Bankenkrise.[416]

14.5 Ausblick

Zunächst wurde die Komplexität der Führung diskutiert, wie sie sich aus dem Zusammenspiel von Führungskraft und Mitarbeiter artikuliert. Gleichzeitig wurden unterschiedliche Definitionen von Führung präsentiert und die Schwierigkeiten erläutert, die sich aus der Kontextabhängigkeit von Führungsaussagen ergeben. Ferner wurde auf den Unterschied zwischen Führungsstil, Führungstechnik, Führungsmodell und Führungstheorie hingewiesen und zwei verschiedene Typen von Führungsstilmodellen beschrieben.

Besonders zu thematisieren ist sicherlich auch die Führungskultur in KMU. Sie wird teilweise durchaus kritisch gesehen, vor allem wenn sie sich unter anderem durch folgende Merkmale beschreiben lässt[417]:

– mangelnde Unternehmensführungskenntnisse,
– unzureichender Einsatz von Führungsinstrumenten,
– überwiegend (nur) technisch orientierte Ausbildung der Eigentümer,
– patriarchalische Führung mit geringer Abtretung von Verantwortung,
– kaum Gruppenentscheidungen,
– Fokus auf Improvisation und Intuition und
– mangelnde strategische Orientierung.
Das Ergebnis sind danach zwar in Einzelfällen schnellere Entscheidungen, aber ein generell patriarchalisch-technisch-autoritärer Führungsstil, der nicht unbedingt auf jede Situation und zu jedem Mitarbeiter passt.

Führung in KMU als unterschätztes Problem!

Bei den eindimensionalen Führungsmodellen wird der jeweils praktizierte Führungsstil auf einer Achse positioniert: im Modell von *Robert Tannenbaum* und *Warren Schmidt* zwischen den Polen „autoritär" und „partizipativ", im Modell von *Fred Fiedler* zwischen den Polen „aufgabenorientiert" und „beziehungsorientiert".

Die zweidimensionalen Modelle, die in diesem Kapitel behandelt wurden, basieren alle auf der Ohio-State-Studie und unterstellen zwei Achsen, die – bei marginal unterschiedlicher Bezeichnung – immer auf der einen Seite eine Mitarbeiterorientierung sehen, auf der anderen Seite eine Aufgabenorientierung. Allerdings unterscheiden sich die verschiedenen Modelle in ihrer letztlich angestrebten Zielsetzung: Beim Modell von *Robert Blake* und *Jane Mouton* wird eine Lösung, bei der die Führungskraft ausschließlich einen Führungsstil praktiziert, der durch hohe Aufgabenorientierung und durch hohe Mitarbeiterorientierung charakterisiert werden kann, angestrebt. Im Modell von *Paul Hersey* und *Kenneth Blanchard* soll sukzessive eine Personalentwicklung stattfinden, nach deren Abschluss die Führungskraft mit einem Führungsstil operieren kann, der durch niedrige Grade an Aufgaben- und Beziehungsorientierung charakterisiert ist. Im Gegensatz dazu sieht *William Reddin* alle vier Zellen als mögliche Ausprägungen vor.

Im Bereich des Führungskräftetrainings gibt es eine deutliche Tendenz in Richtung auf globale Kompetenzmodelle im Sinne von allgemeinen Führungsmerkmalen. Hier werden unter anderem Merkmale wie
– Mitarbeiter motivieren,
– Bereitschaft zum Lernen,
– Unternehmergeist,
– Stakeholder Orientierung und
– Community-Building und Networking
genannt. Diese Argumentation, die vor allem aus der universalistischen US-amerikanischen Managementforschung stammt[418], hat den großen Vorteil, dass sie eben nicht zwischen unterschiedlichen Ländern differenziert. Merkmale wie „Bereitschaft zum Lernen" gelten immer – also auch im Ausland. Entsprechend können diese Führungsmerkmale als universelle Basiskompetenzen von Führungskräften angesehen werden.

Werner Widuckel, **Mitglied des Vorstands, Personal- und Sozialwesen, Audi AG**

Was zeichnet gute Führung aus? Führung bei der Audi AG

Führung ist eine Kernaufgabe guten Managements, die in ihrem Qualitätsanspruch und ihrer Methodik wie in ihren Kompetenzanforderungen nicht hinter den Maßstäben einer guten Gestaltung von Produkten und Kundenbeziehungen zurückstehen darf. Deshalb lautet die Frage: Was zeichnet eine gute Führung von Mitarbeitern aus?

Die Grundlage guter Führung wird mit dem kulturellen Handlungsrahmen gelegt, der im Unternehmen gegeben ist. Ein Unternehmen, das Mitarbeiter als auswechselbare Ressource ohne Bindungsanspruch betrachtet, wird sich kaum um ein hohes Anspruchsniveau an Führung bemühen. Wo eine starke Bindung zwischen Unternehmen und Mitarbeitern gewollt ist und verlangt wird, hat der Standard der Führung einen strategischen Stellenwert für die Entwicklung des Unternehmens.

Als Entwickler und Hersteller von Premiumautomobilen ist die Audi AG in besonderer Weise auf ein hohes Kompetenzniveau, Erfahrungswissen sowie Engagement und Motivation seiner Mitarbeiter angewiesen. Produktlebenszyklen von rund sieben Jahren, permanente technologische Innovationen und sich hochgradig wandelnde wirtschaftliche und politische Rahmenbedingungen machen die Kompetenz und das Engagement der Mitarbeiter zu zentralen Erfolgsfaktoren. Deshalb ist für die Audi AG das Ziel einer hohen Arbeitgeberattraktivität, neben Rendite-, Volumen- und Qualitätszielen, von herausragender Bedeutung, dem sich das Unternehmen insgesamt verpflichtet sieht.

In einer Leistungsorganisation zu führen bedeutet, einen positiven Bezug zu Leistung und Erfolg herzustellen. Um Leistung zu fordern, müssen die Rahmenbedingungen so gestaltet werden, dass sie herausragende Leistungen ermöglichen. Für die Führungsaufgabe heißt dies, transparente Leistungserwartungen zu formulieren und die Verantwortung für die Ausgestaltung der genannten Rahmenbedingungen aktiv wahrzunehmen. Dies gilt sowohl für die sachlichen und organisatorischen Aspekte als auch für die Kompetenzentwicklung der Mitarbeiter. Gute Führung erweist sich deshalb sowohl in fachlicher als auch in personaler Hinsicht als Forderer und Unterstützer und zeichnet sich durch Transparenz, Fairness und Wertschätzung sowie Erreichbarkeit aus. Die Personalarbeit hat hierbei die Aufgabe, sowohl die erforderlichen Instrumente und Systeme zu entwickeln und bereitzustellen, als auch Führungskräfte wie Mitarbeiter im Führungsalltag zu unterstützen.

Zielvereinbarung, Beurteilung und die Entwicklung der fachlichen wie sozialen, persönlichen und unternehmerischen Kompetenzen der Mitarbeiter sind deshalb wesentliche Instrumente zur Gestaltung der Beziehung zwischen Führungskraft und Mitarbeiter. Diese Faktoren stellen einen Bezug zwischen Leistung, Erfolg und Entwicklung her. Durch die Führung erfährt der Mitarbeiter, dass seine Leistung gewürdigt wird und seine mögliche berufliche Entwicklung im Fokus des Unternehmens steht. Entwicklung und Wertschätzung bedeuten allerdings nicht, Konflikte und Zielverfehlungen zu verdecken, sondern diese offen anzusprechen und deren Ursachen nachzugehen. Führung heißt, derartigen Problemen nicht aus dem Weg zu gehen, sondern deren Ursachen fair herauszuarbeiten. Insofern stellt eine gute Führung nicht nur einen hohen Anspruch an die Führungskraft, sondern auch an die Mitarbeiter, sich mit an sie gestellten Forderungen und deren offener Kommunikation auseinanderzusetzen.

Gute Führung wird allerdings nie ohne bestimmte Persönlichkeitseigenschaften und eine hohe Führungsmotivation der Führungskraft auskommen. Hierzu gehören ganz sicher Empathiefähigkeit und Kommunikationsbereitschaft. Wenn im Zusammenhang mit Führung von „Feedback-Kultur" gesprochen wird, dann ist hiermit auch die Bereitschaft verbunden, ein Feedback der Mitarbeiterinnen und Mitarbeiter zur eigenen Führungsleistung zuzulassen. Dies wird im Übrigen bei Audi gleichermaßen durch das 360°-Feedback wie durch jährliche Belegschaftsbefragungen ermöglicht.

Die Führungskraft ist für die Mitarbeiterinnen und Mitarbeiter das Gesicht des Unternehmens. Engagement und Motivation brauchen eine gute Führung, für die im Unternehmen die notwendigen Voraussetzungen, aber auch Instrumente und Spielräume vorhanden sein müssen.

Aufgaben und Fragen zur Selbstüberprüfung

1. Erklären Sie die Variablen im Kontingenzmodell von *Fred Fiedler*!

2. Erklären Sie das Verhaltensgitter von *Blake* und *Mouton* und gehen Sie auf wesentliche Kritikpunkte zu ihrem Modell ein!

3. Erläutern Sie das Reifegradmodell anhand einer Zeichnung!

4. Erläutern Sie das Führungsmodell von *Paul Hersey* und *Kenneth Blauchard*!

5. Welche vier Führungsstile sieht *William Reddin* mit welchen Ausprägungen vor?

6. Diskutieren Sie die Führungsansätze von *Heiner Brand* und *Jürgen Klinsmann* hinsichtlich ihrer Gemeinsamkeiten und Unterschiede!

7. Welcher Denkansatz steht hinter der Darwiportunismus-Matrix?

Kapitel 15

Kooperation: Wie führt man Teams?

Kapitel 15 Kooperation: Wie führt man Teams?

Fakten

70 % der Mitarbeiter in deutschen Unternehmen fühlen sich als vollwertiges Teammitglied.[419]

91 % der Führungskräfte sprechen ihren Teams das Vertrauen aus.[420]

96 % sind überzeugt, dass Teamarbeit wirkliche Synergien ermöglicht.[421]

Lernziele

- Sie erfahren, worin sich ein Team von einer Gruppe unterscheidet.

- Sie erleben, was man von der Musik in Bezug auf Teamführung lernen kann.

- Sie wissen, welche Aufgaben ein Teamführer hat.

- Sie verstehen, wie Mikropolitik funktioniert.

- Sie lernen, was sich hinter Mobbing verbirgt.

15.1 Überblick

In der älteren Literatur gibt es wenige personalwirtschaftliche Arbeiten, die sich mit Teams und Teamführung explizit auseinandersetzen. So hatte beispielsweise das renommierte Handwörterbuch der Führung[422] bei insgesamt 2.092 Textspalten im Stichwortregister unter T wie Team nur einen einzigen Eintrag mit drei Seitenverweisen zum Stichwort Teambildung. Interessanterweise fehlt somit – wie auch in vielen anderen Publikationen zur Führung – der Verweis auf „Teamführung" ganz. Dafür gibt es mögliche Erklärungen:

- Team und Teamführung werden allenfalls als ein *organisatorisches Thema* behandelt. Dies bedeutet, dass es um die Entwicklung eines Systems und einer Organisationsstruktur geht.
- Die Teamführung ist nichts Besonderes im Vergleich zur Individualführung. Danach ist es *relativ egal*, ob man einzelne Personen führt oder einzelne Personen als Teil eines Teams.
- *Teams haben ex definitione keine Führung*, weshalb das Wort Teamführung überhaupt nicht existiert.

Je nach Autor wird einer dieser Gründe oder eine Mischung davon angegeben.

In diesem Buch wird allerdings unterstellt, dass
- Teams sehr wohl mehr sind als lediglich eine organisationsstrukturelle Systemerscheinung,
- Teamführung eine andere Qualität mit sich bringt als die reine Individualführung und
- Teams durchaus Führungsfunktionen benötigen.

Vor diesem Hintergrund und gerade wenn man unterstellt, dass Teams einen wichtigen Baustein zeitgemäßer Unternehmensführung darstellen, gilt es nun zu prüfen, welche Möglichkeiten zur Teamführung existieren und wann sie einsetzbar sind.

Daher werden in diesem Kapitel nach der grundsätzlichen Klärung der Begriffe „Team" und „Gruppe" (Abschnitt 15.2) organisatorische (Abschnitt 15.3), sportliche (Abschnitt 15.4), musikalische (Abschnitt 15.5) und virtuelle Ansätze (Abschnitt 15.6) der Forschung im Bereich Teamführung genauer beschrieben. Das Kapitel schließt mit der Analyse der Schwierigkeiten in Teams (Abschnitt 15.7).

BestPersCase: Tele Atlas Deutschland GmbH

Tele Atlas ist Hersteller und gleichzeitig Weltmarktführer für digitale Karten. Die großen Automobil- und Gerätehersteller nutzen die Tele Atlas Karten für ihre Navigationsgeräte. In Deutschland beschäftigt das Unternehmen mit Sitz in Harsum rund 175 Mitarbeiter.

Isabell Krone, Personalchefin für Deutschland, Österreich und Schweiz, gibt einige nützliche Tipps, die alle erfahrungsgemäß die Zusammenarbeit mit den Kollegen erleichtern können:

- *Seit wann kommt der Knochen zum Hund?*
  (Er-)Warten Sie nicht, dass die Kolleginnen und Kollegen mit ihren Anliegen von sich aus zu Ihnen kommen, sondern gehen Sie auf sie zu. Selbst wenn nichts Dringendes anliegen sollte, erfahren Sie in einem lockeren Gespräch beim Kaffee unter Umständen Wichtiges aus dem Arbeitsfeld des Kollegen.

- *In der Küche ist es noch immer am Gemütlichsten!*
  Was in der Wohnung die Küche, ist in vielen Unternehmen die Teeküche oder Cafeteria. Möglicherweise treffen Sie dort die Menschen, mit denen es seit Wochen nicht möglich ist, einen gemeinsamen Termin zu finden. Und in fünf Minuten an der Kaffeemaschine ist vielleicht das Wesentliche abgestimmt oder ein Termin außer der Reihe gefunden.

- *Was ich noch zu sagen hätte, reicht für eine Zigarette und ein letztes Glas im Stehen.*
  Seien Sie jederzeit ein guter Gastgeber! Menschen, die sich wohl in Ihrem Büro fühlen, berichten auch entspannter von ihrer Arbeit, ihren Wünschen, Sorgen und Problemen. Wenn die Kollegen gerne zu Ihnen kommen, weil in Ihrem Büro eine Espressomaschine steht oder ein Teller mit Süßigkeiten oder Obst, dann freuen Sie sich und nehmen Sie sich immer Zeit für eine Kaffeelänge und ein Gespräch.

- *Reden ist Silber, Schweigen ist Gold!*
  Entscheiden Sie sich für Silber, wenn eine Leistung offizieller Anerkennung bedarf, und äußern Sie Ihr Lob auch in Besprechungen. Haben Sie Kritik auf den Lippen, dann entscheiden Sie sich im öffentlichen Raum für Gold. Suchen Sie das persönliche Gespräch für konstruktiv fördernde Kritik und formulieren Sie mögliche Verbesserungspotenziale.

- *Man soll die Feste feiern, wie sie fallen!*
  Nehmen Sie Einladungen aus dem Kollegenkreis an, gehen Sie zu Spielen der hauseigenen Fußball- oder Handballmannschaft und fördern Sie Vielfalt bei den Aktivitäten Ihres Unternehmens.

Führungspersönlichkeiten in der Presse

Übung 15.1

Teamführung macht Ihnen in der Strawberry Cake & Bakeries AG Spaß und Ihrer Meinung nach stellen Sie sich dabei gar nicht so schlecht an. Aus Neugierde recherchieren Sie in der aktuellen Presse nach Artikeln zu anderen Führungspersönlichkeiten und deren Teams und überlegen, was diese Teams ausmacht und wie das Verhältnis zu den jeweiligen Führungskräften beschrieben werden kann.

15.2 Konzeptionell: Teams führen bedeutet Teams verstehen

Bevor man sich mit Teamführung beschäftigt, muss man klären, was überhaupt ein Team ist. Denn in der Führungsliteratur, aber auch in der Beratungspraxis versucht man gerade wegen der Besonderheiten der Teamführung, eine möglichst klare Trennung zwischen Team und Gruppe vorzunehmen.

Team ist mehr als Gruppe

Was ist ein Team?

Fünf Beispiele sollen den Unterschied von Gruppe und Team verdeutlichen:
(1) Sitzen zehn Mitarbeiter nebeneinander und schrauben Füllfederhalter zusammen, so spricht man nicht von einem Team, sondern von einer *Arbeitsgruppe*. Hier fehlt die arbeitsteilige Interaktion. Im Normalfall können die zehn Mitarbeiter nach den Grundprinzipien der Individualführung geführt werden.
(2) Nimmt man ein Call Center, wo eine *Gruppe* von Mitarbeitern damit beschäftigt ist, Bestellungen für einen Versandhandel aufzunehmen, gibt es hier durchaus eine Arbeitsteilung. So kann sich eine Mitarbeiterin mehr mit der Technik von Waschmaschinen, andere Mitarbeiter mehr in der Qualität von Küchen auskennen. Trotzdem bleibt es ein Anwendungsfall für die Individualführung.
(3) *Teilautonome Arbeitsgruppen* sind weitgehend als Team einzustufen, da hier von einer stärkeren Intensität der Interaktion auszugehen ist, und zudem eine Arbeitsteilung und höhere Aufgabenkomplexität vorliegen. Hier muss sich der Teamführer – der möglicherweise auch Teil des Teams ist – explizit mit seinen Teamkollegen auseinandersetzen.
(4) Werden Techniker, Designer und Kostenanalytiker zusammengespannt, um ein neues Gerät der Unterhaltungselektronik zu konzipieren, so spricht man eindeutig von einem *Team*. Hier gibt es eine hochgradige Interaktionsdichte, eine extreme Arbeitsteilung und eine hohe Aufgabenkomplexität, die in diesem Fall ganz besonders durch den Innovationscharakter bedingt ist.
(5) Werden Kernkompetenzträger aus unterschiedlichen Ländern oder Regionen zusammengeführt, ausschließlich über elektronische Medien miteinander verbunden und sollen sie ein gemeinschaftliches Produkt herstellen, so spricht man von einem *virtuellen Team*.

Jedes Team ist eine Gruppe, aber nicht jede Gruppe ein Team

Die Beantwortung der Frage „Gruppe oder Team" hat somit nichts mit der Qualifikation der Mitarbeiter zu tun. Üblicherweise wird dabei die Zusammensetzung, die Führung und die Organisation als Kriterium für die Unterscheidung herangezogen (Tabelle 15.1).

Tabelle 15.1: Unterschiede zwischen Gruppe und Team

	Gruppe	Team
Zusammensetzung	feste Anzahl	variable Anzahl
	Mitglieder aus demselben Fachbereich	Mitglieder aus verschiedenen Fachbereichen
	Mitglieder besitzen vergleichbare Kenntnisse und Fertigkeiten	Mitglieder ergänzen sich bezüglich ihrer Kenntnisse und Fertigkeiten
	jedes Mitglied hat festen Aufgabenbereich	jedes Mitglied hat eine Hauptaufgabe, kann aber auch jede andere Aufgabe im Team wahrnehmen
	kaum Wissenstransfer	regelmäßiger Wissenstransfer
Führung	an der Spitze steht ein Gruppenleiter, der auf unbestimmte Zeit „von oben" benannt wurde	Teamleiter „von oben" oder Teamsprecher vom Team gewählt
	Gruppenleiter hat alleinige Führung und Entscheidungsgewalt	Führungsfunktionen und Entscheidungsgewalten verteilen sich auf Teammitglieder
Organisation	nach festen Regeln strukturiert	variabel strukturiert und organisiert
	bekommt Aufgaben zugewiesen	erledigt Aufgabe selbstständig und vollständig
	jedes Mitglied hat ein anderes Ziel zu erreichen	Teammitglieder streben nach Erreichung eines gemeinsamen Ziels

Teamarbeit als Wettbewerbsvorteil

Man gewinnt nur im Team.

„Business [...] ist Teamarbeit. Und zum Gewinnen braucht man immer ein Team!"[423]

Andrew S. Grove (geb. 1936; ehemaliger CEO und Mitbegründer von Intel)

Ist geklärt, ob es sich wirklich um ein Team handelt, so ist immer noch nicht eindeutig festgelegt, wie dieses geführt werden muss, denn es gibt eine ganze Reihe von unterschiedlichen Teams[424]:

- *Reine Beratungsteams* dienen der Vorbereitung einer Entscheidung und sollen lediglich Vorschläge erarbeiten. Sie können relativ autonom operieren und sind dennoch zu einer Einheit zusammen gefasst.
- *Entscheidungsteams*, beispielsweise Top-Management-Teams und diverse Steuerungskomitees, dienen dazu, finale Entscheidungen zu treffen. Auch wenn man darüber streiten kann, ob Vorstände wirklich Teams sind, gehören sie zumindest formal in diese Kategorie.
- Das *Projektteam* hat die Aufgabe, gerade anstehende Probleme zu lösen oder Zukunftsaufgaben vorzubereiten. Die Tatsache, dass es hier meist unabhängige Spezialisten gibt, führt dazu, dass gerade ein Projektteam eine eher intensive Führung benötigt. Dies kommt auch daher, dass Projektteams häufig mit innovativen Aufgaben beschäftigt sind.
- Das *Leistungsteam* befasst sich mit der konkreten Erbringung einer Leistung, beispielsweise in Form einer Flugzeugbesatzung, eines Filmteams oder eines Produktionsteams.

Zunächst lassen sich Teams in ihren speziellen Aufgabenstellungen unterscheiden.

Für Teams gibt es vier grundsätzlich unterschiedliche Möglichkeiten[425], wie sie geleitet werden können und welche Rolle der Teamführer wahrnehmen kann (Abbildung 15.1):

(1) In der *expliziten Leitungsfunktion* (Supervisor) steht die Führungskraft über dem Team und hat fachliches, im Regelfall auch disziplinarisches, Anweisungsrecht.
(2) In der Rolle des *(externen) Coaches* (External Coach) steht der Teamführer außerhalb des Teams und hat allenfalls die Aufgabe, dem Team beratend

zur Seite zu stehen. Hier wird die Aktivität des Coaches gegebenenfalls von Einzelnen (hier ergibt sich dann eine Nähe zur Individualführung und dem Individualcoaching) oder aber von der gesamten Gruppe eingefordert.

(3) Im Sinne einer *informellen Führung* (Network Faciliator) kann schließlich ein einzelnes Teammitglied eine Führungsrolle übernehmen und sowohl den Gruppenprozess steuern als auch sich mit einzelnen Teammitgliedern auseinandersetzen.

(4) Als *informeller Unterstützer* (Helpful Participant) hat der Teamleiter die Rolle, Teamprozesse zu initiieren. Die Rolle des Helpful Participant bezieht sich im Regelfall weniger auf die unmittelbare Betreuungsfunktion gegenüber einzelnen Personen als vielmehr auf den Teamprozess.

Die Intensität der Aktivitäten wird, was den Teamprozess anbelangt, umso intensiver, je arbeitsteiliger die Aufgabe und je größer die Interaktion ausfällt. Grundsätzlich sind alle Teamarten mit allen Führungsarten kombinierbar.

Abbildung 15.1: Rollen für Teamführer[426]

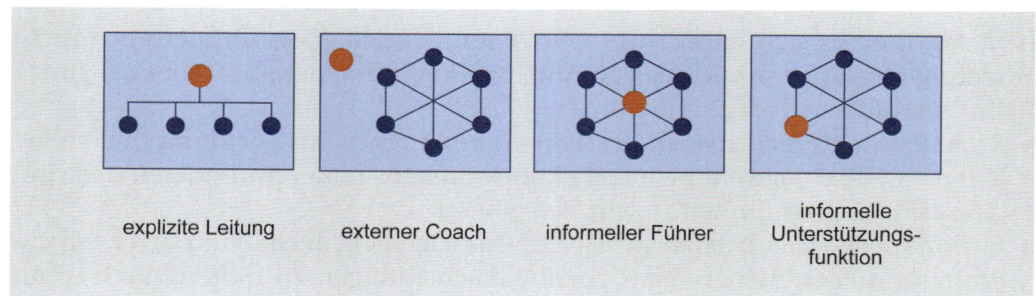

explizite Leitung   externer Coach   informeller Führer   informelle Unterstützungs-funktion

---

Übung 15.2   **Rolle des Teamführers**

Als Sie in diesem Buch von den Rollen lesen, welche Teamführer einnehmen können, erinnern Sie sich an die Führungspersönlichkeiten, die Sie im Zuge der Schwierigkeiten mit der Creativity-Task-Force der Strawberry Cake & Bakeries AG (Übung 14.1) bereits gesucht haben. Sie suchen Ihre Unterlagen hierzu wieder heraus und machen sich Gedanken, welche Aufgaben sich in diesen konkreten Fällen für den Teamführer ergeben.

Wofür Teams?

Positive Effekte von Teams können in Effektivität im Sinne von Erfolg sowie Effizienz im Sinne von Wirtschaftlichkeit liegen. Zudem gibt es eine gewisse Ablaufsicherheit durch Redundanz: Fällt ein Teammitglied aus, so können andere im Regelfall einspringen. Auch Motivation, Spaß und Engagement werden zu den positiven Eigenschaften von Teamarbeit gezählt. Nicht zuletzt dient die Mitarbeit im Team meist auch der Förderung der Karriere sowie der Einkommenssteigerung.

Genauso beeindruckend wie die Befürworter, die das Team als zentrale Lösung für die meisten unternehmerischen Probleme preisen, ist der Anteil an Skeptikern, die mit Teams *negative Effekte* verbinden. So können Teams ineffizient sein, wenn Teammitglieder sich eben nicht der Gemeinschaft unterwerfen und nicht für die Gruppe arbeiten. Zudem kann Leerlauf durch permanente Diskussionen entstehen. Ein Team kann auch Demotivation, Unzuverlässigkeit und Passivität entwickeln. Nicht zuletzt kann ein Team – spiegelbildlich zu den Vorteilen – auch ein Karriereblocker sein und zur Einkommensminimierung führen: Denn nur diejenigen, die als Einzelkämpfer tätig sind, machen auch wirklich Karriere.

Nicht immer ist „Team" die richtige Antwort

Diese Kritikpunkte belegen, dass Teams durchaus ganz anders gesehen werden können. Auch wenn in den USA und in der Praktikerliteratur weiterhin Teams idealisiert und positiv geschildert werden, gibt es inzwischen Aussagen, die eine Contra-Team-Diskussion[427] stützen, zumindest aber eine professionelle Teamführung als Optimierung von Kooperation fordern.

Auch wenn speziell eigentümergeführte KMU es selten registrieren: Sowohl im Bereich der Individualführung als auch im Bereich der Teamführung gibt es fundamentale Schwächen, die sich selbst immunisieren und die deshalb schwer von den Hauptakteuren zu erkennen sind. Denn patriarchalisch-technisch-autoritäre Unternehmenslenker, die noch dazu – zumindest historisch den Erfolg auf ihrer Seite haben – werden keine kritischen Meinungen zu ihrem Führungsstil registrieren und akzeptieren.

15.3 Organisatorisch: Die klassischen Aufgaben des Teamführers

Die Aufgaben des Teamführers sind vielfältig und beziehen sich sowohl auf den Vorgang der Gruppenbildung wie auch auf die eigentliche Leistungserstellung.

Darwin Cartwright und *Alvin Zander*: Lokomotion und Kohäsion

Der Ansatz[428] von *Darwin Cartwright* und *Alvin Zander* geht davon aus, dass es eine Teamführung gibt, diese aber nicht unbedingt personifiziert an einen einzigen Teamführer gekoppelt sein muss. Im Ergebnis können sich Teamführungsaufgaben auch in laufend alternierender Form auf unterschiedliche Teammitglieder verteilen. Gerade aber weil sich Teams nicht über eine eingebaute Mechanik strukturieren und optimieren, bleibt die Existenz von Teamführung erforderlich – und zwar unabhängig davon, wer sie wahrnimmt.

Nach *Darwin Cartwright* und *Alvin Zander* gibt es zwei unterschiedliche Führungsaufgaben:

Lokomotion =
Treiben/Zielen

(1) *Lokomotion* impliziert die Gestaltung der Systemparameter, damit die Ziele des Teams tatsächlich erreicht werden. Hierzu gehören die Strukturierung der Aufgaben ebenso wie die Schaffung von Fähigkeitspotenzialen und die Akquisition von Ressourcen.

Kohäsion =
Zusammenhalten

(2) *Kohäsion* beabsichtigt die Aufrechterhaltung der Gruppe. Die hiermit verbundenen Führungsaufgaben beziehen sich dabei nicht auf das Sachziel oder das Formalziel der Gruppe. Es geht vielmehr ausschließlich darum, die Gruppe selbst zu erhalten. Dazu gehören Schaffen einer Teamidentität, Verhindern von Konflikten und Etablieren einer adäquaten Kommunikationsbasis.

Postuliert man das gleichzeitige Auftreten beider Aufgaben, so entsteht das Group-Dynamics-Konzept (Tabelle 15.2).

Obwohl *Darwin Cartwright* und *Alvin Zander* in ihrer Publikation eine Vielzahl von Gruppentheorien präsentieren, erklären sie nicht, wie diese fluktuierende Führung im Team tatsächlich zu realisieren ist. Unabhängig davon aber bleibt die Sinnhaftigkeit der Zweiteilung von Teamführungsaufgaben erhalten.

Tabelle 15.2: Gruppenführungsfunktionen des Group-Dynamics-Ansatzes[429]

Lokomotionsfunktion	Kohäsionsfunktion
operative Planung	Verbesserung interpersonaler Beziehungen
Setzen anspruchsvoller Ziele und Definition der Rollen einzelner Teammitglieder	Schaffung einer „Team-Identity", eines kreativen Arbeitsklimas und eines auf Gemeinsamkeit beruhenden Projektverständnisses
Präsentation von Problemstellungen	
Aufgabenstrukturierung und Koordination von Aktivitäten	Bewusstmachung und Abbau sozio-emotionaler Spannungen und von Intragruppenkonflikten, Initiierung von Konfliktlösungen
zielbezogenes Zurückführen auf die Aufgabenstellung	Erinnerung an Verhaltensregeln und Schutz einzelner Gruppenmitglieder vor persönlichen Angriffen
Einhalten von Zeitplänen und Zusammenfassen von Zwischenergebnissen (Meilensteinen)	
Schaffung von anspruchsvollen Tätigkeitspotenzialen für die Teammitglieder	Förderung von gegenseitiger Unterstützung und Umgänglichkeit oder Entgegenkommen
methodische Unterstützung und individuelles Leistungsfeedback	
Sorge für die Verbesserung der Qualifikationen und komplementären Fähigkeiten im Team (Teamentwicklung)	
Pflege gruppenexterner Beziehungen und Informationsbereitstellung	
Akquisition sachlicher und finanzieller Ressourcen	

Susan Mohrman, *Susan Cohen* und *Allan Mohrman*: Funktionsfülle und Fähigkeitsdefizit

Die Arbeit von *Susan Mohrman*, *Susan Cohen* und *Allan Mohrman*[430] basiert auf Tiefeninterviews bei 25 Teams in vier Unternehmen sowie in der zweiten Phase bei 26 teambasierten Geschäftseinheiten in sieben Unternehmen. Ihre Basishypothese: Wenn Unternehmen sich tatsächlich ins 21. Jahrhundert bewegen, so ist letztlich die Teamorganisation die einzige sinnvolle Organisationsform.

Die Autoren unterstellen dabei Teams aus spezialisierten Kernkompetenzträgern, die sich ihrer eigenen Fähigkeiten durchaus bewusst sind, teilweise selbst zu Teams zusammenfinden oder aber von entsprechenden Managern zusammengeführt werden. Aus dieser Annahme leiten sich vier Grundführungsaufgaben ab (Tabelle 15.3):

(1) Zum *Management der Sachaufgabe* gehört es, die Arbeit zu strukturieren, vorzubereiten, Projektziele zu konkretisieren, die Arbeit innerhalb des Teams zu koordinieren, Teammeetings zu veranstalten und letztlich auch das ganze Zeitmanagement zu realisieren.

Differenzierte Führungsaufgaben für die Teamführung

(2) Das *Management der Grenzen* als ein aus der Systemtheorie abgeleiteter Aufgabenbereich impliziert die Verpflichtung des Teamführers, sich mit der Verbindung des Teams zu anderen Teams zu beschäftigen. Management der Grenzen bedeutet auch die Verbindung zum Auftraggeber beziehungsweise zu oberen Managementebenen.

(3) Bei der *Führung der Teammitglieder* geht es im Wesentlichen um Individualführung. Es sind also Teammitglieder zu entwickeln, zu führen, Kritikgespräche durchzuführen und letztlich auch auf zukünftige Projekte vorzubereiten. Hinzu kommt über die Individualführung hinausgehend der Umgang mit Gruppenkonflikten.

(4) Das *Management der Aufgabenerfüllung* fordert als Leistungskontrolle permanent zu überprüfen, inwieweit das Team sich zeitlich, ressourcenmäßig und inhaltlich an die gesetzten Vorgaben hält. Dies verlangt nach Leistungsbeurteilungen, Qualitätskontrollen, Umgang mit Verbesserungsvorschlägen und Bestimmung der Zielerreichungsgrade.

Susan Mohrman, *Susan Cohen* und *Allan Mohrman* unterstellen, dass diese vier Aufgaben tatsächlich von einem Teamführer zu realisieren sind. Sie fordern also eine explizite Teamführung.

Ihrer Ansicht nach kann allerdings durchaus eine einzige Führungskraft mit dieser Fülle von Aufgaben überfordert sein. Dies führt dazu, dass die Teamführung auf einige (allerdings wenige) Teammitglieder in einer relativ konstanten Form verteilt wird.

Verteilung der Führungsaufgaben im Team

Tabelle 15.3: Teamführungs-
aktivitäten[431]

Management der Aufgabe	Management der Grenzen	Teamführung	Management der Leistung
Arbeit zuordnen und gerecht verteilen	Kontakte pflegen zu:	Teammitglieder coachen	Ziele des Teams und des Individuums bestimmen
Projektziele und Plan entwickeln, überprüfen und genehmigen	Individuen außerhalb des Teams	neue Teammitglieder trainieren	Teamleistung überprüfen
Zielveränderungen überprüfen und genehmigen	anderen Teams	in technischen Fragen beraten, technische Standards festlegen	Kunden zur Teamleistung befragen
Probleme lösen	dem höheren Management	Teammitglieder zukünftigen Projekten zuweisen	Leistungsbeurteilungen vornehmen
Arbeit innerhalb des Teams koordinieren	Lieferanten	Teammitglieder in ihrer Karriere beraten	disziplinarische Probleme regeln
Teammeetings planen und leiten	Kunden		Verbesserungsvorschläge machen
Arbeits- und Urlaubszeiten planen	anderen Unternehmen		Budget bestimmen und kontrollieren

Jon Katzenbach und *Douglas Smith*: Aktion und Delegation

Das Besondere an dem Ansatz[432] von *Jon Katzenbach* und *Douglas Smith* ist, dass die Autoren hier von einer expliziten und personifizierten Teamführung ausgehen. Es gibt also eine Person, die permanent die Rolle der Teamführung wahrnimmt und sechs Führungsaufgaben erfüllt:

(1) Der Teamführer muss dem Team klarmachen, dass die Aufgabe wichtig ist, dass die Aufgabe Spaß macht und dass das Team in der Lage ist, diese zu realisieren. Im Ergebnis müssen die Teammitglieder den gesamten Prozess visualisiert erleben und dann internalisiert umsetzen (*Relevanz betonen!*).

(2) Der Teamführer hat dafür zu sorgen, dass die Gruppenmitglieder ein entsprechendes Engagement mit sich bringen und gleichzeitig auch das Vertrauen in die eigene Leistungsfähigkeit bekommen und erhalten (*Commitment schaffen!*).

(3) Der Teamführer muss erkennen, wenn Mitarbeiter aufgrund von Fähigkeitsdefiziten nicht in der Lage sind, bestimmte Aufgaben im Team zu erfüllen. In dieser Situation hat er dafür zu sorgen, dass sich die Teammitglieder weiterentwickeln beziehungsweise durch eine andere Personaleinsatzplanung dafür zu sorgen, dass das Gruppenziel erfüllt werden kann (*Personalentwicklung im Team!*).

(4) Jedes Team kommt insbesondere dann in Schwierigkeiten, wenn externe Einflüsse wirken und diese dazu führen, dass es innerhalb des Teams Blockaden und Barrieren gibt. Die Aufgabe des Teamführers ist es, sich mit diesen externen Beziehungen auseinanderzusetzen und entsprechende Hindernisse zu reduzieren (*Externe Probleme beseitigen!*).

(5) Gerade weil Teamarbeit ein wichtiger Schritt in der persönlichen Karriere-entwicklung von Mitarbeitern ist, muss der Teamführer auch dafür sorgen, dass prestigeträchtige Teilaufgaben der Teamaufgabe möglichst breit über das Team verstreut sind (*Schaffen von Chancen!*).

(6) Anders als möglicherweise ein Gruppenführer, der nur dafür zu sorgen hat, dass die Gruppenmitglieder arbeiten, muss ein Teamführer tatsächlich mitar-beiten. Seine Aufgabe geht also über die reine Leitungsfunktion hinaus (*Selber arbeiten!*).

Gerade in der letztgenannten Teamaufgabe erkennt man, dass es sich hier anders als bei der Gruppenführung um eine Tätigkeit handelt, bei der der Teamführer sowohl Teammitglied als auch Teamleitung ist.

Teamführung ist mehr als „nur" Delegieren

Nach *Jon Katzenbach* und *Douglas Smith* ist es deshalb die Kunst der Teamführung, die Balance zwischen dem eigenen Ausführen von Aufgaben und der Delegation von Aufgaben zu finden.[433] Der Teamführer muss also wissen, wann er Aufgaben selbst erledigen beziehungsweise Entscheidungen selbst fällen muss und wann er etwas an seine Teammitglieder delegieren kann.

15.4 Sportlich: Von Pucks und anderen Objekten

Sicherlich bietet es sich an, bei der Führung von Teams auf die Führung von und in Teamsportarten abzustellen. Neben einigen Arbeiten, die sich auf das Aufzählen von eher platten Analogien wie „Erfolg ist im Fußball wie in der Wirtschaft nicht die Addition von Einzelleistungen" beschränken, gibt es hier durchaus interessante Vorschläge. Exemplarisch zu nennen sind drei Arbeiten, die letztlich alle Weiterführungen der Ohio-State-Forschung sind. Diese Praktikerempfehlungen bestehen häufig aus Akronymen, bei denen die Buchstaben bestimmte Teilauf-gaben bedeuten.

Zielgerade muss definiert werden.

„Während die ‚Zielgerade' im Leistungssport schon expliziter Bestandteil des Handelns darstellt, ist diese motivationale Triebfeder gemeinsamer Hochleistung in wirtschaftlichen Kontexten nicht selbstverständlich, sondern bedarf eines ge-zielten Aufbaus und einer fortwährenden gemeinsamen Entwicklung."[434]

Univ.-Prof. Dr. Peter Pawlowsky (geb. 1954; Professor für Personal und Füh-rung)

Don Shula und *Kenneth Blanchard*: Das C.O.A.C.H.-Modell

Lernen vom Football!

Dieses Modell[435] stammt von *Don Shula*, unter anderem mit den Miami Dolphins ein erfolgreicher Football-Trainer, und *Kenneth Blanchard*, ein Guru aus der Personalführungsszene. Beide gemeinsam entwickeln in ihrem Modell eine Reihe von Grundprinzipien, die erfolgreiche Teamführung am Beispiel eines Football-Teams illustrieren. Interessant dabei ist, dass es sich dabei vor allem um Eigenschaften des Teamführers handelt. Das Ergebnis ist das Akronym C.O.A.C.H. mit seinen fünf Buchstaben:

(1) *C wie Conviction-Driven*: Dahinter verbirgt sich die Idee, dass der Teamführer eine klare Überzeugung davon hat, was er mit seinem Team realisieren möchte und wofür er konkret steht. Dies bedeutet, dass auch der Teamführer hart arbeitet, aber durchaus zeigt, dass er die Arbeit genießt. Zudem ist Respekt wichtiger als Popularität: Teamführer werden nicht dafür bezahlt, bei ihren Teammitgliedern beliebt zu sein. Sie müssen aber geschätzt werden.

(2) *O wie Overlearning*: In jeder Teamaufgabe gibt es bestimmte Details, die besonders wichtig sind. Aufgabe des Teamführers ist es, gerade diese besonders kritischen Prozesse zu lokalisieren und durch Übung sowie Qualitätskontrolle sicherzustellen, dass sie perfektioniert werden.

(3) *A wie Audible-Ready* ist gerade für das amerikanische Footballspiel typisch. Auf der einen Seite gibt es einen konkreten Spielplan, der die Bewegung aller Spieler determiniert. Der Quarterback muss auf der anderen Seite allerdings in der Lage sein, in einer bestimmten Situation für alle klar erkennbar den Spielplan zu ändern und auf eine andere Spielsystematik umzusteigen. „Audible-Ready" ist mehr als Flexibilität durch Improvisation: Es bedeutet die klare Kenntnis unterschiedlicher Spielmuster, bei denen in unterschiedlichen Interaktionsformen Mitarbeiter beteiligt sind.

(4) *C wie Consistency* bezieht sich auf die Berechenbarkeit im Sinne einer Gleichartigkeit im Zeitablauf: Danach ist es für das Team nicht unbedingt wichtig, dass sich der Teamführer immer gleich verhält. Der Teamführer muss sich aber in gleichartigen Situationen gleich verhalten.

(5) *H wie Honesty-Based*: Nach Ansicht der Autoren ist es gerade dann, wenn Mitarbeiter zunehmend auf Arbeitsplatzsicherheit verzichten müssen, zumindest erforderlich, dass Führung Ehrlichkeit praktiziert. Nur so lässt sich in einem auf Leistung ausgerichteten Team mit entsprechendem Wettbewerb eine erfolgreiche Basis schaffen.

Sehr amerikanisch!

Sicherlich kann man einwenden, dass dieses Modell typisch amerikanisch ist. Dies ändert aber nichts an der Plausibilität, die mit diesem Modell verbunden ist.

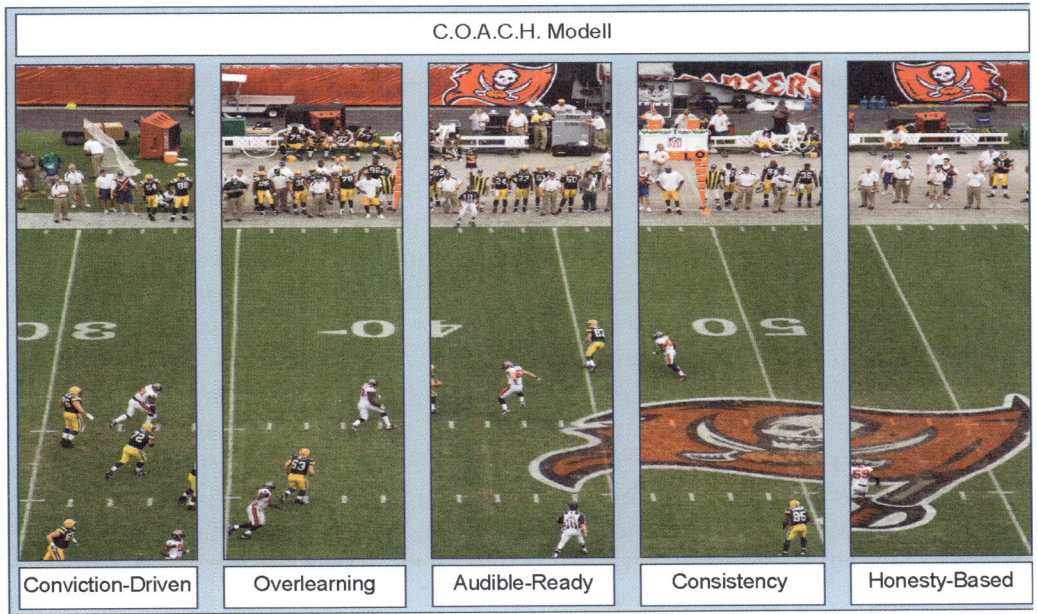

In ihrem Buch liefern die Autoren eine Vielzahl von plastischen Antworten und konkreten Hilfestellungen. Interessant auch die diversen Checklisten, durch die man – zumindest rudimentär – die Leistung der Führungskraft beurteilen kann (Tabelle 15.4).

Conviction-Driven	Haben Sie eine klare Vision für Ihr Team und wie lautet diese?	Nein/Ja
	Ist Ihnen wichtig, dass Ihr Team Spaß hat?	Nein/Ja
	Führen Sie durch „Vorbildfunktion"?	Nein/Ja
	Ist Ihnen wichtig, dass Sie im Team beliebt sind?	Nein/Ja
Overlearning	Haben Sie klare Ziele gesetzt, um zur sukzessiven Teamentwicklung beizutragen?	Nein/Ja
	Gibt es Übungsrituale, um Ablaufqualität sicherzustellen?	Nein/Ja
Audible-Ready	Sind Sie offen für Vorschläge aus dem Team?	Nein/Ja
	Sieht Ihr Team, dass Pläne auch dazu da sind, geändert zu werden?	Nein/Ja
Consistency	Verhalten Sie sich in ähnlichen Situationen in ähnlicher Form?	Nein/Ja
	Haben Sie Belohnungsrituale, die immer die gleichen Verhaltensweisen mit einem positiven Feedback belegen?	Nein/Ja
Honesty-Based	Hat Integrität für Sie und Ihr Team einen hohen Stellenwert?	Nein/Ja
	Entsprechen Ihre Verhaltensweisen Ihren Aussagen?	Nein/Ja

Tabelle 15.4: Beurteilungsbogen für C.O.A.C.H.-Teamführer[436]

Kenneth Blanchard et al.: Das P.U.C.K.-Modell

Lernen vom Eishockey!

Das P.U.C.K.-Modell[437] stammt ebenfalls von *Kenneth Blanchard*, ist aus dem Eishockey abgeleitet und befasst sich vorrangig mit dem Prozess der Teambildung. Es besteht aus vier Aufforderungen:

(1) *P wie Providing*: Danach ist die überwiegende Aufgabe des Teamführers, dem Team eine klare Idee zu geben, warum es überhaupt existiert. Diese überzeugende Begründung für die eigene Existenz beinhaltet eine klare Herausforderung, definiert über ein Ziel und definiert über einen Gegner. Eng verbunden damit sind die Normen und Werte, die das Team braucht, um diese Herausforderung anzunehmen.

(2) *U wie Unleashing*: Hinter dieser Forderung steht die Idee der permanenten Weiterqualifikation der Teammitglieder. Die Entfesselung der Fähigkeiten bedeutet für den Teamführer permanentes Feedback an die Teammitglieder im Hinblick auf ihre Leistungsmöglichkeiten.

(3) *C wie Creating Team Power*: Dies erfordert zum einen eine bewusste Belohnung von Teamarbeit, zum anderen eine verteilte Teamführung. Der Teamführer soll daher Teilaufgaben an Teammitglieder delegieren, die dann ihrerseits die Teamwirkung vervielfältigen.

(4) *K wie Keeping the Accent on the Positive*: Mit diesem Setzen des Akzents auf das Positive verbinden die Autoren die permanente Belohnung und Anerkennung von Leistung. Auch wenn nicht alle Aktivitäten tatsächlich vollkommen richtig sind: Solange sie nur generell in die Richtung des ursprünglichen Zieles laufen, sollen sie anerkannt und belohnt werden.

Sehr abstrakt!

Vielleicht erscheint einigen das P.U.C.K.-Modell relativ trivial. Es ändert aber nichts daran, dass alle vier Teilaspekte des Modells auf wichtige Teamführungsgesichts-

P.U.C.K. Modell

| Providing | Unleashing | Creating Team Power | Keep the Accent on the Positive |

punkte hinweisen, die häufig übersehen werden: So muss zu Beginn der Team-bildung eine klare Vision stehen. Eine Aufgabe der Teamführung ist die Qualifi-zierung der Teammitglieder – auch dies wird oft übersehen. Teamarbeit bedeutet Synergie, weil sonst die Teamidee keinen Zusatznutzen mit sich bringt. Vor allem aber braucht eine Teamführung die Verstärkung durch positive Rückkopplung.

Kenneth Blanchard, *Donald Carew* und *Eunice Carew*: Das P.E.R.F.O.R.M.-Modell

Besondere Popularität erreichte *Kenneth Blanchard*[438] mit seinem Konzept des Ein-Minuten-Managers, das sich auch auf die Teamführung erstreckt. Hier zielt die Argumentation auf sieben Elemente, die speziell für ein Hochleistungs-Team erforderlich sind:

Lernen vom Minuten-Manager!

(1) *P wie Purpose and Values*: Als Sinnzusammenhang geht es hier vor allem da-rum, dass alle Gruppenmitglieder die Idee des Teams erkennen und verstehen, welches Ziel das Team verfolgt.

(2) *E wie Empowerment*: Bei dieser Forderung nach Befähigung sollen die Grup-penmitglieder sukzessive in die Lage versetzt werden, mehr Leistung durch mehr Kompetenz zu realisieren.

(3) *R wie Relationship and Communication*: Hier wird auf die Beziehung innerhalb der Gruppe und die Kommunikation abgestellt, eine positive Gruppenatmo-sphäre geschaffen und vor allem das aktive Zuhören sowie der konstruktive Umgang mit Konflikten forciert.

(4) *F wie Flexibility*: Die Gruppenmitglieder sind danach durchaus in der Lage, andere Rollen zu übernehmen und sich wechselseitig zu ergänzen.

(5) *O wie Optimal Productivity*: Dieses Postulat ist eine Ergebnisgröße und weniger ein Mittel. Es soll aber betonen, dass permanent die Suche nach der „Opti-malleistung" im Mittelpunkt steht.

(6) *R wie Recognition und Appreciation*: Respekt und Anerkennung sollen die Team-mitglieder sowohl von anderen Teammitgliedern als auch Teamführer und dem Umfeld bekommen.

(7) *M wie Morale*: Hinter diesem Ausdruck steckt im Wesentlichen die Idee der Motivation durch Teamgeist, aber auch der Versuch, ein positives Wertesystem aufzubauen.

Beim P.E.R.F.O.R.M.-Modell steht vor allem die Idee der Gemeinsamkeit im Vor-dergrund: Die Gruppenmitglieder sehen danach einen gemeinsamen Sinn in der Arbeit, versuchen sich gemeinsam zu befähigen, kommunizieren untereinander offen und ehrlich, sehen eine gemeinschaftliche Verantwortung, wirken am Pro-blemlösungsprozess gemeinschaftlich mit, zollen sich gegenseitig Respekt und Anerkennung und entwickeln eine gemeinsame Teammoral. Aus diesen Forde-rungen leiten sich letztlich Forderungen an die Personalentwicklung ab.

Sehr umfangreich!

Als Hilfe für die Diagnose der Qualität des Teams liefern die Autoren einen Be-urteilungsboden, dessen Fragen mithilfe einer Skala von eins (niedrig) bis fünf (hoch) beantwortet werden sollen (Tabelle 15.5).

Tabelle 15.5: P.E.R.F.O.R.M.-Beurteilungsbogen[439]

Qualität von P.E.R.F.O.R.M.-Teams (1 = niedrig; 5 = hoch)		
Purpose	Die Teilnehmer erkennen den Sinn in der Teamarbeit.	......
	Die Ziele sind klar und haben klaren Sinnbezug.	......
	Die Strategien zur Zielerreichung sind durchschaubar.	......
	Die Rollenverteilung unter den Teammitgliedern ist klar.	......
Empower-ment	Die Teilnehmer haben das Gefühl, etwas zu bewegen.	......
	Sie haben Zugang zu ausreichenden Ressourcen.	......
	Arbeitsstil und Vorgehensweisen entsprechen den Zielen.	......
	Die Teilnehmer begegnen sich mit Respekt und Hilfsbereitschaft.	......
Relationship and Communi-cation	Die Mitglieder des Teams äußern sich offen und ehrlich.	......
	Teilnehmer zeigen Akzeptanz und Verständnis.	......
	Die Teilnehmer hören einander aktiv zu.	......
	Unterschiedliche Meinungen und Sichtweisen werden begrüßt.	......
Flexibility	Bei Bedarf übernehmen die Teilnehmer andere Rollen und Funktionen.	......
	Sie tragen zusammen Verantwortung für Leitung und Entwicklung.	......
	Die Teilnehmer können sich auf wechselnde Anforderungen einstellen.	......
	Unterschiedliche Standpunkte und Sichtweisen werden verglichen.	......
Optimal Productivity	Der Arbeitsertrag des Teams ist hoch.	......
	Es werden qualitativ hervorragende Ergebnisse erzielt.	......
	Die Entscheidungsfindung verläuft effektiv.	......
	Die Problemlösungsprozesse sind für alle Teilnehmer durchschaubar.	......
Recognition and Appre-ciation	Teilnehmerbeiträge werden von allen gewürdigt.	......
	Die Leistung des Teams ist für die Teilnehmer erkennbar.	......
	Die Teammitglieder fühlen sich respektiert.	......
	Die Teambeiträge werden innerhalb der Gesamtorganisation anerkannt.	......
Morale	Die Teilnehmer arbeiten gern im Team mit.	......
	Sie sind zuversichtlich und fühlen sich motiviert.	......
	Die gemeinsame Arbeit erfüllt die Teilnehmer mit Stolz und Befriedigung.	......
	Die Gruppe fühlt sich zusammengehörig und entwickelt Teamgeist.	......

15.5 Musikalisch: 5-Sekunden und mehr

Neben dem Sport lässt sich auch die Analogie zur Musik in breitem Umfang nutzen, um beschreibende beziehungsweise empfehlende Aussagen zur Führung von und in Teams zu bekommen.

Lernen vom Orchester!

Keine Solisten gesucht.

„Soloists are inspiring in opera and perhaps even in small entrepreneurial ventures, but there is no place for them in large corporations."[440]

Norman R. Augustine (geb. 1935; ehemaliger Chairman und CEO Lockheed Martin)

Henry Mintzberg und *Bramwell Tovey*: Die zahmen Löwen

Eine beliebte Metapher der Teamführung ist das Bild des Dirigenten. Er ergreift den Taktstock und verbindet allein durch die Kraft seines Blicks die individualistischen Musiker zu einem harmonischen Klangkörper: Genau diese Idee ist es, warum viele Führungskräfte den Dirigenten insgeheim als ihr großes Rollenideal ansehen, während gleichzeitig viele Forscher zweifeln, ob die Metapher des Orchesters – gegebenenfalls auch einschließlich ihres Dirigenten – wegweisend sein kann.

Deshalb analysierte *Henry Mintzberg*[441] die Arbeit des bekannten Winnipeg Symphonie Orchestra und seines noch bekannteren Dirigenten *Bramwell Tovey*. Das Ergebnis:

■ Auch wenn der Dirigent primär wie ein autoritärer Führer wirkt, besteht seine Hauptaufgabe in der eher verdeckten Steuerung (*Covert Leadership*).

■ Der Dirigent versucht nicht, den Tätigkeitsbereich der Musiker in seiner Mischung aus Rechten und Aufgaben zu erweitern. Vielmehr versucht er, sie in einem von ihm vorgegebenen Rahmen zur Hochleistung zu animieren (*Inspiration but no Empowerment*).

■ Der Dirigent sorgt für Energieschübe im entscheidenden Moment (*Infusion with Energy*).

Wichtig ist allerdings die Rahmenbedingung, nämlich dass es sich bei diesem Team um ein Symphonie-Orchester handelt, das dementsprechend aus mindestens 70 Musikern besteht. Folgerichtig beschreibt auch *Henry Mintzberg*, dass es gerade bei derartigen Orchestern fest eingespielte Abläufe und klare Koordinationsmechanismen gibt, wodurch letztlich jeder im Orchester weiß, was seine Rolle darstellt.

Gleichzeitig spielt auch *Bramwell Tovey* eine zentrale Rolle, denn seine Musiker sind nicht nur bereit, sich von ihm führen zu lassen, sie ermutigen ihn sogar dazu, klare Lenkungsimpulse auszusenden. Letztlich brauchen sie ihren Dirigenten, wie er sie braucht. Originalzitat von *Bramwell Tovey*: „Ich betrachte mich nicht als Manager, sondern eher als eine Art Löwenbändiger."[442] Allerdings merkt hierzu *Henry Mintzberg* nach seiner Beobachtung des Orchesters etwas sarkastisch an, dass es sich hierbei eher um 70 relativ „zahme Löwen" handelt, die brav ihre Sitzordnung einhalten und bereit sind, schon der kleinsten Bewegung des Taktstocks zu folgen.

Autorität als Erfolgsprinzip

Überträgt man diese Beobachtungen in die Managementschulung, so läuft dies schnell direkt auf eine immer wiederkehrende Frage hinaus: „Was können Chefs von Dirigenten lernen?" Als Ergebnis kommt man zu Aussagen wie
– präzise Führung,
– nonverbale Kommunikation und vor allen Dingen zur Idee, dass
– die Führungskraft in ihrer Führungsfunktion auch bei Teamarbeit im Mittelpunkt zu stehen hat,
eine Botschaft, die Führungskräfte gerne hören.

Harvey Seifter und *Peter Economy*: Die Dirigentenlosigkeit

Einen vollkommen anderen Ansatz der Führung verfolgt das Orpheus Chamber Orchestra[443]. Bei diesem Orchester wartet das Konzertpublikum vergeblich auf einen Dirigenten: Es gibt ihn nicht. Das Orchester spielt ohne Dirigenten. Es spielt aber nicht nur ohne ihn, auch die gesamte Vorbereitung und Einstudierung des Stückes erfolgt in der Gruppe ohne Dirigent.

Gegründet wurde dieses Alternativorchester Anfang der 1970er Jahre und war dementsprechend geprägt von den damaligen Wertvorstellungen, die etwas klassenkämpferisch diskutiert wurden: So geht es bei dem Orpheus Chamber Orchestra im Wesentlichen antiautoritär zu, es gibt keine Hierarchie und alle Musiker sind in gleicher Weise an den Entscheidungsprozessen in diesem radikal demokratischen Prozess beteiligt. Auch das Einüben eines Stücks findet in einer gleichberechtigt-demokratischen Form statt, wo alle Mitglieder des Orchesters eingreifen und Vorschläge einbringen können.

Teil des Orpheus Prozesses ist die rotierende Führung: Alle Musiker können Führer des Orchesters und Geführter sein. Auf diese Weise soll die Zufriedenheit im Orchester gefördert werden. Denn dadurch, dass der Dirigentenjob nicht abgeschafft, sondern letztlich aufgeteilt wurde, können sich die einzelnen Gruppenmitglieder jederzeit in den Prozess einbringen.

Dieser so genannte Orpheus Prozess basiert auf acht Grundsätzen:

(1) Die Musiker müssen alle Entscheidungen treffen (*Put Power in the Hands of the People Doing the Work*).

(2) Jeder Einzelne muss sich in dem Gesamtprozess für das Gesamtergebnis verantwortlich zeigen (*Encourage Individual Responsibility*).

(3) Im Gesamtsystem aus Orchester plus Management gibt es klare Aufgabenbeschreibungen und Leistungskontrollen (*Create Clarity of Roles*).

(4) Führungsfunktionen wie Kerngruppe und Stimmführer sind immer nur temporär (*Share and Rotate Leadership*).

(5) Interne Zusammenarbeit im Team ist mindestens so wichtig wie die Zusammenarbeit mit Externen (*Foster Horizontal Teamwork*).

(6) Gute Kommunikation untereinander basiert auf klaren Regeln und kann gelernt werden (*Learn to Listen, Learn to Talk*).

(7) Bei allen Entscheidungsprozessen ist auf breitesten Konsens bei allen Beteiligten zu achten (*Seek Consensus*).

(8) Im Vordergrund steht das gemeinschaftliche Ziel, dem man sich leidenschaftlich unterzuordnen hat (*Dedicate Passionately to Your Mission*).

Auch hier ist wiederum die Teamgröße wichtig. Das Orpheus Orchester ist ein Kammerorchester und spielt mit rund 27 Musikern. Deshalb ist eine intensive Interaktion zwischen den Teammitgliedern möglich.

> Basisdemokratie als Erfolgsprinzip

Gerade weil das Orpheus Chamber Orchestra einen für Orchesterveranstaltungen revolutionären Grundprozess verkörpert, wurde dieses Orchester auch als Teil von Managementschulungen instrumentalisiert. Diese Managementschulungen erfolgen nach dem Prinzip der „offenen Probe". Dazu probt das Orchester ein Stück und zeigt bei dieser Probe, wie die Diskussion zwischen Orchestermitgliedern abläuft. Eine größere Anzahl von Führungskräften schaut sich diesen Prozess an und anschließend gibt es eine Diskussion, bei der Fragen zu dem Orpheus Prozess gestellt werden – vor allem bezüglich der völlig basisdemokratischen Strukturen.

Christian Scholz und *Albert Schmitt*: Das 5-Sekunden-Modell

Eine völlig andere Form der Teamführung lässt sich an der Deutschen Kammerphilharmonie Bremen beobachten, einem ebenfalls internationalen Spitzenorchester, das mit rund 40 Musikern in der Größenordnung zwischen den beiden vorangegangenen Teams liegt.[444]

Im Zuge einer umfassenden Organisationsanalyse wurde als Erfolgsmuster in diesem Hochleistungsteam der permanente Umgang mit Widersprüchlichkeit lokalisiert und eine Kombination aus fünf Widersprüchlichkeiten thematisiert:[445]

> Widersprüchlichkeit als Erfolgsprinzip

(1) Sinnlos erscheinende Aktivitäten sind oft notwendig und damit neben sinnstiftenden Vorgängen unmittelbar erforderlich (*Notwendigkeit & Sinn*).

(2) Es gibt eine klare hierarchische Steuerung, gleichzeitig aber auch eine demokratische Entscheidungsfindung (*Hierarchie & Demokratie*).

(3) Auch wenn sich Perfektion als Fehlerlosigkeit und Abenteuer als mit Fehlerrisiko behaftete Unsicherheit ausschließen, gilt es, Beides zu verfolgen (*Perfektion & Abenteuer*).

(4) Dem permanenten Abfluss kollektiver Energie ist durch individuelle Konzentration auf Kernaktivitäten zu begegnen (*Energie & Konzentration*).

(5) Zu viel Spaß gefährdet ebenso wie zu wenig Spaß dauerhaften Erfolg, weshalb man trotz partieller Gegenläufigkeit Beides braucht (*Erfolg & Spaß*).

Das Gesamtergebnis der Organisationsanalyse waren damit die zu fünf Spannungsfeldern zusammengeführten Kernergebnisse, die bei der Deutschen Kammerphilharmonie inzwischen „5-Sekunden" genannt werden.

Sekunde: kleinstes und dissonantes Tonintervall

Die Bezeichnung Sekunde hat dabei allerdings nichts mit der Zeiteinheit zu tun. Vielmehr bezeichnet man in der Musik das Intervall zwischen einem Ton und seinem in der Tonleiter benachbarten Ton als Sekunde, die zusammen gespielt schräg (dissonant) klingen. Sie reiben sich, sie schreien nach Auflösung, sie schaffen Spannung – und letztlich ist dies alles, was ein Musikstück vorwärts treibt. Werden die beiden Töne nacheinander gespielt, so entsteht der Eindruck eines Schritts.

Das 5-Sekunden-Modell

Die Deutsche Kammerphilharmonie Bremen bietet ein innovatives Training für Manager auf der Basis klassischer Orchestermusik und den High-Performance-Leitlinien des Orchesters an. Dabei wurde ein Führungsmodell entwickelt, das es Wirtschaftsunternehmen ermöglicht, ihre eigene Leistungsfähigkeit zu optimieren. Das „5-Sekunden-Modell" nutzt die emotionale wie symbolische Kraft der Musik und das Orchester als Vorbild für ein Hochleistungsteam.[446]

Entscheidend für den Erfolg in einem Hochleistungsteam ist also der bewusste und „annehmende" Umgang mit Widersprüchen. Der produktive Umgang mit diesen fünf widersprüchlichen Wortpaaren setzt somit voraus, dass

– die Teammitglieder die Einzelkonzepte in ihrer Bedeutung vollkommen internalisieren und

– ein Verhältnis dafür entwickeln konnten, warum es erforderlich ist, beide (!) Einzelkonzepte zu realisieren.

Nur wenn diese fünf Widersprüchlichkeiten in ihrer vollen Konsequenz allen Teammitgliedern in Fleisch und Blut übergegangen sind, dann können auf diese Weise Routinesituationen ebenso wie Ausnahmesituationen auf Hochleistungsniveau bewältigt werden.

In diesem 5-Sekunden-Modell bekommt Teamführung als Kooperation damit seine Bedeutung als impliziter Steuerungsmechanismus innerhalb eines Teams. Wie der Orpheus Prozess wurde auch das 5-Sekunden-Modell bereits kurz nach seiner Entwicklung in eine Managementschulung transferiert[447] und erfolgreich durchgeführt.

5-Sekunden-Modell

| Notwendigkeit & Sinn | Hierarchie & Demokratie | Perfektion & Abenteuer | Energie & Konzentration | Erfolg & Spaß |

„Musikalische Teamführungsmodelle"

Sie haben Musik als das Mittel entdeckt, um von der harten Arbeit als CEO der Strawberry Cake & Bakeries AG zu entspannen. Eigentlich hören Sie am liebsten Rock und Pop, jeder zweite Samstag ist jedoch – seitdem Sie ein Konzertabonnement für das örtliche Konzerthaus haben – für Klassik reserviert. Während Sie begeistert *Joseph Haydn's* Trompetenkonzert in Es-Dur lauschen, beobachten Sie das Orchester: *Ein perfekt funktionierendes Team! Moment, davon haben Sie doch letztens gerade erst gelesen!* Sie rufen sich während des Konzertes noch einmal die „musikalischen" Teamführungsmodelle und deren Inhalte ins Gedächtnis und überlegen sich gleichzeitig, wie Sie an Ihrem Team erkennen können, wo es manchmal schräg spielt.

Übung 15.3

15.6 Virtuell: Führung räumlich verteilter Teams

Eine Spezialform von Teams sind die so genannten virtuellen Teams. Diese werden insbesondere im Zuge der Globalisierung und damit international agierender Unternehmen notwendig und durch die Informatisierung von Arbeitsprozessen innerhalb und zwischen Unternehmen ermöglicht.

Was sind virtuelle Teams?

Virtuelle Teams sind kein elektronisches Substitut für ein konventionelles Team. Sie sind vielmehr eine durch multimediale Technik geschaffene neue, aber weiterhin aus realen Personen bestehende reale Konstruktion. Virtuelle Teams arbeiten

Führung von und in virtuellen Teams als hohe Kunst der Führung

entsprechend der einleitenden Definition über räumliche, zeitliche und sachliche Grenzen hinweg, wobei sie eine enge Arbeitsverflechtung und Arbeitsteilung anstreben.

> **Virtuell lässt sich nur verstehen, wenn man weiß, was wirklich ist.**
>
> „[…] habe ich zuerst einmal im englischen Wörterbuch aufgeschlagen […] dort habe ich folgende Definition von „virtuell" gefunden: „Für alle praktischen Zwecke soviel wie wirklich." […] wenn man verstehen will, was virtuell ist, muss man anscheinend erst verstehen, was wirklich ist."[448]
>
> *Vilém Flusser* (1920–1991, Kommunikations- und Medienphilosoph)

Gerade die räumliche Verteilung von Teammitgliedern spielt eine zunehmend wichtige Rolle, sei es bei der abteilungsübergreifenden Zusammenarbeit im Rahmen von Projekten, bei der Koordination der Kooperation zwischen national verteilten Standorten oder aber auch zur Steuerung von Teams, deren Mitglieder in über Ländergrenzen hinweg verteilten Niederlassungen oder Entwicklungszentren zusammenarbeiten. Die größte Herausforderung der (virtuellen) Teamführung entsteht dann, wenn zu dieser räumlichen Verteilung auch noch kulturelle Unterschiede zu berücksichtigen sind. Diese werden gerade bei international zusammengesetzten Teams relevant.

Kulturelle Synergien lassen sich nicht durch kulturelles Nivellieren realisieren

Dabei ist es wichtig, im Sinne einer Competitive Acceptance[449] ein tiefes, differenziertes Verstehen von Ländern und deren Kultur auszubilden, um ein funktionierendes Management aufzubauen und das virtuelle Team „richtig" führen zu können. Statt bei der Identitätsfindung und -bildung[450] in virtuellen Teams Kulturunterschiede zu ignorieren oder sogar zu versuchen, eine nivellierte Kultur im Team entstehen zu lassen, folgen virtuelle Teams dagegen der Idee von fruchtbaren Kulturunterschieden, adressieren deshalb ganz bewusst diese Unterschiede und versuchen, sie sogar zu erhalten.

> **Raumschiff Voyager**
>
> Virtuelle Teams ähneln dem aus der Fernsehserie Star Trek bekannten Raumschiff Voyager, das nur durch ein buntes Zusammenleben extremer Unterschiedlichkeiten im turbulenten Delta-Quadranten überlebt. Mit dem instinktiv handelnden Piloten Paris, dem sich auf seine indianischen Ursprünge besinnenden Chacotay, der klingonisch-menschlichen Tarres, die Unberechenbarkeit mit logischer Disziplin kombiniert, und dem holografischen Arzt Zimmermann, einem virtuellen Subjekt mit menschlichen Zügen, kamen nicht nur sehr unterschiedliche Charaktere, sondern auch unterschiedliche Lebewesen mit individuellen kulturellen Hintergründen zusammen. Die

Folge daraus ist die zwingende Notwendigkeit, bei einem virtuellen Team bewusst auf kulturelle Vielfalt sowie Toleranz abzustellen und eine integrative Dachkultur zu schaffen.

Wie funktioniert Führung in virtuellen Teams?

In der Literatur[451] findet sich eine ganze Reihe von Vorschlägen, wie Kooperation und damit auch Führung in einem virtuellen Team zu gestalten sind:

- *Kernkompetenzdifferenzierung!* Im virtuellen Team ist jedes Teammitglied selbst dafür zuständig, die eigenen Kompetenzen zu definieren und zu entwickeln, um sich „auf dem Markt" zu bewähren. Denn letztlich ist gerade die Kombination aus Kernkompetenzträgern der Schlüssel zum Erfolg in virtuellen Teams.

- *Klare Führung!* Beim virtuellen Team gibt es dominierend eine Integration durch Vision und Unternehmenskultur, wobei diese aber nicht extern vorgegeben ist, sondern sich im Wettbewerb der Ideen im Team entwickelt. Ebenfalls nicht hierarchisch vorgegeben ist der Teamleiter: Er wird gewählt, entweder extern aufgrund von Projektvorschlägen oder aber intern aufgrund seiner Fähigkeiten.

- *Vertrauen!* Virtuelle Organisationen haben im Gegensatz zu traditionellen Organisationsformen wenig formale Kontakt- und Steuerungsmechanismen, was andere Systeme nötig macht – speziell die Zusammenarbeit über Vertrauen. Besonders hervorzuheben an dieser Stelle sind Arbeiten von *Charles Handy*[452], der sich immer wieder mit dem Funktionieren von Teams und dabei auch mit virtuellen Organisationen beschäftigt hat: Sein Credo lautet „Trust needs Touch". Daraus leitet sich die etwas paradoxe Maxime ab, in virtuellen Teams die Virtualisierung teilweise zurückzuschrauben, um das Entstehen von Vertrauen zu ermöglichen.

  Vertrauen als Ziel und Vertrauen als Mittel

- *Gefühl für Co-Destiny!* Virtuelle Teams sind Schicksalsgemeinschaften. Hier sind die Partner voneinander abhängig und können nur gemeinsam zum Ziel kommen. Dies ist plausibel, weil es in der virtuellen Organisation durch die hochspezialisierte Professionalisierung zu einer temporär-intensiven Verbundorganisation aus Experten kommt. Die Teammitglieder wissen, dass sie einander brauchen und handeln entsprechend. Wie bei einem Ruder-Achter kann man deshalb auch bei einem virtuellen Team zumindest begrenzt von der Aufgabenerfüllung der Partner ausgehen. Im Gegensatz dazu folgt das konventionelle Team der Metapher Langstreckenläufer, wo zwar auch eine Gruppe von Sportlern gleichzeitig unterwegs ist, aber wesentlich geringere arbeitsteilige Abhängigkeiten aufweist.

- *Bewusste Diversity!* Hierbei gibt es nicht nur regionale Kulturunterschiede im nationalen Umfeld, sondern auch in den Unternehmenskulturen: Unternehmen entwickeln durch Historie, Branche oder Leitfiguren unterschiedliche Kulturen, unternehmensübergreifende Teams sind daher fast immer „Cross-Cultural". Etwas abgeschwächt gilt dies im Unternehmen für einzelne Subkulturen, die in den funktionalen Unternehmensbereichen entstehen. Konventionelle Teams versuchen kulturelle Divergenzen bereits dadurch zu minimieren, dass sie bei Projektstart auf kulturelle Ähnlichkeit achten und für eine einheitliche Kultur sorgen.

■ *Darwiportunismustauglichkeit!* Auch wenn nicht alle virtuellen Teams einen hohen Darwiportunismusgrad aufweisen, so muss doch der Teamführer ein Konzept für den Umgang mit darwiportunistischen Tendenzen entwickeln. Dazu gehört zum einen, die darwinistischen Grundprinzipien offen zu legen, also Klarheit über die zugrunde liegenden Mechanismen zu schaffen. Wie bereits bei dem C.O.A.C.H.-Modell angesprochen, bedeutet dies nichts anderes, als dass der Teamführer ganz klar artikuliert, nach welchen Prinzipien sich Sieger und Verlierer unterscheiden. Hinter allem aber steht der Dorothy-Effekt[453]. Er bezeichnet die aus dem darwiportunistischen Umfeld resultierende Abspaltung eines lokalen Kernkompetenzträgers, die auch weitere Teile des ursprünglichen virtuellen Teams betrifft. Im darwiportunistischen Umfeld ist es typisch für virtuelle Teams, dass ihre Kernkompetenzträger immer auf Absprung sind. Aber auch die Unternehmen denken ständig darüber nach, wer auch zukünftig im virtuellen Team bleiben darf.

■ *Multimedialisierung!* Der Umgang mit Informationstechnologie wird in virtuellen Teams zum Lernfeld gemacht, bei dem unterschiedliche Verfahren ausprobiert und letztlich das Sinnvollste selektiert wird. Dies entspricht dem Paradigma der LINUX-Welt, bei dem Merkmale wie Offenheit, Wettbewerb und freie Entscheidung die Softwareentwicklung und -anwendung prägen, was gerade auch für virtuelle Organisationsformen immer mehr Bedeutung hat. Dementsprechend gibt es bei virtuellen Teams auch kein vorgegebenes Handbuch, sondern (viel wirksamer!) ein Webbook, in dem in freier Form Erfahrungen geschildert und anderen zugänglich gemacht werden.

Virtuelle Teams sind nicht für Routineprozesse konzipiert, sondern sollen bei der räumlich, zeitlich und sachlich verteilten Lösung neuartiger Fragestellungen helfen. Deshalb braucht ein virtuelles Team eine Führungsperson, die mehr ist als ein dezent im Hintergrund stehender Koordinator und mehr als ein sich als Dienstleister verstehender informeller Unterstützer. Die Aufgabe dieser Führungskraft besteht im Schaffen einer gruppenspezifischen Vision, einer klaren Idee und einer der Aufgabenstellung entsprechenden Projektkultur.

Dorothy-Effekt: opportunistische Abspaltung eines lokalen Kernkompetenzträgers

15.7 Problematisch: Kleinere und größere Schwierigkeiten in Teams

Die vorangegangenen Abschnitte gingen im Wesentlichen von einem eher rationalen Bild von Akteuren aus. Danach ordneten sich Mitarbeiter – sofern entsprechend motiviert – brav in das Team ein und umgekehrt verfolgten die Führungskräfte ausschließlich die Mitarbeiter- und Unternehmensziele. Doch ist das Führungspraxis?

Oswald Neuberger: Mikropolitik als manchmal negatives Phänomen

Oswald Neuberger[454] beschreibt in seinem Buch „Mikropolitik und Moral in Organisationen" den Alltag in Organisationen. Seine Beobachtung: Egal welche Organisation man sich anschaut, man findet dort immer Phänomene wie Machtspiele, Intrigen, Sabotage, Blockade, Machiavellismus und Doppelzüngigkeit. Realistischerweise soll allerdings davon ausgegangen werden, dass diese Entwicklungen sich nicht nur auf die Teammitglieder beschränken, auch die Teamführung ist hier als Akteur nicht zu unterschätzen.

Generell bezieht sich der Begriff Mikropolitik auf das individuell zur Verfügung stehende Arsenal an Techniken, mit denen Teammitglieder und Teamführung ihre Position und ihren Handlungsspielraum ausbauen. *Oswald Neuberger* beschreibt Mikropolitik unter anderem mit Aussagen wie

Mikropolitik: Verhaltensweisen zur Stärkung und Ausbau der eigenen Position

- durch die Nutzung Anderer in organisationalen Ungewissheitszonen eigene Interessen verfolgen,
- andere Personen bewusst als Mittel gebrauchen,
- Aushöhlung eigener Grundlagen, wenn sie als schrankenloses Verfolgen von Eigeninteressen praktiziert wird,
- Ressourcen für den Ausbau von Machtpositionen einsetzen,
- eine Misstrauensspirale in Gang setzen, die zu hohen Transaktionskosten führt sowie
- Auslösen von Ängsten bei denen, die sich nicht zurechtfinden.

Auf diese Weise wird das Ideal der vollstrukturierten Ordnung als politisch motiviertes, ideologisches Trugbild entlarvt; Klimaverschlechterung und Zynismus sind die Folge. Aus einer pathologisierenden Perspektive ist Mikropolitik organisationale Kleinkriminalität. Wie Winkeladvokaten die Schlupflöcher des Rechts nutzen, so nutzen Mikropolitiker die Undurchsichtigkeit des betrieblichen Alltags und die Widersprüchlichkeit der Vorgaben. *Oswald Neuberger* stellt zudem klar, dass diese Taktiken sowohl offen wie auch verdeckt eingesetzt werden können. So könnte das Auslösen von Angst offen durch Bestrafung, Ausüben von Zwang oder Druck und bestimmtes Auftreten erfolgen. Der verdeckte Einsatz impliziert hingegen eine Täuschungsabsicht. Angst kann so durch Einschüchterung oder Bluffen ausgelöst werden.[455]

Ohne in diesem Buch in die gesamte Komplexität des Themas Mikropolitik einsteigen zu wollen, ist allerdings eine Beobachtung bemerkenswert: In der ersten Auflage seines Buches schilderte *Oswald Neuberger* das Phänomen Mikropolitik noch wesentlich negativer, nämlich als ein verdecktes Spiel, um Macht auszuüben. Inzwischen erkennt er auch positive Aspekte in der Mikropolitik und vor allem die Selbstheilungskräfte. Hinzu kommt bei ihm die Verbindung zu Moral als Überlebenstrieb.

Dieser Optimismus von *Oswald Neuberger* ändert aber nichts daran, dass Kooperation durch Mikropolitik zerstört und Teamführung erschwert werden kann.

***Heinz Leymann* versus *Oswald Neuberger*: Mobbing als (nicht?) existierendes Phänomen**

Im Zusammenhang mit Gruppen, Teams und ihrer teilweise kontraproduktiven Dynamik taucht seit Jahren immer wieder der Begriff des Mobbings auf. Wer kennt sie nicht die Geschichten vom kleinen Buchhalter oder von der armen Sachbearbeiterin, die als Mobbingopfer von einer Falle in die andere tappen, nur um sich am Schluss anhören zu müssen, sie seien selbst daran Schuld! Der Grund für diese Entwicklung liegt im externen Druck, der auf den Unternehmen lastet und der sich nach innen fortpflanzt. Hinzu kommen immer Reorganisationen, die Kompetenzängste und Unsicherheiten schaffen. Gleichzeitig gibt es beeindruckende Möglichkeiten, sich selber zu Lasten anderer in spannende aussichtsreiche Positionen zu katapultieren. Spätestens hier beginnt Mobbing.

Für *Heinz Leymann*[456] manifestiert sich Mobbing als eine konfliktbelastete Kommunikation am Arbeitsplatz, die unter Kollegen beziehungsweise zwischen Führungskräften und Mitarbeitern stattfindet. Ziel ist es, die gemobbte Person aus der Gruppe auszuschließen oder zumindest zu neutralisieren.

Mobbing: die unbarmherzige Phasenfolge

Eine Möglichkeit, sich dem Phänomen des Mobbings zu nähern, besteht in der Auseinandersetzung mit der Phasenfolge, an deren Ende das tatsächliche Mobbingopfer nicht mehr in der Lage ist, im Team zu verbleiben[457]:

- Zunächst gibt es einen Konflikt, bei dem die Person X etwas aus dem Rahmen fällt. Entweder äußert sie sich anders, als es die Gruppennorm vorschreibt, oder aber sie tritt in unmittelbaren Diskurs mit dem Teamführer. Deshalb trifft Mobbing auch am ehesten solche Leute, die von einer Norm abweichen. Denn hat sich beispielsweise die Mehrheit auf ein eher geringes Leistungsniveau verständigt, werden diejenigen ganz rasch in die Nähe eines potenziellen Mobbingfalles geschoben, die sich nicht daran halten und vielleicht sogar glauben, mit innovativen Ideen zu glänzen. Phase 1 besteht also in der *Schaffung eines Anlasses für eine Mobbingattacke*.

- Ein exponierter Gegenspieler beginnt mit dem Mobbing, wobei er im Regelfall Allianzen mit anderen Personen schmiedet, die teilweise überhaupt nicht wissen, worauf sie sich einlassen. Der Gemobbte weiß nicht, was ihm passiert und merkt auch erst sehr langsam, dass Angriffe aus allen Seiten auf ihn losgehen. Da kommt ein Besprechungsprotokoll („mit der Bitte um sofortige Richtigstellung"), dann Verschieben von Terminen („Wir wissen, dass Ihnen dieser Termin nicht passt, nur leider war kein anderer möglich."). Beliebt ist auch das Signal der Querabstimmung („Herr W. hat mir gesagt und ich stimme ihm zu ..."). Besonders günstig auch der Verweis auf die „vielen Kollegen, die der gleichen Meinung sind". Phase 2 bedeutet im Regelfall das *Legen von diversen Fallen* und das Anbringen von vielen Nadelstichen.

- Spätestens wenn die ersten Nadeln wirklich gestochen und die ersten Fallen sich aufgetan haben, versucht das zwar gepiesackte, aber noch immer lebensfähige Mobbingopfer den Schritt in die große Runde, wo es dann letztlich *hingerichtet* wird. Die Mobbingtäter haben die Regie fest in der Hand. Das Mobbingopfer versteht die Welt nicht mehr und bekommt zu guter Letzt noch die tröstende Hand des Mobbingtäters: „Ich habe großen Respekt vor Ihrer Leistung, aber Ihr jetziges Verhalten irritiert mich doch sehr!"

■ Nach dem öffentlichen Show-Down von Phase 3 entsteht die klare Gruppenmeinung, wonach das Mobbingopfer untragbar/überarbeitet/unterqualifiziert/unehrlich/instabil ist. Dementsprechend verhält man sich der Person gegenüber abwehrend und *schneidet sie von jeglicher Kommunikation ab*. Gleichzeitig werden ihre sozialen Beziehungen und vor allem ihr soziales Ansehen gestört. Im Ergebnis ist das Mobbingopfer wie ein spanischer Stier, der mit blutenden Augen überall Toreros sieht, aber nicht mehr klar schauen kann.

■ Spätestens an dieser Stelle sind auch die gesundheitlichen Probleme für das Mobbingopfer so groß, dass es auf keinen Fall mehr im Team verbleiben kann und aus seiner Sicht *das Team verlassen muss*. Das Mobbingopfer beantragt die Versetzung („so weit weg wie möglich"), scheidet krankheitsbedingt aus dem Unternehmen aus und bereitet sich auf einen Rechtsstreit vor.

Frühestens in Phase 4 erkennt das Mobbing-Opfer, welches Spiel gespielt wurde. Deswegen nützt der obligate Hinweis auf Beratungsstellen und Betriebsrat – sofern überhaupt zuständig – wenig. Aus diesem Grund gibt es auch nur sehr wenige Vorschläge, wie Mobbing verhindert und Mobbingopfern wirksam geholfen werden kann.

Für die Verarbeitung von Mobbing scheint es so, als ob eine einfache Täter/Opfer-Differenzierung nicht zielführend ist. Dies erkennt man unmittelbar, wenn man sich die zwei Grundpositionen im Umgang mit Mobbing vergegenwärtigt:

Mobbing: das Opfer-und-Täter-Problem

(1) Auf der einen Seite steht die Grundposition von *Heinz Leymann*[458]. Bei ihm gibt es im Wesentlichen nur den einen Systemzustand „Mobbingopfer". Über entsprechende Fragenkataloge wird lokalisiert, ob eine Person ein Mobbingopfer ist und ob die Interaktionen, die seine Umwelt ihm gegenüber artikuliert, Mobbinghandlungen sind. Als Konsequenz daraus wird dann der Mobbingtäter zur Rechenschaft gezogen, das Mobbingopfer therapiert und im Idealfall wieder eine funktionierende Teamsituation geschaffen.

(2) Die alternative Position nimmt *Oswald Neuberger*[459] ein. Bei ihm lässt es sich nicht so einfach sagen, wer wirklich Opfer und wer Täter ist. Vor diesem Hintergrund geht *Oswald Neuberger* von einem komplexen und über einen längeren Zeitraum aktivierten Interaktionsnetzwerk aus, bei dem unterschiedlichste Impulse die Gruppendynamik prägen. Danach ist es zum Beispiel auch nicht ausgeschlossen, dass das Mobbingopfer selber unbewusst den Mobbingprozess induziert hat.

Beide Positionen wirken plausibel und verdeutlichen (auch gerade deshalb) die Schwierigkeiten im Umgang mit Mobbing.

Eine Anekdote

Historisch interessant ist die auch von *Oswald Neuberger* publizierte Diskussion[460], zwischen ihm und *Heinz Leymann*. Danach rührte *Oswald Neuberger* zunächst an dem gesellschaftlichen Tabu, indem er unterstellte, dass vereinzelt Mobbingopfer möglicherweise selber an der Mobbingaktion Schuld tragen. *Oswald Neuberger* zeigte dies – wie auch einige andere Autoren – an Beispielen von *Heinz Leymann*, die durchaus auch anders interpretierbar waren. In der Folge griff *Heinz Leymann* massiv Oswald Neuberger an und stufte ihn als unwissenschaftlich, inkompetent und nicht befugt ein, sich an der Mobbingdebatte zu beteiligen. Im Ergebnis bezeichnete sich dann *Oswald Neuberger* ironischerweise als „Mobbingopfer", das aus der Gesellschaft der Mobbingforscher ausgeschlossen werden sollte.

Mobbing: Eingriffspunkte auf der Eskalationsleiter

Unabhängig davon kann Mobbing zum Thema für den Teamführer werden, und zwar in allen fünf Phasen der Mobbingeskalation:

(1) In Phase 1 muss der Teamführer erkennen, welche Personen von vorneherein als *Mobbingopfer* prädestiniert sind. Dies sind vor allem Personen mit abweichenden Meinungen und/oder abweichender Erscheinung. Mit diesen Personen hat sich die Führungskraft im Vorfeld bereits auseinanderzusetzen, um zu versuchen, die Abweichung dieser Person von der Gruppennorm zu minimieren.

(2) In Phase 2 werden die teilweise noch *verdeckten Allianzen* gegen eine einzelne Person formiert. Auch hier ist es Aufgabe des Teamführers, dagegen vorzugehen. Besonders deutlich wird in dieser Phase der Beginn einer Mobbingattacke bereits durch schriftliche Äußerungen. Gerade die in vielen Teams übliche bürokratische Projektorganisation manifestiert häufig beginnende Mobbingattacken.

(3) Phase 3 ist die *öffentliche Hinrichtung* des Mobbingopfers. Egal wer an diesem Vorgang Schuld trägt, eine derartige Hinrichtung darf es grundsätzlich in einem Team nicht geben. Unabhängig von der Vorgeschichte muss der Teamführer diesen Vorgang im Interesse des „Mobbingopfers", aber auch im Interesse des gesamten Teams verhindern.

Group Think: durch zunehmende Interaktion entstehende einheitliche Meinung der Gruppe

(4) Schwierig wird es allerdings dann in Phase 4, wenn der *Group Think* sich soweit durchgesetzt hat, dass eine Person nicht mehr tragbar ist. Hier muss die Teamführung eine Lösung suchen, auch wenn diese darin besteht, dass das Gruppenmitglied noch vor der Phase 5 an eine andere Stelle des Unternehmens wechselt.

(5) Falls tatsächlich Phase 5 eintritt und das Mobbingopfer die *Versetzung* beantragt, so hat die Teamführung kaum noch Chancen, dieses aktuelle Mobbingopfer wieder in das Team zurückzuführen. Es besteht allerdings noch die Möglichkeit, über ein entsprechendes Exit-Interview Sorge zu tragen, dass sich hieraus ein Lerneffekt für das gesamte Team ergibt und weitere Mobbingfälle nicht mehr in dieser Intensität auftreten.

Gerade wenn man Mobbing als ein komplexes Interaktionsgefüge ansieht und sich somit der wesentlich unbequemeren Sichtweise von *Oswald Neuberger* anschließt, bedeutet dies für die Führungskraft, sich umfassend mit dem gesamten Mobbingprozess auseinanderzusetzen. Dies darf allerdings nicht soweit gehen, dass die gesamte Organisation vor lauter vermeintlichen Mobbingfällen paranoid und Mobbing zu einem sozial konstruierten Phänomen wird.

Phasen des Mobbing

Übung 15.4

Auch bei der Strawberry Cake & Bakeries AG gibt es manchmal Probleme. So ist Mobbing in den letzten Jahren innerhalb des Unternehmens zu einem Thema geworden. Es ist Ihnen klar, dass Sie handeln müssen, gleichzeitig wissen Sie jedoch, dass es schwierig ist, Mobbing in einer späten Phase zu bekämpfen. Daher erstellen Sie zur Vorbeugung von Mobbing ein Merkblatt für alle Führungskräfte, welches die fünf Phasen des Mobbing, eine Beschreibung der Phasen und Handlungsmöglichkeiten für die Führungskräfte beinhaltet.

15.8 Ausblick

Geht man noch einmal zurück zum Darwiportunismus[461], so ist dies eine Situation, die nicht nur auf Unternehmen als Ganzes zutrifft, sondern vor allem auch innerhalb des Teams gelebt wird. Darwiportunismus falsifiziert den wunderschönen Mythos der Teamorientierung, wonach Mitarbeiter das dominierende Gefühl haben, gerade durch eine gemeinsame und vertrauensvolle Anstrengung im Team besonders schnell nach vorne zu kommen. Aus dem Mythos der Teamorientierung leitet sich das sozialromantische Postulat ab, wonach es in einem Team einen relativ geringen Wettbewerb und eine nahezu führungslose Organisation gibt.

Die Realität sieht allerdings darwiportunistisch aus:
- In vielen Unternehmen haben sich nicht die Leute durchgesetzt, die tatsächlich die besten Teamspieler waren, sondern diejenigen, die sich in Teamsituationen am opportunistischsten verhalten haben. *Sieger ist am Schluss derjenige, der den größten Anschein von Teamorientierung weckt, gleichzeitig sich aber selber optimiert.*
- Auf der anderen Seite sind *Unternehmen gerade deshalb erfolgreich, weil sie funktionierende Teams schaffen können.* Nur durch die Interaktion, nur durch das wechselseitige Helfen und nur durch die gemeinschaftliche Anstrengung sind viele Aufgaben lösbar.

Das Ergebnis ist ein Dilemma: Auf der einen Seite gibt es darwiportunistische Tendenzen, auf der anderen Seite die Notwendigkeit zur „echten" Teamarbeit.

Deshalb wurde im vorangegangenen Abschnitt gezeigt, dass Teamführung jenseits der Mythen, die alle um den Begriff Team ranken, eine erhebliche Problematik in sich birgt. Letztlich ist es somit Aufgabe des Teamführers, die Prozesse

– der Mikropolitik (wie beeinflusse ich andere?) und
– des Mobbings (wie zerstöre ich andere?)
zu verstehen. Dabei ist es allerdings wichtig festzuhalten, dass Mikropolitik kein negatives Phänomen und die damit verbundenen Strategien nicht grundsätzlich abzulehnen sind. Mobbing dagegen ist ein Phänomen, das in seiner Vielschichtigkeit äußerst problematisch ist und das in jedem Fall kontraproduktiv ausfällt.

Immanuel Hermreck, **Konzernpersonalchef, Bertelsmann AG**

Kooperation ist Voraussetzung für Erfolg

Kooperation ist für mich mehr als nur die reibungslose Zusammenarbeit von Teammitgliedern. Es ist der partnerschaftliche Umgang von Vorgesetzten und Mitarbeitern über alle Hierarchieebenen hinweg. Für Vorgesetzte bedeutet Partnerschaft die gezielte Delegation von Verantwortung an ihre Mitarbeiter und das Vertrauen in deren Integrität und Leistungsfähigkeit. Für Mitarbeiter bedeutet Partnerschaft eine selbstgesteuerte und eigenverantwortliche Nutzung ihrer Freiräume. Diese bei Bertelsmann gelebte Unternehmenskultur hat mich und mein Führungsverständnis nachhaltig geprägt.

Bertelsmann ist ein dezentral organisiertes Unternehmen. Die Bereiche verfügen über ein Höchstmaß an Eigenverantwortung, denn sie kennen ihre Märkte und die zentralen Determinanten ihres Erfolges selbst am besten. Ob die RTL Group als führender Anbieter von Fernsehen und Rundfunk, Random House als größte Buchgruppe der Welt, Gruner + Jahr im Bereich Zeitschriften, arvato im Service Bereich oder die Direct Group im Direktkundengeschäft: Die Dezentralität ist ein wichtiges Merkmal unserer Organisation, und sie gilt nicht nur im Verhältnis zwischen Bertelsmann und den einzelnen Bereichen, sondern auch innerhalb der Unternehmensbereiche. Das Prinzip der Dezentralität funktioniert allerdings nur, wenn es Werte gibt, die das Handeln der Einzelnen auf eine gemeinsame Grundlage stellen. Bei Bertelsmann sind diese Werte in den Essentials festgehalten, die unsere Unternehmenskultur charakterisieren. Partnerschaft kommt dabei eine entscheidende Rolle zu: Sie macht aus Mitarbeitern und Vorgesetzten eine Interessengemeinschaft auf Augenhöhe – auch in schwierigen Zeiten. Und Partnerschaft ermöglicht das nötige Vertrauen, ohne das Delegation von Verantwortung und Dezentralisierung nicht funktionieren können.

Ich möchte dies anhand einer persönlichen Erfahrung veranschaulichen:

Als mir 2006 die Verantwortung der Gesamtleitung Personal für Bertelsmann übertragen wurde, war dies Herausforderung und Faszination zugleich. Der Schlüssel zur Bewältigung lag in den beiden Grundprinzipien Freiraum und Partnerschaft.

Das Team, dessen Leitung ich übernehmen würde, kannte ich persönlich, bei vielen hatte ich den Auswahlprozess maßgeblich mit gestaltet. Ihre fachlichen

Leistungen schätzte ich ebenso wie ihre menschlichen Qualitäten. Gemeinsam mit den an mich berichtenden Abteilungsleitern haben wir einen Strategieprozess eingeleitet, der unsere Agenda für die Personalarbeit bei Bertelsmann in Handlungsziele übersetzte. Die partnerschaftliche Zusammenarbeit mit den Kollegen ermöglichte die zügige Umsetzung dieser Strategie. Gleiches galt für die Personalverantwortlichen der Unternehmensbereiche. Sie übernehmen bei Bertelsmann weit reichende Eigenverantwortung, und auch sie hatte ich kennen und schätzen gelernt. Unsere gemeinsame Kooperation schaffte die Möglichkeit zu einer wirkungsvollen konzernweiten Personalarbeit über die Grenzen von Bereichen hinweg. Wir haben zusammen Handlungsbedarfe identifiziert und mit dem Projekt „Next Generation Talent Management" gemeinsam die Agenda für bereichsübergreifende Personalarbeit bei Bertelsmann gesetzt. Auch dies ist ein Beispiel für das erfolgreiche Ineinandergreifen von Dezentralität und Partnerschaft.

Der zweite Grund für meine Zuversicht bestand in meiner bisherigen Erfahrung mit den Freiräumen bei Bertelsmann. Schon in meiner Funktion als Leiter der Bertelsmann University hatte ich gesehen, dass die frühe Übernahme von Eigenverantwortung eine zentrale Voraussetzung für eine erfolgreiche Entwicklung in unserem Konzern ist. Innerhalb kurzer Zeit konnte ich die Bertelsmann University als eigenständige strategische Plattform für das internationale Top Management des Bertelsmann Konzerns etablieren. Auch in schwierigen Zeiten war die University nicht nur ein Instrument des Vorstands, sondern eine von allen Führungskräften gestützte Institution. Möglich war dies nur, weil Bertelsmann als Unternehmen einen ungewöhnlich großen Freiraum zur Gestaltung gibt. Dass ich diesen Freiraum und das in mich gesetzte Vertrauen eigenverantwortlich und zur Zufriedenheit des Vorstands und der Führungskräfte genutzt hatte, war für meine Berufung als Konzernpersonalchef vermutlich ein wichtiger Faktor.

Aus meiner Sicht illustriert diese Erfahrung das Verständnis von Kooperation bei Bertelsmann. Kooperation auf Basis von Partnerschaft und Vertrauen ist die Voraussetzung für das Funktionieren unserer dezentralen Organisation. Sie ermöglicht die Delegation von Verantwortung in dezentralen Entscheidungsprozessen. Sie vermindert den Steuerungsaufwand, reduziert Komplexität und macht uns als Organisation effizient und handlungsfähig.

Kooperation und Partnerschaft haben aber auch entscheidenden Einfluss auf die Qualität der Ergebnisse. Mitarbeiter wie Management sind vor allem deshalb motiviert, weil sie für eigene Ideen stehen und an deren Erfolg beteiligt werden – nicht nur über variable Gehaltsanteile, sondern auch und vor allem durch Sichtbarkeit und Wertschätzung. Beides sind entscheidende Prädiktoren für die weitere berufliche Entwicklung.

Für Führungskräfte bedeutet dies, dass sie den richtigen Mitarbeitern die Möglichkeit geben, ihre kreativen und Erfolg versprechenden Ideen und Strategien eigenständig zu realisieren. Wenn Vorgesetzte durch Delegation von Verantwortung den Rahmen für unternehmerisches Handeln schaffen und Mitarbeiter die unternehmerische Initiative ihres Vorgesetzten durch eigenverantwortliches Handeln und vertrauensvolle Zusammenarbeit mit Kollegen vorantreiben, werden sie gemeinsam als Partner erfolgreich sein. Erfolgreicher als die meisten anderen.

Aufgaben und Fragen zur Selbstüberprüfung

1. Welche Unterschiede gibt es zwischen einer Gruppe und einem Team?

2. Welche sechs Führungsaufgaben sehen *Jon Katzenbach* und *Douglas Smith*?

3. Erklären Sie die Modelle C.O.A.C.H. und P.U.C.K.!

4. Auf welchen Grundsätzen basiert der Orpheus Prozess? In welchen Situationen funktioniert diese Logik nicht?

5. Erläutern Sie die Idee des 5-Sekunden-Modells!

6. Erklären Sie den Begriff Mikropolitik!

7. Erklären Sie das Phänomen Mobbing und seine Phasen!

Kapitel 16

Retention: Wie hält man gute Mitarbeiter im Unternehmen?

Kapitel 16 Retention: Wie hält man gute Mitarbeiter im Unternehmen?

Inhalt

Fakten

48 % der Unternehmen geben an, dass sie Potenzial- und Leistungsträger aktiv an das Unternehmen binden.[462]

98 % der Arbeitnehmer, die sich mit ihrem Unternehmen verbunden fühlen, haben die Absicht, auch nächstes Jahr für ihr derzeitiges Unternehmen zu arbeiten.[463]

77 % der Arbeitnehmer mit einer hohen Bindung an das Unternehmen übernehmen auch gerne Aufgaben außer der Reihe.[464]

Lernziele

- Sie erfahren, warum das Thema Retention so erfolgskritisch ist.

- Sie erleben, wie man Retention umsetzen kann.

- Sie wissen, welche Konzepte und Kennzahlen im Hinblick auf das Retentionsmanagement wichtig sind.

- Sie verstehen Gründe und Motive für Abwanderungstendenzen von Mitarbeitern.

- Sie lernen, wie man Abwanderungstendenzen seitens der Mitarbeiter aktiv verhindern kann.

16.1 Überblick

Personalarbeit hat zweifelsohne ihre Schattenseiten: Dazu gehört vor allem das Erlebnis, wenn ein Mitarbeiter, mit dem man gut zusammenarbeiten kann, in den man viel investiert und mit dem man große Pläne hat, plötzlich das Unternehmen verlässt. Noch schlimmer: Eine ganze Gruppe kündigt und ist, ehe man sich versieht, unter Einreichung des Resturlaubs schlagartig weg. Retention ist also ein drängendes Problem! Dabei geht es aber nicht nur um Mitarbeiter, die tatsächlich das Unternehmen verlassen. Bereits die Phase davor stellt ein Problem dar: nämlich Mitarbeiter, die über eine Kündigung nachdenken oder aber – ohne die Führungskraft zu informieren – innerlich gekündigt haben. Retention bedeutet daher, gute Mitarbeiter nicht nur arbeitsvertraglich, sondern vor allem mental an das Unternehmen zu binden.

Nicht überall hat sich allerdings die Relevanz des Themas herumgesprochen. Deshalb braucht es zum einen eine weitergehende Begründung dafür, dass Retention auf der Aufmerksamkeitsliste nach oben rutscht. Zum anderen werden formale Grundlagen behandelt, also zum Beispiel Fluktuationskennziffern erläutert (Abschnitt 16.2). Es folgen theoretische Grundlagen: Warum verlassen Mitarbeiter tatsächlich das Unternehmen? Sicherlich gibt es dazu einfache Antworten, beispielsweise mehr Geld oder bessere Führungskräfte. Allerdings ist die Thematik in der Regel komplizierter (Abschnitt 16.3). Schließlich verlangt Beschäftigung mit Retention einen systematischen Handlungsansatz, der mitarbeiterseitig zufriedenheitfördernde Parameter wie Arbeitsumfeld, Karriereperspektiven mit unternehmensseitig erfolgfördernden Werthebeln verbindet (Abschnitt 16.4).

BestPersCase: Cirquent GmbH

Seit über 35 Jahren bietet Cirquent IT-Lösungen schwerpunktmäßig für Finanzdienstleiter, Versicherungen, Telekommunikationsanbieter und die Fertigungsindustrie an. Heute arbeiten rund 1.750 Mitarbeiter für das Beratungsunternehmen und erwirtschafteten 2008 einen Umsatz von 260 Millionen Euro.

Die Bemühung um eine lange Retention im Unternehmen beginnt bereits beim Einstieg in das Unternehmen. Den neuen Mitarbeiter erwartet ein intensives Einarbeitungsprogramm mit einem zwölfmonatigen Patenprogramm und mehreren routinemäßig stattfindenden Gesprächen. So soll ein guter Start in die neue Tätigkeit und das neue Unternehmen gewährleistet werden.

Für jeden Mitarbeiter wird ein gezieltes und individuell abgestimmtes Job Modell entwickelt, welches die langfristigen Entwicklungsperspektiven enthält. Das Konzept wird genau beschrieben im Intranet veröffentlicht und ist somit für jeden nachles- und planbar. „Unser Job Modell", erklärt *Ansgar Kinkel*, Leiter Personalmarketing & Recruiting, „bietet für jeden Mitarbeiter die Chance, seine individuelle Förderung aktiv mitzugestalten." Die Personalabteilung sorgt anschließend nicht nur für die Umsetzung der einzelnen Maßnahmen, sondern auch dafür, dass die Vereinbarungen wirklich eingehalten werden.

Das Mitarbeitergespräch gilt als ein zentrales Instrument, denn hier kann über alles gesprochen und Feedback gegeben werden. Auf diesem Weg kann die Führungskraft Unzufriedenheiten beim Mitarbeiter erkennen und rechtzeitig gegensteuern. Damit passt die Wichtigkeit des Mitarbeitergesprächs in die Firmenphilosophie von Cirquent, denn die Kommunikation gilt als ein zentraler Baustein der Firmenkultur.

Das Vergütungssystem entspricht den marktüblichen Bedingungen. Der Mitarbeiter kann jedoch die Zusammensetzung zwischen Basis- und Wahlleistungen bestimmen. Hinzu kommt ein Zielvereinbarungssystem, das weitere Anreize schafft und die Leistungen der Mitarbeiter auch honoriert.

Für die Work Life Balance bietet das Unternehmen die Möglichkeit, die Arbeits- und Freizeit dem Arbeitsaufkommen anzupassen. Da die Berater häufig unterwegs sind, dürfen sie selbst entscheiden, wann sie ihre Arbeitszeit leisten und wann sie ihre Überstunden abbauen möchten. Denn: „Gute Beratung zeichnet sich nicht durch viel Arbeitszeit aus. Das Ergebnis zählt.", erläutert *Ansgar Kinkel*.

16.2 Wieso ist das Thema so wichtig?

Egal welche Studie man heranzieht: Die Verbundenheit von Mitarbeitern zum Unternehmen nimmt immer mehr ab und hat einen dramatischen Tiefpunkt erreicht. Nach der viel zitierten Untersuchung von Gallup[465] fühlen sich in Deutschland 67 Prozent der Arbeitnehmer kaum noch an ihr Unternehmen gebunden, 20 Prozent haben bereits innerlich gekündigt. Der Arbeitsweltmonitor des Instituts für Managementkompetenz[466] stellte fest, dass 30 Prozent der Arbeitnehmer emotionale und/oder finanzielle Gründe sehen, das Unternehmen zu verlassen.

Menschen sind der wichtigste Erfolgsfaktor.

„Meine wichtigste Erfahrung als Manager ist die Erkenntnis, dass die Mitarbeiter das wertvollste Gut eines Unternehmens sind und damit das wichtigste Erfolgskapital."[467]

Werner Niefer (1928–1993; 1989–1993 Vorstandsvorsitzender Mercedes Benz AG)

Mitarbeiter als Kapital mit Füßen

Die Bindung der Mitarbeiter zielt auf die systematische Anstrengung des Unternehmens, solche Mitarbeiter, die man als wichtig einstuft, im Unternehmen zu halten. Retention bedeutet also, die Unternehmensbindung insbesondere bei Schlüsselkräften zu verbessern.

Die Bedeutung von Retention liegt auf der Hand:

- Verlassen zentrale Mitarbeiter das Unternehmen, so hat dies unmittelbare Auswirkungen auf alle betrieblichen *Prozesse* von Beschaffung über Produktion bis Vertrieb. Gerade in der Beziehung zu externen Kunden können dauerhafte Schäden eintreten, wenn der das Unternehmen verlassende Mitarbeiter quasi seine Kunden „mitnimmt".
- Ähnliches gilt für spezifisches *Know-how*, denn das Besondere an Wissensarbeiten ist ihre informationsverarbeitende Leistung, die zu individuellem Wissen führt, das – im Regelfall – nicht in kollektives Organisationswissen transformiert wird und mit dem Ausscheiden des Mitarbeiters aus dem Unternehmen ebenfalls das Unternehmen verlässt.
- Ob eine nicht besetzte Stelle automatisch *Effektivitätsverlust* mit sich bringt, hängt davon ab, ob das Unternehmen ausgelastet ist. Falls dies der Fall ist, hat der Weggang von Mitarbeitern zwangsläufig Beschaffungs-, Produktionsbeziehungsweise Absatzeinbrüche zur Folge. Sie sind in manchen Branchen (zum Beispiel bei Fluglinien) auch nicht wieder durch Nacharbeit auszugleichen.

- Wenn man als Faustregel die Nachbesetzung eines nicht vom Unternehmen initiierten Abgangs mit einem Jahresgehalt berechnet, so zahlen sich Maßnahmen zur Retention unmittelbar aus: Nimmt man einen Bereich aus 1.000 Mitarbeitern mit einem durchschnittlichen Jahresgehalt von 100.000 Euro und einer unfreiwilligen Fluktuation von 5 Prozent pro Jahr, so kann ein erfolgreiches Retentionsmanagement unmittelbar 5 Millionen Euro zur *Gewinnsteigerung* beitragen – zusätzlich zu dem Mehrwert, der aus den vorangegangenen drei Punkten entsteht.

Mitarbeiterbindung fördert Kundenbindung!

- Mitarbeiterbindung fördert Kundenbindung! Nichts ist für Kunden störender, als jedes Mal bei einem neuen Ansprechpartner „von Null" anfangen zu müssen. Die Bedeutung von langfristig stabilen *Geschäftskontakten* gilt dabei natürlich insbesondere für Bereiche mit externen Kontakten, letztlich aber auch für interne Netzwerke.
- Auch die zunehmende interne Komplexität schafft Anforderungsprofile, die immer spezifischere Kompetenzen beinhalten: Gerade wenn sich durch permanente Geschäftsoptimierung Unternehmen immer stärker auf ihre eigenen Kernkompetenzen fokussieren, wird die Gefahr massiver Schädigung durch Abwandern von *Schlüsselpersonen* immer größer.

Unternehmen tun also gut daran, ihre Mitarbeiter tatsächlich als „Kapital mit Füßen" anzusehen, die im Zweifelsfall das Unternehmen verlassen können.

Greater IBM

Da es im Beratungsgeschäft häufiger vorkommt, dass Mitarbeiter zu Industriekunden wechseln und später wieder zurück zum Beratungsunternehmen kommen, gründete IBM auf XING eine so genannte Premium Pro Gruppe, zu der nur Nutzer Zugang bekommen, die nachweisbar ehemalige IBM-Mitarbeiter sind. So sollte der Kontakt zu ehemaligen und wieder potenziellen Mitarbeitern gehalten und wenn möglich auch intensiviert werden. Diese Plattform wird – über die reine Kommunikation hinaus – auch dazu genutzt, exklusive IBM-Inhalte und Podcasts zu verbreiten. Mittlerweile zählt die Gruppe 9.000 Mitglieder.[468]

Übung 16.1   **Probleme durch Abwanderung**

Auch bei der Strawberry Cake & Bakeries AG stellen Sie Abwanderungstendenzen fest. Sie überlegen daher, welche konkreten Schwierigkeiten sich durch die Abwanderung von Schlüsselkräften für Ihr Unternehmen ergeben könnten.

Kennzahlen, auf die es ankommt

Im Umgang mit Mitarbeitern, die das Unternehmen verlassen (wollen), gibt es im Wesentlichen acht als Prozentwert angegebene Kennzahlen, die in der Praxis unter unterschiedlichen Bezeichnungen zum Einsatz kommen:

Acht Fluktuationskennziffern mit acht Aussagen

$$(1)\ \text{Personalerhaltungsrate}_t[\%] = 100 - \frac{\text{Personalbestand}_{t-1} - \text{Personalbestand}_t}{\text{Personalbestand}_{t-1}} \cdot 100$$

Hat ein Unternehmen am Anfang der Planungsperiode (t–1) 100 Mitarbeiter, am Ende (t) 80, so führt dies zu einer Personalerhaltungsrate von 80 Prozent. Allerdings ergibt sich der Personalbestand als Saldo, in den auch Zugänge und Abgänge eingehen. Deshalb bezieht sich eine zweite Kennzahl ausschließlich auf die Mitarbeiter, die das Unternehmen verlassen haben.

$$(2)\ \text{Fluktuationsrate}_t[\%] = \frac{\text{Personalabgang}_t}{\text{Personalbestand}_{t-1}} \cdot 100$$

Sind also in Fortführung obigen Beispiels 60 Mitarbeiter gegangen, aber 40 neue dazu gekommen, so führt dies zu einer Fluktuationsrate als Abgangsrate von 60 Prozent. In diesen 60 Prozent stecken sowohl Mitarbeiter, die selber gekündigt haben, als auch solche, die das Unternehmen bewusst gekündigt hat, sowie solche, die planmäßig beispielsweise durch Erreichen der Pensionierungsgrenze das Unternehmen verlassen haben. Bezieht man deshalb jetzt das Wort „freiwillig" auf das Unternehmen, so führt dies folgerichtig auch zur aus Unternehmersicht unfreiwilligen Fluktuation:

$$(3)\ \text{Unfreiwillige Fluktuationsrate}_t[\%] = \frac{\text{Personalabgang}_t - \text{Unternehmenskündigung}_t - \text{planmäßige Freisetzung}_t}{\text{Personalbestand}_{t-1}} \cdot 100$$

$$= \frac{\text{mitarbeiterinduzierte Fluktuation}_t}{\text{Personalbestand}_{t-1}} \cdot 100$$

Sicherlich gibt es hier Grenzfälle wie die „erzwungene Eigenkündigung" oder aber den vorzeitigen Ruhestand. Trotzdem ist diese für das Unternehmen unfreiwillige Fluktuation der eigentliche Kern für die Diskussion um die Retention. Sind also von den 60 Mitarbeitern, die das Unternehmen verlassen haben, 40 durch das Unternehmen gekündigt worden und fünf in den Ruhestand gegangen, so führt dies zu einer unfreiwilligen Fluktuationsrate von 15 Prozent. Spiegelbildlich dazu gibt es die Retentionsrate, die hier 85 Prozent beträgt.

$$(4)\ \text{Retentionsrate}_t[\%] = 100 - \text{unfreiwillige Fluktuationsrate}_t$$

Gute Personalarbeit schaut aber nicht nur rückblickend auf die Mitarbeiter, die das Unternehmen verlassen haben, sondern vorwärtsblickend auch auf diejenigen, bei denen sich eine derartige Aktion abzeichnet. Hierfür kann auf entsprechende Daten aus Mitarbeiterbefragungen zurückgegriffen werden.

$$(5) \quad \text{Mentale Fluktuationsrate}_t\,[\%] = \frac{\text{Personalbestand}_t - \text{Mitarbeiter mit Kündigungsabsicht}_t}{\text{Personalbestand}_t} \cdot 100$$

Tragen sich also im obigen Beispiel von den 80 Mitarbeitern, die am Ende der Bezugsperiode im Unternehmen sind, 32 mit Abwanderungswünschen, so ergibt sich eine mentale Fluktuationsrate von 40 Prozent.

Eine weitere Fokussierung ergibt sich, wenn man sich ausschließlich auf die Personengruppen beschränkt, die – aus welchen Gründen auch immer – besonders wichtig sind oder deren „Ersatzbeschaffung" Schwierigkeiten aufzuwerfen droht. Für diese Schlüsselpersonen (SP) sollten dann eigene Kennzahlen bestimmt werden, was zu den folgenden Varianten führt:

$$(6) \quad \text{Retentionsrate}_t^{SP}\,[\%] = 100 - \text{unfreiwillige Fluktuationsrate}_t^{SP}$$

$$(7) \quad \text{Mentale Fluktuationsrate}_t^{SP} = \frac{\text{Mitarbeiter mit Kündigungsabsicht}_t^{SP}}{\text{Personalbestand}_t^{SP}} \cdot 100$$

Würden von den 100 Mitarbeitern 20 zur Gruppe der Schlüsselpersonen gehören und hätten dann fünf dieser Schlüsselpersonen gekündigt, so wäre dies eine unfreiwillige Fluktuationsrate von 25 Prozent beziehungsweise eine Retentionsrate von 75 Prozent. Wenn von den verbliebenen 15 insgesamt zehn mit einer Kündigung liebäugelten, so wäre die mentale Fluktuationsrate unter den Schlüsselpersonen 67 Prozent.

Bei diesem Rechenbeispiel wird deutlich, dass man streng genommen sogar eine weitere Retentionsrate braucht, die sich aus allen Fluktuationsarten der Schlüsselpersonen zusammen ergibt.

$$(8) \quad \text{Umfassende Retentionsrate}_t^{SP}\,[\%] = \frac{\text{Personalbestand}_{(t-1)}^{SP} - \text{Personalabgang}_t^{SP} - \text{Unternehmenskündigung}_t^{SP} - \text{planmäßige Freisetzung}_t^{SP}}{\text{Personalbestand}_{(t-1)}^{SP}} \cdot 100$$

Im Rechenbeispiel entspricht diese Form der Retention, wenn zusätzlich noch einer Schlüsselperson gekündigt worden wäre und vier Schlüsselpersonen aus Altersgründen ausscheiden, einer umfassenden Retentionsrate^{SP} (20 – 5 – 1 – 4): 20 = 50 %, wodurch klar wird, dass die zunächst in Formel (6) berechnete Retentionsrate^{SP} von 75 Prozent ein eindeutig zu rosiges Bild zeichnet.

Berechnen von Kennzahlen

Sie sitzen bei einem Glas Rotwein vor dem Kamin und blättern das Wirtschaftsmagazin Der Wirtschaftsmonat durch. Dabei fällt Ihnen auf, dass häufig von hohen Fluktuationsraten berichtet wird. Auch wenn Sie als CEO selbstverständlich Zugriff auf alle relevanten Werte hätten, die benötigt werden, um die relevanten Kennzahlen zur Fluktuationsrate und Retention bei der Strawberry Cake & Bakeries AG zu berechnen, haben Sie jetzt keine Lust mehr den Computer hochzufahren. Daher treffen Sie realistische Annahmen für die Werte, die für die Berechnung der Kennzahlen benötigt werden und berechnen die acht Kennzahlen.

Gefährliche Trivialität

Interessant ist jetzt natürlich die Beantwortung der Frage, wie man denn diese für den Erfolg des Unternehmens so wichtige Bindung herstellen kann. Hierzu wird man allerdings rasch fündig, denn die Literatur ist voll mit mehr oder weniger plausiblen Konzepten, die zwei Dinge gemeinsam haben:

(1) Sie implizieren unmittelbaren *Aktionismus*, bei dem aus dem Problem einer zu geringen Mitarbeiterbindung sofort auf angeblich geeignete Maßnahmen geschlossen wird.

(2) Sie implizieren einen *Maßnahmenkatalog*, dem nicht nur eine sachlogische Begründung fehlt, sondern der auch noch durch groteske Trivialität besticht.

Die Konsequenz aus dieser Kombination führt dazu, dass man das Problem der Retention zwar erkennt, aber allenfalls zufällig in den Griff bekommt.

Einige Beispiele für Vorschläge zur Erhöhung der Mitarbeiterbindung, die man in den entsprechenden „praktischen Empfehlungen"[469] findet, lauten:

- Schaffung einer guten Stimmung, bei der sich alle wohlfühlen,
- Einführung von Cappuccino-Maschinen, Obstkörben, Fitness-Geräten, Entspannungslounges, Eismaschinen, Blumensträußen,
- gemeinschaftliches Entdecken und Gestalten der Gemeinschaft und
- Schaffen einer Spaßkultur, bei dem sich die Arbeitswelt in einen Disney-Freizeitpark transformiert.

Auch wenn diese und ähnliche Maßnahmen immer wieder genannt werden, ist ihr langfristiger Erfolg durch nichts belegt. Umgekehrt ist aber auch zu argumentieren, dass es unwahrscheinlich ist, dass diese Aktivitäten ernsthaft dem Betriebsklima schaden.

Vorsicht vor trivialen Empfehlungen, die gut klingen, aber wenig bringen

Übung 16.3   **Aufstellen von Retentionsmaßnahmen**

Bevor Sie sich substanziell mit konkreten Maßnahmen zur Retention beschäftigen, möchten Sie „auf die Schnelle" etwas für die Bindung Ihrer Mitarbeiter an die Strawberry Cake & Bakeries AG tun. Sie überlegen sich daher kurzfristige Maßnahmen, die nicht viel kosten. Insgeheim fragen Sie sich jedoch, ob die Wirksamkeit dieser Maßnahmen überhaupt bewiesen ist.

Gefährliche Generalisierung

Retention ist eines der Themen, an denen man sehr gut die Besonderheiten von unterschiedlichen Unternehmenstypen sieht. Auch bei der Retention stehen KMU vor einer besonderen Herausforderung: Für sie ist es grundsätzlich schwieriger, qualifizierte Mitarbeiter zu gewinnen, da Bekanntheitsgrad sowie Arbeitgeberimage oft schwächer ausgeprägt sind. Umso wichtiger ist hier, die Mitarbeiter an das Unternehmen zu binden und langfristig zu halten. Dazu braucht es überzeugende Argumente, die durchaus existieren: Vor allem Führungskräfte können in kleinen und mittleren Unternehmen für eine gewisse Zeit Erfahrung sammeln, bevor sie in Großunternehmen abwandern, da die Aufstiegschancen in kleinen und mittleren Unternehmen letztlich doch beschränkt sind.[470]

KMU müssen also zur langfristigen Mitarbeiterbindung daher andere Wege gehen, und zum Beispiel horizontale Entwicklungsmöglichkeiten bieten, bei denen die Mitarbeiter verschiedenartige Erfahrungen sammeln (Aufgabenerweiterung) und Kompetenzen aufbauen können. Zentraler Vorteil bei der Bindung der Mitarbeiter in kleinen und mittelständischen Unternehmen ist der direkte Kontakt der Unternehmensleitung zu den Mitarbeitern, was bei Großunternehmen durch die hohe Mitarbeiteranzahl aus zeitlichen Gründen gar nicht möglich ist. Dies kann bei den Beschäftigten ein erhöhtes Zugehörigkeits- und Identifikationsgefühl erzeugen.

Etwas leichter stellt sich die Situation vor allem für international tätige Unternehmen dar: Sie können mit Auslandseinsätzen von Mitarbeitern die Bindungsbereitschaft beeinflussen, wenn so die Tätigkeit abwechslungsreicher und interessanter wahrgenommen wird. Zudem kommen persönliche Lerneffekte für die Mitarbeiter hinzu, die sich aus der Erlernung einer neuen Sprache oder der Zusammenarbeit in interkulturellen Teams ergeben.

Allerdings werden internationale Einsätze nicht von allen Mitarbeitern positiv wahrgenommen. Daher kann ein Zwang („mindestens fünf Jahre Ausland – sonst keine Karriere") kontraproduktive Effekte auf die Bindung von Mitarbeitern haben, abgesehen davon, dass ein derartig motivierter Mitarbeiter auch im Ausland keinen guten Job macht.

16.3 Welche Basistheorien gibt es?

Um eben nicht reflexartig auf ungewünschte Fluktuation mit unzureichendem Aktionismus zu reagieren, gilt es, „Retention" und „Fluktuation" zu verstehen. Hierzu ist die Auseinandersetzung mit den entsprechenden Basistheorien nützlich.

Schock und Pfad (Shocks and the Unfolding Path Model)

Will man Retention wirksam herstellen, gilt es den Prozess der Ablösung eines Mitarbeiters vom Unternehmen zu verstehen. Nur wenn diese Ablösungspunkte lokalisiert und analysiert sind, kann der erfolgreiche Retentionsmanager nachhaltig an diesen Punkten ansetzen.

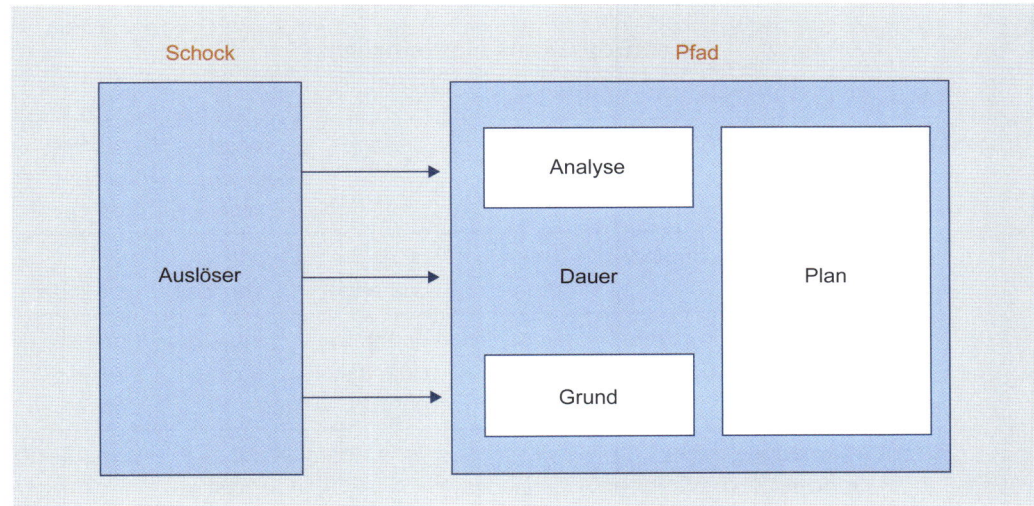

Abbildung 16.1: Das Schock und Pfad Modell

Die Ablösung eines Mitarbeiters vom Unternehmen lässt sich in der „Schock und Pfad" (Abbildung 16.1) bezeichenbaren Theorie durch folgende fünf Aspekte beschreiben[471]:

(1) Zunächst geht es darum, das auslösende Ereignis (*Auslöser*) zu bestimmen. Hierfür gibt es verschiedene Varianten: Eine Möglichkeit ist ein Schock im Sinne eines plötzlichen konkreten Ereignisses. Möglich sind hier sowohl negative Schocks (zum Beispiel Unternehmensverkauf oder schlechte Mitarbeiterbewertung), wie auch positive Schocks (zum Beispiel Abwerbungsversuch durch ein anderes Unternehmen oder Schwangerschaft). Alternativ dazu können aber auch Unzufriedenheit oder aufsummierte Kleinigkeiten, wie eine um wenige Euro gekürzte Reisekostenabrechnung, der Auslöser sein.

(2) Der nächste Punkt betrifft die Frage nach dem *Plan*. Gibt es eine Idee für Ablösung und Neueintritt? Oder aber kündigt die betreffende Person ohne sich

Wie löst sich der Mitarbeiter vom Unternehmen?

konkret die Zukunft ausgestaltet zu haben? Hier geht es also um das Skript, das jeder für sich selbst schreibt.

(3) Unterschiedlich kann auch der inhaltliche *Grund* für die Ablösung sein. Abgesehen vom normalen Fall, bei dem der Mitarbeiter seinen Job wegen Unzufriedenheit aufgibt, kann auch der Mitarbeiter – der eigentlich zufrieden ist – wegen eines speziellen Grunds gehen, weil er es beispielsweise auch aus Karrieregründen für angemessen hält.

(4) Nicht jede Kündigung basiert auf einer umfassenden *Analyse* von Alternativen, ist also (nicht immer) das Ergebnis einer konkret vorliegenden besseren Option.

(5) Schließlich kann der gesamte Ablösungsprozess kurzfristig verlaufen oder sich auf einen eher längeren Zeitraum erstrecken (*Dauer*).

Mit diesen Parametern lassen sich jetzt fünf unterschiedliche Konstellationen herleiten und auf ihre empirische Relevanz testen (Tabelle 16.1).

Tabelle 16.1: Varianten von Kombinationen zum Ablösungsverhalten[472]

Parameter		Variante des Ablösungsverhaltens				
		I	II	III	IV	V
Parameter	Auslöser	Schock	Schock	Schock	mehrere kleinere Ereignisse	mehrere kleinere Ereignisse
	Plan/ Skript	vorhanden	nicht vorhanden	nicht vorhanden	nicht vorhanden	nicht vorhanden
	Grund	konkreter Grund	generelle Unzufriedenheit	generelle Unzufriedenheit	generelle Unzufriedenheit	generelle Unzufriedenheit
	Alternative/ Option	nicht vorhanden	nicht vorhanden	vorhanden	nicht vorhanden	vorhanden
	Dauer	sehr kurz	kurz	lange	mittel	lange

Die Verfasser der Studie zum „Shocks and the Unfolding Path Model" weisen darauf hin, dass natürlich primär die Mitarbeiter das Unternehmen verlassen, die unzufrieden sind und über Alternativen verfügen. Allerdings betonen sie auch die Bedeutung von schockartigen Auslösern, die dazu führen, dass teilweise unabhängig von Geld und genereller Zufriedenheit Mitarbeiter kündigen.

Analyse der Fluktuation

Sie denken sich, dass ein „mentaler Seitenwechsel" hilfreich wäre, um zu verstehen, warum Mitarbeiter die Strawberry Cake & Bakeries AG verlassen wollen. Sie versetzen sich daher in die Lage Ihrer Mitarbeiter und überlegen, was Auslöser für das Verlassen der Strawberry Cake & Bakeries AG sein könnte. Sie informieren sich über die entsprechende Branchensituation und stellen konkrete Überlegungen an.

Gerade Computerinformationssysteme bieten in Zusammenhang mit Exitinterviews die Möglichkeit, die Ursachen für Kündigungsgründe genau zu analysieren (Abbildung 16.2).

So kann man sehen, welche Kündigungsgründe in den Interviews angegeben wurden, sich ein Ranking erstellen lassen und nach bestimmten Kriterien sortieren. Anhand dieser Informationen lassen sich gezielt Programme für eine starke Retention entwickeln, die auf bisherige Schwachstellen im Unternehmen eingehen.

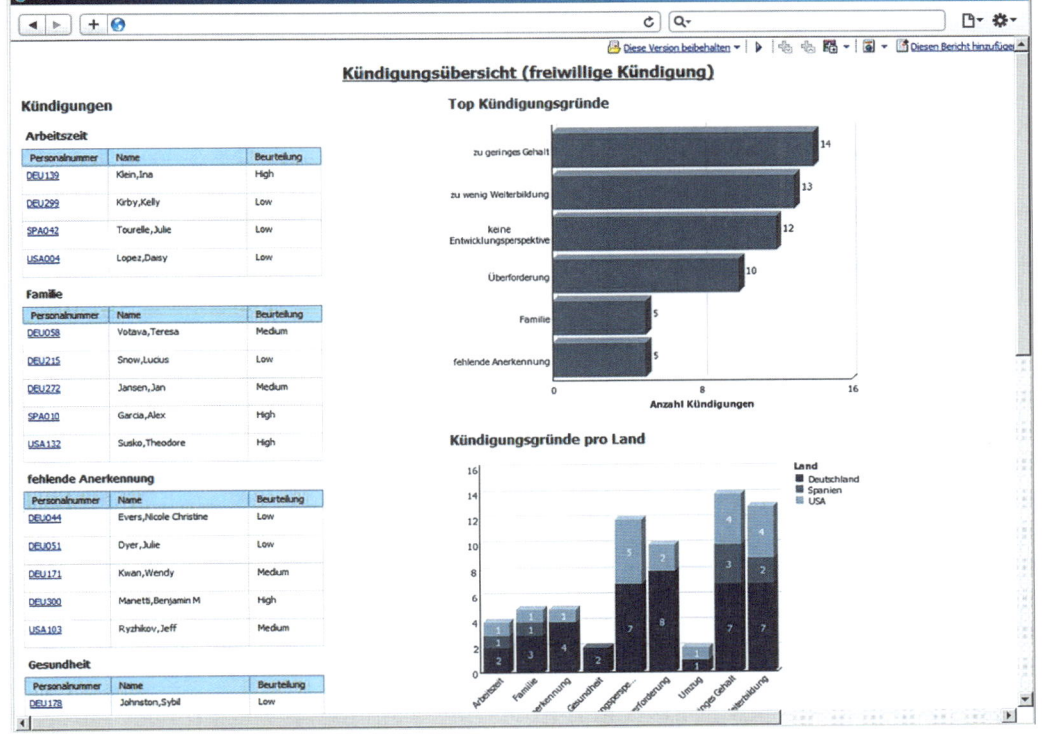

Abbildung 16.2: Kündigungsübersicht

Verwurzelung (Job Embeddedness)

Die Wahrscheinlichkeit zur freiwilligen Fluktuation hängt davon ab, wie stark die Bindung an das Unternehmen ist. Relevant hierfür ist das Konzept der Job Embeddedness, annähernd übersetzbar mit Verwurzelung. Dieses führt diverse theoretische und empirische Konzepte zusammen zu einer Überlegung, wonach die Bindung an das Unternehmen von drei Faktoren[473] abhängt:

Verwurzelung = Links + Fit + Sacrifice

(1) *Links* beschreiben die Verbindungen, die eine Person mit der Organisation hat. Diese Verbindungen können finanzieller Natur sein, genauso aber auch psychologisch-emotional oder aufgabenorientiert. Links können stark oder schwach ausgeprägt sein.

(2) *Fit* drückt aus, inwieweit eine Person das Gefühl hat, dass sie mit ihren Fähigkeiten, Neigungen und Eigenschaften in die jeweilige Organisation passt. Das heißt, es liegt eine Passung vor oder eben nicht.

(3) *Sacrifice* ist eine Sammlung von all den Effekten, die eintreten, wenn jemand die Organisation verlässt. Dieser hohe oder niedrige Schaden kann finanzieller Natur sein (zum Beispiel Gehalt oder Aktienoptionen), Opfer können aber auch in der Aufgabe von Stabilität und Kontinuität liegen.

Je höher Links, Fit und Sacrifice ausfallen, umso schwerer wird es dem Einzelnen fallen, das Unternehmen zu verlassen.

Diese drei Faktoren können sich nach Ansicht der Autoren zum einen auf das Unternehmen, zum anderen auf das Umfeld beziehen, wobei die Wahrnehmung nicht zwingend identisch ausfallen muss: So kann man durchaus seinen Arbeitgeber als Link sehr positiv (und damit stark) sehen, seinen Wohnort aber als langweilig (schwacher Link).

Dies führt im Kern zu sechs Feldern, die jeweils unterschiedliche Ausprägungen aufweisen können (Tabelle 16.2). Will das Unternehmen einen Mitarbeiter halten, muss es eine „Verwurzelung" in allen sechs Feldern anstreben.

Tabelle 16.2: Embeddedness-Matrix

	zum Unternehmen	zum Umfeld
Links	starke oder schwache Verbindung	starke oder schwache Verbindung
Fit	gegebene oder nicht gegebene Stimmigkeit	gegebene oder nicht gegebene Stimmigkeit
Sacrifice	hoher oder niedriger Schaden für den Mitarbeiter	hoher oder niedriger Schaden für den Mitarbeiter

Gut erklärt: Verwurzelung als Zustand

Geht man noch einen Schritt weiter, führt dies zum einen zu „Embeddedness" als Zustand und zum anderen zu „Embedding" als Aktivität. So sind beispielsweise der Kauf eines Eigenheims, die Anstellung des Ehepartners im Unternehmen oder die Mitgliedschaft in einem Exklusiv-Club Aktivitäten, die die Verwurzelung (Zustand) erhöhen. Job Embeddedness beeinflusst als vorgelagerte Variable sowohl die Retentionsneigung als auch die Leistungsbereitschaft (Commitment) der Mitarbeiter. Diese haben wiederum Einfluss auf den Erfolg des Unternehmens (Abbildung 16.3).

Teilweise offen: Verwurzelung als Aktivität

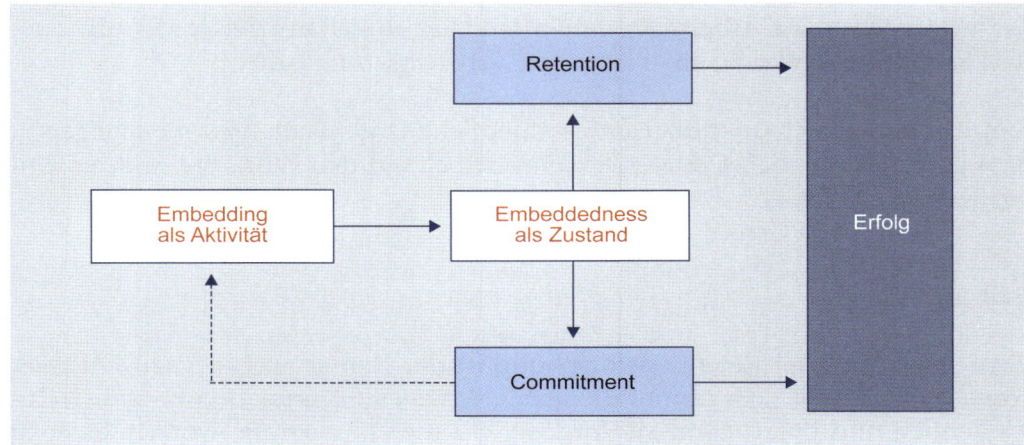

Abbildung 16.3: Zusammenhang Embedding und Erfolg

Vor diesem Hintergrund ist Job Embeddedness eine Ergebnisgröße, nicht aber ein unmittelbarer Auslöser von Aktivitäten.

Self-Concept-Job Fit

Eine interessante Weiterführung des oben angesprochenen Fits bezieht sich auf die Stimmigkeit zwischen Person und Job. Dabei spielt nicht nur – wie man vielleicht auf den ersten Blick vermuten würde – die objektive Stimmigkeit im Sinne einer Minimierung des Unterschieds zwischen Anforderungen und Fähigkeiten eine Rolle, auch wenn sich diese zwangsläufig auf die Qualität der Aufgabenerfüllung auswirkt. Vielmehr zählt beim Self-Concept-Job Fit[474] vor allem die subjektive Passung als das Gefühl des „idealen Ichs" und seine Einbringung in den Job (Abbildung 16.4).

Suche nach dem „idealen Job"

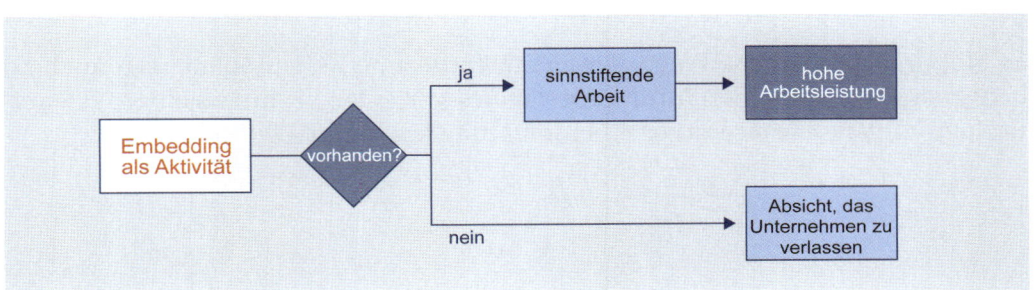

Abbildung 16.4: Self-Concept-Job Modell[475]

Als Konsequenz für das Personalmanagement bedeutet dies, dass Allokation und Integration an den Self-Concept-Job Fit ausgerichtet sein muss. Anders ausgedrückt: Man hat also im günstigsten Fall das Gefühl, sich mit dem, was man glaubt zu sein, voll in den Job einbringen zu können. Ist der entsprechende Fit nicht vorhanden, tendiert der Mitarbeiter aus Unzufriedenheit dazu, das Unternehmen zu verlassen. Gelingt es diese subjektive Passung herzustellen, empfindet der Mitarbeiter seine Arbeit als „sinnstiftend", kann sich mit dieser identifizieren und ist motiviert, was zu einer erhöhten Arbeitsleistung führt.

Empirisch lässt sich quer über unterschiedliche Organisationsformen zeigen[476], dass gerade dieser Self-Concept-Job Fit deutlich auf den Wunsch wirkt, im Unternehmen zu bleiben.

Exit and Voice

Ein Klassiker in der Retentionsforschung ist der immer noch aktuelle Aufsatz von *Daniel Spencer*[477]. Er nimmt die generell niedrige Korrelation zwischen Zufriedenheit und Fluktuation als Auslöser für die Überlegung, wonach es noch ganz andere Faktoren geben könnte, die vielleicht trotz niedriger Zufriedenheit eine niedrige Fluktuation bewirken. *Daniel Spencer* wird fündig beim Konzept von Exit and Voice[478], wonach Organisationsmitglieder im Falle der Unzufriedenheit genau zwei Alternativen haben:
– das Unternehmen zu verlassen (Exit) oder
– ihren Unmut laut zu artikulieren (Voice).
Daraus erfolgt als nahe liegende Überlegung: Je mehr Möglichkeiten es zur Artikulation von Unzufriedenheit gibt, umso eher bleiben die Akteure im Unternehmen.

Wer laut schreien darf, der will auch bleiben!

In seinen empirischen Untersuchungen[479] konnte *Daniel Spencer* zeigen, dass dieser Zusammenhang tatsächlich existiert – allerdings nur dann, wenn man der Artikulation auch Problemlösungsqualität zuspricht. Das Anliegen muss also sowohl ernst genommen werden, als auch eine Aktion zur Folge haben.

16.4 Was kann man konkret machen?

Es gibt unterschiedliche Wege, der Herausforderung Retentionsmanagement zu begegnen: Von der reinen Intuition geleitetes Verhalten bis hin zu einer systematischen Vorgehensweise unter zu Hilfenahme konkreter Methoden.

Intuition vermeiden

Unabhängig von der Konjunktur ist davon auszugehen, dass allein schon aufgrund demografischer Entwicklungen gute Mitarbeiter immer knapper und deshalb Aktivitäten zum Halten guter Mitarbeiter immer wichtiger werden. Konträr zu dieser faktischen Notwendigkeit, ein systematisches Retentionsmanagement zu praktizieren, stehen allerdings die realen Handlungsmuster, die sich im Unternehmen beobachten lassen:

- In *abflachender Konjunktur* haben Personalmanager oft das Gefühl, Mitarbeiter seien sowieso froh darüber, überhaupt einen Arbeitsplatz zu haben. Dies führt in extremen Fällen zum Versuch, durch bewusste Verschlechterung des Betriebsklimas und kollektives Mobbing, Mitarbeiter zur Eigenkündigung zu bewegen. Man hat also das Gefühl, Retention sei unnötig. Irrtum 1: man braucht nichts machen

- In *günstiger* Konjunkturlage verschieben Personalmanager ihre Aktivitätspotenziale in Richtung auf Akquisition, weil sie dringend offene Stellen zu besetzen haben und man sich „voll und ganz" auf das wirkliche Problem konzentrieren muss. Hier hat man also das Gefühl, für Retention sei keine Zeit. Irrtum 2: man kann nichts machen

Das Ergebnis sind im Regelfall eher sparsame Bemühungen zur Retention, weil man das Gefühl hat, auf diesem Feld nicht viel machen zu müssen beziehungsweise – wenn es schlecht läuft – machen zu können.

Mitarbeiter muss man für sich gewinnen.

„Kapital lässt sich beschaffen, Fabriken kann man bauen, Menschen muss man gewinnen."[480]

Dr. Hans Christoph von Rohr (geb. 1938; 1991–1995 Vorstandsvorsitzender Klöckner Werke AG)

Trotzdem sind aber zumindest in guter Konjunkturlage die populären Praktikerzeitschriften zur Personalarbeit voll von Erfahrungsberichten und Ratschlägen zu erfolgreicher Bindung, die meist der Intuition von Personalmanagern und ihrem Wunschdenken entsprechen. So haben es Personalmanager teilweise im Gefühl, dass „hier bei uns" Irrtum 3: man macht genug

- die Work Life Balance stimmt,
- die Mitarbeiter wirklich motiviert sind,
- das Geld nicht als wirkliche Bindung wirkt,
- das offene Kommunikationsklima Bindung schafft,
- die Identifikation mit dem Unternehmen groß ist,
- die individuelle Handlungsweise begeistert genutzt wird und
- alle Mitarbeiter voll hinter der Geschäftsleitung stehen.

Irrtum 4: man traut nur intuitiv „richtigen" Zahlen

Die Begründung für diese Aussagen liegt dann teilweise in der „Intuition des Praktikers", der im Extremfall deshalb auch nur solche Analysen akzeptiert, die mit seiner Intuition übereinstimmen, ihn also nicht überraschen und „die Befragungsergebnisse die realen Veränderungen, die in der Zwischenzeit stattgefunden haben, sehr genau wiedergeben"[481]. In solchen Unternehmen entspricht deshalb folgerichtig die Ausgestaltung selbst des eigentlich sinnvollen Instruments „Mitarbeiterbefragung" dem Versuch, mit einer Sonnenuhr die Zeit eines 100-m Laufs zu messen.

Verstehen: die Macht der Zahlen

Deshalb gilt gerade im Retentionsmanagement als oberste Devise, sich nicht (!) auf eine Intuition zu verlassen, sondern auf konkrete (aussagefähige) und kritische (handlungsleitende) Zahlen zu schauen.

Bindung als Unternehmenswert ansehen

Zur faktischen Untermauerung des Zwangs für retentionsfördernde Maßnahmen gibt es generell zwei Wege: Der eine Weg führt über die *Kosten*. Bevor man sich überhaupt mit einer tiefergehenden Analyse des Bindungseffekts beschäftigt, sind also die Kosten für eine unfreiwillige Fluktuation zu berechnen. Nur wenn diese in Eurozahlen bekannt sind, ist ein Bewusstsein für entsprechende Maßnahmen zu erwarten. Als Kostenarten (Tabelle 16.3), die in eine Fluktuationskostenanalyse eingehen, gibt es

Irrtum 5: man vergisst nichtige Kostenarten

– *direkte* Kosten, die als unmittelbarer Mehraufwand im Zusammenhang mit der jeweiligen Person anfallen,
– *indirekte* Kosten, die durch Aktivität im Zusammenhang mit der Fluktuation auftreten und
– *Opportunitätskosten* im Sinne von entgangenem Gewinn.

Bei Mitarbeitern, von denen sich das Unternehmen trennt, wird eine insofern modifizierte Rechnung aufgestellt, als diese Kosten mit den positiven Effekten der Freisetzung zu verrechnen sind.

Tabelle 16.3: Kosten der Fluktuation

Kostenart	Beispiel
direkte Kosten	Gehaltskosten ohne Gegenleistung (Abbau anteiliger Urlaubstage und Überstunden)
	Abfindung und andere vertragliche Trennungskosten (je nach Vertragsvereinbarung)
indirekte Kosten	Vertragsverhandlung (Einstellung eines Nachfolgers)
	Administrationskosten (Abwicklung des beendeten Arbeitsverhältnisses, Kosten im Zusammenhang mit der Neueinstellung)
Opportunitätskosten	verärgerte Kunden (verlorene Aufträge)
	verärgerte Mitarbeiter (Produktivitätsreduktion, Mehrarbeit)

Der andere Weg zur monetären Konkretisierung der Retentionswirkung führt über den Einfluss auf das Humankapital. Hier sind folgende Effekte bedeutsam:

- Mitarbeiter, die das Unternehmen verlassen, bedeuten allein schon quantitativ eine automatische *Reduktion von Humankapital*. Handelt es sich tatsächlich um wichtige Mitarbeiter, so wird diese Lücke auch mittelfristig nicht zu schließen sein.
- Berücksichtigt man beim Humankapital bei drohender Eigenkündigung (im Sinne von Abwanderungswahrscheinlichkeit) die Wirkung auf Commitment, Context und Retention, so haben alle drei Faktoren *Einfluss auf den Humankapitalwert* – und zwar auch, wenn sich eventuell die frei gewordene Stelle rasch wieder besetzen lässt.

Auf diese Weise lässt sich Retentionsmanagement unmittelbar am Humankapitalwert festmachen und in seiner Relevanz spezifizieren.

Irrtum 6: man übersieht, dass Retention das Humankapital beeinflusst

Methodenverbund zur Analyse schaffen

Studien zur Retention unterliegen dem Problem der sozialen Erwünschtheit von Antworten: So kann problemlos die Frage nach der präferierten Autofarbe gestellt werden. Der Befragte wird ohne viele Hintergedanken ehrlich mit blau oder rot antworten. Dagegen wird bei der Frage nach dem Grund für eine berufliche Veränderung seltener das Argument „mehr Geld" und stattdessen eher „wegen neuer intellektueller Herausforderungen" vorgebracht werden. Dieses Problem wirkt vor allem bei direkten Fragen an Mitarbeiter zu ihren aktuellen Einstellungen.

Verwendet man allerdings einen Methodenverbund, der unterschiedliche Ansätze kombiniert, so lassen sich die Probleme zumindest ansatzweise in den Griff bekommen. Ein derartiger Verbund besteht aus drei Komponenten:

(1) Die Basis legt eine solide *Mitarbeiterbefragung*, die allerdings deutlich über die übliche Standardbefragung hinausgehen muss, also keine Glücklichkeitsfragen mit suggestivem Hintergrund. Unabhängig von der tatsächlichen Höhe der jeweiligen Retentionsneigung können Kausalanalysen den Zusammenhang zwischen Auslöser (wie angenommene Karrierechancen) aufdecken.

(2) Eine weitere Quelle ist tatsächlich zu beobachtendes *Verhalten*. Hier wird die Auswirkung potenzieller Retentionshebel analysiert, also zum Beispiel geprüft, inwieweit die Zahl der besuchten Kurse auf das praktizierte Kundenverhalten wirkt.

(3) Schließlich sind – wenngleich statistisch problematisch – *Mitarbeitergespräche* eine mögliche Quelle, um Retentionsmechanismen zu verstehen. Dazu zählen auch vor- und nachbereitende Gespräche mit Mitarbeitern, die das Unternehmen verlassen werden beziehungsweise bereits verlassen haben, so genannte Exit-Interviews.

Gewarnt werden muss aber vor argumentativen Schnellschlüssen: So ist ein hoher Krankenstand nicht zwingend ein Indiz für Abwanderungswünsche. Er kann vielmehr auch das Ergebnis einer „satten und zufriedenen" Belegschaft sein.

Irrtum 7: man produziert intellektuelle Schnellschüsse

Die Commitment-Positionierung optimieren

Bindung ist zwar nicht identisch mit Commitment, hängt aber damit zusammen. Aus diesem Grund ist Commitment eine vorgelagerte Größe, die es zu gestalten gilt.

Dazu sind die drei Formen von Commitment[482] zu unterscheiden:

- *Kalkulatives Commitment* liegt vor, wenn das Ergebnis einer Kosten-Nutzen-Abwägung höhere Kosten für einen Wechsel bedeuten würde.
- *Normatives Commitment* beschreibt eine Bindung aus einem Pflichtgefühl heraus.
- *Affektives Commitment* entsteht aufgrund einer emotionalen Bindung.

Das Commitment ist allerdings eine *beidseitige* Beziehung zwischen Mitarbeiter und Unternehmen: Sowohl kann das Unternehmen eine Verpflichtung gegenüber dem Mitarbeiter als auch umgekehrt der Mitarbeiter dem Unternehmen gegenüber eingehen.

Leistungsbereitschaft ist wichtiger als Zufriedenheit

Unterstellt man jeweils die Existenz eines dominanten Commitment-Treibers (also einer Commitment-Art pro Akteur), so führt dies zu den in der Commitment-Matrix (Tabelle 16.4) aufgeführten neun verschiedenen Konstellationen als Ergebnis der Formen wechselseitiger Bindung:

(1) Das Unternehmen agiert kalkulativ und hat gegen die affektive Bindung der Mitarbeiter nur auf den ersten Blick leichtes Spiel, weil es letztlich um enttäuschte Erwartungen geht.

(2) Auch in der Kombination von kalkulativ agierenden Unternehmen und normativer Mitarbeiterbindung fühlen sich die Mitarbeiter normativ gebunden.

(3) In dieser darwiportunistischen Extremsituation agieren beide Parteien kalkulativ.

(4) Das Unternehmen ist durch gesellschaftliche Werte oder gesetzliche Regelungen an den affektiv agierenden Mitarbeiter „gebunden".

(5) Durch einen normativen Rahmen, der das Verhalten sowohl von Mitarbeitern wie auch von Unternehmen regelt, entsteht eine Situation, die Transaktionskosten ebenso wie Überraschungen verringert.

(6) Diese Situation wird stereotypenartig einer überzogenen Mitbestimmung zugerechnet, wo Unternehmen wenig Spielraum haben, Mitarbeiter aber strikt kalkulativ agieren.

(7) Bei der wechselseitigen-affektiven Bindung sind Mitarbeiter und Unternehmen gefühlsmäßig verbunden. Werden solche psychologischen Verträge gebrochen, weil beispielsweise einer der Partner auf „kalkulativ" umschaltet, so führt dies zu einem psychologischen Problem mit unkontrollierbaren Folgen.

(8) Der Fall der Kombination aus affektiver Unternehmensbindung und normativer Mitarbeiterbindung ist eher unwahrscheinlich.

(9) Ebenso ist eine Kombination aus affektiver Unternehmensbindung und kalkulativer Mitarbeiterbindung eher unwahrscheinlich.

Durch die zuvor geschilderten Erhebungsmethoden lässt sich feststellen, zu welcher Kategorie die jeweilige Beschäftigtengruppe gehört. Zur weiteren Festlegung von Maßnahmen kann man dann auf die eingangs beschriebenen Basistheorien zurückgreifen.

		Mitarbeiter zu Unternehmen		
		affektiv	normativ	kalkulativ
Unternehmen zu Mitarbeiter	kalkulativ	1	2	3
	normativ	4	5	6
	affektiv	7	8	9

Tabelle 16.4: Commitment-Matrix

Hire&Fire

Namhafte Börsenkonzerne wie PepsiCo, Pfizer und Xerox wollen aus dem Teufelskreis von Quartalsberichten, Kurzfristplänen und hektischem Personalwechsel ausbrechen. Sie haben sich dem „langfristigen Erfolg" verschrieben und damit eine Gegenbewegung in Marsch gesetzt. Personalberater prophezeien, dass diese amerikanische Neuerung in einigen Jahren auch Deutschland erreichen wird und damit wieder eine Besinnung auf „kontinuierliches Handeln" zu beobachten sein wird. Es gibt bereits Firmen, die sich jetzt schon dem Unvermeidlichen stellen: Der Discounter Lidl, hat sich fest vorgenommen den Turnaround in Sachen Kontinuität zu schaffen. Als ein Topmanager bei Lidl kürzlich entgegen der neuen Harmoniepflicht doch jemanden entlassen wollte, geriet er selbst prompt auf die Abschussliste. Es scheint, als ob die Rauswerfer von einst jetzt selbst daran glauben müssen.[483]

16.5 Ausblick

Wegen der Schwierigkeiten, Mitarbeiter zu halten, gilt es, neue Wege zu identifizieren, die es Unternehmen ermöglichen, auch mit bereits abgewanderten Mitarbeitern zu interagieren und so in Kontakt zu bleiben. In Alumni-Netzwerken versammeln sich ehemalige Mitarbeiter zum interaktiven Wissens- und Meinungsaustausch. So bleibt firmenspezifisches Wissen erstens länger verfügbar und zweitens steht den Ehemaligen eine Tür offen, um ins Unternehmen zurückzukehren.

Insgesamt wird deutlich: Personalmanagement hat etwas mit Menschen und etwas mit Zahlen – und zwar mit Zahlen über Menschen – zu tun. Zum einen bedeutet dies im Hinblick auf ein professionelles Personalmanagement, dass man im Sinne eines Retentionsmanagements zukunftsorientiert Abwanderungstendenzen der Mitarbeiter einkalkuliert, also Gründe und Motive für eine Ablösung der Mitarbeiter (er)kennt und entsprechende Gegenmaßnahmen – im Sinne von Bindungsmaßnahmen – einleitet. Für beides gibt es Ansätze und Methoden, die man als Personalmanager kennen und beherrschen muss. Somit ist man hier ebenso methodensicher wie in Bezug auf relevante Kennzahlen. Diese muss man kennen und interpretieren können.

Schafft man diese Kombination aus Zukunftsorientierung und Methodensicherheit, ist zumindest für den Bereich Retention ein professionelles Personalmanagement realisiert, was hier bedeutet, dass man Mitarbeiter als „Kapital mit Füßen" ansieht, aber auch versteht, wie man diese Abwanderungstendenzen – insbesondere zentraler Mitarbeiter – verhindern kann.

Ulrich Köster, **Geschäftsführer Personal und Recht, GALERIA Kaufhof GmbH**

Retention durch gelebte Werte und Engagement

Die GALERIA Kaufhof GmbH verdankt ihren erfolgreichen Weg vom kleinen Textilgeschäft zum Unternehmen mit Weltruf Menschen mit Ideen und Visionen. Keimzelle war ein kleines Textilgeschäft, das der junge Kaufmann *Leonhard Tietz* 1879 in Strahlsund eröffnete. Heute präsentiert sich das Unternehmen als eines der führenden Warenhausunternehmen Europas und setzt in Deutschland und Belgien mit rund 23.000 Mitarbeitern in 138 Filialen rund 3,5 Milliarden Euro um.

In seiner 131-jährigen Geschichte hat es der Kaufhof geschafft, eine gute Symbiose zu finden zwischen partnerschaftlicher, menschlicher Atmosphäre einerseits und den durch die Markt- und Wettbewerbssituation geprägten betriebswirtschaftlichen Notwendigkeiten andererseits. Dies gilt bei der Zusammenführung der Unternehmenskulturen von Kaufhof und Horten Mitte der 1990er-Jahre ebenso wie bei der Integration der ostdeutschen Betriebsstätten nach der Wiedervereinigung oder der Übernahme der Warenhauskette INNO in Belgien 2001. Bei allem ist das Unternehmen überaus erfolgreich gewesen, weil es diese mit den Menschen, nicht gegen sie realisiert hat. Gerade in dieser Balance der Kräfte eines Unternehmens kommt der Loyalität und Solidarität eine ganz besondere Bedeutung zu, vor allem weil ein Unternehmen nur so gut sein kann wie seine Menschen, die sich mit ihm identifizieren.

Die große Beständigkeit und Treue der Mitarbeiter zeigt sich rein zahlenmäßig in den Jahren der Betriebszugehörigkeit, die bei Galeria Kaufhof im Durchschnitt über alle Beschäftigten bei 18 Jahren liegt.

Allein 27 % der Mitarbeiter haben mehr als ein Vierteljahrhundert ihres Berufslebens dem Kaufhof gewidmet, 9 % sogar mehr als 35 Jahre. Worauf lässt sich diese enorme Verbundenheit zurückführen?

Viele kennen den Kaufhof und die Atmosphäre des Warenhauses von Klein auf durch den Einkaufsbummel mit Eltern und Großeltern, haben die Atmosphäre des Warenhauses sozusagen mit der Muttermilch aufgesogen und eine emotionale Bindung entwickelt. Mit seiner Tradition vermittelt der Kaufhof Sicherheit und Stabilität. Er steht für Werte, Spielregeln werden eingehalten, man kann sich auf ihn verlassen. Die Verlässlichkeit wird auch nach innen durch eine weit- und umsichtige Führung dokumentiert und gelebt. Gerade in der heute schnelllebigen Zeit – die geprägt ist von der zunehmenden Dynamik der Märkte, der Schnelllebigkeit der Trends und Innovationen aber auch der mit den Folgen der Wirtschaftskrise einhergehenden Unsicherheit – stellt diese Stabilität einen enormen Wert dar. Insofern verwundert es nicht, wenn die Mitarbeiter den Kaufhof als eine „Insel" sehen, „auf der man sich geborgen fühlt". Nicht von ungefähr galt früher der Begriff der „Kaufhof-Familie", der heute immer noch kursiert. Ein solches Zugehörigkeitsgefühl kommt nicht von ungefähr, sondern wird gefördert und geprägt durch eine entsprechende aktive, dem Mitarbeiter zugewandte Personalarbeit.

So zeigte bereits *Leonhard Tietz* großes soziales Engagement für seine Mitarbeiter beispielsweise durch die frühzeitige Einführung einer Betriebskrankenkasse oder die Eröffnung eines eigenen Erholungs- und Ferienheimes für weibliche Angestellte und die Etablierung einer Fortbildungsschule in den Räumen des Hauses. Bereits 1911 führte er eine über das gesetzlich gebotene Mindestmaß hinausgehende Sonntagsruhe oder den bezahlten Sommerurlaub ein.

Auch heute schafft die Galeria Kaufhof als modernes Warenhaus für ihre Mitarbeiter Rahmenbedingungen, die über das gesetzliche Maß hinausgehen und dem ursprünglichen Tietz-Gedanken der Fürsorge für das Wohl der Mitarbeiter Rechnung tragen. Die Bandbreite der Maßnahmen reicht dabei von Zuschüssen zur betrieblichen/tariflichen Altersvorsorge oder zur Verpflegung der Mitarbeiter und die Förderung des Jobtickets sowie den Personalrabatten über zusätzlichen betrieblichen Elternurlaub oder Pflegezeit für Angehörige und die Möglichkeit eines Sabbatjahres bis hin zu einem aktiven betrieblichen Gesundheitsmanagement. Regelmäßige Leistungs- und Aufwärtsbeurteilungen und Mitarbeiterbefragungen sorgen nicht nur für eine entsprechende Feedbackkultur, sondern fördern auch das demokratische Prinzip, Betroffene zu Beteiligten zu machen.

Das Unternehmen sorgt für eine überdurchschnittlich gute Ausbildung, bereitet die Auszubildenden in Betriebsunterrichten optimal auf die Prüfungen vor und honoriert gute Prüfungsergebnisse mit Prüfungsprämien. Aber auch Patenmodelle, wie die Patenverkäufer, tragen dazu bei, dass sich Auszubildende beim Kaufhof gut aufgehoben sowie integriert fühlen und bei Bedarf ein offenes Ohr finden. Da in der Phase der Integration neuer Mitarbeiter verstärktes Retention Management besonders gefragt ist, setzt der Kaufhof unter anderem auch bei der Einarbeitung neuer Führungskräfte auf Patenmodelle.

Zügige Karriere- und Aufstiegsmöglichkeiten, sehr vielseitige Jobs sowie die Chance, sich individuell zu entfalten, vor allem auch schnell Verantwortung zu übernehmen, stellen weitere nicht zu unterschätzende Faktoren im Retention Management von Kaufhof dar.

Es sind jedoch die über das gesetzliche und normale Maß hinausgehenden zahlreichen kleinen und besonderen Initiativen und Maßnahmen, die den Kaufhof anziehend machen, da sie nicht zuletzt Beständigkeit, Treue und Einsatzbereitschaft anerkennen und das Wir-Gefühl stärken. So etwa, wenn die Geschäftsführung einmal im Jahr alle Jubilare, die ihr 40. oder gar 50. Berufsjahr vollendet haben, zu einer Bootstour einlädt. Diese Jubilar-Feier ist eine wichtige und wertvolle Tradition im Kaufhof.

Auch das Fest zum 125. Firmenjubiläum zelebrierte der Kaufhof 2004 im Rahmen eines eindrucksvollen Festes im Kölner RheinEnergieStadion als Dankeschön an alle Mitarbeiter. Mehr als 20.000 waren damals in 440 Reisebussen aus über 80 deutschen und zwölf belgischen Städten angereist. Wie umfassend hier an die Mitarbeiter gedacht wurde, zeigt die Tatsache, dass die Anreisenden bereits mit Lunchpaket und Aktionen positiv auf das Abenteuer „X-Day" – so der firmeninterne Code – eingestimmt wurden. Denn für die entferntesten Filial-Standorte wie Cottbus, Rostock oder Neubrandenburg begann der Tag bereits zu nachtschlafender Zeit zwischen 3.00 Uhr und 5.00 Uhr

Auf den Jahnwiesen vor dem Kölner Stadion auf einer Fläche von rund vier Fußballfeldern erwartete die Mitarbeiter dann im „Galeria-Park" ein überdimensionales Freiluft-Erlebnis-Warenhaus mit Überraschungen für Leib und Seele. In inszenierten Waren-Welten, die angelehnt waren an die Waren-Welten des Galeria-Konzepts, konnten die Mitarbeiter nach Herzenslust bummeln und sich bei Mitmachaktionen amüsieren. Comedians und Show-Einlagen, Dessous- und Bademodenschauen, Bodypainting, Gestaltung von „Do-it-yourself-Kunstwerken", Kletterturm oder Trial-Show mit Stunts auf BMX-Rädern waren nur einige der Attraktionen. Entspannung gab es zum Beispiel in Liegestühlen unter Sonnensegeln, in einer Havanna-Lounge mit Live-Musik oder bei Tai-Chi-Übungen. Für das leibliche Wohl sorgten kulinarische Köstlichkeiten aus aller Herren Länder.

Höhepunkt war die mehr als vierstündige Galeria-Show, die von *Johannes B. Kerner* und Barbara Schöneberger moderiert wurde. Der jeweils älteste und der jüngste Mitarbeiter einer jeden Filiale zogen zu Beginn als Galeria-Botschafter mit Fahnen und Städtenamen in das Stadion ein – ein Symbol für Gemeinschaftsgefühl und Teamspirit bei Kaufhof. Mit der Entzündung des Galeria-Feuers wurde das Fest vom Kaufhof-Vorstandsvorsitzenden Lovro Mandac eröffnet. Mit dabei waren auch Persönlichkeiten aus Wirtschaft und Politik. Festredner waren etwa der damalige Bundeskanzler Gerhard Schröder, Kölns damaliger Oberbürgermeister Fritz Schramma oder hochrangige Vertreter von

Metro und Konzernbetriebsrat. Zu den musikalischen Höhepunkten zählten unter anderem Nena und Chris de Burgh. Die Galeria-Show endete mit einem großen Finale aller Künstler und Akteure. Mehr als 20.000 Menschen stimmten in die Kaufhof-Hymne ein, die sich das Unternehmen anlässlich dieses Tages selbst geschenkt hatte. Auch heute noch ertönt die Hymne in den Filialen oder als Warteschleife über Telefon und sorgt noch sechs Jahre danach für Antrieb und ein Wir-Gefühl der Kaufhof-Familie.

Mit dem Solidarfonds ist die Galeria Kaufhof ganz neue, ungewöhnliche Wege gegangen. Der Fonds wurde gemeinsam von Unternehmensleitung und Gesamtbetriebsrat als kollegiale Unterstützung ins Leben gerufen. Der Fond funktioniert so, dass die Mitarbeiter, die sich für eine Teilnahme entscheiden, auf die Restcents ihres Nettogehalts, also die Cents hinter dem Komma ihrer Netto-Gehaltszahlung verzichten und diese spenden. Jeder noch so kleine Betrag zählt. Denn auch mit einem minimalen Beitrag kann man in der Gemeinschaft sehr viel erreichen, wenn möglichst viele Mitarbeiter mitmachen. Auch ein anderer individueller monatlicher Spendenbetrag oder eine beliebig hohe Einmalspende, zum Beispiel auch Einnahmen aus Betriebsfesten, sind möglich.

Mit dem Geld aus diesem Fonds werden Mitarbeiter oder deren Angehörige unterstützt, die unverschuldet in eine Notlage geraten sind und in einer schwierigen Lebenssituation schnell und unbürokratisch finanzielle Hilfe benötigen. Beispiele hierfür sind schwerwiegende Krankheiten, langwierige Krankenhausaufenthalte oder existenzbedrohende unverschuldete Vermögensschäden.

Ein Vergabeausschuss, der sich aus vier Mitgliedern zusammensetzt, die je zur Hälfte von Gesamtbetriebsrat und Unternehmensleitung berufen werden, verwaltet den Fonds und entscheidet – nach sorgfältiger Prüfung der einzelnen Anträge – zeitnah über die Verwendung der zur Verfügung stehenden Mittel. Dass rund ein Drittel aller Mitarbeiter sich am Solidarfonds durch Restcentspende beteiligt, zeigt wiederum ein Stück zwischenmenschlicher Unternehmenskultur und ist Ausdruck gelebter Solidarität.

Wie aber gelingt es, dieses Zusammengehörigkeitsgefühl zu erreichen, wenn die Mitarbeiter über ganz Deutschland verteilt sind? Hier nutzt die Galeria Kaufhof das Instrument des Mitarbeitermagazins, das mittlerweile seit mehr als 80 Jahren ein wichtiges Bindeglied für alle Mitarbeiter sowie Spiegel und Schaufenster seiner Zeit ist.

Das Projekt Mitarbeitermagazin startete im März 1926, allerdings noch mit der Vorläuferin der aktuellen KI, der „Hauszeitung". Im Geleitwort hieß es damals: „Alle sollen Freude empfinden, wenn der Name Tietz genannt wird". Ziel war und ist es, die Mitarbeiter über Entwicklungen im Unternehmen zu informieren, ihnen ein Forum zu bieten und sie nebenbei auch noch zu unterhalten.

Zwei Aspekte waren bereits damals ganz wichtig: Zum einen sollte die „Hauszeitung" die Verkaufsschulung sowie den Unterricht in Waren- und Materialkunde ergänzen. Zum anderen sollte sie das Zusammengehörigkeitsgefühl der Belegschaft fördern. Die „Tietz-Familie" zählte 1926 rund 7.000 Köpfe. Drei Jahre später lag die Auflage der „Hauszeitung" bereits bei 13.000 Exemplaren.

Neben wechselnden Themen wie Mode, Schaufensterdekorationen, Warenpräsentation oder Sonderaktionen in den Filialen beziehungsweise ganz aktuellen Themen wie Nachhaltigkeit oder Compliance gab es damals wie heute feste Rubriken wie etwa lesenswerte Bücher, Briefkasten, Unsere Jüngsten haben das Wort, Beförderungen und Jubiläen. Auf diese Weise erfährt der Mitarbeiter im Norden was in den Filialen im Süden oder in der Hauptverwaltung vor sich geht, entsteht Nähe und ein Wir-Gefühl trotz geografischer Ferne. Nicht zuletzt erhalten auch ehemalige Mitarbeiter, also Pensionäre, die eine Betriebsrente beziehen, die KI und bleiben auf diesem Weg noch weiter informell in die Kaufhof-Familie eingebunden.

Heute erscheint das Mitarbeitermagazin, das Anfang der 70er-Jahre den Namen „Kaufhof intern" erhielt, fünfmal jährlich in einer Auflage von rund 44.000, ist professionell recherchiert, geschrieben und gestaltet und wie sein Vorläufer immer am Puls der Zeit. Doch nach wie vor verfolgt es das Ziel, ein Magazin von Mitarbeitern für Mitarbeiter zu sein.

Die Beispiele zeigen, dass die Personalarbeit in einem traditionsreichen Unternehmen wie der Galeria Kaufhof einerseits auf Bewährtem aufbauen kann. Andererseits ist das Personalmanagement aber auch gefordert, immer wieder neue Ideen und Ansätze zu entwickeln, um den Herausforderungen des mit dem demografischen Wandel einhergehenden Fachkräftemangels zu begegnen und im Interesse der Personalerhaltung ein zeitgemäßes Retention Management zu gewährleisten.

1. Warum ist Retentionsmanagement für Unternehmen wichtig?

2. Welche Kennzahlen sind im Rahmen des Retentionsmanagements relevant?

3. Welche Parameter werden in der „Schock und Pfad"-Theorie als Aspekte der Ablösung beschrieben?

4. Was steht hinter der Idee der Verwurzelung (Job Embeddedness) und welche Faktoren spielen dabei eine Rolle?

5. Erläutern Sie die Aussage „Mitarbeiter sind Kapital mit Füßen"!

Aufgaben und Fragen zur Selbstüberprüfung

Kapitel 17

Reduktion: Wie gestaltet man den „betriebswirtschaftlich richtigen" Personalabbau sozial verträglich?

Kapitel 17 Reduktion: Wie gestaltet man den „betriebswirtschaftlich richtigen" Personalabbau sozial verträglich?

Inhalt

Fakten

2007 erwirtschafteten die Outplacement-Firmen circa 50 Millionen Euro Umsatz und damit rund 7,5 % mehr als im Vorjahr.[484]

Im Krisenjahr 2009 rechneten 74 % der mittelständischen Unternehmen mit einem Abbau von Arbeitsplätzen.[485]

Im Krisenjahr 2009 hatte die Bundesagentur für Arbeit 2,1 Milliarden Euro für die Zahlungen des Kurzarbeitergelds eingeplant.[486]

Lernziele

- Sie erfahren, dass Personalfreisetzung nicht gleich Entlassung bedeutet.

- Sie erleben die unterschiedlichen Arten der Trennung von Mitarbeitern.

- Sie wissen die Unterschiede zwischen einzelfall- und gruppenbezogener Freisetzung.

- Sie verstehen die unterschiedlichen Kündigungsarten.

- Sie lernen die verschiedenen Formen der Personalfreisetzung kennen.

17.1 Überblick

Neben den vielen positiv erscheinenden Bestandteilen eines professionellen Personalmanagements gibt es ein Aktionsfeld, das nur selten zu den Lieblingsbeschäftigungen von Personalmanagern und Linienführungskräften gehört: nämlich die Personalfreisetzung.

> **Personalfreisetzung als ungeliebte Aufgabe.**
>
> „[Die Personalfreisetzung] stellt die ungeliebteste Aufgabe des Managements dar, die viele Führungskräfte zu lange Zeit vermeiden wollen und somit nicht rechtzeitig (frühzeitig) mit den angemessenen Maßnahmen beginnen."[487]
>
> *Prof. Martin H. Bertrand* (geb. 1944; 1995–2008 Personalleiter Blaupunkt -Werke GmbH)

Personal wird immer dann freigesetzt, wenn Stellen wegfallen, was sowohl auf einen Auftragsrückgang als auch auf Rationalisierungserfolge zurückzuführen sein kann. Neben dieser betriebsbedingten Freisetzung gibt es auch einzelfallspezifische Freisetzungen, bei der ein Mitarbeiter nicht (mehr) fähig beziehungsweise gewillt ist, seine Aufgabe zu erfüllen.

Wichtig und kritisch wird dieses Thema auch deshalb, weil sämtliche Formen der Personalfreisetzung umfassende *rechtliche Konsequenzen* haben, die sich auf Mitbestimmungsregelungen ebenso erstrecken wie auf gesetzliche Vorschriften zum Kündigungsschutz. Diese rechtlichen Aspekte betreffen im Sinne von Rechten und Pflichten den Arbeitnehmer ebenso wie den Arbeitgeber, wobei die Rechte tendenziell eher auf der Seite des Arbeitnehmers liegen, die Pflichten dagegen beim Arbeitgeber.

Personalfreisetzung ist nicht identisch mit Kündigung, sondern besagt lediglich, dass ein weiteres Verbleiben des Stelleninhabers auf seiner jetzigen Stelle auszuschließen ist. Aus diesem Grund wird im Regelfall versucht, zumindest bei betriebsbedingten Kündigungen durch Versetzung des Mitarbeiters soziale Härte zu verringern. Ist dies nicht möglich und scheiden Möglichkeiten zur Frühpensionierung aus, so kommt es tatsächlich zu einer Kündigung.

Personalfreisetzung ist nicht immer identisch mit Kündigung

Vor diesem Hintergrund beschäftigt sich dieses Kapitel mit drei Fragen: Was genau steckt hinter der Logik der Personalreduktion und welche prozeduralen Vorschriften muss man beachten (Abschnitt 17.2)? Wie kann man Personalfreisetzung im Vorfeld verhindern beziehungsweise wie kann man beispielsweise durch eine intensitätsmäßige Anpassung Kündigungen umgehen (Abschnitt 17.3)? Worauf muss man achten, wenn es tatsächlich zur Kündigung kommt, und welche Optionen stehen zur Verfügung (Abschnitt 17.4)?

17.2 Verstehen: Die unabwendbare Logik der Personalfreisetzung

Für Personalfreisetzungen kann es unterschiedliche Gründe geben, die nicht immer zwangsläufig zu Entlassungen führen müssen. Nachfolgend werden die verschiedenen Möglichkeiten der Planung der Personalfreisetzung sowie die wichtigsten rechtlichen Aspekte erläutert, die es in diesem Zusammenhang zu beachten und zu verstehen gilt.

Betriebswirtschaftlich: Von Planungshorizonten und Transaktionskosten

Übersteigt der Personalbestand in einer Beschäftigtenkategorie
– quantitativ,
– qualitativ,
– terminlich,
– regional oder
– wertmäßig
den entsprechenden Personalbedarf, so kommt es zu einer Personalfreisetzung im Sinne einer Reduktion, wenn das Unternehmen den Personalüberhang langfristig als nicht tolerierbar einstuft.

Entlassung ist nur eine Form der Freisetzung

Personalfreisetzung kann auf Entlassungen hinauslaufen. Die Betonung hierbei liegt auf dem Wort „kann", weil durchaus die Möglichkeit besteht, Alternativen in Form von Umsetzungen oder Umschulungen zu finden. Bei einem quantitativen Überhang ist allerdings eine Entlassung durchaus wahrscheinlich.

Die Frage, ob und inwieweit es tatsächlich zu Entlassungen kommt, hängt – und darauf wird bereits seit Langem[488] hingewiesen – vom verwendeten Planungsmodell ab:

■ Die *reaktive* Personalfreisetzung bedeutet Abbau von Personalüberhängen zeitgleich mit oder verzögert nach ihrem Entstehen. In diesem Fall setzen Planung und Aktion erst dann ein, wenn die Freisetzungsursache wirklich greift und beispielsweise (quantitativ) zu viele Mitarbeiter im Unternehmen sind. Aus diesem Grund gibt es hier viel weniger eine strategisch-planerische Konzeption als vielmehr eine operativ-improvisierende Disposition.

Reaktiv versus antizipativ

■ Die *antizipative* Personalfreisetzung versucht, das Entstehen von Personalüberhängen frühzeitig zu prognostizieren und entsprechende Maßnahmen einzuleiten, um vor allem Entlassungen zu vermeiden. Diese antizipative Vorgehensweise verursacht höhere Planungskosten, weil sie eine aussagefähige Personalbedarfskalkulation und eine korrespondierende Personalbestandsevaluation voraussetzt. Hinzu kommen Planungs- und Entscheidungsmodelle zu Alternativenfindung und -bewertung. Demgegenüber sind die sozialen Härten für die Mitarbeiter definitiv gering, mit hoher Wahrscheinlichkeit auch die finanziellen Belastungen für das Unternehmen.

Vergleicht man beide Vorgehensweisen, so ist die antizipative Freisetzung wünschenswert, die reaktive Freisetzung aber der Normalfall.

Das unmoralische Angebot

Der Schuhversandhandel Zappos ist ein schnell wachsendes amerikanisches Unternehmen, das mit viel Engagement versucht, Mitarbeiter zu rekrutieren, die auch im Unternehmen bleiben werden. Wenn Zappos neue Mitarbeiter anstellt, durchlaufen sie zunächst ein vierwöchiges Trainingsprogramm, das sie in die Unternehmensstrategie und die Unternehmenskultur einführt und sie lehrt, sich voll auf den Kunden zu konzentrieren. Während dieser Zeit bekommen die Mitarbeiter ihr volles Gehalt bezahlt. Nach ungefähr einer Woche kommt der Zeitpunkt, den Zappos „das Angebot" nennt. Den neuesten Mitarbeitern wird gesagt: „Wenn Sie heute noch kündigen, bezahlen wir Sie für die gesamte Zeit, die Sie bei uns gearbeitet haben und Sie erhalten zusätzlich einen 1.000 Dollar Bonus."

Mit diesem Bestechungsversuch versucht Zappos, die Mitarbeiter mit der geringsten Motivation zu einer Kündigung zu bewegen. Im Gegenzug bleiben die Mitarbeiter dem Unternehmen erhalten, die sich mehr für das Unternehmen und die Kunden interessieren als für ihr Gehalt.[489]

Vergleicht man die Gründe, die bei der Wahl zwischen reaktiver und antizipativer Personalreduktion zum Tragen kommen, so gibt es durchaus plausible Erklärungen für eine reaktive Planung:

- Eine *große Umweltdynamik* verhindert eine ausreichend solide Planung des zukünftigen Personalbedarfs.
- *Interne Unsicherheiten* lassen keine aussagefähige Projektion des Personalbestands zu.
- Selbst wenn sich der Personalüberhang bestimmen lassen würde, gibt es keine wählbaren Optionen, um eine *radikale Personalfreisetzung durch Entlassungen* abzufedern.
- Die Personalabteilung verfügt *nicht über das methodische Wissen*, die (methodisch) anspruchsvollere antizipative Planung vorzunehmen.
- Eine *frühzeitige Vorbereitung durch eine antizipative Planung* eröffnet Informations- und Mitwirkungsrechte in einem aus Sicht des Unternehmens nicht akzeptierbaren Umfang.
- Eine *antizipative Freisetzungsplanung* produziert negative Imagewirkung und substanzielle Demotivation, die bestehende Freisetzungsursachen *noch verstärken*.

Aus dieser Auflistung wird deutlich, dass zunehmende Dynamik und raschere Entscheidungszyklen tendenziell für eine rein reaktive Planung sprechen, sofern diese nicht durch bessere Planungssysteme überkompensiert werden.

Personalfreisetzung: oft lediglich reaktiv

Bei derartig weiterentwickelten Planungssystemen kommen dann auch die aus der Literatur[490] bekannten Gründe für eine umfassende antizipative Personalfreisetzung zum Tragen:

- Personal wird als Humankapital gesehen, für das man auch *Verantwortung* trägt.
- Für Arbeitgeber wirken *Gesetze und Urteile* als Anreiz zur antizipativen Personalreduktion.
- *Strukturbrüche* erschweren eine sukzessive Anpassung durch Qualifikation.
- Unternehmen sind zumindest prinzipiell zum *Vermeiden* von Entlassungen verpflichtet.
- *Arbeitnehmervertretungen* favorisieren antizipative Maßnahmen.
- Unternehmen sehen einen *Reputationsgewinn* durch Vermeiden von Entlassungen.

Damit diese Gründe aber überhaupt in die Diskussion einfließen können, muss das Unternehmen in eine bewusste Entscheidung zwischen reaktiv und antizipativ einsteigen, die anhand der zu erwartenden Transaktionskosten für Planung und Aktivität zu treffen ist.

Übung 17.1   ### Vergleichen der Maßnahmen zur Personalfreisetzungsplanung

Bei der Strawberry Cake & Bakeries AG hat das Geschäft mit Vorprodukten für Konditoreien stark nachgelassen, weil mehrere Abnehmer ihre Konditoreien aus Altersgründen geschlossen haben. Nun fallen Ihnen also zeitgleich mehrere Großkunden weg und Sie überlegen, Mitarbeiter zu entlassen, weil Sie diese einfach nicht mehr bezahlen können. Ihr Kollege hat in den letzten Monaten immer wieder vor dieser Situation gewarnt und fühlt sich jetzt natürlich bestätigt. Seiner Ansicht nach hätte man sich in den letzten Monaten schon auf diese Situation einstellen müssen und nicht noch zusätzlich Personal einstellen dürfen. In einer hitzigen Debatte diskutieren Sie beide die Vor- und Nachteile einer reaktiven beziehungsweise antizipativen Personalfreisetzungsplanung.

Eine Personalfreisetzung kann, trotz der möglicherweise langfristigen Einsparung von Personalkosten, kurzfristig mit hohen Kosten verbunden sein. Diese werden in direkte und indirekte Kosten unterschieden:

- *Direkte Personalfreisetzungskosten* entstehen beispielsweise durch die Kosten für eine Outplacementberatung, Abfindungen, Zahlungen für Beschäftigte, die in Vorruhestand gehen, oder bei ungeplanten Personalabgängen durch Personalakquisition und -integration.
- *Indirekte Personalfreisetzungskosten* entstehen beispielsweise durch Produktivitätsverluste bei neuen Mitarbeitern, den Verlust von Kunden oder geschädigten Geschäftsbeziehungen, zusätzliche Marketinganstrengungen, den Verlust von Wissen, den Verlust der Investition in die Beschäftigten zum Beispiel durch Weiterbildungen, negative Effekte auf das Image oder eine verringerte Motivation und einen höheren Druck auf die Verbliebenen, die nun die Lücke durch Überstunden schließen müssen.

Daher sollte im Vorfeld die Planung zur Personalfreisetzung genau überlegt werden. Die Basis bilden die qualitativen und quantitativen Methoden zur Bedarfskalkulation, um aufbauend auf den Ergebnissen die Maßnahmen zur Freisetzung zu planen.

Juristisch: Von einzelfall- und gruppenbezogener Freisetzung

Personalwirtschaftliche Aktivitäten, die sich an der Grenze des Unternehmens zur Außenwelt abspielen, sind von einer besonders ausgeprägten Regelungsdichte durch gesetzliche Bestimmungen gekennzeichnet. Dies gilt für die Personalakquisition und Personalselektion ebenso wie für die Personalreduktion. Gerade hier gibt es umfangreiche Gesetze und noch umfangreichere Rechtsprechungen, die es zu beachten gilt.

In der Regel wird zwischen einzelfall- und gruppenbezogener Freisetzung unterschieden, die sich aus verschiedenen Gründen ergeben.

Bei der einzelfallbezogenen Freisetzung geht es im Regelfall um die Kündigung einer einzelnen Person. Hierfür gibt es drei Auslöser:

Eine *betriebsbedingte* Kündigung (Abbildung 17.1) wird ausgesprochen, wenn dringende betriebliche Erfordernisse einer Weiterbeschäftigung des Arbeitnehmers entgegenstehen, sei es zu gleichen oder anderen Arbeitsbedingungen. Gründe für eine betriebsbedingte Kündigung können Auftragseinbrüche, Umsatzeinbußen

Eine konkrete Person kann betriebs-, verhaltens- und personenbedingt gekündigt werden

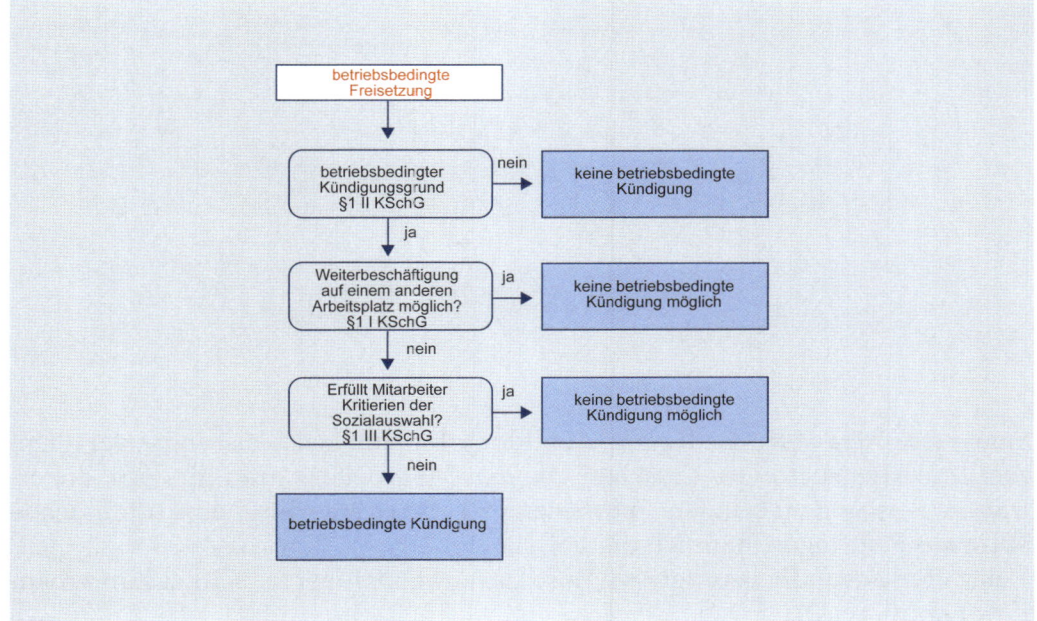

Abbildung 17.1: Ablaufschema betriebsbedingte Freisetzung

oder Umstrukturierungen des Betriebs sein. Wichtig ist bei einer solchen Kündigung, dass der Arbeitgeber die Kriterien der Sozialauswahl beachtet: Lebensalter, Dauer der Betriebszugehörigkeit, Unterhaltspflichten und eine eventuell bestehende Schwerbehinderung sind Auswahlkriterien bei mehreren vergleichbaren Arbeitnehmern (gleiche Hierarchiestufe, vergleichbare Arbeitsplätze), die entlassen werden könnten. Nach Beurteilung durch diese Kriterien wird demjenigen Arbeitnehmer gekündigt, der am wenigsten von der Kündigung betroffen wird, wobei alle Kriterien gleich schwer gewichtet sind.[491]

Eine *verhaltensbedingte* Kündigung (Abbildung 17.2) kann mehrere Ursache haben, beispielsweise in der Art und Weise, wie ein Mitarbeiter mit Kollegen, Kunden oder Führungskräften umgeht, dem Genuss von Alkohol während der Arbeitszeit oder dem Verletzen von Verhaltenspflichten in Krankheitsfällen. Ihr ist im Regelfall – sofern keine außerordentliche Kündigung wegen besonderem Grund vorliegt oder arbeitsvertragliche Pflichten verletzt wurden – eine Abmahnung vorzuschalten.[492]

Abbildung 17.2: Ablaufschema verhaltensbedingte Freisetzung

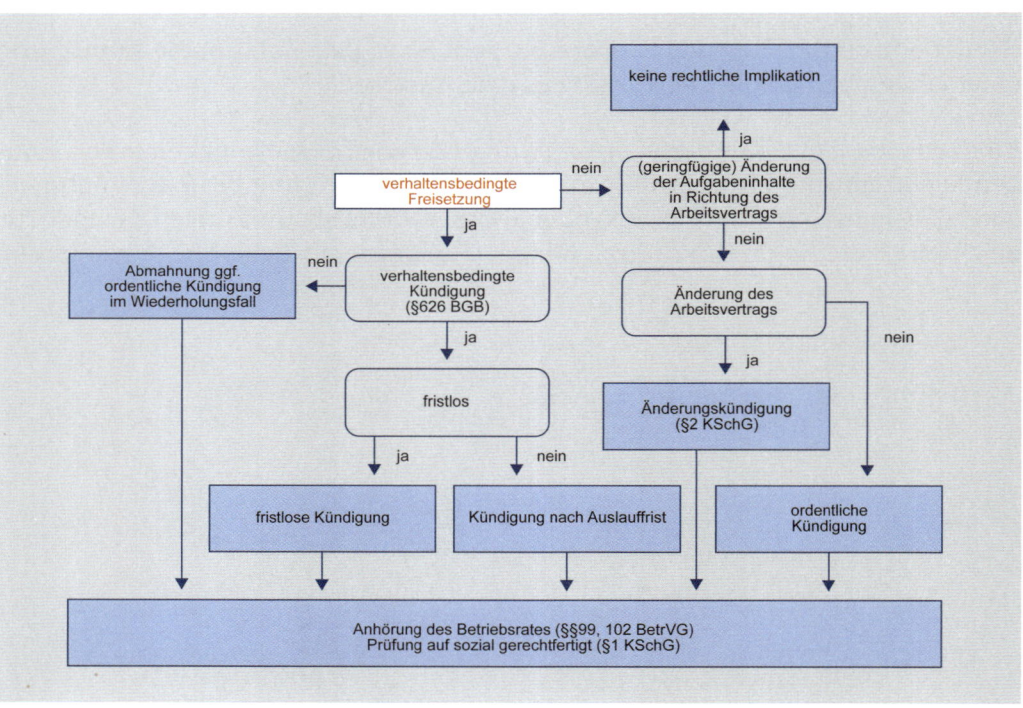

Eine *personenbedingte* Kündigung (Abbildung 17.3) hat meist leistungs-, vor allem aber krankheitsbedingte Ursachen, die den Mitarbeiter daran hindern, die erwartete Leistung zu bringen. Für diesen Fall gibt es allerdings eine umfassende Kette aus Prüffragen, nämlich die

– negative Gesundheitsprognose (Wird der Arbeitnehmer auch in Zukunft (häufig) krank sein?),

– Maßgeblichkeit (Kommt es durch den Ausfall zu Störungen im Betriebsablauf und/oder zu erheblichen Kosten durch Lohnfortzahlungen?),

– fehlende Alternativbeschäftigungsmöglichkeit (Kann der Arbeitnehmer nicht auf einer anderen Position im Unternehmen weiterbeschäftigt werden?) sowie

– Interessenabwägung (Was kann dem Unternehmen und was dem Mitarbeiter zugemutet werden?).[493]

Für die (arbeitsrechtliche) Abwicklung dieser Freisetzung ist es für den Arbeitgeber wichtig, sich darüber im Klaren zu sein, welcher dieser Kündigungsgründe vorliegt: Denn aus dieser Begründung leiten sich unterschiedliche Kündigungsgründe ab.

Kündigungsgründe können nicht kombiniert werden

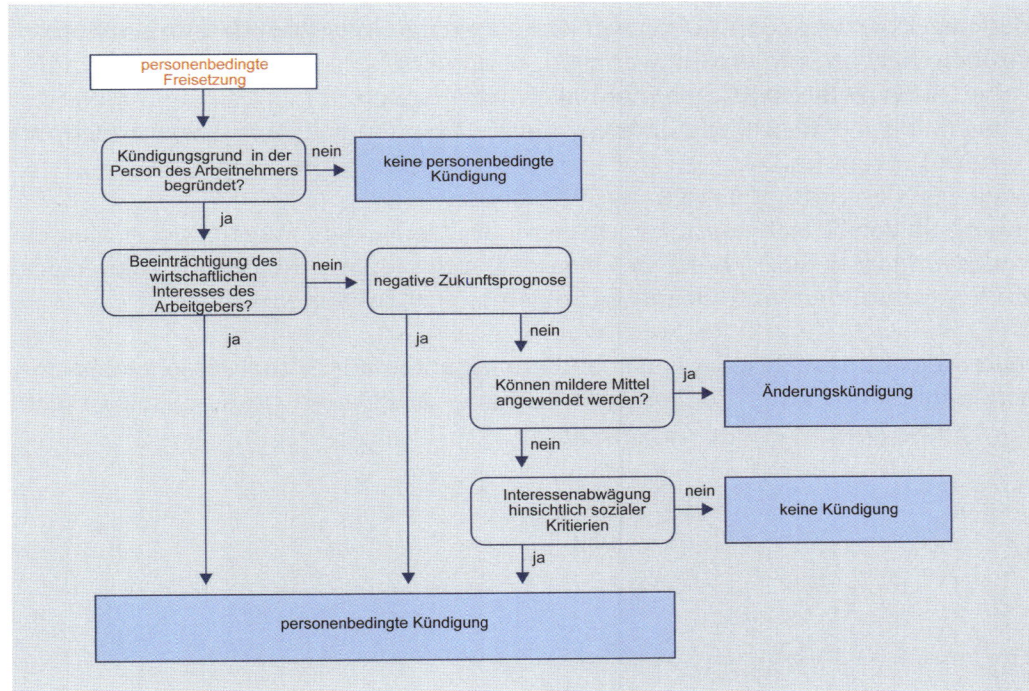

Abbildung 17.3: Ablaufschema personenbedingte Freisetzung

Freiheitsberaubung in der Firma

In Frankreich wurden im März 2009 gleich zwei Firmenchefs von ihren Angestellten als Geisel genommen. Gekündigte Arbeiter einer Medizinprodukte-Fabrik des US-Konzerns 3M sperrten den Werksleiter eine Nacht lang in seinem Büro ein, um höhere Abfindungen zu erpressen. Ebenfalls eine Nacht hielten Sony-Beschäftigte den Frankreich-Chef des Elektronikkonzerns gefangen. Hintergrund dieser Tat war die Ankündigung einer Werksschließung in Süd-Frankreich.[494]

Bei Kündigung Betriebsrat anhören!

Zudem ist auch hier der Betriebsrat zu hören, der gemäß § 102 BetrVG vor jeder Kündigung zu hören ist. Eine ohne Anhörung des Betriebsrats ausgesprochene Kündigung ist unwirksam, der Arbeitgeber hat dem Betriebsrat die Gründe für die Kündigung mitzuteilen. Der Betriebsrat kann bei einer ordentlichen Kündigung innerhalb einer Woche seine Bedenken gegen die ausgesprochene Kündigung schriftlich mitteilen, äußert er sich nicht, so gilt seine Zustimmung zur Kündigung als erteilt. Kündigt der Arbeitgeber trotz Bedenken des Betriebsrats, kann der Arbeitnehmer eine Klage auf Feststellung der Rechtswirksamkeit der Kündigung einreichen und hat bis zur rechtskräftigen Entscheidung ein Recht auf Weiterbeschäftigung bei unveränderten Arbeitsbedingungen.

Wird eine Person oder eine Gruppe freigesetzt (entlassen)?

Von einer gruppenbezogenen Freisetzung spricht man, wenn ein Personalüberhang losgelöst vom konkreten Mitarbeiter besteht (Abbildung 17.4). Diese ist in der Regel betriebsbedingt. Die für eine derartige Massenentlassung geltenden Größenangaben sind erfüllt, wenn
– bei 21 bis 59 Beschäftigten mehr als fünf Personen,
– bei 60 bis 499 Beschäftigten mehr als 25 Personen beziehungsweise mehr als zehn Prozent und
– bei 500 Beschäftigten mehr als 30 Personen

Eine Massenentlassung bei der Bundesagentur für Arbeit anzeigen!

innerhalb von 30 Kalendertagen entlassen werden sollen. Eine derartige Massenentlassung ist gemäß § 17 KSchG bei der Bundesagentur für Arbeit anzuzeigen. Zudem ist mit dem Betriebsrat ein Sozialplan auszuhandeln.

Allerdings führt nicht jeder Personalüberhang automatisch zur Massenentlassung. Vielmehr ist erst zu prüfen, ob der Überhang „auf Dauer" besteht. Ist dies nicht der Fall, so kommt es zur Kurzarbeit.

Abbildung 17.4: Ablaufschema gruppenbezogene Freisetzung

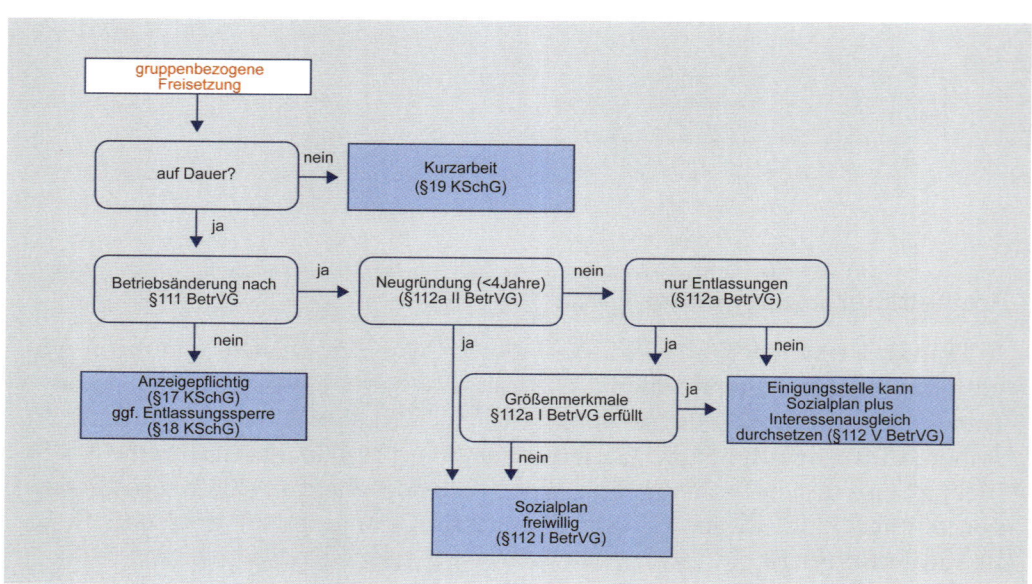

Ebenfalls zu berücksichtigen ist der Sonderfall der Betriebsänderung, der häufig Massenentlassungen zur Folge hat. Laut § 111 Satz 2 BetrVG gelten für eine Betriebsänderung folgende Merkmale:
- Einschränkung oder Stilllegung des gesamten Betriebs oder von wesentlichen Betriebsteilen,
- Verlegung des Betriebs oder wesentlicher Betriebsteile,
- Fusion mit anderen Betrieben oder die Spaltung von Betrieben,
- grundlegende Änderung der Betriebsorganisation, des Betriebszwecks oder von Betriebsanlagen und
- Einführung grundlegend neuer Arbeitsmethoden oder Fertigungsverfahren.

Über die Nachteile der Betriebsänderung für die Arbeitnehmer muss der Betriebsrat laut § 111 Satz 1 BetrVG rechtzeitig und umfassend unterrichtet werden und in die Beratungen mit einbezogen werden.

Um die Nachteile einer Betriebsänderung für die Arbeitnehmer auszugleichen oder zu mildern, gibt es zwei Abfederungsmaßnahmen (§ 112 BetrVG):

Zwei wichtige Paragraphen für Betroffene

(1) den *Interessenausgleich*, der schriftlich zwischen Arbeitgeber und Betriebsrat vereinbart wird und sich darauf bezieht, wann und wie die Betriebsänderung durchgeführt wird. Der Betriebsrat hat kein Mitbestimmungsrecht, ob ein Interessenausgleich verhandelt wird. Es muss jedoch ein Nachteilsausgleich erfolgen, wenn der Arbeitgeber die Verhandlungen für einen Interessenausgleich unterlässt, beziehungsweise vom verhandelten Interessenausgleich ohne zwingenden Grund abweicht.

(2) den *Sozialplan*, der die sozialen Interessen der Arbeitnehmer und die wirtschaftlichen Belange des Arbeitgebers berücksichtigt. Der Betriebsrat hat ein Mitbestimmungsrecht bei der Erstellung des Sozialplans; sein Inhalt ist jedoch nicht gesetzlich geregelt, so dass er auf die Bedürfnisse beider Seiten angepasst werden kann. Er sollte jedoch den Geltungsbereich, den Lohnausgleich bei Versetzung, die Abfindung bei Arbeitsplatzverlust und Zuschläge als Abfindung für besondere Belastungen enthalten. Wenn bestimmte Entlassungszahlen nicht erreicht werden oder der Betrieb maximal vier Jahre seit der Gründung besteht, kann ein Sozialplan nicht erzwungen werden.

Die Erstellung eines Sozialplans führt in der Regel immer wieder zu Unstimmigkeiten zwischen Unternehmensführung und Betriebsrat, wie häufig den Nachrichten entnommen werden kann.

Von den Kündigungsgründen zu trennen sind die Formen der Kündigung. Danach gibt es – wie bereits zuvor angesprochen – drei Kündigungsarten:

Kündigungsgrund ist nicht gleich Kündigungsart

(1) Bei der *ordentlichen Kündigung* muss der Arbeitgeber (anders als der Arbeitnehmer) einen sozial gerechtfertigten Grund (§ 1 KSchG) angeben. Dazu kommen alle drei Kündigungsgründe (siehe oben) in Frage. Zu beachten sind allerdings entsprechende Kündigungsfristen, die sich aus dem BGB (§§ 621, 622 BGB) ergeben.

(2) Bei der *außerordentlichen Kündigung* gelten keine Kündigungsfristen, weshalb man auch von einer „fristlosen" Kündigung spricht. Hier können ebenfalls

alle drei Kündigungsgründe Auslöser sein, wobei aber die verhaltensbedingte Kündigung als Ursache überwiegen dürfte. An die außerordentliche Kündigung sind umfassende rechtliche Bedingungen geknüpft, wozu vor allem
– die zweiwöchige Maximalreaktionsfrist, die zwischen Erlangen des Kündigungsgrunds durch den Arbeitgeber und der Reaktion liegt und
– die umfassende Alternativprüfung gehört, zu der im Regelfall auch die Abmahnung zählt.
Da eine außerordentliche Kündigung nicht selten mit juristischen Unwägbarkeiten verbunden ist, kombiniert sie der Arbeitgeber teilweise „vorsorglich" mit einer ordentlichen Kündigung.

Kündigungsarten können auch kombiniert werden

(3) Bei der *Änderungskündigung* (§2 KSchG) werden eine Kündigung (zumeist betriebsbedingt) und eine Neueinstellung kombiniert. Das bedeutet, der Arbeitgeber kündigt dem Mitarbeiter, um anschließend mit ihm einen neuen Arbeitsvertrag zu veränderten Bedingungen abzuschließen. Der Mitarbeiter kann daraufhin innerhalb der gesetzten Frist
– nichts tun (damit werden Kündigung und Einstellung rechtswirksam) oder
– widersprechen.
Im letztgenannten Fall wird im Regelfall die vorsorglich ausgesprochene, meist ordentliche Kündigung wirksam. Dagegen kann der Mitarbeiter aber – wie bei allen anderen Kündigungen – mit einer Kündigungsschutzklage reagieren.[495]

Alle Kündigungsgründe sind mit allen Kündigungsarten kombinierbar, wenn man von Ausnahmen absieht: Danach ist es soweit erkennbar unwahrscheinlich (nicht aber unmöglich), dass eine personen- beziehungsweise betriebsbedingte Kündigung als außerordentliche Kündigung realisiert wird; auch wird eine verhaltensbedingte Kündigung nur schwer zu einer Änderungskündigung führen (Tabelle 17.1).

Tabelle 17.1: Kombination von Kündigungsgründen und Kündigungsarten

		Kündigungsart		
		ordentliche Kündigung	außerordentliche Kündigung	Änderungskündigung
Kündigungsgrund	personenbedingt	X		X
	verhaltensbedingt	X	X	
	betriebsbedingt	X		X

Prozedural: Von Abmahnungen und Aufhebungen

„Wenn Sie so weiter machen, dann können Sie sich schon einmal auf eine Kündigung vorbereiten!" Ein solcher Satz, von der Führungskraft mit entsprechendem

Pathos vorgetragen, mag dramatisch klingen, ist aber letztlich weitgehend bedeutungslos. Denn wenn es sich um das Verhältnis von Arbeitnehmer zu Arbeitgeber dreht, gehen Arbeitsrecht und Arbeitsrechtsprechung nie von einer Waffengleichheit aus, sondern versuchen immer, den Arbeitnehmer unter anderem vor Willkür zu schützen. Aus diesem Grund ist obiger Satz auch keine wirksame Abmahnung, sondern allenfalls ein Abreagieren der Führungskraft.

Eine Abmahnung, die für den Arbeitnehmer sozusagen eine „gelbe Karte" darstellen soll, hat vielmehr als Voraussetzung, dass

Abmahnung als gelbe Karte

– sie als solche klar erkennbar ist (weshalb sie im Regelfall schriftlich erfolgt),
– sie ereignisbezogen formuliert ist (also sich auf einen konkreten Vorfall bezieht),
– sie zum Bestandteil der Personalakte wird,
– beim Empfänger angekommen ist (beispielsweise als Brief zugestellt wurde) und
– inhaltlich sowie sprachlich verstanden ist (bei ausländischen Arbeitnehmern deshalb zur Sicherheit übersetzt).

Im Zweifels- und Prozessfall trägt der Arbeitgeber die Beweispflicht. Gerade bei Abmahnungen besteht die Gefahr von Verfahrensfehlern, weshalb hier auf ein korrektes Einhalten der Vorschrift zu achten ist.

Gleiches gilt für den Aufhebungsvertrag als einem Instrument, dessen Logik aber auch nur unter dem Gesichtspunkt der unterschiedlichen Position von Arbeitnehmer und Arbeitgeber zu verstehen ist. Ein Aufhebungsvertrag

– erfolgt in Schriftform,
– beinhaltet die Beendigung des Arbeitsverhältnisses in beidseitigem Einverständnis,
– macht Aussagen über Termine,
– regelt die Ansprüche des Arbeitnehmers und
– definiert verbleibende Ansprüche des Arbeitgebers.

Kommt ein derartiger Aufhebungsvertrag unter Druck zustande oder impliziert er eine arglistige Täuschung, so ist er im Nachhinein nach § 123 BGB anfechtbar.

In diesem Zusammenhang ist darauf hinzuweisen, dass auch die Kündigung durch den Arbeitnehmer an Kündigungsfristen gebunden ist, die sich aus gesetzlichen Regelungen beziehungsweise aus dem Arbeitsvertrag ergeben.

Neben dem allgemeinen Kündigungsschutz, der für alle Arbeitnehmer besteht, gilt für einige Beschäftigtengruppen darüber hinaus ein besonderer Kündigungsschutz. Hierzu gehören beispielsweise:

Gruppenbezogener Kündigungsschutz

– Betriebsratsmitglieder (keine ordentliche Kündigung, § 15 KSchG),
– Schwangere (generelles Kündigungsverbot bis vier Monate nach der Entbindung, § 9 MuSchG),
– Wehrdienstleistende (keine ordentliche Kündigung, § 2 ArbPlSchG),
– Schwerbehinderte (Kündigung bedarf der Zustimmung des Integrationsamts, § 85 SGB IX) und

– Auszubildende (keine ordentliche Kündigung nach Ablauf der Probezeit, §22 BBiG).

Achtung: es kann trotz „Kündigungsschutz" gekündigt werden

Wichtig für alle Betroffenen ist dabei, dass „besonderer" Kündigungsschutz nicht gleichzusetzen ist mit „vollkommenem" Kündigungsschutz. So kann beispielsweise auch einem Betriebsratsmitglied außerordentlich gekündigt werden, wenn erneut arbeitsvertragliche Pflichten oder Verhaltenspflichten nicht eingehalten beziehungsweise verletzt wurden, und dies bereits abgemahnt wurde.

17.3 Vermeiden: Alternativen zur Entlassung

Bevor man sich allerdings zu schnell auf eine Personalfreisetzung vor allem durch Entlassungen einlässt, gilt es, die Alternativen zu prüfen. Hierzu gehören zunächst die klassischen Maßnahmen wie der Abbau von Überstunden, Versetzungen, Veränderung der Urlaubsregelung, mit zum Beispiel Urlaubssperren oder für alle Mitarbeiter geltende Betriebsferien. Daneben gibt es noch weitere Wege, eine über Entlassung zu realisierende Freisetzung zu vermeiden. Allerdings sind diese Alternativen teilweise auch eine Problemverlagerung.

Einstellungsstopp: Ja, aber Problemverlagerung in die Zukunft

Eine sich unmittelbar aufdrängende Strategie, um Personalfreisetzung zu vermeiden, ist der Einstellungsstopp: Hier wird die natürliche Fluktuation genutzt, um sukzessive die Mitarbeiterzahl zu reduzieren. Wenn tatsächlich eine hohe natürliche Fluktuation vorliegt, lassen sich auf diese Weise Entlassungen vermeiden.

Allerdings hat diese Strategie auch drei Nachteile:
(1) Üblicherweise führt sie zu einer *Überalterung*, da das natürliche Nachwachsen junger Mitarbeiter ausbleibt und dauerhaft einen Knick in der Alterspyramide produziert.
(2) Es besteht die Gefahr, dass bei natürlicher Fluktuation in Form von *Eigenkündigung* eher die leistungsstarken Mitarbeiter das Unternehmen verlassen.
(3) Sie setzt ein gefährliches *Signal* auf dem Arbeitsmarkt und reduziert die Arbeitgeberattraktivität.

Aus diesem Grund ist der Einstellungsstopp ein Instrument, das für sich alleine betrachtet, tendenziell das Problem eher in die Zukunft verschiebt. In ähnlicher Form sind auch Maßnahmen wie Nichtverlängerung von Zeitverträgen zu beurteilen.

Kurzarbeit: Ja, aber Problemverlagerung auf die Allgemeinheit

Wird die Arbeitszeit vorübergehend für eine gewisse Gruppe von Mitarbeitern (zum Beispiel in der Produktion) herabgesetzt, spricht man von Kurzarbeit.

Kurzarbeit muss der Bundesagentur für Arbeit gemeldet werden und unterliegt strengen gesetzlichen Bestimmungen (§§ 169–182 SGB III). Sie liegt vor, „wenn in Betrieben oder Betriebsabteilungen die regelmäßige betriebsübliche wöchentliche Arbeitszeit infolge wirtschaftlicher Ursachen oder eines unabwendbaren Ereignisses vorübergehend verkürzt wird."[496]

Wenn die rechtliche Prüfung der Bundesagentur für Arbeit hinsichtlich der Rechtmäßigkeit der Kurzarbeit erfolgreich war, übernimmt sie die Zahlung des Kurzarbeitergelds (KuG) an die Arbeitnehmer mit der Absicht[497],
– den Betrieben die eingearbeiteten Arbeitnehmer,
– den Arbeitnehmern die Arbeitsplätze zu erhalten sowie
– den Arbeitnehmern einen Teil des durch die Kurzarbeit bedingten Lohnausfalls zu ersetzen.
Dass aus volkswirtschaftlichen Gründen Kurzarbeit der Massenentlassung vorzuziehen ist, wurde nach dem Finanzcrash 2008 deutlich, als die Bundesregierung die Anreize für Unternehmen in Richtung Kurzarbeit steigerte, indem sie bei Anmeldung von Kurzarbeit während des Jahrs 2009 die Bezugszeit von Kurzarbeitergeld von ursprünglich sechs Monaten auf 24 Monate verlängerte.

Genaue Berechnungsbeispiele des Kurzarbeitergelds würden an dieser Stelle zu weit führen, dennoch kann als grobe Richtlinie angenommen werden, dass bei verheirateten Arbeitnehmern mit Kindern in etwa 67 Prozent des Differenzbetrags zwischen dem durch Kurzarbeit reduzierten Einkommen und dem regelmäßigen bisherigen Einkommen übernommen werden. Bei ledigen Arbeitnehmern sind es in etwa 60 Prozent dieses Unterschieds.

Da die Bundesagentur für Arbeit in größerem Ausmaß einspringt, bedeutet diese Strategie letztlich eine Verlagerung des Problems auf die Allgemeinheit. Dies ändert aber nichts daran, dass im Endergebnis Kurzarbeit für die Allgemeinheit billiger ist als Arbeitslosigkeit.

> Kurzarbeit: vorübergehende Herabsetzung der Arbeitszeit für eine gewisse Gruppe von Mitarbeitern

Lohnkürzungen: Ja, aber Problemverlagerung auf den Arbeitnehmer

Ein stark diskutiertes Instrument zur Vermeidung von Personalfreisetzung sind Lohnsenkungen. Die zugrunde liegende Logik besagt hier, dass ein als zu hoch eingestufter Personalkostenblock nicht abgebaut wird durch Personalabbau, sondern durch Lohnreduktion.

Damit verbunden ist die Reduzierung der Arbeitszeit. Werden Vollzeitstellen in Teilzeitstellen umgewandelt, betrifft dies die Arbeitsverträge der einzelnen Arbeitnehmer. Wird die Arbeitszeit für einzelne Bereiche oder das ganze Unternehmen verkürzt, muss gemäß § 87 Absatz 1 BetrVG der Betriebsrat zustimmen. Der Betriebsrat stimmt dieser Verkürzung in aller Regel nur zu, wenn das Unternehmen einen Ausgleich anbietet, beispielsweise in Form von Lohnausgleichszahlungen oder Beschäftigungsgarantien. Ein Beispiel für eine Arbeitszeitverkürzung zur Sicherung von Arbeitsplätzen ist die Volkswagen AG. Dort wurde die wöchentliche Arbeitszeit um 20 Prozent auf 28,5 Stunden gekürzt und damit konnten 20 Prozent der zur Entlassung vorgesehenen Arbeitnehmer weiter beschäftigt werden.

Generell bedeuten derartige Lohnreduktionen eine Verlagerung des Problems auf die Arbeitnehmer, wobei primär bei Grundgehaltsreduktion die tariflichen Arbeitnehmer das Ziel darstellen.

Zeitarbeitsfirmen: Ja, aber Problemverlagerung auf Arbeitnehmer und Allgemeinheit

Seit Mitte der 1990er Jahre, als die Zeitarbeitsfirmen verstärkt auf den Markt drängten, begannen Unternehmen, Zeitarbeit als Alternative zu Entlassungen zu nutzen. Der einfache Trick: Mitarbeiter werden vom betreffenden Unternehmen in eine eigenständige Firma verlagert, die dann als Servicegesellschaft auftritt und durchaus wieder für das ursprüngliche Unternehmen arbeitet. Für diese verlagerten Mitarbeiter bedeutet dies im Regelfall eine Verschlechterung der Arbeitsbedingungen (zum Beispiel bezüglich Arbeitszeit, Arbeitsort, Entlohnung oder Kündigungsschutz), trotzdem aber möglicherweise eine bessere Alternative zur Entlassung und Arbeitslosigkeit. Die gleiche Benachteiligung erfahren die Leiharbeiter, die über unternehmensfremde Zeitarbeitsfirmen in Unternehmen arbeiten, anstelle vom Unternehmen selbst angestellt zu werden.

Die Zeitarbeitsfirmen unterliegen ebenfalls den Regeln des gesetzlichen Kündigungsschutzes und können die Arbeitnehmer nicht entlassen, wenn gerade kein Auftrag für sie vorliegt. Viele Mitarbeiter erhalten deshalb nur einen Vertrag für die gesetzliche Probezeit von sechs Monaten und sind während dieser Probezeit jederzeit kündbar. Die Gesetzgebung erlaubt es den Zeitarbeitsfirmen, die Mitarbeiter mehrfach hintereinander einzustellen. So haben die Zeitarbeitsfirmen eine größere Flexibilität, auf starke Nachfrage wie auch auf Auftragsschwankungen zu reagieren.

Auch die Auslagerung von Mitarbeitern in eine Zeitarbeitsfirma ist eine Alternative, die primär zu Lasten von Arbeitnehmern und – durch das erhöhte Freisetzungsrisiko – zu Lasten der Allgemeinheit geht.

Beschäftigungssicherungsprogramme: Ja, aber Problemverlagerung in die Zukunft

Eine andere Form des Vermeidens von Entlassungen sind Beschäftigungssicherungsprogramme (nicht zu verwechseln mit den Beschäftigungsgesellschaften). Ein Beispiel für ein solches Programm ist das „Maßnahmenpaket I: Beschäftigungssicherung durch Wachstumsstärkung" der Deutschen Bundesregierung, das am 5. November 2008 in Kraft getreten ist. Sein Ziel ist die Sicherung von Wachstum und Beschäftigung angesichts der globalen Wirtschaftskrise 2008/2010 unter anderem durch Bereitstellung zusätzlicher Kreditvolumen für Banken, Kommunen und Wirtschaftsunternehmen zur Finanzierung von Investitionsvorhaben.

Es ist jedoch fraglich, ob solche einmaligen Finanzhilfen eine langfristige Lösung sind oder einfach nur die Notwendigkeit von Entlassungen in die Zukunft verschieben. Denn Unternehmen sollten in der Lage sein, selbstständig aus eigenen Mitteln und Kräften zu existieren und mit selbst erwirtschafteten Reserven auch Krisenzeiten überstehen zu können.

Verhindern von Entlassungen

Übung 17.2

Die Lage der Strawberry Cake & Bakeries AG ist im Bereich „Vorprodukte" nach wie vor sehr angespannt und eine Diskussion über reaktive oder antizipative Freisetzungsplanung hilft Ihnen nun auch nicht mehr, da „das Kind schon längst in den Brunnen gefallen ist". Sie müssen nun handeln und sich von Mitarbeitern trennen, da sonst das Unternehmen insgesamt gefährdet wäre. Allerdings bringen Sie es nicht übers Herz, Mitarbeiter zu entlassen. Sie überlegen daher, welche Möglichkeiten Sie statt Entlassungen haben.

17.4 Gestalten: Weiche oder harte Trennung

Die Trennung von Mitarbeitern lässt sich auf verschiedene Weisen gestalten. Dabei dürfen Unternehmen nicht vergessen, dass sich die Art und Weise, wie man mit solchen Trennungen umgeht, auf Unternehmenskultur und Unternehmensimage niederschlägt.

Gute Trennungskultur: Die Basis

Zwischen der Freisetzung von Mitarbeitern und der Kultur des Unternehmens besteht eine wechselseitige Beziehung:
- Zum einen beeinflusst die *Art und Weise,* wie sich Unternehmen von ihren Mitarbeitern trennen, die Unternehmenskultur. Gerade hier „offenbaren" sich die Werteeinstellungen der Unternehmensleitung weit mehr als auf geduldigen Hochglanzbroschüren.

■ Zum anderen zeigt die vorhandene *Unternehmenskultur* den Umgang des Unternehmens auch bei einer Kündigung.

Deshalb ist gerade die Trennungskultur eine zentrale Basis für ein sinnvolles Trennungsmanagement.

Trennungskultur ist die „Summe aller Regeln und Maßnahmen, die Trennungen und Veränderungen in Unternehmen fair und professionell machen. Trennungs-Kultur ist manifest, wenn Trennungen und Veränderungen mit möglichst geringen Verletzungen der Persönlichkeit aller Beteiligten einhergeht."[498]

Ziel der Outplacement-beratung ist, bei einem Personalabbau die negativen Effekte für beide Seiten so gering wie möglich zu halten

Eine solche Maßnahme, die Trennungen fair und professionell gestaltet, ist das Outplacement beziehungsweise die Outplacementberatung. Hinter diesem Begriff verbirgt sich die Betreuung und Beratung von Mitarbeitern, die entlassen werden, durch den Arbeitgeber, um sie bei der Suche nach einem neuen Arbeitsplatz zu unterstützen. Häufig werden für das Outplacement externe Dienstleister hinzugezogen. Das Ziel hierbei ist, bei einem Personalabbau die negativen Effekte für beide Seiten so gering wie möglich zu halten. Der Mitarbeiter erhält individuelle Unterstützung und Beratung in einer schwierigen Zeit, in Form eines individuellen Coachings, einer Karriereberatung oder eines Bewerbungstrainers und der Arbeitgeber kann neben der Vermeidung von Rechtsstreitigkeiten und einer negativen Beeinflussung des Betriebsklimas durch die Übernahme sozialer Verantwortung sein Image als attraktiver Arbeitgeber wahren.[499]

Negative Effekte einer fehlenden Trennungskultur.

„Nehmen wir eine Firma mit 400 Beschäftigten" […] „Kommen Kündigungsgerüchte auf, werden die Mitarbeiter unruhig, erörtern die Lage in den Fluren und am Kopierer, arbeiten ineffizient oder so gut wie gar nicht mehr und verursachen Arbeitgeber-Bruttokosten von 100 Euro je Stunde. Das führt zu einem täglichen Schaden von rund 40 000 Euro."[500]

Dr. Laurenz Andrzejewski (geb. 1951; Managementtrainer)

Der schwarze Mitarbeiter-abbauplanet

Die hier propagierte Trennungskultur steht im krassen Widerspruch zu dem, was sich im Blog „Per Anhalter durch die Arbeitswelt" unter dem Eintrag „Der Schwarze Mitarbeiterabbauplanet"[501] findet und auf einer wahren Tatsache beruht. Anstelle ein faires und professionelles Kündigungsmanagement umzusetzen, zu dem auch eine klare und transparente Kommunikation gehört, wird in derartigen „schwarzen" Personalabteilungen überlegt, wie man Mitarbeiter zu einer Eigenkündigung motivieren kann. Nicht selten werden hierfür Mechanismen entwickelt, die Mobbing ähneln und dem Mitarbeiter die Freude an der Arbeit oder – wenn beispielsweise der Werksbus abgeschafft wird – die Möglichkeit zum Arbeiten nehmen sollen.

Goldene Instrumente: Von Fallschirmen und Särgen

Unter dem *Goldenen Fallschirm* versteht man eine spezielle Klausel im Arbeitsvertrag von Führungskräften. Darin wird die Höhe der Zahlung geregelt, wenn die Stelle der Führungskraft wegfällt oder eine vorzeitige Vertragsauflösung notwendig wird. Dies kann beispielsweise aufgrund einer Fusion des Unternehmens, der Übernahme durch ein anderes Unternehmen oder der schlechten Leistung der Führungskraft eintreten. Die Bezahlung erfolgt häufig in Form von Boni, Aktienoptionen oder anderen Kombinationen von Vergütungen.

Um Mitarbeitern eine Kündigung schmackhaft zu machen, verspricht man bei einer Eigenkündigung eine großzügige Abfindung, den so genannten *Goldenen Fußtritt*. Das Unternehmen erreicht so eine Personalreduktion, ohne selbst Kündigungen aussprechen zu müssen. Mit diesen Abfindungen werden Mitarbeiter häufig unter Druck gesetzt, das Unternehmen freiwillig zu verlassen, denn in den meisten Fällen sind die Abfindungen an eine baldige Kündigung gebunden. Zudem darf man davon ausgehen, dass einem Mitarbeiter, der dieses Angebot nicht annimmt, das Leben im Unternehmen nicht leicht gemacht wird und er am Ende doch freiwillig kündigt. Ob er dann jedoch die Abfindung noch bekommt, ist Verhandlungssache.

Obwohl sprachlich ähnlich klingend, sind die zwei weiteren Instrumente kein Weg zur Personalfreisetzung:

Handschellen und Särge sind keine Freisetzung

- So will man durch *Goldene Handschellen* eine Kündigung durch den Mitarbeiter verhindern. Dies sind in der Regel Bonuszahlungen, die erst nach Ablauf einer bestimmten Zeit oder zu einem bestimmten Datum bezahlt werden. Kündigt der Mitarbeiter vor dem Auszahlungsdatum, erhält er diese Ausschüttung nicht.
- Unter dem *Goldenen Sarg* versteht man schließlich die Finanzierung einer hohen Lebensversicherung für Manager durch das Unternehmen. Sollte beispielsweise der Vorstandsvorsitzende plötzlich sterben, können seine Hinterbliebenen oft mit einer millionenschweren Lebensversicherung rechnen. Im Fall von Walt Disney-Chef *Robert Iger* wären dies 62 Millionen Dollar und bei *Brian Roberts*, Chef des US-Telekommunikationskonzerns Comcast sogar 298 Millionen Dollar.[502]

Beides sind also Instrumente zur Retention – allerdings diskutierbare.

Graue Instrumente: Nicht-Ganz-Freisetzung

Bei der Personalreduktion gibt es auch Instrumente, die eher eine teilweise Reduktion implizieren. So bedeutet *Altersteilzeit* eine Reduzierung der Arbeitszeit, um den Übergang in den Ruhestand vorzubereiten. Wenn durch die Altersteilzeit für jüngere Arbeitnehmer Arbeitsplätze geschaffen werden, wird die Altersteilzeit von der Bundesagentur für Arbeit unterstützt. Diese Förderung gilt jedoch

Altersteilzeit als Vorbereitung auf den Ruhestand durch Reduzierung der Arbeitszeit nur noch für Altersteilzeitbeschäftigungen, die bis zum Ende des Jahres 2009 begonnen wurden. Somit sollen Anreize für einen frühzeitigen Übergang in den Ruhestand und eine gleichzeitige Schaffung von Arbeitsplätzen für jüngere Arbeitnehmer entstehen. In der Praxis wird die Altersteilzeit häufig zur Personalreduktion eingesetzt.

Nach der heute überwiegend genutzten Form der Altersteilzeit wird die verbleibende Arbeitszeit halbiert: In der ersten Phase wird die wöchentliche Arbeitszeit nicht gekürzt, der Arbeitnehmer erhält jedoch nur noch circa 50 Prozent seines bisherigen Einkommens. In der zweiten Phase wird er bei weiterhin circa 50 Prozent seines Einkommens freigestellt. Während für die Jahrgänge bis 1951 eine Rente vor Erreichen des 65. Lebensjahrs ohne Abzug der Rentenbezüge möglich ist, ist dies für alle anderen Jahrgänge erst mit Vollendung des 65. Lebensjahrs möglich. Bei einem vorherigen Rentenbeginn muss je nach Zeitpunkt mit einer Bezugskürzung gerechnet werden.

Beim *Vorruhestand* hingegen geht der Betroffene ohne Übergangszeit vorzeitig in Rente. Der Vorruhestand ist für die Betroffenen nur interessant, wenn ihnen dadurch keine materiellen Einbußen entstehen oder mit zusätzlichen Anreizen wie einer Abfindung durch das Unternehmen verbunden sind. Für das Unternehmen bietet eine Vorruhestandsregelung ebenso wie die Altersteilzeit die Verbesserung der betrieblichen Altersstruktur und für jüngere Arbeitnehmer eine schnellere Chance für einen Aufstieg.

Um eine Weiterqualifizierung von Arbeitnehmern zu erreichen, die im Unternehmen nicht mehr beschäftigt werden können, werden *Beschäftigungsgesellschaften*, die zumindest aus Sicht des handelnden Unternehmens eine teilweise Personalreduktion darstellen, gegründet. Sie lassen sich wie folgt charakterisieren[503]:
- Betriebliche Mittel für Sozialpläne und öffentliche Mittel der Arbeitsverwaltung werden zur Weiterbeschäftigung und Umschulung oder Höherqualifizierung von freigesetztem Personal verwendet.
- In Um- und Höherqualifizierungsmaßnahmen werden alle freigesetzten Arbeitskräfte vom angelernten Mitarbeiter bis zum Facharbeiter und zur Fachkraft einbezogen.
- Die Bindung an den Betrieb wird aufrechterhalten, um eine Weiterqualifizierung vor allem motivational zu unterstützen.

Beschäftigte werden in diese häufig neu geschaffenen, rechtlich selbstständigen Unternehmen eingegliedert und erhalten somit eine Doppelmitgliedschaft: in ihrem alten Unternehmen und gleichzeitig in der Beschäftigungsgesellschaft.

Finale Realität: Die Kündigung wird wirksam

Ist eine Kündigung von Arbeitgeberseite nicht mehr zu vermeiden, ist es wichtig, für alle direkt oder indirekt Beteiligten (das heißt vom Unternehmen über den zu entlassenden Mitarbeiter bis zu den verbleibenden Mitarbeitern) die Trennung fair und professionell zu gestalten, um negative Folgen, insbesondere für das Unternehmen und sein Image als Arbeitgeber zu vermeiden. Hierzu gehört vor allem die gründliche Vorbereitung des Kündigungsgesprächs[504] in Bezug auf Ort, Dauer, Inhalt, Vorgehensweise und Gesprächspartner. Zudem sollte bei einem Trennungsgespräch beachtet werden, dass dieses immer vom Chef selbst und zeitnah geführt werden sollte, so dass der Betroffene die Entscheidung nicht von Kollegen oder Dritten erfährt. Außerdem sind eine offene und ehrliche Kommunikation sowie das Vermitteln der persönlichen Wertschätzung wichtig. Des Weiteren empfiehlt sich die bereits angesprochene Unterstützung des Mitarbeiters bei der Suche nach einem neuen Arbeitsplatz, um negativen Auswirkungen auf die Motivation der verbleibenden Mitarbeiter sowie das Unternehmensimage entgegenzuwirken.

Neben diesen Gesichtspunkten müssen noch folgende formalen beziehungsweise rechtlichen Aspekte bei einer Trennung von einem Mitarbeiter beachtet werden:

Kündigung: ein gesetzlich klar geregelter Vorgang

- Bei einer betriebsbedingten Kündigung hat der Arbeitnehmer gemäß § 1a KSchG Anspruch auf Zahlung einer *Abfindung*. Die Höhe der Abfindung beträgt im Regelfall ein halbes bis ein ganzes Monatsgehalt für jedes Jahr, das der Arbeitnehmer im Unternehmen beschäftigt war. Je nach Verhandlung kann die Abfindung jedoch auch weit darunter oder darüber liegen. Bei der Berechnung der Beschäftigungsdauer wird ein Zeitraum von mehr als sechs Monaten auf ein volles Jahr aufgerundet (§ 1a Absatz 2 KSchG).
- Dem Arbeitnehmer ist bis zum vereinbarten Ablauf des Arbeitsverhältnisses die Möglichkeit zum Abbau seiner noch ausstehenden *Urlaubstage* zu gewähren. Sollte dies nicht möglich sein, sind die Urlaubstage abzugelten (§ 7 Absatz 4 BUrlG). Der Anspruch auf den Abbau beziehungsweise die Auszahlung eventuell bestehender *Überstunden* richtet sich nach den individuellen arbeits- beziehungsweise tarifvertraglichen Regelungen.
- Der Arbeitnehmer hat gemäß § 630 BGB Anrecht auf ein schriftliches *Arbeitszeugnis*, das er von seinem Arbeitgeber einfordern kann. Abhängig von Dauer und Qualifizierung des Beschäftigungsverhältnisses kann es sich hierbei um ein einfaches Arbeitszeugnis mit Angaben über lediglich Dauer und Art der Beschäftigung beziehungsweise um ein qualifiziertes Arbeitszeugnis mit zusätzlichen Angaben über Leistungen und Verhalten des Arbeitnehmers handeln. Bei der Formulierung eines Arbeitszeugnisses muss der Arbeitgeber verschiedene Richtlinien wie beispielsweise Sorgfalts- und Wahrheitspflichten beachten, gleichzeitig sollte es wohlwollend dem Arbeitnehmer gegenüber formuliert sein, um sein zukünftiges Fortkommen nicht zu erschweren.

Um eine neue Beschäftigung aufnehmen zu können oder für die Meldung bei der Bundesagentur für Arbeit, benötigt der Arbeitnehmer in der Regel *Unterlagen*[505] von seinem alten Arbeitgeber. Diese sind dem Mitarbeiter nach Ablauf des Arbeitsverhältnisses direkt zur Verfügung zu stellen beziehungsweise entsprechende Ersatzbescheinigungen bis zur Lieferung der Originaldokumente. Zu diesen Unterlagen gehören unter anderem die Urlaubsbescheinigung, der Sozialversicherungsausweis und die Arbeitsbescheinigung.

Wichtig: Exitinterview beziehungsweise Austrittsgespräch

Im Falle der Kündigung durch den Arbeitnehmer, sollte nach dessen Kündigung ein *Exitinterview* beziehungsweise *Austrittsgespräch*[506] geführt werden, um die Gründe für diesen Schritt festzustellen. Hierdurch können betriebliche Schwachstellen aufgedeckt, Rückschlüsse auf die Arbeitgeberattraktivität gezogen und eventuell entstandene Aversionen abgebaut werden. Werden solche Gespräche systematisch ausgewertet und entsprechende Maßnahmen im Unternehmen umgesetzt, kann sich dies positiv auf die Motivation, Fluktuation und die Attraktivität als Arbeitgeber auswirken.

Übung 17.3

Erstellen einer Freisetzungsplanung

Trotz aller Überlegungen kommen Sie nicht umhin, sich von einigen Mitarbeitern der Strawberry Cake & Bakeries AG zu trennen. Doch Sie möchten nicht überstürzt an diese unangenehme Aufgabe herangehen. Sie machen daher einen Plan, welche Möglichkeiten Sie haben, die Trennung von verschiedenen Mitarbeitern zu gestalten und worauf unbedingt geachtet werden sollte.

> **Verantwortungsbewusste Reduktion**
>
> Nach einer Prozessoptimierung musste die Heinrich Heine GmbH, eine Tochtergesellschaft der Otto Group, 25 Prozent ihrer Stellen reduzieren. Das Unternehmen beschloss einen transparenten und nachvollziehbaren Personalabbau, um nicht das Vertrauen der Belegschaft angesichts der anstehenden Aufgaben zu verlieren. Statt mit hohen Abfindungen, Sprinterprämien oder Ähnlichem die Menschen zu überreden, freiwillig ihren lieb gewonnenen Arbeitsplatz aufzugeben, wurden rund 50 Prozent der Mittel in die Zukunft der Betroffenen in Form von Anpassungsqualifizierung, Vermittlung und Bewerbungscoaching investiert. Den Erfolg bestätigen auch die Vermittlungszahlen: 89 Prozent aller Mitarbeiter, die in die Transfergesellschaft eintraten, haben eine berufliche Zukunft gefunden. Die intensive Betreuung führte auch dazu, dass die Mitarbeiter bereits nach durchschnittlich sieben Monaten eine neue Beschäftigung fanden und dadurch 40 Prozent der veranschlagten Kosten gespart wurden.[507]

17.5 Ausblick

Auch wenn es nicht der Stammtischlogik entspricht: Es lässt sich belegen[508], dass Vorstandsvorsitzende von Unternehmen, die am Kapitalmarkt gelistet sind, aufgrund der Ankündigung von Personalabbau ihr Einkommen nicht verbessern, sondern im Gegenteil Gefahr laufen, in den folgenden ein bis zwei Jahren ihre Position zu verlieren.

Der Kapitalmarkt unterstützt vielmehr eine freiwillige Fluktuation der Mitarbeiter mit attraktiven Abfindungen und eine kleine Zahl von Entlassungen anstelle von Massenentlassungen, obwohl diese auf eine massive Kostenreduktion schließen lassen. Aktionäre honorieren eine durchdachte Personalpolitik und spekulieren nicht allein auf eine schnelle und überstürzte Personalkostenreduzierung. Gerade wegen der massiven Wirkung einer Personalreduktion für alle indirekt und direkt Betroffenen ist diese Aufgabe systematisch und antizipatorisch wahrzunehmen.

Dies verlangt
– Verstehen der Logik,
– Versuche, Entlassungen zu vermeiden und
– professionell einzusetzende Gestaltungsaktivitäten.
Nur so kann ein Unternehmen die erforderliche Personalreduktion in einer Art vornehmen, die erstens die Konsequenzen für die Betroffenen möglichst erträglich macht und zweitens negative Rückkoppelungen auf Unternehmenskultur und Unternehmensimage vermeidet.

Sobald Unternehmen nicht nur national agieren und damit Arbeitsverhältnisse mit Auslandsberührung betroffen sind, müssen Gesetze und Regelungen der Länder (untereinander) beziehungsweise europäische Regelungen beachtet werden.[509] Demnach unterliegen beispielsweise Arbeitsverhältnisse und Arbeitsverträge in der Regel dem jeweiligen Recht des Staates, in dem der Arbeitnehmer überwiegend seine Arbeit verrichtet (Art. 30 Einführungsgesetz zum Bürgerlichen Gesetzbuch). Verrichtet ein Arbeitnehmer seine Arbeit in mehreren Staaten, ist danach der Sitz der Niederlassung relevant, die den Arbeitnehmer eingestellt hat. Erschwerend für den Personaler kommt dabei hinzu, dass in den europäischen Ländern zum einen sehr unterschiedliche Regelungen zum Kündigungsschutz bestehen und diese Regelungen zum anderen immer wieder Veränderungen unterliegen.[510]

Thomas Sattelberger, **Personalvorstand Deutsche Telekom AG**

Umbau – Abbau – Aufbau: Strategisch nötige Balance halten

Siemens streicht 7.000 Stellen, Telekom droht erstmals mit betriebsbedingten Kündigungen, bei der Commerzbank fürchten 12.000 Banker um ihren Arbeitsplatz – der Personalabbau durchzieht im Herbst 2008 die Schlagzeilen der Republik. Dagegen findet sich wenig über den Personalumbau und Personalaufbau in der deutschen Volkswirtschaft. Die unternehmerische Praxis erlebt jedoch selten – eigentlich nur in tiefer wirtschaftlicher Krise – einen reinen Personalabbau. Zumeist finden Prozesse des Abbaus, Umbaus und Aufbaus parallel statt. Ein Personalmanager muss alle drei Dimensionen beherrschen, vor allem aber die Königsdisziplin: den Personalumbau. Hierzu bedarf es einer qualitativen, nicht nur kopfzahlenbasierten Personalplanung, die auf Grundlage strategischer Geschäftsszenarien zukünftige Personalbedarfe bestimmt und auf einzelne Geschäfte, darin tätige Berufsgruppen und nachgefragte Tätigkeitsprofile heruntergekliniert.

Bei Personalumbau und qualitativer Personalplanung ist die Deutsche Telekom sicherlich einer der Vorreiter – auch vor dem Hintergrund historischer Personalüberhänge in Folge der Privatisierung. Im traditionellen Festnetzgeschäft untergräbt der technische Fortschritt seit Jahren viele klassische Arbeitsplätze. Hingegen entstehen neue Tätigkeitsfelder im IT-Bereich, in der Produktentwicklung und im Kundenservice. Unsere interne Beschäftigungsgesellschaft Vivento – eine innovative Umbauplattform – konnte bisher über 30.000 Beschäftigten konzernintern und -extern eine neue Perspektive eröffnen. Seit der Privatisierung haben durchschnittlich 10.000 Mitarbeiter pro Jahr das Unternehmen sozialverträglich verlassen. Gleichzeitig stellt die Deutsche Telekom im großen Stil ein, im Jahr 2008 annähernd 4.000 Nachwuchskräfte und Professionals. Geschäftsorientierte Personalarbeit hat eine atmende und lernende Organisation zu schaffen, die trotz Personalabbau erfolgskritische Funktionen schont, den Know How-Erhalt und -Transfer sicherstellt und Aufbaupotenziale frühzeitig identifiziert.

Betriebswirtschaftlich richtiger Personalabbau

Wer über die Anpassung des Personalbestands an den betriebswirtschaftlichen Bedarf oder – wie im Volksmund leicht vorwurfsvoll konnotiert – über „Personalabbau" spricht, muss sich zunächst Dreierlei ins Gedächtnis rufen: Erstens stellt der Abbau von Personal keinen Selbstzweck der unternehmerischen Tätigkeit dar, wie ebenso wenig der Aufbau ein solcher ist. Zweitens ist der Personalbedarf eine abhängige Größe, die sich aus der Schnittmenge von Effizienz- beziehungsweise Technologiesprüngen, Arbeitskosten im Wettbewerbsvergleich und der Nachfrage nach Produkten und Services ergibt. Drittens hat ein Manager mindestens zwei Herzen in seiner Brust. Zum einen trägt er Verantwortung gegenüber den Eigentümern beziehungsweise Anteilseignern mit ihrem legitimen Interesse an Rendite und Aktienkurs. Zum anderen muss jede Führungskraft, um diesen Titel beanspruchen zu dürfen, das langfristige Wohl des Unternehmens mit ins Kalkül ziehen.

Personalabbau ist für jedes Unternehmen eine zutiefst zwiespältige Maßnahme. Einerseits versetzt ein Abbau kurzfristig die Belegschaft in Aufruhr und kann mittelfristig sogar die Stabilität des Unternehmens gefährden, wenn durch eine Rasenmäher-Methode wertvolles Know How verloren geht. Andererseits kann das Überleben des Unternehmens fundamental von einer verbesserten Kostenposition abhängen, die gerade in personalintensiven (Service-)Sektoren primär durch die Personalkosten – bei gleichzeitiger Prozessoptimierung – bestimmt wird.

Betriebswirtschaftlich richtiger Personalabbau basiert auf einer objektiven Abwägung von Kosten und Nutzen der Alternativen. Allerdings darf keinesfalls eine kurzfristige Betrachtung obsiegen. In der Wirtschaft gilt die Lebensweisheit: „Der nächste Abschwung kommt bestimmt." Ein verantwortlicher Manager handelt in Schönwetterzeiten, um sein Unternehmen fit für den Abschwung zu machen. Untätigkeit im Aufschwung wird in der Krise mit umso härteren Einschnitten – zu Lasten der Beschäftigten – bestraft.

Personalabbau betriebswirtschaftlich richtig gestalten

Oft werden Betriebswirtschaft und Moral gegeneinander gestellt. Tatsächlich ist die Moralphilosophie ein integraler Bestandteil des Managements. Gerade beim Personalabbau stellen sich höchst moralische Fragen, ist doch das Leben von Menschen intensiv betroffen. Deshalb gilt die moralische Maxime, den Personalabbau und vor allem betriebsbedingte Kündigungen nur als „ultima ratio" zu wählen. Die Personalfunktionen müssen quasi die ganze Klaviatur der personalpolitischen Instrumente nutzen und die Kaskade beginnend mit milden Mitteln bis hin zur – wenn anderes nicht mehr greift – Entlassung deklinieren. In dieser Kaskade steht ein breites Spektrum an Alternativen zur Auswahl. Zumeist werden die Instrumente des Um- und Abbaus nach dem Mantra der „Sozialverträglichkeit" gestaffelt.

Letztendlich ist für die Auswahl der Instrumente die jeweilige Geschäftssituation entscheidend. Beispielsweise gelang es der Telekom im Jahr 2007 unter dem Label „T-Service-Tarifvertrag" durch eine Kombination von Konditionenflexibilisierung, Arbeitszeitverlängerung und Insourcing, nicht nur die Arbeitsplätze von 50.000 Servicemitarbeitern mittelfristig zu sichern, sondern auch konkurrenzfähige Arbeitsplätze für tausende junge Nachwuchskräfte zu schaffen. Aber selbst wenn die Abbauentscheidung unwiederbringlich ist, muss der Grundsatz des milderen Mittels gelten. Vom Umgang mit entlassungsbedrohten Mitarbeitern leitet die verbliebene Belegschaft auch die eigene Behandlung im Sanierungsfall ab. Betriebswirtschaftlich richtiger Personalumbau und -abbau wählt immer den Eingriff, der die betriebswirtschaftlich nötige Wettbewerbsfähigkeit zu möglichst geringen „psychologischen Kosten" für die Belegschaft sicherstellt.

Personalabbau richtig managen

Richtiges Management von Personalabbauprozessen folgt der Maxime des zupackenden Handelns. Wer nur Personalabbau ankündigt, aber den Prozess nicht zeitnah gestaltet, droht schnell Opfer eigener Voreiligkeit oder rhetorischer Courage zu werden. Ein Schlüssel liegt im richtigen Timing. Der Zeitraum der Unsicherheit muss möglichst kurz gehalten werden, um die Belegschaft nicht unnötig zu destabilisieren. Unsicherheit ist pures Gift für das Sozialgefüge und die Motivation. Ein Schlüsselfaktor in Deutschland stellt die Beteiligung des Sozialpartners dar, die in den meisten Umbau- und Abbauvarianten per Gesetz zwingend vorgeschrieben ist. Angesichts häufig komplexer Tarifvertrags- und Mitbestimmungsstrukturen ist die Interaktion mit dem Sozialpartner die unbekannte Variable im Abbauprozess. Erschwerend tritt hinzu, dass dessen Position nicht ausschließlich von betrieblichen Belangen gelenkt sein muss.

Der Sozialpartner wird sich selten offiziell hinter den Personalabbau stellen, wie betriebswirtschaftlich notwendig dieser auch sei. Seine Kernaufgabe besteht gerade in der Sicherung von Beschäftigung, wie beispielsweise in § 92a BetrVG nachzulesen ist. Hierdurch wird im Gegenzug die Verhandlung milderer Alternativen forciert. Letzten Endes muss ein Manager aber immer bereit sein, die moralische Last schwieriger Personalabbauentscheidungen zu schultern. Auseinandersetzungen um Personalabbau sind eine öffentliche Veranstaltung. Das Management ist gefordert, die Notwendigkeit der Maßnahmen offensiv zu kommunizieren und die Konsequenzen eines Nicht-Handelns transparent und konsequent darzulegen. Im gesamten Verhandlungsprozess darf kein Zweifel daran aufkommen, dass der Manager auch zum Führen durch alle Unwägbarkeiten bereit ist. Nur auf diese Weise lassen sich gleichsam sozialverträgliche und betriebswirtschaftlich tragfähige Lösungen finden.

Aufgaben und Fragen zur Selbstüberprüfung

1. Erklären Sie den Zusammenhang zwischen Personalfreisetzung und Kündigung!

2. Erklären Sie den Unterschied zwischen reaktiver und antizipativer Personalfreisetzung!

3. Stellen Sie die Unterschiede zwischen betriebsbedingter, verhaltensbedingter und personenbedingter Kündigung heraus!

4. Was versteht man unter Trennungskultur?

5. Was gilt es bei einer Abmahnung zu beachten?

6. Wie konkretisiert sich eine Trennungskultur in Abhängigkeit von der Zugehörigkeit der Beschäftigungsgruppe zu einer der vier Kategorien in der Darwiportunismus-Matrix?

Kapitel 18

Kommunikation: Wie transportiert man Informationen?

Kapitel 18 Kommunikation: Wie transportiert man Informationen?

Fakten

81,5 % der Manager glauben „Wer nicht kommunizieren kann, kann nicht führen".[511]

75,5 % der Befragten berichten, dass ihr Chef E-Mails sehr oft für Arbeitsaufträge nutzt.[512]

Personalthemen werden zu knapp 90 % von den Vorstandsvorsitzenden und nur zu gut 10 % von den zuständigen Personalvorständen vertreten.[513]

Lernziele

- Sie erfahren die Wirkung der Medien.

- Sie erleben die Strategien zur Kommunikation.

- Sie wissen die Unterschiede in den Theorien zur Medienwahl.

- Sie verstehen die Rollen im Kommunikationsprozess der Unternehmen.

- Sie lernen die Inhalte von Personalkommunikation.

18.1 Überblick

„Wir leben in einer Mediengesellschaft!" Dieser triviale wie richtige Satz signalisiert die Notwendigkeit für personalwirtschaftliche Funktionsträger, sich mit der externen und internen Kommunikation zu beschäftigen – ohne dies reflexartig auf die PR-Abteilung abzuschieben. Denn gerade das Personalmanagement hat interessante und relevante Inhalte. Exemplarisch zu nennen ist hier das Employer Branding, das von der aktiven Kommunikation des Unternehmens nach innen und außen lebt.

Ausgangsbasis für eine derartige offensive HR-Kommunikation sind Verständnis der Wirkung von Medien, konzeptionelles Vorgehen bei der Wahl geeigneter Medien sowie zielorientierte Auswahl von zu kommunizierenden Inhalten.

Dieses Kapitel beschäftigt sich deshalb zunächst mit den Grundlagen und geht auf die Wirkungen von Kommunikationsmedien ein (Abschnitt 18.2). Danach werden verschiedene Modelle zur Medienwahl besprochen, die erklären, wann welches Medium für welche Aufgabe herangezogen werden sollte (Abschnitt 18.3). Danach werden die verschiedenen Rollenträger vorgestellt und deren Funktionen erläutert (Abschnitt 18.4).

Medienmanagement als neues Element eines professionellen Personalmanagements

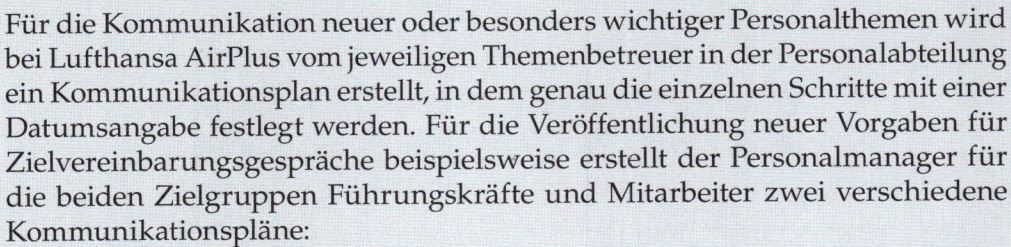

BestPersCase: Lufthansa AirPlus International

Lufthansa AirPlus International ist eine Tochtergesellschaft der Deutschen Lufthansa AG, die sich auf Firmenkunden im Geschäftsreisesektor spezialisiert hat. Die weltweit circa 820 Mitarbeiter bieten Lösungen für die Optimierung der Abrechnung von Geschäftsreisen an und erwirtschafteten damit 2008 einen Umsatz von 18,1 Milliarden Euro.

Für die Kommunikation neuer oder besonders wichtiger Personalthemen wird bei Lufthansa AirPlus vom jeweiligen Themenbetreuer in der Personalabteilung ein Kommunikationsplan erstellt, in dem genau die einzelnen Schritte mit einer Datumsangabe festlegt werden. Für die Veröffentlichung neuer Vorgaben für Zielvereinbarungsgespräche beispielsweise erstellt der Personalmanager für die beiden Zielgruppen Führungskräfte und Mitarbeiter zwei verschiedene Kommunikationspläne:

- Die *Führungskräfte* erhalten zunächst eine eMail zum Auftakt, in der sie über die neuen Regeln und über die weiteren Einführungsschritte informiert werden. Etwa zwei Wochen später werden ausführliche Informationen im Intranet bereitgestellt, die die Führungskraft zur weiteren Information nutzen kann. Weitere zwei Wochen später folgt die Einladung zu einer Schulung an die Führungskraft, die wiederum etwa zwei bis drei Wochen später stattfindet. Dort lernt die Führungskraft die neuen Vorgaben kennen und anwenden. Etwa eine Woche nach der Schulung läuft der Feedbackprozess an, in dem die Führungskraft die Schulung bewerten kann.

- Die *Mitarbeiter* erhalten ebenfalls eine eMail, in der auch sie über die neuen Vorgaben und den weiteren Prozess informiert werden. Auch sie können sich wie die Führungskräfte über das Intranet weiter informieren. Sie erhalten etwa vier Wochen nach der Auftakt-eMail die Einladung zu einer Informationsveranstaltung. Die Informationsveranstaltung findet ein paar Tage nach der Schulung der Führungskräfte statt. Hier werden die Mitarbeiter über die neuen Vorgaben persönlich durch die Personalabteilung informiert und können Fragen stellen.

Kirsten Huber, Associate Director Personnel Development, erklärt hierzu: „Regelprozesse, wie hier die Veränderung bereits bestehender Prozesse, begleiten wir zwei bis drei Monate intensiv durch Kommunikation. Größere Veränderungen müssen wir wesentlich langfristiger und mit wechselnden Intensitäten kommunizieren, um die erwünschte Akzeptanz zu erreichen. Denn: Kommunikation ist ein Schlüssel in der Personalarbeit!"

18.2 Warum? – Wirkung von Kommunikationsmedien

Eine Möglichkeit zur Systematisierung von Handlungsoptionen und zur Strategieplanung ist das Modell der drei Medienwirkungen[514], das zentrale Aktivitätsfelder strategischer Überlegungen postuliert. Danach werden:
- Wirklichkeit,
- Märkte und
- Wert(e)

durch Medieneinsatz geschaffen, um personalwirtschaftlich relevante Inhalte zu kommunizieren (Abbildung 18.1).

Abbildung 18.1: Medienwirkungen

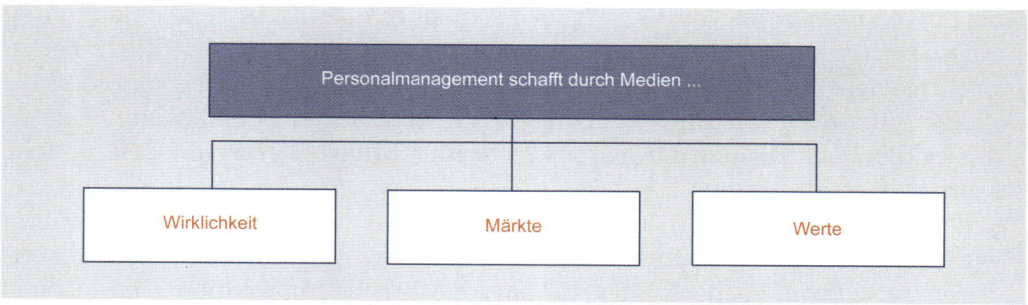

Personalmanagement schafft Wirklichkeit

Vor allem in der Kommunikationswissenschaft, der Psychologie und der Soziologie, also in der nicht-betriebswirtschaftlichen Medienliteratur, gilt der Satz „Medien konstruieren Wirklichkeit" als zentrale Aussage[515]. Demnach besteht eine wichtige Funktion von Medien darin, zumindest im begrenzten Umfang Wirklichkeit zu konstruieren. Dies kann sich auch die Personalarbeit durch entsprechenden Medieneinsatz zu Nutze machen.

„Wahr" ist, was durch die Medien verbreitet wird.

„Was wir über unsere Gesellschaft, ja über die Welt, in der wir leben, wissen, wissen wir durch die Massenmedien."[516]

Univ.-Prof. Dr. Niklas Luhmann (1927–1998; Professor für Soziologie)

Das Schaffen von Wirklichkeit kann auf zwei unterschiedlichen Wegen erfolgen (Abbildung 18.2)[517]:

(1) Zum einen wird etwas *Neues*, vorher nicht Existierendes geschaffen, verkörpert, beziehungsweise aufgebaut. Man schafft somit vollständig und absichtlich eine Realität in den Medien, die letztlich das Verhalten prägen und Einstellungen kultivieren soll.

(2) Zum anderen können nur *Teilaspekte der Realität* gesehen und gefilterte Informationen verbreitet werden. Den Medienempfängern wird dabei eine Wirklichkeit vorgesetzt, die zwar nicht falsch ist, allerdings hoch selektiv Ausschnitte der Wirklichkeit präsentiert.

Bei beiden Wegen der Wirklichkeitskonstruktion laufen Prozesse teilweise unbewusst und ungesteuert oder aber bewusst geplant und gesteuert ab. Dabei ist

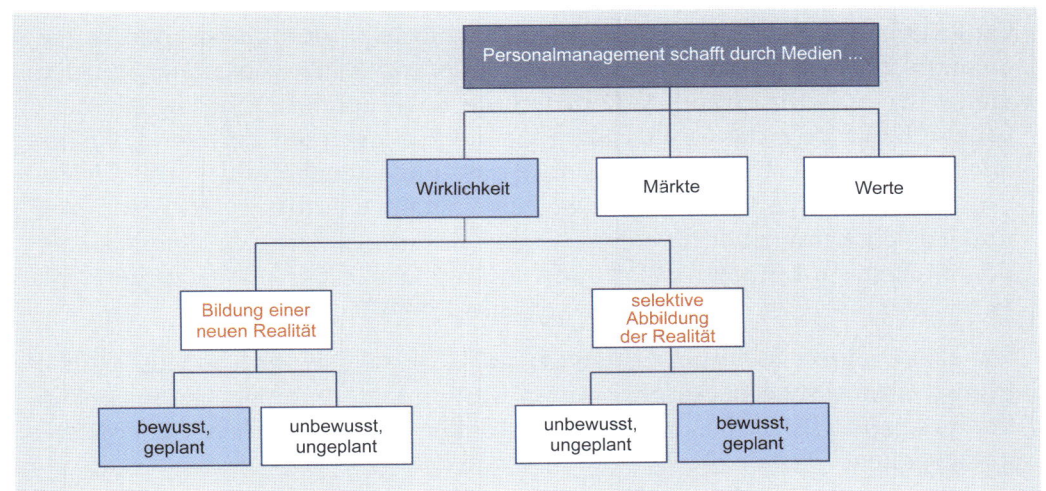

Abbildung 18.2: Wirklichkeit schaffen

von der Personalabteilung grundsätzlich darauf hinzuarbeiten, die ungesteuerten Konstruktionen zu kontrollieren und die bewusst-geplanten zu optimieren.

Generelles Schaffen von Wirklichkeit als personalwirtschaftliche Schlüsselaufgabe

Wirklichkeitskonstruktion kann auf allen Aktivitätsfeldern des Personalmanagements eingesetzt werden. Zwei Beispiele sollen diese Logik und ihre Wirkmächtigkeit illustrieren. Das Erste bezieht sich auf das Bilden einer Realität durch Neuschaffung, das Zweite auf Schaffen von Wirklichkeit durch selektive Fokussierung:

- Bei der *Personalführung* kann es im Sinne der Orientierung und Motivation der Mitarbeiter sinnvoll sein, eine neue Wirklichkeit zu schaffen, indem eine neue Vision erarbeitet wird. Diese Vision muss zwar die gegebenen Rahmenbedingungen berücksichtigen, kann allerdings durchaus neu sein und in dieser Form bislang nicht existieren. Im Gegenteil: Gerade auf etwas Neues, bislang nicht im Fokus Stehendes hinzuarbeiten, ist Kennzeichen einer Vision. Somit stellt sich nicht nur die Frage „Wo wollen wir hin?", sondern auch die Frage „Wovon träumen wir?".[518] Spätestens, wenn es um „machbare Utopien" geht, wird der Bezug zur Wirklichkeitskonstruktion deutlich. Denn diese neue Vision muss letztlich von allen gemeinsam getragen und dazu entsprechend kommuniziert werden. Dann kann sie sich als Wirklichkeit durchsetzen.
- Bei *Akquisition* und *Retention* geht es darum, die besten Mitarbeiter zu gewinnen beziehungsweise an sich zu binden. Dazu müssen Alleinstellungsmerkmale kommuniziert und über diese Kommunikation ein Employer Brand generiert werden. Hierfür werden Aspekte ausgewählt und gefiltert, Merkmale, die dagegen ohnehin bei den meisten Unternehmen gleich sind, können weggelassen werden. In der Regel werden zudem die eher positiven und sozial erwünschten Merkmale kommuniziert, um das Unternehmen als attraktiven Arbeitgeber zu positionieren.

Ethische Momente

Unilever sensibilisiert seine Mitarbeiter nicht nur in den klassischen Personalentwicklungsprogrammen für seine Ethik-Grundsätze. Zusätzlich wurden kleine drei- bis fünfminütige Lehrmodule, so genannte „Ethische Momente", produziert, die das Bewusstsein für die Ethik stärken und den Umgang erleichtern sollen. Unilever stellte fest, dass ein strenges Ethik- und Werte-Programm viele Vorteile bietet. Neben einer stabilen Führung, der Förderung und Erleichterung einer offeneren Kommunikation sowie einem verstärkten Bewusstsein für Ethik wird auch aktiv gezeigt, dass die Grundsätze der Ethik aktiv gelebt werden und nicht nur schön auf dem Papier wirken.

So hat es Unilever 2009 zum dritten Mal auf die Liste der „World's Most Ethical Companies" geschafft. Aufgenommen werden Unternehmen, die in Sachen Verantwortung für Mensch und Umwelt über die gesetzlichen Vorschriften hinausgehen.[519]

Vor allem das Außenbild eines Unternehmens kann konstruiert werden, solange es nicht zu weit von der Realität abweicht: Stimmen nämlich Fremd- und kommuniziertes Selbstbild nicht überein, wird dem Unternehmen auch die noch so gute mediale Umsetzung einer konstruierten Realität langfristig nichts helfen.

Personalmanagement schafft Märkte

Hinter „Medien schaffen Märkte" liegt das aus der Internetökonomie bekannt gewordene und aus nationalökonomischer Sicht[520] erklärte Wirkpotenzial, wonach gerade Medien in der Lage sind, Marktmechanismen in Kraft sowie Marktfunktionen in Gang zu setzen und zu gestalten.[521] Ein Markt ist dabei ein Ort, wo sich Angebot und Nachfrage treffen, und sich ein Abgleich von Menge und Preis realisieren lässt. Personalmanagement schafft Märkte bezieht sich auf zwei Optionen (Abbildung 18.3):

(1) Zum einen können für den externen und den internen Arbeitsmarkt neue Märkte geschaffen werden (*Märkte für Personal*).
(2) Zum anderen entstehen neue Ideen und Konzepte entlang der Wertschöpfungskette (*Märkte für die Personalarbeit*).

Die daraus abgeleitete Funktion von Medien[522] ist die Möglichkeit, durch die neuartigen Verbindungen Produkte und Dienstleistungen sowie Konzepte und Ideen in einer neuartigen Form dem Wettbewerb zu präsentieren. Die Personalabteilung kann in diesem Zusammenhang durch Medien Inhalte zur Verfügung stellen, die über Trägermedien angeboten beziehungsweise gehandelt werden.

Märkte sind unausweichlich und gerade deshalb gestaltbar

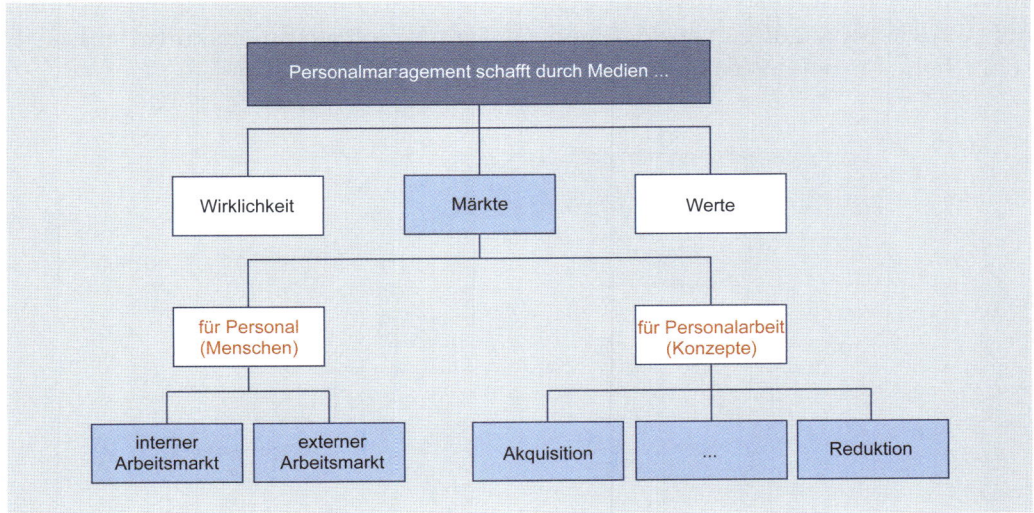

Abbildung 18.3: Märkte schaffen

In Konzepten für Märkte für Personal (Menschen), wie sie im Rahmen webbasierter Personalwertschöpfungsmodelle entwickelt werden[523], treten die Beteiligten in einer Doppelrolle auf:

– *Unternehmen* sind Anbieter von Arbeitsplätzen und Nachfrager von Kompetenzen,
– *Mitarbeiter* beziehungsweise Bewerber sind Anbieter von Kompetenzen und Nachfrager von Arbeitsplätzen.

Online-Stellenbörsen mit ihren Stellenanzeigen der Unternehmen und Kompetenzprofilen von Bewerbern sind erste Lösungsansätze für ein solches Konzept eines Kernkompetenzmarktplatzes.

Dies kann soweit gehen, dass das Personalmanagement sogar den Arbeitsmarkt massiv verändert, indem es über ausgesuchte Berufsbilder selektiv berichtet. So zeigt eine Studie[524], wie Medien als Reaktion auf den Fachkräftemangel bei Ingenieuren gezielt das Image dieses Berufs geändert und potenzielle Nachwuchskräfte in diese Richtung gelenkt haben.

Personalmanagement schafft Wert(e)

Werte sind zum einen kognitive Schemata im normativen Sinne (Werte im kulturellen Sinne), zum anderen wirtschaftliche, monetär bewertbare Größen (Werte im ökonomischen Sinne)

„Werte schaffen" bezieht sich zum einen auf unternehmerisch-monetäre Werte, zum anderen auf (unternehmens-)kulturelle Werte im Sinne von „Normen und Werten (Abbildung 18.4).

Mit „Werte im (unternehmens-)kulturellen Sinne" ist die Wertebasis gemeint, die jede Gruppe von Menschen aufweist. Diese Organisationskultur[525] hält als „Social Glue" die Gruppe zusammen, motiviert und gibt Hinweise auf erwünschtes sowie unerwünschtes Verhalten. Organisationskultur bezieht sich unter anderem als Landeskultur auf ganze Regionen[526] oder als Unternehmenskultur auf wirtschaftliche Einheiten[527].

Abbildung 18.4: Wert(e) schaffen

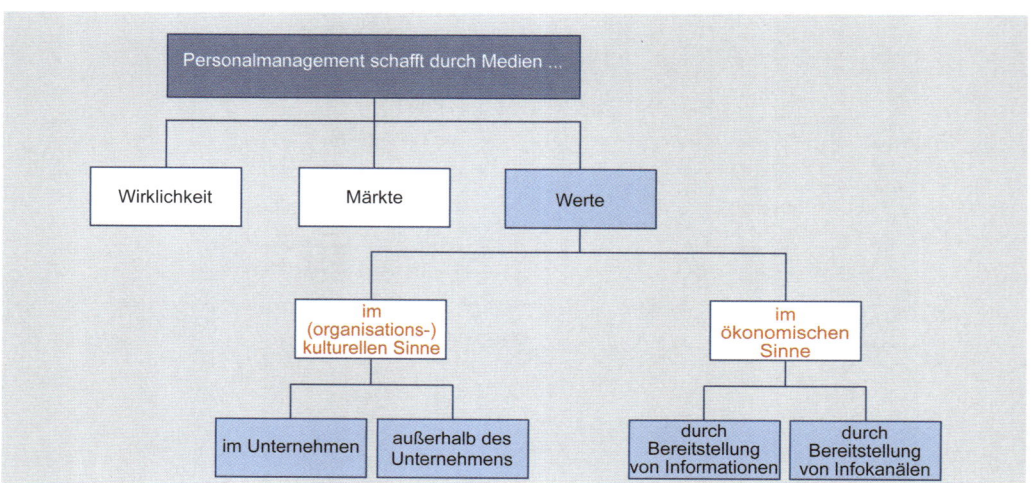

In jedem Fall hilfreich zum kulturellen Verständnis ist das Kulturmodell von *Edgar Schein*[528]. Danach manifestiert sich Organisationskultur auf drei Ebenen (Abbildung 18.5):

Schaffen kultureller Werte als innovative „Kür"

(1) Auf der obersten und einzig voll sichtbaren Ebene befinden sich die *Artefakte*, wozu markante Verhaltensweisen, Gebäude, Uniformen, Sprache, Rituale und auch Medieninhalte sowie Medienformen gehören.

(2) Darüber hinaus gibt es die Ebene der *angenommenen und internalisierten Werte*, die sich in gelebten Führungsgrundsätzen niederschlagen.

(3) Als unterstes steht die Ebene der *kulturellen Grundannahmen*. Diese „Basic Beliefs" gelten als nicht mehr hinterfragbar und charakterisieren unter anderem die Beziehung der Organisationsmitglieder zur Umwelt und generell zu Menschen.

Die oberste Ebene ist die sichtbarste, die unterste dagegen charakterisiert die Kultur am intensivsten.

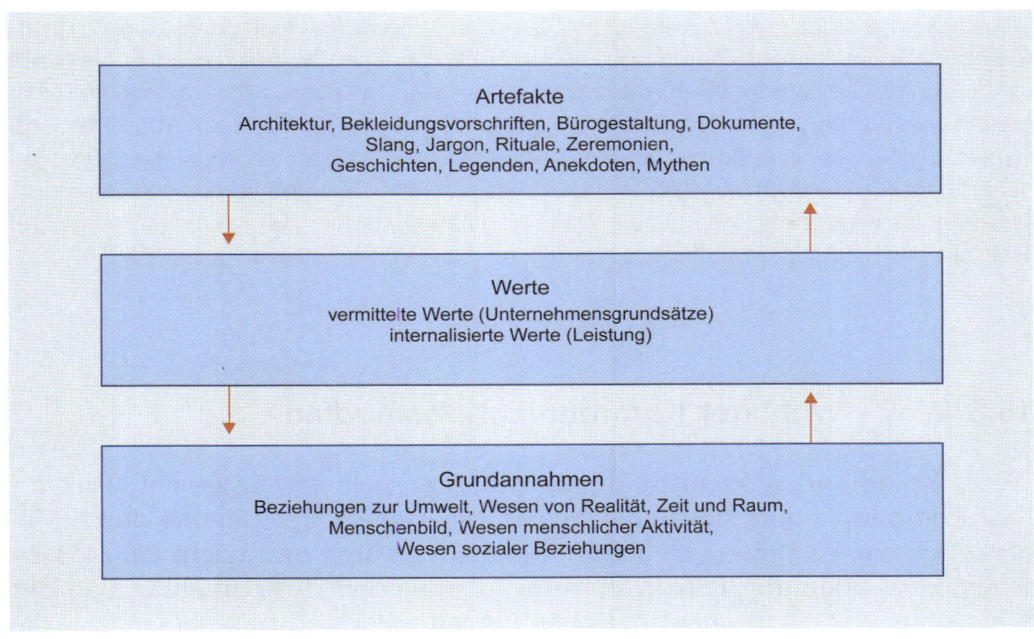

Abbildung 18.5: Kulturmodell von *Edgar Schein*[529]

Bei der Nutzung von Medien geht es zunächst darum, auf der sichtbaren Ebene durch medial umgesetzte Botschaften aktiv zu werden, was dann sukzessive zu Veränderungen im Normen- und Wertesystem sowie letztlich zu den Grundannahmen führt. Wird also beispielsweise in einer Betriebszeitung permanent über die gesunde Lebensweise der Mitarbeiter berichtet, die an Firmenläufen teilnehmen und sich in der Kantine gesund ernähren sowie zudem noch betrieblich erfolgreich sind, so entsteht daraus ein Impuls in Richtung Verhaltens- und Werteänderung. Allerdings gibt es hier keine deterministische Funktionalität, denn umgekehrt wirken Normen und Werte ihrerseits auf das Verhalten. Entspricht also gesundheitsbewusste Lebensführung in keiner Weise den Grundwerten einiger Mitarbeiter, werden sich derartige Informationen in Mitarbeiterzeitschriften auch nicht auf ihr Verhalten auswirken.

Schaffen ökonomischer Werte als traditionelle „Pflicht"

Das Personalmanagement schafft schließlich über Medien auch ökonomische Werte, indem Informationen sowie Informationskanäle für Mitarbeiter bereitgestellt und genutzt werden. Durch diese Informationen können Tätigkeiten der Mitarbeiter erst umgesetzt und über Informationskanäle die dazu notwendigen Kommunikationen ermöglicht werden. Diese Dienstleistung fließt letztlich direkt in das verkaufte Produkt oder die dargebrachte Dienstleistung des Unternehmens und somit in die Wertschöpfung. Das Personalmanagement unterstützt beziehungsweise verbessert somit Prozesse und Aktivitäten.

Übung 18.1

Modell der drei Medienwirkungen und Berichterstattung in den Medien

Um immer bestens informiert zu sein, haben Sie bei den Lesezeichen Ihres Browsers gleich mehrere News-Seiten abgespeichert. Als Sie heute Morgen bei einer Tasse Kaffee am Schreibtisch der Strawberry Cake & Bakeries AG die News durchschauen, fällt Ihnen auf, dass manchmal über ein und dasselbe personalwirtschaftliche Ereignis in völlig unterschiedlicher Form berichtet wird. Dabei fällt Ihnen ein, dass Sie ja schon einmal etwas von der Theorie der drei Medienwirkungen gehört haben. Sie picken sich also ein besonders markantes Ereignis heraus und überlegen, inwiefern hier Wirklichkeit, Märkte oder Werte geschaffen werden. Außerdem analysieren Sie, inwiefern sich die Berichterstattung auf den verschiedenen Internetseiten unterscheidet.

18.3 Wo? – Wahl der Kommunikationsmedien

Welches Medium zu welchem Zweck?

Wenn Kommunikation nicht direkt von Angesicht zu Angesicht (Face-to-Face-Kommunikation) stattfindet, benötigt man die Unterstützung durch Medien. Das zur Verfügung stehende Spektrum ist breit und reicht vom klassischen Brief über das Telefon bis hin zu modernen Instrumenten wie der Videokonferenz. Es ist allerdings nicht immer einfach zu entscheiden, was die richtige Information, der richtige Zeitpunkt zur Kommunikation sowie die richtige Platzierung der Information ist.[530] Hilfe kommt hier von den Theorien zur Medienwahl.[531]

> **Persönliche Kommunikation wird immer wichtiger.**
>
> „It is ironic, but true, that in this age of electronic communications, personal interaction is becoming more important than ever."[532]
>
> *Regis McKenna* (geb. 1941; Vorsitzender der McKenna Group)

Theorie der subjektiven Medienakzeptanz

Aus Sicht der Theorie der subjektiven Medienakzeptanz ist die Wahl eines Mediums in erster Linie von der persönlichen Arbeitsweise sowie den eigenen Wünschen abhängig.[533] Die Wahl des Kommunikationsmediums wird weniger durch die objektive Entscheidung für das beste Medium bestimmt. Vielmehr entscheidet der subjektiv wahrgenommene Nutzen über die Akzeptanz oder Ablehnung eines Mediums.

Subjektiv wahrgenommener Nutzen bestimmt Wahl des Mediums

Die Wahl des Mediums hängt demnach von den Faktoren
- persönlicher Stil der Aufgabenerfüllung,
- subjektiv wahrgenommener Nutzen der in Frage kommenden Medien sowie
- persönliche Charaktereigenschaften und
- Erfahrungen mit den einzelnen Medien
ab. Hat der Aufgabenträger also besonders positive Erfahrungen mit einem Medium gemacht, wird er dieses wieder verwenden. Zudem werden weniger kommunikative Menschen mit großer Wahrscheinlichkeit auf ein schriftliches Medium zurückgreifen.
Bezogen auf das Personalmanagement bedeutet dies für eine Führungskraft, dass sie immer die Medien nutzen wird, die sie persönlich am besten kennt, mit denen sie die besten Erfahrungen gemacht hat und die sie für sich selbst als am angenehmsten empfindet. Diese Tatsache ist bei der Planung des Kommunikationssystems zu berücksichtigen. Allerdings ist vor allem der subjektiv wahrgenommene Nutzen des Mediums beeinflussbar, speziell durch Übung und positive Erfahrungen.

Theorie der kollektiven Medienakzeptanz

Im Gegensatz zur Theorie der subjektiven Medienakzeptanz berücksichtigt ein Entscheidungsträger laut Theorie der kollektiven Medienakzeptanz nicht seine persönlichen und individuellen Vorlieben, sondern die Akzeptanz und Wünsche seiner Kommunikationspartner.

Die Medienwahl hängt daher von
- der Akzeptanz beziehungsweise der Ablehnung bestimmter Medien durch das soziale Umfeld,
- der Verbreitung der Medien im unmittelbaren Arbeitsumfeld sowie
- der symbolischen Bedeutung bestimmter Medien in der Organisation ab.
Es wird deutlich, dass hier das soziale Umfeld den entscheidenden Faktor bei der Medienwahl darstellt (Social Influence Approach).

Medienwahl wird am sozialen Umfeld ausgerichtet

Sollen personalwirtschaftliche Inhalte transportiert werden, sollten laut Theorie der kollektiven Medienakzeptanz die Kommunikationsgewohnheiten der anzusprechenden Zielgruppe beziehungsweise des Kommunikationspartners berücksichtigt werden. Man sucht also nach einem bei seinem Gegenüber gewohnten beziehungsweise als angenehmen empfunden Medium.

Diese Logik funktioniert auch anders herum: Weiß man, welche Medien vom Kommunikationspartner bevorzugt werden und welche symbolische Bedeutung die Medien – abhängig vom sozialen Umfeld – haben, so kann dieses Wissen auch gezielt dazu genutzt werden, eine Distanz zwischen den Kommunikationspartnern aufzubauen. Im Extremfall kann dies bis zum (de facto) Ausschluss bestimmter Gruppen von der Kommunikation führen.

Aufgabenorientierter Ansatz

Anforderung an Kommunikationsaufgabe bestimmt Wahl des Mediums

Dieser Ansatz basiert auf der Annahme, dass die Medienwahl von den Anforderungen an die Kommunikationsaufgabe abhängt: Unterschiedliche Aufgaben stellen unterschiedliche Anforderungen an die Kommunikation und unterschiedliche Medien beziehungsweise Kommunikationswege können diesen Anforderungen unterschiedlich gut gerecht werden.[534]

Die zu erledigende Aufgabe entscheidet aber das zu wählende Medium

Jeder Kommunikationsprozess stellt vier Grundanforderungen an ein Medium (Abbildung 18.6):

(1) *Genauigkeit*: Bei Aufgaben, die vor allem der Anforderung Genauigkeit zugeordnet werden, kommt es darauf an, Wortlaute exakt zu übertragen. Zudem müssen eine Dokumentierbarkeit, die einfache Weiterverarbeitung sowie die Überprüfbarkeit der Information gewährleistet sein. Bei dieser Anforderung ist der Grad der Aufgabenstrukturiertheit sehr hoch, der Bedarf an sozialer Präsenz hingegen gering.

(2) *Schnelligkeit und Bequemlichkeit*: Diese Anforderung spielt vor allem dann eine Rolle, wenn Informationen schnell übermittelt werden müssen. Das sollte unkompliziert und ohne großen Aufwand möglich sein. Zudem muss eine schnelle Rückantwort ermöglicht werden.

(3) *Vertraulichkeit*: Aufgaben mit vertraulichem Inhalt fallen unter die Grundanforderung der Vertraulichkeit. Hier ist vor allem der Schutz vor Verfälschung, die Identifizierbarkeit des Absenders sowie die interpersonelle Vertrauensbildung zu gewährleisten. Daher ist der Bedarf an sozialer Präsenz hier auch größer als bei den vorangegangenen Anforderungen.

(4) *Komplexität*: Komplexe Kommunikationsaufgaben zeichnen sich durch einen hohen Bedarf an sozialer Präsenz sowie einen niedrigen Grad der Aufgabenstrukturiertheit aus. Hier liegen das Bedürfnis nach eindeutigem Verstehen des Inhaltes sowie die Übermittlung schwieriger Sachzusammenhänge vor. Weiterhin handelt es sich um komplexe Aufgaben, wenn es sich um das Austragen von Kontroversen oder die Lösung komplexer Probleme handelt.

Je nach Aufgabeninhalt und Einschätzung der Aufgabenträger sind die Grundanforderungen hinsichtlich der Erfüllung der Aufgabe unterschiedlich gewichtet.

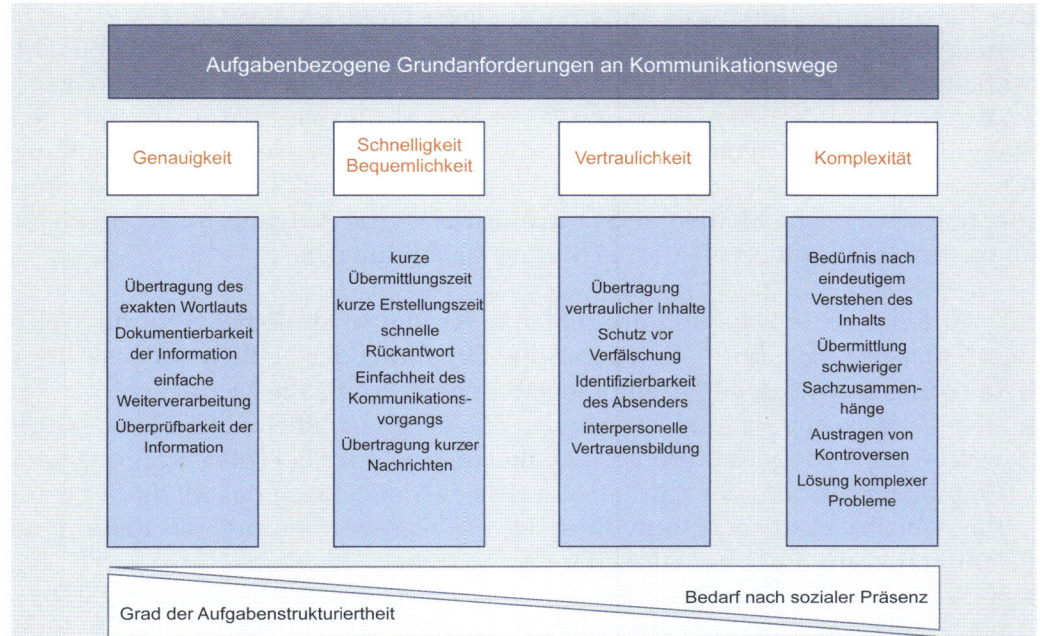

Für Kommunikationsaufgaben im Rahmen des Personalmanagements bedeutet dies, dass für Mitarbeiter-, Zielvereinbarungsgespräche oder auch Exit-Interviews (Austrittsgespräche) eher Kommunikationswege mit sozialer Präsenz ausgewählt werden, da deren Inhalte aufgrund persönlicher Aspekte als vertraulich und die Kommunikationsaufgabe als komplex eingestuft werden müssen. Geht es hingegen um die Weiterleitung von Personaldaten für das Einpflegen in Personalinformationssysteme (unter Berücksichtigung von Datenschutzbestimmungen), ist es wichtig, sehr genau zu kommunizieren und eine Überprüfbarkeit sicherzustellen. Hier ist demnach ein hoher Grad an Aufgabenstrukturiertheit vorauszusetzen.

Media Richness Theorie

Auch die Media Richness Theorie[536] macht die Wahl des Mediums von der Kommunikationsaufgabe abhängig. Sie differenziert auf Basis der Übertragungsmöglichkeiten von Informationen Medien in reiche und arme Medien:

- Als *reiche Kommunikationsform* gilt die Face-to-Face-Kommunikation in einer persönlichen Begegnung. Sie bietet ein vielfältiges Spektrum der Ausdrucksmöglichkeiten sowie parallele Kanäle (zum Beispiel Mimik, Gestik, Sprache oder Tonfall) zum Transport der Informationen an, mit denen auch Emotionen oder die persönliche Stimmungslage übermittelt sowie wahrgenommen werden können. Zudem ermöglicht sie ein unmittelbares Feedback des Gegenübers.
- Als *armes Medium* gilt der Austausch von Dokumenten. Hier hat man ein nur begrenztes Spektrum an Ausdrucksmöglichkeiten für den Transport der Informationen zur Verfügung sowie eine geringere Möglichkeit zu einem Feedback.

Die Komplexität der Aufgabe bestimmt das optimale Medium

Medienwahl zwischen Overcomplication und Oversimplification

Der Reichtum des Mediums („Media Richness Grad") klassifiziert so die vorhandenen Kommunikationsformen und macht Vorschläge zur ihrer Wahl. Die Annahme, reiche Medien wären besser als arme, wird dabei widerlegt. Die effektive Kommunikation bewegt sich in einem Bereich zwischen einer unnötigen Komplizierung (Overcomplication) und einer unangemessenen Vereinfachung (Oversimplification): Je komplexer die Aufgabe, desto effektiver ist eine Kommunikation über reiche Medien und je strukturierter die Aufgabe, umso effektiver ist die Kommunikation über arme Medien (Abbildung 18.7).

Reich versus arm und heiß versus kalt

Die Aufteilung in reiche und arme Medien erfolgt in ähnlicher Art und Weise durch *Marshall McLuhan*[537]. Er nimmt eine Einteilung der Medien auf Basis ihrer Beteiligung des Informationsempfängers in heiße und kalte Medien vor:

- *Heiße Medien* sind detailreiche Medien, die viele Einzelheiten und Details aufweisen. Sie fordern eine nur geringe Beteiligung oder Vervollständigung vom Empfänger. Der Nutzer wird also in hohem Maße durch das Medium beeinflusst, bleibt selbst aber passiv. Beispiele für heiße Medien sind das Radio, eine Fotografie, ein Buch, ein Film oder das Alphabet.

- *Kalte Medien* sind detailarm, da sie wenig optisches Informationsmaterial bieten. Daher muss sich der Informationsempfänger aktiv mit diesem Medium auseinandersetzen und sich selbst weitere Informationen beschaffen. Im Gegensatz zu einem heißen Medium ist es optisch weniger ansprechend und hat

Abbildung 18.7: Media Richness Modell[538]

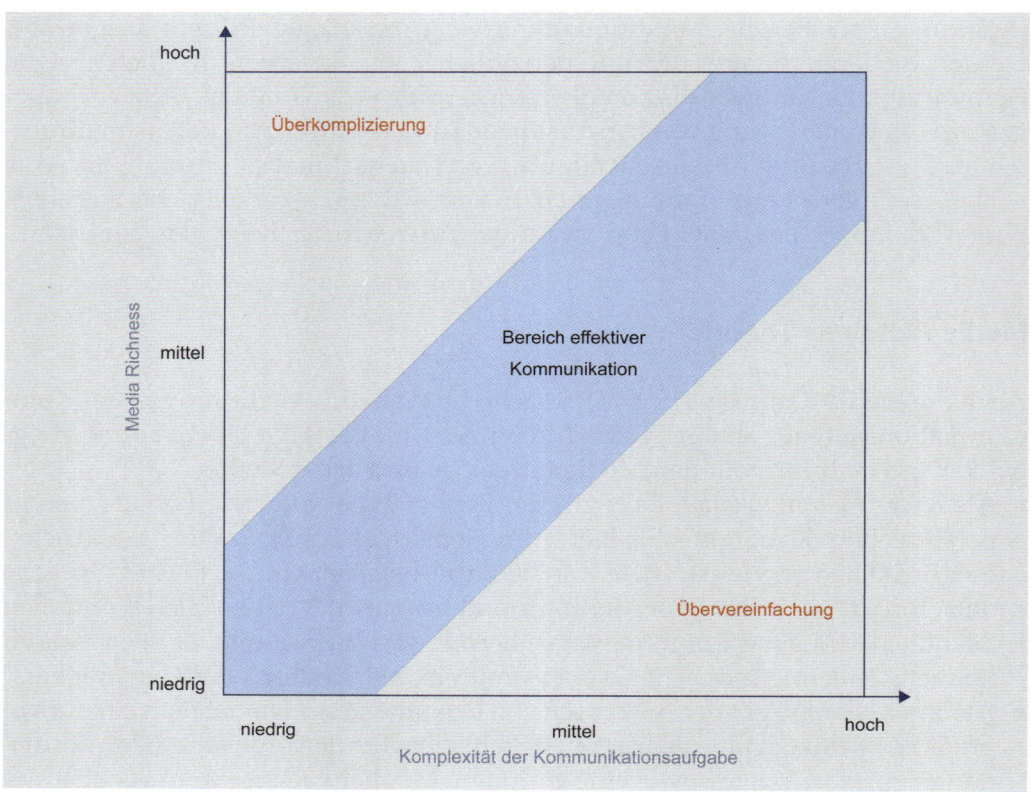

eine geringere Einflusskraft. Beispiele für kalte Medien sind nach *Marshall McLuhan* der Fernseher, das Telefon, die E-Mails, das Internet, die Sprache oder Hieroglyphen.

Heiße Medien sind im Media-Richness-Modell die reichen Medien, auch sie können detailreiche Botschaften übertragen. Die armen Medien lassen sich mit den kalten Medien vergleichen und zeichnen sich dadurch aus, dass sie weniger komplex sind.

Nimmt man als Beispiel wieder Mitarbeitergespräche oder Exit-Interviews, so ist aus der Media Richness Theorie heraus aufgrund der Komplexität der Aufgabe ein reiches Medium (heißes Medium) zu wählen. Hier eignen sich idealerweise der Face-to-Face-Dialog oder die Videokonferenz. Der Mehrwert, den diese Medien gegenüber armen Medien (kalte Medien) bieten, liegt unter anderem in der Gestik und Mimik, welche beispielsweise mittels schriftlicher Kommunikation nicht übermittelt werden können. Würde eine Führungskraft eine solche Aufgabe über arme Medien realisieren, läge eine Oversimplification vor. Umgekehrt muss bei der Weiterleitung von Adress- oder Gehaltsdaten aus der Personalakte keine Face-to-Face-Kommunikation stattfinden. Dies würde eine Overcomplication darstellen.

Media Synchronicity Theorie

In Gruppen müssen viele Mitglieder viele Informationen gleichzeitig erhalten und bearbeiten, um sie anschließend wieder allen Gruppenmitgliedern zur Verfügung zu stellen. Zu viele Informationen können sich jedoch negativ auswirken und die Gruppe handlungsunfähig machen. Um dies zu verhindern, postulieren *Alan Dennis* und *Joseph Valacich*[539] in ihrer Media Synchronicity Theorie Gestaltungsaspekte (Abbildung 18.8):

- *Geschwindigkeit des Feedbacks*: Hier spielt es eine Rolle, wie schnell der oder die Kommunikationspartner auf die Nachricht antworten können. In einer Face-to-Face-Kommunikation oder persönlichen Gesprächen am Telefon geschieht das innerhalb von Sekunden, während die Beantwortung von E-Mails oder Briefen Stunden oder sogar Tage dauern kann.
- *Symbolvarietät*: Sie greift verschiedene Ausdrucksmöglichkeiten und parallele Kanäle auf. Es kommt also darauf an, wie viele Informationen gleichzeitig transportiert werden können. In einem Face-to-Face-Gespräch stehen viele Symbole, wie Mimik, Gestik oder Tonfall zur Verfügung, während in einem Brief weniger Symbole verwendet werden können.
- *Parallelität*: Es gibt Medien die viele Kanäle gleichzeitig anbieten, so dass mehrere Personen auch gleichzeitig kommunizieren können. Bei einem Telefongespräch ist die Parallelität also niedrig, während sie bei einer Videokonferenz hoch ist.
- *Überarbeitbarkeit*: Sie bezieht sich auf den Sender der Nachricht und zeigt sich daran, wie häufig er seine Nachricht überarbeiten kann, bevor er sie verschickt.

Die Merkmale der Kommunikation müssen den Merkmalen des gewählten Mediums entsprechen

In einer E-Mail ist die Überarbeitbarkeit hoch, da der Sender seine Sätze solange umformulieren kann, bis er zufrieden ist. In einem persönlichen Gespräch dagegen ist die Überarbeitbarkeit niedrig, da ein einmal gesprochener Satz nicht mehr überarbeitbar ist.

■ *Wiederverwendbarkeit*: Dieser Faktor hat den Empfänger im Blick und bezieht sich darauf, inwiefern er die Nachricht eines anderen wiederverwenden kann. Auch hier ist die Verwendbarkeit von geschriebenen Informationen höher als von gesprochenen.

Medien mit schnellem Feedback und geringer Parallelität ermöglichen eine hohe Synchronizität, während Medien mit langsamem Feedback und hoher Parallelität eine geringe Synchronizität aufweisen[540].

Abbildung 18.8: Media Synchronicity Theorie[541]

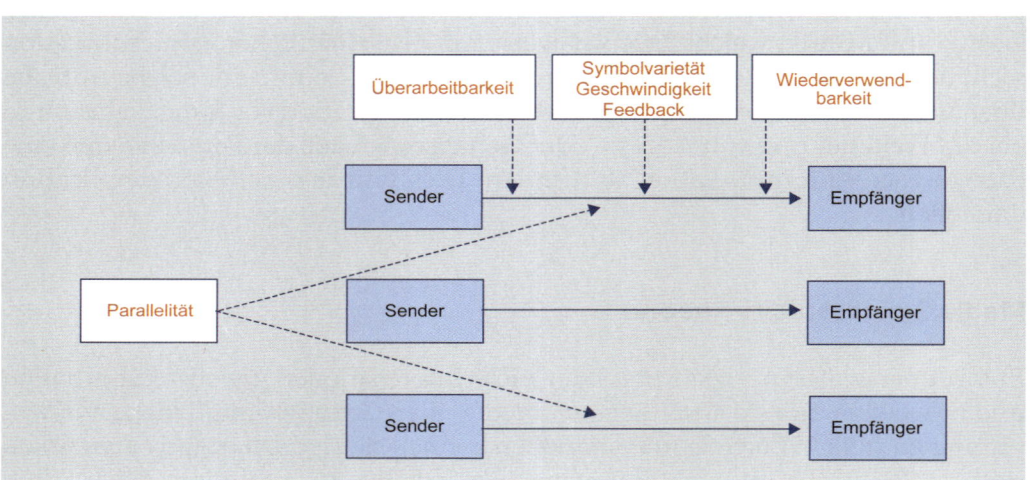

Es gibt also Phasen, in denen eher hohe oder eher niedrige Synchronizität relevant sind.

Am Beispiel einer Stellenanzeige für einen neuen erstmals ausgeschriebenen Arbeitsplatz zeigt sich, dass je nach Phase des Prozesses unterschiedliche Faktoren der Mediensynchronizität relevant sind: In der ersten Phase sind die Geschwindigkeit des Feedbacks und Symbolvarietät entscheidend, da zwischen Funktionsbereich und Personalabteilung ein schneller Abgleich der Anforderungen für die Stelle vorzunehmen ist (Geschwindigkeit des Feedbacks). Gleichzeitig muss allen Beteiligten klar sein, worauf die jeweils andere Gruppe besonderen Wert legt, was durch Mimik und Gestik zum Ausdruck gebracht werden kann (Symbolvarietät).

Bei der unmittelbaren Gestaltung der Anzeige wird dann Parallelität wichtig. Hier sollten die beteiligten Gruppen mehr oder weniger gleichzeitig kommunizieren und an dem Dokument arbeiten können. Gegen Ende des Prozesses wird die Überarbeitbarkeit relevant. Nur wenn die Inhalte und/oder Informationen als Dokument vorliegen, das auch überarbeitet werden kann, sind Korrekturen möglich. Wiederverwendbarkeit ist insofern wichtig, als dass eine ähnliche Stelle zu einem späteren Zeitpunkt oder an einem anderen Ort ebenfalls ausgeschrieben werden soll.

Wahl des richtigen Mediums

Übung 18.2

Sie wollen ein Konzept entwerfen, damit die verschiedenen Abteilungen der Strawberry Cake & Bakeries AG besser zusammenarbeiten. Sowohl Top-Management als auch Vertreter der Produktentwicklung, der Marketingabteilung sowie der Abteilung für technische Innovation in der Fertigung sollen sich besser austauschen. Außerdem sollen die Unternehmenssitze im Ausland untereinander besser kommunizieren. Sie überlegen nun, welche Medien Sie
- aus der Sicht der Media Richness Theorie,
- aus der Sicht der kollektiven Medienakzeptanz,
- aus der Sicht der subjektiven Medienakzeptanz und
- aus der Sicht des aufgabenorientierten Ansatzes

vorschlagen sollen.

18.4 Wer? – Rollenverteilung bei der Kommunikation

Der Erfolg der Personalmanagementaktivitäten ist mit einer guten Personalkommunikation untrennbar verbunden. Vor allem in der Akquisition als auch in der Reduktion präsentiert sich das Unternehmen neben den eigenen Mitarbeitern der Öffentlichkeit. Um die Mitarbeiter für die anfallenden Einzelmaßnahmen mit ins Boot zu holen und in der Öffentlichkeit das Image nicht zu schädigen, ist hier eine arbeitsteilige Kommunikation zwischen der Personalabteilung, den Führungskräften sowie den Mitarbeitern gefragt.

Personalabteilung

Personalmanager müssen verstehen, dass wichtige Botschaften der Personalabteilung durch die Mitarbeiter der Personalabteilung selbst kommuniziert werden müssen. Es nützt nichts, dies der PR-Abteilung gänzlich zu überlassen, da zum einen die Fachkenntnisse bei den Personalmanagern liegen, zum anderen eine höhere Glaubwürdigkeit entsteht. Daher ist – insbesondere bei der externen Kommunikation – eine enge Zusammenarbeit der Personal- und PR-Abteilung in der Personalkommunikation notwendig, bei der die Personalabteilung aber die Führung hat (Abbildung 18.9). Nur so kann sowohl die Stimmigkeit innerhalb der Unternehmensnachrichten als auch eine professionelle Durchführung der Kommunikation gewährleistet werden.

Personalabteilung als zentraler Entscheider für HR-Kommunikation

Abbildung 18.9: Aufgaben der PR- und HR-Abteilung in der Personalkommunikation

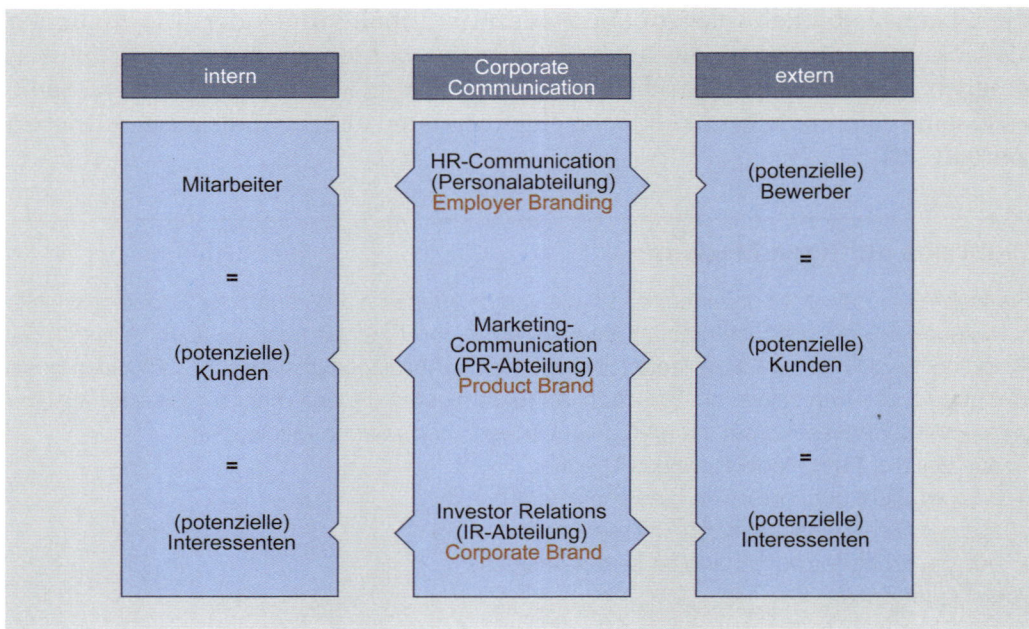

Die Personalabteilung ist hinsichtlich der internen Kommunikation (mindestens) für folgende Bereiche zuständig:

- Mitarbeiter müssen wissen, wo das Unternehmen als Arbeitgeber steht und welche *Ziele* es verfolgt. Sie müssen über die aktuellen Geschehnisse auf dem Laufenden gehalten werden. Nur so können Mitarbeiter dazu motiviert werden, mehr Leistung zu bringen, und das Unternehmen kann sich als interessanter Arbeitgeber darstellen.
- Mitarbeiter und Führungskräfte müssen die strategischen *Leitplanken* und die *Grundprinzipien* der Personalarbeit kennen, also die ordnungspolitische Dimension erfahren.
- Hinzu kommen Impulse in Richtung auf ein strategiebezogenes Schaffen von *Wirklichkeit*, *Märkten* und *Werten*.

Insgesamt ist die Personalabteilung vor allem für die Motivation sowie die Mitarbeiterbindung und -identifikation zuständig.

HR-PR als Chance   Bei der externen Kommunikation stehen für die Personalabteilung
- Steigerung des Bekanntheitsgrads,
- Optimierung des Arbeitgeberimages (Employer Brand) und
- fallspezifische Information (Krise, Veränderung, „Erfreuliches")

im Vordergrund, um das Unternehmen in der Öffentlichkeit positiv darzustellen.

Führungskräfte

Führungskräfte haben vor allem intern einen großen Anteil am Kommunikationsprozess. In ihrer täglichen Kommunikation mit den Mitarbeitern bestimmen sie in weiten Teilen das interne Kommunikationsverhalten. Sie haben dadurch einen großen Einfluss auf die Motivation der Mitarbeiter, die sie in den täglichen Gesprächen durch regelmäßiges Lob und Anerkennung der Leistung steigern oder durch häufige Kritik auch verringern können.

Gespräche zwischen Mitarbeiter und Führungskräften können anhand zweier Dimensionen (Abbildung 18.10) strukturiert werden: Die Steuerung des Gesprächs durch die Führungskraft und das Eingehen auf persönliche Sichtweisen des Mitarbeiters. Es lassen sich die Gesprächsarten
- belangloses Geplauder,
- normaler Dialog,
- nondirektives Gespräch,
- direktives Gespräch und
- qualifizierte Beratung
unterscheiden. Geht die Führungskraft nur in geringer Weise auf den Mitarbeiter ein und erfolgt auch nur eine geringe Steuerung durch die Führungskraft, han-

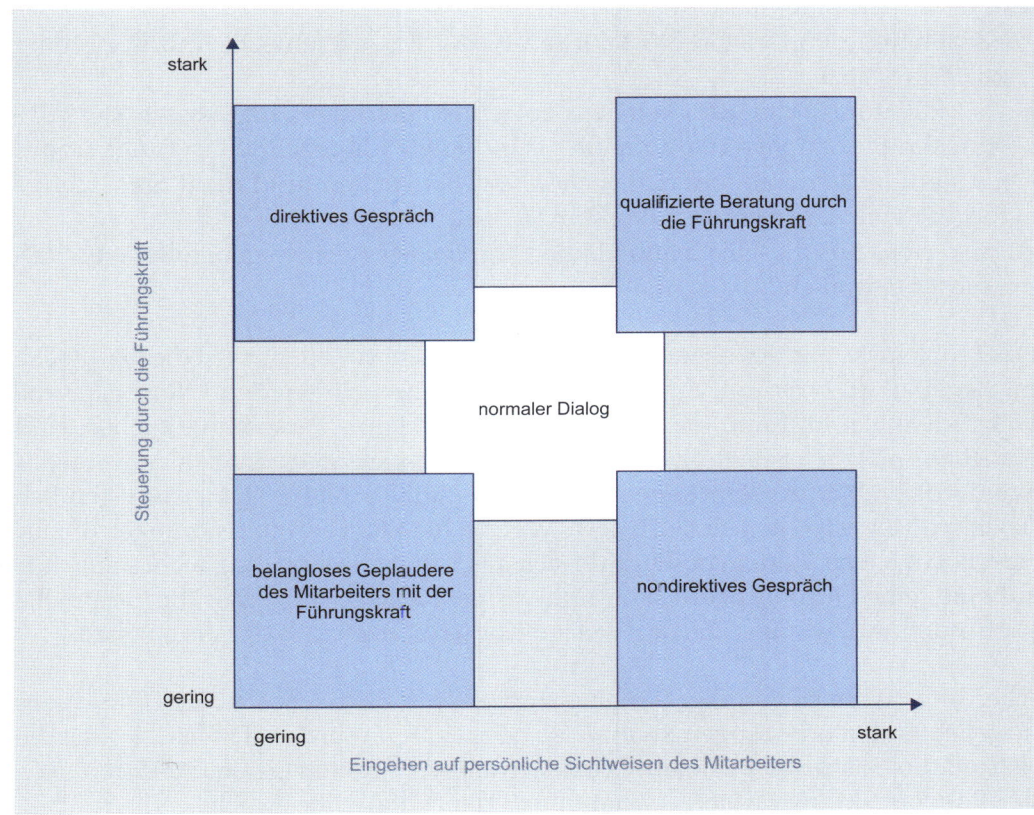

Abbildung 18.10: Arten von Gesprächen zwischen Führungskraft und Mitarbeiter[542]

delt es sich um alltäglichen Small Talk zwischen den beiden Akteuren. Ist die persönliche Sichtweise des Mitarbeiters allerdings in den Vordergrund gerückt, spricht man von einem nondirektiven Gespräch. Dies ist vor allem der Fall, wenn ein Mitarbeiter mit einem Anliegen auf die Führungskraft zukommt. Zeichnet sich ein Gespräch durch eine sehr starke Steuerung durch die Führungskraft und durch ein geringes Eingehen auf den Mitarbeiter aus, so handelt es sich dabei um ein direktives Gespräch. Hier können beispielsweise Stressgespräch, autoritäres Gespräch sowie patriarchalisch-autoritäres Gespräch unterschieden werden.

 Während in ganz kleinen Unternehmen die tägliche informelle Kommunikation ausreicht und in größeren Unternehmen formalisierte Interaktionsmuster geschaffen wurden, wurde gerade in KMU als Misserfolgsfaktor das Fehlen regelmäßiger Gespräche beziehungsweise von Gesprächsvorbereitungen und verbindlicher Ergebnisfixierungen lokalisiert, was dann unter anderem in die Forderung nach jährlichen Mitarbeitergesprächen vor allem im KMU mündet.[543]

Provokante These: Abschaffen von formalen Mitarbeitergesprächen

Grundsätzlich geraten allerdings gegenwärtig – und zwar unabhängig von der Unternehmensgröße – die ritualisierten Jahresgespräche in die Kritik. *Jeffrey Pfeffer* sieht zwingende Gründe für ein konsequentes Streichen der (jährlichen) Mitarbeitergespräche: So sind die letztlich durch derartige Mitarbeitergespräche festgehaltenen Ergebnisse der Gespräche[544]
- als abhängig von vielen Störfaktoren (wie Alter, Geschlecht und Beziehung zur Führungskraft),
- als Indikator für die Fähigkeit des Beurteilten, sich an die Eigenheiten der Führungskraft anzupassen (und nicht als Indikator für gezeigte Leistung), und
- als stark ausgerichtet auf Schwächen von Beurteilten (und nicht als wichtige individuelle Abweichung vom Durchschnittswert)

zu bewerten. Aus diesem Grund plädiert *Jeffrey Pfeffer* für ein generelles Abschaffen dieser Gespräche.

Das Problem ist letztlich sogar noch weiter zu fassen, vor allem, weil die Gespräche im Regelfall zu starr und zu formalistisch ablaufen. So werden Mitarbeiter, die völlig glücklich in ihrem Job sind und eigentlich keine Perspektive suchen (und brauchen), plötzlich gezwungen, sich Entwicklungsziele auszudenken, nur weil das Standardformblatt zu derartigen Aussagen zwingt. Auch IT-Systeme, die eigentlich flexiblere Möglichkeiten bieten, liefern wegen fehlender Parametrisierungen oft nur Standardmasken. Zudem beschränkt sich das Personalcontrolling nicht selten nur auf eine reine Durchführungskontrolle: Es geht also darum, dass die Gespräche stattfinden und weniger darum, welche Konsequenzen sich daraus ableiten.

Allerdings wäre es voreilig, daraus sofort ein populistisches Abschaffen dieser ungeliebten Unterredungen zu machen. Zum einen würden die Teilaspekte, die sich auf die Leistungsbeurteilung beziehen, auf versteckten Listen im Schreibtisch der Führungskräfte landen – womit auch den Mitarbeitern nicht gedient wäre.

Zum anderen liefern derartige Mitarbeitergespräche bei sinnvoller Durchführung, also bei
– Entkopplung von Entwicklungsgespräch und gehaltswirksamem Beurteilungs-
  gespräch,
– Verkürzung der Beurteilungsfristen,
– Individualisierung der Gesprächspunkte,
– Erweiterung des Beurteilungskreises und
– systematischer Kopplung mit Konsequenzen
durchaus Nutzen für Unternehmen, Führungskraft und Mitarbeiter.

In der Literatur wird Kommunikation in den meisten Fällen mit dem Sender-Empfänger-Modell beschrieben. Dieses besagt, dass eine Nachricht immer einen Sender, der die Information verschickt, und einen Empfänger, an den die Information gerichtet wird, hat. Dazu nutzt der Sender die Sprache, die Körpersprache oder aber auch die Schrift, das bedeutet, er codiert seine Nachricht. Der Empfänger muss diese decodieren, um sie zu verstehen, das heißt er verwandelt die aufgenommene Nachricht wieder in Gedanken und Gefühle. Dass dabei Missverständnisse entstehen, ist verständlich, insbesondere, da die Codierung und Decodierung mit den persönlichen Erfahrungen, kulturellen Einflüssen und dem Wissen des Senders und Empfängers zusammenhängen.

Kommunikation im Sender-Empfänger-Modell

Kommunikation erfolgt immer.

„Man kann nicht nicht kommunizieren!"[545]

Univ.-Prof. Dr. Paul Watzlawick (1921–2007; Professor für Psychotherapie, Kommunikationswissenschaftler)

Vorsicht: Auch Führungskräfte können nicht nicht kommunizieren

Neben der verbalen Kommunikation werden die Aussagen zudem durch nonverbale Kommunikation beeinflusst. Dies erfolgt meist unbewusst durch Mimik, Gestik, Tonfall oder Körperhaltung. Das bedeutet auch, dass selbst wenn nur nonverbal kommuniziert wird, Botschaften ausgesendet werden. Diesen Gedanken weitergeführt, beinhaltet jede Nachricht vier Botschaften[546] (Abbildung 18.11):
(1) *Selbstoffenbarung*: Auf dieser Ebene teilt der Sender dem Empfänger mit, was er ihm über seine Befindlichkeit mitteilen möchte. Es handelt sich also darum, was er von sich zu erkennen gibt.

Abbildung 18.11: Sender-Empfänger-Modell[547]

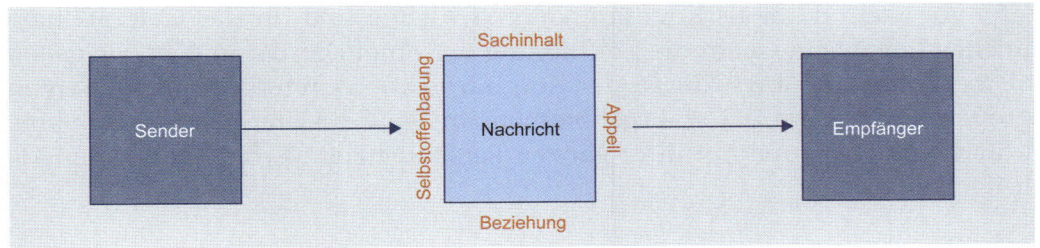

(2) *Sachinhalt*: Die Sachebene beinhaltet die eigentliche Information. Hier werden reine Daten und Fakten übermittelt und gezeigt, worüber man eigentlich informiert.

(3) *Beziehung*: Der Beziehungshinweis steht für die Botschaft einer Nachricht, die weitergibt, wie der Sender zu dem Empfänger steht und was er von ihm hält.

(4) *Appell*: Mit dem Appell werden Handlungsinformationen beziehungsweise Wünsche an den Empfänger weitergegeben. Auf dieser Ebene drückt der Sender aus, was er bei dem Empfänger eigentlich erreichen möchte.

Diese vier Botschaften kommen bei dem Empfänger auch als vier unterschiedliche Informationen an. Problematisch ist es, wenn der Empfänger beispielsweise nur einen Kanal heraushört. Dann kommt es zu Kommunikationsstörungen, denn oftmals hört der Empfänger etwas anderes als der Sender mitteilen wollte. Dies passiert auch, wenn unterschiedliche Gewichte auf die vier Ebenen gelegt werden. So kann der Sender beispielsweise das Gewicht der Nachricht auf die Sachebene gelegt haben, der Empfänger allerdings auf die Beziehungsebene.

Die große Verantwortung der Kommunikation mit Motivation der Mitarbeiter führt dazu, dass Führungskräfte häufig auf einer sachlichen Ebene kommunizieren und Emotionen vermeiden. Dadurch wirken sie oft rational und wenig greifbar für die Mitarbeiter. Das Ergebnis einer Studie[548] zeigt allerdings, dass sich Mitarbeiter mehr Emotionen und mehr Kommunikation von ihren Führungskräften wünschen.

Durch Instrumente wie regelmäßige Abteilungsgespräche, Feedback- und Mitarbeitergespräche sowie Gespräche zur Zielvereinbarung legen Führungskräfte die Grundlage für eine strukturelle Kommunikation in ihrer Abteilung.

Mitarbeiter

Mitarbeiter spielen vor allem als Testimonials und somit Werbefiguren in der Personalkommunikation eine wichtige Rolle. Auf Karrierehomepages, in Imagebroschüren und Anzeigen wurden sie dafür eingesetzt, einen Eindruck von der Arbeit im Unternehmen zu geben und das Unternehmen als guten Arbeitgeber zu präsentieren.

Die Rolle der Mitarbeiter in der Kommunikation geht jedoch weiter: Mitarbeiter sind vor allem dann als Kommunikatoren wichtig und für das Unternehmen unerlässlich, wenn es um die Profilierung der Employer Brand geht. Sie gelten als besonders glaubwürdig in der Kommunikation und können somit einen großen Einfluss auf das wahrgenommene Image des Unternehmens nehmen. Mitarbeiter fungieren mit ihrer ganzen Persönlichkeit als Botschafter der Arbeitgebermarke.

Mitarbeiter als Multiplikatoren

Die Europäische Kommission hat bei einem „Back-to-School-Day" Mitarbeiter in ihre alten Schulen geschickt, damit diese in persönlichen Präsentationen und Gesprächen mit Schülern, Lehrern, Eltern und der Presse den „großen Plan Europa" verkünden. Durch die Aktion wurde nicht nur den Schulklassen die EU und die Kommission samt ihres Arbeitsalltags näher gebracht, auch die Lokalpresse griff anlässlich dieser Besuche das Thema auf. So wird in den Vorträgen der Mitarbeiter nicht nur eine Idee transportiert, sondern auch Botschaften im Sinne des Employer Brandings transportiert, indem die Mitarbeiter positiv über ihr Unternehmen sprechen.[549]

Als wichtigste Ansätze[550] dafür sind
– Mitarbeiterempfehlungsprogramm,
– Mitarbeiterblog,
– Mitarbeiter als Multiplikatoren und
– Club-Konzept
zu nennen. Bei dem Mitarbeiterempfehlungs-Programm wird Mitarbeitern ein Bonus gezahlt, wenn sie neue Mitarbeiter werben und die Empfehlung erfolgreich war. Ein Mitarbeiterblog wird vom Unternehmen initiiert und dient Mitarbeitern dazu, sich über Erlebnisse im Unternehmen auszutauschen. Gerade hier ist der Verlust der Kontrolle durch das Unternehmen natürlich hoch. Mitarbeiter können aber auch als Multiplikatoren genutzt werden, indem sie von den Unternehmen bewusst dazu eingesetzt werden, in der Öffentlichkeit über ihre Tätigkeit und das Unternehmen zu sprechen. Das Club-Konzept ähnelt den Kundenclub-Konzepten, das heißt Mitarbeiter treten bestimmten Gruppen bei, deren Teilnehmer für das Unternehmen werben. Für die verschiedenen Aktivitäten innerhalb dieser Gruppe werden Punkte verteilt, die gegen Prämien und Incentives eingetauscht werden können.

Vertrauen in die Mitarbeiter zahlt sich aus!

Bloggen erwünscht

Die Festo AG & Co. KG hat für ihren Ausbildungsblog, der wohl der erste Webblog von und für Azubis ist, den Preis der Initiative „Deutschland, Land der Ideen" erhalten. Die Azubis schreiben in diesem Blog über bestimmte Ereignisse, ihre Erlebnisse und die eigenen Tätigkeiten im Unternehmen. Das Unternehmen definiert lediglich einfache, wenige Vorgaben, die den Azubis einen Rahmen für ihre Aussagen geben, beispielsweise dürfen in den Texten keine Persönlichkeits- und Markenrechte verletzt werden. Ansonsten gehen die Berichte unzensiert ins Netz und stellen das Unternehmen aus einer anderen Perspektive vor.[551]

Ungesteuerte (externe) Mitarbeiterkommunikation: mehr Chance als Risiko?

Sicherlich entsteht mit autonomer und ungesteuerter Mitarbeiterkommunikation ein gewisser Kontrollverlust für das Unternehmen. Doch gerade im Zeitalter des neuen Internets spielt die Mitarbeiterkommunikation eine immer größer werdende Rolle. Mittlerweile existieren Plattformen im Web 2.0, auf denen Mitarbeiter ihr Unternehmen bewerten können. Diese Mund-zu-Mund-Propaganda ist und bleibt ein wichtiges Entscheidungskriterium bei der Wahl des Arbeitgebers. Hier werden Insiderkenntnisse kommuniziert, die in keiner Broschüre und auf keiner Unternehmenshomepage zu finden sind.

Am Ende steht ein zielgruppenorientiertes und passgenaues Kommunikationskonzept, mit dem die Personalabteilung erfolgreich in der Kommunikation agieren kann.

Virtuelles Geplauder

Wenn die Mitarbeiter von Serena Software in Köln Kontakt zu ihren Kollegen im kalifornischen San Mateo aufnehmen wollen, schreiben sie keine herkömmliche E-Mail mehr. Stattdessen besuchen sie das soziale Netzwerk Facebook. Auf dieser Plattform sind nämlich die 800 Mitarbeiter von Serena, die über die ganze Welt verstreut arbeiten, seit Kurzem zu Hause. Jeder Softwareprofi hat hier sein Profil hinterlegt – mit Foto, persönlichem Werdegang, Interessen, Fähigkeiten, Hobbys und Lieblingsmarken. Das soziale Netzwerk hat das alte Intranet komplett abgelöst. Nahezu die gesamte Kommunikation läuft bei Serena über Facebook. Nachrichten werden über die Mailfunktion verschickt, Bewerbungen kommen über diese Plattform herein und die Mitarbeiter bearbeiten im Netz gemeinsam Dokumente. Das ganze hat eine persönliche Note: Wer zum Beispiel seine Gehaltsabrechnung aufruft, sieht direkt daneben das Profil des Personalmanagers, der die Angelegenheit betreut – zusammen mit seinem Profil und vielleicht sogar den neuesten Urlaubsfotos.[552]

Übung 18.3 | **Planung der Kommunikation**

In Ihrer Schreibtischschublade ruht ein Plan für eine komplette Neustrukturierung der Strawberry Cake & Bakeries AG. Inhalt dieses Plans ist unter anderem, die Produktion komplett in ein Land mit niedrigen Löhnen zu verlagern. Die Backwaren würden dort eingefroren und müssten in Deutschland nur noch aufgebacken werden. Dies hätte zur Folge, dass Sie circa 30 Prozent Personalkosten einsparen könnten, jedoch auch in großem Stil Mitarbeiter entlassen müssen. Sie sind sich noch nicht sicher, ob Sie diesen Plan auch wirklich umsetzen wollen. Falls ja, wollen Sie jedoch gut vorbereitet sein und entwickeln daher einen Kommunikationsplan für diese Maßnahmen.

18.5 Ausblick

Aufgabe der Personalmanager ist es also, sich verstärkt mit der Kommunikation von Impulsen zu beschäftigen. Eine Studie[553] hat gezeigt, dass die Personalmanager derzeit in ihrer Kommunikation als emotionsarm eingeschätzt werden und sich Mitarbeiter eine wesentlich emotionalere Ansprache seitens der Personalmanager wünschen. Neben einer transparenten und strukturierten Kommunikation sollte also auch auf die emotionale Ansprache und die Verwendung von Emotionen geachtet werden. Zudem muss der Personalabteilung bewusst werden, dass die HR-PR einen immer größer werdenden Platz in der Personalarbeit einnehmen wird und dies keine Thematik ist, die an die PR-Abteilung oder das Marketing abgegeben werden darf. So besagte beispielsweise eine Studie aus dem Jahr 1996[554], dass Kommunikationsfähigkeit zu den zukünftigen notwendigen Kompetenzen eines Personalmanagers zählt.

Ein weiterer Trend ist die Kommunikation über Corporate Social Responsibility (CSR). Unter Corporate Social Responsiblity versteht man das Übernehmen von gesellschaftlicher Verantwortung durch Unternehmen. Sie wollen ihren Beitrag zum Erhalt und zur Förderung der Gesellschaft leisten, indem sie – auch im eigenen Interesse – ökologische und soziale Belange berücksichtigen. Beispiele hierfür sind das Bereitstellen von Kindergartenplätzen, besondere Gesundheitsprogramme für Mitarbeiter oder das Gründen von Stiftungen. Nach dem Motto „Wer Gutes tut, soll darüber reden", versuchen die Unternehmen, ihre guten Taten auch im Sinne der Kommunikation zu nutzen. Bislang allerdings scheint Corporate Social Responsibility nur in guten Zeiten ein Thema wert zu sein. In schlechten Zeiten rückt es schnell in den Hintergrund.

Schließlich ist dann noch die Notwendigkeit der interkulturellen Kommunikationsfähigkeit zu nennen. Dabei werden unter interkultureller Kommunikation insbesondere Face-to-Face-Beziehungen aber auch Formen der mediatisierten Kommunikation verstanden, in deren Rahmen Personen aus unterschiedlichen Kulturen interagieren, wobei davon ausgegangen wird, dass bestimmte Aspekte der Kommunikation innerhalb der jeweiligen Kulturen von unterschiedlicher Bedeutung sind.[555] Damit Missverständnissen oder gar einem Scheitern der Kommunikation vorgebeugt werden kann, geht es im Rahmen der interkulturellen Kommunikation um die Frage nach der Fähigkeit einer erfolgreichen Kommunikation und damit eines erfolgreichen Umgangs mit Menschen aus anderen Kulturkreisen. Somit sind Kommunikationsmaßnahmen immer auch vor dem Hintergrund kultureller Faktoren einzusetzen, wobei dies nicht grundsätzlich eine Anpassung an die „fremde" Kultur bedeuten muss – schließlich beruht Kommunikation auf einem gegenseitigen Austausch und erfordert damit eine gegenseitige Rücksichtnahme.

In der Zukunft müssen alle Akteure über ihre Aufgabe in diesem Spiel informiert sein. Zudem sollte klar sein, welche Zielgruppen angesprochen werden müssen und welche Medien zur Information genutzt werden können. Kommunikation findet auf allen Feldern des Personalmanagements statt. Wichtigste Voraussetzung ist, eine Kommunikationskultur zu schaffen, die in Beziehung zu der Unternehmenskultur steht.

Michael Picard, **Direktor OTTO Personal, Otto GmbH & Co. KG**

HR-digital: Innovativ, inspirierend, wertschöpfend – und macht Spaß!

Was hat Personalarbeit mit World of Warcraft, Facebook, Twitter & Co zu tun? Bei Otto eine ganze Menge! Web 2.0, Digitalisierung – die Generation Y, junge Menschen, leben gern mit der ständigen Besäuselung durch die modernen Medien wie Internet, PSP, iPhone oder Wii. Alles schneller, alles transparenter, alles bunter, alles günstiger, alles mit Spaßfaktor.

Die, die drin sind, durchschauen die gigantischen Möglichkeiten der neuen Welten. Die, die draußen sind, stehen oft nur staunend da, schütteln verständnislos die Köpfe oder haben schlichtweg Angst.

Als Personaler in der Otto Group sind wir ständig im Kontakt mit Youngstern, den IT- und E-Commerce-Profis von morgen – diese Kontakte und Gespräche gilt es zu nutzen. Denn unsere Bewerber, unsere Mitarbeiter von morgen, wollen auf „ihren" Kanälen, in „ihren" Medien angesprochen werden.

Aber diese digitalen Medien, Gadgets und Welten sind nicht nur eine Spielerei der neuen Generation, sondern sie helfen tatsächlich auch, Personalprozesse und Organisationsstrukturen zu optimieren.

Stellensuche und Recruiting finden heute immer stärker online statt. Stellensuchende nutzen die neuen Medien wie etwa die Plattform XING oder LinkedIn. Sie unterhalten eigene Blogs für gezieltes Personal Branding und machen so auf sich und ihre Fähigkeiten aufmerksam.

Für uns als Arbeitgeber ist das Social Web ein hervorragendes Medium, um potenzielle Kandidaten zu treffen.

Wir haben unsere Personalmarketingmaßnahmen seit Mitte 2008 bewusst auf Social Media-Kanäle ausgerichtet. Auf diesen Plattformen sind die Chancen heute sehr viel größer, genau die richtigen Kandidaten für unsere vakanten Positionen zu entdecken. Deshalb reduzieren wir auch bei den klassischen Recruiting-Instrumenten wie beispielsweise den Stellenanzeigen in den Wochenendausgaben der Zeitungen oder in Fachmagazinen.

Personalarbeit muss Wertschöpfungsbeiträge leisten. Falls nicht, bleibt es beim Künstlertum. Auch Personalarbeit wird gemessen in Dimensionen wie Zeit (Beschleunigung von Prozessen), Kosten (Reduzierung von Kosten beziehungsweise Erzielung von Einsparungen), Qualität (Kandidatenauswahl und

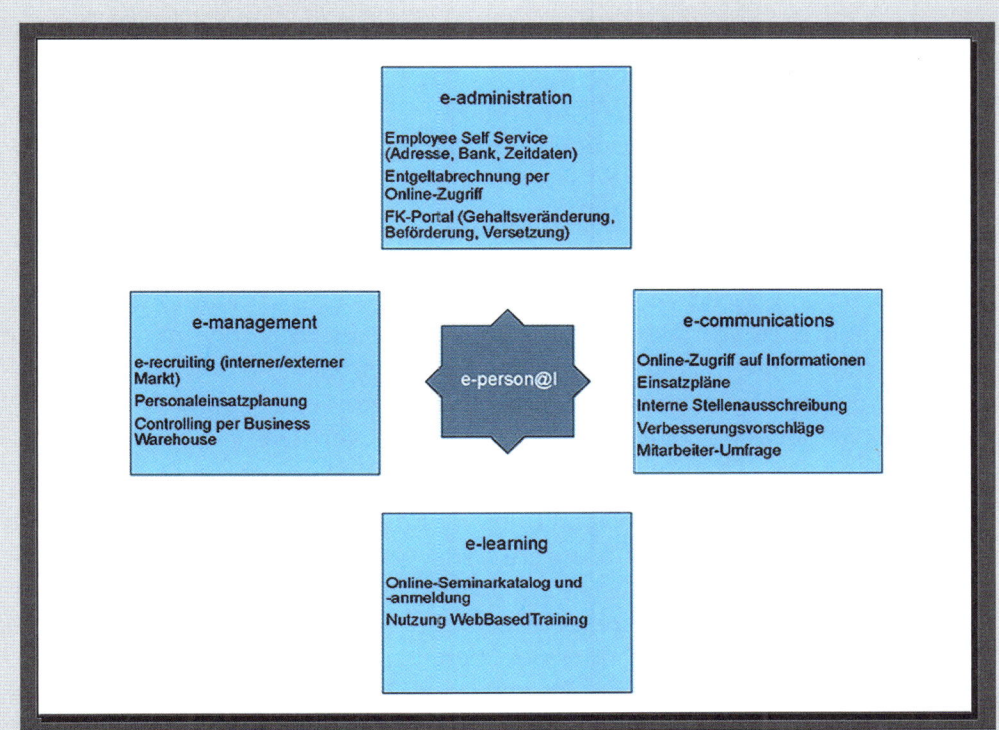

Steigerung von Zufriedenheitswerten) und Image (Steigerung des Wertes der Arbeitgebermarke).

Bei Otto werden die digitalen Möglichkeiten konsequent genutzt, um in all diesen Dimensionen zu Verbesserungen zu kommen. Die Onlineausrichtung läuft unter dem Label „e-person@l" und konzentriert sich auf die Felder e-administration, e-communications, e-management und e-learning.

Unter e-administration befinden sich die wichtigsten Portalanwendungen für Mitarbeiter und Führungskräfte. Sie können beispielsweise von ihrem PC am Arbeitsplatz oder von zu Hause aus ihre Entgeltabrechnung einsehen und bei Bedarf ausdrucken, ihre Zeitdaten ablesen und alle über sie gespeicherten persönlichen Daten prüfen.

Die Führungskräfte können über das Online-Portal Entgeltveränderungen für ihre Mitarbeiter veranlassen, Vertragsveränderungen vornehmen, Auswertungen zu ihrem Verantwortungsbereich abrufen und ein HR-Wiki nutzen, um sich über die wichtigsten Personalthemen zu informieren.

Im e-management stehen das e-recruiting, die Personaleinsatzplanung und das Personalcontrolling per Business Warehouse im Mittelpunkt. Viele Anwendungsmöglichkeiten der digitalen Welt wurden bei Otto auf den HR-Bereich übertragen.

Alle Personalmitarbeiter halten ständig die Augen offen nach interessanten Entwicklungen im digitalen Umfeld, um Analogien zu finden, die im Personalmanagement dann eingesetzt werden können.

Ein Beispiel für die Nutzung von Analogien sind die Videointerviews mit Bewerbern. Sie wurden abgeleitet aus den Internetangeboten zum Speed-Dating. Bei dieser Art von Speed-Dating sitzen die Interessierten vor ihrem Computer mit Webcam und treffen sich auf bestimmten Sites im Internet, um online über ein bestimmtes Thema zu sprechen oder um sich einfach nur kennen zu lernen. Nach einer kurzen Zeitspanne von teilweise nur wenigen Minuten müssen die Gesprächspartner entscheiden, ob sie den Kontakt vertiefen wollen. Falls beide zustimmen, werden die Kontaktadressen übermittelt.

Bei Otto haben wir uns vor diesem Hintergrund die Frage gestellt, ob wir diese Kommunikationsmöglichkeit für unsere ersten Gespräche mit Bewerbern nutzen könnten. Nach erfolgreichen Tests ist das Videointerview als Erstgesprächsform mittlerweile Standard in unserem Recruitingprozess. Die Kandidaten werden vorab gefragt, ob sie zum Webinterview bereit sind. Über 80 Prozent stimmen dem zu – und zwar nicht nur die Jungen oder IT-Affinen. Das Verfahren wird mittlerweile von allen Altersgruppen und Fachdisziplinen sehr geschätzt. Gerade auch Bewerber für hochrangige Führungspositionen empfinden das Videointerview als vorteilhaft. Sie müssen sich nicht extra für ein Gespräch einen ganzen Tag frei nehmen – sofern sie aktuell noch in einer anderen Firma tätig sind – sondern sie können sich einfach zwischendurch für 50 bis 80 Minuten ins Jobinterview einloggen.

Einen Rechner mit Internet-Flatrate hat heutzutage nahezu jeder. Wer keine Webcam besitzt, erhält von Otto eine geschenkt. Neben den Recruitment-Mitarbeitern nehmen teilweise auch die Führungskräfte der Fachbereiche, die die Stelle zu besetzen haben, am Videointerview teil. Insgesamt ersparen wir mit dem Verfahren allen Beteiligten Zeitaufwand und Reisekosten. Durch den persönlichen Eindruck des „Sich Sehens" während des Gesprächs erhöht sich die Auswahlqualität zudem enorm. Darüber hinaus wirkt dieses Vorgehen auch positiv auf das Arbeitgeberimage, weil es innovativ und zeitgemäß daher kommt.

Im Recruiting gibt es aber noch weitere spannende Entwicklungen durch die neuen Medien. Beispielsweise bei der so genannten Direktansprache von Kandidaten durch Headhunter. Die große Masse der Headhunter sind aussterbende Dinosaurier. Es werden nur diejenigen überleben, die neue und kostengünstige Suchservices anbieten, ganz schwierige, seltene Profile besetzen können oder auf Positionen für Aufsichtsräte und Geschäftsführer spezialisiert sind. Printanzeigen in Zeitungen und Zeitschriften braucht nahezu niemand mehr – ausgeschrieben wird vorrangig in Online-Jobbörsen und auf der firmeneigenen Karriere-Website. In der Rekrutierung hilft es nicht wirklich weiter, die Vakanzen über den Gesamtmarkt zu streuen. Die gewünschten Zielgruppen beziehungsweise Potenzialträger (= Right Potentials) müssen dort angesprochen und erreicht werden, wo sie sich aufhalten – auf entsprechenden Internetsites, in bestimmten Communities, durch die Ansprache in den relevanten Fachzeitschriften, die sie lesen.

Die normale Leistung eines Headhunters kann jeder Personaler heute selbst erbringen – und das oftmals wesentlich kostengünstiger. Bei Otto haben wir seit Jahren ein spezialisiertes Recruitmentcenter. Unsere Recruiter sind Verkäufer von Jobs und auf Zielgruppen spezialisiert. Alle Recruiter sind mit Laptop und Smartphones ausgestattet und können unabhängig von Ort und Zeit auf die Otto-Systeme zugreifen und mit interessanten Kandidaten kommunizieren.

Das Internet bietet in der Rekrutierung eine große Hilfestellung. Kandidaten, die sich aktiv bei Otto beworben haben, werden über Internet von uns gecheckt. Über Sites wie 123people, selbst über eine simple Google-Abfrage, lassen sich in vielen Fällen interessante Infos über Bewerber auffinden, die schon einen deutlich tieferen Eindruck vermitteln und damit den Auswahl- und Entscheidungsprozess verbessern. Im Bewerbungsgespräch muss dann nicht der Lebenslauf Stück für Stück abgearbeitet werden. Es kann umgehend eine Fokussierung auf interessante Projekte und Fragestellungen erfolgen, die sich aus der Internetrecherche ergeben haben.

Genauso hilft das Internet, eine offene Stelle durch umfassende Recherchemöglichkeiten nach geeigneten Kandidaten schneller zu besetzen. Durch unsere auf Internetrecherche/-sourcing spezialisierten Recruiter generieren wir geeignete Kandidaten aus dem Netz und deren Kontaktdaten. Diese werden dann in der Mehrzahl der Fälle von uns direkt angesprochen. Nur in Ausnahmefällen bedienen wir uns der Dienstleistung von Headhuntern oder externen Searchagenturen.

Insbesondere die jüngere Generation geht heute viel offener mit der Veröffentlichung von persönlichen Daten und Erlebnissen im Web um. Die Grundhaltung zur Vertraulichkeit persönlicher Daten ändert sich damit umfassend. Ein Foto, das einen jungen Bewerber auf einer Party tanzend und mit einer Bierflasche in der Hand zeigt, wird von der Jugend nicht per se als problematisch oder kompromittierend betrachtet, wie das ihre Eltern oft noch sehen würden. Derartige Fotos sind auch kein valider Indikator für mangelnde Integrität und Leistungsfähigkeit dieses Menschen. Vielmehr kann es in Jobinterviews mit diesen Kandidaten besonders interessant sein, solche Szenen oder Fotos zum Anlass zu nehmen, um die Motivationslage des Bewerbers oder seine Sicht zum Exhibitionismus im Netz zu hinterfragen.

Fakt ist: Daten, die einmal im Netz drin sind, bekommt man kaum bis gar nicht wieder raus. Insofern könnte man sagen, das Internet ist das moderne Tätowierstudio von heute. Denn: Wer sich irgendwann einmal in Atzes Tattoo-Lädchen oder Rudis Brennkammer ein Arschgeweih Muster auf den Allerwertesten oder den Namen der Exfreundin als Tattoo in den Arm hat verewigen lassen, ärgert sich im Nachgang nur allzu häufig, wenn das Bildnis nicht mehr komplett zu entfernen ist.

Auch wenn virtuelle Welten wie Second Life oder Online-Spiele wie World of Warcraft immer wieder kritisch beäugt werden, bieten derartige Entwicklungen aber ebenfalls perfekte Analogien für einen Einsatz im Personalmanagement, beispielsweise mit der Durchführung von Online-Messen. Firmen errichten dabei einen virtuellen Messestand, der von interessierten Kandidaten besucht werden kann. Die Bewerber können sich über das Unternehmen informieren und sich über eine Chatfunktion direkt mit den verantwortlichen Unternehmensvertretern zu konkreten Jobs austauschen. Wir nutzen diese Form der virtuellen Messe zum Beispiel für die Akquisition von Auszubildenden.

Die Möglichkeit zum Online-Treffen per Webcam setzen wir zudem für virtuelle Vorträge und Diskussionsrunden ein. Dabei erläutern Otto-Experten aus verschiedenen Fachbereichen interessierten Kandidaten spannende Projekte und Schwerpunktthemen, an denen sie aktuell arbeiten und für die wir noch die Unterstützung neuer Mitarbeiter benötigen. Auch diese Maßnahme verdeutlicht, dass es nicht darum geht, über den gesamten externen Bewerbermarkt zu streuen, sondern durch die Spezialisierung des Themas und des Ansprachekanals genau die Bewerber auf uns aufmerksam zu machen, die sich in diesem besonderen Arbeitsfeld tummeln. Gerade über diese so genannten Live-Talks konnten wir gute Kandidaten für Otto begeistern.

Ein extrem schnelles Medium, offene Stellen oder spannende Entwicklungen beziehungsweise Otto-Veranstaltungen bekannt zu machen, ist Twitter. Wir nutzen dieses Medium konsequent seit Anfang 2009 und hatten Ende Dezember schon über 1.200 Follower – Tendenz steigend. Über den eigenen Twitterkanal @otto_jobs informiert die Otto Group Interessenten über aktuelle Jobangebote und Neuigkeiten aus dem Personalbereich. Per Twitter kommen wir in direkten Kontakt mit einer innovativen, internetaffinen Zielgruppe. Über diesen Kanal haben wir gerade in den Bereichen E-Commerce und IT aussichtsreiche Bewerber kennen lernen können. Ob Twitter langfristig als Recruitingkanal sinnvoll einsetzbar ist, muss sich zukünftig aber noch zeigen.

Viele unserer Otto-Mitarbeiter haben einen eigenen Account bei Facebook. Wir haben unsere Mitarbeiter deshalb gebeten, auf ihren privaten Facebook-Accounts offene Stellen von Otto auszuloben. Natürlich nur, wenn sie möchten. Damit stehen unsere Jobangebote auf einer modernen, weltweit genutzten Plattform.

Diese Form der Nutzung von Facebook ist quasi die moderne Form der langjährig bekannten Recruitingmaßnahme „Mitarbeiter werben Mitarbeiter".

Darüber hinaus wurde das Engagement auf Facebook um eine eigene Otto Group Karriere Fanpage erweitert.

Otto setzt auch auf Video – auf YouTube gibt es seit Dezember 2009 den Otto Group Channel, der aktuelle Filme aus dem Bereich Karriere enthält.

Wir haben mehrere kurze virale Spots produziert, die Otto als modernen, innovativen, humorvollen und selbstironischen Arbeitgeber zeigen – eben anders, als man denkt. Durch gezieltes Seeding der Spots fördern wir deren Verbreitung, um Studenten, Absolventen, Young Professionals und Professionals auf uns als Top-Arbeitgeber aufmerksam zu machen.

Videos und Live-Streams werden auch auf dem eigenen Karriereportal eingesetzt.

Mobile Recruiting: Der Einsatz von Handys und Smartphones wird immer verbreiteter. Daher haben wir die Otto-Jobbörse für diese Geräte angepasst. Auf Werbeplakaten bilden wir QR-Codes ab, wie man sie beispielsweise auch von den Flugtickets kennt. Wer diese Codes von unseren Plakaten mit dem Handy abfotografiert, wird automatisch auf unsere Jobbörse weitergeleitet.

Alle diese neuen und innovativen Recruitingmaßnahmen brauchten eine gewisse Zeit, um bekannt zu werden und auszureifen. Dafür brachten sie später dann wichtige Beiträge zur Besetzung unserer Vakanzen.

Aber auch die altbekannten Kanäle und Rekrutierungsmaßnahmen haben für bestimmte Ziel- oder Altersgruppen nach wie vor ihre Berechtigung. Insofern ist es nicht ratsam, dass jedes Unternehmen ungeprüft auf alle neuen Möglichkeiten aufspringt. Jedes muss für sich herausarbeiten und festlegen, welcher Mix von traditionellen und modernen digitalen Mitarbeitergewinnungsmaßnahmen sinnvoll ist.

Bei Otto werden wir die Entwicklungen der neuen Medien aufmerksam beobachten und die Social Media-Aktivitäten im Recruiting sukzessive weiter ausbauen.

Die neuen digitalen Möglichkeiten und Kanäle sind eine tolle Sache – sowohl für Bewerber als auch Arbeitgeber. So use them and have fun!!

1. Was versteht man unter Personalkommunikation?

2. Erläutern Sie das Modell der drei Medienwirkungen!

3. Was sind die vier Botschaften einer Nachricht?

4. Worin besteht der Unterschied zwischen Media Richness Theorie und Media Synchronicity Theorie?

5. Welche Akteure sind bei der Kommunikation von personalwirtschaftlichen Inhalten beteiligt?

6. „Man kann nicht nicht kommunizieren!" Nehmen Sie Stellung zu dieser Aussage!

Aufgaben und Fragen zur Selbstüberprüfung

Kapitel 19

Administration:
Wie verwaltet man die
Belegschaft?

Kapitel 19 Administration: Wie verwaltet man die Belegschaft?

Fakten

Bei Einführung der digitalen Personalakte können bis zu 95 % der bisherigen Bearbeitungszeit eingespart werden.[556]

70 % der Unternehmen arbeiten mit der herkömmlichen Personalakte.[557]

In 82 % der deutschen Unternehmen hat das Personalcontrolling in den letzten Jahren an Bedeutung gewonnen.[558]

Lernziele

- Sie erfahren, welche Bestandteile zur Personalabrechnung gehören.

- Sie erleben, welche Möglichkeiten das Personalcontrolling bietet.

- Sie wissen, wie Sie mit einer Personal-Scorecard umgehen müssen.

- Sie verstehen, was sich hinter einer digitalen Personalakte verbirgt.

- Sie lernen die Anwendungsbereiche von Personalinformationssystemen kennen.

19.1 Überblick

„Vom Verwalter zum Strategen!" Dieses noch nicht erfüllte Postulat hört man regelmäßig auf personalwirtschaftlichen Tagungen. Auch wenn dies eine im Prinzip durchaus richtige Aussage ist, schwingt doch in diesen vier Worten etwas mit, das es ganz klar zu thematisieren gilt: nämlich eine fundamentale Geringschätzung der reinen Administrationsaufgaben. Deshalb darf es bei aller Sympathie für eine zusätzlich und dringend notwendige Berücksichtigung der strategischen Dimension nicht zu einer Verleugnung dieses Aktivitätsfelds kommen.

Dieses betrifft mit der Personalakte (Abschnitt 19.2) jeden Mitarbeiter unmittelbar. Gleiches gilt für die Personalabrechung (Abschnitt 19.3). Das Personalcontrolling (Abschnitt 19.4) lässt sich zumindest in seiner üblicherweise praktizierten Form ebenfalls dem Aktivitätsfeld zuordnen, was auch für die Personal-Scorecard als spezielles Instrument zur Verbindung von Zielvorgabe und Zielkontrolle gilt. Auch die Personalinformationssysteme gehören zum Aktivitätsfeld Personaladministration (Abschnitt 19.5), weil sie trotz ihrer strategischen Nutzbarkeit in der Praxis meist eher operative Funktionen einnehmen.

BestPersCase: SHS VIVEON AG

SHS VIVEON AG

Die SHS VIVEON AG ist ein Business- und IT-Beratungsunternehmen für Customer Management Lösungen. Die 250 Mitarbeiter sind an acht Standorten in drei europäischen Ländern präsent.

SHS VIVEON hat bereits die elektronische Personalakte eingeführt. Deshalb gibt es im Laufwerk der Personalabteilung des Unternehmens einen übergeordneten Ordner mit dem Namen „Elektronische Personalakte". Darunter kommen Ordner für jeden Buchstaben des Alphabets, denen wiederum die Ordner mit Nachname und Vorname jedes einzelnen Mitarbeiters untergeordnet sind. In jedem Personalordner sind alle relevanten Dokumente des Mitarbeiters gespeichert, also beispielsweise Verträge, Bescheinigungen, Versicherungen, Zeugnisse sowie Bewerbungsunterlagen. Sofern möglich, werden stets die unterschriebenen Originaldokumente gescannt und in diesen Ordnern abgelegt. Trotz der überwiegenden Verwendung der digitalen Dokumente wird zusätzlich noch eine Papierablage geführt, in der die Originale archiviert werden.

Das Beratungsunternehmen verwendet zudem ein selbst entwickeltes Personalinformationssystem mit dem Namen Ttrex, das viele Funktionen bietet. Der Zugang zu den unterschiedlichen Funktionen ist dabei abhängig von der jeweiligen Position des Mitarbeiters. Darin integriert ist ein Employer Self Service System. Jeder Mitarbeiter erfasst selbstständig seine Arbeitszeiten, Reisekosten und Belege. Auch die Urlaubsplanung und die Genehmigung laufen über diesen Service. Jeder Mitarbeiter plant dabei selbst seinen Urlaub im Ttrex, indem er mit drei unterschiedlichen Abstufungen arbeitet:

■ Der Mitarbeiter würde gerne zu diesem Zeitpunkt Urlaub nehmen, hat ihn jedoch noch nicht beantragt (Geplant).

■ Der Urlaub des Mitarbeiters ist wahrscheinlich und ein verbindlicher Antrag mittels E-Mail Notification wurde an die Führungskraft versandt (Beantragt).

■ Die Führungskraft hat den Antrag im Tool genehmigt und sendet die Genehmigung per E-Mail Notifikation an den Mitarbeiter (Genehmigt).

Durch dieses IT-gestützte Vorgehen wird der Papierantrag komplett ersetzt. Die im Urlaubsbeantragungsprozess eingegebenen Daten werden in Echtzeit mit ihren unterschiedlichen Wahrscheinlichkeitsgraden in die Mitarbeitereinsatzplanung übernommen. Zudem erscheint der Urlaub in der Telefonliste und im Urlaubsbericht für das Urlaubscontrolling.

Dr. Harald Föst, Head of Human Resources, erklärt die Vorteile eines webbasierten Personalinformationssystems: „Als Unternehmensberater erwarten unsere Mitarbeiter von Human Resources hoch professionelle Prozesse und Betreuung. Ttrex unterstützt nicht nur Human Resources, sondern jeden einzelnen Mitarbeiter in seiner täglichen Arbeit."

19.2 Personalakte

Teilweise versteht man unter Personalakte die in der Personalabteilung geführte Mappe, die in möglichst lückenloser Form alles das zusammenführt, was zur Charakterisierung des Mitarbeiters während seiner Betriebszugehörigkeit notwendig ist. Diese Auffassung ist allerdings nicht ganz richtig.

Was ist eine Personalakte?

Personalakte ist ein juristisch klar definierter Begriff (§§ 106, 107 BBG) und bezeichnet
– die Sammlung von Urkunden und sonstigen Schriftstücken (einschließlich Fotos, Briefen, Tabellen und handschriftlichen Notizen),
– die persönliche und dienstliche Verhältnisse betrifft,
– die in engem sachlogischen Verhältnis zum Dienstverhältnis steht,
– die in beliebiger Form gespeichert sein kann (beispielsweise Papier, CD, Computer),
– die an beliebigen Orten auch verteilt geführt werden darf,
– die aber dem Mitarbeiter auf Wunsch völlig transparent und einsichtig zu machen ist.
Die Personalakte kombiniert somit die Informationsinteressen des Unternehmens mit dem Schutzinteresse des Mitarbeiters. Dazu gehört auch die Vorschrift, dass

es keine Aufzeichnungen über Mitarbeiter geben darf, die nicht Teil der Personalakte sind.

Was muss/darf in einer Personalakte stehen?

Grundsätzlich gibt es nur eine begrenzte Pflicht zur Führung von Personalakten. Es muss arbeitgeberseitig zumindest eine formlose Personalakte geben, die
– den Arbeitsvertrag und
– die Abrechnungsdaten
beinhaltet. Weitere Aufzeichnungen sind nicht erforderlich, aber, wie bereits erwähnt, dann auch nicht an anderer Stelle zu führen.

Orientiert man sich am beruflichen Werdegang, so beginnt die Personalakte mit Bewerbungs- und Einstellungsunterlagen und endet mit Kündigungsschreiben beziehungsweise Aufhebungsvertrag. Dazwischen liegen Krankmeldungen, Pfändungen, Kursbescheinigungen, Beförderungen und Belobigungen, Protokolle der Mitarbeitergespräche, Weiterbildungsnachweise, Urlaubsscheine, Geburtstagsschreiben, Ermahnungen und Abmahnungen sowie der Schriftverkehr mit dem Mitarbeiter.

Personalakte: umfangreicher als man denkt

In begrenztem Umfang – definiert durch ein berechtigtes Interesse des Arbeitgebers und mit ausreichend Schutz gegen Einsicht durch Unbefugte – dürfen auch sensible Gesundheitsdaten aufgenommen werden, die eine negative Gesundheitsprognose implizieren könnten.

Im Umkehrschluss ist auch klar geregelt, was *nicht* in einer Personalakte stehen darf: So dürfen unberechtigte oder ungenaue Abmahnungen nicht in die Personalakte. Ebenfalls nicht zulässig ist die Aufnahme von Informationen aus dem Privatleben, beispielsweise Freizeitverhalten, sexuelle Neigungen, Sportleistungen oder Verkehrsstrafen. Verboten sind deshalb Kopien von Einträgen aus Social Networks wie Facebook oder Blogs, sofern sie keinen expliziten und zentralen Bezug zum Arbeitgeber haben.

Inhalt der Personalakte

Übung 19.1

Da die Stelle des „Bereichsleiter Nord-West" in Ihrer Strawberry Cake & Bakeries AG vakant ist, blättern Sie die Personalakten in Frage kommender Mitarbeiter durch. Eine Personalakte fällt dabei besonders auf: In dieser hat die Führungskraft des Mitarbeiters minutiöse Aufzeichnungen wie zum Beispiel „Habe betreffende Person am Samstag, den 14. Mai, volltrunken und torkelnd in der Altstadt angetroffen." hinterlegt. Sie sind geschockt, da Sie sich sicher sind, dass solche Aufzeichnungen garantiert nichts in einer Personalakte zu suchen haben. Nun überlegen Sie, welche Informationen in einer Personalakte gesammelt werden dürfen. Außerdem recherchieren Sie im Internet, welche Auswirkungen die Sammlung solcher Daten für Firmen haben kann, und fragen sich, ob und wie Sie das Verhalten der betreffenden Führungskraft sanktionieren sollen.

Welche Rechte hat der Arbeitnehmer?

Im Zusammenhang mit der Personalakte haben Mitarbeiter drei Aktionsmöglichkeiten:

(1) Mitarbeiter haben das Recht auf *Akteneinsicht* und zwar unabhängig von einem konkreten Anlass beziehungsweise einer entsprechenden Begründung.

(2) Mitarbeiter haben Anspruch darauf, Unterlagen aus der Personalakte entfernen zu lassen, die beispielsweise sachlich falsch sind oder nicht in die Personalakte gehören. Gegebenenfalls kann oder muss der Mitarbeiter dieses Recht auf *Reinigung* seiner Personalakte auf dem Klageweg durchsetzen.

(3) Mitarbeiter haben das Recht auf *Gegendarstellung*, wenn beispielsweise eine Abmahnung aus ihrer Sicht den Sachverhalt nicht korrekt darstellt.

Der Mitarbeiter hat aber, abgesehen von der auf einen konkreten Fall bezogenen Gegendarstellung, keinen Anspruch darauf, die Personalakte um durch aus seiner Sicht interessante Schriftstücke zu erweitern – wenngleich sich hier Arbeitgeber üblicherweise im eigenen Interesse eher kulant verhalten.

Im Normalfall haben ausschließlich die zuständige Führungskraft, der Firmenchef und die Personalabteilung Einsichtsrecht. Der Mitarbeiter selber kann allerdings eine Person seines Vertrauens (zum Beispiel den Betriebsrat) zur Unterstützung bei der Einsichtnahme heranziehen, die dann zur vollständigen Verschwiegenheit verpflichtet ist.

Die digitale Personalakte

Unter einer digitalen Personalakte versteht man eine Personalakte, bei der alle Inhalte (Dokumente) in digitaler Form vorliegen. Auch wenn mit zunehmender IT-Durchdringung immer mehr HR-Dokumente von vorneherein digital vorliegen, weil beispielsweise der gesamte Bewerbungsprozess IT-unterstützt abläuft, gibt es immer noch genug Papier. Deshalb ist ein wichtiger Bestandteil der Erstellung einer digitalen Personalakte die elektronische Erfassung von Dokumenten durch Einscannen. Damit ist die digitale Personalakte ein Spezialfall des elektronischen Dokumentenmanagements.

Mit der digitalen Personalakte verbindet man im Regelfall Vorteile durch
– Reduktion der Zugriffszeit,
– Verbesserung der Recherchemöglichkeit,
– Sparsamkeit im Ressourceneinsatz (weniger Papier),
– Reduzierung der Lagerräume,
– effizientere Einbindung in die HR-Prozesse und
– Verbesserung des Zugriffsschutzes (Datenschutz).

WORM-Speicher: Write Once, Read Many

Gerade der letztgenannte Aspekt ist wichtig, weil so den gesetzlichen Regelungen Rechnung getragen wird. Deshalb kommen bei der digitalen Personalakte normalerweise als Datenträger WORM-Speicher zum Einsatz: Hier sind einmal gespeicherte Inhalte nicht zu verändern, wohl aber durch neue Texte zu ergänzen. Historische Vorzustände sind aber immer wieder rekonstruierbar.

Das Bundesdatenschutzgesetz schreibt vor, dass die Erhebung, Verarbeitung und Nutzung personenbezogener Daten nur mit der Einwilligung des Betroffenen zulässig ist. Er ist dabei über die Identität der verantwortlichen Stelle, die Zweckbestimmungen und die Empfänger zu informieren (§ 4 BDSG). Nach § 4 f. BDSG muss zudem ein Datenschutzbeauftragter bestellt werden, wenn personenbezogene Daten von mindestens zehn Mitarbeitern gespeichert oder von mindestens 20 Mitarbeitern verarbeitet werden.

BDSG: wichtiger als man denkt

Die digitale Personalakte bietet viele Vorteile, birgt mit der zunehmenden IT-Durchdringung aber auch *Risiken*. Es entsteht eine Tendenz zur Massendatenverwaltung und Rebürokratisierung, die nicht unproblematisch ist. Alle verfügbaren Daten werden gesammelt, so dass eine Datenflut entsteht, die man nur schwer verarbeiten kann. Zudem können Prozesse, die zuvor problemlos funktionierten, mit Hilfe der Digitalisierung plötzlich schwierig und teuer werden, weil eine Tendenz zur Überorganisation entsteht.

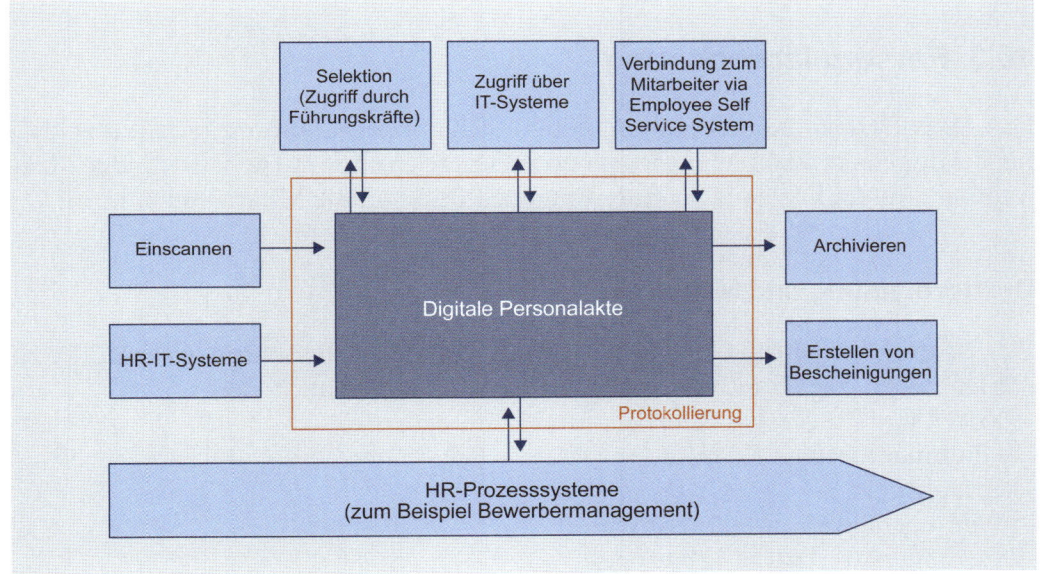

Abbildung 19.1: Grundaufbau einer elektronischen Personalakte

An einer digitalen Personalakte setzen folgende Prozesse an (Abbildung 19.1):
- *Primäre Eingaben* kommen aus bestehenden HR-IT-Systemen und aus Scanningsystemen.
- Eine *Querbeziehung* gibt es zu HR-Prozessen wie dem Bewerbermanagement, wo laufend neue Informationen generiert werden und auf bestehende Informationen aufgebaut wird.

- Der *entscheidungsrelevante Zugriff* erfolgt durch Führungskräfte beziehungsweise durch andere IT-Systeme, zum Beispiel zur Personalselektion.
- Schließlich werden die *Informationen* in der digitalen Personalakte archiviert und Auszüge in Form von Bescheinigungen erstellt.

Hinzu kommen umfangreiche Protokollierungsaufgaben.

Digitale Personalakte

Die Personalbetreuer bei Tchibo Deutschland haben sich im Zuge des papierarmen Büros von den Personalakten in Papierform verabschiedet. Sie setzen nun auf Personalakten im PDF-Format, die eine Volltextsuche ermöglichen. Die Einführung dieser digitalen Personalakte begann mit Aussortieren. Immer wenn die Personalmanager eine der 10.000 Bestandsakten in Händen hielten, dünnten sie die Unterlagen aus. So wurden aus ursprünglich einer Million Datenseiten am Ende 600.000. Für das anschließende Einscannen der Unterlagen benötigte ein Dienstleister vier Wochen. Den laufenden Zuwachs an Dokumenten scannt Tchibo selbst ein; immerhin 4.000 Blätter pro Monat. Die Personalmanager können nun über ihr Verwaltungssystem die Historie jeden Mitarbeiters standortübergreifend einsehen.[559]

19.3 Personalabrechnung

Das Aktivitätsfeld „Kompensation" befasst sich mit der Bestimmung der Entgelthöhe. Bei der Personalabrechnung (synonym Entgeltrechnung) geht es um alle Maßnahmen, die im Ergebnis zu einer Entgeltzahlung an die Mitarbeiter führen.

Bruttorechnung und Nettolohn

Der Bruttolohn ist die Gesamtvergütung, die der Arbeitnehmer erhält. Dazu zählen neben der Grundvergütung weitere Sonderbestandteile:
- Zuschläge für Nacht-, Feiertags- und Sonntagsarbeit,
- gewinnabhängige Prämien,
- Urlaubsgeld,
- Weihnachtsgeld,
- vermögenswirksame Leistungen,
- Provisionen sowie
- Dividenden bei Aktiengesellschaften.

Bruttolohn als Ausgangsbasis

Grundlage für diese Sonderbestandteile sind die Vereinbarungen im Arbeitsvertrag. Einige dieser Sonderbestandteile können monatlich gezahlt werden, wie zum Beispiel die Zuschläge für Nacht-, Feiertags- und Sonntagsarbeit, während das Urlaubs- und Weihnachtsgeld nur einmalig im vereinbarten Monat anfällt. Das Ergebnis ist der *sozialversicherungspflichtige* Bruttolohn. Um die Steuerfreibeträge reduziert, ergibt sich der *steuerpflichtige* Bruttolohn.

Um den *Nettolohn* zu bestimmen, wird der steuerpflichtige Bruttolohn um die gesetzlichen und die privaten Abzüge reduziert: Die Lohnsteuerklasse richtet sich nach dem Familienstand des Arbeitnehmers. Der Solidaritätszuschlag errechnet sich auf der Basis der zu zahlenden Lohnsteuer und wurde ursprünglich nach der deutschen Wiedervereinigung 1991 zur Deckung der Kosten der Wiedervereinigung eingeführt. Die Kirchensteuer zahlen die Mitglieder von Religionsgemeinschaften, die den rechtlichen Status einer Körperschaft des öffentlichen Rechts tragen. Die Abgaben zu den Pflichtversicherungen sind Teil des deutschen Sozialversicherungssystems und basieren auf einem Umlageverfahren (Tabelle 19.1).

Nettolohn als Ergebnis

Tabelle 19.1: Beitragssätze

	Abzüge	in % der Bruttovergütung	in % der Lohnsteuer
Beiträge an das Finanzamt	Lohnsteuer	je nach Steuerklasse	
	Solidaritätszuschlag		5,50 %
	Kirchensteuer		9,00 %
	Kirchensteuer Bayern und Baden-Württemberg		8,00 %
Sozialversicherungsabgaben	Krankenversicherung*	14,00 %	
	Gesetzlicher Zusatzbeitrag des Arbeitnehmers für die Krankenversicherung	0,90 %	
	Rentenversicherung*	19,90 %	
	Arbeitslosenversicherung*	2,80 %	
	Pflegeversicherung		
	für kinderlose Personen	2,20 %	
	für Personen mit Kindern	1,95 %	

Beamte versichern sich selbst über eine private Krankenversicherung. Der entsprechende Beitrag ist nicht prozentual an das Einkommen gekoppelt. Für Beamte entfallen auch die Beiträge zu Renten- und Arbeitslosenversicherung. Daher sind diese Posten in der Tabelle mit einem Stern (*) gekennzeichnet.

Vorschlag: den letzten
Gehaltszettel einmal
exakt nachrechnen

Rechenbeispiel Gehaltsabrechnung Mitarbeitersicht

Ein 30jähriger, kinderloser Mitarbeiter in Frankfurt am Main erhält seine Gehaltsabrechnung für den August 2010. Sein Bruttolohn beträgt 3.100 Euro. Er ist in die Lohnsteuerklasse I eingestuft und bezahlt die gesetzliche Kranken-, Renten- und Arbeitslosenversicherung wie auch Kirchensteuer.

Bezeichnung	Prozent	Höhe	Endsumme
Bruttolohn		3.100,00 €	3.100,00 €
Gesetzliche Abzüge			
Steuern			
Lohnsteuer		508,08 €€	
Solidaritätszuschlag	5,5 %		27,94 €
Kirchensteuer	9,0 %		45,73 €
Summe Steuern			581,75 €
Abgaben			
Krankenversicherung (Arbeitnehmeranteil)	7,9 %	244,90 €	
Pflegeversicherung (Arbeitnehmeranteil)	1,225 %	37,98 €	
Arbeitslosenversicherung (Arbeitnehmeranteil)	1,4 %	43,40 €	
Rentenversicherung (Arbeitnehmeranteil)	9,95 %	308,45 €	
Summe gesetzliche Abzüge			634,73 €
Netto-Auszahlung			**1.883,52 €**

Nach Abzug der Steuern und Abgaben erhält der Arbeitnehmer eine Netto-Auszahlung von 1.883,52 Euro.

Arbeitgebersicht und Arbeitnehmersicht

Der Arbeitgeber muss zusätzlich zum Bruttolohn noch die Arbeitgeberanteile zu den Sozialabgaben leisten und bruttolohnabhängige Versicherungen tragen. Hierzu zählen beispielsweise die Umlage zum Mutterschaftsgeld und die Beiträge zur gesetzlichen Unfallversicherung. Kleinere Betriebe zahlen zudem eine Umlage zur Zahlung von Entgeltanteilen an den Arbeitnehmer im Krankheitsfall. Der zusätzliche Lohnaufwand für jeden Mitarbeiter liegt somit rund 20 bis 25 Prozent über dem Bruttolohn des Mitarbeiters.

Rechenbeispiel Gehaltsabrechnung Arbeitgebersicht

Nimmt man den Bruttolohn, wie er im vorangegangenen Rechenbeispiel ermittelt wurde, so ist er Ausgangsbasis für die Berechnung der Arbeitgeberanteile.

Bezeichnung	Prozent	Höhe
Bruttolohn		3.100,00 €
+ Krankenversicherung (Arbeitgeberanteil)	7,0 %	217,00 €
+ Pflegeversicherung (Arbeitgeberanteil)	0,975 %	30,23 €
+ Arbeitslosenversicherung (Arbeitgeberanteil)	1,4 %	43,40 €
+ Rentenversicherung (Arbeitgeberanteil)	9,95 %	308,45 €
Gesamtbetrag		**3.699,08 €**

An wen Abgaben und Steuern abgeführt werden ist unterschiedlich (Abbildung 19.2). Der Arbeitgeberanteil der Sozialabgaben geht direkt an die Sozialkassen weiter. Vom Bruttolohn des Arbeitnehmers werden die Sozialabgaben und Steuern abgezogen. Vom Nettolohn bezahlt der Arbeitnehmer seine vermögenswirksamen Leistungen. Der Restbetrag ist die Lohnauszahlung, über die er frei verfügen kann.

Abbildung 19.2: Abgaben und Steuern bei der Entgeltberechnung

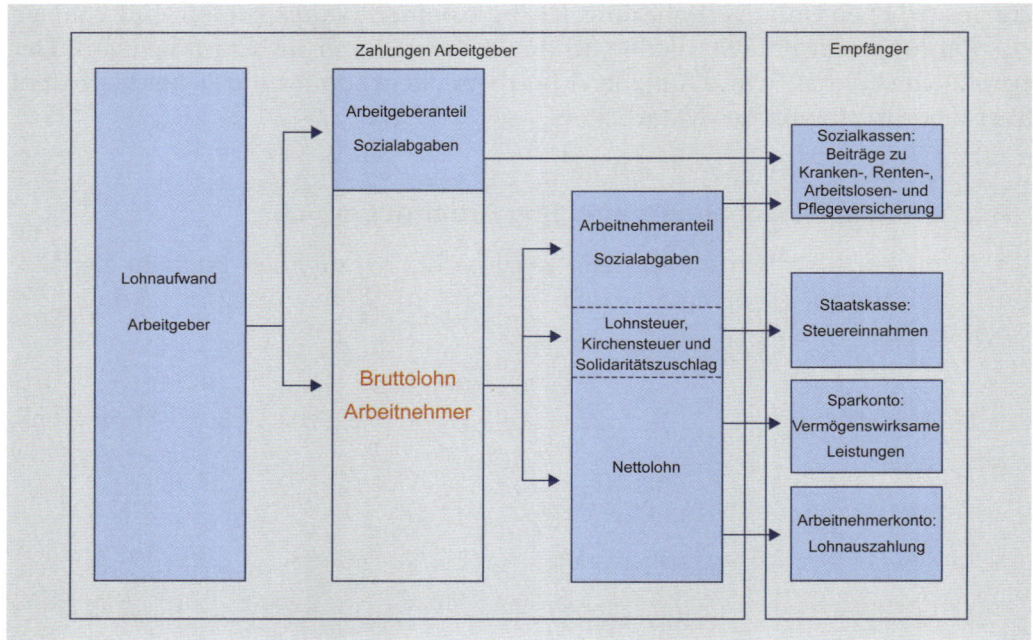

Übung 19.2 | **Vom Brutto- zum Nettolohn**

Offenbar gibt es etwas, womit man mehr Geld verdienen kann als mit Erdbeerkuchen: Beim sonntäglichen Familienausflug protzt Ihr Schwager nämlich mit dem Gehalt von 5.000 Euro monatlich, das er mit seiner zukünftigen Firma ausgehandelt hat. Ganz nebenbei fragen Sie: „Reden wir eigentlich gerade über Brutto oder Netto?" Darauf schaut Sie Ihr Schwager ratlos an und fragt: „Gibt es da überhaupt einen großen Unterschied?". Sie zücken sofort einen Kugelschreiber und rechnen ihm vor, mit welchen Abzügen er ungefähr zu rechnen hat.

19.4 Personalcontrolling

Seit Beginn der 1980er Jahre ist das Personalcontrolling vor allem in der Praxis ein wichtiges Thema, weil es das Grundbedürfnis nach Sicherheit bei allen Betroffenen anspricht und zudem die Personalfunktion durch argumentativ belastbare Zahlen aufwertet.

Begriff und Inhalt

Für den charakteristischen Mehrwert, den das Personalcontrolling mit sich bringt, kann auf das Charakteristische am Controlling abgestellt werden, wie es sich in der Abgrenzung zu Kontrolle ergibt:

Kontrolle:
Soll-Ist-Vergleich

- Kontrolle leitet sich aus dem lateinischen „contra rotulus" ab und impliziert im Wesentlichen einen Soll-Ist-Vergleich.

■ Controlling leitet sich aus dem Englischen „to control" ab und beinhaltet neben Kontrolle auch die Planung sowie Informationsversorgung.

Damit geht Controlling im Allgemeinen und Personalcontrolling im Speziellen deutlich über einen reinen Soll-Ist-Vergleich hinaus.

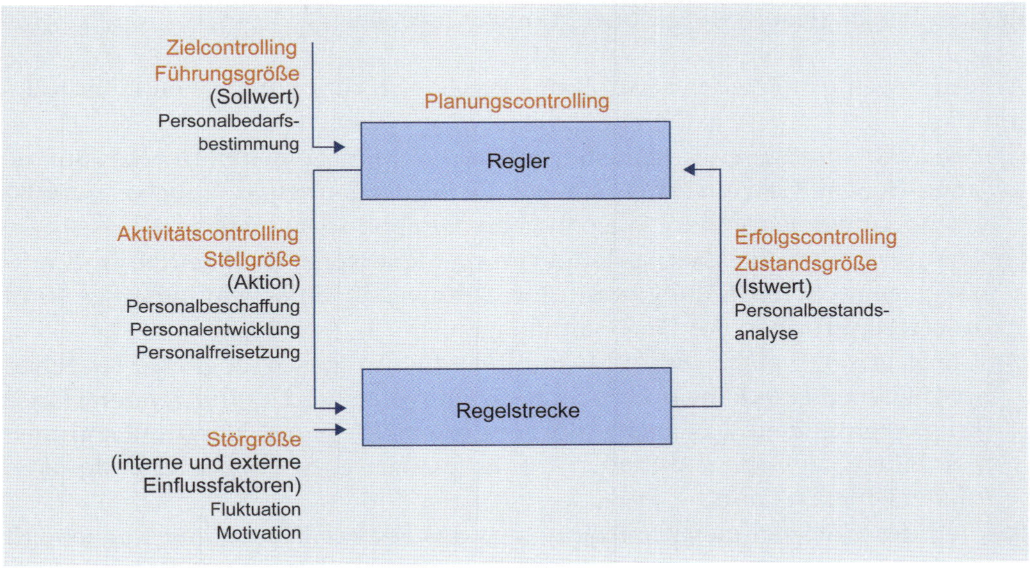

Controlling: Kontrolle, Planung, Informations-versorgung

Abbildung 19.3: Personal-controlling im Regelkreis

Controlling basiert somit auch auf dem Regelkreis (Abschnitt 2.2), bezieht sich aber mindestens auf vier Controllingaspekte (Abbildung 19.3):

(1) Beim *Erfolgscontrolling* wird der Istwert evaluiert. Anders als bei der reinen Kontrolle geht es dabei nicht um den Abgleich mit den formal kongruenten Sollwerten. Vielmehr ist zu prüfen, ob der Regler überhaupt im Normalfall seine Sollwerte erreicht und ob die Istwerte qualitativ sinnvoll sind. Gibt sich beispielsweise beim Beschaffungscontrolling der untere Regler bereits dann zufrieden, wenn eine ausreichende Anzahl von Mitarbeitern eingestellt ist, so kann sich das Personalcontrolling zusätzlich mit der Qualität der neuen Mitarbeiter befassen.

(2) Beim *Zielcontrolling* werden Sinnhaftigkeit, Vollständigkeit und logische Kongruenz der vorgegebenen Sollwerte überprüft. Das Personalcontrolling würde dann beispielsweise die Personalbeschaffung dadurch unterstützen, dass es zusätzliche Ziele definiert und an die Personalbeschaffung weitergibt.

(3) Beim *Planungscontrolling* gilt es festzustellen, ob die Entscheidungsverfahren des Reglers sinnvoll und zielfördernd sind. In vielen Fällen heißt dies zunächst einmal herauszufinden, wie der Regler seine Entscheidungen trifft. Im Beschaffungscontrolling beispielsweise könnte die Fachführungskraft auf potenzielle Fehler im Einstellungsinterview hingewiesen und mit Hinweisen zur kritischen Analyse von Lebensläufen versorgt werden.

(4) Das *Aktivitätscontrolling* konzentriert sich auf die Handlungen des Aktionsträgers. Hierbei wird nicht geprüft, warum eine Maßnahme ergriffen wird und

ob sie zielführend ist. Es interessiert ausschließlich die Maßnahme selbst und ihre prozedurale Durchführung. Hier kann zum Beispiel untersucht werden, ob und wie Fachführungskräfte Feedback-Gespräche mit den Mitarbeitern nach Ablauf der ersten Hälfte der Probezeit führen.

Alle vier Varianten gehören zu einem „vollständigen" Controlling und sind daher in einer Personalcontrolling-Konzeption vorzusehen.

Als Aufgaben des Personalcontrollings lassen sich drei Funktionen identifizieren:

(1) Die *Kontrollfunktion* führt eine Bewertung der Managementaktivitäten auf die angestrebten Ziele hin durch, sowohl mit Vergangenheits- als auch Zukunftsbezug, und entspricht im Wesentlichen dem Soll-Ist-Vergleich.

(2) Die *Informationsfunktion* verlangt die systematische, rechtzeitige und nutzergerechte Bereitstellung von Informationen für Entscheidungsträger und Interessengruppen des Personalmanagements.

(3) Die *Steuerungsfunktion* befasst sich mit der Identifikation möglicher Ursachen ineffizienten Handelns und sucht nach sinnvollen und zielführenden Handlungsalternativen, was auch Änderungen am Ziel- und Handlungsrahmen beinhalten und sich somit auch auf der planerischen Ebene der Sollgrößen niederschlagen kann.

Als Teil des Unternehmenscontrollings ist das Personalcontrolling folglich auf eine erfolgsorientierte Steuerung des Unternehmens ausgelegt.[560] Besonders ergiebig sind dabei wegen ihrer unvermeidbaren Wertschöpfungsrelevanz die primären Wertschöpfungsaktivitäten, also der Bereich von Akquisition bis Reduktion.

Risiken und Chancen

Personalcontrolling ist im Prinzip gesetzlich vorgeschrieben

Auch wenn sich viele Unternehmen bei ihrem Personalcontrolling eher zurückhalten und sich auch die diversen Beitrags- und Schulungsangebote weitgehend auf die etablierten Kennzahlen plus qualitative Beschreibungen beschränken, gibt es zwei Gründe für ein extensiv-intensives Personalcontrolling[561]:

(1) Das *Gesetz zur Kontrolle und Transparenz* im Unternehmensbereich (KonTraG) verlangt ein Überwachungssystem zur frühzeitigen Erkennung von schädlichen Entwicklungen für das Unternehmen, eine Risikodarstellung im Unternehmensbericht, einen erweiterten Konzernanhang mit einer Kapitalflussrechnung und Segmentberichterstattung sowie die Berichte an den Aufsichtsrat über die beabsichtigte Geschäftspolitik.

(2) *Basel II* verlangt von den Banken und Finanzdienstleistern, bei der Kreditvergabe stärker auf die Bonität der Unternehmen zu achten. Die Konsequenz daraus sind Unternehmensratings und eine erschwerte Kreditvergabe.

Für die Bewertung finanzieller Risiken stehen prinzipiell genügend Indikatoren zur Verfügung, wenngleich sich in der Wirtschafts- und Finanzkrise deutliche Schwächen in diesen Systemen gezeigt haben.

Noch klarere Defizite liegen bei der Feststellung von Risiken, die sich aus der Personalarbeit ergeben beziehungsweise die mit dem Humankapital verbunden sind. Hier fehlen im Regelfall solide Controllingansätze, was dazu führt, dass auch Aufsichtsräte ihre Pflichten in diesem Segment nicht wahrnehmen (können). Folgt man der Systematik dieses Buchs, so lassen sich potenzielle Risiken vor allem in den primären Personalmanagementaktivitäten lokalisieren:

- Stellenausschreibungen sind nicht exakt genug formuliert, so dass trotz hoher Bewerberzahlen wenig passende Kandidaten ausgewählt werden können (*Akquisitionsrisiko*).
- Aufgrund von Beurteilungsfehlern werden Mitarbeiter ausgewählt, die nicht in das Unternehmen passen. So sinkt nach kurzer Zeit die Motivation und der Mitarbeiter wird das Unternehmen bald wieder verlassen (*Selektionsrisiko*).
- Mitarbeiter werden zu Beginn ihrer neuen Tätigkeit nicht genügend informiert und fühlen sich allein gelassen. Die Folge kann eine frühzeitige Kündigung sein (*Integrationsrisiko*).
- Mitarbeiter werden an den falschen Stellen im Unternehmen eingesetzt. Für ein Unternehmen stellt dies eines der größten Risiken dar. Dieses Risiko besteht nicht nur für die Qualifikation des Mitarbeiters, sondern auch für seinen Arbeitsort, die Arbeitszeit und Vergütung. Hier muss seitens des Unternehmens dafür gesorgt werden, dass seine Beschäftigungsfähigkeit erhalten bleibt (*Allokationsrisiko*).
- Wenn Mitarbeiter zu spät an Personalentwicklungsmaßnahmen teilnehmen, entstehen Bedarfs- oder Potenziallücken (*Qualifikationsrisiko*).
- Die Leistung eines Mitarbeiters liegt weit unter seinem Potenzial, wenn sich der Mitarbeiter nicht genügend motiviert fühlt oder motivieren kann. In der Folge sinkt die Produktivität, Qualität und die Performance. In einem weiteren Schritt verringert sich die Loyalität zum Arbeitgeber und ein für das Unternehmen schädigendes Verhalten kann entstehen (*Motivationsrisiko*).
- Aufgrund mangelnder oder unpassender Führung bringen die Mitarbeiter nicht die gewünschte Leistung und dadurch sinkt die Motivation (*Direktionsrisiko*).
- Arbeitnehmer verlassen das Unternehmen, ohne dass eine Weiterführung der Aufgaben sichergestellt ist. Der Know-how-Verlust, Kundenabgänge und Aufwendungen für einen neuen Mitarbeiter bedeuten erhebliche Kosten, die mit diesem Risiko in Verbindung stehen (*Retentionsrisiko*).
- Wenn Mitarbeiter nicht schnell genug ersetzt werden können, müssen die verbleibenden Mitarbeiter über längere Zeit ein erhöhtes Aufgabenpensum bewältigen. Dies führt wiederum zu Motivationsverlusten (*Reduktionsrisiko*).

In ähnlicher Form sind auch die Aktivitätsfelder Organisation und Kommunikation risikobehaftet. Personalcontrolling dient aber nicht nur zum Lokalisieren dieser Risiken. Es soll im gleichen Umfang auch die Chancen aufzeigen, die in einer verbesserten Personalarbeit liegen.

Personalcontrolling bezieht sich auch auf das Humankapital und die dort verankerte (lange) Liste von Risiken

Balanced Scorecard und HR-Scorecard

Vier Perspektiven

Ein ganz spezifisches Instrument zum Controlling ist die Balanced Scorecard[562]. Sie dient als Führungsinstrument, das die Erreichung der strategischen Ziele eines Unternehmens im Hinblick auf seine Vision und Strategie aus vier Perspektiven messbar macht:

(1) Kennzahlen bezüglich Umsatz oder Stückkosten messen die Erreichung der finanziellen Ziele (*Finanzperspektive*).

(2) Das Erreichen der Kundenziele wird durch Kennzahlen zur Messung der Kundenzufriedenheit oder die Antwortzeiten auf eine Anfrage erfasst (*Kundenperspektive*).

(3) Kennzahlen über die Prozessqualität oder Durchlaufzeiten geben Auskunft über die internen Prozess- und Produktionsziele (*interne beziehungsweise Prozessperspektive*).

(4) Mit Kennzahlen zur Fluktuation oder den Entwicklungszeiten für neue Produkte wird die Erreichung langfristiger Ziele gemessen (*Mitarbeiter-, Potenzial-, Erneuerungs- und Wachstumsperspektive*).

Alle vier Perspektiven sind „ausbalanciert" zu optimieren und auf „Vision und Strategie" des Unternehmens abzustimmen.

Drei bis sieben Items

Für jede der vier Perspektiven sind zwischen drei und sieben Items festzulegen, die der Konkretisierung der Perspektive dienen. Jedes dieser Items wiederum ist durch vier Informationen näher zu beschreiben, nämlich

Vier Beschreibungsformen

– das Ziel (verbalisiert),
– die Kennzahl (Hinweis auf numerische Erhebungsform),
– die Zielvorgabe (numerisch) und
– die Maßnahme.

Daraus resultiert die Balanced Scorecard (Abbildung 19.4).

Überträgt man diese Perspektiven auf den Personalbereich, so erhält man eine Personal-Scorecard (HR-Scorecard)[563]. Jede der oben beschriebenen Perspektiven wird dazu auf den Personalbereich angepasst: So können in der Finanzperspektive die Produktivität der Personalabteilung sowie die Personalkosten der Mitarbeiter in der Personalabteilung gemessen werden. In der Prozessperspektive können Kennzahlen zur Akquisition, Nachfolgeplanung, Qualifikation und Reduktion herangezogen werden. Die Fluktuationsquote oder Befragungen zur Zufriedenheit geben Aufschluss über die Kundenperspektive. In der Lern- und Innovationsperspektive können die Qualifikation der Mitarbeiter im Personalbereich, der Trainer und das Commitment gemessen werden.

Über die HR-Scorecard schafft das Personalmanagement eine zunehmende Anbindung der Bereichsaktivitäten an die Unternehmensstrategie und garantiert eine durchgehende Verknüpfung der individuellen Zielvereinbarung mit dem Mitarbeiter über die Zielsetzung des Personalbereichs mit den Zielen des Unternehmens (Tabelle 19.2).

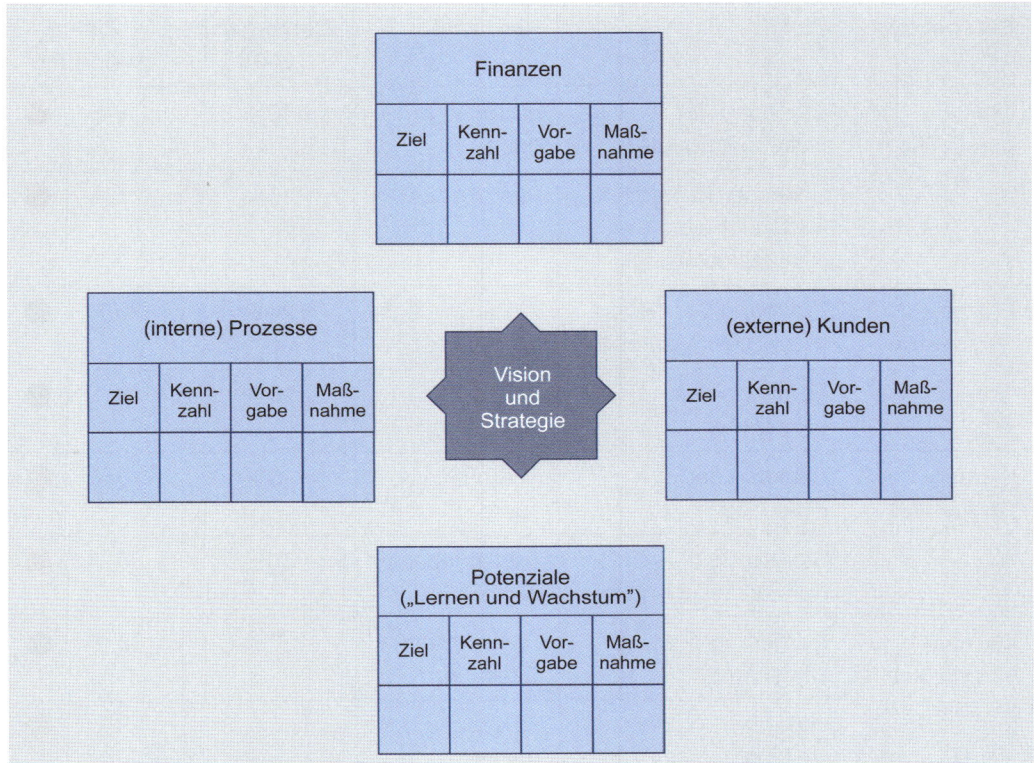

Strategie und Handlung.

„Balanced Scorecard translates an organization's mission and strategy into a comprehensive set of performance measures that provides the framework for a strategic measurement and management system."[565]

Univ.-Prof. Dr. Robert S. Kaplan (geb. 1940; Professor für Betriebswirtschaft) und *Dr. David P. Norton* (geb. 1941; Strategie- und Managementberater)

Der verwendete Farbcode für die ermittelte Zielerreichung erinnert an eine Ampel: Rot steht für das Nichterreichen von Zielen, gelb für ein knappes Verfehlen und grün für die Erfüllung oder sogar Übererfüllung der Vorgaben.

Tabelle 19.2: Beispiel
für ein Berichtsblatt zur
HR-Scorecard[566]

Perspektive	Ziel	Kennzahl	Zielvorgabe 2008	Ziel-erreichung	
Finanz-perspektive	Erhöhung der Betreuungsquote	Betreuungs-quote	10 %	2 %	🔴
	Senkung der Personal-kosten für die Personalabteilung	Personalkosten	15 %	7 %	🔴
Prozess-perspektive	Erhöhung der Weiter-bildung der Mitarbeiter	Weiterbildungs-tage	20 %	20 %	🟢
	Erhöhung der Akquisition	Neuein-stellungen	10 %	12 %	🟢
Kunden-perspektive	Senkung der Fluktuation	Fluktuations-quote	10 %	8 %	🟡
	Steigerung der Kundenzufriedenheit	Zufriedenheits-quote	50 %	30 %	🔴
Lern- und Innovations-perspektive	Steigerung des Commitment	Commitment-index	30 %	35 %	🟢
	Verbesserung der Trainings	Bewertung der Trainer	15 %	13 %	🟡

Für einen langfristigen Vergleich der Zielerreichung und Istwerten bieten Personalinformationssysteme die Möglichkeit, übersichtliche Diagramme zu erstellen. Anhand dieser Diagramme lassen sich der aktuelle Stand und die Entwicklung der letzten Zeit exakt nachvollziehen. Scorecards lassen sich auch mit IT-Systemen darstellen, mit deren Hilfe Soll- und Istvergleiche einfach möglich sind (Abbildung 19.5).

Allerdings gibt es auch kritische Stimmen[567] zur HR-Scorecard: Sie bezeichnen sie als aufgewärmte und inhaltsleere Lehre. Sie gilt als nicht durchdacht und schürt nur weiter die Vorurteile, dass im Personalmanagement oftmals zu unkonkret argumentiert werde.

Übung 19.3　　**Personal-Scorecard**

Sie haben die zweitägige Fortbildung „Die HR-Scorecard: Design und Anwendung" besucht und sind jetzt auf dem neuesten Stand. Natürlich wollen Sie das Wissen auch an Ihre Führungskräfte weitergeben und erstellen daher eine Übersicht, wozu die Personal-Scorecard bei Ihrer Strawberry Cake & Bakeries AG dient und welche Elemente sie beinhaltet.

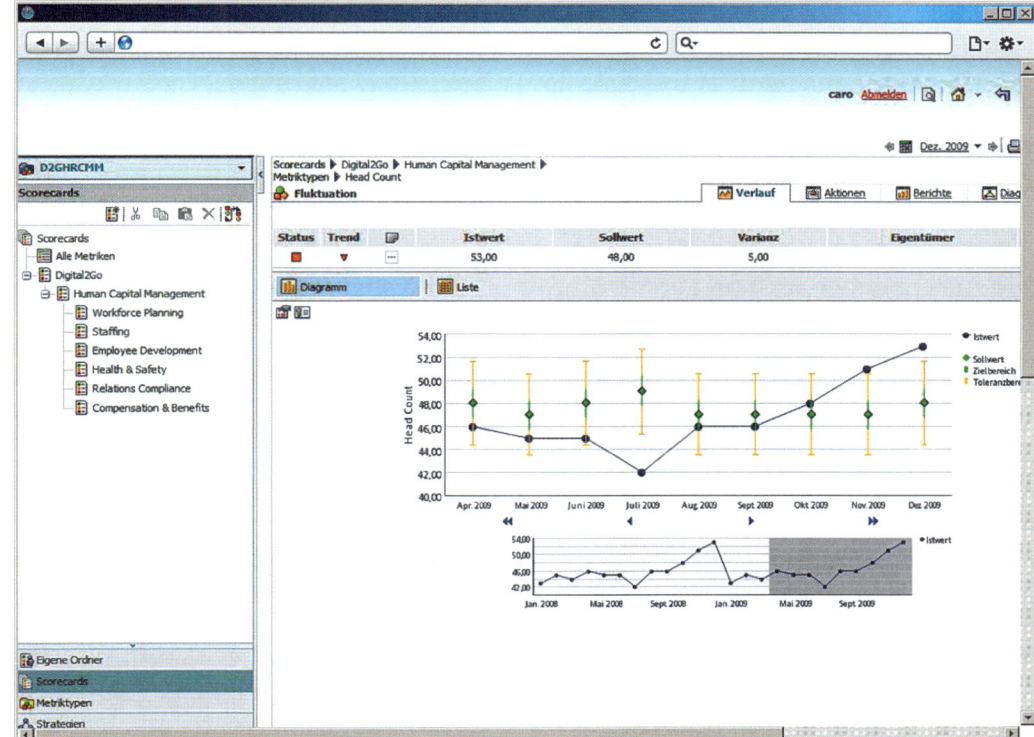

19.5 Personalinformationssysteme

Unter dem Begriff Personalinformationssysteme[568] – auch Human Resource Information Systems (HRIS) – werden spezialisierte Informationssysteme zusammengefasst, die zur Unterstützung der Aufgaben des Personalmanagements dienen. Sie werden zur effektiven und effizienten Planung, Realisation und Kontrolle der durch die Personalmanagementaktivitäten anfallenden Informationsverarbeitungsprozesse herangezogen.

HRIS als Administrationsbasis!

Personalinformationssysteme lassen sich nach dem Zweck ihrer Anwendung in zwei Gruppen unterteilen[569]:

- Zum einen sind dies Systeme, die für rein *administrative Zwecke* eingesetzt werden. Aufgrund der Vielzahl gleicher oder ähnlicher Vorgänge bei der Personalverwaltung und der Menge an Daten, die bei diesen Vorgängen anfällt, wird durch den Einsatz dieser Systeme eine Zeit- und Kosteneinsparung angestrebt.
- Zum anderen sind dies Systeme, die für *Zwecke der Entscheidungsunterstützung* herangezogen werden. Sie führen beispielsweise Analysen aus den durch ad-

ministrative Aktivitäten gewonnenen Daten durch, um daraus erweiterte Informationen zu gewinnen, die schlussendlich zur Vorbereitung von strategischen Entscheidungen genutzt werden.

Durch die Verlagerung der Verwaltung von Stellen und Mitarbeiterdaten und damit zusammenhängenden Informationen in die Informationssysteme können HRIS und die in ihnen enthaltenen Daten als Basis administrativer Personalmanagementaufgaben bezeichnet werden.

Der Aufgabenbereich von Personalinformationssystemen findet sich in den verschiedenen Personalmanagementaufgaben wieder. Gängige personalwirtschaftliche Software lässt sich demnach wie folgt einteilen[570]:

– Systeme zur Stammdatenverwaltung,
– Aus- und Weiterbildungssysteme,
– Systeme zum betrieblichen Vorschlagswesen,
– Bewerberverwaltungssysteme,
– Lohn- und Gehaltsabrechnungssysteme,
– Personal- und Karriereplanungssysteme sowie
– Systeme zur Zeiterfassungs- und Zutrittskontrolle.

Viele Softwareprodukte decken gleichzeitig mehrere dieser Bereiche ab. Bekannte Beispiele für Personalsoftware sind das HR-Modul in SAP R/3, SAP ERP HCM oder das Modul PeopleSoft Human Capital Management von Oracle.

Aufgaben bleiben – Technologien verändern sich

Während sich die von den HRIS abgedeckten Aufgaben unwesentlich ändern und erweitern (beispielsweise bei der Lohn- und Gehaltsabrechnung) und nur wenige neue Anwendungsfelder dazukommen (beispielsweise eRecruiting), findet eine Änderung der zugrunde liegenden Technologie in regelmäßigen Abständen statt. Beispiele dafür sind die Entwicklungen von zentralen Systemen über dezentrale Systeme zu verteilten Systemen wie Service-Orientierte-Architekturen (SOA) und der neuen Idee des Cloud Computing, bei dem die benötigten Dienste von verschiedenen externen Anbietern nach Bedarf genutzt werden.

Gut geplante Ausbildung

Das Deutsche Zentrum für Luft- und Raumfahrt nutzt zur Planung und Steuerung seiner gewerblich-technischen Ausbildung eine spezielle Planungssoftware, um die immer komplexer werdende Ausbildungsplanung effizienter zu gestalten. Vor allem die Versetzungsplanung im Rahmen der Ausbildung wird erleichtert, da digitalisierte Ausbildungsrahmenpläne die Lerninhalte zusammen mit der Versetzungsplanung berücksichtigen. Hinzu kommt, dass die Planung der Berufsschulzeiten im Ausbildungsplaner durch eingegliederte Ferien- und Feiertagsplanung enorm vereinfacht wird. Der Ausbildungsplaner umfasst daneben umfangreiche Reportingfunktionen, wie zum Beispiel die Urlaubs- und Krankheitstage, unentschuldigte Fehlzeiten sowie eine Darstellung des Kenntnisstandes der einzelnen Auszubildenden. Wissenslücken können somit für jeden Auszubildenden schnell erkannt und effizient geschlossen werden. Per Knopfdruck lassen sich alle Daten der einzelnen Auszubildenden auch in einer Gesamtübersicht zusammenführen. So lässt sich die gesamte Ausbildung einfach dokumentieren und bietet eine hohe Transparenz durch die verschiedenen Berichtsfunktionen.[571]

Datenexplosion als Unvermeidbarkeit?

In den verschiedenen Personalinformationssystemen sind die unterschiedlichsten Informationen über die Mitarbeiter enthalten, die von den grundlegenden persönlichen Informationen wie Name, Anschrift und Kontodaten über Informationen zu Aus- und Weiterbildung, Lohn- und Gehaltsdaten bis hin zu Leistungsbeurteilungen reichen.

Die Menge an Daten, die in den Informationssystemen gespeichert ist, wird immer größer. Es wird allgemein angenommen, dass sich das weltweite Volumen von in Datenbanken abgelegten Informationen im Abstand von weniger als zwei Jahren verdoppelt. Ein Grund dafür ist zum einen der Preisverfall bei Speichermedien und der aktuelle Trend in den Unternehmen, so genannte Data Warehouses einzuführen[572], in denen sie historische Daten ablegen, die Informationen über alle mehr oder weniger relevanten Geschäftsaktivitäten beinhalten.

Gefahr, immer mehr Daten zu sammeln, die dann immer mehr zu integrieren sind?

Die Einführung neuer Systeme und die Integration verschiedener Einzelsysteme in ein gesamtes System erhöht das Datenvolumen. Außerdem gehen mit diesen Aktivitäten zeit- und kostenintensive Bemühungen zur Standardisierung der Daten einher. Hierdurch soll eine (weltweite) Vergleichbarkeit zwischen Unternehmensteilen und anderen Unternehmen erreicht werden. Den Nutzen der Integrations- und Standardisierungsbemühungen können nur die Wenigsten beschreiben. Vielfach scheinen Integrationsvorhaben auf Verdacht oder Vorrat zu erfolgen, verbunden mit der Hoffnung auf eine zukünftige Nutzung der Daten.

Statt eine (Un-)Menge an Daten zu erfassen, die aufgrund ihres Umfangs nur schwer und mit einem enormen zeitlichen und personellen Aufwand auf den aktuellen Stand gebracht werden können, soll die Qualität der Daten im Vordergrund stehen. Qualitativ hochwertige und aktuelle Daten sind nützlicher als – beispielsweise als Folge von Integrationsprozessen – veraltete, unvollständige oder nicht gepflegte. So sind bei gezielter Datenerfassung vollständige Informationen über die Fähigkeiten der Mitarbeiter zur Personalbedarfsplanung wertvoller als unzureichend gepflegte Datenfriedhöfe.

Vertrauen als Implementationsbeschleuniger!

Die in Informationssystemen abgelegten Daten und auch die Informationssysteme selbst können von Unternehmen als strategischer Wettbewerbsvorteil genutzt werden. So ermöglichen es gut funktionierende Personalinformationssysteme den Unternehmen, sich schnell an eine sich ändernde Umwelt anzupassen, beispielsweise durch Einführung zielgerichteter Entlohnungsprogramme sowie durch Durchführung systematischer Analysen der vorhandenen Daten.

Oft ist es jedoch so, dass die eingesetzten Informationssysteme nicht das halten, was vor ihrer Einführung versprochen wurde, oder dass die Einführung neuer Systeme scheitert. Dieses Misslingen bekommen nicht nur die Mitarbeiter zu spüren, sondern auch Bewerber, die sich beispielsweise mit nicht funktionierenden Bewerbungsplattformen konfrontiert sehen.[573] Als Ergebnis kommt es bei Mitarbeitern sowie bei Unternehmen zu einem gewissen Maß an Misstrauen, wenn es um die Einführung neuer oder Aktualisierung bestehender Informationssysteme geht und hier speziell um HRIS.

Viele HR-IT-Projekte scheitern, weil nicht ausreichend Vertrauen aufgebaut wird

In der IT-Literatur werden viele Gründe für das Scheitern von Umsetzungsvorhaben aufgezählt, allen voran mangelhafte Planung. Für die spezielle Betrachtung von HRIS braucht es jedoch eine umfassendere Perspektive, da ein technologiegestütztes Personalmanagement grundlegend für eine erfolgreiche Behauptung im Wettbewerb ist.

Susan Lippert und *Paul Swiercz* haben ein Modell[574] aufgestellt, das eine erfolgreiche Einführung von HRIS auf das Konstrukt „Technologievertrauen" (Technology Trust) zurückführt. Das Modell besagt, dass das Vertrauen in HRIS von drei Perspektiven beeinflusst wird, die wiederum verschiedene Determinanten beinhalten:

(1) Die *Organisationperspektive* beinhaltet die Stärke des herrschenden Vertrauens im Unternehmen, das Zusammenwirken der Wechselbeziehungen, die Organisation der Gemeinschaft im Unternehmen sowie die Unternehmenskultur.

(2) Mit der *Technologieperspektive* werden die Bereitschaft zur Einführung neuer Technologien, ihr Nutzen und die Nutzbarkeit der Systeme für die Mitarbeiter erfasst.

(3) Die *Benutzerperspektive* befasst sich mit dem Prozess der Sozialisation, den ein Mitarbeiter im Unternehmen durchmacht, sein Vertrauen in den Schutz seiner Daten durch das Unternehmen und seine eigene Neigung, dem Unternehmen zu vertrauen.

Je höher der Ausprägungsgrad dieser Determinanten, desto höher das Technologievertrauen und desto erfolgreicher die Einführung von HRIS. Ein Umsetzungserfolg kann durch einen steigenden Grad an Vertrauen, den Personen in die Technologie setzen, beschleunigt werden. Aus dem Modell heraus ergeben sich viele Punkte, an denen auch die Personalabteilung aktiv gestalterisch tätig werden kann.

Self-Service als Verantwortungsübertragung!

Als Baustein des eHRM setzen immer mehr Unternehmen Mitarbeiterportale ein, die im Intranet die Umsetzung von Employee Self Services (ESS) sind. Diese Anwendungen sind auf die Bedürfnisse des Mitarbeiters ausgerichtet, indem sie ihm beispielsweise den Zugriff auf seine persönlichen Daten ermöglichen, ihm Qualifizierungsangebote und Stellen im Unternehmen anzeigen oder über Leistungen von Versicherungen oder Betriebskrankenkassen informieren.[575] Aber auch häufig benötigte Formulare wie ein Urlaubsantrag können selbstständig im Intranet ausgefüllt und postwendend an die Führungskraft digital weitergeleitet werden. Nach seiner ebenfalls digital vergebenen Genehmigung geht das Dokument weiter an die Personalabteilung. Die Unternehmen verbinden die Einführung von Employee Self Services mit der Hoffnung nach zusätzlicher Motivation der Mitarbeiter, effizienteren Prozessen und Kostenersparnis.

Die Ziele von Employee Self Services lassen sich definieren als „Optimierung betriebswirtschaftlicher und organisatorischer Prozesse im (Personal-)Verwaltungsbereich", bei denen „Mitarbeitern Funktionen, Tätigkeiten und Dienste (Self-Services)"[576] übertragen werden, welche zuvor von den entsprechenden Personalabteilungen ausgeführt wurden. Operative beziehungsweise administrative Aufgaben werden dezentralisiert und quasi an den Mitarbeiter zur selbstverantwortlichen Organisation delegiert.

Self Service Systeme sind tiefgreifende Veränderungen in Ablauf und Selbstverständnis

Die Einführung von Employee Self Services hat eine Änderung von internen Geschäftsprozessen zur Folge, da durch die Employee Self Services eine Reduzierung von Effizienzverlusten erreicht werden soll, die bei herkömmlicher Organisation aufgrund von Abstimmungs- und Koordinationsprozessen zwischen Mitarbeiter und Personalabteilung entstehen können.[577]

Insbesondere bei Employee Self Services gilt es, den Mitarbeitern und Managern den konkreten Nutzen und Anwendungsspielraum der Systeme gemäß der Theorie des Technologievertrauens zu erklären, damit einerseits keine überzogenen Erwartungen geweckt werden und andererseits auch nicht vor der Nutzung der Systeme zurückgeschreckt wird.

Technologievertrauen durch konkreten Nutzen

Schnell die Akte zur Hand

Bei Phoenix Solar AG war die Pflege der Personaldaten mit Akten in Papierform mit hohem zeitlichem Aufwand für die Mitarbeiter in der Personalabteilung verbunden. Zudem waren sie nur im Hauptsitz der Gesellschaft, nicht aber in den Niederlassungen abgelegt. Daher entschied man sich für eine digitalisierte Personalverwaltung, bei der die Personalreferenten von überall her auf die Daten zugreifen können. Die Mitarbeiter bekamen zudem zahlreiche Funktionen zur Verfügung gestellt, um künftig Urlaubsanträge, Zeitbuchungsnachweise, Stammdatenanträge und Reisekostenanträge selbstständig ausfüllen zu können. Zusätzlich können die Daten aus den online stehenden Bewerberformularen bei einer erfolgreichen Bewerbung per Knopfdruck in die digitale Personalakte überführt werden. Die bereits bestehenden Akten wurden eingescannt und stehen somit ebenfalls digital zur Verfügung. So ergibt sich für die Personalreferenten eine große Zeitersparnis, die für andere Personalaufgaben genutzt werden kann.[578]

19.6 Ausblick

Auch wenn sich ein kleiner Teil der personalwirtschaftlichen Diskussion um die Personaladministration dreht und so auch in diesem Buch nur gerade 1/20 des Textes belegt, so ist sie doch die zentrale Basis für die gesamte Personalarbeit.

Personaladministration ist wie der Motor eines Schiffes.

„Der Leiter einer Gehaltsabrechnung bezieht seinen Stolz aus der eigenen Systematik. Die Tatsache, dass man in der Öffentlichkeit für Ordentlichkeit und Zuverlässigkeit keine Anerkennung bekommt, ist ein Reflex des Zeitgeistes, der nur auf die Oberfläche schaut. Der Maschinist, der mit blauem Overall und dreckigen Händen im tiefen Schiffsbauch die Maschine eines Schiffes am Laufen hält, ist aus sich heraus stolz auf seine Leistung und weiß, dass die Kapitäne nicht ohne seine Leistung an Deck flanieren können."[579]

Thomas Sattelberger (geb. 1949; Personalvorstand und Arbeitsdirektor der Deutsche Telekom AG)

Denn die Qualität gerade der personalwirtschaftlichen Prozesse ist Grundbedingung für jegliches Personalmanagement – und zwar unabhängig davon, ob es sich um größere, kleinere, nationale oder internationale Unternehmen handelt.

Sicherlich sehen gerade HR-Berater eine gute Einnahmequelle in der „Optimierung" (und damit Maximierung) der Personaladministration und machen Prozessbeschreibungen sowie Datenintegrationen zum Selbstzweck, vielleicht alles unter dem Etikett „Change".

HR-IT: weniger ist mehr   Dies ist aber der falsche Weg. Administration im professionellen und zukunftsorientierten Sinne bedeutet „Lean Administration", also radikale Verschlankung statt Verkomplizierung und Reduktion statt Addition. Es gibt einige wenige Schlüsselgrößen. Sie gilt es zu identifizieren und zu optimieren. Das andere kann und muss verschlankt und vereinfacht werden. Denn letztlich darf auch in der Praxis „Administration" allenfalls 1/20 der Personalarbeit ausmachen.

Reinhold Werthmann, **Personaldirektor, s.Oliver Bernd Freier GmbH & Co. KG**

HR International: Wichtige Meilensteine des Human Resources Management im Kontext der Internationalisierung der s.Oliver Bernd Freier GmbH & Co. KG

Durch die Expansionsstrategie des Unternehmens werden ehrgeizige Pläne in Richtung einer stärkeren Internationalisierung und Vertikalisierung verfolgt. Ziel ist es, in möglichst vielen weiteren Ländern mit eigenen Retail Stores vertreten zu sein und die Marke s.Oliver durch eigene Mitarbeiter und auf eigenen Verkaufsflächen international zu präsentieren. Engagierte und qualifizierte Mitarbeiter an allen Standorten, die diese Pläne realisieren, sind die Voraussetzung für den Erfolg der Expansion. Wie diese Voraussetzung erfüllt werden kann, ist eine wichtige Fragestellung für das Human Resources Management des Unternehmens.

s.Oliver hat sich auf diese Herausforderung mit einer Roll-Out-Strategie für die internationale Personalarbeit vorbereitet. Wichtige Meilensteine der Roll-Out-Strategie sind die Prüfung der rechtlichen und der kulturellen Anbindung, die Entwicklung und Anpassung der erforderlichen Strukturen und Prozesse sowie das Thema Entsendung mit der Fragestellung, wie die Expansion in ein neues Land durch Mitarbeiter aus dem Stammland Deutschland vor Ort begleitet werden kann.

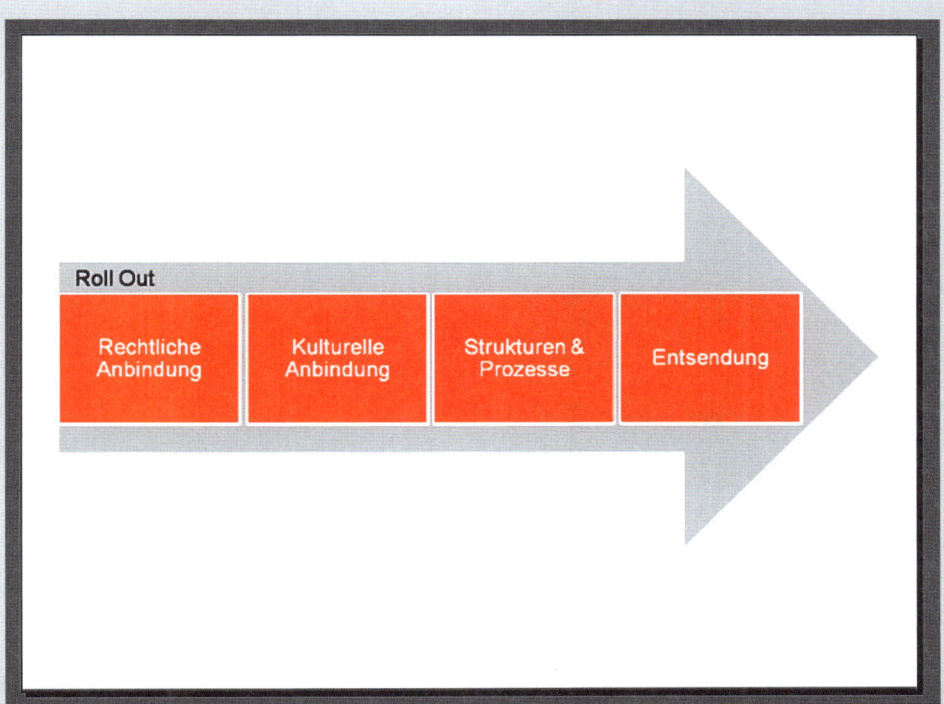

Die rechtliche Anbindung

Mit der Unternehmensentscheidung, in ein neues Land zu expandieren, beginnt der Roll-Out-Prozess für das Human Resources Management. Aus der Perspektive des Human Resources Management besteht der erste Schritt in der Prüfung der rechtlichen Voraussetzungen für die Beschäftigung von Mitarbeitern an dem für s.Oliver neuen Standort. Für die erste Recherche werden alle üblichen Informationsquellen herangezogen, die Gesetzesbücher und Rechtsquellen des Landes werden geprüft. Ohne Unterstützung durch einen ortsansässigen Ansprechpartner, der mit den rechtlichen Grundlagen des Landes vertraut ist, würde man bereits bei dieser ersten Annäherung sehr schnell an Grenzen stoßen. Nicht nur die Durchdringung der sprachlichen Feinheiten, sondern auch die Transparenz innerhalb des Gesetzesdschungels eines jeden Landes würden ohne einen Experten sehr viel Zeit in Anspruch nehmen, die für die Expansion bereits erfolgsentscheidend sein kann.

In Kooperation mit einem Experten vor Ort werden systematisch alle relevanten Gesetzesgrundlagen geprüft und in die für die Beschäftigung der neuen Mitarbeiter relevanten Verträge und Bestimmungen übertragen. Die wichtigsten Ansatzpunkte sind in jedem Land die Lohn- und Gehaltsstrukturen sowie die Regelungen der Arbeitsbedingungen wie zum Beispiel Arbeitszeiten oder Urlaub, die Handhabung von Probezeiten oder Kündigungsfristen sowie die Anwendung der Bestimmungen des Lohnsteuer- und Sozialversicherungsrechts. Dabei reicht es nicht aus, allein die schriftlichen Fassungen der Regelungen zu kennen, sondern deren Auslegungen und tatsächliche Handhabungen am Markt sind zu hinterfragen und anzuwenden.

Die kulturelle Anbindung

In jedem Land trifft das expandierende Unternehmen auf eine eigene Kultur, die in den Recherchen zunächst nur teilweise durch Landessprache, Traditionen, Praktiken, Systeme, Rituale, Verhalten und Architektur sichtbar wird. Der große Teil des tatsächlichen landesspezifischen Lebens bleibt jedoch für Außenstehende und das expandierende Unternehmen verborgen. Genau diesen Teil, den zunächst verborgenen Bereich des kulturellen Lebens, die tatsächlichen Werte, Normen, Überzeugungen und Einstellungen der Menschen, gilt es jedoch zu erobern.

s.Oliver sieht hier nicht nur den Schlüssel zu einem kaufbegeisterten Kunden, sondern auch zu einem engagierten Mitarbeiter. Der Schlüssel zu den Menschen in den verschiedenen Ländern ist damit auch der Schlüssel zu einer erfolgreichen Umsetzung des Roll Outs vor Ort. Ziel ist es, die Potentiale der kulturellen Unterschiede zu erkennen und zu nutzen. Für s.Oliver ist es daher sehr wichtig, bereits sehr früh einen Personalverantwortlichen für das neue Land zu finden. Die Person des HR Managers wird vor Ort rekrutiert, da sie sehr gut mit der Kultur des Landes vertraut sein sollte und idealerweise bereits einige Zeit in dem Land gelebt hat. Neben einer hohen fachlichen Kompetenz sollte der HR Manager insbesondere über eine sehr gut ausgeprägte kulturelle Kompetenz verfügen.

Im weiteren Expansionsprozess wird der HR Manager zusammen mit den neuen Führungskräften die Schnittstelle zum Headquarter übernehmen, Prozesse koordinieren und das neue Team aufbauen. Den neuen Mitarbeitern sollte dabei nicht eine bestehende Unternehmenskultur übergestülpt werden. Aufgabe des Personalverantwortlichen und der Führungskräfte ist es, sich mit Feingefühl anzunähern und gemeinsam Strukturen und Prozesse zu erarbeiten und auf die Landesbedürfnisse abzustimmen.

Strukturen und Prozesse

Die Aufgabe, Strukturen und Prozesse zu übertragen, gilt für den Bereich Human Resources genauso wie für jeden weiteren Fachbereich, der in die Expansion involviert ist. Auf jedes neue Land müssen alle Funktionsbereiche des Human Resources Management sinnvoll übertragen werden. Dabei kann auf viele bestehende Instrumente zurückgegriffen werden, die dann den rechtlichen und kulturellen Landesbesonderheiten entsprechend angepasst werden müssen. s.Oliver hat zu diesem Zweck Kernfunktionen des HR Managements definiert und stellt einen Baukasten bereit, der für jedes Land in die jeweilige Landessprache übertragen wird und als Basis zum Aufbau der HR-Strukturen und -Prozesse dient. Zu den Kernfunktionen gehören

- HR Recruiting,
- HR Development,
- HR Leadership,
- HR Controlling,
- HR Administration und
- HR Consulting.

Auf diese Weise hat der HR Manager des neuen Landes im Bereich HR Recruiting zum Beispiel die Möglichkeit, auf bestehende Stellenbeschreibungen, Vertragsmuster und Auswahlverfahren zurückzugreifen oder bereits bestehende Personalentwicklungskonzepte anzubieten.

Durch das HR Leadership werden Instrumente zu Aufbau und Umsetzung eines gemeinsamen Führungsverständnisses bereitgestellt. Der Baukasten reicht dabei von der Bereitstellung der Unternehmenswerte bis zu konkreten Handlungsanleitungen zu Mitarbeitergesprächen.

Durch ein gemeinsames HR Controlling besteht über bestimmte Personalkennzahlen Transparenz an allen Standorten. Zur technischen Unterstützung nutzt s.Oliver die Lösungen eines der größten internationalen Software-Hersteller. Durch den Aufbau der einheitlichen informationstechnologischen Strukturen in den einzelnen Ländern hat das Unternehmen sehr viel schneller die Möglichkeit, auf eine gemeinsame Datenbasis zurückzugreifen und unternehmensweite Auswertungen und Analysen bereitzustellen. Entsprechende Reports und Analysen erfolgen regelmäßig über den Bereich HR Controlling des Headquarters.

Für die HR Administration wird je nach Größe des neuen Standortes eine Integration in das bestehende Abrechnungssystem des Unternehmens angestrebt oder über ortsansässige Steuerbüros eine Anbindung geschaffen. Insbesondere für diesen Bereich ist eine enge Zusammenarbeit zwischen dem vor Ort gesuchten Rechtsexperten, dem HR Manager und dem Bereich HR Administration des Headquarters wichtig. Detaillierte Abstimmungen zu rechtlichen Fragestellungen und eine gute Integration der technischen Systeme zur Abwicklung der Administrationsprozesse stellen hierbei eine wichtige Herausforderung dar.

Für das HR Consulting, die Betreuung und Beratung der Mitarbeiter stehen dem HR Manager Leitfäden für Mitarbeitergespräche und Handlungsanleitungen für die Betreuungsprozesse von der Einstellung bis zur Kündigung zur Verfügung.

Auf diese Weise kann individuell für jedes Land eine Auswahl an Instrumenten zusammengestellt und im Detail auf die rechtlichen und kulturellen Landesbesonderheiten angepasst werden.

Entsendung

Eine gute Vernetzung des neuen Standortes und eine reibungslose Abstimmung der Prozesse und Strukturen sind oft einfacher, wenn ein Mitarbeiter, der bereits mit dem Unternehmen vertraut ist, vor Ort zur Verfügung steht. Die Entsendung von Mitarbeitern gewinnt insbesondere in einem Expansionsprozess und der Erschließung neuer Standorte für den Transfer des fachlichen Wissens und des kulturellen Verständnisses füreinander an Bedeutung. Für s.Oliver sind dabei die Auswahl des Mitarbeiters für eine Entsendung, eine gute Vorbereitung des Mitarbeiters, die Betreuung über die Distanz und die Reintegration nach der Entsendung wichtige Fragestellungen, die mit der Entsendung einhergehen und für den Erfolg des Einsatzes entscheidend sind.

Der Mitarbeiter muss fachlich und von seiner sozialen und kulturellen Kompetenz für das Vorhaben geeignet sein. Dabei sind das persönliche Wollen des Mitarbeiters und seine Persönlichkeit für eine erfolgreiche Entsendung besonders wichtig. Vor Ort muss der Entsandte proaktiv die Expansion vorantreiben und ein neues Umfeld für sich erschließen können. Gleichzeitig muss aber auch gewährleistet sein, dass das Netzwerk zum Unternehmen und dem Heimatstandort weiterhin sehr gut bestehen bleibt. Das Netzwerk aufrechtzuerhalten sollte daher einerseits eine Fähigkeit des ausgewählten Mitarbeiters sein, andererseits müssen vom Unternehmen die entsprechenden Voraussetzungen geschaffen werden.

Wenn der richtige Mitarbeiter ausgewählt wurde, bleibt daher die wichtige Aufgabe, den Mitarbeiter sehr gut auf seine Aufgabe und das neue Umfeld vorzubereiten und ihn während seines Aufenthalts so gut wie möglich zu unterstützen. Für s.Oliver gehören dazu kulturelle Vorbereitungstrainings genauso wie die Unterstützung bei den mit der Entsendung einhergehenden Formalitäten.

Während des Aufenthalts in dem fremden Land wird der Mitarbeiter durch ein kontinuierliches Mentoring unterstützt, um ihn persönlich zu stärken und seine Anbindung zum Headquarter zu erhalten.

Zur Rückkehr aus einer Entsendung werden intensive Gespräche geführt und weitere Einsatzmöglichkeiten genau geprüft. Wichtig ist, nach einer Entsendung die Motivation und das Engagement des Mitarbeiters aufrechtzuerhalten und ihm Perspektiven aufzuzeigen. Das durch eine Entsendung aufgebaute Wissen eines Mitarbeiters stellt für das Unternehmen eine wertvolle Bereicherung dar.

1. Erklären Sie die Rechte und Pflichten des Arbeitnehmers bezüglich seiner Personalakte!

2. Was versteht man unter einer digitalen Personalakte?

3. Wie verändert sich das Rechenbeispiel Gehaltsabrechnung aus Mitarbeitersicht, wenn der Arbeitnehmer von Frankfurt nach Stuttgart zieht und gleichzeitig von seinem Daimler auf einen BMW umsteigt?

4. Welche drei Funktionen hat das Personalcontrolling und welche Aufgaben verbinden sich damit?

5. Welche fünf Risiken der Personalmanagementaktivitäten kennen Sie?

6. Wo liegen die Vor- und Nachteile einer Personal-Scorecard?

Aufgaben und Fragen zur Selbstüberprüfung

Kapitel 20

Perfektion:
Das Streben nach
Professionalisierung!

Kapitel 20 Perfektion: Das Streben nach Professionalisierung!

In Deutschland evaluieren 62 % der Unternehmen ihre durchgeführten Weiterbildungsmaßnahmen.[580]

98 % der Führungskräfte und HR-Mitarbeiter sehen HR-Software als wichtigste Voraussetzung für erfolgreiche Personalarbeit.[581]

Nur 21 % der Unternehmen werden in ihren ökologischen Tätigkeiten als vorbildlich angesehen.[582]

Lernziele

- Sie erfahren, welche Ansätze bei der Perfektion helfen können.

- Sie erleben die Schwierigkeit von Perfektion.

- Sie wissen, welche unterschiedlichen Perspektiven für die Personalarbeit gelten müssen.

- Sie verstehen, welche Wege zur Perfektion führen.

- Sie lernen, wie Sie eine perfekte Personalarbeit umsetzen können.

20.1 Überblick

„Wir streben nicht nach Perfektion. Uns reicht es vollkommen, wenn wir eine pragmatische Lösung suchen." Hinter diesem Satz, der nur durch die Aussage „Wir brauchen keine richtige Lösung, uns genügt eine pragmatische Antwort." zu überbieten ist, steckt der Verzicht auf HR-Exzellenz. Genau auf das Gegenteil zielt dieses abschließende Kapitel: nämlich auf die kontinuierliche Suche nach dem „besten Personalmanagement". Das neue, selbstbewusste und professionelle Personalmanagement zeichnet sich genau dadurch aus, dass es durchaus rasch reagiert und agiert, sich gleichzeitig aber als lernfähiges System permanent verbessert.

Was aber ist überhaupt gutes Personalmanagement? Hier kann man es sich relativ einfach machen, sich für (sehr) viel Geld bei einem der kommerziellen Arbeitgeberwettbewerbe anmelden und dann stolz mit dem Foto eines ehemaligen Bundesministers werben. Professionelle Personalmanager wählen einen schwereren Weg und hinterfragen die eigene Arbeit umfassend, indem sie Perfektion aus unterschiedlichen Perspektiven analysieren. Der Multiperspektivität[583] folgend, kommen nachfolgend die Perspektiven strategisch (Abschnitt 20.2), mechanisch (Abschnitt 20.3), organisch (Abschnitt 20.4), kulturell (Abschnitt 20.5), intelligent (Abschnitt 20.6) und virtuell (Abschnitt 20.7) zum Einsatz (Abbildung 20.1).

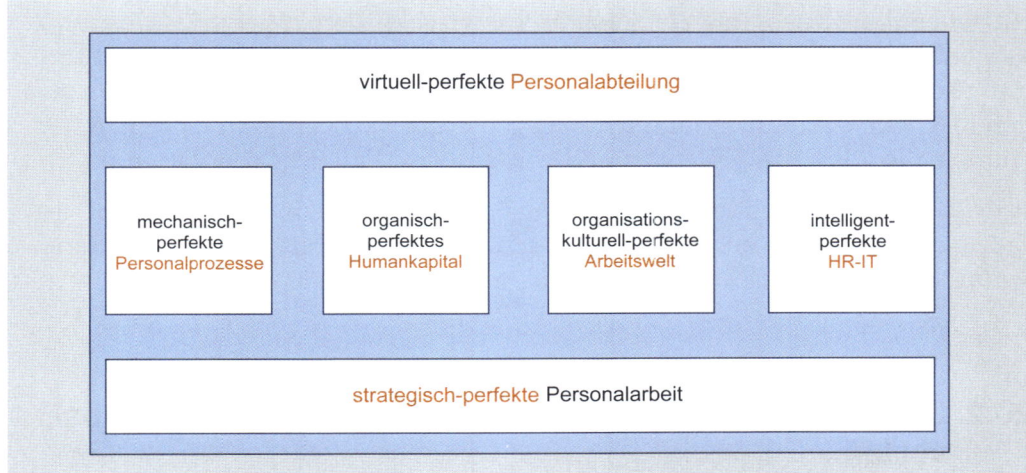

Abbildung 20.1: Perfekte Personalarbeit

BestPersCase: DORMA Holding GmbH + Co. KGaA

DORMA ist ein internationaler Systemanbieter von Produkten rund um die Tür mit mittlerweile 100jähriger Tradition. In den Bereichen Türschließtechnik, mobile Raumtrennsysteme und in der Glasbeschlagtechnik ist das Unternehmen Weltmarktführer. DORMA beschäftigt weltweit rund 7.000 Mitarbeiter in 46 Ländern.

Um die Personalarbeit weiter zu perfektionieren, hat DORMA bereits vor fünf Jahren regelmäßige Sitzungen eingeführt, die dem kontinuierlichen Verbesserungsprozess dienen sollen. In diesen Runden sind Perfektionierungen unterschiedlicher Art erarbeitet worden, wie beispielsweise die Optimierung eines Formulars über die verbesserte Nutzung von IT bis hin zur Neugestaltung abteilungsübergreifender Prozesse. Niedrigere Prozesskosten, schnellere Durchlaufzeiten und eine weiter gesteigerte Kundenzufriedenheit beweisen, dass die umgesetzten Änderungen erfolgreich sind.

Diese Sitzungen finden auch im Personalbereich regelmäßig statt. Hier kommen die Führungskräfte des Personalbereichs mit ihren Mitarbeitern zusammen und diskutieren eine Stunde lang ausschließlich über die Frage „Wo können wir noch besser werden?". Die besprochenen Themen werden bis zum nächsten Treffen erarbeitet und gemeinsam auf den Weg gebracht. Da die Personalarbeit alle Mitarbeiter im Unternehmen betrifft, werden auch Experten aus angrenzenden Abteilungen wie dem Einkauf und Controlling als Gäste dazu eingeladen. So entstehen ein umfassenderer Austausch zwischen den Abteilungen und die Möglichkeit, Anforderungen sowie Wünsche gemeinsam zu diskutieren und umzusetzen. Dies gilt auch für die Kollegen aus den Personalabteilungen anderer DORMA-Standorte. Durch ihre gegenseitige Teilnahme an diesen Treffen können alle voneinander lernen und von den Best Practices profitieren.

Thomas Höll, Leiter Personalentwicklung bei DORMA Training, beschreibt den Prozess: „Perfektion zu erreichen ist schwer. Die Aktivitäten zur ständigen Verbesserung sind jedoch der Schlüssel, um immer besser zu werden."

20.2 Strategisch-perfekte Personalarbeit als Wettbewerbsvorteil

Bereits in Abschnitt 2.3 und an anderer Stelle[584] wurde umfassend auf Logik und Anspruch eines strategischen Personalmanagements hingewiesen: Danach geht es um die Beantwortung der Frage, wie man durch Personalarbeit einen Wettbewerbsvorteil erreichen und halten kann. Für diesen Zusammenhang zwischen Personalarbeit und Unternehmenserfolg gibt es drei völlig unterschiedliche Antworten.

Die ideologiebasierte Hochplateau-These

Den Ausdruck „Hochplateau-These" findet man zwar (noch) nicht in der Literatur, wohl aber in der Praxis ein entsprechendes Verhalten. Danach ist die Personalarbeit eines Unternehmens vor allem dann als gut einzustufen, wenn sie auf allen Personalmanagementfeldern
– möglichst intensiv aktiv wird und
– möglichst viel in Richtung auf Befriedigung der Mitarbeiterwünsche unternimmt.

Aus der Hochplateau-These folgt eine Tendenz, wonach sich alle Unternehmen pro Aktivitätsfeld an dem Unternehmen orientieren, das auf diesem Feld die quantitativ umfangreichste Aktivität entwickelt. Aus diesem Grund entsteht zwangsläufig eine Maximierung aller Einzelmaximalwerte, während sich das ganze System sukzessive nach oben verschiebt.

Hochplateau-These: Maximierung aller Aktivitäten

Abbildung 20.2 zeigt exemplarisch fünf Unternehmen, die jeweils drei personalwirtschaftliche Aktivitäten zunächst unterschiedlich stark ausüben. In diesem Beispiel praktiziert Unternehmen C für die Aktivität 1 und für die Aktivität 3 die umfangreichste Personalarbeit und liefert damit den Benchmark, dem die anderen Unternehmen in ihrer Entwicklung folgen müssen. Aktivität 2 wird von Unternehmen A am umfangreichsten erfüllt: Hier ist also Unternehmen A das Unternehmen, an dem sich die Anderen orientieren müssen.

Abbildung 20.2: Hochplateau-These

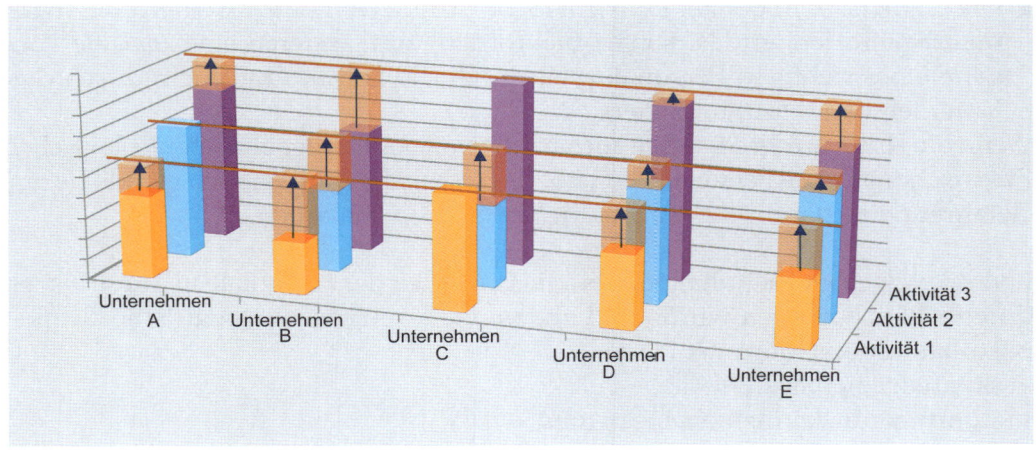

Der Hochplateau-These folgen viele kommerzielle Arbeitgeberwettbewerbe, so auch der Anfang 2009 vom Bundesministerium für Arbeit und Soziales ausgerufene „HPI" (Human Potential Index)[585], der auf dem Beratungsansatz von Psychonomics beruht und mit Hilfe der Bundesanstalt für Arbeitsschutz und Arbeitsmedizin, der Initiative „Neue Kultur der Arbeit" sowie dem Human Capital Club e.V. gestartet wurde. Der Human Potential Index ermöglicht den Unternehmen, sich in 14 personalwirtschaftlichen Kernfeldern (Tabelle 20.1) miteinander zu vergleichen und die eigenen Prozesse zu optimieren.

Maximierungsthese als ideologiegetriebene Logik

Wertschöpfungsprozesse	Nachhaltigkeitstools
Personalstrategie	Unternehmenswerte
Personalberatung & Personalauswahl	Arbeitsplatzverantwortung
Compensation & Benefits	Demografie
Führung	Work Life Balance
Personalentwicklung	Mitarbeiterbindung
Change Management	Chancengleichheit & Diversity
Kommunikation & Information	Gesundheitsförderung

Da die Wertschöpfungsprozesse und die Nachhaltigkeitstools offenbar mit Unternehmenserfolg korrelieren, müssen sie nach Ansicht der Vertreter der Hochplateau-These maximiert werden. Kritiker des HPI[587] argumentieren allerdings ganz anders:

- Die „wissenschaftliche Untermauerung" dieser Logik besteht aus einer falschen Interpretation der Korrelationen. Danach sind Unternehmen nicht erfolgreich, weil sie (zum Beispiel) viele Prämien zahlen und niemals während der Probezeit kündigen. Vielmehr können es sich Unternehmen mit wirtschaftlichem Erfolg erlauben, Prämien zu zahlen und auf das Instrument der Probezeitkündigung zu verzichten. Korrelationen sind streng von Kausalitäten zu unterscheiden.

HPI als „dankbares Opfer" für Fundamentalkritik

- Die Logik ist in doppelter Hinsicht ideologisiert, weil sie zum einen eine strikt mitarbeiterorientierte Personalarbeit fordert, zum anderen eine zentrale Vorgabe einer richtigen Personalarbeit durch die Politik (und nicht durch das Unternehmen selbst) impliziert.

Wenn die Kritik an der Methode auch häufig von der Kritik politisch-ideologischer Einmischung in die Personalarbeit überlagert wird[588], birgt jedoch gerade sie ein Gefahrenpotenzial für die Nachhaltigkeit der Personalarbeit.

Ebenso bleibt aber festzuhalten, dass die Gültigkeit der Hochplateau-These bisher durch nichts bewiesen wurde und zudem viele betriebswirtschaftliche Grundpostulate verletzt, darunter

- situative Angemessenheit,
- stimmiger Instrumenteneinsatz und
- wirtschaftlicher Personeneinsatz.

Aus diesem Grund ist die Hochplateau-These wegen Methodik und Ideologie als Antwort auf der Suche nach Perfektion *strikt abzulehnen*.

Die effizienzorientierte Flat-These

Im Gegensatz zur (gesellschafts-)politischen Hochplateau-These ist die Flat-These nicht nur einfach ein Postulat, sondern die Beschreibung der Realität. Sie findet sich am Treffendsten formuliert von *Thomas Friedman*. In seinem Buch „Die Welt ist flach"[589] beschreibt er den unaufhaltsamen Trend, wonach in einer grenzenlosen Weltwirtschaft das Kapital seine Arbeit dort sucht, wo es sich am profitabelsten entwickeln kann.

Die Welt des 21. Jahrhunderts ist danach flach, der Globus eingeebnet durch die Möglichkeit, digitale Daten von beliebigen Winkeln der Erdkugel in andere zu verschicken, und zwar zu vernachlässigbaren Kosten. Aufgaben werden immer konsequenter dort erledigt, wo dies am kostengünstigsten möglich ist. Besonders deutlich sieht man dies gegenwärtig an Indien, wo nicht mehr nur einfache Produktion stattfindet, sondern auch zunehmend komplexere Tätigkeiten durchgeführt werden. Amerikanische Wirtschaftsprüfer und Steuerberater lassen Routinearbeiten wie Steuererklärungen in Indien ausführen. Radiologen delegieren die Auswertung von CT-Scans an Ärzte in Indien. Unternehmensberater lassen sich über Nacht ihre Powerpoints erstellen.

Globalisierung: Des einen Freud, des anderen Leid!

„My own daughter went off to college in the fall of 2004, and my wife and I dropped her off on a warm September day. The sun was shining. Our daughter was full of excitement. But I can honestly say it was one of the saddest days of my life. And it wasn't just the dad-and-mom-dropping-their-eldest-child-off-at-school thing. No, something else bothered me. It was the sense that I was dropping my daughter off into a world that was so much more dangerous than the one she had been born into. I felt like I could still promise my daughter her bedroom back, but I couldn't promise her the world – not in the carefree way that I had explored it when I was her age. That really bothered me. Still does."[590]

Thomas Friedman (geb. 1953; Journalist, dreimaliger Gewinner des Pulitzer-Preises)

Ein Beispiel für Verflachung ist die Bestrebung einiger Großunternehmen, zur einheitlichen Erfassung von Lebenslaufdaten einen Standardlebenslauf zu propagieren. Gleiches gilt für das langweilige „08/15"-Format einiger externer Jobbörsen, wo teilweise jegliche Individualität als Arbeitgeber verloren geht. Ebenso wie die Hochplateau-These impliziert auch die Flat-These eine gemeinsame Tendenz pro Aktivität bei allen Unternehmen, allerdings eine Tendenz in Richtung auf das pro Aktivität gerade noch ausreichende Minimum.

Abbildung 20.3 zeigt wieder exemplarisch fünf Unternehmen sowie drei Aktivitäten. In diesem Beispiel liefert Unternehmen E das Minimum der Aktivitäten 1 und 3, an dem sich die übrigen Unternehmen ausrichten. Die Aktivität 2 wird von Unternehmen D am „flachsten" ausgeübt: Daran orientieren sich die anderen Unternehmen.

Effizienzthese als beratergetriebene Logik

Abbildung 20.3: Flat-These

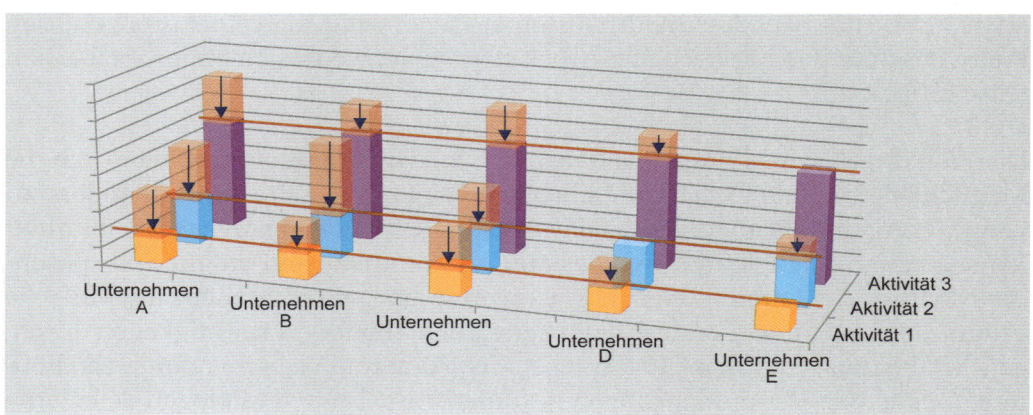

Flat-These als empirische Realität

Die Flat-These hat inzwischen alle HR-Aktivitäten erfasst: Sie reicht von standardisierter Akquisition und Selektion bis hin zu einer routinemäßigen Reduktion. Rein *deskriptiv* ist die Flat-These also als empirisch gesichert anzusehen. Trotzdem erscheint die Flat-These auch *präskriptiv* für eine Vielzahl von HR-Aktivitäten sinnvoll. Exemplarisch zu nennen sind
– Lohn- und Gehaltsabrechnung,
– Stammdatenverwaltung,
– Urlaubsplanung und
– Zeitwirtschaft.

Flat-These: Absenken auf ein Minimalniveau

In allen diesen Fällen kommt es ausschließlich darauf an, ein gegebenes Qualitätsniveau mit möglichst niedrigen Kosten zu erzielen. Aus diesem Grund gehört es zum perfekten Personalmanagement, hier die Flat-These als befolgenswertes Postulat für einzelne Aktivitäten aufzufassen.

Trotzdem ist die Flat-These keine generelle Handlungsmaxime. Denn wenn es nur in diese Richtung weitergeht (also profillose Personalarbeit und Vereinheitlichung aller Systeme), verschmilzt alles miteinander. Die Welt wird dann wirklich flach.

Die effektivitätsfokussierte Anti-Flat-These

Die Evolutionstheorie würde dem Personalmanagement vorschlagen, Variationen zu produzieren, um Ansatzpunkte für eine Weiterentwicklung zu liefern und den Möglichkeitenraum zu vergrößern. Erfolgreiche Unternehmen unterscheiden sich von nicht erfolgreichen Unternehmen durch „routines" und „capabilities",[591] also Kompetenzen, Erfahrungen und Verhaltensweisen, die gemeinsam vor einer externen Selektion schützen.

Anti-Flat-These: Alleinstellungsmerkmale herausbilden

Das Ergebnis ist dann für die Personalarbeit eine Differenzierungs- beziehungsweise Abgrenzungsstrategie: Hier versuchen Unternehmen für sich selber Schwerpunkte zu setzen und Wettbewerbsvorteile durch „Personalarbeit" zu entwickeln.

Sie versuchen also, sich in einer oder ganz wenigen Aktivitäten zu perfektionieren und sich durch diese „Leuchttürme" von anderen Unternehmen abzugrenzen.

Abbildung 20.4 zeigt die fünf Unternehmen und die drei Aktivitätsfelder für die Anti-Flat-These. In diesem Beispiel besitzt Unternehmen A einen „Leuchtturm" für die Aktivität 2, Unternehmen C hingegen setzt den Fokus auf die Aktivität 1, Unternehmen E auf Aktivität 3. Die Unternehmen B und C haben im Vergleich zu den drei anderen Unternehmen keine Aktivitäten als Leuchttürme ausgebaut.

Effektivitätsfokusthese als strategiegetriebene Überlebensnotwendigkeit

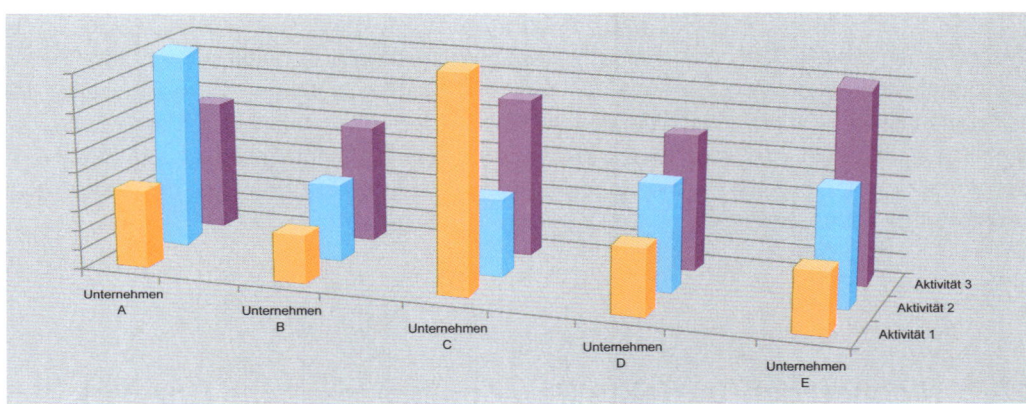

Abbildung 20.4: Anti-Flat-These

Zentral innerhalb der Personalwertschöpfungskette ist das Ziel Alleinstellung[592]: Nur dadurch kommt es im Unternehmen „nach innen" zu einer Optimierung der Abläufe. Nach „außen" sind damit zugleich der Aufbau eines strategischen Wettbewerbsvorteils und eine entsprechende Arbeitgebermarke verbunden.

Globalisierung: Jeder muss eigene Leuchttürme bauen!

„I cannot tell any other society or culture what to say to its own children, but I can tell you that what I say to my own: The world is being flattened. I didn't start it and you can't stop it, except at a great cost to human development and your own future. But we can tilt it, and shape it, for better or for worse. If it is to be for better, not for worse, then you and your generation must not live in fear of either the terrorists or tomorrow, of either al-Qaeda or Infosys. You can flourish in this flat world, but it does take the right imagination and the right motivation. While your lives have been powerfully shaped by 9/11, the world needs you to be forever the generation of 11/9 – the generation of strategic optimists, the generation with more dreams than memories, the generation that wakes up each morning and not only imagines that things can be better but also acts on that imagination every day."[593]

Thomas Friedman (geb. 1953; Journalist, dreimaliger Gewinner des Pulitzer-Preises)

„Flach machen" lässt keine Profilbildung zu, Alleinstellung beziehungsweise Abgrenzung führt dagegen zu Unverwechselbarkeit. Jedes Unternehmen braucht daher klar definierte Bereiche, in denen
– es sich von der Konkurrenz abgrenzt und
– durch die Personalarbeit Wettbewerbsvorteile erringt.
In diesen Fällen ist daher die Anti-Flat-These[594] der Weg zur HR-Perfektion.

Übung 20.1

Umsetzung der Anti-Flat-These

Während Sie dieses Buch zum Personalmanagement durchgearbeitet haben, sind Sie zu der Auffassung gekommen, dass die Personalabteilung der Strawberry Cake & Bakeries AG auf keinen Fall im „Einheitsbrei" untergehen darf, sondern sich vielmehr profilieren sollte. Sie entwickeln daher ein Strategiepapier, aus dem konkrete Handlungsempfehlungen für die Personalabteilung hervorgehen. Dabei haben Sie sich selbst das Ziel gesteckt, mindestens fünf Empfehlungen auszuarbeiten.

20.3 Mechanisch-perfekte Personalprozesse als Uhrwerk

Aus mechanischer Perspektive besteht HR-Perfektion darin, die Personalprozesse wie ein Uhrwerk reibungslos ablaufen zu lassen. Hierzu gibt es zwei Ansatzpunkte: zum einen die Optimierung der Geschäftsprozesse, zum anderen die Sicherstellung der Qualität.

Die optimiert-tayloristische HR-Fabrik

Charlie Chaplin mit seinem Film „Modern Times" mag, wie schon erwähnt, für viele zum personifizierten Albtraum einer Prozessoptimierung gelten. Trotzdem ist es für einige Personalprozesse die aktuell gültige Richtlinie: Immer mehr Unternehmen lagern HR-Aktivitäten in Shared Service Center, Call Center oder zentrale Einrichtungen aus, wo sie reibungsfreie Prozessketten realisieren wollen.

HR-Fabrik als „schöne neue Welt"?

HR-Prozesse sind demnach eine Verkettung von *hoch-spezialisierten* und *hoch-standardisierten* Aufgaben. Der Mitarbeiter, der sich mit seinem Problem an die Personalabteilung wendet, landet also automatisiert an einem Help-Desk, bekommt wie bei der Anfrage bei einem Mobilfunkbetreiber eine Ticket-Nummer und wird sukzessive problemgesteuert weitergeleitet. Alles das findet in einem abgeschlossenen Gebäude vor dem Werkstor, in einem Call-Center in Prag oder vielleicht schon in Indien statt. Personalmanagement ist danach nicht mehr oder weniger als das automatisierte Produzieren von Gartenzwergen, die egal von wem an irgendeinem Ort stattfindet.

Auch wenn dieses Modell für Betroffene wenig attraktiv erscheint, hat es doch für reine Routinevorgänge Zukunft. Wenn man berücksichtigt, wie viele Unternehmen selbst bei einfachen Prozessen wie der Bewerberverwaltung unnötige Schwierigkeiten haben, wird klar, dass auch solche *HR-Factories* zur HR-Perfektion gehören: Wie bereits bei der Flat-These beschrieben, geht es hier um ein Streben nach Kostensenkung und Standardisierung. Genauso wie bei dem nachfolgend behandelten Qualitätsmanagement besteht aber auch die Gefahr, die strategische Perspektive außer Acht zu lassen: also zwar die Dinge richtig zu tun, aber nicht die richtigen Dinge zu tun.

Shared Service Center HR

Lufthansa setzt seit 2007 auf kurze Strecken, zumindest was die Personalarbeit angeht: Mitarbeiter, die eine Bildschirmbrille beantragen wollen, eine Verdienstbescheinigung brauchen oder umgezogen sind, brauchen seitdem nicht mehr den Gang in ihre Personalabteilung anzutreten. Sie können alles mit einem Griff zu Maus oder Telefon erledigen. Denn die Fluggesellschaft hat die Personalverwaltung komplett umgebaut: Dreh- und Angelpunkt des HR-Ressorts sind zwei neue Dienstleistungszentren in Hamburg und Frankfurt. In diesen so genannten Shared Service Centern bearbeiten 55 Servicekräfte alle häufig auftretenden Anfragen aus der Belegschaft, und zwar per eMail oder Telefon. Die hier gebündelten rund 100 Themen reichen vom Absageschreiben für Bewerber bis zum Zeugnis für ausscheidende Mitarbeiter. Um alles, was über die reine Administration hinausgeht, kümmern sich weiterhin die Personaler in den einzelnen Divisionen.[595]

Das optimiert-integrative Qualitätsmanagement

Für HR-Prozesse gelten inzwischen eine Reihe von Qualitätsnormen, die entweder auch Personalprozesse betreffen oder sich speziell darauf beziehen:

- *DIN EN ISO 9001* ist eine Norm für Qualitätsmanagementsysteme, die insbesondere im Bereich Management von Ressourcen Anforderungen an die Personalarbeit artikulieren. Sie lässt sich beispielsweise auf die Qualifikation von Mitarbeitern anwenden.
- *ISO/TS 16949* ist eine Norm für Qualitätsmanagementsysteme der Automobilindustrie. Sie formuliert Anforderungen zum einen an die Einarbeitung von Mitarbeitern, zum anderen an die Mitarbeitermotivation.
- *DIN 33430* ist eine Norm mit Anforderungen an Verfahren und deren Einsatz bei berufsbezogenen Eignungsbeurteilungen. Sie geht auf eine Initiative des Bundesverbands Deutscher Psychologinnen und Psychologen e.V. zurück.

Auch wenn diese Normen, wie beispielsweise die DIN 33430, nicht ganz unumstritten[596] sind, nimmt die faktische Bedeutung derartiger Normen beziehungsweise der damit verbundenen Zertifizierungen zu.

In einigen Ländern haben sich zur Sicherstellung dieser professionellen Standards institutionelle Lösungen durchgesetzt: So organisieren in den USA die Society for Human Resources (SHRM) und in Großbritannien das Chartered Institute of Personnel and Development (CIPD) entsprechende Qualifizierungs- und Akkreditierungsprogramme für Personalmanager, wobei die gesamte Bandbreite vom Praktiker bis zu den Hochschulen eingebunden ist. Deutschland konnte bisher seine Vielfalt erhalten.

Auch andere Institutionen haben es sich zur Aufgabe gemacht, Impulse zur Qualitätssicherung zu generieren. Die European Foundation for Management Development (EFMD) verfolgt beispielsweise das Ziel, einen einheitlichen Europäischen Qualitätsmaßstab für Business Schools einzuführen, was damit zumindest indirekt auf die Ausbildung zukünftiger Personalmanager wirkt.

Das EFQM-Modell als Marktführer

Von der European Foundation for Quality Management (EFQM) stammt ein umfassendes funktionsübergreifendes Qualitätsförderkonzept, das EFQM-Modell. Von den neun Komponenten des Modells (Abbildung 20.5), das zwischen Potenzialen und Ergebnissen der Qualitätsbemühungen unterscheidet, beziehen sich mit Führung, Mitarbeiterorientierung und Mitarbeiterzufriedenheit, drei explizit auf Aspekte der Personalarbeit:

(1) *Führung* (als Potenzial) behandelt das Verhalten der Führungskräfte als Basis zur Realisierung von Qualität im Unternehmen. Es werden Aspekte wie sichtbares Engagement und Vorbildfunktion oder Würdigen und Anerkennen von Leistung berücksichtigt.

(2) *Mitarbeiterorientierung* (als Potenzial) thematisiert den Umgang des Unternehmens mit seinen Mitarbeitern, also den Umgang mit der Ressource Personal. Dies betrifft beispielsweise die Einbeziehung aller Mitarbeiter im Qualitätsförderprozess sowie den planvollen Umgang mit Kompetenzen der Mitarbeiter unter anderem im Rahmen der Qualifikation.

(3) *Mitarbeiterzufriedenheit* (als Ergebnis) betrachtet die Zufriedenheit aller Mitarbeiter im Unternehmen. Als Ergebnis soll gemessen werden, was das Unternehmen im Hinblick auf die Mitarbeiterzufriedenheit tut und inwieweit diese Maßnahmen auch ankommen.

Neben diesen explizit personalwirtschaftlichen Komponenten des EFQM-Modells enthalten aber auch die Bereiche Politik und Strategie (unter anderem Findung und Kommunikation von Wertesystem oder Leitbild) sowie Prozesse (Abstellen auf die wertschöpfenden Tätigkeiten im Unternehmen) Schnittstellen zur Personalarbeit. Geht man zusätzlich davon aus, dass der Personalarbeit als Multiplikator im Unternehmen eine zentrale Rolle bei der Thematik Nachhaltigkeit zukommt und das Arbeitgeberimage als Teilbereich des Gesamtimages des Unternehmens zu sehen ist, wird auch die Überschneidung des Bereiches gesellschaftliche Verantwortung/Image mit dem Personalmanagement deutlich.

Aufgrund der vorhandenen Bezüge zum Personalmanagement kann das EFQM-Modell durchaus als Ansatz für einen strukturierten Personal-Controllingprozess[597] dienen. Dabei werden jedoch nicht von externer Stelle Ausgestaltungs-empfehlungen oder Vorschriften formuliert, sondern es wird lediglich ein Diagnoseinstrument zur Verfügung gestellt.

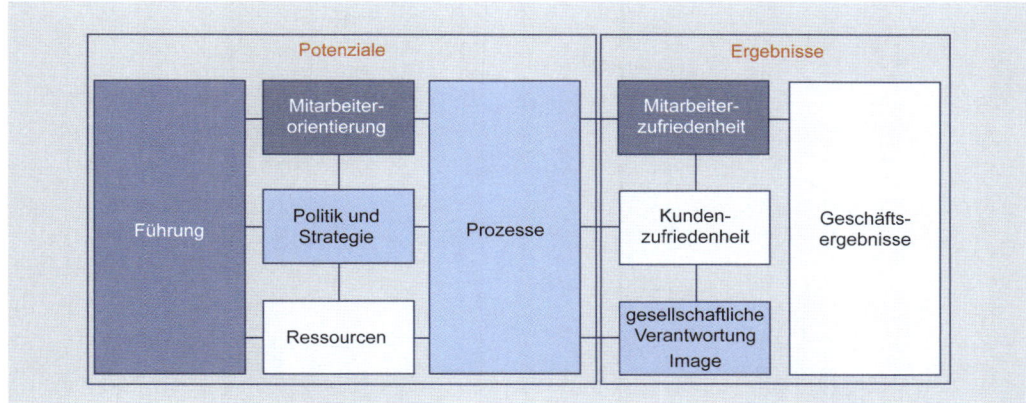

Abbildung 20.5: EFQM-Modell und Schnittstellen zum Personalmanage-ment[598]

Darüber hinaus haben sich in den Unternehmen hinsichtlich des Qualitätsma-nagements eine ganze Reihe von (teilweise sehr aufwändigen und sehr teuren) Prozeduren etabliert, die im Spannungsfeld zwischen

- *Compliance* (fokussiert auf Einhaltung formaler Vorschriften wie dem Allge-meinen Gleichbehandlungsgesetz oder dem Code of Conduct) und *Performance* (betont den Anspruch, die Qualität zu steigern und einen Mehrwert für das Unternehmen zu generieren) sowie
- *externen Stakeholdern* (zum Beispiel Kunden, Bewerber, Öffentlichkeit) und *internen Treibern* (zum Beispiel Mitarbeiter und Unternehmensleitung)

zu positionieren sind.[599] Dazu zählen neben allgemeinen Verfahren („Continuous Improvement") vor allem auch standardisierte Systeme diverser Anbieter (wie Lean Six Sigma), die sich alle mit HR-Qualität befassen (Abbildung 20.6).

Sicherlich ist die Kritik legitim, wonach sich manche Unternehmen zu sehr auf Qualitätsmanagement konzentrieren und deshalb die eigentlichen Geschäftsziele der Personalarbeit aus den Augen verlieren. Trotzdem gehört Qualitätssicherung zur HR-Perfektion.

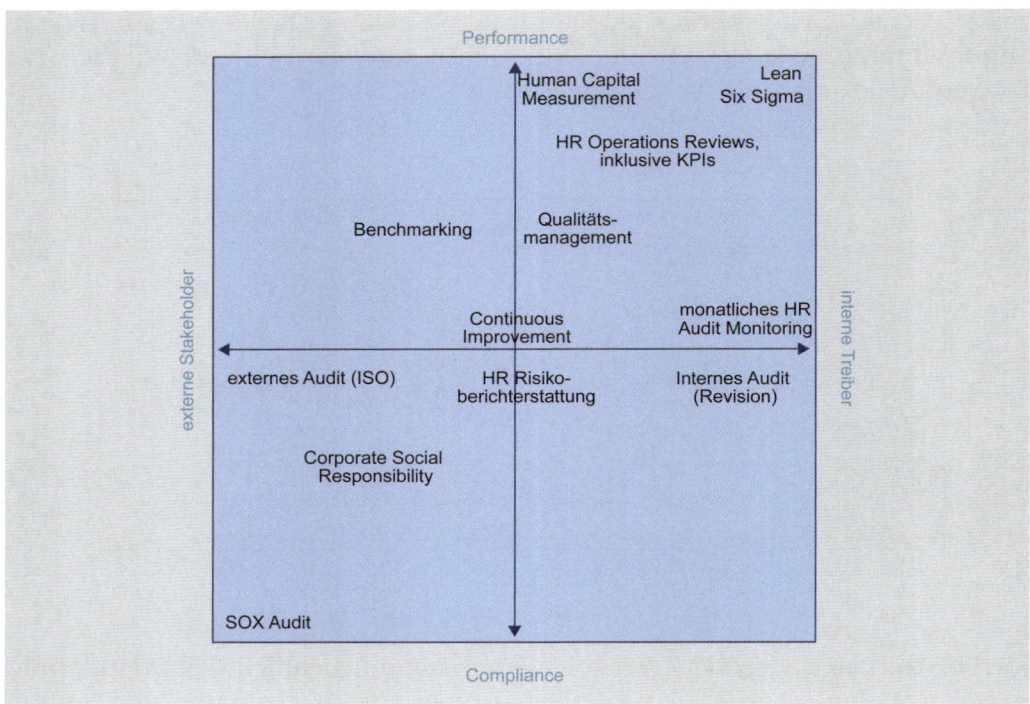

20.4 Organisch-perfektes Humankapital als Überlebensfähigkeit

Aus systemtheoretischer Sicht gilt das Humankapital als zentrale Ressource: Die Mitarbeiter stellen in ihrer Gesamtheit das „System Unternehmen" dar und das Personalmanagement hat die Aufgabe, die Lebensfähigkeit des Unternehmens sicher zu stellen. Diese Aufgabe verlangt entsprechend der Logik lebensfähiger Systeme[601] nach Fließgleichgewicht, Anpassungsfähigkeit und Nachhaltigkeit. HR-Perfektion bedeutet danach langfristiger Erhalt des Humankapitals – und zwar jenseits jeglicher ideologisierter Diskussion im Sinne einer permanenten Optimierung.

Lebensfähigkeit sicherstellen!

Das substanzerhaltende Fließgleichgewicht

Ein System kann nur dann überleben, wenn der Ressourcenzufluss den Ressourcenabfluss ausgleicht. Bezogen auf das Humankapital gibt es fünf Arten von Abflüssen, nämlich
– *quantitativ* durch Kündigung von Mitarbeitern,
– *qualitativ* durch Veralten von Wissen,
– *zeitlich* im Sinne von terminlich, durch Veränderung bei der Mitarbeiterbereitstellung (zum Beispiel als Konsequenz aus Zugfahrplänen),

– *räumlich* im Sinne von regionaler Präferenzverschiebung von Mitarbeitern und

– *wertmäßig* durch Demotivation von Mitarbeitern.

Alle diese Bewegungen reduzieren das Humankapital.

Abgesehen von geplanten Schrumpfungen im Sinne von „rightsizing" sind diese Reduktionen durch Personalveränderungsmaßnahmen auszugleichen, die Personalakquisition ebenso beinhalten wie Personalqualifikation.

Die strukturelle Anpassungsfähigkeit

Die Erhaltung des Humankapitals ist eine notwendige, aber keine hinreichende Bedingung für die Überlebensfähigkeit von Unternehmen. Vielmehr gilt es darüber hinaus sicherzustellen, dass das Humankapital

Humankapital: keine „Liste aus Zahlen", sondern lebender Organismus

– eventuell anfallenden Wachstumsprozessen, aber vor allem
– permanent anfallenden Veränderungsprozessen
entsprechend mitwächst beispielsweise sich entsprechend verändert.

Unternehmen brauchen vor dem Hintergrund der sich ändernden internen wie externen Rahmenbedingungen eine adaptierte Strategie für den Umgang mit ihrem Humankapital. Diese Strategie lässt sich vereinfachend auf die Parameter

– Personalkosten als Input,
– Humankapital als Vermögenswert und
– EBIT (Gewinn vor Zinsen und Steuern) als Output
zurückführen.

Für diese Parameter können empirisch nachweisbar Unternehmen im Rahmen ihrer Humankapitalstrategien[602] sechs unterschiedliche Schwerpunkte setzen:

(1) Die *Ertragsmaximierungs-Strategie* ist gekennzeichnet durch das Streben nach einem hohen EBIT pro Kopf, das teilweise deutlich über den Personalkosten liegt. Das Humankapital liegt dann bei diesen Unternehmen im Pro-Kopf-Vergleich unter dem EBIT und zugleich unter den Personalkosten. Es erfolgt eine klare Fokussierung auf die Erfolgsziele, wobei das Personal für die entsprechende Ertragsoptimierung genutzt wird. Diese Unternehmen könnten sich infolge dessen weitere Investitionen in das Humankapital in Form von Weiterentwicklung oder Motivation der Mitarbeiter leisten.

(2) Die *High Cost/Low HC-Strategie* ist gekennzeichnet durch im Pro-Kopf-Vergleich niedrige Humankapitalwerte in Verbindung mit hohen Personalkosten. Im Rahmen dieser Strategie versuchen Unternehmen für ihre Mitarbeiter etwas zu tun, indem in die Mitarbeiter investiert wird und sie vergleichsweise hoch entlohnt werden. Hier muss allerdings berücksichtigt werden, dass mit entsprechenden Investitionen die Wertschöpfung der Mitarbeiter nur bedingt gesteigert werden kann. Es gilt also zu evaluieren, wo trotz Senkung der

Personalkosten nachhaltige Wirkungen in Richtung auf Bindung, Motivation und Wissen realisiert werden können.

(3) Bei der *High Cost/Low EBIT-Strategie* liegt das EBIT pro Kopf unter dem Humankapital und unter den Personalkosten. Auf den ersten Blick liegen hier offenbar Ineffizienzen vor. Allerdings muss berücksichtigt werden, dass es bei dieser Konstellation im positiven Fall um intensive und langfristige Personalinvestitionen, also nachhaltige Investitionen geht.

(4) Die *Humankapitalisten-Strategie* zeichnet sich dadurch aus, dass die Personalkosten pro Kopf unter dem Humankapital liegen: Es werden also Personalinvestitionen sinnvoll in Humankapital transformiert. Mitarbeiterpotenzial wird also langfristig erhalten und auch im Hinblick auf den Unternehmenserfolg genutzt. Eine solche Langfriststrategie substanzieller Personalinvestitionen wirken sich vor allem im „War for Talents" positiv aus.

(5) Die *Ertragsoptimierer-Strategie* zeichnet sich dadurch aus, dass die erzielten Erträge über dem Humankapital liegen. Das Humankapital wiederum liegt über den Humankapitalkosten. Diese Strategie zielt also darauf ab, die Ertragssituation des Unternehmens zu optimieren, indem durchaus die Relevanz des Humankapitals erkannt und zur Ertragserzielung genutzt wird. Gleichzeitig gelingt es diesen Unternehmen die investierten Kosten in das Humankapital gering zu halten.

(6) Die *Humankapitaloptimierer-Strategie* zeichnet sich dadurch aus, dass der Wert des Humankapitals die erzielten Erträge übersteigt. Ebenso übersteigen die erzielten Erträge die investierten Kosten. Unternehmen, die dieser Strategie folgen, sind in der Lage, trotz geringer Humankapitalkosten, einen hohen Humankapitalwert zu erzielen.

Je nachdem, welche internen und externen Bedingungen und Veränderungsprozesse vorliegen, eignen sich diese Strategien dazu, wettbewerbsfähig zu bleiben, Wettbewerbsvorteile auszubauen oder eben auch nur um zu wachsen. Entscheidend ist, dass sich Unternehmen im Rahmen der strategischen Personalplanung darüber Gedanken machen, ob für die anstehenden Veränderungs- beziehungsweise Wachstumsprozesse das notwenige Humankapital zur Verfügung steht, wobei sich insbesondere die Varianten (1) und (2) für kurz- bis mittelfristiges Wachstum eignen und die Varianten (3) und (4) eher auf eine langfristige Entwicklung setzen. Die Varianten (5) und (6) kommen eher selten vor.

Übung 20.2   **Vergleich der Humankapitalstrategien**

Humankapital war Ihnen schon länger ein Begriff. Kürzlich haben Sie jedoch gelernt, dass es verschiedene Humankapitalstrategien gibt. Um nun zu der Entscheidung zu kommen, welche Strategie Sie bei der Strawberry Cake & Bakeries AG verfolgen wollen, müssen Sie sich noch einmal die Inhalte der sechs Strategien ins Gedächtnis rufen. Um einen besseren Überblick zu bekommen, fertigen Sie sich außerdem eine schriftliche Übersicht an, die auch die am besten geeigneten Einsatzzwecke der Strategien enthält.

Die zukunftsorientierte Nachhaltigkeit

Im Hinblick auf eine Professionalisierung der Personalarbeit gilt es, alle Personalmanagementaktivitäten auf Nachhaltigkeit hin auszurichten. Dabei wird Nachhaltigkeit in der einschlägigen Literatur als dreidimensionales Konstrukt aus

– ökologischer,

– ökonomischer und

– sozialer

Dimension verstanden.[603] Betrachtet man zudem den Begriff der Nachhaltigkeit aus Sicht der Systemtheorie[604], wird deutlich, dass Systeme und damit auch Unternehmen nur dann überleben können, wenn diese drei sich wechselseitig bedingenden Dimensionen berücksichtigt werden. Für das Personalmanagement bedeutet dies, alle Aufgaben und Prozesse an den Nachhaltigkeitsdimensionen auszurichten: Nur dann kann Personalarbeit langfristig das Funktionieren der Leistungserstellungsprozesse im Unternehmen sichern und damit selbst Wertschöpfungsbeiträge für das Unternehmen leisten.[605]

Nachhaltigkeit der Personalarbeit bedeutet bezogen auf die personalwirtschaftlichen Aktivitäten, dass – je nachdem welche Nachhaltigkeitsdimension angesprochen wird – beispielsweise im Rahmen

Nachhaltigkeit: die schier unerschöpfliche Liste von Möglichkeiten

– der *Organisation* Stimmigkeit zwischen den Komponenten Struktur, Strategie und Umwelt hergestellt wird, um langfristig erfolgreich am Markt bestehen zu können,

– der *Emotion* aufmerksam die Stimmungen der Mitarbeiter verfolgt werden, um gegebenenfalls negative Entwicklungen abmildern zu können,

– der *Kalkulation* vorausschauend und antizipierend geplant wird, damit nicht plötzlich massive Einschnitte erfolgen müssen,

– der *(E)valuation* grundsätzlich der quantitative, qualitative, räumliche, zeitliche und wertmäßige Bestand erfasst wird, damit keine plötzlichen Deckungslücken auftauchen können,

– der *Akquisition* über Stellenausschreibungen Umweltschutzkenntnisse und -qualifikationen aufgenommen werden, damit die „richtigen" Mitarbeiter angesprochen werden,

– der *Selektion* Nachhaltigkeitsaspekte in Auswahlverfahren berücksichtigt werden, damit die zum Unternehmen passenden Mitarbeiter ausgewählt werden,

– der *Integration* eine Einarbeitung vorgenommen wird, damit sich neue Mitarbeiter in den bestehenden Strukturen schnellstmöglich zurechtfinden,

– der *Allokation* die qualifizierten Mitarbeiter an den für die Nachhaltigkeit relevanten Stellen im Unternehmen sitzen, damit der Nachhaltigkeitsgedanke nicht verwässert,

– der *Kompensation* sowohl die kurz- als auch die langfristigen Personalkosten identifiziert werden, damit die Kosten nicht aus dem Ruder laufen,

– der *Qualifikation* eine permanente, aufeinander aufbauende und damit langfristige Entwicklungsstrategie verfolgt wird, damit sich Investitionen lohnen,

– der *Motivation* Mitarbeiter in sie betreffende Entscheidungen eingebunden werden, damit langfristig Commitment und Motivation steigen,

– der *Direktion* Ideenwettbewerbe und Vorschlagswesen zur Nachhaltigkeit implementiert werden, damit die Mitarbeiter sich selbst aktiv einbringen,

– der *Kooperation* Teamentwicklungsmaßnahmen angestoßen werden, um die Stimmung und Leistungsfähigkeit von Teams langfristig zu steigern beziehungsweise zu stabilisieren,

– der *Retention* Maßnahmen ergriffen werden, um wichtige Mitarbeiter langfristig an das Unternehmen zu binden,

– der *Reduktion* auf soziale Verträglichkeit und einen fairen Umgang miteinander geachtet wird, damit das Arbeitgeberimage des Unternehmens keinen Schaden nimmt,

– der *Kommunikation* offen und transparent kommuniziert wird, damit die Mitarbeiter sich nicht ausgeschlossen, sondern informiert fühlen sowie

– der *Administration* auf Kompatibilität und Abstimmung der Verwaltungssysteme geachtet wird, damit Doppelarbeit vermieden werden kann,

wobei diese Maßnahmen im Hinblick auf die Personalmanagementaktivitäten für den Einzelfall weiter konkretisiert werden können.

Übung 20.3   **Nachhaltiges Personalmanagement**

Sie wollen nachhaltige Personalarbeit bei der Strawberry Cake & Bakeries AG fördern. Zum einen kennen Sie die drei Nachhaltigkeitsdimensionen, zum anderen die 20 Personalmanagementaktivitäten. Sie zeichnen sich also eine Matrix: In die Spalten tragen Sie die drei Dimensionen der Nachhaltigkeit ein, in die Zeilen die 20 Personalmanagementaktivitäten. Nun überlegen Sie: Welche konkreten Handlungsmöglichkeiten gibt es, die Sie in die Felder der Matrix eintragen können?

20.5 Organisationskulturell-perfekte Arbeitswelt als psychologischer Vertrag

Durch die Wirtschaftskrise 2008/2010 rückte die Frage nach der optimalen Gestaltung der Arbeitswelt in den Vordergrund, wobei es primär um die Organisationskultur als gemeinsame Normen- und Wertebasis geht. Anders als in ideologisch-idealisierten Beschreibungen von Kulturfiktionen[606], die durchaus eine normativ-wünschenswerte Kultur beschreiben, zielt HR-Perfektion auf tatsächlich geteilte Normen und Werte, die in einem realistischen Zusammenhang zum Unternehmen und zur Unternehmensumwelt stehen. „Organisationskulturell perfekt" bezieht sich also nicht auf eine perfekte Kultur, sondern auf den richtigen Umgang mit der Kultur.

Unternehmenskultur und Unternehmenserfolg

Eine Vielzahl von Untersuchungen[607] belegen den Zusammenhang zwischen Organisationskultur und Unternehmenserfolg. Im Regelfall über Korrelationsanalysen festgestellt, hängen beispielsweise Offenheit und Fairness als kulturelle Norm mit dem Unternehmenserfolg zusammen. Dieser Zusammenhang ist beeindruckend in der statistischen Signifikanz der Korrelation (Tabelle 20.2).

Studie	Stichprobe	Messung der Unternehmenskultur	Messung des Unternehmenserfolgs
Daniel Denison	USA, 43 Unternehmen, 43.747 Befragte (Mitarbeiter), branchenübergreifend	Anpassungsfähigkeit, Mission, Mitarbeiterbeteiligung, Konsistenz	Return on Investment (RoI), Umsatzrendite
Gary Hansen/Birger Wernerfelt	USA, 60 Unternehmen, branchenübergreifend	Konsistenz	Return on Assets (RoA) (5-Jahres-Durchschnitt)
Roland Calori/Phillippe Sarnin	Frankreich, 5 Unternehmen, 280 Befragte (Manager/Mitarbeiter), branchenübergreifend	arbeitsplatzbezogene Werte, Methoden der Unternehmensführung	Return on Investment (RoI), Umsatzrendite, Umsatzwachstum
John Kotter/James Heskett	USA, 207 Unternehmen, 600 Befragte (Führungskräfte), branchenübergreifend	Konsistenz, Anpassungsfähigkeit, „Culture-Environment-Fit"	Jahresüberschuss, Umsatz, Aktienkurs (11-Jahres-Durchschnitt)
George Gotwon/Nancy DiTomaso	USA, 11 Unternehmen, 850 Befragte (Führungskräfte), branchenübergreifend	Konsistenz, Anpassungsfähigkeit, Stabilität	Vermögenswachstum, Prämienwachstum (6-Jahres-Durchschnitt)
Celeste Wilderom/Peter van den Berg	Niederlande, 1 Bank, 58 Filialen, 1.950 Befragte (Mitarbeiter)	Entscheidungsmacht, Zusammenarbeit, Personalführung, Marktorientierung, Optimierungsstreben	subjektiv: Effizienz, Marktstellung, ökonomisches und professionelles Verhalten; objektiv: Gewinn/Gesamtkosten
Edward Christensen/Carl Gordon	USA, 77 Unternehmen, 11.870 Befragte (Mitarbeiter), branchenübergreifend	Aktienorientierung, Innovation, Konfrontation, Planorientierung, Ergebnisorientierung, Teamorientierung, Kommunikation	Umsatzwachstum (3-Jahres-Durchschnitt)

Tabelle 20.2: Studien im Zusammenhang von Unternehmenskultur und Unternehmenserfolg[608]

Fortsetzung Tabelle 20.2

Studie	Stichprobe	Messung der Unternehmenskultur	Messung des Unternehmenserfolgs
Carl Fey/ Daniel Denison	Russland, 179 ausländische Unternehmen, 179 Befragte (Führungskräfte), branchenübergreifend	Anpassungsfähigkeit, Konsistenz, Mitarbeiterbeteiligung, Mission	subjektiv: Marktanteil, Umsatzwachstum, Rentabilität, Zufriedenheit, Qualität, Produktentwicklung, Gesamterfolg, „Effectiveness"-Index
Ingrid Fulmer et al.	USA, 50 börsennotierte Unternehmen	„great place to work" (Glaubwürdigkeit, Respekt, Fairness, Stolz, Teamorientierung)	Return on Assets (RoA) Marktanteil-Buchwert-Verhältnis, Aktienkursentwicklung
Greg Filbeck/ Dianna Preece	USA, 57 börsennotierte Unternehmen	„great place to work" (Glaubwürdigkeit, Respekt, Fairness, Stolz, Teamorientierung)	Aktienkursentwicklung
Andreas Herrmann et al.	Deutschland, Schweiz, Liechtenstein, 33 Unternehmen, 2.134 Befragte, branchenübergreifend	63 Werte	Umsatzwachstum, Mitarbeiteranzahl, operativer Gewinn (3-Jahres-Durchschnitt)

Wirkrichtung hinterfragen!

Nicht belegt ist aber die *Wirkrichtung*, obwohl ein populistisch-trivialisierender Autor rasch aus einer Korrelation beziehungsweise einer Regression eine Kausalität macht. Dazu braucht man nur der Pistazieneislogik[609] zu folgen, nach der die Korrelation zwischen Eiskonsum und Sonnenscheinstunden in eine Kausalität „Je mehr Eis man isst, umso mehr scheint die Sonne" umgedeutet wird. Nimmt man exemplarisch noch einmal die Korrelation zwischen Fairness und Unternehmenserfolg, so könnten dahinter zwei Kausalitäten stecken:

(1) *Fairness bewirkt Erfolg!*
(2) *Nur erfolgreiche Firmen erlauben Fairness!*

Soweit erkennbar, gehen fast alle Forscher und Berater von der Wirkungsrichtung (1) aus – wenngleich es dafür keinen durchschlagenden Beleg gibt. Allerdings gibt es[610] erste klare Hinweise, dass Wirkungsrichtung (2) zumindest nicht unwahrscheinlich ist.

Nimmt man die oben erwähnte positive Korrelation zwischen Kultur und Unternehmenserfolg und lässt in der Korrelation beide Wirkungsrichtungen zu, so führt dies in einer wirtschaftlich *guten Situation* zu folgenden Effekten (Abbildung 20.7):

■ Der *Erfolg „gibt der Kultur recht"* und erhöht in diesem Fall die Kulturwerte. Man ist mit der Kultur offenbar gut gefahren, also intensiviert man sie.

■ Gleichzeitig *fördert Kultur den Unternehmenserfolg*, weil sie eine Vertrauenskultur entstehen lässt und Bürokratie reduziert.

Im Ergebnis führt dies zu einer positiven, sich selbst verstärkenden Schleife.

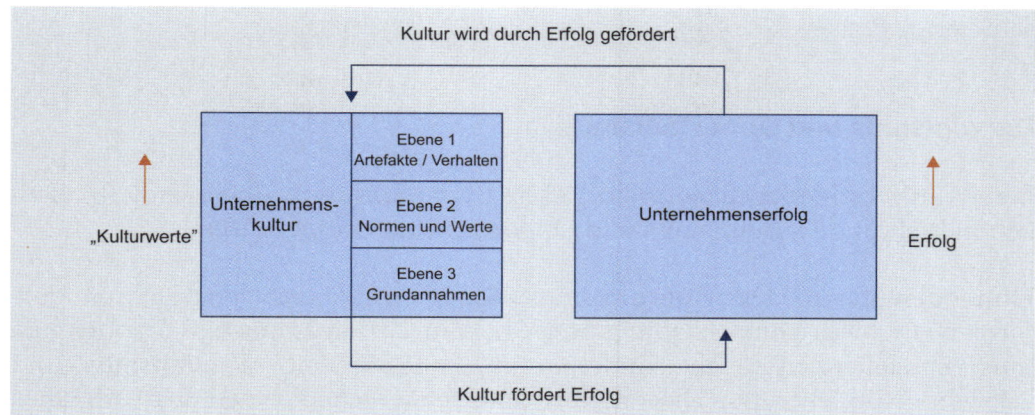

Abbildung 20.7: Kultur fördert Erfolg

Ganz anders verläuft aber die Entwicklung, wenn sich beispielsweise durch einen konjunkturellen Einbruch der finanzielle Erfolg verschlechtert, das Unternehmen sich also in einer wirtschaftlich *schlechten Situation* befindet. In diesem Fall führt die Korrelation mit beiden unterstellten Kausalitäten zu einer sich selbst verstärkenden Abwärtstendenz (Abbildung 20.8):

(1) Mit *sinkendem Erfolg wird die Kultur durch Misserfolge beschädigt*. Zwar spricht „im Prinzip" weiterhin nichts gegen die Kultur, zwangsläufig fängt aber doch jeder an, sich selbst am nächsten zu stehen.

(2) Die *internen Verteilungskämpfe verringern die Effektivität* des Unternehmens, weil man – vereinfacht ausgedrückt – weniger miteinander als vielmehr gegeneinander arbeitet.

Auch jetzt wirkt die Rückkopplung, aber in die andere Richtung.

Erfolg als Situationsbeschreibung

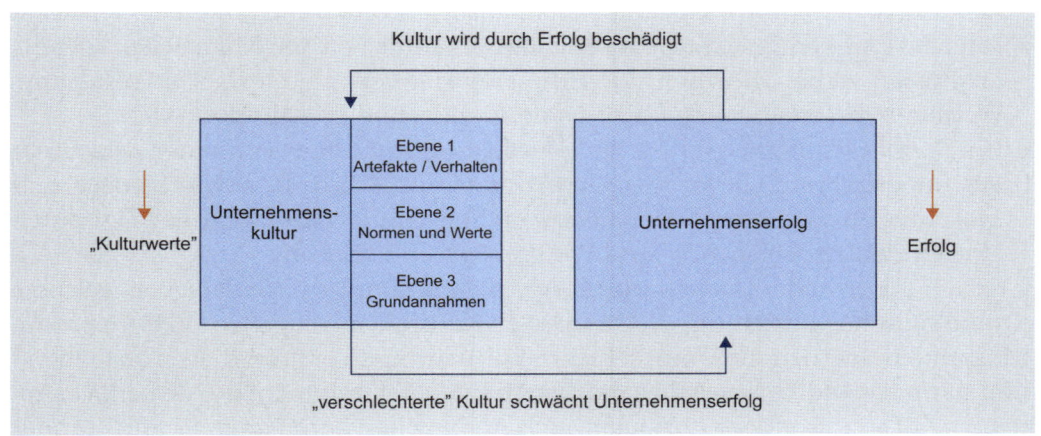

Abbildung 20.8: Kultur schwächt Erfolg

Professionelles Personalmanagement bedeutet also die Auseinandersetzung mit der Kultur des Unternehmens vor dem Hintergrund
– einer realistischen Auffassung zur Arbeitswelt und
– einer Dominanz der Wirkungsbeziehung von Erfolg zur Kultur,
wodurch sich diese Aufgabe nicht mehr primär als eine Schönwetterangelegenheit darstellt, sondern als eine Notwendigkeit, gerade auch für konjunkturell schwierige Phasen.

Darwinismus und Opportunismus

Bereits an verschiedenen Stellen in diesem Buch wurde auf zunehmende Tendenzen in Richtung Darwinismus und Opportunismus hingewiesen.

In Abhängigkeit von der Darwiportunismuszelle entstehen andere Unternehmenskulturen

Hinter den über die Darwiportunismus-Matrix – und damit den Kombinationsformen von niedrigem beziehungsweise hohem Darwinismus und Opportunismus – entstehenden Zellen „Kindergarten", „gute alte Zeit", „Feudalismus" und „Darwiportunismus pur" liegen ganz unterschiedliche Formen des Verhaltens der beteiligten Akteure insbesondere bezüglich des Umgangs dieser miteinander. Genau hier kommt die Unternehmenskultur zum Tragen. Ähnlich wie bei den aus den jeweiligen Zellen resultierenden Führungsstilen (Abschnitt 14.4) sind es gerade die Grundannahmen sowie Normen und Werte, die letztlich das Verhalten der Akteure im Unternehmen prägen:

- In der *guten alten Zeit* wird als Grundannahme des Menschen im Mittelpunkt von einem positiven Menschenbild ausgegangen, kombiniert mit Sicherheitsdenken und dem Streben nach Erhaltung. Die Normen Mitarbeiter- und Werteorientierung werden hier groß geschrieben. Als Normen sind insbesondere Fairness, Konsens, Loyalität, Vertrauen und Verantwortung zu nennen.
- Im *Kindergarten* sind Cleverness, Offensivität und Emotionalität die zentralen Grundannahmen. Dies wirkt sich entsprechend auch auf die Normen und Werte aus und geht einher mit einer extremen Mitarbeiterorientierung.
- Im *Feudalismus* sind Grundannahmen relevant, die eher die Maschinen statt den Menschen im Mittelpunkt sehen. Also bestimmt auch die Idee der Kontrolle das Denken. Loyalität als Wert wird hier nur von den Mitarbeitern geteilt, ansonsten stehen Normen wie Effizienzorientierung, Gewinnorientierung, Wettbewerbsorientierung und Kostenorientierung im Mittelpunkt.
- Im *Darwiportunismus pur* ist bei den Grundannahmen von einer Mischung aus Integrität und Cleverness, Urvertrauen und Kontrolle sowie Mensch und Maschine auszugehen. Neben dem Wert Toleranz ist diese Zelle geprägt durch eine eindeutige Leistungs- und Wettbewerbsorientierung.

Je nach Position in der Darwiportunis-Matrix und somit je nach dem, von welchem psychologischen beziehungsweise sozialen Kontrakt auszugehen ist, liegen somit ganz andere spezifische Unternehmenskulturprofile vor. Von diesen ausgehend

Auf Stimmigkeit achten!

sind dann sowohl Vertragsverhandlungen (wobei damit nicht nur Arbeitsverträge gemeint sind, sondern durchaus auch Absprachen zum Umgang miteinander und zur Akzeptanz individueller Ziele der Mitarbeiter) als auch das Einhalten entsprechender Absprachen geprägt. Professionelles Personalmanagement bedeutet demnach, eine Stimmigkeit zwischen Kultur, Strategie, System und Umwelt herzustellen.

Interessant ist jetzt natürlich die Beantwortung der Frage, ob dieser psychologische Vertrag in irgendeiner Form bei einem KMU anders aussieht als bei einem größeren Unternehmen. Hier zeigt die Empirie[611], dass KMU im Regelfall

– weniger langfristig abgesicherte Angebote an ihre Mitarbeiter hinsichtlich Karriere, Training und Belohnung machen,
– höhere Anforderungen an die Mitarbeiter hinsichtlich Flexibilität, Loyalität und Commitment stellen,
– also eher asymmetrische Verträge abschließen.

Ausgedrückt in der Darwiportunismus-Logik bedeutet dies, dass ein KMU im Regelfall eher auf einem psychologischen Vertrag vom Typ „Feudalismus" basiert.

20.6 Intelligent-perfekte HR-IT als Qualitätsmanagement

Der Anspruch auf Perfektion gilt in vollem Umfang für die HR-Informationstechnologie, die nicht nur im Rahmen administrativer Tätigkeiten als Unterstützungsinstrument eingesetzt wird, sondern auch im Rahmen der personalwirtschaftlichen Wertschöpfung als zentrales Gestaltungsinstrument eingesetzt werden kann, so zum Beispiel bei der Akquisition. Im Umgang und Einsatz von HR-IT gibt es jedoch ganz unterschiedliche Herangehensweisen.

Veraltet: Je mehr, je besser

Statt das bestehende System auszureizen, stellen Unternehmen immer wieder HR-IT-Systeme um. Fast hat man den Eindruck, Systemumstellungen seien dabei Selbstzweck. Bei der Flut aktueller Aktivitäten ist der Nutzen jedoch oft nicht erkennbar. Vielleicht liegt dies daran, dass IT-Anbieter/Berater Personalarbeit als leicht zu gewinnendes Feld sehen. Hier lassen sich Personalmanager vorschnell von Lösungen überzeugen – vielleicht auch, weil sie sich in dem Feld nicht als Experten sehen. Hinzu kommt, dass die für die Umstellungen notwendigen Investitionen auf dem Papier fantastische Amortisationszeiten haben (sparen letztlich Kosten ein) und schließlich will man auch den Anschluss nicht verlieren – alle anderen (die Konkurrenten) machen es ja auch so. Dies hat dazu geführt, dass man im HR-Bereich vielfach wieder in die späten 1990er Jahre zurückgefallen ist, als Informationstechnologie und insbesondere webbasierte Lösungen nach der Devise „Je mehr, desto besser" implementiert wurden.

Wo viel (IT) ist, kommt
auch viel (IT) hin!

Dies führt im Ergebnis dazu, dass zwar immer die neuesten Technologien implementiert sind, diese jedoch nie ausgereizt werden. Ein Wettbewerbsvorteil kann so kaum realisiert werden, da entweder die Routine im Umgang fehlt und/oder man sich in einer permanenten Implementierungsphase befindet.

Gefährlich: Informatisierung zur Kostensenkung und Überwachung

Bei allem Reiz, der von einer forcierten Informatisierung der Personalarbeit ausgeht, bleiben problematische Tendenzen. So konstatiert *Dudo zu Knyphausen-Aufseß*[612], dass die ökonomische Theorie den Nutzen von HR-IT zwar durchaus sieht, allerdings nur deshalb, weil sie den Mitarbeiter mehr als Kosten- und Störfaktor begreift, weniger aber als kreativen Faktor. Dahinter steckt ein massiver Vorwurf, der sich wie folgt zusammenfassen und weiterführen lässt:

- HR-IT geht von einem *Menschenbild X* aus, also der Idee, dass Menschen arbeitsunwillig sind und permanent kontrolliert werden müssen.
- HR-IT dient allenfalls der *Überwachung und Fremdsteuerung* der Mitarbeiter.
- HR-IT muss und kann den Mitarbeiter daran hindern, den eigenen Nutzen zu Lasten des Unternehmens zu erhöhen.
- HR-IT wird als Instrument zur Rationalisierung und Kostensenkung gesehen.

Trugschluss: mehr IT
reduziert Kosten

Oder um es anders auszudrücken: HR-IT entspricht vor allem, wenn einseitig institutionenökonomisch konzipiert und implementiert, in der üblichen Form zunächst einmal nicht dem Ziel einer HR-Perfektion. Denn eine aus diesen Motiven heraus begründete Informatisierung der Personalarbeit wirkt weder motivierend noch kreativitätsfördernd. Im Gegenteil: HR-IT wirkt in dieser Form sogar kontraproduktiv zu den verhaltensorientierten Zielen eines modernen Personalmanagements.

Zukunftsweisend: Neues Denken durch neue Leitbilder

Die vorangegangenen Ausführungen haben gezeigt, dass sich gerade im Bereich HR-IT ein Umdenken anbahnt. Dieses Umdenken bezieht sich sowohl auf neue Leitbilder in der Konzeption von HR-IT-Lösungen als auch auf neue Ziele im Einsatz von HR-IT. Denn: Da sich die Denkstrukturen der HR-Kunden ändern, müssen sich in Zukunft auch die Kommunikationssysteme im Personalbereich ändern, was Auswirkungen auf die IT-Systeme nach sich ziehen wird.

Drei neue Leitbilder als
Denkanstoß

In einem Workshop[613] mit Industrievertretern, sowohl zu der Angebots- als auch zu der Nachfrageseite, wurden alternative Leitbilder für die zukünftige HR-IT diskutiert, wobei sich vor allem drei Leitbilder als relevant herauskristallisierten:

(1) *„iPhone Simplicity"* orientiert sich am iPhone von Apple und unterstellt, dass sich Informationssysteme langfristig nur dann durchsetzen können, wenn sie so einfach sind, dass sie auf einem iPhone laufen könnten. Hinter diesem

Leitbild steht also die Idee, dass HR-IT in Zukunft dem Grundsatz der Einfachheit gerecht werden soll. Anders ausgedrückt besteht die Zielsetzung darin, HR-relevante Steuerungsdaten auf einem mobilen Device darstellen zu können. Die Lösungen sind simpel und es existiert nur eine geringe Anzahl an möglichen Designs zur Ergebnisdarstellung. Derzeit werden in den HR-Systemen sehr viele Daten und Informationen vorgehalten, die jedoch nicht zur Weiterverarbeitung genutzt werden.

(2) *„eee Amputation"* folgt der Entstehungsgeschichte des Handheld-PC „eee". Hier wurde ein Computer hardware- und softwareseitig derartig auf das Nötigste „amputiert", dass ein gleichermaßen billiger wie leistungsfähiger PC entstand. Die Grundidee dieses Leitbilds besteht darin, die derzeitigen HR-IT-Systeme soweit zu fokussieren, bis man den Kern des Wesentlichen erreicht hat: Was braucht man wirklich (Grundfunktionen) und was braucht man nicht. Anders ausgedrückt: Es geht um ein „reduce to the max".

(3) *„Green Sustainability"* ergibt sich aus dem Trend zur umweltschonenden Informationsverarbeitung (Green IT) und dem sich zumindest langsam abzeichnenden Trend, die Personalarbeit im Unternehmen stärker unter das Postulat der Nachhaltigkeit zu setzen. Dieses Leitbild beschäftigt sich damit, ob in Zukunft auch die HR-Systeme zu einer nachhaltigen – im Sinne der ökologischen Funktion – Entwicklung beitragen müssen. Hier sind beispielsweise Überlegungen im Hinblick auf die Größenordnung der Systeme (Energieeinsparpotenzial) denkbar.

Diese und andere Leitbilder zeigen den Weg auf, auf dem sich professionelles Personalmanagement in der Zukunft entwickeln wird.

Halten in Unternehmen also tatsächlich neue Leitbilder Einzug – und zwar nicht nur als Lippenbekenntnisse – führt dies zu einer professionellen HR-IT, die HR-Wertschöpfungsbeiträge zum Unternehmenserfolg generiert.

20.7 Virtuell-perfekte Personalabteilung als Realität

Virtuell bedeutet nicht nur die teilweise Aufgabe einer körperlichen Realität, sondern vor allem das grenzenlose Zusammenfügen von Aktivitäten zu einer neuen Einheit. Die sechste und damit die Gesamtlogik komplettierende virtuelle Sichtweise betrifft dementsprechend die HR-Organisation, hier die Beantwortung der Frage, wie das Personalmanagement als Aufgabe auf die Funktionsträger zu verteilen ist. Auf die Einzelheiten wurde bereits in Kapitel 3 eingegangen. Was aber folgt daraus als Quintessenz?

„Virtuell" als neuartige Organisationsform und umfassende Denklogik

Virtuell plus real statt imaginär plus reduktiv

Anfang der 1990er Jahre entstand im Zusammenhang mit den vielfältigen Arbeiten zur virtuellen Organisation[614] auch die Idee der „virtuellen Personalabteilung"[615]. Sie impliziert eine Personalorganisation,

(Reale) virtuelle Personalabteilung: Entwicklung entlang dreier Dimensionen

– bei der Aktivitäten konsequent nur auf die Funktionsträger zugeordnet werden, die unabhängig von ihrer organisatorischen Zuordnung im Unternehmen über entsprechende Kernkompetenz verfügen,

– die als „reale" Personalabteilung mit klar definierten Kernkompetenzen auftritt, gleichzeitig aber die integrative Klammer über alle Funktionsträger bildet, wodurch aus Sicht des Kunden ein klares akzeptanzförderndes „one-face-to-the-customer" entsteht, und

– durch die Multimedialisierung einen technischen Lösungsraum entstehen lässt, der insbesondere die Kommunikationsprozesse zwischen allen Beteiligten entsprechend ausgestaltet.

Der exemplarische Aufbau einer virtuellen Personalabteilung entsteht somit entlang von drei Virtualisierungsdimensionen.

Eine derartige HR-Organisation als Mittel zur HR-Perfektion steuert zwei Fehlentwicklungen entgegen:

(1) Durch den realen Kern verhindert sie eine *völlige Aushöhlung* der Personalfunktion, die sich ergeben würde, wenn beispielsweise alle Aktivitäten auf externe Dienstleister oder anonyme Call-Center verlagert werden.

(2) Durch den umfangreichen Einsatz von auf Partner ausgelagerten Funktionen lassen sich *Kostenexplosionen* vermeiden und externe Kompetenzen und Größenvorteile nutzen.

Im Ergebnis gibt es im Unternehmen eine klar definierte Personalabteilung mit klar definierter Führungsrolle in einem Kompetenzregelwerk. Auf diese Weise wird somit die Zielsetzung aus Flat-These und Anti-Flat-These umgesetzt.

Die Gegenentwicklung würde aus einer reduktivistischen Aushöhlung der Personalabteilung bestehen, die über Shared Service Center die Auslagerung als Business-Process-Outsourcing herbeiführt, in der es am Ende allenfalls eine imaginäre Personalabteilung als Teil der Rechtsabteilung gibt. Es ist unzweifelhaft, dass HR-Perfektion anders aussieht.

In einer virtuellen Personalabteilung wird hingegen die professionelle Erfüllung der Personalmanagementaktivitäten intern sichergestellt, die Distanz zu den Mitarbeitern verringert und Kompetenzen permanent erweitert.

Übung 20.4   **Virtuelle Personalabteilung**

Ein neuer Werksstudent von der Universität Saarbrücken berichtet Ihnen von der Idee der virtuellen Personalabteilung. Zunächst können Sie sich unter diesem abstrakten Begriff recht wenig vorstellen, nachdem Sie aber die Inhalte verstanden haben, finden Sie die Idee richtig gut. Sogar so gut, dass Sie auch Ihre Kollegen der Geschäftsführung in der Strawberry Cake & Bakeries AG über die virtuelle Personalabteilung informieren wollen. Sie verfassen daher einen kurzen Text, aus dem hervorgeht, was eine virtuelle Personalabteilung ist.

Am Tisch statt unter dem Tisch

In den USA läuft eine über weite Strecken sarkastisch geführte Diskussion mit der Überschrift „Human Resource Management – At the table, or under it?"[616] Ausgangspunkt für diese Argumentation sind zwei Feststellungen:
(1) Die *Personalarbeit ist ein wichtiger Erfolgsfaktor.*
(2) Die *Personalabteilung ist nicht primär verantwortlich für die Personalarbeit.*
Fügt man beide Sätze zusammen, so ist es nur folgerichtig, wenn die Personalabteilung, beziehungsweise der Personalvorstand, bei zentral-strategischen Entscheidungen nicht mit am Tisch sitzt. Sicherlich lässt sich vieles mit einer falsch verstandenen Dienstleistungsmentalität der HR-Abteilung erklären.

Realität: HR unter dem Tisch

Diese für die HR-Profession letztlich betrübliche und existenzgefährdende Feststellung bedeutet hart formuliert, dass sich HR allenfalls irgendwo „unter dem Tisch" versteckt, nicht aber bei den entscheidenden Spielen mitspielt. HR gehört also „an den Tisch", wo die wichtigen Spiele gespielt werden. Wohlgemerkt geht es dabei nicht um den Titel oder um die organisatorische Verantwortung, wenngleich es schon tragisch ist, wenn die Personalfunktion im Vorstand nebenbei von einem (vielleicht alle negativen Stereotypen erfüllenden) Finanzvorstand wahrgenommen und der Personalchef auf eine bedeutungslose Direktorenstelle abgeschoben wird.

Ziel: HR an den Tisch

In die Personalabteilung gehören Spitzenleute.

„Die Bedeutung der Personalabteilung zu leugnen ist in vielen Unternehmen derzeit in Mode. Ruhm und Ehre werden anderswo verteilt – an Designer bei Automobilherstellern zum Beispiel oder Regenmacher in Unternehmensberatungen. Dabei könnten Unternehmen ihre eigene Leistung erheblich verbessern. Sie müssten nur ihre Personalabteilungen mit Spitzenleuten besetzen und diese mit dem Respekt und den Ressourcen ausstatten, die sie brauchen, um ihre wichtige Aufgabe gut zu machen. Schließlich ist es die Personalabteilung, die wesentlich dazu beiträgt, die besten Leute zu finden und auszubilden, damit das Unternehmen zu den Gewinnern gehört. Und was könnte wichtiger sein als dies?"[617]

Jack Welch (geb. 1935; ehemaliger CEO von General Electric, heute Bestseller-Autor)

Gelingt es der HR-Abteilung nicht, am strategischen Tisch der Entscheidungen Platz zu nehmen, landet sie nicht nur „unterm Tisch". Sie landet vor allen Dingen „auf dem Tisch", wo dann andere über ihr Schicksal entscheiden und HR wirklich nur noch ein Dienstleister wird, über dem das Outsourcing-Damoklesschwert hängt.

Zukunft: HR auf dem Tisch?

609

Auf der anderen Seite muss die Personalfunktion sowohl für personalpolitische Entscheidungen als auch für positiven wie negativen Unternehmenserfolg (Mit-) Verantwortung tragen (wollen). Für ein „sich aus der Verantwortung stehlen" ist in einem professionellen Personalmanagement kein Platz. Dies bedeutet auch, dass (auch) Personalmanager haftbar gemacht werden können (müssen), was Fragen der Haftung und Versicherung von Managern relevant werden lässt.[618]

20.8 Ausblick

Professionalisierung der Personalarbeit und des Personalmanagements bedeutet Perfektion im Sinne von Zukunftsorientierung und Methodensicherheit. Dass dies in komplexen wie dynamischen Systemen und Umwelten schwierig ist, liegt auf der Hand. Gerade die Multiperspektivität als ganzheitliche und integrative Herangehensweise eignet sich aber auch gerade dann zur Situationsanalyse und zur Erarbeitung von Handlungsempfehlungen.

Insofern gilt es für Unternehmen
- eine strategisch-perfekte Personalabteilung anzustreben, um Wettbewerbsvorteile zu generieren,
- die Personalprozesse mechanisch-perfekt als Uhrwerk zu organisieren,
- die Lebensfähigkeit des Unternehmens über den organisch-perfekten Umgang mit dem Humankapital sicherzustellen,
- im Umgang miteinander eine organisationskulturell-perfekte Arbeitswelt zu akzeptieren,
- HR-IT als intelligent-perfekten Enabler an neuen Leitbildern und Zielen auszurichten sowie
- die perfekt-virtuelle Personalabteilung anzustreben.

Dies kann nur gelingen, wenn in der Wissenschaft und in den Unternehmen immer wieder neu darüber nachgedacht wird, was zu einem kompetenten Personalmanagement gehört und wie dieses gestaltet werden kann.

Wirtschaftskrise, „War for Talents", sinkende Retention und Allgemeines Gleichstellungsgesetz – diese Schlagwörter genügen, um die Bandbreite der immer wieder neuen Anforderungen aufzuzeigen, mit denen sich Personalmanager konfrontiert sehen. Um diesen Anforderungen gerecht zu werden, benötigen die Personalabteilungen Kompetenzen im Sinne von Befähigung und Befugnis. Es muss sowohl klare Aussagen dazu geben, welche Befähigungen im Sinne von Wissen und Können, als auch dazu, welche Befugnisse im Sinne von Mitspracherecht und Einfluss die Personalmanager und die Personalabteilung haben müssen.

Einen Baustein dazu liefert dieses Buch mit seinen 20 personalwirtschaftlichen Aktivitäten und mit allen Studenten, die sich dieser Thematik angenommen haben.

Dr. Rudolf Thurner, **Präsident European Association for People Management**

Professionalisierung der Personalarbeit als zentrale Herausforderung

Auch ein Präsident der europäischen Vereinigung des HR-Managements hat seine persönliche Geschichte und seine Erfahrung als HR-Praktiker. Meine, damals als Konzernpersonalchef und Leiter des Strategischen HR-Managements des Verbund (Österreichische Elektrizitätswirtschafts-AG), liegt jedenfalls unter anderem in der schmerzhaften, aber erfolgreichen Restrukturierung des größten Unternehmens der österreichischen Elektrizitätswirtschaft.

Die Liberalisierung dieser ursprünglich der Gemeinwirtschaft zugeordneten Energiebranche machte radikale Kostensenkungsprogramme erforderlich, um das wirtschaftliche Überleben zu sichern. Organisatorische Straffungen, Schaffung einer Konzernstruktur und Standortschließungen hatten Auswirkungen auf den Personalstand und -aufwand.

Schließlich gelang es durch akkordierte Maßnahmenpakete – die in Sozialplänen vereinbart wurden – dass die Anzahl der Mitarbeiter, aber auch der Personalaufwand mehr als halbiert wurde: Es erfolgte somit der sozialverträgliche Abbau von nahezu 2.500 Mitarbeitern ohne betriebsbedingte Kündigungen und somit unter Aufrechterhaltung des Betriebsfriedens.

Zeitgleich erfolgte die Einführung von modernen Management-Systemen und HR-Tools wie leistungsorientierten Gehaltssystemen, Management Development und Maßnahmen der Personalentwicklung.

Meine persönlichen Erfahrungen aus dieser Periode der Restrukturierung:
- Der Auftrag der Unternehmensleitung zu Planung und Umsetzung gerade auch schmerzhafter Restrukturierungen muss klar, eindeutig und nachhaltig sein.
- Es muss allen im Unternehmen Betroffenen bewusst sein, dass der Vorstand voll hinter den zu setzenden Maßnahmen und damit auch hinter den „Akteuren" steht.
- Das HR-Management muss im Vorstand verankert sein oder die volle Unterstützung erhalten, um voll wirksam werden zu können.
- Ein Teil des Managements ist innerlich gegen die Restrukturierungsmaßnahmen, nämlich dann, wenn die entsprechenden Manager persönlich oder über ihre Mitarbeiter betroffen sind: Die Führungskräfte müssen sich ihrer Verantwortung dem Unternehmen und dessen Mitarbeitern gegenüber bewusst sein.
- Verhandlungen setzen einen Partner voraus, der die Kompetenz und die Stärke aufweist, auch schmerzhafte Maßnahmen zu vereinbaren und die Umsetzung mitzusteuern: Das erfordert eine Vertrauensbasis zwischen den Vertretern der Arbeitgeber und Arbeitnehmer, aber auch Vertrauen der Belegschaft in die von ihr gewählten Mandatare.

- Vertrauensvolle Gesprächsbasis erfordert gemeinsames Agieren zumindest über einen mittelfristigen Zeithorizont. Betriebsräte sollten voll in den Prozess eingebunden sein. Trotzdem sollte man aber konsequent in der Verhandlungsführung zur Erfüllung des Auftrages sein.

- Es ist zu berücksichtigen, dass Mitarbeitergruppen von den zu setzenden Maßnahmen unterschiedlich betroffen sein können: Es erfordert ein gutes Stück Arbeit, die nötige Solidarität über das gesamte Unternehmen hinweg zu schaffen.

- Einsparungsmaßnahmen dürfen nicht zulasten der nötigen Schritte der Aus- und Weiterbildung und der Personalentwicklung gehen: Denn gerade zur Überwindung der wirtschaftlich schwierigen Situation des Unternehmens werden jene leistungsfähigen und motivierten Mitarbeiter, die den Weg in die Zukunft mittragen, gebraucht: Differenzierte Maßnahmen setzen den Mut zur unterschiedlichen Behandlung der Mitarbeiter voraus.

- Die Mitarbeiter des HR-Bereiches leiden an einer Berufskrankheit: Sie werden bezahlt, um Arbeitgeberinteressen zu vertreten, sind aber selbst Mitarbeiter, die von unangenehmen Maßnahmen betroffen sein können. In dieser Phase stehen gerade die Mitarbeiter des HR-Bereiches im vollen Fokus der Belegschaft.

- Das Personalmanagement sollte in Phasen der Restrukturierung und der Umgestaltung bedarfsorientiert organisiert sein: Daher sind dezentrale HR-Einheiten für die operative Arbeit soweit vorzusehen, damit die Umsetzung der Projekte auch in den „entferntesten Winkeln des Reiches" sichergestellt wird.

Die Personalarbeit – oder mit dem heute gebräuchlichen Ausdruck das HR-Management – hat sich in den letzten Jahrzehnten von der Administration über die Ökonomisierung zur Unternehmensorientierung hin entwickelt: Der „Personaler" war zunächst – überspitzt formuliert – der Verwalter der Personalakte, später der „Jongleur" der Personalkosten und nimmt nunmehr in Anspruch, als Business-Partner anerkannt und behandelt zu werden.

Um den Anforderungen als HR-Manager in einem international agierenden Unternehmen gerecht zu werden, muss er jedoch HR-Professional sein: Er muss
- die Bedeutung, die Komplexität aber auch die Individualität der Human Ressourcen kennen,
- über die persönlichen Fähigkeiten (social skills) verfügen und die erforderlichen Management-Tools beherrschen,
- in die strategischen Prozesse des Unternehmens gleichberechtigt eingebunden sein und
- in ein überbetriebliches, internationales HR-Netzwerk eingebettet sein.
Letzlich müssen die Professionalität und das Streben nach Perfektion durch das Management aber auch durch die Mitarbeiter anerkannt sein.

Der HR-Manager, der nach Professionalisierung strebt, wird in der Krise genauso gefragt sein, wie in „Schönwetterzeiten".

1. Worin unterscheiden sich die ideologie-basierte Hochplateau-These, die effizienz-orientierte Flat-These und die effektivitäts-fokussierte Anti-Flat-These?

2. Diskutieren Sie Vor- und Nachteile von Hochplateau-, Flat- und Anti-Flat-These!

3. Welche zentralen Verfahren existieren zum HR-Qualitätsmanagement?

4. Beschreiben Sie unterschiedliche Humankapitalstrategien, die im Rahmen von Veränderungs- und Wachstumsprozessen formuliert und umgesetzt werden können!

5. Formulieren Sie Möglichkeiten der Integration von Nachhaltigkeitsaspekten in die Personalarbeit!

6. Diskutieren Sie, warum es sinnvoll sein kann, Nachhaltigkeitsaspekte über die Personalabteilung in die Unternehmen hineinzutragen!

7. Welche Wirkbeziehungen sind zwischen Unternehmenskultur und Unternehmenserfolg zu beachten? Überlegen Sie, warum diese Wirkbeziehungen gerade in einer wirtschaftlichen Krise zu beachten sind!

8. Von welchen Leitbildern ist im Hinblick auf ein zukunftsorientiertes Personalmanagement im Rahmen von HR-IT-Systemen auszugehen?

9. Was versteht man unter einer virtuellen Personalabteilung und welche Implikationen ergeben sich aus diesem Konzept?

Aufgaben und Fragen zur Selbstüberprüfung

Endnoten

1   *Kienbaum*, Absolventenstudie 2007/2008, Gummersbach 2008, 23.

2   *Scholz, Christian/Stein, Volker/Müller, Stefanie*, Humankapitalisten und Humankapitalvernichter. Das Humankapital der DAX30-Unternehmen im Vergleich der Jahre 2005 und 2006, Saarbrücken (Institut für Managementkompetenz) 2008, 37.

3   *Capgemini*, HR-Barometer 2007. Bedeutung, Strategien, Trends in der Personalarbeit – Schwerpunkt Strategic Workfore Management, Berlin – München 2007, 14.

4   *BASF* Geschäftsbericht 2007, 15.

5   *Deutsche Telekom AG*, Personalbericht 2007, 2.

6   *Deutsche Post World Net*, Nachhaltigkeitsbericht 2006, 3.

7   *Metro Group*, Geschäftsbericht 2007, 58.

8   *BMW Group*, Sustainable Value Report 2007/2008, 53.

9   *Axel Springer AG*, Geschäftsbericht 2007, 43.

10 *Ursapharm*, online unter: http://www.ursapharm.info/de/unternehmen/daten-und-fakten/, abgerufen am 30.07.2009.

11 vgl. *Starbatty, Joachim*, Die Soziale Marktwirtschaft als Konzeption, in: *Goldschmidt, Niels/Wohlgemut, Michael* (Hrsg.), Die Zukunft der Sozialen Marktwirtschaft: Untersuchungen zur Ordnungstheorie und Ordnungspolitik 45, Tübingen (Mohr Siebeck) 2004, 135–151, hier: 138.

12 *Ockenfels, Wolfgang*, Marktwirtschaft zwischen Solidarität und Subsidiarität, in: *Goldschmidt, Niesl/Wohlgemut, Michael* (Hrsg.), Die Zukunft der Sozialen Marktwirtschaft: Untersuchungen zur Ordnungstheorie und Ordnungspolitik 45, Tübingen (Mohr Siebeck) 2004, 41–51, hier: 43.

13 *Müller-Armack, Alfred*, Wirtschaftsordnung und Wirtschaftspolitik. Studien und Konzepte zur Sozialen Marktwirtschaft und zur Europäischen Integration, Freiburg im Breisgau (Rombach) 1966, 275.

14 *Neuberger, Oswald*, Personalwesen 1. Grundlagen – Entwicklung – Organisation – Arbeitszeit – Fehlzeiten, Stuttgart (Ferdinand Enke) 1997, 25.

15 *Staeck, Klaus*, Im Mittelpunkt steht immer der Mensch, Plakat.

16 vgl. *Huselid, Mark A.*, The Impact of Human Resource Management Practices on Turnover, Productivity, and Corporate Financial Performance, in: Academy of Management Journal 38 (1995), 635–672.

17 vgl. *Scholz, Christian/Stein, Volker*, The Global Performance Project: Empirical Findings from a European Research Group, Diskussionsbeitrag Nr. 48 des Lehrstuhls für Betriebswirtschaftslehre, insb. Organisation, Personal- und Informationsmanagement an der Universität des Saarlandes, Saarbrücken 1997.

18 vgl. *Huselid, Mark A./Jackson, Susan E./Schuler, Randall S.*, Technical and Strategic Human Resource Managment Effectiveness as Determinants of Firm Performance, in: Academy of Management Journal 40 (1997), 171–188.

19 vgl. *Ichniowski, Casey/Shaw, Kathryn/Prennushi, Giovanna*, The Effects of Human Resource Management Practices on Productivity: A Study of Steel Finishing Lines, in: The American Economic Review 87 (1997), 291–313.

20 vgl. *Harel, Gedaliahu H./Tzafrir, Shay S.*, The Effect of Human Resource Management Practices on the Perceptions of Organizational and Market Performance of the Firm, in: Human Resource Management 38 (1999), 185–200.

[21] *PriceWaterhouseCoopers*, Global Human Capital Survey 2002/3. Executive Briefing: Effective People Management and Profitability, London 2002.

[22] vgl. *Guest, David/Hoque, Kim*, The Good, the Bad and the Ugly: Employment Relations in New Non-Union Workplaces, in: Human Resource Management Journal 5 (1/1994), 1–14; *Lassar, Walfried/Mittal, Banwari/Sharma, Arun*, Measuring Customer-Based Brand Equity, in: Journal of Consumer Marketing 12 (4/1995), 11–19; *Huselid, Mark A./Becker, Brian E.*, Methodological Issues in Cross-Sectional and Panel Estimates of the Human Resource-Firm Performance Link, in: Industrial Relations 35 (1996), 400–422.

[23] Übersicht entnommen aus *Schmeichel, Christian*, Personalmanagement als Instrument zur Markenbildung im Privatkundengeschäft von Kreditinstituten. Eine kausalanalytische Betrachtung, München – Mering (Hampp) 2005, 33–35.

[24] *Jackson, Susan E./Schuler, Randall S.*, Managing Human Resources through Strategic Partnerships, Maso (Thomson/South-West) 9. Aufl. 2006.

[25] vgl. zum Beispiel *Haufe Mediengruppe* (Hrsg.), Personalmanagement. Das Handbuch für effiziente Personalarbeit, Freiburg im Breisgau etc. (Haufe) 2001.

[26] vgl. zum Beispiel *Ready, Douglas A./Conger, Jay A.*, Make Your Company a Talent Factory, in: Harvard Business Review 85 (6/2007), 68–77.

[27] vgl. *Martin, Albert*, Personalforschung, München – Wien (Oldenbourg) 1988, 1.

[28] *Popper, Karl R.*, Logik der Forschung, Tübingen (Mohr Siebeck) 4. Aufl. 1971, 3.

[29] *Popper, Karl R.*, Logik der Forschung, Tübingen, (Mohr Siebeck) 4. Aufl. 1971.

[30] *Pierce, Charles S.*, Deduction, Induction, and Hypothesis, in: Popular Science Monthly 13 (1878), 470–482.

[31] vgl. *Hofstede, Geert*, Culture's Consequences. International Differences in Work-Related Values, Beverly Hills – London (Sage) 1980, 121.

[32] *Whewell, William*, History of the Inductive Sciences, Hildesheim (G. Olms) 1973 (Nachdruck der Ausgabe von 1857).

[33] *Popper, Karl R.*, Conjectures and Refutations: The Growth of Scientific Knowledge, London (Routledge and Kegan Paul) 1963.

[34] *Wilke, Katja*, Media Saturn spart Personalchef ein, in: Financial Times Deutschland, 02.10.2007, 2.

[35] *Scholz, Christian*, Spieler ohne Stammplatzgarantie. Darwiportunismus in der neuen Arbeitswelt, Weinheim (Wiley-VCH) 2003, 11.

[36] vgl. *Scholz, Christian/Büch, Daniela*, Kompetenz4HR: Befähigung, Befugnis und Rollenverständnis für die Personalabteilung in Österreich, Saarbrücken (Institut für Managementkompetenz) 2007; *Scholz, Christian/Niemczyk, Karoline*, Arbeitsweltmonitor 2007: Impulse für gute Personalarbeit, Saarbrücken (Institut für Managementkompetenz) 2008; *Kienbaum*, Changes and Chances. HR-Excellence, Diversity, Compliance, Gummersbach 2008; *Capgemini*, HR-Barometer 2009. Bedeutung, Strategien, Trends in der Personalarbeit – Schwerpunkt Strategic Workforce Management, Berlin – München 2009.

[37] *Evans, Paul/Pucik, Vladimir/Barsoux, Jean-Louis*, The Global Challenge. Frameworks for International Human Resource Management, Boston etc. (McGraw-Hill/Irwin) 2002, 32.

[38] vgl. *Brewster, Chris*, The European Human Resource Management Guide, London (Academic Press) 1992.

[39] vgl. *Brewster, Chris/Mayrhofer, Wolfgang/Morley, Michael*, Human Resource Management in Europe: Evidence or Convergence?, London (Butterworth-Heinemann) 2004.

[40] vgl. *Scholz et al.*, Human Resource Management in Europe: Convergence or Diversity? Comparative Analysis of Denmark, France, Germany, and the United Kingdom, Submitted and Accepted Symposium Paper for the Academy of Management Annual Conference, Anaheim 2008.

[41] vgl. *Scholz, Christian/Böhm, Hans* (Hrsg.), Human Resource Management in Europe: Comparative Analysis and Contextual Understanding, London – New York (Routledge) 2008.

[42] vgl. *Porter, Michael E.*, Competitive Advantage. Creating and Sustaining Superior Performance, New York (Free Press) – London (Collier Macmillan) 1985.

[43] *Beise, Marc/Schmittmann, Stefan* (Hrsg.), Ressource Mensch. Mitarbeiter finden, fördern, fordern, München (Redline Wirtschaft) 2006.

[44] Interview mit *Roland Schulz*, in: *Scholz, Christian*, Personalmanagement. Informationsorientierte und verhaltenstheoretische Grundlagen, München (Vahlen) 5. Aufl. 2000, 5.

[45] vgl. http://www.o2world.de

[46] vgl. *Yeung, Arthur/Woolcock, Patricia/Sullivan, John*, Identifying and Developing HR Competencies for the Future: Keys to Sustaining the Transformation of HR Functions, in: Human Resource Planning 19 (4/1996), 48–58, hier: 51–52.

[47] vgl. zum Beispiel *Boselie, Paul/Paauwe, Jaap*, Human Resource Function Competencies in European Companies, in: Personnel Review 34 (2005), 550–566; *Scholz, Christian/Büch, Daniela*, Kompetenz4HR: Befähigung, Befugnis und Rollenverständnis für die Personalabteilung in Österreich, Saarbrücken (Institut für Managementkompetenz) 2007.

[48] vgl. *Grossman, Robert J.*, New Competencies for HR, in: HR Magazine 52 (6/2007), 58–62.

[49] *Capgemini*, HR-Barometer 2009. Bedeutung, Strategien, Trends in der Personalarbeit – Schwerpunkt Strategic Workforce Management, Berlin – München 2009, 15.

[50] *Kienbaum*, Changes and Chances: HR Excellence, Diversity, Compliance, Gummersbach 2008, 3.

[51] *Kienbaum*, Changes and Chances: HR Excellence, Diversity, Compliance, Gummersbach 2008, 7.

[52] vgl. *Niemeyer, Gerhard*, Kybernetische System- und Modelltheorie. systems dynamics, München (Vahlen) 1977, 2.

[53] *Niemeyer, Gerhard*, Kybernetische System- und Modelltheorie. systems dynamics, München (Vahlen) 1977, 32.

[54] vgl. *Berthel, Jürgen/Becker, Fred G.*, Personal-Management. Grundzüge für Konzeptionen betrieblicher Personalarbeit, Stuttgart (Schäffer-Poeschel) 8. Aufl. 2007; *Drumm, Hans J.*, Personalwirtschaft, Berlin – Heidelberg (Springer) 6. Aufl. 2008; *Oechsler, Walter*, Personal und Arbeit. Grundlagen des Human Resource Management und der Arbeitgeber-Arbeitnehmer-Beziehungen, München – Wien (Oldenbourg) 8. Aufl. 2006.

[55] vgl. *Scholz, Christian*, Personalmanagement. Informationsorientierte und verhaltenstheoretische Grundlagen, München (Vahlen) 1989.

[56] vgl. *Chambers, Elizabeth G. et al.*, The War for Talent, in: McKinsey Quarterly (3/1998), 44–57; *von Oelsnitz, Dietrich/Stein, Volker/Hahmann, Martin*, Der Talente-Krieg: Personalstrategie und Bildung im globalen Kampf um Hochqualifizierte, Bern (Haupt) 2007; *Ready, Douglas A./Conger, Jay A.*, Make Your Company a Talent Factory, in: Harvard Business Review 85 (6/2007), 68–77.

[57] vgl. zum Beispiel *Scholz, Christian*, Personalmanagement. Informationsorientierte und verhaltenstheoretische Grundlagen, München (Vahlen) 1989.

[58] vgl. *Drumm, Hans J.*, Personalwirtschaft, Berlin – Heidelberg (Springer) 6. Aufl. 2008; *Berthel, Jürgen/Becker, Fred G.*, Personal-Management – Grundzüge für Konzeptionen betrieblicher Personalarbeit, Stuttgart (Schäffer-Poeschel) 8. Aufl. 2007.

[59] vgl. zum Beispiel *Kleiman, Lawrance S.*, Human Resource Management. A Managerial Tool For Competitive Advantage, Cincinnati etc. (South-Western College Publishing) 2. Aufl. 2000, 51–71.

[60] vgl. *Scholz, Christian*, Strategisches Management. Ein integrativer Ansatz, Berlin – New York (de Gruyter) 1987, 32–42; *Scholz, Christian*, Strategische Organisation. Multiperspektivität und Virtualität, Landsberg/Lech (moderne industrie) 2. Aufl. 2000, 47–54.

[61] vgl. *Marlow, Sue*, Investigating the Use of Emergent Strategic Human Resource Management Activity in the Small Firm, in: Journal of Small Business and Enterprise Development 7 (2000), 135–148.

[62] vgl. *Mintzberg, Henry*, The Rise and Fall of Strategic Planning. Reconceiving Roles for Planning, Plans, Planners, New York etc. (Free Press) 1994; *Stein, Volker*, Emergentes Organisationswachstum. Eine systemtheoretische „Rationalisierung", München/Mering (Hampp) 2000.

[63] vgl. zum Beispiel *Thompson, Arthur A. Jr./Strickland, Alonzo J. III*, Strategic Management. Concepts and Cases, Chicago/IL etc. (Irwin) 8. Aufl. 1995, 11; *Welge, Martin K./Al-Laham, Andreas*, Strategisches Management. Grundlagen – Prozess – Implementierung, Wiesbaden (Gabler) 2. Aufl. 1999, 96.

[64] vgl. *Behrends, Thomas/Albert, Martin*, Betriebsgröße und Personalarbeit, in: *Schulte, Reinhard* (Hrsg.), Ergebnisse der MittelstandsForschung, Münster (LIT) 2005, 151–183 (hier: 163–178).

[65] *Dilk, Anja/Littger Heike*, Einsam Spitze bleiben: Strategien der Weltmarktführer, in: manager-Seminare Heft 126 (9/2008), 18–23, hier: 22.

[66] *Perlmutter, Howard*, L'entreprise internationale. Trois conceptions, in: Revue économique et sociale 23 (1965), 151–165.

[67] *Scholz, Christian*, Personalmanagement. Informationsorientierte und verhaltenstheoretische Grundlagen, München (Vahlen), 5. Aufl. 2000, 99.

[68] vgl. *Behrends, Thomas/Albert, Martin*, Betriebsgröße und Personalarbeit, in: *Schulte, Reinhard* (Hrsg.), Ergebnisse der MittelstandsForschung, Münster (LIT) 2005, 151–183, hier: 179.

[69] vgl. *McGregor, Douglas*, The Human Side of Enterprise, New York – Toronto – London (McGraw-Hill) 1960; *Schein, Edgar H.*, Organizational Psychology, Englewood Cliffs/N.J. (Prentice Hall) 3. Aufl. 1980; *Drumm, Hans J.*, Personalwirtschaft, Berlin – Heidelberg (Springer) 6. Aufl. 2008, 13–22.

[70] vgl. *Scholz, Christian*, Personalmanagement. Informationsorientierte und verhaltenstheoretische Grundlagen, München (Vahlen) 5. Aufl. 2000, 129–132.

[71] vgl. *Scholz, Christian*, Die Saarbrücker MO5-Wertschöpfungskette, in: *Scholz, Christian/Gutmann, Joachim* (Hrsg.), Webbasierte Personalwertschöpfung. Theorie – Konzeption – Praxis, Wiesbaden (Gabler) 2003, 123–144.

[72] vgl. *Scholz, Christian/Gutmann, Joachim* (Hrsg.), Webbasierte Personalwertschöpfung. Theorie – Konzeption – Praxis, Wiesbaden (Gabler) 2003, 243–253.

[73] vgl. *Scholz, Christian*, Personalmanagement. Informationsorientierte und verhaltenstheoretische Grundlagen, München (Vahlen) 5. Aufl. 2000, 88–110.

[74] *Capgemini*, HR-Barometer 2009. Bedeutung, Strategien, Trends in der Personalarbeit – Schwerpunkt Strategic Workforce Management, Berlin – München 2009, 13.

[75] *Capgemini*, HR-Barometer 2009. Bedeutung, Strategien, Trends in der Personalarbeit – Schwerpunkt Strategic Workforce Management, Berlin – München 2009, 47.

[76] *Capgemini*, HR-Barometer 2009. Bedeutung, Strategien, Trends in der Personalarbeit – Schwerpunkt Strategic Workforce Management, Berlin – München 2009, 50.

[77] vgl. *Scholz, Christian*, Personalmanagement. Informationsorientierte und verhaltentheoretische Grundlagen, München (Vahlen) 5. Aufl. 2000, 193–207.

[78] *Drumm, Hans J.*, Personalwirtschaft, Berlin – Heidelberg (Springer) 6. Aufl. 2008, 59.

[79] in Anlehnung an *Scholz, Christian*, Personalmanagement. Informationsorientierte und verhaltenstheoretische Grundlagen, München (Vahlen) 5. Aufl. 2000, 196.

[80] vgl. *Fröhlich, Werner*, Organisation des Personalmanagements in Kleinen und Mittleren Unternehmen, in: *Scholz, Christian* (Hrsg.), Innovative Personalorganisation. Center-Modelle für Wertschöpfung, Strategie, Intelligenz und Virtualisierung, Neuwied – Kriftel (Luchterhand) 1999, 304–313.

[81] vgl. *Scholz, Christian*, Ein Denkmodell für das Jahr 2000? Die virtuelle Personalabteilung, in: Personalführung 28 (1995), 398–403; *Scholz, Christian*, Die virtuelle Personalabteilung – Ein Jahr später, in: Personalführung 29 (1996), 1080–1086; *Scholz, Christian*, Die virtuelle Personalabteilung als Zukunftsvision?, in: *Scholz, Christian* (Hrsg.), Innovative Personalorganisation. Center-Modelle für Wertschöpfung, Strategie, Intelligenz und Virtualisierung, Neuwied – Kriftel (Luchterhand) 1999, 233–253.

[82] *Angela Merkel*, in einer Rede anlässlich der Jubiläumsveranstaltung „30 Jahre Mitbestimmungsgesetz" am 30.08.2006 in Berlin, online unter: http://www.bundesregierung.de/nn_774/Content/DE/Rede/2006/08/2006–08–30-bkin-jubilaeumsveranstaltung-30-jahre-mitbestimmungsgesetz.html, abgerufen am 24.09.2009.

[83] vgl. *Freitag, Michael*, Wer ist hier der Boss?, in: Manager Magazin 38 (10/2008), 20.

[84] vgl. *Behrends, Thomas/Albert, Martin*, Betriebsgröße und Personalarbeit, in: *Schulte, Reinhard* (Hrsg.), Ergebnisse der MittelstandsForschung, Münster (LIT) 2005, 151–183, hier: 179.

[85] *Sinn, Hans-Werner* im Interview mit *Schmergal, Cornelia*, Verbände attakieren den Jobkiller Mitbestimmung, in: Welt am Sonntag vom 31.10.2004, online unter: http://www.welt.de/print-wams/article117438/Verbaende_attakieren_den_Jobkiller_Mitbestimmung.html, abgerufen am 12.08.2009.

[86] *Dilger, Alexander*, Ökonomik betrieblicher Mitbestimmung. Die wirtschaftlichen Folgen von Betriebsräten, München/Mering (Hampp) 2003.

[87] *Drumm, Hans Jürgen*, Personalwirtschaft, Berlin – Heidelberg (Springer) 6. Aufl. 2008, 40.

[88] *Franz, Wolfgang*, Die deutsche Mitbestimmung auf dem Prüfstand: Bilanz und Vorschläge für eine Neuausrichtung, in: Zeitschrift für ArbeitsmarktForschung 38 (2005), 268–283, hier: 281.

[89] *Frick, Bernd*, Mitbestimmung und Personalfluktuation: zur Wirtschaftlichkeit der bundesdeutschen Betriebsverfassung im internationalen Vergleich, München/Mering (Hampp) 1997.

[90] *Wächter, Hartmut/Müller-Camen, Michael*, Co-Determination and Strategic Integration in German Firms, in: Human Resource Management Journal 12 (3/2002), 76–87.

[91] *BKK*, Was Führungskräfte für die Gesundheit der Mitarbeiter tun können – Seminar mit Hotline unterstützt Führungskräfte, online unter: http://www.bkk.de/bkk/pressemitteilung/powerslave,id,472,nodeid,15.html, Pressemeldung vom 12.03.2009, abgerufen am 12.08.2009.

[92] *IFAK Institut*, Die Deutschen arbeiten gern, online unter: http://www.ifak.com/de/news/die-deutschen-arbeiten-gern.html, News vom 30.04.2009, abgerufen am 14.05.2009.

[93] *IFAK Institut*, IFAK Arbeitsklima-Barometer Deutschland 2008, 1.

[94] *Meyer Max*, That Whale Among the Fishes – The Theory of Emotions, in: Psychological Review 40 (1933), 292–300, hier: 300.

[95] vgl. *Küpers, Wendelin/Weibler, Jürgen*, Emotionen in Organisationen, Stuttgart (Kohlhammer) 2005, 39–43.

[96] *Maier, Heinrich*, Psychologie des emotionalen Denkens, Tübingen (J.C.B. Mohr) 1908.

[97] vgl. *Izard, Carroll E.*, Die Emotionen des Menschen: eine Einführung in die Grundlagen der Emotionspsychologie, Weinheim (Beltz) 9. Aufl. 1981.

[98] vgl. *Darwin, Charles*, The Origin of Species, London (Murray) 6. Aufl. 1900.

[99] vgl. *Ortony, Andrew/Turner, Terence*, What's Basic About Basic Emotions?, in: Psychological Review 97 (1990) 315–331, hier: 315–316.

[100] *Plutchik, Robert*, Emotion: A Psychoevolutionary Synthesis, New York (Harper & Row) 1980.

[101] *Lewis, Michael/Haviland, Jeanette M.*, Handbook of Emotions, New York (Guilford) 1993, 56.

[102] vgl. *Plutchik, Robert*, Emotion: A Psychoevolutionary Synthesis, New York (Harper & Row) 1980.

[103] vgl. *Plutchik, Robert*, Emotions and Life. Perspectives From Psychology, Biology and Evolution, Washington DC (American Psychological Association) 2003.

104 vgl. *Kroeber-Riel, Werner/Weinberg, Peter/Gröppel-Klein, Andrea*, Konsumentenverhalten, München (Vahlen) 2009, 160–161.

105 *Howard, Pierce J.*, The Owner's Manual for the Brain: Everyday Applications from Mind-Brain Research, Austin/Texas (Bard Press) 2. Aufl. 2000.

106 *Darwin, Charles*, The Expression of the Emotions in Man and Animals, Oxford (Oxford University Press) 2002, 43.

107 *Howard, Pierce J.*, The Owner's Manual for the Brain: Everyday Applications from Mind-Brain Research, Austin/Texas (Bard Press) 2. Aufl. 2000, 40–47.

108 vgl. *Küpers, Wendelin/Weibler, Jürgen*, Emotionen in Organisationen, Stuttgart (Kohlhammer) 2005.

109 vgl. *Watson, David/Tellegen, Auke*, Toward a Consensual Structure of Mood, in: Psychological Bulletin 98 (1985), 219–235, hier: 221.

110 in Anlehnung an *Watson, David/Tellegen, Auke*, Toward a Consensual Structure of Mood, in: Psychological Bulletin 98 (1985), 219–235, hier: 221.

111 vgl. *Weibler, Jürgen/Küpers, Wendelin*, Intelligente Entscheidungen in Organisationen – Zum Verhältnis von Kognition, Emotion und Intuition, in: *Bortfeldt, Andreas et al.* (Hrsg.), Intelligent Decision Support – Current Challenges and Approaches (dt. Intelligente Entscheidungsunterstützung – Aktuelle Herausforderungen und Lösungsansätze), Wiesbaden (Gabler) 2008, 457–478.

112 vgl. *Panse, Winfried/Stegmann, Wolfgang*, Kostenfaktor Angst, Landsberg/Lech (moderne industrie) 1996.

113 vgl. *Panse, Winfried/Stegmann, Wolfgang*, Kostenfaktor Angst, Landsberg/Lech (moderne industrie) 1996, 45–66.

114 *Martens, Andree*, Wenn Fleiß zur Falle wird. Süchtig nach Arbeit, in: managerSeminare Heft 121 (4/2008), 36–42, hier: 37

115 vgl. *Forschungsgruppe Konsum und Verhalten* (Hrsg.), Konsumforschung, München (Vahlen) 1994.

116 vgl. *Kroeber-Riel, Werner/Weinberg, Peter/Gröppel-Klein, Andrea*, Konsumentenverhalten, München (Vahlen) 9. Aufl. 2009, 120–131.

117 vgl. *Kroeber-Riel, Werner/Weinberg, Peter/Gröppel-Klein, Andrea*, Konsumentenverhalten, München (Vahlen) 9. Aufl. 2009, 147–148.

118 vgl. *Schleier, Christian*, Neuromarketing – Über den Mehrwert der Hirnforschung für das Marketing, in: *Kreutzer, Ralf T./Merkle, Wolfgang*, Die neue Macht des Marketing, Wiesbaden (Gabler) 2008, 305–323.

119 vgl. *Kroeber-Riel, Werner/Weinberg, Peter/Gröppel-Klein, Andrea*, Konsumentenverhalten, München (Vahlen) 9. Aufl. 2009, 142–145.

120 vgl. *Scholz, Christian/Lechner, Christine/Jorzyk, Karoline*, Kompetenz4HR: Emotionen in der Personalarbeit in Österreich, Ergebnis einer Studie, erstellt anlässlich des 6. Jahresforums für die Personalwirtschaft – Power of People in Rust/Wien, April 2009.

121 vgl. *Scholz, Christian/Lechner, Christine/Jorzyk, Karoline*, Kompetenz4HR: Emotionen in der Personalarbeit in Österreich, Ergebnis einer Studie, erstellt anlässlich des 6. Jahresforums für die Personalwirtschaft – Power of People in Rust/Wien, April 2009, 8.

122 vgl. *Scholz, Christian/Lechner, Christine/Jorzyk, Karoline*, Kompetenz4HR: Emotionen in der Personalarbeit in Österreich, Ergebnis einer Studie, erstellt anlässlich des 6. Jahresforums für die Personalwirtschaft – Power of People in Rust/Wien, April 2009, 5.

123 vgl. *Wallau, Frank et al.*, Die volkswirtschaftliche Bedeutung der Familienunternehmen, Institut für Mittelstandsforschung, IfM-Materialien Nr. 172 (Bonn) 2007, 8.

124 vgl. *Costa, Paul T. Jr./McCrae, Robert R.*, Overview: Innovations in Assessment Using the Revised NEO Personality Inventory, in: Assessment 7 (2000), 325–327.

[125] vgl. *Salovey, Peter/Mayer, John D.*, Emotional Intelligence, in: Imagination, Cognition and Personality 9 (1989–90), 185–211.

[126] vgl. *Goleman, Daniel*, Emotionale Intelligenz, München (Hanser) 1996.

[127] *Goleman, Daniel/Boyatzis, Richard/McKee, Annie*, Emotionale Führung, München (Econ) 2002, 19.

[128] vgl. *Goleman, Daniel*, EQ2 – Der Erfolgsquotient, München – Wien (Hanser) 1999, 388.

[129] vgl. *Goleman, Daniel/Boyatzis, Richard/McKee, Annie*, Emotionale Führung, München (Econ) 2002.

[130] vgl. *Van Rooy, David L./Viswesvaran, Chockalingam*, Emotional Intelligence: A Meta-Analytic Investigation of Predictive Validity and Nomological Net, in: Journal of Vocational Behavior 65 (2004), 71–95.

[131] vgl. *Degen, Rolf*, Das Dumme an der Emotionalen Intelligenz. Wunschdenken, Gefühlsduselei und Geschäftemacherei statt stichhaltigem Konzept, in: Psychotherapie. Zeitschrift zur Psychotherapie, Psychoanalyse & Verhaltenstherapie, 19.10.2001, online unter: http://www.psychotherapie.de/psychotherapie/mythen/01101901.html, abgerufen am 20.05.2009.

[132] vgl. *Hochschild, Arlie R.*, The Managed Heart. Commercialization of Human Feeling, Berkley (University of California Press) 1983, 90.

[133] vgl. *Côté, Stéphane*, A Social Interaction Model of the Effects of Emotion Regulation on Work Strain, Academy of Management Review 30 (2005), 509–530.

[134] vgl. *Phillips, Brendan/Tsu Wee Tan, Thomas/Julian, Craig*, The Theoretical Underpinnings of Emotional Dissonace: A Framework and Analysis of Propositions, in: Journal of Services Marketing 20 (2006), 471–478.

[135] *Eichhorn, Christoph*, Erfolgreich durch positive Emotionen, in: managerSeminare Heft 123 (6/2008), 28–35, hier: 29.

[136] vgl. *Linehan, Marsha*, Dialektische-behaviorale Therapie der Borderline-Persönlichkeitsstörung, München (CIP-Medien) 1996, 50.

[137] vgl. *Linehan, Marsha*, Dialektische-behaviorale Therapie der Borderline-Persönlichkeitsstörung, München (CIP-Medien) 1996, 50–51, 76.

[138] *Küpers, Wendelin/Weibler, Jürgen*, Emotionen in Organisationen, Stuttgart (Kohlhammer) 2005, 7.

[139] *Isen, Alice M./Reeve, Johnmarshall,* The Influence of Positive Affect in Intruistic and Extruistic Motivation: Faciliating Enjoyment of Play, Responsible Work Behavior, and Self-Control, in: Motivation and Emotion 29 (4/2005), 297–325.

[140] *Capgemini*, HR-Barometer 2009. Bedeutung, Strategien, Trends in der Personalarbeit – Schwerpunkt Strategic Workforce Management, Berlin – München 2009, 68.

[141] *Kienbaum*, Changes and Chances: HR Excellence, Diversity, Compliance, Gummersbach 2008, 3.

[142] *Hewitt Associates*, Talent Supply und Employer Branding 2008, Düsseldorf 2008, 7.

[143] vgl. *Drumm, Hans J.*, Personalwirtschaft, Berlin – Heidelberg (Springer) 6. Aufl. 2008, 203.

[144] vgl. *Claaßen, Nicola*, Handbuch des Personalmanagements in kleinen und mittleren Unternehmen, Bremen (Europäischer Hochschulverlag) 2008, 29–30.

[145] vgl. *Schneider, Peter/Heim, Rainer/Geke, Michael*, Der Zukunft ein Gesicht geben, in: Personalwirtschaft 38 (7/2009), 59–61.

[146] vgl. *Jung, Hans*, Personalwirtschaftslehre, München (Oldenbourg) 8. Aufl. 2008, 123–126.

[147] vgl. *Gehle, Fritz*, Internationale Tagung über Arbeitsbewertung in Genf, in: REFA Nachrichten 3 (2/1950), 32–34; *Böhrs, Hermann*, Leistungslohngestaltung mit Arbeitsbewertung, Persönlicher Bewertung, Akkordlohn, Prämienlohn, Wiesbaden (Gabler) 3. Aufl. 1980; *REFA (Verband für Arbeitsgestaltung, Betriebsorganisation und Unternehmensentwicklung)*, Methodenlehre des

Arbeitsstudiums, Band 4: Anforderungsermittlung (Arbeitsbewertung), München (Hanser) 5. Aufl. 1985.

[148] vgl. *REFA (Verband für Arbeitsgestaltung, Betriebsorganisation und Unternehmensentwicklung)*, Methodenlehre der Betriebsorganisation. Datenermittlung, München (Hanser) 1997, 10.

[149] in Anlehnung an *REFA (Verband für Arbeitsgestaltung, Betriebsorganisation und Unternehmensentwicklung)*, Methodenlehre der Betriebsorganisation. Datenermittlung, München (Hanser) 1997, 42.

[150] *Work-Factor-Gemeinschaft Deutschland e.V.*, Work-Faktor-Grundverfahren, online unter: http://www.work-factor.de/index.php?action=procedure#, abgerufen am 30.07.2009.

[151] *Briscoe, Dennis R./Schuler, Randall S.*, International Human Resource Management, New York – London (Routledge) 2. Aufl. 2004, 229–260.

[152] *Hofstede, Geert*, Culture's Consequences. International Differences in Work-Related Values, Beverly Hills – London (Sage) 1980.

[153] *Hall, Edward/Hall, Mildred*, Verborgene Signale. Studien zur internationalen Kommunikation, Hamburg (Gruner+Jahr) 1984.

[154] *Miebach Consulting*, Studie Personalbedarfsplanung, Frankfurt 2009, 25–26.

[155] *UBS AG*, Prices and Earnings. A Comparison of Purchasing Power Around the Globe/2009 Edition, Zürich 2009, 30.

[156] *Bundesanstalt für Arbeitsschutz und Arbeitsmedizin*, Volkswirtschaftliche Kosten durch Arbeitsunfähigkeit, Dortmund 2007, 1.

[157] *Capgemini*, HR-Barometer 2009. Bedeutung, Strategien, Trends in der Personalarbeit – Schwerpunkt Strategic Workforce Management, Berlin – München 2009, 37.

[158] vgl. *Bechtel, Roman*, Full-Time-Equivalent (FTE), in: *Scholz, Christian* (Hrsg.), Vahlens Großes Personallexikon, München (Vahlen) 2009, 384.

[159] vgl. *Walter, Uta/Münch, Eckhard*, Die Bedeutung von Fehlzeitenstatistiken für die Unternehmensdiagnostik, in: *Badura, Bernhard/Schröder, Helmut/Vetter, Christian* (Hrsg.), Fehlzeitenreport 2008, Wiesbaden (Vieweg + Teubner) 2008, 139–154.

[160] vgl. *Heyde, Kerstin/Macco, Katrin/Vetter, Christian*, Krankheitsbedingte Fehlzeiten in der deutschen Wirtschaft im Jahr 2007, in: *Badura, Bernhard/Schröder, Helmut/Vetter, Christian* (Hrsg.), Fehlzeitenreport 2008, Wiesbaden (Vieweg + Teubner) 2008, 205–435, hier: 226.

[161] vgl. *Handelsblatt.com*, Krankenstand wegen Jobangst auf Rekordtief, online unter: http://www.handelsblatt.com/politik/deutschland/krankenstand-wegen-jobangst-auf-rekordtief%3B2234989, abgerufen am 14.09.2009.

[162] vgl. *Statistics Norway*, Increase in Sickness Absence, online unter: http://www.ssb.no/vis/english/subjects/06/02/sykefratot_en/arkiv/art-2009–06–30–01-en.html, abgerufen am 14.09.2009.

[163] vgl. *Scholz, Christian/Stein, Volker/Bechtel, Roman*, Human Capital Management. Wege aus der Unverbindlichkeit, München (Luchterhand) 2. Aufl. 2006; *Stein, Volker*, Human Capital Management: The German Way, in: Zeitschrift für Personalforschung 21 (2007), 295–321.

[164] vgl. *Gloger, Axel*, Fallstudie: Wissensbilanz bei SØR, in: managerSeminare Heft 86 (5/2005), 26.

[165] vgl. *Brummet, R. Lee/Flamholtz, Eric G./Pyle, William C.*, Human Resource Measurement – A Challenge for Accountants, in: The Accounting Review 43 (1968), 217–224.

[166] vgl. *Fischer-Winkelmann, Wolf F./Hohl, Eberhard K.*, Konzepte und Probleme der Humanvermögensrechnung, in: Der Betrieb 35 (1982), 2636–2644.

[167] *Bühler, Wolfgang/Siegert, Theo* (Hrsg.), Unternehmenssteuerung und Anreizsysteme; Kongress-Dokumentation 52, Deutscher Betriebswirtschaftertag 1998, Stuttgart (Schäffer-Poeschel) 1999, 18–19.

[168] vgl. *Fischer-Winkelmann, Wolf F./Hohl, Eberhard K.*, Konzepte und Probleme der Humanvermögensrechnung, in: Der Betrieb 35 (1982), 2636–2644, hier: 2640.

[169] vgl. *Scholz, Christian/Stein, Volker/Bechtel, Roman*, Human Capital Management. Wege aus der Unverbindlichkeit, München (Luchterhand) 2. Aufl. 2006, 202–206.

[170] vgl. *Fitz-enz, Jac*, The ROI of Human Capital. Measuring the Economic Value of Employee Performance, New York etc. (Amacom) 2000.

[171] *Fischer, Heinz*, Über die Bewertung von Humankapital, online unter: www.saarbruecker-formel. net/dialog/verwertbare-zitate/, abgerufen am 29.09.2009.

[172] online unter: http://www.saarbruecker-formel.net

[173] vgl. *Wolters, Martin*, Keine Frage von Größe, in: Personal 60 (9/2008), 42–44.

[174] *Scholz, Christian/Stein, Volker/Müller, Stefanie*, Humankapitalisten und Humankapitalvernichter. Das Humankapital der DAX30-Unternehmen im Vergleich der Jahre 2005 und 2006, Saarbrücken (Institut für Managementkompetenz) 2008, 33.

[175] *Kienbaum*, Changes and Chances: HR Excellence, Diversity, Compliance, Gummersbach 2008, 9.

[176] *Kienbaum*, Changes and Chances: HR Excellence, Diversity, Compliance, Gummersbach 2008, 16.

[177] *IBM Global Business Service*, Unlocking the DNA of the Adaptable Workforce. The Global Human Capital Study 2008, Somers/NY 2008, 32.

[178] vgl. *Chambers, Elizabeth G. et al.*, The War for Talent, in: McKinsey Quarterly (3/1998), 44–57; *von der Oelsnitz, Dietrich/Stein, Volker/Hahmann, Martin*, Der Talente-Krieg. Personalstrategie und Bildung im globalen Kampf um Hochqualifizierte, Bern – Stuttgart – Wien (Haupt) 2007.

[179] *von der Oelsnitz, Dietrich/Stein, Volker/Hahmann, Martin*, Der Talente-Krieg. Personalstrategie und Bildung im globalen Kampf um Hochqualifizierte, Bern – Stuttgart – Wien (Haupt) 2007.

[180] vgl. *Walther, Petra*, Mitarbeiter mit Mission, in: managerSeminare Heft 127 (10/2008), 26.

[181] vgl. *Simon, Hermann et al.*, Effektives Personalmarketing. Strategien – Instrumente – Fallstudien, Wiesbaden (Gabler) 1995.

[182] vgl. *Opaschowski, Horst W.*, Das Erlebniszeitalter, in: *Becker, Ulrich et al.* (Hrsg.), Top Trends. Die wichtigsten Trends für die nächsten Jahre, Düsseldorf – München (Metropolitan) 1995, 24–32.

[183] vgl. *Kroeber-Riel, Werner/Weinberg, Peter/Gröppel-Klein, Andrea*, Konsumentenverhalten, München (Vahlen) 9. Aufl. 2009, 150–153.

[184] *Kroeber-Riel, Werner*, Strategie und Technik der Werbung. Verhaltenswissenschaftliche Ansätze, Stuttgart (Kohlhammer) 4. Aufl. 1993, 147.

[185] vgl. *Jumpertz, Sylvia*, Werte in Acryl, in: managerSeminare Heft 118 (1/2008), 66.

[186] vgl. *Scholz, Christian*, Spieler ohne Stammplatzgarantie. Darwiportunismus in der Arbeitswelt, Weinheim (Wiley-VCH) 2003, 194–196.

[187] vgl. *Barrow, Simon/Mosley, Richard*, Internes Brand Management. Machen Sie Ihre Mitarbeiter zu Markenbotschaftern, Weinheim (Wiley-VCH) 2006, 167–188.

[188] vgl. *Meffert, Heribert*, Marketing. Grundlagen marktorientierter Unternehmensführung. Konzepte – Instrumente – Praxisbeispiele, Wiesbaden (Gabler) 9. Aufl. 2000, 696–698.

[189] *Agentur AWS:pwu*, Hamburg.

[190] vgl. *Scholz, Christian/Scholz, Sebastian C.*, Personal-Websites im Test, in: Personalwirtschaft 29 (2/2000), 10–12.

[191] vgl. *Jumpertz, Silvia*, Die besten Personalwebsites: Ranking, in: managerSeminare Heft 102 (9/2006), 14.

[192] vgl. *Scholz, Christian*, Kultur und CI deckungsgleich? Das Lambda-Modell zeigt, wo Ihr Unternehmen steht, in: Absatzwirtschaft, Sondernummer (10/1989), 212–223; *Scholz, Christian*, Personalmarketing: Wenn Mitarbeiter heftig umworben werden, in: Harvard Business Manager 14 (1/1992), 94–105.

[193] vgl. *Jung, Hans*, Personalwirtschaft, München – Wien (Oldenbourg) 7. Aufl. 2006, 146; *Rohrschneider, Uta*, Personalsuche und -werbung, in: Personalmanagement: das Handbuch für effiziente Personalarbeit, Freiburg im Breisgau etc. (Haufe) 2001, 117–138, hier: 124–125.

[194] vgl. *Jung, Hans*, Personalwirtschaft, München – Wien (Oldenbourg) 7. Aufl. 2006, 146.

[195] vgl. *managerSeminare* , IKEA inseriert inspiriert, in: managerSeminare Heft 129 (12/2008), 15.

[196] *SpielgelOnline*, Skurrile Mitarbeitersuche. Bewerbungsunterlagen für Fluglotsen in Blindenschrift, in: SpiegelOnline, 11.07.2008, online unter: http://www.spiegel.de/reise/aktuell/0,1518,565350,00.html, abgerufen am 24.07.2009.

[197] *Bitcom (Bundesverband Informationswirtschaft, Telekommunikation und neue Medien e.V.)*, Presseinformation vom 29.01.2009: 94 Prozent aller Unternehmen suchen Mitarbeiter im Internet, online unter: http://www.bitkom.org/de/presse/8477_57497.aspx, abgerufen am 04.08.2009.

[198] vgl. *Schreiber-Tennagels, Susanne*, Internet-Stellenmärkte, in: *Bröckermann, Reiner/Pepels, Werner* (Hrsg.), Personalmarketing. Akquisition – Bindung – Freistellung, Stuttgart (Schäffer-Poeschel) 2002, 71–85, hier: 72–73.

[199] vgl. *Milgram, Stanley*, The Small World Problem, in: Psychology Today 2 (5/1967), 60–67.

[200] vgl. *Stein, Volker*, Recruiting-Games, in: *Scholz, Christian* (Hrsg.), Vahlens Großes Personallexikon, München (Vahlen) 2009, 977.

[201] vgl. *Cyquest*, Karrierejagd, online unter: http://www.cyquest.de/?bereich=1020010, abgerufen am 03.08.2009.

[202] vgl. *Bergel, Stefanie*, „Net Geners wollen Spaß, Geschwindigkeit, Innovation" – Don Tapscott im Interview, in: managerSeminare Heft 129 (12/2008), 72–76.

[203] Vgl. *Scholz, Christian*, Generation G: Computerspieler als Sicherheitsrisiko?, in: Per Anhalter durch die Arbeitswelt, F.A.Z. Blog vom 08.04.2009, online unter: http://faz-community.faz.net/blogs/personal-blog/archive/2009/04/08/generation-g-computerspieler-als-sicherheitsrisiko.aspx, abgerufen am 10.11.2009.

[204] *Bundesinnenministerium für Ernährung, Landwirtschaft und Verbraucherschutz*, Umfrage zu Haltung und Ausmaß der Internetnutzung von Unternehmen zur Vorauswahl bei Personalentscheidungen, Juli 2009, 4, online unter: http://www.bmelv.de/cae/servlet/contentblob/641332/publicationFile/36628/InternetnutzungVorauswahlPersonalentscheidungen.pdf, abgerufen am 02.10.2009.

[205] *Bundesinnenministerium für Ernährung, Landwirtschaft und Verbraucherschutz*, Umfrage zu Haltung und Ausmaß der Internetnutzung von Unternehmen zur Vorauswahl bei Personalentscheidungen, Juli 2009, 4, online unter: http://www.bmelv.de/cae/servlet/contentblob/641332/publicationFile/36628/InternetnutzungVorauswahlPersonalentscheidungen.pdf, abgerufen am 02.10.2009.

[206] *Domke, Britta*, Keine Karriere ohne Assessement-Center, in: Harvard Business Manager 30 (9/2008), 6–9, hier: 6.

[207] in Anlehnung an *Wickel-Kirsch, Silke/Janusch, Matthias/Knorr, Elke*, Personalwirtschaft. Grundlagen der Personalarbeit in Unternehmen, Wiesbaden (Gabler) 2008, 48.

[208] vgl. *Musolesi, Frank*, Handlungsanalyse – ein alternativer Ansatz im Assessment Center, in: *Sarges, Werner* (Hrsg.), Weiterentwicklungen der Assessment Center-Methode, Göttingen etc. (Hogrefe) 1996, 41–52, hier: 42–43.

[209] *Schuler Heinz/Höft, Stefan* (Hrsg.), Konstruktorientierte Verfahren der Personalauswahl, in: Lehrbuch der Personalpsychologie, Göttingen etc. (Hogrefe) 2. Aufl. 2001, 105.

[210] vgl. *Ghiselli, Edwin E./Campbell, John P./Zedeck, Sheldon*, Measurement Theory for the Behavorial Sciences, San Francisco (Freeman) 1981, 270–271.

211 *Blum, Milton L./Naylor, James C.*, Industrial Psychology. Its Theoretical and Social Foundations, New York – Evanston – London (Harper & Row) 1968, 184–187.

212 modifiziert nach *Jung, Hans*, Personalwirtschaft, München – Wien (Oldenbourg) 6. Aufl. 2006, 151–154.

213 vgl. *Seibt, Hagen/Kleinmann, Martin*, Personalauswahl von Hochschulabsolventen: Derzeitiger Stand und Perspektiven, in: *Methner, Helmut* (Hrsg.), Psychologen gestalten die Zukunft, Bonn (Deutscher Psychologen Verlag) 1990, 292–304.

214 *Weuster, Arnulf*, Personalauswahl. Anforderungsprofil, Bewerbersuche, Vorauswahl und Vorstellungsgespräch, Wiesbaden (Gabler) 2004, 102.

215 vgl. *Demmer, Christina*, Ohne System läuft nichts, in: Personalwirtschaft 38 (2/2009), 18–22.

216 *Hohensee, Matthias/Mai, Jochen*, Karrierekiller Internet: Personalprofis prüfen Einträge, in: Wirtschaftswoche 47 (2006) 18.11.2006, 124.

217 *Bundesministerium für Ernährung, Landwirtschaft und Verbraucherschutz*, Umfrage zu Haltung und Ausmaß der Internetnutzung von Unternehmen zur Vorauswahl bei Personalentscheidungen, Juli 2009, 3, online unter: http://www.bmelv.de/cae/servlet/contentblob/641322/publicationFile/36628/InternetnutzungVorauswahlPersonalentscheidungen.pdf, abgerufen am 02.10.2009.

218 *Leurs, Rainer*, Out of Office. Soziales Petzwerk, in: FTD.de, 28.04.2009, online unter: www.ftd.de/lifestyle/outofoffice/:Out-of-Office-Soziales-Petzwerk/506068.html, abgerufen am 06.07.2009.

219 vgl. *Rohrschneider, Uta*, Personalsuche und -werbung, in: Personalmanagement: Das Handbuch für effiziente Personalarbeit, Freiburg im Breisgau (Haufe) 2001, 147–162, hier: 162.

220 vgl. *Weuster, Arnulf*, Personalauswahl. Anforderungsprofil, Bewerbersuche, Vorauswahl und Vorstellungsgespräch, Wiesbaden (Gabler) 2004, 189–193.

221 vgl. *Harris, Michael M./Fink, Lawrence S.*, A Field Study of Applicant Reactions to Employment Opportunities: Does the Recruiter Make a Difference, in: Personnel Psychology 40 (1987), 765–784.

222 vgl. *BAG*, Urteil vom 15.10.2009, 2 AZ 227/92 (Düsseldorf).

223 *Schuler, Heinz*, Psychologische Personalauswahl. Einführung in die Berufseignungsdiagnostik, Göttingen etc. (Verlag für Angewandte Psychologie) 1996, 95.

224 *Schuler, Heinz*, Psychologische Personalauswahl. Einführung in die Berufseignungsdiagnostik, Göttingen etc. (Verlag für Angewandte Psychologie) 1996, 95.

225 vgl. *Wickel-Kirsch, Silke/Janusch, Matthias/Knorr, Elke*, Personalwirtschaft. Grundlagen der Personalarbeit in Unternehmen, Wiesbaden (Gabler) 2008, 54.

226 vgl. *Rorschach, Hermann/Morgenthaler Walter*, Psychodiagnostik. Methodik und Ergebnisse eines wahrnehmungsdiagnostischen Experiments, Bern (Huber) 1992.

227 vgl. *Sarges, Werner* (Hrsg.), Weiterentwicklungen der Assessment-Center-Methode, Göttingen etc. (Verlag für Angewandte Psychologie) 1996.

228 vgl. *Jeserich, Wolfgang*, Mitarbeiter auswählen und fördern. Assessment-Center-Verfahren, München – Wien (Hanser) 1981, 33–34.

229 vgl. *Byham, William C.*, The Use of Assessment Centers in Management Development, in: *Taylor, Bernhard/Lippitt, Gordon L.* (Hrsg.), Management Development and Training Handbook, London etc. (McGraw-Hill) 1975, 63–69; *Jeserich, Wolfgang*, Mitarbeiter auswählen und fördern. Assessment-Center-Verfahren, München – Wien (Hanser) 1981, 123.

230 vgl. *Kay, Rosemarie*, Auf dem Weg in die Chefetage. Betriebliche Entscheidungsprozesse bei der Besetzung von Führungspositionen, Institut für Mittelstandsforschung, IfM-Materialien Nr. 170 (Bonn) 2007, 75–80.

231 *Behrends, Thomas/Albert, Martin*, Betriebsgröße und Personalarbeit, in: *Schulte, Reinhard* (Hrsg.), Ergebnisse der MittelstandsForschung, Münster (LIT Verlag) 2005, 151–183, hier: 179.

232 *Weuster, Arnulf*, Personalauswahl. Anforderungsprofile, Bewerbersuche, Vorauswahl und Vorstellungsgespräch, Wiesbaden (Gabler) 2004, 1; *Schuler, Heinz/Höft, Stefan*, Diagnose beruflicher

Eignung und Leistung, in: Lehrbuch Organisationspsychologie, Bern (Huber) 3. Aufl. 2004, 289–343.

[233] vgl. *Milkovich, George T./Glueck, William F.*, Personnel-Human Resource Management: A Diagnostic Approach, Plano (Business Publications) 4. Aufl. 1985, 306.

[234] vgl. *Milkovich, George T./Glueck, William F.*, Personnel-Human Resource Management: A Diagnostic Approach, Plano (Business Publications) 4. Aufl. 1985, 284–286.

[235] *Cascio, Wayne F.*, Applied Psychology in Human Resource Management, Upper Saddle River, NJ (Prentice-Hall) 5. Aufl. 1998, 213.

[236] vgl. *Schuler, Heinz/Stehle, Willi*, Neuere Entwicklungen des Assessment-Center-Ansatzes – beurteilt unter dem Aspekt der sozialen Validität, in: Psychologie und Praxis 27 (1983), 33–44.

[237] *Bitkom (Bundesverband Informationswirtschaft, Telekommunikation und neue Medien e.V.)*, Online-Bewerbungen liegen im Trend, Pressemitteilung vom 20.04.2009, online unter: http://www.bitkom.org/de/presse/8477–58860.aspx, abgerufen am 13.05.2009.

[238] *Köppel, Petra/Yan, Junchen/Lüdicke, Jörg*, Cultural Diversity Management in Deutschland hinkt hinterher, Gütersloh (Bertelsmann Stiftung) 2007, 19.

[239] *Süß, Stefan/Kleiner, Markus*, Diversity Management's Diffusion and Design: A Study of German DAX-Companies and Top-50-U.S.-Companies in Germany, Diskussionsbeitrag Nr. 378 des Fachbereichs Wirtschaftswissenschaften der FernUniversität in Hagen (Fernuniversität in Hagen) 2005, 16.

[240] *Köppel, Petra/Yan, Junchen/Lüdicke, Jörg*, Cultural Diversity Management in Deutschland hinkt hinterher, Gütersloh (Bertelsmann Stiftung) 2007, 7.

[241] vgl. *Connor, Mary/Pokora, Julia*, Coaching and Mentoring at Work: Developing Effective Practice, Maidenhead (McGraw-Hill) 2007, 13.

[242] *Waldenfels, Bernhard*, Das Unkalkulierbare zulassen, im Interview mit *Maeck, Stefanie/Sommer, Christine*, in: brand eins 11 (4/2009), 82–87, hier: 85.

[243] vgl. *Ely, Robin J./Thomas, David A.*, Cultural Diversity at Work: The Effects of Diversity Perspectives on Work Group Processes and Outcomes, in: Administrative Science Quarterly 46 (2001), 229–273.

[244] vgl. *Andresen, Maike*, Inclusion, in: *Scholz, Christian* (Hrsg.), Vahlens großes Personallexikon, München (Vahlen) 2009, 485–487.

[245] vgl. *Köppel, Petra/Yan, Junchen/Lüdicke, Jörg*, The International Status Quo of Cultural Diversity Management, Gütersloh (Bertelsmann Stiftung) 2007, 7.

[246] vgl. *Köppel, Petra/Yan, Junchen/Lüdicke, Jörg*, The International Status Quo of Cultural Diversity Management, Gütersloh (Bertelsmann Stiftung) 2007, 7.

[247] vgl. *Maier, Astrid*, Hardware für Walldorf, in: Manager Magazin 39 (2009), 52–58.

[248] *Gardenswartz, Lee/Rowe, Anita*, Managing Diversity: A Complete Desk Reference and Planning Guide, New York (McGraw-Hill) 1993.

[249] vgl. *Hofstede, Geert*, Culture's Consequences. International Differences in Work-Related Values, Beverly Hills – London (Sage) 1980.

[250] erweitert nach *Gardenswartz, Lee/Rowe, Anita*, Diverse Teams at Work. Capitalizing on the Power of Diversity, Irwin (McGraw-Hill) 1995.

[251] vgl. *Kephart, Pamela/Schumacher, Lilian*, Has the 'glass ceiling' cracked? An Exploration of Woman Entrepreneurship, in: Journal of Leadership & Organizational Studies 12 (1/2005), 2–15.

[252] vgl. *Falk, Svenja/Voigt, Andrea*, The Anatomy of the Glass Ceiling. Barriers to Women's Professional Advancement, o.O. (Accenture) 2006.

[253] vgl. *Fischer, Gabriele et al.*, Gleich und doch nicht gleich: Frauenbeschäftigung in deutschen Betrieben, IAB-Forschungsbericht 4/2009, Nürnberg (Institut für Arbeitsmarkt- und Berufsforschung) 2009, 50.

254 vgl. *Fischer, Gabriele et al.*, Gleich und doch nicht gleich: Frauenbeschäftigung in deutschen Betrieben, IAB-Forschungsbericht 4/2009, Nürnberg (Institut für Arbeitsmarkt- und Berufsforschung) 2009, 12.

255 vgl. *Kahlen, Robert*, Frauen ins Management – Generation CEO: Jetzt mitmachen und gewinnen!, online unter: http://www.capital.de/karriere/job/100009566.html, abgerufen am 20.07.2009.

256 vgl. *Bundesministerium des Innern*, Bevölkerungsentwicklung, online unter: http://www.bmi.bund.de/cln_104/DE/Themen/PolitikGesellschaft/DemographEntwicklung/Altern/altern.html, abgerufen am 11.08.2009.

257 vgl. *OECD*, Live Longer, Work Longer, Paris (OECD Publishing) 2006, 28–30.

258 vgl. *Bender, Saskia-Fee*, Age-Diversity: Ein Ansatz zur Verbesserung der Beschäftigungssitutation älterer ArbeitnehmerInnen, in: *Pasero, Ursula/Backes, Gertrud M./Schroeter, Klaus R.* (Hrsg.), Altern in Gesellschaft, Ageing – Diversity – Inclusion, Wiesbaden (VS Verlag für Sozialwissenschaften) 2007, 192–209, hier: 194–199.

259 vgl. *Cox, Taylor*, The Mulitcultural Organization, in: Academy of Management Executive 5 (2/1991), 34–47, hier: 37–39.

260 vgl. *Fehl, Wolfgang*, Zunehmende Vielfalt in Deutschlands KMU – das Engagement der Unternehmen, in: *Dettling, Daniel/Gerometta, Julia* (Hrsg.), Vorteil Vielfalt. Herausforderungen und Perspektiven einer offenen Gesellschaft, Wiesbaden (Verlag für Sozialwissenschaften) 2007, 41–50, hier: 48.

261 *Fehl, Wolfgang*, Zunehmende Vielfalt in Deutschlands KMU – das Engagement der Unternehmen, in: *Dettling Daniel/Gerometta, Julia* (Hrsg.), Vorteil Vielfalt. Heausforderungen und Perspektiven einer offenen Gesellschaft, Wiesbaden (Verlag für Sozialwissenschaften) 2007, 41–50, hier: 47.

262 *Merkel, Angela*, Rede anlässlich des Kongresses „Diversity als Chance", online unter: http://www.bundeskanzlerin.de/nn_5296/Content/DE/Rede/2007/12/2007–12–05-merkel-diversity-als-chance.html, 05.12.2007, abgerufen am 06.05.2009.

263 vgl. *Stuber, Michael*, Diversity. Das Potenzial-Prinzip: Ressourcen aktivieren – Zusammenarbeit gestalten, Köln (Luchterhand) 2. Aufl. 2009, 132.

264 vgl. *Fehl, Wolfgang*, Zunehmende Vielfalt in Deutschlands KMU – das Engagement der Unternehmen, in: *Dettling, Daniel/Gerometta, Julia* (Hrsg.), Vorteil Vielfalt. Herausforderungen und Perspektiven einer offenen Gesellschaft, Wiesbaden (Verlag für Sozialwissenschaften) 2007, 41–50, hier: 48.

265 vgl. *Meckl, Reinhard*, Change Agent, in: *Scholz, Christian* (Hrsg.), Vahlens Großes Personallexikon, München (Vahlen) 2009, 188.

266 vgl. *Stuber, Michael*, Diversity. Das Potenzial-Prinzip: Ressourcen aktivieren – Zusammenarbeit gestalten, Köln (Luchterhand) 2. Aufl. 2009, 252–255.

267 in Anlehnung an *Stuber, Michael*, Diversity. Das Potenzial-Prinzip: Ressourcen aktivieren – Zusammenarbeit gestalten, Köln (Luchterhand) 2. Aufl. 2009, 255.

268 vgl. *Stuber, Michael*, Diversity. Das Potenzial-Prinzip: Ressourcen aktivieren – Zusammenarbeit gestalten, Köln (Luchterhand) 2. Aufl. 2009, 255–256.

269 vgl. *Stuber, Michael*, Diversity. Das Potenzial-Prinzip: Ressourcen aktivieren – Zusammenarbeit gestalten, Köln (Luchterhand) 2. Aufl. 2009, 140.

270 vgl. *Stuber, Michael*, Diversity. Das Potenzial-Prinzip: Ressourcen aktivieren – Zusammenarbeit gestalten, Köln (Luchterhand) 2. Aufl. 2009, 137–144.

271 vgl. *Schweyer, Allan*, Talent Management Systems. Best Practices in Technology Solutions for Recruitment, Retention and Workforce Planning, Toronto (Wiley) 2004, 3.

272 *Statistisches Bundesamt*, Statistisches Jahrbuch 2008, Wiesbaden 2008, 87.

273 *Dresdner Bank*, Medienservice der Dresdner Bank, Februar 2006, online unter: http://www.dresdner-bank.de/dresdner-bank/presse-center/medienservice/2006/02/downloads/0602medienservice.pdf, abgerufen am 26.03.2009.

[274] *Bundesministerium für Arbeit und* Soziales, Sicherheit und Gesundheit bei der Arbeit 2007. Unfallverhütungsbericht Arbeit, Dortmund – Berlin – Dresden 2009.

[275] vgl. *REFA (Verband für Arbeitsgestaltung, Betriebsorganisation und Unternehmensentwicklung)*, Methodenlehre der Betriebsorganisation – Anforderungsermittlung (Arbeitsbewertung), München (Hanser) 2. Aufl. 1991, 22–28.

[276] vgl. *Scholz, Christian*, organisatorische Effektivität und Effizienz, in: *Frese, Erich* (Hrsg.), Handwörterbuch der Organisation, Stuttgart (Poeschel) 3. Aufl. 1992, 533–552; *Drucker, Peter F.*, The Effective Executive, London (Heinemann) 2. Aufl. 1968, 1–2.

[277] vgl. *managerSeminare*, Kind im Büro in: managerSeminare Heft 135 (6/2009), 8.

[278] vgl. *Patton, Dean/Marlow, Sue*, Managing the Employment Relationship in the Smaller Firm: Possibilities for Human Resource Management, in: International Small Business Journal 11 (4/1993), 57–64.

[279] vgl. *Wingen, Sascha et al.*, Vertrauensarbeitszeit – Neue Entwicklungen gesellschaftlicher Arbeitszeitstrukturen, Schriftenreihe der Bundesanstalt für Arbeitsschutz und Arbeitsmedizin, Dortmund – Berlin – Dresden (Bundesanstalt für Arbeitsschutz und Arbeitsmedizin) 2004.

[280] vgl. *Olmsted, Barney*, Job Sharing: An Emerging Work-Style, in: International Labour Review 118 (3/1979), 283–297.

[281] vgl. *Linde, Klaus*, Job Sharing, 10–12, online unter: http://www.Aus-innovativ.de/media/JobSharing.pdf, Juni 2004, abgerufen am 26.03.2009.

[282] vgl. *Knörzer, Michael*, Flexible Arbeitszeiten und alternative Beschäftigungsformen in der Personalplanung. Optimierungsmodelle aus Unternehmenssicht und Kompromißmodelle zur Berücksichtigung betrieblicher Mitbestimmung, München – Mering (Hampp) 2002, 24.

[283] vgl. *Backes-Gellner, Uschi et al.*, Familienfreundlichkeit im Mittelstand – Betriebliche Strategien zur besseren Vereinbarkeit von Beruf und Familie, IfM-Materialien Nr. 155, Bonn Institut für Mittelstandsforschung, 2003, 12.

[284] vgl. *Mülder, Wilhelm*, Die Neue Software-Welle nicht verpassen, in: HR Performance 17 (4/2009), 14–34, hier: 16.

[285] Grundsätze der Ergonomie für die Gestaltung von Arbeitssystemen (ISO 6385: 2004–05), Deutsche Fassung EN ISO 6385: 2004–05.

[286] vgl. *Rohmert, Walter*, Das Belastungs-Beanspruchungskonzept, in: Zeitschrift für Arbeitswissenschaft 38 (4/1984), 193–200.

[287] vgl. *REFA (Verband für Arbeitsgestaltung, Betriebsorganisation und Unternehmensentwicklung)*, Methodenlehre der Betriebsorganisation – Anforderungsermittlung (Arbeitsbewertung), München (Hanser) 2. Aufl. 1991.

[288] vgl. *Luczak, Holger*, Arbeitswissenschaft, Berlin – Heidelberg – New York (Springer) 2. Aufl. 1998, 15–16, 587–630.

[289] vgl. *Rundnagel, Regine*, Gestaltungsregeln für die Bildschirmarbeit, online unter: http://www.ergo-online.de/site.aspx?url=html/rechtsgrundlagen/bildschirmarbeitsverordnung/gestaltungsregeln.htm, abgerufen am 22.03.2009.

[290] *VBG (Verwaltungs-Berufsgenossenschaft)*, Bildschirm- und Büroarbeitsplätze. Leitfaden für die Gestaltung, VBG Fachinformation BGI 650 2007, 35–48, 59, 66, 94–95.

[291] vgl *Rundnagel, Regine*, Gestaltungsregeln für die Bildschirmarbeit, online unter: http://www.ergo-online.de/site.aspx?url=html/rechtsgrundlagen/bildschirmarbeitsverordnung/gestaltungsregeln.htm, abgerufen am 22.03.2009.

[292] *VBG (Verwaltungs-Berufsgenossenschaft)*, Bildschirm- und Büroarbeitsplätze. Leitfaden für die Gestaltung, VBG Fachinformation BGI 650 2007, 35–48, 59, 66, 94–95.

[293] vgl. *Strasser, Helmut*, Anthropometrische und biomechanische Grundlagen, in: *Hettinger, Theodor/Wobbe, Gerd* (Hrsg.), Kompendium der Arbeitswissenschaft, Ludwigshafen/Rhein (Kiehl) 1993, 53–55.

294 vgl. *Büssing, André/Aumann, Sandra*, Telearbeit im Spannungsfeld der Interessen betrieblicher Akteure: Implikationen für das Personalmanagement, in: Zeitschrift für Personalforschung 10 (1996), 223–239, hier: 225.

295 vgl. *Reichwald, Ralf/Möslein, Kathrin*, Chancen und Herausforderungen für neue unternehmerische Strukturen und Handlungsspielräume in der Informationsgesellschaft, in: *Picot, Arnold* (Hrsg.), Telekooperation und virtuelle Unternehmen. Auf dem Weg zu neuen Arbeitsformen, Heidelberg (Decker) 1997, 1–37.

296 vgl. *Reichwald, Ralf et al.*, Telekooperation. Verteilte Arbeits- und Organisationsformen, Berlin – Heidelberg (Springer) 2000, 85–90.

297 vgl. *Reichwald, Ralf et al.*, Telekooperation. Verteilte Arbeits- und Organisationsformen, Berlin – Heidelberg (Springer) 2000, 89.

298 *Friedman, Thomas L.*, The World is Flat. The Globalized World in the Twenty-First Century, London etc. (Penguin Books) 2006.

299 vgl. *Friedman, Thomas L.*, The World is Flat. The Globalized World in the Twenty-First Century, London etc. (Penguin Books) 2006, 36–38.

300 vgl. *Bundesamt für Sicherheit und Informationstechnik*, IT-Grundschutzkatalog, M 2.113 Regelungen für Telearbeit, online unter: https://www.bsi.bund.de/dn_136/contentBSI/grundschutz/kataloge/m/m02/m02117.html, Stand 2008, abgerufen am 20.03.2009.

301 vgl. *Godehardt, Birgit/Klinge, Carsten/Schwetje, Ute*, Aktuelle Bedeutung der Telearbeit für Unternehmen – Empirische Befunde aus dem Mittelstand, in: *Leonhard, Joachim-Felix et al.* (Hrsg.), Medienwissenschaft. Ein Handbuch zur Entwicklung der Medien und Kommunikationsformen, 3. Teilband, Berlin – New York (de Gruyter) 2002, 2611–2634.

302 *Bundesministerium für Arbeit und Soziales et al.* (Hrsg.), Telearbeit. Leitfaden für flexibles Arbeiten in der Praxis, Braunschweig (Westermann) 2001.

303 *Behrends, Thomas/Albert, Martin*, Betriebsgröße und Personalarbeit, in: *Schulte, Reinhard* (Hrsg.), Ergebnisse der MittelstandsForschung, Münster (LIT) 2005, 151–183, hier: 179.

304 vgl. *Kossbiel, Hugo*, Personalbedarfsermittlung, in: *Gaugler, Eduard/Weber, Wolfgang* (Hrsg.), Handwörterbuch des Personalwesens, Stuttgart (Poeschel) 2. Aufl. 1992, 1596–1608.

305 vgl. *Nanda, Ravinder/Browne, Jim,* Introduction to Employee Scheduling, New York (Van Nostrand) 1992; *Spengler, Thomas*, Modellgestützte Personalplanung, Working Paper No. 10, Faculty of Economics and Management, Otto von Guericke Universität Magdeburg (Magdeburg) 2006, 15.

306 *von Goethe, Wolfgang*, online unter: www.zitate-online.de/literaturzitate/allgemein/667/gegenüber-der-Fähigkeit-die-arbeit-eines.html, abgerufen am 31.05.2009.

307 *Personalmagazin*, Angebotsportfolio für den Bereich Zeitwirtschaft/Personaleinsatzplanung, online unter: http://www.haufe.de/Auftritte/ShopData/media/attachmentlibraries/rp/angebotsportfolio-zeitwirtschaftneu.pdf, abgerufen am 09.09.2009.

308 vgl. *Hertel, Guido/Schroer, Joachim*, Electronic Human Resource Management (E-HRM): Personalarbeit mit netzbasierten Medien, in: *Batinic, Bernad/Appel, Markus* (Hrsg.), Medienpsychologie, Heidelberg (Springer) 2008, 464.

309 vgl. *Baker, Stephen*, The Numerati: How They'll Get My Number and Yours, London (Jonathan Cape) 2008.

310 vgl. *Knauth, Peter*, Kombination von Flexibilisierung und Individualisierung der Arbeitszeit, in: *Dilger, Alexander/Gerlach, Irene/Schneider, Helmut* (Hrsg.), Betriebliche Familienpolitik. Potenziale und Instrumente aus multidiszipliärer Sicht, Wiesbaden (Verlag für Sozialwissenschaften) 2007, 141–158, hier: 157.

311 *Capgemini*, HR-Barometer 2009. Bedeutung, Strategien, Trends in der Personalarbeit – Schwerpunkt Strategie Workforce Management, Berlin – München (Capgemini Consulting) 2009, 33.

312 *Schulten, Thorsten*, WSI Mindestlohnbericht 2009, in: WSI Mitteilungen (3/2009), 150–157, hier: 151.

[313] *Kienbaum*, Kienbaum Studie 2008. Personalentwicklung, Gummersbach 2008, 31.

[314] *Spiegel Online*, Ackermanns Gehalt schrumpft um 90 %, online unter: http://www.spiegel.de/wirtschaft/0,1518,615157,00.html, Meldung vom 24.03.2009, abgerufen am 26.03.2009.

[315] *Deutsche Bank AG*, Finanzbericht 2009, 120.

[316] vgl. *Jung, Hans*, Personalwirtschaft, München – Wien (Oldenbourg) 8. Aufl. 2008, 563–564.

[317] vgl. *Adams, Stacy J.*, Toward an Understanding of Inequity, in: Journal of Abnormal and Social Psychology 67 (1963), 422–436.

[318] vgl. *Adams, Stacy J.*, Toward an Understanding of Inequity, in: Journal of Abnormal and Social Psychology 67 (1963), 422–436, hier: 427–430.

[319] vgl. *Becker, Fred*, Grundlagen betrieblicher Leistungsbeurteilungen. Leistungsverständnis und -prinzip, Beurteilungsproblematik und Verfahrensprobleme, Stuttgart (Schäffer-Poeschel) 3. Aufl. 1998, 152–157.

[320] *Wibbe, Josef*, Arbeitsbewertung. Entwicklung, Verfahren und Probleme, München (Hanser) 3. Aufl. 1966.

[321] vgl. *Becker, Fred*, Grundlagen betrieblicher Leistungsbeurteilungen. Leistungsverständnis und -prinzip, Beurteilungsproblematik und Verfahrensprobleme, Stuttgart (Schäffer-Poeschel) 3. Aufl. 1998, 152–157.

[322] vgl. *Becker, Fred*, Grundlagen betrieblicher Leistungsbeurteilungen. Leistungsverständnis und -prinzip, Beurteilungsproblematik und Verfahrensprobleme, Stuttgart (Schäffer-Poeschel) 3. Aufl. 1998, 374–380.

[323] vgl. *Becker, Fred*, Grundlagen betrieblicher Leistungsbeurteilungen. Leistungsverständnis und -prinzip, Beurteilungsproblematik und Verfahrensprobleme, Stuttgart (Schäffer-Poeschel) 3. Aufl. 1998, 380–388.

[324] vgl. *Bick, Mirjam*, Tarifverdienste in Deutschland – Was sagt die Tarifstatistik?, in: Wirtschaft & Statistik (12/2008), 1101–1106, hier: 1102.

[325] *Simon, Herbert A.*, Organizations and Markets, in: Journal of Economic Perspectives 5 (2/1991), 25–44, hier: 34.

[326] vgl. *Drumm, Hans J.*, Personalwirtschaft, Berlin – Heidelberg (Springer) 6. Aufl. 2008, 493–503.

[327] *Bundesagentur für Arbeit*, Kurzarbeitergeld. Informationen für Arbeitgeber und Betriebsvertretungen, Sonderauflage 1. Februar 2009 bis 31. Dezember 2010, 12.

[328] vgl. *Kirchmann, Claudia*, Offen für Neues, in: Personalwirtschaft 38 (4/2009), 32–34.

[329] vgl. *Drumm, Hans J.*, Personalwirtschaft, Berlin – Heidelberg (Springer) 6. Aufl. 2008, 519–542.

[330] vgl. *Müller, Henrik*, Nur Lumpen sind bescheiden, in: Manager Magazin 38 (1/2008), 109.

[331] *Ackermann, Josef*, „Boni sind notwendig, um die besten Talente zu gewinnen.", im Interview mit *Mathias Müller von Blumencorn, Armin, Mahler und Christoph Pauly*, in: Der Spiegel, 03.10.2009, online unter: http://www.spiegel.de/spiegel/0,1518,653050-3,00.html, abgerufen am 01.10.2010.

[332] vgl. *Stock-Homburg, Ruth*, Personalmanagement. Theorien – Konzepte – Instrumente, Wiesbaden (Gabler) 2008, 328–329.

[333] vgl. *Edinger, Thilo*, Cafeteria-Systeme. Ein EDV-gestützter Ansatz zur Gestaltung der Arbeitnehmer-Entlohnung, Diss. Herdecke (GCA) 2002, 7–9.

[334] vgl. *Langmeyer, Heiner*, Das Cafeteria-Verfahren, München – Mering (Hampp) 1999, 15–16.

[335] *Bisani, Fritz*, Personalwesen und Personalführung. Der State of the Art der betrieblichen Personalarbeit, Wiesbaden (Gabler) 4. Aufl. 1995, 340.

[336] *Kienbaum*, Kienbaum Studie 2008. Personalentwicklung, Gummersbach 2008, 6.

[337] *Initiative IT Fitness,* Durch fehlende Weiterbildung verschenkt Deutschland jährlich 4,5 Milliarden Euro, Pressemitteilung vom 23.11.2008, online unter: http://www.it-fitness.de/diwstudie/pm_it-fitness_diw-studie.pdf, abgerufen am 13.05.2009.

[338] *Kienbaum,* Kienbaum Studie 2008. Personalentwicklung, Gummersbach 2008, 15.

[339] *Oechsler, Walter,* Personal und Arbeit. Grundlagen des Human Resource Management und der Arbeitgeber-Arbeitnehmer-Beziehungen, München – Wien (Oldenbourg) 8. Aufl. 2006, 497.

[340] *Domsch, Michel,* Fachlaufbahn – ein Beitrag zur Flexibilisierung und Mitarbeiterorientierung der Personalentwicklung, in: *Domsch, Michel/Siemers, Sven* (Hrsg.), Fachlaufbahnen, Heidelberg (Physika) 1994, 3–21, hier: 5.

[341] vgl. *Neuberger, Oswald,* Personalentwicklung, Stuttgart (Enke) 2. Aufl. 1994; *Conradi, Walter,* Personalentwicklung, Stuttgart (Enke) 1983.

[342] vgl. *Bröckermann, Reiner/Müller-Vorbrüggen, Michael,* Handbuch Personalentwicklung. Die Praxis der Personalbildung, Personalförderung und Arbeitsstrukturierung, Stuttgart (Schäffer-Poeschel) 2. Aufl. 2008, 508.

[343] vgl. *managerSeminare,* Läden dicht, in: managerSeminare Heft 122 (5/2008), 15.

[344] vgl. *Gray, Colin/Mabey, Christopher,* Management Development: Key Differences Between Small and Large Businesses in Europe, in: International Small Business Journal 23 (2005), 467–485.

[345] vgl. *Ruschel, Adalbert,* Personalentwicklung, in: *Schneider, Hans J.* (Hrsg.), Mensch und Arbeit. Taschenbuch für die Personalpraxis, Köln (Bachem) 9. Aufl. 1992, 387–462, hier: 410.

[346] *Becker, Manfred,* Personalentwicklung. Bildung, Förderung und Organisationsentwicklung in Theorie und Praxis, Stuttgart (Schäffer-Poeschel) 2. Aufl. 1999, 156; 158.

[347] *Mentzel, Wolfgang,* Unternehmenssicherung durch Personalentwicklung. Mitarbeiter motivieren, fördern und weiterbilden, Freiburg im Breisgau (Haufe) 5. Aufl. 1992, 166–169.

[348] vgl. *Giarini, Orio/Liedtke, Patrick M.,* Wie wir arbeiten werden. Der neue Bericht an den Club of Rome, München (Heyne) 1998, 113; *Güldenberg, Stefan/Mayerhofer, Helene/Steyrer, Johannes,* Zur Bedeutung von Wissen, in: *von Eckardstein, Dudo/Kasper, Helmut/Mayrhofer, Wolfgang* (Hrsg.), Management. Theorien – Führung – Veränderung, Stuttgart (Schäffer-Poeschel) 1999, 589–598, hier: 594–595.

[349] vgl. *Nagel, Kurt,* Weiterbildung als strategischer Erfolgsfaktor. Der Weg zum unternehmerisch denkenden Mitarbeiter, Landsberg/Lech (moderne industrie) 1990, 32.

[350] *Scholz, Christian/Stein, Volker/Bechtel, Roman,* Human Capital Management. Wege aus der Unverbindlichkeit, München/Unterschleißheim (Wolters Kluwer) 2. Aufl. 2006, 235.

[351] vgl. *Drumm, Hans J./Scholz, Christian,* Personalplanung. Planungsmethoden und Methodenakzeptanz, Bern – Stuttgart (Haupt) 2. Aufl. 1988, 170–171.

[352] vgl. *Walker, Elizabeth et al.,* Small Business Owners: Too Busy To Train?, in: Journal of Small Business and Enterprises Development 14 (2/2007), 294–306.

[353] vgl. *Patton, Dean/Marlow, Sue/Hannon, Paul,* The Relationship Between Training and Small Firm Performance: Research frameworks and lost quests, in: International Small Business Journal 19 (1/2000), 11–28, hier: 20–21.

[354] vgl. *Conradi, Walter,* Personalentwicklung, Stuttgart (Enke) 1983.

[355] *Backes-Gellner, Uschi/Lazear, Edward P./Wolff, Brigitta,* Personalökonomik. Fortgeschrittene Anwendungen für das Management, Stuttgart (Schäffer-Poeschel) 2001, 26–40.

[356] *Backes-Gellner, Uschi/Lazear, Edward P./Wolff, Brigitta,* Personalökonomik. Fortgeschrittene Anwendungen für das Management, Stuttgart (Schäffer-Poeschel) 2001, 34–36.

[357] vgl. *EnBW Energie Baden-Württemberg AG,* Geschäftsbericht 2008, 75.

[358] *IFAK Institut,* IFAK Arbeitsklima-Barometer Deutschland 2008, Taunusstein 2008, 1.

[359] *Hewitt Associates,* Motivationsbremse Nummer eins: Mitarbeiter erhalten zu wenig Wertschätzung, Pressemitteilung vom 18.08.2008, online unter: http://www.hewittassociates.com/

Intl/EU/de-DE/AboutHewitt/Newsroom/PressReleaseDetail.aspx?cid=5538, abgerufen am 13.05.2009.

[360] *Kienbaum,* Kienbaum Studie 2008. Personalentwicklung, Gummersbach 2008, 32.

[361] vgl. *Wunderer, Rolf,* Führung und Zusammenarbeit. Eine unternehmerische Führungslehre, München – Neuwied (Luchterhand) 5. Aufl. 2003, 105.

[362] vgl. *Jost, Peter-J.,* Organisation und Motivation. Eine ökonomisch-psychologische Einführung, Wiesbaden (Gabler) 2000, 98.

[363] *Heckhausen, Heinz,* Motivation und Handeln, Berlin – Heidelberg – New York (Springer) 2. Aufl. 1989, 9.

[364] vgl. *Knowles, Henry P./Saxberg, Borje O.,* Human Relations and the Nature of Man, in: Harvard Business Review 45 (2/1967), 23–40 und 172–178.

[365] vgl. *McGregor, Douglas,* The Human Side of Enterprise, New York – Toronto – London (McGraw-Hill) 1960.

[366] vgl. *Schein, Edgar H.,* Organizational Psychology, Englewood Cliffs/N.J. (Prentice Hall) 3. Aufl. 1980.

[367] vgl. *Maccoby, Michael,* The Gamesman – the New Corporate Leaders, New York (Simon and Schuster) 1976.

[368] vgl. *Kroeber-Riel, Werner,* Konsumentenverhalten, München (Vahlen) 5. Aufl. 1992, 45–161; *Kroeber-Riel, Werner/Weinberg, Peter/Gröppel-Klein, Andrea,* Konsumentenverhalten, München (Vahlen) 9. Aufl. 2009, 33–38.

[369] vgl. *Atkinson, John W./Birch, David,* The Dynamics of Action, New York (Wiley) 1970.

[370] vgl. *March, James G./Simon, Herbert A.,* Organizations, New York – London – Sydney (Wiley) 1958, 47–52.

[371] vgl. *March, James G./Simon, Herbert A.,* Organizations, New York – London – Sydney (Wiley) 1958, 53–82.

[372] vgl. *Shull, Fremont A./Delbecq, André L./Cummings, Larry L.,* Organizational Decision Making, New York etc. (McGraw-Hill) 1970, 37–69.

[373] vgl. *Maslow, Abraham H.,* A Theory of Human Motivation, in: Psychological Review 50 (4/1943), 370–396.

[374] vgl. *Herzberg, Frederick/Mausner, Bernhard/Synderman, Barbara B.,* The Motivation to Work, New York (Wiley) 2. Aufl. 1959.

[375] vgl. *Herzberg, Frederik,* Work and Nature of Man, London (Crosby Lockwood Staples) 1966, 97–121.

[376] vgl. *Herzberg, Frederick,* One More Time: How Do You Motivate Employees?, in: Harvard Business Review 46 (1/1968), 53–62, hier: 57.

[377] *Quadbeck-Seeger, Hans-Jürgen,* online unter: http://www.wirtschaftszitate.de/autor/quadbeck-seeger_hans-juergen.php, abgerufen am 28.05.2009.

[378] vgl. *McClelland, David C.,* Personality, New York (The Dryden Press) 1953; *McClelland, David C.,* Power. The Inner Expierence, New York etc. (Irvington Publishers) 1975; *McClelland, David C.,* Human Motivation, Glenview etc. (Scott Foresman & Company) 1985.

[379] vgl. *Ach, Narziß,* Über den Willensakt und das Temperament. Eine experimentelle Untersuchung, Leipzig (Quelle & Meyer) 1910.

[380] vgl. *Ach, Narziß,* Über den Willensakt und die Willenshandlung, in: *Abderhalden, Emil* (Hrsg.), Handbuch der biologischen Arbeitsmethoden, Abt. 6, Teil E, Berlin – Wien (Urban und Schwarzenberg) 1935, 201–202.

[381] vgl. *Heckhausen, Heinz,* Motivation und Handeln, Berlin (Springer) 2. Aufl. 1989, 212–218.

[382] vgl. *Heckhausen, Heinz,* Motivation und Handeln, Berlin (Springer) 2. Aufl. 1989, 212.

383 vgl. *Kornadt, Hans-Joachim*, Motivation und Volition, Anmerkungen und Fragen zur wiederbelebten Willenspsychologie, in: Archiv für Psychologie 140 (1988), 209–222.

384 vgl. *Csikszentmihalyi, Mihaly/Rathunde, Kevin/Whalen, Samuel*, The Measurement of Flow in Everyday Life: Toward a Theory of Emergent Motivation, in: *Jacobs, Janis E.* (Hrsg.), Developmental Perspectives on Motivation, Lincoln – London (University of Nebraska Press) 1993, 57–97.

385 vgl. *Csikszentmihalyi, Mihaly/Rathunde, Kevin/Whalen, Samuel*, The Measurement of Flow in Everyday Life: Toward a Theory of Emergent Motivation, in: *Jacobs, Janis E.* (Hrsg.), Developmental Perspectives on Motivation, Lincoln – London (University of Nebraska Press) 1993, 57–97, hier: 75.

386 vgl. *Grieger, Jürgen*, Ökonomisierung in Personalwirtschaft und Personalwirtschaftslehre. Theoretische Grundlagen und praktische Bezüge, Wiesbaden (DUV) 2004, 223–224.

387 *Akademie für Führungskräfte der Wirtschaft*, Akademie-Studie 2006. Auf gut Glück oder alles unter Kontrolle: Wie vertrauen deutsche Manager?, Überlingen 2006, 18.

388 *Akademie für Führungskräfte der Wirtschaft*, Führen in der Krise – Führung in der Krise? Führungsalltag in deutschen Unternehmen, Überlingen 2003, 5.

389 *Akademie für Führungskräfte der Wirtschaft*, Führen in der Krise – Führung in der Krise? Führungsalltag in deutschen Unternehmen, Überlingen 2003, 9.

390 vgl. *Grotzfeld, Svenja*, Zielvereinbarungen, in: Personalmanagement. Das Handbuch für effiziente Personalarbeit. Mustertexte, Formulare und Checklisten, Freiburg im Breisgau (Haufe) 2001, 364–388, hier: 379–384.

391 *Neuberger, Oswald*, Führen und führen lassen. Ansätze, Ergebnisse und Kritik der Führungsforschung, Stuttgart (Lucius&Lucius) 6. Aufl. 2002, 47.

392 vgl. *Tannenbaum, Robert/Schmidt, Warren H.*, How to Choose a Leadership Pattern, in: Harvard Business Review 36 (2/1958), 95–101.

393 vgl. *Fiedler, Fred E.*, Engineer the Job to Fit the Manager, in: Harvard Business Review 43 (5/1965), 115–122; *Fiedler, Fred E.*, A Theory of Leadership Effectiveness, New York etc. (McGraw-Hill) 1967.

394 *Fiedler, Fred E./Chemers, Martin M./Mahar, Linda*, Der Weg zum Führungserfolg. Ein Selbsthilfeprogramm für Führungskräfte, Stuttgart (Poeschel) 1979, 16.

395 vgl. *Graen, George et al.*, Contingency Model of Leadership Effectiveness: Antecedent and Evidential Results, in: Psychological Bulletin 74 (4/1970), 285–296.

396 Zusammenfassung nach *Scholz, Christian*, Personalmanagement. Informationsorientierte und verhaltenstheoretische Grundlagen, München (Vahlen) 5. Aufl. 2000, 925.

397 vgl. *Stogdill, Ralph M./Coons, Alvin E.*, Leader Behavior: It's Description and Measurement, Ohio (Ohio State University) 1957.

398 vgl. *Blake, Robert R./Mouton, Jane S.*, The Managerial Grid, Houston (Gulf Publishing) 1964.

399 vgl. *Blake, Robert R./Mouton, Jane S.*, Verhaltenspsychologie im Betrieb. Das neue Grid-Management-Konzept, Düsseldorf – Wien (Econ) 1980, 27.

400 vgl. *Hersey, Paul/Blanchard, Kenneth H.*, Management of Organizational Behavior. Utilizing Human Resources, Englewood Cliffs/NJ. (Prentice Hall) 1972.

401 *Hersey, Paul/Blanchard, Kenneth H./Dewey, E. Johnson*, Management of Organizational Behavior. Utilizing Human Resources, Upper Saddle River/NJ (Prentice Hall) 7. Aufl. 1996, 208.

402 vgl. *Reddin, William J.*, The 3-D Management Style Theory. A Typology Based on Taste and Relationship Orientations, in: Training and Development Journal 21 (4/1967), 8–17; *Reddin, William J.*, Das 3-D-Programm zur Leistungssteigerung des Managements, Landsberg/Lech (moderne industrie) 1981.

403 *Reddin, William J.*, Das 3-D-Programm zur Leistungssteigerung des Managements, Landsberg/Lech (moderne industrie) 1981.

[404] vgl. *Burns, James MacGregor*, Leadership, New York etc. (Harper & Row) 1978, 19–20.

[405] *Bennis, Warren/Nanus, Burt*, Führungskräfte. Die vier Schlüsselstrategien erfolgreichen Führens, München (Heyne) 1985, 28.

[406] vgl. *Weber, Max*, Wirtschaft und Gesellschaft. Grundriss der verstehenden Soziologie, Tübingen (Mohr) 5. Aufl. 1976, 654–655.

[407] vgl. *House, Robert J.*, A 1976 Theory of Charismatic Leadership, in: *Hunt, James G./Larson, Lars L.* (Hrsg.), Leadership. The Cutting Edge, Carbondale/IL (Southern Illinois University Press) 1977, 189–207.

[408] *Kets de Vries, Manfred*, „Manche suchen das Desaster", CEO-Coach Kets de Vries über die Ängste der Topmanager, im Interview mit *Freitag, Michael/Student, Dietmar*, in: Manager Magazin 37 (10/2007), 48.

[409] vgl. *Wunderer, Rolf*, Führung und Zusammenarbeit. Eine unternehmerische Führungslehre, München – Neuwied (Luchterhand) 5. Aufl. 2003.

[410] vgl. *Wunderer, Rolf*, Führung und Zusammenarbeit. Eine unternehmerische Führungslehre, München – Neuwied (Luchterhand) 5. Aufl. 2003, 72–83.

[411] vgl. *Sprenger, Reinhard K.*, Mythos Motivation. Wege aus einer Sackgasse, Frankfurt – New York (Campus) 1996.

[412] vgl. *Fatzer, Gerhard*, Zum Mythos Sprenger oder: Die Banalisierung von Management, o.J., online unter: http://www.trias.ch/files/pressespiegel/mythos_sprenger.pdf, abgerufen am 10.08.2009.

[413] vgl. *Scholz, Christian*, Spieler ohne Stammplatzgarantie. Darwiportunismus in der neuen Arbeitswelt, Weinheim (Wiley-VCH) 2003.

[414] vgl. *Scholz, Christian*, Darwiportunismus. Das neue Szenario im Berufsleben, in: WISU Das Wirtschaftsstudium (10/1999), 1182–1184.

[415] vgl. *Scholz, Christian*, Spieler ohne Stammplatzgarantie. Darwiportunismus in der neuen Arbeitswelt, Weinheim (Wiley-VCH) 2003, 89.

[416] vgl. *Herfurth, Mark/Innerhofer, Christian*, Der Krise den Schrecken nehmen, in: Personalwirtschaft 38 (6/2009), 42–44.

[417] vgl. *Bergmann, Lars et al.*, Modernisierung kleiner und mittlerer Betriebe, in: *Dombrowski, Uwe et al.* (Hrsg.), Modernisierung kleiner und mittlerer Unternehmen, Berlin – Heidelberg (Springer) 2009, 30–64, hier: 47–48.

[418] vgl. *Mendenhall, Mark E.*, Introduction: New Perspectives on Expatriate Adjustment and its Relationship to Global Leadership Development, in: *Mendenhall, Mark E./Kühlmann, Torsten M./Stahl, Günter K.* (Hrsg.), Developing Global Business Leaders. Policies, Processes, and Innovations, Westport/CT – London (Greenwood Publishing Group) 2001, 1–16, hier: 2.

[419] *Statista*, Aussagen zum eigenen Beruf, online unter: http://de.statista.com/statistik/daten/studie/648/umfrage/aussagen-zum-eigenen-beruf/#info, abgerufen am 05.05.2009.

[420] *Akademie für Führungskräfte der Wirtschaft*, Akademie-Studie 2006. Auf gut Glück oder alles unter Kontrolle: Wie vertrauen deutsche Manager?, Überlingen 2006, 11.

[421] *Akademie für Führungskräfte der Wirtschaft*, Akademie-Studie 2002. Mythos Team auf dem Prüfstand – Teamarbeit in deutschen Unternehmen, Überlingen 2002, 5.

[422] vgl. *Kieser, Alfred/Reber, Gerhard/Wunderer, Rolf* (Hrsg.), Handwörterbuch der Führung, Stuttgart (Poeschel) 1987.

[423] *Grove, Andrew*, online unter: www.zitate.de/db/ergebnisse.php?kategorie=Team, abgerufen am 07.07.2009.

[424] vgl. *Hackmann, Richard J.*, Groups That Work (and Those That Don't) – Creating Conditions for Effective Teamwork, San Francisco – Oxford (Jossey Bass Publishers) 1990.

[425] vgl. *Schermerhorn, John R. jr.*, Management, New York (Wiley) 7. Aufl. 2002, 417.

[426] vgl. *Schermerhorn, John R. jr.*, Management, New York (Wiley) 7. Aufl. 2002, 417.

[427] *Herwig-Lempp, Johannes*, Ressourcenorientierte Teamarbeit, Göttingen (Vandenhoeck & Ruprecht) 2004, 40–41; *Malik, Fredmund*, Richtig Denken – wirksam Managen. Mit klarer Sprache besser führen, Frankfurt am Main (Campus) 2010, 89.

[428] vgl. *Cartwright, Dorwin/Zander, Alvin*, Group Dynamics. Research and Theory, New York (Harper & Row) 3. Aufl. 1968.

[429] vgl. *Wurst, Katharina/Högl, Martin*, Führungsaktivitäten in Teams. Ein theoretischer Ansatz zur Konzeptualisierung, in: *Gemünden, Hans G./Högl, Martin* (Hrsg.), Management von Teams. Theoretische Konzepte und empirische Befunde, Wiesbaden (Gabler) 2000, 158–185, hier: 163.

[430] vgl. *Albers Mohrman, Susan/Cohen, Susan G./Mohrman, Allan M. Jr.*, Designing Team-Based Organizations. New Forms for Knowledge Work, San Francisco (Josey-Bass) 1995.

[431] *Albers Mohrman, Susan/Cohen, Susan G./Mohrman, Allan M. Jr.*, Designing Team-Based Organizations. New Forms Knowledge Work, San Francisco (Jossey-Bass) 1995, 163.

[432] vgl. *Katzenbach, Jon R./Smith, Douglas K.*, The Discipline of Teams, in: Harvard Business Review 83 (7–8/2005), 162–171.

[433] vgl. *Katzenbach, Jon R./Smith, Douglas K.*, The Wisdom of Teams: Creating the High-Performance Organization, Boston (Harvard Business School Press) 1993, 238.

[434] *Pawlowsky, Peter*, Auf dem Weg zu höherer Leistung, in: *Pawlowsky, Peter/Mistele, Peter* (Hrsg.), Hochleistungsmanagement. Leistungspotenziale in Organisationen gezielt fördern, Wiesbaden (Gabler) 2008, 413–424, hier: 417.

[435] vgl. *Shula, Don/Blanchard, Ken*, Everyone's Coach. You Can Inspire Anyone To Be A Winner, New York (Harper Business) 1995.

[436] *Shula, Don/Blanchard, Ken*, Everyone's Coach. You Can Inspire Anyone To Be A Winner, New York (Harper Business) 1995, 183–192.

[437] vgl. *Blanchard, Ken et al.*, High Five! The Magic of Working Together, New York (William Morrow) 2001.

[438] vgl. *Blanchard, Kenneth/Carew, Donald/Parisi-Carew, Eunice*, Der Minuten-Manager schult Hochleistungs-Teams, Reinbek (Rowohlt) 2002.

[439] *Blanchard, Kenneth/Carew, Donald/Parisi-Carew, Eunice*, Der Minuten-Manager schult Hochleistungs-Teams, Reinbek (Rowohlt) 2002, 22–23.

[440] *Augustine, Norman. R.*, zitiert nach *Seifter, Harvey/Economy, Peter*, Leadership Ensemble: Lessons in Collaborative Management from the World-Famous Conductorless Orchestra, New York (Times Books) 2001, 107.

[441] *Mintzberg, Henry*, Covert Leadership: Notes On Managing Professionals, in: Harvard Business Review 76 (6/1998), 140–147.

[442] vgl. *Mintzberg, Henry*, Covert Leadership: Notes On Managing Professionals, in: Harvard Business Review 76 (6/1998), 140–147, hier: 147.

[443] vgl. *Seifter, Harvey/Economy, Peter*, Leadership Ensemble: Lessons in Collaborative Management from the World-Famous Conductorless Orchestra, New York (Times Books) 2001.

[444] vgl. *Scholz, Christian/Schmitt, Albert*, Als Manager von Künstlern lernen, in: Marketing Club Frankfurt, Club Report (2004/2005), 11–12; *Pawlowsky, Peter/Mistele, Peter* (Hrsg.), Hochleistungsmanagement. Leistungspotenziale in Organisationen gezielt fördern, Wiesbaden (Gabler) 2008.

[445] *Scholz, Christian/Schmitt, Albert*, Hochleistung braucht Dissonanz. Was Teams vom 5-Sekunden-Modell der Deutschen Kammerphilharmonie Bremen lernen können, Weinheim (Wiley-VCH) 2010.

[446] *Scholz, Christian/Schmitt, Albert*, Hochleistung braucht Dissonanz. Was Teams vom 5-Sekunden-Modell der Deutschen Kammerphilharmonie Bremen lernen können, Weinheim (Wiley-VCH) 2010.

[447] vgl. *o.V.*, Führungsmodell von einer ganz anderen „Saite". Mithilfe des „5-Sekunden-Modells" sollen Teams zu Hochleistungen im Einklang geführt werden, in: Der Standard 16./17.07.2005, C 22.

[448] *Flusser, Vilém*, Vom Virtuellen, in: *Rötzer, Florian/Weibel, Peter* (Hrsg.), Cyperspace, München (Boer) 1993, 65–71, hier: 65–66.

[449] *Scholz, Christian/Stein Volker*, „Competitive Acceptance" in Cross-Cultural Interaction. Findings from an Empirical Study. Interactive Paper Session at the 1998 Academy of Management Meeting, San Diego, CA. Disskussionsbeitrag Nr. 65 des Lehrstuhls für Betriebswirtschaftslehre, insbesondere Organisation, Personal- und Informationsmanagement an der Universität des Saarlandes, Saarbrücken 1998.

[450] vgl. *Scholz, Christian/Stein, Volker*, Identitätsbildung in Internationalen Virtuellen Teams (IVT's), in: *Scholz, Christian* (Hrsg.), Identitätsbildung: Implikationen für globale Unternehmen und Regionen, München – Mering (Hampp) 2005, 87–103.

[451] vgl. *Scholz, Christian*, Strategische Organisation. Multiperspektivität und Virtualität, Landsberg/Lech (moderne industrie) 2. Aufl. 2000, 320–390; *Scholz, Christian*, Virtuelle Teams – Neuer Wein in neue Schläuche!, in: Zeitschrift für Führung und Organisation 71 (2002), 26–33.

[452] vgl. *Handy, Charles*, Trust and the Virtual Organisation, in: Harvard Business Review 73 (3/1995), 40–50.

[453] vgl. *Scholz, Christian*, Virtuelle Teams mit darwinistischer Tendenz: Der Dorothy-Effekt, in: Organisations-Entwicklung 20 (4/2001), 20–29.

[454] vgl. *Neuberger, Oswald*, Mikropolitik und Moral in Organisationen: Herausforderung der Ordnung, Stuttgart (Lucius&Lucius) 2006.

[455] vgl. *Neuberger, Oswald*, Mikropolitik. Der alltägliche Aufbau und Einsatz von Macht in Organisationen, Stuttgart (Enke) 1995, 154–159.

[456] vgl. *Leymann, Heinz*, Mobbing. Psychoterror am Arbeitsplatz und wie man sich dagegen wehren kann, Reinbek (Rowohlt) 1993, 21.

[457] vgl. *Leymann, Heinz*, Ätiologie und Häufigkeit von Mobbing am Arbeitsplatz – eine Übersicht über die bisherige Forschung, in: Zeitschrift für Personalforschung 7 (1993), 271–284.

[458] vgl. *Leymann, Heinz*, Mobbing. Psychoterror am Arbeitsplatz und wie man sich dagegen wehren kann, Reinbek (Rowohlt) 1993.

[459] vgl. *Neuberger, Oswald*, Mobbing. Übel mitspielen in Organisationen, München – Mering (Hampp) 1999.

[460] vgl. *Neuberger, Oswald*, Mobbing. Übel mitspielen in Organisationen, München – Mering (Hampp) 1999, 215–218.

[461] vgl. *Scholz, Christian*, Spieler ohne Stammplatzgarantie. Darwiportunismus in der Arbeitswelt, Weinheim (Wiley-VCH) 2003.

[462] *Kienbaum*, Kienbaum Studie 2008. Personalentwicklung, Gummersbach 2008, 31.

[463] *IFAK Institut*, IFAK Arbeitsklima-Barometer Deutschland 2008, Taunusstein 2008, 4.

[464] *IFAK Institut*, IFAK Arbeitsklima-Barometer Deutschland 2008, Taunusstein 2008, 2.

[465] vgl. *Gallup*, Gallup-Engagement-Index 2008, Potsdam 2008.

[466] vgl. *Scholz, Christian/Niemczyk, Karoline*, Arbeitsweltmonitor 2007: Impulse für gute Personalarbeit, Saarbrücken (Institut für Managementkompetenz) 2008, 23 und 30.

[467] *Niefer, Werner*, online unter: http://www.zitate.de/detail-kategorie-6750.html, abgerufen am 06.08.2009.

[468] vgl. *Gillies, Constantin*, Die Kaffeeküche im Web – Soziale Netzwerke im Unternehmen, in: managerSeminare Heft 122 (5/2008), 68.

[469] *Personaler Online*, Mitarbeiterbindung: Wie hält man seine Mitarbeiter?, Newsmeldung vom 28.08.2007, online unter: http://www.personaler-online.de/typo3/nicht-im-menue/personal-

news/personalernews-details/article/mitarbeiterbindung-wie-haelt-man-seine-mitarbeiter.
html, abgerufen am 11.02.2009; *Business Wissen*, Mitarbeiterbindung: Mitarbeiter an das Unternehmen binden und die Vorteile entdecken, online unter: http://www.business-wissen.de/
nc/personal/beziehungsmanagement/fachartikel/mitarbeiterbindung-mitarbeiter-an-das-
unternehmen-binden-und-die-vorteile-entdecken.html, abgerufen am 22.09.2009.

470 vgl. *Mugler, Josef*, Personalwesen in Klein- und Mittelbetrieben, in: *Gaugler, Eduard/Weber,
Wolfgang* (Hrsg.), Handwörterbuch des Personalwesens, 2. Aufl. Stuttgart (Schäffer-Poeschel)
1992, 1853–1863, hier: 1859.

471 vgl. *Mitchel, Terence R./Holtom, Brooks C./Lee, Thomas W.*, How to Keep Your Best Employees:
Developing an Effective Retention Policy, in: Academy of Management Executive 15 (4/2001),
96–108, hier: 98–100.

472 vgl. *Mitchel, Terence R./Holtom, Brooks C./Lee, Thomas W.*, How to Keep Your Best Employees:
Developing an Effective Retention Policy, in: Academy of Management Executive 15 (4/2001),
96–108, hier: 100.

473 vgl. *Mitchel, Terence R. et al.*, Why People Stay: Using Job Embeddedness to Predict Voluntary
Turnover, in: Academy of Management Journal 44 (6/2001), 1102–1121, hier: 1104–1105.

474 vgl. *Scroggins, Wesley A.*, The Relationship Between Employee Fit Perceptions, Job Performance,
and Retention: Implications of Perceived Fit, in: Employee Responsibilities and Rights Journal
20 (2008), 57–71.

475 *Scroggins, Wesley A.*, The Relationship Between Employee Fit Perceptions, Job Performance,
and Retention: Implications of Perceived Fit, in: Employee Responsibilities and Rights Journal
20 (2008), 57–71, hier: 65.

476 vgl. *Scroggins, Wesley A.*, The Relationship Between Employee Fit Perceptions, Job Performance,
and Retention: Implications of Perceived Fit, in: Employee Responsibilities and Rights Journal
20 (2008), 57–71, hier: 66–68.

477 vgl. *Spencer, Daniel G.*, Employee Voice and Employee Retention, in: Academy of Management
Journal 29 (1986), 488–502.

478 vgl. *Hirschmann, Albert O.*, Exit, Voice, and Loyality. Responses to Decline in Firms, Organizations, and States, Cambridge Mass. (Harvard University Press) 1970.

479 vgl. *Spencer, Daniel G.*, Employee Voice and Employee Retention, in: Academy of Management
Journal 29 (1986), 488–502.

480 *von Rohr, Hans Christoph*, online unter: www.zitate.de/detail-kategorie-6870.htm, abgerufen am
06.08.2009.

481 vgl. *Süßenguth, Ernst*, Erfahrungsbericht über Mitarbeiterbefragungen der BASF, in: *Domsch,
Michel/Schneble, Andrea* (Hrsg.), Mitarbeiterbefragungen, Heidelberg (Physica) 1991, 25–32,
hier: 31.

482 vgl. *Allen, Natalie J./Meyer, John P.*, The Measurement and Antecedents of Affective, Continuance
and Normative Commitment to the Organization, in: Journal of Occupational Psychologie 63
(1990), 1–18, hier: 3–4; *Meyer, John P./Allen, Natalie J.*, A Three Component Conceptualization of
Organizational Commitment, in: Human Resource Management Review 1 (1/1991), 61–89.

483 vgl. *Freitag, Michael/Student, Dietmar*, Sag zum Abschied leise Servus, in: Manager Magazin 37
(10/2007), 42–56.

484 *Jumpertz, Sylvia*, Trennungsberatung weiter im Trend, in: managerSeminare Heft 130 (1/2009),
18–22.

485 *Deutsches Mittelstands-Barometer*, Am Puls des Mittelstands, Ergebnisse der Befragung Frühjahr
2009, Marburg 2009, 9.

486 *El-Sharif, Yasmin*, Gute Zeiten für Trittbrettfahrer, in: ZeitOnline, Tagesspiegel vom 16.03.2009,
online unter: http://www.zeit.de/online/2009/12/kurzarbeit-unternehmen-arbeitslosigkeit,
abgerufen am 13.05.2009.

[487] *Bertrand, Martin H.*, Geleitwort, in: *Bröckermann, Reiner/Pepels, Werner* (Hrsg.), Die Personal-freisetzung. Betriebswirtschaftlich – gesellschaftspolitisch – menschlich, Renningen (expert) 2005.

[488] vgl. *Drumm, Hans J./Scholz, Christian*, Personalplanung. Planungsmethoden und Methodenak-zeptanz, Bern – Stuttgart (Haupt) 2. Aufl. 1988, 146–162.

[489] vgl. *Taylor, Bill*, Why Zappos Pays New Employees to Quit – And You Should Too, Beitrag vom 19.05.2008, online unter: http://blogs.harvardbusiness.org/taylor/2008/05/why_zappos_pays_new-employees.html, abgerufen am 24.07.2009.

[490] vgl. *Drumm, Hans J./Scholz, Christian*, Personalplanung. Planungsmethoden und Methodenak-zeptanz, Bern – Stuttgart (Haupt) 2. Aufl. 1988, 253.

[491] vgl. *Bayreuther, Frank*, Betriebsbedingte Kündigung, in: *Säcker, Franz J.* (Hrsg.), Individuelles Arbeitsrecht Case By Case, Frankfurt/Main (Recht und Wirtschaft) 2006, 89–107.

[492] vgl. *Berkowsky, Wilfried*, Die personen- und verhaltensbedingte Kündigung. Eine umfassende Darstellung unter Berücksichtigung des Betriebsverfassungsrechts und des Arbeitsgerichts-verfahrens, München (Beck) 4. Aufl. 2005, 158–220.

[493] vgl. *Lepke, Achim*, Kündigung bei Krankheit. Handbuch für die betriebliche, anwaltliche und gerichtliche Praxis, Berlin (Erich Schmidt) 2006, 302–325.

[494] vgl. *managerSeminare*, Freiheitsberaubung in der Firma, in: managerSeminare Heft 134 (5/2009), 8.

[495] vgl. *Kokemoor, Axel/Kreissl, Stephan*, Arbeitsrecht, Stuttgart etc. (Boorberg) 3. Aufl. 2006, 56.

[496] *Bundesagentur für Arbeit*, Kurzarbeitergeld. Informationen für Arbeitgeber und Betriebsvertre-tungen, Nürnberg (Bundesagentur für Arbeit) 2009, 6.

[497] vgl. *Bundesagentur für Arbeit*, Kurzarbeitergeld. Informationen für Arbeitgeber und Betriebs-vertretungen, Nürnberg (Bundesagentur für Arbeit) 2009, 6.

[498] *Andrzejewski, Laurenz*, Trennungs-Kultur. Handbuch für ein professionelles, wirtschaftliches und faires Kündigungs-Management, München (Luchterhand) 2. Aufl. 2004, 19.

[499] vgl. *Schmitz-Buhl, Stefan M.*, Die Sicht in Bezug auf den „alten" Arbeitgeber, in: *Bröckermann, Reiner/Pepels, Werner* (Hrsg.), Die Personalfreisetzung. Betriebswirtschaftlich – gesellschafts-politisch – menschlich, Renningen (expert) 2005, 135–144, hier: 141–142.

[500] *Andrzejewski, Laurenz*, in: *Mischke, Roland*, Kein Kaffee, keine Kekse, in: Handelsblatt vom 11.08.2003, online unter: http://www.handelsblatt.com/archiv/kein-kaffee-keine-kekse;651534, abgerufen am 06.05.2009.

[501] vgl. *Scholz, Christian*, Der schwarze Mitarbeiterabbauplanet, in: Per Anhalter durch die Arbeits-welt, F.A.Z. Blog vom 20.10.2006, online unter: http://faz-community.faz.net/blogs/personal-blog/archive/2006/10/20/138.aspx, abgerufen am 26.06.2009.

[502] vgl. *Ahlemeier, Melanie*, Goldener Herzschlag. Manager-Gier in den USA, Beitrag in: sueddeut-sche.de vom 16.06.2008, online unter: http://www.sueddeutsche.de/wirtschaft/686/445423/text/, abgerufen am 16.06.2008.

[503] vgl. *Drumm, Hans J.*, Personalwirtschaft, Berlin – Heidelberg (Springer) 6. Aufl. 2008, 266–267.

[504] vgl. *Andrzejewski, Laurenz*, Trennungs-Kultur. Handbuch für ein professionelles, wirtschaftliches und faires Kündigungs-Management, München (Luchterhand) 2. Aufl. 2004, 107–150.

[505] vgl. *Mitterer, Bernd*, Die Sicht der administrativen Abwicklung, in: *Bröckermann, Reiner/Pe-pels, Werner* (Hrsg.), Die Personalfreisetzung. Betriebswirtschaftlich – gesellschaftspolitisch – menschlich, Renningen (expert) 2005, 59–68.

[506] vgl. *Ledergeber, Konrad*, Trennungsmanagement – fair, verantwortungsbewusst und konstruktiv, Zürich (PRAXIUM) 2009, 168–172.

[507] vgl. *Konrad, Rigo/Martens, Matthias*, Operation am offenen Herzen, in: Personalwirtschaft 38 (6/2009), 58–60.

508 vgl. *Gerpott, Torsten J.*, Bewertung von Personalabbauprogrammen aus Aktionärssicht – Eine Bestandsaufnahme der empirischen Ereignisstudien-Forschung, in: Journal für Betriebswirtschaft 57 (2007), 3–35, hier: 29–30.

509 *Busemann, Andreas/Schäfer, Horst*, Kündigung und Kündigungsschutz im Arbeitsverhältnis, Berlin (Erich Schmidt) 5. Aufl. 2006, 301–302.

510 vgl. *Ochel, Wolfgang*, The Political Economy of Two-Tier Reforms of Employment Protection in Europe, in: CESIFO Working Paper No. 2461, München (11/2008).

511 *Akademie für Führungskräfte der Wirtschaft*, Akademiestudie 2008. Führung beim Wort nehmen. Wie kommunizieren deutsche Manager?, Überlingen 2008, 8.

512 *Akademie für Führungskräfte der Wirtschaft*, Akademiestudie 2008. Führung beim Wort nehmen. Wie kommunizieren deutsche Manager?, Überlingen 2008, 10.

513 *Fachhochschule Mainz*, Wie die DAX-30-Unternehmen über Personalthemen informieren, Pressemeldung vom 11.03.2009, online unter: http://www.fh-mainz.de/en/aktuelles/news/artikel/artikel/2009/03/11/wie-die-dax-30-unternehmen-ueber-personalthemen-informieren/index.html, abgerufen am 26.06.2009.

514 vgl. *Scholz, Christian*, Medienmanagement – Herausforderung, Notwendigkeit und ein Bezugsrahmen, in: *Scholz, Christian* (Hrsg.), Handbuch Medienmanagement, Berlin – Heidelberg – New York (Springer) 2006, 11–71, hier: 39–60.

515 vgl. *Schmidt, Siegfried J.*, Die Wirklichkeit des Beobachters, in: *Merten, Klaus/Schmidt, Siegfried/Weischenberg, Siegfried* (Hrsg.), Die Wirklichkeit der Medien. Eine Einführung in die Kommunikationswissenschaft, Opladen (Westdeutscher Verlag) 1994, 3–19.

516 *Luhmann, Niklas*, Die Realität der Massenmedien, Wiesbaden (Verlag Sozialwissenschaften) 3. Aufl. 2004, 9.

517 vgl. *Weber, Stefan*, Was heißt „Medien konstruieren Wirklichkeit?". Von einem ontologischen zu einem empirischen Verständnis von Konstruktion, in: Medienimpulse 40 (6/2002), 11–16.

518 vgl. *Becker, Jochen*, Marketing-Konzeption. Grundlagen des strategischen und operativen Marketing-Managements, München (Vahlen) 6. Aufl. 1998, 46.

519 *Ethisphere*, 2009 World's Most Ethical Companies – Spotlight on Selected Winners, online unter: http://ethisphere.com/wme2009, abgerufen am 21.07.2009.

520 vgl. *Kiefer, Marie L.*, Medienökonomik. Einführung in eine ökomomische Theorie der Medien, München – Wien (Oldenbourg) 2001.

521 vgl. *Altmeppen, Klaus D.*, Ökonomisierung aus organisationssoziologischer Perspektive: Der Beitrag der Medienunternehmen zur Ökonomisierung, in: Medien- und Kommunikationswissenschaft 49 (2/2001), 195–205.

522 vgl. *Porter, Michael E.*, Strategy and the Internet, in: Harvard Business Review 79 (3/2001), 63–78, hier: 66.

523 vgl. *Scholz, Christian*, Systematik: Die Saarbrücker MO5-Wertschöpfungskette, in: *Scholz, Christian/Gutmann, Joachim* (Hrsg.), Webbasierte Personalwertschöpfungskette. Theorie – Konzeption – Praxis, Wiesbaden (Gabler) 2003, 123–144.

524 vgl. *Geigenmüller, Anja/Schöpe, Tom/Enke, Margit*, Relevanz und Wirkung der Medien bei der Vermittlung von Berufsimages. Case Study zur Gewinnung qualifizierter Nachwuchskräfte in den Ingenieurwissenschaften, in: *Gröppel-Klein, Andrea/Germelmann, Claas Christian* (Hrsg.), Medien im Marketing. Optionen der Unternehmenskommunikation, Wiesbaden (Gabler) 2009, 511–528.

525 vgl. *Scholz, Christian/Hofbauer, Wolfgang*, Organisationskultur. Die vier Erfolgsprinzipien, Wiesbaden (Gabler) 1990; *Schein, Edgar H.*, Coming to a New Awareness of Organizational Culture, in: Sloan Management Review 25 (2/1984), 3–16.

526 vgl. *Hofstede, Geert*, Culture's Consequences. International Differences in Work-Related Values, Newbury Park – London – New Delhi (Sage) 1980.

[527] vgl. *Deal, Terrence E./Kennedy, Allan A.*, Corporate Cultures. The Rites and Rituals of Corporate Life, Reading/Mass. (Basic Books) 1984.

[528] vgl. *Schein, Edgar H.*, Organizational Culture and Leadership. San Francisco (Jossey-Bass) 1989.

[529] vgl. *Schein, Edgar H.*, Organizational Culture and Leadership. San Francisco (Jossey-Bass) 1989, 7.

[530] vgl. *de Ridder, Jan A.*, Organisational Communication and Supportive Employees, in: Human Resource Management Journal 14 (3/2004), 20–30, hier: 27.

[531] vgl. *Picot, Arnold/Reichwald, Ralf/Wigand, Rolf*, Die grenzenlose Unternehmung. Information, Organisation und Management, Wiesbaden (Gabler) 5. Aufl. 2003, 107.

[532] *McKenna, Regis* zitiert nach *Seifter, Harvey/Economy, Peter*, Leadership Ensemble, New York (Times Books) 2001, 137.

[533] vgl. *Picot, Arnold/Reichwald, Ralf/Wigand, Rolf*, Die grenzenlose Unternehmung. Information, Organisation und Management, Wiesbaden (Gabler) 5. Aufl. 2003, 108.

[534] vgl. *Picot, Arnold/Reichwald, Ralf/Wigand, Rolf*, Die grenzenlose Unternehmung. Information, Organisation und Management, Wiesbaden (Gabler) 5. Aufl. 2003, 109.

[535] vgl. *Picot, Arnold/Reichwald, Ralf/Wigand, Rolf*, Die grenzenlose Unternehmung. Information, Organisation und Management, Wiesbaden (Gabler) 5. Aufl. 2003, 110.

[536] vgl. *Daft, Richard L./Lengel, Robert H.*, Information Richness: A New Approach to Managerial Behavior and Organizational Design, in: *Cummings, Larra L./Staw, Barry M.* (Hrsg.), Research in Organizational Behavior 6, Homewood/Il. (JAI) 1984, 191–233.

[537] vgl. *McLuhan, Marshall*, Die magischen Kanäle. Understanding Media, Dresden – Basel (Verlag der Kunst) 2. Aufl. 1995.

[538] vgl. *Picot, Arnold/Reichwald, Ralf/Wigand, Rolf*, Die grenzenlose Unternehmung. Information, Organisation und Management, Wiesbaden (Gabler) 5. Aufl. 2003, 112.

[539] vgl. *Dennis, Alan/Valacich, Joseph S.*, Rethinking Media Richness: Towards a Theory of Media Synchronicity, in: Proceedings of the 32nd Hawaii International Conference on System Sciences, Hawaii 1999.

[540] vgl. *Schwabe, Gerhard/Seitz, Norbert/Unland, Rainer*, CSCW-Kompendium – Lehr- und Handbuch zum computergestützten kooperativen Arbeiten, Berlin – Heidelberg – New York (Springer) 2001.

[541] *Schwabe, Gerhard/Seitz, Norbert/Unland, Rainer*, CSCW-Kompendium – Lehr- und Handbuch zum computergestützten kooperativen Arbeiten, Berlin – Heidelberg – New York (Springer) 2001, 59.

[542] vgl. *Neumann, Peter*, Gespräche mit Mitarbeitern effizient führen, in: *von Rosenstiel, Lutz/Regnet, Erika/Domsch, Michel E.* (Hrsg.), Führung von Mitarbeitern. Handbuch für erfolgreiches Personalmanagement, Stuttgart (Schäffer-Poeschel) 5. Aufl. 2003, 253–279, hier: 255.

[543] vgl. *Spychala, Anne/Fleischmann, Jürgen*, Kommunikation mit Mitarbeitern, in: *Dombrowski, Uwe et al.* (Hrsg.), Modernisierung kleiner und mittlerer Unternehmen, Berlin – Heidelberg – New York (Springer) 2009, 195–201, hier: 201.

[544] vgl. *Pfeffer, Jeffrey*, Low Grades for Performance Reviews. Managers and Employees Alike Sense the Truth: Workplace Appraisals aren't Working, Beitrag in Business Week vom 23.07.2009, online unter: http://www.businessweek.com/magazine/content/09_31/b4141080608077.htm, abgerufen am 24.08.2009.

[545] *Watzlawick, Paul/Beavin, Janet/Jackson, Don*, Menschliche Kommunikation, Bern – Stuttgart (Huber) 1969.

[546] vgl. *Schulz von Thun, Friedemann*, Miteinander Reden 1. Störungen und Klärungen. Allgemeine Psychologie der Kommunikation, Reinbek (Rowohlt) 1981.

[547] vgl. *Schulz von Thun, Friedemann*, Miteinander Reden 1. Störungen und Klärungen. Allgemeine Psychologie der Kommunikation, Reinbek (Rowohlt) 1981, 14.

[548] vgl. *Scholz, Christian/Lechner, Christine/Jorzyk, Karoline,* Kompetenz4HR: Emotionen in der Personalarbeit in Österreich, Ergebnis einer Studie, erstellt anlässlich des 6. Jahresforums für die Personalwirtschaft – Power of People in Rust/Wien, April 2009, 9.

[549] vgl. *Walther, Petra,* Mitarbeiter mit Mission. Employee Branding, in: managerSeminare Heft 127 (10/2008), 24–28, hier: 26.

[550] vgl. *Walther, Petra*: Mitarbeiter mit Mission. Employee Branding, in: managerSeminare Heft 127 (10/2008), 24–28.

[551] vgl. *Walther, Petra,* Mitarbeiter mit Mission. Employee Branding, in: managerSeminare Heft 127 (10/2008), 24–28, hier: 26.

[552] vgl. *Gillies, Constantin,* Die Kaffeeküche im Web – Soziale Netzwerke im Unternehmen, in: managerSeminare Heft 122 (5/2008), 65.

[553] vgl. *Scholz, Christian/Lechner, Christine/Jorzyk, Karoline,* Kompetenz4HR: Emotionen in der Personalarbeit in Österreich, Ergebnis einer Studie, erstellt anlässlich des 6. Jahresforums für die Personalwirtschaft – Power of People in Rust/Wien, April 2009.

[554] vgl. *Yeung, Arthur/Woolcock, Patricia/Sullivan, John,* Identifying and Developing HR Competencies for the Future: Keys to Sustaining the Transformation of HR Functions, in: Human Resource Planning 19 (4/1996), 48–58, hier: 50.

[555] vgl. *Barmeyer, Christoph I.,* Interkulturelle Kommunikation, in: *Scholz, Christian* (Hrsg.), Vahlens Großes Personallexikon, München (Vahlen) 2009, 522–523.

[556] *Pesch, Ulli,* Die Daten der Mitarbeiter ins System bringen – die digitale Personalakte, manager-Seminare (2/2009), 22–25, hier: 22.

[557] *Mülder, Wilhelm,* Wichtige Basis, in: Pesonalwirtschaft 37 (8/2008), 59–61, hier: 59.

[558] *Geighardt, Christiane,* Ergebnisse zur Tendenzbefragung der DGFP e.V. zum Thema „Personalcontrolling", Praxis Papiere der Deutschen Gesellschaft für Personalführung e.V. (5/2007), Düsseldorf, 7.

[559] *Scholz, Corinna,* Lebenslauf & Co. im digitalen Zugriff, in: Personalmagazin (3/2009), 62–63.

[560] vgl. *Drumm, Hans J.,* Personalwirtschaft, Berlin – Heidelberg (Springer) 6. Aufl. 2008, 588.

[561] vgl. *Zdrowomyslaw, Norbert,* Personalcontrolling – Der Mensch im Mittelpunkt. Erfahrungsberichte, Funktionen und Instrumente, Gernsbach (Deutscher Betriebswirte Verlag) 2007, 168–173.

[562] vgl. *Kaplan, Robert S./Norton, David P.,* The Balanced-Scorecard. Strategien erfolgreich umsetzen, Stuttgart (Schäffer-Poeschel) 1997.

[563] *Becker, Brian E./Huselid, Mark A./Ulrich, Dave,* The HR Scorecard. Linking People, Strategy, and Performance, Boston/Mass. (Harvard Business School Press) 2001.

[564] nach *Kaplan, Robert S./Norton, David P.,* The Balanced Scorecard – Measures That Drive Performance, in: Harvard Business Review 70 (1/1992), 71–79, hier: 72.

[565] *Kaplan, Robert S./Norton, David P.,* The Balanced-Scorecard. Translating strategy into Action, Boston/Mass. (McGraw-Hill) 1996.

[566] vgl. *Binder, Wolfgang,* Human Resources Balanced-Scorecard – von der Strategie bis zu ihrer Abbildung in Softwarelösungen. Die HR Balanced Scorecard als integraler Bestandteil der Personalstrategie bei der ReTeWe AG, Vortrag am 06.09.2002 Berlin, online unter: http://www.bearingpoint.de/media/ministerialkongress_2002/Personalmanagement_in_der_Verwaltung.pdf, abgerufen am 13.08.2009.

[567] vgl. *Resch, Olaf,* E-Commerce-Controlling. Spezifika, Potenziale, Lösungen, Wiesbaden (Gabler) 2004, 37–39.

[568] vgl. *Strohmeier, Stefan,* Research in e-HRM: Review and Implications, in: Human Resource Management Review 17 (1/2007), 19–37; *Strohmeier, Stefan,* Informationssysteme im Personalmanagement. Aufbau – Funktionalität – Anwendung, Wiesbaden (Vieweg + Teubner) 2008.

[569] vgl. *Ball, Kirstie S.*, The Use of Human Resource Information Systems: A Survey, in: Personnel Review 30 (2001), 677–693, hier: 679.

[570] vgl. *Eggert, Sandy*, Aktuelle Funktionen von Personalinformationssystemen, in: ERP Management (4/2008), 47–56.

[571] *Vockeroth, Jan/Schweizer, Thomas*, Ausbildung will geplant sein, in: Personalwirtschaft 38 (3/2009), 58–59.

[572] vgl. *Keating, Barry*, Data Minig: What Is It and How Is It Used?, in: Journal of Business Forecasting 27 (3/2008), 33–35, hier: 34; *Gluchowski, Peter/Gabriel, Roland/Dittmar, Carsten*, Management Support Systeme und Business Intelligence, Berlin – Heidelberg (Springer) 2008, 92.

[573] vgl. *Hofert, Svenja*, Note „mangelhaft" für IT-Firmen, http://www.computerwoche.de/job_karriere/karriere_gehalt/1863408/(08.05.2008), abgerufen am 08.06.2009.

[574] vgl. *Lippert, Susan K./Swiercz, Paul M.*, Human Resource Information Systems (HRIS) and Technology Trust, in: Journal of Information Science 31 (2005), 340–353.

[575] vgl. *Bohlmann, Stefan*, Portale ändern die Unternehmenskultur, in: Computerwoche 30 (4/2003), 12–13.

[576] *Fröhlich, Ulrich*, Employee Self Service: Prozeßoptimierung durch Intranet-Anwendungen im HR-Bereich, in: Personalführung (3/1998), 20–21; *Lohse, Matthias/Morczinek, Miro*, Vom Employee-Self-Service zum Enterprise-Self-Service, in: Wirtschaftswissenschaftliches Studium (3/2004), 186–190, hier: 186.

[577] *Lohse, Matthias/Morczinek, Miro*, Vom Employee-Self-Service zum Enterprise-Self-Service, in: Wirtschaftswissenschaftliches Studium (3/2004), 186–190, hier: 187.

[578] *Schwab, Olivia/Erdmann, Waldemar*, Schnell die Akte zur Hand, in: Personalwirtschaft 38 (2/2009), 56–57.

[579] *Sattelberger, Thomas*, Interview: Der Stolz auf eine gute Administration, in: Personalmagazin (2/2005), 13.

[580] *Kabst, Rüdiger/Giardini, Angelo*, Die Deutsche Cranet-Erhebung 2005: Empirische Befunde und Ergebnisbericht, in: *Kabst, Rüdiger/Giardini, Angelo/Wehner, Marius C.* (Hrsg.), International Komparatives Personalmanagement. Evidenz, Methodik & Klassiker des „Cranfield Projects on International Human Resource Management", München und Mehring (Hampp) 2009, 11–57, hier: 37.

[581] *Geuenich, Bettina*, HR-Software ist gefragt, doch der Markt ist intransparent, Beitrag auf hrm.de, online unter: http://www.hrm.de/sfs?t=/contentManager/onStory&e=UTF-8&i=1169747 321057&l=1&ParentID=1174319439341&StoryID=1234111344340&highlight=1&keys=hr%5C-software&lang=1&active=no, abgerufen am 24.08.2009.

[582] *Krauthammer International*, Gesellschaftliche Verantwortung des Unternehmens. Bausteine – Sicht der Mitarbeiter – Managementbotschaften, Diegem 2009, 5.

[583] vgl. *Morgan, Gareth*, Images of Organization, Thousand Oaks (Sage) 1997; *Scholz, Christian*, Strategische Organisation. Multiperspektivität und Virtualität, Landsberg/Lech (moderne industrie) 2. Aufl. 2000.

[584] vgl. *Scholz, Christian*, Zur Konzeption einer strategischen Personalplanung, in: Schmalenbachs Zeitschrift für betriebswirtschaftliche Forschung 34 (1982), 979–994.

[585] vgl. *Große-Jäger, André/Friederichs, Peter/Schubert, Andreas*, Der Human-Potential-Index, in: Personalmagazin (5/2009), 22–36, hier: 22–23.

[586] vgl. *Große-Jäger, André/Friederichs, Peter/Schubert, Andreas*, Der Human-Potential-Index, in: Personalmagazin (5/2009), 22–36, hier: 22–23.

[587] *Sattelberger, Thomas/Scholz, Christian*, Der HPI ist ein trojanisches Pferd, in: Personalwirtschaft 38 (7/2009), 10–11.

[588] *Stein, Volker*, Human-Potential-Index(HPI) – Eine Netzwerkanalyse, in: HR Performance (6/2009), 62–64.

[589] vgl. *Friedman, Thomas L.*, The World is Flat. The Globalized World in the Twenty-First Century, London etc. (Penguin) 2006.

[590] *Friedman, Thomas L.*, The World is Flat. The Globalized World in the Twenty-First Century, London etc. (Penguin) 2006, 570.

[591] *Winter, Sidney G.*, Understanding Dynamic Capabilities, in: Strategic Management Journal 24 (2003), 991–995, hier: 991.

[592] vgl. *Scholz, Christian*, Systematik: Die Saarbrücker MO5-Wertschöpfungskette, in: *Scholz, Christian/Gutmann, Joachim* (Hrsg.), Webbasierte Personalwertschöpfung. Theorie – Konzeption – Praxis, Wiesbaden (Gabler) 2003, 123–144, hier: 128; *Eisenbeis, Uwe*, Wertschöpfung durch Kulturprägung, in: *Scholz, Christian/Gutmann, Joachim* (Hrsg.), Webbasierte Personalschöpfung. Theorie – Konzeption – Praxis, Wiesbaden (Gabler) 2003, 145–157.

[593] *Friedman, Thomas L.*, The World is Flat. The Globalized World in the Twenty-First Century, London etc. (Penguin) 2006, 571.

[594] vgl. *Scholz, Christian*, Die Anti-Flat-These und warum im Bereich HR-IT umgedacht werden muss, in: *Papmehl, André/Gastberger, Peter/Budai, Zoltan* (Hrsg.), Die Kreative Organisation. Führungsveranwortung wahrnehmen, Kreative Mitunternehmer entfesseln, Chancen im globalen Wettbewerb gestalten, Wiesbaden (Gabler) 2008, 153–166.

[595] *Gillies, Constantin*, Herausforderung HR-Fabrik, in: managerSeminare Heft 116 (11/2007), 24–30.

[596] vgl. *Kerstling, Martin/Püttner, Ingo*, Personalauswahl: Qualitätsstandards und rechtliche Aspekte, in: *Schuler, Heinz* (Hrsg.), Lehrbuch der Personalpsychologie, Göttingen etc. (Hogrefe) 2. Aufl. 2006, 841–861, hier: 850–851.

[597] vgl. *Wunderer, Rolf/Gerig, Valentin/Hauser, Rainer*, Konzeptionelle Grundlagen, in: *Wunderer, Rolf/Gerig, Valentin/Hauser, Rainer* (Hrsg.), Qualitätsorientiertes Personalmanagement. Das Europäische Qualitätsmodell als unternehmerische Herausforderung, München – Wien (Hanser) 1997, 1–46, hier: 45.

[598] vgl. *Wunderer, Rolf/Gerig, Valentin/Hauser, Rainer*, Konzeptionelle Grundlagen, in: *Wunderer, Rolf/Gerig, Valentin/Hauser, Rainer* (Hrsg.), Qualitätsorientiertes Personalmanagement. Das Europäische Qualitätsmodell als unternehmerische Herausforderung, München – Wien (Hanser) 1997, 1–46, hier: 9.

[599] vgl. *Bechtel, Roman*, HR Quality: Qualitätssicherung im HR Vendor Management, in: Lohn + Gehalt (8/2008), 27–30.

[600] vgl. *Bechtel, Roman*, HR Quality: Qualitätssicherung im HR Vendor Management, in: Lohn + Gehalt (8/2008), 27.

[601] vgl. zum Beispiel *Beer, Stafford*, Brain of the Firm. The Managerial Cybernetics of Organization, London (Penguin) 1972; *Scholz, Christian*, Betriebswirtschaftslehre + Kybernetische Systemtheorie = Betriebskybernetik?, in: *Schiemenz, Bernd/Wagner, Adolf* (Hrsg.), Angewandte Wirtschafts- und Sozialkybernetik. Neue Ansätze in Praxis und Wissenschaft, Berlin (Schmidt) 1984, 101–113.

[602] vgl. *Scholz, Christian/Stein, Volker/Müller, Stefanie*, Humankapitalisten und Humankapitalvernichter. Das Humankapital der DAX30-Unternehmen im Vergleich der Jahre 2005 und 2006, Saarbrücken (Institut für Managementkompetenz) 2008.

[603] vgl. *Meyer, Bernd*, Wie muss die Wirtschaft umgebaut werden? Perspektiven einer nachhaltigeren Entwicklung, Frankfurt/Main (Fischer) 2008, 89–96.

[604] vgl. *von Bertalanffy, Ludwig*, Zu einer allgemeinen Systemlehre, in: Biologia Generalis 19 (1949), 114–129.

[605] vgl. *Ulrich, Hans*, Die Unternehmung als produktives soziales System. Grundlagen der allgemeinen Unternehmungslehre, Bern (Haupt) 1968; *Niemeyer, Gerhard*, Kybernetische System- und Modelltheorie. system dynamics, München (Vahlen) 1977, 4–8.

[606] vgl. zum Beispiel *Sackmann, Sonja/Bertelsmann Stiftung* (Hrsg.), Success Factor: Corporate Culture. Developing a Corporate Culture for High Performance and Long-Term Competitiveness. Six Best Practices, Gütersloh (BertelsmannStiftung) 2006.

[607] vgl. *Baetge, Jörg et al.*, Unternehmenkultur und Unternehmenserfolg: Stand der empirischen Forschung und Konsequenzen für die Entwicklung eines Messkonzeptes, in: Journal für Betriebswirtschaft 57 (2007), 183–218.

[608] vgl. *Baetge, Jörg et al.*, Unternehmenkultur und Unternehmenserfolg: Stand der empirischen Forschung und Konsequenzen für die Entwicklung eines Messkonzeptes, in: Journal für Betriebswirtschaft 57 (2007), 183–218, hier: 192–193.

[609] vgl. *Scholz, Christian*, Überlebenswichtig: Wie man aus Pistazieneis Sonnenschein macht, in: Per Anhalter durch die Arbeitswelt, F.A.Z. Blog vom 13.05.2009, online unter: http://fazcommunity.faz.net/blogs/personal-blog/archive/2009/05/13/ueberlebenswichtig-wie-man-aus-pistazieneis-sonnenschein-macht.aspx, abgerufen am 19.08.2009.

[610] vgl. zum Beispiel *Scholz, Christian/Eisenbeis, Uwe*, Erfolgsfaktor Unternehmenskultur. Ein erster Ergebnisbericht, Diskussionsbeitrag Nr. 90 des Lehrstuhls für Betriebswirtschaftslehre, insb. Organisation, Personal- und Informationsmanagement, Saarbrücken (Universität des Saarlandes) 2009.

[611] vgl. *Nadin, Sara/Cassell, Catherine*, New Deal for Old? Exploring the Psychological Contract in A Small Firm Environment, in: International Small Business Journal 25 (2007), 417–443.

[612] *zu Knyphausen-Aufseß, Dodo/Schweizer, Mark*, Informatisierung der Personalarbeit – Bestandsaufnahme und die Frage nach einer personalökonomischen Fundierung, in: Zeitschrift für Personalforschung 19 (2005), 252–288, hier: 282.

[613] *vgl. Müller, Stefanie*, Fehlende Datenqualität. Personaler unzufrieden mit IT, in: Computerwoche vom 17.07.2008, online unter: http://www.computerwoche.de/karriere/karriere-gehalt/1868902, abgerufen am 01.10.2009

[614] vgl. zum Beispiel *Davidow, William H./Malone, Michael S.*, Das virtuelle Unternehmen. Der Kunde als Co-Produzent, Frankfurt – New York (Campus) 1993; *Scholz, Christian*, Virtuelle Organisation: Konzeption und Realisation, in: Zeitschrift für Organisation 65 (4/1996), 204–210.

[615] vgl. zum Beispiel *Scholz, Christian*, Ein Denkmodell für das Jahr 2000? Die virtuelle Personalabteilung, in: Personalführung 28 (1995), 398–403; *Scholz, Christian*, Die virtuelle Personalabteilung, in: *Schwuchow, Karheinz/Gutmann, Joachim* (Hrsg.), Jahrbuch Weiterbildung 1996, Düsseldorf (Verlagsgruppe Handelsblatt) 1996, 132–136.

[616] *Welbourne, Theresa M.*, Commentary: Human Resource Management – At the Table or Under It?, online unter: http://www.workforce.com/section/09/feature/24/48/99/index.html, Workforce Management Online (8/2006), abgerufen am 29.06.2009.

[617] *Welch, Jack/Welch, Suzy*, Welchs Welt. Händchen für Mitarbeiter, in: WirtschaftsWoche vom 13.11.2006, 142.

[618] vgl. zum Beispiel *Ries, Gerhard/Peiniger, Gunhild*, Haftung und Versicherung von Managern. Rechtliche Grundlagen-D&O-Versicherung, Regensburg (Walhalla) 2. Aufl. 2009.

Sachverzeichnis

Serena Software, Inc. 538
Service-Center 72
Shared Service Center HR 592 f.
Shared-Service-Center 592
Shareholder Value 411
SHS Viveon AG 553
Shula, Don 434
Sicherheitsbedürfnisse 372
Sich-selbst-verwirklichender
 Mensch 368
Sichtweise
– kritisch-relativierende 213
– optimistisch-generalisierende 212
Siegenthaler, Urs 407
Siegert, Theo 159
Siemens 258, 260, 509
Simon, Herbert A. 312
Sinn, Hans-Werner 83
S-I-R-Modell 370, 381
Skontrationsrechnung 151
Smith, Douglas 432 f.
Social Communities 197
Social Influence Approach 525
Social Networks 197
– Zulässigkeit von 224
Society for Human Resource Manage-
 ment (SHRM) 25, 594
Software 285
– HR-Recruiting- 222
Sollwert 36
Sony Corporation 105, 495
SØR 159
S-O-R-Modell 370
Soziale Leistung
– freiwillige 316
– tarifliche 316
Sozialer Mensch 368
Sozialgerechtigkeit 304
Sozialkompetenz 409
Soziallohn 316
Sozialplan 497
Sparkassen, Vereinigte im Landkreis
 Weilheim in Oberbayern 35
Spencer, Daniel 472
Spielmacher 369
Spinner GmbH 317
Spirit 185
Spitzengehälter 321
Sprenger, Reinhard 410
Staeck, Klaus 10
Stammplatzgarantie 20, 406 f.
Star Trek 444
Starbucks 190, 337
Stegmann, Wolfgang 102
Stein, Volker 13
Stellenanzeigen 178, 191

Stellgröße 36
Stellvertretung 351
Stepstone 191
Steuerungsfunktion 564
Stimmigkeit 190, 605
Stimulus-Response Modelle 370
Störgröße 37
Strategic Leader 390
Strategie
– Ertragsmaximierungs- 597
– Ertragsoptimierer- 598
– High Cost/Low EBIT- 598
– High Cost/Low Cost 597
– Humankapitalisten- 598
– Humankapitaloptimierterer- 598
Strategie-Center 72
Strategiepapier 45
Strategische Ebene 41
Strategisches Management 42
Strategisches Personalmanagement 41
Stressinterview 226
Stroescu, Raluca 104
Stroh, Karl-Heinz 357
Strutz, Eric 166
Stryker Trauma GmbH 334
StudiVZ (VZnet Netzwerke Ltd.) 191,
 197
Subventionslohn 316
Süddeutsche Zeitung 24, 191
Supervisor 427
Swiercz, Paul 572
Symbolvarietät 530
Synergien, kulturelle 444
Systemtheorie 37, 599

T

T-Systems Multimedia Solutions
 GmbH 390
Tags 196
Talentmanagement 14
Tannenbaum, Robert 392 f.
Tarifliche soziale Leistungen 316
Tarifvertrag 280, 304, 311 f., 324, 326
– Lohn- und Gehalts- 311
– Mantel 311
– Rahmen 311
Tätigkeitsfeld 184
Tchibo 199, 558
Team 425
– Beratungs- 427
– Entscheidungs- 427
– Leistungs- 427
– Projekt- 427
– virtuelles 443, 445 f.
Teamarbeit 427
Teambildung 423

Teamentwicklung 351
Teamführer 429
Teamführung 40, 423, 432
Teammanagement 398
Teamroom HR 87
Techniker Krankenkasse 276
Technologieperspektive 572
Technologievertrauen 572
tegut … Gutberiet Stiftung & Co. 94
Teilzeit 277
Teilzeitarbeit und befristete Arbeitsver-
 trägegesetz (TzBfG) 280
Tele Atlas Deutschland GmbH 424
Telearbeit 286 ff.
– alternierende 287
Telefoninterview 225
Telework 286
Tellegen, Auke 100
Test
– Fähigkeits- 230
– Intelligenz- 231
– psychologischer 230
– situativer 231
Testverfahren 230
Thematischer Apperzeptionstest
 (TAT) 376
Theorie der kollektiven Medienakzep-
 tanz 525
Theorie X 366 f.
Theorie Y 366 f.
Thomas, David 253
Thurner, Rudolf 611
Tiefeninterview 226
Tietz, Leonhard 478 f.
TNT Express GmbH 150
Total Compensation 301, 321
Total Workforce 266
Tovey, Bramwell 439 f.
Traineeprogramme 336
Traveling Salesman Problem 292
Trendextrapolation 129
Trennungskultur 503 f.
Tripkewitz, Axel 248
TRUMPF GmbH + Co. KG (Holding) 258
T-Systems Multimedia Solutions
 GmbH 390
Twitter, Inc. 191, 540, 545
Tzafrir, Shay 13

U

Überarbeitbarkeit 530
Überlebensmanagement 398
Umschulung 335, 338
Umsetzungskompetenz 409
Unilever 199, 520
Union Investment 209